Bibliografische Information **Der Deutschen Nationalbibliothek**

Die Deutsche Nationalbibliothek verzeichnet diese Publikation in der Deutschen Nationalbibliografie; detaillierte bibliografische Daten sind im Internet über http://dnb.ddb.de abrufbar.

ISBN 978-3-7690-0755-8

Satz: MedienStudio Strith, Eltville
Herstellung: Nina Eichberg, Frankfurt am Main

Printed in EU

Vorwort

Die Lebensmittelmärkte sind mit den Änderungen in ihrer Struktur und im Verhalten der Marktteilnehmer prototypisch für den schnellen Wandel der Konsumgütermärkte zu Beginn des 21. Jahrhunderts. Diese Veränderungen zwingen die Unternehmen in der Wertschöpfungskette von Agrarprodukten und Lebensmitteln, die Grob- und Feineinstellung ihrer Marketingstrategien und -maßnahmen immer wieder zu überprüfen und zu justieren.

Die früheren Auflagen dieses Lehrbuchs haben diese Entwicklung in der Vergangenheit begleitet. Sie haben Studierenden den Zugang zur Gestaltung des Marketings auf den Märkten für Agrarprodukte und Lebensmittel erleichtert und den Unternehmen Hinweise für ihre Entscheidungen gegeben. Vieles aus den vergangenen Auflagen ist unverändert gültig. Dieses konnte in die vierte Auflage übernommen werden. Die Handschrift der früheren Mitautoren Josef Reichert † und Paul Pottebaum ist dabei auch in der vorliegenden Fassung prägend erkennbar. Jedoch haben sich andere Teile des Marketingwissens und ihrer Anwendung in den letzten Jahren schnell weiter entwickelt. Dem trägt diese vierte Auflage Rechnung. In einem Autorenteam, das in der täglichen Beratungsarbeit der AFC Management Consulting AG mit den aktuellen Änderungen des Marketings verbunden ist, haben wir das Lehrbuch aktualisiert und in vielen Bereichen neu gestaltet. Wir sind zuversichtlich, dass es Studierenden und Entscheidungsträgern für Marketing von Agrarprodukten und Lebensmitteln eine ebenso verlässliche und inspirierende Orientierungshilfe sein wird, wie es die früheren Auflagen dieses bewährten Lehrbuchs waren.

Wir sagen herzlichen Dank für zahlreiche Anregungen und wertvolle Unterstützung. Als externer Mitautor hat Prof. Dr. Ulrich Enneking das Kapitel „Marketing im Handel mit Blumen und Zierpflanzen“ beigesteuert; Dr. Markus Grube verdanken wir den Beitrag zum Kartellrecht, Jürgen Clemens, Dr. Torsten Weber und Caroline Zöller haben unsere neu in das Lehrbuch eingeführten „Toolboxen“ um namentlich gekennzeichnete Beiträge bereichert; Prof. Dr. Hans-Peter Helfrich hat die Darstellung der statistischen Methoden im Kapitel „Methoden des Marketings“ kritisch überprüft; von Joachim Philipp wurden alle Übersichten grafisch gestaltet; Dr. Benno Willers hat uns durch das Korrekturlesen des Gesamtmanuskripts unterstützt. Nicht zuletzt danken wir dem DLG-Verlag und seiner Geschäftsführerin Karin Scheller für die ermutigende Begleitung unserer Arbeit.

Wir wünschen dem Buch freundliche Aufnahme bei den Lesern und bedanken uns im Voraus für alle Anregungen für seine künftige Weiterentwicklung.

Bonn, im Frühjahr 2010

Die Autoren

Inhalt

Verzeichnis der Übersichten

Verzeichnis der Toolboxen

A

Grundlagen des Marketings für Lebensmittel und Agrarprodukte

1. Begriff und Konzept

„Ei, Ei, Ei …“ Die meisten Verbraucher der beworbenen Zielgruppe kennen den Namen, der sich hier anschließt. Im Zuge zunehmender Gesundheitsorientierung der Verbraucher repräsentieren alkoholische Getränke eher einen schrumpfenden Markt. Mit einer Positionierung des Produktes Eierlikör als Element einer modernen Genuss- und Erlebniskultur gelingt es der Marke Verpoorten dennoch, dass Kunden das Produkt ohne Gewissensbisse genießen. Ein Co-Branding von Ostereiern, Lebkuchen, Fertig-Desserts und anderen Produkten aus dem Süßwaren- und Convenience-Bereich macht die Marke im Einzelhandel an vielen Stellen für den Kunden wahrnehmbar, nicht nur in seiner originären Produktgruppe.

Mit dem intensiv beworbenen Versprechen, mit ökologischer Produktqualität das Bestmögliche für die Ernährung der Kinder zu bieten, hat sich die Marke Hipp im Segment der Kinderernährung etabliert. Eltern haben das Gefühl, nicht nur das Beste für ihre Kinder, sondern zugleich das Beste für die Umwelt zu tun. Dabei bürgt der Unternehmer als Verkörperung der unternehmerischen Botschaft bewusst mit seinem Namen.

Beide Beispiele zeigen, dass der Aufbau erfolgreicher Marken auch aus dem Mittelstand heraus gelingen kann.

„Geiz ist geil.“ Dieser Werbeslogan gehört zu den markantesten Werbebotschaften aus der ersten Dekade des einundzwanzigsten Jahrhunderts. Die werbende Elektronikhandelskette drückte damit aus, was in Deutschland und in zunehmendem Maße auch in Österreich und der Schweiz zum vorherrschenden Verkaufsargument im gesamten Einzelhandel geworden ist. Die Verbraucher kaufen bei Aldi oder Lidl ein, um das Geld, das sie dort gespart haben, nebenan im Bio-Supermarkt oder Delikatess-Laden wieder auszugeben. Sie lassen sich zugleich immer schwieriger in klar voneinander abgrenzbare Segmente unterteilen und vom Marketing adressieren. Der hybride Verbraucher verhält sich je nach Situation unterschiedlich. Situativ angepasste Marketing- und Werbestrategien, wie etwa Eventmarketing oder das Sponsoring von Veranstaltungen, gewinnen dementsprechend an Bedeutung.

Werbesprüche wie „Alles Müller oder was?“ oder „Packt den Tiger in den Tank“ oder „Toyota: Nichts ist unmöglich“ kennt fast jeder, ebenso wie die bekannten Markenartikel „Lila Pause“, „Ferrero Küsschen“, „Du-darfst“-Artikel, „Camel-Filter“-Zigaretten, „Mercedes“, „Ariel“ oder „Ikea“.

Der Begriff des Marketings ist ebenso bekannt wie die Erfolge der mit dieser Unternehmensphilosophie kreierten Marktstrategien. Man muss ihn eigentlich nicht erklären. Jeder kann sich etwas darunter vorstellen: **Anbieter von Produkten und Dienstleistungen gestalten im Wettbewerb mit ihren Konkurrenten und in Konfrontation oder Kooperation mit Marktpartnern eine kundenorientierte Angebots- und Absatzpolitik.**

In diesem Sinne ist Marketing weit mehr als Werbung, nämlich eine umfassende Philosophie der Unternehmensführung, die alle Bereiche eines Unternehmens danach ausrichtet, dass die Wünsche der Nachfrager optimal erfüllt und die Erfolgschancen im Wettbewerb für das Unternehmen erhöht werden. Dies gilt insofern auch dann, wenn ein Unternehmen sich bewusst gegen eine Markenstrategie entscheidet und sich z. B. als Kostenführer und bevorzugter Partner des Discounts profiliert. Auch diese Strategie hat im Lebensmittelbereich erfolgreiche Hersteller wie Stute oder Stollenwerk hervorgebracht.

Marketing ist heute in vielen Lebensbereichen gegenwärtig: Wir sprechen von Handelsmarketing, Dienstleistungsmarketing, Bankenmarketing, Sozialmarketing. In seinem Ursprung aber ist Marketing die Philosophie für erfolgreiche Unternehmenskonzepte produzierender und vermarktender Unternehmen, die ihre Ge- und Verbrauchsgüter in wettbewerbsorientierten Wirtschaftsordnungen verkaufen.

Marketing hatte und hat nicht in allen Gesellschaftssystemen den gleichen Stellenwert wie in der marktwirtschaftlich orientierten Welt. Dabei macht es keinen Unterschied, ob wir von freier Marktwirtschaft oder von sozialer Marktwirtschaft sprechen. Entscheidend ist, dass sich die Notwendigkeit und Möglichkeit, Marketing zu betreiben, überall dort ergibt, wo sich **Verkäufer-** zu **Käufermärkten** entwickeln. Gemeint ist damit ein Wandel zu einer Situation, in der Intensität und Richtung der Nachfrage und Wettbewerb zwischen den Anbietern darüber entscheiden, was verkäuflich ist und was nicht.

Planwirtschaftliche Systeme sind in einer sich immer stärker globalisierenden Welt und seit der Transformation der Länder des ehemaligen „Ostblocks" zu marktwirtschaftlichen Systemen von abnehmender Bedeutung. Dies gilt nicht nur für die inzwischen weitgehend überwundene Konkurrenz der Gesellschaftssysteme. Auch in den europäischen Agrarmärkten waren seit Beginn der europäischen Agrarpolitik planwirtschaftliche Elemente zu Hause. Der Wandel von der Notwendigkeit einer sicheren Nahrungsmittelversorgung hin zu Märkten, auf denen Käufer aus einem übervollen globalen Warenangebot wählen können, verändert auch die europäische Agrarpolitik. Dem Landwirt bieten sich mit zunehmender Bedeutung nachwachsender Rohstoffe weitere Alternativen zur Nahrungsmittelproduktion in seiner Marktstrategie.

Dass der Verbraucher auswählen, seine Bedürfnisse aus einem vielfältigen, qualitativ hochwertigen Angebot an Waren sättigen kann, dass viele Lebensmittel nicht mehr nur der physiologischen Sättigung dienen, sondern Appetit anregen, Konsumerlebnisse vermitteln und den Bequemlichkeitsbedürfnissen der Verbraucher (z. B. durch Convenience-Artikel) Rechnung tragen, ist das Ergebnis einer in Jahrzehnten erreichten Entwicklung.

Zwischen Landwirtschaft, ihren Vorleistungsbereichen und Verbrauchern sind zunehmend spezialisierte Unternehmen entstanden, die die Umformung und Verteilung der Lebensmittel durchführen. Die Leistungskraft des Agribusiness bzw. der Wertschöpfungskette Ernährung, d. h. der Gesamtheit der an der Bereitstellung von Lebensmitteln beteiligten Unternehmen, beruht auf konsequenter Arbeitsteilung und auf dem im Wettbewerb erzwungenen strukturellen Wandel. Er ist gekennzeichnet durch unterschiedliches Wachstum einzelner Unternehmen oder Branchen, durch Ausscheiden oder Neuzugang von Unternehmen und durch Verlagerungen der ausgeübten Funktionen. In dieser längerfristigen Entwicklung sind insbesondere zwei Ergebnisse bemerkenswert:

Einerseits nimmt der Anteil der Produktionsleistung der Landwirtschaft am Gesamtwert der Lebensmittel langfristig ab. Das schlägt sich in einem rückläufigen Anteil der Erzeugerpreise an den Verbraucherpreisen für Lebensmittel nieder. Entsprechend steigt der Anteil des Entgelts für Leistungen der Be- und Verarbeitung und der Verteilung („Vermarktung").

Andererseits steht das System der Wertschöpfungskette Ernährung in Konkurrenz zu allen anderen Anbietern von Gütern und Dienstleistungen für die Verbraucher, weil diese mit zunehmender physiologischer Sättigung nur einen prozentual abnehmenden Teil der Konsumsumme für Lebensmittel auszugeben bereit sind („Engel'sches Gesetz"), wogegen andere Bereiche der Lebenshaltung einen höheren Anteil am Einkommen beanspruchen.

Es ist für die gesamte Land- und Ernährungswirtschaft unumgänglich, sich den veränderten Marktverhältnissen anzupassen. Ein Teil der Landwirtschaft wird zwar durch agrarpolitische Maßnahmen vor einem schärferen Anpassungsdruck geschützt, aber auch dieser „Kernbereich" des Agribusiness, dessen Markterfolg in steigendem Ausmaß von der Leistungsfähigkeit der nachfolgenden Stufen abhängig ist, kann ebenso wenig wie die Unternehmen der Verarbeitungs- und Handelsstufen darauf verzichten, die eigenen Marktchancen zu verbessern. Der Produzent landwirtschaftlicher Güter wird vom Objekt zum Subjekt marktwirtschaftlichen Handelns. Zwei Dinge sind dazu notwendig: **Kreativität** und systematische **Planung.**

Das beinhaltet zugleich, die notwendigen, machbaren und effizientesten Problemlösungen für die vier Aktionsbereiche des Marketings zu finden und in konkrete Maßnahmen umzusetzen. Wegen der Anfangsbuchstaben werden sie englisch als 4P bezeichnet:
(1) Produktgestaltung und Sortimentspolitik (Product)
(2) Vertrieb und Distribution der Produkte (Placement)
(3) Preisgestaltung (Price)
(4) Kommunikation (Promotion).

Mit der systematischen, durch alle verfügbaren Informationen untermauerten und konsequent auf das Unternehmensziel ausgerichteten Ausgestaltung dieser „Aktionsbereiche" versucht das Unternehmen, sich aus der Umklammerung der Wettbewerber zu befreien und sich positiv von ihnen zu differenzieren, um gezielt die Nachfrage auf sich zu ziehen. Das Unternehmen hat keine andere Wahl, wenn es nicht im Wettstreit um die Gunst der Verbraucher unterliegen will. Es muss sich ganz auf den Markt ausrichten. Auf ihn müssen alle Aktivitäten in allen Bereichen des Unternehmens ausgerichtet sein.

Markterschließung und Marktsicherung gelingen umso besser, je präziser die offenen und latenten Bedürfnisse der Verbraucher analysiert werden können und je überzeugender den Verbrauchern mit der jeweiligen Marketingkonzeption eine von ihnen bisher vermisste Problemlösung angeboten wird.

Das gelingt auf überquellenden Märkten kaum mehr, wenn als Zielgruppe „die" Verbraucher schlechthin angesprochen werden. Je differenzierter und umkämpfter die Märkte werden, desto notwendiger wird für die Unternehmen gerade des Agribusiness die Ausrichtung der Aktionsbereiche des Marketings auf Teilmärkte (Marktsegmente).

Damit erklärt sich auch die Notwendigkeit für viele Unternehmen, permanent neue Produkte zu suchen (Innovation). Wo eine positive Differenzierung durch unterschiedliche Produktgestaltung oder durch Modifizierungen der Absatzmethoden nur unzureichend gelingt, kommt dem kommunikativen Marketing (Werbung, Verkaufsförderung) eine zunehmend größere Bedeutung zu.

Ein Blick in den Alltag zeigt uns, wie vielfältig die Marketingstrategien sein können, mit denen die Hersteller sich entweder auf die Marktsituation einzustellen versuchen oder aber mit denen sie das Marktgeschehen aktiv beeinflussen wollen. So ist der gesamte Markt für Tiefkühlkost ein gutes Beispiel für gelungene Innovationsstrategien: Tiefkühlkost vermittelt dem Verbraucher beispielsweise wesentlich mehr Assoziationen zu Frische als dies Konserven können. Tiefkühlkost verringert die Küchenarbeit und verschafft damit den Verbrauchern mehr Stunden für Freizeit und Unterhaltung oder eröffnet ihnen die Möglichkeit, eigener Erwerbsarbeit nachzugehen. Moderne Lebensmittel schafften damit in den letzten Jahrzehnten auch die Voraussetzung für den Rollenwandel von Mann und Frau in der Gesellschaft.

Gekühlte Fertigprodukte knüpfen an die Erfolge der Tiefkühlkost an. Vor allem die Frische-Anmutung hat den Erfolg der so genannten Chilled Convenience ermöglicht.

Exotische Obst- und Gemüsesorten bereichern nicht nur das Erscheinungsbild der Obst- und Gemüseabteilungen des Lebensmittelhandels (= Sortimentsdifferenzierung), sondern kommen auch den wachsenden Bedürfnissen der Verbraucher nach Abwechslung und Individualisierung der Lebensstile entgegen.

Aus (oft langweiligen) Produkten (z. B. Tafelschokolade) werden Markenartikel, Produkte also, die sich durch prägnante Packungs- und Namensgestaltung von Konkurrenzprodukten abheben, die dem Verbraucher das Versprechen einer konstanten, gehobenen Qualität geben, die stark beworben werden und in der Regel eine hohe nationale Distribution haben. Das Ziel aber ist, die Produkte beim Verbraucher so attraktiv zu machen, dass der Handel sie führen muss (= Profilierungsstrategie).

Neben den Marken der Lebensmittelhersteller gewinnen die Marken der Lebensmitteleinzelhändler an Bedeutung. Ebenso wie die Hersteller nach Profilierung und Kundenbindung streben, gilt dies in gleichem Maße für den Handel. Handelsmarken treten dadurch teilweise an die Stelle von Herstellermarken.

Mehr und mehr Landwirte versuchen, ihre Produkte direkt an den Verbraucher zu verkaufen, weil sie auf den herkömmlichen Absatzwegen so geringe Preise erzielen, dass sie darüber kein ausreichendes Betriebseinkommen mehr erwirtschaften können. Neben Direktvermarktung bieten Bioprodukte oder eine Kombination aus beiden Strategien den Erzeugern entsprechende Perspektiven.

Um nicht im Sog anonymer Massenmärkte unterzugehen, versucht die Landwirtschaft in vielen Regionen Deutschlands zusammen mit den regionalen Vermarktungsunternehmen, das Bewusstsein des Verbrauchers auf Regionalprodukte zu lenken.

Auch für die klassischen (zunächst homogenen) Produkte der Landwirtschaft (z. B. Fleisch, Kartoffeln und Getreide) werden Differenzierungs- und Profilierungskonzepte entwickelt, sei es durch Spezialprogramme für herausragende Qualitäten, Herkunftssicherungsprogramme oder ökologische Produktionsverfahren.

Der Markt für Landmaschinen bietet viele Beispiele für erfolgreiche Innovationsstrategien: Mähdrescher- und Traktorenhersteller bieten mehr und mehr differenzierte und verfeinerte Problemlösungen für Landwirte mit unterschiedlichen betrieblichen Voraussetzungen an.

Mit Hunderten von Produkten zeigt der Markt für Hunde- und Katzenfutter vielfältige Differenzierungsmöglichkeiten: Von Snack-Produkten bis zu lebensalterspezifischen Artikeln.

Der Pflanzenschutzmittelmarkt wird bestimmt von der Einzelmarkenstrategie (Profilierung einzelner Produkte), der Futtermittelmarkt dagegen eher von Dachmarkenstrategien (gemeinsame Bezeichnungen für die Futtermittel aus einzelnen Handelshäusern bzw. Herstellerfirmen).

So unterschiedlich die Ansprüche und Erwartungen der Verbraucher sind, so vielfältig können auch die Marketingstrategien sein.

2. Rahmenbedingungen

2.1 Die Wertschöpfungskette

Marketing verfolgt das Ziel, die Stellung eines Unternehmens im gesamten Umweltgefüge zu festigen. Jedes Unternehmen ist Element eines größeren „Systems“ und erfüllt in diesem bestimmte Funktionen. Durch die Übernahme wirtschaftlicher, gesellschaftlicher und sozialer Aufgaben ist es ebenso auf die Leistungen anderer Elemente dieses Systems angewiesen, wie es selbst Leistungen für andere Elemente erbringt.

Die Stellung von Unternehmen in der Gesamtwirtschaft wird allgemein dadurch bestimmt, dass sie im Rahmen nationaler und multinationaler Gesellschafts- und Wirtschaftssysteme mit anderen Teilen dieser „Supersysteme“ Realgüter (Sach- und Dienstleistungen), Nominalgüter (Zahlungsmittel) und Informationen austauschen. Das gilt einschränkungslos auch für Unternehmen, die Agrarprodukte erzeugen, be- und verarbeiten und an Verbraucher weiterleiten.

Dieses Gesamtsystem stellt eine umfassende Wertschöpfungskette (engl. supply chain) dar, die die unterschiedlichen Wertschöpfungs- und Veredelungsstufen bis hin zum Verbraucher umfasst. Umgangssprachlich reicht diese Wertschöpfungskette „von Saatgut bis Fast Food“. Die Kenntnis und Beherrschung dieser Wertschöpfungskette hat seit der BSE-Krise zu Beginn des Jahrtausends und der anschließend stark gestiegenen Aufmerksamkeit gegenüber den Themen Rückverfolgbarkeit und Lebensmittelsicherheit in gleichem Maße an Bedeutung gewonnen.

Für das Gesamtsystem findet sich eine Vielzahl an Bezeichnungen. Wir haben in früheren Auflagen unter anderem dafür den Begriff des Agribusiness verwendet und verwenden ihn vielfach auch in diesem Buch. In unserem Sinne ist er dabei in seiner weitestgehenden Bedeutung als umfassendes Gesamtsystem zu verstehen. Gelegentlich werden mit Agribusiness oder Agrobusiness jedoch – irreführend – auch nur die Vorleistungsbereiche der Landwirtschaft bezeichnet. Im englischsprachigen Raum existiert der Begriff zudem außer in der eigentlichen Bedeutung auch in einem anderen Sinne mit negativer Konnotation als ein Synonym für eine stark industriell geprägte Intensiv-Landwirtschaft.

Der ebenfalls das Gesamtsystem beschreibende Begriff „Agrar- und Ernährungswirtschaft“ ist in Deutschland recht weit verbreitet. In der betrieblichen Praxis fühlen sich insbesondere Vertreter weiterverarbeitender Unternehmen mit hoher Wertschöpfung wie Markenartikler oder auch Vertreter des Lebensmitteleinzelhandels selten in diesen Begriff zutreffend einbezogen.

Mit dem Erstarken des „Supply Chain Management“ als einer zentralen betriebswirtschaftlichen Funktion der Steuerung von Lieferanten- und Kundenbeziehungen und mit der gestiegenen Bedeutung der transparenten und rückverfolgbaren Wertschöpfungskette für die Vermarktbarkeit von Lebensmitteln scheint uns der Begriff der Wertschöpfungskette das Gesamtsystem der an der Leistungserstellung beteiligten Marktpartner am treffendsten zu bezeichnen.

In der englischen Übersetzung der Wertschöpfungskette Ernährung entspricht dies dem Begriff der Food Supply Chain. Der ebenfalls verwendete Begriff der Food Chain ist weniger empfehlenswert, da er meistens die Nahrungskette als Begriff der Biologie beschreibt. Der Begriff Food Value Chain bezeichnet streng genommen die Porter'sche Wertekette, die im Gegensatz zur hier gemeinten Wertschöpfungskette intraorganisatorischer Natur ist. Da gerade aber im Zuge des Supply Chain Management die vertikale Vernetzung zwischen Zulieferern und Abnehmern immer wieder neu organisiert wird und beim In- und Outsourcing von Leistungen die Beziehungen zwischen intraorganisatorisch und interorganisatorisch fließend werden, halten wir eine begriffliche Trennung zwischen Food Value Chain und Food Supply Chain für wenig zielführend. Porter selbst hat darüber hinaus für ein System ineinandergreifender Wertschöpfungsketten auch den Begriff des Value Systems verwendet.

Zum System der Wertschöpfungskette Ernährung bzw. zur Food Supply Chain werden alle direkt und indirekt an der Produktion und am Absatz von Agrarprodukten und Lebensmitteln beteiligten Gruppen gezählt, also nicht nur die Landwirtschaft, der Landwirtschaft nachgelagerte Handelsunternehmen (in unterschiedlicher Rechtsform), Ernährungsindustrie und Ernährungshandel, sondern auch Unternehmen, die Vorleistungen wie Futtermittel, Saatgut, Düngemittel, Maschinen und Geräte, Schädlings- und Unkrautbekämpfungsmittel liefern, Handelsunternehmen, die die Verteilung der Lebensmittel übernehmen sowie Kreditgeber, Versicherungsunternehmer, Transportfirmen und schließlich auch Verbände, Behörden und andere Träger verwaltender und beratender Funktionen, die in Übersicht A.1 als „Dienstleistungen“ zusammengefasst sind.

Zur Landwirtschaft (einschl. Gartenbau) werden alle Unternehmen (außer Forstwirtschaft) gerechnet, die durch planmäßige Nutzung des biologischen Potenzials von Pflanzen und Tieren pflanzliche und tierische Erzeugnisse herstellen. Diese dienen überwiegend der menschlichen Ernährung, können aber auch für andere Verwendungszwecke bestimmt sein (z. B. technische Öle und Fette, Energieträger, Fasern, Geruchsstoffe o. a.). Je nach Verwendungsart teilt sich die Wertschöpfungskette in den der Landwirtschaft nachgelagerten Bereichen in die Richtungen Lebensmittel, Futtermittel oder nachwachsende Rohstoffe. Die dominante Verwertungsform ist für landwirtschaftliche Produkte die Weiterverwendung in der Wertschöpfungskette für Lebensmittel, im Fall der Futtermittel über die darauf aufbauende Veredelung. Die Wertschöpfungskette wird so zum Wertschöpfungsnetz mit den unterschiedlichen Enden *Lebensmittel, Futtermittel* und *nachwachsende Rohstoffe.*

In Deutschland leistet die **Landwirtschaft** nur noch einen relativ geringen prozentualen Beitrag zum Brutto-Inlandsprodukt, der sich trotz steigenden Produktionsvolumens im Laufe der Jahre verringerte, während andere Bereiche der Volkswirtschaft – vor allem die Dienstleistungssektoren – einen immer größeren Anteil des Brutto-Inlandsprodukts erstellen.

Der überwiegende Teil der landwirtschaftlichen Erzeugung wird von der Landwirtschaft verkauft, ein geringerer Teil verbleibt als Nahrungs- oder Produktionsmittel in den landwirtschaftlichen Betrieben. Der so genannte Produktionswert der Landwirtschaft liegt insofern über ihren am Markt getätigten Umsätzen. Der größte Teil der Verkaufserlöse wird mit tierischen Erzeugnissen erzielt (vor allem Milch, Schweine- und Rindfleisch), der kleinere Teil mit pflanzlichen Produkten (vor allem Getreide, Zuckerrüben, Obst und Gemüse und Kartoffeln).

Vergleicht man die Produktion der landwirtschaftlichen Erzeugnisse mit dem Verbrauch in der Volkswirtschaft, so erkennt man, dass in Deutschland der Selbstversorgungsgrad ins-

Übersicht A.1

Die Wertschöpfungskette Ernährung

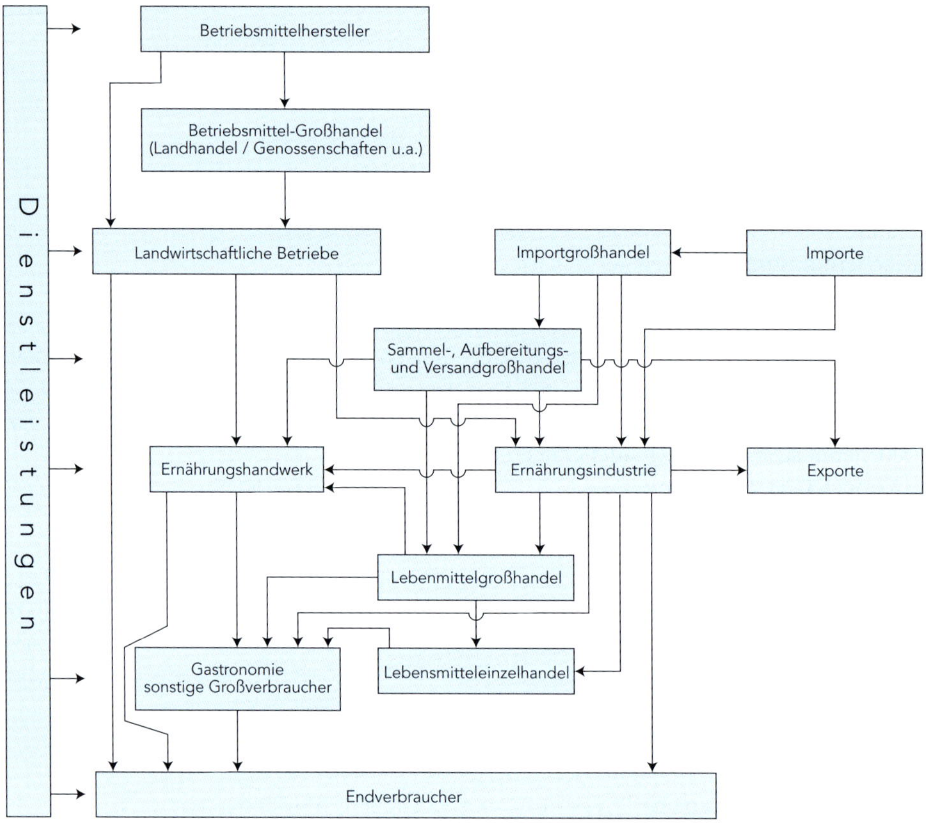

gesamt um den Wert von 100 % schwankt. Nach Produktgruppen ist dieser Wert recht unterschiedlich ausgeprägt.

Im EU-Vergleich zeigen sich zum Teil erhebliche Unterschiede, sowohl im Selbstversorgungsgrad insgesamt als auch für die verschiedenen Produktgruppen.

Die Zahl der landwirtschaftlichen Betriebe ist in Deutschland und in der gesamten EU deutlich rückläufig. Auch für die nahe Zukunft zeichnet sich ein weiterer Rückgang der Zahl der landwirtschaftlichen Betriebe bei gleichzeitig wachsender Flächenausstattung ab. Dennoch bleibt das Angebot des einzelnen Betriebes im Vergleich zum gesamten Marktvolumen für landwirtschaftliche Erzeugnisse gering.

In zahlreichen landwirtschaftlichen Betrieben werden zwar auch Produkte erzeugt, die konsumreif – direkt oder über den Handel – an Verbraucher verkauft werden, der überwiegende Teil der landwirtschaftlichen Erzeugung wird jedoch als Rohware – auch hier wiederum entweder direkt oder über eine oder mehrere Handelsstufen – an be- und verarbeitende Unternehmen abgesetzt. Je nach Umfang der Leistungen dieser nachgelagerten Stufen differieren die Anteile der Erlöse der Landwirtschaft an den Verbrauchsausgaben bei den einzelnen Produkten erheblich.

Die **Herstellung landwirtschaftlicher Betriebsmittel** verteilt sich auf unterschiedlich strukturierte Wirtschaftsbereiche, von denen hier nur die wichtigsten erwähnt werden sollen.

An der **Herstellung von Futtermitteln,** insbesondere von Mischfuttermitteln, auf die die größte Einzelposition unter den Vorleistungen für die Landwirtschaft entfällt, sind großbetriebliche spezialisierte Produktionsbetriebe ebenso beteiligt wie mittlere und kleinere Einheiten. Letztere sind meistens Betriebszweige eines genossenschaftlichen oder inhabergeführten Landhandelsunternehmens. Kennzeichnend für die Futtermittelwirtschaft ist, dass sie mit der Landwirtschaft nicht nur als Lieferant, sondern auch als Abnehmer pflanzlicher Produkte verbunden ist.

Die **Herstellung landwirtschaftlicher Maschinen und Geräte** ist in der Bundesrepublik Deutschland überwiegend mittelständisch geprägt. In der Schlepper- und Mähdrescherindustrie überwiegt allerdings der Anteil multinationaler Firmen. Unabhängig von ihrer Betriebsgrößenstruktur ist die deutsche Landmaschinenindustrie zugleich ein Beispiel erfolgreichen Exportmarketings.

Weit fortgeschritten ist die Konzentration der **chemischen Industrie,** die vor allem Düngemittel und Pflanzenschutzmittel für die Landwirtschaft bereitstellt, aber auch andere Produktionsmittel – von Zusatzstoffen für die Tierernährung bis hin zu Folien für den Freilandanbau von Gemüse und anderen Kulturpflanzen.

Großes Gewicht hat die Lieferung von Energie an die Landwirtschaft, vor allem als Dieselkraftstoff aus der petrochemischen Industrie. Die Ausgaben der Landwirtschaft für Dieselkraftstoff sind höher als beispielsweise für Düngemittel.

Eine Sonderrolle im Rahmen der Vorleistungen für die Landwirtschaft nehmen **Saatgut, Zucht- und Nutzvieh** ein, weil es sich um Betriebsmittel handelt, die aus der landwirtschaftlichen Produktion stammen. Bei ihnen stehen sich also landwirtschaftliche Betriebe als Anbieter und Nachfrager gegenüber, wenngleich sie zum Ausgleich von Angebot und Nachfrage häufig die Vermittlungsleistung einer zwischengeschalteten Handelsstufe in Anspruch nehmen müssen.

Diese vereinfachte isolierte Darstellung der Branchen auf den der Landwirtschaft vorgelagerten Marktstufen wird der Wirtschaftsrealität selbstverständlich nicht hinreichend gerecht und lässt vielfältige Differenzierungen und Überschneidungen unberücksichtigt:

So bieten z. B. einige Unternehmen der chemischen Industrie nicht nur Pflanzenschutzmittel und Tierpharmazeutika an, sondern engagieren sich ebenso in der Pflanzenzucht (z. B. „Bayer").

In der Schweine- und Geflügelzucht engagieren sich international operierende Konzerne, zu denen z. T. auch Unternehmen der Ernährungsindustrie gehören.

Der **Handel mit Betriebsmitteln** wird vor allem von inhabergeführten Landhandelsunternehmen und von landwirtschaftlichen Bezugs- und Absatzgenossenschaften wahrgenommen. Über sie werden die meisten Vorleistungen an die Landwirtschaft geliefert.

Eine eher zur Stagnation als auf weitere Expansion tendierende Entwicklung der Agrarproduktion wirkt selbstverständlich auch auf das Volumen der Vorleistungsbezüge und damit auf die Umsatzchancen der die Landwirtschaft beliefernden Handelsstufe dämpfend. Dadurch wird der Wettbewerb zwischen den Handelsunternehmen und der Strukturwandel (Verringerung der Zahl der Unternehmen) verstärkt. Das gilt gleichermaßen auch für die spezialisierten Handelsunternehmen für Landmaschinen, die in der Regel auch den handwerklich organisierten Reparaturdienst für Maschinen und Geräte übernehmen.

Durch den Strukturwandel in dem der Landwirtschaft vorgelagerten Handelsbereich treten neue Wettbewerber in Erscheinung: von dem Vordringen von Handelsagenturen

(Broker), die servicefrei oder mit betont sparsam gehaltenen Dienstleistungen die Vermittlung von Betriebsmitteln durchführen, bis hin zu Erzeugergemeinschaften unterschiedlicher Größe, die von Landwirten gebildet werden und sich auf eine begrenzte Zahl von Vermittlungs- oder sonstigen Dienstleistungsfunktionen beschränken.

Vielgestaltig wie im Vorleistungsbereich für die Landwirtschaft ist auch die Struktur der Branchen im **Absatzbereich:**

Der **Sammelgroßhandel** stellt landwirtschaftliche Produkte zu großhandelsfähigen Partien zusammen, bei einigen Produkten in den gleichen Unternehmen des inhabergeführten und genossenschaftlichen Landhandels, die auch die Belieferung der Landwirtschaft mit Vorleistungen übernehmen. Häufig wird die Wahrnehmung dieser Sammel- und Aufbereitungsfunktionen durch spezifische Marktveranstaltungen (Großmärkte, Versteigerungen u. a.) erleichtert.

Die **Verarbeitung von Agrarprodukten,** d. h. von Rohstoffen pflanzlicher, tierischer und mineralischer Herkunft durch Hinzufügen von Sach- und Dienstleistungen zu Verbrauchsgütern (vor allem Nahrungsmittel), sowie die Versorgung der Bevölkerung mit Nahrungsmitteln erfolgt vor allem durch die Unternehmen der **Ernährungsindustrie.**

Die primäre Funktion dieser Unternehmen besteht in der Herstellung von Lebensmitteln einschließlich Getränken und Genussmitteln (nicht dazugezählt werden Tabakwaren). Aus diesen globalen Aufgaben ergeben sich zahlreiche Teilfunktionen, die je nach Branche und Produkt variieren. Der zeitlich unausgeglichene (häufig saisonale) Anfall der Agrarrohstoffe muss in einen kontinuierlichen Verarbeitungsprozess überführt werden, der sich in folgende Teilfunktionen gliedern lässt:

- Erzeugung von Lebensmitteln,
- Konservierung von Lebensmitteln,
- Aufbereitung von Lebensmitteln,
- Erzeugung von Produktionshilfsmitteln,
- Abpacken von Lebensmitteln.

Die Besonderheiten der agrarischen Produktion stellt die Ernährungsindustrie vor vielfältige Aufgaben.

Agrarprodukte als Rohstoffe der Ernährungsindustrie weisen häufig folgende Merkmale auf:

- zeitlich unausgeglichene/saisonale Produktion,
- Schwankungen in der Rohstoffqualität,
- begrenzte Haltbarkeit der Rohstoffe,
- unterschiedliche Mengen aus einer vergleichsweise großen Zahl von Produktionsbetrieben.

In der Ernährungsindustrie sind zahlreiche Branchen zusammengefasst, die sich hinsichtlich ihrer Betriebsgrößen und hinsichtlich ihres Technologieniveaus erheblich unterscheiden. Darauf wird in Kapitel E 5.1 eingegangen.

Bestandteil des produzierenden Ernährungsgewerbes ist auch das **Ernährungshandwerk.** Zu ihm zählen vor allem Fleischereien, Bäckereien und Konditoreien. Sie stehen im Wettbewerb mit dem Lebensmittelsortimentshandel, jedoch mit deutlich geringerer Bedeutung regionaler oder gar nationaler Nachfragebündelung. Sowohl in der Beschaffung als auch im Absatz herrschen lokale Strategien vor. Zum Ernährungshandwerk zählen auch einige Spezialberufe wie Müller, Brauer, Mälzer und Weinküfer.

Der **Lebensmittelhandel** ist gekennzeichnet durch eine starke Verringerung der Zahl der Einzelgeschäfte, begleitet durch überproportionales Wachstum der oberen Betriebsgrößenklassen und vor allem durch die Bündelung der Nachfrage in Einkaufskontoren unterschiedlich miteinander verbundener Gruppen. Dadurch ist die Zahl der Handelsnachfrager sowohl auf regionaler als auch auf nationaler Ebene stark zurückgegangen. Gleichzeitig ist die früher funktional scharf gezogene Grenze zwischen Lebensmittelgroß- und Einzelhandel immer bedeutungsloser geworden.

Großhandel mit Lebensmitteln existiert heute noch außer in dem Format des stationären Abholgroßhandels (Cash and Carry) im Format des so genannten Zustellgroßhandels. In Letzterem haben sich auch zahlreiche mittelständische Händler behaupten können. Zu den Kunden der Großhändler gehören vor allem unterschiedliche gastronomische Betriebe wie Restaurants, Hotels und Großküchen, aber auch Kioske, Convenience-Shops und ähnliche Formate.

Zwischen den Unternehmen der einzelnen Wertschöpfungsstufen zeigen sich zahlreiche Verflechtungen und Interdependenzen: Die Großbetriebsformen des Lebensmittelsortimentshandels betreiben z. B. eigene Fleischzerlegebetriebe und sind in der Herstellung von Fleisch- und Wurstwaren sowie z. T. in der Produktion von Brot und Backwaren tätig.

Einige Handelskonzerne engagieren sich im Bereich der Gartencenter. Manche Unternehmen der Ernährungsindustrie betreiben selbst leistungsfähige Filialen auf der Stufe des Facheinzelhandels (z. B. bei Fleisch- und Wurstwaren, Brot- und Backwaren und bei Süßwaren).

Als Wachstumsbereich auf den weitgehend gesättigten Lebensmittelmärkten präsentieren sich die als **Großverbraucher** bezeichneten Unternehmen der Gastronomie und die Institutionen der Gemeinschaftsverpflegung (z. B. Firmenkantinen, Krankenhäuser, Erholungs-, Alters- und Pflegeheime, Mensen, Kasernen, Strafvollzugsanstalten). Sie werden häufig durch spezialisierte Handels- und Dienstleistungsunternehmen (Catering) versorgt. Durch die Zunahme der ganztägigen Kinderbetreuung in Kindergärten, Horten und Schulen ist in diesem Bereich ein weiterer bedeutender Markt entstanden. Dieser junge Markt hat eine Vielzahl kleiner dezentraler Strukturen von Anbietern entstehen lassen. Teilweise sind neue kleine Catering-Unternehmen entstanden, teilweise entwickeln sich Restaurants im Stadtteil über die neue Catering-Funktion zu neuen Betriebsformen.

Der Umsatz der Großverbraucher hat auf Kosten von Lebensmittelhandel und Ernährungshandwerk in den letzten zwanzig Jahren erheblich zugenommen. Insgesamt eröffnete diese Entwicklung vielen Unternehmen der Ernährungsindustrie attraktive alternative Absatzwege neben dem stark konsolidierten Lebensmitteleinzelhandel mit seiner entsprechend konzentrierten Einkaufsmacht. Das weitere Vordringen der „Systemgastronomie" führt allerdings auch in diesem Nachfragesegment zu einer Bündelung der Nachfrage.

Wettbewerbsstrukturen

Aus den geschilderten Strukturdaten lässt sich bereits erkennen, dass die einzelnen Unternehmen der Wertschöpfungskette sehr unterschiedliche Möglichkeiten haben, aktiv auf den Markt einzuwirken. Der Spielraum für eigenständiges Marketing wird neben anderen Faktoren (auf die wir in Kapitel E eingehen) vor allem von der Konkurrenz in der jeweiligen Branche bestimmt. Am deutlichsten wird das am Beispiel der landwirtschaftlichen Unternehmen. Diese bieten vielfach auf Märkten an, die dem Modell des vollkommenen Polypols nahe kommen.

Zur Beschreibung der Konkurrenzverhältnisse und der Aktionsmöglichkeiten der Unternehmen auf den jeweiligen Märkten finden zunehmend differenziertere Modellansätze Beachtung. In diesen werden in Bezug auf die Marktstruktur die Markt-Unvollkommenheits-Merkmale stärker beachtet. Zusätzlich werden neben den wirtschaftlichen Rahmenbedingungen auch die Aktivitäten der Unternehmen zur Erklärung des Marktgeschehens herangezogen. Jede Teil-Branche der Wertschöpfungskette Ernährung ist aufgrund der unterschiedlichen Verhaltensweisen der Marktteilnehmer, unterschiedlicher Rahmenbedingungen und unterschiedlicher Beziehungen der Unternehmen zu ihren jeweiligen Teilmärkten in sich keineswegs einheitlich, sondern sehr heterogen. Die Modelle berücksichtigen zugleich, dass die Marketingmöglichkeiten der Unternehmen auf den verschiedenen Marktstufen aufgrund der stark abweichenden Bedingungen sehr unterschiedlich sind. Daraus ergeben sich die in den späteren Kapiteln (vgl. vor allem Kapitel E) noch zu erläuternden strategischen Möglichkeiten der Unternehmen in den einzelnen Sektoren der Wertschöpfungskette.

2.2 Das Umfeld

Jedes Unternehmen steht in enger Verflechtung zu seiner Umwelt und muss daher auch in seinem Marketing eine Reihe von Rahmenbedingungen wirtschaftlicher, kultureller und sozialer Natur berücksichtigen.

(1) Gesamtwirtschaftliche und gesellschaftliche Rahmenbedingungen

Dass das wirtschaftliche Wachstum mit der Steigerung des realen Durchschnittseinkommens in der Volkswirtschaft das wichtigste Datum für das Niveau des Konsums setzt, liegt unmittelbar auf der Hand. Aber neben dem Wirtschaftswachstum stehen zahlreiche weitere externe Einflüsse, die von der gesamtwirtschaftlichen und gesellschaftlichen Entwicklung ausgehen. Es sei nur an die Entwicklung der Bevölkerungszahl erinnert oder auch an die regionale Verteilung der Bevölkerung, die ihrerseits durch regionalpolitische Aktivitäten beeinflusst sein kann und z. B. die zweckmäßige Distribution von Konsumgütern bestimmen kann. Auch Komponenten des sozialen Wandels wie die Verkürzung der Arbeitszeit – und damit die vergrößerte Dispositionsmöglichkeit über Freizeit –, die Berufstätigkeit einer zunehmenden Zahl von Frauen, die zeitliche Verlängerung der Schulausbildung und jede Veränderung in der Einkommens- und Vermögensverteilung setzen neue Daten für die als Anbieter auf dem Markt auftretenden Unternehmen.

(2) Staatliche Agrarmarktpolitik

Typisch für die Agrarmärkte ist die ausgeprägte staatliche bzw. in der EU supranationale Beeinflussung der Mengen einerseits und der Preisbildung andererseits. Mengensteuerung erfolgt vor allem über Quotensysteme. Ursprünglich waren diese Maßnahmen vornehmlich zur Preisstabilisierung auf den Agrarmärkten, also zur Abschwächung vor allem der erntebedingten jährlichen Preisschwankungen konzipiert. Später dienten sie dann zunehmend auch zur Preisstützung, also zur Verminderung des aufgrund zu geringer Faktormobilität im Wirtschaftswachstum bei einkommensunelastischer Nachfrage nach Agrarprodukten auftretenden Einkommensrückstandes der Landwirtschaft. Solche mengen-, preis- und finanzpolitischen Aktivitäten gehören zu den wichtigen Rahmenbedingungen der in der Food Supply Chain tätigen Unternehmen, weil u. a.

- der Außenhandelsschutz die Preise importierter Rohstoffe, aber auch importierter Konkurrenzprodukte anhebt,
- die Preise für inländische Agrarprodukte durch die Agrarmarktordnungen im Niveau fixiert und zum Teil auch in der zeitlichen Veränderung beeinflusst oder festgelegt werden,
- Interventionskäufe der staatlichen Interventionsstellen den Marktablauf beeinflussen,
- die wechselnde Höhe von Ausfuhrerstattungen die Dispositionen der Marktbeteiligten erschwert,
- Produktionsbegrenzungen den Marktzutritt für Anbieter verhindern oder erschweren und überdies in Ausmaß und Zeitdauer veränderbar sein können.

Ohne genaue Kenntnis der für den jeweiligen Markt geltenden Einzelbestimmungen, auf die hier nicht eingegangen werden kann[1], sind Unternehmensentscheidungen auf Lebensmittelmärkten nicht möglich (vgl. Kapitel A 4.4).

(3) Angebotsschwankungen auf Agrarmärkten

Die Marketingentscheidungen auf allen Stufen der Lebensmittel-Wertschöpfungskette werden u. a. beeinflusst von den Mengen- und Preisschwankungen auf den Agrarmärkten. Langfristig ist die Angebotsentwicklung der Landwirtschaft seit der zweiten Hälfte des letzten Jahrhunderts in Westeuropa durch einen anhaltenden Angebotsdruck gekennzeichnet. Dieser ergibt sich aus dem Zusammenwirken von zwei Komponenten:

- Der technische Fortschritt führt auch ohne zusätzliche preisliche Anreize zur Angebotsausweitung, weil sich durch produktionstechnische oder organisatorische Verbesserungen die Input-Output-Relation erweitert. Das führt bei unzureichender Mobilität der Produktionsfaktoren zu anhaltendem Angebotsdruck.
- Die Nachfragesteigerung bleibt hinter der Angebotserhöhung zurück. Daraus ergibt sich eine tendenzielle Preisschwäche auf den Agrarmärkten, zu deren Milderung die Instrumente der staatlichen oder supranationalen Agrarmarktpolitik eingesetzt werden („Preisstützung“).

Die langfristige Angebotsentwicklung auf den Agrarmärkten wird überlagert von kürzerfristigen Angebotsschwankungen, die teils preisunabhängig erfolgen, teils preisabhängig sind. Preisunabhängig sind die jährlichen Angebotsschwankungen bei pflanzlichen Produkten, die sich selbst bei gleichbleibender Anbaufläche, also unveränderten Rentabilitätserwartungen der Produzenten, aufgrund der jeweiligen Witterungsbedingungen ergeben. Diese Schwankungen können erheblich sein. Infolge der preisunelastischen Nachfrage führen sie zu überproportional starken, entgegengerichteten Preisausschlägen. Allerdings werden diese auf vielen Agrarmärkten durch die Instrumente der Agrarmarktpolitik abgeschwächt oder vollständig eingeebnet („Preisstabilisierung“).

Daneben sind die jahreszeitlichen Angebotsschwankungen von großer praktischer Bedeutung. Bei den meisten pflanzlichen Produkten ist die Ernte aus klimatischen Gründen zeitlich stark zusammengedrängt. Bei tierischen Produkten und einigen wenigen pflanz-

[1] Die Änderungen agrarmarktpolitischer Eingriffe und ihre Auswirkungen auf die Agrarmärkte werden einmal jährlich in einer Ausgabe („Die landwirtlichen Märkte“) der Zeitschrift „Agrarwirtschaft“ (Deutscher Fachverlag) dargestellt.

lichen Erzeugnissen (Unterglaskulturen) ist zwar eine kontinuierliche Produktion möglich, jedoch nur zu saisonal unterschiedlichen Produktionskosten, die entsprechende jahreszeitliche Angebotsschwankungen zur Folge haben. Während diese Angebotsschwankungen preisunabhängig wirksam werden, treten auf einigen Märkten preisabhängige Angebotsänderungen hinzu. Diese sind dann besonders bemerkenswert, wenn sie als relativ gleichmäßige, sich analog zu gegenläufigen Preisschwankungen vollziehende und deshalb als „zyklisch" bezeichnete Angebotsschwankungen auftreten. Sie resultieren aus gleichgerichteten, insgesamt „überdosierten" Dispositionen eines Teils der Anbieter, die ihrer Planung über die Ausnutzung vorhandener oder neu zu schaffender Kapazitäten die zum Planungszeitpunkt bestehenden Rentabilitätsverhältnisse zugrunde legen. Sobald die veränderte Produktionsmenge nach Ablauf einer Produktionsperiode marktwirksam wird, ändert sich die Preissituation durchschlagend, was nunmehr zu entgegengesetzten Anbieterdispositionen und somit – wiederum mit produktionstechnisch bedingter Verzögerung – zu gegenläufiger Preisbewegung führt. Vor allem auf den Märkten für Schlachtschweine, Gemüse und Eier treten solche zyklischen Angebotsänderungen auf.

Es bedarf keines ausdrücklichen Hinweises darauf, dass die zeitlichen Veränderungen der verfügbaren Produktionsmenge ein entscheidendes Datum für Marketingentscheidungen auf Lebensmittelmärkten sein können. Besonders deutlich tritt das immer wieder bei saisonalen Angebotsstößen (z. B. bei Salat) in Erscheinung, die die Distributionskanäle stark belasten können und bei preisunelastischer Nachfrage nur mit einschneidenden Preisrückgängen abzusetzen sind.

Ein weiteres Element der Angebotsschwankung ist mit der zunehmenden Bedeutung von Agrarprodukten als nachwachsender Rohstoff bzw. als Energieträger entstanden. Aufgrund einer generellen Substituierbarkeit von Öl durch Getreide als Brennstoff können stark steigende Energiepreise dem Lebensmittelmarkt Rohstoffe entziehen. Durch die dabei auftretende Angebotsverknappung können entsprechende Preissteigerungen die Folge sein. Preise für Lebensmittelrohstoffe können also mit den Preisen für fossile Brennstoffe schwanken. Diese Entwicklung läuft dem langfristigen Angebotsdruck auf den Agrarmärkten entgegen.

(4) Marktsättigung

Wenn noch ein Charakteristikum der Lebensmittelmärkte Hervorhebung verdient, dann sicher die im „Engel'schen Gesetz" formulierte Beobachtung von unterproportionalen Steigerungsraten der Verbraucherausgaben für Lebensmittel im Zuge des Wirtschaftswachstums. Das physiologische Aufnahmevermögen des Menschen für Lebensmittel ist begrenzt. So absolut vorgegeben wie für Lebensmittel sind die Grenzen der Nachfrageausweitung für keine andere Konsumgütergruppe. Eine weit vorangeschrittene Marktsättigung ist daher für die Lebensmittelmärkte kennzeichnend – was nicht ausschließt, dass die Situation auf den vielen Teilmärkten für Einzelprodukte durchaus unterschiedlich ist und dass es auch nach physiologischer Sättigung der Verbraucher weiterhin noch zu Nachfrageverschiebungen zwischen verschiedenen Lebensmitteln kommt (Kapitel A 3). Hoher Sättigungsgrad eines Marktes bedeutet in der Regel lebhaften Wettbewerb zwischen den Anbietern. Denn jedes neue Produkt auf Lebensmittelmärkten tritt als Substitut für bisher bereits angebotene Produkte auf. Zwar wird es im Einzelnen Unterschiede geben können. So wird der Wettbewerbsdruck, unter dem die Anbieter stehen, unter sonst gleichen Bedingungen auf den Märkten für Lebensmitteln, die als „inferiore Güter" nachgefragt werden, stärker sein als auf den Märkten für solche Lebensmittel, deren Pro-Kopf-Verbrauch bei steigendem realen Durchschnittseinkommen der Bevölkerung noch zunimmt. Die geschilderte Ausgangslage für Marketing auf Lebensmittelmärkten wird aber dadurch nicht grundlegend geändert, sondern nur modifiziert.

(5) Technischer Fortschritt

Datenänderungen für alle Unternehmen ergeben sich aus dem raschen technischen Fortschritt, der unsere gesamte zivilisatorische Entwicklung stark bestimmt. Die Erkenntnisse auf allen angewandten Wissenschaftsgebieten wachsen schnell an. Das Schlagwort, dass das menschliche Wissen in Form einer Exponentialfunktion anwachse, kennzeichnet diese Entwicklung. Alle Bereiche der Güterproduktion und der Erstellung von Dienstleistungen werden davon beeinflusst und unterliegen somit ständigem Wandel: Die elektronische Datenverarbeitung bietet nicht nur viele Rationalisierungsmöglichkeiten im internen Betriebsablauf, sondern erschließt auch viele bisher nicht zugängliche Informationsquellen. Neue Kunststoffe treten als Substitute an die Stelle bisher verwandter, häufig teurerer Werkstoffe. Neue Transportsysteme revolutionieren den Güter- und Personenverkehr, vor allem auch innerbetriebliche Warenbewegungen. Gewandelte Energiequellen führen zu veränderten Produktionsverfahren. Solche Änderungen sind für das einzelne Unternehmen im Wesentlichen unbeeinflussbar. Sofern sie Rationalisierung oder verbesserte Leistungserstellung ermöglichen, müssen sie unter dem Zwang der Konkurrenz jedoch für das Unternehmen nutzbar gemacht werden. Auch das Marketing wird davon mitgestaltet, z. B. im Bereich der Produktpolitik, an der sich für alle Branchen leicht nachweisen lässt, wie sie von jedem neuen technologischen Anstoß beeinflusst wird.

Die allgemeine Erwartung geht dahin, dass der technische Wandel nicht nur im bisherigen Tempo weiter fortschreitet, sondern sich eher noch beschleunigt. Einige beispielhaft angeführte Stichworte können andeuten, welche Änderungen für das Agribusiness besonders bedeutsam werden können:

- Veränderte Tier- und Pflanzenarten durch die Anwendung der Erkenntnisse und Verfahren der Gentechnologie,
- allgemeine beträchtliche Zunahme der Lebenserwartung, Aufschub des Alterungsprozesses,
- verbesserte und konkurrenzfähige synthetische Nahrungsmittel und Getränke,
- Entwicklung physiologisch unschädlicher Genussmittel,
- automatisierte Lebensmittelgeschäfte,
- Kurzzeit-Hochtemperatur-Technik zur Verlängerung der Haltbarkeitsdauer verarbeiteter Lebensmittel,
- Gefriertrocknung in der Lebensmittelverarbeitung,
- Anwendung der Gen- und Biotechnologie in der Lebensmitteltechnologie.

(6) Branchenentwicklung

Daten für das Unternehmen werden auch durch die Gesamtentwicklung der jeweiligen Branche gesetzt, wenn auch für das einzelne Unternehmen durch erfolgreicheres oder glückloseres Operieren am Markt ein positives oder negatives Abheben vom Branchendurchschnitt möglich ist. Selbstverständlich gehören auch die Wettbewerbsintensität in der Branche und die Struktur der miteinander konkurrierenden Unternehmen zu den kaum oder oft gar nicht vom Einzelunternehmen beeinflussbaren Fakten. Zu den Brancheneinflüssen zählen schließlich auch die Impulse, die von den Absatzmittlern auf die Hersteller ausgehen. Strukturveränderungen im Handelsbereich – wie etwa die Nachfragekonzentration des Lebensmittelhandels und bei Unternehmen der Ernährungsindustrie – können für die Hersteller neue Daten setzen, die zumindest kurz- oder mittelfristig vom einzelnen Unternehmen nicht geändert werden können.

(7) Rechtliche Rahmenbedingungen

Zahlreiche Rahmenbedingungen, die das Marketing zu respektieren hat, werden schließlich durch den Gesetzgeber festgelegt. Der Hinweis auf das in wenigen Jahren veränderte öffentliche Bewusstsein im Hinblick auf die Erfordernisse des Umweltschutzes und die daraus entstandenen gesetzlichen Bestimmungen zeigt, wie schnell sich solche Normen ändern können. Generell ist ein Trend zu verstärkter staatlicher Fixierung des Rahmens unverkennbar, innerhalb dessen die Unternehmen ihren Leistungswettbewerb austragen. Alle rechtlichen Bestimmungen aufzuführen, die zurzeit in der Bundesrepublik Deutschland die Marketingaktivitäten von Unternehmen begrenzend beeinflussen können, ist an dieser Stelle nicht möglich.

Als Hinweis für die Vielfalt und unterschiedlichen Wirkungsgrade solcher Bestimmungen seien hier nur einige besonders wichtige Regelungen für die Lebensmittelmärkte genannt. Für andere Subsektoren des Agribusiness wird darauf zum Teil im Kapitel E hingewiesen.

Die **Produktgestaltung** wird sowohl durch den Rechtsschutz z. B. für Herstellungsverfahren, Ausstattung und Markierung von Waren als auch durch Auflagen zur Einhaltung bestimmter Produkteigenschaften beeinflusst.

Die **Preispolitik** unterliegt Begrenzungen sowohl durch die Regelungen zur Sicherung des Wettbewerbs (Gesetz gegen Wettbewerbsbeschränkungen) als auch durch Bestimmungen über Rabattgewährung (Rabattgesetz) und Teilzahlungsfinanzierung. Auf manchen Märkten greift der Staat unmittelbar in die Preisbildung ein, besonders ausgeprägt durch die Agrarmarktordnungen.

Werbung und Verkaufsförderung werden stark durch das „Gesetz gegen den unlauteren Wettbewerb“ (UWG) beeinflusst, das vor allem der Sicherung eines fairen Wettbewerbs zwischen Konkurrenten dienen soll. Dem dient das grundsätzliche Verbot bezugnehmender und vergleichender Werbung. Dass durch das UWG nicht nur der Wettbewerb vor unberechtigten Eingriffen des Werbenden geschützt werden soll, sondern auch alle anderen Marktbeteiligten, zeigt sich an dem Verbot objektiv oder subjektiv unrichtiger Angaben, irreführender geographischer Herkunftsangaben und bestimmter Formen der Superlativwerbung (einschließlich der so genannten Alleinstellungswerbung, mit der ein Anbieter in der Werbung eine Spitzenstellung auf dem Markt für sich in Anspruch nimmt).

Die **Verpackung,** insbesondere die Verkaufspackung auf modernen Lebensmittelmärkten, hat eine große Bedeutung. Die zurzeit geltende Verpackungsordnung ist seit 1991 in Kraft.

Diese Verordnung verpflichtet einzelne Wirtschaftsunternehmen zur Rücknahme, Verwertung sowie zur Pfanderhebung bei Verkaufspackungen bzw. zur Beteiligung an entsprechenden flächendeckenden Rücknahmesystemen. Neben dem führenden Anbieter DSD (Duales System Deutschland) existiert eine Reihe kleinerer Entsorgungsanbieter. Zur Finanzierung dieses Systems dient der „Grüne Punkt“. Für die Benutzung des Grünen Punktes zahlen die Produzenten eine Gebühr, die sich nach den unterschiedlichen Verwertungskosten staffelt. Diese Kosten werden über die Produktpreise auf die Verbraucher überwälzt.

Maßnahmen zur Sicherung der Markttransparenz

Markttransparenz ist in der wirtschaftswissenschaftlichen Theorie ein wichtiges Kriterium für einen „vollkommenen" Markt und trägt damit zu uneingeschränktem Wettbewerb bei. Markttransparenz besteht, wenn alle Marktteilnehmer einen Überblick über das aktuelle und möglichst über das künftige Marktgeschehen haben. Dies setzt Informationen über Angebot und Nachfrage zu den geltenden und künftigen Preisen und allen sonstigen Bedingungen des betreffenden Marktes voraus. Dass eine in diesem Sinne vollkommene Markttransparenz eine idealtypische Vorstellung ist, liegt aus zwei Gründen auf der Hand:

- Eine Sammlung und Bereitstellung aller erforderlichen Informationen durch damit beauftragte Institutionen erscheint unter Kostengesichtspunkten zu aufwendig.
- Die Beschaffung und Nutzbarmachung aller Informationen für die Marktbeteiligten ist schon aus Zeitgründen in aller Regel selbst dann unmöglich, wenn sie kostenlos bereitgestellt würden.

Realistischer ist dagegen die Forderung nach einem Ausmaß von Markttransparenz, das den Teilnehmern am Markt ermöglicht, sich über die für sie praktisch relevanten Beschaffungs- und Absatzalternativen mit vertretbarem Aufwand zu informieren. Unter diesem Verständnis von Markttransparenz können staatliche Maßnahmen sinnvoll sein, um

- einen räumlichen und zeitlichen Marktausgleich zu erleichtern, weil zuverlässige Informationen die Marktpartner in die Lage versetzen, schnell und marktgerecht auf Änderungen der Marktbedingungen zu reagieren,
- einen funktionsfähigen Wettbewerb herbeizuführen durch Chancengleichheit aller Marktbeteiligten bei ihren wirtschaftlichen Aktivitäten und durch die Ermöglichung einer fairen Preisbildung,
- politischen Entscheidungsträgern eine Informationsbasis zu bieten, die das Marktgeschehen angemessen darstellen kann und daher auch die rationale Anwendung politischer Instrumente ermöglicht. Dies kommt allen Marktpartnern zugute.

Besonders das Ziel der Chancengleichheit im Wettbewerb als konstituierendes Element marktwirtschaftlicher Wirtschaftsordnung ist vorrangig bei staatlichen Maßnahmen zur Sicherung der Markttransparenz. Mit Recht, denn viele Marktteilnehmer – wie Verbraucher oder auch die Vielzahl kleiner Unternehmen, beispielsweise landwirtschaftliche Betriebe – sehen sich gegenüber großen, straff organisierten Unternehmen in ihrer Marktstellung benachteiligt. Informationsvorsprünge, die sich größere Unternehmen naturgemäß leichter erwirtschaften können, sind durch Maßnahmen der Marktberichterstattung durch neutrale, öffentlich beauftragte Institutionen zumindest abzuschwächen.

Aus **sektoraler** oder volkswirtschaftlicher Sicht ist Markttransparenz mit gleichen Informationen für alle eine Bedingung für wettbewerbliche Marktstrukturen.

Ein hohes Maß an Markttransparenz für alle Marktbeteiligten ist aber nicht immer im Interesse des einzelnen Unternehmens. Für das Marketing im Unternehmen ist gerade die Exklusivinformation über Marktverhältnisse – wie z. B. günstige Bezugsquellen, Marktnischen beim Absatz usw. – ein entscheidender Erfolgsfaktor und gewinnt zunehmend an Bedeutung. Der Informationsvorsprung gegenüber den Wettbewerbern stellt daher häufig auch einen entscheidenden Wettbewerbsvorsprung dar. Marketingstrategien und Produkte eines Unternehmens können sich am Markt desto besser behaupten, je mehr sie sich gegenüber der Konkurrenz profilieren und abgrenzen. Eine individuelle Informationspolitik kann die Spielräume im Wettbewerb dafür eröffnen. Aus einzelbetrieblicher oder **betriebswirtschaftlicher** Perspektive können Unternehmen erst dann Wettbewerbsvorteile für sich nutzen, wenn der Markt Merkmale der Unvollkommenheit aufweist, wenn also Informationsvorsprünge genutzt werden können.

Das Bemühen öffentlicher Institutionen um eine weitgehende Transparenz für alle Marktbeteiligten, reduziert auf notwendige Informationen, wird aus übergeordneter volkswirtschaftlicher Sicht fortgesetzt werden müssen. Aber damit wird man niemals Informationsvorsprünge einzelner Unternehmen ausschalten können. Vielmehr werden künftig Informationsunterschiede zunehmen. Dies manifestiert sich gerade in den neunziger Jahren auch in fortschreitenden Entwicklungen von Informationstechnologien und Markt- und Marketinginformationssystemen, die den Begriff des „Informationszeitalters" gerechtfertigt erscheinen lassen.

Die dynamischen Entwicklungen auf den Märkten gerade auch der Agrar- und Ernährungswirtschaft sind gekennzeichnet von zunehmender Spezialisierung und Differenzierung, aber auch von rasch wechselnden politischen Rahmenbedingungen und internationalen Verflechtungen. Demzufolge werden die Interessen und damit die Informationsbedürfnisse künftig immer weniger durch standardisierte Berichterstattung bedient werden können. Neue Formen von Marktinformationen werden sich behaupten.

Welche Maßnahmen kann nun der Gesetzgeber ergreifen, um das volkswirtschaftliche Maß an Informationen zur Sicherung einer – realistischen, nicht idealtypischen – Markttransparenz herbeizuführen? Dies sind einige der traditionellen staatlichen Bemühungen:

Zum Grundauftrag einer Sicherung der Markttransparenz tragen zahlreiche staatliche Stellen bei wie Statistische Ämter, für die Agrar- und Ernährungswirtschaft insbesondere auch das Bundesministerium für Ernährung, Landwirtschaft und Verbraucherschutz.

Für die Branchen und Unternehmen der Agrar- und Ernährungswirtschaft war bis 2009 die umfangreiche **Agrarmarktberichterstattung der ZMP** (Zentrale Markt- und Preisberichtsstelle der Deutschen Agrarwirtschaft) als Informationsquelle wichtig. Bis die Finanzierung – aus Pflichtabgaben der Land- und Ernährungswirtschaft aus dem „Absatzfonds" – als nicht verfassungskonform beendet wurde, ermittelte die ZMP umfangreiche Marktinformationen zu fast allen landwirtschaftlichen Produkten durch Erhebungen an Marktplätzen und bei der aufnehmenden Hand. Mit Kommentaren und Tendenzen versehene Daten wurden mit Hilfe verschiedener Medien veröffentlicht (Fachzeitschriften, Tagespresse, ZMP-eigene Publikationen wie Marktberichte, Bilanzen, aber auch spezielle Faxdienste). Mit diesem Instrument wurde neben der grundsätzlich an alle gerichteten – und von allen mitfinanzierten – Marktinformation auch bezweckt, im Sinne der Chancengleichheit die Marktstellung der landwirtschaftlichen Betriebe gegenüber der stärker organisierten Abnehmerseite zu festigen. Gerade die wichtige Zielgruppe der Landwirte konnte diese Daten allerdings nur eingeschränkt für die Unterstützung von Entscheidungen nutzen. Die Kernprobleme stellen sich wie folgt dar:

- Die ZMP-Daten stammten vornehmlich aus Befragungen der Handelsstufe. Rückschlüsse auf die Erzeugerdaten waren aufgrund von unterschiedlichen Vermarktungskosten und Zahlungsbedingungen nur eingeschränkt aussagefähig. Auch die Berichterstattung auf der Grundlage von Standardqualitäten war nicht für jeden Landwirt von Nutzen.
- Durch den Strukturwandel reduzierte sich die Zahl der meldenden Betriebe auf der Handelsebene, so dass die Aussagefähigkeit der von dort stammenden Informationen und ihre Repräsentanz eingeschränkt wurden.

- Notierungen und Preismeldungen wurden im Regelfall für große Gebiete erstellt, in denen höchst unterschiedliche Marktstandorte zusammengefasst waren. Der für ein Gebiet ermittelte Durchschnittspreis konnte in seiner Höhe nur für einen Ort aussagefähig sein, an dem alle Marktbedingungen im durchschnittlichen Ausmaß zutreffen.

Für die Landwirte können Preismeldungen daher lediglich als Orientierungsgröße dienen. Diese Mängel der Marktberichterstattung haben bereits vor Beendigung der Arbeit der ZMP zur Entwicklung und erfolgreichen Einführung von alternativen Informationssystemen geführt, die beispielsweise im Rahmen geschlossener Benutzergruppen funktionieren und mit moderner Kommunikationstechnik ausgestattet sind. Dies belegt, dass auch bei landwirtschaftlichen Unternehmern die Einsicht wächst, eigene Wege zur Information und zur Erwirtschaftung eines Informationsvorsprungs zu beschreiten. Diese und auch verstärkte Aktivitäten von Erzeugerzusammenschlüssen auf dem Gebiet der Informationsgewinnung und -verarbeitung deuten darauf hin, dass

a) sich das Informationsbedürfnis differenziert,
b) die traditionelle Marktberichterstattung keine hinreichende Basis bietet, die den wachsenden Anforderungen an die Qualität von Informationen gerecht werden kann,
c) ein eigenes Engagement bei der selektiven Beschaffung von Informationen lohnend ist und
d) die Entwicklung neuer Ansätze und – mindestens ebenso wichtig – die stete methodische Fortentwicklung bestehender Systeme von wachsender Bedeutung sind für die Anpassung an die dynamischen Entwicklungen auf den Agrarmärkten und schließlich für einen funktionierenden Wettbewerb.

Ministerien auf Bundes- und Länderebene versuchen, die durch den Wegfall der ZMP entstandene Lücke auf der Grundlage der Offizialstatistik jedenfalls teilweise zu schließen. Sie bedienen sich dabei auch privater Dienstleister.

Dem Interesse der Verbraucher an Information und Aufklärung über das Geschehen auf den Lebensmittelmärkten werden sowohl **gesetzliche Regelungen** als auch die Aktivitäten der Verbraucherorganisationen und der aus Bundesmitteln finanzierten Stiftung Warentest gerecht. Dem Verbraucher fehlt es neben Bewertungsmaßstäben zur Qualitätsbeurteilung und Preiswürdigkeit häufig an Zugangsmöglichkeiten und Zeit zur Erschließung zuverlässiger Informationsquellen. Gesetzliche Regelungen zum Verbraucherschutz sind insbesondere die des **Lebensmittelrechts** (Regelung der Zusätze, der Verarbeitung und Behandlung sowie deren Überwachung, Kennzeichnung usw.).

Ergänzt werden die Maßnahmen durch **Verbraucherverbände.** Die Arbeitsgemeinschaft der Verbraucherverbände (AGV) fungiert für diese Organisationen als Dachverband und repräsentiert mehr als 8 Mio. Verbraucher.

Auf breite Anerkennung und Zustimmung stößt die Arbeit der **Stiftung Warentest.** Sie wurde 1964 vom Bund gegründet „mit dem Zweck der Unterrichtung der Öffentlichkeit über objektive Merkmale des Nutzens und Gebrauchswertes von Waren und Leistungen, die in größerem Rahmen, in grundsätzlich gleichartiger Beschaffenheit und in einer zu ihrer Identifizierung gleichartigen Weise angeboten werden".

Der Schwerpunkt der Stiftung Warentest lag viele Jahre in der Prüfung von Produkten im technischen Bereich. Zunehmend gewinnt aber auch die Prüfung von Lebensmitteln an Bedeutung.

Die Verarbeitung der Testergebnisse erfolgt durch die Zeitschrift „Test“. Viele der Hersteller haben die Orientierungsfunktion dieses Mediums erkannt und setzen positive Testergebnisse für ihre Produkte aktiv in der Werbung ein.

Für einige Lebensmittelmärkte gelten **Handelsklassenregelungen,** die sowohl für Unternehmen der Agrar- und Ernährungswirtschaft als auch für Verbraucher klare Qualitätsbeurteilungen ermöglichen und somit die Markttransparenz fördern. Sie sind entweder in Verordnungen festgelegt, die aufgrund des deutschen Handelsklassengesetzes von 1968 erlassen sind, oder sie gelten für die gesamte Europäische Union aufgrund entsprechender EU-Verordnungen. Nach diesen Bestimmungen muss das Marktangebot einer Reihe von Lebensmitteln nach Handelsklassen gegliedert sein, die sich nach Qualitätskriterien richten.

Auf Basis der in diesen staatlichen oder supranationalen Regelungen festgelegten Abgrenzung der Handelsklassenschemata („Standardisierung“) muss das Marktangebot laufend in diese Handelsklassen eingeteilt werden („Klassifizierung“). Beispielsweise gelten Handelsklassen für geschlachtetes Geflügel, frisches Obst und Gemüse, Speisekartoffeln und Eier. Zweifellos wird den Marktbeteiligten dadurch der Überblick über das jeweils verfügbare Angebot sehr erleichtert. Selbstverständlich ist es kein Zufall, dass Handelsklassen vor allem für landwirtschaftliche Frischwaren große Bedeutung erlangt haben, bei denen das Marktangebot aufgrund des biologischen Charakters der Produktion große Qualitätsunterschiede aufweist und erst durch die Gliederung des Angebots nach Handelsklassen für alle Marktbeteiligte überschaubar wird. Zugleich wird durch diese Klassifizierung die Befriedigung differenzierter Verbraucherwünsche, die sich auf unterschiedliche Qualitäten (und damit Preisabstufungen) des gleichen Produkts richten, möglich. Schließlich sind Handelsklassen auch ein Beitrag zur Rationalisierung des Warenflusses, weil bei einer ausreichend tiefen Unterteilung der Handelsklassen mit klaren Abgrenzungskriterien die Verständigung der Marktpartner auch ohne Inaugenscheinnahme der Ware möglich wird.

Für die Unternehmen wäre eine Regelung prinzipiell auch im Wege einer von den Wirtschaftsteilnehmern vereinbarten Norm darstellbar. Die staatliche Regelung entlastet die Marktteilnehmer, da dadurch die Kosten der Kontrolle und Sanktionierung von den Marktteilnehmern auf die Allgemeinheit übertragen werden.

Für die Verbraucher ist die Verpflichtung der Unternehmen auf der Einzelhandelsstufe zur Preisauszeichnung ein besonders wichtiger Beitrag zur Schaffung von Markttransparenz. Erst dadurch wird der Preisvergleich der Einzelhandelsangebote möglich. In der Preisauszeichnungsverordnung wird der Einzelhandel, der gewerbs- oder geschäftsmäßig Waren zum Kauf anbietet, deshalb zur Preisauszeichnung beim Absatz an Endverbraucher verpflichtet. Gleichzeitig muss die Ware in der Auslage sichtbar mit Preisen ausgezeichnet sein. Eine wichtige Ergänzung besteht durch die seit den 70er Jahren geltende Bestimmung des Eichgesetzes, nach der Fertigpackungen von Lebensmitteln und einer Reihe anderer Konsumgüter (z. B. Wasch- und Reinigungsmittel) eine Auszeichnung des Stückpreises (für 1 kg bzw. 1 l) aufweisen müssen. Bestimmte Maße bzw. Gewichte oder bestimmte produktspezifische Maßeinheiten (z. B. bestimmte flüssige Erzeugnisse wie Spirituosen, Erfrischungsgetränke, bestimmte Obst- und Gemüsekonserven, bestimmte Milch- und Fleischerzeugnisse) sind davon ausgenommen. In der Verordnung über Fertigpackungen sind bestimmte produktspezifische Ausnahmen von der Verpflichtung zur Angabe des Grundpreises geregelt, zum anderen werden technische Einzelheiten – z. B. die Schriftgröße und die Lokalisierung der Grundpreisangabe in unmittelbarer Nähe des Stückpreises auf der Packung – festgelegt.

Mit diesen Rahmenbedingungen werden lediglich einige besonders wichtige der für das einzelne Unternehmen nicht beeinflussbaren externen Daten beleuchtet. Die kurzen Erläuterungen zeigen bereits, dass kein Unternehmen in seinen marktbezogenen Strategien autonom handeln kann, sondern dass die Einbettung in eine sich ändernde ökonomische und gesellschaftliche Umwelt seinen Aktionsraum einengt. Die Verfolgung bestimmter Marketingstrategien kann dadurch unterbunden, andere Strategien hingegen können begünstigt werden.

3.
Käuferverhalten

Wir haben Marketing definiert als eine unternehmerische Denkweise, die den Markt in den Mittelpunkt aller unternehmerischen Planungen und Aktivitäten stellt. Dieser Markt ist – wie wir gesehen haben – kein abstraktes Gebilde, sondern tritt dem Anbieter sehr konkret in den Verhaltensweisen seiner Abnehmer und Konkurrenten gegenüber.

Wenn ein Unternehmen seine Aktivitäten an die Wünsche des Marktes anpassen und zugleich aktiv diesen Markt gestalten will, dann bedeutet das also letztlich, dass alle Marketingaktivitäten auf die Kaufentscheidungen seiner Kunden einwirken müssen (sei es im Sinne einer Stabilisierung der bestehenden Verhaltensweisen oder im Sinne einer Veränderung des Kaufverhaltens).

Marketing setzt damit voraus, dass das Verhalten der bisherigen und potenziellen Kunden und insbesondere der einzelnen Bestimmungsgründe ihrer Kaufentscheidung bekannt sind. Nur dann ist für ein Unternehmen im Voraus abschätzbar, wie sich die Käufer in der Entscheidung für ein bestimmtes Produkt verhalten werden und wie die Marketingaktivitäten hierauf abzustellen sind.

Der zielgerichtete Einsatz des Marketinginstrumentariums erfordert somit Informationen über folgende wesentliche Fragen im Zusammenhang mit dem Käuferverhalten:

- Wer? (Käuferstruktur)
- Kauft was? (Produkte)
- Wofür? (Verwendungszweck)
- Wie oft? (Kaufhäufigkeit und -intensität)
- Wann? (Zeitpunkt)
- Wo? (Einkaufsstätten)
- Warum? (Bestimmungsgründe des Kaufs: Motive, Einstellungen, Normen, Erwartungen usw.)

Wenn Marketingaktivitäten u.a. darauf abzielen sollen, auf das Kaufverhalten einzuwirken, ist die Frage nach „Warum", also nach den Bestimmungsgründen des Kaufverhaltens, von besonderer Bedeutung.

Diese Frage ist von verschiedenen verhaltenswissenschaftlichen Disziplinen in der Vergangenheit immer wieder gestellt worden. Nicht alle Ergebnisse lassen sich ohne weiteres für praktische Marketingentscheidungen nutzbar machen, dennoch sind die dort gewonnen theoretischen Erkenntnisse für das praktische Marketing unentbehrlich.

Weder die Ökonomie noch die Soziologie oder die Psychologie sind in der Lage, jeweils für sich und ohne Rückgriff auf die Erkenntnisse benachbarter Disziplinen das Kaufverhalten zu erklären; sondern jede dieser Disziplinen kann in wichtigen Teilbereichen wertvolle Erklärungsansätze beisteuern.

Lange Zeit hat man versucht, die Wirkungsweise bestimmter Marketingaktivitäten auf den Käufer durch eine Analyse der funktionalen Abhängigkeit zwischen den auf den Käufer einwirkenden Inputs (also den Marketingmaßnahmen) und den beobachtbaren Outputs (Verhaltensweisen des Käufers) zu analysieren. Der Kunde selbst wurde dabei als nicht transparente „black-box" aufgefasst.

Die verschiedenen verhaltenswissenschaftlichen Disziplinen haben in den letzten Jahren einen Beitrag zu dem Versuch geleistet, den Wirkungsmechanismus dieser „black-box" aufzuhellen. Von den Erkenntnissen, die dabei gewonnen wurden, sind vor allem die auf der Regelungstheorie aufbauenden Einsichten von grundlegender Bedeutung:

- Es gibt in der menschlichen Psyche eine „Regelinstanz", die das Verhalten des Käufers steuert.
- Diese Regelinstanz setzt die zulässigen Abweichungen fest. D.h., sie bestimmt, welches Verhalten „erlaubt" oder „nicht erlaubt" ist.
- Sie ist in der Lage, Erfahrungen und andere Informationen zu speichern und sie zur Grundlage weiterer Entscheidungen zu machen.
- Damit das System funktioniert, muss es auftretende Störungen bewältigen. Wenn das alte Regelprogramm dazu nicht mehr ausreicht, muss ein neues Programm aufgebaut werden oder das System muss verhindern, dass Störungen überhaupt wirksam werden.

Diese „Regelinstanz" funktioniert als „Kontrollzentrale". Sie steuert im Individuum den gesamten Prozess der Informationsaufnahme und -verarbeitung und die daraus resultierenden Entscheidungsprozesse. Diese Kontrollzentrale – sie arbeitet auf der Basis von Denken und Gedächtnis – filtriert die auf den Käufer einwirkenden Informationen und misst jeden Stimulus an einem bestimmten Standard.

Mit Hilfe des Gedächtnisses speichert sie alle bisherigen Erfahrungen, z.B. mit dem Produkt oder mit vergleichbaren Kaufsituationen. Im Langzeitgedächtnis bilden sich dabei bestimmte Wertvorstellungen heraus. Das Kurzzeitgedächtnis beeinflusst dagegen die jeweiligen Einstellungen und Attitüden.

Mit Hilfe des Denkens wird ein Problemlösungsprozess in Gang gesetzt. Hier werden z.B. das Produkt bzw. die Folgen des Kaufes durch Vergleichsprozesse mit bestimmten Alternativen getestet.

Die jeweiligen Wertvorstellungen, Einstellungen und Attitüden, von denen wir wissen, dass sie die Kontrollzentrale maßgeblich steuern, werden aber nicht nur durch individualpsychologische Einflüsse (z.B. bestimmte Motive), sondern auch durch soziale Einflüsse gesteuert. Und schließlich wird die Kontrollzentrale auch noch beeinflusst durch bestimmte äußere Begrenzungen, wie z.B. das verfügbare Einkommen, die jeweilige Haushaltsgröße oder das physiologische Aufnahmevermögen.

In welcher Form die Kaufentscheidung (Prozess der Informationsaufnahme und -verarbeitung) abläuft, lässt sich am einfachsten verdeutlichen, wenn man das Käuferverhalten als Prozess darstellt.

3.1 Kaufentscheidungsprozesse

Wenn man Kaufentscheidungsprozesse darstellen und beschreiben will, muss man berücksichtigen, dass diese nur in Ausschnitten zu beobachten sind. Was sich in der „blackbox" tatsächlich „abspielt", lässt sich nur modellhaft mit Hilfe hypothetischer Konstrukte darstellen.

Ein solches Prozessmodell zeigt die Übersicht A.2. Hier sehen wir, dass vom Sinnesempfang einer Information über die Wahrnehmung, über die Suche und Bewertung von Alternativen, über den Kaufentschluss und den Kaufakt bis zur nachträglichen Bewertung alle Stufen in Abstimmung mit der Kontrollzentrale durchlaufen werden. (Ein solcher komplexer Kaufentscheidungsprozess läuft aber im Grunde nur bei innovativen Kaufentscheidungen ab, bei denen der Käufer auf kein durch Erfahrung gebildetes Programm zurückgreifen kann.)

Voraussetzung für den Kauf eines Produktes ist natürlich in der Regel, dass der Verbraucher das Bedürfnis hat, ein Produkt zu erwerben. Welches Produkt dann in einer konkreten Situation gekauft wird, hängt von der subjektiven Wahrnehmung und Beurteilung des Produktes ab.

Übersicht A.2

Ablaufschema für den Kaufentscheidungsprozess der Konsumenten

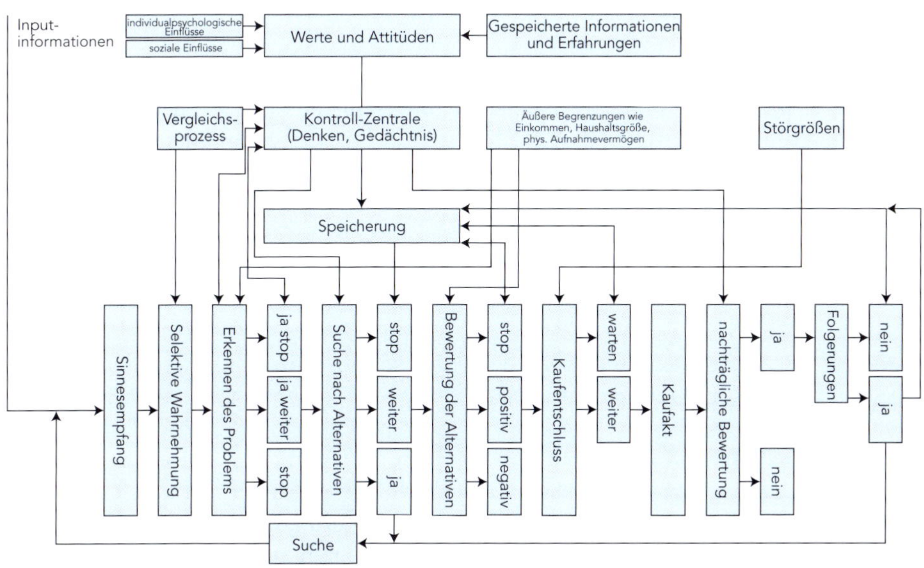

Jede Konfrontation des Verbrauchers mit einem Produkt stellt eine Information dar, die als Input auf das gesamte Entscheidungssystem einwirkt. Die Kontrollzentrale ihrerseits sorgt nun dafür, dass die Wahrnehmung des Produktes, ebenso wie jede andere Information, **selektiv** erfolgt: Das Individuum sieht ein Produkt niemals so, wie es tatsächlich objektiv ist, sondern aus subjektiv gefilterter Sicht. Die kognitive Psychologie spricht hier vom **Produktbild** bzw. **Produktimage.**

Wir verstehen hierunter die Gesamtheit oder besser Ganzheit aller Einstellungen, Kenntnisse, Erfahrungen und Wünsche, die mit einem bestimmten Meinungsgegenstand verbunden sind. Solche Meinungsgegenstände können Personen, Sachen, Firmen oder Institutionen sein.

Wichtigste Grundlage der Image-Theorie ist die Erkenntnis, dass wir es in der Beziehung zwischen Menschen und ihrer Umwelt mit zwei Realitätsebenen zu tun haben, und zwar mit einer objektiven und einer psychologischen Realität.

Bei einem Produkt liegt die objektive Realität im eigentlichen Produktkern, in der stofflichen Zusammensetzung des Produktes. Nur in den seltensten Fällen erlebt der Käufer ein Produkt ausschließlich in dieser objektiven Realität. Vielmehr sieht er das Produkt so, wie er meint, dass es sei. Es ist unzulässig, davon zu sprechen, dass die vom Käufer erlebte Realität nicht die eigentliche Wirklichkeit sei. Für den Menschen ist die Wirklichkeit das von ihm anschaulich Angetroffene oder existenziell als real Erfahrene.

Damit ist ein Image mehr als das Bild von einem Meinungsgegenstand, hinter dem dann der Gegenstand selbst stände. Das Image ist der Gegenstand selbst, so wie er dem Menschen in der von ihm erlebten Realität begegnet, und zwar bereits auch dann, wenn er sich noch gar nicht konkret mit diesem Gegenstand auseinandergesetzt hat. Diese Identität zwischen Image und erlebter Realität ist es, die das Erlebnis der angebotenen Produkte durch den Kunden bestimmt und das Verhalten ihnen gegenüber steuert.

Wichtig ist also für uns, dass die psychologischen Realitäten eines Produktes keine unverbindlichen Bilder oder Etikettierungen sind, sondern dass sie Orientierungs- und Handlungsprogramme darstellen, die das Verhältnis des Produktes zu seinen effektiven und potenziellen Käufern beeinflussen. Da das Image im Allgemeinen sehr komplex ist, d. h. aus verschiedenen Teilqualitäten besteht, muss man wissen, anhand welcher Imagedimensionen das jeweilige Produkt bewertet wird und in welcher Weise diese Bewertung das Käuferverhalten steuert.

Images bilden sich, und das ist in manchen Fällen erwünscht, in vielen anderen jedoch gefährlich, auch ohne aktives Zutun des Anbieters. Sorgt also ein Unternehmen nicht von sich aus durch aktive Information dafür, dass das Produkt sich in der psychologischen Realität in der gewünschten Form darstellt, so entstehen gefährliche Informationslücken oder Informationsleerräume. Solche Informationslücken werden dann oft mit unerwünschten Inhalten gefüllt.

Informationslücken sind vor allem bei solchen Produkten gefährlich, bei denen die Menschen nur schwer Zugang zur objektiven Realität haben. Derartige Produkte unterliegen im besonderen Maße dem Phänomen der Irradiation. Irradiation bedeutet, dass die Ausprägung des Gesamtimages eines Meinungsgegenstandes durch die Ausprägung einer bestimmten Teilbeschaffenheit des Images (einer bestimmten Imagedimension) bereits sehr wesentlich mitbestimmt werden kann oder dass Teilbeschaffenheiten sich gegenseitig beeinflussen.

Während bei Meinungsgegenständen mit leichtem Zugang zur objektiven Realität die negative Bewertung einer Teilqualität oft auf diese Qualität beschränkt bleibt und die übrigen Imagebereiche davon nicht beeinflusst werden, besteht bei anderen Produkten die Gefahr, dass eine relativ randständige negative Erfahrung das gesamte Produktimage und auch im weitesten Sinne das Image des Unternehmens als Anbieter ungünstig beeinflussen kann.

Fassen wir noch einmal die wichtigsten Erkenntnisse der Imagetheorie zusammen:

- Entscheidungen des Käufers werden vom Image bestimmt.
- Das Image ist das Ergebnis psychischer Prozesse und bisheriger Erfahrungen.
- Jede Information kann ein Image verändern.
- Teilqualitäten können auf dem Wege der Irradiation das gesamte Produktimage und auch das Unternehmensimage beeinflussen.

Das Verhältnis der Einstellung zum Image ist so zu sehen, dass die Einstellung der kurzfristige, im Moment aktivierbare Teil des Images ist. Das Verhalten wird also sowohl durch langfristige Dispositionen gesteuert als auch durch Einstellungen als Inbegriff der im Moment des Verhaltens tatsächlich wirksamen Gedächtnisinhalte.

Entscheidungsverhalten

Wie wir im letzten Abschnitt gesehen haben, durchläuft der potenzielle Käufer einen mehr oder weniger komplexen Entscheidungsprozess, bevor er sich zu einem Kaufakt entschließt. So gibt es grundsätzlich Unterschiede zwischen dem Kauf z. B. von Mähdreschern und Lebensmitteln.

Es lassen sich vier Entscheidungstypen unterscheiden, je nachdem wie intensiv sich der Kunde mit dem Kauf beschäftigt und wie stark die Entscheidung bereits prädisponiert ist.

(1) Komplexe Entscheidungen

Hier liegt ein ausführlicher Entscheidungsprozess zugrunde. Dieser Prozess beinhaltet die Problemerkenntnis inkl. Zielsuche, Suche und Bewertung von Alternativen sowie die Auswahl einer Alternative. Der Käufer entdeckt z. B. wesentliche Unterschiede zwischen verschiedenen Marken. Das Entscheidungsverhalten ist durch kognitive Beteiligung geprägt. Komplexe Kaufentscheidungen findet man häufig bei langlebigen Gebrauchsgütern und bei einem mit dem Kauf verbundenen hohen Risiko. Meist fehlen dem Käufer ausgeprägte Kenntnisse über das Produkt.

(2) Habitualisierte Entscheidungen

Habitualisierte Kaufentscheidungen spielen gerade im Nahrungsmittelsektor eine bedeutende Rolle. Sie sind dadurch gekennzeichnet, dass beim Kaufentscheidungsprozess nur in geringem Maße Informationen verarbeitet werden. Dies trifft insbesondere auf Güter des täglichen Bedarfs zu, bei denen das Risiko des Kaufakts nur gering ist. Der Kaufprozess erfolgt schnell und ist durch eine starke kognitive Entlastung getragen. Wenn der Käufer gewohnheitsmäßig seine Käufe tätigt, nimmt die kognitive Steuerung der Entscheidungsfindung ab. Dies bedeutet, dass die Beschäftigung der Käufer mit dem Kauf gering ist und er oft keine oder nur wenige Unterschiede zwischen einzelnen Marken sieht. Der Verbraucher greift häufig aus Gewohnheit zur selben Marke und nicht aus Markentreue. Es kommt zu einer sehr verkürzten Abfolge der Entscheidungsphasen. Der Kaufakt erfolgt meist direkt nach dem Erkennen des Problems.

(3) Impulsive Entscheidungen

Hier handelt es sich um eine emotional gesteuerte Reaktion auf Produktinformationen. Die Entscheidung unterliegt einer geringen kognitiven Steuerung. Man kann diese auch als ungeplante Entscheidungen bezeichnen. Impulsive Entscheidungen lassen sich noch weiter differenzieren in „reine" Impulsiventscheidungen und Überredungsentscheidungen. Bei reinen Impulsiventscheidungen liegt keine Habitualisierung des Entscheidungsprozesses vor. Impulsiventscheidungen durch Überredung schaffen aufgrund von direkten Kontaktsituationen eine spontane Kaufentscheidung. Wir finden Impulsiventscheidungen häufig bei Gelegenheits- und Verzweiflungskäufen.

(4) Adaptive Entscheidungen

Der Käufer verfügt bereits über Erfahrungen, ohne aber eine bestimmte Marke zu präferieren. Sobald ein Produkt den Ansprüchen des Verbrauchers genügt, wird der Auswahlprozess abgebrochen. Der kognitive Aufwand ist dementsprechend gering. Die Auswahl erfolgt nach bekannten Entscheidungskriterien. Die Verarbeitung von Informationen im Entscheidungsprozess erfolgt hier über so genannte Schlüsselinformationen. Diese sind für die Produktbeurteilung von besonderer Wichtigkeit (Testergebnisse, Produktempfehlungen).

(5) Abwechslungssuchende Entscheidungen

Einen besonderen Fall des Entscheidungsverhaltens stellt das so genannte „Variety seeking behaviour" (abwechslungssuchendes Entscheidungsverhalten) dar. Dieser Aspekt des Käuferverhaltens wird definiert als Phänomen, dass der Käufer bei wiederholtem Produktkauf die gewählte Marke nicht aufgrund von veränderten Präferenzen wechselt, sondern vielmehr deshalb, weil der Markenwechsel als solcher, also das Experimentieren mit einem anderen Produkt (oder auch einer anderen Einkaufsstätte), einen Nutzen für ihn darstellt.

In der Übersicht A.3 sind einige Beispiele zu den verschiedenen Entscheidungen aus dem Bereich der Wertschöpfungskette Ernährung zusammengestellt.

Übersicht A.3

Entscheidungstypen

Komplexe Entscheidung	→	Kauf von Landmaschinen, z.B. Schlepper, Zukauf von teuren Rohstoffen
Habitualisierte Entscheidung	→	Nahrungsmittel für täglichen Bedarf, z.B. Brot, Zahnpasta, Hundefutter, Futtermittel
Impulsive Entscheidung	→	Schnittblumen, Süßwaren
Adaptive Entscheidung	→	Pflanzenschutzmittel, Dünger
Abwechslungssuchende Entscheidung	→	Joghurt, Käse, Wurst, Süßwaren, Pflanzenschutzmittel

Modelle einzelner verhaltenswissenschaftlicher Disziplinen zur Erklärung des Käuferverhaltens

Die Darstellung des Käufers als komplexes, dynamisches, informationsverarbeitendes System und die Veranschaulichung des Kaufentscheids in Form eines Prozessmodells hat deutlich gemacht, dass die Erkenntnisse der verschiedenen verhaltenswissenschaftlichen Disziplinen herangezogen und integriert werden müssen.

Da wir nun nicht mehr der Gefahr unterliegen, die in den einzelnen Disziplinen entwickelten Verhaltensmodelle ausschließlich und isoliert zu sehen, können wir jetzt jeden einzelnen Ansatz gesondert betrachten.

(1) Ökonomische Erklärungsmodelle

Das ökonomische Käuferverhaltensmodell basiert auf der Haushaltstheorie. In ihr wird erläutert, für welche Güter sich ein Haushalt entscheidet bei

- gegebenem Einkommen,
- gegebenen Güterpreisen,
- gegebener Bedarfsstruktur.

Da die Bedarfsstruktur, d.h. die Rangfolge der Bedürfnisse des Haushalts, vorgegeben ist, besteht der eigentliche Entscheidungsprozess darin, die Konsumsumme so auf die gewünschten Güter zu verteilen, dass der Grenznutzen je Geldeinheit bei allen Gütern gleich hoch ist (zweites Gossen'sches Gesetz). Genau dann wird der Verbraucher bei gegebenem Einkommensniveau ein Höchstmaß an Bedürfnisbefriedigung erreichen, und keine andere Einkommensverwendung würde einen gleich großen Nutzen für ihn haben.

Der Käufer tritt uns hier als „homo oeconomicus" entgegen. Die Haushaltstheorie geht von den Prämissen aus, der Verbraucher

- handle nach dem Rationalprinzip,
- strebe Nutzenmaximierung aufgrund einer vorgegebenen Bedarfsstruktur an,
- verfüge über vollkommene Markttransparenz.

Außerdem wird implizit die Aussage des ersten Gossen'schen Gesetzes unterstellt, dass der Grenznutzen eines Gutes bei zunehmender Verfügbarkeit abnimmt.

Diese Prämissen aber sind in der Wirtschaftswirklichkeit in der Regel nicht einschränkungslos gegeben:

- Die Fiktion des rational handelnden Käufers beinhaltet, dass ein bestimmtes Ergebnis mit einem Minimum an Aufwand oder dass mit gegebenem Aufwand ein möglichst großer Nutzen erreicht wird. Diese Annahme ist allein schon deshalb unrealistisch, weil die Menschen in der Regel ihre Prioritäten für die Bedarfsdeckung nicht im Einzelnen festlegen.
- Die Vorstellung, die Menschen strebten zielbewusst nach Nutzenmaximierung, geht von der realitätsfernen Voraussetzung aus, dass die Bedarfsstruktur konstant sei. In Wirklichkeit unterliegt sie, bedingt durch Veränderungen in der Wertstruktur, einer bestimmten Dynamik.
- Der Kunde verfügt nur über begrenzte Marktinformationen, d.h. über eine unvollkommene Kenntnis des Güterangebotes. Noch weniger kann er übersehen, in welchem Umfang einzelne Güter seinen Bedürfnissen am besten entsprechen.

- Nicht alle Bedürfnisse des Menschen weisen mit zunehmender Befriedigung eine Sättigungstendenz und damit abnehmenden Grenznutzen auf. Das gilt etwa für geistige und sozial bedingte Bedürfnisse, wie etwa das Geltungs- und Machtstreben. Allerdings muss einschränkend gesagt werden, dass gerade für die physiologischen Bedürfnisse die Aussage des ersten Gossen'schen Gesetzes sehr realistisch ist. So lässt sich beim Konsum von Lebensmitteln der Sättigungsvorgang besonders anschaulich beobachten.

Auch wenn das ökonomische Modell wegen der restriktiven Prämissen in seiner Aussagekraft begrenzt ist, lassen sich aus ihm wichtige Erkenntnisse ableiten. So sind zwar selbstverständlich die Güterpreise nicht die einzigen Bestimmungsgründe für das Käuferverhalten bei gegebener Bedarfsstruktur und gegebenem Einkommen, dennoch unterliegen Kaufentscheidungen in gewissem Umfang Preiseinflüssen. In der Regel muss man erwarten, dass die Nachfrage nach einem Gut steigt, wenn der Preis sinkt und umgekehrt. Diese täglich zu beobachtenden Phänomene zeigen, dass der statistisch ausgewiesene Durchschnitt der Verbraucher zumindest in der von der Haushaltstheorie unterstellten Richtung auf Preisänderungen reagiert.

Noch deutlicher ist, dass unter sonst gleichen Bedingungen die Veränderung des Einkommens generell zu Nachfrageänderungen führt.

Die Beziehungen zwischen Preis- bzw. Einkommensänderungen einerseits und Nachfrageänderungen andererseits können in isolierender Betrachtungsweise durch die Berechnung von **Preis- bzw. Einkommenselastizitäten** der Nachfrage quantifiziert werden (siehe Formel A.1).

Bei der Ausprägung der Einkommenselastizitäten sind vier Fälle zu beachten:

- Die Elastizität ist größer als 1: Die Nachfrage reagiert elastisch.
- Die Elastizität ist kleiner als 1: Die Nachfrage reagiert unelastisch.
- Die Elastizität ist gleich 0: Die Nachfrage reagiert vollkommen unelastisch.
- Die Elastizität ist unendlich groß: Die Nachfrage reagiert vollkommen elastisch.

Formel A.1

$$h = \frac{dx \cdot E}{dE \cdot x} = \frac{\text{prozentuale Veränderung der Nachfragemenge}}{\text{Prozentuale Veränderung des Einkommens}} = \text{Koeffizient der Einkommenselastizität der mengenmäßigen Nachfrage}$$

$$h = \frac{dx \cdot P}{dP \cdot x} = \frac{\text{prozentuale Veränderung der Nachfragemenge}}{\text{prozentuale Veränderung des Preises}} = \text{Koeffizient der Preiselastizität der mengenmäßigen Nachfrage}$$

$$h = \frac{dx_1 \cdot P_B}{dP_B \cdot x_A} = \frac{\text{prozentuale Veränderung der Nachfrage nach Gut A}}{\text{prozentuale Veränderung des Preises von Gut B}} = \text{Koeffizient der Kreuzpreiselastizität}$$

Wie wir an anderer Stelle noch sehen werden, liegen die empirisch ermittelten Werte für Einkommenselastizitäten in einem sehr viel enger eingegrenzten Bereich, als es diese Aufzählung der verschiedenen Möglichkeiten vermuten lässt. Das Gleiche gilt, worauf ebenfalls noch einzugehen sein wird, für die praktisch relevanten Größen der Preiselastizität der Nachfrage, deren Werte aber wegen der gegenläufigen Veränderungen von Preisen und Nachfragemengen bis auf wenige Ausnahmen mit einem negativen Vorzeichen versehen sind.

(2) Soziologisch orientierte Erklärungsmodelle

Erklärungsmodelle des Käuferverhaltens aus dem Bereich der Soziologie beschäftigen sich mit der sozialen Abhängigkeit des Käufers von seiner Umwelt.

Jeder Verbraucher nimmt als Mitglied verschiedener sozialer Systeme bestimmte Positionen ein, an die seine Mitmenschen ganz bestimmte Verhaltenserwartungen knüpfen. Durch Normen und Werturteile der Umwelt wird der Käufer zum sozialdeterminierten Individuum. Schon von frühester Kindheit an ist der Mensch in soziale Felder eingebettet und steht durch Interaktion und Kommunikation in permanenter Beziehung zu anderen Mitgliedern der Gesellschaft. Vor allem die Werturteile des Menschen werden damit durch Bezugsgruppen strukturiert und führen zu Verhaltenserwartungen, deren Einhaltung durch soziale Mechanismen (z. B. Sanktionen) gewährleistet wird.

Dadurch, dass jeder Mensch verschiedenen sozialen Gebilden angehört, kommt es zu einer gewissen „Normfächerung“, d. h., manche Normen gelten für alle Mitglieder der Gesellschaft, andere beziehen sich dagegen nur auf kleinere Segmente.

Zugleich sind die Verhaltenserwartungen, die von den einzelnen Bezugsgruppen ausgehen, im Grad ihrer Verbindlichkeit unterschiedlich:

- Muss-Erwartungen (Ge- und Verbote bei Kindern, gesetzliche Maßnahmen) haben den höchsten Grad an Verbindlichkeit. Bei Nichteinhaltung drohen scharfe Sanktionen.
- Soll- und Kann-Erwartungen sind wirksam durch Traditionen, Sitten, Bräuche und gruppenspezifische Gewohnheiten.

Viele Menschen werden oft gegen ihren Willen in bestimmte soziale Rollen hineingedrängt und erleben durch die unterschiedlichen Verhaltenserwartungen der verschiedenen sozialen Systeme ausgeprägte Rollenkonflikte.

Sozialpsychologische und soziologische Untersuchungen zeigen, dass sowohl Primärgruppen (Familie) als auch Sekundärgruppen (Bezugsgruppen, Referenzgruppen) das Käuferverhalten entscheidend beeinflussen können.

Primärgruppen sind durch folgende Bedingungen gekennzeichnet:

- enge „Face-to-Face“-Beziehungen,
- ausgeprägtes „Wir-Gefühl“,
- hohe Integration des Einzelnen in der Gruppe.

Demgegenüber sind Sekundärgruppen folgendermaßen zu charakterisieren:

- Es besteht eine Organisation beruhend auf Satzungen und Kompetenzordnungen.
- Die Mitgliederbeziehung ist weitgehend unpersönlich.
- Die Gruppe ist relativ streng auf ein bestimmtes Ziel bezogen.

Die Primärgruppe **Familie** gilt als besonders stabiles soziales System, das herausragende Bedeutung für das Konsumverhalten ihrer Mitglieder hat. Die Eltern sind z. B. in besonderer Weise in der Lage, das Verhaltensmuster ihrer Kinder entscheidend zu strukturieren, bevor andere Einflüsse wirksam werden. Neben der Vater-Mutter-Kind-Rollenkonfiguration ist auch das elterliche Rollenverständnis für das Konsumverhalten der Familie bedeutsam. Wer innerhalb der Familie letztlich die Kaufentscheidungen fällt, hängt weitgehend von der „Macht"-Struktur in der Familie ab. Entsprechend den daraus resultierenden Handlungsdimensionen werden Familien oft als patriarchalisch, matriarchalisch oder demokratisch typisiert. Dabei ist deutlich erkennbar, dass mit zunehmender Demokratisierung der Kaufentscheid bei vielen Produkten heute, wenn auch in unterschiedlicher Gewichtung, von den Mitgliedern der Familie gemeinsam gefällt wird. Dennoch darf man davon ausgehen, dass Kaufentscheidungen für Lebensmittel weiterhin traditionsgemäß überwiegend von der Hausfrau gefällt werden. Empirische Untersuchungen zeigen, dass Ehemänner und Kinder nur zu gut einem Viertel an diesen Kaufentscheidungen beteiligt sind. Das Einkaufs- und Konsumverhalten der Familie hängt zudem weitgehend vom familialen Lebenszyklus, also von bestimmten Stadien innerhalb der Familienentwicklung, ab.

Weniger stark als von der Familie wird das Käuferverhalten von **Referenzgruppen** (Betriebsgemeinschaften, Vereinen u. Ä.) determiniert. Unter Referenzgruppen verstehen wir soziale Systeme, mit denen sich der Käufer in der Weise identifiziert, dass die Normen dieser Gruppen für ihn potenzielle Entscheidungsprämissen beim Kauf darstellen.

Der Einfluss der Referenzgruppe kann einmal eine gewisse Kontrollfunktion ausüben, zum anderen hilft er dem Gruppenmitglied aber oft, eigene Unsicherheiten zu überwinden und Orientierungsmaßstäbe zu finden. Nachweislich ist der Einfluss der Gruppen auf die Kaufentscheidung gerade in solchen Fällen am größten, in denen der Käufer nur unvollkommen über die Art und Konsequenzen der Kaufalternativen informiert war.

Einen weiteren deutlichen Einfluss auf das Verhalten des Käufers üben so genannte Bezugsgruppen oder Leitbildgruppen aus. Ihre Bedeutung liegt vor allem in der Funktion als sozialer Orientierungsrahmen. Als Orientierungssystem erfüllt die Bezugsgruppe zwei Funktionen:

- Sie dient als Vergleichsmaßstab für die Bewertung der eigenen Person.
- Zugleich ist sie Orientierungspunkt für Versuche, die Distanz zwischen dem Individuum und der Bezugsgruppe zu verringern.

Der Einfluss von Bezugsgruppen auf den Käufer ist dann besonders groß, wenn es sich um auffallende Produkte (Prestigeprodukte) handelt. Die Normen der Referenzgruppen dienen dem Käufer also in der Regel nur für solche Produkte als Bezugsrahmen, die von der Umwelt wahrgenommen werden und die zur Bildung seines Images beitragen. Die Orientierung erstreckt sich dabei, wie empirische Untersuchungen zeigen, weniger auf das Produkt als auf die Marke (z. B. bei Autos, Zigaretten und Bier).

Für das Käuferverhalten können mehrere Bezugsgruppen wirksam sein. Ihr Einfluss variiert von Produktgruppe zu Produktgruppe bzw. von Marke zu Marke.

In enger Beziehung zum Modell der Referenz- oder Bezugsgruppe steht das Konzept des Meinungsführers. **Meinungsführer** finden sich im Grunde in allen sozialen Systemen, wenn auch ihre Wirksamkeit wiederum bei den einzelnen Produkten unterschiedlich ist (vgl. dazu auch Kap. A 3.2). Besondere Bedeutung hat das Konzept des Meinungsführers für die Kommunikationsplanung. Meinungsführer nehmen nämlich oft eine besondere Multiplikatorwirkung wahr. Sie besitzen durch Informationsvorsprung oft informelle Macht. Das bedeutet, dass man vielfach davon ausgehen kann, dass in bestimmten sozialen Gruppierungen eine mehrstufige Kommunikation wirksam wird. In die Kommunikation zwischen einem Werbungstreibenden und dem Massenpublikum sind also oft Meinungsführer zwischengeschaltet. Sie verstärken oder mildern die Kommunikationswirkung bei den bereits erreichten Personen.

Meinungsführer stellen auf vielen Märkten deshalb – besonders bei Produkt-Neueinführungen – eine vorrangige Zielgruppe in der Kommunikationsplanung dar. Empirische Untersuchungen über das Kaufverhalten von Landwirten zeigen z. B. immer wieder, dass Meinungsführer erheblichen Einfluss auf die Akzeptanz neuer Produktionsverfahren oder einzelner Neuprodukte haben.

Referenzgruppen bzw. auch Meinungsführer gehören vielfach einer höheren „sozialen Klasse" an. Klassen entstehen durch die ungleiche Verteilung wertvoller Güter. Eine sozial geschichtete Gesellschaft ist daher eine Gesellschaft, in der gewisse Güter von den Mitgliedern geschätzt und angestrebt, zugleich aber ungleich unter die Mitglieder der Gesellschaft verteilt sind.

Aufgrund eines allgemeinen Konsensus werden die Menschen vielfach entsprechend der Fülle der Güter, die sie besitzen, in soziale Schichten eingestuft. Als Resultat entsteht eine pyramidenförmige Hierarchie, deren Klassen von oben nach unten an Attraktivität verlieren.

Vielfach kann man feststellen, dass das Verhalten der Angehörigen innerhalb der jeweiligen sozialen Klassen relativ homogen ist. Als Kriterien für die spezifische Schichtzugehörigkeit werden in besonderem Maße Einkommen, Beruf und Bildung verwandt.

Vielfach wird ein so enger Zusammenhang zwischen der Zugehörigkeit zu einer bestimmten Schicht und dem Konsumverhalten vermutet, dass die sozialen Klassen als bevorzugtes Gliederungskriterium zur Abgrenzung von homogenen Verbrauchergruppen herangezogen werden. Es hat jedoch den Anschein, dass die Differenzierungsfähigkeit der Schichtenmerkmale mehr und mehr nachlässt, dass sich die Klassenabstände verringern und die Übergänge immer fließender werden.

(3) Psychologisch orientierte Erklärungsmodelle

Während die Soziologie das Käuferverhalten aus der sozialen Abhängigkeit des Käufers von seiner Umwelt zu erklären versucht, beschäftigt sich die Psychologie mit dem Einzelmenschen, dem Individuum, wobei der Mensch in den einzelnen Forschungsrichtungen aus unterschiedlicher Sicht betrachtet wird.

Motivationspsychologie

Entscheidenden Einfluss auf die motivationspsychologischen Erklärungen des Käuferverhaltens haben tiefenpsychologische Forschungen gehabt. Bezugsfeld dieser Arbeiten ist die Psychoanalyse, hier vor allem die auf **Freud** zurückgehende Konzeption. In seinem Modell hat Freud die menschliche Persönlichkeit in mehrere Sphären eingeteilt, und zwar in das

- Über-Ich,
- Ich,
- Es.

Im „Über-Ich" manifestiert sich der gesellschaftliche Einfluss, der das individuelle Verhalten normativ kanalisiert und lizenziert. Das „Es" (Individual Unbewusste) umfasst den

Bereich des Einmal-Bewusst-Gewesenen, des Verdrängten und Vergessenen. In dieser Schicht dürften vor allem Wurzeln des Selbstbildes (Selbstimage) zu suchen sein, dem in der Motivforschung heute große Bedeutung beigemessen wird.

Mit der Zeit lernt das Individuum den unbewussten Bereich, hier vor allem die triebhaften Strömungen, zu kontrollieren. Diese Instanz wird das „Ich" (Individual Bewusste) genannt. Sie weist einen unmittelbaren Kontakt zur Realität auf und entspricht der Fiktion des „homo oeconomicus".

Obwohl mit dem Wirksamwerden aller Persönlichkeitsinstanzen beim Verbraucherverhalten zu rechnen ist, ist bis heute keine Aussage darüber möglich, welchen Beitrag die einzelnen Schichten zum jeweiligen Verhalten leisten. Als Determinanten des menschlichen Verhaltens sind die Motive zu nennen, die aus dem Triebgeschehen resultieren. So wie das menschliche Verhalten dynamisch ist, sind auch die Motive zeitbezogen. Hierzu tragen im Wesentlichen die so genannte Mobilisation und die Normation bei. Die Mobilisation drückt dabei den Anteil der affektiv triebhaften Wirkkräfte zur Verhaltenssteuerung aus, während die Normation den sozial-kulturellen Beitrag umfasst. Der Aspekt der affektiv triebhaften Dynamik von Motiven steht vielfach in der Motivforschung im Vordergrund. Die Triebdynamik ist, wie schon erläutert wurde, in den unteren Schichten der Persönlichkeit „lokalisiert". Da aber das Verhalten von allen Schichten gesteuert wird, ist jede Überbewertung der Triebdynamik unzulässig, etwa in der Form, dass man das Verbraucherverhalten als Ausdruck sexuellen Strebens deuten will.

Je nachdem, ob die Triebe autogen, also ohne äußeren Reizeinfluss auftreten, oder affektiv als Reaktion auf exogene Stimuli, spricht man von Instinkten und Affekten. Während die Affekte eine bedeutende Rolle im Käuferverhalten spielen, wird dem Instinkt eine geringere Bedeutung beigemessen. Genauer sind Affekte zu charakterisieren als Reaktion auf plötzliche Veränderungen des jeweiligen Reizfeldes. Hervorzuheben sind Gefühle und Stimmungen als Varianten der Affekte. Man weiß, dass gerade sie es sind, die zur „Kaufstimmung" bzw. zum „Kauferlebnis" beitragen.

Aus der Triebdynamik lässt sich vornehmlich der Schluss ableiten, dass der Mensch gerade beim Kaufakt im Spannungsfeld von Lust und Unlust agiert. So ist jeder Kaufakt von positiven und negativen Erlebnissen begleitet. Dies lässt sich leicht verdeutlichen, wenn man an den Kauf eines Produktes denkt. Da der Käufer nur eine bestimmte Konsumsumme zur Verfügung hat, bedeutet die Geldausgabe für ein Produkt den Verzicht auf ein anderes. Damit befindet er sich in einem permanenten Konflikt, der bei fast allen Kaufentscheidungen auftritt. An der Entstehung einer Handlung sind in der Regel mehrere Motive beteiligt. Je nach dem Ziel, auf das sie ausgerichtet sind, kann es zu Motivkonvergenzen bzw. -divergenzen kommen.

Ein weiterer Ansatz der Motivationspsychologie ist die **Maslow'sche Motivationstheorie.** Gegenstand ist hier die Frage nach den Motiven, die eine Kaufentscheidung bedingen. Maslow hat 1954 versucht zu klären, warum das Individuum zu bestimmten Zeiten von bestimmten Bedürfnissen getrieben wird.

Warum investiert ein Mensch mehr Zeit in seine persönliche Sicherheit, wohingegen ein anderer in gleichem Maße nach Selbstverwirklichung strebt? Als Erklärung fand er heraus, dass menschliche Motive des Handelns hierarchisch nach Dringlichkeit der Bedürfnisbefriedigung geordnet sind.

Die Maslow'sche Bedürfnispyramide

Die Bedürfnishierarchie (s. Übersicht A.4) hat fünf Stufen, wobei der Mensch stets versucht, die dringlichsten Bedürfnisse zuerst zu befriedigen. Ist ein Bedürfnis gestillt, verliert es seinen Reiz, und der Mensch strebt nach Befriedigung des nächstdringlichen Bedürfnisses. Auf der untersten Stufe stehen die **physiologischen Bedürfnisse** (wie Hunger, Schlaf, Sexualität), auf der folgenden Stufe die **Sicherheitsbedürfnisse** (wie Geborgenheit, Geselligkeit, Kontakt mit anderen), die nächste Stufe umfasst die **sozialen Bedürfnisse** (wie Zugehörigkeit, Liebe), gefolgt von den **Bedürfnissen der Selbstachtung** (wie Streben nach Leistung, Geltung, Zustimmung und Status), und auf der höchsten Stufe finden sich die **Bedürfnisse der Selbstverwirklichung** (Streben nach der Entwicklung und Entfaltung der eigenen Persönlichkeit). Welches Anspruchsniveau der Bedürfnisbefriedigung ein Mensch anstrebt, ist in erster Linie abhängig von den Einflussfaktoren, wie der Umwelt des Menschen, und gemachten Erfahrungen, wie z. B. Kaufentscheidungen der Vergangenheit.

Selbstverständlich kann die Maslow'sche Bedürfnispyramide nicht als statisches Modell angesehen werden. Nicht alle Menschen werden alle Stufen durchlaufen. Der gesellschaftliche Wandel oder der technische Fortschritt können zur Ausprägung neuer oder veränderter Bedürfnisse führen.

Die Motivtheorie von Maslow unterstützt aber das Marketing dabei, zu verstehen, wie sich bestimmte Produkte in die Zielstruktur eines potenziellen Kunden einpassen. Für Menschen, die über ein im Zeitablauf steigendes Einkommen verfügen, sind eher die oberen Schichten der Hierarchie von Bedeutung. Diese Erkenntnisse sind sowohl für die Neuproduktplanung als auch für die Werbung wichtig, indem Produkte oder Werbung so konzipiert werden, dass ein Selbstachtungsmotiv oder auch ein Bedürfnis nach Selbstver-

Übersicht A.4

Maslow'sche Bedürfnispyramide

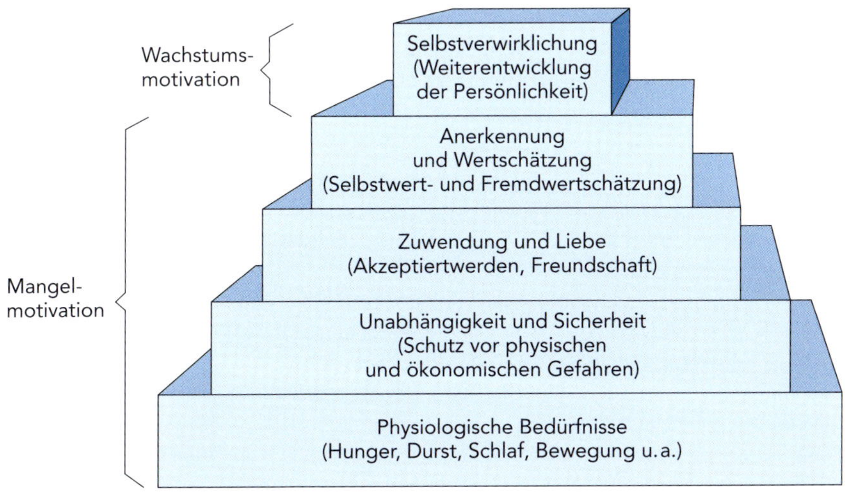

wirklichung angesprochen wird und der Kauf eines Produktes zu Befriedigung dieser Bedürfnisse führt.

Für die Marktforschung ist es häufig schwierig, aus solchen Motivbündeln die dominanten Motive zu selektieren und zu beschreiben. Motivanalysen und insbesondere darauf aufbauende Verhaltensprognosen müssen dabei berücksichtigen, dass Motivkonstellationen sich jederzeit ändern können. Denn alle Motive können Verformungserscheinungen unterliegen, etwa in Form der

- Habitualisierung,
- Autonomisierung,
- Rationalisierung.

Die **Habitualisierung** zeigt an, dass in vergleichbaren Situationen nicht immer wieder ein neuer Motivationsprozess stattfindet, sondern dass das Verhaltensmuster sich stabilisiert hat. Es kommt zur Ausbildung von Verhaltensschablonen, wie man sie gerade beim Kaufverhalten beobachten kann, wenn aus Gewohnheit ein bestimmtes Produkt immer wieder gekauft wird. Darin liegen die wichtigsten Voraussetzungen für Markentreue. Dem Verbraucher verschafft dieses Verhalten ein Gefühl der Sicherheit und ein vermindertes Risiko bei seiner Entscheidung.

Die **Autonomisierung** bezeichnet einen Motivwandel. An die Stelle eines für eine bestimmte Handlung ursprünglich maßgebenden Motivs tritt im Laufe der Zeit ein völlig anderes und ersetzt es: So wird z. B. das Streben, den Hunger zu stillen, durch ästhetische Bedürfnisse, die sich auf die äußere Produktform richten, angereichert und schließlich ausgetauscht.

Die **Rationalisierung** besagt nichts anderes, als dass das Bewusstsein versucht, bestimmte Verhaltensweisen mit dem äußeren Anschein einer vernünftigen Handlung zu bemänteln, das heißt, ursprüngliche Motive so zu modellieren, dass sie sich fugenlos in die individuelle Wertstruktur oder die vermutete soziale Erwünschtheit einordnen. Für den hier beschriebenen Vorgang sind zwei Gründe maßgebend: Zum einen werden Motive, die dem Individuum „irrational" erscheinen, abgebaut, und zum anderen werden Verhaltensweisen, deren Ursachen der Mensch nicht kennt, subjektiv transparent und erklärbar. Somit ist der Mensch in der Lage, den psychischen Spannungszustand des „Ich-weiß-Nicht" abzubauen.

Das hier geschilderte Phänomen ist im Marketing besonders bedeutsam. Einmal wird z. B. daraus deutlich, dass die Marktforschung in der Analyse des Käuferverhaltens über indirekte Befragungstaktiken die Rationalisierung ausschalten muss; zum anderen bietet sich hier ein bedeutsamer Ansatzpunkt für die Werbung, die dem Verbraucher oftmals für eine Kaufentscheidung die Begründung zu liefern sucht.

Lern- und Gedächtnispsychologie

Lernen bedeutet eine systematische Änderung des Verhaltens aufgrund von im Gedächtnis gespeicherten Erfahrungen. Die zentrale These der Lerntheorie ist, dass durch eine positive Erfahrung die Kaufreaktion verstärkt wird. Es kommt also zu einer Verfestigung der Verbindung zwischen Stimulus und Reaktion. Das Ausmaß dieser Verbindung, das ein Ausdruck für die Wahrscheinlichkeit von Wiederholungskäufen ist, wird mit Hilfe der so genannten Lernkurve erfasst.

Bekannt geworden sind die klassischen Tierexperimente von **Pawlow,** in denen er feststellte, dass dem Organismus Reflexe angeboren sind, mit denen er auf bestimmte Reize reagiert. So tritt bei Tieren, denen Futter gereicht wird, sofort Speichelfluss auf. Darüber hinaus erkannte Pawlow aber auch, dass andere Stimuli den gleichen Reflex auslösen. So hat man in den Tierversuchen zusammen mit der Fütterung ein Klingelzeichen ertönen lassen. Nach einer gewissen Zeit reichte allein schon das Klingelzeichen aus, um das Tier zur Speichelsekretion zu veranlassen. Die Speichelsekretion wird somit zum bedingten Reflex.

Dieser **Theorie der klassischen Konditionierung** steht eine andere, nämlich die der **instrumentalen Konditionierung,** gegenüber. In ihr wird eine derart unmittelbare Verknüpfung zwischen Stimulus und Reaktion bezweifelt. Vielmehr nimmt man an, dass das Verhalten des Individuums von „Trial"- und „Error"-Prozessen geprägt wird.

Bekannt geworden sind die „Labyrinthversuche", in denen Ratten durch Erfolgserlebnisse, d. h. Auffinden von Futter oder Vermeidung von Elektroschocks, lernen, ihren Weg aus einem Labyrinth zu finden. Daraus lässt sich folgern, dass für jedes Individuum eine Situation gekennzeichnet ist durch verschiedene Zeichen, die den Weg zu bestimmten Zielen beeinflussen.

Allerdings bleibt das Lernverhalten im Zeitablauf nicht konstant, sondern es ändert sich. Hier spielt ein Mechanismus eine Rolle, den man als „Generalisation" bezeichnet: Die Verstärkung einer spezifischen Antwort auf einen bestimmten Reiz wird sich nicht nur auf diese Reiz-Reaktions-Bindung beschränken, sondern wird auch auf ähnliche Verhaltensmuster übertragen. Das kann z. B. der Fall sein, wenn ein Käufer die Marke wechselt, weil die neue Marke der alten ähnlich sieht.

Das Gegenteil ist der Fall, wenn eine Reaktion auf einen Reiz nicht „belohnt" wird. Die Kopplung schwächt sich ab und wird mit der Zeit ganz auseinanderbrechen. Wenn allerdings der Käufer erkennt, dass eine andere Verhaltensweise, der Kauf eines anderen Produktes, dagegen Erfolg hat, so wird er sie von nun an öfter anwenden. Menschliche Handlungen dieser Art werden als „Diskrimination" bezeichnet.

Lernpsychologische Erkenntnisse haben sich in der Analyse und Erklärung des Käuferverhaltens in weiten Teilen bewährt.

Trotz unzweifelhafter Fortschritte und verbesserter Ansätze ist es bisher jedoch nicht gelungen, ein umfassendes Modell des Käuferverhaltens aufzustellen, in das die beschriebenen unterschiedlichen Erklärungsansätze in ihrer zutreffenden Gewichtung eingehen. Wir müssen uns daher im Verständnis des Verbraucherverhaltens mit dem Fortschritt begnügen, den uns die Interpretation des Käuferverhaltens als ein in verschiedenen Phasen ablaufender Entscheidungsprozess gebracht hat.

Von welchen Einflussfaktoren das jeweilige Käuferverhalten bei speziellen Produkten in den einzelnen Phasen bestimmt wird, kann im Grunde nur produktspezifisch von Fall zu Fall mit Hilfe der Marktforschung ermittelt werden. Dabei wird sich immer herausstellen, dass sich die Gesamtheit der Verbraucher nicht einheitlich verhält, dass sie nicht einheitliche Wünsche und Bedürfnisse hat, sondern dass sich Gruppen von Verbrauchern abgrenzen lassen, die sich durch ihre Einstellungen und ihr Verhalten unterscheiden.

3.2 Marktsegmente und Marktnischen

Die differenzierte Bedürfnisstruktur der Kunden verbietet es den Unternehmen heute in den meisten Fällen, das Marketing für ein bestimmtes Produkt oder für Produktgruppen auf die Gesamtheit der Nachfrage auszurichten.

Die im Marketing beschlossene Produktdifferenzierung beinhaltet

- nicht nur die Unterscheidung gegenüber den Konkurrenten,
- sondern zugleich die Ausrichtung auf einen begrenzten, durch bestimmte Merkmale gekennzeichneten Kundenkreis.

Eine solche Aufteilung des jeweiligen Marktes in verschiedene Kundengruppen, die in sich möglichst homogen sind, sich aber untereinander durch ihre Bedürfnisse, ihr Kauf-, Ver- und Gebrauchsverhalten oder durch unterschiedliche Reaktionen auf Umfeldänderungen unterscheiden, bezeichnen wir als **Marktsegmentierung.**

Voraussetzung für jede Form der Marktsegmentierung ist die Entwicklung geeigneter Segmentierungsvariablen, mit deren Hilfe der Gesamtmarkt in sinnvolle und lohnende Segmente (Teilmärkte) gegliedert werden kann. Auf Lebensmittelmärkten finden wir häufig folgende Segmentierungs-Ansätze:

- **Regionale Segmentierung**
  Gerade auf Lebensmittelmärkten finden wir noch immer ausgeprägte regionale/landsmannschaftliche Verzehrsgewohnheiten. Wenn auch durch die vergrößerte Mobilität der Bevölkerung solche Unterschiede an Gewicht verlieren, so ist die regionale Segmentierung doch auf vielen Teilmärkten nach wie vor bedeutsam (z. B. auf dem Biermarkt, auf dem Markt für Fleisch- und Wurstwaren u. a.).
- **Segmentierung nach demografischen Merkmalen**
  Geschlechtsspezifische Gewohnheiten finden wir z. B. bei vielen Genussmitteln (Spirituosen, Pralinen, Tabakwaren).
  Zunehmend bedeutsamer wird die Segmentierung nach Altersgruppen.
  Auch Bevölkerungsgruppen, die ihre Ernährung (häufig altersbedingt) auf besondere Gesundheitsanforderungen ausrichten müssen, können als Marktsegmente abgegrenzt werden (z. B. Diabetiker-Lebensmittel).
- **Soziografische Segmentierung**
  Die Verbrauchsunterschiede zwischen unterschiedlichen Familiengrößen, Berufsgruppen, sozialen Schichten u. Ä. nivellieren sich zwar; dennoch liegen auch hier häufig interessante Ansatzpunkte zur Segmentierung von Märkten. So finden wir zunehmend spezielle Angebote für Ein- und Zweifamilienhaushalte oder lifestyle-orientierte Angebots- und Kommunikationskonzepte.
- **Segmentierung nach psychografischen Merkmalen**
  Viele Bedürfnisse der Kunden sind, wie wir gesehen haben, psychologisch determiniert. Das Streben nach Selbstbelohnung, soziale Anerkennung, Geselligkeit u. Ä. kann bei den einzelnen Kunden sehr unterschiedlich ausgeprägt sein und bietet interessante Ansätze zur Bildung von Marktsegmenten. Die Marktforschung hat eine Reihe von Typologisierungsverfahren entwickelt, mit denen die kaufrelevanten Aspekte der Persönlichkeitsstruktur gemessen werden können.
- **Segmentierung nach Nutzenerwartungen**
  Die Anforderungen, die unterschiedliche Kundengruppen an den Nutzen der Produkte stellen, können sehr verschieden sein. Die differenzierten Nutzenerwartungen können sich bei Lebensmitteln z. B. auf den Conveniencegrad beziehen oder aber richten sich auf den psychologischen Zusatznutzen. Hier besteht eine enge Verbindung zu den psychografischen Merkmalen.
- **Segmentierung nach Verhaltensmerkmalen**
  Wie wir bereits gesehen haben, kann der Kaufentscheidungsprozess bei den einzelnen Produkten sehr unterschiedlich verlaufen (Impulskauf, habitualisierter Kauf, adaptiver

Kauf oder komplexer Problemlösungsprozess). Die Segmentierung von Märkten nach solchen Grundmustern des Einkaufsverhaltens kann erfolgversprechend sein.

- **Segmentierung nach Wertvorstellungen der Verbraucher**
  Neue Marktsegmente können entstehen, wenn Verbraucher veränderte Wertvorstellungen entwickeln, z.B. als geschärftes ökologisches Bewusstsein, das zur Bevorzugung von Bioprodukten führt (siehe Kapitel 9).
- **Segmentierung nach ethnischer Herkunft von Verbrauchern**
  Auch durch das Anwachsen der Zahl von Migranten in einer Gesellschaft können neue, nach ethnischer Herkunft der Verbraucher definierte Marktsegmente entstehen (siehe Toolbox: Ethno-Marketing).

TOOLBOX: ETHNO-MARKETING

Ethno-Marketing ist ausgerichtet auf Zielgruppen, die im Vergleich zur Mehrheit der Bevölkerung eines Staates als ethnisch andersartig betrachtet werden. In Deutschland konzentrieren sich die Bemühungen des Ethnomarketings insbesondere auf die Zielgruppen türkischstämmiger Verbraucher, Russlanddeutscher und vermehrt auch Chinesen.

Eine wesentliche Grundlage des Ethnomarketings ist die Annahme, dass die ethnischen Zielgruppen basierend auf ihrer Herkunft ein spezifisch ethnisches Konsumtions- und Rezeptionsverhalten aufweisen. Aus diesem Grund erscheint es aus Marketingsicht lohnend, diese Kundengruppen mit einem auf das ethnisch geprägte Konsumverhalten abgestimmten Marketinginstrumentarium anzusprechen. Als Beispiel können in Deutschland die so genannten Russenläden genannt werden, die ein auf russische Bevökerungskreise individuell abgestimmtes Angebot an Lebensmitteln russischer Herkunft anbieten. Während sich in Deutschland insbesondere eine Vielzahl kleinerer Marketing-Büros auf das Thema Ethnomarketing spezialisiert hat, sind etablierte Unternehmen in diesem Bereich bislang nur wenig tätig.

Im Mittelpunkt der Entwicklung von Ethno-Marketingkonzepten steht zunächst die Festlegung von Marktsegmenten, die sich in Bezug auf bestimmte Kulturelemente – z.B. Sprache – besonders ähnlich sind und sich zugleich in Bezug auf diese Merkmale deutlich von anderen Marktsegmenten unterscheiden. Konstituierende Merkmale einer solchen Segmentierung können neben der Sprache der betreffenden Zielgruppe insbesondere ihre Religion, Rituale, eingesetzte Symbole oder vorherrschende Vorbilder sein. Aus der vorliegenden Definition der anzusprechenden Zielgruppe leiten sich dann in einem folgenden Schritt wiederum die Konsequenzen für die Marketingaktivitäten ab. So ist z.B. in Bezug auf die Produktgestaltung auf die symbolische Bedeutung verwendeter Zeichen, Farben, Formen oder Figuren zu achten, ebenso können religiöse Aspekte restriktiv auf den Freiheitsgrad bei der Produktgestaltung einwirken. So verbieten z.B. einige Religionen den Konsum alkoholischer Getränke. Im Hinblick auf die Bedeutung von Farbcodes bestehen bspw. bei der Ansprache von Muslimen Restriktionen für den Einsatz der Farbe Grün, da diese im Islam die Farbe des Propheten Mohammed und aus diesem Grunde heilig und unantastbar ist.

Die Herausforderungen für die übrigen Marketinginstrumente stellen sich analog. So spielen für die Kommunikationspolitik neben sprachlichen Aspekten u. a. die eingesetzten Symbole, Zeichen und Farbcodes eine entscheidende Rolle. Ein Negativ-Beispiel aus dem internationalen Kontext liefert hier McDonald's. Das weiß geschminkte Gesicht der eingesetzten Werbefigur „Ronald McDonald" wurde in Japan zunächst nicht angepasst, nicht beachtend, dass dieses in jenem Kulturkreis als Symbol für den Tod angesehen wird.

Angesichts eines immer stärker ausgeprägten Wettbewerbsdrucks stellt die gezielte Ansprache ethnischer Gruppen für Unternehmen eine Chance dar, weitere Umsatzpotenziale zu nutzen. Dieser Trend wird durch die zunehmende Migration unterstützt, die in einem Land wie Deutschland noch relativ niedrig ist. Dabei zeigt sich die Anpassung des Marketinginstrumentariums u. a. an Sprache, Gebräuche und Symbole der anzusprechenden Zielgruppe als eine zentrale Herausforderung, will man das Risiko eines Misserfolgs der Ansprache vermeiden.

Marktsegmentierung und Marktnischen in der Landwirtschaft

Selbstverständlich sind auch Landwirte als Nachfrager von Betriebsmitteln keine homogene Gruppe. Es gibt z. B. große Unterschiede in den Betriebsgrößen. Die Betriebe haben unterschiedliche Produktionsschwerpunkte, und auch das Informations- und Einkaufsverhalten der Betriebsleiter ist sehr heterogen.

Jeder landwirtschaftliche Betrieb hat im Prinzip einen unterschiedlichen, zeitlichen, mengenmäßigen und qualitativen Bedarf an Betriebsmitteln, so dass man im Grunde genommen schon nicht mehr von gruppenspezifischen Segmentierungen, sondern von „Individualmarketing" sprechen muss. Dies wird insbesondere von den unmittelbar der Landwirtschaft vorgelagerten Stufen des Landwarenhandels auch in dem Umfang betrieben, wie diese Unternehmungen zu jedem einzelnen Landwirt in ihrem Einzugsgebiet einen individuellen Kontakt pflegen und den betriebsindividuellen Bedarf gezielt abdecken.

In der Agroindustrie finden wir ein solches betriebsspezifisches Marketing besonders ausgeprägt in der Landmaschinenindustrie, wo die Hersteller von Maschinen (beispielsweise von Mähdreschern und Ackerschleppern) sehr genau wissen, welche landwirtschaftlichen Betriebe ihre Geräte kaufen bzw. gekauft haben. Viele andere Unternehmen müssen sich in der Planung ihrer strategischen Geschäftsfelder auf betriebsgruppenspezifische Segmentierungsmöglichkeiten einstellen.

- Der Bedarf nach Pflanzenschutzmitteln ist zum Beispiel in den Regionen der Bundesrepublik sehr unterschiedlich, weil wir klima- und naturräumlich bedingt sehr unterschiedliche Verungrasungen, Verunkrautungen, Befallswerte mit Schädlingen oder mit Krankheiten haben.
- Der Mengenbedarf ist bei allen Betriebsmitteln in den ostdeutschen Bundesländern sehr viel größer als in den westdeutschen Bundesländern.
- Größere Betriebe brauchen häufig eigene Mähdrescher, kleinere nicht; aber auch kleinere Betriebe haben einen Bedarf an Landmaschinen und Ackerschleppern.
- An die Funktionsausstattung und -fähigkeit von Landmaschinen stellen die Betriebe in Abhängigkeit von ihrem Produktionssystem (beispielsweise Ackerbau im Vergleich zur Tierhaltung) sehr unterschiedliche Ansprüche.

Übersicht A.5

Nachfragertypen

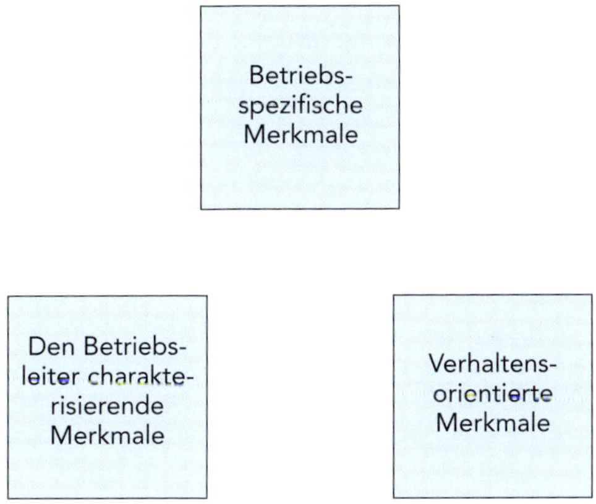

- Betriebsleiter von größeren Betrieben sind erfahrungsgemäß häufig besser ausgebildet als die von kleineren.
- Nach traditionellem Produktionsverfahren wirtschaftende Betriebe haben eine andere Nachfrage als ökologisch wirtschaftende Betriebe.
- Es gibt Landwirte, die fortschrittlicher als andere und deshalb auch anders anzusprechen sind. Auch unter den Landwirten gibt es Innovative, Nachzügler und eine (träge) breite Masse. Es gibt Meinungsführer und Nachahmer, Landwirte, die sehr von der Beratung des Handels bzw. der offiziellen Beratungsstellen abhängig sind, während andere selbst entscheiden, wie, was und wo sie einkaufen.

Landwirtschaftliche Betriebe lassen sich im Wesentlichen mit drei Gruppen von Merkmalen charakterisieren und segmentieren (im Rahmen einer statischen Betrachtungsweise).

Aus der Kombination dieser Merkmale ergeben sich unterschiedliche Nachfragertypen (Übersicht A.5):

Zu den **betriebsspezifischen Merkmalen** gehören

- Betriebsgröße
- Produktions- und Anbauprogramme
- Betriebsformen (Marktfruchtbetriebe, Futterbaubetriebe, Veredlungsbetriebe, Dauerkulturbetriebe, landwirtschaftliche Gemischtbetriebe)
- Umfang und Art der Tierhaltung
- betriebliche Ausrüstung und Mechanisierung
- Anbauprogramme und -systeme
- Produktionsformen (konventionell, integriert, ökologisch)
- Standortvoraussetzungen
- ökonomische Ergebnisse.

Die Betriebsleiter lassen sich durch **demografische und psychografische Merkmale** charakterisieren:

- Alter
- Ausbildungsstand

- Meinungsführerfunktion (z. B. durch Mitgliedschaft in Gremien, Organisationen, Bedeutung in lokalen Kommunikationsrunden, Einstellungen zur Wissensvermittlung)
- Business-Orientierung (Professionalität der Betriebsführung, Produktionsorientierung, Verkaufsorientierung)
- Investitionsorientierung (Wissen, Risikobereitschaft, Eigenständigkeit in der Entscheidungsfindung)
- Preisbewusstsein und -sensitivität (Verhandlungsaggressivität, Kostenorientierung)
- Problemlösungsfähigkeit (Kenntnisse, Wissen, eigenständige Entscheidungsfindung, systematische Planung).

Verhaltensorientierte Kriterien zur Beschreibung von Landwirten sind:
- das heutige und künftige Einkaufsverhalten
- die Teilnahme an Gruppen (Einkaufsgruppen), Erzeugergemeinschaften usw.
- das Informationsverhalten (Art der genutzten Medien).

Wir werden in den späteren Kapiteln (speziell E 1 und D 5) auf Einzelheiten und zusätzliche Aspekte noch zu sprechen kommen.

Es ist Aufgabe der Marktforschung, Informationen dafür bereitzustellen, nach welchen Kriterien eine Marktsegmentierung sinnvoll und lohnend ist. Dabei wird man nach der Erarbeitung geeigneter Kriteriengruppen kritisch fragen müssen,
- ob der ins Auge gefasste Segmentierungsansatz ein ausreichendes Differenzierungspotenzial vom Wettbewerb beinhaltet,
- ob eine „lohnende" Bearbeitung des Marktsegmentes möglich ist,
- ob das sich abzeichnende Segment unter dem Blickwinkel der unternehmerischen Stärken und Schwächen bearbeitet werden kann.

Die methodische Vorgehensweise bei der Marktsegmentierung ist häufig in eine Phase der Grob- bzw. Makrosegmentierung mit einer anschließenden Phase der Detailsegmentierung gegliedert (vgl. Übersicht A.6).

Auch bei erfolgreicher Marktsegmentierung ist es niemals möglich, den abgegrenzten Teilmarkt durch einen noch so starken Einsatz von Marketingaktivitäten von heute auf morgen zu erschließen. Das ergibt sich daraus, dass Innovationen auch auf einem Teilmarkt nicht von allen Verbrauchern gleichzeitig übernommen werden. Im Einzelnen erläutert die Adoptionsforschung, wie sich die Mitglieder eines Sozialsystems in zeitlicher Aufeinanderfolge einer Marktneuerung zuwenden. Diese Übernahme eines neuen Produktes schlägt sich bei langlebigen Konsumgütern im erstmaligen Erwerb nieder, bei Gütern des täglichen Konsums, also z. B. auch bei Lebensmitteln, in der Entscheidung, das betreffende Produkt regelmäßig zu konsumieren. Entsprechend der zeitlichen Reihenfolge der Übernahme neuer Produkte lässt sich folgende Typologisierung der Verbraucher treffen:
- Innovatoren,
- frühe Übernehmer,
- frühe Mehrheit,
- späte Mehrheit,
- Nachzügler.

Übersicht A.6

Methodische Vorgehensweise bei der Marktsegmentierung

1. Phase: Grob- bzw. Makrosegmentierung

Arbeitsschritt 1:
- Erarbeitung von Kriteriengruppen für die Segmentierung
  - Kriterien für die Bildung von Kundensegmenten
  - Kriterien für die Erfassung der Bedürfnisse
  - Kriterien für Problemlösungsmöglichkeiten

Arbeitsschritt 2:
- Ermittlung des attraktivsten Segments
  - Differenzierungspotenzial vom Wettbewerb
  - Bewertung im Hinblick auf Marktgröße

2. Phase: Detail- bzw. Mikrosegmentierung

Arbeitsschritt 1:
- Überprüfung weiterer Differenzierungsansätze, z.B. nach
  - sozio-demographischen Merkmalen
  - sozio-kulturellen Merkmalen
  - verhaltensorientierten Merkmalen
  - Bedürfnissen/Nutzungserwartungen

Arbeitsschritt 2:
- Auswahl möglicher Segmente unter dem Blickwinkel der eigenen Stärken

Arbeitsschritt 3:
- Bewertung der Attraktivität der Segmente

Arbeitsschritt 4:
- Auswahl der lukrativen Segmente
- Produktpositionierung/Entwicklung angepasster Vertriebs- und Kommunikationsprogramme (Vernetzung)

Arbeitsschritt 5:
- Überprüfung segmentübergreifender Gemeinsamkeiten (Bottom up)

Selbstverständlich kann die Zeitspanne, die insgesamt zu der in der Wirtschaftswirklichkeit nicht immer erreichten vollständigen Marktdurchdringung führt, sehr unterschiedlich sein.

Wenn für die zeitliche Aufeinanderfolge der Übernahme eines neuen Produktes Normalverteilung unterstellt wird, ergibt sich die in Übersicht A.7 dargestellte prozentuale Zuordnung der Verbraucher zu den genannten Adopter-Kategorien. Die Übersicht macht deutlich, wie sich im Zeitablauf aus der Kumulation dieser Kategorien die typische Marktdurchdringung (Diffusionsprozess) ergibt.

Der Verlauf des Diffusionsprozesses als Summation der Verhaltensweisen der Verbraucher wird im Einzelfall durch die Eigenschaften des betreffenden Konsumgutes und die

Übersicht A.7

Die zeitliche Verteilung von Adoptern

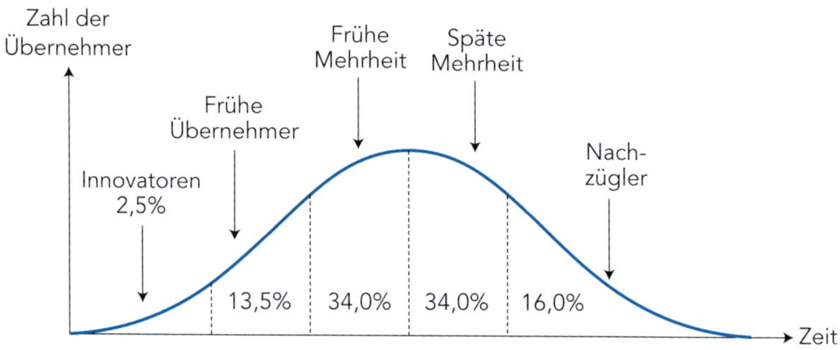

im Entscheidungsprozess wirksamen Informationsquellen geprägt. Zwischen den genannten Konsumentenkategorien gibt es signifikante Unterschiede hinsichtlich der Einstellungen, der Wertvorstellungen, des sozialen Status und der Nutzung von Informationsquellen.

Innovatoren: Erste Käufer, gekennzeichnet durch geringe Markentreue, hohes Ausbildungsniveau, experimentier- und risikofreudig, aktive Informationssuche (harte Infos).

Frühe Übernehmer: Aufgrund der starken Einbindung dieser Käufer in soziale Gruppen (Verbände, Familie, Nachbarn) vollzieht sich ein starker Entscheidungsprozess, wobei der Käufer Informationen aus Massenmedien bevorzugt.

Frühe Mehrheit: Bei diesen Käufern findet ein vergleichsweise längerer Entscheidungsprozess statt, der häufig durch Direktwerbung sowie persönlichen Informationsaustausch mit den Innovatoren und frühen Übernehmern (weiche Infos) begleitet wird.

Späte Mehrheit: Diese Gruppe ist steigendem sozialen Druck (Gruppeneffekt) ausgesetzt, der neben der ökonomischen Notwendigkeit zur Übernahme des neuen Produktes zwingt. Die Informationen werden verstärkt durch die Gruppe weitergegeben.

Nachzügler: Sie zeichnen sich durch soziale Isolation aus und sind eher traditionsbewusst und markentreu. Informationen werden hier nur durch direkte Kommunikation aufgenommen und verarbeitet.

Diese Erklärung des Diffusionsprozesses kann von unmittelbarem Nutzen für die Gestaltung des Marketings sein. So kann es sich als sinnvoll erweisen, die Ausrichtung der Kunden an Leitbildern, die diese im Diffusionsprozess an der jeweils vorangehenden Gruppe von Kunden vornehmen, durch Werbeaussagen zu unterstützen. Generell ergibt sich aus der Kenntnis des Diffusionsprozesses die Forderung, das Marketing-Mix in wesentlichen Teilen während des Ablaufs des Lebenszyklus eines Produktes zu ändern. Dabei ist der Abgrenzung und gezielten Ansprache solcher Kunden besondere Aufmerksamkeit zu widmen, die voraussichtlich als Innovatoren bei der Übernahme des neuen Produktes fungieren werden. Denn ob es gelingt, die Gruppe der Innovatoren für ein neues Produkt zu gewinnen, ist für den Markterfolg häufig entscheidend.

4. Die Rolle des Staates

4.1 Lebensmittelsicherheit

Für die Hersteller von Lebensmitteln und Bedarfsgütern ergeben sich im Sinne der Lebensmittelsicherheit nicht nur aus den eigentlichen Produktionsprozessen mögliche Gefahren- und Risikoquellen. Neben den Fragestellungen der Forschung und Entwicklung, des Rohwaren- und Verpackungsbezugs, der Lieferung von Hilfs- und Betriebsstoffen sowie der Unterstützungsprozesse des Unternehmensmanagements ergeben sich weitere Potenziale durch endogene Faktoren (z. B. mangelhaftes oder nicht angepasstes Qualitätsmanagement, ungeeignete Lagerung von Rohwaren) und exogene Einflüsse (z. B. Lieferung von fehlerhaften/kontaminierten Vorprodukten, Probenziehung von Kontrollbehörden, Novellierung von Gesetzen).

Nicht zuletzt als Reaktion auf verschiedene Lebensmittelkrisen und -skandale wurden sowohl die einzelnen Mitgliedsstaaten als auch die Europäische Kommission aktiv, um bestehende Gesetze anzupassen bzw. zu erweitern.

Der gesetzliche Rahmen für Europa und Deutschland

Seit der Verabschiedung der EG-Richtlinie zur Haftung des Herstellers von Produkten („Richtlinie 85/374/EWG des Rates vom 25. Juli 1985 zur Angleichung der Rechts- und Verwaltungsvorschriften der Mitgliedsstaaten über die Haftung für fehlerhafte Produkte", zuletzt geändert durch die Richtlinie 1999/34/EG) hat es eine kontinuierliche Weiterentwicklung gesetzlicher Bestimmungen gegeben.

Auf europäischem Niveau lassen sich hier beispielhaft nennen:

- Richtlinie 92/59/EWG des Rates vom 29. Juni 1992 über die allgemeine Produktsicherheit,
- Beschluss 93/465/EWG des Rates vom 22. Juli 1993 über die in den technischen Harmonisierungsrichtlinien zu verwendenden Module für die verschiedenen Phasen der Konformitätsbewertungsverfahren und über die Regeln für die Anbringung und Verwendung der CE-Konformitätskennzeichnung,
- Entschließung des Rates vom 17. Dezember 1998 über Gebrauchsanleitungen für technische Konsumgüter, 98/C411/01.

Sämtliche europäische Verordnungen und Entschließungen gründen sich auf den am 25. März 1957 geschlossenen „Vertrag zur Gründung der Europäischen Gemeinschaft". Sie werden in allen Mitgliedsstaaten der Europäischen Gemeinschaft angewandt und werden durch nationale Gesetze ergänzt und umgesetzt.

Für die Lebensmittelwirtschaft haben folgende Verordnungen besondere Bedeutung:

- Richtlinie 2001/95/EG zur allgemeinen **Produktsicherheit,**
- Verordnung (EG) Nr. 178/2002 zur Festlegung der allgemeinen Grundsätze und Anforderungen des Lebensmittelrechts, zur Errichtung der Europäischen Behörde

für Lebensmittelsicherheit und zur Festlegung von Verfahren zur Lebensmittelsicherheit,
- Verordnung (EG) Nr. 852/2004 über Anforderungen an die Hygiene beim Herstellen, Behandeln und Inverkehrbringen von Lebensmitteln,
- Verordnung (EG) Nr. 1829/2003 über genetisch veränderte Lebensmittel und Futtermittel,
- Verordnung (EG) Nr. 466/2001 zur Festsetzung der Höchstgehalte für bestimmte Kontaminanten in Lebensmitteln,
- Verordnung (EG) Nr. 396/2005 über Höchstgehalte an Pestizidrückständen in oder auf Lebens- und Futtermitteln pflanzlichen und tierischen Ursprungs,
- Verordnung (EG) Nr. 1049/2001 über den Zugang der Öffentlichkeit zu Dokumenten.

Insbesondere die o.g. EU-Basisverordnung 178/2002, die zum 1. Januar 2005 in Kraft getreten ist, hat die Lebensmittelwirtschaft nachhaltig geprägt. U.a. regelt sie das Verhältnis und die Aufgabenteilung zwischen den staatlichen Kontroll- und Meldbehörden sowie den Unternehmen der Ernährungswirtschaft und des Handels. Neben Aspekten der Lebensmittelsicherheit werden ebenfalls Auflagen hinsichtlich eines (präventiven) Risiko- und Krisenmanagements formuliert.

So wird z.B. in Artikel 17 (1) dem Lebensmittelunternehmer auferlegt, in Unternehmen, die seiner Kontrolle unterstehen, auf allen Produktions-, Verarbeitungs- und Vertriebsstufen dafür zu sorgen, dass die Lebensmittel die Anforderungen des Lebensmittelrechts erfüllen und er die Einhaltung dieser Anforderungen überprüft. Der Staat greift nur subsidiär ein, d.h., soweit der Lebensmittelunternehmer dieser Verpflichtung nicht entspricht (Art. 17 (2)).

Des Weiteren wird dem Lebensmittelunternehmer in Artikel 19 auferlegt, soweit ein Risiko besteht, dass ein von ihm „eingeführtes, erzeugtes, verarbeitetes, hergestelltes oder vertriebenes Lebensmittel" nicht den Anforderungen an die Lebensmittelsicherheit entspricht, er unverzüglich Maßnahmen einleitet, um das betreffende Lebensmittel vom Markt zu nehmen bzw. die Verbraucher zu informieren und die Behörden hierüber zu unterrichten.

Im Fall einer möglichen Gesundheitsgefährdung hat er dies unverzüglich den Behörden mitzuteilen (Art. 19 (3)). Allerdings ist hervorzuheben, dass die Unterrichtungspflicht der Behörden nachrangig zur der Unterrichtung der Öffentlichkeit durch das Lebensmittelunternehmen ist.

Im Sinne der EU-Verordnung zählen zu Lebensmitteln „alle Stoffe oder Erzeugnisse, die dazu bestimmt sind oder von denen nach vernünftigen Ermessen erwartet werden kann, dass sie in verarbeitetem, teilweise verarbeitetem oder unverarbeitetem Zustand von Menschen aufgenommen werden". Der „Anwendungsbereich" stellt in Kapitel II Allgemeines Lebensmittelrecht, Artikel 4, einen Bezug zu allen „Produktions-, Verarbeitungs- und Vertriebsstufen von Lebensmitteln wie auch von Futtermitteln her, die für der Lebensmittelgewinnung dienende Tiere hergestellt oder an sie verfüttert werden".

Auch auf nationalem Niveau gibt es zahlreiche Gesetze, die die oben erwähnten EU-Verordnungen in deutsches Recht umsetzen und somit für die Hersteller und Händler von Nahrungsmitteln von besonderer Beutung sind:
- **LFGB** – Lebensmittel-, Bedarfsgegenstände- und Futtermittelgesetzbuch,
- **ProdSG** – Produktsicherheitsgesetz,
- **ProdHaftG** – Gesetz über die Haftung für fehlerhafte Produkte,

- **KonTraG** – Gesetz zur Kontrolle und Transparenz im Unternehmensbereich,
- **GPSG** – Gesetz über technische Arbeitsmittel und Verbraucherprodukte,
- **VIG** – Gesetz zur Neuregelung des Rechts der Verbraucherinformation.

Zur Umsetzung der Regelung der Sicherheitsanforderungen an Produkte und zum Schutz der CE-Kennzeichnung in nationales Recht wurden das Produktsicherheitsgesetz und das Gesetz über die Haftung für fehlerhafte Produkte erlassen. Daraus ergibt sich die Verpflichtung zum Schadenersatz sowie eine Regelung der Haftungssituation und der damit verbundenen Rechtsprechung für den Hersteller. Allerdings ist die Verantwortung des Unternehmers nicht damit erfüllt, dass das Produkt von ihm ausgeliefert wird. Ihm obliegt ebenfalls die Pflicht der Marktbeobachtung. Wenn ein Produkt das Unternehmen verlässt, ist daher die Verantwortung des Produzenten für sein Produkt keineswegs zu Ende.

Unter anderem obliegt es dem Hersteller eines Produktes im Rahmen des § 4 Produktsicherheitsgesetzes, sein Produkt am Markt zu beobachten und die daraus gewonnenen Erkenntnisse zur systematischen Verbesserung künftiger Produkte einfließen zu lassen. Zu diesem Zweck und um eventuell auftretende produktbezogene Reklamationen im Betrieb zu kanalisieren, sollten Informationsstellen (Reklamationswesen) im Betrieb eingerichtet werden, die diese Erfahrungen aufnehmen, sammeln und weiterverarbeiten. Des Weiteren kommt in diesem Zusammenhang den Vertriebsstrukturen des Herstellers eine essenzielle Bedeutung zu, da sie z. B. bei regelmäßigen, stichprobenartigen Marktentnahmen der ausgelieferten Produkte entsprechende Erkenntnisse gewinnen können.

Auch der sichere, bestimmungsgemäße Gebrauch des Produktes muss gewährleistet sein, indem eine verständliche und korrekte Gebrauchsanleitung dem Produkt beigefügt wird. Des Weiteren muss sich der Hersteller von Produkten mit deren Entsorgung auseinandersetzen. Unter Berücksichtigung dieser Auflagen kommt dem Hersteller somit eine integrierte Produktverantwortung zu, die sich auf die gesamte Lebensdauer eines Produktes erstrecken kann.

Dies kann für den Unternehmer insbesondere dann von großer Bedeutung sein, wenn ein von ihm hergestelltes Produkt nicht mehr den gültigen Gesetzen entspricht oder eine gesundheitliche Beeinträchtigung des Verbrauchers möglich ist. Wie bereits erwähnt, regelt die EU-Basisverordnung das Vorgehen in derartigen Fällen. Im nationalen Recht ist die Vorgehensweise ebenfalls im Produktsicherheitsgesetz geregelt, in dem Herstellern hierbei ein stark beschränkter Handlungsspielraum gewährt wird und den Verwaltungsbehörden bei Warenrückrufen eine erhebliche Einflussnahme zukommen kann. Allerdings ist in § 9 ProdSG ebenfalls geregelt, dass die Behörde „von diesen Maßnahmen" absehen kann, wenn der Hersteller oder Händler durch eigene Initiative Gefahren aus dem Produkt abwehrt.

Auch in dem am 1. Mai 1998 in Kraft getretenen *Gesetz zur Kontrolle und Transparenz im Unternehmensbereich (KonTraG)* wird durch den Gesetzgeber in § 91 Abs. 2 Aktiengesetz von den Vorständen deutscher Aktiengesellschaften die Einrichtung eines Risikomanagementsystems zur Früherkennung existenzgefährdender Entwicklungen verlangt. Entsprechend wird auch für die GmbH-Geschäftsführung in § 43 Abs. 1 des GmbH-Gesetzes die Sorgfaltspflicht eindeutig definiert. Somit wird für beide Unternehmensformen die Notwendigkeit geregelt, mögliche bestandsgefährdende Risiken sorgfältig zu identifizieren, zu steuern und Präventivmaßnahmen zu definieren.

Risikoprävention wird hierdurch ein Bestandteil der ordnungsgemäßen Unternehmensführung, die auf der Grundlage von nachprüfbaren Maßnahmen zur gesetzlichen Verpflichtung für die Geschäftsführung und Vorstände erhoben wird. Verstößt die Unternehmensleitung gegen die ihr auferlegte Sorgfaltspflicht, so macht sie sich schadensersatzpflichtig.

Auch wenn sich, trotz dieser gesetzlichen Auflagen, bislang kein einheitliches Risikomanagement-Verständnis entwickelt hat, so muss die Unternehmensleitung der ihr auferlegten Verpflichtung entsprechen und Systeme und Instrumente für die

- Risikoüberwachung,
- Risikoidentifizierung,
- Risikobewertung,
- Risikosteuerung,
- Risikoprävention

entwickeln und implementieren.

Die Herleitung einer angepassten Risikostrategie ist die natürliche Folge, die darauf abzielt, geeignete Strukturen, Instrumente und Dokumente für das Unternehmen und die mit dem Risikomanagement Beauftragten zu entwickeln und nachhaltig abzusichern.

Infolge der Skandale in der Agrar- und Ernährungsindustrie sowie im Lebensmittelhandel hat auch die Europäische Kommission im Rahmen der bereits erwähnten Verordnung (EG) Nr. 178/2002 zusätzliche Auflagen für die zuständigen Behörden sowie für die Lebensmittelwirtschaft formuliert. Im Sinne der „Sorgfalt eines ordentlichen Geschäftsleiters" ist es somit von außerordentlicher Bedeutung, die im Unternehmen bestehenden und von ihm ausgehenden Risiken entsprechend zu managen. Dabei kann das Risikomanagement

Übersicht A.8

Ablaufprozesse des Risikomanagements

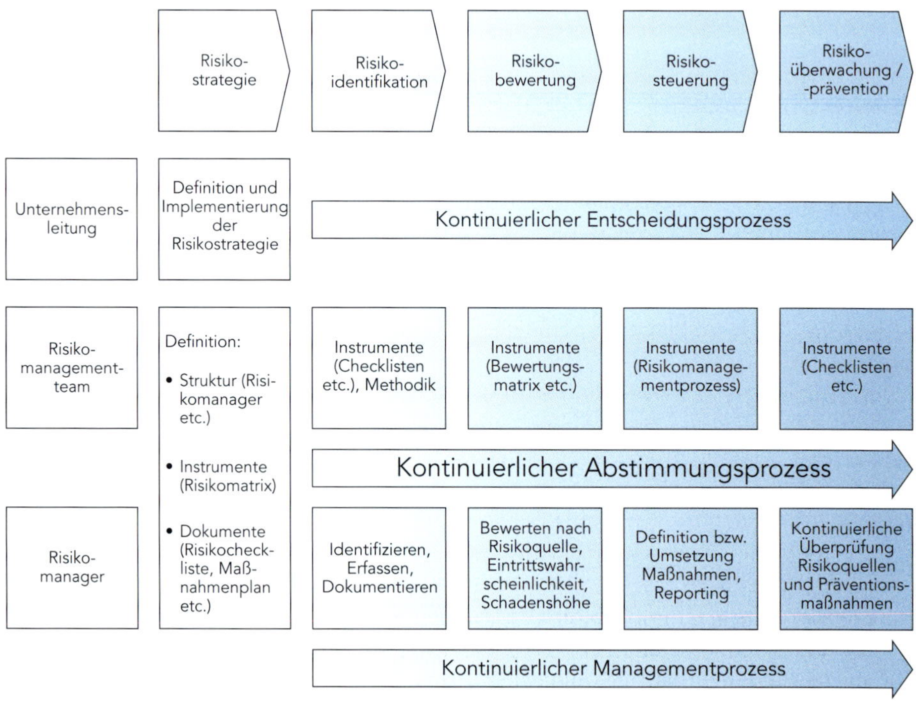

nur bedingt auf eine möglichst vollständige Eliminierung aller denkbaren Risiken abzielen. Es geht somit vielmehr um eine Strategie, die darauf abzielt, wesentliche Risikopotenziale frühzeitig zu erkennen, den Handlungsspielraum der Geschäftsleitung zu erhöhen und in angemessener Art und Weise bestehende Risiken und Präventionsmaßnahmen abzuwägen.

Als Risiken versteht man hierbei die signifikante Abweichung von den angestrebten Unternehmenszielen.

Wie sich aus Übersicht A.8 ersehen lässt, gliedern sich die Ablaufprozesse des Risikomanagements in konsekutive Folgeschritte.

Wie stellt der Lebensmittelunternehmer die Einhaltung der lebensmittelrechtlichen Anforderungen sicher?

Wie bereits ausgeführt, wird in der Europäischen Union und ihren Mitgliedsstaaten in den Bereichen Gesundheit, Sicherheit, Umweltschutz und Verbraucherschutz ein hohes Niveau vorausgesetzt. Dies bedingt

- die Einbindung aller zunächst für den gewerblichen Bereich gedachten Produkte, die in Konsumentenhand gelangen, sowie Produkte, die im Rahmen der Erbringung einer gewerblichen Dienstleistung für Verbraucher geliefert oder eingesetzt werden.
- die Erarbeitung europäischer technischer Normen, um allgemeine Sicherheitsanforderungen zu gewährleisten.
- die Einbindung von Behörden, soweit die Konformität von Produkten mit den Sicherheitsanforderungen nicht gewährleistet ist, um das In-Verkehr-Bringen eines Produktes zu beschränken oder die Rücknahme vom Markt bzw. den Rückruf zu verlangen.

Somit steht der Unternehmer in einem Spannungsfeld, wie es in Übersicht A.9 dargestellt ist.

Um diesen Spannungsbogen im Sinne der Lebensmittelsicherheit gestalten zu können, wurden in den vergangenen Jahren gezielt verschiedene Qualitätsmanagement- und -sicherungssysteme eingeführt.

Das **Hazard-Analysis-and-Critical-Control-Point**-Konzept (HACCP-Konzept) dient der Gefahrenanalyse im Unternehmen. Seine Anwendung wird seit 1993 im Rahmen des Codex Alimentarius der Ernährungs- und Landwirtschaftsorganisation der Vereinten Nationen (FAO) als zentrales Instrument der Lebensmittelsicherheit und des Verbraucherschutzes empfohlen. Sowohl im Rahmen der EU-Lebensmittelhygieneverordnung 825/2004 als auch in der deutschen Lebensmittelhygiene-Verordnung wurde verpflichtend die Anwendung des Konzeptes in allen Unternehmen, die mit der Produktion, der Verarbeitung und dem Vertrieb von Lebensmitteln beschäftigt sind, vorgeschrieben. Dies gilt nicht nur für die in der EU hergestellten, sondern ebenfalls für die in ihr gehandelten Lebensmittel und hat somit auch Wirkung auf die aus Drittländern eingeführten Erzeugnisse.

Dieses Kontroll- und Lenkungssystem beinhaltet, dass entlang der Produktion von Lebensmitteln

- alle im Verantwortungsbereich des Unternehmens vorhandenen Gefahren analysiert,
- anhand definierter kritischer Punkte (Critical Point – CP) und kritischer Kontrollpunkte (Critical Control Point – CCP) überwacht und gemessen,
- bei Abweichungen entsprechende Korrekturmaßnahmen ergriffen und
- alle Maßnahmen dokumentiert werden.

Übersicht A.9

Interne und externe Risikofelder für Unternehmensmanagement und Markenwert

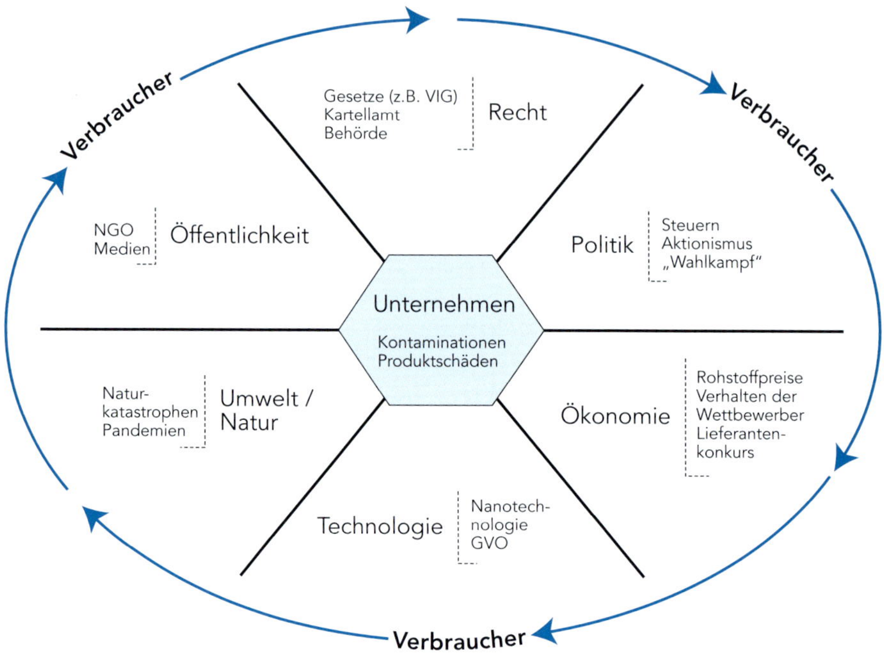

Bei der Entwicklung von neuen Produkten oder Rezepturen werden sog. HACCP-Studien erstellt, in denen die möglichen Gefahren analysiert, die CPs und CCPs definiert und mögliche Kontrollmaßnahmen festgeschrieben werden.

Seit 2006 muss das Konzept in einer dokumentierten Version vorliegen. Bei großen Unternehmen mit vielen Gefahren und hohem Risikopotenzial sind ausführliche Aufzeichnungen vorgeschrieben, bei kleinen Unternehmen genügen Reinigungspläne, Verifizierungsnachweise oder Personalanweisungen.

In der **EN-ISO-Norm 9000 ff.** wurden die grundsätzlichen Maßnahmen für ein integriertes und zertifiziertes Qualitätsmanagementsystem dokumentiert. Die einzelnen Normen dienen dazu, die entlang der Produktionskette miteinander verbundenen Produktionsschritte zu dokumentieren und zu zertifizieren. In Ergänzung des HACCP-Konzeptes, welches produktspezifisch qualitätssichernd wirkt, orientiert sich das normierte Qualitätsmanagement produktunabhängig an der Unternehmensführung. Im Rahmen dieses Managementsystems werden die Prozesse im Sinne der ständigen Leistungsverbesserung strukturiert, dokumentiert und zertifiziert. Dies umfasst sowohl die eigentliche Produktion als auch die erbrachten Dienst- und Managementleistungen.

Während die Implementierung eines HACCP-Konzeptes gesetzlich vorgeschrieben ist, muss die Einführung eines ISO-Systems eher als ein strategisches Managementsystem verstanden werden, welches u.a. auch den Kunden eines Unternehmens als transparentes, von unabhängigen Dritten zertifiziertes System Aufschluss über die bei einem Lebensmittelhersteller praktizierten Abläufe vermittelt. Dabei werden acht für das Unternehmen individuell anzuwendende Qualitätsgrundsätze definiert:

1. Kundenorientierung,
2. Verantwortlichkeit der Führung,
3. Einbeziehung der beteiligten Personen,
4. Prozessorientierter Ansatz,
5. Systemorientierter Managementansatz,
6. Kontinuierliche Verbesserung,
7. Sachbezogener Entscheidungsfindungsansatz,
8. Lieferantenbeziehungen zum gegenseitigen Nutzen.

Ursprünglich maßgeblich für die Lieferanten von Eigenmarken des Lebensmitteleinzelhandels definiert, haben neben den vom Gesetzgeber und der Industrie angewandten Normen und Standards die europäischen Lebensmittelhändler mit der Definition des

- **International Food Standards** (deutscher und französischer Handelsverband)
- **BRC Global Standards** (British Retail Consortium – Verband der britischen Handelsunternehmen)

eigene, von ihren Lieferanten anzuwendende und durch unabhängige Dritte zertifizierte Systeme definiert.

Dabei handelt es sich um Qualitätssicherungssysteme, die aufbauend auf dem HACCP-Konzept und der DIN EN ISO 9001:2008 zusätzliche Grundsätze der Good Manufacturing Praxis (GMP) (Reinigung, Desinfektion, Schädlingsbekämpfung, Wartung, Instandhaltung und Schulung) berücksichtigen. Ergänzt um jeweils aktuelle gesetzliche Anpassungen (z. B. Allergene, gentechnisch veränderte Organismen – GMO) wurde beispielsweise der IFS stetig weiterentwickelt und anhand von nummerierten Versionen (aktuelle Version 5) fortgeschrieben.

Im Sinne einer möglichen Standardisierung der unterschiedlichsten Normen und Standards wurde nach einer möglichst international gültigen Norm gesucht. Die seit dem 30. September 2005 in Kraft getretene **DIN EN ISO 22000** basiert auf der ISO 9001:2000 und bietet den Unternehmen aus Lebensmittelindustrie und -handel eine stufenübergreifende Anwendung. So lassen sich beispielsweise in der Zuckerindustrie sowohl die vorgelagerten Landwirtschaftsbetriebe als auch die Lieferanten von Zusatzstoffen oder Dienstleister (Reinigungsunternehmen, Schädlingsbekämpfung) in das System integrieren.

Das Zusammenspiel von Unternehmen und Behörden

Aufbauend auf den vorweg beschriebenen Gesetzesrahmen sowie den Qualitätsmanagement- und -sicherungssystemen ergibt sich ein (eigentlich) eindeutig abgestimmtes Verhältnis zwischen Behörden und Unternehmen bei der Gewährleistung der Lebensmittelsicherheit. Dies ist in der täglichen Praxis oftmals nicht derart „eindeutig", was daraus rührt, dass

- die Arbeitsteilung oftmals nicht geklärt ist,
- zwischen Behörden und Unternehmen keine Kommunikationsströme etabliert sind
- und auch zwischen den einzelnen Bundesländern unterschiedliche Vorgehensweisen festzustellen sind.

Übersicht A.10 beschreibt die zuständigen behördlichen Strukturen in der Bundesrepublik Deutschland.

Übersicht A.10

Organisation des gesundheitlichen Verbraucherschutzes in der Bundesrepublik Deutschland

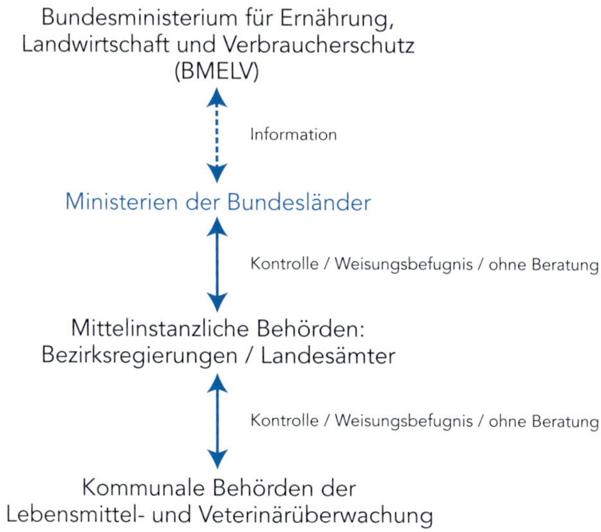

In Deutschland liegt die Zuständigkeit für die Veterinär- und Lebensmittelüberwachung einschließlich der amtlichen Futtermittelmittelkontrolle in den 16 Bundesländern. Auf Bundesebene sind Angelegenheiten des gesundheitlichen Verbraucherschutzes beim Bundesministerium für Ernährung, Landwirtschaft und Verbraucherschutz (BMELV) angesiedelt. Daran angeschlossen sind das

- Bundesinstitut für Risikobewertung (BfR),
- Bundesamt für Lebensmittelsicherheit und Verbraucherschutz (BVL) mit Aufgaben des Risikomanagements sowie
- einige Bundesforschungsanstalten.

Der Bund unterstützt die Länder

- durch die Risikobewertung (BfR),
- bei der Anwendung des Rechts (Telefonkonferenzen).

Er ist ebenfalls Ansprechpartner von Unternehmen und Verbänden sowie Vertreter gegenüber der Europäischen Kommission.

Eine Weisungsbefugnis des BMELV den Ländern gegenüber besteht aufgrund des föderativen Prinzips nicht.

Oberste Zuständigkeit für die amtliche Lebensmittelüberwachung und -untersuchung sowie das öffentliche Veterinärwesen liegt somit bei den entsprechenden Länderministerien. Hierbei sind schon durch die Namensgebung unterschiedliche Schwerpunktsetzungen erkennbar (z. B. Zuständigkeit des Ministeriums für Ernährung, Landwirtschaft, Verbraucherschutz und Landesentwicklung in Niedersachsen; Ministerium für Gesundheit und Soziales in Sachsen-Anhalt).

Der/die leitende Minister/Ministerin steht in direkter Verantwortung für die ordnungsgemäße Wahrnehmung folgender Aufgaben:

Hauptaufgaben der für die Lebensmittel- und Veterinärüberwachung zuständigen obersten Landesbehörden sind:

- die Erstellung und Begleitung von Gesetzesvorhaben,
- die Entwicklung übergeordneter Strategien zur Überwachung,
- der Erlass von Verwaltungsvorschriften zur Umsetzung der rechtlichen Vorgaben,
- die Vertretung des Landes gegenüber dem Bund bzw. der Europäischen Union (EU),
- die fachliche Beratung der Politik und die Beantwortung von parlamentarischen Anfragen,
- die Mitwirkung in Bund-/Ländergremien,
- die Fachaufsicht über mittelinstanzliche Behörden und/oder kommunale Veterinärämter.

Die obersten Landesbehörden wirken in der *„Länderarbeitsgemeinschaft gesundheitlicher Verbraucherschutz“* (LAV) zusammen. Unter dem Dach der LAV gibt es seit 2002 insgesamt acht Facharbeitsgruppen, die die Bereiche Lebensmittel, Futtermittel, Tiergesundheit und Tierschutz abdecken. Vorgaben des Gemeinschaftsrechts können so durch länderübergreifende Abstimmungen umgesetzt werden.

Den Länderministerien nachgeordnet sind die sog. mittelinstanzlichen Behörden, meist Bezirksregierungen oder Landesämter, die in den meisten Fällen der Fachaufsicht durch das entsprechende Landesministerium unterstehen. Wesentliche Aufgaben dieser Mittelbehörden sind die

- Durchführung aller amtlichen Untersuchungen sowie die
- Koordinierung der Tätigkeiten der kommunalen Überwachungsbehörden.

Darüber hinaus ist es möglich, durch die Beschäftigung von Spezialisten für bestimmte Aufgabenstellungen fachliche Kompetenz anzubieten.

Je nach Bundesland wird weiterhin unterschieden zwischen

- Landesbehörden mit Fachaufsicht über kommunale Behörden (z. B. Nordrhein-Westfalen, Rheinland-Pfalz, Thüringen),
- Landesämtern, die mit Untersuchungen beauftragt sind, aber keine Fachaufsicht über kommunale Behörden haben (Brandenburg, Mecklenburg-Vorpommern, Niedersachsen, Sachsen, Saarland, Schleswig-Holstein),
- den bei Regierungspräsidien/Bezirksregierungen angesiedelten Lebensmittelüberwachungs-/Veterinärverwaltungen (Baden-Württemberg, Bayern, Hessen, Sachsen-Anhalt) und
- den Lebensmittelüberwachungs-/Veterinärverwaltungen der Stadtstaaten mit Senatsverwaltungen (Berlin, Bremen, Hamburg).

Die kommunale Lebensmittelüberwachung erfolgt bundesweit durch 400 Kreisveterinärbehörden, denen vor Ort, neben der fortlaufenden Überwachung der Betrieb und der amtlichen Probennahme, folgende Aufgaben obliegen:

- Kontrolle der durchgeführten Korrekturmaßnahmen und Mängelbeseitigung,
- „Ansprechpartner vor Ort“ bei Problemen und Beschwerden.

Übersicht A.11

Abstimmungsinhalte zwischen Unternehmen und Behörden im Rahmen eines Produktmangels

Behörde	Unternehmen
• Ursache Produktschaden, Kontamination	• Ursachenidentifikation basierend auf Risikoanalysen
• Produktionstag der betroffenen Charge	• Chargenidentifikation: interne Rückverfolgbarkeit
• Informationen zur Herstellung bzw. zu Produktionsprozessen	• Prüfberichte, Produktionsprotokolle, Rückstellmuster etc.
• Informationen zu Roh-/Halbfertigwaren	• Zertifikate der Zulieferer, Prüfprotokolle etc.
• Informationen zur Distribution	• Tracking & Tracing
• …	• …

Vorgesetzte Dienststellen sind hier meist die zuständigen Landesministerien bzw. Bezirksregierungen oder Landesämter. Die Landesbehörden haben oft die Fachaufsicht über Kreisveterinärbehörden.

Für das Lebensmittelunternehmen ist die **Vor-Ort-Behörde** immer der Ansprechpartner bei

- Prüfung des Eigenkontrollsystems, Lieferlisten etc.
- Kooperation mit dem Betrieb, durch offenen Informationsaustausch.

In Krisen kann die **Oberste Landesbehörde** die Steuerung der Maßnahmen übernehmen, wie z. B.

- Eingreifen auf der Grundlage der Berichte der Vor-Ort-Behörde(n),
- Einholen einer Risikobewertung vom BfR oder der European Food Safety Authority (EFSA),
- Festlegen der Maßnahmen mit anderen Ländern und Bund, ggf. durch BVL, BMELV,
- Informieren der Öffentlichkeit (Warnung, Aufklärung), soweit das Unternehmen diese Aufgabe nicht übernimmt (Art. 10 der EU-Basisverordnung 178/2002) bzw. nach Anhörung des Betriebes in Abwägung der Interessen des Betriebs und der Interessen der Öffentlichkeit (§ 40 LFGB).

Im Sinne des vorbeugenden Verbraucherschutzes und zur geordneten Abstimmung mit den zuständigen Behörden sollte in einer Krise die Vorgehensweise des betroffenen Unternehmens bei der **Feststellung** einer möglichen **Gesundheitsgefährdung** im **Umgang mit Behörden** wie folgt sein:

- Zuständigen Veterinär oder Lebensmittelkontrolleur **vor Ort** ansprechen,
- **Frühzeitig** Behörden informieren,
- Örtliche Behörde ins **Management** einbeziehen, um gemeinsam zu Lösungen zu kommen,

- Offene **Darlegung aller Sachverhalte**, d. h. vollständige und zuverlässige Beantwortung von Anfragen der zuständigen Behörden,
- Möglichst auf einen **freiwilligen Rückruf** oder eine **freiwillige Marktentnahme** einigen (öffentlich bzw. behördlich angeordnet bei tatsächlicher Gesundheitsgefahr bzw. bereits eingetretener Schädigung).

Das Zusammenspiel zwischen Behörde und Unternehmen sollte somit wie in Übersicht A.11 beschrieben funktionieren.

Des Weiteren gilt es folgende Sachverhalte zeitnah und eindeutig zu klären:

1. Klärung der Gefahr einer gesundheitlichen Gefährdung des Verbrauchers,
2. Abschätzung der bestehenden Risiken,
3. Bemessung des Ausmaßes des Schadens,
4. Bestimmung der notwendigen Maßnahmen (zum Schutz der Verbraucher),
5. Abwägung mit den berechtigten Interessen der Wirtschaft,
6. Umsetzung der Maßnahmen in Abstimmung mit dem Lebensmittelunternehmen,
7. Information der Öffentlichkeit – evtl. Warnung, Aufklärung.

TOOLBOX: HEALTH-CLAIMS-VERORDNUNG

Seit dem 1. Juli 2007 gelten EU-weit neue Richtlinien für bestimmte Angaben auf Lebensmittelverpackungen. Die so genannte Health-Claims-Verordnung (Verordnung EG Nr. 1924/2006 des Europäischen Parlaments und des Rates vom 20. Dezember 2006) regelt die Kennzeichnung und die Werbung für Lebensmittel hinsichtlich der nährwert- und gesundheitsbezogenen Angaben. Damit gibt es nunmehr eine europaweit geltende, verbindliche Festlegung, wann und wie ein Produkt mit nährwertbezogenen Angaben wie „fettarm", „ballaststoffreich" oder „von Natur aus" beworben werden darf.

Die Grundlage für die Health-Claim-Verordnung stellen die so genannten Nährwertprofile dar, die bis Ende 2008 erstellt wurden, um anschließend von der Europäischen Behörde für Lebensmittelsicherheit (EFSA) überprüft und festgelegt zu werden. Die Profile legen fest, wie viel Fett, Kohlenhydrate, Zucker etc. ein Lebensmittel enthalten darf, um als gesund zu gelten. Entspricht ein Lebensmittel nicht dem Profil, darf es nicht ohne weiteres mit nährwert- oder gesundheitsbezogenen Aussagen werben. Dies hat einen nachhaltigen Einfluss auf die Kennzeichnung, Beschreibung und Werbung von Lebens-, Nahrungsergänzungs- und diätetischen Lebensmitteln. In Zukunft unterliegen somit nicht nur Werbeaussagen, sondern auch Markennamen, Produktbezeichnungen, Bilder und grafische Darstellungen den neuen lebensmittelrechtlichen Bestimmungen. Allerdings können zukünftig auch so genannte Angaben über die Verringerung eines Krankheitsrisikos (engl. „Risk Reduction Claims") verwendet werden, sofern sie in eine Gemeinschaftsliste zulässiger Angaben aufgenommen wurden. Somit gilt: Ist eine Angabe (z. B. Werbeaussage) nicht zugelassen, darf sie nicht verwendet werden, d. h.: „Was nicht erlaubt ist, ist verboten."

In Anbetracht der hohen Bedeutung der Ernährung für die Gesundheit ist es naheliegend, dass Anbieter auf gesundheitsfördernde Wirkungen ihrer Produkte hinweisen. Die Möglichkeiten dazu werden in der Europäischen Union durch die Health-Claims-Verordnung begrenzt (siehe Toolbox: Health-Claims-Verordnung).

4.2 Wirtschaftlicher Verbraucherschutz

Verbraucherschutz spielt gerade auch bei Agrarprodukten und Lebensmitteln eine besondere Rolle. Grundsätzlich bezeichnet Verbraucherschutz die Gesamtheit der Bestrebungen, Maßnahmen und rechtlichen Bestimmungen, die die Menschen in ihrer Rolle als Verbraucher von Gütern oder Dienstleistungen schützen sollen. Dieser Schutzbedarf, besonders auch bei Lebensmitteln, beruht auf der Sicht, dass Verbraucher gegenüber den Herstellern und Vertreibern von Waren und Dienstleistungen *strukturell unterlegen* sind, das heißt, infolge mangelnder Fachkenntnis, Information und/oder Erfahrung leicht benachteiligt werden können. Dieses Ungleichgewicht sinnvoll auszugleichen, ist Anliegen und Aufgabe des Verbraucherschutzes. Folgende Stichworte charakterisieren ihn:

Zielrichtung/Zweck:
- Schutz vor unlauteren Methoden des Kundenfangs,
- Schutz vor Übervorteilung,
- Schutz vor unlauterem Wettbewerb,
- Schutz vor gefährdenden Produkten.

Gesetzliche Bestimmungen (z. B.):
- Eichgesetz,
- Lebensmittel-, Bedarfsgegenstände- und Futtermittelgesetzbuch,
- Lebensmittel-Kennzeichnungsverordnung,
- Fertigpackungsverordnung,
- Füllmengenverordnung,
- Preisangabenverordnung,
- Verpackungsverordnung,
- Verordnungen über die spezielle Kennzeichnung von Produktgruppen,
- Gentechnikgesetz,
- Europäische Harmonisierung über Vertrag von Maastricht.

Wirkung:
- schnelles Erkennen des wirklichen Inhalts,
- schnelles Erkennen des Preises,
- schnelle und eindeutige Vergleichbarkeit mit Wettbewerbsprodukten,
- schnelles Erkennen der Wirkung des Inhalts auf die Ernährung oder Gesundheit,
- Sicherheit über den tatsächlichen Inhalt.

Protagonisten (z. B.):
- Verbraucherverbände,
- Gesetzgeber/Behörden (z. B. Kartellamt, Eichamt),
- Abmahnvereine,
- Stiftung Warentest.

Neben dem „gesundheitlichen Verbraucherschutz“ soll es im Folgenden um den „wirtschaftlichen Verbraucherschutz“ gehen, also das Bestreben, den Verbraucher vor unlauteren Methoden des Kundenfangs, vor Übervorteilung und letztlich auch vor unlauterem Wettbewerb zwischen verschiedenen Anbietern zu Lasten der Kunden zu schützen.

Dieser Aufgabe fühlen sich nicht nur die nationalen Gesetzgeber verpflichtet. Spätestens seit mit dem Vertrag von Maastricht die Rechtsgrundlage im EG-Vertrag für ein EU-weites abgestimmtes Verhalten in der Verbraucherschutzpolitik und damit für die Harmonisierung nationaler Regeln geschaffen wurde, ist dies im europäischen Kontext zu beurteilen. Der Binnenmarkt findet also zukünftig auch beim Verbraucherschutz statt. Dies erleichtert es einerseits den Produzenten, nach einheitlichen Standards zu produzieren, andererseits den Verbrauchern, egal in welchem EU-Land, auf annähernd gleiche Bedingungen zu stoßen.

Neben den Regierungen und ihren nachgeordneten Behörden fühlen sich aber auch Non-Profit-Organisationen dem Verbraucherschutz verpflichtet. Hierzu zählen in erster Linie die Verbraucherverbände, Abmahnvereine, die Stiftung Warentest, Ökotest u. a.

Um dem Verbraucherschutz einen rechtlichen Rahmen zu geben, wurden über Jahre viele Gesetze, Verordnungen, Richtlinien und Durchführungsbestimmungen erlassen. Hier soll nur auf die für die Agrarwirtschaft und Lebensmittelindustrie wesentlichen eingegangen werden:

Um überhaupt zu richtigen Nettogewichten und Füllmengen bei Endprodukten für den Verbraucher zu kommen und die Einhaltung dieser Angaben zu überwachen, stellt das Eichgesetz die gesetzliche Grundlage dar, die für das Messen, die Messsicherheit und damit den Verbraucherschutz notwendig ist. Das Eichgesetz bestimmt dabei genaue Vorschriften für Verpackungen, aber auch für Gefäße und Waagen. Bundesländer und Kommunen sind für die Überwachung zuständig. Die Regeln beziehen sich sowohl auf die Durchführung z. B. von Kontrollwiegungen, deren Dokumentation und die maximalen Abweichungstoleranzen, aber auch auf die Intervalle der Überprüfung des Messgeräte. Amtliche Kontrollen erfolgen in der Regel unangemeldet, ein Zugang zum Betrieb darf den Kontrolleuren nicht verwehrt werden.

Ergänzend regelt die Fertigpackungsverordnung alle Belange, die bei der Abfüllung von Produkten in Fertigpackungen bis zu max. 10 kg Füllgewicht durch den Hersteller zu berücksichtigen sind. So dürfen Füllmengen von Fertigpackungen bei Kennzeichnung nach Gewicht oder Volumen und gleicher Nennfüllmenge zum Zeitpunkt der Herstellung im Mittel die Nennfüllmenge nicht unterschreiten und die festgelegten Werte für die Minusabweichung von der Nennfüllmenge nicht überschreiten.

Letztendlich haben Verbraucher und Hersteller Vorteile aus diesen Regelungen: der Verbraucher kann sicher sein, tatsächlich die bezahlte Menge zu erhalten, der Hersteller kann seine Füllverfahren optimieren, um nicht unentgeltlich Übergewichte abzugeben.

Im Frühjahr 2009 wurde eine weitgehende Liberalisierung der Fertigpackungsverordnung für einzelne Lebensmittel und Getränke beschlossen. Gab es in der Vergangenheit genaue Vorschriften über die Größe/Abfüllmenge einzelner Produkte, so kann dies zukünftig freier gewählt werden. Bei Tafelschokolade bedeutet dies z. B., dass es nicht nur 100-g-, 250-g- oder 500-g-Tafeln gibt, sondern in Zukunft auch 75-g- oder 80-g-Tafeln geben kann. Dies erschwert dem Endverbraucher wiederum den Preisvergleich, der nur noch über den Grundpreis je Mengeneinheit, also z. B. für 1 kg, schnell möglich ist.

Dafür regelt die Preisangabenverordnung die Auszeichnung der Waren. So sind neben dem Preis des Produktes der Grundpreis je Mengeneinheit einschließlich Umsatzsteuer anzugeben. Bei Auslagen im Handel, also z. B. an den Regalplätzen, kann der Preis am Regalplatz und muss nicht auf dem Produkt selbst kenntlich gemacht werden.

Bei den vorgenannten Regelungen geht es um den quantitativen wirtschaftlichen Verbraucherschutz, aber es gibt auch qualitative Aspekte.

Denen wird die Lebensmittelkennzeichnungsverordnung gerecht: Fertigpackungen von Lebensmitteln müssen mit folgenden Angaben gekennzeichnet sein:

- der Verkehrsbezeichnung des Produktes,
- Name oder Firma und Anschrift des Herstellers, des Verpackers oder des Vertreibers,
- das Verzeichnis der Zutaten,
- das Mindesthaltbarkeitsdatum oder bei sehr leicht verderblichen Lebensmitteln das Verbrauchsdatum,
- die Mengenangaben bzw. Füllmenge.

Im Lebensmittel-, Bedarfsgegenstände- und Futtermittelgesetzbuch (LFBG) wurden im Jahr 2005 die über mehrere Gesetze verteilten Bestimmungen für die verwendungsfähigen Grundsubstanzen in Lebensmitteln und Futtermitteln – aber auch Kosmetika – neu geregelt. Mit diesem umfassenden Gesetzeswerk entsprach der deutsche Gesetzgeber der EU-Basisverordnung und schuf ein „Dachgesetz", das alle Produktions- und Verarbeitungsstufen entlang der Food Value Chain umfasst. Unter dem obersten Gebot Lebensmittelsicherheit haben Hersteller, Händler oder Inverkehrbringer die einwandfreie Qualität der Ware sicherzustellen und die Rückverfolgbarkeit auf allen Stufen der Lebensmittelproduktion zu gewährleisten. Damit stellen diese Regelungen quasi die Schnittstelle zwischen wirtschaftlichem und gesundheitlichem Verbraucherschutz dar.

Aber nicht nur beim Inverkehrbringen von Waren ist der Verbraucherschutz wichtig, sondern auch bei der Entsorgung. Der Verbraucher ist an verwendungsfähigen guten Produkten interessiert und nicht an der Verpackung. Die Regelungen der Verpackungsverordnung schaffen also über den Preis der Entsorgung, der letztlich auf den Konsumenten abgewälzt wird, ein Anreizsystem zu effizienter und umweltverträglicher Verpackung. Generelles Ziel ist es, die Umweltbelastungen aus Verpackungsabfällen zu verringern und die Wiederverwendung (Mehrwegquote) oder die Verwertung (stofflich oder thermisch) von Verpackungen zu fördern.

Hersteller und Vertreiber von Gütern in Verpackungen für Endverbraucher sind seit dem 1. Januar 2009 verpflichtet, sich am flächendeckenden Rücknahmesystem zu beteiligen und ihre Verpackungen bei einem solchen System (früher „Grüner Punkt") lizenzieren zu lassen.

4.3 Kartellrecht

Von: RA Dr. Markus Grube, Anwaltssozietät Krell & Weyland, Gummersbach

Das Kartellrecht besitzt eine nicht unerhebliche Bedeutung für die Landwirtschaft und das verarbeitende Gewerbe, wobei insbesondere für die Primärstufe Ausnahmen zu berücksichtigen sind. Der vorliegende Abschnitt gibt einen stark vereinfachten Überblick über die geltenden kartellrechtlichen Vorschriften. Regelungen zum Kartellrecht finden sich sowohl auf deutscher (GWB) als auch auf europäischer Ebene (Art. 81 f. EG). Dazu gehören das Kartellverbot mit Ausnahmetatbeständen, das Verbot des Missbrauchs einer marktbeherrschenden Stellung sowie die Fusionskontrolle. Die praktische Schwierigkeit für jeden Unternehmer besteht darin, sich in diesem stark regulierten Bereich zurechtzufinden.

Jedem Unternehmer ist anzuraten, sich über die kartellrechtlichen Anforderungen zu informieren, denn der Verstoß gegen kartellrechtliche Vorschriften kann einschneidende Konsequenzen nach sich ziehen, beispielsweise die Nichtigkeit von Vereinbarungen, erhebliche Bußgelder und strafrechtliche Sanktionen.

Europäisches Recht findet immer dann Anwendung, wenn das überprüfte Verhalten dazu geeignet ist, den innergemeinschaftlichen Handel spürbar zu beeinträchtigen. Dabei ist zu berücksichtigen, dass die Schwelle zur Beeinflussung des Handels zwischen Mitgliedsstaaten schnell überschritten ist. Beispielsweise können auch rein nationale Kartelle geeignet sein, den innergemeinschaftlichen Handel zu beeinflussen.

I. Kartellverbot

Vereinbarungen zwischen Unternehmen, Beschlüsse von Unternehmensvereinigungen und aufeinander abgestimmte Verhaltensweisen, die eine Verhinderung, Einschränkung oder Verfälschung des Wettbewerbs bezwecken oder bewirken, sind verboten, Art. 81 EG, § 1 GWB. Das Kartellverbot gilt sowohl für horizontale als auch für vertikale Vereinbarungen. So genannte horizontale Vereinbarungen sind solche zwischen Unternehmern gleicher Stufe, vertikale Vereinbarungen sind solche zwischen Lieferant und Abnehmer. Maßnahmen sind allerdings erst dann verboten, wenn sie den Wettbewerb spürbar beeinträchtigen. Die Festsetzung von An- und Verkaufspreisen und Preisbestandteilen, die Aufteilung der Märkte (Gebiete, Abnehmer), die Preisbindung beim Weiterverkauf sowie die Einschränkung der Erzeugung und des Warenabsatzes zählen zu den so genannten Kernbeschränkungen. Solche Beschränkungen werden aufgrund ihrer negativen Auswirkungen auf den Wettbewerb regelmäßig als „spürbar" gewertet und damit untersagt. Ansonsten orientiert sich die „Spürbarkeit" an den Marktanteilen der betroffenen Unternehmen. Besondere Bedeutung kommt hierbei der Definition des „relevanten Marktes" zu. Bei horizontalen Vereinbarungen wird in der Regel bei Marktanteilen der beteiligten Unternehmen von insgesamt unter 10 % eine Spürbarkeit verneint, bei vertikalen Vereinbarungen liegt die Grenze allgemein bei einem Marktanteil von unter 15 %. Beispiele für Wettbewerbsverbote sind neben dem Verbot der Absprachen über den Zeitpunkt von Preiserhöhungen oder Preisherabsetzungen, beispielsweise die einvernehmliche räumliche Aufteilung eines Gebietes auf verschiedene Anbieter. Auch Vereinbarungen über den gemeinsamen Einkauf von Waren (Einkaufskooperationen) unterfallen grundsätzlich dem Kartellverbot. Preisbindungen zweiter Hand, bei denen dem Händler diejenigen Preise vorgeschrieben werden, die er von seinen Abnehmern zu verlangen hat, sind ein Beispiel für vertikale Vereinbarungen.

Sowohl auf europäischer Ebene als auch auf nationaler Ebene existieren Ausnahmen von dem Kartellverbot, Art. 81 Abs. 3 EG, § 2 GWB. Eine Freistellung nach Art. 81 Abs. 3 EG ist sowohl durch individuelle Prüfung möglich als auch durch so genannte Gruppenfreistellungsverordnungen, die beispielsweise Vereinbarungen in bestimmten Sektoren grundsätzlich vom Kartellverbot ausnehmen (z. B. im Kfz-Bereich). Nach der allgemeinen Gruppenfreistellungsverordnung sind vertikale Vereinbarungen beispielsweise von dem Kartellverbot ausgenommen, wenn der Marktanteil des Lieferanten 30 % nicht überschreitet.

Eine Freistellung findet jedoch nur statt, wenn Effizienzgewinne für die Verbraucher die negativen Wirkungen des Kartells überwiegen. Dies gilt unter der Voraussetzung, dass den beteiligten Unternehmen keine Beschränkungen auferlegt werden, die für die Verwirklichung dieser Ziele nicht unerlässlich sind, sowie unter der Voraussetzung, dass durch die Vereinbarung bzw. die abgestimmte Verhaltensweise kein Wettbewerbsausschluss bewirkt wird. Anders als nach früher geltendem Recht ist ein Verhalten, das die Anforderungen der beschriebenen Ausnahme erfüllt, per se rechtmäßig und damit erlaubt. Einer Entscheidung der Kommission bzw. der nationalen Behörde bedarf es nicht. Daher obliegt es primär dem Verantwortungsbereich des Unternehmers, zu prüfen, ob die Ausnahmevorschriften erfüllt sind. Dabei gilt, dass Kernbeschränkungen wegen der Schwere der Wettbewerbsbeschränkung grundsätzlich nicht von dem Kartellverbot ausgenommen sind.

II. Verbot des Missbrauchs marktbeherrschender Stellungen

Mit dem gemeinsamen Markt unvereinbar und verboten ist die missbräuchliche Ausnutzung einer marktbeherrschenden Stellung. Marktbeherrschend sind Unternehmen dann, wenn sie keinem wesentlichen Wettbewerb ausgesetzt sind oder sie eine im Verhältnis zu den Mitbewerbern überragende Marktstellung haben. Die überragende Stellung wird vorrangig aus dem Marktanteil abgeleitet (auf nationaler Ebene $^1/_3$ bei einem Unternehmen, 50 % bei drei oder weniger Unternehmen, $^2/_3$ bei fünf oder weniger Unternehmen). Das europäische Recht vermutet hingegen eine Marktbeherrschung erst bei höheren Marktanteilen. Ein marktbeherrschendes Unternehmen verstößt gegen Kartellrecht, wenn es seine Marktmacht missbraucht, ein anderes Unternehmen diskriminiert oder unbillig behindert. Eine unzulässige Behinderung oder Diskriminierung liegt nicht vor, wenn das Verhalten sachlich gerechtfertigt ist. Unbillig ist eine Behinderung beispielsweise dann, wenn Unternehmen mit überlegener Marktmacht – beispielsweise aufgrund ihrer Finanzkraft – Waren nicht nur gelegentlich unter Einstandspreis anbieten. Marktbeherrschende Unternehmen dürfen einzelne Abnehmer nicht willkürlich von der Belieferung mit Waren ausschließen. Weiter ist es marktbeherrschenden Unternehmen untersagt, ohne sachlichen Grund von einigen Abnehmern höhere Preise zu verlangen als von anderen. Dabei können Ersparnisse bei Produktion, Vertrieb und Logistik aufgrund höherer Abnahmemenge einen sachlichen Grund darstellen.

III. Sonderregelungen für die Landwirtschaft

Im Sektor der Landwirtschaft gelten einige kartellrechtliche Sonderregelungen, sowohl auf europäischer als auch auf nationaler Ebene.

Das Verbot missbräuchlichen Verhaltens gilt im Bereich der Landwirtschaft ausnahmslos. Im Bereich der Kartellverbote gibt es einige Ausnahmetatbestände, vorausgesetzt, die Vereinbarungen beinhalten keine Preisbindung. Des Weiteren darf durch das geprüfte Verhalten der Wettbewerb nicht ausgeschlossen werden. Regelmäßig wird ein Außenseiteranteil von 10 % keinen funktionsfähigen Wettbewerb mehr gewährleisten.

Ausnahmen gelten für Vereinbarungen, die die Produktion von und den Handel mit landwirtschaftlichen Erzeugnissen betreffen und wesentlicher Bestandteil einer einzelstaatlichen Marktordnung oder zur Verwirklichung der Ziele der gemeinsamen Agrarpolitik notwendig sind. Auch für Vereinbarungen zwischen landwirtschaftlichen Erzeugerbetrieben oder Vereinigungen landwirtschaftlicher Erzeugerbetriebe aus einem Mitgliedsstaat gilt ein Ausnahmetatbestand (Art. 2 der Verordnung (EG) Nr. 1184/2006).

Dabei sind landwirtschaftliche Erzeugnisse diejenigen Erzeugnisse, die in Anhang I des EG-Vertrages aufgelistet sind. Nur „landwirtschaftliche Erzeugerbetriebe" sind von der Ausnahme erfasst, keine Unternehmen, die ausschließlich industrielle Waren herstellen. Darüber hinaus erfasst die Ausnahme nur Tätigkeiten in Bezug auf Erzeugung, Absatz oder Benutzung gemeinschaftlicher Einrichtungen für die Lagerung, Be- oder Verarbeitung eigener landwirtschaftlicher Urprodukte oder Verarbeitungserzeugnisse. Der Handel mit fremden Erzeugnissen und die Weiterverarbeitung fremder Erzeugnisse sind nicht privilegiert. Das Verbot der Preisbindung ist für die Festsetzung von Ankaufs- und Verkaufspreisen durch Genossenschaften ohne Bedeutung. Denn es gehört zum Wesen einer Vertriebsgemeinschaft, dass auf eine eigene Preisbildung verzichtet wird. Die Privilegierung des gemeinsamen Absatzes erfordert daher zwangsläufig, auch die gemeinsame Festsetzung dieser Preise durch die Genossenschaften vom Kartellverbot auszunehmen.

Darüber hinaus gelten verschiedene Marktordnungen, wie beispielsweise die gemeinsame Marktordnung für Obst und Gemüse oder für Wein, die teilweise Ausnahmen vom Kartellverbot vorsehen und als spezielleres Recht vorrangig angewendet werden. Die nationale Bereichsausnahme des § 28 GWB entspricht im Großen und Ganzen der europarechtlichen Bereichsausnahme. Allerdings ist § 28 GWB von untergeordneter praktischer Bedeutung, da er nur Anwendung finden kann, wenn das betroffene Verhalten nicht geeignet ist, den innergemeinschaftlichen Handel zu beeinflussen und nicht aufgrund § 2 Abs. 1 GWB vom Verbot des § 1 GWB freigestellt ist.

Zugunsten der Erzeuger von Lebensmitteln gilt bis Ende 2012 die Regelung, dass jeder Verkauf von Lebensmitteln unter Einstandspreis grundsätzlich verboten ist (§ 20 Abs. 4 Satz 2 Nr. 1 GWB). Für alle anderen Waren greift das Verbot des Verkaufs unter Einstandspreis erst, wenn dieser Preis nicht nur gelegentlich angeboten wird (§ 20 Abs. 4 Satz 2 Nr. 2 GWB).

4.4 Staatliche Lenkungs- und Anreizsysteme auf Agrarmärkten

Bereits im Ersten Weltkrieg, in der Weimarer Republik, im Zweiten Weltkrieg und in der Zeit des Wiederaufbaus war die landwirtschaftliche Produktion in Deutschland im Wesentlichen durch Versorgungsunsicherheit geprägt. Ein Marketing auf Agrar- und Lebensmittelmärkten in unserem heutigen Sinne war insofern weitgehend entbehrlich. In Deutschland waren Nahrungsmittelimporte in großem Umfang erforderlich, um die Ernährung der Bevölkerung zu sichern. Agrarmärkte waren dadurch bis lange in die zweite Hälfte des zwanzigsten Jahrhunderts von einer Politik der Versorgungssicherung geprägt.

Die Entwicklung zur sozialen Marktwirtschaft sah für die Landwirtschaft in Deutschland eine Sonderrolle vor. 1950/51 wurden in Deutschland Marktordnungen für Vieh und Fleisch, Getreide und Zucker, Milch und Fette eingeführt. Es wurden Zölle, Preiskorridore und Interventionsmaßnahmen festgelegt. Bei der Gründung der Europäischen Wirtschaftsgemeinschaft durch die römischen Verträge von 1957 war der Bereich der Landwirtschaft der zweite Bereich nach Kohle und Stahl (Montanunion, 1951), der einer europäischen Regulierung unterworfen wurde.

EU-Zahlungen an die Landwirtschaft wurden ursprünglich als Maßnahmen zur Preisstabilität konzipiert, insbesondere zur Abschwächung erntebedingter Preisschwankungen. Später dienten sie auch der Preisstützung, erhielten damit also eine einkommenssichernde Komponente. Die daraus resultierende Überproduktion in vielen Bereichen (z.B. so ge-

TOOLBOX: LOBBYISMUS

Der Begriff „Lobby“ geht auf die englischsprachige Bezeichnung der Vorhalle des Parlamentsgebäudes zurück – zum Beispiel im britischen Unterhaus oder im US-amerikanischen Kongress. Diese Halle ist der Prototyp des Begegnungsraums für Kontakte zwischen Vertretern der Interessen von Bevölkerungsgruppen und den Parlamentariern.

Lobbyismus bezeichnet die Einflussnahme von Interessengruppen auf die Legislative, aber ebenso auch auf die Exekutive, durch direkte Kontakte oder auf dem indirekten Weg über die öffentliche Meinung, die durch Medien verbreitet und mitgeprägt wird.

Lobbyismus ist in der modernen Demokratie unerlässlich und unverzichtbar:

- Einerseits artikulieren Unternehmensverbände, Gewerkschaften, Nichtregierungsorganisationen und viele andere Gruppen die Bedürfnisse und Meinungen ihrer Mitglieder und machen so für die politischen Entscheidungsträger überschaubar, welche Auswirkungen ihre geplanten oder vollzogenen Entscheidungen auf unterschiedliche Bevölkerungsgruppen und Wirtschaftsbereiche haben. Dies verbindet sich mit dem Wahrnehmen „organisierter Interessen“ und wird bei hinreichender Transparenz der Interessengruppen, ihrer Ziele und Argumente in der parlamentarischen Demokratie allgemein als systemkonform anerkannt. Dabei versucht jede Interessengruppe, Vorteile für ihre Mitglieder zu erlangen. Dieses Ziel wird in der Praxis durch die konkurrierenden oder entgegengesetzten Ziele anderer Interessengruppen in Schranken gehalten. Der Wettbewerb zwischen Interessengruppen reduziert die Durchsetzungskraft jeder von ihnen und stellt hohe Anforderungen an die Glaubwürdigkeit der an die politischen Entscheidungsträger gelieferten Informationen und an die Überzeugungskraft der angesprochenen Handlungsempfehlungen.
- Andererseits sind die Verbände und Vereinigungen die Kanäle, auf denen die Überlegungen, Pläne, Entscheidungen und Tendenzen der Willensbildung von Parlament und Verwaltung zu den Betroffenen gelangen. Sie nehmen Beratungsaufgaben wahr, um die Anpassung der Mitglieder an wechselnde Rahmenbedingungen zu erleichtern.

Interessengruppen haben also eine in zwei Richtungen gehende Informationsaufgabe. Solange die Arbeit und die Argumente dieser Gruppen überschaubar sind und sie sich keiner unlauteren Methoden bedienen – sei es zur Beeinflussung der Entscheidungsträger, sei es zur Informationsbeschaffung für die Mitglieder –, ist ihre Tätigkeit legitim und für die politische Kultur von Wert und Nutzen. Der Transparenz kann eine Registrierungspflicht aller im politischen und vorpolitischen Raum tätigen Personen- und Unternehmensvereinigungen dienlich sein. Dieser Überschaubarkeit der Verbände und ihres Einflusses soll die vom Präsidenten des Deutschen Bundestags geführte Verbandsliste dienen. In ihr sind weit über eintausend Verbände registriert. Einschließlich der Lobbygruppen, die nur auf Landes- oder Kommunalebene tätig sind, ist die

Gesamtzahl der im politischen und vorpolitischen Raum wirksamen Organisationen noch deutlich größer.

Entsprechend der vielgestaltigen Gliederung des Agribusiness haben sich zahlreiche Verbände der Agrar- und Ernährungswirtschaft gebildet. Sie vertreten

- entweder die speziellen Interessen von Spezialbranchen in der Landwirtschaft sowie in Handel und Verarbeitung und im Dienstleistungsbereich
- oder sie arbeiten branchenübergreifend und bewirken damit häufig auch ein Interessenclearing innerhalb ihrer Klientel (zum Beispiel Deutscher Bauernverband, Deutscher Raiffeisenverband, Bundesvereinigung der Ernährungsindustrie).

Verbände stehen miteinander im Wettbewerb um Mitglieder. Mitgliedergewinnung und Mitgliederbindung sind daher wichtige Aufgaben jedes Interessenverbandes. Viele Instrumente des Marketings sind dabei anwendbar.

Fortsetzung „4.4 Staatliche Lenkungs- und Anreizsysteme auf Agrarmärkten" von S. 79

nannte Milchseen, Rindfleisch- und Butterberge) machten in der Folge weitere Eingriffe zum Abbau der Überschüsse erforderlich. So ist die Landwirtschaft bis heute innerhalb der Europäischen Union ein stark regulierter Bereich, dessen Ausgestaltung viele staatliche Lenkungs- und Anreizsysteme sowie planwirtschaftliche Elemente enthält. In einer Demokratie ist es selbstverständlich, dass den politischen Entscheidungen ausführliche Diskussionen über das Für und Wider vorausgehen. In ihr kommen auch die wirtschafts- und gesellschaftspolitischen Argumente unterschiedlicher Interessengruppen zum Ausdruck (vgl. Toolbox: Lobbyismus).

Binnenwirtschaftliche Instrumente

Preissteuerung durch Interventionspreise: In der Vergangenheit setzte die EU Mindestpreise für bestimmte Agrargüter fest. Sinkt der Marktpreis unter den Mindestpreis (Interventionspreis), kaufen staatlich beauftragte Einrichtungen den Erzeugern die Produkte zum Interventionspreis ab und lagern sie ein, um sie je nach Marktentwicklung später wieder abzugeben. Dadurch sollen einerseits Erzeugerpreise stabilisiert werden, andererseits Überschussmengen vom Markt genommen werden. Zu den unerwünschten Effekten gehört jedoch ein anhaltender Anreiz zur Überschussproduktion. Daher wird dieses Instrument zugunsten von entkoppelten Direktzahlungen systematisch abgebaut.

Mengensteuerung durch Quotenregelungen: Um die bei künstlich hohen Preisen erzeugte Überproduktion in den Produktbereichen Milch und Zucker zu begrenzen, führte die EU Mengenbegrenzungen ein. Jedem Mitgliedsstaat wurde dabei eine feste Erzeugungsmenge zugewiesen. In Deutschland wurde z. B. die nationale Milchmenge auf die Ebene der Erzeuger heruntergebrochen, in Frankreich auf die Ebene der Molkereien. Einer Übererfüllung der Quoten wird innerhalb von Quotensystemen üblicherweise durch Preisabschläge, Abgaben oder durch andere Sanktionen entgegengewirkt, die die über die festgelegte Quote hinausgehende Produktion wirtschaftlich sinnlos machen.

Außenhandelsinstrumente

Abschöpfung: Die Erzeugerkosten der meisten Agrarprodukte liegen innerhalb der Europäischen Union über dem Niveau der Weltmarktpreise. Um die europäischen Erzeuger gegen preislich günstigere Importe aus anderen Ländern zu schützen, hat die EU eine so genannte Einfuhrschwelle eingeführt. Lieferanten aus einem Nicht-EU-Land müssen die Differenz zwischen dem Weltmarktpreis und diesem Schwellenpreis als Gleitzoll an die EU abführen. Diese Regelung wird als Abschöpfung bezeichnet.

Exporterstattungen: Das Preissystem der künstlich hohen Preise erschwert einen Export aus der EU in Drittländer. Daher zahlt die EU Exporteuren die Differenz zwischen Schwellenpreis und Weltmarktpreis als so genannte Exporterstattung aus. Dieses Prinzip entspricht der Umkehrung der Import-Abschöpfung.

Nichttarifäre Regelungen: Neben Zöllen und zollähnlichen Regulierungen existieren auf europäischen (wie anderen internationalen) Märkten Handelsbeschränkungen, die sich etwa aus bestimmten vorgeschriebenen Produkteigenschaften, Normen oder Handelsklassen ergeben können, die in dieser Form auf anderen Märkten nicht üblich sind. Weitere nichttarifäre Handelshemmnisse können insbesondere durch Importquoten oder besonders aufwendige Einfuhrmodalitäten entstehen.

Kritiker bemängeln einerseits die Auswirkungen des europäischen Außenhandelsregimes auf die Exportmöglichkeiten von Entwicklungsländern. Andererseits wird die Doppelbelastung der Verbraucher kritisiert, die in ihrer Rolle als Steuerzahler ein System finanzieren, das künstlich hohe Preise erzeugt, die sie dann als Verbraucher erneut zu bezahlen haben.

Betriebliche Subventionen

Produktsubventionen sind Maßnahmen zur Förderung der Produktion. Dazu gehören produktionsbezogene Anreizsysteme wie etwa Prämien für das Halten von bestimmten Tieren oder für den Anbau von bestimmten Pflanzen.

Faktorsubventionen verbilligen den Einsatz bestimmter Produktionsmittel. Beispiele dafür sind Steuervergünstigungen für Agrardiesel oder Zinsverbilligungen für Darlehen, Förderung von Schulung und Beratung, Unterstützung von Pflanzenschutzdiensten, Zuschüsse zu Tierseuchenkassen und anderes mehr.

Entkoppelte Direktzahlungen sind betriebsbezogene Subventionen, die keinen unmittelbaren Produktionsanreiz bieten. Innerhalb der EU gehört die Umorientierung von produktionsorientierten Zahlungen auf entkoppelte Direktzahlungen zu den wesentlichen Eckpunkten der Agrarreform. Dadurch sollen die landwirtschaftlichen Betriebe stärker als zuvor auf den Markt ausgerichtet werden.

Sonstige Prämien werden für Maßnahmen gewährt, die dazu dienen, übergeordnete Ziele zum Beispiel im Bereich der Umweltpolitik oder des Tierschutzes umzusetzen. Beispiele bilden Prämien für Ackerrandstreifenprogramme oder Mutterkuhprämien.

Überbetriebliche Förderung

Maßnahmen zur Förderung der Agrarstruktur und der ländlichen Entwicklung wirken auf den Erhalt einer bäuerlich geprägten Kulturlandschaft. Im Fokus der Förderung steht nicht mehr die Förderung eines landwirtschaftlichen Einzelbetriebs. Vielmehr wird die landwirtschaftliche Struktur als Ganzes oder auch der ländliche Raum als solcher gefördert. Neben der einzelbetrieblichen Förderung als erster Säule der europäischen Agrarförderung gewinnt diese zweite Säule immer mehr an Gewicht. Auch diese Entwicklung soll die Marktorientierung der landwirtschaftlichen Betriebe fördern. Maßnahmen innerhalb dieser zweiten Säule können beispielsweise Flurbereinigungsverfahren oder Dorferneuerungsprogramme sein.

Maßnahmen zur Verbesserung der Marktstruktur sollen vor allem die Rolle der landwirtschaftlichen Marktpartner gegenüber ihren oft stärkeren Marktpartnern verbessern. Zu diesem Zweck werden Erzeugerorganisationen, ihre Zusammenschlüsse und dort anfallende Investitionen gefördert.

Maßnahmen zur Absatzförderung dienen der Förderung der regionalen oder sektoralen Vermarktung von Agrarprodukten und Lebensmitteln. Häufig werden diese mit Maßnahmen zur Qualitätsförderung verbunden.

Begriffe zur Agrarreform

Entkoppelung ist der zentrale Begriff, der die Abkehr der direkten einzelbetrieblichen Subvention von Produktionsanreizen beschreibt.

Modulation: Neben der einzelbetrieblichen Produktion (erste Säule) sollen Maßnahmen der ländlichen Entwicklung (zweite Säule) finanziell stärker unterstützt werden. Dazu werden die Direktzahlungen jährlich gekürzt. Die Modulationsmittel werden von den Mitgliedsstaaten im Rahmen ihrer Programme zur Verstärkung der Maßnahmen der zweiten Säule eingesetzt.

Cross Compliance: Um Fördermittel zu erhalten, müssen Landwirte bei der Produktion bestimmte Basisanforderungen erfüllen. Dazu gehören Umwelt- und Tierschutz sowie Lebens- und Futtermittelsicherheit. Bei Nichteinhaltung dieser Standards können die Direktzahlungen gekürzt werden. Daneben müssen Regelungen zum Bodenschutz und zur Mindestinstandhaltung von Flächen getroffen werden. Zudem müssen die EU-Mitgliedsstaaten sicherstellen, dass der Anteil des Dauergrünlands an der gesamten landwirtschaftlich genutzten Fläche nicht abnimmt.

Ausblick

Die Entwicklung der Weltbevölkerung und die zunehmende Bedeutung der nachwachsenden Rohstoffe als alternative Produktions- und/oder Verwertungsoption in der Landwirtschaft bietet eine Aussicht auf langfristig höhere Marktpreise auch ohne staatliche Eingriffe in die Märkte. Mit der perspektivischen Stärkung der Marktmechanismen gehen für die Landwirtschaft und ihre Marktpartner Chancen und Risiken einher. Unbeschadet der generellen Marktrisiken und des Zwangs zum Strukturwandel in der Landwirtschaft bestehen vor allem Chancen darin, sich in unternehmerischer Verantwortung auf den Märkten frei von Regulierungen und Kontingentierungen zu bewegen. Dem Marketing für Lebensmittel und Agrarprodukte kommt damit eine immer größere Bedeutung zu.

B
Planung im Marketing

1. Planungsprozesse im Marketing

Es ist häufig im Nachhinein gar nicht mehr festzustellen, ob der Beginn erfolgreicher Unternehmensentwicklungen durch systematische Planung oder die Intuition kreativer Unternehmer markiert wurde.

Viele Geschäftsideen erscheinen uns heute so simpel und einleuchtend, dass man sich kaum vorstellen kann, dass sie durch rationale, nüchterne Planung entstanden sind. Häufig sind sie es auch nicht!

Die Wirklichkeit belegt im großen wie auch im kleinen Stil, dass es oftmals die Unternehmerpersönlichkeiten sind, die den richtigen Riecher für den Markt haben. Dennoch: Ist die Idee erst geboren, muss sie am Markt durchgesetzt werden und sich permanent gegen Nachahmungen behaupten. Die Marktstellung muss beobachtet werden, Stärken und Schwächen im Wettbewerb müssen permanent analysiert werden, damit man rechtzeitig mit den geeigneten Strategien und Maßnahmen auf den Markt einwirken kann.

Systematische Marketingplanung ist dabei nicht ein Privileg großer Unternehmungen, sie gehört zum Handwerkszeug jedes Unternehmens, das sich überhaupt mit der Durchsetzung von Marketingstrategien am Markt beschäftigt. Das gilt vom Direktvermarkter von Agrarprodukten bis zu Großunternehmen.

Der Unterschied ist nur der, dass diese Planung in Großunternehmen in hierarchisch organisierten Abteilungen institutionalisiert ist und damit zwangsläufig ein feineres Netzwerk an Strategie- und Maßnahmenentscheidungen hat.

Wer Planung nur als die Verarbeitung von Informationen, das systematische Analysieren von Ursache-Wirkungs-Zusammenhängen, die theoretische Entwicklung von Konzeptionsalternativen versteht, denkt nicht weit genug. Vor allen Dingen trägt er dem Umstand nicht Rechnung, dass Marketingprozesse sich in einem permanenten Regelkreis von vorbereiteten Problemanalysen, Entscheidungen über Handlungsalternativen, Organisationsprozessen zur Realisierung von Einscheidungen und Kontrollen zur Überprüfung des Erfolges oder der Veränderung von Rahmenbedingungen mit dem entsprechenden Input für Veränderungen in der nächsten Periode bewegen.

Diese Planungsprozesse spielen sich dabei grundsätzlich auf zwei Ebenen ab:

(1) Planungsprozesse zu Grundsatzentscheidungen über die allgemeine Marketingpolitik und über strategische Konzeptionen für die einzelnen Aktionsbereiche des Marketings (Grobsteuerung).

(2) Die Planung der Detailmaßnahmen in den einzelnen Aktionsbereichen (Feinsteuerung).

Auf der Ebene der Marketinggesamtplanung, auf der von der Unternehmensleitung bzw. Marketingleitung Grundsatzfestlegungen zum Marktauftritt des gesamten Unternehmens getroffen werden, wird zunächst entschieden, ob

- mit bisherigen Strategien auf gegenwärtigen Märkten weiter gearbeitet werden soll,
- mit unveränderten Strategien neue Märkte gewonnen werden,

Übersicht B.1

Der Planungs-, Entscheidungs- und Kontrollprozess im Marketing

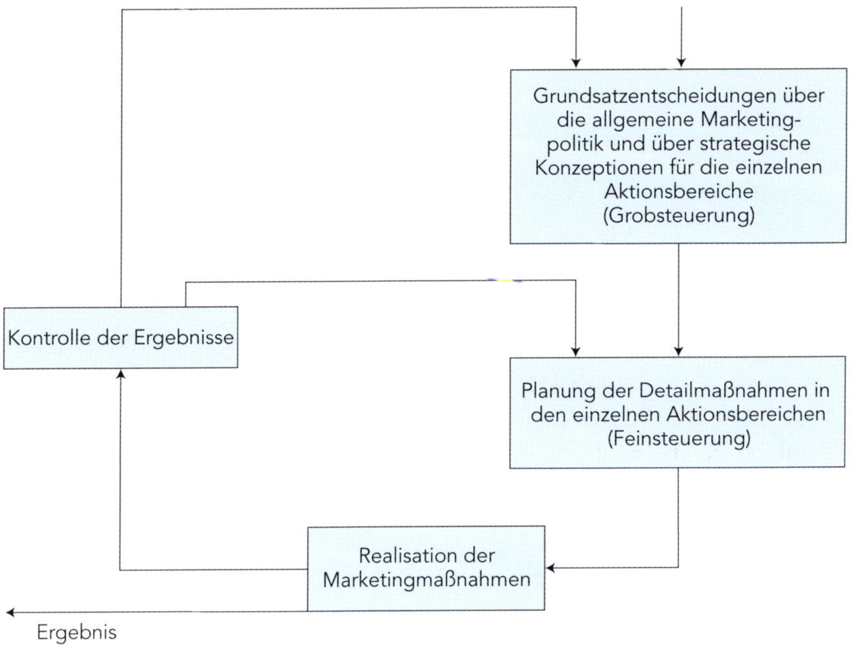

- gegenwärtige Märkte mit veränderten oder neuen Strategien bearbeitet werden,
- einzelne Märkte nicht mehr bearbeitet oder einzelne Strategien eliminiert werden,
- neue Märkte mit veränderten oder neuen Strategien gewonnen werden sollen.

Die Auswahl einer dieser Strategien hat unmittelbare Auswirkungen für die Planung konkreter Feinsteuerungsmaßnahmen; denn sie führt zu Entscheidungen darüber, welche einzelnen Maßnahmen der Produktpolitik, Preispolitik, Distributionspolitik und Kommunikationspolitik

- beizubehalten,
- zu eliminieren,
- zu verbessern oder
- neu zu gestalten sind.

Ein Planungsprozess in diesem Sinne kann nur dann zu brauchbaren Ergebnissen führen, wenn die Entscheidungsträger sich an einem entsprechend detaillierten Zielsystem orientieren können. Auch die Findung der Ziele auf den verschiedenen Ebenen der Planungshierarchie gehört mit zu den Kernbereichen der Marketingplanung.

Planungssystematik beruht immer auf einem mehr oder weniger theoretischen Gedankenkonstrukt, nach dem die Planungen ablaufen. Diese stützen sich auf allgemeine Grundlagen der Entscheidungsfindung. Deswegen sollen diese den eigentlichen Überlegungen zur Marketingplanung vorangestellt werden (vgl. Übersicht B.1).

In der Entscheidungstheorie fließen beschreibende, erklärende und normative Aussagen aus der Betriebswirtschaftslehre, Psychologie, Soziologie und Wissenschaftstheorie zusammen.

Einen wichtigen Bereich deskriptiver (beschreibender) und explanatorischer (erklärender) Entscheidungsmodelle haben wir in den Käuferverhaltensmodellen bereits kennen gelernt. Ähnliche Modelle werden auch bei der Analyse des Verhaltens der Entscheidungsträger in Unternehmen verwendet. Derartigen Fragestellungen ist gemeinsam, dass sie das beobachtbare Verhalten der am Entscheidungsprozess Beteiligten in den Mittelpunkt der Untersuchung stellen.

Stärker als die Beobachtung und Erklärung von Entscheidungsabläufen konzentriert sich das Interesse der Entscheidungsträger in der Praxis aber auf die Frage: Wie kann die Entscheidungsfindung verbessert werden? Diese normative Sicht stellen wir auch hier in den Vordergrund. Dabei sind drei Gesichtspunkte bedeutsam:

(1) Entscheidungen sind Wahlhandlungen zwischen Alternativen.
(2) Die begrenzte Informationsverarbeitungsfähigkeit des Menschen erschwert das Finden rationaler Entscheidungen.
(3) Entscheidungsfindung setzt immer die Vereinfachung der Komplexität realer Zusammenhänge voraus.

Entscheidungen als rationale Wahlhandlungen

Der Mensch kann nur dann Entscheidungen treffen, wenn er einen Handlungsspielraum, d.h. eine Wahlmöglichkeit zwischen verschiedenen Zuständen, Maßnahmen o.Ä. hat.

In der Realität werden wir bewusste Entscheidungshandlungen in reiner Form kaum antreffen. Rationalität ist nur einer von mehreren Aspekten des Handelns. Wenn in der Entscheidungstheorie dennoch von uneingeschränkt rationalem Verhalten ausgegangen wird, so deshalb, weil dadurch die Schaffung formaler Entscheidungsmodelle ermöglicht wird, die dem Praktiker als Entscheidungshilfen dienen können. Das Wesen solcher formaler Entscheidungsmodelle liegt in ihrer Zweckrationalität: In Hinsicht auf vorgegebene Zwecke werden mit Hilfe von Entscheidungsregeln (Maximen) aus einer begrenzten Anzahl von Alternativen optimale oder befriedigende Lösungen nach vorgegebenen Bewertungsmaßstäben gewählt, wobei der Entscheidungsträger durchaus ein subjektives Bild von der Entscheidungssituation haben kann.

Jede Entscheidung ist an die Umwelt des Entscheidungsträgers gebunden. Die Umwelt bestimmt einerseits die situationsspezifischen Entscheidungsprämissen und andererseits den Bereich, der durch die Entscheidung beeinflusst wird.

Jeder Entscheidungsträger verfügt über ein Informationssystem, mit dem er die für die Entscheidung relevante Umwelt erfassen kann: Durch Beobachtung und Wahrnehmung, Forschung und Lernen, Erwartung und Prognose verschafft er sich ein Bild über die Ausgangssituation und die Zusammenhänge zwischen den Umweltvariablen, um sich mit Hilfe eines logischen Kalküls die Konsequenzen verschiedener Alternativen zu verdeutlichen. Mit Hilfe eines Wertesystems bewertet er diese Alternativen, um daraus nach einer Entscheidungsregel die für ihn günstige auszuwählen.

Die notwendige Begrenzung auf erfolgversprechende Handlungsalternativen und die Bewertung der Alternativen erfolgen oft unsystematisch, nicht bewusst vorausschauend, sondern gefühlsmäßig. Nicht zu verkennen ist auch, dass in der Praxis die meisten Entscheidungen kein echtes Problemlösungsverhalten beinhalten, sondern Routineentscheidungen sind. Von den Faktoren, die rationales Verhalten behindern, sind besonders zu nennen: einerseits die Gewohnheit und die begrenzte intellektuelle Fähigkeit des Menschen zur Abbildung von Modellen und andererseits die Vielschichtigkeit der Wirklichkeit, die kaum exakt nachzubilden ist. Hindernisse sind weiterhin die verschiedenen irrationalen Handlungsmechanismen (Emotionen, Triebe, Instinkte, Impulse) und die Unmöglichkeit, vollständige Informationen über die Entscheidungssituation zu gewinnen.

Darüber hinaus müssen wir uns vergegenwärtigen, dass normalerweise Entscheidungsprozesse im Rahmen sozialer Interaktion zwischen mehreren Beteiligten vollzogen werden. Verhalten sich einige der Beteiligten rational, andere jedoch irrational, so ist das Ergebnis der Prozesse zweifellos nicht rational. Außerdem setzt das gemeinsame Entscheiden das Vorhandensein eines gemeinsamen Wertesystems voraus. Gerade diese Prämisse aber ist in der Realität nur selten gegeben.

Rationale Entscheidungsmodelle und -techniken sind also Vereinfachungen eines in der Praxis oftmals sehr komplexen Problemlösungsverhaltens der Menschen. Diese Einschränkung dürfen wir nicht aus dem Auge verlieren, wenn wir als Entscheidungshilfen für praktische Wahlhandlungen Modellrechnungen durchführen.

Bei der Vereinfachung von Entscheidungskomplexen werden folgende Grundstrategien am häufigsten verwandt:

- Begrenzung des Entscheidungsbereiches (Einengung der Entscheidung auf Teilbereiche des Marketings, z. B. die Werbung),
- Begrenzung des Planungszeitraumes (kurz-, mittel-, langfristig),
- Festlegung von Maßstäben, die die Suche nach Alternativen begrenzen,
- Begrenzung der zu analysierenden Konsequenzen von Alternativen,
- Vorauswahl von Bewertungsmaßstäben (Gewinn, Umsatz u. Ä.),
- Begrenzung des Umfanges der Informationssuche,
- Festlegung der Entscheidungsregel.

Die genannten Reduktionsschwerpunkte beziehen sich auf die verschiedenen Elemente von Entscheidungsproblemen. Wir müssen uns darüber hinaus jedoch im Klaren sein, dass selbst das in der Entscheidungstheorie zugrunde gelegte Zweck-Mittel-Schema und die Vorstellung des prozesshaften Charakters von Entscheidungen Vereinfachungen sind.

Zur Typologisierung unternehmerischer Entscheidungen

Das Ausmaß der Vereinfachungen schlägt sich in der Unterscheidung zwischen zwei Grundtypen von Entscheidungsmodellen nieder: den geschlossenen und offenen Entscheidungsmodellen. Geschlossene Entscheidungsmodelle weisen folgende Merkmale auf:

- eine bestimmte Anzahl von Alternativen,
- hinreichend bekannte Konsequenzen,
- klar formulierte Ziele,
- Regeln, mit deren Hilfe eine eindeutige Rangordnung der Alternativen gebildet werden kann.

Die Modelle lassen sich relativ leicht formalisieren und können daher analytisch, d. h. durch Algorithmen, gelöst werden.

Von offenen Entscheidungsmodellen sprechen wir dagegen beim Vorliegen schlecht strukturierter Probleme, denen wenigstens eines der genannten Kriterien fehlt.

Geschlossene Entscheidungsmodelle

Die Grundstruktur geschlossener Entscheidungsmodelle ist das Zweck-Mittel-Schema: Zur Erreichung gegebener Zwecke (Ziele) werden aus mehreren Möglichkeiten die günstigsten Mittel bzw. Mittelkombinationen gewählt. Geschlossene Entscheidungsprobleme können mit Hilfe verschiedener mathematischer Verfahren gelöst werden, die unter dem Oberbegriff „Operations Research" (Unternehmensforschung) Bedeutung für eine wissenschaftlich fundierte Entscheidungsfindung haben.

Modelle dieser Art unterscheiden sich durch den Grad der Information über die Konsequenzen verschiedener Alternativen und das Eintreffen bestimmter Ereignisse (Umweltkonstellationen).

Entscheidung unter Sicherheit: Eine begrenzte Zahl von Alternativen ist bezüglich ihrer Konsequenzen zur Zielerreichung genau definiert. Über das Eintreffen bestimmter Umweltsituationen hat der Entscheidungsträger sichere Informationen. Die Auswahl der Alternativen erfolgt nach festen Entscheidungsregeln und führt zur Optimierung.

Entscheidung unter Risiko: Im Gegensatz zu den vorher genannten Modellen bestehen verschiedene Möglichkeiten für das Eintreffen von Umweltkonstellationen, die mit Erwartungswerten (bzw. Erwartungswahrscheinlichkeiten) zu versehen sind.

Entscheidungen unter Unsicherheit: Im Gegensatz zu den vorherigen Modellen hat der Entscheidungsträger keine Informationen über die Entwicklung der Umweltfaktoren. Derartige Entscheidungen sind nur dann der mathematischen Lösung zugänglich, wenn Annahmen über die Risikopräferenzen des Entscheidungsträgers gemacht werden.

Offene Entscheidungsmodelle (Problemlösungsprozesse)

Viele betriebswirtschaftliche Probleme sind von solcher Komplexität, dass sie in geschlossenen Modellen nicht mehr zu erfassen sind. Zum Beispiel existieren in der Entscheidungssituation keine konkreten Ziele, oder die Ziele sind laufenden Veränderungen unterworfen, oder die Zahl der Alternativen und Umweltkonstellationen ist unbekannt, oder über die Bewertungskriterien bestehen unklare Vorstellungen. Das Lösen derartiger Problemsituationen ist in großem Ausmaße vom Verhalten der Entscheidungsträger abhängig, die Entscheidung lässt sich nur noch als **Problemlösungsverhalten** modellieren und ist höchstens in einzelnen Phasen mit Hilfe rechnerischer Verfahren zu bewältigen.

Offene Entscheidungsmodelle sind kein Gegensatz zu geschlossenen, sie sind nur umfassender als Letztere, indem sie die Existenz von Zielen, Alternativen und Konsequenzen nicht als vorgegebene Annahmen in das Modell aufnehmen, sondern auch die Erfassung dieser Komponenten zum Problem erheben. Geschlossene Modelle, die sich auf die Anwendung von Entscheidungsmaximen konzentrieren, können also auch Bestandteil von offenen Modellen sein.

Wegen der Unsicherheit der Informationen über Ziele, Alternativen und Konsequenzen sind offene Modelle von großer Bedeutung für die praktische Entscheidungsfindung. Das Grundschema dieser Modelle ist das im Folgenden beschriebene Phasenmodell. Durch die Zerlegung der Entscheidung in einen Prozess mit trennbaren Phasen wird einerseits erreicht, dass dem tatsächlichen Verhalten der Entscheidungsträger besser Rech-

Übersicht B.2

Das Kreislaufschema eines Entscheidungsprozesses

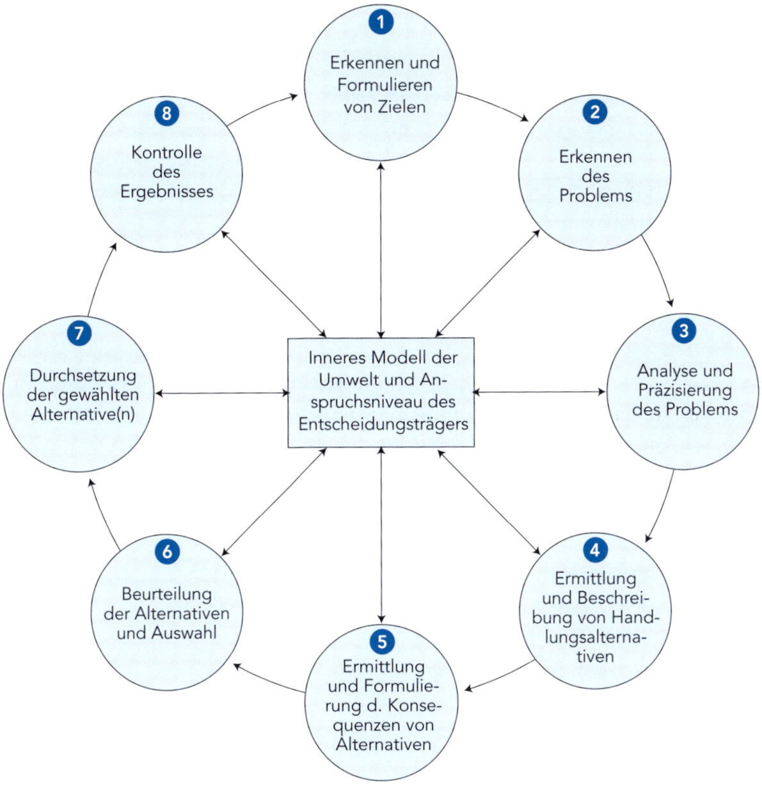

nung getragen werden kann. Andererseits lässt das Zerstückeln des Entscheidungsprozesses eine bessere Beurteilung unrationalen Vorgehens der Entscheidungsträger zu und zeigt Ansatzstellen zur Verbesserung des Problemlösungsverhaltens.

Problemlösungsprozesse setzen sich im Wesentlichen aus drei Komponenten zusammen:

- Suchverhalten vor der Entscheidung,
- Entschluss bzw. Auswahl,
- Suchverhalten nach der Entscheidung.

Selbstverständlich genügt uns eine solche globale Phasendifferenzierung noch nicht, sie gibt jedoch einen Hinweis darauf, dass es sich bei der Entscheidung im weitesten Sinne um einen Willensbildungs- und Durchsetzungsprozess handelt, der als Planungs-, Realisations- und Kontrollprozess bezeichnet wird. Bei weiterer Aufgliederung der Prozess-Stufen erhalten wir ein achtstufiges Kreislaufschema (Übersicht B.2).

(1) Nicht jeder Entscheidungsprozess beginnt mit der Erforschung der Ziele durch den Entscheidungsträger. Insbesondere im praktischen Fall stehen Ziele in der Regel nicht zur Diskussion. Der Entscheidungsträger sollte sich aber die von ihm gewählten oder ihm von anderen vorgegebenen Ziele bewusst machen und versuchen, sie

nach Möglichkeit operational zu formulieren, d. h., sie mit eindeutig verständlichen (messbaren) Größen zu definieren.

(2) Normalerweise werden Entscheidungsprozesse durch das Erscheinen von Problemen in Gang gesetzt, d. h., die Umweltsituation des Entscheidungsträgers verändert sich in von ihm nicht gewollte oder nicht vorhergesehene Richtungen. Das Erkennen dieser Soll-Ist-Abweichung erfolgt oft zufällig. Durch Beobachten der Umwelt und Informationssammlung kann der Entscheidungsträger sich jedoch vor Überraschungen schützen.

(3) Dem Erkennen von Umweltveränderungen folgt die Diagnose. Festzustellen sind Ausmaß und Bedeutung der Veränderung, die Ursachen und die bestehenden Wirkungszusammenhänge. Die Diagnose wird immer in eine Prognose der möglichen Entwicklung einmünden.

(4) Von großer Bedeutung für den Erfolg des Entscheidungsprozesses ist weniger eine möglichst umfangreiche Erfassung von Alternativen zur Beeinflussung der Umweltsituation als vielmehr die Ermittlung der relevanten Alternativen. Das Finden der optimalen Lösung ist eine Utopie, da wir ja nie wissen, ob wir den Suchprozess nicht vielleicht zu früh abgebrochen haben.
Wir müssen uns daher fast immer damit begnügen, befriedigende Alternativen zu finden.

(5) Die Konsequenzen der Alternativen beschreiben die durch eine bestimmte Entscheidung zu erwartende Veränderung der Umwelt. Konsequenzen beziehen sich auf die Zukunft und verlieren daher nie ihren hypothetischen Charakter. Hier liegt das zentrale Unsicherheitsproblem fast aller Entscheidungen.

(6) Normalerweise bewerten sich die Alternativen durch ihre Konsequenzen selbst. Oft sind die Konsequenzen jedoch nicht eindeutig oder nur unter Wahrscheinlichkeit zu bestimmen. Häufig führen auch verschiedene Alternativen zu gleichen Konsequenzen. In diesen Fällen müssen zusätzliche Bewertungsmaßstäbe (z. B. Gewinn, Marktanteil) gewonnen werden, die eine vergleichende Betrachtung der Alternativen zulassen. Beispiele dafür sind: Wähle die Alternative mit dem höchsten Gewinn. Oder: Wähle die Alternative mit dem geringsten Risiko.

(7) Der Entschlussfassung folgt die Konkretisierung von Maßnahmen zur Durchführung des Entschlusses. Es sind Pläne für die Durchführung auszuarbeiten und Anweisungen zur Ausführung der Pläne zu erteilen.

(8) Zuletzt sind die Ergebnisse der getroffenen Maßnahmen zu kontrollieren. Die Ermittlung der Ist-Ergebnisse und ihrer Abweichung von den Sollwerten bilden einen wichtigen Bereich des innerbetrieblichen Informationssystems.

Es wurde schon darauf hingewiesen, dass die Phasen des Entscheidungsprozesses nicht zwangsläufig zeitlich aufeinander folgen. Das Schema, das auf Erkenntnissen der Kybernetik aufbaut, zeigt stattdessen sehr deutlich, dass von allen Phasen Rückkopplungen zu vorhergehenden Stufen ausgehen. So lösen z. B. die Kontrollinformationen in allen anderen Phasen erneute Prozesse aus.

Derartige Rückkopplungen laufen in der Regel über das im Zentrum von Entscheidungsprozessen stehende Erfahrungssystem der Entscheidungsträger: Jeder Entscheidungsträger beschließt aufgrund seiner Vorstellungen von der Umwelt (= inneres Modell) und seines subjektiven Anspruchsniveaus, ob er den Kreislauf unterbrechen und zu einer vorhergehenden Phase zurückschreiten oder im normalen Kreislauf fortschreiten will.

Die Entscheidungen können nur verbessert werden, wenn der Unvollkommenheitsgrad der Informationen verringert wird. Eine erfolgreiche Planung, Entscheidung und Kontrolle von Marketingaktivitäten nach dem formalen Ablaufschema ist erst dann möglich, wenn für die einzelnen Prozessphasen genügend Informationen hinreichender Qualität vorliegen.

2. Informationsbeschaffung

2.1 Informationsbedarf

Ein Blick zurück auf die Entscheidungsmatrix und das Kreislaufschema zeigt uns die wichtigsten Informationsarten, die wir für Marketingentscheidungen folgendermaßen spezifizieren können:

Zielinformationen

Marketingziele sind direkt oder indirekt Marktziele. Sie konkretisieren Inhalt und Ausmaß der Vorstellung, welche Stellung eine Unternehmung im Markt einnehmen will. Sie haben eine sachliche und eine formale Dimension (also Inhalt der Ziele und Quantität der Zielgröße). Die strategischen (langfristigen) Ziele können meistens nur durch qualitative Informationen oder solche mit relativ großer Spannweite gekennzeichnet werden. Sie werden konkretisiert in den taktischen (kurzfristigen) Zielen (z. B. Erhöhung des Distributionsgrades, Gewinnung neuer Kunden, Sortimentsergänzung, Durchsetzung höherer Preise usw.). Die Formulierung dieser Ziele setzt die Kenntnis der strategischen Ziele, der Märkte und der verfügbaren Maßnahmen voraus.

Die Problemerkennung und Problemdefinition

Wenn sich die Umweltsituation und damit die Marktstellung des Unternehmens in einer, gemessen an der Zielvorstellung ungewünschten, Richtung ändert, müssen Korrekturmaßnahmen ergriffen werden. Das Erkennen der Probleme setzt neben der Kenntnis der Ziele gute Informationen über das Unternehmen selbst, die Märkte und die maßgebenden Einflussfaktoren voraus. Treten in den genannten Bereichen Probleme und unerwünschte Situationen auf, so müssen sie erkannt, präzisiert und diagnostiziert werden, damit sie zu erfolgreichen Reaktionen führen können. Einen Überblick über die für Marketingentscheidungen erforderlichen Informationen gibt Übersicht B.3.

Übersicht B.3

Wichtige Informationen für Marketingentscheidungen

Informationen über die Kunden	Informationen über die Absatzmittler	Informationen über die Konkurrenten
• Nachfragestruktur (Zahl, Dichte, Wachstum, Wanderung, Verteilung) • Kaufkraft • Bedarfsträger bestimmter Produkte • Bedarfsintensität und -verteilung • Käufe verschiedener Produkte • Kaufgewohnheiten	• Zahl der Absatzwege • Länge der Absatzwege (Stufen) • Zahl, Größe und wirtschaftliche Bedeutung der Unternehmen • Standorte • Distributionskosten, -geschwindigkeit • Leistungen der Absatzmittler • Anforderungen an das Angebot, Finanzierungs- und Lieferbedingungen • Einkaufsverhalten des Handels • Macht einzelner Gruppen • Image	• Konkurrenzstruktur (Zahl, Größe, Bedeutung, Standorte) • Umsätze, Marktanteile • Regionale Bedeutung • Marktmacht, Sortimentsstruktur und -politik (Zahl, Art und Anteil der Produkte) • Produktpolitik • Distributionspolitik • Preispolitik • Kommunikationspolitik • Zusatzleistungen • Image der Unternehmen und Produkte

Alternativen und ihre Konsequenzen

Die Suche nach Handlungsalternativen unterliegt u.a. dadurch Beschränkungen, dass jeder Entscheidungsträger aufgrund seiner Erfahrung und subjektiven Situationsaufnahme bzw. -deutung bestimmte Alternativen im Voraus favorisiert und somit die Suche beträchtlich einschränkt. Dies sollte jedoch nicht dazu führen, dass die Suche nach Alternativen nur aufgrund der bisherigen Erfahrung oder intuitiv vorgenommen wird. Ebenso wie für die Problemdiagnose und -prognose gibt es auch für die Suche nach Alternativen heute bereits hinreichend bewährte Methoden, die wir noch kennen lernen werden.

Alternativen sind wertlos für die Entscheidung, wenn nicht wenigstens qualitative Vorstellungen über ihre Wirkungen zu gewinnen sind. Das Ziel ist darüber hinaus die Quantifizierung der Konsequenzen von Alternativen.

Hieraus ist zu folgern, dass wir Informationen über verschiedene Konsequenzen einer Maßnahme suchen müssen, um die Handlungsalternativen im Hinblick auf die Marketingziele bewerten zu können. Hinweise darauf, inwieweit einzelne Handlungsalternativen zur Zielerreichung beitragen, lassen sich durch Wirkungsanalysen gewinnen (z.B. durch Auswertung eigener oder fremder Erfahrungen oder durch Anwendung der Methoden ökoskopischer und demoskopischer Marktforschung).

Die Erfolge von Marketingmaßnahmen werden von den Reaktionen der Verbraucher, Absatzmittlern und Konkurrenten beeinflusst. Benötigt werden daher zum einen Daten über die Struktur dieser Gruppen, zum anderen Daten über deren Reaktionen auf produkt-, preis-, kommunikations- und distributionspolitische Maßnahmen.

Durch die Sammlung von Informationen über die Problembereiche und die Wirkungen von Alternativen verschaffen wir uns die Grundlage für die Bewertung und Entschlussfassung. Informationen über Bewertungsmaßstäbe zur Auswahl von Alternativen müssen – wenn die Ziele nicht direkt zur Bewertung verwandt werden können – aus dem Zielsystem abgeleitet werden. Der Entscheidungsträger muss die Wahrscheinlichkeiten schätzen, inwieweit durch eine Alternative ein bestimmtes Anspruchsniveau erfüllt wird.

Realisation

Es gibt kaum einen Fall, in dem derjenige, der eine Entscheidung über Marketingmaßnahmen fällt, diese ganz ohne Hilfe anderer durchführt. Er ist auf die Mitarbeit anderer Menschen und oft auf die Verwendung von technischen Hilfsmitteln angewiesen. Deshalb benötigt er Informationen über ihre

- Existenz,
- Leistungsfähigkeit,
- Leistungsbereitschaft.

Zum Teil gehören diese Menschen und Hilfsmittel zum Unternehmen, zum Teil aber müssen sie erst ausfindig gemacht und in das Durchführungsprogramm integriert werden. Die Informationen betreffen z. B. Adressen, Leistungen und Kosten von Marktforschungsinstitutionen, Marketingberatern und Werbeagenturen.

Kontrolle

Da die Wirksamkeit von Marketingmaßnahmen im Voraus nicht mit Sicherheit bestimmt werden kann, ist eine nachträgliche Überprüfung des Erfolges unbedingt notwendig. Die wichtigsten Kontrollinformationen zeigen den Erfolg der Marketingtätigkeit insgesamt und den der einzelnen Maßnahmen. Durch den Vergleich des Ist-Zustandes mit dem Sollzustand und durch die Analyse der Abweichungsursachen werden die Voraussetzungen für die laufende Anpassung erarbeitet. Die Kontrolle setzt die bereits oben geforderte operationale Formulierung der Ziele (= Sollzustände) voraus.

2.2 Der Prozess der Informationsbeschaffung

Nur die systematische, auf die konkrete Problemstellung bezogene Gewinnung und Auswertung der Informationen ermöglicht es, die Intuition im Marketing möglichst weitgehend durch Planung und rationale Entscheidungsfindung zu ersetzen. Die Informationsbeschaffung soll also das Risiko der Marketingentscheidungen vermindern.

Aus dieser Sicht sind zwei Forderungen zu stellen: Einerseits sollen die Informationen ein Höchstmaß an Vollständigkeit und Genauigkeit aufweisen, andererseits sollen die Beschaffung und die Auswertung der Informationen so konkret wie möglich auf die jeweilige Marketingentscheidung ausgerichtet sein. Dieses bedeutet, dass auf jede überflüssige Information verzichtet werden sollte. Denn sie erhöht die Kosten der Informationsgewinnung, die stets in einem angemessenen Verhältnis zur Verbesserung der Marketingentscheidungen stehen müssen, und sie erschwert die Verwendbarkeit der Informationen für

Übersicht B.4

Marketingforschung

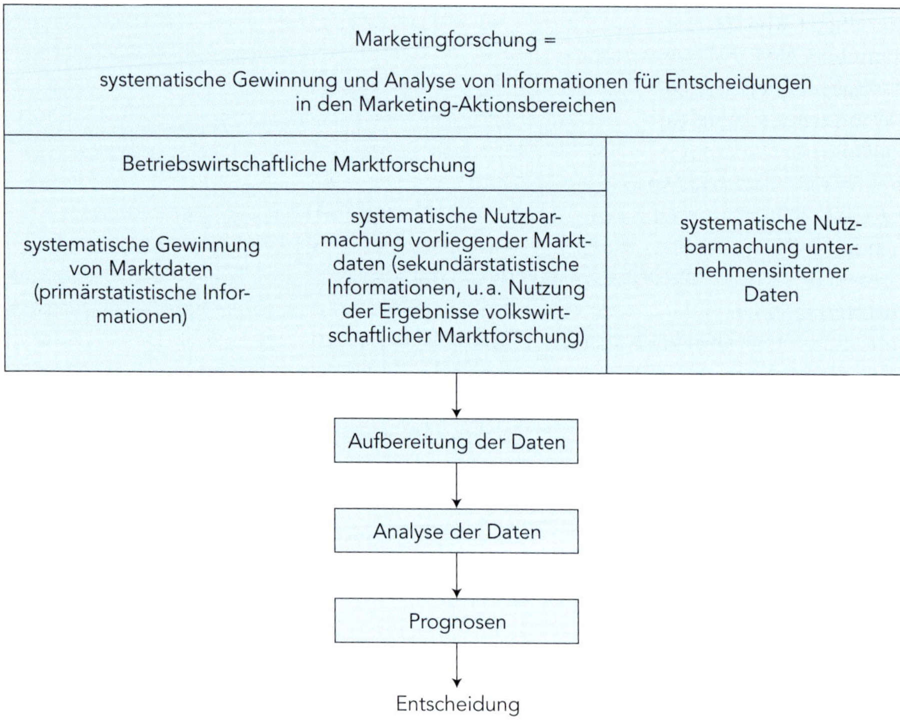

die Entscheidungsträger. Kurzum: Marketingforschung ist unentbehrlich, aber sie ist kein Selbstzweck und darf nicht zur Anlage von „Zahlenfriedhöfen" führen.

Den Gesamtbereich die systematischen Gewinnung und Auswertung von Informationen, die für Marketingentscheidungen erforderlich sind, bezeichnen wir als **Marketingforschung** (Übersicht B.4).

Das Schwergewicht der Marketingforschung liegt im Bereich der Marktforschung. Unter Marktforschung verstehen wir die systematische Gewinnung und Auswertung von Informationen auf speziellen Märkten. Da die Marktforschung als Bestandteil der Marketingforschung immer zur Verbesserung von Unternehmensentscheidungen dient, handelt es sich hier um betriebswirtschaftliche Marktforschung.

Von ihr wird üblicherweise die so genannte volkswirtschaftliche Marktforschung unterschieden, in der Marktdaten unter gesamtwirtschaftlicher Fragestellung gewonnen und ausgewertet werden. Das schließt nicht aus, dass die Ergebnisse der volkswirtschaftlichen Marktforschung als sekundärstatistische Informationen für die betriebswirtschaftliche Marktforschung genutzt werden können. Als ökoskopische Marktforschung bezeichnen wir die Untersuchung von Produkten, Preisen, Marktstrukturen, als demoskopische Markenforschung die Ermittlung des Verhaltens von Marktteilnehmern.

Die betriebliche Marktforschung umfasst nicht nur die Gewinnung und Auswertung von Informationen über Verbrauch, Konkurrenz und Warenfluss, sondern auch die Ex-ante- und Ex-post-Analyse der Wirkungen von Marketingaktivitäten (z. B. der Werbung).

Außer den von der Marktforschung bereitgestellten Informationen gehen aber auch unternehmensinterne Daten als Informationen in die Marketingentscheidungen ein. Die Ergiebigkeit der unternehmensinternen Quellen ist in der Vergangenheit zweifellos häufig unterschätzt worden. Mit dem Aufbau moderner Marketinginformationssysteme und so genannter CRM-Systeme (Customer Relationship Management) wird die Relevanz dieser Informationsquellen heute deutlicher als bisher erkannt.

Wenn wir auch mit Recht die Informationen als Hilfsmittel zur Entscheidungsfindung charakterisiert haben, so müssen wir doch zugleich beachten, dass die Gewinnung der Informationen selbst ebenfalls ein zentrales Entscheidungsproblem ist, bei dem das Nutzen-Kosten-Verhältnis der Informationsbeschaffung geprüft werden muss. Das Vorgehen bei der Informationsgewinnung wird sich daher an dem formalen Modell des Entscheidungsprozesses orientieren und sukzessive von den leicht zu beschaffenden unternehmensinternen Informationen zur Gewinnung unternehmensexterner primärstatistischer Informationen fortschreiten (Übersicht B.5).

Wenn ein Unternehmen vor einer veränderten Entscheidungssituation steht, etwa durch Auftreten eines neuen Wettbewerbers im Markt, so ist es zunächst erforderlich, das damit entstandene Problem zu definieren und seine Ursachen zu analysieren. Die sich dabei zeigenden Informationslücken werfen die Frage auf: Sind Informationen zur Lösung des Problems verfügbar, und sind sie hinreichend vollständig, sicher und genau?

Zweifel an den vorhandenen Informationen erfordern eine Entscheidung: Sollen zusätzliche Informationen beschafft werden? Welchen zusätzlichen Informationsbeitrag bringen diese Daten? Steht der Nutzen (Grenznutzen) dieser zusätzlichen Daten in günstigem Verhältnis zu den Kosten (Grenzkosten) der Informationsbeschaffung?

Von Ausnahmen abgesehen verursacht nahezu jede Informationsbeschaffung Zeit und Kosten (z.B. Nutzungskosten für alternativen Personaleinsatz, Mietkosten für Datenverarbeitungsanlagen). Werden die Informationen von externen Institutionen, wie etwa Marktforschungsinstituten, bezogen, so ist der geforderte Preis ein exaktes Maß für die Informationskosten. Werden die Informationen durch eigenes Personal erhoben, so sind die Kosten oft nicht im Voraus exakt zu bestimmen. Genaue Planung und ein funktionsfähiges Rechnungswesen erlauben jedoch auch in diesem Falle eine in der Regel befriedigende Kalkulation.

Wir haben die Information als Hilfsmittel zur Entscheidungsfindung charakterisiert, wobei wir allerdings berücksichtigen müssen, dass die Gewinnung der Informationen selbst ebenfalls ein zentrales Entscheidungsproblem darstellt, bei dem die Kosten-Nutzen-Relation der Informationsbeschaffung zu berücksichtigen ist. Die grundsätzliche Entscheidung über die Informationsbeschaffung hängt im Wesentlichen davon ab:

- Welchen zusätzlichen Informationsbeitrag bringen diese Daten?
- Steht der Grenznutzen in einem akzeptablen Verhältnis zu den Grenzkosten der Informationsbeschaffung?

Die Informationsbeschaffung und -auswertung ist immer mit Kosten verbunden, deren Höhe grundsätzlich mit der Entscheidung des Unternehmens zusammenhängt, in welchem Ausmaß Informationen selbst ermittelt oder auf andere Organisationen zurückgegriffen werden soll. Dabei spielen zwei wesentliche Aspekte eine Rolle:

- die Opportunitätskosten bei eigener Marktforschung und
- die quantitative Bewertung der Ergebnisse.

Übersicht B.5

Die Informationsbeschaffung im Entscheidungsprozess

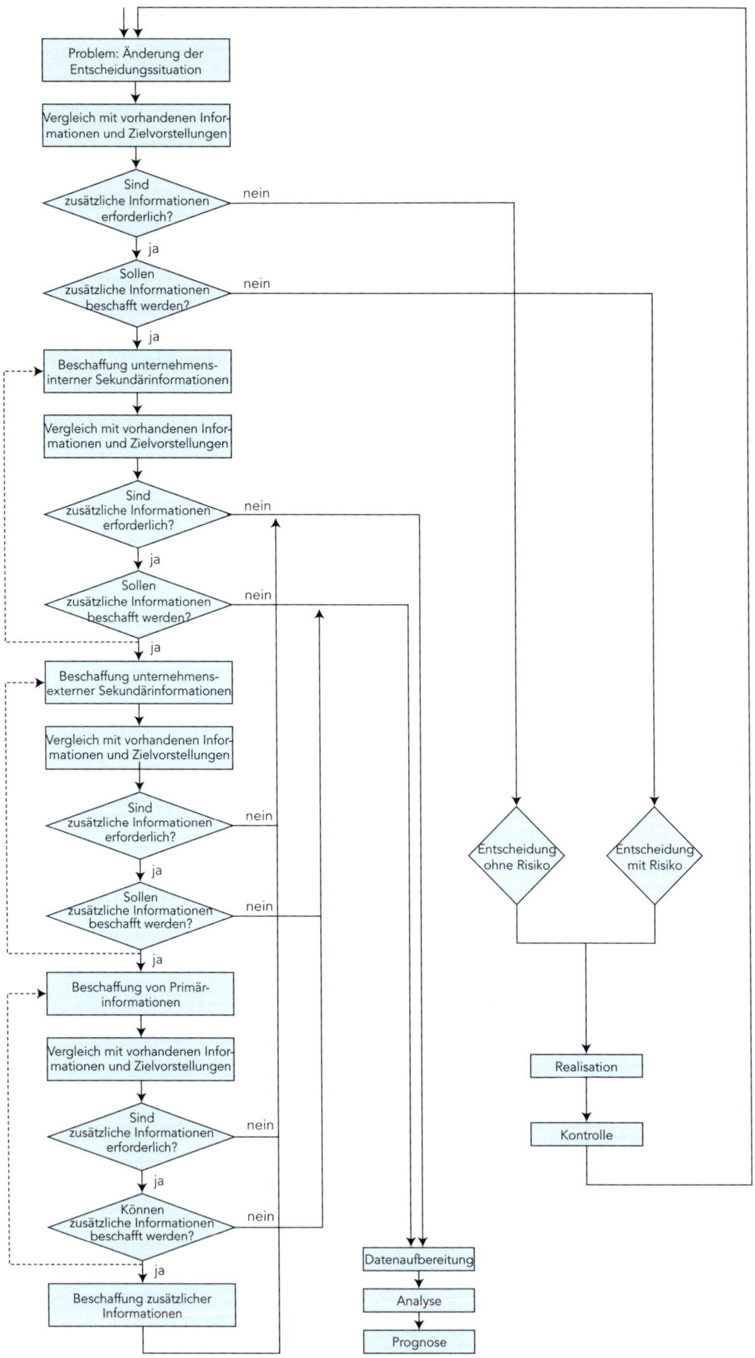

Die Entscheidung über eigene Aktivitäten zur Informationsgewinnung oder die Auftragsforschung sollte immer fallspezifisch getroffen werden.

2.3 Datengewinnung

Der betriebswirtschaftlichen Marktforschung fallen zwei methodisch unterschiedliche Aufgabenbereiche zu:
(1) Nutzung sekundärstatistischer Informationen,
(2) Gewinnung primärstatistischer Informationen.

Sekundärstatistische Informationen sind sozusagen Informationen aus „zweiter Hand", sie liegen im Gegensatz zu primärstatistischen Informationen, die originär gewonnen werden müssen, in gespeicherter Form bereits vor. Immer öfter lassen sich derartige Sekundärstatistiken kostenlos im Internet finden oder bei entsprechenden Datenbankbetreibern gegen Gebühren abrufen.

2.3.1 Sekundärstatistische Informationen

Wenn wir auf unternehmensinterne und unternehmensexterne Sekundärinformationen zurückgreifen, müssen wir stets vier Aspekte im Auge behalten:
(1) Wo finde ich Informationen (Quellen)?
(2) Welche Angaben enthalten die Quellen?
(3) Welchen Nutzen haben die Daten?
(4) Wie sind die Informationen hinsichtlich ihrer Vollkommenheit und der entstehenden Kosten zu beurteilen?

(a) Unternehmensinterne Informationen
Es ist ein typisches Merkmal menschlicher Informationsverarbeitungsprozesse, dass der Mensch beim Schließen einer Informationslücke zunächst auf Informationen zurückgreift, die er im Laufe seiner Erfahrung gewonnen und gespeichert hat. Übertragen auf unternehmensbezogene Entscheidungen bedeutet dies, dass ein Entscheidungsträger in der Regel versuchen wird, ein Problem mit Hilfe der Erfahrungen zu lösen, die das Unternehmen (früher) gesammelt hat. Diese Unternehmenserfahrungen sollten aus Gründen der beschränkten Informationsverarbeitungskapazität menschlicher Gedächtnisse, der Genauigkeit und der notwendigen Kontinuität der Aufzeichnungen in schriftlicher Form gespeichert werden, so dass sie im Bedarfsfall jedem Entscheidungsträger schnell zugänglich sind.
Folgende interne Quellen sind für Marketingentscheidungen besonders wichtig:
- Vertriebsstatistiken,
- Dateien mit Anschriften und ihnen zugeordneten Daten (z. B. über Kunden, ihre Klassifizierungen und ihre Historie),
- Rechnungswesen (Vertriebskostenrechnung),
- Berichtswesen.

Die genannten Quellen enthalten die unterschiedlichsten quantitativen und qualitativen Informationen. Während die Vertriebsstatistiken, das Rechnungswesen und die Dateien in erster Linie über quantitative Fakten (mengen- und wertmäßige Größen und ihre Entwicklungen) berichten, ist das Berichtswesen häufig mehr qualitativ ausgerichtet. Eine leistungsfähige Speicherung betriebsinterner Daten muss bestimmte Mindestforderungen an die Erfassung und Aufschlüsselung der verfügbaren Daten erfüllen, wie sie etwa der folgende Überblick charakterisiert.

Die **Vertriebsstatistiken** müssen so aufgebaut sein, dass sie einen aktuellen und vollständigen Überblick über Größenordnung und Entwicklung der in den vier Kategorien erfassten Tatbestände geben.

Anfragen- und Angebotsstatistiken informieren über die kurzfristige Entwicklung (wöchentlich, monatlich) von Zahl und Wert der entgegengenommenen Anfragen und abgegebenen Angebote (von bzw. an Absatzmittler(n) und Verbraucher). Anfragestatistiken geben Auskunft über die Anforderungen und Wünsche derzeitiger und potenzieller Kunden an die Produkte (Inhalt, Gewicht, Form, Verpackung), das Vertriebsprogramm (Tiefe und Breite), die Lieferung (Termine, Zahlungsbedingungen, Serviceleistungen), Preisgestaltung (Preise, Rabatte, Skonti) und Kommunikationsgestaltung (Werbung, Verkaufsförderung).

Auftragseingangs- und Umsatzstatistiken ergänzen sich. Statistiken über die Auftragseingänge vermitteln einen besonders aktuellen Überblick über die Entwicklung der Nachfrage und ermöglichen somit eine frühzeitige Vorausplanung der Beschaffung, Produktion, Absatztätigkeit und Finanzierung. Umsatzstatistiken dagegen informieren über die tatsächlich realisierten Absatzmengen, über die erzielten Preise, über Zahl, Art und Größe der Abnehmer und liefern Kennzahlen zur Erfolgskontrolle vergangener Maßnahmen und zur verbesserten Planung künftiger Aktionen.

Die Statistiken über die **Tätigkeit des Außendienstes** beruhen auf den Aufzeichnungen des Verkaufspersonals. Sie tragen einerseits zur Aufstellung bzw. Vervollständigung der übrigen Vertriebsstatistiken bei, andererseits informieren sie über den Erfolg und die Kosten des Außendienstes, indem sie etwa Reisetage und -spesen, Kundenbesuchspläne, Fahrzeugeinsätze und -kosten und Zahlen über das Außendienstpersonal entsprechenden Umsatzzahlen gegenüberstellen.

Wichtige Hinweise zur Analyse und Beurteilung von Schwächen und Fehlern in der Absatzpolitik liefern die **Reklamationsstatistiken.** Sie sollten differenzierte Angaben über Zahl und Art von Reklamationen, ihre Ursache und die reklamierenden Kundengruppen enthalten. Insbesondere im Vergleich mit Auftragseingangs- und Umsatzstatistiken geben sie wertvolle Kennzahlen zur Verbesserung des Vertriebssortiments und einzelner absatzfördernder Maßnahmen.

Unerlässlich für den Vertrieb sind die Dateien des jeweiligen Informationssystems über den bisherigen und potenziellen Kundenstamm. In CRM-Systemen, Marketing-Informations-Systemen oder Systemen mit ähnlicher Ausrichtung werden detaillierte Informationen über die Kunden und die eigene Absatzorganisation bereitgestellt und miteinander verknüpft. Sie geben dann Auskunft über Adressen, Segmentierungsmerkmale wie Umsatzpotenzial, Umsatzentwicklung, besondere Wünsche an die Vertriebsbedingungen (z. B. Rabatte, Zahlungsbedingungen, Lieferbedingungen) und über die entsprechenden entscheidungsbefugten Gesprächspartner in den abnehmenden Unternehmen sowie über die entsprechende Historie.

Integrierte Außendienst- oder Vertreterdateien dienen in erster Linie der Kontrolle der Absatzorganisation und enthalten neben persönlichen Angaben über die Außendienstmitarbeiter Informationen über Aufgabengebiete, Verkaufsbezirke, Leistungen, Vergütungen und besondere Vereinbarungen. Diese Daten lassen sich dann mit den Aufzeichnungen der Absatzmittler über Besuche und mit den Umsatzdaten der besuchten Kunden zusammenführen und hinsichtlich der Effizienz der jeweiligen Maßnahmen auswerten.

Ohne eine differenzierte Aufstellung der anfallenden Kosten ist keine Marketingpolitik zu betreiben. Dabei sind nicht nur die direkt vertriebsbedingten Kosten eines Produktes aufzuschlüsseln; vielmehr müssen alle bei der Erstellung und beim Absatz des Leistungsprogramms entstehenden Kosten berücksichtigt werden. Die Konzeption einer spezifischen Marketingkostenrechnung widerspricht daher eigentlich dem Grundgedanken des Marketings, der Führung des gesamten Unternehmens vom Markte her. Da jedoch ohne Zweifel die Marketingaufgabe in erster Linie eine absatzbezogene Tätigkeit ist, wollen wir den Begriff **Marketingkostenrechnung** im Folgenden verwenden, um

- die spezifischen kostenwirksamen Aspekte des Absatzgeschehens zu erfassen,
- die Notwendigkeit zu zeigen, eine Kostenrechnung nach Marketinggesichtspunkten aufzubauen.

Zu diesem Zwecke werden in der Marketingkostenrechnung spezifische Marketingkostenarten einzelnen Marketingkostenstellen zugerechnet und/oder auf Marketingkostenträger verteilt.

Die einzelnen Kostenartengruppen (z. B. Personalkosten, Werbekosten, Verpackungskosten, Akquisitionskosten, EDV-Kosten, Rabatte und Konditionen, Transportkosten usw.) werden mit Hilfe von Formularen und Belegen oder direkt durch die jeweiligen Mitarbeiter mittels EDV erfasst und ermöglichen die Kontrolle vergangener und die Planung künftiger Maßnahmen.

Darüber hinaus ist eine weitere Verarbeitung dieser Kostenarten nach dem Gesichtspunkt ihrer Verursachung notwendig. Die Kostenarten werden den Funktionen (Kostenstellen) zugerechnet, durch deren Erfüllung sie entstanden sind. Im Allgemeinen unterscheidet man zu diesem Zweck zwischen

- Stellen der Umsatzerzielung
  (z. B. Verkaufsaußendienst, Angebotsabgabe),
- Stellen der Umsatzabwicklung
  (z. B. Auftragsbearbeitung, Lagerhaltung, Versand, Abrechnung),
- Stellen der Betriebsleitung und -verwaltung
  (z. B. Marketingleitung, Produktmanagement, Marketingforschung).

Eine Vielzahl absatzpolitischer Entscheidungen verlangt neben der Verteilung der Kostenarten auf Abteilungen, Stellen oder Arbeitsplätze eine rechnerische Kostenbelastung bestimmter **Kostenträger** wie

- Produkte,
- Produktgruppen,
- Absatzgebiete,
- Abnehmer,
- Absatzmethoden,
- Aufträge bzw. Auftragsgrößenklassen.

Zweck dieser Kostenverteilung ist die Entwicklung eines detaillierten Kennzahlensystems zur Erfolgskontrolle bestimmter Absatzsegmente. Die Kostenträgerrechnung bildet somit eine wichtige Grundlage für eine gezielte, differenzierte Marketingpolitik.

Die vorgenannten Informationen erfahren eine wertvolle Ergänzung durch eine Vielzahl vorrangig qualitativer Informationen aus Berichten des Verkaufsaußendienstes und anderer Abteilungen des Unternehmens. Diese Berichte beinhalten beispielsweise Beobachtungen des Verhaltens von Absatzmittlern, Verbrauchern und/oder Konkurrenten (z. B. Verkaufsargumente, Verwendungsgewohnheiten, Werbemethoden, neue Verwendungsmöglichkeiten, neue Produkte), Kontrolle des Erfolges oder Misserfolges von Marketingmaßnahmen, Ursachen für bestimmte Marktentwicklungen und Meinungen externer Personen oder Organisationen über Entwicklungstendenzen (z. B. Verbände).

Abschließend zu dieser kurzen Skizzierung der vielfältigen Inhalte innerbetrieblicher Informationen ist besonders zu vermerken, dass die Informationen aus den vier genannten Quellen nur dann als Entscheidungsunterlagen Verwendung finden können, wenn sie – wie schon im Hinblick auf die Kosteninformationen angedeutet – in genügend differenzierter Form ausgewiesen werden, z. B. nach folgenden Gruppen:

- Produkte
  - einzelne Produkte
  - Produktgruppen
- Kunden
  - Absatzmittler
  - Verbraucher
- Regionen.

Vereinzelt wurde bereits auf den Wert unternehmensinterner Unterlagen zur Messung des Erfolges der Absatztätigkeit und damit zur Planung und Durchführung von Marketingmaßnahmen hingewiesen. Wir wollen uns deshalb jetzt beispielhaft auf wichtige Verwendungsbereiche von Umsatzstatistiken und Kostenrechnung beschränken.

Die Bedeutung dieser beiden Informationsquellen ergibt sich aus der zentralen Bedeutung des Gewinnkriteriums für die Beurteilung absatzwirtschaftlicher Maßnahmen. Denn obwohl Marketingaktionen nicht immer unmittelbar gewinnwirksam sind, bleibt die Differenz zwischen Umsatz und Kosten doch für fast alle Entscheidungen ein wesentlicher Erfolgsmaßstab. Umsatz- und Kostenaufzeichnungen liefern das notwendige Datengerüst zur Erreichung gewinnbezogener Wachstums- und Rentabilitätskennzahlen. Die wichtigsten sind

- Rentabilitätszahlen,
- Umsatzzahlen,
- Marktanteilzahlen.

Rentabilitätszahlen werden berechnet wie in Formel B.1 angegeben.

Erfolgs- und Kapitalgrößen können für das Gesamtunternehmen oder stärker aufgegliedert ausgewiesen werden. Je differenzierter die Zahlen für einzelne Unternehmensaktivitäten berechnet werden, desto besser eignen sie sich zur Erfolgskontrolle. Als Differenzierungsmerkmal kommen die Marketingaktionsbereiche oder die verschiedenen Produkte oder Marktsegmente in Frage.

Eine entsprechende Differenzierung ist auch bei der Berechnung von Umsatzkennzahlen anzustreben, die einerseits als statistische Größen, andererseits als Wachstumsgrößen Beachtung verdienen. Auf Marktanteilzahlen wird in anderem Zusammenhang noch eingegangen.

Von großer Bedeutung für die Marketingerfolgsanalyse sind die unterschiedlichen Kalkulationsmethoden der Kostenrechnung, die entweder der Vollkostenrechnung oder aber

Formel B.1

$$\text{Rentabilität} = \frac{\text{Erfolgsgröße}}{\text{Kapitalgröße}}$$

der Teilkostenrechnung zugeordnet werden. Bei der Vollkostenrechnung werden alle Kostenarten vollständig auf die einzelnen Kostenträger verteilt. Die Kostenzuordnung ist dabei zum Teil willkürlich. Das wird bei den unterschiedlichen Methoden der Teilkostenrechnung umgangen. Bei diesen Verfahren werden jedoch nicht Gewinne, sondern so genannte Deckungsbeiträge ermittelt (Deckungsbeitragsrechnung), die sowohl die Gewinne als auch die jeweils nicht verteilten Kosten enthalten.

Ein für Marketinganalysen recht brauchbares Verfahren der Teilkostenrechnung ist die „stufenweise Fixkostendeckungsrechnung".

Vergegenwärtigen wir uns noch einmal, dass wir als Kostenträger in der Teil- wie in der Vollkostenrechnung neben Produkten oder Produktgruppen auch Absatzgebiete, Kunden oder Kundengruppen, Absatzmethoden oder Aufträge verwenden können, so werden die vielgestaltigen Aussagemöglichkeiten deutlich, die schon ein recht gutes Bild über den Erfolg oder Misserfolg von Marketingmaßnahmen bieten.

(b) Unternehmensexterne Informationen

Sekundärstatistische unternehmensexterne Informationen als Entscheidungshilfen für das Lebensmittelmarketing werden zunehmend häufig aus dem Internet abgerufen. Besondere Sorgfalt ist bei der Auswahl von Online-Quellen anzuwenden. Hier sollte auf die jeweilige Ursprungsquelle zurückgegriffen werden. Bei der Flüchtigkeit des Mediums sind viele Angaben später sonst nicht nachvollziehbar oder reproduzierbar.

Die wichtigsten Quellen können grob in folgende vier Gruppen gegliedert werden:

- Informationen aus der amtlichen Statistik
- regelmäßig verfügbare Informationen von Wirtschaftsforschungsinstituten, Verbänden und ähnlichen Institutionen
- regelmäßig und unregelmäßig verfügbare Informationen aus Zeitschriften und Zeitungen bzw. Online-Publikationen
- regelmäßig und unregelmäßig verfügbare Informationen von speziellen Informationsdiensten.

Das Statistische Bundesamt liefert das grundlegende offizielle Zahlenmaterial über die Lebensmittelmärkte in der Bundesrepublik Deutschland. Aus den in der Regel stark aggregierten Daten können oftmals keine Rückschlüsse auf regionale Besonderheiten gezogen werden. Um differenzierte Daten zu erhalten, muss man sich daher an die Veröffentlichung der Statistischen Landesämter bzw. der kommunalen Statistischen Ämter halten. Einzelheiten über den Inhalt dieser Statistiken vermittelt das „Gesamtverzeichnis statistischer Berichte der Statistischen Landesämter", das bei den Statistischen Landesämtern bezogen werden kann. Ein immer größerer Datenbestand wird auch online bereitgestellt.

Bei der Nutzung der Daten aus sekundärstatistischen Quellen sollte man sich stets über die verwendeten Erhebungsmethoden unterrichten. Hinweise hierauf finden sich z. B. in der Veröffentlichung: „Das Arbeitsgebiet der Bundesstatistik. Hrsg. v. Stat. Bundesamt". (Entsprechende Veröffentlichungen über die Landesstatistik werden von den Statistischen Landesämtern herausgegeben.) Informationen über die Märkte entlang der Wertschöpfungskette Ernährung in Deutschland finden sich einerseits im Statistischen Jahrbuch über Ernährung, Landwirtschaft und Forsten der Bundesrepublik Deutschland (jährlich, Münster-Hiltrup) sowie im jeweiligen agrarpolitischen Bericht der Bundesregierung.

Informationen, die über das Bundesgebiet hinaus die benachbarten EU-Länder betreffen, sucht man zweckmäßigerweise zunächst in den Veröffentlichungen des Statistischen Amtes der Europäischen Gemeinschaften (Eurostat).

Als ergänzende internationale Statistiken sind von Fall zu Fall die Veröffentlichungen der OECD und der FAO heranzuziehen. Es versteht sich von selbst, dass die internationalen Statistiken über die einzelnen Länder nur sehr stark aggregiertes Material enthalten können. Im Bedarfsfall ist deshalb auf die einzelnen nationalen Statistiken zurückzugreifen.

Adressen und Angaben über Verbände und sonstige Organisationen enthalten folgende Publikationen:

- Behörden und Organisationen der Land-, Forst- und Ernährungswirtschaft. Hamburg (jährlich).
- Verbände, Behörden und Organisationen der Wirtschaft. Darmstadt (jährlich).

Die verschiedenen Informationen der wirtschaftswissenschaftlichen Institute sind vor allem deshalb von großem Wert, weil sie nicht nur Datenmaterial, sondern auch die mit Hilfe der Daten gewonnenen Forschungsergebnisse wiedergeben.

Die „kommentargebundene" Informationsweitergabe findet sich noch ausgeprägter in den zahlreichen Fachzeitschriften und Zeitungen, zum Teil sehr spezialisiert für die einzelnen Branchen der Ernährungsindustrie. Aktuelle Auflistungen der verfügbaren Titel finden sich in der regelmäßig aktualisierten Publikation: „Pressetaschenbuch Ernährung", Hrsg. Bundesvereinigung der Deutschen Ernährungsindustrie e.V., Berlin. Für den Agrarbereich wird das „Taschenbuch für Agrarjournalisten" jährlich von den Verbänden für Agrarjournalisten in Deutschland, Österreich und der Schweiz herausgegeben. In diesen Taschenbüchern wird auch über die einschlägigen Informationsdienste, Forschungsstellen, Unternehmens-Pressestellen und sonstigen Quellen für Informationen berichtet.

Eine der wesentlichsten Eigenarten statistischen Zahlenmaterials ist die Tatsache, dass die Zahlen sich nie auf Einzelpersonen oder -vorgänge beziehen, sondern immer Summen oder Durchschnitte von Gesamtheiten oder Gruppen darstellen. Als zweites wesentliches Merkmal ist hervorzuheben, dass aufgrund erhebungstechnischer Schwierigkeiten und aus Kostengründen die Systematik der sekundärstatistisch erfassten Tatbestände in der Regel relativ grobmaschig ist. Die bei der Datenerhebung erfassten Personen und/oder Vorgänge werden also nur dann ein hohes Maß an Detaillierung aufweisen, wenn dies erhebungstechnisch relativ leicht ist, die Kosten gering sind und/oder es sich um Spezialerhebungen handelt. Aber auch hierbei sind quellenspezifische Unterschiede zu beachten. Zum Beispiel werden in der Regel Informationen von Verbänden (diese Informationen sind häufig nur den angeschlossenen Mitgliedern zugänglich) weitaus detailliertere Angaben enthalten als offizielle amtliche Statistiken. Allgemein gilt: Je größer die befragte Gruppe, je geringer die regionale Unterteilung und je größer die Zeitabstände der Datenerhebung, desto allgemeiner bzw. weniger aktuell müssen die Aussagen sein und umgekehrt. Dieser Leitsatz muss bei der Interpretation und Verwertung der Daten beachtet werden.

Generell wird man statistisch gut abgesicherte, jedoch allgemeine Daten auf nationaler Ebene finden, aber auch für regional und artmäßig weitgehend differenzierte Gruppen, soweit die Datengewinnung in Vollerhebungen oder darauf aufbauenden Fortschreibungen durchgeführt wird. Dies gilt z. B. für Daten wie Größe der Bevölkerung, Aufgliederung der Bevölkerung nach demografischen Merkmalen (Geschlecht, Alter, Familienstand, Beruf), für die Zahl der Landwirtschafts-, Industrie-, Handwerks- und Handelsbetriebe, ihre Beschäftigten und Umsätze. So wichtige Informationen wie Preise oder die Verwendung der Haushaltseinkommen dagegen können nur in Stichprobenverfahren erhoben werden und sind oftmals nicht weit genug aufzuschlüsseln.

Im Einzelnen finden wir in den Sekundärstatistiken:

- gesamtwirtschaftliche Informationen,
- Brancheninformationen,
- Firmeninformationen.

Übersicht B.6 zeigt beispielhaft, welche Informationen aus welchen Quellen gewonnen werden können.

Wie schon erwähnt, liefern die unternehmensexternen Informationen in Verbindung mit den unternehmensinternen Daten die wichtigsten Grundlagen zur Berechnung der Marktstellung von Unternehmen. Sie vermitteln Kennzahlen zur Beurteilung der Nachfrage, zur Nachfragesegmentierung und zur Analyse der Konkurrenz- und Absatzmittlersituation. Ein zusätzlicher **Nutzen** der sekundärstatistischen Informationen liegt aber darin, dass die Daten bzw. Marktindikatoren nicht nur einen augenblicklichen Ist-Zustand beschreiben, sondern im Allgemeinen die Analyse des Marktes im Zeitablauf und somit Prognosen ermöglichen. Wesentliche Voraussetzung hierfür ist die in der Regel bei Sekundärstatistiken gegebene kontinuierliche Datenerhebung für die Untersuchungsgegenstände.

Absatzpolitische Maßnahmen werden immer vor dem Hintergrund der Marktstellung von Unternehmen getroffen. Zur Kennzeichnung dieser Marktstellung besonders wichtige Indikatoren sind:

- **Marktpotenzial**
  Raum- und zeitbezogene Gesamtaufnahmefähigkeit eines Marktes für eine bestimmte Leistungsart (mengenmäßige oder monetäre potenzielle Nachfrage).
- **Marktvolumen**
  Raum- und zeitbezogene mengenmäßige oder monetäre realisierte Nachfrage (oft gleichgesetzt mit Absatzmenge) einer Leistungsart.
- **Marktanteil**
  Vom Unternehmen realisierte(r) raum- und zeitbezogene(r) Absatzmenge oder Umsatz, bezogen auf das Marktvolumen.

So wäre es z. B. eine bittere Erfahrung für ein Unternehmen der Nahrungsmittelbranche, wenn sich der Marktanteil des Unternehmens oder einzelner Produkte bei nahezu konstantem Marktpotenzial und wachsendem Marktvolumen der Branche, wie in Übersicht B.7 dargestellt, entwickelte.

Beispiel: Wenn der Bierverbrauch seine Sättigungsgrenze erreicht hat, weil die Menschen in einer Region nicht mehr Liter pro Jahr trinken können oder zu trinken bereit sind (was nicht so einfach zu ermitteln ist), wird das Marktpotenzial durch das Marktvolumen weitgehend ausgeschöpft. Eine einzelne Brauerei hat die Umschichtung im Bierkon-

Übersicht B.6

Typische sekundärstatistische Quellen und ihre Informationen für die Marktforschung auf Lebensmittelmärkten

Informationsart	Informationsquellen (online, print, ...)							
	A	B	C	D	E	F	G	H
1. Gesamtwirtschaftl. Informationen								
1.1 Volkswirtschaftliche Gesamtrechnung	●							
1.2 Allgemeine Wirtschaftslage	●		●	●		●		
1.3 Außenhandelsbilanz	●		●			●		
1.4 Konjunkturbeurteilung			●		●	●		
1.5 Bevölkerungsstand	●	●						
1.6 Lebenshaltungskosten	●	●	●			●		
1.7 Masseneinkommen	●		●					
1.8 Preisentwicklung	●		●	●	●	●		
1.9 Verbrauchsentwicklung	●		●	●	●	●		
1.10 Haushalts-Wirtschaftsrechnungen	●		●					
2. Brancheninformationen								
2.1 Branchenkonjunktur	●	●	●	●	●	●		
2.2 Branchenstruktur								
• Erzeugung	●	●	●	●		●		
• Verarbeitung	●		●	●		●		
• Handel	●		●	●		●		
2.3 Angebotsentwicklung								
• landwirtschaftliche Produktionsstufe	●	●	●	●				
• industrielle Verarbeitung	●		●	●		●		
• Handel	●		●	●		●		
2.4 Außenhandel	●	●	●			●		
2.5 Verbrauch								
• Nahrungsverbrauch	●	●	●			●		
• Käufe ausgewählter Haushalte	●	●	●			●		
• Industrieverbrauch	●	●	●			●		
2.6 Preisentwicklung								
• Erzeugerpreise	●	●	●	●		●		
• Marktpreise	●	●	●	●		●		
• Industrieabgabepreise	●		●	●		●		
• Handelspreise	●		●	●		●		
• Einfuhr-Ausfuhr-Preise	●		●	●		●		
• Marktregelung		●		●		●		
3. Firmeninformationen								
3.1 Adressen							●	●
3.2 Umsatzentwicklung (Gewinnentwicklung)				●	●	●	●	●
3.3 Marktstellung				●	●	●	●	●
3.4 Produktionsprogramm					●	●		●
3.5 Absatzorganisation					●	●		●
3.6 Auftragssituation					●	●		●
3.7 Investitionen					●			●
3.8 Produktgestaltung					●	●	●	
3.9 Preisgestaltung					●	●	●	
3.10 Kommunikationsgestaltung					●	●	●	

A = Statistisches Jahrbuch (Destatis), Fachserien (-reihen), Wirtschaft und Statistik, sonst. Veröffentlichungen des Destatis
B = Statistisches Jahrbuch des BMELV, statistische Monatsberichte, sonst. Veröff. des BMELV, Eurostat, der FAO u. OECD
C = Statistiken und Berichte von Institutionen für empirische Wirtschaftsforschung
D = Statistiken und Berichte von Verbänden, Verlagen und branchenbezogenen Informationsdiensten
E = Geschäftsberichte und Informationen von Unternehmen
F = Fachzeitschriften, Tageszeitungen und Zeitungsausschnittdienste
G = Firmenprospekte, Kataloge und Informationen von Messen und Ausstellungen
H = Adressbücher, Firmen- und Branchenbücher, Auskunftsbüros

Übersicht B.7

Entwicklung von Marktpotenzial, -volumen und -anteil im Zeitverlauf (Beispiel)

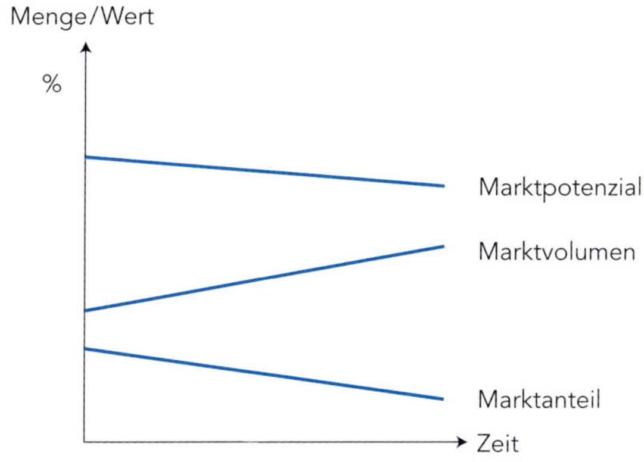

sum (z. B. steigender Hausverbrauch von Flaschenbier) nicht erkannt und muss diese Teilmärkte seinen Konkurrenten überlassen.

Die Berechnung der drei genannten Größen muss folgende Dimensionen beachten:

- **Verwendergruppen**
  Während verschiedene andere Güter unterschiedlichen Verwendungszwecken zugeführt werden können, können wir bei Lebensmitteln den menschlichen Konsum als ausschließlichen Verbrauchssektor ansehen. Innerhalb der gesamten Verbrauchergruppen (= Bevölkerung einer Region) jedoch muss man differenzieren, z. B. nach Alter, Haushalten, Berufen, Einkommen usw.
- **Güterart**
  Nach der Güterart sind einerseits Lebensmittel insgesamt, andererseits Produkte und Produktgruppen (Fleisch, Kartoffeln, Obst usw.), Frischprodukte, verarbeitete Produkte, Fertiggerichte, Tiefkühlkost u. Ä. zu unterscheiden.
- **Raum**
  Wichtige Bezugspunkte für die gesamten Indikatoren sind regionale Einheiten (z. B. Deutschland insgesamt, Bundesländer, Kreise, Gemeinden, aber auch Stadtbevölkerung, Landbevölkerung u. a.).
- **Zeit**
  Aussagefähig sind die Zahlen nur unter dem zeitlichen Aspekt. Am häufigsten wird ein Jahr als Zeitraum angesehen, aber auch längere und kürzere Perioden können gewählt werden.
- **Messeinheiten**
  Als Messeinheiten kommen Mengen- und Wertangaben bzw. Prozentwerte in Frage.

Die Sekundärstatistik liefert uns die wichtigsten Daten zur Beschreibung dieser Dimensionen, d. h. zur Analyse der Größe und Differenzierung der Märkte. Erst hierdurch wird eine problemadäquate Bestimmung von Marktpotenzial, Marktvolumen und Marktanteil möglich. Die eigentliche Berechnung dieser Größen erfolgt unterschiedlich.

Das Marktpotenzial kann nur anhand bestimmter Indikatoren geschätzt werden. So deuten z. B. die Entwicklung des Pro-Kopf-Verbrauchs einzelner Lebensmittel, der sinkende Anteil der Ausgaben für Lebensmittelkäufe an der Konsumsumme privater Haushalte und die niedrigen Einkommens- und Preiselastizitäten auf ein generell auf das Bevölkerungswachstum begrenztes geringes Ansteigen des Marktpotenzials für Lebensmittel hin (d. h., die physiologische Sättigung ist annähernd erreicht). Das Marktpotenzial für die Gesamtheit der Lebensmittel dürfte dem Marktvolumen weitgehend entsprechen. Zwischen den Produktgruppen ergeben sich jedoch beträchtliche Unterschiede.

Das Marktvolumen ist durch Multiplikation der Zahl der Verbraucher eines Gutes mit dem durchschnittlichen Pro-Kopf-Verbrauch scheinbar leicht zu bestimmen. Schwierigkeiten bereitet aber sowohl die Ermittlung der tatsächlichen Verbraucher eines speziellen Produktes als auch des Pro-Kopf-Verbrauchs. Da beide Angaben nur in den wenigsten Fällen exakt bekannt sind, versucht man das Marktvolumen annäherungsweise aus dem in der Regel statistisch gut erfassten Produktions- bzw. Absatzvolumen zu ermitteln. Die Berechnung folgt im Allgemeinen dem Grundschema für das Aufstellen von Versorgungsbilanzen:

	Erzeugung
+/–	Bestandsveränderung
+	Einfuhr
–	Ausfuhr
=	Verbrauch insgesamt
div.	durch Bevölkerung
=	Verbrauch je Kopf in kg
	Verbrauch insgesamt bezogen auf Erzeugung
=	Selbstversorgungsgrad in%.

Kaufkraftkennziffern

Außer zahlreichen Strukturdaten über die Nachfrage, die Konkurrenten und die Absatzmittler enthält die Sekundärstatistik wertvolle Informationen (Zahlenreihen) über Marktreaktionen. Die wichtigsten Indikatoren zur Kennzeichnung von Marktreaktionen werden als Elastizitäten bezeichnet und als so genannte Elastizitätskoeffizienten berechnet. Eine herausragende Stellung in der bislang vorwiegend volkswirtschaftlich ausgerichteten Marktforschung auf Lebensmittelmärkten haben die Einkommens- und Preiselastizitäten der Nachfrage eingenommen, auf die bereits an anderer Stelle eingegangen wurde (Kapitel A 3).

Preis- und Einkommenselastizitäten der Nachfrage sind aussagekräftige gesamtwirtschaftliche Kennziffern für Produktmärkte: Die Einkommenselastizität der Nachfrage signalisiert die gesamte Verbrauchszu- oder -abnahme im Wirtschaftswachstum, die Preiselastizität der Nachfrage gibt Auskunft über die sich im Gefolge von Preisveränderungen ergebenden Nachfragebewegungen. Für das Marketing des Unternehmens sind damit zwei wichtige Rahmenbedingungen präzisiert.

Ebenso wichtig wie Nachfrageveränderungen im Zeitablauf (z. B. in Abhängigkeit der genannten Variablen Einkommen und Produktpreis) sind für das einzelne Unternehmen die regionalen Nachfrageunterschiede. Soweit diese kaufkraftbedingt sind, bieten die von der Gesellschaft für Konsumforschung (GfK), Nürnberg, für verschiedene europäische Länder ermittelten Kaufkraftkennziffern wertvolle Informationen.

Generell bleibt festzuhalten, dass sekundärstatistisches Material in erster Linie geeignet ist, allgemeine Hinweise zur Marktentwicklung und Entwicklung bestimmter Marktsegmente zu liefern. Je spezifischer die Fragestellung des Unternehmens (insbesondere zur Beurteilung einzelner Marktsegmente und des Erfolgsbeitrages einzelner Marketinginstrumente) jedoch ist, desto weniger können sekundärstatistische Informationen behilflich sein. Dennoch ist der Rückgriff auf diese Quellen unentbehrlich:

- Sekundärstatistische Informationen sind für das Unternehmen am billigsten. Soweit sie in allgemein zugänglichen Publikationen vorliegen, ist der Beschaffungspreis im Hinblick auf die bereitgestellten Informationen unvergleichlich niedrig. So können häufig unnötige Kosten für eine eigene Datengewinnung vermieden werden, wenn die Möglichkeiten des Rückgriffs auf bereits vorliegende Datenquellen konsequent genutzt werden.
- Die gezielte Anlage primärstatistischer Untersuchungen wird durch die vorangegangene Sekundärforschung wesentlich erleichtert, häufig wird die hinreichende Eingung der Fragestellung dadurch erst möglich.
- Sekundärstatistische Informationen stehen dem Marktforscher, wenn sie erst einmal publiziert sind, sehr viel schneller zur Verfügung als die Ergebnisse eigener Primärforschung.

Andererseits sind die Grenzen der Aussagekraft sekundärstatistischer Informationen für das einzelne Unternehmen nicht zu übersehen:

- Die Daten der Sekundärstatistik sind zunächst – das ist ihr Charakteristikum – für einen anderen Zweck gesammelt worden, weshalb ihre Eignung für die Beantwortung der unternehmensspezifischen Fragen begrenzt bleibt. Als besonders hinderlich erweist es sich dabei, dass vor allem in der amtlichen Statistik die Daten häufig nicht über längere Zeiträume miteinander vergleichbar sind, womit ein Vorteil der regelmäßig erhobenen Daten der amtlichen Statistik gegenüber den meisten nur einmalig oder in unregelmäßiger Folge gewonnenen Informationen aus der Primärforschung wieder verloren geht. Außerdem wird die Abgrenzung der erfassten Sachverhalte häufig so vorgenommen, dass der Informationsgehalt für das einzelne Unternehmen zu gering bleibt.
- Die Genauigkeit sekundärstatistischer Informationen ist häufig unzureichend und kann keineswegs immer von dem Verwender nachgeprüft werden. Dieses Problem verschärft sich, wenn verschiedene sekundärstatistische Quellen unterschiedliche Daten für den gleichen Sachverhalt ausweisen. Nicht immer wird es für den Verwender möglich sein, einwandfreie Hinweise dafür zu gewinnen, welcher Quelle dabei der größere Genauigkeitsgrad zuzusprechen ist.
- Vielfach liegen sekundärstatistische Informationen erst spät für die Benutzer vor, weil zwischen Datenerhebung und Veröffentlichung viel Zeit verstreicht. Das gilt sowohl für viele amtliche Statistiken als auch für viele nichtamtliche Daten.
- Nicht immer sind die Erhebungsmethoden bekannt, mit denen sekundärstatistische Informationen gewonnen wurden. Das erschwert die Beurteilung ihrer Aussagekraft.

2.3.2 Primärstatistische Informationen

Immer dann, wenn die vorhandenen oder aus verfügbaren Quellen leicht beschaffbaren sekundärstatistischen Informationen nicht mehr ausreichen, um Marketingentscheidungen genügend abzusichern bzw. den Erfolg von Marketingentscheidungen zu kontrol-

Übersicht B.8

Die demografische Marktforschung im Dienst des Marketings

Marketingprobleme		Methoden der demoskopischen Marktforschung								
		Persönliche/ mündliche Befragung	Telefonische Befragung	Online-Befragung	Schriftliche Befragung	Einzelhandels-panel	Verbraucher-panel	Beobachtung	Studiotest	Markttest
Markt und Verbraucher	Marktvolumen/-potenzial	●			●		●			
	Marktanteil	●			●	●				
	Markenwechsel	●	●	●			●			
	Marktsegmente	●			●		●			
	Verbrauchs-/Kaufgewohnheiten	●	●	●	●		●	●	●	●
	Saisonale Nachfrageentwicklung	●	●	●	●	●	●	●	●	●
	Produkt-/Firmenimage	●		●		●	●			
	Kauf-/Verwendungsmotive	●		●						
Produktpolitik	Produktbeschaffenheit	●		●						
	Verpackungsgestaltung	●		●					●	●
	Produktverwendung	●		●					●	●
	Name	●	●	●				●	●	●
	Qualität	●		●					●	●
Preis-politik	Preisbewusstsein	●		●					●	●
	Preiselastizität	●	●	●						
	Preisdifferenzierung	●		●					●	●
Distributionspolitik	Handelsimage	●		●					●	●
	Einkaufsgewohnheiten (Verbraucher)	●	●	●		●	●			
	Einkaufsgewohnheiten (Handel)					●				
	Kaufverhalten (Verbraucher)		●				●	●		
	Verkaufsverhalten (Handel)						●	●		
	Produktplatzierung im Regal						●	●		
	Distributionsstruktur					●				
	Bedeutung einzelner Absatzwege	●	●	●						
	Serviceleistungen des Handels		●			●				
	Kontrolle von Schulungsmaßnahmen									
Kommunikationspolitik	Leser-/Höreranalyse	●		●	●		●			
	Reichweitenanalyse	●			●				●	
	Inhaltsanalyse	●							●	
	Werbemittelgestaltung	●		●					●	
	Aufmerksamkeitswirkung	●	●	●						
	Einstellungsveränderungen	●		●						
	Kaufbereitschaft	●		●					●	
	Kontrolle der Verkaufsförderung		●			●	●	●		

lieren, wird sich ein Unternehmen primärstatistische Informationen beschaffen. Wir sprechen in diesem Zusammenhang auch von **„empirischer Marktforschung"**. Wenngleich größere Unternehmen auch über eigene Abteilungen zur Durchführung der damit verbundenen Aufgaben verfügen und/oder die Unternehmen bei besonders komplizierten Fragestellungen bzw. sehr anspruchsvollen Zielgruppen die Erhebungen selbst durchführen, wird in der Regel die primärstatistische Datenbeschaffung durch dafür spezialisierte und qualifizierte Marktforschungsinstitute bewerkstelligt.

Diese verfügen über ein breites Spektrum an Instrumenten. Man kann (etwas überzeichnet) sagen, dass es fast für jede Fragestellung ein spezielles methodisches Vorgehen in der Marktforschung gibt.

Die verschiedenen Verfahren lassen sich aber grob den folgenden Methodenbereichen zuordnen:

1. Befragung
2. Beobachtung
3. experimentelle Verfahren.

Diese werden in Übersicht B.7 in ihrer Bedeutung für einzelne Aktionsbereiche des Marketings dargestellt.

Am weitesten verbreitet ist das Verfahren der **Befragung.** Mit Hilfe sehr stark vorformulierter (standardisierter) Fragebögen oder aber auch mit offenen Fragestellungen (bei denen die Antwortmöglichkeit noch nicht vorgegeben ist) können die verschiedensten Zielgruppen zu nahezu allen Informationsbereichen befragt werden, die für das Marketing eine Relevanz haben. Die Befragungen erfolgen entweder auf persönlich/mündlichem, auf elektronischem, schriftlichem oder auf telefonischem Wege. Soweit die Befragung online und auf allgemein zugänglichen Internet-Seiten erfolgt, ist dem möglicherweise unerwünschten Aspekt der Selbstselektion der Befragten besondere Aufmerksamkeit zu schenken. Vermeiden lässt sich die durch die Selbstselektion ggf. eingeschränkte Repräsentativität durch die Einladung der zu Befragenden zum Besuch besonders zugangsgeschützter Befragungsseiten.

Die folgende Auflistung zeigt die wichtigsten Einsatzbereiche von Befragungsmethoden:

- Ermittlung allgemeiner Daten über Einkaufs- und Verbrauchsgewohnheiten der Verbraucher
- Abgrenzung verschiedener Marktsegmente
  - regional
  - demografisch
  - soziografisch
  - typologisch
  - verhaltensorientiert
- Prognose von Marktvolumen und -potenzialen
- Analyse von Produkt- und Firmenimages
- Analyse von Kauf- und Verwendungsmotiven
- Planung und Kontrolle produktpolitischer Maßnahmen
  - Verpackung
  - Namengebung
  - Qualität
  - Verwendungsfähigkeit

- Planung und Kontrolle preispolitischer Maßnahmen
  - Preiskenntnis
  - Preisbewusstsein
  - Preisabhängige Nachfragereaktionen
- Planung und Kontrolle von distributionspolitischen Maßnahmen
  - Einkaufsgewohnheiten
  - Geschäftsimage
- Planung und Kontrolle kommunikationspolitischer Maßnahmen (Werbung und Verkaufsförderung)
  - Werbeträgerforschung
  - Leseranalyse für Zeitungen und Zeitschriften
  - Rundfunk- und Fernsehzuschaueranalyse
  - Analyse der Kontakte und Reichweiten anderer Werbeträger
- Werbemittelforschung
  - Inhaltsanalysen
  - Aufbauanalysen
- Werbeerfolgskontrolle
  - Aufmerksamkeitswerte
  - Einstellung und Kaufbereitschaft
  - Käufe.

Gegenstände von **Beobachtungsmethoden,** bei denen die Störquelle „Ungenauigkeit der Angaben aufgrund der Artikulationsprobleme und -bereitschaft der Auskunftspersonen" ausgeschaltet wird, sind objektive Sachverhalte.

Zu unterscheiden sind hierbei Beobachtungen von Gegenständen, z. B. Ladengestaltung, Werbemitteln, Zahl der Produkte im Regal, Anordnung der Regale und Produkte, Beobachtungen von Verhaltensweisen, z. B. Kauf von Produkten, Verwendung von Produkten, Warenprüfung, Beachten von Displaymaterial, Impulskäufe, Mimik, Gestik, Körperhaltung, Sprechweise u. a.

Diese physischen Aktivitäten sind prinzipiell alle beobachtbar, Hindernisse ergeben sich jedoch häufig dadurch, dass dem Forscher die Beobachtung nicht gewährt wird (z. B. Privatsphäre, rechtliche Hindernisse).

Andere objektive Sachverhalte wie soziografische Merkmale (Alter, Einkommen, Beruf, soziale Schicht usw.) sind nur noch mit Einschränkungen (über Indikatoren) beobachtbar. Es gibt eine Vielzahl beobachtbarer Sachverhalte, für deren Ermittlung daher Beobachtungsverfahren angewandt werden können:

- Verhalten von Verkaufspersonal
  - Testkäufe (Scheinkäufe des Beobachters), gelegentlich als Mystery-Shopping bezeichnet
  - Kontrolle von Schulungsmaßnahmen
- Vergleich der Serviceleistungen in verschiedenen Geschäften
- Interaktionsanalysen zur Beobachtung von Verkaufsvorgängen
- Blickregistrierung zur Analyse von Aufmerksamkeitswirkungen von Anzeigen und Produktmerkmalen
- physiologische Messung psychischer Variabler (Speichelfluss, Lidschlag, Hautbeschaffenheit, Herzschlag, Stimme, Pupillenweite) zur Beobachtung von Aufmerksamkeitswirkungen

- Zählen und Beobachten von Passanten, Betrachtern, werblichen Kontakten zur Analyse von
  - Kontakthäufigkeiten
  - Kontaktintensitäten
- Beobachten des Kaufverhaltens durch
  - Test an Schnellgreifbühnen
  - Verhaltensbeobachtungen am Verkaufsort
  - Wirkungen von Verkaufsförderungsaktionen
- Kauf bestimmter Lebensmittel
  - Kundenlaufstudien
- Beobachtung des Verwendungsverhaltens, z. B. des Öffnens von Verpackungen
- Ausdrucksbeobachtung zum Schließen auf psychische Merkmale.

Dieser Katalog darf nicht darüber hinwegtäuschen, dass die Anwendung der Beobachtung in der Praxis begrenzt bleibt. Gründe hierfür sind:
- fehlende Beobachtbarkeit von Sachverhalten, z. B. subjektive Sachverhalte
- kein Zugang des Beobachters
- Ersatz der Kundenbeobachtung durch Möglichkeiten der Beobachtung von Sachen durch einfachere Verfahren
- Kosten von Beobachtungen (insbesondere aufwendige technische Geräte)
- Schwierigkeit bei der Standardisierung von Beobachtungsverfahren.

Das **Experiment** (der Test) als besondere Befragungs- und Beobachtungsform wird oft zur Vorbereitung umfangreicher Hauptuntersuchungen (als so genannter Pretest) angewandt oder es dient der Analyse der Wirkung einzelner Faktoren unter kontrollierten Bedingungen mittels relativ kleiner Versuchsgruppen. Er kann im Laboratorium (die Testpersonen wissen, dass sie getestet werden) unter künstlichen Bedingungen oder im Feld (die Testpersonen wissen nicht, dass sie getestet werden) unter natürlichen Bedingungen durchgeführt werden.

Experimente werden vor allem eingesetzt zur Ermittlung der Wirkungen von
- Produktmaßnahmen, z. B.
  - Produkttest
  - Verpackungstest
  - Namenstest
  - Preistest
- Kommunikationsmaßnahmen, z. B.
  - Werbeträgeranalyse
  - Inhalts- und Aufbauanalyse von Kommunikationsbotschaften
  - Substitution von Werbung durch Verkaufsförderung
- Distributionsmaßnahmen, z. B.
  - Platzierung von Produkten
  - Verhalten der Absatzmittler und Verbraucher.

Diese Tests können prinzipiell unter drei Bedingungen vorgenommen werden (vgl. auch Kap. I 4.1):
- als **Laboratoriumstest** unter kontrollierten Bedingungen,
- als **Haushaltstest** in den Haushalten der Verwender (besonders Produkttests),

Übersicht B.9

Checkliste zur Beurteilung von Marktforschungsinstituten

Faktor	Gewicht	Bemerkung		
		sehr gut gut	durchschnittlich	unzureichend
(1) Forschungsschwerpunkt (Erfahrungen)				
• generell				
• auf speziellen Märkten				
• methodische Standardinstrumentarien				
• spezielle Erhebungs- und Analyseverfahren				
(2) Forschungskapazität				
• Innenpersonal				
• Außenpersonal				
• EDV				
(3) Leistungsnachweis (Zuverlässigkeit)				
• Umsatzentwicklung				
• Renommee in der Fachwelt				
• Leistungskonstanz				
• Vertrauenswürdigkeit				
• Schnelligkeit				
• Termineinhaltung				
(4) Konditionen				
• Preise				
• Rabatte				
• Berechnung von Zusatzleistungen				
• Vertragsgestaltung				
• Abrechnungsmodus				
(5) Forschungskonzeption				
• Kreativität/Flexibilität				
• Problemerkennung				
• Konzeptentwicklung				
• Tests				
• Vorarbeiten				
• Zusammenarbeit mit Auftraggeber				
(6) Durchführung				
• Gründlichkeit				
• Genauigkeit				
• Stichprobenauswahl				
• Feldkontrolle				
• Interviewerauswahl				
• Interviewerbetreuung / -kontrolle				
(7) Auswertung				
• Gründlichkeit				
• Zweckmäßigkeit				
• Objektivität				
(8) Berichterstattung				
• Ausführlichkeit				
• Übersichtlichkeit				
• Berücksichtigung von Zusatzwünschen				
• Empfehlungen zur Nutzbarmachung der Ergebnisse				

- als **Markttest** auf so genannten „Testmärkten" (meist regional begrenzt) unter normalen Bedingungen.

Die Methoden der primärstatistischen Marktforschung können als Situationsanalysen oder Wirkungsanalysen die Entscheidungen in den Aktionsbereichen des Marketings wesentlich verbessern. Die Beschaffung primärstatistischer Informationen ist mit hohem Aufwand verbunden: Die Durchführung der Erhebung erfordert den Einsatz von Spezialisten (z. B. für die Anlage der Untersuchung, Frageformulierung, Fragebogenaufbau, Durchführung von qualitativen Interviews, Kontrolle, Auswertung des Datenmaterials); der Aufbau eines Interviewerstabs lohnt sich nur bei wiederholten Einsatzmöglichkeiten; einmalige Untersuchungen sind aufgrund der nicht routinierbaren Vorarbeiten in der Regel zeitraubend. Es lassen sich zahlreiche weitere Gründe dafür anführen, warum kaum ein Unternehmen Primärinformationen in eigener Regie beschafft, sondern diese Aufgabe den Spezialisten in den Marktforschungsinstituten überträgt. Kostenreduzierung kann besonders durch Beteiligung an den bereits genannten Omnibusbefragungen erzielt werden. Die Kenntnis dieser Institute und ihrer Leistung ist unerlässliches Insider-Wissen für den betrieblichen Marktforschungs- bzw. Marketingmanager. Bei der Beurteilung von Marktforschungsinstituten wird er sich an den in Übersicht B.9 zusammengestellten Kriterien orientieren.

C
Strategien im Marketing

1. Grundsätze strategischer Planung

Von Strategien sprechen wir in vielen Bereichen des täglichen Lebens, man denke an Sport (Wettkampfstrategien) oder an Politik (Wahlkampfstrategien). Viele Menschen verbinden den Begriff Strategie aber auch mit Kriegsführung. In der Tat lässt sich eine gewisse Analogie nicht leugnen, denn geprägt wurde der Begriff der Strategie von Moltke, der ihn als „Fortbildung des ursprünglich leitenden Gedankens entsprechend den stets sich ändernden Verhältnissen" beschreibt. Für ein Unternehmen ist der leitende Gedanke die Mission bzw. das Konzept, dem ein Unternehmen folgt, um sich mit seinen Produkten oder Leistungen in einem Markt zu behaupten und von den Konkurrenten abzusetzen. Die Strategie beschreibt einen Problemlösungspfad, den ein Unternehmen begehen will.

Unter strategischer Planung verstehen wir in diesem Sinne einen Prozess, in dem **Ziele** und **Ressourcen** des Unternehmens internen und externen Rahmenbedingungen angepasst werden. Dieser strategische Planungsprozess wird maßgeblich von den Idealen der Unternehmensleitung, der verfolgten Unternehmenspolitik und der Unternehmenskultur geprägt. Jedes Unternehmen hat eine unternehmerische „Vision", die das Wunschziel des Unternehmens (z. B. „wir wollen Marktführer sein") zum Ausdruck bringt. Die Unternehmenspolitik ist die Gesamtheit der Unternehmensgrundsätze, die in einem Leitbild fixiert sind und das Verhalten innerhalb des Unternehmens festlegen. Die Vision des Unternehmens wird so an die Mitarbeiter weitergegeben, dass alle „gemeinsam einen Weg gehen". Die Unternehmenskultur beschreibt hierfür die Normen und Wertvorstellungen, nach denen im Unternehmen gearbeitet wird. Unternehmenskultur und eine visionsorientierte Unternehmenspolitik sind Schlüsselfaktoren für den Zielerfolg eines Unternehmens.

Dabei darf natürlich nicht unterschätzt werden, dass solche unternehmerischen Visionen keine wirklichkeitsfremden Wunschziele sein können und dürfen. Jedes Unternehmen wird seine Ziele in dem Sinne konkretisieren, dass sie auch der unternehmensexternen Realität gerecht werden, d. h. im Wesentlichen denen der Abnehmer der Produkte und Dienstleistungen sowie der Wettbewerber. Ein wesentliches Element einer Strategie ist damit auch, dass sich die angestrebten Ziele des Unternehmens aus den Unterschieden zur Konkurrenz ableiten, dass mittel- und langfristig Wettbewerbsvorteile realisiert werden.

Wer strategische Vorteile (um im militärischen Sprachgebrauch zu bleiben: Geländegewinne) erreichen will, muss das Gelände (d. h. den Markt), seine eigenen Stärken und Schwächen und die seiner Gegner (d. h. Wettbewerber) kennen.

Strategische Planung ist immer mittel- bzw. langfristig angelegt. Aber die Entscheidung für bestimmte Strategien hat natürlich auch sehr konkrete Auswirkungen auf die kurzfristige Maßnahmenplanung und -durchführung. Diese Zusammenhänge werden in der folgenden Übersicht (von der Vision zu Kontrolle und Feedback) dargestellt.

Die Festlegung von strategischen Zielen und ihrer Verfolgung in den Phasen eines Problemlösungspfades (vgl. Übersicht C.1) wird gestützt auf Analysen

Übersicht C.1

Von der Vision zur Kontrolle

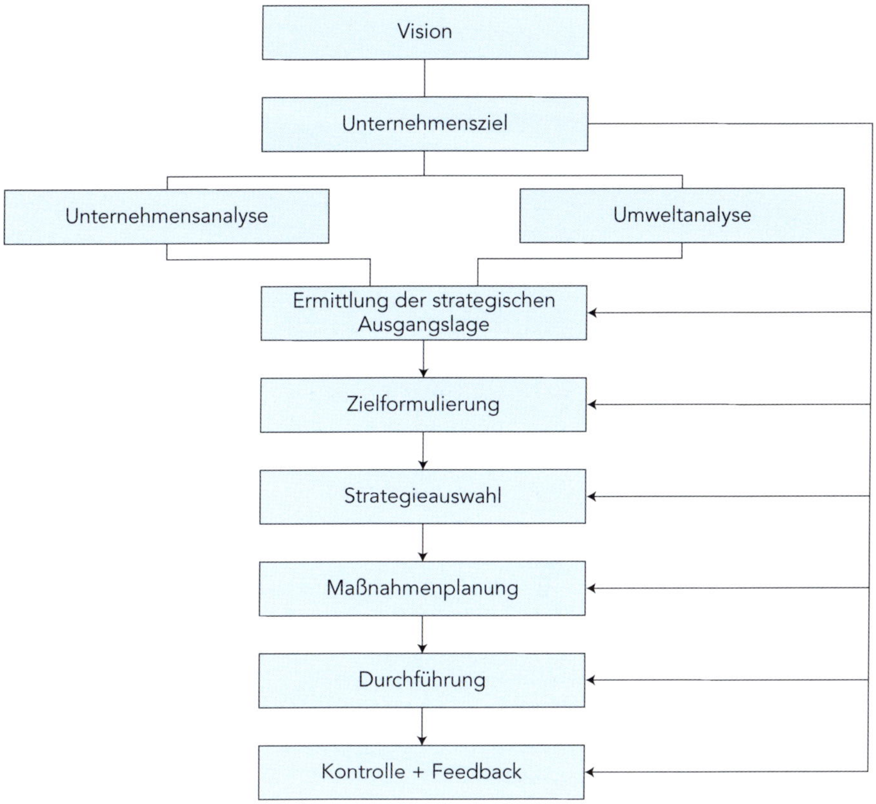

a) der Entwicklungspotenziale eines Unternehmens unter Berücksichtigung der unternehmensspezifischen Ziele, der Entscheidungsstrukturen und der Stärken und Schwächen eines Unternehmens
b) der Umweltsituation unter Berücksichtigung der allgemeinen Rahmenbedingungen des Marktes sowie der Leistungsfähigkeit und des Verhaltens der Konkurrenten.

In der Literatur werden zahlreiche Verfahren diskutiert, wie ein Unternehmen aufgrund solcher Analysen zu marketingrelevanten strategischen Entscheidungen gelangt. Die bedeutendsten sind die GAP-Analyse und die Portfolio-Analyse. Dabei taucht häufig auch der Begriff „strategisches Geschäftsfeld" (bzw. auch „strategische Geschäftseinheit") auf. Damit ist nichts anderes gemeint als die Zusammenfassung von Produktlinien (Produkt-Markt-Kombinationen) nach Funktionen, die sich klar von denen anderer Produkt-Markt-Kombinationen abheben. Relevant sind solche Geschäftseinheiten weniger für kleinere, vielmehr für mittlere und größere Unternehmen, die in verschiedenen Marktsegmenten tätig sind und deren strategische Planungen sich auch nach unterschiedlichen Geschäftseinheiten ausrichten lassen.

Übersicht C.2

Formaler Aufbau der GAP-Analyse am Beispiel des Umsatzziels

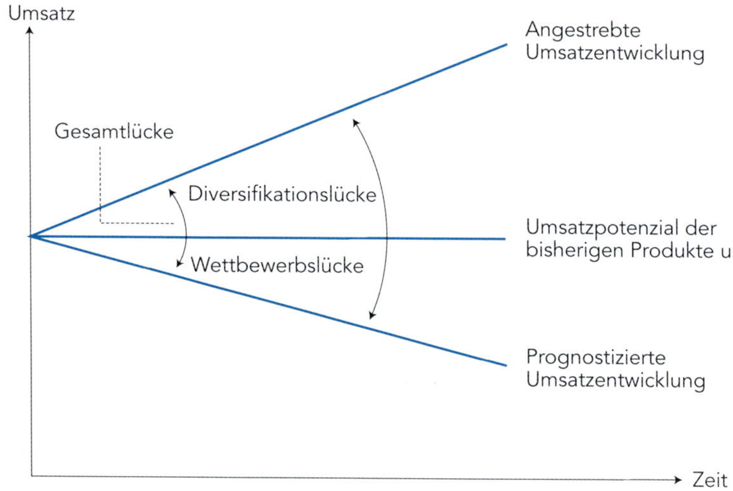

GAP-Analyse

Das Konzept der GAP-Analyse geht auf Ansoff (1965) zurück. Hier wird die Entwicklung einer Zielgröße, z. B. des Umsatzes mit einer gewünschten Entwicklung, verglichen. Entsteht dabei eine Lücke (GAP) zwischen den beiden Kurven, muss das Unternehmen Maßnahmen festlegen, mit denen diese geschlossen werden kann. Dabei wird die Lücke in eine **Wettbewerbs-** und eine **Diversifikationslücke** aufgeteilt. Für die Wettbewerbslücke wird vorgeschlagen, diese durch geeignete Maßnahmen (Erhöhung der Wirtschaftlichkeit und Konzentration auf Schwerpunkte im Bereich der Produktentwicklung und Qualität) im Bereich der bisherigen Produkte und Märkte zu schließen. Grundlage für die Maßnahmen bildet eine Analyse der Stärken und Schwächen des Unternehmens sowie der Entwicklung branchenspezifischer Merkmale. Beispiele für korrigierende Maßnahmen eines Unternehmens sind die Erhöhung der operativen Wirtschaftlichkeit und der Übergang von einem reinen Marktanteilsstreben zur Konzentration auf die Entwicklung von Produkten und Qualität. Ist das Potenzial der Unternehmung durch diese Maßnahmen ausgeschöpft, kann eine verbleibende Lücke nur durch Diversifikation geschlossen werden (vgl. Übersicht C.2).

Portfolio-Konzepte

Die Anwendung der Portfolio-Methode setzt voraus, dass das Unternehmen seine Aktivitäten in einzelne strategische Geschäftseinheiten (SGE) gegliedert hat. Für die Positionierung der strategischen Geschäftseinheiten in eine Portfolio-Matrix legt das Unternehmen zunächst die Erfolgsfaktoren und eine funktionale Beziehung zwischen den Faktoren und dem angestrebten Ziel fest. Aus dieser Funktion lässt sich die relative Bedeutung der einzelnen Erfolgsfaktoren und ihrer jeweiligen Ausprägungen für die Zielgröße bestimmen.

Übersicht C.3

Produkt-Portfolio-Matrix

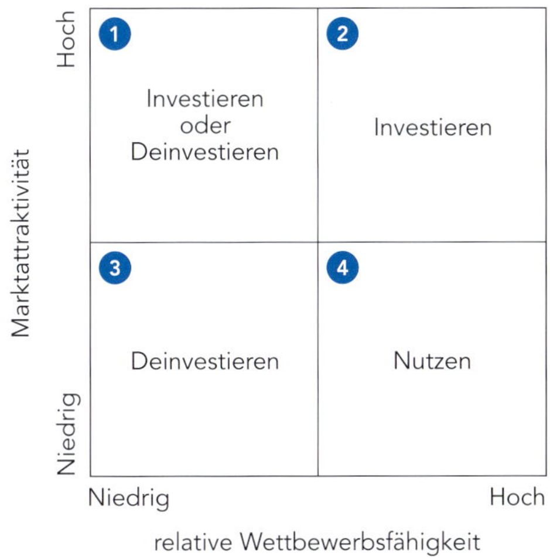

Anschließend werden diese in eine Matrix entsprechend dem Wert, den einzelne SGE für die Erfolgsfaktoren (Achsen) der Matrix erzielen, abgebildet. Die Erfolgsfaktoren werden dabei in zwei Dimensionen dargestellt: **Marktattraktivität** und relative **Wettbewerbsfähigkeit.** Die verschiedenen Portfolio-Konzepte unterscheiden sich im Wesentlichen durch die Zahl, Art und Begründung dieser Erfolgsfaktoren. Übersicht C.3 zeigt das Grundschema einer Produkt-Portfolio-Matrix.

Für das Feld 1 wird entweder eine Investitionsstrategie oder ein sofortiger oder stufenweiser Abbau der SGE empfohlen. Für das Feld 2 ist eine Investitionsstrategie angezeigt, da sowohl die Marktattraktivität der SGE als auch die relative Wettbewerbsposition hoch ist. Für SGE im Feld 3 muss ein Abbau der Kapazitäten vorgesehen werden, da sich hier sowohl die Marktattraktivität als auch die relative Wettbewerbsfähigkeit auf einem niedrigen Niveau befinden. Für SGE im Feld 4 zeigt sich eine hohe relative Wettbewerbsfähigkeit und eine niedrige Marktattraktivität, somit wird eine Strategie der Konzentration auf die Nutzung aufgebauter Erfolgspotenziale zur Erzielung kurzfristiger Gewinne und Zahlungsüberschüsse empfohlen.

Zu den bekanntesten Portfolio-Konzepten zählt die von der Boston-Consulting-Group (BCG) entwickelte **Marktanteil-Marktwachstum-Matrix.** Dieses Portfolio ist dadurch gekennzeichnet, dass es die relative Wettbewerbsfähigkeit und die Marktattraktivität nur durch jeweils einen Erfolgsfaktor definiert. Die relative Wettbewerbsfähigkeit drückt sich durch den relativen Marktanteil aus, und die Marktattraktivität bestimmt sich nach dem Marktwachstum. Die abgeleiteten Strategien gehen auf die Annahmen über den Verbrauch bzw. die Bereitstellung von Zahlungsmitteln (cash flow) bei den einzelnen SGE zurück (vgl. Übersicht C.4).

Jedes Feld zeigt eine bestimmte Cash-Flow-Situation. Die „Sterne" sind SGE mit hohen Wachstums- und Marktanteilen, die einerseits hohe Zahlungsmittelbeträge freisetzen, aber diese auch für ihr Wachstum erfordern. Die „Milchkühe" sind SGE mit hohem

Übersicht C.4

Marktanteil-Marktwachstum-Matrix

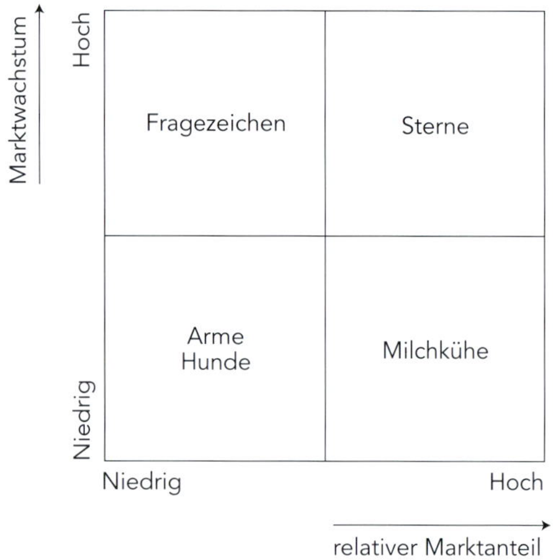

Übersicht C.5

Marktattraktivität-Wettbewerbsvorteil-Matrix

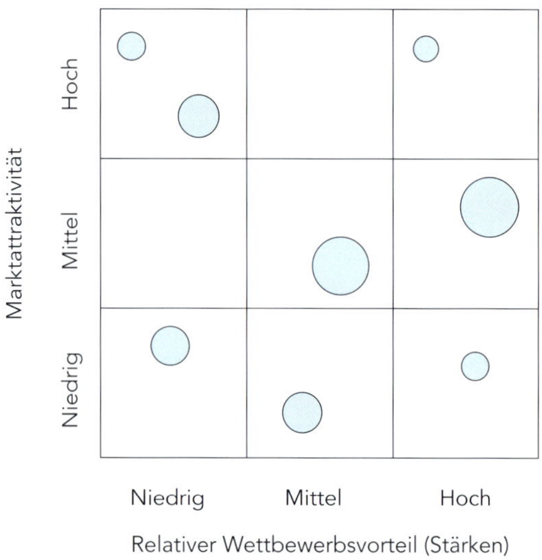

Marktanteil und geringen Wachstumsraten, die hohe Zahlungsmittelbeträge liefern, welche vom Unternehmen für andere SGE genutzt werden können. Diese sind die „Fragezeichen“, die aufgrund des niedrigen Marktanteils zur Erhaltung Geldmittel benötigen. Das Management muss für diese SGE entscheiden, ob sie abgebaut oder gehalten werden. Die „armen Hunde“ weisen einen niedrigen Marktanteil und geringe Wachstumsraten auf und müssen früher oder später aufgegeben werden.

Die **Marktattraktivität-Wettbewerbsvorteil-Matrix** (vgl. Übersicht C.5) wurde von der General-Electric-Company und McKinsey erarbeitet. Im Unterschied zur BCG-Matrix wird hier eine Neun-Felder-Matrix verwendet. Die Faktoren Marktwachstum und Marktanteil werden durch Marktattraktivität und Wettbewerbsvorteil ersetzt. Die Marktattraktivität setzt sich dabei aus Faktoren wie z. B. Wachstumsrate, Gewinnspanne, Wettbewerbsintensität, Marktqualität sowie aus zyklischen und saisonalen Schwankungen zusammen. Jeder dieser Faktoren wird gewichtet, und es kann den SGE eine hohe, mittlere oder niedrige Gesamtattraktivität zugeordnet werden.

Die Beurteilung des Wettbewerbsvorteils erfolgt anhand eines gewichteten Gesamtwertes, der sich aus relativen Marktanteilen, Preisvorteilen, Produktqualität, Kunden-/Marktkenntnissen, Verkaufswirksamkeit und geographischen Faktoren zusammensetzt.

Mit diesem Konzept lassen sich ähnlich der BCG-Matrix verschiedene Strategien ableiten. Für die SGE, die sich rechts oben befinden, werden Investitions- und Wachstumsstrategien empfohlen. Für die SGE in der linken unteren Zone sollten Abschöpfungs- oder Desinvestitionsstrategien verfolgt werden. Für die SGE, die den Diagonalen von links nach rechts unten zugeordnet sind, muss das Management entscheiden, ob es für diese SGE lohnend ist, weiter zu investieren oder abzuschöpfen.

2. Strategietypen

Generell ist es die Aufgabe der Unternehmensstrategie, die zukünftige Stellung des Unternehmens im Markt und im Wettbewerb festzulegen, um dadurch Wege zu einem effizienten Einsatz des Marketing-Mix zu weisen. In der Literatur werden viele unterschiedliche Strategiekonzepte diskutiert. Sie lassen sich danach differenzieren, ob nur einzelne Aspekte eines strategischen Entscheidungsproblems behandelt werden oder der gesamte Entscheidungsraum durch grundsätzliche Strategietypen abgedeckt wird. Wir wollen nachfolgend einen Überblick über die in der Literatur am häufigsten genannten Konzepte (Ansoff, Kotler, Porter, Kim und Mauborgne, Becker) geben (vgl. Übersicht C.6), um anschließend die wichtigsten Strategietypen für Unternehmen auf den Agrar- und Lebensmittelmärkten abzuleiten.

(1) ANSOFF:

Der Generierung von Strategien im Sinne Ansoffs geht eine GAP-Analyse voraus. Anhand einer Produkt-Markt-Matrix ergeben sich für ein Unternehmen, das primär auf Wachstum ausgerichtet ist, vier grundlegende Optionen (vgl. Übersicht C.6):

Übersicht C.6

Produkt-Portfolio-Matrix nach Ansoff

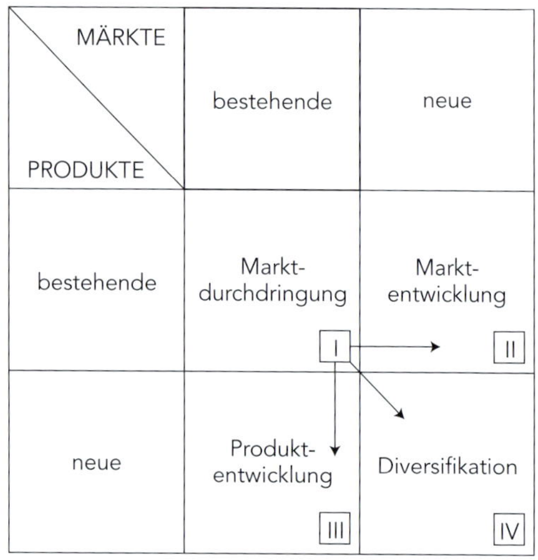

- Marktdurchdringung:
  Die Strategie der **Marktdurchdringung** zielt auf eine Erhöhung des Absatzes bestehender Produkte im gegenwärtigen Markt durch verstärkte Marketingbemühungen. Damit bezweckt man einerseits eine Stabilisierung und/oder den Ausbau des Marktanteils, zum anderen eine Vergrößerung des Marktvolumens. Hierzu eröffnen sich u.a. folgende Möglichkeiten:
  - Erhöhung der Verwendungsrate bei bestehenden Kunden durch Preissenkung, Vergrößerung der Einkaufseinheiten (Familienflaschen bei Erfrischungsgetränken), Produktmodifikation (mildere Waschsubstanzen für „Jeden-Tag-Shampoos“), Aktivierung von latentem Bedarf, indem bisherige Nichtanwender des Produktes verstärkt angesprochen werden, durch Intensivierung der Werbung und/oder Promotion (Anbieten von Proben).
- Durch die Strategie der **Marktentwicklung** sollen mit den vorhandenen Produkten neue Märkte erschlossen werden. Für die Erschließung bisher nicht erkannter oder nicht bearbeiteter Märkte gibt es drei Ansatzpunkte:
  - Ausschöpfung zusätzlichen Absatzpotenzials auf neuen regionalen, nationalen oder internationalen Märkten.
  - Eindringen in Zusatzmärkte über eine gezielte Funktionsausweitung. Im Mittelpunkt steht hierbei die Suche nach neuen Anwendungsbereichen für ein bestehendes Produkt (z.B. Kinderpflegeprodukte zur Hautpflege bei Erwachsenen).
  - Erschließung neuer Teilmärkte durch Variationen der vorhandenen Produkte oder Packungsvariationen mit dem Ziel der Gewinnung neuer Kunden, die sich durch bestimmte Merkmale von den bisherigen Kunden unterscheiden.
- Die Strategie der **Produktentwicklung** oder **Produktinnovation** besteht darin, dass für bestehende Märkte neue Produkte entwickelt werden.

- Die **Diversifikationsstrategie** kennzeichnet das Ausbrechen des Unternehmens aus angestammten Betätigungsfeldern. Stagnierende Märkte, Verstärken des Wettbewerbs sowie der inflationsbedingte Zwang zum Wachsen, Kostensteigerungen, die nicht mehr über den Abgabepreis weitergegeben werden können, veranlassen immer mehr Unternehmen zur Diversifikation. Ein weiterer wichtiger Grund ist die mit einer Diversifikation verbundene Risikostreuung.

(2) KOTLER:

Kotler legt für seine Systematisierung vier Strategietypen fest, bei denen jeweils von der angestrebten Marktposition (determiniert durch den Marktanteil) ausgegangen wird. Dabei geht es hier grundsätzlich um ein konkurrentenbezogenes Strategiekonzept, d. h., die Strategieentwicklung erfolgt stets im Hinblick auf die Konkurrenten. Folgende Strategietypen stehen einem Unternehmen demnach zur Verfügung:

- **Marktführer-Strategie**
  Ziel des Marktführers ist die Erhaltung seiner Marktposition. Dies kann er wie folgt erreichen: durch eine Vergrößerung des Gesamtmarktes, die Erhaltung seines Marktanteils und die Steigerung seines Marktanteils. Er versucht, den Gesamtmarkt durch neue Verwender, neue Verwendungszwecke und gesteigerte Verwendungsraten zu vergrößern. Die Erhaltung seines Marktanteils kann sowohl durch Innovation als auch durch Festigung der Marktstellung erreicht werden.
- **Marktherausforderungs-Strategie**
  Der Marktherausforderer versucht, seinen Marktanteil zu erhöhen, indem er den Marktführer angreift. Zu den Strategien zählen dabei niedrige Preise, billigere Ware, die Produktinnovation, verbesserter Service oder auch Innovation im Bereich der Distribution.
- **Marktmitläufer-Strategie**
  Der Marktmitläufer erkennt die Wettbewerbssituation in seiner Branche an und versucht, sich in wesentlichen Punkten den Marktführern anzuschließen. Die Strategien, die hierbei zum Einsatz kommen, sind in der Regel Marktsegmentierung oder Fokussierung auf Rentabilität anstelle von Marktanteilen.
- **Marktnischen-Strategie**
  Unternehmen, die Marktnischen bearbeiten, konzentrieren sich auf Bereiche, die für größere Unternehmen weniger attraktiv sind. Diese Bereiche können sein: Einzelkunden, geographische Einheiten, ein Produkt oder eine Produktlinie oder spezielle Serviceleistungen.

(3) PORTER:

Ein häufig diskutiertes Konzept ist der wettbewerbsstrategische Ansatz von Porter (vgl. Übersicht C.7). Den Überbau von Porters Strategietypen bildet die Grundsatzentscheidung, ob ein Unternehmen **Kostenführerschaft, Produktdifferenzierung** oder eine **Konzentration** anstrebt. Die Konzentrationsstrategie hat zwei Varianten: entweder mit dem Schwerpunkt Kosten oder Differenzierung in einzelnen Segmenten.

Zusammen ergeben sich somit vier Grundstrategien:

- Strategie der umfassenden Kostenführerschaft,
- Strategie der Kostenführerschaft in Segmenten,
- branchenweite Produktdifferenzierung oder
- Differenzierung in Segmenten.

Übersicht C.7

Wettbewerbsmatrix nach Porter

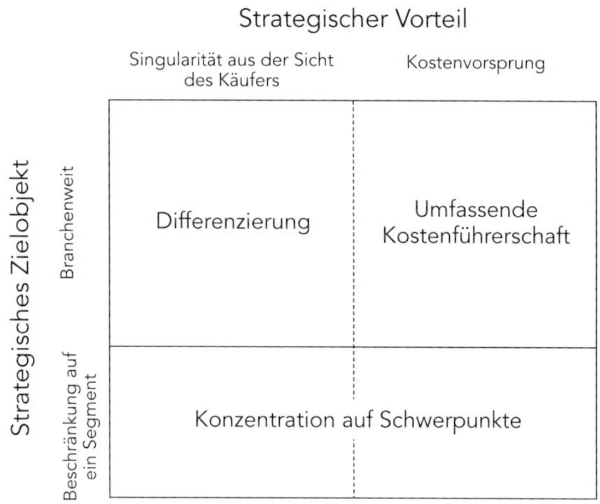

Die Strategie der **Kostenführerschaft** erfordert, dass das Unternehmen zu möglichst niedrigen Kosten produziert, damit es die Preise der Konkurrenten unterbieten kann und somit einen hohen Marktanteil erreicht. Der Kostenvorsprung des Unternehmens kann u.a. auf größenbedingter Kostendegression, Technologievorsprüngen, günstigem Zugang zu Rohstoffen und Kapital basieren. Kostenvorsprung schützt das Unternehmen gegen mächtige Abnehmer, da diese die Preise nur bis auf das Niveau des zweiteffizienten Konkurrenten drücken können. Niedrige Kosten bieten Schutz vor Lieferanten, da bei Kostensteigerungen für die Inputfaktoren größere Flexibilität besteht. Die Kostenvorteile stellen Eintrittsbarrieren dar, das Unternehmen kann aufgrund der niedrigen Kosten besser mit Substitutionsprodukten umgehen als die Konkurrenz. Die Strategie der Kostenführerschaft schützt das Unternehmen gegen Wettbewerbskräfte, da die Gewinne nur solange durch Verhandlungen gesenkt werden können, bis die Gewinne des zweiteffizienten Unternehmens schwinden und die weniger effizienten am stärksten unter dem Wettbewerbsdruck leiden.

Die Strategie der **Differenzierung** stellt auf eine Abgrenzung des Unternehmens durch Einzigartigkeit seiner Produkte oder Dienstleistungen ab. Es selektiert ein oder mehrere Merkmale, die viele Kunden für wichtig erachten, und bringt es in die einmalige Position, diese Bedürfnisse zu befriedigen. Durch die Einmaligkeit lassen sich höhere Preise erzielen. Die Ansätze der Differenzierung sind vielseitig und können sich z.B. auf Produktqualität, Markenname, Service etc. beziehen. Wenn ein Unternehmen die Differenzierung erreicht, erzielt es überdurchschnittliche Gewinne, aber nur wenn seine höheren Preise über den Zusatzkosten der Einmaligkeit liegen. Sie schafft eine sichere Position gegen die Wettbewerbskräfte. Abnehmer werden an die Marke gebunden, Kundenloyalität und der Druck für die Konkurrenz, die Einzigartigkeit zu übersteigen, stellen Eintrittsbarrieren dar. Die Verhandlungsposition gegenüber Zulieferern und Abnehmern ist aufgrund der höheren Ertragsspannen durch die Differenzierung und die fehlenden Alternativen gestärkt. Allerdings kann die Differenzierung hohe Marktanteile ausschließen, da sie Exklusivität voraussetzt.

Übersicht C.8

Risiken der Strategietypen nach Porter

Risiken der Kostenführerschaft	Risiken der Differenzierung	Risiken der Konzentration
Technologiesprünge, Lernkurveneffekte und frühe Investitionen werden nutzlos.	Preisvorsprung wird so groß, dass Kunden Standardprodukt kaufen.	Zielsegment verliert strukturbedingt an Attraktivität.
Konkurrenz schließt auf; Fähigkeit, niedrige Kosten zu erzielen, wird von Nachfolgern „erlernt".	Grundlagen der Differenzierung (z. B. Qualität oder Design) verlieren an Bedeutung.	Unterschied zwischen den Wünschen des Gesamtmarktes und denen des Teilmarktes verringern sich.
Konzentration auf Kosten verhindert das Erkennen von Marktänderungen und Nachfragetrends.	Nachahmung durch Me-too-Produkte vermindern den erkennbaren Vorteil der Differenzierung.	Konkurrenten finden Untermärkte und spezialisieren sich stärker.
Unvorhersehbare Kostensteigerungen auf Rohwarenmärkten verhindern den Preisvorteil gegenüber Konkurrenzprodukten.	Abnehmergruppe wird kleiner.	Preisunterschiede zwischen differenziertem Produkt und Standardprodukt werden so groß, dass Kunden nicht mehr bereit sind, für den Unterschied zu zahlen.
Auf den Kostenschwerpunkt ausgerichtete Unternehmen erzielen in den Segmenten einen noch größeren Vorteil.	Auf Differenzierung ausgerichtete Unternehmen erzielen in den Segmenten noch stärkere Differenzierung.	Neue auf Schwerpunkte ausgerichtete Unternehmen spalten die Branche in weitere Segmente.

Porter entwickelt die Hypothese, das Unternehmen habe sich zwischen den beiden Grundrichtungen Differenzierung oder Kostenführerschaft alternativ zu entscheiden. Allenfalls wird noch die nachfolgende Nischenstrategie mit der Konzentration auf eng umrissene Schwerpunkte als dritte Variante zugelassen. Zwischen den beiden grundsätzlichen Strategierichtungen liege ansonsten ein strategisches Niemandsland mit niedriger Profitabilität, das mangels Fokussierung nicht erfolgreich sein könne. Dieser Bereich wurde bei Porter als „stuck in the middle" bezeichnet. In die deutsche Sprache lässt sich dies am ehesten mit „zwischen allen Stühlen" übersetzen.

Die Nischenstrategie oder Strategie der **Konzentration auf Schwerpunkte** unterscheidet sich insofern von den genannten Strategien, als sie sich auf ausgewählte Segmente innerhalb der Branche bezieht. Die Ausrichtung auf ausgewählte Segmente schließt die Konkurrenz aus und schafft Wettbewerbsvorteile. Die Konzentrationsstrategie kann sich entweder auf den Kostenvorteil oder auf die Differenzierung beziehen. Beide Möglichkeiten zielen auf die Unterschiede zur Konkurrenz ab. Diese Unterschiede entstehen dadurch, dass die Segmente von der Konkurrenz nur unzureichend bedient werden, da diese sie parallel mit ihren übrigen Segmenten bearbeiten. Die Konzentration auf Schwerpunkte schützt, wie oben dargelegt, gegen Wettbewerbskräfte. Sie kann darüber hinaus dazu angewandt werden, um Zielobjekte zu finden, die nur einen geringen Substitutionsgrad aufweisen, oder bei denen nur eine geringe Konkurrenz besteht. Für jede der genannten Strategien existieren Risiken, die u. U. den strategischen Vorteil vernichten.

Die Übersicht C.8 zeigt, welche Angriffsmöglichkeiten gegeben sind, wenn Unternehmen die aufgeführten Strategien anwenden. In manchen Branchen können aufgrund der Branchenstruktur diese Strategietypen nicht angewandt werden, z. B. wenn mehrere große Unternehmen alle „economies of scale" realisieren und so eine Branche dominieren, oder wenn in einer Branche nur wenige Segmentierungsmöglichkeiten bestehen. Allerdings lassen sich in vielen Branchen auch alle drei Strategietypen nebeneinander anwenden.

(4) KIM / MAUBORGNE:

Porters Dichotomie, nach der es entweder eine Differenzierung zu höheren Kosten und Preisen oder eine Kostenführerschaft bei implizit unterstelltem geringerem Nutzen gebe, setzen die beiden INSEAD-Professoren Kim und Mauborgne ein Konzept entgegen, das zu Beginn des Jahrtausends zunächst unter dem Begriff **Value Innovation** bekannt wurde und anschließend als **Blue Ocean Strategy** die Bestsellerlisten eroberte. Kerngedanke ist, dass partielle Anpassungen von Kosten- und Nutzenelementen nicht notwendigerweise zu dem Porter'schen Dilemma des „stuck in the middle" führen müssen. Es versöhnt die Handlungsoptionen Differenzierung und Kostenführerschaft in einem Konzept. Der strategische Ansatz liegt genau darin, teure Elemente eines Produktes oder einer Dienstleistung entweder wegzulassen oder zu reduzieren und dafür neue Nutzenkategorien einzuführen und vorhandene zu verstärken. Dabei entstehen neue, einzigartige Nutzenprofile. Als Beispiel wird etwa das Zirkus-Konzept von Cirque de Soleil genannt, bei dem die in der Haltung teuren Tiere aus dem Programm ebenso wie teure Stars gestrichen wurden. An die Stelle von Slapstick trat ein feinsinniger Humor und an die Stelle

TOOLBOX: VALUE INNOVATION

Unter Value Innovation versteht man eine Form der Geschäftsprozess-Innovation.

Dabei werden die Prinzipien bestehender Geschäftsmodelle nicht partiell optimiert, sondern grundsätzlich in Frage gestellt. Derartige Geschäftsmodellinnovationen verändern nicht nur einzelne Unternehmen, sondern manchmal ganze Branchen, die dann dem Innovator folgen (IKEA, Aldi).

Eine Value Innovation ist eine Veränderung des Nutzenversprechens (value proposition). Dabei orientiert man sich nicht in erster Linie an der Verbesserung bestimmter Produkteigenschaften, sondern geht der Frage nach, wie sich die Bedürfnisse, die dem Konsum oder der Verwendung des Produktes zugrunde liegen, grundsätzlich besser als bisher befriedigen lassen.

Als analytisches Werkzeug lassen sich Wertekurven verwenden, die konkurrierende Produkte oder Lösungsansätze und den Nutzen entlang bestimmter Kernelemente (Preis, Bequemlichkeit, Problemlösung u. a. m.) darstellen. Wertekurven innerhalb einer Gruppe (z. B. Premium vs. Discount) sind oft austauschbar und bilden einen Branchenstandard ab.

Durch die Veränderung der Kernelemente können Wertekurven nachhaltig verändert werden. Es gibt vier Maßnahmen, um Kernelemente neu zu definieren:

1. Eliminierung: Welche Faktoren müssen weggelassen werden? Die Nutzenüberlegungen der Kunden können sich stark ändern, so dass einige Komponenten eines Produkts eliminiert werden müssen.
2. Reduzierung: Was kann radikal gekürzt werden? Eine zu starke Differenzierung treibt die Kosten in die Höhe und kann die Kunden überfordern.
3. Steigerung: Welche Elemente des Produkts müssen über den Branchenstandard gehoben werden?
4. Kreierung: Welche Komponenten eines Produkts müssen neu entwickelt werden?

Durch die Veränderung der Kernelemente einer Wertekurve sollen neue Business-Modelle entwickelt werden

Dieses Konzept haben W. Chan Kim und Renée Mauborgne Ende der neunziger Jahre an der INSEAD Business School entwickelt und später unter dem Begriff „Blue Ocean Strategy" erfolgreich vermarktet.

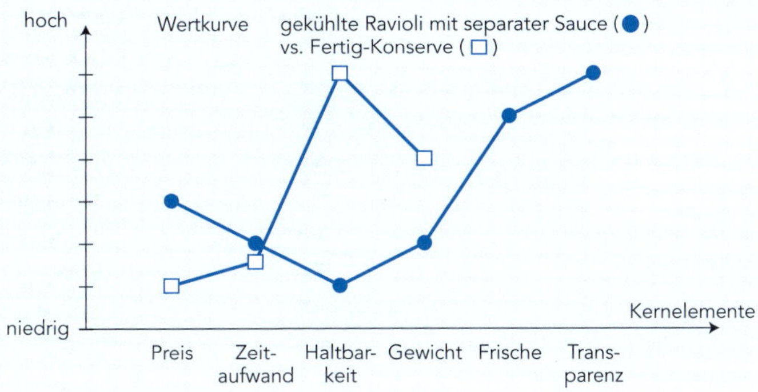

eines Zirkusnummernkonzeptes das Prinzip einer durchgehenden Handlung. Statt Zirkus-Arena und Schweiß wurden Ambiente und Atmosphäre in den Fokus gerückt. Mit neuen Nutzenkategorien werden ggf. zu niedrigeren Kosten, aber nicht notwendigerweise deshalb auch zu Discountpreisen neue Kundengruppen erschlossen. Um diese Kunden braucht nicht mit dem Zirkus-Wettbewerb konkurriert zu werden, weil der Wettbewerb sie gar nicht adressiert. Diese neuen, nicht umkämpften Märkte bezeichnen die Autoren als blaue Ozeane. Sie unterscheiden sich von den übrigen – vom Kampf des Wettbewerbs rot gefärbten – Ozeanen durch entsprechend geringe Wettbewerbsintensität, hohe Margen und Wachstumsraten. Das Grundprinzip des Konzepts ist ein Differenzierungsansatz. Allerdings einer, der über die Grenzen des Porter'schen Entweder-Oder hinausreicht (siehe Toolbox: Value Innovation).

Zu den Strategiekonzepten, die versuchen, den gesamten strategischen Entscheidungsraum durch grundsätzliche Strategietypen abzudecken, zählt das Konzept von BECKER.

Übersicht C.9

Strategieraster nach Becker

Strategieebene	**Strategiealternativen**				
Marktfeld-strategien	Markt-durchdringungs-strategie		Markt-entwicklungs-strategie	Produkt-entwicklungs-strategie	Diversifikations-strategie
Marktstimulie-rungsstrategien	Präferenzstrategie			Preis-Mengen-Strategie	
Marktparzellie-rungsstrategie	Massenmarktstrategie			Segmentierungsstrategie	
Marktareal-strategien	lokale	regionale	über-regionale	nationale	multi-nationale

(5) BECKER:
Der bislang umfassendste Ansatz zur Integration grundsatzstrategischer Dimensionen stammt von Becker. Er unterscheidet vier Ansatzpunkte, die auch als marketingpolitische Strategieebenen bezeichnet werden können.

- Marktfeldstrategien
- Marktstimulierungsstrategien
- Marktparzellierungsstrategien
- Marktarealstrategien.

Hiermit werden Grundstrategien und Strategieebenen beschrieben. Auf diesen Strategieebenen lassen sich dann einzelne strategische Konzepte fixieren. Die **Marktfeldstrategien** bestimmen die Strategierichtung in Bezug auf alternative Produkt-Marktkombinationen (Marktfelder) eines Unternehmens. **Marktstimulierungsstrategien** legen die Art und Weise der Einwirkung auf den Markt fest. **Marktparzellierungsstrategien** bestimmen die Art bzw. den Grad der Differenzierung der Marktbearbeitung. **Marktarealstrategien** hingegen legen den Markt- bzw. Absatzraum fest.

Für jede dieser vier Komponenten ist eine bestimmte Kombination von Ausprägungen zu wählen, die sich in ein Strategieraster einfügen (vgl. Übersicht C.9).

Eine konkrete Marketingstrategie wird schwerpunktmäßig Übergänge zwischen den einzelnen Strategietypen aufweisen, d. h., Elemente von mehreren Strategien tragen.

Strategische Allianzen

Unter strategischen Allianzen versteht man die Koalition von zwei oder mehreren rechtlich selbstständigen Unternehmen, die mit dem Ziel eingegangen werden, die individuellen Stärken zu vereinen.

So lassen sich gemeinsam Wettbewerbsvorteile realisieren und damit bestehende Erfolgspotenziale einzelner Geschäftsfelder sichern und neu erschließen. Die strategische

Allianz ist als Instrument der strategischen Unternehmensführung zu sehen und kann eingesetzt werden, wenn:

- die eigenen Ressourcen für das strategisch wichtig erachtete Engagement nicht ausreichen,
- das damit verbundene Risiko als nicht mehr tragfähig eingeschätzt wird oder
- die Kooperation Synergiepotenziale erwarten lässt, die einen wesentlichen Zielbeitrag bedeuten.

Hier ermöglicht die Allianz durch Bündelung der individuellen, sich gegenseitig ergänzenden Potenziale die Realisierung eines Zielbeitrags, wie er aus eigener Kraft nicht oder nur mit hohem Risiko erreichbar wäre. Als Partner kommen Unternehmen in Frage, deren Stärken- und Ressourcenpotenziale in der Vereinigung eine Steigerung der Wettbewerbsfähigkeit ermöglichen. Ein charakteristisches Merkmal von strategischen Allianzen ist, dass sich die Partner gegenseitig Zugang zu den relevanten Wettbewerbspotenzialen gewähren. Die möglichen Auswirkungen auf zukünftige Wettbewerbsverhältnisse und die aus der Allianz resultierende Abhängigkeit der Partner begründen die strategische Bedeutung der Bindung. Dies ist ein wesentliches Unterscheidungsmerkmal zu anderen Kooperationsformen wie z. B. der Genossenschaft. Weiteres Unterscheidungsmerkmal ist, dass sich die Allianz i. d. R. auf einzelne Geschäftsfelder bezieht.

Strategische Allianzen lassen sich danach unterscheiden, welche Funktionsbereiche in die Kooperation einbezogen werden. Hierzu zählen Forschung und Entwicklung, Produktion und Vertrieb. Weiterhin kann danach differenziert werden, ob Funktionen gemeinsam oder getrennt ausgeführt werden. Die getrennte Ausführung zielt auf eine Spezialisierung und die gemeinsame auf die Nutzung von Synergieeffekten ab.

Gerade für Unternehmen der Food Value Chain haben strategische Allianzen eine sehr wichtige Bedeutung, deren Ursache in folgenden Konstellationen liegt:

a) Die Konzerne des Lebensmitteleinzelhandels, die angesichts der Europäisierung der Märkte ihre Einkaufsmacht auch weiterhin konzentrieren, stellen im Hinblick auf die Belieferung mit großen Produktmengen, Logistik und Warenwirtschaftssysteme, Preise, Rabatte und Konditionen und Marketingleistungen der Hersteller dermaßen hohe Anforderungen, dass nur die großen Lebensmittelkonzerne diesen Anforderungen künftig gewachsen sein werden. Kleinere und mittlere Unternehmen müssen sich zusammenschließen, um überhaupt eine Chance zu haben, im Handel gelistet zu werden (Ausnahme: starke und vom Verbraucher nachgefragte Regionalprodukte).

b) Schon in den vergangenen Jahrzehnten ist der Druck auf viele mittlere und kleinere Unternehmen der Wertschöpfungskette Ernährung durch die Marktveränderungen so stark gewesen, dass nur wenige Unternehmen die Möglichkeit hatten, genügend finanzielle Ressourcen für die Entwicklung von Wettbewerbsvorteilen anzusammeln. In technologischen Fragen, in Logistikfragen, in Fragen eines aggressiveren Marketings oder auch der überregionalen Distribution müssen durch Kooperationen Rationalisierungsmöglichkeiten und Know-how-Vorteile geschaffen werden, wenn diese Unternehmen künftig am Marktgeschehen teilhaben wollen.

Marktmacht auf der Seite der abnehmenden Hand, aber auch Zugang zum Wissen, Rationalisierungseffekte, Risikoreduktionserwartungen und Möglichkeiten, auf den Wettbewerb Einfluss zu nehmen, sind wesentliche Motive für die Gründung strategischer Allianzen entlang der Food Supply Chain (vgl. Kap. F 4).

Praktische Anwendung

Für die weitere Diskussion (insbesondere im Hinblick auf das „Marketing in den Subsektoren der Wertschöpfungskette“, Kapitel E) wollen wir die wichtigsten der diskutierten Strategieansätze danach systematisieren, ob es sich um
A = Anpassungs- oder Ausweichstrategien
B = Vorwärtsstrategien
handelt.

Anpassen heißt: Man produziert ähnliche Produkte wie die Konkurrenz und versucht, ähnliche Kostenverläufe in der Produktion zu erreichen, oder man setzt seine Produkte in den gleichen Segmenten ab. **Ausweichen** dagegen heißt: Man sucht mit den vorhandenen Produkten andere Marktsegmente, geht der Konkurrenz aus dem Wege oder spezialisiert sich auf Nischen, die vom Wettbewerb nicht oder weniger stark bearbeitet werden.

Vorwärtsstrategien sind deutlicher darauf ausgerichtet, die Marktposition des **Unternehmens auszudehnen.** Dies kann in zwei Richtungen geschehen:
(1) Durchdringung eines bestehenden Marktes
(2) Entwicklung des Marktes.

Unter **Marktdurchdringungsstrategien** versteht man so etwas wie „an Stammkunden mehr verkaufen“. Insbesondere Unternehmungen, die Produkte an bestehende Kundengruppen verkaufen (dies könnten Direktvermarkter sein, Fachgeschäfte, aber auch der Landwarenhandel, Genossenschaften o. a.) haben häufig ein relativ großes, nicht ausgeschöpftes Potenzial, welches sie durch Sortimentsergänzungen, mit neuen Dienstleistungen oder auch nur durch eine intensivere Kundenansprache relativ leicht erschließen können.

Wo diese Märkte an ihre Sättigungsgrenze stoßen, werden sich Unternehmen mehr in Richtung **Marktentwicklungsstrategie** bewegen. Damit gemeint ist die „Suche nach neuen Kunden und/oder Märkten“. Diese können sowohl innerhalb der traditionellen, von den Unternehmen besetzten Märkten zu finden sein wie auch außerhalb dieser Märkte, bspw. in anderen Regionen, in neuen Zielgruppen usw.

Wie bereits an anderer Stelle vermerkt, gibt es die Strategietypen selten in reiner Form. Sie überschneiden sich oder werden kombiniert eingesetzt. Die Bezeichnungen sollen lediglich die zentrale Richtung des Denkens deutlich machen.

So kann beispielsweise eine **Diversifikation** der Produktpalette, d. h. ein Ausweichen auf andere Märkte, neue Expansionsspielräume eröffnen. Für Unternehmen auf stagnierenden oder schrumpfenden Märkten bleibt häufig als einzige Alternative zur Verbesserung ihrer Ertragslage die Diversifikation. Lange Jahre zeigten sich z. B. für Unternehmen auf dem Biermarkt geringe Möglichkeiten zur Diversifizierung, obwohl viele verschiedene Biersorten angeboten wurden. Die zunehmende Sättigung der mengenmäßigen Nachfrage nach Bier führte dazu, dass die Unternehmen in Marktnischen vordrangen, indem sie z. B. alkoholfreie Erfrischungsgetränke und Biermischgetränke einführten.

Produktdifferenzierungsstrategien können z. B. auch Nischenstrategien sein. Vielfach finden wir solche Strategien auf Lebensmittelmärkten. Es werden für die Massendistribution mehr oder weniger gleichartige Produkte wie die der Konkurrenz produziert. Für ganz bestimmte Spezialmärkte dagegen spezialisiert man sich auf Besonderheiten, Exklusivitäten usw. (z. B. Standardfleisch und Qualitätsfleisch).

Für die neuen Produkte und Spezialitäten lässt sich häufig ein höherer Preis erzielen, wodurch die Unternehmen das Ziel verfolgen, den Gesamtertrag zu verbessern.

Übersicht C.10

Marketingstrategien: Beispiele und Voraussetzungen

Strategieansätze		Mindestanforderungen
	I. Vorwärtsstrategien	
Kostenführerschafts-strategie	Mit dem Ziel der Preis-Mengen-Strategie = Markteroberung über Discount-Preise durch Ausnutzung der Stückkostendegression (Rationalisierung in der Produktion) Mit dem Ziel der Marketing-Mix-Optimierung = Ausnutzung von Kostendegressionskurven im Marketing	Rationalisierungsreserven (Lean Management) in Beschaffung, Produktion, Vertrieb und Management müssen • vorhanden sein • größer als bei der Konkurrenz sein Preiselastische Nachfrage bei weitestgehend austauschbaren Produkten
Innovations-strategie	Entwicklung neuer Produkte (mehr als nur Veränderung einzelner Produktmerkmale = „echte Innovationen") Entwicklung neuer Vertriebskonzepte (z.B. Direktvertrieb anstelle der Einschaltung von Händlern) Entwicklung neuer Kommunikationskonzepte (z.B. Einsatz elektronischer Medien)	Forschungs- und Entwicklungs-Know-how Leistungstechnisches Innovations- und Differenzierungspotenzial Aufnahmebereitschaft des Marktes finanzielle Kapazitäten
Profilierungsstrategie a) in der Markenpolitik b) im Service c) über Kommuni-kationsmaßnahmen	Qualitätswettbewerb mit Markenartikeln Exklusive Distribution über hochwertige Distributionssysteme Leistungsführerschaft im Service Leistungsführerschaft in erlebnisorientierten Angebotsfeldern	markenbewusste Nachfrage markenfähige Produkte finanzielle Kapazitäten Servicebedarf bei den Abnehmern qualifiziertes Mitarbeiter-Potenzial (evtl.) Service-Partner finanzielle Kapazitäten Markenbewusstsein der Abnehmer kommunikative Aufnahmebereitschaft der Zielgruppen geeignete Medien finanzielle Kapazitäten
Produktdifferen-zierungsstrategie	Veränderung einzelner Merkmale bestehender Produkte (z.B. inhaltliche Zusammensetzung, Verpackung, Gesamtnutzen und Teilnutzen, Technik)	voneinander unabhängige Marktsegmente differenzierungsfähige Produkte Bedarf der Nachfrager nach differenzierten Produkten Sortimentsmanagement (evtl.) Beschaffungsmöglichkeiten für Produkte, Produktbestandteile
Preisdifferenzierungs-strategie	Unterschiedliche Preise für nahezu identische Produkte für verschiedene Absatzwege, Kundengruppen, Regionen usw. Saisonale Preisveränderungen Rabattsysteme	voneinander unabhängige Marktsegmente Möglichkeiten zur Produkt-, Distributions-, Service bzw. Kommunikationsdifferenzierung
Vertriebsdifferenzie-rungsstrategie	Veränderung der Absatzwege (z.B. indirekter, direkter Absatz) Veränderung der Absatzmethoden (z.B. Versandhandel anstelle persönlichen Verkaufens) Unterschiedliche Vertriebswege für unterschiedliche Märkte (Produkte, Kunden, Regionen)	voneinander unabhängige Segmente geeignete Vertriebspartner logistische (technische und kostenmäßige) Realisierbarkeit
Diversifikationsstrategie	Sortiments- und Angebotserweiterung um verwandte Produkte bzw. Programme (= „horizontale Diversifikation") Ausweitung der Aktivitäten auf vor- bzw. nachgelagerte Marktstufen (= „vertikale Diversifikation") Erweiterung der Aktivitäten in völlig neue Marktbereiche (= „laterale Diversifikation")	Know-how in neuen Märkten technische und personelle Kapazitäten finanzielle Kapazitäten

Übersicht C.10

Marketingstrategien: Beispiele und Voraussetzungen (Fortsetzung)

Strategieansätze		Mindestanforderungen
	II. Anpassungs-/Ausweichstrategie	
Nachahmerstrategie	Verkauf neuartiger Produkte („quasi-neue Produkte") Verkauf von nachempfundenen Produkten (Me-too-Produkten) Nachahmung von Kommunikations- / Positionierungs-Konzepten	bei Nachahmung von • Preisstrategien / Kostenführerschaftsstrategien = Rationalisierungspotenziale, preiselastische Nachfrage • Profilierungsstrategien (insbesondere Marken) = finanzielle Kapazitäten • Servicestrategien = finanzielle Kapazitäten und qualifiziertes Personal
Nischenstrategie	Konzentration auf einige, häufig kleinere Marktsegmente (z. B. Qualitätswettbewerb und Hochpreiskonzept) • nach Verbraucherschichten • nach Distributionswegen • nach Produktkategorien häufig auch als Umgehungsstrategie im Sinne des Heraushaltens aus dem Wettbewerb in scharf umkämpften Märkten durch • Wahl selektiver Absatzsysteme • Produktdifferenzierungen	Vorhandensein von Nischen-Segmenten (evtl.) Vertriebspartner in diesen Segmenten
Kooperationsstrategie	Abstimmung in Produkt- und Sortimentsprogrammen mit anderen Firmen Vertikale Zusammenarbeit mit Lieferanten bzw. Abnehmern (insbesondere auch Distributionssystemen) Zusammenarbeit mit anderen FIrmen in Güte-, Werbegemeinschaften u. a.	Kooperationspartner kooperative Leistungspotenziale

Übersicht C.10 erläutert die wichtigsten Strategieansätze mit einigen Beispielen und zeigt die Mindestanforderungen, die erfüllt sein müssen, damit die jeweilige Strategie durchführbar und effizient ist.

D

Aktionsbereiche des Marketings

1. Produktpolitik

1.1 Grundlagen

Ziel jedes Wirtschaftsunternehmens ist der Absatz der von ihm erstellten Leistungen, die materieller (Produkte im engeren Sinne), aber auch immaterieller Art (Dienstleistungen) sein können.

Der produktpolitische Gestaltungsrahmen

Das Produkt ist der Dreh- und Angelpunkt marketingpolitischer Entscheidungen. Ohne ein gutes Produkt sind auch die anderen Marketingmaßnahmen langfristig zum Scheitern verurteilt. Das richtige Produkt auf den Markt zu bringen, ist daher für den Unternehmenserfolg unerlässliche Voraussetzung. Es kommt dabei nicht so sehr auf die physische Substanz des Produktes an, sondern vielmehr auf den Nutzen, den das Produkt vermitteln kann. Diesen Nutzen können wir auch als Problemlösungspotenzial eines Produktes bezeichnen. Gemeint ist damit zunächst die Fähigkeit eines Produktes, die Probleme des Verwenders (Kunden) zu lösen. Falls die Produkte auf indirektem Wege zum Kunden gelangen, müssen sie aber auch die Probleme der Absatzmittler lösen. Und da die Herstellung eines Produktes erheblichen Aufwand an Technik und Kapital erfordert, muss es natürlich auch die Probleme des Anbieters lösen. Produkte stehen also im Spannungsfeld zwischen Anforderungen der Kunden, der Absatzmittler und der Hersteller.

Im Idealfalle stehen die Wünsche der Marktpartner im Einklang; oft müssen jedoch Kompromisse zwischen ihnen gefunden werden, wobei dem Verständnis des Marketings entsprechend den Wünschen der Kunden vor denen der Absatzmittler und diesen wiederum vor denen der Hersteller Priorität eingeräumt werden sollte.

Die Notwendigkeit, mit gezielten Marketingmaßnahmen den Markterfolg eines Unternehmens zu sichern, resultiert letztlich aus der fast gesetzmäßigen Regelmäßigkeit, mit der in den Markt eingeführte Produkte nach Erreichen eines individuell unterschiedlichen Erfolgshöhepunktes ihre Attraktivität für den Kunden verlieren und für ein Unternehmen von der Gewinn- in die Verlustzone hineinführen.

Jedes Produkt macht im Laufe seines „Lebens" von seiner Einführungsphase über die Phasen des Wachstums, der Reife und der Sättigung bis zur Degeneration (Rückbildungsphase) eine biologischen Organismen ähnliche Entwicklung durch, so dass alte Produkte laufend durch neue ersetzt werden. Dieser Lebenszyklus ist bei den verschiedenen Produkten von sehr unterschiedlicher Dauer. Er kann sich auf mehrere Jahrzehnte, auf einige Jahre, auf wenige Monate oder auch nur Wochen erstrecken. Der für die einzelnen Phasen des Lebenszyklus typischen Absatzmenge entspricht, wie Übersicht D.1 schematisch darstellt, eine bestimmte Gewinn- oder Deckungsbeitragshöhe.

Übersicht D.1

Der Lebenszyklus von Produkten

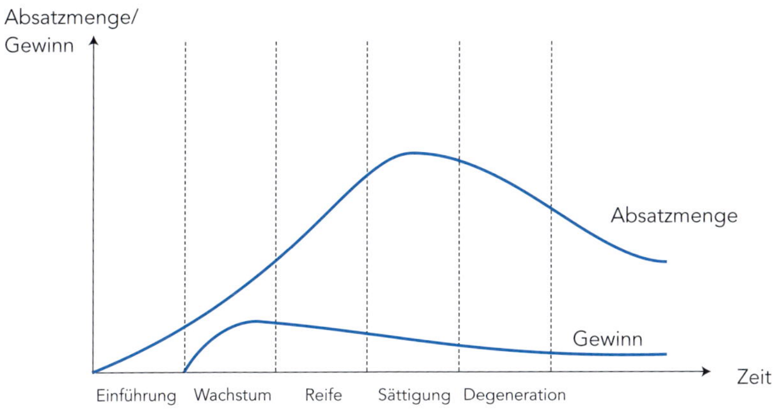

In der Realität weichen die Lebenszykluskurven für einzelne Produkte mehr oder weniger stark von dem allgemeinen idealtypischen Schema ab. Manche Produkte erobern relativ schnell den Markt, „sterben" aber auch nach kurzer Zeit, andere dagegen haben eine lange Einführungszeit, halten sich aber sehr lange am Markt, wieder andere verschwinden schon nach der Einführungszeit oder erleben nach der Degeneration eine neue Aufschwungphase.

Ursache für den unterschiedlichen Verlauf des Lebenszyklus bei verschiedenen Produkten sind die Verhaltensweisen der

- Käufer,
- Absatzmittler,
- Konkurrenten.

Die idealtypische Lebenszykluskurve resultiert generell aus Annahmen über das Innovationsverhalten dieser einzelnen Gruppen.[1] Es wird dabei angenommen, dass sich alle Gruppen (Käufer, Absatzmittler, Konkurrenten) aus Innovatoren, frühen Übernehmern, früher Mehrheit, später Mehrheit und Nachzüglern zusammensetzen und dass der zeitlich aufeinanderfolgende Markteintritt dieser Gruppen die Absatz- und Gewinnentwicklung eines einzelnen Unternehmens beeinflusst. Die Diffusions- und Adoptionstheorie stellen dabei die wichtigste theoretische Grundlage für eine nachfrageorientierte Erklärung des Lebenszyklusmodells dar.

Einführung. Die Einführung neuer Produkte spielt gerade auf den Konsumgütermärkten, wo die Lebenserwartungen der Produkte immer kürzer werden, eine zunehmende Rolle für die gezielte Marktbearbeitung. Die Suche nach Produktideen und die Entwicklung

[1] Beispielhaft wurde das für das Verhalten der Käufer von Konsumgütern in Kapitel A 3 gezeigt.

marktreifer Produkte werden mehr und mehr systematisiert und werden immer aufwendiger. Zu den bereits vor der Einführung eines Produktes getätigten Investitionen für Forschung und Entwicklung, für Aufbau einer Vertriebsorganisation und Produktionsbeginn kommen in der Einführungsphase hohe Aufwendungen für Werbung und Verkaufsförderung, die dem Produkt und seinem Nutzen schnell einen hohen Bekanntheitsgrad sichern sollen. Ob sich diese Investitionen in den Markt gelohnt haben, erfährt ein Unternehmen erst am Ende der Einführungsphase, wenn das Produkt von der Verlust- in die Gewinnzone wächst.

Voraussetzung dafür ist, dass ein innovationsfreudiges Unternehmen auf ebenso innovationsfreudige Käufer und Absatzmittler trifft und diese nicht nach einmaligem Probierkauf das Produkt ablehnen.

Wachstum. Ist die Durststrecke bis zum Erreichen der Gewinnschwelle erst einmal überwunden, beginnt das Wachstum. Die Absatzmenge bzw. der Umsatz steigen progressiv bis zum maximalen Grenzabsatz bzw. -umsatz an, die Gewinnrate erreicht am Ende der Wachstumsphase ihr Maximum. Die Wachstumsmöglichkeiten werden geschaffen durch eine schnell wachsende Nachfrage: den Innovatoren haben sich die frühen Übernehmer angeschlossen. Gleichzeitig entwickelt sich im Handel mehr Interesse für das Produkt. Ist ein Unternehmen auf diese Situation nicht vorbereitet (durch Vorbereitungen zur Verstärkung der Produktion und Organisation des Vertriebs), so läuft es Gefahr, den von ihm geschaffenen Vorsprung an imitierende Unternehmen abzugeben. Denn der wachsende, gewinnversprechende Markt ruft die Konkurrenten auf die Bildfläche. Der Wettbewerb zwischen ihnen beginnt zu wachsen, während sich die anfängliche Alleinstellung am Markt zu einem Oligopol wandelt.

Reifezeit. Das Pionierunternehmen verliert mehr und mehr seinen Wettbewerbsvorsprung. Absatz- und Umsatzzahlen steigen, ihre Wachstumsrate jedoch verringert sich. Der sich verschärfende Wettbewerb hat das Unternehmen schon in der Wachstumsphase zu Preisnachlässen gezwungen. Die Folge ist eine zunehmende Schmälerung der Gewinne. Das Produkt beginnt, von der breiten Schicht der Nachfrager (dem Durchschnittskäufer) übernommen zu werden. Die Distributionsdichte wird immer größer. Gleichzeitig wächst die Zahl der Konkurrenten und mit ihr die Zahl ähnlicher Produkte. Durch Produktdifferenzierungen wird der Markt in einzelne Segmente geteilt.

Sättigung. Der Markt stabilisiert sich zunehmend. Auch die sehr konservativen Käufer sind für das Produkt gewonnen. Einige der am wenigsten innovationsfreudigen Unternehmen „beugen" sich dem Konkurrenzdruck und treten ebenfalls als Anbieter auf, so dass oft eine polypolistische Marktform entsteht. Die schon zuvor eingeleitete Massendistribution führt zu den absolut höchsten Absatz- bzw. Umsatzzahlen. Der Grenzabsatz bzw. -umsatz erreicht in der Mitte der Phase den Nullpunkt. Da auch die Nachfrager mit großem Beharrungsvermögen gewonnen werden, wird das Marktvolumen voll ausgeschöpft. Die Unternehmen versuchen, auf Kosten ihrer Konkurrenten die eigenen Marktanteile zu sichern. Neue Anbieter verschärfen den Konkurrenzkampf und die Degenerationsphase wird eingeleitet.

Degeneration. Während nur noch wenige neue Käufer für das Produkt gewonnen werden können, wenden sich mehr und mehr alte Kunden Substitutionsprodukten zu. Die Attraktivität des Produktes für den Handel lässt nach, seine Forderungen nach Preisnachlässen und Sonderkonditionen werden größer. Folglich sinken Absatz- und Umsatzzahlen, und der Gewinn wird immer geringer. Wenn ein Unternehmen nicht schon rechtzeitig vorbeugende Maßnahmen getroffen hat, wird es höchste Zeit, sich nach neuen Produkten umzusehen.

Diese Hinweise unterstreichen die Anschaulichkeit des Lebenszyklusmodells. Dabei darf der Nutzen des Modells für das praktische Marketing aber nicht überschätzt werden. Vieles deutet zwar darauf hin, dass häufig die tatsächliche Absatzentwicklung neuer Produkte bis zur Sättigungsgrenze sehr gut der Modellvorstellung entspricht. Die Länge der Phasen, die Steilheit des Anstieges und der Verlauf nach der Sättigung variieren jedoch erheblich und zeigen keine auffallenden Übereinstimmungen. Das zeigen auch die bisherigen Versuche, Lebenszyklen empirisch zu ermitteln. Ursache hierfür ist vor allem, dass der Lebenszyklus eines Produktes in erheblichem Ausmaß von den Marketingaktivitäten des Unternehmens und von nicht quantifizierbaren externen Einflüssen mitgestaltet wird. Zwar ist die empirische Evidenz des Lebenszyklusmodells bei der regelmäßigen Beschreibung des Absatz- und Umsatzverlaufs eines Produktes hoch. Eine Quantifizierung mit Hilfe mathematischer Funktionen (wie etwa logistischer Funktionen) ist allerdings selten möglich. Eine Festlegung des Verlaufs auf das klassische Muster scheint daher nicht gerechtfertigt. Das Modell des Lebenszyklus ist somit als Prognose- und Entscheidungsmodell nur bedingt geeignet.

Trotz dieser Einwände ist das Modell nicht wertlos. Es veranschaulicht die Veränderungen in der Absatz- und Gewinnentwicklung eines Produktes, die im Zeitverlauf wechselnde Wirkung der Marketingaktionsbereiche und zeigt die Notwendigkeit, den Marketing-Mix immer neu festzulegen.

Die Anfälligkeit eines Produktes im Verlaufe seines Lebens zwingt den Unternehmer zu sorgfältigen Vorbereitungen bei der Einführung von Produkten, zur stetigen Beobachtung, wie die Produkte auf dem Markt aufgenommen werden, und zu rechtzeitigen Veränderungen seiner Produktpolitik. Die Zusammensetzung seines Produktsortiments den Markterfordernissen anzupassen, fehlerhafte Produkteigenschaften eliminieren, die geeigneten Verpackungs-, Kennzeichnungs-, Rechtsschutz- und Qualitätssicherungsmaßnahmen zu treffen, sind die zentralen Planungs- und Entscheidungsfelder des Aktionsbereiches Produktpolitik. Wir können sie analog zu den preis-, distributions- und kommunikationspolitischen Planungen darstellen. In Anlehnung an die einleitenden Ausführungen zu Kapitel B werden auch die produktpolitischen Ziel- und Maßnahmenentscheidungen in einer hierarchisch abgestuften Rangfolge gefällt. Ausgehend von der Marketing-Gesamtplanung werden aus generellen Entscheidungen über Ziele und Strategien, die das gesamte Sortiment betreffen, spezifische Ziele und Maßnahmen für die Gestaltung der einzelnen Instrumente abgeleitet, aufeinander abgestimmt, realisiert, kontrolliert und erneut geplant. Maßnahmen und die sie verbindenden Strategien verhalten sich somit zu Zielen wie Mittel zum Zweck. Übersicht D.2 verdeutlicht den Ablauf schematisch.

Als Beitrag zur Erreichung der übergeordneten Unternehmensziele kann die Produktpolitik generell etwa folgende Ziele verfolgen:

- die Produktions-, Personal- und Finanzierungskapazitäten optimal zu nutzen,
- die Vertriebsorganisation auszulasten,
- ein den Wünschen des Handels entsprechendes tiefes oder breites Sortiment anzubieten,
- ein den Wünschen der Käufer gerechtes Bedarfsbündel zu erstellen bzw. zu ergänzen,

Übersicht D.2

Der produktpolitische Planungsprozess

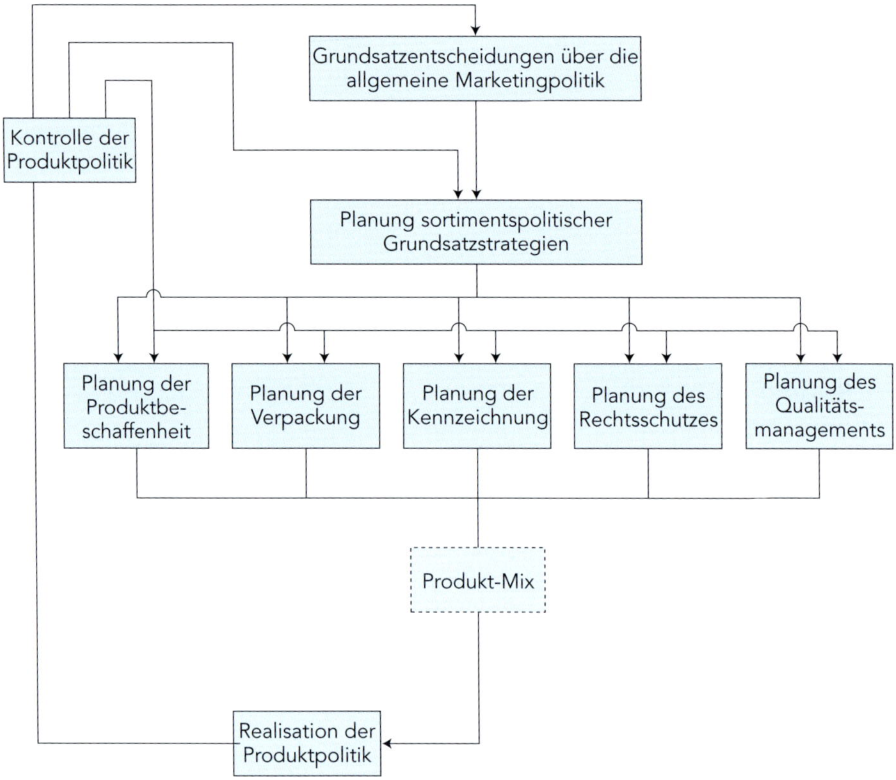

- die Problemlösungsfähigkeit der Produkte zu verbessern,
- die Qualität der Produkte zu verbessern,
- das Image der Produkte zu verbessern,
- gemeinwohlorientierte Produktionsziele zu verfolgen,
- die Lebensdauer der Produkte zu verkürzen oder zu verlängern.

Die Liste ist keineswegs vollständig. Sie soll nur verdeutlichen, dass es darauf ankommt, die produktpolitischen Zielsetzungen so präzise wie möglich zu formulieren; denn produktpolitische Maßnahmen tragen nur dann zur Erreichung der übergeordneten Zielsetzung (erwerbswirtschaftliche, Sicherungs- und Einflussziele sowie gemeinwohlorientierte) bei, wenn sie die oben genannten oder ähnliche über die Produktgestaltung direkt erreichbaren Ziele erfüllen. Zwar sollten Unternehmensziele eine längerfristige Gültigkeit besitzen, es lässt sich jedoch nicht immer absehen, ob einmal gewählte Ziele auch für die zukünftige Unternehmenssituation geeignet sind. Es ist daher auch denkbar, seine bestehenden Ziele an neue Gegebenheiten anzupassen.

Schwierigkeiten bereitet oft die Bestimmung der formalen Produktziele, d.h. des notwendigen Grades der Zielerreichung. Denn oft lassen sich die Ziele nicht durch direkt messbare Maßstäbe beschreiben. Man wird sich dann mit möglichst exakten verbalen Definitionen begnügen oder nach Indikatoren suchen müssen, die als indirekte Maßstäbe zu verwenden sind. Aus den Globalzielen werden die konkreten Ziele der Produktgestaltung abgeleitet. Diese können etwa sein

- bei der Gestaltung der Produktbeschaffenheit:
  Mindestanforderungen an die Qualität der Produktleistung;
- bei der Verpackung:
  Transportfähigkeit, Lagerfähigkeit, Schutz, Handlichkeit;
- bei der Kennzeichnung:
  gute Wiedererkennung, Beachtung von Gesetzgebungsmaßnahmen;
- bei der Schutzrechtspolitik:
  Absicherung gegen Nachahmer und Plagiate,
- bei der Sortimentspolitik:
  Bedarfsbündelung, SB-Eignung, Konzentration auf ertragsstarke Produkte;
- beim Qualitätsmanagement:
  kontinuierliche Sicherstellung der Qualität.

Grundlage strategischer Entscheidungen in der Produktpolitik sind die grundsätzlichen unternehmenspolitischen Entscheidungen, ob mit bisherigen oder mit neuen Strategien auf alten oder neuen Märkten operiert werden soll. Daraus leiten sich für die Produktpolitik die Entscheidungen darüber ab, ob Produkte eliminiert, variiert oder neu konzipiert werden sollen.

Erst die klare Festlegung in den sortimentspolitischen Grundsatzfragen schafft die notwendige Grundlage für eine präzise Planung der Dimensionen der einzelnen Produkte.

1.2 Sortimentsgestaltung

Selten produzieren oder verkaufen Unternehmen nur Produkte einer einzigen Ausführung. In der Regel bieten sie dagegen mehr oder weniger umfangreiche Sortimente an, die sich aus verschiedenen Produkten in jeweils unterschiedlicher Beschaffenheit und Aufmachung zusammensetzen (vgl. Übersicht D.3). Die kleinsten Elemente eines Sortimentes bezeichnen wir als **Sorten.** Zu jeder Sorte gehören alle Produkte mit der gleichen Beschaffenheit, Verpackung und Kennzeichnung. Verschiedene Sorten gehören in die Gattung eines bestimmten **Artikels,** wenn es sich im Kern um die gleiche Ware handelt und sich die einzelnen Sorten lediglich durch Menge, Größe oder äußere Elemente der Produktgestaltung unterscheiden.

Die Praxis folgt nicht immer dieser strengen Systematik. So hat es sich eingebürgert, in Handelsunternehmen von der Zahl der „Artikel" zu sprechen, wenn nach unserer Definition „Sorten" gemeint sind.

Im Folgenden greifen wir häufig auf den Lebensmittelbereich zurück, um eine genauere Darstellung der Vorgänge innerhalb der Produktpolitik zu erläutern. Die Bestimmungsgründe der Sortimentsgestaltung sind jedoch vielfältig und richten sich nach den Schwerpunkten der einzelnen Produktionsbereiche. Beispielsweise richten Maschinenhersteller ihr Sortiment eher produktionstechnisch aus. Als allgemeine Bestimmungsgründe können genannt werden:

Übersicht D.3

Beispiel zur Sortimentsgliederung

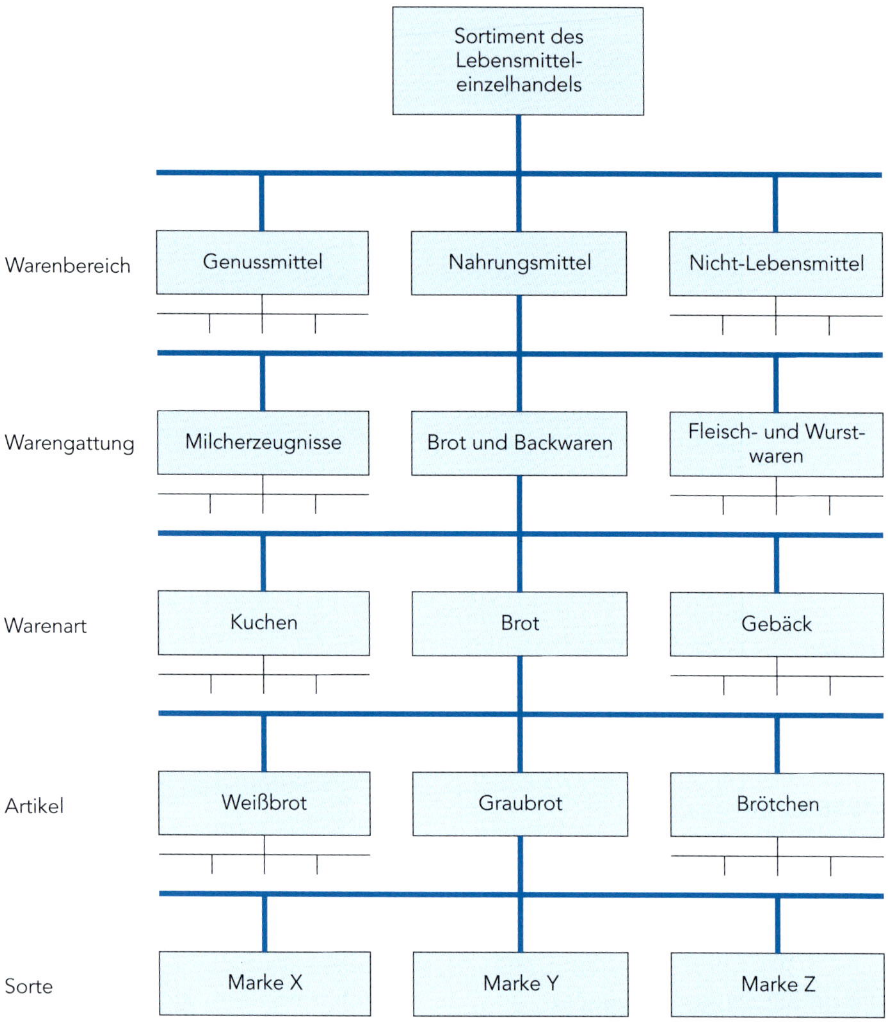

- Know-how,
- Rohstoffe,
- Rationalisierung durch Verbundproduktion.

Ein Sortiment mit vielen Artikeln, bzw. Warenarten, -gattungen oder -bereichen, wird als „breit“, ein solches mit geringer Artikelzahl als „eng“ bezeichnet, zahlreiche Sorten innerhalb der einzelnen Artikelgruppen charakterisiert es als „tief“, geringe Sortenzahl als „flach“. Unter Berücksichtigung unterschiedlicher Qualitätsniveaus (niedrig – mittel – hoch) können wir demnach Sortimente nach den drei Dimensionen **Breite, Tiefe** und

Übersicht D.4

Hersteller- und Handelssortiment

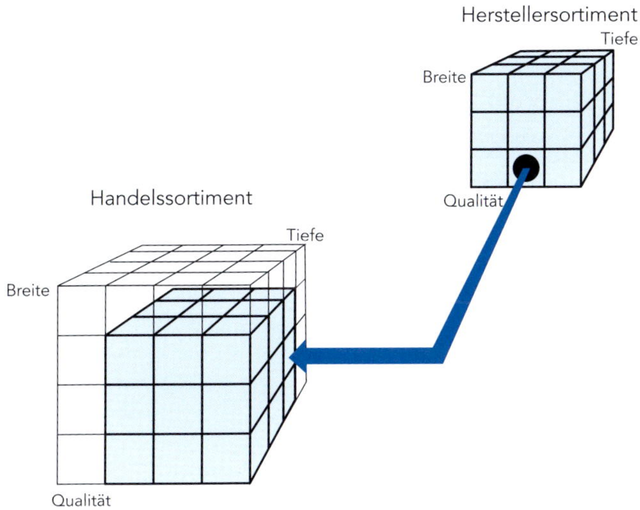

Qualität definieren, wobei wir entweder an die Angebotspalette eines Handelsunternehmens oder an die eines Produktionsunternehmens (Verkaufsprogramm = Produktionsprogramm und zugekaufte Produkte) denken. Handelssortimente setzen sich in der Regel aus den Sortimenten verschiedener Hersteller zusammen, wie Übersicht D.4 schematisch zeigt.

Hersteller- und Handelssortimente unterliegen stets der Gefahr zu veralten. Sie müssen daher sehr sorgfältig beobachtet und auf ihre Marktkonformität geprüft werden, damit sie rechtzeitig um alte Produkte bereinigt und um neue ergänzt werden.

Eine Sortimentsveränderung stellt den Hersteller vor schwierigere Entscheidungsprobleme als den Handel, weil sie für ihn in der Regel mit erheblichen Investitionen verbunden ist und eine Umstellung der Produktionskapazitäten bedeutet. Sortimentspolitik im Handel kann dagegen durch Einkaufsdisposition gesteuert werden. Zwang zur Kapazitätsausnutzung, Beschäftigungs- und Kostendegression zwingen den Hersteller stärker als den Handel zur Spezialisierung. Darüber hinaus ist die Sortimentspolitik der Hersteller – besonders ausgeprägt bei Kuppelprodukten (auch Verbundprodukte) – aufgrund der bestehenden Produktionsprogramme und der Eigenarten der Rohstoffe tendenziell weniger flexibel.

Die Zusammensetzung des Sortiments muss, soll sie erfolgreich sein, grundsätzlich an den Wünschen und Verhaltensweisen der Käufer ausgerichtet sein. Die Orientierung an dieser Maxime lässt jedoch ein breites Spektrum an Möglichkeiten offen, so dass ihr jedes Unternehmen auf eine andere Weise Rechnung tragen kann. Das zeigen nicht zuletzt die vielfältigen Betriebsformen des Lebensmittelhandels (Kapitel E 6).

Aus der Sicht des Käufers bestehen vor allem folgende Anforderungen an das Sortiment des Handels:

- Es muss den regionalen oder sogar lokalen Besonderheiten der Nachfrage Rechnung tragen.

- Es muss in der qualitativen Zusammensetzung den differenzierten Ansprüchen verschiedener Käuferschichten und deren Kaufkraft angepasst sein.[2]
- Es muss in seiner Sortenvielfalt dem Auswahlbedürfnis der Nachfrager entsprechen.
- Es muss in seiner Breite den Wunsch der Käufer nach Bequemlichkeit beim Einkauf berücksichtigen („Alles unter einem Dach").
- Es muss den Anstrengungen gerecht werden, die der Nachfrager beim Kauf der Güter aufzuwenden bereit ist. „Convenience goods"[3] (wie die meisten Lebensmittel) werden häufig und mit geringem Aufwand gekauft, typisch ist für sie Selbstbedienung. „Shopping goods" (wie Möbel oder ein Großteil der Kleidung) werden ebenso wie „Speciality goods" (z. B. Autos) dagegen seltener gekauft. Sie veranlassen den Käufer zu intensiveren Preis- und Qualitätsvergleichen und erfordern deshalb in der Regel Bedienung und Beratung.
- Es muss die Häufigkeit des Einkaufs und die Lagermöglichkeit der Käufer berücksichtigen.
- Es muss sich der saisonalen Verbrauchsentwicklung (oft auch Angebotsentwicklung wie bei landwirtschaftlichen Frischprodukten) anpassen.
- Es muss sich den längerfristigen Wandlungen und mittelfristigen Modeerscheinungen sowie Trends stellen.

Das Sortiment hat für den Handel eine hohe akquisitorische Wirkung, denn es prägt als wesentlicher Bestimmungsgrund das Image eines Unternehmens. Die Wahl eines Geschäftes spielt für den Verbraucher eine bedeutende Rolle in der Kaufentscheidung. Ist er erst einmal davon überzeugt, dass ein Geschäft die von ihm gewünschten Waren in der erforderlichen Auswahl und Qualität stets vorrätig hat, sind die besten Voraussetzungen geschaffen, dass zwischen ihm und dem Unternehmen eine enge Bindung entsteht. Dabei muss das Image nicht unbedingt vom Gesamtsortiment bestimmt werden. Manchmal genügt ein exklusiver Spitzenartikel, um dem Käufer die Wahl eines Geschäftes leicht zu machen (er kauft dann oft dort auch die anderen Produkte). Hierzu zählt auch die Erweiterung des Sortiments um neue Bereiche, wie z. B. die Aufnahme von Postdienstleistungen im Handel. Andererseits können auch einzelne Sortimentsteile dem Image des ganzen Sortiments bzw. Geschäftes Schaden zufügen (z. B. ein schlecht geführter Fleisch- und Wurstwarenbereich oder die Obst- und Gemüseabteilung im Lebensmittelhandel).

Die Sortimentsgestaltung des Herstellers und des Handels beeinflussen sich gegenseitig. Die Machtverhältnisse zwischen den verschiedenen Distributionsstufen und die Konkurrenzverhältnisse innerhalb der einzelnen Stufen spielen dabei eine große Rolle. Der Hersteller kann die Sortimentsgestaltung des Handels indirekt beeinflussen, indem er z. B. mit Hilfe der Werbung beim Käufer Präferenzen für sein Produkt erzeugt, worauf die Nachfrage den Handel zum Führen des Produktes zwingt. Er kann aber auch durch direkte Maß-

[2] Sobald Käufergruppen mit sehr gleichförmigen Ansprüchen und Einkaufsverhaltensweisen groß genug werden, können sie zu einem lohnenden Marktsegment für spezifische Betriebsformen des Lebensmitteleinzelhandels mit stark eingeschränktem Sortiment (z. B. Käufermärkte und Discounter mit Niedrigpreispolitik) werden. Die gleichen Antriebskräfte können zur verstärkten Bildung von Handelsmarken führen.

[3] Der Begriff „Convenience goods" wird im Marketing auf Lebensmittelmärkten in unterschiedlicher Bedeutung verwendet. In einem Fall – wie hier – steht die problemlose Einkaufsmöglichkeit, im anderen Fall die bequeme Verwendung (hoher Zubereitungsgrad) im Vordergrund.

nahmen, wie Rabattgewährung, Werbekostenzuschüsse (WKZ) oder Zahlungsbedingungen, den Handel beeinflussen. Der Einfluss des Herstellers wird umso größer sein, je besser das Image seiner Leistungen in den Augen des Käufers und Handels gegenüber den Konkurrenzprodukten ist.

Die Hersteller sind aber auf die Absatztätigkeit des Handels angewiesen. Gerade die Sortimentsfunktion versetzt den Handel in zunehmendem Maße in die Lage, die Führungsrolle bei der Warendistribution zu übernehmen. Je mehr Wahlmöglichkeiten der Handel bei der Beschaffung hat, umso größer ist sein Einfluss auf die Sortimentspolitik. Entweder veranlasst er verschiedene Hersteller, sich jeweils auf bestimmte Produkte zu spezialisieren, oder er zwingt einzelne zur Differenzierung ihrer Programme. Eine erfolgreiche Einführung neuer Produkte hängt dementsprechend auch immer von der aktiven Unterstützung durch die Absatzmittler sowie von der Erfüllung ihrer Ansprüche ab. Es ergibt sich somit neben dem praktizierten verbrauchergerichteten Marketing ebenso die Notwendigkeit einer handelsorientierten Ausrichtung.

Hersteller können etwa folgende prinzipiellen Strategien verfolgen:

(1) Sie bieten Produkte an, deren Verwendung in keinerlei Beziehung zueinander steht (z. B. Margarine und Suppen, Traktoren und Wohnwagen). Einer solchen Strategie könnte der Gedanke zugrunde liegen, jede sich bietende (lohnende) Marktlücke zu schließen, ohne Rücksicht auf das bestehende Unternehmenspotenzial zu nehmen. Die konsequente Ausrichtung des Sortimentes an erfolgversprechenden Marktnischen, deren Bedarf durch unterschiedliche Güter gedeckt wird, muss aber mit erheblichem Aufwand für die Gewinnung des notwendigen technischen Wissens und mit immer neuen Investitionen erkauft werden. Da sie nicht durch die innerbetrieblichen Rahmenbedingungen gelenkt wird, erscheint sie zunächst als etwas „unsystematisch". Aus der Sicht des Marktes ist ihr jedoch eine gewisse Konsequenz nicht abzusprechen. Auf jeden Fall ist sie außerordentlich kräftezehrend, verlangt eine gute Kapitalbasis und vom Management Risikobereitschaft und Durchsetzungsfähigkeit. Sie wird deshalb nur von wenigen Unternehmen betrieben.

(2) Das Sortiment basiert auf der Verarbeitung bestimmter Rohstoffe und dem damit im Laufe der Zeit erworbenen „Know-how" des Unternehmens. Die meisten Unternehmen verfolgen diese Strategie mehr oder weniger konsequent. Sie findet ihren Niederschlag in der bekannten Zugehörigkeit einzelner Unternehmen zu bestimmten Branchen (z. B. Molkereiwirtschaft, Fleisch verarbeitende Industrie, Landmaschinen- und Mischfutterindustrie) und kann als rohstoff- und wissensorientiert bezeichnet werden. Gerade die Verarbeitung von Lebensmitteln erfordert viele produktspezifische chemische, technische und lebensmittelrechtliche Kenntnisse sowie spezialisierte Produktionsapparate und fördert damit die Konzentration der Unternehmensaktivitäten auf die bestmögliche Verwertung vieler aus einzelnen Rohstoffen zu fertigender Produkte (besonders in mittelständischen Betrieben).

In der Vergangenheit hat dieser Zwang zur Spezialisierung vieler Unternehmen stark zu einem produktionsorientierten Denken verleitet. Produktionsorientierung muss einer marketingorientierten Denkweise zwar nicht unbedingt entgegenstehen. Wichtig ist aber, dass die technische Perfektion in der Produktion nicht als Selbstzweck gesehen wird, sondern dass permanent und systematisch nach neuen Märkten gesucht wird und bei der Produktelimination, -innovation und -veränderung stets die Wünsche des Käufer vorrangig betrachtet werden.

(3) Die Sortimentszusammensetzung orientiert sich an Bedarfszusammenhängen. Einige Produkte, wie etwa Mineralwasser als Erfrischungsgetränk, sind ohne Ergänzung durch andere Produkte in der Lage, ihre Funktion als Bedarfsartikel zu erfüllen. Andere aber, und dies trifft insbesondere für viele Lebensmittel zu, werden in bestimmten Verwendungssituationen gleichzeitig verbraucht. Es besteht ein Bedarfszusammenhang zwischen ihnen, der sich aus den betreffenden An- oder Verwendungssystemen des Käufers ergibt. In jüngster Zeit werden dementsprechend komplette Angebote, die alle von solchen Systemen geforderten Leistungen erfüllen, häufig auch als „Systemangebote" bezeichnet. Das beste Beispiel aus dem Lebensmittelbereich sind die Fertiggerichte. In der Orientierung der Sortimentsgestaltung an bestimmten Bedarfszusammenhängen zeigt sich zweifellos konsequentes Marketingdenken in dem Sinne, dass nicht Produkte verkauft, sondern Problemlösungen angeboten werden. Auf Grenzen stößt diese Strategie aber immer dort, wo der Nachfrager zwar Bedarfssysteme hat, aber kein Bedürfnis nach entsprechenden Angebotssystemen: Wer es gewohnt ist, seine Mahlzeiten selbst zusammenzustellen und die entsprechenden Einzelkomponenten zu kaufen, wird kein Bedürfnis nach Fertigprodukten haben. In Systemangeboten sind Produkte mit komplementären Leistungen kombiniert. Bei einer anderen Form der Produktkombination dagegen werden substitutive Güter (z. B. Süßigkeiten, Getränke) als „Sets" angeboten. Diese Strategie wird in unterschiedlichen Modifikationen von fast allen Herstellern betrieben. Sie erschwert einerseits simple Imitationen der Konkurrenz und trägt andererseits der Differenzierung der Käuferwünsche Rechnung.

In allen drei genannten Strategien kann der Anbieter sein Sortiment entweder auf den „Durchschnittskäufer" oder aber auf spezifische Marktsegmente ausrichten, wobei die bereits in Kapitel C genannten Segmentierungsmöglichkeiten bestehen. Segmentbezogene Sortimentsstrategien können etwa darin bestehen, nur exklusive Artikel für Käufer mit hohem Anspruchsniveau und Einkommen oder nur Artikel für bestimmte Altersgruppen anzubieten.

Bedarfssets für landwirtschaftliche Unternehmen werden angeboten, wenn dem Saatgut die chemische Beize gegen Schädlinge oder dem Traktor einige Ackergeräte hinzugefügt werden. Häufig ist es zweckmäßig, ein solches Bedarfsset nicht im Sortiment eines Herstellers anzubieten, sondern es in Kooperation mit anderen Herstellern zu erstellen: Eine Gruppe von Landmaschinenherstellern bietet ein aus den Teilsortimenten von Spezialherstellern zusammengesetztes Gesamtsortiment an Landmaschinen, eine Gruppe von Pflanzenschutzmittelherstellern ein Gesamtsortiment von Pflanzenschutzmitteln an. Häufiger als im Inlandsmarketing sind solche Kooperationsformen im Auslandsmarketing zu beobachten (Kapitel G).

Welche der genannten Strategien die erfolgreichste sein wird, lässt sich generell nicht sagen. Für jede Strategie lassen sich gelungene Beispiele in der Praxis nachweisen.

Beispielsweise sind die Sortimente von Landmaschinenhändlern durch eine geringe Tiefe gekennzeichnet. Oft vertreten diese nur eine Markenfirma für jeweils eine Warengruppe. So hat z. B. ein Händler in einer Region das alleinige Vertretungsrecht der Firma „John Deere" für Schlepper oder das Vertretungsrecht der Firma „Lemken" für Pflüge. Er verpflichtet sich dadurch, nur Artikel dieser Firmen abzunehmen und sie gegenüber den Kunden zu vertreten. Dies hat den Vorteil, dass die Hersteller ihren jeweiligen Absatzpartner (Landmaschinenhändler) je nach Bedarf gezielt mit Informationen zum Gebrauch (Betriebsanleitung), zur Ersatzteilversorgung (Ersatzteilkatalog) und zur Instandsetzung (Werkstatthandbuch) versorgen und andererseits von ihm Angaben über Reklamationen erwarten können. Selten findet man dagegen Landmaschinenhändler, die sich auf eine bestimmte Warengruppe spezialisiert haben und somit zu einem Spezialanbieter werden. Anders ist dies in der Landmaschinenindustrie. Die Firma „Deutz-Fahr" hat sich z. B. auf die Herstellung von Ackerschleppern spezialisiert und bietet innerhalb dieser Gruppe verschiedene Modelle an.

Von entscheidender Bedeutung ist allein die konsequente dauernde Anpassung der Sortimente an die veränderten Markterfordernisse. Dabei ist im Einzelfalle zu entscheiden, ob innerhalb bestimmter Produktlinien sortimentsvertiefende Produktdifferenzierungen vorgenommen oder außerhalb einzelner Produktbereiche sortimentserweiternde Diversifikationen gefunden werden müssen.

Der Vorteil einer Spezialisierung auf wenige Produkte oder Linien besteht im Wesentlichen in der zu erwartenden Stückkostendegression bei Steigerung der Absatzmengen. Dagegen ist im Allgemeinen das Risiko eines engen Sortimentes größer als das eines breiten, da eventuelle Verluste einzelner Erzeugnisse nicht durch Gewinne bei anderen ausgeglichen werden können. Ein breites Sortiment sorgt für diesen Risikoausgleich, muss jedoch häufig auf die Spezialisierungsvorteile verzichten. Die Devise muss daher lauten: Produktdifferenzierung und Diversifikation ja, aber nicht zu jedem Preis. Wenn Sortimentsausweitungen dazu führen, dass die Produktionskosten im Vergleich zur Konkurrenzproduktion überdurchschnittlich hoch sind, wenn die Gemeinkosten deutlich steigen, wenn die Produkte sich gegenseitig verdrängen und wenn sie nicht mehr optimal betreut werden können, wird die Grenze erfolgreicher Sortimentserweiterung deutlich. Ein schlechtes Produkt richtet langfristig mehr Schaden an, als es kurzfristig an Nutzen einbringt.

1.3 Produktgestaltung

Der Käufer als „Produktnutzer“ kauft aufgrund seiner Bedarfsstruktur das Produkt, dessen Problemlösungspotenzial seinen Nutzenerwartungen am besten entspricht. Empfindet er es als zufriedenstellend, kauft er es zum zweiten, dritten und vierten Mal. Der Kauf wird ihm zur Gewohnheit, die er solange beibehält, bis seine Vorstellungen von dem, was ein Produkt leistet und was es leisten sollte, auseinanderklaffen. Dies kann seine Ursache etwa darin haben, dass sich die Bedarfsstrukturen des Käufers ändern, dass die Qualität des Produktes nachlässt oder dass neue Erzeugnisse der Konkurrenz dem Nachfrageranspruch näher kommen. Die Bestimmungsgründe für die Veränderungen auf den verschiedenen Märkten sind nur in seltenen Fällen identisch. Wer die Entwicklung der Konsumgütermärkte aufmerksam verfolgt, dem werden vier Einflussfaktoren sichtbar, die die Dynamik dieser Märkte in besonderer Weise prägen:

(1) Die Ansprüche der Käufer verändern sich mit dem Anwachsen der verfügbaren Freizeit. So gewinnen etwa Reisen und Hobbys ständig an Bedeutung.

(2) Mit steigendem Lebensstandard wächst das Niveau der Ansprüche. Der „Geschmack“, z. B. im Stil oder in der Mode, und das „Konsumerlebnis“ spielen eine immer größere Rolle beim Kauf und bei der Verwendung von Gütern.

(3) Mit zunehmenden Wünschen nach Arbeitserleichterung und Bequemlichkeit steigen die Anforderungen an die technische Perfektion der Produkte. Die Haushaltsgeräte müssen z. B. nicht nur leicht zu bedienen sein, sie müssen auch ein Höchstmaß an Zuverlässigkeit erreichen, denn die Haushalte sind mehr und mehr auf sie angewiesen, aber kaum in der Lage, auftretende Mängel zu beheben. Vorverarbeitete Produkte müssen neben dem Versprechen nach Arbeitserleichterung ebenso hohen Qualitätsansprüchen genügen, die entsprechend großen technischen Aufwand verlangen.

(4) Neben diesen Faktoren verändert ein sich wandelndes Umwelt- und Gesellschaftsbewusstsein die Erwartungen der Käufer an die Produktleistungen.

Der Handel bekommt als Erster diese Entwicklungen zu spüren. Er kann sich jedoch relativ leicht und kurzfristig den neuen Erfordernissen durch Sortimentsveränderungen anpassen. Der Hersteller dagegen muss die Marktentwicklung schon sehr viel früher erkennen, um seine Produkte darauf einzustellen. Will er nicht am Markt vorbeiproduzieren, muss er die Faktoren genau kennen, die den Nachfrager veranlassen, bestimmte Produkte zu kaufen und zu verwenden. Zu leicht neigen Hersteller dazu, den physikalischen, chemischen oder physiologischen Gebrauchsnutzen ihrer Produkte zu hoch zu bewerten und die technischen und wirtschaftlichen Produktleistungen in den Vordergrund zu stellen. Tatsächlich stellt der Nachfrager an den objektiv messbaren Gebrauchsnutzen eines Produktes (z.B. Schnelligkeit, Bequemlichkeit, Lebensdauer, Nährwert, Wirtschaftlichkeit) zwar gewisse Mindestanforderungen. Wichtiger aber ist, ob und wie er den Nutzen eines Produktes, der in den meisten Fällen nicht mit dem Gebrauchswert aufgrund der stofflichen oder energetischen Eigenschaften identisch ist, subjektiv empfindet und bewertet. Der Anmutung eines Produktes kommt hierbei eine hohe Bedeutung zu. Für die wenigsten Käufer ist z.B. ein Automobil ein reines Fortbewegungsmittel, sondern es verschafft ihm gleichzeitig Sportlichkeit, Prestige oder Überlegenheit – auch im Sinne eines demonstrativen Konsums. Der Konsum von Bier oder anderen alkoholischen Getränken dient nicht in erster Linie dem Durststillen, sondern drückt beispielhaft aus, wie Produkte dem Geselligkeitsdrang oder dem Gruppenkonsum entsprechen. Die Zubereitung einer Mahlzeit dient nur zum Teil der Sättigung der Gäste. Der Wunsch nach Anerkennung in der Familie (z.B. eine gute Mutter und bei den Gästen ein vorzüglicher Gastgeber zu sein) spielt oftmals eine viel größere Rolle und ist für die Auswahl der verwendeten Produkte maßgebend.

Der Wert eines Produktes steht in direktem Zusammenhang zur Qualität seiner Leistung, die sich aus den gewichteten Qualitäten der Teilleistungen zusammensetzt. Jedes Produkt besteht aus drei wesentlichen Elementen, der **Beschaffenheit, Verpackung** und **Kennzeichnung.** Jedes Element kann mehr oder weniger gut gestaltet sein und wirkt sich somit in unterschiedlichem Maße auf die **Produktqualität** aus.

Es ist nicht möglich, allgemeingültige Aussagen über die unterschiedliche Bedeutung zu machen, mit denen die einzelnen Teilleistungen die Gesamtqualität eines Produktes beeinflussen. Das Problem resultiert daraus, dass der Käufer ein Produkt in der Regel nicht aufgrund der Teilleistungen, sondern aufgrund seines Gesamteindruckes bzw. -erlebnisses beurteilt. In diesem Gesamtbild vereinigen sich Grundnutzen (Gebrauchswert) und Zusatznutzen (Erbauung, Prestige, Mode, Selbstbestätigung u.Ä.). Der Käufer beurteilt ein Produkt in den meisten Fällen, ohne zwischen diesen Nutzenarten zu differenzieren. Er hat ein bestimmtes Image von einem Produkt, dessen Teilkomponenten und Bestimmungsgründe ihm meistens nicht bewusst sind. Der Hersteller dagegen muss diese Teilleistungen eines Produktes so gestalten bzw. der Marktentwicklung angepasst verändern, dass das Gesamtbild eines Produktes den Nutzenerwartungen der Käufer entspricht, wobei hinsichtlich mancher Teilleistungen auch die Anforderungen des Handels zu berücksichtigen sind. Darüber hinaus muss er dafür Sorge tragen, dass sein Produkt den Rechtsvorschriften genügt und dass er es durch **rechtliche Maßnahmen vor Nachahmungen der Konkurrenz** schützt.

(1) Beschaffenheit

Einem Produkt mit mangelnder technischer Qualität kann langfristig kein Markterfolg gelingen. Es muss daher für den Hersteller eine Selbstverständlichkeit sein, die stofflichen Eigenschaften des Produktes, die den Produktkern ausmachen, in hoher Qualität zu erzeugen.

Das zentrale Element des Produktkerns sind die **stoffliche Grundsubstanz** und die Art der Zusammensetzung des verwendeten Materials. Dadurch gewinnt das Produkt bestimmte äußere Erscheinungsformen. Sie sind durch die Merkmale Konsistenz (fest, pulverförmig, flüssig, gasförmig), Oberflächenbeschaffenheit (rau, glatt, wellig, griffig, spiegelnd, stumpf, leuchtend), Größe und Gewicht charakterisiert. Außerdem enthält jedes Produkt ein gewisses Potenzial an Sinneswirkungen (Geruch, Geschmack, Geräusch, Licht und/oder Berührungseffekte), die jedoch beim ruhenden Gegenstand oft nicht erkennbar sind, sondern erst beim Gebrauch in Erscheinung treten (z. B. Fernsehgeräte).

Aus den stofflichen Eigenschaften eines Produktes resultiert sein Leistungspotenzial. Je nachdem, ob es chemische, mechanische, elektrische, magnetische, akustische, olfaktorische, gustatorische, haptische oder optische Wirkungen erzielt, hat es für den Käufer zunächst einen primären sachlichen Grundnutzen (z. B. Fortbewegung beim Auto, Sättigung bei Lebensmitteln), aber auch einen sachlich bedingten Zusatznutzen (z. B. Komfort und Schnelligkeit beim Auto, Geschmack bei Lebensmitteln). In engem Zusammenhang mit der Zweckerfüllung eines Produktes stehen Produktmerkmale wie Haltbarkeit, Lebensdauer, Wirtschaftlichkeit, Handlichkeit, Wartungsbedürftigkeit, Verpackungs-, Lagerungs- und Transportfähigkeit.

In Verbindung mit den elementaren und zusätzlichen Sachleistungen erfüllt ein Produkt in unterschiedlichem Ausmaße Funktionen, die emotionale Wirkungen auf den Käufer haben.

Diese so genannten Anmutungsleistungen können ästhetischer Art sein, sie können Besitzbedürfnisse befriedigen oder zur Demonstration von Prestige, Unabhängigkeit, Erfolg und Macht, Status, Lebensstil, Persönlichkeitsmerkmalen u. Ä. dienen.

Wir sehen die Produkte zunächst in ihrer äußeren Gestalt, nicht in ihrer stofflichen Zusammensetzung, obwohl die Materialart und -beschaffenheit in engem Zusammenhang zur Form stehen. Die Form, an der wir ein Produkt erkennen, kann sich auf drei verschiedene Dimensionen beziehen. Entweder erkennen wir in ihr einen ursprünglichen Gegenstand (Rohstoff, z. B. Äpfel), oder sie bezieht sich auf ein umgeformtes bzw. gestaltetes Produkt (z. B. das Design eines Automobils oder Essgeschirrs), oder aber wir sehen in ihr nur die Form, in der ein Gegenstand verpackt ist. Hier interessieren uns zunächst die ersten beiden Möglichkeiten.

Als Merkmal der Produktbeschaffenheit hat die Form wichtige Funktionen für

- die Erkennung,
- den Gebrauch,
- die Herstellung und Distribution und
- die emotionale Aufnahme

von Produkten. Unverarbeitete Produkte haben von Natur aus ein für sie typisches Aussehen, aus dem ihre Eigenart und Verwendungsmöglichkeit, aber auch ihre Qualität meistens direkt ersichtlich sind. Produkten dagegen, die erst im Herstellungsprozess geformt werden, gibt man bewusst ein individuelles Aussehen, um sie von Konkurrenzprodukten abzuheben und die Unterschiede zu anderen Produkten besser sichtbar zu machen. In vielen Fällen, insbesondere bei Gebrauchsgütern, wird in der Form des Produktes sein

Verwendungszweck sichtbar (z. B. Tassen, Teller), bei anderen wiederum dient die Form der Erhöhung der Leistungskraft (z. B. Stromlinienform beim Kraftfahrzeug oder Flugzeug).

Schließlich müssen die Formen eines Produktes so gestaltet werden, dass eine rationelle Fertigung ermöglicht und eine günstige Verbindung zur Verpackung hergestellt wird, eine raumsparende Lagerung und ein beschädigungsfreier Transport möglich sind und der Handel das Produkt raumsparend anbieten kann.

Mehr als auf diese zweckrationalen Aspekte der Formgebung legt der Käufer jedoch häufig Wert auf die ästhetischen Eigenschaften des Produktäußeren (z. B. Schönheit, Stil). Besonders bei den modischen Konsumgütern, wie Kleidern und Möbeln, spielt der Geschmack für den Kauf eines Produktes eine dominierende Rolle. Ob ein Gegenstand bzw. seine Gestaltung von einem Käufer als schön oder hässlich, anziehend oder abstoßend empfunden wird, hängt vor allem von den Normen der Gruppe ab, der er angehört. Aber auch die persönlichen Einstellungen eines Individuums (seine Persönlichkeitsstruktur) und sein gesamtes Verwendungssystem beeinflussen seine Entscheidungen. Da sich der Geschmack verschiedener Bevölkerungsgruppen unterscheidet und im Laufe der Zeit Veränderungen unterworfen ist, ist es schwierig, generelle Empfehlungen zur Formgestaltung von Produkten zu geben. In der Praxis werden häufig als Orientierungsmaßstäbe die von den Gestaltpsychologen erarbeiteten Kriterien für so genannte „gute Gestalten" (prägnante Gestalten) zu Hilfe genommen: kontinuierliche Linien, Symmetrie, Geschlossenheit, Regelmäßigkeit, Ähnlichkeit. Die Entwicklung funktionsgerechter und ästhetisch ansprechender Formen wird in der Praxis in der Regel spezialisierten Designern überlassen.

Neben der Form sind die Art und die Intensität der Farben wesentliche Kriterien zur Identifizierung von Produkten.

Bei nicht verarbeiteten Rohprodukten kann häufig über die Farbe eines Produktes seine Qualität festgestellt werden. Bei verarbeiteten Produkten ist dieser Aspekt auch bedeutsam, er tritt jedoch häufig gegenüber der Erkennungsfunktion in den Hintergrund. Die Hersteller benutzen die Farbgestaltung als ein Instrument zur Individualisierung von Produkten. Dem Käufer soll über die Farbe das Wiedererkennen erleichtert werden. Dieser Gesichtspunkt ist besonders bei Markenartikeln bedeutsam.

Wie die Farben eines Produktes im Einzelfall gestaltet werden müssen, hängt außer von der gewünschten Aufmerksamkeitswirkung von den zu erwartenden emotionalen Reaktionen der Käufer ab.

Wie der Formgeschmack ist auch der Farbengeschmack eine auf sozialpsychologischen Erfahrungen beruhende Fähigkeit des Menschen, die Farbe nach ästhetischen Werten zu beurteilen. Aber auch Vorstellungen, Illusionen und Sinnesempfinden können durch Farbreize ausgelöst werden. So sind etwa die Vorstellungen weit verbreitet, dass Weiß ein Symbol der Unschuld und Reinheit, Schwarz eines der Trauer und Bosheit, Rot eines der Liebe, Grün eines der Hoffnung und Unreife, Blau eines der Treue, Violett eines der Würde ist. Derartige „Weisheiten" als Ausgangspunkte für die Produktgestaltung zu verwenden, ist jedoch sehr problematisch. Denn Farben haben keine unwiderruflich feststehenden Wirkungen, ihr Charakter wandelt sich vielmehr mit den Gegenständen, an denen sie haften, und den Bezugssystemen der Menschen, die sie betrachten. Es kommt darauf an, im Einzelfall die produkt- oder problemspezifischen Bezugssysteme herauszufinden und darauf die Farbwahl auszurichten.

Produktkern, Form und Farbe als Merkmale der Beschaffenheit von Produkten existieren niemals nebeneinander, sondern wirken als integriertes Ganzes. Fehler bei der Produktgestaltung resultieren häufig daraus, dass man fälschlicherweise annimmt, die Merkmale würden sich additiv ergänzen. Der Käufer beurteilt ein Produkt in den wenigsten Fällen nach der Summation der Teilleistungen. Er legt vielmehr seinen Gesamteindruck bei der Beurteilung der Qualität eines Produktes zugrunde. Bei der Gestaltung der Produktbeschaffenheit ist daher mit Hilfe demoskopischer Methoden zu untersuchen, welchen Einfluss eine Veränderung des einen oder anderen Merkmals auf das Gesamtbild des Käufers von der Beschaffenheit eines Produktes hat. Bei dem einen Produkt sind es die technisch-funktionalen Eigenschaften, bei einem anderen Form und Farbe, die zu den bestimmenden (wahrgenommenen) Produkteigenschaften wurden. Die Kenntnis der Dominanz einzelner Faktoren ist die wichtigste Voraussetzung für erfolgreiche Produktgestaltung.

So sehr auf der einen Seite die Bedeutung des Käuferverhaltens betont wird, so deutlich muss andererseits darauf hingewiesen werden, dass eine Produktkonzeption mit den beschaffungs-, produktions- und absatztechnischen Möglichkeiten im Einklang stehen muss. So müssen etwa die für den Gebrauchsnutzen eines Produktes notwendigen Rohstoffe in ausreichender Menge, in konstanter Qualität und zur rechten Zeit beschafft werden können, die Produktion muss ökonomischen Bedingungen gerecht werden, Lagerung und Transport müssen raum- und zeitsparend durchgeführt werden können. Außerdem müssen Rechtsvorschriften, DIN-Normen, Handelsklassenverordnungen und ähnliche Rahmenbedingungen eingehalten werden.

(2) Verpackung

Wir stehen beim Kauf von vielen Gütern nicht den Produkten in ihrer ursprünglichen Erscheinungsform, sondern in der sie umhüllenden Verpackung gegenüber. Als „Verpackung" bezeichnen wir allgemein ein Behältnis, das ein oder mehrere Produkte einschließt. Dem Begriff untergeordnet ist der Begriff „Packung" für die massengefertigte, abgepackte Einheit eines Produktes.

Die substanziellen Elemente und gleichzeitig die Gestaltungsmittel der Verpackung sind Material (Glas, Metall, Kunststoff, Holz und Textilien), Form, Größe sowie Sicherungs- und Verschlusstechnik. Die Produktion von Packmitteln und -hilfsmitteln hat in den zurückliegenden Jahren weltweit ein rapides Wachstum erlebt. Rund 55 % des Umsatzes werden von der Verpackungsindustrie mit der Nahrungs- und Genussmittelindustrie getätigt. Papier und Pappe (insbesondere Wellpappe), Metall (besonders Weißblech), Kunststoff und Glas sind die dominierenden Packstoffe, wobei der Anteil an Kunststoffpackungen (z. B. PET-Einweggebinde) zu Lasten der anderen Materialien an Bedeutung zunimmt.

Bei der Gestaltung von Verpackungen sind die Beschaffenheit eines Produktes ebenso wie das Kauf- und Verwendungsverhalten der Nachfrager sowie Kostengesichtspunkte, distributionstechnische und herstellungsspezifische Aspekte zu beachten. Entscheidend für die Auswahl der Gestaltungselemente sind die einer Verpackung zugedachten technischen Funktionen, die von der Konservierung bestimmter Produkteigenschaften bis zu seiner Stapelfähigkeit reichen können. Generell dient die Verpackung heute aber auch der Überbringung von Produktinformationen und Werbebotschaften.

Technische Funktionen der Verpackung:

- Transportfähigkeit,
- Lagerfähigkeit, Stapelfähigkeit,
- Schutz,

- Sicherung,
- Verkaufshilfsmittel,
- Ge- und Verbrauchserleichterung,
- technische Zusatzleistung.

Kommunikative Funktionen der Verpackung:
- Information,
- Identifikation,
- Werbemittel,
- Anmutungsleistung.

Verpackungen erfüllen immer ein Bündel von Funktionen, weil differenzierte Ansprüche an sie gestellt werden, die abhängig sind von der Beschaffenheit eines Produktes, den Möglichkeiten der Packmitteltechnik, den Anforderungen der Hersteller, Distributionsorgane und Käufer, den Regulierungen des Gesetzgebers sowie den Umwelterfordernissen.

(3) Kennzeichnung

Jedes Produkt trägt neben den Merkmalen der Beschaffenheit und Verpackung spezifische Kennzeichen, mit deren Hilfe es zu identifizieren ist. Wäre dies nicht der Fall, so würde die Kommunikation zwischen Käufer und Verkäufer sehr erschwert, denn beide Seiten müssten zur Verständigung das Objekt des Kaufprozesses auf umständliche Weise umschreiben.

Das zentrale Instrument zur Kennzeichnung von Produkten ist die Namengebung. Ob es der Sortenname einer Kartoffel oder der Markenname eines Waschmittels ist, ein Wort genügt, um eine gemeinsame Basis zur Verständigung zu finden. Produktnamen können die verschiedensten Ursprünge haben: Produkteigenschaften und Verwendungsmöglichkeiten, Art oder Sortenbezeichnung des Rohstoffes, Name des Erfinders, Herstellers oder Absatzmittlers, Name von Tieren oder Pflanzen, Phantasiebezeichnungen. Produktnamen sind häufig verbunden mit weiteren Schriftzeichen, die nähere Auskunft über ein Produkt geben, insbesondere Qualitätsbezeichnungen. Darüber hinaus finden wir sie regelmäßig in Verbindung mit farbigen grafischen Symbolen, die als Blickfang und Erkennungsmerkmale dienen.

Namen, sonstige Bezeichnungen und grafische Symbole haben zunächst **Identifizierungsfunktion.** Ihre tatsächliche Bedeutung ist jedoch weit größer: Bei den meisten Produkten sind sie der Inbegriff für die Qualität ihrer Leistungen. Der Käufer sieht oder hört das Kennzeichen eines Produktes und assoziiert damit sofort dessen Leistungsfähigkeit. Hierbei spielen rationale, aber auch irrationale Momente eine Rolle. So ist es auch zu verstehen, dass der eine mit dem Kennzeichen eines Produktes ein positives, ein anderer ein negatives Produktbild verbindet. Dass sämtliche Teilbeschaffenheiten eines Produktes untereinander der Harmonie bedürfen, wird eindrucksvoll belegt, wenn ein Produkt beispielsweise mit einer Bezeichnung verknüpft wird, die diese Harmonie gravierend stört (z. B. Wahrnehmung der Bezeichnung „gentechnisch verändert").

Die Kennzeichen auf einem Produkt oder auf der Verpackung geben dem Käufer als Indiz für die Qualität eines Produktes eine wertvolle Einkaufshilfe. Dabei ist jedoch zu beachten, dass die verschiedenen Arten von Kennzeichen die Funktion in unterschiedlicher Weise erfüllen.

Ein Anbieter, der für sein Produkt ein prägnantes Kennzeichen gefunden hat, wird immer bemüht sein, dieses vor Nachahmung zu schützen. Er wird es deshalb als Marke in das vom Patentamt geführte Register eintragen lassen. Unter einer solchen Marke versteht man „alle Zeichen, insbesondere Wörter, Übersichten, Buchstaben, Zahlen, Hörzeichen, dreidimensionale Gestaltungen einschließlich der Form einer Ware oder ihrer Verpackung (...), die geeignet sind, Waren oder Dienstleistungen eines Unternehmens von denjenigen anderer Unternehmen zu unterscheiden“.[4]

Erfolgreiche Markenführung, oft über Jahrzehnte, gilt zu Recht als herausragende Marketingleistung eines Unternehmens. Gerade bei Lebensmitteln gibt es viele eindrucksvolle Beispiele (von Oetker bis Kathi, von Bitburger bis Haribo). Siehe hierzu vor allem Kapitel E 5.

Der Schutz für eine eingetragene Marke beträgt zehn Jahre. Die Schutzdauer kann um jeweils zehn Jahre verlängert werden. Marken sind Bezeichnungen ohne rechtlich wirksame Auflagen für eine bestimmte Gütegarantie.

Marken begegnen uns auf den Lebensmittelmärkten als

- Marken einzelner Herstellerfirmen, die damit exklusiv die von ihnen hergestellten und mit einer Qualitätszusage versehenen Produkte vom Angebot der Wettbewerber abheben („Herstellermarken“),
- Marken einzelner Handelsunternehmen, die diese von Vertragsherstellern produzieren lassen und mit einer eigenen Qualitätszusage verbinden („Handelsmarken“),
- gemeinsame Kennzeichnung für die Produkte verschiedener Hersteller aus einem geographischen Gebiet („Herkunftszeichen“),
- gemeinsame Kennzeichnung für die Produkte der Mitglieder einer Gütegemeinschaft, die sich gemeinsamen Mindestqualitäten unterwerfen („Gütezeichen“), wobei Gütezeichen in manchen Fällen durch die gleichzeitige Herausstellung der gemeinsamen geographischen Herkunft der Produkte zugleich Herkunftszeichen sind.

Beispiele für Markenprogramme in der Landwirtschaft finden sich im Kapitel D 1.6.2 „Qualitätsmanagement“.

(4) Produktqualität und Produktimage

Beschaffenheit, Verpackung und Kennzeichnung sind die drei wesentlichen Elemente von Produkten. Obwohl bei jedem Produkt jedes Element mit einem anderen Gewicht zum Problemlösungspotenzial beiträgt, muss eine realistische Beurteilung der Qualität eines Produktes von der integrierten Wirkung der Elemente ausgehen, wie sie in Übersicht D.5 dargestellt ist. Produkte (z. B. manche landwirtschaftlichen Frischwaren), die auch heute noch ohne Verpackung und auffallende Kennzeichnung verkauft werden, machen nur einen geringfügigen Anteil am gesamten Lebensmittelmarkt aus.

Gute Beschaffenheit und damit verbundener hoher Gebrauchsnutzen, zweckdienliche Verpackung und sachlich informierende Kennzeichnung sind sicherlich unabdingbare Voraussetzungen für den Erfolg eines Produktes, sie allein jedoch sind nicht ausreichend. Wir wissen, dass Produkte dem Käufer in einer objektiven und subjektiven Realität begegnen. In die subjektive Wahrnehmung und Beurteilung fließen neben den objektiven Eigenschaften psychologische Bestimmungsgründe und soziale Einflüsse ein, die in ihrer Gesamtheit für diese Imageausprägung eines Produktes entscheidend sind.

---

[4] Gesetz zur Reform des Markenrechts vom 25. 10. 1994

Übersicht D.5

Die Einflussfaktoren auf die vom Verbraucher empfundene Qualität eines Produktes

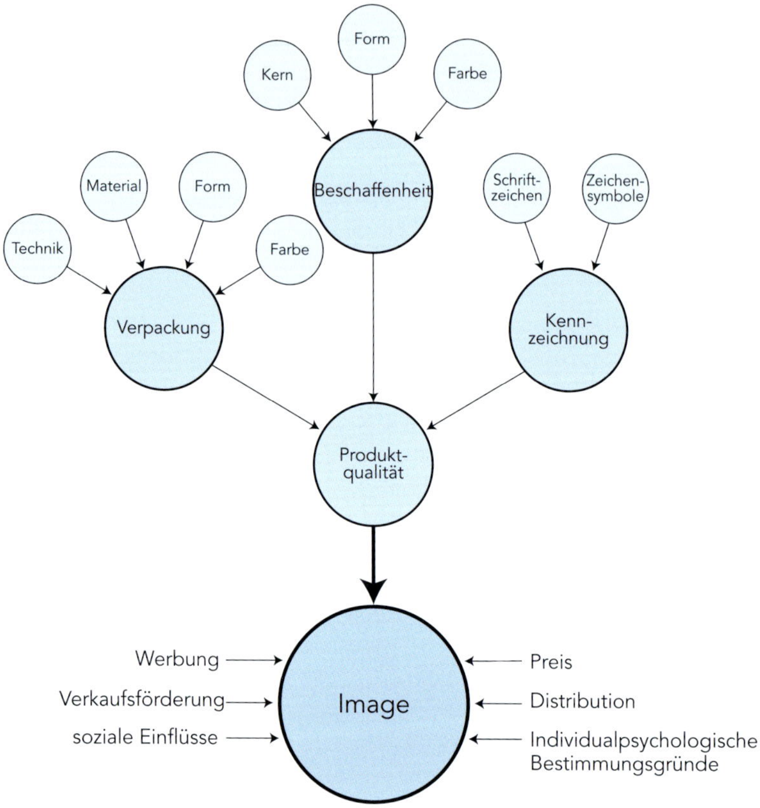

Im Zusammenhang mit der Betrachtung des Käuferverhaltens (siehe Kapitel A 3) haben wir bereits den Begriff Image als Kennzeichen dafür kennen gelernt, dass wir die Dinge nicht sehen, wie sie sind, sondern wie wir glauben, dass sie seien. Wir haben dort gesehen, dass die Vorstellungsbilder verschiedener Menschen von gleichen Produkten, aber auch die der gleichen Menschen von verschiedenen Produkten differieren. Produkte mit gleichen Leistungen haben bei dem einen ein positives, bei dem anderen ein negatives Image. Durch ihr Image unterscheiden sich die Anhänger und Ablehner eines Produktes.

Die Qualitätsvorstellungen der Käufer ergeben sich infolge ihres Gesamterlebnisses mit einem Produkt. Aufgrund dieses Gesamterlebnisses bilden sie sich ihr Image. Die Art und Weise der Formbarkeit eines Images steht in unmittelbarem Zusammenhang mit der **Integriertheit des Gesamterlebnisses.**

Wir sprechen von einem stark integrierten Gesamterlebnis (bzw. von hoher Komplexität des Gesamterlebnisses), wenn die Einzelqualitäten eines Meinungsgegenstandes (Produktes) zugunsten seiner Ganzheit in den Hintergrund treten und die tieferen Schichten der Persönlichkeit gegenüber den rationalen überwiegen. In diesem Falle ist der Zugang des Individuums zu den objektiven Beschaffenheiten des Produktes äußerst gering. Im entgegengesetzten Fall ist das Gesamterlebnis nur mäßig integriert, wenn die Teilqualitäten des Gegenstandes isoliert voneinander erlebt werden und der Zugang zu den objektiven Beschaffenheiten groß ist.

Für den Hersteller ist es daher von größter Bedeutung zu wissen, wie stark integriert sein Produkt von den Käufern erlebt wird. Fällt es ihnen leicht, die sachliche Qualität der Produktleistungen zu erkennen, so wird er der Verbesserung der Sachleistungsqualität eindeutig Priorität geben. Ist dagegen der Zugang des Käufers zur objektiven Beschaffenheit gering, so muss der Hersteller sorgsam darauf achten, dass auch die Anmutungsleistungen eines Produktes optimal gestaltet sind; denn in diesem Fall kann es geschehen, dass einzelne Merkmale (z. B. Name, Farbe, Zusatzleistungen) das Gesamtbild eines Produktes stark verändern (so genannte Irradiation). Sobald das gesamte Produkt-Image durch die Wahrnehmung eines Merkmals bestimmt wird, spricht man von der so genannten Attributdominanz.

(5) Schutzrechte

Die Entwicklung und Markteinführung eines neuen Produktes ist mitunter mit hohen Kosten verbunden. Umso notwendiger ist es deshalb für einen Hersteller, alle ihm gegebenen rechtlichen Möglichkeiten auszuschöpfen, mit denen er sein Produkt gegen die Aktivitäten der Konkurrenz (z. B. Nachahmung) schützen kann. Beachtet werden müssen dabei:

- Technische Schutzrechte
  - Patent
  - Gebrauchsmuster
- Schutzrechte an der Form
  - Urheberrecht
  - Geschmacksmuster
- Schutzrechte an Kennzeichen
  - Marken
  - Ausstattungsschutz.

Patente werden für neue Erfindungen vergeben, die gewerblich verwertet werden. Es muss sich dabei um Neuheiten handeln, die eine „patentwürdige Erfindungshöhe“ haben (Patentgesetz).

Als **Gebrauchsmuster** können Arbeitsgerätschaften und Gebrauchsgegenstände geschützt werden (Gebrauchsmustergesetz). Patente und Gebrauchsmuster müssen beim Patentamt angemeldet werden.

Als **Geschmacksmuster** werden Form- und Farbenmuster geschützt, die als eigenständige schöpferische Leistungen Vorbilder für die gewerbliche Herstellung sind (Geschmacksmustergesetz). Sie werden beim Musterregister angemeldet und hinterlegt.

Das **Urheberrecht** schützt Werte der angewandten Kunst und Entwürfe solcher Werke vor Nachahmung (Urheberrechtsgesetz). Eine Anmeldung der Werke ist nicht erforderlich.

Marken (Wort- oder Bildzeichen, aber auch Slogans) dienen in erster Linie der Bezeichnung der Herkunft von Gegenständen und somit der Unterscheidung von Produkten (Markengesetz). Die Anmeldung einer Marke erfolgt schriftlich beim Patentamt.

Als **Ausstattungen** können äußere Aufmachungen und Formen von Produkten geschützt werden, die sich in typischer Weise von anderen Produkten gleicher Art unterscheiden (Warenzeichengesetz). Sie müssen als Kennzeichen von Produkten Verkehrsdurchsetzung (allgemeine Anerkennung) erreicht haben.

1.4 Besonderheiten der Produktpolitik für Lebensmittel

Der Begriff Lebensmittel subsumiert eine kaum zählbare Menge verschiedener Produkte, die wir entweder als Nahrungsmittel oder aber als Genussmittel bezeichnen. Das 2005 in Kraft getretene Gesetz zur Neuordnung des Lebensmittel- und Futtermittelrechts mit der als Artikelgesetz strukturierten Regelung des Lebensmittel- und Futtermittelgesetzbuches (LFGB) löste das alte Lebensmittel- und Bedarfsgegenständegesetz (LMBG) ab. Hinsichtlich der Begriffsbestimmung von Lebensmitteln wird auf Artikel 2 der Verordnung (EG) Nr. 178/2002 zum Lebensmittelrecht verwiesen. Nach dieser Verordnung sind „Lebensmittel alle Stoffe und Erzeugnisse, die dazu bestimmt sind oder von denen nach vernünftigem Ermessen erwartet werden kann, dass sie in verarbeitetem, teilweise verarbeitetem oder unverarbeitetem Zustand vom Menschen aufgenommen werden“.

Gemäß LFGB (§ 3, Satz 5) versteht man unter „Aufnehmen“ das „Verzehren“ von Lebensmitteln durch Essen, Kauen, Trinken oder sonstige Zufuhr von Stoffen in den Magen.

Die Verordnung (EG) Nr. 178/2002 differenziert in Artikel 2 des Weiteren, dass auch Getränke, Kaugummi sowie alle bei der Herstellung bzw. Ver- oder Bearbeitung zugesetzten Stoffe, einschließlich Wasser, zu den Lebensmitteln zählen. Nicht zu den „Lebensmitteln“ gehören dagegen Futtermittel, lebende Tiere, Pflanzen vor dem Ernten, Arzneimittel, kosmetische Mittel, Tabak und Tabakerzeugnisse, Betäubungsmittel und psychotrope Stoffe sowie Rückstände und Kontaminanten.

So notwendig die Grenzziehung zwischen den Produkten aus juristischer Sicht ist, so schwierig ist sie in der Praxis. So werden üblicherweise auch die Tabakwaren neben alkoholischen Getränken und alkoholhaltigen Erzeugnissen wie Tee und Kaffee zu den Genussmitteln gezählt. Für unsere Überlegungen ist es wichtiger, dass die Produkte, mit denen wir uns hier befassen, in rohem Zustand oder als be- oder verarbeitete Produkte – mit oder ohne Vor- und Zubereitung durch Braten, Kochen, Toasten, Würzen, Räuchern u. Ä. – verzehrt werden.

Aus der Sicht des Konsums ist zur Unterscheidung von Lebensmitteln bedeutsam,
- ob sie pflanzlichen oder tierischen Ursprunges sind,
- ob und in welchem Maße sie be- und verarbeitet werden,
- ob sie vorwiegend der Ernährung oder vorwiegend dem Genuss dienen.

Diese Gruppen subsumieren jeweils Lebensmittel, die im Hinblick auf die unterschiedlichen Produktdimensionen ähnlichen Charakter haben und damit ähnliche Ansprüche an die Produktgestaltung stellen.

Lebensmittel weisen somit im Allgemeinen verschiedene Funktionen für den Verbraucher auf: eine ernährungsphysiologische, eine organoleptische und eine soziokulturelle Funktion.

(1) Beschaffenheit von Lebensmitteln

Primäre Aufgaben von Lebensmitteln bestehen darin,
- den Energiebedarf des Menschen zu decken,
- ihn gesund zu erhalten,

- ihn zu sättigen bzw. seinen Durst zu stillen,
- ihn anzuregen oder zu beruhigen.

Eng mit diesen Leistungen verbunden sind die Sinneswirkungen, die darüber entscheiden, ob ein Produkt die Grundfunktion auf angenehme Weise erfüllt oder nicht. Darüber hinaus weisen die Produkte ein unterschiedliches Maß an Convenience aus, das ihren Konsum erleichtert oder erschwert (Bequemlichkeitsfunktion). Und nicht zuletzt vermögen sie Konsumfreude oder Genuss zu vermitteln.

Der unterschiedliche Nutzen der verschiedenen Lebensmittelarten wird von ihren jeweiligen substanziellen Eigenschaften bestimmt. Hierauf im Einzelnen einzugehen, würde uns in die Gebiete der Ernährungsphysiologie, Lebensmittelchemie und Lebensmitteltechnologie führen und über den Rahmen des Buches hinausgehen. Wir wollen uns deshalb nur einige für das Verständnis der Produktpolitik bei Lebensmitteln wichtige Produktcharakteristika anschauen.

(a) Lebensmittel pflanzlicher und tierischer Herkunft haben zunächst sehr verschiedene Gehalte an Nährstoffen, Vitaminen und Mineralstoffen. Auch unterscheiden sich die Produkte innerhalb dieser Warenbereiche erheblich.

Auf dem Gehalt an wesentlichen Grundsubstanzen beruht die primäre Leistungsfähigkeit eines jeden Produktes im Sinne seines Beitrages zu einer gesunden Ernährung.

(b) Neben den „lebenswichtigen" Grundsubstanzen enthalten alle Lebensmittel zusätzliche Geschmacks-, Geruchs- und/oder Anregungsstoffe, wie etwa alkoholhaltige Substanzen, die wesentlich zur typischen Ausprägung verschiedener Produkteigenarten beitragen. Bei manchen Produkten sind diese Zusatzstoffe für den Konsum der Güter allein ausschlaggebend. Der Konsum alkoholischer Getränke oder unsere Abneigung gegen manche Produkte („das schmeckt mir nicht") sind nur einige von vielen Beispielen für die große Bedeutung, die diese Substanzen für den Konsum vieler Lebensmittel haben. Sie entscheiden zum größten Teil darüber, in welchem Maß ein Produkt in der Lage ist, dem Käufer Konsumfreude (oder Genuss im weiteren Sinne) zu vermitteln. Es ist einsichtig, dass ein Produkt umso „wertvoller" wird, je größer der Anteil an diesen Zusatzleistungen ist. Unmittelbar damit verbunden sind natürlich die Ansatzpunkte des Marketings, ein Produkt zu profilieren.

(c) Beim täglichen Einkauf verlieren die Inhaltsstoffe der Produkte gegenüber den äußeren Merkmalen an Bedeutung. Größe und Gewicht eines Fleischstückes, der Fettanteil, die Faserung, Festigkeit, Trockenheit und besonders die Farbe sind wichtige Kennzeichen für die Qualität des Produktes. Bei allen Frischwaren sind die äußeren Merkmale wesentliche Gütekriterien: Die Form von Kartoffeln oder Obst, die Konsistenz von Weichkäse, die Größe von Eiern oder die Farbe von Gemüse. Für die Be- oder Verarbeitung von Produkten ist es darüber hinaus wichtig zu wissen, wie häufig, in welchen Mengen und bis zu welchem Preislimit pro Einheit die Lebensmittel gekauft werden. Haushalte kaufen ihrer Vorratsdisposition und Kaufkraft entsprechend bestimmte Mengen eines Produktes. Kartoffeln, Eier oder Bier in Kleingebinden zum Beispiel kommen den Bedürfnissen von Käufern entgegen, die Produkte häufiger, aber frisch einzukaufen und bequem transportieren zu können.

(d) Ein anderes Charakteristikum von Lebensmitteln besteht darin, dass die Qualität landwirtschaftlich erzeugter Produkte sehr unterschiedlich sein kann. Die landwirtschaftliche Produktion ist heute sowohl im Bereich der pflanzlichen als auch der tierischen Erzeugnisse durch eine Vielzahl produktionstechnischer Maßnahmen sehr viel besser steuerbar als früher, auch im Hinblick auf die Erzielung einer spezifischen Qualität und auf die Einengung der Streuung der Qualität. Trotzdem weisen die Agrarprodukte, die den landwirtschaftlichen Betrieb verlassen, nach wie vor mitunter große Qualitätsunterschiede auf. Das gilt selbst für Erzeugnisse wie Gemüse aus Unterglaskulturen oder Jungmasthühner aus vollklimatisierten Ställen, also für Produkte, bei denen die zeitlichen und räumlichen Unterschiede der natürlichen Produktionsbedingungen weitgehend ausgeschaltet sind. Auch dort bleibt der biologische Charakter der Produktion erhalten, der es verhindert, dass eine völlige Standardisierung der erzeugten Produkte bereits im Zuge des Produktionsvorganges erreicht wird, wie es bei industrieller Güterproduktion die Regel ist. Die Qualitätsunterschiede erhöhen nicht nur die Kosten der Vermarktung, sondern sie stellen auch besondere Anforderungen an das Marketing. Dabei überwiegen die Nachteile, die sich aus der erschwerten Zusammenstellung einheitlicher Partien ergeben, zweifellos die Chancen, die sich durch die Differenzierung eines spezifischen Angebotes einer eng eingegrenzten Qualitätsklasse ergeben.

Diese Produkteigenschaften von Lebensmitteln verhindern häufig die verbindliche Qualitätszusicherung durch die einzelnen Anbieter.

(e) Zahlreiche produktspezifische Besonderheiten von Lebensmitteln resultieren aus der Verderblichkeit der Lebensmittel und der Rohstoffe, aus denen sie hergestellt werden. Zwar unterscheiden sich die einzelnen Lebensmittel und ihre Rohstoffe im Grad der Verderblichkeit, wie der Vergleich von Getreide mit Rohmilch oder von Kartoffeln mit Erdbeeren verdeutlicht. Aber generell gilt für Lebensmittel, dass sie nur begrenzt haltbar sind. Wenn sie frisch, also ohne Konservierungsmaßnahmen, zum Käufer gelangen sollen, sind bei vielen Lebensmitteln kurze Transportzeiten und schneller Warenumschlag erforderlich. Das stellt bei den ausgeprägten Frischwaren hohe Anforderungen an die Distribution. Auch bei Produkten, die über einige Wochen oder auch Monate gelagert werden können, lassen sich Verluste nicht vermeiden. Sie werden selbst bei Produkten wie Getreide, Zucker oder Kartoffeln zu einer wichtigen Kostenposition in der Lagerhaltung. Bei anderen Lebensmitteln lässt sich eine Lagerhaltung nur durchführen, wenn das frische Produkt beispielsweise konserviert, schockgefrostet oder gefriergetrocknet wird.

Die modernen Kühlmöglichkeiten haben selbst leicht verderbliche Produkte besser haltbar gemacht. Das Angebot an frischen unverarbeiteten und nichtkonservierten Lebensmitteln ist daher heute im Lebensmittelhandel so reichhaltig wie niemals zuvor. Dies zeigt sich eindrucksvoll an den so genannten „Chilled-Food-Produkten“, gekühlten industriell oder gewerblich hergestellten Lebensmitteln oder Speisen aus dem Kühlregal. Dieses Sortiment reicht z. B. von frischen Nudeln, Feinkostsalaten, frisch geschnittenem Obst bis hin zu kompletten Fertiggerichten. Zugleich ist die Zeitdauer, in der diese Produkte für die Käufer verfügbar sind, ausgedehnt worden. Trotzdem bleiben diese Artikel ausgesprochene Problemwaren für den Lebensmitteleinzelhandel. Sie erfordern nicht nur sorgfältige Warenbehandlung, sondern auch Beschaffungsdispositionen, die das erreichbare Umsatzvolumen für die kurze Zeit zutreffend abschätzen, in der die Ware ihre volle Frische behält. Das Risiko ist also hoch.

(f) Lebensmittel sind von Natur aus empfindliche Produkte. Von der Erzeugung bis zum Verbrauch unterliegen sie zahlreichen Einflüssen, die ihre Qualität beeinflussen.

Bei den meisten Lebensmitteln ist der ursprüngliche Zustand der Rohprodukte durch Be- und Verarbeitungsprozesse verändert worden. Aus Brotgetreide wird Mehl hergestellt, das wiederum unter Zusatz von weiteren Stoffen (Hefe, Wasser usw.) zur Herstellung von

Brot und anderen Backwaren dient, aus Zuckerrüben wird Zucker gewonnen, aus Milch werden Käse und Joghurt erzeugt usw.

Durch Konservierung und Tiefkühlung werden Rohstoffe und veredelte Produkte haltbar gemacht. Die Fertiggerichte, die teilweise als fertige Menüs in kurzer Zeit zubereitet werden können, sind das deutlichste Zeichen für den Stand der Verarbeitungsmöglichkeiten.

Unkonventionelle Nahrungsmittelproduktion, wie die Anreicherung von Produkten mit Eiweißstoffen, die Herstellung spezieller Eiweißmischungen, die Produktion eiweißhaltiger Produkte oder die Produktion texturierter Produkte (fleischähnliche Erzeugnisse) aus Ölsaaten, Meeresprodukten und Einzellern (Hefe, Bakterien; Mikroalgen, Mikropilzen, Protozoen) sind längst keine Utopie mehr.

Züchtungsmaßnahmen, Haltungsverfahren und Fütterungsmaßnahmen in der tierischen Produktion, Sortenwahl, Anbautechnik und Düngung in der pflanzlichen Produktion sind die dem Menschen verfügbaren Eingriffsmöglichkeiten zur Beeinflussung der Beschaffenheit von Lebensmitteln im Produktionsstadium. Natürliche Faktoren wie Boden und Klima spielen bei pflanzlichen Produkten eine ebenso große Rolle.

Durch Lagerung, Bearbeitung und Verarbeitung kann die Qualität von Lebensmitteln verbessert und verschlechtert werden. Durch die Wahl der richtigen Lageratmosphäre und Temperatur kann z. B. die Bildung von Aromastoffen und Vitamin C bei Obst und Gemüse gefördert werden.

Andererseits können bei Obst und Gemüse Qualitätsminderungen durch Stoffwechselvorgänge in sauerstoffhaltiger Atmosphäre, durch Wasserabgabe, bei Wurzel- und Knollengemüsen auch durch Auskeimen entstehen. Besonders bei manchen Gemüsearten ist ein Wasserverlust meist von der Verschlechterung der Textur und einem Vitamin-C-Verlust begleitet. Durch hohe Luftfeuchtigkeit im Lagerraum können diese Qualitätseinbußen verringert oder vermieden werden. Bei der Bearbeitung von Lebensmitteln können wir u. a. folgende Verfahren unterscheiden:

- Mechanische Behandlung,
- Tiefgefrieren,
- Hitzebehandlung,
- Bestrahlung,
- Trocknung,
- Chemische Haltbarmachung.

Beim Putzen, Schälen, Waschen, Wässern und Zerkleinern von Lebensmitteln werden nicht nur Bestandteile entfernt, die nicht zum Verzehr gedacht sind, sondern auch Mineralstoffe, Fette, Vitamine und Enzyme.

Obwohl das Haltbarmachen verderblicher Produkte durch Tiefgefrieren ein beliebtes Verfahren darstellt, sind aber auch die (ständig bei –18 Grad Celsius oder darunter) gelagerten Produkte nicht unbegrenzt haltbar. Auch tragen verfahrensspezifische Besonderheiten nicht immer zur qualitativen Verbesserung der Produkte bei.

Durch Hitzebehandlung werden nicht nur schädliche Mikroorganismen und Enzyme abgetötet, sondern auch Geschmack, Aussehen und Konsistenz der Produkte beeinflusst. Vitaminverluste, Umwandlungen wertvoller Eiweiß- und Fettsubstanzen sind oft unerwünschte Begleiterscheinungen.

Die mögliche Anwendung von ionisierenden oder ultravioletten Bestrahlungen von Lebensmitteln (z. B. zur Verlängerung der Haltbarkeit von Eis in gelagertem Fisch, von Kartoffeln zur Keimhemmung oder zum Abtöten von Insekten im Getreide) ist gesetzlich geregelt, soweit es die gesundheitsschädigenden Wirkungen betrifft. Bestrahlte Lebensmittel und daraus weiterverarbeitete Produkte sind laut Lebensmittelbestrahlungsverordnung vom 14.12.2000 kennzeichnungspflichtig.

Die Lebensmittelbestrahlung gilt unter Experten als sicheres lebensmitteltechnologisches Verfahren, wobei negative Wirkungen auf Vitamine, Fette, Eiweißstoffe und besonders die sensorischen Produkteigenschaften nicht ausgeschlossen werden können. In Deutschland spielt das Verfahren nur eine bescheidene Rolle. Jährlich werden weniger als 1000 t (inkl. Export) Lebensmittel bestrahlt.

Bei der Trocknung von Lebensmitteln durch Filtern, Pressen, Zentrifugieren, Verdampfen, Verdunsten oder Gefriertrocknen wird den Produkten Wasser entzogen. Schäden können dabei dadurch entstehen, dass die Produkte neben ihrer Quellfähigkeit wichtige Aromastoffe verlieren.

Bei der chemischen Haltbarmachung werden den Produkten konservierende Zusatzstoffe zugesetzt. Durch das Salzen, Pökeln, Räuchern, Zuckern, Einsäuern oder durch chemische Konservierungsstoffe (wie Sorbinsäure) können neben gesundheitsschädlichen Wirkungen Eiweiß, Vitamine, Aminosäuren und andere nährwertbestimmende Bestandteile der Produkte verändert werden. Sowohl positive als auch negative Wirkungen können schließlich auch Zusatzstoffe wie Emulgatoren, Geliermittel, Farb-, Aroma- und Geschmacksstoffe haben.

Mit den Prozessen der Be- und Verarbeitung werden nicht nur die ursprünglichen Stoffe zu andersartigen bzw. neuen Produkten transformiert, die neuen Erzeugnisse enthalten darüber hinaus ein erhebliches Maß an Zusatzleistungen, wie etwa leichtere Zubereitungsmöglichkeit, bessere Lagerungsmöglichkeit, zusätzliche Genusswerte u.Ä. Ein gutes Beispiel sind Kartoffelchips, die den ursprünglichen Charakter der Kartoffel, eines inferioren Nahrungsmittels, verloren haben und zu einem Produkt mit Eigenschaften geworden sind, die denen von Genussmitteln sehr nahe kommen.

Diese Hinweise mögen genügen, um zu demonstrieren, in welchem hohen Maße die qualitativen Eigenschaften von Lebensmitteln beeinflussbar sind. Zum Schutze der Käufer, zur Garantie eines fairen Wettbewerbs zwischen den Anbietern und zum Anreiz für den Landwirt, hochwertige Produkte zu erzeugen, dienen Regeln, denen sich Produktion, Be- und Verarbeitung und Handel von Lebensmitteln unterwerfen müssen.

(2) Verpackung von Lebensmitteln

Von vertüteten Kartoffeln bis zu abgepackten Portionen (tiefgefrorenen portionierten Fertiggerichten) kaufen wir in modernen Selbstbedienungsgeschäften eine Vielzahl unterschiedlicher Produkte, die besonders im Hinblick auf die erforderliche Haltbarkeit unterschiedliche Ansprüche an die Verpackung stellen.

Die Verpackung soll z.B. beim Fleisch den bakteriologischen Verderb verhindern und enzymatische Einflüsse eindämmen, oxydative Veränderungen, die zu Aroma- und Geschmacksverlusten führen, und den Gewichtsverlust durch Abbau des Wassergehaltes unterbinden. Deshalb werden Fleischwaren – von Glas- und Dosenkonserven abgesehen – in sauerstoff- und wasserdampfdichten Kunststofffolien verpackt, die sich besonders gut der unregelmäßigen Form der Fleischstücke anpassen.

Die Verpackungsmaterialien haben verschiedene Eigenschaften, aufgrund derer sie zur Verpackung der verschiedenen Lebensmittel tauglich oder untauglich sind.

Glas zum Beispiel als stabiler und standfester Körper ist aufgrund seiner Porenlosigkeit undurchlässig für Gase und Flüssigkeiten. Glasbehälter eignen sich daher besonders gut

TOOLBOX: PRODUKT- UND MARKENGESTALTUNG

In hochkompetitiven Märkten kommt der Markenführung eine stetig wachsende Bedeutung zu. Marken können verstanden werden als fest verankerte Vorstellungsbilder in der Psyche der Verbraucher über Produkte oder Dienstleistungen. Sie vermitteln damit dem Verbraucher eine spezifische Kompetenz zur Problemlösung und zur Befriedigung seiner Wünsche und Ansprüche. Die Marke ist somit ein Leistungsversprechen. Das physische Produkt, das mit der Marke assoziiert wird, transportiert seinerseits die Leistung, es muss das Leistungsversprechen halten. Die unternehmerischen Entscheidungen müssen auf das Leistungsversprechen und dessen Erfüllung ausgerichtet werden.

Die Vorstellungen, die mit Marken verbunden sind, können als semantische Netzwerke in den Köpfen der Verbraucher beschrieben werden. Diese beschreiben die verschiedenen Assoziationen mit dem Markenbild.

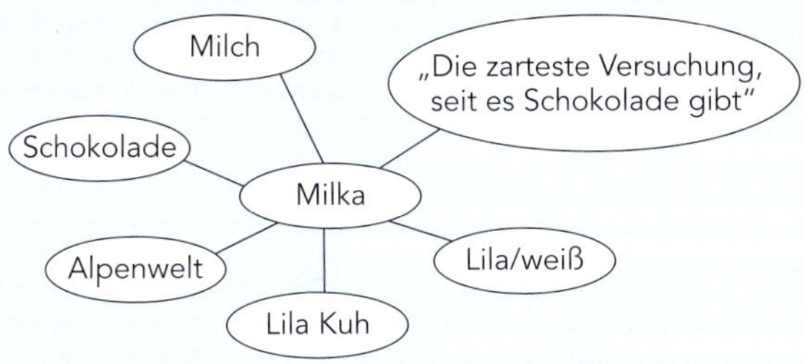

Der Zusammenhang zwischen Marke und physischer Produktgestaltung lässt sich als eine Wechselbeziehung beschreiben. Um diese näher zu spezifizieren, kann die Interdependenz in zwei getrennte Fälle jeweils einseitiger Abhängigkeit unterteilt werden.

- Dependenz Produkt ⟶ Marke
- Dependenz Marke ⟶ Produkt

Im ersten Fall determiniert die Produktgestaltung Teile der Markengestaltung. Dies kann bspw. dann der Fall sein, wenn die Logogestaltung zentrale Eigenschaften des physischen Produkts widerspiegelt. Als Beispiel sei die Logogestaltung der Marke Milka genannt. Der weiche, organisch anmutende Schriftzug weckt Assoziationen an die Milch als Inhaltsstoff der Schokolade und die Eigenschaften des Schmelzens der Schokolade im Mund der Verbraucher. Auf der anderen Seite strahlt das Markenimage unweigerlich auf die Produktgestaltung aus. Hat sich eine bestimmte Markenvorstellung erst einmal gefestigt, so kann sie in hohem Maße restriktiv auf den Freiheitsgrad der physischen Produktgestaltung wirken. So führte z. B. die Markteinführung der „Süßen Terrine" unter der Marke Maggi insbesondere deshalb zu einem Misserfolg, weil Verbraucher mit der Marke Würze als zentrale Vorstellung assoziieren. Die Verbindung der Marke Maggi mit Süße war dem Verbraucher in diesem Kontext nicht vermittelbar.

Einige zentrale Handlungsoptionen des Marketers in Bezug auf das Management von Produkt- und Markengestaltung seien nachfolgend aufgezeigt. So steht aus Marketingsicht eine Vielzahl von Gestaltungsmitteln zur Umsetzung zur Verfügung, z. B. Form, Farbe oder Zeichen.

Dem Gestaltungsmittel Form kommt im Rahmen der Marken- und Produktgestaltung eine zentrale Bedeutung zu, da es essenziell für die Beurteilung des Designs ist. Ein Beispiel verdeutlicht diesen Zusammenhang.

Die Abbildung zeigt, dass allein die Umrisse der Verpackungsgestaltung ausreichen, um die Produkte eindeutig zu identifizieren. So profilieren sich die Produkte Coca-Cola, Maggi und Odol in ihrem äußeren Design v. a. durch die prägnante Formgestaltung. Diese wird wiederum so eng mit der Markenvorstellung verbunden, dass Veränderungen am Verpackungsdesign nur in kleinen Schritten vorgenommen werden können, ohne das Markenimage zu beschädigen.

Ein weiteres zentrales Gestaltungsmittel stellen Zeichen dar. Da die Kommunikation der Marke in hohem Maße über das Markenzeichen und das hiermit verbundene Logodesign erfolgt, lassen sich auch hier Wechselbeziehungen zwischen Produkt- und Markengestaltung aufzeigen. So weckte die frühere Logogestaltung der Marke Langnese in Form einer Markise Assoziationen an den Sommer und somit indirekt an den Konsum von Eiscreme zu dieser Jahreszeit. Um jedoch diesen saisonal geprägten Konsum der Verbraucher aufzulösen und den Eiskonsum auch zu anderen Jahreszeiten zu fördern, erfuhr die Gestaltung des Markenzeichens im Zeitablauf eine Änderung. Das Markenlogo in Gestalt einer Markise verschwand, stattdessen wurde als neue Logogestaltung der Schriftzug „Langnese" in eine Herzform gefasst. Eine derartige Strategie ist grundsätzlich riskant, gibt sie doch den einmal erzielten Wiedererkennungswert der Marke auf. Das neue Markendesign muss von Verbrauchern neu gelernt werden.

Ein drittes elementares Gestaltungsmittel, das i. d. R. eng mit der Produkt- und Markengestaltung verbunden wird, stellt die Farbwahl dar. So können Farbcodes konsumentenseitig so eng mit der Vorstellung der Marke verbunden sein, dass allein durch die Wahrnehmung der Farbkombination Assoziationen zum Markenbild geweckt werden. Einige Beispiele illustrieren diesen Zusammenhang.

Milka ⟶ lila / weiß
Maggi ⟶ rot / gelb
Kinder Schokolade ⟶ rot / weiß

zur Aufbewahrung von leicht verderblichen und flüssigen Gütern. Der größte Nachteil des Glases war jedoch früher sein im Vergleich zu den anderen Packstoffen hohes Gewicht. Deshalb hat man sich in der Vergangenheit besonders darum bemüht, diesem Mangel abzuhelfen, aber gleichzeitig Stoß- und Druckfestigkeit, Temperaturneutralität und andere Vorzüge von Glasbehältern zu erhalten.

Bei der Entwicklung und Auswahl von Lebensmittelverpackungen müssen vor allem folgende Faktoren Berücksichtigung finden:

- Produkteigenschaften,
- Anforderungen des Handels,
- Käuferwünsche,
- gesetzliche Rahmenbedingungen.

(a) Lebensmittel gelangen in flüssigem, pastösem, pulverigem oder festem Zustand zum Käufer. Sie sind außerordentlich empfindlich gegenüber äußeren Einflüssen. Aus der Konsistenz und Empfindlichkeit der Produkte leiten sich zwei der wesentlichen Funktionen der Lebensmittelverpackung ab.

Zunächst müssen die einzuschließenden Produkte zusammengehalten werden. Flüssige Stoffe wie Milch, Bier, Fruchtsäfte, Essig, Speiseöl, pastöse wie Joghurt, Quark, Weichkäse und pulverförmige wie Kaffee und Instantprodukte stellen hohe Anforderungen an die mechanische Festigkeit und Verschlussdichtigkeit, die Dichtigkeit eventueller Schweißnähte und Schockfestigkeit oder Bruchsicherheit der Verpackungsstoffe.

So wie das Auslaufen der Inhaltsstoffe muss auch das Eindringen von Fremdstoffen verhindert werden. Hierbei geht es zunächst darum, Verunreinigungen (etwa durch Staub) zu verhindern und hygienisch einwandfreie Produkte anzubieten (z. B. die Berührung der Produkte durch viele Personen auf dem Wege der Vermarktung zu verhindern). Bei Lebensmitteln ist besonders darauf zu achten, dass die Verpackung das Eindringen von Wasserdampf, Sauerstoff, Licht, Wärme, Bakterien und anderen Fremdstoffen (z. B. Abgase) in dem Maße verhindert, in dem die Produkte beeinflussbar sind.

Produkte, die eine relativ feste Konstanz haben (z. B. Obst und Gemüse) und zum baldigen Verzehr bestimmt sind, stellen weniger hohe Anforderungen an das Verpackungsmaterial. So erfüllen etwa Beutel aus Papier, Zellglas oder Kunststoff-Folien, Netze aus Baumwolle oder Kunststoff und Schalen aus Faserguss oder Kunststoff in hinreichendem Maße die an sie gestellten Funktionen der Bündelung und Hygiene. Zur Erhaltung und Verbesserung von Obst- und Gemüsekonserven reichen diese Verpackungen jedoch nicht aus und werden durch Glasbehälter, Konservendosen und entsprechend hochwertige Kunststoffe ersetzt. Bei der Verarbeitung von Lebensmitteln ist es darüber hinaus entscheidend, wie die Verpackungen den Verarbeitungsprozess (z. B. das Erhitzen bei der Sterilisation) überstehen, ohne auf das Produkt einen negativen Einfluss auszuüben, wie sie vor dem Gebrauch das Aufwärmen (z. B. Erhitzen von Fertiggerichten in der Mikrowelle) überstehen, ob sie tiefgefrierfähig sind, ob sie den Einsatz automatischer Abpackanlagen ermöglichen und Ähnliches mehr.

(b) Die Rationalisierungsnotwendigkeiten im Handel machen auch vor den früher bedienungsbedürftigen Frischwaren wie Obst und Gemüse und Fleischwaren nicht Halt. Für diese Produkte stellt sich damit ebenso wie für die verarbeiteten Lebensmittel die Frage nach einer Verpackung, die den Notwendigkeiten der Selbstbedienung gerecht wird. Der Handel stellt folgende Anforderungen an die Verpackung von Lebensmitteln:

- Die Ware muss sich „selbst verkaufen", d. h., alle notwendigen Informationen zur Kennzeichnung der Ware (Inhalt, Verfallsdatum, Handelsklasse u. a.) müssen gut erkennbar und lesbar angebracht sein. Die Produkte müssen den Regalen leicht zu entnehmen sein.

- Die Ware muss lager- und stapelfähig sein, d. h., sie muss bei wenig Platzbeanspruchung standfest und stabil sein und in den Ausmessungen den allgemein gültigen Normen entsprechen, damit die kostbaren Transport-, Lager- und Regalflächen optimal ausgenutzt werden. Auch müssen Abmessungen der Verpackung auf die verwendeten Lagerbehälter – z. B. bei den Abmessungen der Verpackung von Tiefkühlkost auf die Abmessungen von Tiefkühltruhen im Einzelhandel und bei den Käufern – abgestimmt werden.
- Der Verkauf soll die Personal- und Raumkapazitäten des Handels nicht unnötig belasten. Deshalb bevorzugt der Handel z. B. Einwegpackungen.
- Durch die Implementierung optischer Registrierungsgeräte (Scanner) an den Kassen des Einzelhandels verlangt der Handel, dass die Produkte Codezeichen tragen (nach einheitlicher europäischer Artikelnormierung EAN), die eine Identifizierung der Produkte durch die EDV ermöglichen und damit die manuelle Erfassung von Produkten und Preisen an der Kasse überflüssig machen.
- Die Verpackung muss diebstahlsicher sein, d. h., sie soll so wenig Anreiz wie möglich zum Diebstahl geben, nicht leicht zu verstecken sein, der Inhalt soll nicht leicht aus der Verpackung zu entnehmen sein und die Verpackung soll keine Zusteckmöglichkeit für andere Produkte bieten.

(c) Aus der Sicht des Käufers muss die Verpackung von Lebensmitteln folgenden Ansprüchen genügen:

- Die wichtigsten Produktinformationen (z. B. Inhalt, Preis, Haltbarkeit) müssen schnell erkannt werden können. Bei manchen Produkten, wie z. B. Kaffee, geben das Aussehen und die Kennzeichnung der Verpackung dem Käufer genügend Informationen über das Produkt und seine Qualität; bei Frischprodukten aber, wie Obst, Gemüse und Fleisch, will der Käufer das Produkt selbst beurteilen können. Die Verpackung darf die Inaugenscheinnahme des Produktes nicht verhindern (deshalb Sichtfenster, Klarsichtfolie). Bei verarbeiteten Produkten, insbesondere bei Markenartikeln, von deren Qualität der Käufer auch ohne direkte Inaugenscheinnahme der Produktsubstanz überzeugt sein kann, dient die Verpackung der Produktidentifizierung; Größe, Verpackungsmaterial und Form machen das Produkt im Einklang mit grafischen Symbolen und Farbkombinationen unverwechselbar.
- Regalentnahme, Transport und Lagerung sollen leicht und bequem zu bewerkstelligen sein. Bei täglich gekauften Produkten spielt die Handlichkeit eine besondere Rolle.
- Die Verpackungen sollen ohne viel Aufwand geöffnet (Aufreißdeckel) und eventuell wieder verschlossen (Schraubdeckel) werden können. Dieser Aspekt ist vor allem vor dem Hintergrund einer sich verschiebenden Alterspyramide und der damit einhergehenden verstärkten Bedeutung eines „Seniorenmarketings“ von Bedeutung. Der Inhalt soll leicht zu entnehmen sein, wobei oft auch die einwandfreie Dosierung bei portionsweiser Verwendung des Produktes bedeutsam ist. Die Zubereitung soll mühelos und ohne Beschädigung von Produkt und Verpackung (z. B. das Erwärmen von Tiefkühlgerichten) durchgeführt werden können, wenn es nicht sogar möglich ist, die Produkte in der Verkaufspackung bereits tischfertig zu präsentieren (z. B. Saucen und Gewürze).

- Die Verpackung soll mühelos entfernt und vernichtet (bzw. zweckentfremdet wiederverwendet) werden können (z. B. Gläser zum Einkochen von Marmelade).

Diesen rationalen Anforderungen stehen irrationale Komponenten gegenüber, wie ästhetische Ansprüche an die Form und Urteile über den Wert von Verpackungen oder die Meinung, dass Duft und Aroma der Produkte durch bestimmtes Verpackungsmaterial leichter beeinflusst werden als durch anderes. So sind beispielsweise viele Käufer davon überzeugt, dass von Weißblechdosen ein Blechgeschmack auf Lebensmittel übergeht, obwohl die Metallpackungen diesen Mangel nachweisbar nicht haben. Glaspackungen gelten im Allgemeinen als besonders hygienisch. Nicht zuletzt deshalb wird Babynahrung vornehmlich in Gläsern verpackt.

Bei Lebensmitteln, die vorwiegend des Genusses wegen konsumiert werden, wie Pralinen und Bonbons, spielt die Anmutungsqualität der Verpackung eine große Rolle. Ein typisches Beispiel hierfür sind Bonbonieren aus Glas, die ihren süßen Inhalt sichtbar präsentieren, die Naschlust wecken und sich hervorragend zu Geschenkzwecken eignen.

(d) In jüngster Vergangenheit wurden die Stimmen immer lauter, die vor der von der Verpackung ausgehenden Umweltbelastung warnen. Besonders stark werden diese Warnungen im Hinblick auf Lebensmittelverpackungen ausgesprochen, weil ein großer Teil des Verpackungsmaterials, wie wir gesehen haben, für Lebensmittel verwendet wird.

Eine Patentlösung zur Überwindung der auftretenden Interessengegensätze gibt es nicht. Die Käufer wünschen Bequemlichkeit (z. B. Wegwerfpackungen), Handel und Hersteller möglichst wenig Personalbelastung (z. B. keine Mehrwegflaschen), Umweltschützer dagegen eine Verringerung des Müllberges (z. B. durch Mehrwegflaschen). Möglichkeiten der Problemlösung bestehen z. B. in Maßnahmen, die den Verfall des Verpackungsmaterials (besonders der Kunststoffe) beschleunigen, die eine erneute Verwendung der ausgedienten Verpackungen im Auge haben oder die eine zweckentfremdete Zweitnutzung forcieren.

(3) Kennzeichnung von Lebensmitteln

Wie auch andere Konsumgüter müssen Lebensmittel für die Massendistribution deutlich gekennzeichnet werden. Die meisten Lebensmittel sind deshalb mit Kennzeichen versehen, die einerseits der Identifikation dienen, andererseits die Funktion von Qualitätssymbolen zu erfüllen haben. Hierbei begegnen uns die verschiedenen Arten von Markierungen. Herkunfts- und Gütezeichen sind auf Lebensmittelmärkten stärker verbreitet als auf anderen Konsumgütermärkten. Dies ist darin begründet, dass das Produktionsvolumen des einzelnen Anbieters in vielen Fällen für die Beschickung überregionaler Märkte zu gering ist. Es liegt daher nahe, mit einer gemeinsamen Markierung die Voraussetzungen für den Marktzugang zu schaffen. Einige Beispiele für Güte- und Herkunftszeichen sind in den Übersichten D.6 und D.7 zusammengestellt.

Besondere Bedeutung hat in den letzten Jahren das **QS-Prüfzeichen** der QS Qualität und Sicherheit GmbH mit Sitz in Bonn erlangt. Die Gründung erfolgte 2001 aufgrund der Erfahrungen mit der BSE-Krise von Verbänden der Lebensmittelwirtschaft für den Bereich Fleisch und Fleischwaren.

Gesellschafter des Unternehmens sind der Deutsche Raiffeisenverband (DRV), der Deutsche Bauernverband (DBV), der Verband der Fleischwirtschaft (VDF), der Bundesverband der Deutschen Fleischwarenindustrie (BVDF), die Handelsvereinigung für Marktwirtschaft (HfM) sowie (bis 2009) die Centrale Marketing-Gesellschaft der deutschen Agrarwirtschaft (CMA).

Übersicht D.6

Güte- und Prüfzeichen für Lebensmittel

Im Jahr 2004 wurde die Fachgesellschaft QS Obst-Gemüse-Kartoffeln GmbH gegründet. Gesellschafter sind der Bundesausschuss Obst und Gemüse (BOG), die Bundesvereinigung der Erzeugerorganisationen Obst und Gemüse e.V. (BVEO), der Zentralverband Gartenbau e.V. (ZVG), die Union der Deutschen Kartoffelwirtschaft e.V. (UNIKA) und der Deutsche Fruchthandelsverband. Seit 2004 gibt es zudem die QS Fachgesellschaft Geflügel GmbH. An dieser ist der Zentralverband der Deutschen Geflügelwirtschaft e.V. (ZDG) beteiligt.

Mittels des QS-Prüfzeichens (Übersicht D.8) werden Fleisch und Fleischwaren sowie frisches Obst, Gemüse und Kartoffeln gekennzeichnet. Es gilt sowohl für deutsche als auch für ausländische Produkte. Andere Erzeugnisse (z. B. Milch, Fisch und Eier) tragen kein QS-Prüfzeichen. Voraussetzung für die Zeichennutzung ist die Herstellung und Vermarktung der Produkte nach den Kriterien des QS-Prüfsystems.

Übersicht D.7

Regionale Herkunftszeichen in Deutschland

Rheinland-Pfalz	Baden-Württemberg	Saarland
Hessen	Bayern	Brandenburg
Thüringen	Sachsen	Hunsrück
Eifel	Nordrhein-Westfalen	Rhön

Übersicht D.8

QS-Prüfsiegel

QS – Ihr Prüfsystem
für Lebensmittel

Das QS-Prüfzeichen umfasst Anforderungen an die Produktqualität, die Landwirtschaft, den Futtermittelsektor, die Schlachtung und Zerlegung, die Verarbeitung und den Lebensmittelhandel. Das QS-Prüfsystem ist somit ein „stufenübergreifendes Qualitätssicherungssystem“ für Lebensmittel. Es steht für eine umfassende Prozess- und Herkunftssicherung, welche von der Erzeugung über die Verarbeitung bis hin zur Vermarktung reicht („from farm to fork“). Das Ziel ist eine durchgängige Rückverfolgbarkeit der Waren vom Handel bis zum Futtermittellieferanten.

Das Kontrollsystem umfasst dabei drei Stufen: die betriebliche Eigenkontrolle, die neutrale Kontrolle und die Kontrolle der Kontrolle. Die Eigenkontrolle basiert im Wesentlichen auf der laufenden Dokumentation der Betriebsabläufe, deren Überwachung durch neutrale Zertifizierungsstellen erfolgt. Hinzu kommen ergänzende Laboruntersuchungen von Produktproben (z. B. Salmonellen-, Futtermittel- sowie Rückstandsmonitoring). Mit der Kontrolle der Kontrolle wird die Arbeit der neutralen Zertifizierungsstellen und Labore in Ringversuchen, Stichprobenaudits und Rückverfolgbarkeitsuntersuchungen überwacht. Dies geschieht durch die QS GmbH selbst oder durch eine von ihr beauftragte Institution.

Die Teilnahme am QS-Prüfsystem ist für die zu zertifizierenden Unternehmen freiwillig. Mögliche Verstöße innerhalb des Systems ahndet ein unabhängiger Sanktionsbeirat. Neben Abmahnungen oder Geldstrafen kann in akuten Fällen der Betrieb unmittelbar nach der Kontrolle gesperrt und die entsprechenden Produkte mit dem QS-Prüfzeichen können aus dem Handel genommen werden.

In den letzten Jahren hat mit dem 2001 eingeführten deutschen **Bio-Siegel** zudem ein staatliches Siegel eine verstärkte Popularität und Bekanntheit erfahren (Übersicht D.9). Mit diesem sechseckigen, grün-schwarz-weißen Symbol können in Deutschland Lebensmittel und andere Produkte gekennzeichnet werden, die den Kriterien der Verordnung (EWG) Nr. 2092/91 über den ökologischen Landbau (Europäische Öko-Verordnung oder EG-Öko-Verordnung) genügen. Die Nutzung des Bio-Siegels ist für alle Marktbeteiligten freiwillig und kostenlos. Zentrale Anforderungen sind, dass die mit dem Siegel gekennzeichneten Lebensmittel weder bestrahlt noch durch oder mit gentechnisch veränderte/n Organismen erzeugt werden dürfen. Des Weiteren ist der Einsatz synthetischer Pflanzen-

Übersicht D.9

Bio-Siegel

schutzmittel und leicht löslicher mineralischer Dünger untersagt. Die Produkte dürfen gemäß der EG-Öko-Verordnung bei bestimmten Rohstoffen jedoch bis zu 5% konventionell erzeugte Bestandteile enthalten.

Neben dem Bio-Siegel existiert eine Vielzahl von privaten Standards (z.B. Demeter oder Naturland), die erweiterte bzw. teilweise strengere Anforderungen stellen. Die Zertifizierungsgrundlage für diese Standards sind jedoch die Anforderungen der EG-Öko-Verordnung, d.h., eine Verbandszertifizierung ohne eine Bio-Zertifizierung ist nicht möglich.

Neben dem deutschen Bio-Siegel gibt es auch ein **EU-Bio-Siegel**, das in allen EU-Amtssprachen und in verschiedenen Versionen herausgegeben wird. In deutscher Sprache sind die Bezeichnungen „Biologische Landwirtschaft" und „Ökologischer Landbau" erlaubt. Aufgrund des hohen Bekanntheitsgrades des staatlichen deutschen Siegels und der Standards der Anbauverbände wird dies bislang jedoch relativ wenig verwendet, während es sich in anderen EU-Mitgliedsstaaten stärker durchgesetzt hat.

Seit Anfang 2009 gilt die neue EG-Öko-Verordnung (Verordnung Nr. 834/2007) und löst die bisher geltenden EG-Rechtsvorschriften für den ökologischen Landbau ab. Bei vorverpackten Lebensmitteln wird die Verwendung des EU-Logos für ökologische Produktion damit verpflichtend, wobei dies durch einzelstaatliche (z.B. deutsches Bio-Siegel) oder private Logos ergänzt werden kann.

(4) Image von Lebensmitteln

Die Besonderheiten und die unterschiedlichen Imageausprägungen bei den verschiedenen Käufer- bzw. Verwenderschichten erschweren generelle Aussagen über das Image von Lebensmitteln. Jedoch spielt im Allgemeinen die stoffliche Beschaffenheit der Produkte eine erhebliche Rolle: Sättigungseffekt, Eignung als Durststiller (bei Getränken), Frische, Geschmack und zunehmend der Gesundheitswert sind wichtige Faktoren. Deutliche Unterschiede, die zum Teil Klischeevorstellungen widerspiegeln, zum Teil aber auch davon eher abweichen, werden z.B. bei dem Vergleich der Images dreier alkoholischer Getränkegruppen – Bier, Wein und Schnaps – deutlich (siehe Übersicht D.10). Die Übersicht D.11 veranschaulicht die Verbraucherpräferenzen für die Produkte Zucker und Süßstoff im Vergleich am Beispiel einer älteren Untersuchung.

Das Image kann sich im Zeitablauf ändern. Das Nahrungsmittelimage ist in einigen Fällen generell stark produktbezogen. Objektiv leicht erkennbare Dimensionen wie Größe, Form, Farbe, Geschmack, Geruch u.Ä. sind dominierende Imagedimensionen. Der Käufer hat einen leichten Zugang zur tatsächlichen Beschaffenheit der Produkte, er lässt sich nicht leicht durch schmückendes Beiwerk beeindrucken. Eine Änderung einzelner, besonders äußerlicher Produktmerkmale führt nicht so leicht zu Änderung des Images wie bei anderen Produkten. Zentraler Ansatzpunkt der Produktgestaltung muss daher die Erstellung und Gewährleistung sachlich guter Qualität sein.

Die Aussage gilt jedoch in erster Linie für Frischprodukte. Bei der zunehmenden Verarbeitung von Lebensmitteln gewinnen die Faktoren Zusatznutzen (Zubereitbarkeit, Handlichkeit u.a.) und Genusswert an Bedeutung. Die qualitative Beschaffenheit des Produktkerns spielt nicht mehr die zentrale Rolle im Produktimage, sie wird vielmehr zu einer notwendigen Bedingung, die der Käufer als selbstverständlich voraussetzt. Je mehr Anmutungsqualitäten Lebensmittel auf diese Weise gewinnen, umso größer wird der Spielraum der Hersteller, das Image ihrer Produkte durch die Gestaltung äußerer Merkmale, wie Verpackung, Form und Farbe, zu beeinflussen.

Übersicht D.10

Das Image von Bier, Wein und Schnaps bei Verbrauchern in der Bundesrepublik Deutschland

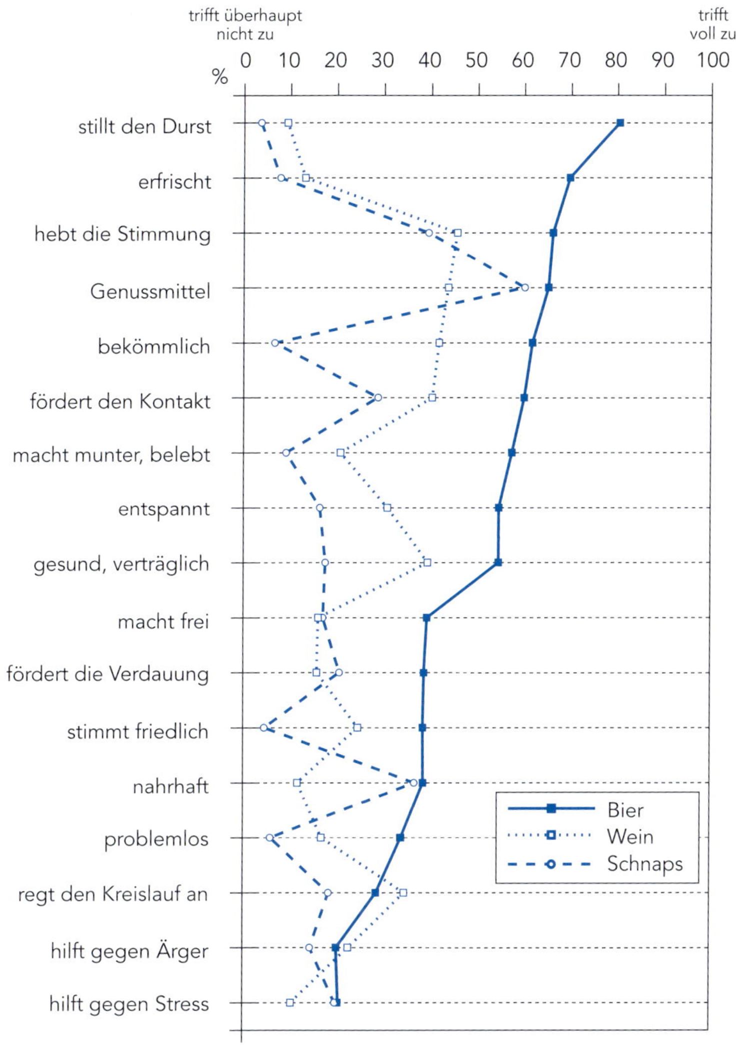

Quelle: MARPLAN Forschungsgesellschaft mbH/Offenbach (nach Fachzeitschrift „Brauwelt")

Übersicht D.11

Das Image von Zucker und Süßstoff bei Verbrauchern in der Bundesrepublik Deutschland

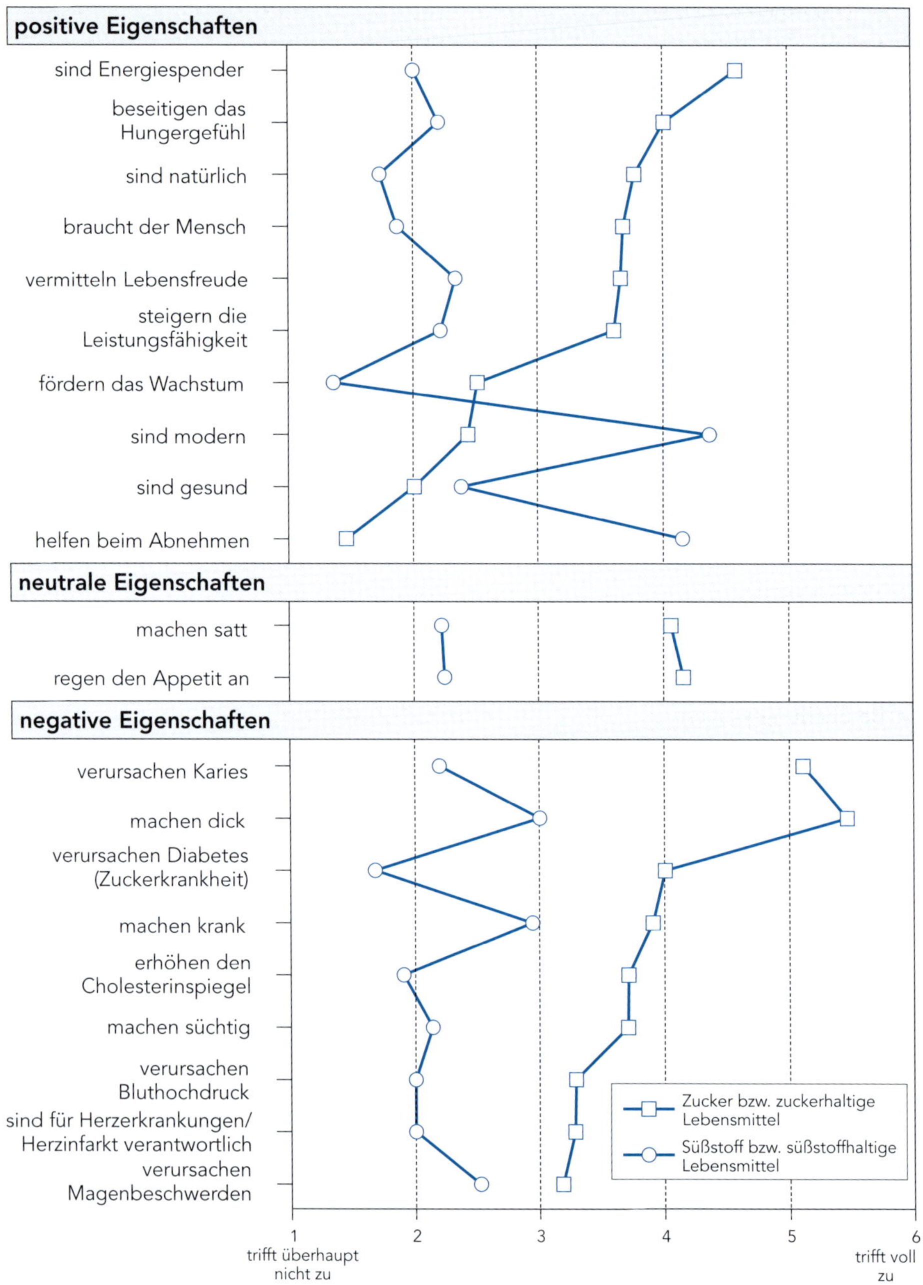

1.5 Besonderheiten der Produktpolitik für landwirtschaftliche Betriebsmittel

Im Unterschied zu Lebensmitteln haben landwirtschaftliche Betriebsmittel investiven Charakter oder dienen als laufender Input. Marketing für Betriebsmittel stellt daher schon an die Produktgestaltung völlig andere Ansprüche als das Konsumgütermarketing. Kennzeichnend für das Angebot des der Landwirtschaft vorgelagerten Bereichs sind daher die verschiedenen Komponenten (Marktleistung) des Angebots von Betriebsmittelherstellern:

- Sachgüter, d.h. die Produkte im engeren Sinne wie Maschinen, Schlepper, Düngemittel, Pflanzenschutzmittel, Saatgut;
- Verpackung;
- Dienstleistungen (Service) wie Beratung, Montage, Wartung;
- Liefer- und Zahlungsbedingungen, z.B. Lieferzeit, Garantie, Kundenkredit.

Mehr als im Konsumgüterbereich spielen klar definierte Kundenansprüche eine Rolle, die sich aus mehr oder weniger zwingenden Erfordernissen ableiten. Diese sind in erster Linie wirtschaftlicher und technischer Art. Infolgedessen werden die Landwirte ihre Kaufentscheidungen durch zuverlässige Informationen absichern und versuchen, rationale Entscheidungen unter Kosten-Nutzen-Aspekten zu treffen. Die Tragweite der Beschaffungs- und Investitionsentscheidungen unter derzeit angespannter Kostensituation zwingt dazu.

Man spricht beim Kauf von Investitionsgütern und landwirtschaftlichen Vorleistungen von einer so genannten abgeleiteten Nachfrage; es werden nicht direkte Bedürfnisse befriedigt, sondern mittelbare: Weil Weizen produziert werden soll, entsteht eine Nachfrage nach Saatgut. Dies hat für die Produktgestaltung und für den Markterfolg die Konsequenz, dass die Bedarfsträger relativ exakte Kriterien und Wertanalysen als Entscheidungshilfen im Beschaffungsprozess nutzen. Die Eignung der angebotenen Leistungen für die vorgesehenen – oft differenzierten, u.U. individuellen – Einsatzzwecke kann systematisch überprüft werden. Emotionale Kaufmotive kommen dabei nur am Rande zum Tragen – natürlich kann der Kauf eines Schleppers einer bestimmten Marke auch aus Prestigegründen erfolgen. Im Vergleich zu Konsumgütern kann daher bei Betriebsmitteln der Einsatz von Marketinginstrumenten, besonders der Werbemittel, eventuelle Schwächen bei Produkteigenschaften nur geringfügig überspielen oder erfolgreich verdrängen. Dies gilt umso weniger, da vor dem Hintergrund verschärfter Wettbewerbsbedingungen und Preiskonstellationen zu behauptende oder angestrebte Marktpositionen einzelner Anbieter vor allem durch überzeugende Produktleistungen erobert werden können.

(1) Produktbeschaffenheit

Weniger als bei Konsumgütern spielen bei Betriebsmitteln Produkteigenschaften wie Ästhetik, Symbolik in Form und Farbe eine Rolle. Diese wie auch die inneren Produkteigenschaften, der Produktkern und das verwendete Material sind im Wesentlichen technisch bedingt und für Kaufentscheidungen von untergeordneter Bedeutung, sofern sie den Anwendungserfordernissen entsprechen. Betriebsmittel haben konkrete Funktionen zu erfüllen; die Anbieter haben daher bei der Produktgestaltung zunächst eine Reihe von Basisentscheidungen zu treffen, die sich im Wesentlichen auf die folgenden Fragen nach dem **Spezialisierungsgrad** konzentrieren:

- Sollen **universal** verwendbare Produkte hergestellt werden? In der Landbewirtschaftung vielseitig einsetzbare Schlepper, Breitbandpflanzenschutzmittel und Grunddünger sind Beispiele für solche Produkte, aber auch für die Ernte verschiedener Körnerfrüchte leicht umfunktionierbare Mähdrescher zählen zu dieser Produktgruppe.

- Soll das Produkt eine sehr **spezielle** Funktion erfüllen? Hier sind beispielsweise Landmaschinen mit hohem Spezialisierungsgrad wie für den Sonderkulturanbau, die Futterbergung usw. zu nennen. Ackerschlepper und Landmaschinen für den Lohnunternehmer haben dabei oft betriebsindividuelle Anwendungsbereiche und können sogar als Einzelanfertigungen konzipiert werden. Viele Vorleistungen in der landwirtschaftlichen Produktion (Pflanzenschutz-, Dünge-, Futter-, Tierarzneimittel) haben ganz speziellen Anforderungen zu genügen und müssen gezielt einsetzbar sein.

Aus den genannten Basisfragen erwachsen absatzwirtschaftliche Konsequenzen, die bei der Produktentwicklung bedeutsam sind.

Die Marketingprobleme bei universal anzuwendenden Betriebsmitteln sind davon abhängig, ob die Nachfrager aus Gründen der Einsatzvariabilität solche Produkte wünschen oder ob die Anbieter breit angelegte Produkte bevorzugen, um die mit der Spezialisierung auf eine enge Nachfragergruppe verbundenen Probleme zu verringern. Der Nachfrager ist im ersten Fall in der Regel bereit, die höheren Kosten eines vielseitigeren Betriebsmittels zu tragen. Liegt dagegen eine anbieterbetonte Produktionskonzeption vor, so wird der Nachfrager einen höheren Preis nicht akzeptieren, wenn er keine Zusatzleistungen in Anspruch nehmen kann. Universalprodukte und damit vielfach auch serienmäßig herstellbare Betriebsmittel ermöglichen dagegen eine Kostendegression, da sie einem größeren Kundenkreis angeboten werden können.

Bei Spezialbetriebsmitteln können aber ebenfalls relativ große und aufnahmefähige Nachfragersegmente – wie für Feldhäcksler – und kleine Nachfragergruppen, beispielsweise für selbst fahrende Feldhäcksler, bedient werden. Auch hier stellt sich daher die Frage nach standardisierter Produktion oder nahezu individueller Ausrichtung auf bestimmte Kundenwünsche.

Um diese Grundsatzentscheidungen adäquat an den Marktpotenzialen auszurichten, müssen der Produktentwicklung und -konzeption umfangreiche Analysen vorausgehen. Der Landwirt sieht sich einer Vielzahl von Produkten mit ähnlichem Zweck gegenüber. Die Produktpolitik hat daher zu berücksichtigen, durch welche Produkteigenschaften das eigene Produkt sich von den Konkurrenzprodukten abheben kann.

Die Wahrnehmung einer Menge von Produkten durch die Landwirte und deren Präferenzen für bestimmte Produktmerkmale können in Marktmodellen zum Ausdruck gebracht werden, die im Folgenden beispielhaft anhand von Modellmärkten für Ackerschlepper und Pflanzenschutzmittel demonstriert werden sollen. Mit solchen sog. Wahrnehmungs- und Präferenzlandkarten kann einerseits die Produktpositionierung am Markt unterstützt werden, andererseits auch die Analyse der derzeitigen Marktposition eines dieser Produkte veranschaulicht werden, um daraus Strategien für Produktvariationen oder -innovationen abzuleiten.

Übersicht D.12 zeigt in Anlehnung an Backhaus ein Beispiel für eine zweidimensionale Wahrnehmungslandkarte für Ackerschlepper verschiedener Fabrikate. Die beiden Achsen im Koordinatensystem stehen stellvertretend für zwei Kriterien bzw. Produkteigenschaften, die im Modellverlauf erst später spezifiziert werden können. Im Beispiel sind diese als

- Zuverlässigkeit des Schlepperfabrikates und
- Einsatzvariabilität

identifiziert worden.

Übersicht D.12

Modell zur Produktpositionierung von Ackerschleppern

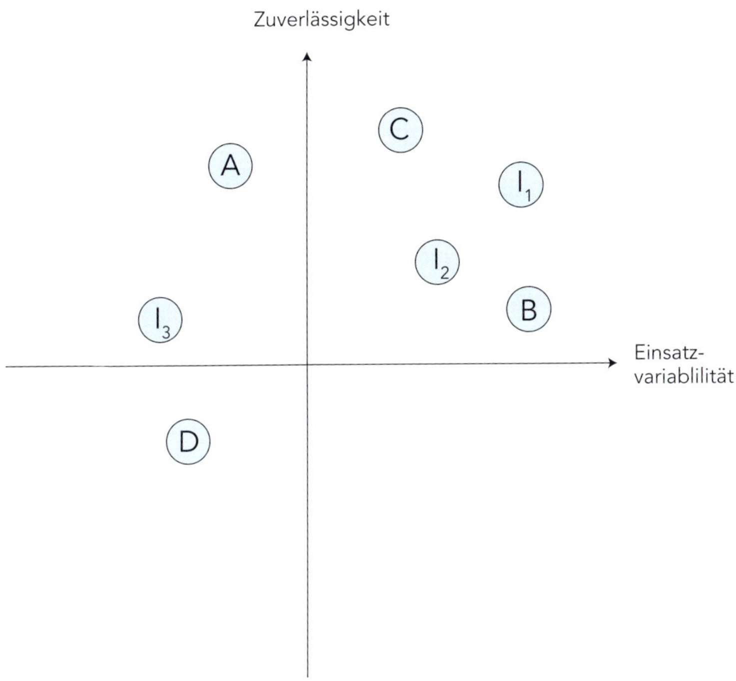

Bei der **Multidimensionalen Skalierung** (MDS), die ebenso wie die Faktorenanalyse (s. u.) zur Erstellung solcher Wahrnehmungslandkarten geeignet ist, geht man folgendermaßen vor: Landwirte werden nach Aussagen zur Ähnlichkeit von Schlepperfabrikaten befragt. Eine Vielzahl von Kombinationen verschiedener Fabrikate muss miteinander auf Äußerungen der Form „Fabrikat A ist Marke C ähnlicher als Marke B“ überprüft werden. Daraus lassen sich verschiedene Fabrikate im zweidimensionalen Raum anordnen. Die relativen Positionen der Fabrikate zueinander werden durch die Abstände der Produkte im Koordinatensystem verdeutlicht. Angaben qualitativer Art – wie z. B. „Fabrikat A ist besser/schlechter als Fabrikat C“ – lassen sich aus diesem Positionierungsergebnis nicht ableiten. Das Modell kann aber die Präferenzen der Landwirte für einzelne Fabrikate identifizieren und begründen. Dazu werden Eigenschaften gesucht, die eine Anordnung der Fabrikate begründen könnten, Merkmale also, die für die Ähnlichkeiten verschiedener nahe gelegener Marken oder für die Unterschiede weit voneinander entfernt positionierter Schleppertypen verantwortlich gemacht werden könnten. Diese Interpretation ist beispielsweise möglich aufgrund von Expertenurteilen, und man kann zu dem Ergebnis kommen, dass Fabrikat A mit Fabrikat C die Eigenschaft der Zuverlässigkeit teilt, Fabrikat B dagegen aufgrund der höheren Einsatzbreite sehr weit von Marke D entfernt liegt.

Sind diese beiden Produktmerkmale spezifiziert worden, kann noch keine Aussage über die Präferenzen der Landwirte für bestimmte Fabrikate gemacht werden. Hierzu können mit Hilfe des MDS-Verfahrens Idealprodukte in das Modell eingebaut und mitpositioniert werden, die jeweils die Präferenzen einer bestimmten Zielgruppe von Landwirten repräsentieren. Die Zielgruppen können etwa nach den Bedarfsgruppen Ackerbauer, Winzer, Forstwirte etc. abgegrenzt werden. Daraufhin muss der Anbieter von Ackerschleppern entscheiden, welche dieser Zielgruppen er mit seinen Produkten erreichen will und welche produktpolitischen Konsequenzen dies haben wird. Neben einer völligen Neuentwicklung kann er sich für eine Produktvariante, eine besser auf seine Zielgruppe abgestimmte Produktdifferenzierung oder auch für die Eliminierung eines Schleppertyps aus dem Programm entscheiden.

Das folgende Beispiel zeigt, wie man Pflanzenschutzmittel mit Hilfe der **Faktorenanalyse** positionieren kann. Durch Befragung von Landwirten werden mit Hilfe von Polaritätsprofilen die Kriterien zur Beurteilung verschiedener Pflanzenschutzmittel auf ihren Erklärungsbeitrag hin untersucht. Mit Hilfe der Faktorenanalyse werden diese Mitteleigenschaften in drei Gruppen (Faktoren) zusammengefasst. Das Ergebnis könnte etwa folgendermaßen aussehen:

Faktor I	1. bekämpft jedes Unkraut sicher
	2. bekämpft jedes Ungras sicher
	3. seine Bekanntheit bürgt für Qualität
	4. ist erprobt und zuverlässig
	5. ist bekannt für Höchsterträge
Faktor II	1. seine Wirkung ist sehr witterungsabhängig
	2. man muss es mit größter Sorgfalt einsetzen
	3. es ist sehr aggressiv
	4. es hinterlässt unangenehme Farbrückstände auf der Haut
	5. es ist an einen eng begrenzten Spritztermin gebunden
Faktor III	1. es schädigt das Getreide kaum
	2. es ist sehr gut sortenverträglich
	3. es ist sehr wirtschaftlich in der Anwendung
	4. es ist auf jedem Boden einsetzbar.

Aufgrund ihrer jeweiligen Ladungen könnte man die Faktoren etwa folgendermaßen interpretieren:

Faktor I	„bekanntes, zuverlässiges Mittel mit breitem Wirkungsspektrum"
Faktor II	„verlangt viel Sorgfalt beim Einsatz"
Faktor III	„ist getreideverträglich und standortunabhängig".

Als Ergebnis ist die Positionierung der Produkte A, B, C usw. in dem gefundenen dreidimensionalen Raum in der Übersicht D.13 dargestellt. Man sieht, dass die Produkte sehr unterschiedliche Images bei den Landwirten haben.

Diese Vorgehensweisen bei der Positionierung der eigenen in das Umfeld konkurrierender Produkte können analog sehr gut auf die Produkte Futtermittel, Saatgut und natürlich auch auf den Bereich weiterer Landmaschinen angewandt werden.

Für alle Anbieter landwirtschaftlicher Betriebsmittel ist es von existenzieller Bedeutung, der Produktentwicklung höchste Aufmerksamkeit zu schenken. Die **Forschung und Entwicklung** kann von verschiedenen Impulsen ausgehen.

- Sie kann generell erfolgen oder bei konkreter Aufgabenstellung eingesetzt werden.
- Ideen können im Unternehmen selbst entwickelt werden oder auf Anstößen von außen beruhen.

Übersicht D.13

Faktorenanalyse zur Positionierung von Pflanzenschutzmitteln

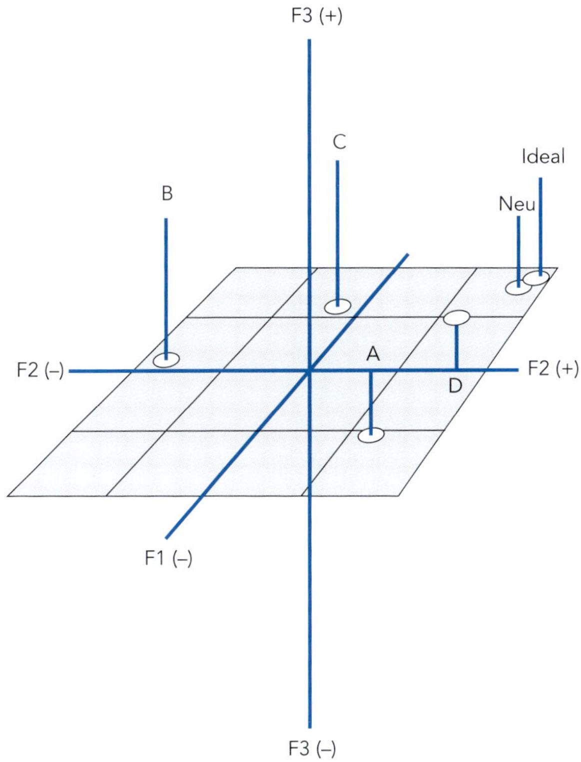

Besondere Bedeutung gewinnen strategische Allianzen im Bereich der Forschung und der Entwicklung, da enorme finanzielle Mittel für Forschung und Entwicklung aufgewandt werden müssen. Eventuell ist auch eine Auftragsvergabe an spezialisierte Forschungsinstitute zu erwägen.

Bei der Produktneuentwicklung und -weiterentwicklung im Bereich landwirtschaftlicher Betriebsmittel geht es

- um die konstruktive Gestaltung neuer bzw. besserer Maschinentypen;
- um die Entwicklung neuer Produktionsverfahren (Fütterungstechnik, Futterbergung, Melktechnik, Stalltechnik, Ernteverfahren);
- um die Erprobung neuer Formulierungen und Wirkstoffe (Pflanzenschutzmittel, Dünger, Futtermittel, Arzneien);
- um die Züchtung von Saatgut oder Tiermaterial.

Die Notwendigkeit der Forschung und Entwicklung für die landwirtschaftliche Zulieferindustrie wird besonders deutlich, wenn man sich folgende Aspekte verdeutlicht:

- Auf Änderungen der ökonomischen Rahmenbedingungen in der landwirtschaftlichen Produktion muss der Betriebsmittelhersteller schnell reagieren oder am besten schon vorbereitet sein. Eine weitsichtige Planung seiner Produkte ist erforderlich.

- Den Anforderungen der Abnehmer landwirtschaftlicher Produkte (Verarbeitung und Handel) an Qualitäten und Produktionsverfahren muss schon auf der vorgelagerten Stufe entsprochen werden (bei Ackerfrüchten: Saatgut, Düngung, Pflanzenschutz; bei Fleisch: Tiermaterial, Haltungsverfahren, Fütterung, Medikamente).
- Agrarpolitische Rahmenbedingungen wie die Agrarreform der Europäischen Union verändern die Rentabilität landwirtschaftlicher Produktion. Schneller als die Landwirte müssen Betriebsmittelhersteller mit Problemlösungen auf die Entwicklungen reagieren.
- Um dic steigenden Anforderungen landwirtschaftlicher Produkte und landwirtschaftlicher Produktionsprozesse an die Umweltverträglichkeit zu erfüllen, muss die Betriebsmittelindustrie Konzepte liefern. Im Bereich der Agrartechnik reichen die Möglichkeiten von tiergerechten Haltungsverfahren über Güllelagerung und -ausbringungstechnik (Schleppschläuche) bis zu Geräten zur mechanischen Unkrautbekämpfung. Unternehmen der Saatgutzüchtung haben nach robusten, wenig krankheitsanfälligen und unkrautresistenten Sorten zu forschen. Pflanzenschutzmittel müssen umfangreichen Verträglichkeitsprüfungen unterzogen werden.

Die rasche Veränderung von Rahmenbedingungen des Marktes und der Gesetzgebung hat für die Betriebsmittelindustrie zur Folge, dass sich die Produktlebenszyklen verkürzen. Dies stellt die Neuentwicklung vor erhebliche Probleme. Eine Treffsicherheit neuer Produkte und deren Markterfolg werden bei steigenden Entwicklungskosten immer wichtiger. Komparative Kostenvorteile vorhandener, am Markt eingeführter Produkte werden schnell wieder überholt.

(2) Verpackung und Kennzeichnung

Die Verpackungsgestaltung – im Konsumgütermarketing ein wichtiges Instrument – spielt im Marketing von Betriebsmitteln unter absatzpolitischem Aspekt nur eine untergeordnete Rolle. Bei einer Vielzahl von Betriebsmitteln dient die Verpackung, wenn diese überhaupt erforderlich ist, fast ausschließlich dem Schutz der Ware bei Lagerung und Transport, sie kann aber auch zur Abgrenzung der Verkaufseinheit von Bedeutung sein. Verpackung erfüllt somit vorwiegend technische Funktionen.

Besondere Bedeutung gewinnen die technischen Anforderungen an das Verpackungsmaterial unter den Gesichtspunkten der Entsorgung und der Handhabung für den Käufer. Bei Pflanzenschutzmitteln kann die Entscheidung von Landwirten für die Wahl eines Mittels davon beeinflusst werden, ob eine restlose Entnahme aus den Behältern möglich, die Packungsgröße handlich, Markierungen eine genaue Dosierung ermöglichen und eine gute Wiederverschließbarkeit gewährleistet ist. Unter dem Aspekt der Umweltschonung, aber auch unter Kostengesichtspunkten ist für die Landwirte eine problemlose Entsorgung des Verpackungsmaterials entscheidend.

Die Verpackung hat auch kommunikative Aufgaben zu erfüllen. Sie gehen über die Angaben von Markenname und Firmenzeichen hinaus. Beispiele bieten Bedienungsanleitungen bei technischen Geräten und Werkzeugen, aber auch Anwendungs- und Applikationshinweise bei Pflanzenschutz- und Düngemitteln.

Wichtig ist auch die – bei Pflanzenschutzmitteln vom Gesetzgeber verordnete – Kennzeichnung auf der Verpackung (oder auf dem Produkt selbst wie bei Landmaschinen). Es sind eine Vielzahl obligatorischer Hinweise und Symbole anzugeben.

Das Julius-Kühn-Institut (Anfang 2008 hervorgegangen aus einem Zusammenschluss der früheren Biologischen Bundesanstalt für Land- und Forstwirtschaft, der Bundesanstalt für Züchtungsforschung an Kulturpflanzen und von zwei Instituten der Bundesforschungsanstalt für Landwirtschaft) hat für Pflanzenschutzmittel eine Fülle von Anwendungshinweisen und Gefahrenhinweisen ausgearbeitet. Diese müssen, um Manipulationsmöglichkeiten durch beschönigende Formulierungen auszuschalten, in vorgeschriebenem Wortlaut auf der Verpackung erscheinen. Der Hersteller ist damit angewiesen, durch diese Hinweise und Belehrungen auf die Gefahren bei der Verwendung sowie bei Lagerung und Transport der Mittel aufmerksam zu machen; dies muss auf jeder Verpackung und Verkaufseinheit deutlich gemacht werden.

Das Bundesinstitut für Risikobewertung (BfR) bewertet grundsätzlich die gesundheitlichen Risiken für Verbraucher, Anwender und zufällig Beteiligte, um sicherzustellen, dass von Pflanzenschutzmitteln keine Gesundheitsgefährdung ausgeht. Auf der Basis von wissenschaftlichen Studien leitet das BfR toxikologische Grenzwerte ab und erarbeitet Vorschläge für Rückstands-Höchstmengen. Zugleich dient die gesundheitliche Bewertung auch der Festlegung von Sicherheitsmaßnahmen für Anwender und indirekt Betroffene beim Umgang mit Pflanzenschutzmitteln.

Das Julius-Kühn-Institut wiederum prüft darüber hinaus, ob Anwendungsbeschränkungen vorliegen, und kann ein Mittel z. B. aufgrund der Bienenverordnung als „Bienengefährlich" einstufen oder eine so genannte Wasserschutzauflage („W-Auflage") anordnen, die auf der Packung deklariert werden muss und erhebliche Anwendungseinschränkungen zur Folge hat.

Des Weiteren müssen gesetzlich vorgeschriebene Kennzeichnungen beim Verkauf von Tierarzneimitteln, Reinigungs- und Desinfektionsmitteln beachtet werden.

(3) Produktqualität und Produktimage

Die Ausrichtung der Produktqualität auf das Anforderungsprofil der Nachfrager erfordert die zweckorientierte Gestaltung der verschiedenen Produkteigenschaften, von denen die wichtigsten bereits erwähnt wurden (s. Produktbeschaffenheit). Zusammenfassend lassen sich die Kriterien für die Qualität landwirtschaftlicher Betriebsmittel, immer unter Beachtung auch des Preis-Leistungs-Verhältnisses, wie folgt darstellen:

- Funktionalität;
- Wirtschaftlichkeit;
- Ertragskraft von biologischen Vorleistungen wie Saatgut, Tiermaterial;
- Ertragssteigernde Wirkung von Inputs wie Dünger, Pflanzenschutzmittel;
- Handhabung, Anwenderfreundlichkeit (auch in Bezug auf Verpackungen und deren Beschriftung);
- Umweltverträglichkeit.

Ein unter Beachtung dieser Kriterien ausgestaltetes, überzeugendes Produkt anzubieten, ist die zentrale Aufgabe der Produktpolitik und Grundvoraussetzung für den Markterfolg.

Aber auch auf Märkten für landwirtschaftliche Betriebsmittel werden i. d. R. zu jedem Produkt zahlreiche Substitute angeboten, so dass es dem Landwirt häufig schwer fällt, bestimmte einzelne Produkte nach ihrem für ihn bedeutsamen Gebrauchswert und Problemlösungspotenzial zu identifizieren. Sind die Produkte untereinander weitgehend homogen, ist das gängige Unterscheidungskriterium sicherlich der Preis. Die Hersteller versuchen aber, sich dem Preiswettbewerb wenigstens teilweise zu entziehen, indem sie ihre Erzeugnisse bei der Produktgestaltung so profilieren, dass sie sich von ihren Konkur-

Übersicht D.14

Güte- und Prüfzeichen für landwirtschaftliche Betriebsmittel (RAL-Gütezeichen)

renten abheben und ein spezifisches Image erlangen. Erreicht wird dieses Ziel auch hier durch die Schaffung von Markenartikeln. Auch die Kennzeichnung der Artikel mit anerkannten **Prüfzeichen** (vgl. Übersicht D.14) ist ein weit verbreitetes Instrument im Betriebsmittelmarketing. Dementsprechend der Vergabe von Herkunfts- und Gütezeichen für hochwertige Lebensmittel können auch Hersteller von Landtechnik und Betriebsmitteln Güte- und Prüfzeichen für ihre Produkte erlangen.

Ein Beispiel stellen die Qualitätsprüfungen dar, die von der DLG (Deutsche Landwirtschafts-Gesellschaft) regelmäßig vorgenommen werden.

Die Anschaffung landwirtschaftlich technischer Arbeitsmittel ist mit einem hohen Kapitaleinsatz verbunden. Um Fehlinvestitionen zu vermeiden, muss der Landwirt sich vor dem Kauf darüber informieren, welche Maschinen, Geräte oder Einrichtungen für die speziellen Gegebenheiten seines Betriebes (z. B. Größe, Bodenart, vorhandene Geräte, Tierart, Haltungsform) geeignet sind. Um den Landwirten objektive Entscheidungshilfen zu geben, führt die DLG Prüfungen an allen in landwirtschaftlichen Betrieben verwendeten technischen Arbeitsmitteln durch, z.B. Traktoren, Landmaschinen und Geräten sowie technischen Anlagen, Stalleinrichtungen und Betriebsmitteln. Diese Prüfungen werden im DLG-Testzentrum Technik und Betriebsmittel in Groß-Umstadt vorgenommen.

Die Untersuchungen können je nach Prüfungsart unter definierten Bedingungen auf dem Prüfstand, im analytischen Labor oder auch unter praktischen Einsatzbedingungen erfolgen.

Der DLG-SignumTest ist eine komplexe, viele Teilaspekte berücksichtigende Gebrauchswertprüfung mit vier Prüfungsabschnitten:

- Messung im praktischen Einsatz durch Prüfingenieure, die die Eignung eines landtechnischen Produktes unter den Bedingungen der Praxis untersuchen.
- Eine mehrmonatige Erprobung in ausgewählten landwirtschaftlichen Betrieben, bei der der Prüfgegenstand im normalen Betriebslauf eingesetzt wird (Feldversuch). Bei Stalleinrichtungen spielt die Bewertung der Tiergerechtheit eine wichtige Rolle.
- Eine Umfrage bei den Betrieben, die das gleiche Produkt bereits verwenden, um auch deren Erfahrungen zu nutzen.
- Ergänzende Untersuchungen auf dem Prüfstand, um Funktion, Haltbarkeit und Betriebs- und Arbeitssicherheit unter definierten Bedingungen zu ermitteln.

Bei erfolgreichem Abschluss des DLG-SignumTests wird das gleichnamige Prüfzeichen vergeben. Die Prüfergebnisse einschließlich ihrer Bewertung werden in einem DLG-Prüfbericht veröffentlicht.

Soll lediglich eine bestimmte Produkteigenschaft herausgestellt werden, kann durch Beschränkung der Prüfung auf ein oder wenige ausgewählte Kriterien das Prüfzeichen „DLG-FokusTest“ verliehen werden. Die Ergebnisse werden ebenfalls in einem DLG-Prüfbericht veröffentlicht.

Die Bewertung der Prüfergebnisse dient zur qualitativen Einordnung des Produkts innerhalb der Produktgruppe, gemessen am jeweiligen Stand der Technik.

Das Interesse der Landtechnikindustrie an den freiwilligen DLG-Prüfungen ist darin begründet, dass die Hersteller bei positivem Prüfungsabschluss eine Qualitätsauszeichnung erhalten. Die DLG-Prüfzeichen sind ein wichtiges Marketinginstrument der Landtechnikhersteller. Sie dokumentieren die objektiv festgestellte Qualität der geprüften Technik und heben sie so von nichtprämierten Konkurrenzprodukten ab. Durch Anbringung des jeweiligen Prüfzeichens am Produkt und der Verwendung in Prospekten und Anzeigen kann mit den DLG-Prüfzeichen geworben werden. Die neutralen Prüfberichte können gegenüber Kunden als Argumentationshilfe eingesetzt werden.

Weiterhin vergibt die DLG auch Gütezeichen und Prüfzeichen für geprüfte Betriebsmittel in der Landwirtschaft. Analog den Prüfungen im Lebensmittelbereich werden hier insbesondere Futtermittel, Hygieneprodukte verschiedener Art, aber auch Düngekalke und Siliermittel geprüft und zertifiziert. Durch wiederkehrende Qualitätskontrollen der Produkte einerseits und der Produktionsstätten andererseits wird eine gleichbleibend hohe Qualität der qualitätsgesicherten Betriebsmittel garantiert.

Die Voraussetzungen für die Schaffung eines **Markenartikels** sind ähnlich wie im Konsumgütermarketing die folgenden:

Ein Markenname muss gefunden werden und beim Patentamt angemeldet sein. Die Ware muss eine gleichbleibende bzw. verbesserte Qualität aufweisen. Das Produkt muss in gleichbleibender Menge pro Verkaufseinheit und in gleichbleibender Aufmachung angeboten werden. Der Verkaufserfolg gründet sich unter anderem auf den Bekanntheitsgrad. Einen hohen Bekanntheitsgrad für das angebotene Produkt zu erreichen, ist damit die Zielsetzung einer Markierung und ist aufgrund der o.g. Einschränkungen bei der Verpackungsgestaltung, insbesondere der kennzeichnungspflichtigen Angaben, nicht immer einfach. Die Produktpolitik kann nur marginal dazu beitragen, eine Marke bekannt zu machen. Einziges Instrument ist hier oft der Markenname auf dem Produkt oder sonstige Markenkennzeichen, die einen Wiedererkennungseffekt bewirken. Die Bekanntmachung und die Bewerbung des Produkts erfolgen in erster Linie über die kommunikationspolitischen Instrumente der Werbung und Verkaufsförderung, aber auch der PR-Arbeit.

1.6 Qualitätsmanagement

1.6.1 Grundlagen

Die Qualität eines Produktes oder einer Leistung ist zentraler Bestandteil der Produktgestaltung und damit ein wichtiger Teil der Produktpolitik. Häufig wird der Begriff „Qualität" immer noch eingeengt für die objektive Beschaffenheit des Produktes verwendet. Im vorausgehenden Abschnitt wurde aber bereits verdeutlicht, dass der Qualitätsbegriff den subjektiven Gesamtnutzen einschließen muss, den ein Produkt vermitteln kann und in den sowohl die objektiv messbaren Eigenschaften als auch subjektiv möglicherweise sehr unterschiedlich empfundene Merkmale einfließen. In diesem Sinne ist Qualität als die Übereinstimmung der Produkteigenschaften mit den Anforderungen des Kunden zu verstehen. Dieses Verständnis des Qualitätsbegriffes liegt daher auch der internationalen Norm DIN EN ISO 8402 zugrunde; sie definiert Qualität als „die Gesamtheit von Eigenschaften und Merkmalen eines Produktes oder einer Tätigkeit, bezüglich ihrer Eignung festgelegte und vorausgesetzte Erfordernisse zu erfüllen".

Das Eigenschaftsprofil eines Produktes kann dabei nicht langfristig festgelegt werden, sondern muss den sich wandelnden Anforderungen der als Nachfrager auftretenden Verbraucher, Handelsunternehmen oder Verarbeiter angepasst werden (dynamischer Aspekt der Qualität). Letztendlich bestimmt die nach ihrer Bedeutung gewichtete Nachfrage der einzelnen Stufen die Produktgestaltung und damit die Qualität der Produkte und Leistungen. Aufgabe des Qualitätsmanagements ist es, die Sollvorgaben der Produktpolitik zu verwirklichen.

Dabei beschränkt sich das Qualitätsmanagement nicht nur auf die Verbesserung der Qualitätssicherung im Fertigungsprozess, sondern bezieht sämtliche Unternehmensbereiche von der Produktidee bis zur Vermarktung des realisierten Produktes in den Prozess der Qualitätserzielung und -kontrolle ein.

Endproduktkontrollen, so wichtig sie sind, reichen allein für die Qualitätssicherung in immer komplizierter werdenden Produktionsprozessen nicht mehr aus, da bei der Feststellung von Fehlern oder Toleranzüberschreitungen eine Korrektur nicht mehr oder nur noch mit erheblichem Kostenaufwand möglich ist. Aus der Qualitätskontrolle am Ende des Produktionsprozesses als traditioneller Maßnahme zur Qualitätssicherung hat sich somit ein vorausschauendes und umfassendes Qualitätsmanagement im gesamten Unternehmen entwickelt. Die Qualität eines Produktes oder einer Leistung wird nicht mehr nur im Nachhinein kontrolliert, sondern von Anfang an geplant und verwirklicht. Die Ausrichtung der Unternehmenspolitik weitestgehend an Qualitätsgrundsätzen erfolgt im Zuge des Total Quality Management (TQM). Diese Führungsphilosophie setzt sich die Qualitätssicherung des gesamten Unternehmens zum Ziel.

(a) Qualitätsmanagementsysteme

Ein Qualitätsmanagementsystem erfasst, beschreibt und dokumentiert alle qualitätsbezogenen Aktivitäten in einem Unternehmen. Das Qualitätsmanagementsystem besteht aus der organisatorischen Struktur (Aufbauelemente), den zuständigen Personen (Führungselemente), den Verfahren und Arbeitsabläufen (Ablaufelemente) sowie aus Methoden, die Qualitätsziele eines Unternehmens zu verwirklichen (Qualitätsplanung, -lenkung, -prüfung und -verbesserung). Ein Unternehmen verfolgt mit der Einrichtung eines Qualitätsmanagementsystems zwei grundlegende Ziele:

- Durch ein geregeltes Verfahren sollen Produkte mit definierter Qualität zu geringeren Kosten hergestellt werden.
- Das Vertrauen des Kunden in die begründete Qualität und Zuverlässigkeit der Produkte und Dienstleistungen soll erlangt werden.

Um die Qualität eines Erzeugnisses während seines gesamten Entstehungsprozesses gezielt zu führen, integriert das Qualitätsmanagementsystem in der Art eines Regelkreises alle Unternehmensbereiche. Durch die phasenweise Darstellung des Entstehungsprozesses eines Erzeugnisses veranschaulicht der so genannte Qualitätskreis (Übersicht D.15) die Umorientierung vom ursprünglich primär ergebnisorientierten Qualitätsverständnis hin zu

Übersicht D.15

Der Qualitätskreis

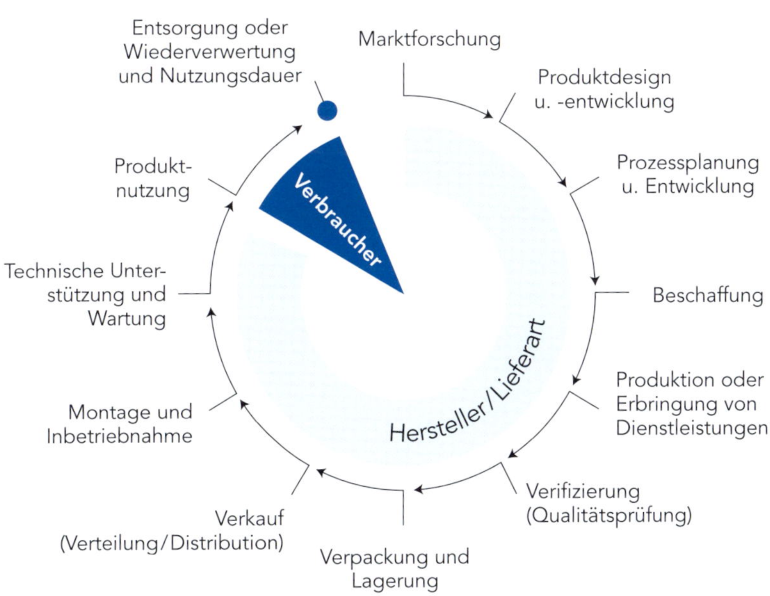

einer prozessorientierten Qualitätsbetrachtung (Quelle: DIN EN ISO). Alle betrieblichen Prozesse von der Produktplanung und -entwicklung über die Beschaffung und Produktion bis hin zum Verkauf und der Entsorgung werden unter dem Aspekt der Sicherung der Qualität strukturiert und dokumentiert. Nur ein optimiertes Zusammenwirken der verschiedenen Unternehmensbereiche, besonders auch an deren Schnittstellen, während aller Phasen der Leistungserstellung kann die Einhaltung bestimmter Qualitätsanforderungen sicherstellen.

Wesentlicher Bestandteil eines effektiven Qualitätsmanagementsystems sind für alle Mitarbeiter erkennbare, klare und eindeutige Zuständigkeiten und Verantwortlichkeiten sowie detaillierte und unmissverständliche Verfahrens- und Arbeitsanweisungen. Das Qualitätsmanagement gliedert sich in eine Aufbau- und Ablauforganisation. Die Aufbauorganisation regelt die Zuständigkeit der Mitarbeiter für die verschiedenen qualitätsbezogenen Tätigkeiten im Unternehmen und die Verantwortung der Mitarbeiter für die Einhaltung der geforderten Qualität in ihrem Tätigkeitsbereich. Die Ablauforganisation beschreibt die Aufgabenverteilung und die Gestaltung von Arbeitsabläufen. Aufbau- und Ablauforganisation haben wesentlichen Einfluss auf die Wirtschaftlichkeit der Produktion, die Einhaltung technischer Forderungen, die Zuverlässigkeit von Erzeugnissen und Dienstleistungen und langfristig auf die Imagebildung des Unternehmens.

Als Grundlage für die Einrichtung eines Qualitätsmanagementsystems ist die von der International Organisation for Standardisation (ISO) erarbeitete Normenreihe DIN EN ISO 9000 ff. heranzuziehen. Sie wird weltweit als Standard für Qualitätsmanagementsysteme zugrunde gelegt und enthält allgemeingültige Regeln über den zweckmäßigen Aufbau von Qualitätsmanagementsystemen, die an die jeweiligen branchen- und betriebsspezifischen Gegebenheiten anzupassen sind. Qualitätsmanagementsysteme sind zwar von Unternehmen zu Unternehmen unterschiedlich, so dass eine allgemeine Normierung des Qualitätsmanagementsystems nicht möglich ist. Ihre Aufbau- und Ablaufelemente sind jedoch weitgehend identisch, was eine unternehmens- und branchenübergreifende Vereinheitlichung der Anforderungen an diese Elemente ermöglicht. Die Normenreihe DIN EN ISO 9000 ff. beschreibt nur die Mindestanforderungen an ein funktionsfähiges Qualitätsmanagementsystem nach dem Stand der Technik. Ihre Einhaltung garantiert somit noch

Übersicht D.16

Überblick und Funktion der Normenreihe DIN EN 9000 ff. (1994)

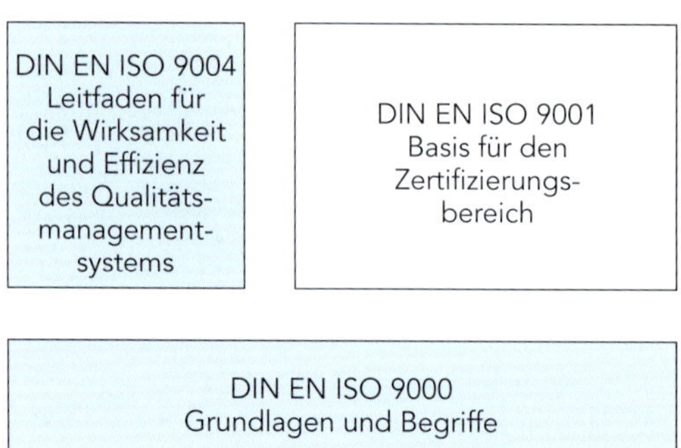

Übersicht D.17

Acht Grundsätze des Qualitätsmanagements gemäß DIN EN ISO 9004:2000

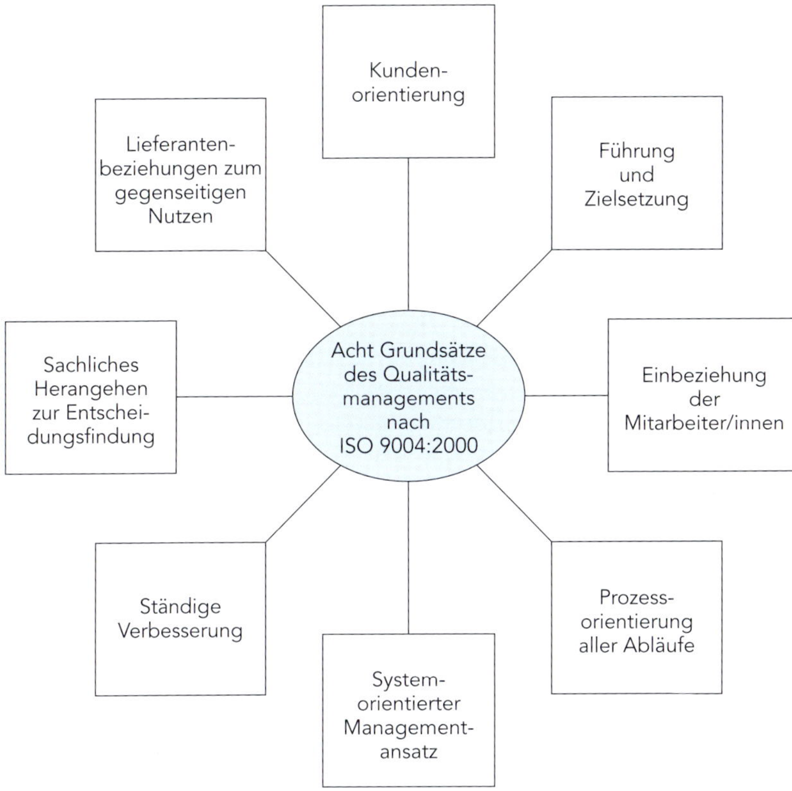

kein bestimmtes Qualitätsniveau der Erzeugnisse eines Unternehmens, es ist vielmehr als Gewährleistung für einen kontrollierten und beherrschten Produktionsprozess bzw. für eine kontrollierte Dienstleistung zu verstehen.

Die Normenreihe DIN EN ISO 9000 ff. umfasst einen Katalog von Verfahrens- und Arbeitsanweisungen. Als übergeordnete Norm gibt DIN EN ISO 9000 Empfehlungen zur Auswahl und Anwendung der Teilnormen 9001 und 9004, erläutert Grundlagen und definiert verwendete Begriffe (vgl. dazu Übersicht D.16). Als Leitfaden für die Wirksamkeit und Effizienz des Qualitätsmanagementsystems kann die DIN EN ISO 9004 betrachtet werden. Diese definiert und beschreibt die wichtigsten Elemente eines Qualitätsmanagementsystems, und zwar für alle Phasen des Qualitätskreises von der Ermittlung der Qualitätsansprüche des Abnehmers bis zu ihrer Zufriedenstellung. Die Teilnorm DIN EN ISO 9001 erfasst die Qualitätssicherung von der Entwicklung über die Produktion bis hin zum Kundendienst und bezieht so alle Unternehmensbereiche in die Qualitätsarbeit mit ein – sie dient als Grundlage für die Zertifizierung (Audi). Diese orientiert sich an Normelementen, die auf den in ISO 9004 festgeschriebenen acht Grundsätzen basieren (vgl. dazu Übersicht D.17). Generell unterscheidet man zwischen Führungselementen und operativen Elementen.

Für die Führungselemente ist die Unternehmensführung verantwortlich. Sie spiegeln die Zielsetzung des Unternehmens, die Grundlage der Unternehmensorganisation, die Möglichkeit zur Überprüfung der Wirksamkeit der Unternehmensorganisation und die Voraussetzung zur Realisierung der Unternehmensziele wider.

Die operativen Elemente gliedert man nochmals in Ablaufelemente und übergeordnete Elemente. Ablaufelemente beschreiben die Organisation in den jeweiligen Unternehmen. Sie sind wesentlicher Bestandteil der unternehmenstypischen Ablauforganisation. In einer Ablauforganisation werden die Verantwortlichkeiten und Schnittstellen dargestellt, die zur Lösung einer Aufgabenstellung notwendig sind. Aus den Ablaufelementen lassen sich die übergeordneten Elemente ableiten. Sie können zu jedem Zeitpunkt der Produktentstehung oder der Dienstleistungserbringung gültig sein.

(b) Dokumentation und Zertifizierung

Das Qualitätsmanagementsystem mit seiner auf den betrieblichen Leistungserstellungsprozess bezogenen Blickrichtung ist zunächst ein nach innen gerichteter Ansatz. Jedes Unternehmen, das ein Qualitätsmanagementsystem einrichtet, hat jedoch ein absatzwirtschaftlich begründetes Interesse, seine Bemühungen um Qualität auch nach außen zu verdeutlichen. Häufig wird dies sogar von seinen Abnehmern gefordert. Schon vor der Auftragsvergabe will der Abnehmer eines Produktes oder einer Leistung die Qualitätsfähigkeit seines (potenziellen) Lieferanten abschätzen können: Lässt der Leistungserstellungsprozess des Lieferanten überhaupt eine Erfüllung der Qualitätsansprüche des Abnehmers erwarten? Der Zulieferer, der den Aufbau eines umfassenden Qualitätsmanagementsystems nachweisen kann, verfügt vor diesem Hintergrund über einen wichtigen Wettbewerbsvorteil.

Zur Dokumentation ihrer Qualitätssicherungsmaßnahmen ist von den Unternehmen ein so genanntes Qualitätsmanagement-Handbuch zu erstellen, dessen Aufbau die Übersicht D.18 veranschaulicht. Hierin sind vor allem die Qualitätspolitik und die zu ihrer Erfüllung notwendigen Qualitätsziele des Unternehmens festgeschrieben. Weiterhin werden die im Unternehmen durchzuführenden Maßnahmen zur Qualitätssicherung für die einzelnen Aufbau- und Ablaufelemente sowie die Zuständigkeits- und Verantwortungsregelungen transparent dargelegt. Ein solches Dokument wird in zunehmendem Maße von Kunden als Nachweis für die Implementierung eines Qualitätsmanagementsystems verlangt.

Zur Beurteilung der Wirksamkeit des Qualitätsmanagementsystems bzw. der einzelnen Elemente des Qualitätsmanagementsystems sind regelmäßige Qualitätsaudits durchzuführen. Die Überprüfung des Aufbaus, der Anwendung und der Dokumentation eines Qualitätsmanagementsystems, das so genannte Audit, kann vom Unternehmen selbst (internes Audit) oder von einer unabhängigen Institution (externes Audit) durchgeführt werden. Alle zu einem Qualitätsmanagementsystem gehörenden Elemente sollten regelmäßig einem internen Audit unterzogen werden. Zu den internen Qualitätsaudits zählen die Produkt- und Verfahrensaudits, die gemäß DIN EN ISO 9001 feste Bestandteile eines Qualitätsmanagementsystems sind. Das verfahrensorientierte Audit untersucht die Wirksamkeit und die Wirtschaftlichkeit der im Unternehmen eingesetzten Arbeitsverfahren. Es ist ein wichtiges Instrument zur Prozessverbesserung, da die Ursachen für Abweichungen von den Qualitätsvorgaben erkannt und durch rechtzeitiges Eingreifen in die betreffenden Prozesse beseitigt werden können. Das Produktaudit ist eine Momentaufnahme zur Überprüfung der Produktqualität. Hierzu werden auslieferungsfertige Produkte auf Übereinstimmung

Übersicht D.18

Das Qualitätsmanagement-Handbuch

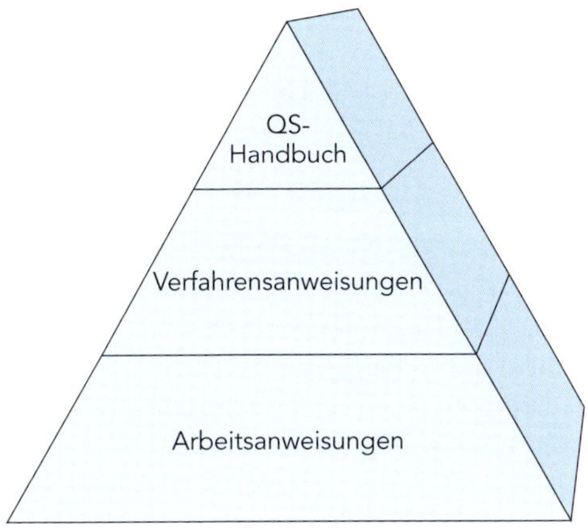

(Konformität) mit technischen Unterlagen, gesetzlichen Vorschriften und den spezifischen Kundenanforderungen überprüft.

Im Rahmen eines Systemaudits durch externe Institutionen haben Unternehmen die Möglichkeit, ihr Qualitätsmanagementsystem auf Konformität mit der ISO-Norm 9001 ff. zu prüfen und gegebenenfalls zertifizieren zu lassen. Zertifizierung bedeutet somit nichts anderes als die Prüfung des Qualitätsmanagementsystems eines Unternehmens und die Bescheinigung durch ein neutrales Institut, dass das begutachtete Qualitätsmanagementsystem der DIN-EN-ISO-Norm 9001 entspricht. Ein Beispiel für eine solche Organisation, die Prüfung und Begutachtung von Qualitätsmanagementsystemen unter anderem auch im Lebensmittelbereich durchführt, ist die Deutsche Gesellschaft zur Zertifizierung von Qualitätssicherungssystemen mbH (DQS). Diese und andere Zertifizierungsstellen müssen sich ihrerseits anerkennen (akkreditieren) lassen; hierzu dient die DIN EN ISO 45000 ff., nach deren Anforderungen die Neutralität und die Kompetenz einer Prüfstelle bescheinigt werden.

Gerade auf internationalen Märkten wird bereits von vielen Abnehmern die Zertifizierung der Lieferanten oder zumindest die Erstellung eines Qualitätshandbuches gefordert. Es wird eine Bescheinigung der Qualitätsfähigkeit verlangt, um für die von ihnen hergestellten oder gehandelten Produkte die größtmögliche Sicherheit gewährleisten zu können.

Die Hoffnung vieler Industriebetriebe, durch Standards und Zertifikate aus dem Qualitäts- und Hygienemanagement auch ein hohes Maß an Produktsicherheit zu gewährleisten, erfüllt sich hingegen nur bedingt, wenn man die hohe Zahl der Produktrückrufe betrachtet.

Dokumentation und Zertifizierung des Qualitätsmanagementsystems sagen daher nichts über die Produktqualität an sich aus, d.h., sie geben dem Kunden keine Garantie, dass jedes Einzelprodukt, das er erwirbt, seinen individuellen Qualitätsvorstellungen entspricht. Dennoch ist davon auszugehen, dass mit der systematischen Erarbeitung und Zertifizierung eines Qualitätsmanagementsystems die Sicherheit der Produkte größer ist, ihre

Qualität verbessert wird und damit letztlich die qualitätsbezogenen Kosten der Hersteller deutlich gesenkt werden. Ein dokumentiertes und transparentes Qualitätsmanagementsystem kann zudem bei Fragen der Produkthaftung den Nachweis über die eingehaltene Sorgfaltspflicht seitens des Unternehmens erheblich erleichtern (Rückverfolgbarkeit). Dies gewinnt durch die in der Europäischen Union verschärften Anforderungen an die Produkthaftung im Besonderen und an die Lebensmittelsicherheit im Allgemeinen zunehmend an Bedeutung.

Neben diesen nach außen gerichteten Vorteilen hat die Einführung eines Qualitätsmanagementsystems auch unternehmensintern positive Effekte. So wird das Qualitätsbewusstsein der Mitarbeiter durch die systematische Verfolgung der Qualitätspolitik gefördert; komplexe innerbetriebliche Abläufe werden durch den Zwang zur Erfassung und Dokumentation transparent gemacht und verbessert. Dabei werden gleichzeitig Zuständigkeit und Verantwortung der Mitarbeiter für die einzelnen Arbeiten klar festgelegt. Schwachstellen im Leistungserstellungsprozess (z. B. Doppelarbeiten, Verfahrensfehler) können dadurch frühzeitig erkannt und beseitigt und so die Fehlerkosten reduziert werden. Durch die Einrichtung eines Qualitätsmanagementsystems, das die Sicherung der Qualitätsforderung der Kunden zum Ziel hat, wird die Kundenorientierung als entscheidendes Kriterium für den Unternehmenserfolg verstärkt: Die Hinwendung des Unternehmens zu den Grundsätzen des Marketings wird darin verdeutlicht.

1.6.2 Qualitätsmanagement in der Landwirtschaft

Dem Gedanken des Qualitätsmanagements wird in zunehmendem Maße auch in der landwirtschaftlichen Produktion entsprochen. Vor diesem Hintergrund wurde am 21. März 1995 die **AGRI-ZERT,** Gesellschaft zur Qualitätsförderung in der Agrarwirtschaft mit beschränkter Haftung, in Bonn gegründet. Durch die Akkreditierung der Gesellschaft auf Grundlage der EU-Normen wird ihre Kompetenz anerkannt, Prüfungen und Zertifizierungen neutral durchzuführen. Die Gesellschafter sind:

- Rheinisch-westfälischer Genossenschaftsverein e.V. (RWGV)
- Gesellschaft für Ressourcenschutz (GfRS)
- Dr. Jürgen Wagner

Die Aufgaben der AGRI-ZERT bestehen in der „normenkonformen Begutachtung und Zertifizierung aller in Betracht kommenden Bereiche des Qualitätswesens in der Agrarwirtschaft und der ihr verbundenen Bereiche, insbesondere im Bereich des Qualitätsmanagements“.

Die AGRI-ZERT agiert bundesweit. Auch regional haben sich bereits einige Gesellschaften akkreditieren lassen, um die Zertifizierung von Betrieben und Betriebszusammenschlüssen vor Ort vorzunehmen. So gründeten in Nordrhein-Westfalen am 05.11.1992 die Landwirtschaftskammern Rheinland und Westfalen-Lippe, der Landeskontrollverband Rheinland und Westfalen-Lippe e.V., der Rheinische Landwirtschaftsverband, der Westfälisch-Lippische Landwirtschaftsverband, der Provinzialverband Rheinischer Obst- und Gemüsebauer e.V. sowie der Landesverband Gartenbau Rheinland und Westfalen-Lippe e.V. die **Agrar-Control GmbH (ACG)** als eine staatlich anerkannte private Kontrollstelle. Das Leistungsspektrum der ACG besteht in der Durchführung von Qualitätssicherungsmaßnahmen für landwirtschaftliche Betriebe, Direktvermarkter, Genossenschaften, Landhandel, Bäckereien, Absatzeinrichtungen für Gemüse, Obst, Zierpflanzen und Fleisch sowie für Handelsunternehmen.

Die ACG nimmt folgende Aufgaben wahr:

- Produkt- und Prozesskontrollen für die Produktbereiche Qualitätsgetreide, Kartoffeln, Obst, Gemüse, Fleisch und Zierpflanzen;
- Betriebskontrollen auf landwirtschaftlichen Betrieben und Unternehmen der vor- und nachgelagerten Stufen der Agrarwirtschaft;
- Herkunftsnachweise (z. B. für Rindfleisch).

Auch die **DLG** betreibt als Prüfinstitution auf Basis europäischer Normen anerkannte, neutrale Zertifizierungsstellen. So ist der DLG-Fachbereich Landtechnik bereits seit 1993 für einen Teil seiner Maschinenprüfungen akkreditiert, und zwar im Rahmen der Deutschen Prüfstelle für Land- und Forsttechnik (DPLF). Daneben ist die DLG als erste Institution staatlich anerkannt für ihre Prüfungen bzw. Zertifizierungen von Sensorik-Sachverständigen und Produkten, z. B. von Lebensmitteln, ländlichen Urlaubsquartieren und landwirtschaftlichen Betriebsmitteln.

In der Landwirtschaft als Glied in der Wertschöpfungskette wird die Implementierung von Qualitätsmanagementsystemen nach der ISO-Norm 9000 ff. und deren Zertifizierung künftig von zunehmender Bedeutung sein. Dabei können AGRI-ZERT und andere Zertifizierungsstellen mit ihrem Leistungsangebot vor allem den vielen mittleren und kleinen landwirtschaftlichen Betrieben wichtige Hilfestellung geben, insbesondere durch Beratung bei der Vorbereitung zur Zertifizierung. Beratende Unterstützung kann darüber hinaus wichtig sein, um den nachhaltigen Erfolg des Systems für die internen Betriebsabläufe sicherzustellen.

Bislang werden in der Landwirtschaft zahlreiche Versuche unternommen, landwirtschaftliche Produkte einer Qualitätsprüfung zu unterziehen, die schon an den Produktionsprozess bestimmte Qualitätsanforderungen oder Produktionsauflagen stellt. Diese verschiedenen Formen des „Qualitätsmanagements" verfolgen wie die Qualitätssicherung auf Basis der ISO-Normen das Ziel, die Qualität entsprechend den Kundenwünschen auszurichten, kontinuierlich zu verbessern und dem Kunden in irgendeiner Weise eine Mindestqualität zu garantieren. Diese zurzeit von den Kriterien der ISO-Normen unabhängigen Bemühungen der Qualitätsproduktion können jedoch künftig geeignete Ansatzpunkte sein, die Qualitätssicherung nach einheitlichen ISO-Normen vorzunehmen und den Prozess auf dem Weg zur Zertifizierung zu erleichtern.

Die Profilierung und Differenzierung des landwirtschaftlichen Angebots durch **Qualitätsproduktion** wird in vielfältiger Weise vorgenommen. Landwirtschaftliche Erzeuger verpflichten sich beispielsweise auf die Einhaltung bestimmter Produktionsmethoden, um so eine den Anforderungen der Abnehmer entsprechende Qualität ihrer Produkte sicherzustellen. Die Richtlinien für die Produktion werden entweder von den Erzeugern selbst (**horizontale** Erzeugerzusammenschlüsse) oder von Unternehmen einer nachgelagerten Wirtschaftsstufe aufgestellt (**vertikale** Kooperation); ferner gewinnen **Markenprogramme** für Agrarprodukte zunehmend an Bedeutung.

(a) Qualitätsproduktion in horizontaler Kooperation

Beispiele für horizontale Kooperationen von landwirtschaftlichen Erzeugern, die ihre Betriebe nach gemeinsamen Richtlinien bewirtschaften, finden sich vor allem im ökologischen Landbau. Das Qualitätsmanagement zielt hier in erster Linie auf eine umweltverträgliche Produktion. Der ökologische Landbau kommt damit dem Verbraucherwunsch nach naturbelassenen und durch Rückstände geringer belasteten Lebensmitteln sowie umweltverträglichen Produktionstechniken entgegen. Wie bereits bei der Analyse der Bestimmungsgründe für die Nachfrageentwicklung deutlich wurde, ist die „Natürlichkeit" der Produkte – neben ihrem Genuss- und Gesundheitswert – eine zunehmend wichtiger werdende Dimension des Qualitätsbewusstseins der Verbraucher.

Stellvertretend für die verschiedenen Anbauverbände des ökologischen Landbaus sei auf die Erzeugergemeinschaft des Bioland-Verbandes für organisch-biologischen Landbau e.V. hingewiesen. Der Bioland-Verband ist der größte deutsche Anbauverband des ökologischen Landbaus. Er ist ein Zusammenschluss von Landwirten aus der Bundesrepublik Deutschland, die ihre Betriebe nach den Grundsätzen des organisch-biologischen Landbaus bewirtschaften. Dem Verband angeschlossen sind eine Reihe von Lebensmittelverarbeitungsbetrieben (vor allem Bäckereien, Metzgereien, Molkereien), die als Vertragsverarbeiter verschiedene Rohprodukte aus organisch-biologischem Anbau zu den entsprechenden Bioland-Erzeugnissen weiterverarbeiten (Lohnherstellung oder Lizenzvergabe). „Bioland" ist das geschützte Markenzeichen für Lebensmittel aus organisch-biologischem Landbau. Landwirte und weiterverarbeitende Betriebe erzeugen ihre Produkte nach den Produktions- und Verarbeitungsrichtlinien des Bioland-Verbandes, zu deren Einhaltung sie sich vertraglich verpflichtet haben, und unter Kontrolle des Verbandes.

Grundlage der organisch-biologischen Anbauweise ist die Erhaltung bzw. Förderung der Bodenfruchtbarkeit durch eine schonende Bodenbearbeitung, organische Düngung und vielfältige Fruchtfolge. Die Bioland-Richtlinien für den Pflanzenbau verbieten den Einsatz chemisch-synthetischer Dünge- und Pflanzenschutzmittel. Nach den Richtlinien für die Tierhaltung ist die Anzahl der gehaltenen Tiere an die von einem Betrieb bewirtschaftete Fläche bzw. an die auf dem Betrieb erzeugte Futtermenge gebunden. Importierte Futtermittel, industriell hergestellte Fertigfuttermittel und Futter mit Wirk- und Zusatzstoffen (wie Antibiotika oder Kupfer zur Leistungsförderung) finden hier keinen Einsatz.

Die Bioland-Richtlinien für die Verarbeitung schreiben die Anwendung qualitätserhaltender und umweltschonender Verfahren der Be- und Verarbeitung der Bioland-Rohwaren vor. Die Auswahl der Verpackungsmaterialien für die Verarbeitungsprodukte richtet sich primär nach ökologischen Erfordernissen und erst an zweiter Stelle nach Marketing- und Kostenaspekten. Die Vermarktung der Bioland-Produkte soll vom Erzeuger bis zum Verbraucher transparent und lückenlos nachvollziehbar sein. Die Vertragsbetriebe (Erzeuger und Bioland-Verarbeiter) sind deshalb verpflichtet, durch Codenummern oder ähnliche Kennzeichnungselemente sicherzustellen, dass für jedes Produkt die Bioland-Rohwarenlieferanten identifiziert werden können.

Den Bioland-Richtlinien liegt somit ein prozessorientierter Ansatz zugrunde. Die Vorschriften gehen über bloße Anbaurichtlinien hinaus, indem die Behandlung der Produkte nach der Ernte, d.h. bei der Lagerung, Vermarktung und gegebenenfalls der Weiterverarbeitung, einbezogen wird (so genannte post harvest technology).

(b) Qualitätsproduktion in vertikaler Kooperation

Im Bereich der pflanzlichen Produktion spielt der Vertragsanbau zur Sicherung der Rohwarenqualität eine wichtige Rolle. Bei dieser Form der vertikalen Kooperation produzieren Vertragslandwirte für den Abnehmer nach dessen Richtlinien. Ziel der Unternehmen der verarbeitenden Industrie ist es, durch vertragliche Bindung der vorgelagerten Stufe eine ihren Anforderungen entsprechende Rohware zu erhalten. Der Vertragsanbau als

Instrument zur Qualitätssicherung findet sich häufig beim Anbau von Zuckerrüben für die Zuckerherstellung, beim Feldgemüse für die Tiefkühlindustrie oder beim Kartoffelanbau für die Verarbeitung zu Kartoffeledelerzeugnissen.

Zur Veranschaulichung sei ein praktisches Beispiel aus der Kartoffelwirtschaft beschrieben: Intersnack GmbH & Co. KG, Köln bietet Knabberartikel der im oberen Preissegment angesiedelten Marken „Chio" und „funny-frisch" an. Um eine gleichbleibende Qualität ihrer Erzeugnisse zu garantieren, bezieht Intersnack die für die Chipsproduktion benötigten Kartoffeln ausschließlich von vertraglich gebundenen Erzeugern. Ziel des Kartoffelvertragsanbaus ist die Sicherstellung der Versorgung der Produktionsbetriebe des Unternehmens mit dem Rohstoff Kartoffel, der in seiner Beschaffenheit die speziellen Qualitätsansprüche von Intersnack kontinuierlich erfüllt. Der Kartoffelanbau basiert auf einem mittel- bis langfristigen Vertragsverhältnis mit ausgewählten Erzeugern (z. B. in bestimmten Anbaugebieten).

Die Kartoffeln werden unter der Kontrolle der Firma Intersnack angebaut. Der Erzeuger ist in Bezug auf die Anwendung von Dünge- und Pflanzenschutzmitteln verpflichtet, die Anbauvorschriften der Firma Intersnack zu beachten und einzuhalten. Die Düngung und der Einsatz von Agrochemikalien werden an die vorgegebene Kartoffelsorte, Standort- und Witterungsverhältnisse angepasst. Düngemittel und Agrochemikalien werden so dosiert, dass gute Voraussetzungen für die innere Qualität der Kartoffel (Inhaltsstoffe) gegeben sind, aber keine oder im Negativfall nur eine vertretbare Belastung der Umwelt und des Rohstoffs Kartoffel mit diesen Stoffen entstehen kann. Im Rahmen des Vertragsanbaus werden Kartoffeln auch bei den Erzeugern gelagert. Die Lagerung wird ebenfalls nach den Richtlinien und unter Kontrolle der Firma Intersnack durchgeführt. Damit während der Lagerung die äußeren und inneren Qualitätsmerkmale der Kartoffel erhalten bleiben, werden klimatisierte Lagerräume verwendet. Alle Lager arbeiten mit einem verzweigten Frischluftsystem bei konstanter Temperatur und gleichbleibender relativer Luftfeuchtigkeit.

Die Endprüfung der Kartoffeln durch die Firma Intersnack erfolgt erst bei der Anlieferung im Werk, wobei die qualitativen Eigenschaften kontrolliert werden, die die Basis für den je nach Qualität gestaffelten Abnahmepreis sind. Die Anforderungen an die Kartoffel richten sich auf äußere Qualitätsmerkmale wie Größe und Form der Kartoffel, Verschmutzung, Beschädigung, Flecken und Fäule sowie innere Merkmale wie Trockensubstanzgehalt und reduzierende Zucker, die im Rahmen des Minimierungskonzeptes Acrylamid eine wesentliche Rolle spielen. Die genannten Kriterien sind Bestandteil der Bemessung des Abrechnungspreises, der dem erhöhten Aufwand und dem Erzeugerrisiko gerecht wird. Der spezielle Kartoffelvertragsanbau für Intersnack erfordert eine durchgehende Beratung der landwirtschaftlichen Betriebe in allen Bereichen der Kartoffelproduktion und -lagerung, die einer engen partnerschaftlichen Zusammenarbeit bedarf. Die landwirtschaftlichen Anbauberater von Intersnack bestimmen das zu verwendende Saatgut, beraten die Erzeuger bei der Bodenvorbereitung, beobachten den Pflanzenwuchs und beurteilen die Erntefrucht. Insofern hat der Anbau- und Liefervertrag, der im Wesentlichen die vereinbarte Liefermenge und den Preis regelt, eine eher untergeordnete Bedeutung.

(c) Markenprogramme

Vor dem Hintergrund steigender Qualitätsanforderungen der Verbraucher wird die Bedeutung der Markenpolitik weiter zunehmen. Ein wesentliches Kennzeichen des Markenartikels ist die Gewährleistung seiner gleichbleibend hohen Qualität. Die Markenbildung erweist sich bei landwirtschaftlichen Frischwaren infolge der Qualitätsschwankungen der Produkte und der relativ geringen Produktionsmengen des einzelnen Erzeugers als schwierig. Dennoch gibt es auch hier Versuche, Markenartikel aufzubauen, da diese generell eine hohe akquisitorische Wirkung auf den Verbraucher haben. Aufgrund der dezentralen und zersplitterten Angebotsstruktur in der Landwirtschaft bietet sich insbesondere die Einführung von Gemeinschaftsmarken an.

Beispiele für Markenprogramme, die von bzw. mit landwirtschaftlichen Erzeugern bzw. Erzeugergemeinschaften initiiert wurden, finden sich vor allem im Frischfleisch- und Getreidesektor. Zu den ersten Markenprogrammen im Fleischbereich gehören die Anfang der 80er Jahre entwickelten Programme

- „Eichenhof" von der Erzeugergemeinschaft für Schlachtvieh im Raum Osnabrück (EGO);
- „Bauernsiegel/Landjuwel", initiiert von der Bauernsiegel-Erzeugergemeinschaft für Markenfleisch (BEG) zusammen mit dem Verein zur Förderung der bäuerlichen Veredlungswirtschaft (VZF);
- „Prima Kalb" und „Prima Rind" sind Markenprogramme der Kälber EG Allgäu w.V. Über die Firma Feneberg werden seit dem 01.10.2000 Vollmilch- und Mastkälber unter dem Markennamen „Prima Kalb" und Färsen und Ochsen unter dem Markennamen „Prima Rind" vermarktet.

Wesentliche Bestandteile dieser Programme sind identisch bzw. haben ähnliche Strukturen. Einige zentrale Eckpfeiler sollen am Beispiel des Markenfleischprogramms der Erzeugergemeinschaft für Schlachtvieh im Raum Osnabrück (EGO) erläutert werden.

Das EGO-Markenfleischkonzept beinhaltet ein geschlossenes Qualitätsmanagementsystem, das alle Stufen des Produktions- und Vermarktungsprozesses von der Auswahl der Zuchttiere über Ferkelerzeugung, Mast, Schlachtung, Verarbeitung und Vermarktung bis zum Verkauf an den Verbraucher umfasst. Die Zusammenarbeit zwischen den beteiligten Marktstufen wird über ein durchgängiges Vertrags- und Kontrollsystem abgesichert (vertikale Integration). Da sich die Qualitätsbeurteilung durch die Verbraucher nicht mehr nur auf die Fleischbeschaffenheit, sondern auch auf die Produktions- und Vermarktungsbedingungen (z.B. artgerechte Tierhaltung, „schonende" Schlachtung) erstreckt, stellen diese – neben der eigentlichen Fleischqualität – ein wichtiges Differenzierungskriterium im Wettbewerb um den Verbraucher dar.

Um eine Qualitätsproduktion von Mastschweinen zu ermöglichen, hat die EGO ein einheitliches Zucht-, Futter- und Stallprogramm entwickelt und bietet ihren Mitgliedern (Mastbetriebe) eine kontinuierliche Beratung in allen produktionstechnischen und betriebswirtschaftlichen Fragen an. Aufgrund des nachgewiesenen genetischen Einflusses auf die Bildung von Fleischmängeln dürfen im Qualitätsfleischprogramm der EGO nur Herkünfte eingesetzt werden, die sich durch Stressunempfindlichkeit und geringe Verluste in der Aufzucht und beim Transport auszeichnen (Schweine aus dem Bundeshybridzuchtprogramm (BHZP), einer in Deutschland aufgezogenen dänischen Genetik (Porkuss) oder aus dem Dreirassenkreuzungsprogramm). Für die Mast ist das von der EGO entwickelte Fütterungsprogramm obligatorisch. Das Futter muss entweder über Vertragslieferanten zugekauft oder bei Verwendung von eigenem Futtergetreide muss ein vorgeschriebenes Ergänzungsfutter zugemischt werden, um die erforderlichen Anteile der Futterkomponenten zu erreichen. Der Einsatz von Wachstumsförderern, Antibiotika oder anderen Medikamenten ist in der Mast verboten.

Die schlachtreifen Tiere sind der EGO anzudienen. Erfassung, Transport, Schlachtung, Klassifizierung nach der Schlachtung, Zerlegung und Weitervermarktung der Schweinehälften oder Teilstücke an Vertragskunden übernimmt die EGO selbst. Der Behandlung der Schweine vor, während und nach der Schlachtung wird aus Gründen der Fleischqualitätserhaltung große Bedeutung beigemessen. Geschultes Personal und geeignete technische Einrichtungen, wie unterteilte Transportfahrzeuge, sollen den Transport und die Schlachtung mit möglichst geringer Aufregung für die Tiere gewährleisten. Vor dem Schlachten ist außerdem eine Ruhezeit für die Mastschweine von mindestens 1,5 Stunden einzuhalten.

Das Markenfleisch wird vornehmlich über Fleischerfachgeschäfte unter der Marke „Eichenhof" abgesetzt. Eine Einflussnahme der EGO auf Angebotspolitik und Präsentation des Qualitätsfleisches im Fleischerfachgeschäft wird durch Lizenzverträge zwischen der EGO und den Abnehmern sichergestellt. Sie räumen den Abnehmern ein exklusives Vermarktungsrecht ein und schließen die Belieferung einer anderen Bezugsquelle am Standort des Abnehmers mit EGO-Markenfleisch aus.

Das gesamte Kette des Eichenhof-Qualitätsfleischprogramms wird neutral kontrolliert. Die EGO ist mit ihrem Programm bundesweit der erste und nach wie vor einzige Verbund von Landwirten und Fleischermeistern, der mit seinem Schweinefleisch das Siegel „Lebensmittel TÜV-geprüft" trägt.

1.6.3 Qualitätsmanagement der Betriebsmittellieferanten: Ein Beispiel aus der Landmaschinenindustrie

Qualitätsmanagement ist auch für die Unternehmen der Landmaschinenindustrie ein entscheidender Erfolgsfaktor im Wettbewerb. Die John Deere Werke, Mannheim, sind dafür ein einprägsames Beispiel. Das Unternehmen, eine Zweigniederlassung der John Deere & Company (USA), produziert im Konzernverbund John-Deere-Agrartraktoren. Die in Mannheim gefertigten Traktoren werden weltweit exportiert. Das Werk Mannheim ist nach DIN EN ISO 9001 zertifiziert. Grundlage für die Erfüllung eines umfassenden Qualitätsmanagementsystems war die Zielsetzung, die Kundenanforderungen an Traktoren bestmöglich zu erfüllen, um so Wettbewerbsvorteile gegenüber der Konkurrenz zu erzielen. Alle Unternehmensbereiche sind auf diese Zielsetzung ausgerichtet.

Für die Ermittlung der Anforderungen der Kunden ist die Marketingabteilung zuständig. Die von ihr bereitgestellten Informationen werden in einer bereichsübergreifenden Zusammenarbeit mit den Fachabteilungen Entwicklung, Arbeitsvorbereitung, Fertigung/Montage, Kostenrechnung und Qualitätsplanung bei der Konstruktion der Traktoren umgesetzt. Sollten sich abgestimmte Ziele oder Teilziele nicht erfüllen lassen, so ist eine Modifikation nur in gemeinsamer Abstimmung möglich und erlaubt.

Ist der zu fertigende Traktor definiert, ist eine Entscheidung über Eigenfertigung oder Fremdbezug von Teilen bzw. Komponenten des Traktors zu treffen. Grundsätzlich gilt, dass die für die Traktorfertigung benötigten Teile möglichst als fertige Komponenten von qualifizierten Systemlieferanten zu beziehen sind. Zugekauft werden beispielsweise Lichtmaschinen, Armaturen, Glasscheiben und die Vorderachse beim Allradantrieb. Komponenten, die sich durch ein unternehmensspezifisches Know-how auszeichnen und damit ein für den Kunden erkennbares Unterscheidungsmerkmal der John-Deere-Traktoren im Vergleich zu Konkurrenzprodukten darstellen, werden in Eigenfertigung erstellt (z.B.

komplette Getriebe, insbesondere Lastschaltgetriebe und Endantriebe, nasse Kupplungen und nasse Bremsen).

Die Lieferantenauswahl erfolgt in einem Benchmarking-Process, d.h., weltweit werden alle Lieferanten, die ein bestimmtes Teil fertigen bzw. fertigen können, anhand von verschiedenen Kriterien bewertet. Ausgewählt wird derjenige Lieferant, der hinsichtlich Know-how, Leistungsfähigkeit, Preis, Zuverlässigkeit und anderer Kriterien für den speziellen Anwendungsfall von John Deere am besten geeignet ist. Um die Einhaltung der von John Deere geforderten Qualitätsstandards sicherzustellen, wird das Qualitätsmanagementsystem des Lieferanten einem Audit unterzogen und gegebenenfalls zertifiziert. Lieferungen von zertifizierten Betrieben werden von John Deere nur noch stichprobenartig geprüft, um den Qualitätsstand der Teile zu dokumentieren. Voraussetzung für ein erfolgreiches Qualitätsmanagement und damit letztlich für eine fehlerfreie Serienfertigung ist, dass parallel zur Traktorenentwicklung auch die Planung der Fertigungsprozesse und der Maßnahmen zur Prozesssteuerung vorgenommen wird – so genanntes Simultaneous Engineering, um Produkte und Prozesse optimal aufeinander abzustimmen.

Der Entwicklungsprozess gilt bei John Deere als abgeschlossen, wenn die Prozessfähigkeit überprüft und belegt wurde. Prozessfähigkeit bedeutet, dass der Prozess die Fertigung von Produkten ermöglicht, die – innerhalb gewisser Toleranzen – den vorgegebenen Anforderungen entsprechen. Ist der Entwicklungsprozess abgeschlossen, wird die fertige Konstruktion mit den dafür notwendigen Prozessen und Arbeitsunterlagen formell an die Fertigung übergeben. Damit geht die Verantwortung für den Prozess von der Entwicklungsabteilung an die Fertigung über. Jeder Mitarbeiter trägt die Verantwortung in Bezug auf die Einhaltung von Qualitätsmerkmalen, die Meldung von auftretenden Problemen und eine kontinuierliche Prozessverbesserung. Ziel ist die Null-Fehler-Produktion von Einzelteilen und damit von Endprodukten.

Die Feststellung des Qualitätsniveaus der Traktoren ist die Aufgabe der Abteilung Qualitätssicherung. Bei Abweichungen von den Sollvorgaben (z.B. falsche Zahnradwinkel) besteht eine sofortige Informationspflicht an die für das betreffende Merkmal verantwortliche Abteilung (hier die für die Zahnradfertigung zuständige Abteilung). Gemeinsam kann nun ein Verbesserungsprozess in Gang gebracht werden, zu dem bei Bedarf weitere Bereiche (wie Arbeitsvorbereitung oder Konstruktion) hinzugezogen werden können.

Ist der fertige Traktor ausgeliefert, treten die Aufgaben der Kundenbetreuung in den Vordergrund. Die Kundendienstorganisation von John Deere versorgt die Händler je nach Bedarf mit Informationen zum Gebrauch (Betriebsanleitung), zur Instandsetzung (Werkstatthandbuch) und zur Ersatzteilversorgung (Ersatzteilkatalog). Des Weiteren können Schulungen im Umgang mit der Maschine, zur wirtschaftlichen Nutzung und zur vorbeugenden Wartung angeboten werden. Die Händler stellen diese Leistungen ihrerseits den Kunden (Landwirten) zur Verfügung.

Reklamationen werden von den Händlern bearbeitet, wobei die Firma John Deere Unterstützung bei der Fehlersuche und der Reparatur leistet und die Kosten übernimmt. Bei der Reklamationsbearbeitung können gleichzeitig Daten über die Leistungsfähigkeit und das Einsatzverhalten der Maschinen gesammelt werden. Hier schließt sich nun der Qualitätskreis, indem diese Informationen ausgewertet werden und bei der Weiterentwicklung der Traktoren Verwendung finden, um ihre Leistung noch besser an die Kundenanforderungen anzupassen.

1.6.4 Qualitätsmanagement in der Ernährungsindustrie

Seit Mitte der 80er Jahre haben zahlreiche Unternehmen der Ernährungsindustrie begonnen, Qualitätsmanagementsysteme einzurichten. Sie bedienen sich dabei der Vorgehensweise, wie in Kapitel 1.6.1 dargestellt. Einige kennzeichnende Besonderheiten liegen dabei im Bereich der Beschaffung der Rohstoffe, der Verarbeitung und im Vertrieb.

Bei der **Beschaffung** ist zu beachten, dass die Qualität eines Lebensmittels wesentlich von der Qualität der verwendeten Rohwaren bzw. Zutaten beeinflusst wird. Der Verbraucher, der bei einem Lebensmittel qualitative Mängel feststellt, wird im Allgemeinen nicht zwischen Verarbeitungsmängeln und fehlerhaften Rohstoffen unterscheiden können und allein den Lebensmittelhersteller für den Produktfehler verantwortlich machen. Durch die auch in der Ernährungsindustrie zu beobachtende Tendenz zur abnehmenden Fertigungstiefe nimmt die Bedeutung von Qualitätssicherungsmaßnahmen bei Zulieferungen zu. Vorprodukte werden von Lieferanten zugekauft, die diese aufgrund ihrer Spezialisierung in der Regel kostengünstiger herstellen können.

Im Rahmen der eigenen **Produktion** kann es durch unterschiedliche Einflussfaktoren zu Produktkontaminationen oder -schäden kommen, wobei dies zumeist versehentlich und nicht vorsätzlich erfolgt. Die Ursachen lassen sich unterscheiden zwischen chemischer, physikalischer und mikrobiologischer Kontamination.

Gemäß der Basis-Verordnung zur Lebensmittelsicherheit VO (EG) Nr. 178/2002 trägt der Lebensmittelunternehmer die Verantwortung für die Lebensmittelsicherheit, wobei als Werkzeug v.a. das HACCP-Konzept einschließlich der Nachweispflicht, d.h. einer eindeutigen Benennung von Verantwortlichkeiten und Maßnahmen, dient. Die Gewährleistung von Lebensmittelsicherheit und Prozessqualität wird somit zum „ureigensten" Unternehmensziel.

Neben der gesetzlichen Verpflichtung, nach der Lebensmittelhygiene-Verordnung ein HACCP-Konzept (Hazard Analysis Critical Control Point) oder ein diesen Vorgaben entsprechendes Konzept umzusetzen, haben sich bei den Qualitätsmanagementsystemen in der Ernährungsindustrie und dem -handel diverse Branchenstandards durchgesetzt. Hierzu zählt in Deutschland v.a. der vom Lebensmittelhandel konzipierte und eingeführte IFS-Standard (International Food Standard). Dieser wurde speziell für die Lebensmittelindustrie entwickelt, die Eigenmarkenprodukte an Handelsunternehmen liefert. Die Anforderungen wurden erstmals 2003 vom HDE (Deutscher Einzelhandelsverband) und FDE (Fèderation des Enterprises du commerce et la Distribution) definiert. IFS ist produktunabhängig und baut auf der Qualitätsmanagementnorm ISO 9001 auf und beinhaltet zusätzlich die Grundsätze der Guten Herstellungspraxis (Reinigung, Desinfektion, Schädlingsbekämpfung, Wartung, Instandhaltung und Schulung) und HACCP sowie die aktuelle EU-Gesetzgebung hinsichtlich des Umgangs mit Allergenen und gentechnisch veränderten Organismen (GVOs).

Die Folgen einer unzureichenden Qualitätssicherung im Beschaffungs- und Produktionsbereich müssen Unternehmen der Ernährungsindustrie immer wieder erfahren. Durch Qualitätsmängel bei Rohstoffen entstehen fehlerhafte Endprodukte. Dem Hersteller bleibt in einem solchen Fall keine andere Wahl, als die Produkte in einer groß angelegten und teuren Rückrufaktion möglichst kurzfristig aus dem Handel zurückzurufen.

Ist sichergestellt, dass von der betroffenen Charge kein Produkt (z.B. aus dem Zentrallager des Handelsunternehmens) ausgeliefert und verkauft wurde, ist i.d.R. ein so genannter „stiller" Rückruf möglich. Demgegenüber steht der „öffentliche" Rückruf von Produkten. Ein Unternehmen, das sich zu einem solchen Schritt entschließt, wird bemüht sein, den Schaden durch überzeugende Botschaften in der Kommunikation an den Handel und Verbraucher zu begrenzen. Dies wird umso erfolgreicher sein, je offener und überzeugender die Öffentlichkeitsarbeit in der Vergangenheit und je höher das Markenimage der Produkte war.

Im **Absatz** ist darauf zu achten, dass negative Veränderungen der Produktqualität auf dem Weg vom Hersteller zum Verbraucher vermieden werden. Das Qualitätsmanagement des Lebensmittelherstellers endet somit nicht mit der Feststellung, dass die Erzeugnisse bei der Auslieferung den vorgegebenen Qualitätsanforderungen entsprechen, sondern erstreckt sich auch auf die Qualitätserhaltung bis hin zum Verbrauch durch den Konsumenten. Dabei sind besondere Anforderungen an Transport und Lagerung zu stellen. Eine unsachgemäße Lagerung im Lebensmittelhandel oder im Haushalt kann zu Qualitätsminderungen bis hin zum vorzeitigen Verderb des Lebensmittels führen. So ist z.B. bei Frischmilchprodukten auf die Einhaltung der Kühlkette während sämtlicher Transport- und Lagervorgänge zu achten. Um die Einhaltung angemessener Lagerbedingungen beim Endverbraucher sicherzustellen, sind entsprechende Hinweise auf der Lebensmittelpackung anzubringen (z.B. „Nach dem Öffnen kühl lagern").

Zur Sicherung der Frische, die ein wesentliches qualitätsbestimmendes Merkmal der Artikel des „Frischesortiments" darstellt, setzen viele Unternehmen der Ernährungsindustrie (z.B. Molkereien) eigene Frischedienste ein, durch die der Lebensmitteleinzelhandel direkt beliefert wird. Die Außendienstmitarbeiter kontrollieren regelmäßig die Regalbestände im Handel und tauschen ältere Packungen vor Ablauf des Mindesthaltbarkeitsdatums gegen frische Ware aus.

Bei Lebensmitteln, die einer bestimmten Zubereitungsart bedürfen (z.B. durch Zugabe von Wasser und Einhaltung einer bestimmten Kochzeit), muss auf der Packung eine Zubereitungsanleitung gegeben werden. Durch die Beachtung dieser Zubereitungshinweise wird die Qualität der verzehrsfertigen Lebensmittel sichergestellt. Mögliche Gefährdungen der Gesundheit des Verbrauchers durch unsachgemäße Anwendung eines Lebensmittels sind durch entsprechende Warnhinweise auszuschließen. Diese sollen eine bestimmungsgemäße und sichere Handhabung des Lebensmittels gewährleisten. So sollte z.B. Halbfettmargarine aufgrund der Spritzgefahr nicht zum Braten verwendet werden. Bei eingetretenen Schadensfällen ermöglichen auf der Packung angebrachte Warnhinweise dem Hersteller den Nachweis, dass er seine Sorgfaltspflicht erfüllt hat (Abwehr von Haftungsansprüchen).

Eine wichtige Maßnahme des Qualitätsmanagements im Absatzbereich ist ferner die Los-Kennzeichnung, aus der hervorgeht, zu welchem Los ein Lebensmittel gehört. Durch die Angabe des Loses kann sichergestellt werden, dass Lebensmittel aus einer Herstellungspartie, bei der Produktionsfehler oder Qualitätsmängel entdeckt wurden, identifiziert und gezielt aus dem Markt genommen werden können (Rückrufaktionen). Die Rückverfolgbarkeit muss zu jedem Zeitpunkt der Produktion bis hin zum Verkauf sichergestellt sein.

Qualitätsmarkierung

Das Qualitätsmanagement in der Ernährungsindustrie wird auch dadurch beeinflusst, dass zusätzlich unabhängige Institutionen für qualitativ hochwertige Erzeugnisse besondere Qualitätszeichen verleihen. Ein bekanntes Beispiel sind die Qualitätsprüfungen der DLG. Die DLG unterhält ein umfangreiches System von Qualitätsprüfungen, die dem

Ziel dienen, die Qualität und den Absatz der Erzeugnisse der deutschen Land- und Ernährungswirtschaft zu fördern. Alle Erzeugnisse, die die einzelnen Prüfungen bestehen, werden von der DLG mit dem Prüfzeichen „DLG-prämiert“ bzw. mit „DLG-Preisen“ ausgezeichnet. Das DLG-Zeichen signalisiert den Abnehmern eine hohe Produktqualität. Für die Hersteller prämierter Erzeugnisse sind sie daher ein wirkungsvolles Instrument zur Absatzförderung (vgl. Kapitel 1.4).

Die DLG-Qualitätsprüfungen im Lebensmittelbereich erfolgen bei verarbeiteten Produkten. Geprüft werden Bier, Fruchtgetränke, Mineralwasser, Spirituosen, Wein & Sekt, Brot & Backwaren, Bioprodukte, Feinkost, Fertiggerichte, Fisch & Seafood, Frischfleisch, Milchprodukte, Schinken & Wurst, Speiseeis, Speiseöle und Süßwaren & Getreidenährmittel.

Die Qualitätsprüfungen konzentrieren sich auf die Bewertung der sensorischen Qualität eines Lebensmittels, die auch als Genusswert bezeichnet wird. Bei vergleichenden Verkostungen werden die Lebensmittel auf Geschmack, Geruch, Farbe, Konsistenz und Aussehen getestet. Bei einigen Produktgruppen wie z. B. Milcherzeugnisse, Fruchtgetränke und Bier kommen ergänzende analytische Untersuchungen mikrobiologischer, chemischer und physikalischer Art hinzu. So wird z. B. bei Frischmilchprodukten aufgrund der Gefahr des mikrobiellen Verderbs die Keimzahl ermittelt. Darüber hinaus werden analytische Untersuchungen bei allen DLG-Qualitätsprüfungen stichprobenartig und im Verdachtsfall vorgenommen. Der Ablauf der Qualitätsprüfung ist für jedes einzelne Erzeugnis in den jeweiligen DLG-Prüfbestimmungen festgelegt.

In den produktspezifischen DLG-Prüfschemata sind alle qualitätsbestimmenden Eigenschaften des zu prüfenden Lebensmittels in der Art einer Checkliste aufgeführt. Die Aufgabe des Prüfers besteht darin, die Ausprägung der Produkteigenschaften mit einer Punktzahl zwischen 0 und 5 zu bewerten. Werden keine suboptimalen oder negativen Eigenschaften festgestellt, so wird die Punktzahl 5 vergeben. Zur Ermittlung der sensorischen Gesamtqualität werden die gewichteten Bewertungen aller Prüfmerkmale addiert und durch die Summe der Gewichtungsfaktoren geteilt. Das Ergebnis ist die so genannte Qualitätszahl.

Eine Prämierung des geprüften Produktes erfolgt, wenn

- bei vorgeschriebenen Laboranalysen (wie z. B. bei Milchprodukten) die geforderten Bedingungen erfüllt werden,
- in jedem Prüfmerkmal die Mindestpunktzahl von drei erreicht wird und
- die Qualitätszahl insgesamt mindestens vier beträgt, wobei im Einzelnen festgelegt ist, welcher Wert für den Bronzenen, den Silbernen und den Großen DLG-Preis erreicht werden muss.

Da jeder Teilnehmer für die bei der DLG zur Prüfung vorgestellten Proben ein schriftliches Prüfprotokoll erhält, das über die Stärken und Schwächen eines Erzeugnisses informiert, nutzen Unternehmen die Qualitätstests der DLG auch, um ihren Leistungsstand objektiv zu überprüfen. Ziel ist hier somit nicht nur die Prämierung, sondern die Information über den qualitativen Status eines Produktes, die dem Hersteller Hinweise zur Qualitätsverbesserung gibt. Neben den Qualitätsprüfungen führt die DLG auch Sensorikseminare für die Aus- und Fortbildung ihrer Prüfer durch. Den Abschluss der Prüferschulung bildet nach bestandener Qualifikationsprüfung die Vergabe des DLG-Prüfpasses an sensorische Sachverständige.

2. Preispolitik

2.1 Grundlagen

Unter einem Preis verstehen wir das Entgelt, das ein Verkäufer für seine Angebotsleistung vom Käufer fordert und das ein Käufer für das Angebot zu zahlen bereit ist. Dabei erfüllt der Preis vier wichtige Funktionen:

- Der Preis dient Verbrauchern oftmals als ein Maßstab für den Wert eines Gutes. Durch den Preis werden Produkte vergleichbar, lassen sich die Qualitäten verschiedener Angebotsleistungen messen. Da die Qualität nur in Relation zu den Leistungen vergleichbarer Angebote gemessen werden kann, ist der Preis kein absoluter, sondern ein relativer Wertmaßstab. Während der Verbraucher bei vielen Produkten die qualitativen Eigenschaften beurteilen kann (bzw. zu können glaubt), verwendet er in anderen Fällen den Preis auch als Indiz für bestimmte Produktqualitäten. Zwischen Produktqualität und Preis besteht eine wechselseitige Interdependenz.
- Da das Einkommen der meisten Konsumenten begrenzt ist, benötigen sie Kriterien zur Entscheidung über die Verteilung ihrer knappen Mittel auf die verschiedenen Bedarfsgegenstände. Sie werden, wenn mehrere Alternativen aus ihrer Sicht den gleichen Nutzen bieten, die preisgünstigsten Angebote kaufen. Zwar werden nicht alle Konsumenten in diesem Sinne ökonomisch rational handeln, aber nur wenige Verbraucher werden bei groben Vorstellungen über die Angemessenheit bestimmter Preisforderungen bewusst gegen diese Maxime verstoßen.
- Für den Anbieter liegt die primäre Bedeutung des Preises in seinem direkten Einfluss auf den Gewinn. Die durchschnittlichen Preise müssen auf lange Sicht mindestens so hoch sein, dass die erzielten Erlöse sämtliche auf die Produkte bzw. Produktgruppen bezogenen Kosten (einschließlich Kapitalzinsen) decken.
- Schließlich haben Preise akquisitorische Wirkungen. Viele Konsumenten lassen sich etwa durch niedrige Preise bei qualitativ hochwertigen Produkten zum Kauf anregen, bei anderen wiederum wird das Interesse durch hohe Preise auf die betreffenden Produkte gelenkt, da hier der hohe Preis als Indiz für eine ebenfalls hohe Produktqualität angenommen wird (s. o.). Derartige Aufmerksamkeitswirkungen und Kaufanreize werden besonders durch Veränderungen bereits bestehender Marktpreise erreicht.

In der Praxis erfüllen Preise diese Funktionen in der Regel gleichzeitig. Deshalb ist es langfristig nicht erfolgversprechend, wenn Anbieter ihre Preisfestsetzung – wie in der Praxis auch heute noch häufig zu beobachten ist – ausschließlich nach Kostengesichtspunkten vornehmen, statt gleichzeitig die nachfragebeeinflussende Wirkung der Preise zu beachten.

Die strategische Bedeutung der Preispolitik als Marketinginstrument tritt zunehmend in den Vordergrund, d. h., Preise ergeben sich nicht ausschließlich als Ergebnis von Angebot und Nachfrage, sie werden bewusst vom Unternehmen zur Marktbeeinflussung eingesetzt. Dennoch dürfen preispolitische Maßnahmen die innerbetrieblichen Daten nicht ignorieren. Da sich die spezifischen Beschaffungs-, Produktions-, Absatz- und Finanzierungsbedingungen eines Unternehmens in den Kosten niederschlagen, müssen diese bei der Preisfestsetzung zumindest bekannt sein.

Die Kostenrechnung soll deshalb die Unterlagen für eine realistische Kalkulation der Angebotspreise und für eine elastische Handhabung der Preispolitik liefern.

Je besser ein Unternehmen seine Preis-Absatz-Funktion und seine Kostenfunktion kennt, desto eher kann es die Preispolitik auf eine langfristige Rentabilitätserzielung einstellen. Die Nachfrage entscheidet über den bei geplanter Absatzmenge höchstens zu erzielenden, die Kosten entscheiden über den mindestens für den Anbieter erforderlichen Preis. Die Kosten bestimmen damit im Wesentlichen die Preisuntergrenze.

Der preispolitische Gestaltungsrahmen

Um den Preis als Aktionsparameter einzusetzen, muss der Unternehmer einen preispolitischen Spielraum haben, innerhalb dessen er ohne wesentlichen Absatzrückgang seine Preise selbstständig gestalten kann. Dieser wird durch folgende Rahmenbedingungen bestimmt:

(1) Produkteigenschaften,
(2) Konsumentenverhalten,
(3) Marktstruktur und Konkurrenzverhalten,
(4) Absatzmittlerverhalten,
(5) Rechtliche Bestimmungen und administrative Maßnahmen.

(1) Produkteigenschaften

Die Eigenschaften der Produkte sind für die Preisbestimmung teils direkte Planungsprämissen, teils indirekte, da sie mit den anderen oben genannten Einflussfaktoren in enger Beziehung stehen. Zum Beispiel stellen der Kauf von Lebensmitteln und der Kauf von hochwertigen Gebrauchsgütern (z. B. Automobile oder Häuser) den Konsumenten vor vollkommen andersartige Entscheidungssituationen. Mit den unterschiedlichen Produktleistungen und den damit verbundenen Bedarfskategorien variiert der Einfluss des Preises auf den Kaufentscheid. Im Einzelnen sind sechs Faktoren von Bedeutung:

- Produktnutzen,
- objektive Produktqualität,
- Austauschbarkeit,
- Transparenz der Produktbeschaffenheit,
- Image,
- Einkaufshäufigkeit.

Wie wir in Kapitel D 1 gesehen haben, können wir die Leistungen von Produkten prinzipiell in die beiden Kategorien Sachleistungen und Anmutungsleistungen gliedern. Die aus den stofflichen und technischen Produkteigenschaften resultierenden Sachleistungen sind bei den verschiedenen Produkten unterschiedlich stark mit den emotionalen Wirkungen des Produktes auf den Käufer verknüpft. So dominieren z. B. bei den inferioren Nahrungsmitteln die sachlichen Produktleistungen, während bei Genussmitteln oft Anmutungsleistungen im Vordergrund stehen. Als grobe Faustregel mag gelten, dass für den Käufer der Preis des Produktes bei der Bewertung solcher Produkte, die er vorwiegend aufgrund ihrer stofflichen, energetischen oder technischen Eigenschaften kauft, das zentrale Entscheidungskriterium ist. Andererseits können Anbieter von solchen Produkten, die durch hohe Anmutungsleistungen charakterisiert sind, leichter einen erweiterten preispolitischen Spielraum gewinnen.

Da in Zeiten zunehmender Marktsättigung eine immer stärkere Angleichung der Sachleistungen unterschiedlicher Anbieter zu beobachten ist, treten die spezifischen Anmutungsleistungen der Produkte verstärkt in den Vordergrund der Betrachtung. Die aus der Anmutungsleistung resultierende Qualität eines Produktes ist für den Anbieter ein wichtiges Mittel im Wettbewerb mit seinen Konkurrenten. Je mehr sich die Produkte durch hohe Anmutungsleistung von den Erzeugnissen der Konkurrenz abheben, desto weniger geraten sie im Allgemeinen in den Sog eines Preisdrucks. So erzeugen bspw. die Hersteller von Functional-Food-Produkten neben dem objektiven Mehrwert der Gesundheitsförderung v.a. auch einen subjektiven Imagegewinn für ihre Produkte. Hierdurch wird aus Sicht der Verbraucher ein subjektiv wahrgenommener Mehrwert geschaffen, für den sie einen höheren Preis zu zahlen bereit sind als für herkömmliche Produkte, die über keinen vergleichbaren gesundheitsfördernden Zusatznutzen verfügen.

Produkte können sich mehr oder weniger stark von ihren Substituten unterscheiden. Je homogener die Leistungen verschiedener Anbieter sind, desto mehr wird der Käufer beim Kauf auf den Preis achten. Produkte dagegen, die von anderen stark differenziert sind, können sich oftmals dieser scharfen Beurteilung entziehen.

Je weniger der Verbraucher die objektive Qualität eines Gutes beurteilen kann, desto weniger präzise sind im Allgemeinen seine Vorstellungen über die Angemessenheit der Preisforderungen. Häufig ist sogar zu beobachten, dass der Verbraucher beim Fehlen anderer für ihn einsichtiger Qualitätskriterien den Preis als Indikator für die Produktqualität ansieht.

Alle Eigenschaften eines Produktes vereinigen sich beim Konsumenten zu einem Gesamtbild, einer integrierten Qualitätsvorstellung, dem Produktimage. Je besser das Image eines Produktes ist, desto weniger geraten die Preise eines Anbieters unter den Druck der Konkurrenzpreise.

Je häufiger ein Produkt eingekauft wird, desto besser sind die Verbraucher in der Regel über das „Kosten-Nutzen-Verhältnis“ informiert. Hinzu kommt, dass gerade bei den Gütern des täglichen Bedarfs verschiedene Artikel oftmals substituierbar sind. Der Preisdruck ist bei diesen Produkten entsprechend hoch.

(2) Konsumentenverhalten

In der wirtschaftswissenschaftlichen Theorie wird in der Regel davon ausgegangen, dass der Konsument als rational handelndes Wesen bei steigenden Preisen weniger von einem Produkt kauft und bei sinkenden Preisen seine Nachfrage erhöht. Am deutlichsten spiegelt sich diese Vorstellung in der theoretischen Begründung und im empirischen Nachweis von gesamtwirtschaftlichen „Preiselastizitäten der Nachfrage“ wider. Bei begrenztem Ausgabevolumen führen Preissteigerungen bei einem Produkt zu verringerter Einkaufsmenge. Dabei unterscheiden sich die Produkte durch die Höhe der Preiselastizitäten (siehe Kapitel A 3). Bei Produkten, die gut substituierbar sind, reagieren die Verbraucher elastischer auf Preisänderungen, bei schlecht substituierbaren (z.B. Grundnahrungsmittel) reagieren sie dagegen unelastischer (vgl. Übersicht D.19).

Analog zur gesamtwirtschaftlichen Ermittlung von Nachfrageelastizitäten muss jeder einzelne Anbieter versuchen, für seine Produkte individuelle Preis-Absatz-Funktionen zu

Übersicht D.19

Elastische und unelastische Nachfragefunktionen

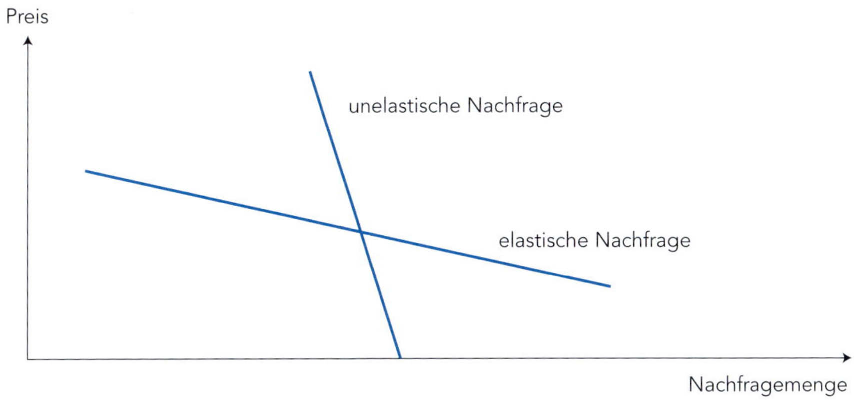

ermitteln. Er stößt dabei jedoch auf die Schwierigkeit, dass sich der Preis kaum von anderen nachfragebeeinflussenden Faktoren trennen lässt.

Das Verhalten der Verbraucher ist weitaus differenzierter, als es sich in solchen monokausalen Funktionen darstellen lässt.

Es wurde bereits angedeutet, dass der Verbraucher die Preise verschiedener Güter unterschiedlich bewertet. Bei bestimmten Produkttypen spielt der Preis für die Einkaufsentscheidung eine wichtigere Rolle als bei anderen. Auch bewerten verschiedene Konsumententypen einen gleich hohen Preis unterschiedlich. Diese Bewertung äußert sich in unterschiedlichem „Preisbewusstsein", das z.B. in der Einstellung zum Geld und zur Sparsamkeit, in bewusster Preisbeobachtung, im Vergleichen von Preisen und Ausnutzen preisgünstiger Angebote und Einkaufsgelegenheiten zum Ausdruck kommt. Dabei ist es nicht so, dass jemand preisbewusst ist oder nicht, sondern die Konsumenten unterscheiden sich hinsichtlich der Intensität des Preisbewusstseins. Auch erfordert preisbewusstes Verhalten nicht unbedingt genaue Preiskenntnis, sondern lediglich annähernd zutreffende Preisvorstellungen.

In der Regel werden sich die Käufer eines Produktes hinsichtlich ihres Preisbewusstseins nach einer Normalverteilung gruppieren:

- Relativ wenige haben eine exakte Preiskenntnis und akzeptieren nur eine geringe Schwankung der Preise um den von ihnen als gerecht angesehenen Geldbetrag.
- Relativ viele haben eine unpräzise Preisvorstellung und erlauben ein weiteres Schwanken der Preise um den von ihnen als gerecht angesehenen Geldbetrag.
- Relativ wenige haben keine Preiskenntnisse und kein Preisbewusstsein.

Die meisten Verbraucher haben also grobe Preisvorstellungen, die prinzipiell umso fester verankert sind,

- je mehr Erfahrungen sie mit dem Umgang mit Geld bzw. mit Preisen gesammelt haben und
- je mehr Bedeutung sie dem Umstand zumessen, preisbewusst zu kaufen oder als preisbewusst zu gelten.

Dabei muss berücksichtigt werden, dass das Preisbewusstsein der Verbraucher bei den einzelnen Produkten unterschiedlich stark ausgeprägt ist.

Für den Anbieter folgert daraus: Produkte könnten nicht nur zu teuer, sie können auch zu billig sein. Er muss versuchen herauszufinden, welche Preisobergrenze und Preisuntergrenze er nicht über- bzw. unterschreiten darf, ohne dass die Verbrauchergruppe, die er als Zielgruppe seines Marketings gewählt hat, mit Einkaufsrückgang antwortet. Entscheidend für den Anbieter ist also, dass er das Verhalten seiner Zielgruppe zutreffend beurteilt.

(3) Konkurrenzverhalten

Preiskämpfe sind für ein Unternehmen in der Regel nur dann interessant, wenn es ihm gelingt, durch aggressive Preispolitik so schnell einen Vorsprung vor seinen Konkurrenten zu erreichen, dass es sich einen erheblichen Marktanteil sichert. Aber auch dann besteht immer die Gefahr, dass die Konkurrenten nachziehen und ein ruinöser Wettbewerb letztlich zum Schaden für alle führt.

Trotz aller Einschränkungen, die hinsichtlich einer Überbewertung der Preispolitik im Marketing gemacht werden müssen, darf man nicht übersehen, dass im Wettbewerb auf den meisten Konsumgütermärkten der Preis eine wesentliche Rolle spielt und dass die Preispolitik eines Anbieters von seinen Wettbewerbern scharf beobachtet wird. Die Verhaltensweise der Konkurrenten ist dabei im Wesentlichen ein Abbild strukturbedingter Wettbewerbsverhältnisse.

Die wirtschaftswissenschaftliche Theorie unterscheidet in der Marktformenlehre drei Strukturtypen:

- Polypol,
- Monopol,
- Oligopol.

Da diese Strukturtypen sowohl auf der Angebots- als auch auf der Nachfrageseite vorherrschen können und da die Märkte zusätzlich durch die Merkmale „vollkommen“ (a) oder „unvollkommen“ (b) charakterisiert sein können, ergeben sich schematisch insgesamt die in Übersicht D.20 dargestellten achtzehn verschiedenen Marktformen.

Für den Einfluss der Konkurrenzbeziehungen auf die Preispolitik eines Anbieters ist weniger die morphologische Struktur des Marktes als vielmehr die Art des Verhaltens der Marktteilnehmer entscheidend. Wir bezeichnen das Verhalten eines Anbieters als

- monopolistisch, wenn er sich als einziger Anbieter einer Vielzahl von Nachfragern gegenübersieht. Diese Konstellation führt dazu, dass der Anbieter/Monopolist bei seiner Preisgestaltung nur auf die Nachfrage Rücksicht nehmen muss, nicht auf den Wettbewerb, so dass der Erfolg seiner Marketingpolitik lediglich vom Verhalten der Nachfrager, nicht jedoch vom Verhalten der Konkurrenten abhängt;
- polypolistisch, wenn er sich als Anbieter neben einer Vielzahl von Nachfragern ebenso einer Vielzahl von Wettbewerbern gegenübersieht und somit ein intensiver Wettbewerb unter Anbietern und Nachfragern herrscht. Der einzelne Anbieter kann in dieser Konstellation den Marktpreis nicht direkt beeinflussen, da sein Marktanteil sehr gering ist. Preisänderungen durch einen Anbieter führen somit nicht automatisch dazu, dass die anderen Anbieter ebenfalls ihren Preis ändern;
- oligopolistisch, wenn sich viele Nachfrager einer nur geringen Zahl an Anbietern gegenübersehen. In dieser Situation kann der einzelne Anbieter davon ausgehen, dass die Erfolge seiner Maßnahmen vom Konsumenten- und Konkurrenzverhalten ab-

Übersicht D.20

Systematik der Marktformen

Nachfrage \ Angebot		viele Kleine	wenige Mittelgroße	ein Großer
viele Kleine	a)	atomistische Konkurrenz	Angebots-Oligopol	Angebots-Monopol
	b)	polypolistische Konkurrenz	Angebots-Oligopoloid	Angebots-Monopoloid
wenige Mittelgroße	a)	Nachfrage-Oligopol	bilaterales Oligopol	beschränktes Angebotsmonopol
	b)	Nachfrage-Oligopoloid	bilaterales Oligopoloid	beschränktes Angebotsmonopoloid
ein Großer	a)	Nachfrage-Monopol	beschränktes Nachfrage-Monopol	bilaterales Monopol
	b)	Nachfrage-Monopoloid	beschränktes Nachfrage-Monopoloid	bilaterales Monopoloid

hängen und dass die Konkurrenten auf seine Maßnahmen mit Gegenmaßnahmen reagieren.

Die Verhaltensweisen charakterisieren jedoch den preispolitischen Spielraum der Anbieter unter dem Konkurrenzeinfluss nur unzureichend. Dagegen erlauben die Kriterien „vollkommener" oder „unvollkommener" Markt zusätzliche Hinweise.

Vollkommene Märkte sind durch folgende Merkmale gekennzeichnet (bei unvollkommenen Märkten fehlt mindestens eines der Merkmale):

- Alle Nachfrager streben nach Nutzenmaximierung, alle Anbieter nach Gewinnmaximierung.
- Die Reaktionen der Marktbeteiligten auf Preis- und Mengenänderungen erfolgen ohne Verzögerung.
- Nachfrager und Anbieter haben keine örtlichen, sachlichen, zeitlichen und persönlichen Präferenzen (Homogenitätsbedingung).
- Alle Marktpartner verfügen über uneingeschränkte Markttransparenz.

In der Realität weisen alle Märkte einen mehr oder weniger hohen Grad an Unvollkommenheit auf. In der Regel fehlen gleich mehrere Kriterien vollkommener Märkte.

Übersicht D.21

Der monopolistische Abschnitt auf der Preis-Absatz-Funktion

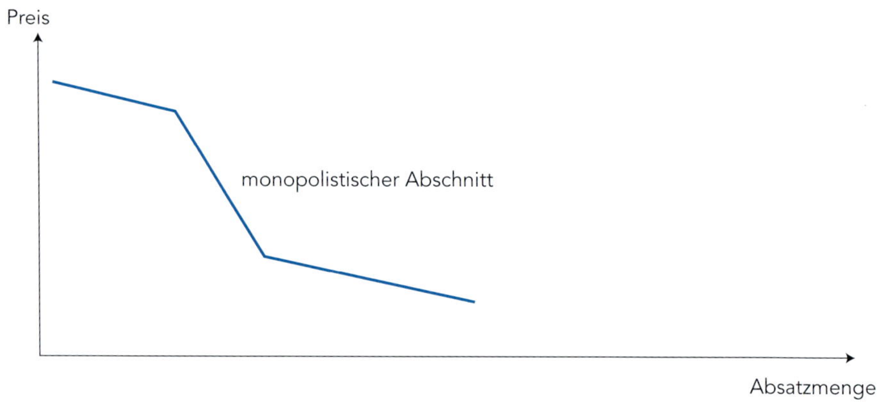

Nachfrager und Anbieter handeln nicht nach dem Maximumprinzip; sie haben Präferenzen und keine vollständige Markttransparenz; sie reagieren mit Verzögerung; die Produkte sind nicht vergleichbar und die Märkte sind räumlich und zeitlich differenziert. Je stärker ein Markt Kennzeichen der Unvollkommenheit aufweist, desto größer kann die Chance für den preispolitischen Spielraum der Anbieter sein. Die Anbieter auf unvollkommenen Märkten verfügen über einen **monopolistischen Abschnitt auf ihrer Preis-Absatz-Funktion** (Übersicht D.21), innerhalb dessen sie ihre Preise ohne wesentliche Veränderung der Absatzmengen verändern können.

Gleichzeitig führt die mangelnde Markttransparenz der konkurrierenden Anbieter dazu, dass ein Unternehmen bei Preisveränderungen die Reaktionen der Konkurrenz nur ungenau vorhersehen kann. Je mehr es annehmen muss, dass die Konkurrenz auf preispolitische Maßnahmen mit aggressiver Marketingpolitik reagieren wird, desto kleiner wird wiederum der preispolitische Spielraum.

(4) Der Einfluss des Handels auf die Preispolitik des Herstellers

Der Handel hat in den vergangenen Jahren einen wachsenden Einfluss auf den Absatzerfolg der Hersteller gewonnen. Nur noch wenige Hersteller können im direkten Verkauf ihrer Produkte an den Endverbraucher autonome Marketing- und insbesondere Preisentscheidungen treffen. Mit der zunehmenden Konzentration der Entscheidung über die Beschaffungspolitik des Handels bei den Zentralen des Groß- und Einzelhandels wird aber die preispolitische Entscheidungsfreiheit des Herstellers tendenziell geringer. Im Einzelnen müssen dabei folgende Aspekte beachtet werden:

- Ein Hersteller, dessen Produkt bis zum Endverbraucher mehrere Vermarktungsstufen durchläuft, hat in der Regel einen weniger großen Spielraum für eine eigenständige Marketingpolitik als ein Hersteller, der seine Produkte direkt an den Endverbraucher oder über nur eine zwischengeschaltete Absatzmittlerstufe verkauft. Besonders in der Preispolitik sind ihm die Hände stärker gebunden.
- Je leistungsfähiger bestimmte Absatzmittler oder -gruppen sind, je mehr ein Hersteller auf die Leistungen des Handels angewiesen ist und je mehr Macht der Handel damit erlangt, desto geringer wird der preispolitische Spielraum des Herstellers sein.

- Handelsunternehmen, die sich durch aggressive Marketing- und Preispolitik profilieren, üben auf die Preisgestaltung der Hersteller starken Druck aus.
- Je attraktiver das Produkt für die Sortimentszusammenstellung des Handels ist, desto mehr Spielraum gewinnt der Hersteller in der Preispolitik.
- Je stärker die Bindung des Verbrauchers an ein Produkt ist, desto weniger stark ist der preispolitische Druck des Handels auf den Hersteller.

(5) Rechtliche Bestimmungen und administrative Maßnahmen

Auf Märkten, auf denen die Preise durch administrative Maßnahmen reguliert werden, kann die Entscheidungsfreiheit des einzelnen Anbieters stark eingeschränkt sein (vgl. Kapitel A 2). So werden die Preise für Agrarprodukte zum Teil stark durch die Marktordnungen der EU bestimmt. Außerdem wird die Preispolitik durch rechtliche Rahmenbedingungen eingeengt. So sind etwa im Gesetz gegen Wettbewerbsbeschränkungen Preisabsprachen verboten und besondere Richtlinien für die noch verbleibenden Möglichkeiten vertikaler Preisbindung aufgestellt, die grundsätzlich seit 1974 verboten ist. Durch das Gesetz gegen den unlauteren Wettbewerb sollen irreführende Preisangaben verhindert werden. Auch muss der Anbieter sich an die Regeln der Preisangabenverordnung halten.

Einen zusammenfassenden Überblick über die Einflussfaktoren und Ausprägungen des preispolitischen Spielraums eines Anbieters gibt Übersicht D.22.

Der Verlauf der Preis-Absatz-Funktion und der daraus abgeleitete preispolitische Spielraum geben dem Anbieter in erster Linie Wahlmöglichkeiten für die Festlegung der notwendigen preispolitischen Aggressivität und der Preislage (hohe Preise oder Niedrigpreise), in der er seine Produkte verkaufen will. Es wird damit der Rahmen abgesteckt, innerhalb dessen der Anbieter durch Preisveränderung, Preisdifferenzierungen und Gestaltung der Zahlungsbedingungen agieren kann. Hiermit sind gleichzeitig die wesentlichen Entscheidungsbereiche für den preispolitischen Planungsprozess gekennzeichnet. In einer hierarchisch abgestuften Rangfolge werden – von der Marketing-Gesamtplanung ausgehend – aus generellen Entscheidungen über Ziele und Strategien der Preispolitik spezifische Ziele und Maßnahmen für die Gestaltung der einzelnen Instrumente abgeleitet, untereinander abgestimmt, realisiert und kontrolliert. Übersicht D.23 verdeutlicht den Ablauf schematisch.

Preispolitische Maßnahmen haben einen unmittelbaren Einfluss auf den Umsatz und damit den Gewinn eines Unternehmens, der sich – unterstellt man konstanten Mengenabsatz – bei steigenden Preisen erhöht und bei sinkenden Preisen verringert. Da die Preissetzung eines Unternehmens jedoch das Verhalten der Marktpartner beeinflusst, verfolgen preispolitische Maßnahmen auch Ziele, die sich nicht in ökonomischen Erfolgsgrößen messen lassen. Im Einzelnen ergeben sich für die Preispolitik etwa folgende Zielsetzungen:

- Sicherung der Rentabilität,
- Gewinnmaximierung,
- Stückgewinnmaximierung,
- Umsatzmaximierung,
- Erhöhung oder Stabilisierung von Marktanteilen,
- Stimulierung des Handels,
- Stimulierung des Verbrauchers,
- Entschärfung des Wettbewerbs,
- Selektion von Absatzmittlern und Konsumenten,
- Preisausgleich bei verschiedenen Produkten.

Übersicht D.22

Einflussfaktoren und Ausprägungen des preispolitischen Spielraums eines Anbieters

	Faktoren	Preispolitischer Spielraum groß		klein
Produkteigenschaften	Nutzen	überwiegend Anmutungsleistung	├──┤	überwiegend Sachleistung
	Qualität	hoch	├──┤	niedrig
	Austauschbarkeit	gering	├──┤	hoch
	Attraktivität	hoch	├──┤	gering
	Zugang des Verbrauchers zur Produktbeschaffenheit	gering	├──┤	hoch
	Image	gut	├──┤	schlecht
	Einkaufshäufigkeit	gering	├──┤	hoch
Verhalten der Verbraucher	Preiselastizität	unelastisch	├──┤	elastisch
	Preiskenntnis	gering	├──┤	hoch
	Preisbewusstsein	schwach	├──┤	stark
	Preistoleranz	weit	├──┤	eng
	Ausgabebereitschaft	groß	├──┤	klein
Struktur und Verhalten der Hersteller	Marktstellung des Anbieters	monopolistisch	├──┤	polypolistisch
	Marktvollkommenheit	unvollkommen	├──┤	vollkommen
	monopolistischer Abschnitt auf der Preisabsatzfunktion	groß	├──┤	klein
	Marketingpolitik der Konkurrenz	wenig aggressiv	├──┤	aggressiv
Struktur und Verhalten der Absatzmittler	Zahl der am Absatz beteiligten Vermarktungsstufen	keine /gering	├──┤	groß
	Marktmacht des Handels	klein	├──┤	groß
	Marketingpolitik des Handels	nicht aggressiv	├──┤	aggressiv
	Attraktivität des Produktes für den Handel	groß	├──┤	klein
	Attraktivität des Produktes für den Konsumenten	groß	├──┤	klein
Umwelteinflüsse	Administrative Preisregelungen	unbedeutend	├──┤	bedeutend
	Rechtliche Bestimmungen	nicht restriktiv	├──┤	restriktiv

Übersicht D.23

Der preispolitische Planungsprozess

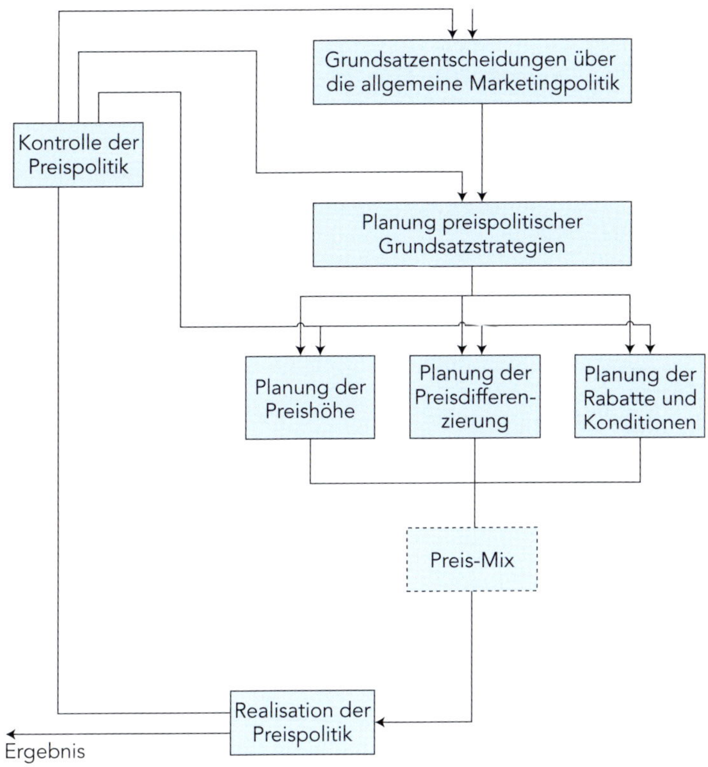

Mit der Festlegung der grundsätzlichen preispolitischen Zielsetzung unmittelbar verbunden ist die Entscheidung über die grundsätzlich einzuschlagenden Strategien.

Grundlage dieser strategischen Entscheidungen sind vielfach die Erfahrungen mit bestimmten Preisstrategien in der Vergangenheit bzw. die grundsätzlichen unternehmenspolitischen Entscheidungen, ob mit bisherigen oder neuen Marketingstrategien auf alten oder neuen Märkten operiert werden soll. Hieraus ergibt sich für die Preispolitik die Überlegung, ob bestimmte preispolitische Strategien eliminiert, verändert oder neu konzipiert werden sollen.

Im Anschluss an diese Planungen muss produktspezifisch konkretisiert werden, welche Ziele mit der Festlegung bestimmter Preishöhen, der Gewährung bestimmter Rabatte und Konditionen und der Differenzierung von Preisen erreicht werden sollen, um dann die exakte Höhe der Preise und Rabatte, die Form und Art der Preisdifferenzierung und evtl. den Spielraum für die Preisverhandlungen festzulegen, durchzusetzen und die Realisierung zu überprüfen.

2.2 Preishöhe und Preisänderungen[5]

Die Frage nach der Preishöhe stellt sich vor allem bei Produkten, die neu auf den Markt kommen. Der Anbieter muss versuchen, einen Preis zu finden, der seinen Gewinnvorstellungen und der Einschätzung der Abnehmer gerecht wird. Diesen „Grundpreis" festzulegen, heißt zunächst eine Grundsatzentscheidung darüber zu fällen, ob ein Unternehmen eine Hochpreis- oder eine Niedrigpreispolitik verfolgen will bzw. kann. Die Entscheidung ist von höchster strategischer Bedeutung. Sie kennzeichnet die gesamte Unternehmenspolitik eines Anbieters und findet oftmals ihren Niederschlag im Firmenimage. Produktgestaltung, Werbegestaltung, die Wahl bestimmter Absatzmittler und Konsumentengruppen stehen mit ihr in unauflöslicher Wechselbeziehung. Eine **Hochpreispolitik** werden Unternehmen anstreben, wenn sie

- ein Produkt anbieten, dessen Leistung deutlich über der vergleichbarer Angebote liegt,
- nicht erwarten müssen, dass ihnen die Konkurrenten durch eine aggressive Marketingpolitik den Markt streitig machen,
- ein „exklusives" Marktsegment ansprechen, das prinzipiell bereit ist, Qualität über den Preis zu honorieren,
- eine dem Image des Preises und der Produkte entsprechende Distributionsmöglichkeit finden.

Hochpreispolitik zielt im Zusammenhang mit einem entsprechenden Einsatz der anderen Marketinginstrumente auf eine stärkere Selektion der Nachfrage, wobei zugunsten einer größeren Stückgewinnspanne i. d. R. eine geringere Absatzmenge in Kauf genommen wird. Sie wird oftmals von Herstellern in der Produkteinführungsphase angewandt, um zunächst die Preisbereitschaft einer innovationsfreudigen Käuferschicht zu nutzen und dann in den weiteren Lebenszyklusphasen durch Preissenkungen den Massenmarkt zu erschließen.

Eine Niedrigpreispolitik dagegen werden Unternehmen anstreben, wenn

- sie eine schnelle Marktdurchdringung erreichen wollen,
- die Nachfrage relativ preiselastisch reagiert und nicht ausreichend segmentiert werden kann,
- die Distribution über Absatzmittler mit Niedrigpreisstrategie erfolgen soll,
- ein Konkurrenzkampf mit den Anbietern substitutiver Güter aufgenommen werden kann.

Bei der **Niedrigpreispolitik** wird i. d. R. eine geringere Stückgewinnspanne zugunsten einer größeren Absatzmenge in Kauf genommen. Ihr Einsatz liegt in erster Linie in der Marktdurchdringungsphase des Lebenszyklus, aber auch in der Markteintrittsphase wird sie insbesondere auf wettbewerbsintensiven Märkten angewandt.

Um eine optimale Marktabschöpfung zu realisieren, kann es sich aus Anbietersicht lohnen, sowohl eine Niedrigpreispolitik zu verfolgen als auch eine Hochpreispolitik. Hierdurch können verschiedene Nachfragersegmente angesprochen werden, die unterschiedlich hohe Preise zu zahlen bereit sind, im Hochpreis- und im Niedrigpreissegment. Als

[5] Vgl. E. WELTE (Bonner Hefte für Marktforschung, Heft 14).

Beispiel lässt sich im Lebensmittelsektor der Gegensatz zwischen Hersteller- und Handelsmarken heranziehen. Die Wareneinstandspreise von Handelsmarken fallen i. d. R. deutlich niedriger aus als die von Herstellermarken/Markenartikeln, die ihrerseits zumeist langfristig aufgebaut und aufwendig beworben werden müssen. Hierdurch besteht die Möglichkeit, Handelsmarkenartikel deutlich günstiger als vergleichbare Herstellermarkenartikel anzubieten, so dass die betreffenden Handelsunternehmen eine gezielte Profilierung durch preisgünstige Angebote verfolgen können. In der Realität ist in diesem Zusammenhang oftmals festzustellen, dass sowohl Handelsmarken im Niedrigpreissegment als auch Herstellermarken im Hochpreissegment von ein und demselben Hersteller produziert werden. Hierdurch können verschiedene Nachfragesegmente bedient und insgesamt höhere Umsätze erzielt werden. Als eine wichtige Voraussetzung hierfür lässt sich die Bedingung formulieren, dass der Verbraucher nicht erkennen sollte, dass es sich in beiden Fällen um denselben Hersteller handelt. Würde der Verbraucher dies erkennen, so bestünde das Risiko, dass die hochpreisige Herstellermarke durch das Niedrigpreisimage der Handelsmarke verwässert und qualitativ schlechter beurteilt werden würde.

Bei Preisänderungen ist in erster Linie das Verhalten der Konkurrenten und Konsumenten in die Planung einzubeziehen. Je mehr die Absatzmärkte eines Unternehmens die Merkmale vollkommener Märkte aufweisen, desto vorsichtiger muss der Anbieter Preisveränderungen handhaben: Preiserhöhungen lassen die Nachfrage schrumpfen, Preissenkungen fordern die Reaktionen der Konkurrenten heraus und bergen die Gefahren eines ruinösen Preiskampfes in sich. Gelingt es dagegen einem Unternehmen, durch den Einsatz der übrigen Marketingaktionsbereiche ein akquisitorisches Potenzial aufzubauen, bietet sich innerhalb einer gewissen Bandbreite der Einsatz der Preisveränderungsstrategie zur Erreichung bestimmter Marketingziele an. Das Problem besteht in diesem Falle in der Bestimmung der Preisober- und Preisuntergrenze.

2.3 Preisdifferenzierung

Preisdifferenzierung liegt vor, wenn ein Anbieter für gleiche oder vergleichbare Produkte in verschiedenen Marktsegmenten unterschiedliche Preise fordert, wobei die Preisdifferenzen größer als die Kostenunterschiede sind. Voraussetzung für die Preisdifferenzierung ist also die Möglichkeit, Nachfragesegmente abzugrenzen und jedem Segment ein preislich unterschiedliches Produkt anzubieten. Durch Variationen in der Produktgestaltung (z. B. Verpackung, Kennzeichnung), der Kommunikationsweise und der Distributionsmaßnahmen wird eine Preisdifferenzierung wesentlich unterstützt.

Zur Differenzierung von Preisen bieten sich mehrere Möglichkeiten an. Die wichtigsten Kriterien sind Raum, Zeit, Absatzmengen, Verwendungszweck, Konsumentenmerkmale und Absatzmittlermerkmale:

- Eine Differenzierung der Preise innerhalb verschiedener **Regionen** (Inland, Ausland, Nielsen-Gebiete u. Ä.) ist möglich, wenn sich etwa die Konkurrenzverhältnisse oder das Konsumentenverhalten (z. B. durch Kaufkraftunterschiede) in den Regionen unterscheiden.
- Eine **zeitbezogene** Preisdifferenzierung wird ein Anbieter dann vornehmen, wenn sich der Markt im Zeitablauf zu seinen Gunsten oder Ungunsten verändert (z. B. im Konjunktur- oder Saisonverlauf). Dies kann z. B. bei Getreideprodukten der Fall sein, indem durch Lagerhaltung versucht wird, Preisänderungen auszunutzen.

- Bezogen auf die **Absatzmengen** bzw. die Abnahmeintensität bieten die Anbieter vielfach dem Großabnehmer bzw. Dauerkunden ihre Produkte zu günstigeren Preisen an.
- Manche Produkte dienen verschiedenen **Verwendungszwecken** (Milch z. B. zum Frischverzehr und zur Herstellung von Verarbeitungsprodukten wie Käse, Joghurt, Quark). Auf diesen Teilmärkten bestehen unterschiedliche Elastizitäten der Nachfrage.
- Die Differenzierung der Preise nach **konsumentenbezogenen** Merkmalen wird vor allem nach Kriterien vorgenommen wie sozio-demografischen Merkmalen, Einkaufsverhalten, Lebensstil, Preisbewusstsein.
- Ein Unternehmen kann das gleiche Produkt über verschiedene **Absatzmittler** anbieten, um unterschiedliche Verbrauchergruppen zu erreichen. Die Merkmale der jeweiligen Geschäftstypen (z. B. Fachgeschäfte, Kaufhäuser, Discounter oder traditioneller Einzelhandel) bilden in diesem Falle den Rahmen für die Preisdifferenzierung.

Das Instrument der Preisdifferenzierung kann nur dann wirksam eingesetzt werden, wenn es dem Hersteller gelingt, die Teilmärkte zu isolieren. Das setzt voraus, dass die Abnehmer, von denen er einen höheren Preis verlangt, entweder keine Markttransparenz und/oder nicht die Möglichkeit des Zutritts zu anderen Teilmärkten und/oder Präferenzen haben.

Von den Möglichkeiten der Preisdifferenzierung wird in der Markenpolitik besonders häufig durch das Angebot von preislich differenzierten Zweit- oder Drittmarken Gebrauch gemacht.

Nahezu alle Gruppen des Lebensmitteleinzelhandels führen für verschiedene Marktsegmente verschiedene Betriebsformen, um den Markt möglichst vollständig abzudecken. Zu den Vertriebsformen der Mülheimer Tengelmann-Gruppe zählen Super- und Verbrauchermärkte (Tengelmann, Kaiser's) sowie die Plus-Discountlinie, seit Ende 2007 unter Mehrheitsbeteiligung der EDEKA-Gruppe. Die konkurrierende REWE-Group zielt ebenfalls neben der Vertriebsform klassischer Verbrauchermärkte (REWE-Supermärkte) mit ihrer Discounter-Vertriebslinie Penny-Markt auf das Niedrigpreissegment.

In Bezug auf die strategische Stoßrichtung der Discounter sind grundsätzlich die beiden Strategien der Preisführerschaft gegenüber der Sortimentsführerschaft zu unterscheiden. Während die meisten Discounterketten – z. B. Aldi oder Lidl – auf ein kleines Sortiment schnell drehender, wenig erklärungsbedürftiger Produkte konzentriert sind, entwickeln sich einzelne – z. B. Plus – hinsichtlich ihrer Preis- und Sortimentspolitik in Richtung „rationalisierter Supermarkt" und verfolgen so die Strategie der Sortimentsführerschaft. Auf diese Weise soll z. B. die Plus-Schiene, die mit mehr als 2.000 Artikeln und Vollversorgerfunktion vergleichsweise hohe Roherträge erwirtschaftet, aus dem harten Preiskampf der übrigen Discounter herausgehalten werden.

2.4 Rabatte und Konditionen

Zum festen Bestandteil der Preispolitik eines Unternehmens gehören Rabatte, Skonti und sonstige Konditionen. Sie sind ein wesentlicher Bestandteil der Preispolitik auf den Märkten für Lebensmittel und Agrarprodukte.

Rabatte werden von Herstellern vor allem an Absatzmittler für unterschiedliche Leistungen gegeben. Sie werden in der Regel als prozentuale Preisabschläge gewährt.

Als wichtigste Formen solcher Preisnachlässe unterscheiden wir:[6]

- Funktions-, Stufen- oder Grundrabatt als Ausdruck genereller Handelsaufgaben auf der Groß- und Einzelhandelsebene (die Bezeichnung Zusatzrabatt soll als Sammelgröße alle übrigen Rabattelemente zusammenfassen),
- Mengen-, Individualumsatz- oder Gesamtumsatzrabatt sowie Jahresbonus als Ausdruck von quantitativen Leistungen oder Anreizen,
- Saison-, Frühbezugs- oder Treuerabatt als Ausdruck von zeitlichen Leistungen oder Anreizen,
- Einführungs-, Muster- oder Lagerräumungsrabatt als Ausdruck spezieller qualitativer Leistungen oder Anreize,
- Sonder- oder Geheimrabatt als Ausdruck besonderer Wettbewerbsanreize, für die keine der üblichen Leistungskategorien herangezogen werden kann.

Insgesamt gewinnt die Rabattpolitik im Rahmen der Preispolitik des Herstellers bei zunehmender Macht des Handels, der in erster Linie um eine ausreichend hohe Artikelspanne bemüht ist, wachsende Bedeutung.

Die Festlegung von Preisen und Rabatten wird durch zusätzliche Vereinbarungen ergänzt, die entweder generelle Gültigkeit haben oder mit einzelnen Abnehmern vereinbart werden. Dazu gehören vor allem Abmachungen über

- Ort und Zeit der Warenzustellung,
- Handhabung von Reklamationen,
- Mindestmengen,
- Regalpflege,
- Berechnung von Porti, Frachten, Versicherungen,
- Zahlungsziele,
- Skonti,
- Verzugszinsen u. a.

Nach dem Grad der Allgemeingültigkeit unterscheiden wir zwischen

- individueller Preisgestaltung und
- Listenpreisen.

Dabei sind Letztere wiederum danach zu differenzieren, ob nur die Preise gelistet sind und Rabatte und/oder Konditionen ausgehandelt werden oder ob die jeweiligen Listen sämtliche preisbezogenen Vereinbarungen enthalten und für individuelle Vereinbarungen kein Freiraum bleibt. Oft werden Einzelprodukte nach dem System der individuellen Preisbildung und Massenkonsumgüter nach Listenpreisen verkauft, wobei dem Aufstellen der Listenpreise Verhandlungen insbesondere über Rabatte und Konditionen vorausgehen (vgl. Toolbox: Konditionensysteme und Kap. E 6, S. 443 f.).

---

[6] Daneben gibt es auch Verbraucherrabatte (insbesondere als Rabattmarken, Preisabschläge bei Sonderangeboten, Angebot von preisreduzierten Mehrstückpackungen), die vor allem aus der Sicht des Handels größere Bedeutung haben.

TOOLBOX: KONDITIONENSYSTEME

Ein Konditionensystem stellt ein Regelungswerk dar, das angibt, zu welchen Bedingungen ein Unternehmen in welcher Form und Höhe welche Konditionen an wen gewährt. Handelt es sich um monetäre Konditionengewährung, die im Zusammenhang steht mit Warengeschäften, so wird durch das Konditionensystem der vom Unternehmen vorgegebene Listenpreis in den jeweiligen Nettopreis transformiert, der den verschiedenen Mittlern gewährt wird.

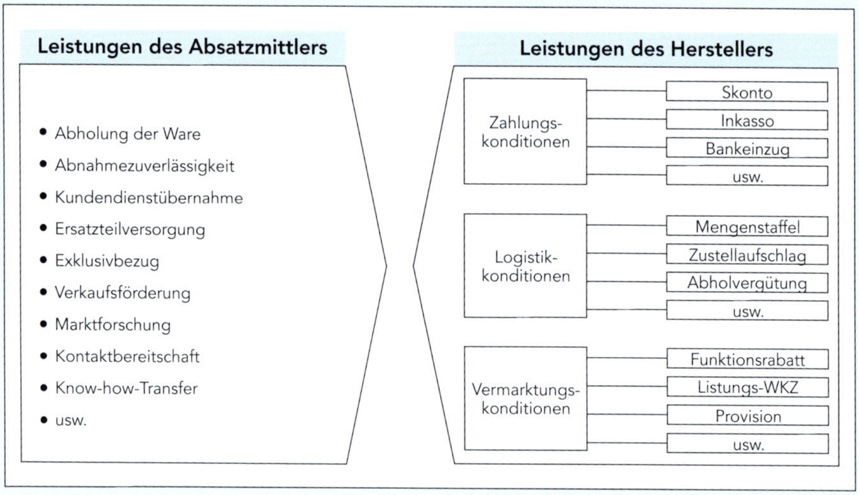

Im Rahmen des vertikalen Marketings regeln Konditionensysteme die Leistungsbeziehungen zwischen Herstellern und Absatzmittlern, indem sie den Leistungen der Mittler bestimmte Gegenleistungen des Herstellers – z. B. Rabatte, Provisionen – zuordnen. Hierzu werden die Gegenleistungen basierend auf den Merkmalen oder Verhaltensweisen der Mittler – z. B. Handel oder Außendienst – festgelegt, d. h., es wird die Frage beantwortet, unter welchen Voraussetzungen welcher Mittler bestimmte Konditionen erhält. Neben einer Abstufung der Leistungen, für die jeweils unterschiedliche Konditionen – z. B. unterschiedliche Rabatthöhen – gewährt werden, konzentriert sich die Betrachtung im Rahmen der leistungsorientierten Festlegung der Konditionen auch auf die Prognose ihrer Wirkung auf die Zielerreichung des Herstellerunternehmens. So sollte das Konditionensystem in der Weise ausgestaltet sein, dass es das Leistungsverhalten der Absatzmittler positiv im Hinblick auf die Unternehmensziele – z. B. Gewinnmaximierung – beeinflusst. Beispielsweise sollten die Provisionen, die gegenüber Außendienstmitarbeitern gewährt werden, an die von ihnen erzielten Verkäufe gekoppelt werden. So können durch die Anreizwirkung der Provisionen die Umsatz- und Gewinnziele des Herstellerunternehmens gefördert werden.

Die Ausgestaltung von Konditionensystemen konzentriert sich im Kern auf die Gegenüberstellung der Leistungen von Absatzmittlern zu den Gegenleistungen des Herstellerunternehmens. So steht zu Beginn der Gestaltung des Konditionensystems die Frage, welche Leistungen des Mittlers als vergütungswürdig ausgewählt und honoriert werden sollten. Dem sind mögliche Gegenleistungen des Herstellers gegenüberzustellen. Neben der Festlegung der Art der Gegenleistung – z. B. monetäre versus unentgeltliche Gegenleistungen – ist die Höhe der Gegenleistung zu definieren. Im Hinblick auf die variierenden Leistungen der Absatzmittler werden hierzu üblicherweise Konditionenstaffeln festgelegt, die der unterschiedlichen Leistungsintensität der Mittler ebenso abgestufte Vergütungen als Pendant gegenüberstellen.

Eine Sonderstellung unter den Konditionen nehmen Listungsentgelte ein. Diese werden von Einzelhandelsketten für die Aufnahme in das Sortiment berechnet. Begründet werden sie u. a. mit dem Umstellungsaufwand. Oft ohne erkennbare Gegenleistung berechnet wird ebenfalls der Werbekostenzuschuss (WKZ), der für Werbeaktionen des Handels verwendet werden soll.

Da die Preise bzw. die Rabatte und Konditionen zwischen den Herstellern und den Handelsunternehmen ausgehandelt werden, hängt der Erfolg preispolitischer Maßnahmen vor allem vom Verhandlungsgeschick, den Vorräten und finanziellen Reserven sowie vom Stand der Information über den anderen Partner ab. Alle diese Faktoren bestimmen die relative Machtposition eines Partners.

Schließlich ist für die Preisfestsetzung von Bedeutung, inwieweit der Wiederverkäufer an die vom Hersteller geforderten Endverbraucherpreise gebunden ist. Da seit der Aufhebung der Preisbindung der zweiten Hand (vertikale Preisbindung) den Absatzmittlern die Wiederverkaufspreise nicht mehr verbindlich vorgeschrieben werden können, unterscheiden sich die verschiedenen Preisgestaltungssysteme lediglich nach

- ungebundenen Preisen
  - Fabrikabgabepreise (= Nettopreise)
  - Bruttopreise (vorgeschlagene Endverbraucherpreise oder Handelsabgabepreise)
- empfohlenen Preisen
  - empfohlene Verbraucherpreise
  - empfohlene Handelsabgabepreise (verschiedene Stufen).

Empfohlene Preise sind vielfach in die Fußstapfen der gebundenen Preise getreten. Sie werden in der Regel bei Markenartikeln und ähnlichen Produkten angewandt, bei denen der Hersteller aufgrund der starken Bindung zwischen Produktimage und Preisvorstellung beim Verbraucher den preispolitischen Aktionsraum nicht ganz dem Handel überlassen will.

3. Distributionspolitik

3.1 Grundlagen

Den Nachfragern ein Produkt am geeigneten Ort, zur richtigen Zeit und in einer ansprechenden Darbietung zur Verfügung zu stellen, ist eine wesentliche Bedingung für den Absatzerfolg eines Unternehmens. Jede Lücke führt direkt zu Umsatz- und Marktanteilseinbußen und kann nicht durch Verbesserungen in den übrigen Aktionsbereichen des Marketings aufgefangen werden. Die Leistungen des Anbieters im Markt präsent zu machen, ist die Aufgabe der Distributionsplanung.

Der distributionspolitische Gestaltungsrahmen

Hersteller von Gütern haben in aller Regel unterschiedliche Möglichkeiten, ihre Produkte zum Abnehmer gelangen zu lassen. Von einigen Ausnahmen (Direktmarketing, Filialsysteme) abgesehen (vgl. Toolbox: Direktmarketing), ist für die meisten Märkte charakteristisch, dass die Distribution von den Herstellern nicht allein wahrgenommen, sondern unter Mitwirkung rechtlich und wirtschaftlich selbstständiger Handelsunternehmen durchgeführt wird. Damit unterscheidet sich die Distribution kennzeichnend von den anderen Aktionsbereichen des Marketings. Sie kann vom Hersteller nicht autonom innerhalb gegebener Rahmenbedingungen gestaltet werden, sondern bedarf der Koordinierung mit den Unternehmen im Handel. Die Zusammenarbeit kann durch eine spannungsfreie Arbeitsteilung gekennzeichnet sein, sie kann aber auch dadurch bestimmt sein, dass die Partner in latentem oder offenem Konflikt stehen. Das Zusammenwirken von Hersteller und Handel ist also durch ein labiles Gleichgewicht zwischen Konflikt und Kooperation charakterisiert.

Konflikte zwischen Hersteller und Handel

Dass das Verhältnis zwischen Hersteller und Handel nicht immer spannungsfrei ist, kann vor allem zwei Ursachen haben:

- entweder entspricht das Verhalten des Herstellers nicht der Rollenerwartung des Handels (und/oder umgekehrt)
- oder die Ziele (und Strategien) von Hersteller und Handel sind miteinander unverträglich.

(1) Die gegenseitige Abhängigkeit bietet noch keine Gewähr dafür, dass die Übernahme sich ergänzender Funktionen durch die Hersteller und den Handel reibungslos vonstatten geht. Voraussetzung hierfür müsste sein, dass beide Elemente des Distributionssystems die ihnen zugedachten Rollen spielen und streng die jeweiligen Verhaltensvorschriften einhalten. Es gibt jedoch keine Regel, welche auch nur annähernd verbindlich festlegen

TOOLBOX: DIREKTMARKETING

Direktmarketing – häufig auch als Dialogmarketing bezeichnet – umfasst alle Marketingaktivitäten, bei denen Medien mit der Absicht eingesetzt werden, eine interaktive Beziehung zu Zielpersonen herzustellen, um sie zu einer individuellen, messbaren Reaktion (Response) zu veranlassen. Demzufolge lässt sich Direktmarketing auch als Ausrichtung von unternehmerischen Funktionen an aktuellen und potenziellen Kunden umschreiben, die direkt und persönlich angesprochen werden. Also jenen Personen, die per direktem Kommunikationskanal wie Telefon, E-Mail, Werbebriefe etc. kontaktiert werden. Das Besondere am Direktmarketing ist somit, dass eine interaktive Beziehung angestrebt wird, der Austausch mit den Zielpersonen also erwünscht ist.

Die Methoden des Direktmarketings, die sich unter der o. a. Definition im Bereich der Kommunikation subsummieren lassen, sind:

- adressierte Werbesendungen bzw. Direct Mail, z. B. als Katalog, Solo-Mailing, Verbundmailing
- unadressierte Werbesendungen und Haushaltswerbung
- Beilagen mit Response-Element in Zeitungen oder Zeitschriften
- Paketbeilagen in Warensendungen an Kunden
- Anzeigen in Zeitungen oder Zeitschriften mit Response-Element
- aktives und passives Telefonmarketing
- interaktive Medien wie Internet
- TV- oder Rundfunkwerbung mit Response-Element
- Außenwerbung mit Response-Element

könnte, was ein Hersteller oder Händler tun bzw. unterlassen sollte. Das Verhalten der jeweiligen Positionsinhaber im Absatzkanal hängt vielmehr davon ab, welches subjektive Rollenbewusstsein sie haben (d. h., wie sie selbst ihre Rolle und die der anderen sehen und wie sie glauben, dass die anderen diese Rolle einschätzen); welche Unternehmenspolitik sie verfolgen (können) und welche Macht (Sanktionsgewalt) sie haben, die anderen zum Einhalten der ihnen zugedachten Rolle zu zwingen.

Die gegenseitigen Rollenerwartungen von Positionsinhabern in Distributionssystemen resultieren im Wesentlichen aus der durch Arbeitsteilung entstandenen Spezialisierung und den damit verbundenen gewünschten Verhaltensweisen der Hersteller und des Handels.

Nach dem überkommenen Rollenverständnis gehört zu den Aufgaben des Herstellers vor allem die Produktgestaltung, überregionale Werbung, Auswahl der Absatzmittler und die Koordination der gesamten Distribution durch seine Verkaufsorganisation.

Der Handel übernimmt größtenteils die Distribution mit Mengen- und Zeitausgleich und die übrige Warenmanipulation. Er gestaltet das Sortiment und macht es den Kunden zugänglich. Zum Funktionieren eines derartigen Rollenspiels wird oft unausgesprochen unterstellt, die Rollenträger verhielten sich im Hinblick auf die Erreichung gemeinsamer Ziele wohlwollend zueinander. Unabhängig davon, dass derartige Rollenbezeichnungen viel zu allgemein und damit wenig informativ sind, gehen sie auch an der Wirklichkeit vorbei, die vielfach nicht vom Konsens, sondern von Konflikten zwischen den Rollenträ-

Übersicht D.24

Vertikale Konflikte zwischen Hersteller und Handel

Schwerpunkt	Ziel Hersteller	Ziel Handel
Produktpolitik	• Profilierung der Herstellermarke	• Profilierung der Handelsmarke
Distributionspolitik	• Große Bestellmengen • Übernahme der Lagerhaltung durch den Händler • Zweitplatzierungen	• Lieferung auch kleiner Bestellmengen • Übernahme der Lagerhaltung durch den Hersteller • Gleichmäßige Platzierung ausgewählter Marken
Kommunikationspolitik	• Bevorzugte Bewerbung der Herstellermarke durch den Handel	• Gleichmäßige Bewerbung verschiedener Herstellermarken bzw. Eigenmarken • Bevorzugte Werbeförderung komplementärer Produkte
Entgeltpolitik	• Preiskonstanz	• Profilierung durch Sonderangebote • Punktuell preisaggressiv

gern geprägt ist. Diese Konflikte liegen im Kern darin begründet, dass der Hersteller den Handel in der Rolle eines von ihm abhängigen ausführenden Distributionsorganes sieht, während der Handel den Hersteller als einen von ihm abhängigen Zulieferer betrachtet.

(2) Die rollenbedingten Konflikte stehen in engem Zusammenhang mit den Zielkonflikten zwischen den Organen des Distributionssystems. Die Ziele zwischen Hersteller und Handel können prinzipiell identisch, komplementär oder konkurrierend sein.

Weitestgehende Zielidentität wird es nur in den Fällen geben, in denen die Distributionsorgane unternehmenszugehörig sind bzw. sich der Zielsetzung des Herstellers unterordnen oder in denen die herstellenden Organe den Weisungen des Handels Folge leisten müssen.

Konkurrierende Ziele, die in der Regel auch konkurrierende Strategien zur Folge haben, sind die bedeutendsten Konfliktursachen in Distributionssystemen. Generell gilt: Je größer die Zieldivergenz, umso tiefgreifender der Konflikt. Eine Auswahl denkbarer vertikaler Konflikte zwischen Hersteller und Handel zeigt Übersicht D.24.

Vor dem Hintergrund der spezifischen Beziehungen zwischen Hersteller und Handel müssen alle konkreten Überlegungen betrachtet werden, die ein Hersteller im Rahmen seiner Distributionsplanung anstellt. Hierbei geht es um:

- die strategischen Grundsatzentscheidungen über die Wahl des Distributionsweges,
- die Planung der Verkaufsorganisation und
- die Planung der Marketinglogistik.

Analog zu den preis-, produkt- und kommunikationspolitischen Entscheidungen können wir diese Entscheidungsbereiche als **Planungsprozess** darstellen. Ausgehend von der

Übersicht D.25

Der distributionspolitische Planungsprozess

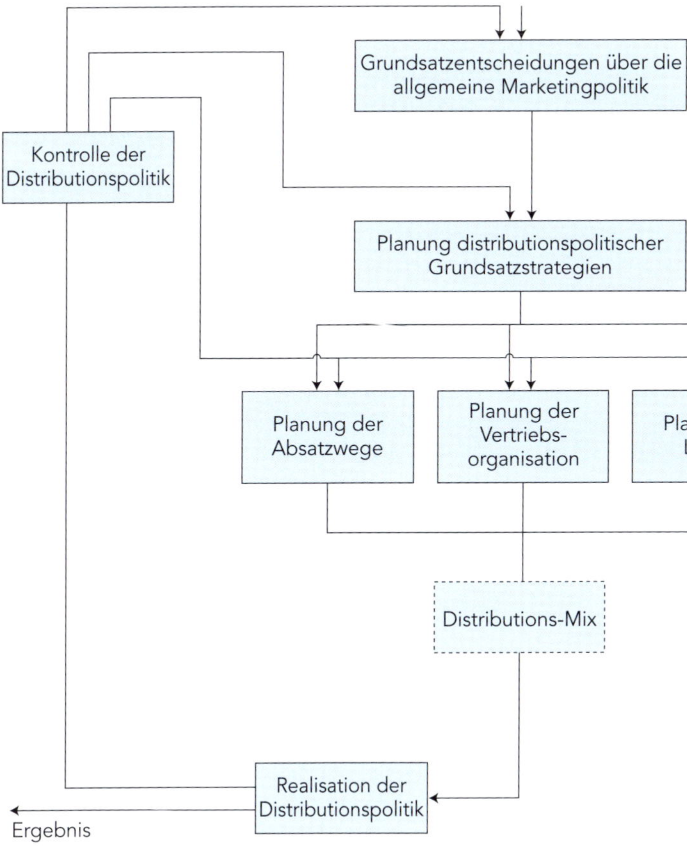

Marketing-Gesamtplanung werden aus generellen Entscheidungen über Ziele und Strategien des Distributionsprogramms spezifische Ziele und Maßnahmen für die Gestaltung der Absatzwege, Verkaufsorganisation und Logistik entwickelt, aufeinander abgestimmt (Distributions-Mix), realisiert, kontrolliert und erneut geplant. Übersicht D.25 verdeutlicht den Ablauf schematisch.

Über die Gestaltung distributionspolitischer Maßnahmen wird ein Unternehmen versuchen,

- die Kosten der Warenverteilung zu senken,
- die Zeit der Warenverteilung zu verkürzen,
- dem Kunden seine Produkte im definierten Absatzsegment zu jeder Zeit und in ausreichender Menge zum Kauf anzubieten,
- neue Kunden zu gewinnen,
- den Absatz über einzelne Wege zu intensivieren.

Die Unternehmens- bzw. Marketingleitung muss zunächst entscheiden, welche dieser generellen Ziele mit Hilfe der Distributionspolitik erreicht werden sollen, um dann hieraus abgeleitet konkrete Vorgaben für die Gestaltung einzelner Distributionsmaßnahmen zu geben. Solche abgeleiteten Ziele könnten etwa sein

- bei der Wahl der Absatzwege:
  selektive Distribution, hohe Distributionsdichte, Kostenminimierung u. a.
- bei der Gestaltung der Verkaufsorganisation:
  optimale Kundenbetreuung, Reduzierung der Kosten bzw. Erhöhung der Effektivität des Verkäufereinsatzes, Rationalisierung der Verkaufsabwicklung u. a.
- bei der Logistik:
  Minimierung der Transport- und Lagerkosten, termingerechte Lieferung u. a.

Komplementäre Ziele können eine tragfähige Grundlage für die konfliktfreie Zusammenarbeit zwischen Hersteller und Handel sein. In der Tat gibt es viele Teilbereiche des Marketings, in denen sich die Ziele von Hersteller und Handel ergänzen (z. B. in der Verkaufsförderung, Verpackungsgestaltung, Bedarfsbündelung, Qualitätspolitik).

Die grundsätzlichen distributionspolitischen Ziele stehen in engem Zusammenhang mit den unternehmenspolitischen Entscheidungen, ob mit bisherigen oder neuen Strategien auf alten oder neuen Märkten operiert werden soll. Daraus leiten sich für die Distributionspolitik die Entscheidungen darüber ab, ob die bisherigen Distributionsmaßnahmen beibehalten, variiert oder durch neue ersetzt werden sollen. Wenn hierüber Einigung erzielt ist, kann man mit der konkreten Gestaltung der Detailmaßnahmen bezüglich der Absatzwege, Verkaufsorganisation und Logistik beginnen.

3.2 Wahl des Absatzweges

Jedes Produkt kann **direkt,** d. h. ohne die Einschaltung eines „Absatzmittlers“, oder **indirekt,** d. h. unter Einschaltung eines oder mehrerer „Absatzmittler“, vom Hersteller zum Endnachfrager gelangen. Im ersten Fall übernimmt der Hersteller selbst alle Aufgaben der Distribution. Dieser „direkte Absatzweg“ ist auf Lebensmittelmärkten sowohl beim Absatz einiger Frischwaren von landwirtschaftlichen Betrieben an Verbraucher bedeutsam als auch beim Absatz mancher Unternehmen der Ernährungsindustrie und des Ernährungshandwerks über eigene Verkaufsfilialen an die Konsumenten.

Als „indirekte Absatzwege“ werden alle Marktkanäle bezeichnet, auf denen zwischen Hersteller und Endnachfrager Handelsunternehmen das betreffende Gut erwerben und verkaufen. Dabei wird zwischen Groß- und Einzelhandel unterschieden. Einzelhandelsunternehmen verkaufen Produkte an Endnachfrager, Großhandelsunternehmen dagegen an Wiederverkäufer. Großhandelsfunktionen können von mehreren Unternehmen wahrgenommen werden, die nacheinander am Güteraustausch beteiligt sind, z. B. Sammelgroßhandel (der vor allem bei Warenbewegungen bedeutsam ist, die in landwirtschaftlichen Betrieben ihren Ausgangspunkt haben), zentraler Verteilungsgroßhandel, regionaler Verteilungsgroßhandel.

Die Grundformen der sich daraus ergebenden Absatzwege zum Verbraucher sind aus Übersicht D.26 ersichtlich. Die Wahl des Absatzweges beinhaltet in jedem Einzelfall selbstverständlich nicht nur die Entscheidung für eine oder mehrere dieser Grundformen, sondern schließt zugleich viele verschiedene Möglichkeiten hinsichtlich der Zahl und der

Übersicht D.26

Grundformen der Absatzwege

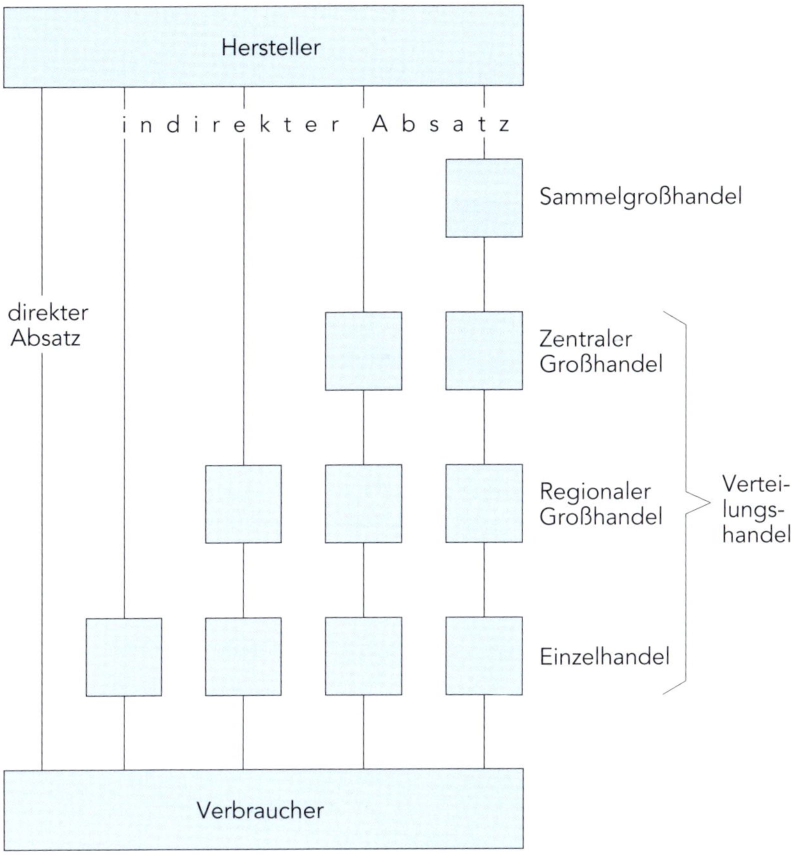

Art der auf diesem Absatzweg konkret an der Distribution beteiligten Handelsunternehmen ein. Daraus ergibt sich in der Wirtschaftswirklichkeit eine große Vielfalt von Entscheidungsalternativen.

Welcher Absatzweg sich am Markt als überlegen erweist, hängt von einer Vielzahl von Faktoren ab. In erster Linie ist entscheidend, welche Funktionen geleistet werden müssen, um die Nachfrage der Endverbraucher zu befriedigen. Alle auf den Absatzwegen erbrachten Funktionen dienen der Überbrückung der – nicht nur räumlich zu verstehenden – Distanz zwischen Angebot der Hersteller und Nachfrage der Endnachfrager. Dazu gehören

- die Raumüberbrückung,
- die Lagerhaltung zur Überbrückung zeitlicher Versorgungsunterschiede,
- die Finanzierung des Güteraustausches,
- der mengenmäßige Ausgleich zwischen unterschiedlichen Angebots- und Nachfragemengen (wobei der Sammelhandel kleinere Partien einkauft als verkauft, während es beim Verteilungshandel umgekehrt ist),

- die qualitative Anpassung der Güter an die Kundenwünsche (z. B. durch Klassifizieren, Reinigen, Verpacken),
- das Zusammenstellen unterschiedlicher Güter zu Sortimenten,
- das Heranführen von Kunden an das Warenangebot sowie Kundeninformation und -beratung.

Diese Funktionen können nicht nur von Produkt zu Produkt, sondern auch auf einem bestimmten Produktmarkt für verschiedene Marktsegmente von sehr unterschiedlicher Bedeutung sein. Deshalb kann sich der Absatz eines bestimmten Produktes auf verschiedenen Absatzwegen vollziehen. Selbstverständlich ist infolgedessen auch die Höhe der Distributionskosten unterschiedlich. Entscheidend für die Behauptung eines Absatzweges ist, dass die entstehenden Distributionskosten von den Nachfragern, die in der Regel unterschiedliche Bezugsmöglichkeiten eines Gutes miteinander vergleichen, im Hinblick auf die geleisteten Funktionen akzeptiert werden. Bei Lebensmitteln konnte in der Vergangenheit davon ausgegangen werden, dass für viele Konsumenten die Raumüberwindung bis in unmittelbare Nähe der Wohnung (Güter des täglichen Bedarfs), die qualitative Anpassung des Angebots an die Konsumentenwünsche und die Sortimentsbildung besonders bedeutsam sind. Das gab dem Lebensmitteleinzelhandel in seiner bisherigen Struktur mit vielen kleinen Betriebsstätten in den Wohngebieten der Konsumenten eine unentbehrliche Stellung. In den letzten Jahren haben sich viele Bewertungskriterien der Verbraucher für den Einzelhandel geändert, was entsprechende Auswirkungen auf die Struktur des Einzelhandels und damit auf die Absatzwege für Lebensmittel hat (vgl. Kapitel E 6).

Bei Landmaschinen erwartet der Landwirt als Kunde eine schnell zu erreichende Werkstatt zur Wartung seines Schleppers; bei Mähdreschern dagegen steht die schnelle Ersatzteilversorgung durch ein ambulantes Servicesystem im Vordergrund. Dies führt also für Schlepper und Mähdrescher zu unterschiedlichen Anforderungen an die räumliche Dichte von Händlern und Werkstätten.

Bei der Wahl des Absatzweges werden von den Herstellern besonders folgende Faktoren berücksichtigt:

- die Absatzweg-Entscheidungen der Konkurrenz, der man entweder glaubt, folgen zu müssen, oder von der man sich bewusst abzuheben versucht,
- die Erklärungsbedürftigkeit des Produktes, die zu der Forderung nach erweiterten Serviceleistungen des Anbieters – insbesondere Beratung – führen kann,
- die Produkteigenschaften, die bestimmte Vorrichtungen im Handel (z. B. Kühlung) erforderlich machen oder die wegen der leichten Verderblichkeit nur eine begrenzte Distributionszeit und infolgedessen nur einen räumlich nahen Absatz an die Endverbraucher zulassen,
- Unternehmensgröße und gesamtes Produktionsprogramm des Herstellers,
- Gestaltung der übrigen Aktionsbereiche des Marketing-Mix des Herstellers,
- Struktur und Verhaltensweisen des Handels (Rationalisierungsgrad, Qualitätspflege, Sortimentspolitik, Preispolitik).

Neben der Entscheidung für einen bestimmten Absatzweg (oder mehrerer Arten von Absatzwegen) steht die Wahl der Breite dieses Absatzweges, also die Zahl der Handelsunternehmen, über die der Absatz vorgenommen wird. Je höher ihre Anzahl und je höher damit der Anteil der in die Distribution eingeschalteten Absatzstellen an ihrer Gesamtzahl ist, desto größer ist die „Distributionsdichte“. Folgende unterschiedliche Möglichkeiten bestehen:

- Bei **weitgestreuter Distribution** wird eine hohe Distributionsdichte gewählt. Eine hohe Distributionsdichte besteht z.B. bei Zigaretten und vielen national distribuierten Lebensmitteln. Mit zunehmender Distributionsdichte steigen zwar in der Regel die Distributionskosten an, weil auch umsatzschwächere Verkaufsstellen beliefert werden müssen. Andererseits muss die Distributionsdichte aus der Sicht des Herstellers umso größer sein, je geringere Anstrengungen die Verbraucher unternehmen, ein bestimmtes Produkt eines bestimmten Herstellers zu erhalten, je geringer also die Markentreue ausgeprägt ist.
- Bei **selektiver Distribution** ist die Distributionsdichte sehr viel geringer. Bei Lebensmitteln erstreckt sich der Absatz im Einzelhandel in diesem Falle häufig nur auf Facheinzelhandelsgeschäfte, deren Interesse am Absatz des betreffenden Produktes dadurch gesteigert wird.
- Bei **exklusiver Distribution** ist in einem bestimmten Gebiet nur ein einziges Handelsunternehmen berechtigt, das Produkt zu verkaufen.

Generell kann man davon ausgehen, dass mit einer Vergrößerung der Distributionsdichte, d.h. der Zahl der Verkaufsstellen je Gebiet/Region, die ein bestimmtes Produkt anbieten, der Absatz gesteigert werden kann. Dabei kommt es aber häufig nicht nur auf eine hohe numerische, sondern auch auf eine hohe gewichtete Distribution an. (Wie viel Prozent des Gesamtumsatzes tätigen die Geschäfte, die meine Produkte distribuieren?) Zudem kann eine zu hohe Distributionsdichte im Einzelfall zur Kannibalisierung des eigenen Angebotes führen. Beispiele für dieses Phänomen sind die Franchiseketten McDonald's und Starbucks. Hier hat die hohe Frequenz an Neueröffnungen in Deutschland zeitweise in einigen Regionen dazu geführt, dass die einzelnen Filialen sich gegenseitig massiv Konkurrenz machten. Um diesen Effekt zu unterbinden, kann es sich daher gerade für Franchiseunternehmen lohnen, ihren Franchisenehmern Gebietsschutz einzuräumen. Im Einzelfall muss zusätzlich die Qualität der eingeschalteten Verkaufsstellen berücksichtigt werden:

- Standorte in dicht besiedelten Wohngebieten, größere Ladenflächen und breitere Regalflächen (Kontaktstrecken) erhöhen die Möglichkeiten des Kontaktes vieler Käufer mit einem Produkt.
- Niedrigpreisgeschäfte haben zwar einen positiven Einfluss auf die Steigerung von Absatzmengen, schaden aber evtl. dem Image eines Produktes.
- Geschäfte, die selbst intensiv werben bzw. Verkaufsförderung betreiben, beeinflussen den Absatz positiv.
- Geschäfte mit einem schlechten Image können auch das Produktimage schädigen.

Dabei muss insbesondere auch das Interesse des Handels an einem bestimmten Produkt beachtet werden. Der Handel bevorzugt selbstverständlich Produkte, die ihm einen hohen Ertrag bringen. Dies sind in der Regel Produkte

- mit hoher Umschlagsgeschwindigkeit,
- mit hohen Handelsspannen,
- mit niedrigen Verkaufskosten (besonders mit niedrigen Kosten für Personal und Regalpflege),
- mit niedrigen Regalansprüchen,
- mit intensiver Herstellerwerbung,
- die nicht von den Konkurrenten geführt werden.

Um seine Produkte erfolgreich zu distribuieren, muss sich der Hersteller in die Lage des Handels versetzen und sich fragen, welche Erwartungen dieser im Einzelnen an die Absatzleistungen der Hersteller hat. Hieraus kann er ableiten, welche Informationen er dem Handel geben muss über

das Produkt:
- Produktidee,
- Nutzen des Produktes,
- Verbraucherbeurteilung/Ergebnisse aus Tests,
- Wettbewerbsfähigkeit,
- Absatzerwartungen;

die Durchsetzungsfähigkeit des Produktes:
- Kompetenz des Herstellers,
- Bekanntheitsgrad der Marke (falls Marke bereits besteht),
- Bedeutung des Verbrauchervorteils,
- Angemessenheit des empfohlenen Verkaufspreises,
- geplante Maßnahmen der Werbung und Verkaufsförderung;

Nutzen für den Handel:
- Sortimentsergänzung,
- Zusatzumsatz,
- Umschlagsmöglichkeiten,
- Handelsspanne,
- akquisitorische Wirkung;

das mit der Aufnahme des Produktes verbundene Risiko:
- Gebietsschutz (sofern rechtlich zulässig),
- Rücknahmegarantie,
- Höhe der Spanne,
- Höhe der Rabatte.

Um erstens die geplante Anzahl von Handelsbetrieben im Absatzgebiet – also die erstrebte Distributionsdichte – für das eigene Produkt zu erreichen, zweitens die geeignete Art der Handelsbetriebe zu gewinnen und drittens die nötigen Impulse für eine im Vergleich zu Konkurrenzprodukten stärkere Verkaufsunterstützung am Ort der Marktentnahme zu geben, muss der Hersteller sein Produkt finanziell lukrativ für die betriebsfremden Distributionsorgane machen. Dazu bieten sich Ansatzpunkte in allen Marketingaktionsbereichen an.

Die verschiedenen Anreize zielen letztlich alle auf eine Ertragsverbesserung, sei es durch
- niedrigere Distributionskosten bei gleichem Umsatz,
- höheren Umsatz bei gleichem Stückgewinn,
- höheren Stückgewinn bei gleichem Umsatz.

Unterstützend kann auch das Image des Herstellerproduktes einen Anreiz bieten. So existieren beispielsweise gerade im Lebensmittelsektor Produkte, die sich aus Verbrauchersicht als Standardprodukte profiliert haben, und die daher in den meisten Handelssortimenten gelistet werden. Als Beispiel lässt sich Coca-Cola nennen, ebenso können zahlreiche Produkte des Herstellers Ferrero zu den Klassikern gezählt werden, die einen festen Platz im Bewusstsein der meisten Verbraucher (→ evoked set) eingenommen haben. Das Image dieser Produkte kann auf diese Weise einen positiven Beitrag zur Wahrnehmung des Handelssortiments durch die Verbraucher leisten.

3.3 Verkaufsorganisation

In unmittelbarem Zusammenhang mit der Entscheidung über einen bestimmten Absatzweg muss ein Unternehmen die Frage beantworten, wie es den Verkauf seiner Produkte über die gewählten Absatzmittler forcieren oder organisieren will. Es geht hierbei um die Planung und den Einsatz des

- Verkaufsaußendienstes und
- Verkaufsinnendienstes.

(1) Verkaufsaußendienst

Der Kunde hat heute auf den meisten Märkten die Möglichkeit, die gleichen oder vergleichbaren Produkte in unterschiedlichen Einkaufsstätten zu kaufen. Dabei kann es ihm auch gleichgültig sein, dass seinem Kaufprozess oft bereits schwierige Verkaufsverhandlungen zwischen den Verkäufern der Hersteller und den Einkäufern des Handels vorausgegangen sind. Für den Hersteller dagegen ist es unter den gegenwärtigen Marktverhältnissen lebenswichtig, eine schlagkräftige Verkaufsorganisation zu haben, die den Handel zur Aufnahme der Produkte in sein Sortiment (Listung) veranlasst.

Die Aufgaben des Verkaufsaußendienstes können wir grob in zwei Gruppen zusammenfassen:

- **Auftragserlangung** (Kunden gewinnen und Verkaufsverhandlungen führen),
- **Verkaufsunterstützung** (Informationen über die Kunden einholen, Betreuung der Produkte im Handel, Kunden beraten und deren Personal schulen, Verkaufsförderung, Konkurrenzbeobachtung, Reklamationen entgegennehmen, evtl. Warenauslieferung, bei Frischeprodukten ggf. mehrfach täglich frische Anlieferung, Inkasso u.Ä.).

Diese Aufgaben können von

- der Unternehmensleitung,
- der Marketingleitung,
- der Vertriebsleitung,
- der Verkaufsabteilung,
- dem Verkäuferstab (Reisende),
- Verkaufsniederlassungen (u.a. unternehmenszugehörige Niederlassungen),
- unternehmensfremden Organen (Handelsvertretern, Kommissionären, Maklern, Organen des Handels)

übernommen und schriftlich, telefonisch oder in direktem persönlichem Gespräch wahrgenommen werden. Wer unter welchen Umständen welche Aufgabe übernehmen soll, hängt im Einzelfall von den Unternehmenszielen, unternehmensinternen Bedingungen, den Konkurrenzaktivitäten, der Marktmacht des Unternehmens im Verhältnis zur Konkurrenz und zu den Absatzmittlern, dem Verhalten der Absatzmittler und den potenziellen Fähigkeiten der Verkaufsorgane ab. Grundsätzlich lässt sich hierzu Folgendes sagen:

- Je größer die Bedeutung des Geschäftsabschlusses für das Unternehmen ist, umso mehr besteht die Notwendigkeit, die Mitglieder des oberen Managements (Unternehmensleitung, Marketingleitung, Vertriebsleitung oder spezielle Beauftragte) in den Verkaufsvorgang einzuschalten. Dies betrifft in erster Linie den Verkauf an Großkunden, insbesondere die Vereinbarung von Preisen und langfristigen Lieferverträgen. Auch ist zu bedenken, dass oft die Repräsentanten der Abnehmer den Kontakt zu den entsprechenden Unternehmensorganen wünschen.
- Wird dagegen der Absatz über eine Vielzahl kleinerer Unternehmen getätigt, so wird häufig ein größerer Verkäuferstab eingesetzt, dessen Mitglieder sowohl die Verkaufsfunktion als auch die Aufgabe der Verkaufsunterstützung übernehmen. Der eingesetzte Außendienst kann zunächst danach unterschieden werden, ob er gleichzeitig die Lieferung übernimmt (wie z. B. bei Frischprodukten, Zigaretten) oder nicht. Darüber hinaus kann der Außendienst danach differenziert werden, ob er spezialisierte Sortimente (Problemprodukte) oder differenzierte Sortimente (problemlose Produkte) verkauft.
- Häufige Produktinnovation, Änderung der Marketingmaßnahmen und die Notwendigkeit, zum Absatzmittler einen intensiven Kontakt zu halten, sind die wesentlichsten Gründe dafür, dass Hersteller prinzipiell dahin tendieren, den Verkauf durch **unternehmenseigene** Verkaufsorgane (speziell Reisende) durchführen zu lassen. Diese können besser auf die Unternehmensziele verpflichtet und kontrolliert werden. Dagegen können die erforderlichen guten Kontakte zum Handel, Marktkenntnis, ein geringer Geschäftsumfang und die Notwendigkeit zur Sortimentsergänzung Gründe dafür sein, sich **unternehmensfremder** Organe (insbesondere Handelsvertreter) zu bedienen. Diese Alternative erfordert zudem im Vorfeld keine eigenen Investitionen des Herstellerunternehmens.
- Je mehr die Hersteller mit den Handelsunternehmen vertraglich gebunden sind und je weniger problematisch (z. B. infolge geringer Wettbewerbsintensität) der Verkauf ist, d. h., je weniger bedrohlich die Konkurrenz ist und je reibungsloser sich die Distribution eingespielt hat (routiniert ist), desto mehr kann die Verkaufstätigkeit entlastet und vereinfacht, d. h. auf telefonischem oder schriftlichem Wege, durchgeführt werden. Die Verkaufsorgane werden sich dann mehr der Verkaufsunterstützung widmen.

Die wachsende Konzentration im Handel ist der entscheidende Grund dafür, dass die Unternehmensleitung bzw. Marketing- oder Vertriebsleitung die Verkaufsaufgabe nicht mehr einfach einem Verkäuferstab übertragen kann, sondern sich mehr und mehr selbst in den Verkauf einschalten muss oder aber die Betreuung besonders wichtiger Handelskunden speziellen „key-accountern" überträgt (→ Key Account Management). Die Verkaufsaufgabe muss – dem jeweiligen Kundentyp angepasst – teils zentralisiert, teils dezentralisiert durchgeführt und dementsprechend in Verkaufsverhandlung und Verkaufsunterstützung geteilt werden.

Nachdem festgelegt worden ist, wer welche Verkaufsaufgabe übernehmen soll, kann der Verkaufsaußendienst im Detail geplant werden. Hierbei geht es darum,

- den Umfang des Verkäuferstabes festzulegen,
- die geeigneten Personen einzustellen und auszubilden,
- Maßnahmen der Steuerung und Kontrolle zu entwickeln.

Die Ermittlung der notwendigen Zahl von Verkäufern bzw. Verkaufsberatern muss sich an zwei Zielen orientieren. Einerseits müssen die Kunden ihrer Bedeutung entsprechend betreut werden, andererseits müssen die Außendienstmitarbeiter ausgelastet werden. Dies bedeutet etwa, dass Großabnehmer intensiver betreut werden müssen als kleinere Kunden (was nicht identisch ist mit häufigeren Besuchen, sondern ebenso z. B. bessere Verkäufer oder eine längere Besuchszeit bedeuten kann).

Unter Berücksichtigung dieser und ähnlicher Gesichtspunkte kann die Zahl der Verkäufer und die Einteilung der Verkaufsbezirke ermittelt werden. Dabei ist vor allem entscheidend, wie viele und welche Absatzmittler wie oft besucht werden müssen.

Die Schwierigkeit, allgemeingültige Aussagen über die Einstellung von Außendienstmitarbeitern zu machen, ist darauf zurückzuführen, dass jedes Unternehmen, jeder Kunde, jedes Produkt unterschiedliche Eigenschaften haben, die differenzierte Ansprüche an die Verkäufer bzw. Verkaufsberater stellen. Den idealen Verkäufer gibt es nicht, obgleich die für den Verkauf in Frage kommenden Personen bestimmte Mindestanforderungen (Charaktereigenschaften, Motivation u. Ä.) erfüllen müssen. Die Risiken bei der Rekrutierung von Verkäufern können erheblich vermindert werden, wenn man das Einstellungsverfahren systematisiert.

Aufgabe der **Verkäuferschulung** ist es, die Außendienstmitarbeiter

- über Ziele, Strategien, Organisation und sonstige unternehmensinterne Tatbestände zu informieren,
- mit den Problemen der Kunden vertraut zu machen,
- mit den Produkten, die zu verkaufen sind, vertraut zu machen (und mit den Konkurrenzprodukten),
- in die Organisation der Arbeit einzuführen,
- in bestimmten Verkaufstechniken zu üben,
- in die erforderliche Berichterstattung einzuweisen.

Dem potenziellen Verkäufer sollen Informationen und Techniken an die Hand gegeben werden, mit deren Hilfe er die Kunden von den Vorzügen des Produktes überzeugen, ihre Einwände ausräumen, das Produkt geschickt präsentieren und seine Arbeit soweit wie möglich systematisieren und rationalisieren kann. Eine stärkere Berücksichtigung unternehmensspezifischer Verkaufsbedingungen und eine bessere Kontrolle der Schulung durch die Unternehmens- bzw. Marketingleitung sprechen für ein unternehmensinternes „training on the job", Rationalisierung der Ausbildung und die Vermittlung grundsätzlicher Fähigkeiten sprechen für die Teilnahme an unternehmensfremden „Schulungskursen". Die Steuerung und Kontrolle der Außendienstmitglieder nimmt im Rahmen der Aufgabe des Verkaufsleiters eine besondere Stellung ein. Der Verkaufsleiter steht mit seinem Verkäuferstab in stetigem engem Kontakt, er schult sie, leitet sie und kontrolliert sie. Als Hilfsmittel zur Beeinflussung seiner Mitarbeiter stehen ihm zahlreiche Anreizelemente zur Verfügung. Weit verbreitet ist die Auffassung, Verkäufer ließen sich ausschließlich durch finanzielle Anreize motivieren: Zweifellos sind Gehaltshöhe, Provision und Prämie wichtige Anreize. Sie dürfen jedoch nicht unkritisch auf jede Art von Verkaufssystem übertragen werden. Es ist insbesondere zu berücksichtigen, dass

- in der Bedürfnisstruktur des Verkäufers auch andere Faktoren, wie Zufriedenheit am Arbeitsplatz, Sicherheit, Status, eine Rolle spielen,
- der Verkäufer aufgrund der ihm zugeteilten Aufgabe auch die Möglichkeit haben muss, die Provisionen oder Prämie zu erarbeiten; je mehr Verkaufsunterstützungsauf-

gaben er bewältigen muss, umso weniger ist er in der Lage, ohne die Vernachlässigung dieser Aufgaben sein Einkommen über Prämien zu verbessern,
- die finanzielle Belohnung im direkten Verhältnis zu seinen Anstrengungen steht; er muss z. B. bei Verkaufswettbewerben aufgrund der Kundenstruktur der Verkaufsgebiete die gleiche Chance wie seine Kollegen zur Erreichung von Prämien haben; das Risiko, trotz hoher Anstrengungen nichts zu verkaufen, darf bestimmte Schwellen nicht überschreiten; die Umsätze bzw. Gewinne müssen wesentlich von den Verkaufsanstrengungen abhängen und dürfen nicht hauptsächlich durch Marketingmaßnahmen, Umwelteinflüsse u. a. beeinflusst werden usw.

Wenn die Voraussetzungen für ein reibungsloses Funktionieren des Provisionssystems nicht gegeben sind (und vieles spricht dafür, dass dies häufiger als vermutet der Fall ist), sollte man sich überlegen, ob nicht bei gegebenem Grundgehalt Sozialleistungen, Sachwerte und sonstige Motivationsobjekte alle Beteiligten besser zufriedenstellen können.

Die Kontrolle der Verkaufstätigkeit setzt das Vorhandensein von Normen (Sollwerten) voraus. Es genügt in der Regel nicht, nur Umsatz-, Gewinn- und Kostenvorgaben zu entwickeln. Ein Kontrollsystem, das der Verbesserung der Verkaufstätigkeit dienen soll, besteht aus einem detaillierten Leistungskennzahlensystem, das differenzierten Aufschluss über die Tätigkeit des Außendienstes gibt. Absatzstatistiken, Kostenrechnung, Kundenstrukturanalysen, Auftragsstrukturanalysen, Besuchsanalysen, Tourenanalysen u. a. ergänzen sich zu einem aussagekräftigen Kontrollsystem.

TOOLBOX: E-COMMERCE

E-Commerce kann im Rahmen der Automatisierung von Geschäftsprozessen als ein Teilbereich des so genannten E-Business interpretiert werden, das auf eine Ausführung automatisierbarer Geschäftsprozesse mit Hilfe von Informations- und Kommunikationstechnologien ausgerichtet ist. So kann bspw. die Analyse und Auswahl geeigneter Anbieter für ein bestimmtes Produkt via Internet als E-Commerce interpretiert werden, da dies einen Teil der geschäftlichen Anbahnung darstellt.

Die Umsetzung von E-Commerce stellt gerade im Lebensmittelsektor die Unternehmen vor besondere Herausforderungen. Eine wesentliche Barriere besteht dabei in der Logistik. Während E-Commerce dazu führt, dass die Anbahnung und der Vertragsabschluss beim Kauf auf elektronischem Wege erfolgen, verbleiben die Prozesse der Abwicklung und die Logistik aufwendig. Gerade für Frischwaren, Fleisch-, Molkerei- und Tiefkühlprodukte im Lebensmittelsektor besteht die zentrale Herausforderung darin, erhöhten Anforderungen an unterschiedliche Kühlstufen und geschlossene Kühlketten gerecht zu werden. Verstärkt wird diese Anforderung durch die Definition eines engen Zeitfensters der Lieferung und die Frage, was mit nicht abgenommener Ware bei Annahmeverweigerung zu geschehen hat.

Entsprechend stellen obige Anforderungen die Unternehmen vor hohe erforderliche Investitionen. Von der Bestellannahme über die Auftragsbearbeitung, Fakturierung, Kommissionierung und Auslieferung erfordert die Abwicklung von E-Commerce durchgehend automatisierte Prozesse und spezielle Logistik-Einrichtungen. Diese sind mit hohen Investitionen verbunden, die nur bei entsprechenden Umsatzerwartungen rentabel sind. Jedoch zeigt sich gerade für die Lebensmittelbranche, dass die Liefergebüren zur Deckung der Kosten für das Kommissionieren und Ausliefern nicht ausreichen und zudem auch die Margen zu gering sind, um zumindest eine Teilsubventionierung der Lieferung zu erreichen.

Chancen kann E-Commerce im Hinblick auf Nischen-Produkte bieten, etwa für Spezialitäten, die die erforderlichen Margen beinhalten, um das Geschäft kostendeckend abwickeln zu können. Aber auch im Business-to-Business-Bereich zeigt das Thema E-Commerce größeres Potenzial. Während in den Anfängen des E-Commerce zunächst der Business-to-Consumer-Bereich oftmals fokussiert wurde, zeigte sich schnell, dass für Unternehmen ein wesentlicher Erfolgsfaktor des E-Commerce in der Suche und Analyse geeigneter Lieferanten sowie in der Verhandlung und dem Abschluss von Verträgen mit Lieferanten über das Internet liegt. Durch die erhöhte Transparenz über Angebote und Preise, die sich für die Teilnehmer an Einkaufsplattformen und elektronischen Marktplätzen bietet, können Transaktionskosten im Business-to-Business-Bereich signifikant verringert werden. Dabei zeigt sich, dass insbesondere größere Food- und Konsumgüterhersteller sowie der Lebensmitteleinzelhandel über ihre Teilnahme an entsprechenden Beschaffungsplattformen den Kostendruck auf Vorlieferanten erhöhen wollen. Aufgrund hoher Gebühren bleibt die Teilnahme dabei bislang auf größere, zumeist international agierende Unternehmen beschränkt. Für Mittelständler lohnen sich die hohen Investitionen kaum, da sich dem Hersteller keine neuen Kunden erschließen, sondern sich ausschließlich bereits bestehende Kundenbeziehungen auf dem elektronischen System abbilden. Chancen würden hier entstehen, sofern durch die Teilnahme an den entsprechenden Systemen die Listung auch bei anderen Handelsketten ermöglicht würde.

(2) Verkaufsinnendienst

Die Aufträge, die von den Kunden direkt oder von den Außendienstmitarbeitern persönlich, per Telefon, E-Mail, Brief oder Fax an das Unternehmen übermittelt werden, müssen gesammelt, bearbeitet, an die Bereiche Lager und Versand weitergegeben, berechnet und auf gewissenhafte Erledigung kontrolliert werden, bevor die Ware an den Kunden ausgeliefert werden kann. Mit den damit verbundenen administrativen Aufgaben beschäftigt sich der Verkaufsinnendienst.

Grundsätzlich sind dabei zwei Auftragsabwicklungssysteme zu unterscheiden:

- der Abruf der Artikel vom Fertiglager,
- die Fabrikation der Artikel nach den Wünschen der Kunden.

Dafür zu sorgen, dass die Auftragsabwicklung fehlerfrei und rationell durchgeführt wird, ist Aufgabe der Ablauforganisationsplanung. Da die Auftragsabwicklung aus Routineprozessen besteht, die einen hohen Grad an Determiniertheit aufweisen, kann dabei die

Schnelligkeit und Zuverlässigkeit der IT genutzt werden. Aufgabe der Ablauforganisation ist es im Einzelnen,

- Hilfsmittel für die Aufstellung von Aufträgen bereitzustellen, die eine exakte und schnelle Übermittlung und Bearbeitung ermöglichen; so können z. B. vorgedruckte Masken/Dateien entwickelt werden, die Kundenadressen, -nummern, Artikelbeschreibung, -nummer, Preise, Konditionen und andere Merkmale beinhalten, schnell ausgeführt und leicht identifiziert und weitergeleitet werden können;
- genau festzulegen, wie und wann die Aufträge übermittelt werden müssen, wer sie zu empfangen hat, wie Reklamationen zu handhaben sind usw.;
- festzulegen, wer, wann, in welcher Zeit und mit welchen technischen Hilfsmitteln die folgenden Aufgaben zu erfüllen hat:
  - Kennzeichnung der Aufträge mit
    - Eingangszeit,
    - Datum,
    - Kundennummer,
  - Bezugsberechtigung prüfen,
  - Lieferberechtigung prüfen,
  - Auftragswert (Preise) feststellen,
  - Bonität des Kunden prüfen,
  - Konditionen feststellen,
  - Nebenkosten ermitteln,
  - Auftrag bestätigen,
  - Abruf vom Lager veranlassen,
  - Lieferscheine (Versandadressen) erstellen,
  - Versandweg ermitteln,
  - Versand veranlassen,
  - Fakturieren,
  - Belege an Buchhaltung geben,
  - Statistik aktualisieren.

Insbesondere die zunehmende Einbindung von IT-Systemen hat in den vergangenen Jahren vermehrt dazu geführt, dass eine Vielzahl der obigen Schritte durch Unterstützung elektronischer Lösungen – z. B. durch Warenwirtschaftssysteme, Internet-/Intranet-Portaltechnologien u. a. – abgewickelt werden und zahlreiche Verfahrensschritte automatisiert ablaufen können.

3.4 Marketing-Logistik

Die Wahl des Absatzweges trägt entscheidend zur Anziehungskraft eines Gutes auf die Käufer bei. Sie steht daher mit Recht gleichberechtigt neben den anderen Aktionsbereichen des Marketings im Marketing-Mix und bedarf sorgfältiger Abstimmung mit ihnen. Dagegen leistet die physische Distribution eher Hilfsfunktionen. Sie umfasst die technische Gestaltung des Warenflusses vom Hersteller zum Verbraucher.

Dabei wird die Entscheidung über den im Marketing-Mix zweckmäßigen Absatzweg als gegeben akzeptiert und der für diesen Absatzweg bei optimaler Erfüllung aller gewünschten Funktionen der Absatzmittler günstigste Warenfluss angestrebt. Diese Entscheidungen sind zum Teil der Lösung mit Hilfe mathematischer Methoden zugänglich und haben daher in den letzten Jahren mehr Aufmerksamkeit als früher gefunden. Gleichzeitig unterliegt die physische Distribution permanenten Veränderungen durch den technischen Wandel im Verkehrswesen und in der Lagerhaltung. Alle diese Veränderungen – von Kühlmöglichkeiten in den Transportmitteln bis zum verstärkten Einsatz von Containern, von vergrößerten Ladekapazitäten der Lastkraftwagen bis zur Palettierung – haben sich auch auf die Umgestaltung der physischen Distribution ausgewirkt. (Einige Detailprobleme der Logistik werden im Kapitel I 4.3 „Entscheidungshilfen“ behandelt.) Dabei erlangt auch für die Logistik der Einsatz von Informationstechnologien eine immer wichtigere Bedeutung – z. B. der Einsatz von RFID als neue Technologie der Ortung und Rückverfolgbarkeit von Waren. Durch RFID (Radio Frequency Identification) können mit Hilfe elektromagnetischer Wellen Gegenstände automatisch identifiziert und lokalisiert werden.

Mit der wachsenden Konzentration im Handel und dem weiteren Ausbau systematischer Warenwirtschaft wird – vor allem auch bei Lebensmitteln – vermehrt diskutiert, wer in Zukunft die physische Distribution/Logistik vornehmen soll. Hier werden unterschiedliche Entwicklungen am Markt erkennbar:

- Zum Teil forcieren Hersteller und/oder Handel das **Lagergeschäft** (die Hersteller liefern ins Lager der Zentralen, die ihrerseits die Geschäfte auf der Einzelhandelsstufe beliefern).
- Zum Teil forciert man weiter das **Streckengeschäft** (die Hersteller beliefern direkt die Einzelgeschäfte und rechnen lediglich mit der Zentrale ab).
  Ein wesentlicher Beweggrund dafür ist, dass der Handel den Aufwand für Lagerkosten und Kommissionierung einsparen will.
- Diesem Motiv folgt auch das zunehmende Bemühen des Handels um Just-in-Time-Belieferung. Hierzu wird die logistische Kette zwischen Lieferant und Abnehmer synchronisiert. Durch zeitgenaue Anlieferung der Ware zu dem Zeitpunkt, zu dem sie benötigt wird, können Lagerkosten auf Seiten des Handels eingespart werden.
- Zum Teil treten neue Varianten in Form von **Broker-Systemen** auf. Es ist zu erwarten, dass dieser Einsatz von Brokern (Unternehmen, die für einen bestimmten Sortimentsbereich die gesamte Logistik übernehmen) zunimmt.

Industrielle Methoden der Zeiterfassung und Bewertung des Einsatzes von Personal, Lagerraum und Gerät führen zu einer zunehmend besseren Transparenz der Logistik-Kosten beim Handel.

Rationalisierungsreserven werden offensichtlich in folgenden Bereichen gesehen:

- Warenverteilung in der Fläche,
- der mit dem Wareneingang im Laden verbundene Verwaltungsaufwand.

Daraus zieht der Handel offensichtlich verstärkt folgende Konsequenzen:

- Statt vieler Lieferanten, die kleine Kommissionen einzeln in die Märkte fahren, soll pro Laden ein Fahrzeug möglichst viel auf einmal liefern.
- Schrittweise soll die Regalbestückung und Pflege des Frische-Sortiments auf „Neutrale“ verlagert werden.

So lassen sich bereits mehrere Handelsorganisationen in bestimmten Sortimentsbereichen (z. B. Brot/Backwaren oder Obst und Gemüse) bundesweit von neutralen Brokern betreuen, denen sie auch die Koordinierung der jeweils gelisteten Anbieter überlassen.

Solche neutralen Broker muss man nicht unbedingt unter den bisherigen Herstellern/Lieferanten suchen. Diese Funktion könnte genauso gut von produktionsunabhängigen Transportunternehmen übernommen werden.

4. Verkaufsförderung

4.1 Grundlagen

Wie wir bereits im Kapitel D 3 (Distributionspolitik) dargestellt haben, hat das gewandelte Verhältnis zwischen Herstellern und Handel weitreichende Konsequenzen für die Marketingpolitik der Hersteller.

Auf vielen Märkten ist die „Gate-Keeper"-Funktion des Handels so stark ausgeprägt, dass der Markterfolg der Produkte weitgehend davon abhängt,

- ob der Zentraleinkauf bereit ist, die Produkte zu „listen" (in seine Ordersätze aufzunehmen),
- ob die Produkte am POS (Point of sale), also in den Regalen des Einzelhandels an attraktivem Standort und mit ausreichender Kontaktstrecke präsent sind,
- ob der Abverkauf in den Geschäften zufriedenstellend vonstatten geht und damit die Umschlagsgeschwindigkeit des Artikels (somit auch die Flächenrendite für den Handel) im Vergleich zu den Wettbewerbsprodukten hoch genug ist.

Das gesamte Spektrum an Maßnahmen, mit denen die notwendigen Listungen erreicht und gesichert werden, die Präsentation der Ware im Einzelhandel verbessert und ihre Umschlagsgeschwindigkeit am POS erhöht wird, bezeichnen wir als **Verkaufsförderung (VKF).**

Verkaufsförderung beinhaltet also zwei Stoßrichtungen:

- in ihrem **Push**-Bereich bemüht sie sich um Entwicklung/Verbesserung der Distribution bei den definierten Handels-Zielgruppen und um Schaffung/Verbesserung einer optimalen Warenpräsentation am POS.
  In der englischsprachigen Literatur wird dafür häufig der Begriff „Merchandising" verwendet. Missverständlich ist dabei, dass die Person des „Merchandisers" häufig ausschließlich mit Aufgaben der Warenpräsentation und der Verbesserung der Verkaufsbedingungen im Geschäft beauftragt wird. Dagegen beinhalten die Push-Aktivitäten vor allem auch die Einwirkung auf die Entscheidungsorgane in den Zentralen und in den einzelnen Märkten.

- Der **Pull**-Bereich umfasst alle Maßnahmen zur Ansprache des Verbrauchers im Geschäft, ist also auf die kommunikative Einwirkung auf den Kunden kurz vor seiner Kaufentscheidung ausgerichtet.

Daraus wird deutlich, dass Verkaufsförderung ein Bestandteil der **Kommunikationspolitik** im Marketing ist und nicht etwa Bestandteil des Marketingaktionsbereiches Vertrieb / Distribution.

Bedeutung der Verkaufsförderung

Die Verkaufsförderung (VKF) hat im Kommunikations-Mix vieler Unternehmen in den letzen Jahren zunehmend an Bedeutung gewonnen und bindet oft mehr als 50 % der gesamten Kommunikationsetats.

Das hat folgende Ursachen:

- Durch die in vielen Branchen (so vor allem bei Konsumgütern) ausgeprägte Konzentration des Handels hat sich die Zahl der Entscheidungsträger im Hinblick auf Listung der ihm von den Herstellern angebotenen Produkte drastisch verringert. Über das Schicksal Tausender von Produkten und damit letztlich über den Markterfolg jedes einzelnen Unternehmens entscheidet ein immer kleinerer Kreis von Personen.
  Systematisches und professionelles „Hineinverkaufen“ der Erzeugnisse in den Handel ist somit heute „Conditio sine qua non“.
- Zwischen den Organisationsformen des Handels besteht ein lebhafter Wettbewerb. Sie sind ebenso wie die Hersteller darauf angewiesen, sich immer wieder positiv von ihren Konkurrenten abzuheben und auch kurzfristige Alleinstellungsmerkmale zu finden.
  Dabei versuchen sie einerseits, ihr Sortiment für die Kunden so attraktiv wie möglich zu gestalten, andererseits betreiben sie eine teilweise sehr aggressive Preispolitik.
  Bei relativ knapp bemessenen Gewinnspannen sind sie auf das Erzielen hoher Umsätze angewiesen. Sie müssen daher dafür sorgen, dass sich die Artikel ihres Sortiments möglichst schnell umschlagen. Kein Quadratmeter im Regal oder VK-Stellfläche darf von „Ladenhütern“ blockiert werden.
  Der Handel erwartet deshalb von den Herstellern, dass sie ihn in seinen Bemühungen um schnellen Warenumschlag (und damit ausreichende Flächenrendite) unterstützen und mit ihm gemeinsam gezielte Aktionen zur Förderung des Absatzes der verschiedenen Produkte in seinen Geschäften durchführen.
- Auch die Hersteller ihrerseits sind an Differenzierung von den Wettbewerbern interessiert. Die Erkenntnis von der letztendlichen Abhängigkeit von der Verbrauchernachfrage führt dazu, dass die Anbieter dabei versuchen, ihre Produkte soweit wie möglich auf dem Warenwege zu „begleiten“.
  Die Differenzierung wird also konsequent durchgeführt bis zum Ort und Zeit der Kaufentscheidung.
- VKF-Maßnahmen am POS sind vom informationstheoretischen Standpunkt her geeignet, die Redundanz der Sortimente, die sich vor allem bei Konsumgütern dichter Kauffrequenz zwangsläufig einstellt, aufzuheben und die Sortimente im informationstheoretischen Sinne mit mehr „Information“ auszustatten.
- Die fortschreitenden Erkenntnisse der Werbewirkungsforschung machen deutlich, dass die klassische Werbung die konkrete Kaufentscheidung offensichtlich immer weniger

beeinflussen kann. Der zunehmende Kommunikationsdruck führt dazu, dass die Wahrnehmungsvorgänge beim Verbraucher stark verkürzt sind und dass er dazu neigt, kommunikative Botschaften „auszugrenzen“, zu liquidieren oder umzustrukturieren, wenn er sie als Werbung wahrnimmt. Der Ausweg für den Kommunikationstreibenden liegt in der Verlagerung seiner Werbebotschaft auf andere Kommunikationskanäle.
- In vielen Fällen sind VKF-Beteiligungen Bestandteil des Konditionengefüges des Handels und folglich in die Artikel eingepreist.

Maßnahmen im Pull- und Push-Bereich

Die Planung von Verkaufsförderungsaktivitäten können wir ebenso wie die der anderen Aktionsbereiche als Planungsprozess darstellen. Ausgehend von der Marketing-Gesamtplanung werden die Grundsatzziele und -strategien der Verkaufsförderung festgelegt, um anschließend spezielle Ziele und Maßnahmen in den beiden Stoßrichtungen zu entwickeln.

Die Zielplanung im **Push-Bereich** wird in der Regel quantitative Vorgaben umfassen, wie z. B.
- Verbesserung der numerischen oder gewichteten Distribution durch Listungsverhandlungen um x% oder x Geschäfte;
- Belegung von x Quadratmetern Stell- oder Regalplatz in Outlets eines ganz bestimmten Vertriebstyps oder einer bestimmten Geschäftsgröße.

Die Zielplanung im **Pull-Bereich** bedarf aus Herstellersicht häufig einer besonders engen Abstimmung mit den jeweiligen Produkt-Marketingstrategien und hier insbesondere mit dem jeweiligen Produkt-Lebenszyklus (vgl. dazu Kapitel D 1.1).

So stehen hier z. B. folgende Ziele im Vordergrund:
- Auslösen von Probierkäufen (bei Produkt-Neueinführungen oder beim Produkt-Relaunch);
- Steigerung der Abverkaufsmengen (z. B. zum Abbau von Lagerbestandsüberschüssen oder zum Abbau von Angebotsüberhängen bei saisonal anfallenden Produkten);
- Vermittlung von Konsumanregungen (z. B. im Hinblick auf eine angestrebte Ausweitung der Käuferreichweite).

Die eingesetzten **Maßnahmen** im **Push-Bereich** verfolgen letztlich alle das Ziel, die Entscheidungsträger im Handel von der Vorteilhaftigkeit des eigenen Angebots zu überzeugen.

Da diese Aufgabe immer mehr in den Mittelpunkt der Tätigkeit des Außendienstes rückt (bei Top-Kunden werden häufig spezialisierte „Key-Accounter“ eingesetzt), kommt der Schulung des Außendienstes und seiner Ausstattung mit Verkaufshilfen besondere Bedeutung zu.

Zur Vorstellung ihrer Produkte und zur argumentativen Unterstützung bei Listungs-/Jahresgesprächen stellen die Hersteller ihrem Außendienst (ganz gleich ob fest angestellte Mitarbeiter oder freie Handelsvertreter) häufig „Sales-Folder“ zur Verfügung, in denen die Produkte vorgestellt und die Vorteilsargumentation in geraffter und didaktisch ausgefeilter Form dargestellt werden.

Der Handel erwartet hier keine „Lobhudelei“, sondern konkrete Informationen über
- Produktbeschaffenheit,
- den USP des Produktes (Unique-Selling-Proposition),

- Preis-Leistungs-Verhältnis,
- Ergebnisse aus Marktanalysen und Verbraucher-Akzeptanztests,
- konkrete Aussagen darüber, mit welchen Aktivitäten der Hersteller den Absatz dieser Produkte zu fördern beabsichtigt (z. B. kompletter Media-Plan).

Um die bei den Zentralen erreichten Listungen auf der Einzelhandelsstufe „durchzusetzen“, werden insbesondere bei der Einführung neuer Produkte von Seiten der Hersteller – häufig zeitlich befristet – Merchandiser eingesetzt.

Ihre Aufgabe ist es, die jeweiligen Produkte auch den Marktleitern bzw. Geschäftsinhabern „an der Basis“ vorzustellen und möglichst optimale Regalplätze zu erwirken.

Häufig übernehmen die Merchandiser in der Folgezeit auch ursprünglich originäre Handelsaufgaben, wie die Preisauszeichnung, Regalauffüllung und Regalpflege. Letztlich versuchen sie damit, jeden „Zentimeter Regalstrecke“ gegenüber dem Wettbewerb zu sichern.

Zur „Stimulation“ des Handels wird ein breites Spektrum von Maßnahmen eingesetzt, z. B.:

- Beschickung von Haus- und Ordermessen der Handelsorganisationen,
- Händlerseminare,
- regelmäßige Bereitstellung von Marktinformationen, auch web-basiert,
- Werksbesuche,
- Studienreisen,
- Displays mit Zweitnutzen,
- Preisausschreiben für den Handel
- etc.

Die **Maßnahmen** im **Pull-Bereich** umfassen im Wesentlichen die Entwicklung und den Einsatz von Werbemitteln zum Einsatz am POS, häufig verbunden mit Aktionen zur Weckung der Aufmerksamkeit und des Interesses der Kunden.

Im Pull-Bereich werden also vor allem eingesetzt:

- Ladendisplays (z. B. Deckenhänger, Ladenplakate, Regalstopper u. Ä.),
- Verbraucherprospekte,
- Verteilung von Kostproben und Probierpackungen (häufig durch Werbedamen / Propagandistinnen),
- Preisausschreiben für Verbraucher,
- Ausgabe von Gutscheinen an Verbraucher zur Einlösung im Handel,
- Videodemonstrationen,
- Ladenradio / -funk
- u. Ä.

Das Sonderangebot als besondere Form der Verkaufsförderung

Sonderangebote sind nach der rechtlichen Regelung Maßnahmen, die sich auf einzelne, nach Güte oder Preis gekennzeichnete Waren beziehen und sich in den Rahmen des regelmäßigen Geschäftsbetriebes des Gesamtunternehmens oder der Betriebsabteilung einfügen müssen.

Das besondere Charakteristikum des Sonderangebotes liegt darin, dass es im Allgemeinen drei Aspekte umfasst:

- einen sortimentspolitischen Aspekt (Zweit- und Sonderplatzierungen)
- einen preispolitischen Aspekt
- einen kommunikationspolitischen Aspekt.

In einem geschickten Mix dieser drei Aktionsaspekte können Sonderangebote ein wirksames Instrument sein,

- um im Rahmen von Einführungsaktionen höhere Aufmerksamkeit, Probierbereitschaft und Produktpenetration zu erreichen,
- um bei Lagerüberhängen oder saisonal bedingtem Angebotsdruck Läger zu räumen.

Das Instrument des Sonderangebotes zeigt deutlich, dass die aus systematischen Gründen erforderliche Abgrenzung zwischen den verschiedenen Aktionsbereichen des Marketings der tatsächlichen Verzahnung der verschiedenen Marketinginstrumente oft nicht gerecht wird.

Im Sonderangebot überlappen sich nämlich Maßnahmen der Verkaufsförderung mit denen der Preispolitik. Einerseits sind Sonderangebote Bestandteil von Maßnahmen der Hersteller, mit denen diese den Abverkauf ihrer Produkte im Einzelhandel unterstützen. Die besondere Herausstellung der Produkte im Rahmen solcher Aktionen erfolgt z. B. durch Sonderplatzierungen und den Einsatz spezieller Displays.

Andererseits beinhalten Sonderangebote eine zeitlich befristete Preissenkung. Diese wird vom Handel gern genutzt, um sich gegenüber den Wettbewerbern zu profilieren und seine besondere Leistungskraft zu demonstrieren.

So wichtig es sein kann, bei massivem Marktdruck (der gerade bei Frischprodukten aufgrund der oft ausgeprägten Angebotssaisonalität auftreten kann) den Abverkauf im Einzelhandel in Form von Sonderangeboten zu unterstützen, so deutlich tritt hier aber auch ein Interessenkonflikt zwischen Hersteller und Handel zutage:

Ein in regelmäßigen Abständen immer wieder befristet reduzierter Preis kann das Produktimage nachhaltig negativ beeinflussen.

Gerade bei solchen Erzeugnissen, bei denen der Verbraucher die Qualität objektiv nur schwer beurteilen kann, sind Preis- und Qualitätsimage oft eng miteinander verknüpft. Das bedeutet, dass das Image von Produkten, die häufig Gegenstand von Sonderangeboten sind, gefährlich „abgewirtschaftet" werden kann.

Im Übrigen gibt es ein Argumentationsproblem des Herstellers, wenn er diesen Artikel bei mehreren Kunden gelistet hat, aber nur einer ein Sonderangebot durchführt.

4.2 Besonderheiten der Verkaufsförderung für Lebensmittel

Gerade die Lebensmittelmärkte sind „Prototypen" von Konsumgütermärkten mit einem schier unübersehbaren Sortiment, ausgeprägtem Substitutions-/Verdrängungswettbewerb und hohem Kommunikationsdruck.

Auf kaum einem anderen Markt haben sich durch die ausgeprägte Konzentration im Handel die „Machtverhältnisse" in den Absatzkanälen so drastisch zugunsten des Sortimentshandels verschoben.

Die daraus resultierenden Zielkonflikte zwischen Herstellern und Handel zeigen sich zwar auch in den anderen Marketingaktionsbereichen, also in der Produktpolitik, Sor-

Übersicht D.27

Zielkonflikte zwischen Hersteller und Handel

Herstellerziele	Handelsziele
Produktpolitik	
1. ständige Produktinnovation	Produktkonstanz mit umschlagstarken Artikeln, nur gelegentliche Einführung echter Marktrenner mit hoher Erfolgsträchtigkeit
2. Aufbau von Markenimages unter einem Markendach	Aufbau von gruppen- oder betriebsindividuellen Firmenimages mit Profilierungskraft
3. produktbezogener Marketing-Mittel-Einsatz	sortimentsbezogener Marketing-Mittel-Einsatz
4. Herstellermarken	Handelsmarken (Private Label)
Sortimentspolitik	
1. Distribution der gesamten Markenfamilie bzw. des gesamten Produktionsprogramms	Distribution eines maßgeschneiderten, zielgruppen- und segmentkonformen Sortiments nach dem Prinzip der Bedarfsbündelung
2. Risikostreuung durch Diversifikation in neue Märkte (Substitutionsprodukte)	keine Substitutionsprodukte, sondern Komplementärprodukte im Sinne der Bedarfsbündelung
3. Aufbau eines langfristigen erfolgreichen Sortiments	Vertrieb von (kurzfristig) umsatzstarken und gewinnträchtigen Produkten
Preispolitik	
1. Abbau überhöhter Spannen, insbesondere bei neuen Produkten	Ausübung von Druck auf die Konditionen durch Einkaufskonzentration; Börsenrabatte
2. kontinuierliche, mit Preisbindung oder -empfehlung gestützte Preispolitik	begrenzte Preisaggressivität
3. hohe Einführungspreise für neue Produkte zum Zwecke der Imagebildung	eher niedrige Einführungspreise zum Zwecke der schnellen Produktverbreitung
4. marken- und firmenbezogene Preispolitik im Rahmen der Imagepolitik	firmenbezogene Preispolitik in Übereinstimmung mit dem angestrebten Geschäftsimage
Vertriebspolitik	
1. differenzierte Vertriebswege, optimale Verkaufsstellendichte	Alleinvertretungsrechte, Alleinvertriebsrechte
2. Priorität für wachstumsstarke Vertriebsformen (Verbrauchermärkte, Filialisten)	Gleichbehandlung bei Einräumung einer „Meistbegünstigungsklausel"
3. kontinuierlicher Absatz mit großen Bestellungen	nachfragegebundene Bestellmengen mit kurzer Lieferzeit
4. hoher Servicegrad des Handels	Beteiligung der Industrie an den vom Handel gewährten Serviceleistungen
Werbung	
1. Produktwerbung auf nationaler Ebene	Firmenwerbung auf regionaler und lokaler Ebene
2. geschlossene Werbekonzeption zur Schaffung profilierter Produktimages	geschlossene Werbekonzeption zur Schaffung eines profilierten Firmenimages
3. werbewirksame, aufwendige Verpackung	rationelle, funktionsgerechte Verpackung
Verkaufsförderung	
1. produktbezogene Verkaufsförderung	sortimentsbezogene bzw. auf Bedarfsbündelung ausgerichtete Verkaufsförderung
2. bevorzugte Platzierung der Erzeugnisse im Handel, eigene Regalpflege	Platzierung im Rahmen der für die Ladengestaltung maßgebenden Konzeption
3. unternehmens- bzw. produktbezogenes Displaymaterial	Displaygestaltung im Rahmen der für die Ladengestaltung maßgebenden Konzeption
4. keine Förderung von Konkurrenzprodukten am PoP (Point of Purchase)	Förderung aller Produkte nach Maßgabe des eigenen Marketingkonzepts

timentspolitik, Preispolitik, Vertriebspolitik und Werbung (vgl. die Übersicht D.27); sie treten aber in der Verkaufsförderung besonders deutlich zutage.

Die Zusicherung der Zahlung von Werbekostenzuschüssen (WKZs) durch die Hersteller und die Vereinbarung von Sonderkonditionen im Rahmen von Verkaufsförderungsaktionen (ebenfalls wieder mit finanzieller Beteiligung an der Aktionswerbung) ist heute vielfach fester Bestandteil der im Rahmen der Listungs- und Jahresgespräche zwischen Hersteller und Handel getroffenen Vereinbarungen.

Dabei sind aus Herstellersicht folgende Probleme unverkennbar:

- Ging die Initiative zur Verkaufsförderung früher vielfach vom Hersteller aus, so werden VKF-Zuschüsse heute mehr und mehr aktiv vom Handel gefordert.
- Im Rahmen des Preiswettbewerbs zwischen den Handelsorganisationen versteht der Handel heute Verkaufsförderung fast nur noch als Sonderangebotspolitik mit dem deutlichen Schwerpunkt auf Sonderpreisen.
- Handelswerbung (sowohl in Tageszeitungen, örtlichen/regionalen Anzeigenblättern als auch auf Handzetteln, in Zeitungsbeilagen, Ladenfunkdurchsagen u.Ä.) ist fast nur Aktionswerbung.
- Untersuchungen des Handels zeigen, dass Dauer-Niedrigpreis-Strategien aus seiner Sicht als Kundenbindungsinstrument nicht ausreichen, er hält Sonderangebote deshalb zusätzlich für unverzichtbar. Sonderangebote erzielen in den klassischen Printmedien (also vor allem Tageszeitungen) einen deutlich höheren Aufmerksamkeitswert als Dauer-Niedrigpreis-Angebote.
- Andererseits sind viele Verbraucher durch die hohe Anzahl der Sonderangebotsaktionen gesättigt und haben nur noch eine unklare Vorstellung von den Kriterien, nach denen sie die Preisgünstigkeit von Einkaufsstätten beurteilen sollen.
- Web-gestützte Angebotshinweise sind teilweise schon fester Bestandteil der Sonderverkaufsaktion.

Neuere Untersuchungen zeigen, dass sich viele Verbraucher an den Preisen ihrer tatsächlichen Einkäufe orientieren und sich die Beurteilung der Preisgünstigkeit einer Einkaufsstätte anhand einer Vielzahl von Produktpreisen ergibt, bei der Sonderangebote in ganz bestimmten Warengruppen natürlich eine Rolle spielen. Es sind vor allem die Frischprodukte, vornehmlich Molkereierzeugnisse, Obst und Gemüse sowie Fleisch- und Wurstwaren, über die sich das Preisimage von Einkaufsstätten beim Verbraucher bildet.

Daneben versucht sich der Handel über Sonderangebote mit entsprechenden Preisabschlägen für bekannte und profilierte Marken von seinen Wettbewerbern zu differenzieren. So ist nicht verwunderlich, dass von den etwa 100 Artikeln, die die meisten Handelsorganisationen wöchentlich werblich herausstellen, vor allem folgende Erzeugnisse in Aktionen einbezogen werden:

- Artikel aus den Frischesortimenten (etwa 65 % der Handelsunternehmen stellen z.B. Fleisch/Wurst durch Sonderangebote heraus);
- Artikel aus den Warengruppen Wasch-/Putz-/Reinigungsmittel und Kaffee.

Etwa 45 % der Verbraucher nutzen gezielt Sonderangebote. Sie versprechen sich davon, bezogen auf ihren gesamten Einkauf, einen Preisvorteil von durchschnittlich etwa 20 %.

Eine systematische Zielplanung und Zielformulierung kann in der Verkaufsförderung offensichtlich kaum noch stattfinden.

Wenn wir uns noch einmal verdeutlichen, dass Verkaufsförderung ein kommunikationspolitisches Instrument ist, dann sind entsprechende Zielvorgaben aber unerlässlich, wie z. B.

- das Erreichen / die Zusage bestimmter Listungen,
- das Erreichen / die Zusage bestimmter Platzierungen (Stamm- und Zweitplatzierung) oder in Kassenzonen,
- die Erhöhung der Aufmerksamkeitswirkung beim Kunden,
- die Auslösung von Probierkäufen,
- die Beeinflussung von Verbrauchereinstellungen, -wertvorstellungen und -kaufwünschen.

Erschwert wird die Durchsetzung solcher kommunikativer Ziele vor allem auch dadurch, dass die mit den Handelszentralen vereinbarten Aktionen nur unzureichend in den Outlets auf der Einzelhandelsstufe umgesetzt werden; das gilt für Filialen und Regiemärkte ebenso wie für selbstständige Kaufleute (z. B. als Mitglieder der Einkaufsgenossenschaften) oder Franchiseunternehmen.

Untersuchungen zeigen, dass nur knapp 50 % der vereinbarten Aktionspakete vollständig umgesetzt werden.

Der Sonderpreis ist der einzige Aktionsbestandteil, der zu 100 % eingehalten wird.

Die Durchsetzungsrate der übrigen VKF-Komponenten liegt sehr viel niedriger:

Hierzu zählen u. a.

- Handzettel,
- Zweitplatzierungen,
- Deckenhänger,
- Ladenplakate,
- Ladenradio,
- Teilnahmekarten an Gewinnspielen u. Ä.,
- Schaufensterplakate,
- Regalstopper,

deren Durchsetzungsrate teilweise deutlich unter 50 % liegt. Hier wird also sehr viel Geld der Hersteller „für die Hoffnung“ bezahlt. Ein großer Teil der werblichen Informationen bleibt ungenutzt.

Notwendig ist also offensichtlich bei der Planung und Realisierung von VKF-Aktionen eine stärkere Einbindung der Einzelhandelsstufe.

- Bereits in der Konzeptionsentwicklung müssen vor allem die Laden-Werbemittel stärker auf Umsetzbarkeit im Geschäft überprüft werden.
- Wichtige Aufgaben können im Kontakt mit der „Handelsbasis“ Merchandiser übernehmen.

Der Einsatz von Merchandisern in der Verkaufsförderung bietet vor allem folgende Vorteile:

- Durch Mithilfe bei der Kontrolle des Lagerbestandes und der Regalplätze können sie „Out-of-stocks“ verhindern helfen. (Bei Lebensmitteln gilt noch mehr als bei vielen anderen Produkten: „Ein nicht verkauftes Produkt wird nie wieder verkauft“.)
- Sie können in Abstimmung mit dem Marktleiter und dem Marktpersonal in stärkerem Umfang Sonderplatzierungen erwirken (die Zweit- / Sonderplatzierung hat sich als das wirksamste Element der Verkaufsförderung erwiesen).

- Sie können, ebenfalls in Abstimmung mit dem Marktleiter und dem Marktpersonal, einen höheren Einsatzanteil für Ladendisplays erwirken.
- Verkostungsaktionen lassen sich in der Regel nur in Abstimmung mit den Marktleitern durchführen.

Die geschilderten Probleme der Verkaufsförderung für Lebensmittel treten mit zunehmender Konzentration des Handels auch besonders deutlich in der Verkaufsförderung der Organisationen / Institutionen des Gemeinschaftsmarketings auf nationaler und regionaler Ebene zutage.

Häufig werden hier im Rahmen „nationaler oder regionaler Wochen" Artikel aus verschiedenen Branchen und unterschiedlichen Unternehmen zu Verbundaktionen verklammert. Die Institutionen des Gemeinschaftsmarketings beteiligen sich dabei mit unterschiedlichen Anteilen an den Aktionskosten des Handels (z. B. für Handzettel, Anzeigen in Tageszeitungen u. Ä.).

Abgesehen davon, dass der Handel hier offensichtlich mit den einbezogenen Herstellern nochmals die Zahlung von WKZs vereinbart, beinhaltet die bisher häufig praktizierte Vorgehensweise zusätzlich folgende Probleme:

- Zeitpunkt und „thematische Ausrichtung" der Aktion sind häufig nicht mit den Marketingplänen der involvierten Unternehmen abgestimmt.
- Die im Rahmen solcher Aktionen erreichten zusätzlichen Listungen sind häufig lediglich „Aktions-Listungen" und wirken nicht nachhaltig.

Zur weiteren Effizienzsteigerung wird man in Zukunft sicherlich stärker VKF-Planung **nicht** mit Aktionsabsprachen beim Handel beginnen, sondern mit gemeinsamen Planungsgesprächen der möglicherweise an einer Aktion interessierten Unternehmen.

4.3 Besonderheiten der Verkaufsförderung für landwirtschaftliche Betriebsmittel

Grundsätzlich unterscheiden sich die übergeordneten Ziele der Verkaufsförderung (Verbesserung der Distribution, Förderung des Abverkaufs am POS) auf Betriebsmittelmärkten nicht von denen auf anderen Märkten. Die eingesetzten Instrumentarien entsprechen allerdings den jeweiligen Besonderheiten der Vertriebssysteme und der kommunikativen Ansprechmöglichkeiten der einzelnen Zielgruppen.

Hervorzuheben ist aber, dass die eindeutige Fachinformation einen sehr viel höheren Stellenwert einnimmt.

Auf dem Markt für landwirtschaftliche Betriebsmittel nimmt der inhabergeführte und genossenschaftlich organisierte Landwarenhandel nicht nur die wichtige Sammelfunktion für von der Landwirtschaft produzierte, vor allem pflanzliche Erzeugnisse wahr; er ist zugleich auch maßgeblicher Verteilungshandel für zahlreiche Betriebsmittel (vgl. dazu Kap. E 1.3).

Ebenso wie die Unternehmen der Ernährungsindustrie das Instrument der Verkaufsförderung dazu nutzen, ihre Präsenz im Handel zu verbessern und den Abverkauf zu fördern, geschieht das in analoger Weise von Seiten der Betriebsmittelhersteller auch beim Landwarenhandel.

Vor allem bei solchen Produkten, die nicht im „Streckengeschäft" direkt von den Produktionsbetrieben der Hersteller zu den Landwirten geliefert werden (z. B. besonders ausgeprägt bei Futtermitteln), sind Präsenz und aufmerksamkeitsstarke Platzierung in den Outlets des Landwarenhandels wichtig.

Darüber hinaus nimmt der Landwarenhandel, so vor allem bei Pflanzenschutzmitteln und Produkten gegen Lagerbestands-Schädlinge, wichtige Beratungsaufgaben und damit eine entscheidende Orientierungsfunktion wahr.

Eine Untersuchung von Anfang der 90er Jahre zeigt, dass der Landwarenhandel in mehr oder weniger regelmäßigen Abständen durch Außendienstmitarbeiter von wenigstens 15 Firmen der chemischen Industrie besucht wurde. Neben der eigentlichen Verkaufsleistung nehmen sie zahlreiche Aufgaben der Verkaufsförderung aus dem Push- und Pull-Bereich wahr:

- Schulung des Handelspersonals im Hinblick auf Pflanzenschutz-Anwendungsberatung,
- Schulung des Personals im Hinblick auf Verbesserung der Verkaufsleistung,
- Produktberatung in Zusammenhang mit REACH (EU-Verordnung zur Registration, Evaluation, Authorisation and Restriction of Chemicals),
- Beratung bei (zunehmend bedeutsameren) Umweltfragen,
- Hinweise auf Beschränkungen der Freiverkäuflichkeit von Dünge-/Pflanzenschutzmitteln (Chemikalien-Verordnung, Düngemittel-Verordnung u. Ä.),
- Ausstattung des Handels mit Informationsmaterialien für die Zielgruppe Landwirte:
  - Produktbroschüren,
  - Spritzpläne,
  - Faltblätter/Bücher zur Bestimmung von Pflanzenkrankheiten,
  - technische Broschüren,
- Bereitstellung von Verkaufshilfen und Displays für die Verkaufsräume:
  - Verkaufsständer,
  - Plakate,
  - Aufkleber,
  - Gewinnspiele/Preisausschreiben.

Weit verbreitet sind Partnerschaftsaktionen zwischen Herstellern und Landwarenhandel zur Ansprache der Zielgruppe Landwirte:

- Feldversuche/Demonstrationen,
- Vortragsveranstaltungen/Seminare,
- Werksbesichtigungen,
- Hilfen der Industrie bei der Organisation eines „Tages der offenen Tür“,
- Hilfen der Hersteller beim Präsent-Versand händlereigener Informationsbriefe,
- Werbekostenzuschüsse für Anzeigen und Handzettel.

5.
Werbung

5.1 Grundlagen

Werbung (= allgemeiner Begriff), Reklame (= Wirtschaftswerbung) und Propaganda (= Werbung für religiöse und politische Ideen) scheinen kaum erklärungsbedürftige Begriffe zu sein. Jeder kennt sie und kann aus seinem eigenen Erfahrungsbereich Beispiele nennen: das Anpreisen einer Ware durch den Kaufmann, das Werben einer politischen Partei um Mitglieder, das Ringen einer Gruppe um Anerkennung, das Bemühen um die Freundschaft eines anderen Menschen u. Ä. Hinter diesen verschiedenen Formen der Werbung verbirgt sich immer das gleiche Phänomen: das zielgerechte Streben, andere Menschen für sich zu gewinnen. In diesem Sinne ist der Begriff Werbung eng verwandt mit Begriffen wie „Öffentlichkeitsarbeit" und „Verkaufsförderung". Und doch haben diese drei Begriffe unterschiedliche Sinngehalte:

Öffentlichkeitsarbeit (Public Relations) heißt: Vertrauen in der Umwelt bei unterschiedlichen Interessengruppen zu gewinnen, Kontakte zu Behörden, Kunden, zur Presse, zu Meinungsbildnern usw. zu pflegen („tue Gutes und rede darüber"). Öffentlichkeitsarbeit ebnet den Boden und schafft das richtige Klima, damit man gehört wird.

Verkaufsförderung heißt: einerseits den Wiederverkäufer mit speziellen Maßnahmen zu motivieren, Produkte ins Verkaufssortiment aufzunehmen und sich für den Absatz einzusetzen, andererseits den Kunden vor und im Geschäft an das Produkt bzw. die Produkte heranzuführen, Impulskäufe zu initiieren, das Verhalten des Verbrauchers in der konkreten Einkaufssituation (-entscheidung) zu lenken.

Werbung (im engeren Sinne) heißt: über die Medien (Zeitschriften, Internet, Rundfunk, Fernsehen, Flugblätter, Tageszeitungen, Plakatanschläge usw.) Verbraucher aufmerksam zu machen, Interesse für Produkte zu gewinnen, Kaufentscheidungen zu bestätigen.

Wenn wir im Folgenden über Marketingkommunikation reden, beschränken wir uns in erster Linie auf die Werbung im engeren Sinne.

Der werbepolitische Gestaltungsrahmen

Man muss sich zunächst vergegenwärtigen, dass Werbung nichts anderes als eine besondere Form der Kommunikation zwischen Menschen ist. Das allgemeine Modell der Nachrichtenübertragung und -verarbeitung ist die theoretische Grundlage zur Beurteilung der Werbemöglichkeiten. Es zeigt gleichzeitig die Ansatzpunkte für den gezielten Einsatz der Werbung als Instrument des Marketings.[7]

[7] Wenn wir uns im Folgenden ausschließlich mit den Problemen der Wirtschaftswerbung (Reklame) beschäftigen, also die Besonderheiten kultureller, religiöser, politischer oder anderer Werbungen vernachlässigen, so bedeutet dies lediglich eine Einengung im Hinblick auf Inhalt, Ziele und spezielle Maßnahmen; das formale Grundmodell der Kommunikation ist allen Werbearten gemeinsam.

Kommunikationstheoretische Grundlagen der Werbung

Die Übertragung von Nachrichten gehört zu den elementarsten und wichtigsten Grundfunktionen menschlichen Zusammenlebens. Durch Kommunikation werden soziale Beziehungen konstituiert und aktiviert. Um die Wirkungsweise kommunikativer Beziehungen verstehen zu können, müssen wir uns mit einigen Grundbegriffen der Kommunikationstheorie vertraut machen.

Nachrichten, Informationen und Kommunikation sind eng verwandte, aber nicht identische Begriffe (vgl. Übersicht D.28).

Unter Kommunikation versteht man im Allgemeinen die Übermittlung von Nachrichten in Form von Signalen, deren Bestandteile Zeichen sind. Das **Zeichen** ist die elementare Einheit der Kommunikation. Es ist ein Schriftzeichen, ein Notenzeichen, ein Stromimpuls oder ein anderes Element aus einem bestimmten Zeichenvorrat (z. B. Alphabet), das zunächst nur physische Eigenschaften hat. Durch Kombinationen nach bestimmten Regeln werden Zeichen zu **Signalen.** Signale (z. B. ein Name) sind demnach **Zeichenmuster,** die zunächst ebenfalls nur physische Eigenschaften haben. Sobald diesen Signalen ein bestimmter Sinn, eine Bedeutung gegeben wird, werden sie zu **Nachrichten.** Nachrichten haben demnach neben der physischen Substanz ideelle Eigenschaften, sie haben einen zu verstehenden Sinn (z. B. Begriffe oder „sinnvolle“ Sätze). Nicht jede Nachricht wird aber damit schon zu einer Information. **Informationen** sind nur solche Nachrichten, die dem Empfänger etwas „Neues“ mitteilen. Informationen sind nur zweckorientierte Nachrichten: Sie sollen das Wissen des Empfängers erhöhen, seine Informationsunvollkommenheit beseitigen.

Die Erkenntnisobjekte der Kommunikationswissenschaft liegen dementsprechend auf verschiedenen Ebenen. In Anlehnung an die Sprach- und Zeichentheorie (Semiotik) werden dabei drei Ebenen unterschieden:

- Auf der syntaktischen Ebene werden die Zeichen und Signale sowie die Regeln bzw. Bedingungen ihrer Kombination untersucht.
- Auf der semantischen Ebene werden die Beziehungen zwischen den Zeichen bzw. Signalen und den mit ihnen bezeichneten Gegenständen, Begriffen u. Ä. erforscht.
- Auf der pragmatischen Ebene werden die Beziehungen zwischen Zeichen, Signalen, Nachrichten und ihren Benutzern untersucht.

Übersicht D.28

Die Beziehung zwischen Signal, Nachricht und Information

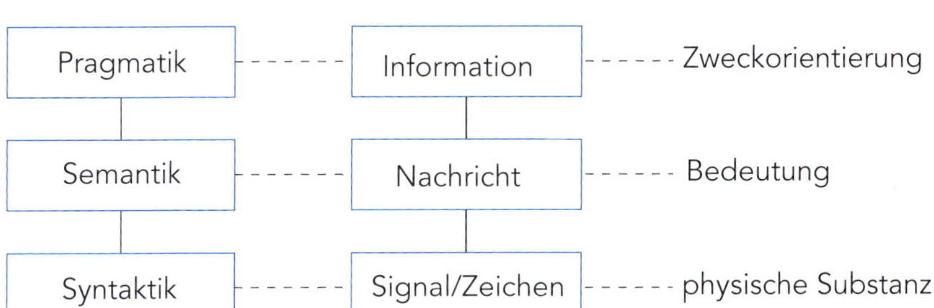

Übersicht D.29

Die Übermittlung von Informationen

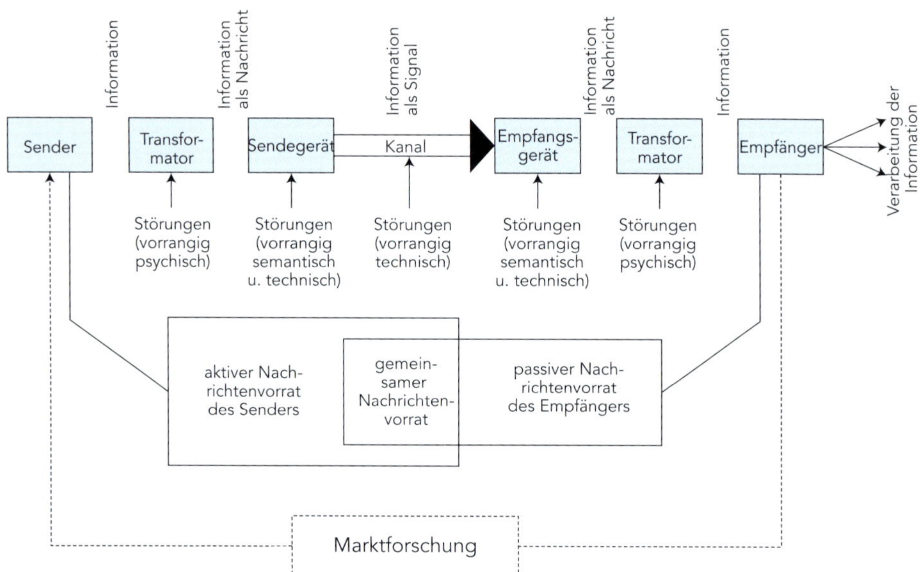

Wir beschäftigen uns im Folgenden vorrangig mit der syntaktischen und pragmatischen Ebene, d.h., wir betrachten Kommunikation unter dem Aspekt der Übermittlung von Nachrichten und Informationen.

Die Funktionsweise der Nachrichtenübertragung ist schematisch in Übersicht D.29 dargestellt.

Ein Sender, der einem Empfänger eine Information geben will, formuliert die Information zunächst in Form von Nachrichten (z.B. Wörter, Bilder, Sätze). Die Nachrichten werden in Signale transformiert (z.B. Schriftzeichen, Stromimpulse), auf Kanälen (z.B. Telefon, Post, Internet) transportiert, wieder in die ursprüngliche Nachricht zurücktransformiert und werden vom Empfänger als Information aufgenommen. Der Vorgang der Nachrichtenübertragung ist, wie aus dem Ablauf zu ersehen, an verschiedenen Stellen störanfällig: beim Transformieren der Information in die Nachricht und der Nachricht in Signale, bei der Übertragung im Kanal und bei der Entschlüsselung. Darüber hinaus kann eine Nachricht vom Empfänger nur dann auch als Information empfangen werden, wenn sein „passiver Nachrichtenvorrat" zumindest annähernd dem „aktiven Nachrichtenvorrat" des Senders entspricht, da sonst zwischen ihnen keine Verständigung zustande kommen kann.

Das allgemeine Modell der Kommunikation lässt unmittelbar die bei der Gestaltung von Werbemaßnahmen relevanten Problembereiche erkennen: In der Sprache der Kommunikationstheorie kann Werbung folgendermaßen formuliert werden: Die Hersteller eines Produktes oder die von ihm beauftragte Werbeagentur haben eine bestimmte Werbeidee. Sie müssen zunächst diese Idee zu einer konkreten Aussage (Werbebotschaft) umformulieren. In einem weiteren Schritt wird die Werbebotschaft im Hinblick auf bestimmte Werbemittel (z.B. Anzeige, Plakat, Spot) und Werbeträger (Werbemedien: z.B. Zeitung, Fernsehen, Internet) codiert. Über die Werbeträger (Kanäle) gelangt die Botschaft zu den

Empfängern, von denen sie wahrgenommen wird und im Sinne des Werbungtreibenden verarbeitet werden soll.

Der werbliche Kommunikationsprozess (insbesondere der der Wirtschaftswerbung) unterscheidet sich durch folgende Merkmale von anderen Kommunikationsprozessen:

Die Einseitigkeit der Kommunikation

Nach ihrer Flussrichtung können Kommunikationsprozesse in einseitige und zweiseitige unterschieden werden. Beim zweiseitigen Prozess treten im Gegensatz zum einseitigen die Kommunikationspartner im Wechsel als Sender und Empfänger auf. Die Werbung ist dagegen ein klassisches Beispiel für die einseitige Kommunikation, denn hier spricht nur der Werbungtreibende zum Umworbenen. Ein Dialog kommt höchstens indirekt zustande, indem der Umworbene dem Werbungtreibenden seine Reaktionen auf die Werbung zeigt (z. B. durch Kaufhandlung) oder sich in seltenen Fällen bewusst zu den Werbeinformationen äußert: Das bedeutet, dass der Werbungtreibende noch stärker als im Falle eines Dialoges die Reaktionen des Empfängers antizipieren muss.

Die Einseitigkeit der Werbung wird neuerdings durch Diskussions- und Meinungsforen im Internet (z. B. Blogs) durchbrochen. Vom Werbenden gewollt oder ungewollt erfolgt dort eine Bewertung durch den/die Adressaten der Werbung.

Die Anonymität der Kommunikationspartner

Bei werblicher Kommunikation kennen sich die Kommunikationspartner nicht. Es entsteht zwischen ihnen kein persönlicher, individueller Kontakt. Dies erschwert die Ansprache der Umworbenen, die oft keine Veranlassung zum Zuhören haben, und erschwert die zielgruppenspezifische Kommunikation.

Eine Möglichkeit, eine kommunikationsfördernde enge Beziehung zum Umworbenen herzustellen, besteht für den Hersteller darin, das Image seines Unternehmens oder seiner Produkte zu pflegen. Damit können aber die Vorteile des persönlichen Kontaktes nicht annähernd erreicht werden.

Die Vielzahl der Umworbenen

Bei der Werbung spricht in der Regel einer zu vielen. Während man sich im persönlichen Gespräch auf jeden Einzelnen der angesprochenen Kommunikationspartner einstellen kann, muss die Werbung mit der gleichen Aussage viele Personen überzeugen. Damit wird die Wirkung zwangsläufig geringer sein. Außerdem muss sie spezielle (weit streuende) Kommunikationsmittel einsetzen, um die potenziellen Empfänger zu erreichen. Es ist oft unvermeidlich, dass auch viele Personen von der Werbung erreicht werden, die nicht angesprochen werden sollen oder wollen oder bei denen keine Wirkung erzielt wird („Streuverluste").

Die Zweckorientierung der Werbung

Die Werbung verbreitet Informationen, die in spezieller Weise zweckorientiert sind. Diese Informationen sind nämlich darauf gerichtet, die Einstellungen oder das Verhalten der Umworbenen im Sinne der Werbungtreibenden zu beeinflussen. Sie sollen sein Interesse auf das vom werbenden Unternehmen angebotene Produkt lenken und seine Kaufentscheidung zugunsten dieses Produktes erleichtern.

Die dargestellten Besonderheiten der werblichen Kommunikation machen deutlich, dass bei der Gestaltung und Übermittlung von Werbebotschaften das Verhalten der potenziellen Empfänger bei der Informationsaufnahme und -verarbeitung sehr viel stärker als bei persönlicher Kommunikation berücksichtigt werden muss.

Die in der Werbung ausgestrahlten Informationen werden von optischen und/oder akustischen Signalen getragen. Der Empfänger nimmt sie mit seinen Sinnesorganen wahr, verarbeitet sie (kognitiv und affektiv) und zeigt unter Umständen bestimmte Reaktionen. Dieser Prozess der Informationsverarbeitung durch jeden einzelnen Empfänger (intrapersonal) wird von zahlreichen Einflüssen gesteuert, auf die der Informationssender nur begrenzt einwirken kann. Je besser der Sender diese Einflüsse vorhersieht und sich auf sie einstellt, desto wirkungsvoller wird seine Werbung sein. Er muss sich vor allem verdeutlichen, dass seine Empfänger intelligente Wesen sind, die in sozialen Systemen leben. Sie haben eine eigene Persönlichkeit, einen eigenen Willen, können lernen und sich entscheiden, ihre Wahrnehmung und ihr Verhalten steuern, sie sind psychischen Prozessen unterworfen, haben unterschiedliche Bedürfnisse, und ihr Verhalten wird von der soziokulturellen Umwelt bestimmt, in der sie leben.

Informationsverarbeitung

Der Prozess der Verarbeitung von Werbeinformationen kann schematisch an dem in Übersicht D.30 dargestellten allgemeinen Modell individuellen Verhaltens demonstriert werden. Die wesentliche Aussage dieses Modells ist, dass die Reaktion des Menschen (2) auf Stimuli aus der Umwelt (1) von den in seinem Kurzzeitgedächtnis aktualisierten Informationen (3) beeinflusst wird, die ihrerseits teils direkt von den Stimuli abhängen, teils aus seinem Langzeitgedächtnis entnommen sind. Das Langzeitgedächtnis repräsentiert dabei die durch Lernen (7) gesammelten „Erfahrungen" eines Individuums; das Kurzzeitgedächtnis dagegen beinhaltet seine augenblicklichen „Einstellungen". Im Gegensatz zum Langzeitgedächtnis, das nur langfristig beeinflusst werden kann, sind die Einstellungen im Kurzzeitgedächtnis relativ kurzfristig zu verändern.

Der Mensch ist täglich einer Vielzahl von Stimuli ausgesetzt. Er empfängt Informationen aus der Umwelt, z. B. durch Zeitungen, Radio, Fernsehen, Unterhaltungen mit Freunden, Bekannten und Kollegen. Oder er holt sich Informationen gezielt aus interaktiven Medien wie dem Internet. Im Verlaufe der Zeit bilden diese Informationen sein Gedächtnis, sie formen sein Wertsystem und Verhalten. Sie formen damit das Niveau, welches er zur Richtschnur seines Handelns macht. Um überhaupt eine Wirkung erzielen zu können, müssen die Informationen zunächst als Stimuli wahrgenommen werden. Die begrenzte Informationsaufnahmekapazität des Menschen hat zwangsläufig eine Selektion der Stimuli (4) zur Folge, die abhängig ist von

- der Art und Intensität der Stimuli und
- der augenblicklichen Einstellung, die wiederum von den Stimuli und der Erfahrung (5) + (6) beeinflusst wird.

Mit den Fragen, unter welchen Bedingungen und wie wir die Stimuli unserer Umwelt wahrnehmen, haben sich in der Psychologie zwei unterschiedliche Theorien auseinandergesetzt: die Elementen- und die Gestaltpsychologie. Während die früher vorherrschenden

Übersicht D.30

Vereinfachtes Modell zur Analyse des Menschen als kybernetisches Verhaltenssystem

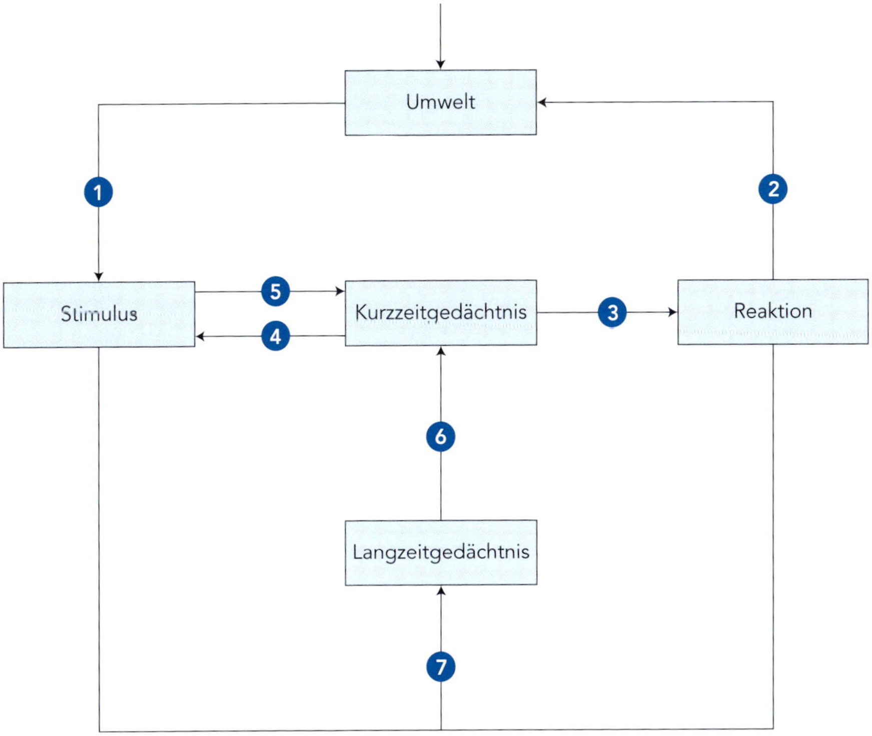

elementenpsychologischen Auffassungen davon ausgingen, dass sich unsere Wahrnehmung additiv aus vielen Einzeleindrücken zusammensetzt, will der Kernsatz der gestaltpsychologischen Theorie „Das Ganze ist mehr als die Summe seiner Teile" sagen, dass wir bei jeder Wahrnehmung immer eine ganzheitliche Deutung des Wahrnehmungsobjektes vornehmen.

Die elementenpsychologischen Folgerungen hinsichtlich der Wahrnehmung von Umweltstimuli besagen, dass wir bei einer Verstärkung der Reizwirkung von Signalen ein immer intensiveres Wahrnehmungsbild erhalten. Allerdings wächst die Intensität der Wahrnehmung mit der Reizverstärkung häufig nur unterproportional (Übersicht D.31).

Man könnte daraus den Schluss ziehen, dass die Werbung umso massiver „auftragen" muss, je mehr Erfolg sie haben will. Unmittelbaren Einfluss hat diese These auf Vorschläge zur Größe von Werbemitteln, Lautstärke von Werbeslogans, Wiederholung von Werbeappellen, Platzierung von Anzeigen, zur Farbgestaltung von Werbemitteln u.Ä. gehabt. Wenngleich auch heute noch manche Gesetzmäßigkeiten der Elementenpsychologie (z.B. die Tatsache, dass eine Mindestreizschwelle überschritten werden muss, soll eine Werbung überhaupt wahrgenommen werden) Gültigkeit haben, so kann doch eines mit Sicherheit gesagt werden: Eine einseitige Gestaltung der Werbung aufgrund elementenpsychologi-

Übersicht D.31

Die Beziehung zwischen Reizstärke und Wahrnehmungsintensität

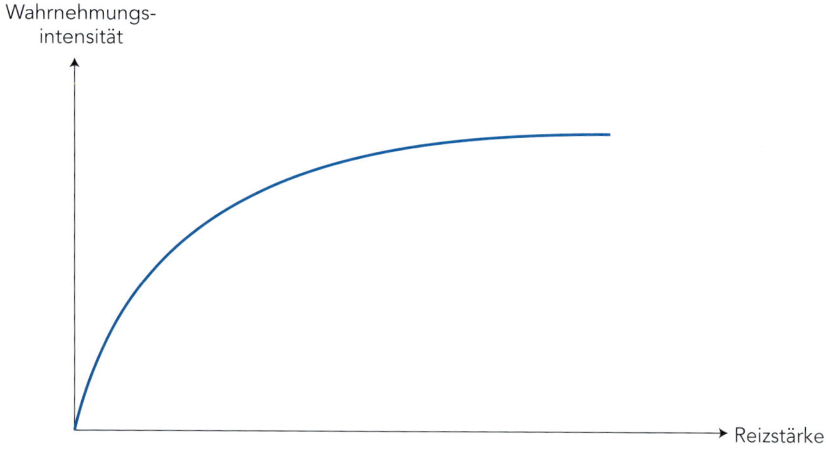

scher Gesetzmäßigkeiten muss zu schwerwiegenden Fehlern führen; denn weniger die Quantität als vielmehr die Qualität entscheidet über die Werbewirksamkeit.

Darauf haben vor allem die Gestaltpsychologen (Berliner Schule) aufmerksam gemacht. Die Erkenntnisse der Gestaltpsychologie besagen, dass wir die Umweltreize als komplexe Ganzheiten wenig differenziert erleben und dem Wahrgenommenen subjektiv einen Sinn geben. Für die Werbeplanung wichtig sind insbesondere zwei Gesetze: das der Figur-Grund-Differenzierung und das der Prägnanz der Gestalten. Das Gesetz der Differenzierung von Figur und Grund besagt, dass wir (unbewusst) die Fülle von Eindrücken, die wir als Signale gleichzeitig empfangen, nach strukturierten Figuren und unstrukturiertem Grund einteilen. Die Figuren fallen auf, ihnen wird ein besonderer Sinn gegeben; das Umfeld, in dem sie erscheinen, tritt in den Hintergrund, wird vernachlässigt. Figuren mit bestimmten (= prägnanten) Eigenschaften beeinflussen diesen Prozess stärker als andere. Solche prägnanten Figuren sind gekennzeichnet durch Regelmäßigkeit, Symmetrie, Geschlossenheit, Einheitlichkeit, Ausgeglichenheit, Einfachheit, Knappheit. Formen wie der Kreis, das Rechteck mit Goldenem Schnitt, das Quadrat, die Ellipse mit nicht zu weit voneinander entfernten Brennpunkten, das gleichseitige Dreieck sind also besonders prägnant.[8] Man nennt solche Figuren auch „gute Gestalten".

Die Wahrnehmung ist eine erste wichtige Voraussetzung für die Wirksamkeit von Werbemaßnahmen. Da jedoch zwischen dem Kauf eines Produktes und der Verwendung von Werbebotschaften im Allgemeinen eine größere Zeitspanne liegt, ist es ebenso wichtig, dass die Werbung auch behalten wird. Die Werbebotschaft muss also im Langzeitgedächtnis des Werbeempfängers gespeichert werden, um zum Zeitpunkt des Kaufentscheides als Entscheidungsprämisse abgerufen werden zu können. Entscheidend für die Wirkung von Werbeinformationen ist also der gesamte Prozess der Informationsverarbeitung im Sinne von Informationsaufnahme, -speicherung und -wiedergewinnung.

[8] Grundlegend dazu: ROSENSTIEL L. v., Psychologie in der Werbung, Rosenheim 1969.

Im Gegensatz zu früheren Auffassungen, die einen unmittelbaren Zusammenhang zwischen Reaktion und Stimuli sahen (SR-Paradigma), geht man heute davon aus, dass der Prozess der Informationsaufnahme und -verarbeitung zusätzlich von folgenden Einflussfaktoren gesteuert wird:

- Persönlichkeitsmerkmale,
- Individuelle Erfahrungen,
- Soziales Bezugssystem,
- Emotionalität und Rationalität der Informationsverarbeitung,
- Motivation.

(1) Persönlichkeit

In der Persönlichkeit manifestiert sich die Individualität eines jeden Menschen.

Die Verschiedenheiten zwischen Individuen resultieren aus unterschiedlichen Einflüssen, den persönlichkeitsbestimmenden Faktoren (z. B. emotionale Ausdruckskraft, Stabilität, Beeinflussbarkeit, Begabungen, Dominanzstreben, Charakter, Intro- und Extravertiertheit, Werthaltungen, Temperament, Toleranz, Religiosität). Durch Zuordnung bestimmter Merkmale werden die Menschen häufig als Typen charakterisiert (z. B. etwa als Sanguiniker, Melancholiker, Choleriker, Phlegmatiker). Die wenigsten Menschen sind derartige extreme Typen, die meisten sind Mischtypen. Für unsere Betrachtungen ist wichtig, dass das Informationsaufnahme- und Verarbeitungsverhalten unter anderem auch eine Funktion der spezifischen Persönlichkeitsmerkmale des Menschen ist. Menschen bestimmten Typs sind auch Informationen bestimmten Typs aufgeschlossener gegenüber als anderen Informationen. Aufgeschlossene Menschen sind eher zu beeinflussen, „starke Charaktere" weniger usw.

(2) Individuelle Erfahrungen

Die Art und Weise der Wahrnehmung und Verarbeitung von Informationen hängt wesentlich von dem Bild ab, das der Empfänger vom Sender und von den Übertragungsmedien hat. Dieses Bild (Image) beruht auf negativen und positiven Erfahrungen. Aufgrund seiner begrenzten Informationsverarbeitungsfähigkeit selektiert der Mensch die im Überfluss auf ihn einwirkenden Stimuli. Er stützt sich dabei auf seine bisherigen Erfahrungen mit Sendern und Übertragungsmitteln, wobei er besonders folgende Kriterien zur Auswahl heranzieht:

- Autorität,
- Glaubwürdigkeit,
- Prestige,
- Attraktivität.

Je mehr Autorität ein Sender oder ein Medium hat, umso weniger ergibt sich für den Empfänger die Notwendigkeit, die Richtigkeit der Information zu überprüfen. Autorität gibt dem Sender Macht, dem Empfänger Entscheidungsprämissen aufzuzwingen, die er sonst vielleicht nicht beachten würde. Sofern diese Macht nicht durch Androhung von Sanktionen manifestiert wird, sondern vom Empfänger aus freien Stücken akzeptiert wird, kann sie eine bleibende Wirkung auf die Bereitschaft des Empfanges von Nachrichten und der Verarbeitung im Sinne des Senders haben.

Autorität allein jedoch genügt nicht. Zu den wichtigsten Voraussetzungen überzeugender Kommunikation gehört die Glaubwürdigkeit des Senders. Ein Empfänger, der in der

Vergangenheit von den Versprechungen des Senders nicht enttäuscht worden ist, wird diese positiven Erfahrungen auch auf die Zukunft übertragen.

Prestige ist ein Faktor, der die Glaubwürdigkeit des Senders unterstreicht. Wir nehmen die gleichen Informationen sehr unterschiedlich auf, je nachdem, ob sie von einem „normalen Mitbürger", einer aufgrund seines Berufes (Arzt, Pfarrer, Professor) oder seines hohen Bekanntheitsgrades als Autorität anerkannten Person verbreitet wird.

Auch spielt die Attraktivität des Senders häufig eine große Rolle. Hübsche junge Damen erhöhen nicht nur die Aufmerksamkeit der Werbung, sie beeinflussen auch die Meinungsbildung der angesprochenen (Männer) eher als weniger attraktive. Häufig macht man sich die Beliebtheit von z. B. Filmschauspielern, Sportlern oder Moderatoren als Leitbilder („Testimonials") in der Werbung zunutze. Autorität, Glaubwürdigkeit, Prestige und Attraktivität können nicht nur die Sender haben. Im Marketing sind es häufig Produkte, die solche Eigenschaften ausstrahlen. So ist es auch zu erklären, dass Werbung für schon bekannte und „anerkannte" Markenartikel häufig höhere Aufmerksamkeit erzielt als Werbung für anonyme Produkte.

(3) Soziales Bezugssystem

Die Wahrnehmung und Verarbeitung von Informationen wird in besonderem Maße von Erfahrungen gesteuert, die der Mensch in der Interaktion mit seiner Umwelt gelernt hat. Das kulturelle System, in dem wir leben, das Milieu, in dem wir aufwachsen, die Einflüsse unserer Erzieher, die Rollenerwartungen unserer Mitmenschen und die sozialen Normen, denen wir unterworfen sind, formen unsere Einstellungen, Wünsche und Verhaltensmuster. Je besser sich ein Kommunikator darauf einstellt und je größer die Gruppenkonformität zwischen beiden ist, desto effektiver wird prinzipiell die Kommunikation sein. Für die Werbung ist es insbesondere wichtig zu wissen, wie stark integriert die Gruppen sind, denen die Kommunikanten angehören bzw. denen sie sich verbunden fühlen und in welchem Maße sich die Mitglieder mit den Gruppenzielen und -normen identifizieren. Je stärker dies der Fall ist, desto sorgfältiger muss man darauf achten, nicht gegen die Ziele und Normen der Mitgliedsgruppen und der Bezugsgruppen zu verstoßen.

(4) Emotionalität und Rationalität der Informationsverarbeitung

Das Verhalten des Menschen ist eine Mischung aus im Einzelfall mehr emotionalen oder mehr rationalen Komponenten. Wir haben schon im Kapitel A 3 gesehen, dass das Kaufverhalten des Konsumenten oft nur zu geringen Teilen als rational zu erklären ist. Vor allem aber ist die Beobachtung wichtig, dass die Kaufentscheidung für hochwertige Gebrauchsgüter eher das Ergebnis bewusst ablaufender Wahlhandlungsprozesse ist, während andere Produkte eher Objekte emotionaler, habitueller oder impulsiver Kaufhandlungen sind. Allgemein gilt: Je rationaler der Kaufentscheidungsprozess des Verbrauchers abläuft, desto informativer muss die Werbung sein, je weniger jedoch die Ratio beim Kauf eine Rolle spielt, desto größer ist für die Werbung die Chance, den Verbraucher durch emotionale Appelle oder durch Ansprüche des Unbewussten, also der tieferen Schichten der Persönlichkeit, zu beeinflussen, desto größer müssen die Anmutungsqualitäten der Werbung sein.

Werbeinhalte werden oft besser behalten, wenn sie beim Angesprochenen Emotionen auslösen. Selbst Inhalte mit negativem Gefühlston bleiben besser im Gedächtnis haften als solche mit langweiligem. Grundsätzlich sind angenehm anmutende Werbeappelle eher zu empfehlen; unangenehm (insbesondere peinlich) empfundene Werbeappelle laufen stets Gefahr, verdrängt zu werden. Vorsicht geboten ist aber auch bezüglich einer allzu einseitigen Betonung emotionaler Werbeappelle. Zwischen emotionalen und informativen Werbebotschaften ist ein ausgewogenes Verhältnis herzustellen.

(5) Motivation

Bei der Werbung als unpersönlicher Kommunikation spielt die bewusste oder unbewusste Motivation des Umworbenen, zuzuhören bzw. zu lernen, eine besonders wichtige Rolle. Zunächst ist es für die Werbegestaltung wichtig zu wissen, warum die Verbraucher die umworbenen Produkte kaufen oder nicht. Das Wissen hierum hat direkten Einfluss auf die Gestaltung der Werbebotschaft.

Zweitens muss man sich vor Augen halten, dass die Motive kommunikationsfördernd, verzerrend oder selektierend auf die Wahrnehmung und Informationsverarbeitung wirken. Als fördernd sind zunächst Motive zu bezeichnen, die den Umworbenen dazu veranlassen, sich bewusst die Werbung anzusehen oder anzuhören oder in ihr Informationen zu suchen (Beispiele: Kinder schalten das Werbefernsehen ein, Hausfrauen suchen in Tageszeitungen nach Sonderangeboten, Interessenten suchen in Versandhauskatalogen). Verzerrende (und selektierende) Wirkung haben häufig situative Bedürfnislagen: Ein Hungriger nimmt bevorzugt Stimuli wahr, die einen Bezug zu Essen haben, ein Verliebter sieht die ganze Welt mit rosaroten Augen usw. Selektierende Motive stehen oft in engem Zusammenhang mit bestimmten Formen des Konfliktlösungsverhaltens des Menschen. Die meisten Menschen sind nur in den seltensten Fällen in der Lage, eine abgewogene Entscheidung (z. B. einen Kauf) in dem Sinne zu fällen, dass sie im Nachhinein nicht von Zweifeln bezüglich der Richtigkeit dieser Entscheidung befallen werden. Um den hierdurch entstehenden Stress bzw. Konflikt (= kognitive Dissonanz) zu beseitigen, suchen sie häufig selektiv nach Informationen, die ihre Entscheidung rechtfertigen. Hier zeigt sich die bedeutende Funktion der Werbung als Rationalisierungsinstrument nach dem Kauf. Das Problem der kognitiven Dissonanz existiert auch vor der Entscheidung, d. h., die Menschen suchen selektiv nach Informationen, die ihre bisherigen Erfahrungen bestätigen. Auch hier gibt es Möglichkeiten für die Werbung, gezielt diesem Bedürfnis zu entsprechen.

Planungsprozess

Analog zu den Entscheidungen in den anderen Aktionsbereichen des Marketings können wir die Entscheidungen über Ziele und Strategien der Werbepolitik als Planungsprozess darstellen. Ausgehend von der Marketing-Gesamtplanung werden aus generellen Entscheidungen über Ziele und Strategien der Werbepolitik spezifische Ziele und Maßnahmen zur Gestaltung der Werbemittel und Werbeträger entwickelt, aufeinander abgestimmt (Werbe-Mix), realisiert, kontrolliert und erneut geplant. Übersicht D.32 verdeutlicht den Ablauf schematisch.

Nachdem die Werbeziele festgelegt sind, ist zu prüfen, ob sie mit Hilfe der bisher angewandten Strategien erreicht werden können oder ob die Strategien verändert oder sogar völlig neu konzipiert werden müssen. Im nächsten Schritt werden dann die Detailmaßnahmen der Werbemittelgestaltung und Werbeträgerselektion geplant.

Die Werbeerfolgskontrolle kann einmal die Globalziele der Werbung insgesamt untersuchen. Sie kann aber auch die Werbemittel oder Werbeträgerkonzeption getrennt überprüfen, um gezielte Entscheidungshilfen für künftige Gestaltungsmaßnahmen geben zu können.

Übersicht D.32

Der werbepolitische Planungsprozess

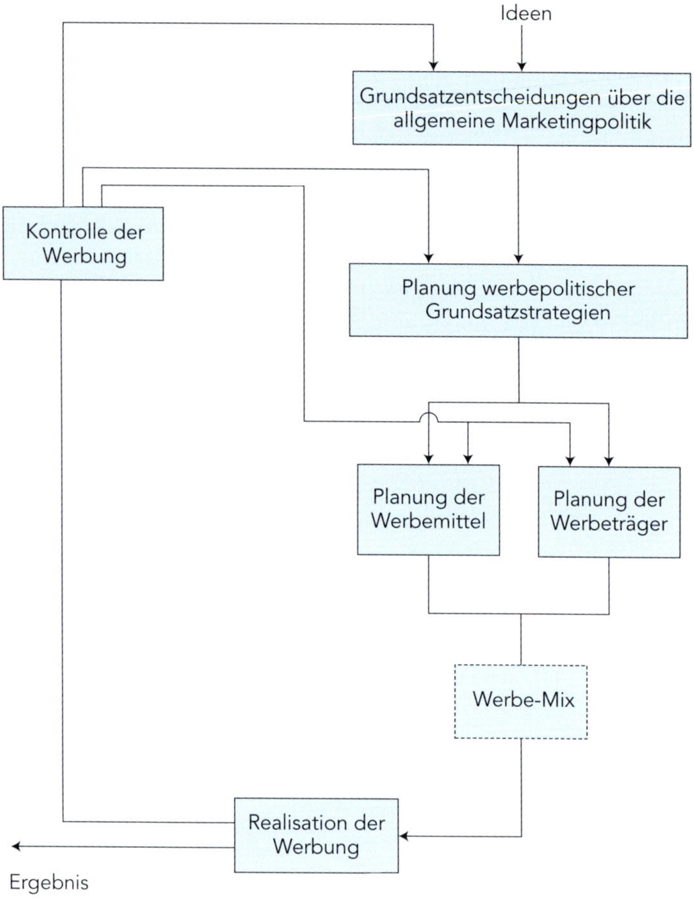

Unbedingte Voraussetzung für eine erfolgreiche Werbeplanung ist die Definition der mit den Werbebotschaften zu erreichenden Personen. Bevor wir uns der Werbemittel- und Werbeträgerplanung zuwenden, müssen wir uns deshalb mit einigen grundsätzlichen Problemen der Zielgruppenauswahl vertraut machen.

5.2 Werbeziele

Mit der Werbung können sowohl ökonomische als auch außerökonomische Ziele verfolgt werden. Als ökonomische Ziele sind vor allem

- Gewinnerhöhung,
- Durchsetzen von Preisstrategien,

- Ausgleich von Saisonschwankungen u. Ä.,
- Umsatzerhöhung, -stabilisierung, -reduktion

bedeutsam. Da jedoch diese Ziele niemals ausschließlich und direkt durch Werbemaßnahmen verwirklicht werden können, muss die Werbung primär außerökonomische Ziele verfolgen. Dabei sind vor allem wichtig:

- Erhöhung des Bekanntheitsgrades,
- Aufmerksamkeitswirkung,
- Einstellungsbildung bzw. -veränderung,
- Motivverstärkung bzw. -wandlung, Beeinflussung des Kaufwunsches.

Mit der stärkeren Betonung von außerökonomischen gegenüber ökonomischen Werbezielen wird es zugleich leichter möglich, die Werbeziele operational zu definieren. Dadurch kann der Werbeerfolg konkret gemessen werden, z. B. als prozentuale Veränderung des Bekanntheitsgrades eines Produktes.

Mit zunehmendem Sättigungsgrad des Verbrauchs von Lebensmitteln verstärkt sich der Konkurrenzkampf zwischen den Lebensmittelherstellern und damit der Zwang zu intensiverer Werbung. Die Lebensmittelwerbung ist zum großen Teil Verdrängungswerbung im Sinne einer Expansionswerbung für bereits im Markt befindliche Produkte. Andererseits lassen die hohen Innovationsraten auf den Lebensmittelmärkten erkennen, wie wichtig Werbung zur Produkteinführung ist. Produkteinführungen, die mit Rücksicht auf zu erwartende Reaktionen der Konkurrenten durchgeführt werden müssen, sind heute ohne die Nutzung der Massenmedien als Kommunikationsmittel nicht mehr denkbar. Fast alle Märkte für Frischprodukte sind durch eine Reihe charakteristischer Angebots- und Nachfrageschwankungen gekennzeichnet. Vor allem die Angebotsschwankungen haben erhebliche Auswirkungen auf die Werbeplanung. Durch die ausgeprägte Saisonalität des Angebots wird die Durchsetzung der Werbeziele auf einen außerordentlich kurzen, dazu aufgrund unvorhersehbarer Witterungsbedingungen bei pflanzlichen Produkten oft noch variablen Zeitraum begrenzt. Dadurch wird vor allem die Entwicklung eines langfristigen, verbindlichen Mediaplans erschwert. Der optimale Zeitpunkt der Einschaltung ist erst relativ kurzfristig bestimmbar. Darüber hinaus können bei der Verschiebung von Angebotszeitpunkten entscheidende Substitutions- und Komplementärbeziehungen in der Verbrauchernachfrage zwischen den verschiedenen Frischprodukten auftreten, so dass oft kurzfristig eine Akzentverschiebung erforderlich wird.

Völlig andere Voraussetzungen finden wir z. B. bei landwirtschaftlichen Betriebsmitteln. Hier bestehen im Gegensatz zum privaten Endverbrauch

- komplexe Problemlösungsprozesse und
- adaptives Verhalten.

Werbeerfolge lassen sich deshalb häufig mit deutlich geringerem Etat als in der Konsumgüterwerbung erreichen,

- wenn der Hersteller die Phasen kennt, in denen Entscheidungen getroffen werden,
- wenn man aufgrund der analysierbaren Bedarfssituation in den Betrieben die Sensibilität der Landwirte für Informationen über Angebote feststellt,
- wenn man bei bestimmten Produkten (Betriebsmitteln wie Pflanzenschutzmittel und Düngemittel) das saisonal unterschiedlich hohe Interesse der Landwirte an Problemlösungen kennt,

Übersicht D.33

Phasen des Entscheidungsprozesses

Phase des Entscheidungsprozesses	Zielsetzung für die Werbung
1. Phase = Entstehung des Problems	Problembewusstsein schaffen
2. Phase = Informationssuche	Produkte bekannt machen
3. Phase = Bewertung von Alternativen	Meinungen und Erwartungshaltungen ändern bzw. verstärken
4. Phase = Kauf	Kaufbereitschaft fördern, saisonal und situativ die Aufmerksamkeit erhöhen
5. Phase = Entschlussbewertung	Image festigen bzw. kognitive Dissonanzen abbauen

- wenn man berücksichtigt, welche anderen Informationsquellen der Landwirt noch nutzt, um Entscheidungshilfen zu gewinnen und
- wenn man berücksichtigt, dass die Werbung speziell über landwirtschaftliche Fachzeitschriften in einem Umfeld stattfindet, welches von wesentlich höherem Involvement der Zielgruppen geprägt ist, als dies beispielsweise bei Konsumgütern der Fall ist.

Konkrete Zielsetzungen für die Werbung für **landwirtschaftliche Betriebsmittel** kann man zunächst aus dem für den Einkauf dieser Produkte typischen Entscheidungsprozess gewinnen (vgl. Übersicht D.33).

Eine solche Differenzierung der Werbeziele und damit auch der Werbemaßnahmen kann beispielsweise für Produkte sinnvoll sein, die jedes Jahr wieder nach einem bestimmten saisonalen Rhythmus eingesetzt werden (beispielsweise Düngemittel und Pflanzenschutzmittel). Hier erstreckt sich die Werbung häufig über einen längeren Zeitraum, wobei die Landwirte innerhalb der verschiedenen Phasen des Meinungsbildungsprozesses für unterschiedliche Themen auch unterschiedliche Sensibilitäten entwickeln.

Haben wir es dagegen mit Produkten zu tun, die mehr oder weniger regelmäßig eingekauft werden (beispielsweise Futtermittel), dann ist ein solches differenziertes Vorgehen nicht möglich. Man wird über Werbung in solchen Produktbereichen im Wesentlichen nur Produkte bekannt machen/halten, Images festigen bzw. kognitive Dissonanzen abbauen können.

Auch bei Maschinen, bei denen zwar Kaufentscheidungsprozesse nach dem Schema durchstrukturierten Problemlösens ablaufen, aber die Landwirte sich nicht gleichförmig zu bestimmten Zeiten in bestimmten Phasen der Prozesse befinden, wird man die Mediawerbung nicht am Ablauf von Kaufentscheidungsprozessen orientieren können. Deshalb wird die Hauptzielrichtung der Werbung für diese Investitionsgüter darin liegen, Produkte bekannt zu machen, Leistungsvorteile zu dokumentieren, Images zu festigen.

5.3 Zielgruppen

Zielgruppen der Werbung (Werbesubjekte) sind die Personen oder Institutionen, die der Werbesender als potenzielle Empfänger ins Auge fasst. Da der Werbungtreibende in der Regel (d. h. von der Direktwerbung abgesehen) diese Empfänger nicht persönlich erreicht, sondern über den indirekten Weg eines anonymen Werbeträgers (Zeitung, Fernseher, Internet usw.), muss er die Werbesubjekte nach bestimmten Merkmalen sehr sorgfältig eingrenzen, um möglichst geringe Streuverluste zu haben. Denn grundsätzlich verursacht jedes wirkungslos angesprochene Werbesubjekt Kosten, denen kein Ertrag gegenübersteht.

Eine wichtige Rahmenbedingung für die Zielgruppendefinition sind die Marketingziele und -strategien und die daraus abgeleiteten Werbeziele. Bei der Behandlung des Lebenszyklus von Produkten (Kapitel D 1.1) haben wir gesehen, dass die Käufergruppen sich im Leben eines Produktes verändern. Dementsprechend müssen auch die Zielgruppen der Werbung mit der Einführung, Expansion, Markterhaltung und Marktschrumpfung variieren. Auch die Preis- und Distributionsstrategien spielen hierbei eine Rolle.

In der Werbung wird versucht, die Gruppe von Menschen anzusprechen, die einen wesentlichen Einfluss auf den Kaufentscheid haben. Diese können, aber müssen nicht die Verwender eines Produktes sein. Es gibt z. B. Fälle, in denen Frauen als Zielgruppe für Produkte angesprochen werden, die ausschließlich von Männern verwendet werden.

Sind die für den Kauf bestimmter Produkte kompetenten Entscheidungsträger ausfindig gemacht, so kommt es im nächsten Schritt darauf an, diese Gruppen nach verhaltensrelevanten Merkmalen zu spezifizieren. Die Eingrenzung der Werbezielgruppe kann dabei grundsätzlich nach den in Kapitel A 3.2 beschriebenen Segmentierungsverfahren vorgenommen werden. Ebenso wie sie zur Erklärung unterschiedlichen Einkaufs- und Produktverwendungsverhaltens einzelner Bevölkerungsgruppen herangezogen werden, können sozio-demografische Merkmale (Geschlecht, Alter, Beruf, Einkommen, soziale Schicht u. a.), Persönlichkeitsfaktoren, Images, Verhaltensnormen und andere Faktoren wichtige Hinweise für eine zielgruppengerechte Werbemittelgestaltung und Werbeträgerauswahl geben.

Wahrnehmung und Verarbeitung von Werbebotschaften hängen entscheidend davon ab, wie leicht es den Rezipienten gemacht wird, sich mit der Werbeaussage und dem Werbestil zu identifizieren und wie leicht sie eine Werbebotschaft in einem von ihnen häufig und intensiv genutzten Medium finden. Frauen lesen andere Zeitschriften als Männer, Jugendliche andere als Erwachsene, sie suchen nach verschiedenen Informationen, sind unterschiedlich ansprechbar und motivierbar. Wir sind bereits eingangs darauf eingegangen.

Besondere Aufmerksamkeit ist bei der Zielgruppenauswahl auf die Einstellungen der Umworbenen zum Werbeobjekt zu lenken: Je schwieriger es ist, jemanden zu beeinflussen, umso höher muss der notwendige Aufwand sein. Mit geringer werdender Persuabilität wachsen die Kosten überproportional. Man wird deshalb in der Werbung grundsätzlich nach Zielgruppen suchen, deren

- Nachfrage ausweitbar,
- Einstellungen wandelbar oder
- Bedürfnisse stimulierbar sind.

Zur Erläuterung können wir auf das von Spiegel dargestellte Modell der Meinungsverteilung im sozialen Feld zurückgreifen. Danach können die Menschen hinsichtlich ihrer psychischen Nähe zu einem Meinungsgegenstand in drei Gruppen gegliedert werden:

- Anhänger,
- Indifferente,
- Ablehner.

Die Bezeichnungen charakterisieren nur Typen auf einem Kontinuum, wobei etwa Anhänger ganz links, Ablehner ganz rechts und Indifferente in der Mitte stehen, dazwischen die mehr nach dem einen oder anderen Pol tendierenden. Grundsätzlich können wir davon ausgehen, dass Individuen umso weniger als Werbesubjekte in Frage kommen, je mehr sie den beiden extremen Positionen zugeordnet werden können. So wird man z. B. ebenso wenig jemand, der täglich einen Liter Milch trinkt, noch zu vermehrtem Konsum veranlassen können, wie jemand, der aus tief verwurzeltem Abscheu niemals einen Tropfen davon zu sich nimmt.

Die **Kaufentscheidung bei Lebensmitteln trifft überwiegend die Hausfrau oder zunehmend der Hausmann** (siehe Kapitel A 3.1). Je besser es dem Anbieter gelingt, die Zielgruppe der Hausfrauen, die sein Produkt kaufen, einzugrenzen, umso wirksamer kann er die Werbemittel gestalten und die Medien belegen. Hausfrauen zeichnen sich durch ein spezifisches Medienverhalten aus. Sie hören zu bestimmten Zeiten Radio, sehen mit Vorliebe bestimmte Fernsehsendungen und lesen bestimmte Zeitungen und Zeitschriften. Auch ist eine Hausfrau nicht wie die andere. Es gibt sehr unterschiedliche Typen (z. B. die „Genussorientierte", die „Sparsame", die „Experimentierfreudige", die „Konservative" oder die „Moderne"), die unterschiedlich anzusprechen sind und zum Teil auch sehr verschiedenartige Medien bevorzugen. Informationen dazu sind in zahlreichen Studien zu finden, die teils regelmäßig, teils unregelmäßig zu den Ess- und Einkaufsgewohnheiten der Bevölkerung durchgeführt werden. Auch geben die großen Zeitschriftenverlage vielzählige Daten zur verhaltenspsychologischen und typologischen Beschreibung von Hausfrauen. Aber auch die zunehmende Zahl berufstätiger Frauen beeinflusst die Werbung.

Landwirte sind **Zielgruppen** für Betriebsmittelhersteller. Wie in der übrigen Bevölkerung gibt es auch in der Landwirtschaft eine Normalverteilung der Zielgruppen hinsichtlich **Wissen** und **Kenntnisstand:** Die Mehrheit ist durchschnittlich gut ausgebildet, manche dagegen sehr gut, andere nur sehr schlecht. Gerade der Kenntnisstand über das Wissen der Landwirte ist von entscheidender Bedeutung für Inhalt und Aufmachung unserer Werbung.

Der Durchschnittslandwirt orientiert sich bei seiner Entscheidung primär an seinen eigenen Vergangenheitserfahrungen. Er ist deshalb auch nicht sehr auf Wechsel eingestellt, braucht erhebliche Anstöße zum Wechsel seiner Produktionsmethoden.

Gut ausgebildete Landwirte dagegen finden wir sehr häufig in Märkten, in denen die Spezialisierung auf einen Betriebszweig stark ausgeprägt ist (z. B. Zuckerrüben, Wein, Obst), der Ausbildungsstand generell höher ist, die Konsequenzen des Einsatzes von Pflanzenschutzmaßnahmen einen erheblichen Einfluss auf den Produktionserfolg haben (z. B. Gemüse, Obst, Wein).

Weil diese Aspekte so bedeutsam für das Entscheidungsverhalten sind, müssen Wissen und Problemlösungsfähigkeit auch bei **Typologisierungen** landwirtschaftlicher Zielgruppen in erster Linie herangezogen werden. Darüber hinaus müssen bei jedem Versuch, landwirtschaftliche Zielgruppen zu beschreiben, folgende Eigenschaften berücksichtigt werden:

- Risikofreudigkeit,
- Innovationsfreudigkeit,

- Ausbildung und Intelligenz,
- Planungsbereitschaft,
- Einstellungen zum Beruf.

Ein weiterer Aspekt ist für die Werbung für Betriebsmittel im Vergleich zur Werbung für Konsumgüter von großer Bedeutung. In der Landwirtschaft finden wir im Zusammenhang mit der Einführung neuer Produkte noch typische „Einführungs-Diffusionskurven" (vgl. Kapitel A 3.2). Daraus resultieren sehr unterschiedliche Werbeziele (vgl. dazu Übersicht D.34):

(1) In der Einführungsphase (1 bis 2 Jahre) müssen zunächst die Innovatoren unter den Landwirten gewonnen werden.
(2) Zum zweiten, spätestens aber im dritten Jahr schließen sich die fortschrittlichen, aber vorsichtigen Landwirte an. Diese müssen überzeugt werden.
(3) Will man daraufhin die vorsichtigen Nachahmer erreichen, muss man sehr hohe Anstrengungen unternehmen, um den Bekanntheitsgrad der Produkte zu steigern.
(4) Bei der Ansprache der breiten Masse sind dann im Wesentlichen noch die Markenbilder zu festigen und kognitive Dissonanzen abzubauen.

Zielgruppen im Marketing können im Idealfall zu Empfehlern und damit zu personifizierten Werbeträgern werden (vgl. Toolbox: Empfehlungsmarketing).

Übersicht D.34

Zielgruppen im Prozess der Marktdurchdringung

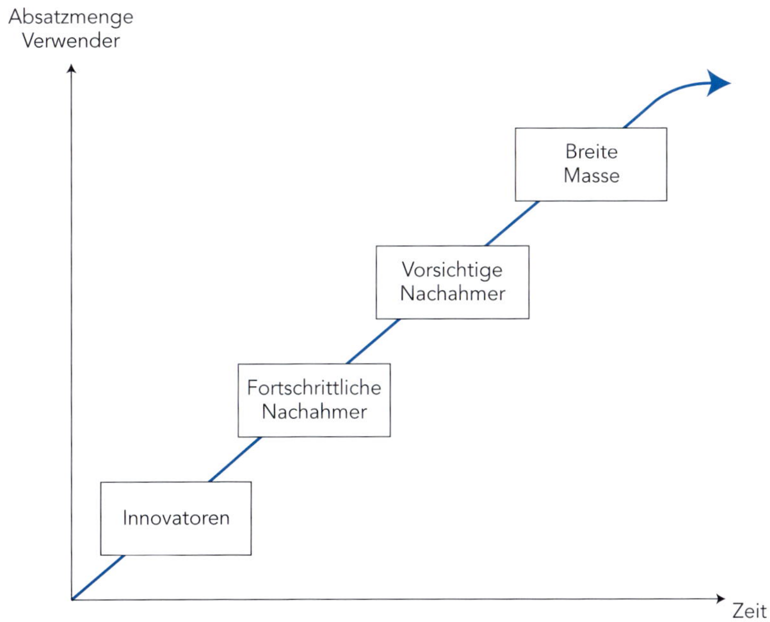

TOOLBOX: EMPFEHLUNGSMARKETING

Das Empfehlungsmarketing ist eine noch stark unterschätzte Form des Marketings, obwohl es ein kostengünstiges und trotzdem sehr effizientes Marketingtool ist. Es basiert auf der Nutzung sozialer Netzwerke, mit dem Ziel, ein möglichst positives (Produkt-/Marken-)Image in der Zielgruppe zu vermitteln.

Hierzu müssen Referenzen in Form von zufriedenen Verbrauchern generiert werden, damit diese ein Produkt oder eine Marke in ihrem Umfeld weiterempfehlen. Durch diese word-of-mouth recommendation dient ein bestehender Kunde, dessen Ansprüche erfüllt oder gar übertroffen wurden, somit als Multiplikator. Ein unzufriedener Kunde stellt dagegen einen deutlich höheren negativen Multiplikator dar. In der Praxis geht man von einem Verhältnis von 3:10 aus.

Gibt jemand eine Empfehlung, so impliziert dies bereits einen Handlungshinweis. Im besten Fall ist dies der Rat zum Kauf, im ungünstigsten Fall kann aber auch vom Kauf abgeraten werden, wenn der Empfehlungsgeber bereits schlechte Erfahrungen mit dem Produkt gemacht hat.

Neben den geringeren Kosten ist es ein großer Vorteil, dass man den persönlichen Vertrauensbonus des Empfehlers nutzt. Dieser ist in der Regel deutlich höher, als ihn ein Unternehmen durch klassische Werbung jemals erreichen kann, da dem Empfehlungsgeber kein persönliches kommerzielles Interesse unterstellt wird. Im Gegensatz zur Neukundengewinnung über herkömmliche Marketingtools, die durch Konkurrenzprodukte und Reizüberflutungen immer aufwendiger und teurer werden, handelt es sich hierbei um eine wesentlich einfachere Art der Neukundenakquise.

Grundsätzlich unterscheidet man im Empfehlungsmarketing zwischen passiven und aktiven Empfehlungen. Bei der passiven Empfehlung tritt ein Käufer an den Verkäufer heran, nachdem ihm z.B. ein Produkt oder eine Dienstleistung empfohlen wurde. Bei der aktiven Empfehlung tritt der Verkäufer an einen potenziellen Kunden heran, nachdem er die Kontaktdaten von einem Empfehlungsgeber erhalten hat.

Empfehlungen, vor allem passive, kommen nur zustande, wenn die Kundenerwartung übertroffen wurde. Die Erwartungen des potenziellen Neukunden werden dadurch jedoch gesteigert bzw. es wird schwieriger, ihn zu begeistern. Im Empfehlungsmarketing werden daher Basis-, Leistungs-, Qualitätsanforderungen und Begeisterungsmerkmale festgelegt.

Basisfaktoren sind die implizierten Erwartungen, die so selbstverständlich und grundlegend sind, dass sie vom Kunden erst bei Nichterfüllung wahrgenommen werden. Werden sie nicht erfüllt, entsteht Unzufriedenheit, die Erfüllung trägt allerdings nicht zur Zufriedenheit bei.

Die Leistungs- und Qualitätsanforderungen sind dem Kunden bewusst und beseitigen Unzufriedenheit bzw. schaffen Zufriedenheit. Dies hängt vom Ausmaß der Erfüllung ab.

Die Begeisterungsmerkmale sind so genannte nutzenstiftende Merkmale. Da der Kunde nicht unbedingt mit ihnen rechnet, rufen sie Begeisterung hervor und zeichnen das Produkt gegenüber Konkurrenzprodukten aus. Schon kleine Leistungssteigerungen und geringe Differenzierungen gegenüber Mitbewerbern können einen überproportional großen Nutzeneffekt haben. Die Eigenschaften können sich mit der Zeit verschieben, so dass Begeisterungsmerkmale erst zur Leistungseigenschaft und später zur Basiseigenschaft werden.

5.4 Gestaltung der Werbung

Um das Werbesubjekt zu erreichen, muss eine Werbeidee in eine wahrnehmbare Form transformiert werden. Das Ergebnis dieses Umsetzungsprozesses bezeichnen wir als Werbemittel. Übersicht D.35 gibt einen Überblick über die wichtigsten Werbemittel, die wir nach den jeweils angesprochenen Sinnesorganen in visuelle, akustische und visuell-akustische einteilen können.[9]

Die Frage, unter welchen Bedingungen welches Werbemittel zum Einsatz gelangt, ist nicht leicht zu beantworten. Nach dem ökonomischen Prinzip müssten die Werbemittel eingesetzt werden, die bei gleichem Aufwand den höchsten Ertrag bringen oder bei gleichem Ertrag den niedrigsten Aufwand verursachen. Nun kann man zwar den Aufwand relativ leicht an Hand von Preislisten der Werbemittelhersteller messen, aber eine Zuordnung des Werbeerfolges ist außerordentlich schwierig. Hinzu kommt, dass man in der Regel verschiedene Werbemittel miteinander kombinieren muss. Denn einerseits stumpft die Wirkung eines Werbemittels bei wiederholtem Einsatz ab, wie Übersicht D.36 demonstriert, und andererseits erhöht sich bei einer Differenzierung der Werbemittel die Chance, dass die Werbesubjekte die Botschaft wahrnehmen und im Sinne des Werbenden verarbeiten.

Übersicht D.35

Systematik der Werbemittel

visuell	akustisch	visuell-akustisch
Anzeige	Werbefunkspot	Werbefernsehspot
Plakat Lichtwerbung	Lautsprecher- durchsage	Werbefilm und Werbedia im Kino
Werbebrief		Internetwerbespot
Werbedrucksache		
Katalog		

[9] Olfaktorische, geschmackliche und haptische Werbemittel klammern wir wegen ihrer relativ geringen Bedeutung aus.

Übersicht D.36

Die Wirkung von Werbemitteln in Abhängigkeit der Einsatzhäufigkeit

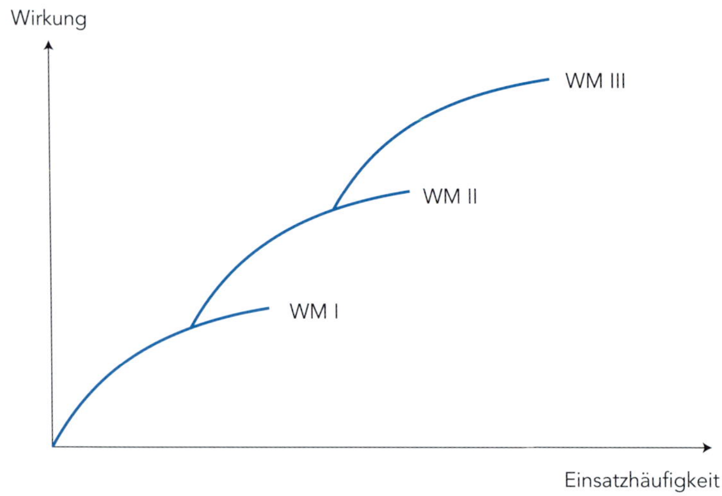

Bei der Auswahl von Werbemitteln müssen verschiedene Faktoren berücksichtigt werden, etwa die Werbepolitik der Konkurrenz, von der man sich absetzen will, oder die Werbeobjekte, die eine bestimmte Form der Darstellung erzwingen (erklärungsbedürftige Produkte erfordern z. B. viel Text). Das entscheidende Kriterium aber ist in jedem Fall die erwartete Wirkung auf das Werbesubjekt. Diese hängt nur zum kleineren Teil von der Art der Werbemittel ab, zum größeren Teil dagegen von der Qualität der Gestaltung. Hierzu kann die Werbepsychologie wertvolle Entscheidungshilfen liefern. Sie ist jedoch bisher noch nicht so weit fortgeschritten, dass sie allgemeingültige konkrete Empfehlungen zur Gestaltung von Werbemitteln geben könnte. Untersuchungen, die sich auf die Wirkung einzelner Elemente, wie die Größe von Anzeigen, ihre Platzierung, Farb- und Lichtwirkungen, Klanggefühle u. a. beziehen, sind nach den neueren psychologischen Erkenntnissen mit großer Vorsicht zu interpretieren. Es setzen sich dabei mehr und mehr die gestaltpsychologischen Prinzipien durch, wonach ein Werbemittel bezüglich seiner äußeren Einheit gestaltfest sein muss und bezüglich seiner inneren Einheit einen hohen Aufforderungscharakter und hohe Anmutungsqualitäten haben muss.

Die Gestaltfestigkeit eines Werbemittels kennzeichnet seine geschlossene äußere Einheit. Je geschlossener die Gestalt eines Werbemittels, desto größer ist sein Wahrnehmungs- und Gedächtniswert. Gestaltfeste Werbemittel heben sich von denen der Konkurrenz gut ab. Prägnante Gestalten werden außerdem im Gedächtnis nicht verformt.

Einen besonders hohen Aufforderungscharakter hat ein Werbemittel dann, wenn es den Wünschen, Bedürfnissen, Einstellungen und Erwartungen des Werbesubjektes gerecht wird.

Anmutend ist ein Werbemittel dann, wenn es den Umworbenen emotional beeindruckt.

Wir haben eingangs des Kapitels gesehen, dass die Wirkung von Werbung insbesondere unter den Gesichtspunkten der „Einseitigkeit der Kommunikationsbeziehungen" und der „Anonymität der Kommunikationspartner" gesehen werden muss. Daraus leiten sich wichtige Schlussfolgerungen für die Gestaltung von Werbemitteln ab.

Informationen aus der Werbung werden von dem Umworbenen nicht (bzw. in den meisten Fällen nicht) gesucht, sondern zufällig, unterbewusst, während der Verrichtung anderer Tätigkeiten (also unter Ablenkung) wahrgenommen.

Werbung muss deshalb aufmerksamkeitsstark sein, sie muss schnell wahr- und aufgenommen werden können. Und sie muss so „leicht verdaulich" aufbereitet sein, dass der Betrachter Interesse hat, sich mindestens zum Teil damit zu beschäftigen.

Daraus leiten sich „Muss-Kriterien" für gute Werbung ab:

- hohe Signalwirkung,
- neue Informationen,
- hohe Emotionalisierungskraft.

Es ist im Grunde genommen gleichgültig, ob ich mit der Werbung neue Kunden zum ersten Mal über die Vorzüge meines Produktes aufklären, ob ich bestehende Meinungen zu einem Produkt ändern oder ob ich Einstellungen mit der Werbung bestätigen will, in jedem Falle wird Werbung das Ziel haben, dem Verbraucher eine Information zu geben, die sein Verhalten bestätigt oder steuert.

Wegen der besonderen Gesetzmäßigkeiten werblicher Kommunikation muss man sich natürlich gerade in diesem Punkt auf Wesentliches beschränken. Was heißt Wesentliches? Jedes Produkt hat eine Besonderheit. Es hebt sich durch seine Eigenschaften oder aber durch verwenderbezogene Vorzüge von anderen ab. Diese Eigenarten herauszustellen, ist häufig wesentliches Ziel der Werbung (Herausstellen des USP = „Unique Selling Proposition"). Das Herausstellen der Einzigartigkeit ist natürlich für neue Produkte einfacher als für alte, bekannte Produkte. Im letzteren Falle geht es deshalb häufig darum, Bekanntes mit neuen Worten, neuen Sinnbildern, Umschreibungen deutlicher zu machen und immer wieder neu aufleben zu lassen.

Beispiele für solche „einzigartigen Verkaufsversprechen" sind etwa:

- Fertiggerichte = fix und fertig;
- Süßigkeiten = Spaß am Naschen;
- exotische alkoholische Getränke = Verführung;
- Blumen = Belohnung.

Jeder Mensch macht die Erfahrung, dass er in guter Stimmung aufnahmebereiter ist als in schlechter. Auch ist bekannt, dass den meisten Menschen das Betrachten von Bildern leichter fällt und mehr Freude bereitet als das Lesen von Texten. Auf die Werbung übertragen leitet sich daraus ganz einfach die Forderung ab: Je stärker der „emotionale Schub" ist, mit dem Werbebotschaften dargeboten werden, desto größer ist die Wahrscheinlichkeit, dass der Verbraucher die ihm gebotenen Informationen auch aufnimmt.

Es gibt verschiedene Mittel, den emotionalen Schub zu erreichen:

- Originelle Bilder, verfremdete, ungewöhnliche Situationen,
- Bilder, die stark an bestimmte Bedürfnisse appellieren (z. B. Abenteuer, Mutter-Kind-Beziehung, erotische Erlebnisse, Naturerlebnisse, Genusssituationen),
- brillante Fotografien von Produkten,
- ungewöhnliche und lustige Texte, insbesondere Schlagzeilen.

Aus dem Zusammenspiel von originellen Bildern und kreativen Texten ergibt sich die notwendige „Text-Bild-Spannung" bei Anzeigen, wobei die Texte nicht einfach das wiederholen, was schon in den Bildern enthalten ist (und umgekehrt), sondern Assoziationen erzeugen, aus denen der Betrachter den Bedeutungsgehalt der Botschaft ableitet (und nicht einfach abliest).

Text und Bild müssen sich zueinander verhalten wie zwei entgegengesetzte Pole eines magnetischen Feldes.

Wenn diese Grundbedingungen der Werbung erfüllt sind, können Farbe, Lautstärke, Musik, Größe der Darstellungen, Länge des Spots und Häufigkeiten der Einschaltungen die Aufmerksamkeitswirkung im Sinne von Signalstärke unterstützen.

Die spezifischen Aussagen der Lebensmittelwerbung resultieren einerseits aus den Eigenschaften der umworbenen Produkte. Andererseits ergeben sich zahlreiche Ansätze für die Werbestrategie aus der Tatsache, dass die meisten Lebensmittel vor dem Konsum zubereitet werden müssen und dass sie in ganz bestimmten Verzehrssituationen konsumiert werden.

Produkteigenschaften als Werbeinhalte

In Kapitel D 1.4 haben wir uns mit den verschiedenen Eigenschaften von Lebensmitteln befasst. Für die Werbung ist es besonders wichtig zu ermitteln, welche Funktionen die einzelnen Lebensmittel aufgrund ihrer Eigenschaften für den Verbraucher haben. So werden die Wahl der geeigneten Werbebotschaft und die gestalterische Umsetzung der Werbeaussage davon beeinflusst, ob ein Produkt vornehmlich

- der physiologischen Sättigung dient oder dem Genuss,
- der Gesundheit dient, wie etwa die diätetischen Lebensmittel,
- essbar oder trinkbar ist,
- stimulierend wirkt oder nicht,
- aufgrund eines Zusatznutzens (z. B. Well-Being, Geselligkeit) konsumiert wird.

Für Brot muss anders geworben werden als für Käse, für Milch anders als für Erfrischungsgetränke usw. Grundsätzlich kann man davon ausgehen, dass die Möglichkeiten, den Verbraucher emotional anzusprechen, größer werden mit

- wachsendem Veredelungsgrad,
- verbesserter Markenartikelfähigkeit,
- steigendem Anteil nicht produktbezogener Gestaltungsfaktoren,
- vermehrtem Zusatznutzen (z. B. Genuss).

Eng mit den produktspezifischen Merkmalen der einzelnen Erzeugnisse verbunden sind die Einstellungen der Verbraucher zu Lebensmitteln und ihre Motive zum Verzehr. Da der Verbraucher jedoch bei den meisten Lebensmitteln einen besonders leichten Zugang zur objektiven Qualität des Produktes (zum Produktkern) hat, wird das Image von Lebensmitteln vielfach von den Faktoren Qualität, Geschmack, Gesundheit, Natürlichkeit, Bekömmlichkeit u. Ä. geprägt. Übersicht D.37 zeigt, wie diese Faktoren als Argumente in die Lebensmittelwerbung eingehen.

Insbesondere die Möglichkeit, Rezepthinweise zu platzieren, unterstützt oft diese Medienauswahl. Aber auch die Werbung für Lebensmittel muss einen genügend großen „emotionalen Schub" haben, soll sie den Verbraucher interessieren. Dazu eignen sich natürlicherweise besonders Produkt- oder Konsumdarstellungen mit „appetite appeal" (damit dem Betrachter das Wasser im Mund zusammenläuft). Als besonders geeignet müssen Zeitschriften angesehen werden, da sie die Möglichkeit farbiger Darstellung bieten, dem

Übersicht D.37

Häufig benutzte Begriffe in der Lebensmittelwerbung

zum Geschmack	zur Frische	zur Wertigkeit	
• schmackhaft • köstlich • voller Aroma • lecker • delikat • pikant • zum Genießen • fein und mild • feinwürzig • sahnig • für Feinschmecker • vielseitig im Geschmack	• erfrischend • belebend • täglich frisch • naturfrisch • frisch vom … • knackig frisch • mit Frischegarantie • röstfrisch • gartenfrisch	• hochwertig • wertvoll – fein • echt • beste Qualität • kontrollierte Qualität • vom Feinsten • erlesen • für Feinschmecker • Delikatesse • das Beste • aus kontrolliertem Anbau	
zur Naturbelassenheit	**zum Nährstoffgehalt**	**zur Verdaulichkeit und Bekömmlichkeit**	**zum Gesund- und Fitsein**
• natürlich • naturbelassen • Natur • naturrein • aus dem Garten der Natur • ursprünglich • reines Naturprodukt • rein pflanzlich • bio… aus alternativer Produktion • ohne Farbstoffe • ohne Bindemittel • ohne Konservierungsstoffe	• wertvolle Vitamine • lebenswichtige Vitamine • natureigene Vitamine • vitaminreich • reich an Mineralstoffen und Spurenelementen • hochwertiges Eiweiß • Vollkorn • reich an mehrfach ungesättigten Fettsäuren	• leicht • leicht verdaulich • leichte Kost • gut verträglich • gut bekömmlich • schonend • magenfreundlich • magenmild • ballaststoffreich	• Schlankmacher • für Linientreue • kalorienreduziert • ohne Zucker • hält fit • macht mobil • für Leistungskraft und Lebensfreude • Sport …

Leser eine längere Beschäftigung mit der Werbebotschaft ermöglichen und in der Regel eine längere Verweildauer im Haushalt haben als Tageszeitungen oder Wurfbeilagen. Je mehr der Anbieter davon ausgehen muss, dass der Verbraucher die positiven Eigenschaften des Produktkerns als selbstverständlich empfindet, umso mehr wird er versuchen müssen, über die Werbung eine psychologische Differenzierung des Produktes von den Konkurrenzerzeugnissen zu erreichen.

Zubereitung und Verwendung als Werbeinhalte

Die Notwendigkeit, Lebensmittel vor dem Verzehr zu kochen, zu backen, zu braten oder auf andere Weise tischfertig zu machen, gibt der Werbung zahlreiche Impulse. Teilweise geht es darum, den Convenience-Charakter einzelner Produkte (Vorteile der Verpackung, mühelose Aufbereitung u. a.) herauszustellen, teilweise werden den Verbrauchern

Tipps zur Gestaltung von Mahlzeiten gegeben. Insbesondere Rezepte oder rezeptähnliche Informationen finden in der Lebensmittelwerbung häufig Verwendung. Oft erscheinen produktbezogene Hinweise wie z. B. Rezepte als redaktionelle Beiträge. Es handelt sich hierbei nicht um Werbung im klassischen Sinne, sondern um eine besondere Form der **Öffentlichkeitsarbeit (Public Relations).** Sie geben dem Verbraucher Hinweise auf die Zubereitung von Mahlzeiten und die vorteilhafte Verwendung von Produkten. Gelegentlich handelt es sich dabei auch um Verbundaktionen verschiedener Hersteller, die komplementäre Produkte anbieten.

Werden Produkte zum Gegenstand der Öffentlichkeitsarbeit, dann sprechen wir von **Product-Publicity** (bzw. Product-Public-Relations).

Die Aufgabe der Product-Publicity für Erzeugnisse der Ernährungswirtschaft besteht darin, gezielte Informationen über die Bedeutung der einzelnen Lebensmittel für die Ernährung und über die Verwendungsmöglichkeiten zu verbreiten. Das bedeutet im Einzelnen:

- Vermittlung von Kenntnissen im Bereich Warenkunde (z. B. über Herstellungsverfahren und Inhaltsstoffe eines Produktes, über das Warenangebot usw.),
- Aufklärung über den gesundheitlichen Wert der Nahrungsmittel (über den Gehalt an Nährstoffen, Vitaminen, Mineralstoffen und ihre Bedeutung für die Ernährung),
- Haushaltstipps,
- Verwendungsvorschläge und Rezepte.

Diese Informationen richten sich vor allem an Frauen als Endverbraucher. Diese Zielgruppe kann erreicht werden über

- Massenmedien (Rundfunk, Fernsehen, Zeitung, Zeitschriften, Internet),
- Schulen und Lehrküchen, sog. Kochstudios,
- Fortbildungskurse,
- Veranstaltungen, Kochkurse,

d. h., es wird sowohl der Weg über die gedruckte öffentliche Meinung gewählt als auch der über die Information so genannter Meinungsführer. Man bedient sich also der Hilfe von Journalisten, Lehrkräften u. a. In deren freiem Ermessen liegt es, ob sie diese Informationen an ihre Hörer, Leser, Schüler usw. weiterleiten, zu welchem Zeitpunkt sie es tun, in welcher Form und welchem Umfang das geschieht.

Diese Tatsache erscheint auf den ersten Blick als großer Nachteil, wird aber durch eine Reihe von Vorteilen aufgewogen:

- Die Verbreitung der Information ist kostenlos.
- Sie wird von neutralen Stellen, Redaktionen, Sendeanstalten, Lehrkräften und Beratern durchgeführt und erhält damit eine größere Glaubwürdigkeit als z. B. die Werbung.
- Geringere Streuverluste.

Landwirte müssen anders angesprochen werden. Denn Betriebsmitteleinkäufe sind problemorientierte Käufe. Ob und wie viel Geld ein Landwirt zur Lösung seiner Probleme ausgibt, hängt ab von

- dem Vorhandensein und der Stärke der Probleme (benötigte Spezialfuttermittel, Bekämpfungsnotwendigkeit bei Unkräutern/Ungräsern und Schädlingen, einem veralteten Schlepper, eine veraltete Technik im Stall usw.);
- dem Bewusstsein der Landwirte zu diesen Problemen (z. B. Bekämpfungsnotwendigkeit bei Unkräutern und Schädlingen, Notwendigkeit des Austausches von Maschinen u. a.);

- den ökonomischen Rahmenbedingungen (wie viel Geld der Landwirt hat und bereit ist, zur Lösung der Probleme und für verbesserte Problemlösungen auszugeben);
- der Mentalität (z. B. Risikobewusstsein, Statusbewusstsein u. a.).

Daraus ergibt sich eine für viele Bereiche der Betriebsmittelwerbung wichtige Forderung: je problemorientierter Aussagen und Aufhänger in der Werbung sind, je besser die Werbung dem Landwirt signalisiert, dass genau die angebotene Problemlösung für ihn das Richtige ist, desto größer wird das Interesse an der Werbebotschaft auch sein.

Landwirte sind besonders sensibilisierbar, wenn sie ein „hautnahes Problem“ haben, welches einer sehr schnellen und sicheren Lösung bedarf. Sie sind offen für jede Art von neuen Problemlösungen, und es gibt zahlreiche Einstellungen und Interessen, die für die Umsetzung von Werbebotschaften genutzt werden können, z. B.

- Spieltrieb,
- Spaß haben,
- Neugierde,
- Erfolgszwang/-bewusstsein,
- Besitzerstolz,
- Unternehmerbewusstsein,
- Identifikation mit Problemen der Landwirtschaft,
- Problemlösungsfähigkeit, -wille,
- praktisches Denken,
- Sympathiebedürfnis.

In der Werbung für landwirtschaftliche Betriebsmittel werden dennoch immer wieder Fehler gemacht. Die Werbung ist vielfach sehr belehrend. Es werden zu viele Informationen gegeben, es gibt keine Text-Bild-Spannung, vielfach wird mit der „Holzhammer-Methode“ gearbeitet, die Bilder sind schlecht fotografiert oder gezeichnet, die Texte sind nicht durchdacht, vielfach ist die Werbung insgesamt zu harmlos. Aus

- dem Rollenverständnis der Landwirte (= „guter Betriebsleiter“, „Bodenständigkeit“),
- dem Interesse der Landwirte an moderner Technik,
- der Tatsache, dass Landwirte keine „Schreibtischtäter“ sind,
- der Erkenntnis, dass Landwirte sich häufig mit ihren Sorgen allein gelassen fühlen,
- der Tatsache, dass Landwirte häufig Skeptiker sind,
- dem spezifischen Problemlösungsverhalten von Landwirten,

lassen sich durchaus Ansatzpunkte für die gestalterische Optimierung (Verwendung von Bildern, Texten, Text-Bild-Spannung) ableiten, wie die folgenden Beispiele zeigen:

- Vorbilder (im Sinne von Testimonials verwendet) müssen sympathisch und erfolgreich sein, dürfen aber nicht belehrend und arrogant wirken, sondern authentisch;
- der Landwirt verdient Lob und Anerkennung für seine schwierige Arbeit;
- Bilder und Zeichnungen müssen fototechnisch bzw. grafisch ins Detail gehen, technisch brillant sein;
- technische Details können als Aufhänger sehr gut genutzt werden;
- die Informationen müssen ganz leicht erfassbar und im Hinblick auf ihren praktischen Nutzen klar formuliert sein;
- unterstützende Beweisführung, dass der Landwirt seine Arbeit richtig macht;
- Zahlen, Grafiken und Beispiele verstärken die Argumentation.

Eines ist dabei besonders wichtig: das notwendige **Involvement.** Der Landwirt muss sich in seinem Selbstverständnis und in seinen Problemen durch die Werbung angesprochen fühlen, er muss merken, dass in der Werbung für ihn eine wichtige Information enthalten ist.

5.5 Streuung der Werbung

In der Streuplanung werden die Medien so ausgewählt, dass die Zielgruppe der Werbung mit möglichst geringen Kosten erreicht und möglichst wirkungsvoll angesprochen wird. Um dieses Ziel zu erreichen, muss der Mediaplaner die Werbeträger und ihre Eigenschaften sowie die von den Verlegern, Rundfunkanstalten und sonstigen „Verkäufern" von Werbezeit und Werbefläche geforderten Preise und Konditionen kennen. Darüber hinaus muss er wissen, welche Medien von welchen Personen wie intensiv genutzt werden.

Werbeträger haben die Aufgabe, **Kontakte** zwischen den umworbenen Personen und der Werbebotschaft herzustellen. Zur Messung der Effizienz eines Werbeträgers würde man daher idealerweise den **Werbemittelkontakt** heranziehen. Da jedoch die Messung dieses Kontaktes sehr aufwendig ist, wird in der Praxis im Allgemeinen der leichtere Weg über die Ermittlung von **Werbeträgerkontakten** als primärer Maßstab für die Leistungsfähigkeit von Medien gewählt. Mit diesem Begriff ist die Begegnung eines Lesers, Hörers oder Zuschauers mit dem jeweiligen Medium in einem Erscheinungsintervall (ein Tag bei Tageszeitungen, eine Woche, 14 Tage oder ein Monat bei Zeitschriften, eine Ausstrahlung im Fernsehen, Rundfunk oder Internet) gemeint. Man unterstellt dabei, dass ein hoher Werbeträgerkontakt gleichbedeutend ist mit einer hohen **Werbemittelkontaktchance.** Als Kennzahl hat sich in der Mediaplanung der Tausenderkontaktpreis (TKP) durchgesetzt, der angibt, welchen Geldbetrag man einsetzen muss, um 1.000 Personen einer Zielgruppe per Kontakt zu erreichen.

Aus der Zahl der Kontakte ergeben sich für die einzelnen Werbeträger bestimmte **Reichweiten.** Diese müssen nach quantitativen und qualitativen Gesichtspunkten unterschieden werden.

(1) Quantitative Merkmale von Werbeträgern

Je nachdem, ob ein Werbemittel in einem oder mehreren Medien einmal oder mehrmals eingeschaltet ist, müssen verschiedene Messzahlen zur Charakterisierung der Reichweite berechnet werden. Übersicht D.38 verdeutlicht die Zusammenhänge zwischen Reichweitekennziffern und Zahl der Medien und Einschaltungen. Die Nettoreichweite bei der einmaligen Einschaltung eines Werbemittels in nur einem Medium errechnet sich z. B. für Anzeigenträger (Zeitungen, Zeitschriften) wie folgt (für elektronische Medien analog).

Die von einem Anzeigenträger verbreiteten Exemplare ergeben sich aus der Druckauflage abzüglich der an den Verlag zurückgegebenen nicht verkauften Exemplare (Remittenden). Die verbreitete Auflage enthält somit die verkaufte Auflage (Abonnenten plus Einzelverkaufsexemplare) zuzüglich der Beleg- und Gratisexemplare.[10] Wir erhalten hier-

[10] Über die Auflagen informieren die Informationsgemeinschaft zur Feststellung der Verbreitung von Werbeträgern (IVW) Berlin, und STAMM, W.: Leitfaden für Presse und Werbung, Essen.

Übersicht D.38

Reichweiten von Werbeträgern in Abhängigkeit von der Zahl der Medien und Einschaltungen

	Zahl der eingeschalteten Medien	
Zahl der Einschaltungen je Medium	**1 Werbeträger**	**2 und mehr Werbeträger**
1 Einschaltung	„Nettoreichweite" (ein Medium)	„Nettoreichweite" (Medenkombination)
2 und mehr Einschaltungen	„kumulierte Reichweite"	„kombinierte Reichweite"

mit zunächst eine „räumliche Reichweite", d. h. das lokale, regionale oder überregionale Verbreitungsgebiet eines Werbeträgers. Unter streutechnischen Gesichtspunkten kommt es für den Werbeträger vor allem darauf an, eine gute Übereinstimmung zwischen dem auf die Werbesubjekte bezogenen Streugebiet und dem Verbreitungsgebiet der Werbeträger zu erreichen. Im Falle vollkommener Kongruenz sprechen wir von Vollstreuung, andernfalls von Überdeckung (wenn das Verbreitungsgebiet des Werbeträgers größer ist als das geplante Streufeld) oder von Unterdeckung (wenn der Werbeträger nur einen Teil des Streufeldes abdeckt).

Da jedoch nicht nur die Personen, die eine Zeitung oder Zeitschrift gekauft haben, sondern auch – speziell bei Lesezirkeln – weitere Personen ein jeweiliges Exemplar eines Anzeigenträgers lesen, muss zur verbreiteten Auflage die Zahl der Mitleser hinzugerechnet werden, um die so genannte **„Nettoreichweite"** eines Anzeigenträgers (= Leser pro Nummer) zu ermitteln. Bei der empirischen Ermittlung der Nettoreichweite (LpN) werden auch die Personen berücksichtigt, die eine Zeitschrift nach dem Ablauf des Erscheinungsintervalls lesen (z. B. in Lesezirkeln). Übersicht D.39 verdeutlicht dies.

In den meisten Fällen kann das Streufeld nicht von einzelnen Werbeträgern voll abgedeckt werden. Will man ein bestimmtes Streufeld möglichst ganz abdecken, so muss man deshalb Werbeträgerkombinationen wählen, bei denen die Summe der Einzelreichweiten möglichst genau dem Streufeld entspricht (siehe Übersicht D.40). Im Falle der einmaligen Einschaltung eines Werbemittels in verschiedenen Medien errechnet sich die Nettoreichweite aus der Addition der Einzelreichweiten (= Bruttoreichweite) abzüglich der Zahl der Doppelkontakte.

Bei wiederholter Einschaltung eines Werbemittels im gleichen Medium werden teilweise die gleichen Personen, teilweise zusätzliche erreicht. Dabei kann je nach Art des Werbeträgers der Reichweitenzuwachs erheblich differieren, wie Übersicht D.41 demonstriert.

Die kumulierte Reichweite kennzeichnet also die Zahl der insgesamt erreichten Personen unabhängig von der Häufigkeit der Kontakte. Durch Addition der kumulierten Reichweiten gelangt man schließlich zur kombinierten Reichweite, wobei auch hier wiederum nur die insgesamt erreichten Personen, nicht die durch Überschneidungen verursachten mehrmaligen Kontakte pro Person gezählt werden. Die kombinierte Reichweite ist somit die Gesamtzahl der durch Medienkombination und Mehrfacheinschaltung erreichten Per-

Übersicht D.39

Die Ermittlung der Nettoreichweite eines Anzeigenträgers

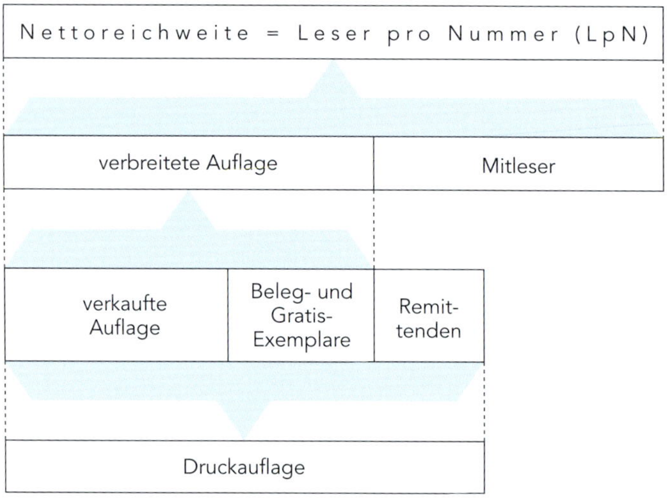

Übersicht D.40

Reichweite und Überschneidungen von fünf Medien

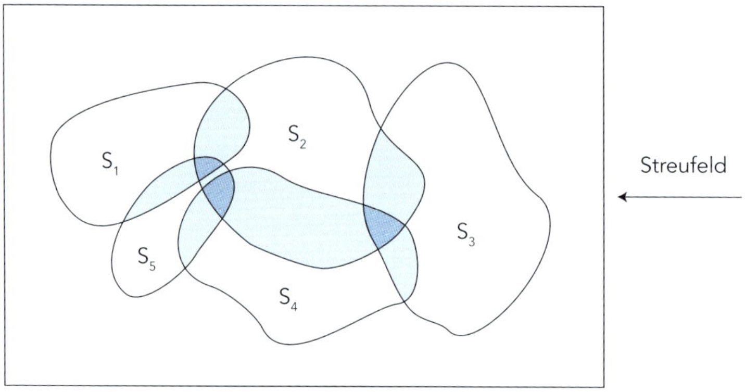

sonen, d.h. die Zahl der Medienkontakte mit Lesern, Hörern, Zuschauern aller Medien abzüglich der Mehrfachkontakte.

Dadurch, dass Medien mehrfach mit Werbemitteln belegt werden und/oder dass eine Zielperson verschiedene Medien nutzt, erhält ein Werbemittel die Chance eines häufigeren Kontaktes mit dem Umworbenen. Auch werden Anzeigenträger, insbesondere Zeit-

Übersicht D.41

Die Entwicklung der Reichweiten von Werbeträgern in Abhängigkeit von der Zahl der Einschaltungen

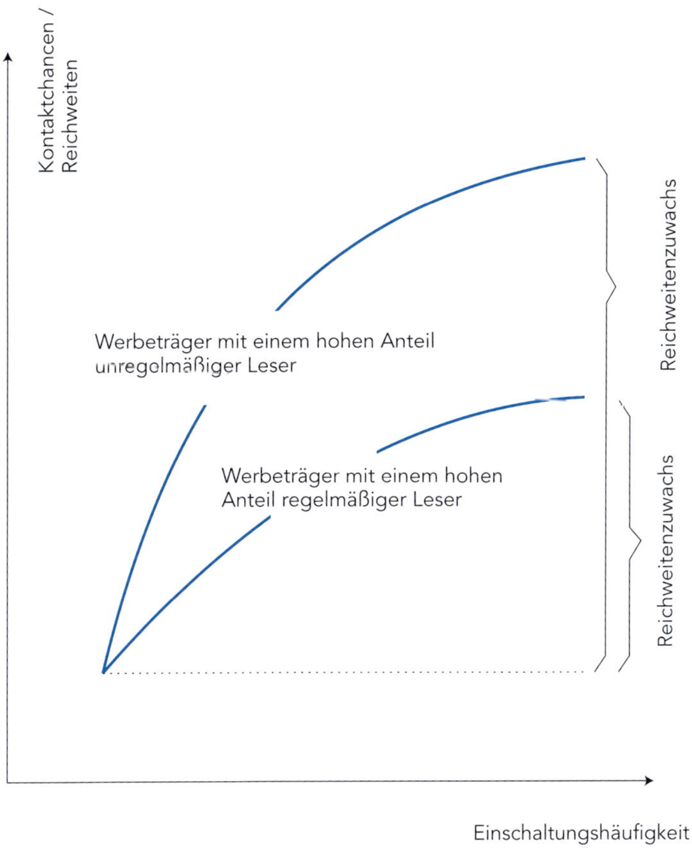

schriften, von den gleichen Personen mehrmals gelesen bzw. durchgeblättert. Dadurch erhöht sich die Wahrscheinlichkeit, dass ein Werbemittel von den Zielpersonen wahrgenommen und im Sinne des Werbenden verarbeitet wird. Jedoch nicht alle Zielpersonen nutzen die gleichen Medien und nicht alle nutzen die einzelnen Medien mit gleicher Regelmäßigkeit, so dass die Kontakthäufigkeiten mehr oder weniger weit in Form einer Glockenkurve um einen Mittelwert streuen. Ziel der Mediaplanung wird es in der Regel sein, eine günstige Verteilung von Kontakten in dem Sinne zu erreichen, dass Zielpersonen eine hohe, wenige eine niedrige und möglichst viele eine mittlere Kontakthäufigkeit haben.

Strategisch sind diese Überlegungen bedeutsam, da man bei gleichem Aufwand bei mehrfacher Belegung Werbeträger wählen kann, die

- regelmäßig von den gleichen Personen genutzt werden, d. h., eine hohe Kontaktzahl pro Person bei niedriger Reichweite erzielen (z. B. zur Festlegung eines Markenbildes bei Dauerkampagnen),

TOOLBOX: PRODUCT PLACEMENT

Product Placement ist eine Form der versteckten bzw. „getarnten Werbung". Hierbei werden z. B. ein Produkt oder eine Marke als Requisit in Spielfilmen, Fernsehserien oder in Hörspielen verwendet oder redaktionelle Beiträge in Funk und Fernsehen oder literarischen Werken platziert.

Dem Product Placement sehr ähnlich sind das Generic Placement und das Image Placement. Beim Generic Placement werden ganze Warengruppen „getarnt" beworben, ohne dabei ein Firmenlogo zu verwenden. Es ist vor allem für Marktführer und Monopolisten bzw. Oligopolisten interessant. Beim Image Placement ist eine gesamte Film-, Fernseh- oder Rundfunkproduktion auf ein Unternehmen ausgerichtet.

Rechtlich bewegt sich das Product Placement am Rande der „Schleichwerbung" und damit an der Grenze zum unlauteren Wettbewerb. In einer EU-Richtlinie zu audiovisuellen Medien vom 19. 12. 2007, die bis Ende 2009 von den Mitgliedsstaaten in nationales Recht umgewandelt werden musste, wird Product Placement gegen Entgelt generell verboten. Ausnahmen ergeben sich jedoch in Kinofilmen, TV-Filmen und -Serien, Sportsendungen und Sendungen der leichten Unterhaltung. Des Weiteren ist es erlaubt, Produkte als kostenlose Requisiten zur Verfügung zu stellen. In Kindersendungen ist Product Placement dagegen gänzlich verboten. Ebenso dürfen Produkte, gegen die ein generelles Werbeverbot vorliegt, z. B. Zigaretten und verschreibungspflichtige Medikamente, nicht eingebracht werden.

Grundsätzlich muss immer gewährleistet sein, dass auf das Product Placement hingewiesen wird, keine direkte Kaufaufforderung getätigt wird, die redaktionelle Unabhängigkeit gewahrt bleibt und das Produkt oder die Marke nicht zu stark in den Vordergrund gestellt wird.

Aufgrund der rechtlichen Situation und um einen Imageschaden von in der Vergangenheit durch „Schleichwerbung" bereits in die Kritik geratenen Film- und TV-Produktionen zu vermeiden, werden in der Praxis oftmals Fantasieprodukte als Requisiten eingesetzt. Hierbei werden Verpackungen nachgestaltet, die zwar nicht den Markennamen nennen, aber doch offensichtliche Merkmale der Marke und Ähnlichkeiten mit der Originalverpackung aufweisen.

Trotz aller rechtlichen Einschränkungen liegt der Anreiz, Product Placement einzusetzen, auf der Hand. So wird das Produkt als selbstverständlicher Teil einer realen Handlung gezeigt und man erreicht auch werbeaverse Verbraucher, die während der klassischen Werbung das Programm wechseln. Ferner nutzt man die Darsteller als Testimonials, die den Umgang mit einem Produkt oder einer Marke glaubwürdig „vorleben".

Für die Fernsehsender kann die Gefahr bestehen, dass Unternehmen eine Umschichtung der Werbebudgets vollziehen und mehr Geld für Product Placement und weniger für die traditionelle TV-Werbung ausgeben. Dadurch, dass die Entgelte für Product Placement nicht nur an die TV-Sender, sondern auch an Dritte, z. B. Produzenten und Agenturen, gezahlt werden, können die Fernsehsender Teile ihrer Einnahmen verlieren.

- neue Bevölkerungskreise erschließen, d.h., bei niedriger Kontaktzahl pro Person die Reichweite vergrößern (z.B. bei einer Einführungskampagne).

Als „getarnte Werbung" wird häufig „Product Placement" eingesetzt. Zu Anreizen und Grenzen für diese Werbeimpulse auf Verbraucher siehe Toolbox: „Product Placement".

(2) Qualitative Merkmale von Werbeträgern

Bisher haben wir uns ausschließlich mit den so genannten „quantitativen" Reichweiten beschäftigt. Je mehr es allerdings darauf ankommt, bestimmte Verbrauchergruppen anzusprechen, desto mehr verliert die quantitative zugunsten der qualitativen Reichweite an Bedeutung. Diese gibt an, in welchem Umfang das jeweilige Medium eine ganz bestimmte Gruppe von Werbesubjekten erreicht. Je besser es gelingt, eine Übereinstimmung zwischen den Eigenschaften eines Mediums und den Einstellungen und Verhaltensweisen der in der Marketingplanung festgelegten Marktsegmente (Zielgruppen) herzustellen, umso mehr erhöht sich die Chance der Wahrnehmung und Verarbeitung der Werbebotschaften (Beispiel: Werbung in Fachzeitschriften oder Werbung an Frauen in speziellen Frauenzeitschriften). Aus diesem Grunde bemüht sich die Mediaforschung um den Nachweis der Eignung bestimmter Werbeträger für bestimmte Zielgruppen. Insbesondere die Verlage von Zeitungen und Zeitschriften, die in zunehmend härter werdendem Wettbewerb im Anzeigengeschäft stehen, bieten den Werbetreibenden detailliertes Material über die von ihnen erreichten quantitativen und qualitativen Reichweiten an. Sie geben genaue Auskunft über die sozio- und demografischen Strukturen, über Kaufkraftkennziffern ihrer Leserschaft u.Ä. Das Informationsangebot dieser Leseranalysen wird von Jahr zu Jahr reichhaltiger. Die Mediaplanung versucht in zunehmendem Maße, über Medien- und Personen-Gewichtungsfaktoren eine Konzentration des Mitteleinsatzes auf die Mediennutzer zu erreichen, die der jeweiligen Marketing- bzw. Werbezielgruppe am ehesten entsprechen. Sie versucht deshalb, die Nutzerschaft der verschiedenen Medien nach verhaltensrelevanten Merkmalen zu kategorisieren. Darüber hinaus werden mehr und mehr Daten über das Verbraucherverhalten der Mediennutzer für die verschiedensten Produktbereiche vorgelegt. Diese Informationen, die zum großen Teil aus kombinierten Erhebungen über Einkaufsverhalten und Mediennutzung, u.a. in Panel-Untersuchungen, ermittelt werden, geben zusätzliche Hinweise für die optimale Mediaauswahl bei der Werbung für verschiedene Produkte. Sie gewinnen erheblich an Aussagefähigkeit, wenn es in Zukunft gelingt, geeignete Erklärungsvariablen zu finden, die einerseits in kausalem Bezug zum Konsumverhalten stehen, andererseits das medienselektive Verhalten und die Perception von Anzeigen erklären können.

Die Perception (Wahrnehmung) und Apperception (Verarbeitung) von Anzeigen und Spots durch die Kontaktperson hängt also auch von einer Reihe von qualitativen Einflüssen ab, die vom Medium als Kommunikationskanal ausgehen und in Form von Media-Gewichtungsfaktoren ihren Niederschlag finden. Es genügt somit nicht, dass die Zielpersonen mit den Werbeträgern in Kontakt kommen, sondern sie müssen auch mit den Werbemitteln Berührung haben. Darüber hinaus vermitteln nicht alle Medien Kontakte gleicher Qualität. Die Werbeträger müssen deshalb danach bewertet und gewichtet werden,

- welche Wahrnehmungschance sie den Werbemitteln geben und
- welchen Einfluss sie aufgrund ihrer Darstellungsmöglichkeiten und des Verhältnisses der Rezipienten zum Medium auf die Wirkung der Werbung haben.

Beide Aspekte sind eng miteinander verknüpft, da die Darstellungsmöglichkeiten der Medien und das Verhältnis der Rezipienten zu den Medien die Wahrnehmung der Werbemittel beeinflussen.

Aufgrund ihrer technischen Ausstattung bieten die verschiedenen Medien verschiedene Möglichkeiten zur Übermittlung von Werbebotschaften.

TOOLBOX: MEDIAPLANUNG

Die Grundlage

Mediaplanung bietet vielfältige Möglichkeiten, ein Budget einzusetzen. TV- und Printwerbung, Online-Werbung und Out-of-Home-Medien sind nur einige der vielfältigen Mittel zur Kundenansprache. Um diese wirkungsvoll zu gestalten, stehen eine exakte Zielgruppendefinition und die Entscheidung für das geeignete Medium zur Ansprache an erster Stelle.

Die Auswahl geeigneter Medien ist aufgrund ihrer Vielzahl und der wechselnden Angebote ein komplexer Vorgang, der einerseits viel Grundwissen erfordert. Andererseits führt die Medienvielfalt und Werbeflut zu einer Sättigung, die es schwierig macht, eine Botschaft in Werbewirkung zu verwandeln.

Die „Ws" der Mediaplanung

Nach Festlegung des Budgets und zu Beginn jeder Planung gilt es die Fragen zu beantworten:

- Wie lautet die Zielgruppe?
- Was ist die Botschaft?
- Was ist ihr Ziel?

Erst nach Beantwortung der drei „Ws" kann abschließend die Frage: „Welche Medien sind zur Erreichung der definierten Ziele geeignet?" gestellt werden.

Die Zielgruppendefinition

In jedem Planungsvorgang sind die verschiedenen Medien, ihre Reich- und Wirkungsweise mit- und gegeneinander abzuwägen. Daraus ergeben sich die planungsrelevanten Medien. Bei diesem Prozess steht die Entscheidung über die Zielgruppen am Anfang. Auf Basis des Zielgruppenergebnisses wird dann das passende Medium anhand seiner Reichweite und Wirkungsweise bestimmt.

Wichtig bei einer Zielgruppendefinition ist die Betrachtung von Geschlecht, Alter, Einkommen und Bildung. Aber auch Persönlichkeitsmerkmale wie Lebensumstände, Lebensstil, Anschauung, das Markenbewusstsein und Einkaufsverhalten spielen eine Rolle.

Zur Zielgruppendefinition und der Auswahl der Medien besteht die Möglichkeit, auf verschiedenste Studien zurückzugreifen.

Hier die wichtigsten:

- AWA – Allensbacher Werbeträger-Analyse

Sie erhebt in jährlichem Rhythmus aktuelle Daten zu Konsumgewohnheiten und Mediennutzung. Die AWA bietet Informationen zu mehr als 2.000 Märkten und Teilmärkten, rund 300 Werbeträgern aus dem Printbereich, Fernseh-, Hörfunknutzung und Internetnutzung und den gesellschaftlichen Rahmenbedingungen.

- AG.MA – Arbeitsgemeinschaft Media-Analyse

Die AG.MA veröffentlicht aktuelle Nutzungsdaten für die Mediengattungen TV, Radio, Zeitungen/Zeitschriften, Kino, Lesezirkel, Konpress (konfessionelle Presse) und Plakat. Herausgegeben werden diese Informationen von der AG. MA-Tochtergesellschaft Media Micro Census GmbH (MMC). Durch die „MA" (Media-Analyse) wird das Mediennutzungsverhalten der Bevölkerung ab 14 Jahren in Deutschland abgebildet. Die Daten der MA gehen in die Zählsysteme der Agenturen ein und bilden den Planungsstandard beim Mediennutzungsverhalten. Zusätzlich dazu liefert sie Informationen zum Freizeit- und Einkaufsverhalten sowie zur Haushaltsausstattung.

- VuMa – Verbrauchs- und Medienanalyse

Die Markt-Media-Studie für die elektronischen Medien. Sie kombiniert Nutzungsdaten von Radio und Fernsehen mit detaillierten Konsumdaten. Insgesamt bildet die VuMA rund 250 Produktfamilien mit über 1.000 Marken ab.

- VA und KidsVA – Verbraucheranalyse

Die VA untersucht den Einfluss der Medien auf das Freizeit- und Konsumverhalten der Gesamtbevölkerung (ab 14 Jahre). In der KidsVA werden dazu die Daten deutschsprachiger Kinder und Jugendliche im Alter von 6–13 Jahren (ledig und elternabhängig) in Privathaushalten erhoben.

- TdWI – Typologie der Wünsche Intermedia

Die umfassende Markt-Media-Studie basiert auf über 1.800 Marken und 400 Produktbereichen und einer breiten Medienpalette. Sie war die erste Studie, die das Modell der Sinus Milieus integrierte. Daneben finden sich viele weitere Typologien und Lebenswelten. Intermedia: Neben über 160 Zeitschriften, 10 nationalen Zeitungen und den größten TV-Sendern, Radio und Kino werden auch mehr als 20 digitale TV-Sender, ca. 100 Websites, 33 Sportveranstaltungen, Außenwerbung sowie Point-of-sale-Maßnahmen abgebildet.

- AGOF – Die Arbeitsgemeinschaft Online Forschung

Sie ist ein Zusammenschluss der führenden Online-Vermarkter in Deutschland. Mit ihrer standardisierten Online-Reichweitenwährung sowie umfassenden Daten rund um die Online-Nutzung macht die AGOF das Internet zum transparenten und planbaren Werbeträger.

Zur eigentlichen Mediaplanung gibt es Kennzahlen, die helfen, diejenigen Medien zu ermitteln, die optimal zum Werbebudget und der definierten Zielgruppe passen.

Der Tausender-Kontaktpreis beschreibt den Preis für 1.000 Empfänger der Werbeaussage in Relation zum Preis.

Er wird wie folgt errechnet:

$$\text{Tausender-Anzeigenpreis TA} = \frac{\text{Preis pro Einschaltung x 1.000}}{\text{Auflage}}$$

In Relation zum Leser bzw. Nutzer eines Mediums gesetzt sind noch relevant:

$$\text{Tausender-Reichweitenpreis TR} = \frac{\text{Preis pro Einschaltung x 1.000}}{\text{Reichweite in der Zielgruppe}}$$

und der

$$\begin{array}{l}\text{Zielgruppenbezogene}\\ \text{Tausenderpreis TZG}\end{array} = \frac{\text{TA x Auflage x 100}}{\text{1.000 allg. Reichweite (\%) Gesamtbevölkerung}}$$

Außerdem sind noch die GRPs, die Gross-Rating-Points, zu nennen. Sie zeigen die Bruttokontakte pro 100 Zielpersonen und damit den auf alle Zielpersonen bezogenen relativen Werbedruck.

Die Formel dazu lautet:

$$\frac{\text{Bruttokontakte x 100}}{\text{Zielpersonen}}$$

oder

$$\text{Durchschnittskontakte x Reichweite}$$

Die GRPs in Relation zu den Mediakosten gesetzt bilden die „Grundwährung" für die Mediaplanung.

- Die IVW – Informationsgemeinschaft zur Feststellung der Verbreitung von Werbeträgern e.V. (www.ivw.de) und ihr internationales Pendant, die BPA (www.bpaww.com) fungieren als unabhängiger „Auflagen-TÜV". Sie prüfen, ob die von den Werbeträgern angegebenen Auflagenzahlen und Verbreitungen auch tatsächlich erreicht werden.

Caroline Zöller

Zeitungen, Zeitschriften, Plakate und Werbebriefe können nur optisch wahrnehmbare (Texte und statische Bilder) Informationen verbreiten. Fernsehen, Filme und das Internet können darüber hinaus auch motorische Bilder und akustisch wahrnehmbare Signale (gesprochene Texte und Musik) ausstrahlen, im Rundfunk ist lediglich die Wiedergabe akustischer Signale möglich.

Bei einer Bewertung der Darstellungsmöglichkeiten ist zu beachten, dass die einzelnen Medien die jeweiligen Werbebotschaften mit unterschiedlicher Dauer anbieten. Film und Fernsehen, die bedingt durch ihre „mehrkundige" Darstellungstechnik beste Voraussetzungen für eine wirkungsvolle Ansprache des Umworbenen haben, können z. B. wegen ihrer punktuellen Ausstrahlung nur begrenzt Botschaften mit einem hohen Informationsgehalt ausstrahlen. Dagegen bieten die Insertionsmedien dem Leser die Möglichkeit, selbst über die Zahl der Kontakte und die Dauer der Beschäftigung mit der Werbebotschaft zu entscheiden.

Da die Zielgruppe einer Werbung in den meisten Fällen nicht mit den Medien Kontakt aufnimmt, ist das gesamte Informationsprogramm eines Werbeträgers für die Qualität der Kontakte sehr bedeutsam. Der Rezipient nutzt in erster Linie das redaktionelle Umfeld der Werbung. Besteht aus diesem Grunde eine enge positive Beziehung zum Werbeträger, so kann man im Allgemeinen davon ausgehen, dass auch eine relativ große Chance zur Wahrnehmung und Verarbeitung der Werbebotschaft besteht.

Der Begriff Umfeld ist sehr weit gefasst. Er umfasst sowohl die Funktion einer Zeitschrift und ihr Image als auch in stärkerer Einengung das Feld, in das die Anzeige bei unterschiedlicher Platzierung auf der jeweiligen Doppelseite eingebettet ist. Dabei interessieren vor allem Inhalt und Gestaltung der einer Anzeige gegenüberliegenden Seite und die Wirkungen von Konkurrenzanzeigen im Umfeld der eigenen Inserate.

Die Aufwendungen der Lebensmittelwerbung nehmen im Rahmen der Gesamtumsätze der Werbewirtschaft einen bedeutsamen Platz ein. Durchschnittlich entfallen von den gesamten Aufwendungen für Konsumgüterwerbung in Zeitungen und Zeitschriften, im Hörfunk und Fernsehen ca. 40 % auf Werbeanzeigen bzw. -spots für Lebensmittel.

Die Eignung verschiedener Medien für die Lebensmittelwerbung resultiert zum größten Teil aus ihrer Eignung, zur Zielgruppe Hausfrauen zahlreiche und wirksame Kontakte herzustellen.

Diesen Anforderungen werden insbesondere Frauenzeitschriften bzw. Zeitschriften gerecht (z. B. Programmzeitschriften), die von Frauen oft und intensiv gelesen werden (Übersicht D.42). Abgesehen davon, dass mit ihrer Hilfe eine zielgerechte Verbreitung der Werbebotschaften ohne große Streuverluste möglich ist, haben sie den Vorteil, dass sich die beworbenen Produkte farbig und appetitanregend darstellen lassen und dass sie dem Leser genügend Muße lassen, sich mit dem Werbetext zu befassen. Rezepte und rezeptähnliche Darstellungen fügen sich gut in das auf die speziellen Interessen von Frauen ausgerichtete redaktionelle Umfeld ein.

Tageszeitungen eignen sich dagegen besonders zur Übermittlung von aktuellen Informationen über Lebensmittel. Sie werden deshalb insbesondere vom Einzelhandel zur Bewerbung von Sonderangeboten eingesetzt oder zur selektiven regionalen Streuung vorwiegend informierender Lebensmittelwerbung.

Bevorzugte Einschaltzeiten von Rundfunkspots sind die Vormittagsstunden, in denen ein hoher Anteil von Hausfrauen und -männern während ihrer Hausarbeit erreicht werden. Da die Werbung im Allgemeinen in Musikprogramme und aktuelle Magazinsendungen eingebettet ist, kann man von einer hohen Einschaltquote ausgehen.

Übersicht D.42

Frauenzeitschriften, alphabetisch

	Einzel VK gesamt III/2008	Einzel VK gesamt III/2009	Veränderung (2008 = 100)
wöchentliche Frauenzeitschriften			
Bella	122.745	112.071	91,30
Echo der Frau	155.541	143.564	92,30
Frau Aktuell	171.961	158.262	92,03
Frau im Spiegel	195.598	189.377	96,82
Neue Welt	208.807	195.862	93,80
Tina	381.304	405.996	106,48
Gesamt	**1.235.956**	**1.205.132**	**97,51**
14-tägliche Frauenzeitschriften			
Brigitte	277.056	238.339	86,03
Freundin	168.712	176.794	104,79
FÜR SIE	140.566	139.836	99,48
Gute Laune	157.469	164.971	104,76
Gesamt	**743.803**	**719.940**	**96,79**
monatliche Frauenzeitschriften			
Beste für die Frau, Das	189.896	128.832	67,84
Brigitte Woman	198.039	184.251	93,04
Cosmopolitan	190.021	194.218	102,21
Elle	106.624	107.709	101,02
GLAMOUR	251.092	388.311	154,65
InStyle	294.653	319.869	108,56
Jolie	271.447	327.397	120,61
Joy	312.212	392.510	125,72
Maxi	117.516	122.840	104,53
PETRA	125.175	155.917	124,56
VITAL	119.889	112.983	94,24
Gesamt	**2.176.564**	**2.434.837**	**111,87**
Unterhaltende			
Alles für die Frau	285.310	260.730	91,38
Bild der Frau	810.666	839.457	103,55
Das goldene Blatt	143.331	131.075	91,45
Frau mit Herz	97.717	80.072	81,94
FREIZEIT REVUE	645.061	657.348	101,90
Freizeitwoche	529.966	541.113	102,10
GLÜCKS-REVUE	102.138	96.999	94,97
Heim und Welt	62.979	61.169	97,13
Laura	252.749	237.601	94,01
Lisa	254.501	256.859	100,93
Mach mal Pause	100.795	98.318	97,54
Mini	115.522	109.474	94,76
Neue Blatt, Das	501.139	482.490	96,28
Neue, Das	215.956	199.057	92,17
Neue Post	653.830	638.177	97,61
neue woche	301.981	319.505	105,80
Gesamt	**5.073.641**	**5.009.444**	**98,73**

TOOLBOX: BELOW THE LINE MARKETING

Der Begriff „Below the Line Marketing" wird für alle nicht klassischen Werbemaßnahmen verwendet. Übersetzt heißt es soviel wie „Unter der Linie" und wird als „BTL" abgekürzt. Im Gegensatz dazu steht das „Above the Line Marketing" („Über der Linie", „ATL").

Zu den „nicht klassischen Werbemaßnahmen" zählen z. B. Promotions, Gewinnspiele, Sampling, Öffentlichkeitsarbeit, Sponsoring oder jegliche Form des Direktmarketings etc. In der Regel werden BTL-Maßnahmen direkt am Point of sale (POS) durchgeführt und sind sehr zielgruppenspezifisch ausgerichtet. Oftmals unterstützen diese Marketingmaßnahmen eine Werbekampagne, um durch die Wechselwirkung verschiedener Marketingaktivitäten einen Multiplikatoreffekt zu erzielen.

Zur Erklärung der Begrifflichkeit dient das Bild eines Schiffes. Dabei ist der Teil des Schiffes für den Betrachter direkt sichtbar, der über der Wasserlinie liegt, also „above the line" (klassische Werbemittel wie z. B. Print- und Fernsehwerbung). Der nicht sichtbare Teil, der „below the line" liegt, wird nur vom direkt Umworbenen wahrgenommen. Eine zweite Erklärung beschreibt die Begrifflichkeit so, dass in der Regel zuerst die klassischen Werbemaßnahmen geplant und kalkuliert werden und der Rest des Werbemittelbudgets, der unter dem Strich, also „below the line", übrigbleibt, für Below-the-Line-Maßnahmen verwendet werden kann.

BTL-Marketing wird vor dem Hintergrund einer zunehmend stärker ausgeprägten Individualisierung der Verbraucher und einer parallel dazu verlaufenden Homogenisierung von Produkten eine immer größere Bedeutung zur Differenzierung vom Wettbewerb beigemessen. Hierzu ist das BTL-Marketing besonders geeignet, da es durch den engeren Kontakt zwischen Werbendem und Beworbenem als direkter und zielgruppenspezifischer gilt. Bei der Neukundengewinnung sowie bei der Festigung der Beziehung zu den Bestandskunden können somit Streuverluste vermieden und u. U. größere Erfolge als mit klassischen Werbemaßnahmen erzielt werden.

Viele Below-the-Line-Marketing-Maßnahmen führen zu einer schnellen Reaktion, die sich ziemlich genau messen und quantifizieren lässt. Marketingkosten können dadurch relativ gut kalkuliert und mit dem erzielten Erfolg verglichen werden. Im Gegensatz dazu steht die klassische Werbung, über die Henry Ford sagte: „Ich weiß, die Hälfte meiner Werbung ist herausgeworfenes Geld. Ich weiß nur nicht, welche Hälfte."

Gemeinsam mit dem Rundfunk hat das Fernsehen den Nachteil, dass die Einzelkontakte relativ flüchtig sind und dass deshalb nur in begrenztem Umfang informierende Nachrichten übermittelt werden können. Andererseits bietet das Fernsehen sich besonders zur Demonstration von Produktvorteilen, Zubereitungstechniken und stimmungsvollen Konsumsituationen an. Da es sich an die ganze Familie wendet, können besonders gut emotional wirkende Werbebotschaften übermittelt werden, die die übrigen Familienangehörigen veranlassen, den Kaufentscheid der/des Hausfrau/-manns auf bestimmte Produkte zu lenken.

Zunehmende Bedeutung für die Werbung hat das Internet erlangt. Neben versteckten Werbebotschaften erfolgt direkte Werbung durch Fenster auf den jeweiligen Internetseiten, die sich automatisch öffnen, wenn eine bestimmte Seite aufgerufen wird. Um zur eigentlich aufgerufenen Hauptseite zu kommen, muss die Werbeseite erst geschlossen werden. Aber schon bis dahin erfolgt eine Wahrnehmung. Je nach Verknüpfung der Werbeseite mit der Hauptseite lassen sich damit auch ganz fachspezifische Botschaften transportieren.

Werbung ist heute häufig nicht mehr scharf von Verkaufsförderung und Öffentlichkeitsmarketing abzugrenzen. Hinweise darauf gibt die Toolbox: „Below the Line Marketing".

Landwirte werden nicht nur über fachspezifische Medien, sondern auch über andere Kanäle erreicht.

Die Landwirtschaft ist eine überschaubare Zielgruppe. Häufig lassen sich Zielgruppen regional, nach Betriebsgrößenklassen, nach dem Anbau bzw. Kulturen oder dem Besitz von Maschinen sehr genau definieren, so dass die Kosten der Streuung deutlich reduziert werden können. Hierin liegt ein großer Unterschied zur Konsumgüterwerbung. Hinzu kommt die größere Zuwendung zu den Fachzeitschriften (= Problemorientierung) und damit verbunden auch die intensive Mediennutzung. Manche Fachzeitschriften werden nicht nur ein- oder zweimal, sondern fünf- bis achtmal in die Hand genommen. Ihre Verweilzeit im Betrieb ist deutlich länger als bei Publikumszeitungen. Dies hat zur Folge, dass vielfach schon mit wenigen Einschaltungen Kontakthäufigkeiten erreicht werden können, die in Publikumszeitschriften 30 bis 40 Schaltungen verlangen würden.

Erreichen können die Betriebsmittelanbieter die Zielgruppe Landwirte mit verschiedenen Informationskanälen:

- Landwirtschaftliche Fachzeitschriften,
- Beratungsinstitutionen (offizielle und private),
- Landwarenhandel,
- Direct Mailings.

Landwirtschaftliche Fachpresse

Zur landwirtschaftlichen Fachpresse gehören etwa 50 Medien, die zum Teil überregional (bundesweit) gestreut werden, zum Teil nur regionale Bedeutung haben (insbesondere die landwirtschaftlichen Wochenblätter). Einige dieser Titel informieren über alle Bereiche der Landwirtschaft, andere sind sehr stark spezialisiert (z. B. auf Zielgruppen oder bestimmte Anbaukulturen) (vgl. Übersicht D.43).

Zählt man auch noch die Spezialzeitschriften für Spezialkulturen hinzu (Grünland, Wein, Obst und Gemüse, Zierpflanzen, Hopfen), dann erhöht sich die Zahl noch einmal um mehr als 30 Zeitschriftentitel.

Der Umgang mit den Fachjournalisten erfordert die Kenntnis ihrer Informationsaufgaben und Verständnis für ihre Erfordernisse (vgl. Toolbox: Fachpressearbeit).

Für die Mediaplanung stehen zu den landwirtschaftlichen Fachzeitschriften nach dem ZAW-Rahmenschema durchgeführte Mediaanalysen zur Verfügung. Diese geben auf objektiver und statistisch zuverlässiger Basis Informationen über Reichweiten der Medien, Überschneidungen, Leserstrukturen, Kompetenz der Medien für bestimmte Themenbereiche, Leser-Blatt-Bindung und ähnliche Aspekte (so z. B. die letztmals 2005 von *Produkt + Markt* in Wallenhorst durchgeführte *agriMA*).

Übersicht D.43

Medien für die Landwirtschaft (Fachzeitschriften)

- Agrar Technik
- AGRO
- Allgäuer Bauernblatt
- BAUERN Zeitung
- bauernblatt, Schleswig-Holstein
- Bayerisches Landwirtschaftliches Wochenblatt
- BBZ, Badische Bauern Zeitung
- Das Landvolk
- Der Landbote
- Der Tierzüchter
- Deutsche Milchwirtschaft
- Deutsche Zuckerrüben Zeitung
- DGS
- DLG-Mitteilungen
- dlz-Agrarmagazin
- dmz deutsche Molkereizeitung
- eilbote
- Ernährungsdienst
- Fleischrinder Journal
- Forst und Holz
- Forst + Technik
- Getreide Magazin
- Geflügelzeitung
- Hannoversche Land- und Forstwirtschaftliche Zeitung
- Hessenbauer
- Kartoffelbau
- Landmaschinen-Report
- Landpost; Süddeutsches Wochenblatt
- Landtechnik
- Landwirtschaftliches Wochenblatt Westfalen-Lippe
- Landwirtschaftsblatt Weser-Ems
- Lohnunternehmen
- LW BW Landwirtschaftliches Wochenblatt Baden-Württemberg
- LZ Rheinland
- mais
- milchpraxis
- Milchrind
- Mühle + Mischfutter
- Neue Landwirtschaft
- Pfälzer Bauer
- Pro LU, Lohnunternehmer
- profi Magazin für Agrartechnik
- PSP Pflanzenschutz-Praxis
- Raps
- Rheinische Bauernzeitung
- RINDERPRODUKTION
- Rinderzucht Fleckvieh
- RUWREPORT
- Schwäbischer Bauer
- Schweinezucht und Schweinemast
- top agrar
- Zuckerrübe

TOOLBOX: FACHPRESSEARBEIT

Fachpressearbeit – Dialog mit Experten

Die speziellen Anforderungen an die Kommunikation mit der Fachpresse im Vergleich zur „normalen" Pressearbeit werden im Wesentlichen schon deutlich, wenn man sich die Unterschiede zwischen Fachjournalisten und so genannten Allroundern vor Augen führt. „Fachredakteure vermitteln Wissen, Allrounder hingegen Informationen", bringt es der Deutsche Fachjournalisten-Verband auf den Punkt. Anders ausgedrückt: Die Arbeit des Allround-Journalisten ist meist mehr auf Aktualität und Breite ausgerichtet. Dagegen obliegt es dem Fachjournalisten, Expertenwissen fundiert und verständlich zu kommunizieren.

Dabei ist seine „Funktion" häufig zwischen der eines Allrounders und der eines „Fachmanns im Elfenbeinturm" angesiedelt. Zum einen schreiben Fachjournalisten für Fachpublikationen, also quasi von Experten zu Experten. Oft genug haben sie aber auch die Aufgabe, die zum Teil komplizierten und sehr speziellen Zusammenhänge ihres Fachgebietes einer Leserschaft mit zum Teil geringer Expertise nachvollziehbar zu vermitteln. Dabei transportiert der Fachjournalist nicht immer das eigene Wissen, sondern oft genug dasjenige von Gesprächspartnern und Informanten. Dann sorgen Fachjournalisten für die Kommunikation zwischen den Fachleuten und dem allgemeinen Publikum. Wie auch immer: Fachjournalismus gilt als Qualitätsjournalismus.

Um in diesem Umfeld ernst genommen zu werden und zu dem Kreis derjenigen zu zählen, die nicht nur möglichst regelmäßig von sich aus Informationen an die Fachpresse „verteilen", sondern im Idealfall von den Fachjournalisten selbst als Gesprächspartner kontaktiert werden, ist grundsätzlich möglichst eine bedarfsorientierte Kommunikation auf Augenhöhe anzustreben. Konkret bedeutet dies: Da Fachjournalisten für ihre Arbeit mehr Informationen benötigen, die fachlich in die Tiefe gehen, ergibt sich daraus eine spezifischere Auswahl der Themen für die eigene Fachpressearbeit. Zudem muss die Aufbereitung dieser Themen den Ansprüchen der „Fach-(Presse-)leute" gerecht werden. Eine werbliche Tonalität ist dabei sowohl gegenüber dem Fachjournalisten wie auch dem Leser kontraproduktiv. Darüber hinaus legen Fachjournalisten besonderen Wert auf kompetente Ansprechpartner: auf der „anderen" Seite sollte also mindestens gleiches Fachniveau gewährleistet sein.

Themen aus dem weiten Bereich der Ernährung bekommen für immer mehr Journalisten Bedeutung. Zum einen unter dem Aspekt des gesundheitlichen Interesses auf Seiten der Verbraucher. Zum anderen nimmt das Interesse an der Agrar- und Ernährungswirtschaft auch deshalb zu, weil in der Öffentlichkeit – nicht zuletzt infolge von tatsächlichen oder auch so genannten Lebensmittelskandalen – „die Branche" zunehmend kritisch beobachtet und hinterfragt wird. Auch aus diesem Grund sollte im Umgang mit Fachjournalisten Sachlichkeit, Wahrhaftigkeit und fachlicher Fundierung der Vorrang gegenüber kurzfristigen PR-Intentionen oder „Infotainment" gegeben werden. Denn diese Fachleute können aus ihrer idealerweise neutralen, problemorientierten, fachlich fundierten Perspektive im Zweifel auch Diskussionen wieder „einfangen", die sich im Dickicht der medialen Unterhaltung zu „vergaloppieren" drohen.

Grundsätzlich gilt im Umgang mit der Fachpresse eine wesentliche Maxime, der auch diese Journalisten verpflichtet sind: Bei den Informationen an den „Mehrwert für die Leser" denken. Richten sich daran schon die Informationen für die Fachjournalisten aus, ist ihr Weg in die Medien oft schneller und kürzer.

Jürgen Clemens

Die Betriebsmittellieferanten der Landwirtschaft als Nutzer können damit ihre Mediaplanung optimieren, nach Zielgruppen und Themenbereichen ausrichten.

Informationsmittler: Handel und Beratung

Viele Informationen der Industrie erreichen die Landwirte über deren Absatzmittler sowie die in Deutschland verbreiteten Beratungsorganisationen. Broschüren, Faltblätter, insbesondere Informationen über Versuchsergebnisse wie auch Incentives finden über diesen Weg ihre Verbreitung, was natürlich die aktuelle Mitarbeit dieser Informationsmittler voraussetzt und deshalb häufig eine Erfolgskontrolle erschwert.

Direct Mailings

Der Umstrukturierungs- und Schrumpfungsprozess der Landwirtschaft hat zur Folge, dass künftig von immer weniger Betrieben ein immer größerer Anteil der Agrarerzeugnisse produziert wird. Die **aktive** Landwirtschaft erreicht bald eine zahlenmäßig überschaubare Größe, während der weitaus größere Teil der Betriebe (mit einem kleiner werdenden Flächenanteil) im Nebenerwerb oder Zuerwerb an der Produktion beteiligt ist, soweit die Flächen nicht verpachtet werden. Die erste Gruppe wird damit immer interessanter für die Industrie, die ihre Überzeugungsarbeit durch Direct Mailings, Telefonmarketing oder den direkten Kontakt über Innen- und Außendienst verstärken wird. Schon heute zeichnet sich ab, dass in den Firmen Verlagerungen der Etats stattfinden. Möglicherweise wird dies erhebliche Einflüsse auf die gesamte Zusammenarbeit zwischen Landwirten, Handel und Industrie haben. Die übrigen Betriebe – dies ist die Mehrzahl – werden dagegen auch künftig über die Fachzeitschriften bzw. Handel und Beratung ihre Informationen erhalten.

6. Öffentlichkeitsarbeit

6.1 Grundlagen

Öffentlichkeitsarbeit ist neben Werbung und Verkaufsförderung das dritte Element der Kommunikationspolitik. Unternehmen können auf dieses Instrument ebenso wenig verzichten wie Behörden, Verbände und andere Organisationen, für die Öffentlichkeitsarbeit (= Public Relations) in der Regel die einzige und wichtigste Möglichkeit ist, kommunikativ mit der Umwelt Kontakt aufzunehmen.

„Tue Gutes und rede darüber“, so einfach lässt sich das Wesen der Öffentlichkeitsarbeit beschreiben. Dahinter steht die gewollte, geplante und langfristige Pflege der Beziehungen eines Unternehmens oder einer Organisation zu seiner Umwelt. Ihr Ziel ist es, positive Einstellungen und Vertrauen bei Lieferanten, Kunden und Wettbewerbern, bei Kapitalgebern, Investoren und Banken, Meinungsbildnern, im politischen Umfeld, bei den Mitarbeitern und in der breiten Öffentlichkeit (Bevölkerung, Verbrauchern) zu gewinnen.

Öffentlichkeitsarbeit dient vor allen Dingen dem Zweck, die Einstellungen der Menschen, die in irgendeiner Form mit einem Unternehmen oder einer Institution zu tun haben, so zu beeinflussen, dass diese ein positiv-stabiles Image von dem Unternehmen bzw. der Organisation haben.

Die Vorteile sind einleuchtend:

- Wem man positiv gesonnen ist, dem hört man auch zu, dessen Leistungen wird man auch bevorzugt kaufen/beanspruchen.
- Wem jemand Vertrauen schenkt, dem wird er auch eher einen Fehler verzeihen.
- Wen man grundsätzlich für glaubwürdig hält, dem verzeiht man auch unangenehme Nachrichten.

Wie soll eine Chemiefirma Unfälle überstehen, welche die Bevölkerung in Angst und Schrecken versetzen? Wie viel Ansehen kann und darf ein Unternehmen verlieren, wenn es beispielsweise Mitarbeiter entlassen oder Produktionsstätten verlegen muss? Wie schnell gewinnen Lebensmittel wieder ihren guten Ruf zurück, wenn einmal durch Unachtsamkeit der Vorlieferanten minderwertige oder mit Problemen behaftete Rohstoffe eingesetzt wurden? Muss eine ganze Branche darunter leiden, wenn einige Unternehmen mit Skandalen in die Presse geraten (Stichworte: Weinskandal, Flüssigeier in Nudeln, Hormone in Kalbfleisch oder „Gammelfleisch")?

Wenn das, was ein Unternehmen produziert (beispielsweise Eier von in Käfigen gehaltenen Hühnern), nicht mehr von der Öffentlichkeit akzeptiert wird, nützt auch eine noch so gute Öffentlichkeitsarbeit nicht. Aber es ist ja in der Regel so, dass nicht alle Bereiche der Umwelt die gleiche Einstellung zu kritischen Meinungsgegenständen haben; einige sind *für* etwas, andere *gegen* etwas. Gute Öffentlichkeitsarbeit muss in diesem Falle dafür sorgen, dass die grundsätzlich positiv eingestellten Menschen ihre Meinung behalten, während die anderen zumindest zu einer fairen Diskussion bewegt werden können. Wie wichtig dies ist, zeigt gerade die aktuelle Diskussion über viele strittige Fragen in der Landwirtschaft, über Produktionsmethoden, Sinn und Zweck des Einsatzes chemischer Mittel, Gentechnik usw.

Je besser man jemand kennt, desto eher schenkt man ihm Glauben und Vertrauen. Fremden, Unbekannten gegenüber ist jeder Mensch von Natur aus skeptisch eingestellt.

Öffentlichkeitsarbeit ist keine Propaganda, keine Werbung und auch keine Verkaufsförderung, sondern Information. Wenngleich Öffentlichkeitsarbeit das klare Ziel hat, das Erscheinungsbild und die gesellschaftliche Akzeptanz für ein Unternehmen, einen Verband, eine Organisation zu erhöhen, so ist sie jedoch, wenn sie ernsthaft und gut betrieben wird, keine einseitige Kommunikation.

Kritik und Anregungen der Menschen, mit denen man es außerhalb der Organisation zu tun hat, sind ebenso wichtig wie Verständnis und Eingehen auf die Interessen und Bedürfnisse der Mitarbeiter (die sich naturgemäß umso mehr für ein Unternehmen engagieren werden, je mehr sie sich mit diesem identifizieren).

Ein amerikanischer PR-Experte hat einmal die Voraussetzungen für eine effektive Planung der Öffentlichkeitsarbeit folgendermaßen beschrieben:

„Ein resümierender Blick zurück,
ein kritischer Blick nach innen,
ein prüfender Blick rundum,
ein weiter Blick voraus."

Grundsätze der Öffentlichkeitsarbeit

Bei der praktischen Umsetzung der Öffentlichkeitsarbeit sollten folgende Aspekte Beachtung finden:

- **Sachlichkeit:** Hier liegt der Hauptunterschied der Öffentlichkeitsarbeit zur Werbung; reißerisch aufgemachte Informationen haben hier keinen Platz. Meinung lässt sich nicht mit Gewalt verändern. PR-Arbeit verlangt Einfühlungsvermögen dem Ansprechpartner gegenüber, die Fähigkeit zum Zuhören und einen auf Vernunft und Sachlichkeit orientierten Dialog.
- **Offenheit:** Auch wenn man nicht alle firmeninternen oder organisationsinternen Daten preisgeben will und kann, verlangt Öffentlichkeitsarbeit doch ein erhebliches Maß an Offenheit; wenn die angesprochenen Zielgruppen das Gefühl haben, dass Informationen bewusst verheimlicht oder verdreht werden, werden sie Misstrauen haben. Und das ist die schlechteste Basis für vertrauensvolle Zusammenarbeit bzw. Gespräche miteinander.
- **Wahrheit:** Die ausgesandten Informationen müssen den tatsächlichen Gegebenheiten entsprechen; schon geringfügige „Notlügen" können schnell einen immensen Vertrauensschaden verursachen. Verschleiern bringt in der Regel nichts und ist zu offenen Eingeständnissen immer die schlechtere Alternative.
- **Kontinuität:** Öffentlichkeitsarbeit muss dauerhaft angelegt sein und erfordert ständige Präsenz. Wer glaubt, dass man erst beim Auftreten von Schwierigkeiten oder Vertrauensschäden zu diesem Instrument greifen muss, wird keinen Erfolg haben. Wer ab und zu einmal auftaucht, wird schnell wieder vergessen oder gar nicht erst wahrgenommen.
- **Widerspruchsfreiheit:** Alle Aktionen und Maßnahmen müssen in sich logisch und kongruent zueinander sein, damit ein einheitliches Bild entstehen kann.

Gerade wegen der notwendigen Offenheit gehört in der Regel die Öffentlichkeitsarbeit in Unternehmen wie auch in Verbänden und Behörden in eine Stelle, die direkt der Leitung unterstellt ist.

Öffentlichkeitsarbeit ist „Unternehmenskultur" und sie schafft diese. Sie ist deshalb, sieht man einmal von den notwendigen Verstärkungen in bestimmten Krisenzeiten ab, in der Regel nicht zielgerichtet, zumindest nicht so zweckgerichtet wie beispielsweise Werbung und Verkaufsförderung. Aber sie hilft natürlich den Zielen der Organisation: Gute Beziehungen nach innen und nach außen schützen vor Krisenanfälligkeit, man findet offene Ohren für Planungen im gesellschaftlichen und wirtschaftlichen Umfeld, im Zweifelsfall auch Verbündete; der gute Ruf der Organisation überträgt sich auf das Leistungs- und Qualitätsimage der Angebote / Leistungen / Produkte.

Und „interne" Öffentlichkeitsarbeit, also nach innen gerichtet, stärkt die Motivation und verbessert das Betriebsklima.

Schließlich ist Öffentlichkeitsarbeit eine wichtige Grundlage für Werbemaßnahmen. Sie „bereitet den Acker vor, auf dem die Werbung ihren Erfolg sät".

Es gibt viele Beispiele dafür, dass positiv bewertete Unternehmen auch bezüglich ihrer Produktwerbung als vertrauenswürdiger und glaubwürdiger angesehen werden.

Zielgruppen

Wie Übersicht D.44 zeigt, richtet sich Öffentlichkeitsarbeit an sehr unterschiedliche Zielgruppen wie Verbraucher, Presse, Politiker, die Mitarbeiter im eigenen Unternehmen, Geschäftskunden und Kapitalgeber.

Wenn es gelingt, diese Adressaten möglichst gezielt anzusprechen (durchaus auch mit „Namen und Anschrift“), steigt die Wahrscheinlichkeit, dass die Information auch aufgenommen wird.

Zielgruppengerecht müssen auch die Inhalte der Öffentlichkeitsarbeit aufgebaut werden: Den Abnehmern der Produkte wird man mehr Informationen darüber geben, was man tut und warum man in der Lage ist, qualitativ gute, ökologisch und ethisch vertretbare Erzeugnisse herzustellen; in der Kommunikation gegenüber den Mitarbeitern werden die sozialen Leistungen des Unternehmens im Vordergrund stehen; Informationen an Geschäftswelt und Kapitalmarkt enthalten mehr Daten zur langfristigen Wettbewerbsorien-

Übersicht D.44

Zielgruppen der PR-Arbeit

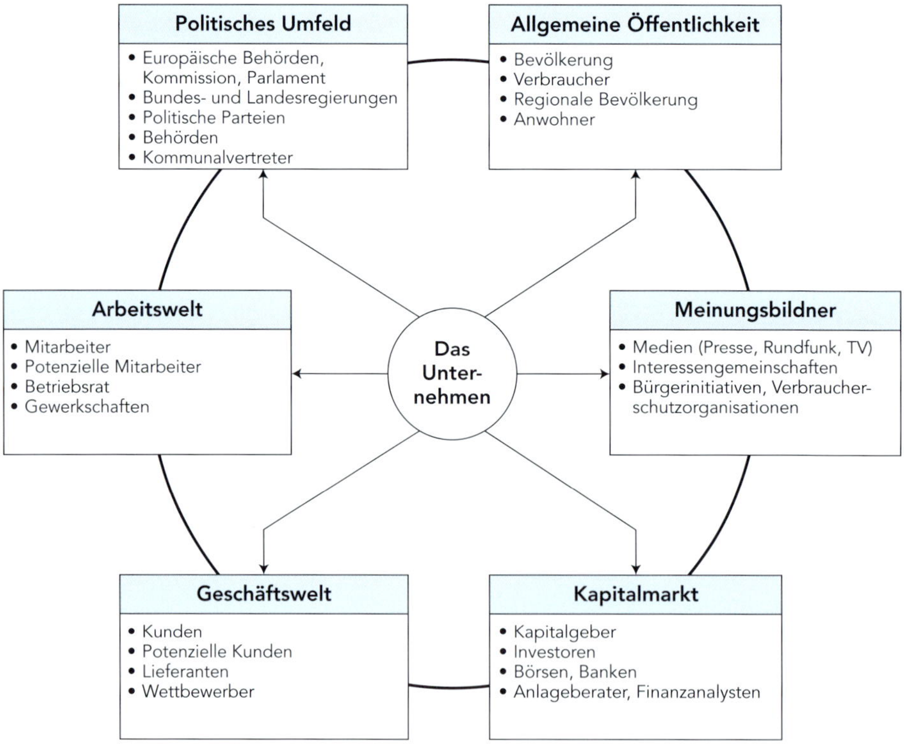

tierung, zu Fragen der Anpassung des Unternehmens an veränderte Rahmenbedingungen; gegenüber Gesellschaft und Politik wird man verstärkt Themen aufgreifen, die auf die Bedeutung der eigenen Anliegen gegenüber der allgemeinen Öffentlichkeit hinweisen.

Instrumentarien der Öffentlichkeitsarbeit

Die mediengerechte Aufmachung (das ist nicht alles, doch aber ein wesentlicher Teil der Öffentlichkeitsarbeit) ist entscheidend für die Akzeptanz der Maßnahmen.

Basis jeder Öffentlichkeitsarbeit ist eine gut vorbereitete und aufgemachte **Selbstdarstellung** in Form von Broschüren, Videos, Vorträgen von Mitarbeitern bei Veranstaltungen oder Presseartikeln. Unverzichtbar dafür ist die Entwicklung und schriftliche Fixierung einer **Unternehmensphilosophie,** die schwerpunktmäßig über folgende Themen informiert:

- Wer sind wir?
- Was wollen wir?
- Warum wollen wir das?
- Warum ist das für den Leser wichtig?
- Warum sind wir stark, wichtig und vertrauenswürdig?
- Welche Visionen haben wir für die Zukunft?
- Warum macht es Sinn und Freude, dass sich jemand mit uns beschäftigt?

Ein solches Unternehmensleitbild muss als Erstes von den **Mitarbeitern und Mitgliedern** (Trägern) der Organisation/des Unternehmens verstanden, mitgetragen und mit Enthusiasmus nach außen kommuniziert werden.

An dieser Stelle zeigt sich in der Regel, ob Öffentlichkeitsarbeit wirklich gelebter Dialog ist, ob sie glaubwürdig ist. Wenn die Mitarbeiter bzw. Mitglieder einer Organisation nur halbherzig das glauben, was die Leitung in Hochglanzbroschüren druckt, wird sich keine Basis für Verständnis und Erfolg finden. Unternehmensleitbild und Unternehmenskultur gehören zusammen. Man muss danach leben, was man sagt. Zur Betreuung von Mitarbeitern ebenso wie Mitgliedern einer Organisation können schon Befragungen dienen, die zum Ausdruck bringen, dass die Unternehmensleitung ein ernsthaftes Interesse daran hat, die Meinungen und Vorstellungen der Mitglieder/Mitarbeiter zu erfahren. Selbstverständlich muss man dann aber auch zeigen, dass man darauf eingeht und Anregungen in die Geschäftspolitik aufnimmt.

Gelegenheiten zur Darstellung dessen, was „wir sind und tun“, bieten Versammlungen und Jahresberichte, aber auch regelmäßige Info-Briefe, interne Rundschreiben, auch unter Nutzung des Internets.

Häufig genug werden Organisationen in ihrer Glaubwürdigkeit daran gemessen, ob sie auch für das, was sie sagen, Serviceleistungen anbieten. Gerade bei größeren Firmen spielen in diesem Zusammenhang die Sozialleistungen eine nicht unwesentliche Rolle (angefangen von einer guten Kantine bis zur betrieblichen Altersversorgung) oder familiengerechten Arbeitszeitmodellen und Kinderbetreuung.

Jubiläen und Ehrungen sind häufig gute Anlässe für Selbstdarstellungen. Personelle Veränderungen, speziell in der Leitung von Unternehmen, kann man nutzen, um auf Neuorientierungen hinzuweisen.

Den Dialog mit einem **breiteren Fachpublikum** wird man über größere Veranstaltungen, Vorträge, Podiumsdiskussionen, den „Tag der offenen Tür“, über Beteiligungen an

Messen und Ausstellungen führen. Für enger gefasste Spezialgruppen kann man Seminare durchführen, Lehrfahrten und Besichtigungen organisieren.

Je wichtiger die Zielgruppe für ein Unternehmen bzw. eine Organisation ist, desto intensiver und direkter wird man den Kontakt suchen. Vor allen Dingen **Meinungsführer** in der Öffentlichkeit, aber auch wichtige Geschäftspartner muss man direkt ansprechen, über **Direct Mailings.** Unterstützend kann dabei auch die Öffentlichkeitsarbeit in einschlägigen Fachzeitschriften wirken.

Eine Schlüsselstellung in der PR-Arbeit zur Information der breiten Öffentlichkeit haben nach wie vor die **Printmedien,** insbesondere **Tageszeitungen.** Die Presse hat das Image einer objektiven Berichterstattung und somit einer hohen Glaubwürdigkeit. Jeder Interessierte kann die Informationen lesen, wann er will. Er kann sie so intensiv lesen, wie er möchte. Die gedruckten Medien können in der Regel aber auch leichter und gezielter bedient werden. Beim Fernsehen und beim Rundfunk muss man nicht nur mit einer erheblichen Informationskürzung rechnen. Da die Informationen zu einem ganz bestimmten Zeitpunkt angeboten werden, hängt natürlich die Wahrnehmung mehr oder weniger zufällig davon ab, dass die zu erreichenden Zielgruppen auch zuschauen bzw. zuhören.

Durch die Gründung zahlreicher lokaler Radiosender und die Regionalsendungen im Fernsehen, die ja interessiert daran sind, der Bevölkerung Informationen aus der Region mitzuteilen, ist die Möglichkeit der Nutzung dieser **elektronischen Medien** für die PR-Arbeit größer geworden.

Mit dem Internet sind Möglichkeiten eröffnet worden, die gesamte Öffentlichkeitsarbeit wesentlich stärker und schneller als in der Vergangenheit auf elektronische Medien zu verlagern. Informationen bereitzustellen, die von privaten Nutzern, geschäftlichen Nutzern und der Presse online abgerufen werden können, ist für Verbände, Ministerien wie auch Unternehmen ein unverzichtbarer Bestandteil der künftigen Öffentlichkeitsarbeit.

Sponsoring

Eine Zwitterstellung zwischen Werbung, „Product-Placement“ und Öffentlichkeitsarbeit nimmt das **„Sponsoring“** ein. Darunter versteht man die Förderung von Personen und/oder Organisationen im sportlichen, kulturellen und sozialen Bereich unter Berücksichtigung des Prinzips „Leistung und Gegenleistung“. Während beim klassischen Mäzenatentum der Förderer öffentlicher Ereignisse im Hintergrund bleibt, wird er beim Sponsoring in den Vordergrund gestellt.

Der Geldgeber stellt Sachmittel und Dienstleistungen zur Verfügung und erwartet dafür vom Abnehmer dieser Leistungen einen werblichen Nutzen. Große Firmen haben Millionenkontrakte mit Sportlern, Popstars, sie setzen sich für kulturelle Ereignisse ein. So werden Fernsehsendungen von Hinweisen begleitet wie: „Diese Sendung wurde Ihnen präsentiert von ARD und Krombacher Pils“. Unterstützung sozialer Einrichtungen kann ein Element der „Corporate Social Responsibility“ sein (vgl. Toolbox: Corporate Social Responsibility).

Sponsoring ist nicht unproblematisch, weil der Erfolg der Maßnahmen davon abhängt, wie stabil und erfolgreich auch die Imageträger sind. Man kann nicht täglich auf „ein anderes Pferd“ setzen, die Themen wechseln, wenn man nicht unglaubwürdig werden will. Sponsoring kann sogar gefährlich werden, wenn die unterstützten Persönlichkeiten (beispielsweise Sportler oder Medienstars) in der Öffentlichkeit private Meinungen verbreiten,

TOOLBOX: CORPORATE SOCIAL RESPONSIBILITY (CSR)

Trotz der Tatsache, dass unternehmerische soziale Verantwortungsbemühungen im Rahmen von Corporate Social Responsibility nicht neu sind, gewinnt diese Thematik weiterhin an Bedeutung. Eine unternehmerische Verantwortung im Sinne von CSR geht dabei über eine Steigerung des Gewinns hinaus, wobei Maßnahmen im Bereich der CSR dazu dienen, gesellschaftliche Belange in die ökonomische Verantwortung der Unternehmen einfließen zu lassen und sie in die Unternehmensführung zu integrieren. Auf Basis des gesellschaftlichen Leitbildes der Nachhaltigkeit liegt grundsätzlich der Umsetzung von CSR-Konzepten die Annahme zugrunde, dass auch Unternehmen als gesellschaftliche Akteure eine tragende Rolle bei der Sicherung heutiger und zukünftiger Generationen übernehmen müssen. Dabei beschreibt CSR ein langfristiges soziales oder ökologisches Engagement eines Unternehmens nach innen und/oder außen, welches auf eine nachhaltige Ausrichtung der Unternehmensführung, -kultur und -struktur abzielt (Maaß 2007). Als zentrale Bestandteile von CSR werden die Vereinigung des Engagements in inhaltlicher, zeitlicher und kommunikativer Hinsicht sowie die strukturell-prozessuale Implementierung in der Unternehmenstätigkeit verstanden.

Auch für Unternehmen der Lebensmittelbranche gehört die Übernahme sozialer oder ökologischer Verantwortung mittlerweile zum Tagesgeschäft. Besonders bedeutsam sind dabei z. B. die Vermeidung von menschenunwürdigen Herstellungsprozessen im Ausland, Arbeitsschutz der Mitarbeiter, Umweltschutz und nachhaltige Produktionsmethoden sowie Spenden und soziales Sponsoring. Während das Unternehmen Ritter Sport sich z. B. für SOS-Kinderdörfer und Schulen in Afrika einsetzt, spenden sehr viele Handelsunternehmen an „Die Tafel e.V.". Auch das Angebot von Fair-Trade Produkten (Kaffee, Obst ect.) fällt in den Bereich von CSR.

Dr. Thorsten Weber

die von der Allgemeinheit nicht akzeptiert werden oder aber dem Image des Unternehmens direkt schaden können. Sponsoring ist umso erfolgreicher, je erfolgreicher auch die unterstützten Imageträger sind. Dies kann aber auch im Umkehrschluss heißen: Wenn die geförderten Lieblinge der Bevölkerung nicht mehr erfolgreich sind oder „ins Gerede" kommen, kann auch der Sponsor in den Sog einer nicht immer erfreulichen öffentlichen Diskussion geraten. – Sponsoring wird u. a. auf dem Gebiet der Sportförderung immer häufiger (vgl. Toolbox: Sponsoring).

TOOLBOX: SPONSORING

Sponsoring kennzeichnet die Bereitstellung von Geld, Sachmitteln und/oder Dienstleistungen von Unternehmen für die systematische Förderung von Personen, Organisationen oder Institutionen (Veranstaltungen) im sportlichen, kulturellen oder sozialen bzw. ökologischen Bereich zur Erreichung von Marketing- und Kommunikationszielen. Im Gegensatz zum Spendenwesen (altruistische Motive) und dem Mäzenatentum (idealistische Motive) beruht das Phänomen Sponsoring auf dem Prinzip des gegenseitigen Leistungsaustausches: Das Unternehmen bzw. der Sponsor erwartet für die von ihm erbrachte Leistung eine wirtschaftlich relevante oder ideelle Gegenleistung von dem Begünstigten bzw. dem Gesponserten. Im Idealfall werden durch die Gegenleistungsvereinbarungen (Sponsorship) das Interesse und die Sympathie, die dem Gesponserten von der Öffentlichkeit entgegengebracht wird, auf den Sponsor übertragen.

Die Kommunikationsziele, die aus Sicht des Unternehmens mit dem Sponsoring verbunden sind, lassen sich in ökonomische und psychologische Sponsoringziele unterteilen. Bei Ersteren bezieht sich die Zielspezifikation auf Absatz- und Umsatzsteigerungen sowie auf die mittel- bis langfristige Ausweitung von Marktanteilen. Hingegen stehen bei den psychologischen Sponsoringzielen die Schaffung, Stabilisierung oder Steigerung der Bekanntheit bzw. des Images einer Marke oder eines Unternehmens im Vordergrund. Aber auch die Generierung von Goodwill, die Kontaktpflege mit Unternehmenszielgruppen und die Steigerung der Mitarbeitermotivation stellen psychologische Ziele des Sponsorings dar.

Sponsoring ist entsprechend seiner wesensbestimmenden Merkmale auf einige wenige Förderbereiche beschränkt. Eine dominierende Stellung nimmt dabei das Sportsponsoring ein, das durch seine frühe Verbreitung als die älteste Form des gegenseitigen Leistungstausches gilt (Beispiele: REWE als Sponsor beim 1. FC Köln, Hasseröder bei Hannover 96 oder Veltins bei Schalke 04). Mit dem zunehmenden Kultur-, Sozial- und Umweltsponsoring seit Beginn der 90er Jahre hat sich eine weitere Art der Förderung, das Medien- bzw. Programmsponsoring, etablieren können. Bei dieser Variante steht das Sponsoring von Fernsehübertragungen oder einzelner Sendungen und Serien, deren Ausstrahlung von Unternehmen teilweise finanziert wird, im Mittelpunkt (bekanntes Beispiel: Bitburger).

Event-Marketing

Als Veranstaltungsform wird in jüngster Zeit immer häufiger das Kommunikationsinstrument „Event-Marketing" eingesetzt. Darunter versteht man ein zielorientiertes Veranstaltungsmanagement aus einem ausgewogenen Mix von kreativen Ideen, klaren Konzepten und professioneller Organisation. Es gibt bereits spezialisierte Agenturen für diesen Sektor. Sie bieten dem Kunden und auch häufig dessen Abnehmern eine professionelle

Betreuung von Großveranstaltungen und Aktionen. Gegenüber der ansonsten eher leise auftretenden Öffentlichkeitsarbeit wird in diesem Bereich sehr viel stärker mit Showeffekten gearbeitet. Damit kommt diese Art der Öffentlichkeitsarbeit den Bedürfnissen vieler Menschen nach Abwechslung, Erlebnis und aktiver Freizeitnutzung sehr entgegen.

Grundlagen der Pressearbeit

Wie oben bereits erwähnt wurde, gelten die **Grundsätze der Öffentlichkeitsarbeit** wie Wahrheit, Sachlichkeit, Kontinuität etc. insbesondere für das Verhältnis zur Presse und die Zusammenarbeit mit ihr. Die direkte Zielgruppe ist hier nicht der Leser, sondern der Journalist, denn er hat es in der Hand, wie der Bericht, die Reportage oder das Interview ausfällt. Die Kommunikation mit dem Leser findet also indirekt über den Journalisten statt.

Basis für die Pressearbeit ist die Adresssammlung der Journalisten, mit denen man kommunizieren möchte, der **Presseverteiler.** Hierzu sollte man sich vorher Gedanken machen, welche Öffentlichkeit man erreichen möchte; die lokale, überregionale oder branchenbezogene. Entsprechend beinhaltet der Presseverteiler dann Anschriften der Zeitungen und Redakteure, die genau diese Öffentlichkeit erreichen.

Adressen der Lokalmedien kann man z. B. bei der örtlichen Industrie- und Handelskammer erfahren. Persönliches Anschreiben des Verlegers oder des Chefredakteurs, auch wenn man gegebenenfalls mit ihm bekannt ist, schadet mehr als es nutzt, denn der verantwortliche Leiter der Lokalredaktion, auf dessen Schreibtisch die Angelegenheit sowieso wieder landen würde, würde sich mit Sicherheit übergangen fühlen, was nicht vorteilhaft für die langfristige Zusammenarbeit sein kann.

Informationen über die Unternehmensentwicklung sollten auch speziell den Wirtschaftsabteilungen der lokalen/überregionalen Presse mitgeteilt werden. Hierfür gibt es gesonderte Ansprechpartner in Wirtschaftsredaktionen, die in den Presseverteiler aufgenommen werden sollten. Ebenso dürfen die wichtigsten Nachrichtenagenturen wie dpa, vwd, ddp, reuter und ap nicht fehlen. Wird eine Pressemeldung von einer Nachrichtenagentur übernommen, wird sie voraussichtlich einen großen Verbreitungsgrad finden.

Zu den überregionalen Medien, deren Redaktionen in den Verteiler aufgenommen werden sollten, gehören Wirtschaftsmagazine, Publikumszeitschriften und Wochenzeitungen. Die Anschriften lassen sich entsprechender Fachliteratur entnehmen. Oft sind auch die Pressestellen der Fachverbände bereit, ihr Verzeichnis zur Verfügung zu stellen; Informationen lassen sich zudem auch dem Impressum der jeweiligen Zeitung/Zeitschrift entnehmen.

Agrarnahe und landwirtschaftliche Unternehmen finden als Adressaten ihrer Öffentlichkeitsarbeit bei den Mitgliedern des Verbandes der Agrarjournalisten geschulte, fachkundige Gesprächspartner.

Die Presseinformation

Journalisten richten sich nach den Vorstellungen ihrer Leser und nicht nach den Wünschen der Unternehmen. Für den Leser ist es uninteressant, tagtäglich nur Meldungen von besonderen Leistungen von Unternehmen, vom Staat oder von einzelnen Menschen vorgesetzt zu bekommen. Eine Presseinformation darf keine Lobeshymne auf das eigene Unternehmen sein. Sie sollte deswegen inhaltlich wie folgt aussehen:

- Neuigkeiten über das Unternehmen müssen sachverhaltsbezogen sein und klare Botschaften enthalten, keine Schönfärberei; was zählt, ist die Information.
- Der Journalist muss einen Nutzen für die Leserschaft in der Information erkennen können.
- Die wichtigsten Informationen müssen am Anfang stehen, also wer, was, wo, wie?
- Überschrift und erster Satz müssen „Eyecatcher" sein, das Wichtigste muss am Anfang stehen.
- Je länger der Text insgesamt ist, desto geringer sind die Chancen auf Veröffentlichung (straffe Formulierungen).

Anlässe für Presseinformationen

Selbstgesteuerte Anlässe lassen sich immer finden. Jedoch sollte versucht werden, eine gewisse Kontinuität dieser Anlässe zu erreichen. Einzelaktionen geraten sehr schnell in Vergessenheit, regelmäßige Präsenz bringt Aufmerksamkeit. Man sollte also eine regelmäßige Berichterstattung anstreben, die sich durch eine Verteilung der Anlässe über das Jahr erreichen lässt. Natürlich ist nicht jedes Ereignis für das Publikum von Interesse, es muss schon etwas sein, das auf den Leser nicht alltäglich wirkt und das sich von anderem abhebt, eine besondere Investition zum Beispiel in einem strukturschwachen Gebiet oder auf einem umstrittenen Gelände. Presseanlässe müssen immer mit Blick auf das Umfeld bewertet werden.

Beispiele für mögliche Presseinformationen sind: Jahresabschluss, Tag der offenen Tür, Werkserweiterung, neue Produkte, außergewöhnliche Geschäftstätigkeit, Arbeitsmarkt, Personalnachrichten, Fördertätigkeit und sonstige Aktionen.

In Ergänzung zur zielgerichteten Presseinformation zum Jahresabschluss hat sich bei vielen Unternehmen die regelmäßige Bilanzpressekonferenz etabliert, die dem Führungsgremium Gelegenheit zum direkten Dialog mit den Journalisten gibt.

Fremdgesteuerte Anlässe ergeben sich oft leider aus unvorhersehbaren Ereignissen negativer Natur (wie Krisen, Unfälle, Brand, Umweltschäden). Hier nützt es nichts, Scheuklappen aufzusetzen, die Wogen werden sich nicht von selbst glätten. Einem Vertrauensschaden kann nur vorgebeugt werden, wenn sofort richtig reagiert wird:

- Sofortige interne Information der Mitarbeiter, interne Kommunikation hat vor der externen stattzufinden.
- Ausführliche und sachliche Information der Presse über das Vorkommnis in Nachrichtensprache, keine Schönfärberei, Einräumung von Fehlern.

Wenn sich ein Negativereignis schon frühzeitig ankündigt, sollte die Öffentlichkeitsarbeit zeitig beginnen, indem positive Berichte über die Firma gestreut werden.

Ebenso sind im Vorfeld Hintergrundgespräche mit Journalisten angesagt, in denen diesen die zu erwartende Entwicklung erläutert und begründet wird. Tritt die Situation tatsächlich ein, werden diese dann evtl. sensibler in ihrer Bewertung sein. Bei Hintergrundgesprächen sollte Vertraulichkeit vereinbart werden; Journalisten pflegen sich an diese zu halten.

6.2 Öffentlichkeitsarbeit am Beispiel Landwirtschaft

Die Landwirtschaft steckt mit ihren Abnehmern und Lieferanten in einem besonderen Dilemma:

- Die Steuerzahler müssen permanent motiviert werden, die für das Überleben vieler Landwirte notwendige Subventionierung zu akzeptieren und mitzutragen.
- In anderen Bereichen der Wirtschaft wird technisiert und rationalisiert. Da die Landwirtschaft in besonderem Maße in die Umwelt eingreift (pflanzliche Produktion und Tiere als Produktionsmittel benutzt = ethische Dimension), steht sie mehr als andere Zweige der Wirtschaft unter kritischer Diskussion in einer Gesellschaft, die gerade in diesen Fragen außerordentlich sensibilisiert ist.

Obwohl der Wohlstand in unserer Gesellschaft durch Rationalisierung (z. B. in der Verarbeitung und Verteilung von Lebensmitteln) und der Technologie (beispielsweise in der Mobilität und Mediennutzung) geprägt ist, findet gerade gegenüber der rationalisierten und technisierten Landwirtschaft anscheinend eine immer deutlichere Ablehnung statt. Die Gefahr für die Landwirtschaft besteht dabei vor allen Dingen darin, dass die unterschiedlichsten gesellschaftlichen Gruppen mit Entschließungen und Strategiepapieren von der Politik Entscheidungen verlangen, die für einen Großteil der Landwirtschaft negative Auswirkungen haben, z. B. flächenhafte Extensivierungsmaßnahmen, Verbot von Gentechnologie, Verzicht auf den Einsatz produktionssteigernder Maßnahmen (Pflanzenschutzmittel, Düngemittel, Hormone usw.).

Die Landwirtschaft muss deshalb in drei Richtungen Öffentlichkeitsarbeit betreiben:

(1) Sie muss der Bevölkerung klarmachen, dass die von ihr produzierten Produkte qualitativ auf einem sehr hohen Stand sind.

(2) Sie muss das Bewusstsein für die Bedeutung der Landwirtschaft in der Gesellschaft und im politischen Willensbildungsprozess wach halten.

(3) Sie muss deutlich machen, dass sie nicht nur nach ökonomischen Gesichtspunkten produziert, sondern auch ökologisch und ethisch vertretbare Produktionsverfahren einsetzt.

Bauernverbände und andere landwirtschaftliche Interessenorganisationen, aber auch wichtige Branchen der Betriebsmittellieferanten (speziell die chemische Industrie) kümmern sich um diese Aufgaben. Exemplarisch wollen wir in diesem Zusammenhang auf die Arbeit der ehemaligen CMA bis Anfang 2009, der i. m. a, des IVA und der FIP eingehen.

Öffentlichkeitsarbeit der früheren Centralen Marketinggesellschaft der Deutschen Agrarwirtschaft (CMA)

Ernährung hat heute einen anderen Stellenwert als früher; Qualität und Sicherheit sind wesentliche Merkmale, die oft noch stärker als der Preis über den Kauf von Lebensmitteln und Getränken entscheiden. Skandalmeldungen und unterschiedliche wissenschaftliche Auffassungen über Zusammenhänge zwischen Nahrungsaufnahme und Gesundheit haben den Verbraucher zusätzlich sensibilisiert und allgemeine wie auch spezielle Vorbehalte gegenüber Ernährung bzw. gegenüber einzelnen Nahrungsmitteln bestärkt. Die Zurückgewinnung von Vertrauen in Nahrungsmittel war eine der wichtigsten Aufgaben der Öffentlichkeitsarbeit der CMA, um Vorbehalte, die oft auf mangelndem

Wissen beruhten, richtig zu stellen. Darüber hinaus sollte PR, wie sie die CMA betrieb, den Verbraucher, der trotz Verunsicherung an seinen Nahrungsgewohnheiten festhält, in seinem Verhalten stärken.

Die Öffentlichkeitsarbeit der CMA beinhaltete folgende Maßnahmen:

- Unterhaltung von engen Kontakten zu den Medien wegen ihrer multiplikativen Wirkung; Kontakte zum Fernsehen, Hörfunk und zur Presse.
- Informationen der Landwirtschaft und ihrer Verbände und Organisationen über moderne Mittel und Methoden des Agrarmarketings.
- Zahlreiche Pressekonferenzen.
- Periodisch erscheinende Informationsdienste für die Fachpresse.
- Informationen für den Lebensmittelhandel, für Gütezeichenträger und Gütegemeinschaften, die gemeinsam mit der CMA Öffentlichkeitsarbeit durchführten.
- Einrichtung einer wissenschaftlichen PR-Abteilung, die Ärzte, Ökotrophologen und Fachredaktionen mit eigenen Informationsdiensten über Fragen der sinnvollen und gesunden Ernährung aufklärte (Themen: Fett, Cholesterin, Diät etc.).
- Abhaltung von Symposien mit Ärzten, Ökotrophologen und der Wissenschaftspresse, um den natürlichen Wert z. B. von Butter, Käse und Milcherzeugnissen zu vermitteln.
- Breites Angebot von Seminaren, die sich an Landwirtschaft, Handwerk, Handel und Ernährungsindustrie wendeten.
- Schulung von Landfrauen und Landwirten in Meinungsführungspositionen.
- Zusammenführung von Spitzenvertretern der deutschen Landwirtschaft bei den regelmäßig stattgefundenen „Röttgener Marketingtagen".
- Unterstützung der Unternehmen bei der Teilnahme an Messen, insbesondere auch im Ausland.

Speziell in der Arbeit der CMA war die Grenze zwischen Öffentlichkeitsarbeit und Werbung eher fließend.

i.m.a information. medien. agrar e.V.

Ihre Mitglieder sind der Deutsche Bauernverband, die Landesbauernverbände, die Landesgenossenschaftsverbände etc. Der Auftrag des Vereins lautet: „... auf überregionaler Ebene in Zusammenarbeit mit den Einrichtungen ihrer Mitglieder die Bevölkerung über die Bedeutung der Landwirtschaft für den Staat, die Wirtschaft und die Gesellschaft sowie über die Arbeits- und Lebensbedingungen der in der Landwirtschaft tätigen Menschen objektiv zu unterrichten."

Zentrale PR-Zielsetzung der i. m. a ist es, die Landwirtschaft so zu beschreiben, wie sie ist. Inhaltlich kann es sich auf die facettenreiche Problematisierung der gegenwärtigen Situation beziehen, zum anderen aber auch bedeuten, die Botschaft zu vermitteln, dass Landwirtschaft eine Chance zur Entwicklung haben muss. Nach Meinung der i.m.a können falsche, klischeehafte Vorstellungen häufig durch Aufklärung und Erläuterung durch die Betroffenen, die Landwirte, korrigiert werden. Darüber hinaus gilt es, Meinungsführer anzusprechen. Hier arbeitet die i.m.a für ein positives und realistisches Bild der Landwirtschaft in der Öffentlichkeit. Aus finanziellen Gründen kann die i.m.a keine Anzeigen, Beilagen oder Werbespots in den meinungsführenden elektronischen und gedruckten Medien schalten. Stattdessen erstellt sie, um Wissenslücken möglichst früh zu begegnen, vor allem Unterrichtsmaterialien. Sie unterstützt ihre Mitglieder mit Faltblättern, Broschüren und Plakaten bei Informationsveranstaltungen, z. B. in Fußgängerzonen und auf Erntedankfesten. Besonders gilt dies auch für „Tage des offenen Hofes“ und Hofbesuche bestimmter Zielgruppen. Denn die beste Möglichkeit der Meinungsbildung ist der persönliche Kontakt zwischen Landwirt und Nichtlandwirt.

Für das Vorschulalter, die Grundschule, die Mittel- und die Oberstufe bietet die i. m. a Schülerarbeits- und Lehrerbegleithefte sowie für den Lehrer weiteres Hintergrundmaterial. Die i. m. a-Informationen zu den Themen Tierhaltung, Düngung, Pflanzenschutz erläutern die wichtigen Sachverhalte fachkundig und allgemein verständlich, ohne dabei zu sehr ins Detail zu gehen. Noch kompakter behandeln die 3-Minuten-Informationen jeweils die Themen Schweinehaltung, Rinderhaltung, Subventionen etc. Hintergrundinformationen sind für alle die notwendig, die sich intensiver mit dem Agrarsektor befassen. Deswegen wird entsprechendes weiteres Fachinformationsmaterial angeboten. An einem Medienarbeitspaket mit Video über die Erkundung von Bauernhöfen durch Grundschulen wurde maßgeblich mitgewirkt. Außerdem bietet die i.m.a eine „Homepage“ im Internet sowie das Agrilexikon und Agriadress für Windows als Download-Software an.

Industrieverband Agrar e.V. (IVA)

Der Industrieverband Agrar vereinigt die Interessen der Anbieter von Pflanzenschutz- und Düngemitteln.

Weil sie von der Landwirtschaft lebt, hat die chemische Industrie ein natürliches Interesse an einem guten Image der Landwirtschaft und ihrer Produkte. Da die von der chemischen Industrie bereitgestellten Produktionsmittel von einem nicht unerheblichen Teil der Bevölkerung im Hinblick auf ihre Umweltschädlichkeit sehr kritisch betrachtet werden, steht diese Branche im eigenen, aber auch im Interesse der Landwirte in der Verantwortung, zu informieren und aufzuklären. Das Informations- und Kommunikationskonzept des IVA geht dabei von der Erkenntnis aus, dass in weiten Teilen der Bevölkerung und auch der politischen Meinungsbildung das Vertrauen in die Landwirtschaft verloren geht. Dafür werden folgende Beobachtungen angeführt:

- Der Bevölkerung ist die Landwirtschaft weitgehend entfremdet. Notwendigkeit und Nutzen des Einsatzes von Agrarchemikalien werden nicht zuletzt wegen der jahrzehntelangen Überschussproduktion nicht verstanden.
- Die Risiken der Agrarchemie werden deutlich überschätzt, und die Landwirtschaft wird als Hauptverschmutzer und -zerstörer der Umwelt angesehen.
- Die Lösung des Überschuss- und gleichzeitig des Umweltproblems wird zunehmend in der Ausweitung der alternativen Landwirtschaft bzw. einer allgemeinen Extensivierung gesehen.
- Den Politikern und der Administration fehlt das notwendige Hintergrundwissen. Eine zunehmend restriktive und zum Teil nicht rationale Gesetzgebung versucht, den Einsatz von Agrarchemikalien über Gebühr einzuschränken.
- Der Einfluss der Medien auf die öffentliche Meinung ist groß. Politische Entscheidungen werden heute unter dem Druck der veröffentlichten Meinung getroffen.
- Während manche Wissenschaftler die Chancen der Mediengesellschaft nutzen, melden sich andere Wissenschaftler nicht ausreichend zu Wort. Wo die Experten die Auseinandersetzung suchen, findet die faktenorientierte Argumentation nur ein geringes Echo.

- Die Mitarbeiter in der Agrarindustrie fühlen sich zunehmend in die Defensive gedrängt. Ihre argumentative Ausstattung ist unzureichend. Das gilt auch für Kunden (Handel und Landwirte).
- Die Glaubwürdigkeit der Hersteller von Agrarchemikalien ist gering, und die Informationen der Industrie werden von den Medien wenig beachtet.

Zielsetzungen

Der Industrieverband hat sich angesichts dieser Entwicklungen das Ziel gesetzt, für „sich selbst", aber auch für die Landwirtschaft und ihre Produktionsmethoden wieder Vertrauen in der Gesellschaft zu gewinnen, Verbündete für seine Arbeit zu finden, um den Kritikern und Gegnern mit Argumenten zu begegnen und bei der Gesetzgebung Reglementierungen zu verhindern, die sich sowohl auf die Forschung der Industrie als auch auf eine leistungsfähige, umweltgerechte Landwirtschaft kontraproduktiv auswirken.

Übersicht D.45

Zielgruppen der Öffentlichkeitsarbeit des Industrieverbands Agrar

Ziele	**Zielgruppen**
Ziel 1: Politikberatung	Politiker, Abgeordnete (EU und national) Ausschussmitglieder, Fachreferenten und Berater Ministerien (EU, Bund und Länder) Behörden (Zulassungsbehörden für Pflanzenschutzmittel und andere)
Ziel 2: Vermittlung der Leitbilder nach innen	Mitarbeiter in den Agrarsparten der Industrie (Management, Innen- und Außendienst) Angehörige der Mitarbeiter der Industrie Verbände und Organisationen der chemischen Industrie
Ziel 3: Einbindung der Partner	Kunden (Handel, Genossenschaften, Landwirte) Beratungsinstitutionen, Landwirtschaftsschulen Wissenschaftler (Landwirtschaft, Ökologie, Ernährung)
Ziel 4: Gesellschaft	Medien (Agrar-, Umwelt-, Wissenschafts- und Wirtschaftsjournalisten) Lehrer, Schulen, Schulbuchverlage, Volkshochschulen, Kirchen, Ärzte und Apotheker, breite Öffentlichkeit
Ziel 5: Auseinandersetzung mit Kritikern	Naturschutz- und Umweltverbände bzw. -organisationen, Öko-Institute, Dritte-Welt-Gruppen, NGOs, Verbraucherschützer

Die Informations- und Kommunikationsinhalte werden den Ansprüchen und Bedürfnissen der jeweiligen Zielgruppen angepasst. Vermittelt werden vor allen Dingen folgende Inhalte:

- Die Agrarchemie ist unverzichtbar für Landwirte, Verbraucher und Umwelt.
- Die Industrie nimmt Kritik und Sorgen der Bevölkerung ernst.
- Die Industrie handelt verantwortungsbewusst.
- Die Industrie bringt Produkte auf den Markt, die sicher sind.
- Die Industrie forscht erfolgreich für eine leistungsfähige und umweltverträgliche Landwirtschaft.
- Dazu braucht sie geeignete politische Rahmenbedingungen.
- Die Industrie fördert den integrierten Pflanzenbau.
- Die Industrie erachtet Umweltschutz und Wirtschaftlichkeit als gleichrangige Ziele.

Die **Kommunikationsstrategie** geht davon aus, dass Reden und Handeln übereinstimmen müssen, damit die Kommunikationsinhalte auch glaubwürdig sind. Die eigenen Positionen werden selbstbewusst vertreten, die Informationspolitik wird offen gestaltet, Fehler und Schwächen werden eingestanden, aber auch Lösungen werden aufgezeigt. Falschaussagen tritt man deutlich gegenüber. Die Informationskampagnen werden personifiziert, was die Glaubwürdigkeit erhöht und das Vertrauen stärkt. Die Probleme werden durch einfache und anschauliche Beispiele verdeutlicht. Man weist auf unterschiedliche Ansichten hin, betont aber die Richtigkeit der eigenen Positionen.

Die wichtigen Zielgruppen der Öffentlichkeitsarbeit werden mit jeweils spezifischen Maßnahmen angesprochen (vgl. Übersicht D.45).

(1) Vermittlung der Leitbilder nach innen

Die Mitarbeiter in den Agrarsparten der Industrie erhalten viermal pro Jahr die Verbandszeitschrift „Profil" mit Informationen, Berichten und Kommentaren. Bei besonderen Aktionen wie Anzeigenkampagnen werden sie im Vorfeld informiert und mit geeigneten Argumentationshilfen versorgt. Für die Öffentlichkeitsarbeit der Mitgliedsunternehmen wird Lehr- und Dokumentationsmaterial bereitgestellt.

(2) Einbindung der Partner

Als Partner der Industrie werden Landwirte, Handel und Genossenschaften, Beratungsinstitutionen und Landwirtschaftsschulen sowie die einschlägigen Bereiche der Wissenschaft betrachtet. An die Landwirte richten sich Anzeigenserien und Broschüren, insbesondere zur Produkt- und Anwendersicherheit. Außerdem werden sie mit Argumentationshilfen zum Nutzen von Pflanzenschutz und Düngung ausgestattet. Posterserien, Lehrpfadtafeln und Aufkleber ergänzen das Angebot. Für Fachschulen und Beratung werden Unterrichtsmaterialien und Fachbroschüren entwickelt. Der Kontakt zur Wissenschaft wird über Publikationen, Symposien und Seminare gepflegt.

(3) Information der Gesellschaft

Für die Unterrichtung der breiten Öffentlichkeit über Entwicklungen im Bereich der Industrie und über Standpunkte zu aktuellen Fragestellungen wird eine systematische Pressearbeit betrieben. Dazu gehören regelmäßige Pressedienste, Ad-hoc-Informationen zu aktuellen Ereignissen, Pressekonferenzen, -reisen und -seminare sowie persönliche und Hintergrundgespräche mit Medienvertretern.

Anzeigenserien sollen der Bevölkerung neue Entwicklungen und wenig bekannte Sachverhalte aus dem Bereich Pflanzenschutz und Mineraldüngung näher bringen. Sie sind mit dem Angebot verbunden, weiterführende Informationen zu den angesprochenen Themen einzuholen, um so den Dialog mit interessierten Bürgern zu eröffnen. Zahlreiche Broschüren, Faltblätter und das Angebot für den Bezug der Mitarbeiterzeitschrift „Profil", von dem intensiv Gebrauch gemacht wird, ergänzen die Maßnahmenpalette.

Für den Bereich Lehrer und Schule wurden Unterrichtseinheiten, Folienserien, das Computerlernspiel „Agronet" und Experimentalkits entwickelt. Referenten des IVA stehen für Einrichtungen der Lehrerfortbildung mit einem großen Vortragsangebot zur Verfügung; zusätzlich bietet der IVA eigene Veranstaltungen für Lehrer und für Redakteure von Schülerzeitungen an.

Mit spezifischen Gruppen, etwa Vertretern der Kirche oder Standesorganisationen wie z. B. Ärzteverbänden, finden Gesprächskreise oder Symposien statt.

(4) Auseinandersetzung mit Kritikern

Zahlreiche Naturschutz- und Umweltverbände, Öko-Institute und Dritte-Welt-Gruppen stehen dem chemischen Pflanzenschutz und der Mineraldüngung reserviert oder ablehnend gegenüber. Der IVA sucht das Gespräch mit ihnen, um einen sachlichen Dialog aufzubauen. Dies betrifft auch sachliche Informationen zum Thema „grüne Gentechnik".

(5) Politik, Administration und Behörden

Den Standpunkt der Mitgliedsunternehmen gegenüber diesen Institutionen zu vertreten, ist eine originäre Verbandsaufgabe. Politik, Administration und Behörden werden deshalb über alle wichtigen Entwicklungen in der Pflanzenschutz- und Düngemittelindustrie informiert und bei aktuellen Anlässen mit der Position des Verbands vertraut gemacht.

(6) Die Homepage

Sie bietet online langfristig archiviertes und aktuelles Wissen und Informationen.

Fördergemeinschaft Integrierter Pflanzenbau e.V. (FIP)

Mitglieder der Fördergemeinschaft Integrierter Pflanzenbau sind verschiedene Organisationen, die sich das Ziel gesetzt haben, nicht nur zu informieren, sondern auch in der Landwirtschaft Prozesse in Bewegung zu setzen, die die Landwirtschaft selbst zum „Tun" beeinflussen sollen, im Sinne der Grundsätze und Regeln des Integrierten Pflanzenbaus zu handeln.

Die FIP geht in ihrem PR-Konzept davon aus, dass

- gerade landwirtschaftliche Technik von der Mehrheit der Gesellschaft immer weniger akzeptiert wird,
- die fehlende mehrheitliche Zustimmung der Gesellschaft den Arbeitsweisen der Landwirtschaft gegenüber, unabhängig von tatsächlichen und sachlichen Gegebenheiten, zu politischem und gesetzgeberischem Handlungsbedarf führt,
- die Einstellungen und Meinungen der Bevölkerung zu Verfahrensweisen in der Landwirtschaft sehr irrational sind und deshalb auch eine höhere Akzeptanz für die Produktionstechnik in der Landwirtschaft nicht durch Sachinformationen/Logik erzwungen werden kann.

Ein wichtiges Ziel der FIP ist es deshalb, integrierte Produktionstechniken in der Landwirtschaft weiterzuentwickeln, um die „Luft aus der Diskussion“ zu nehmen. Die Landwirte müssen durch ihr Tun den Nachweis der Vereinbarkeit von ökonomischen und ökologischen Sachzwängen erbringen, damit der Dialog mit der Öffentlichkeit eine glaubwürdige und vertrauenswürdige Basis hat. Deshalb richten sich viele PR-Maßnahmen der FIP direkt an die Landwirtschaft, und zwar an:

- Landwirte und Gärtner,
- Fachjournalisten,
- Beratungsfachleute,
- Wissenschaftler,
- Fachleute in Aus- und Weiterbildung,
- Nachwuchskräfte in Landwirtschaft und im Gartenbau.

Gegenüber einer kritisch-dialogfähigen Öffentlichkeit werden die Vorzüge des integrierten Pflanzenbaus für die ökologischen Ziele unserer Gesellschaft (Boden-, Wasser- und Naturschutz) dargelegt. Die wichtigsten Zielgruppen sind:

- Lehrkräfte in allgemein bildenden Schulen,
- Politiker, Verwaltungsfachleute,
- Journalisten,
- Natur- und Umweltschutzgruppen,
- Jugendorganisationen,
- Redakteure von Zeitungen und Zeitschriften.

Die folgende Auflistung zeigt einige **Beispiele aus der PR-Arbeit** der FIP **(Zielgruppe Landwirtschaft):**

- Foren, Informationstagungen, Fachgespräche, Beratertagungen
- Ausstellungsbeiträge, Feldtage,
- Versuchs- und Forschungsförderung,
- Literaturdokumentationen,
- Förderung von Veröffentlichungen, Lehrbüchern, Übersichtsreferaten zu bestimmten Schwerpunktthemen,
- Analyse von Forschungsschwerpunkten, Mithilfe bei der Formulierung von Forschungsformaten (Simulationsmodelle, „Biologischer Pflanzenschutz“),
- Grundlagenpapiere zum „Integrierten Pflanzenanbau“ (Inhalte und Ziele),
- Leitlinien „Integrierter Pflanzenanbau“,
- Anbauorientierungen „Integrierter Pflanzenanbau“,
- Fachkampagne „Gartenbau“.

Beispiele: Zielgruppe kritisch-dialogfähige Öffentlichkeit

- Beispielsbetriebe als „Landwirtschaft zum Anfassen“: Landwirtschaftliche Betriebe öffnen ihre Tore für Interessenten und Besucher aller Gruppierungen,
- Publikumskampagne, imageprägende Anzeigen in überregionalen Zeitschriften und Magazinen,
- Herstellung und Vertrieb von Videofilmen und Fernsehbeiträgen,
- Sonderbeilagen in überregionalen Tageszeitungen,
- Presse- und Bilderdienste für Redaktionen,
- Pressekonferenzen und Hintergrundgespräche,

- „Grüne Runden“ – Informationsgespräche für Politik, Wirtschaft, Wissenschaft und Presse an zentralen Orten,
- Informationspakete für Heim- und Hobbygärtner in Zusammenarbeit mit Erwerbsgärtnern und Nutzung von Gartenschauveranstaltungen,
- Produktion von Magazinbeiträgen für Rundfunksender,
- Seminare mit Naturschutzakademien und -gruppen,
- Ausstellungsbeiträge zu Verbraucher- und Bildungsmessen,
- Fortbildungsangebote für Lehrer an allgemein bildenden Schulen in Zusammenarbeit mit den Kultusbehörden,
- Lehrunterlagen (Lehrerhandreichungen).

Viele dieser Informationen können auch online abgerufen werden.

Gemeinsam mit der Aktionsgemeinschaft Deutsches Fleisch (AGF) wurde die Fördergemeinschaft Nachhaltige Landwirtschaft (FNL) gegründet. Diese Initiative hat die Aufgabe, die Bevölkerung durch Öffentlichkeitsarbeit auf überregionaler Ebene in Zusammenarbeit mit ihren Mitgliedern über die Bedeutung der Landwirtschaft für Staat und Gesellschaft sowie über die Bedeutung der ländlichen Räume, die darin lebenden Menschen mit ihren Arbeits- und Lebensbedingungen zu unterrichten und auf ein besseres Verständnis zwischen Stadt und Land hinzuwirken.

Darüber hinaus sollen die Anwendung der bestmöglichen Produktionsmethoden der integrierten pflanzlichen Erzeugung und tierischen Veredlung im Sinne von nachhaltiger Entwicklung und Wettbewerbsfähigkeit in der Landwirtschaft gefördert sowie das Image der landwirtschaftlichen Erzeugung und ihrer Produkte in den Märkten und deren Wettbewerbsfähigkeit in den Veredlungsketten verbessert werden.

7. Marketing-Mix

Bisher sind die einzelnen Marketinginstrumente isoliert behandelt worden. Aus diesem Grund soll nun die Kombination der einzelnen Marketinginstrumente aus den Bereichen Produktpolitik, Preispolitik, Kommunikationspolitik und Distributionspolitik zu einem Marketing-Mix betrachtet werden. Im Rahmen der Planung des Marketing-Mix sind alle absatzpolitischen Instrumente so aufeinander abzustimmen, dass sich eine optimale Kombination im Hinblick auf die verfolgten Marketingziele ergibt. Ein optimaler Marketing-Mix ist dann realisiert, wenn das Gesamtergebnis weder durch Umgestaltung eines Marketinginstrumentes noch durch die Hinzunahme eines bisher noch nicht eingesetzten Instrumentes verbessert werden kann.

In den vorangegangenen Kapiteln sind die einzelnen Aktionsbereiche des Marketings und die Probleme bei der Planung einzelner Strategien und Maßnahmen vorgestellt worden. Dabei ist bereits an verschiedenen Stellen deutlich geworden, dass zwischen den genannten Instrumenten zahlreiche Interdependenzen bestehen. Sie resultieren im Wesentlichen daraus, dass sich die Instrumente zur Erreichung bestimmter Ziele substituieren können oder sich die Wirkungen der Instrumente ergänzen. Einige typische Interdependenzen der Marketinginstrumente sind in Übersicht D.46 dargestellt. Interdependenzen lassen sich sowohl in „sachliche" als auch in „zeitliche" Interdependenzen unterteilen. Sachliche Abhängigkeit besteht, wenn der Einsatz eines Instrumentes vom Einsatz anderer Instrumente abhängig ist bzw. andere Instrumente beeinflusst. Ebenso können sachliche Interdependenzen zwischen produktbezogenen Maßnahmen im Rahmen des Gesamtsortiments bestehen. Zeitliche Abhängigkeiten liegen vor, wenn die Wirkung des Instruments in mehrere zeitlich nachgelagerte Perioden hineinreicht und/oder mit einem Time-lag eintritt.

Aufgrund der gegenseitigen Abhängigkeit wird die Koordination der einzelnen Instrumente zur zentralen Aufgabe der Marketingplanung (vgl. Übersicht D.46). Die optimale Einsatzintensität der einzelnen Marketinginstrumente wird hier jedoch durch zahlreiche Faktoren erschwert:

- Die zahlreichen qualitativen Ausprägungen, in denen jedes Instrument eingesetzt werden kann, sind modellmäßig nicht zu erfassen. Denn Marketing ist durch den Versuch gekennzeichnet, neue Strategien für Produkte und Sortimente zu entwickeln. Das heißt: Marketing wird völlig falsch verstanden, wenn vergessen wird, dass es eine ausgeprägte kreative Komponente hat.
- Mit wachsender Zahl der Variationsmöglichkeiten, in denen die einzelnen Instrumente eingesetzt werden können, nimmt progressiv auch die Zahl der Kombinationsmöglichkeiten zwischen den Instrumenten zu (bei fünf Aktivitäten mit vier Ausprägungen ergeben sich bereits $4^5 = 1.024$ Kombinationsmöglichkeiten).
- Die Wirkungen der einzelnen Instrumente sind nicht genau zu prognostizieren.
- Über den Wirkungsverbund zwischen den einzelnen Instrumenten gibt es keine gesicherten Informationen.
- Eine Marketing-Mix-Entscheidung ist niemals eine Entscheidung für sehr lange Zeit. Der Markt ändert sich laufend, und es ändern sich möglicherweise auch die unternehmensinternen Daten, z. B. die gesamte Sortimentszusammensetzung. Vor allem die ständigen Marktänderungen erfordern häufig Verlagerungen innerhalb des Instrumentariums des Marketings. Ein optimaler Marketing-Mix ist deshalb niemals für immer formuliert, sondern stets nur für befristete Zeit.
- Bei Kombination der Aktionsbereiche des Marketings können durchaus verschiedene Wege zum gleichen Ergebnis führen. Der Grund ist leicht einzusehen: Die verschiedenen Aktionsbereiche des Marketings können sich, wie oben angedeutet, zum Teil gegenseitig substituieren. So lässt sich z. B. die klassische Werbung zum Teil durch die Aktivitäten des Außendienstes, durch preispolitische Maßnahmen oder durch Verkaufsförderung ersetzen.

Die angeführten Gründe machen das Auffinden optimaler Lösungen für den Marketing-Mix schwierig.

Sie zwingen den Entscheidungsträger, laufend für eine Verbesserung der Informationsgrundlage zu sorgen und den Prozess der Entscheidung zu systematisieren. Wertvolle Hil-

Übersicht D.46

Interdependenzen der Aktionsbereiche des Marketings

	Produkt: Qualitative Eigenschaften	Image	Kennzeichnung	Verpackung	Sortiment	**Preis:** Preishöhe / Preislage	Preisdifferenzierung	Rabattpolitik	**Distribution:** Wahl der Absatzmittler	Länge der Absatzwege	Verkaufstechnik	Vertriebstechnik	**Kommunikation:** Werbeaussage	Werbestil	Werbeintensität	Verkaufsförderungs-intensität	Werbeträgerauswahl
Produkt																	
Qualitative Eigenschaften							●		●	●			●	●	●	●	●
Image						●			●								
Kennzeichnung							●		●		●	●					
Verpackung						●	●		●	●	●	●					
Sortiment						●	●	●	●		●	●					
Preis																	
Preishöhe / Preislage	●	●		●	●				●	●	●				●	●	
Preisdifferenzierung	●		●	●	●				●								
Rabattpolitik					●				●	●	●	●			●	●	
Distribution																	
Wahl der Absatzmittler	●	●		●	●	●	●	●									
Länge der Absatzwege				●													
Verkaufstechnik			●	●													
Vertriebstechnik	●			●				●									
Kommunikation																	
Werbeaussage		●	●		●												
Werbestil		●	●			●					●						
Werbeintensität		●				●					●						
Verkaufsförderungs-intensität		●				●					●						
Werbeträgerauswahl	●	●					●										

festellung geben dem Marketingmanager dabei vereinfachte Übersichten realer Marketingsysteme in Modellen. Je stärker solche Modelle formalisiert sind, desto eher ermöglichen sie die Anwendung mathematischer Methoden bei der Lösungssuche, desto weniger realitätsnah erfassen sie in der Regel aber auch die Entscheidungssituation.

Übersicht D.47

Planungsprozess im Marketing

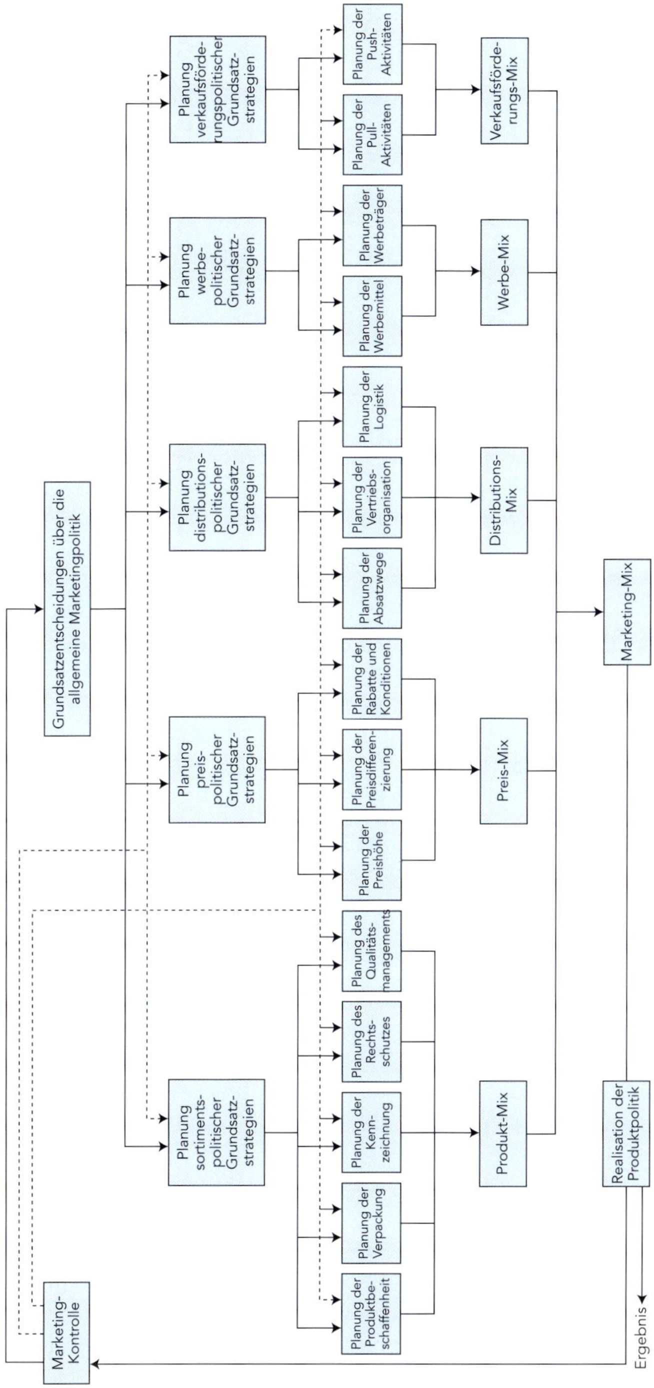

Im Wesentlichen drehen sich die Diskussionen um einen optimalen Einsatz des Marketing-Mix um die 4Ps, d. h. Product, Price, Place und Promotion. In der neueren Diskussion werden diese 4Ps gelegentlich um drei weitere ergänzt, nämlich People, Process und Physical Evidence. Hierauf werden wir in Kapitel E 7.1 näher eingehen.

Der idealtypische Ablauf des Marketing-Mix-Planungsprozesses ist in Übersicht D.47 dargestellt.

Planung des Marketing-Mix

Der mit der Planung des Marketing-Mix beauftragte Entscheidungsträger steht vor zwei Aufgaben:

- Auf der einen Seite gibt es eine große Zahl von Marketing-Mix-Alternativen, die einzugrenzen sind, um überhaupt eine Auswahl treffen zu können.
- Auf der anderen Seite sind mit der Fixierung von Strategien in bestimmten Aktionsbereichen aufgrund der Interdependenzen zwischen ihnen auch gleichzeitig die Aktivitäten in anderen Aktionsbereichen mehr oder weniger stark festgelegt.

Abhängig davon, ob ein Unternehmen den Marketing-Mix vollkommen neu plant oder zum wiederholten Male überprüft, müssen verschiedene Wege bei der Marketing-Mix-Planung beschritten werden.

(1) Die Planung des Marketing-Mix bei neuen Produkten

Jedesmal, wenn ein Unternehmen die Einführung eines neuen Produktes plant, steht es vor der Aufgabe, auch den Marketing-Mix von Grund auf neu zu gestalten. Vor allem in diesem Falle stellt sich die Aufgabe, die Zahl der Alternativen von vornherein zu reduzieren. Die Erarbeitung in Frage kommender Strategiekombinationen birgt zahlreiche Gefahren und Risiken in sich, die insbesondere daraus resultieren, dass evtl. erfolgversprechende Strategien bzw. Strategiekombinationen bei der Planung nicht berücksichtigt werden, weil der Planer entweder die Suche nach Alternativen zu früh aufgibt oder durch zu frühe Fixierung der Strategien in Teilbereichen die Entscheidungsfreiheit für die Wahl von Strategien in anderen Bereichen zu stark einengt.

Ein praktikabler Weg zur Erarbeitung einer begrenzten Zahl von Marketing-Mix-Alternativen führt über eine sukzessive Eingrenzung der zu berücksichtigenden Strategien, wobei von der Planung eines Aktionsbereiches ausgehend die Entscheidungsfreiheit für die folgenden Aktionsbereiche stufenweise eingeengt wird. Von entscheidender Bedeutung für den Erfolg einer solchen Vorgehensweise ist jedoch die sachgerechte Festlegung der Reihenfolge, in der die einzelnen Aktionsbereiche Berücksichtigung finden. Dabei müssen folgende Aspekte beachtet werden:

- Wie aus Übersicht D.46 ersichtlich ist, bestehen zwar zwischen allen Aktionsbereichen wechselseitige Beziehungen. Bei Festlegung der Planungsreihenfolge sind hiervon jedoch nur solche Beziehungen zu berücksichtigen, die erkennen lassen, dass die Planung eines Aktionsbereiches notwendige Voraussetzung für die Planung eines anderen ist (z. B. ist die strategische Produktplanung für die Distributions- und Kommunikationsplanung unerlässlich).
- Die Wahlmöglichkeiten zwischen Strategien einzelner Aktionsbereiche werden mehr oder weniger stark durch externe Rahmenbedingungen (z. B. Finanzierungsbedarf) eingeengt. Je mehr dies der Fall ist und je mehr die Strategien in anderen Bereichen

Übersicht D.48

Phasenschema zur Entwicklung des Marketing-Mix

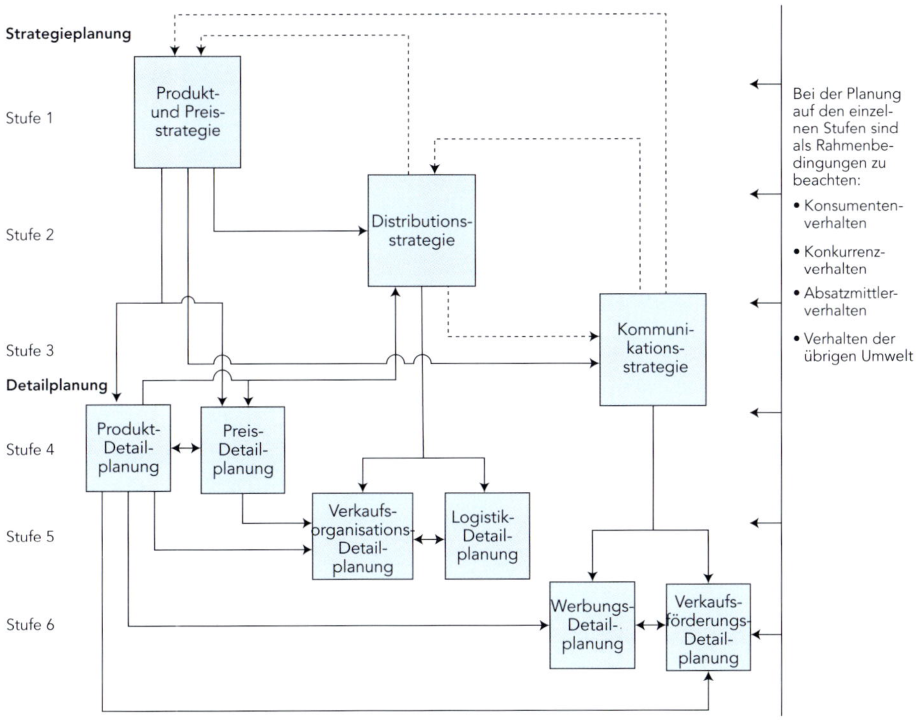

davon indirekt betroffen werden, desto früher sollte der betreffende Aktionsbereich bei der Planung berücksichtigt werden.

- Im Einzelfall unterscheiden sich die Strategien hinsichtlich ihrer Erfolgswirksamkeit. Man wird dann sinnvollerweise mit der Auswahl von Strategien in den Bereichen beginnen, die bei der Zielgruppe eine bestmögliche Reaktion erzielen können.

Unter Berücksichtigung dieser Faktoren bietet sich das in Übersicht D.48 aufgezeigte Vorgehen an.

Eine marktorientierte Unternehmensführung kann langfristig nur dann Erfolg haben, wenn die Leistungen des Angebotes mit den Erwartungen und Verhaltensweisen der Nachfrager harmonieren; d.h., das Produkt muss

- den Bedürfnissen,
- Einstellungen,
- Lebensweisen,
- Einkaufsverhaltensweisen,
- Verbraucherverhaltensweisen

einer möglichst großen bzw. genau definierten Verbraucherschicht entsprechen.

Es liegt deshalb nahe, bei der Planung des Marketing-Mix mit der Analyse und Prognose des Verbraucherverhaltens zu beginnen und daraufhin zunächst nach einer passenden

Produktkonzeption zu suchen. Sie wird zwar zunächst relativ grob skizziert, enthält aber bereits die wichtigsten Informationen darüber, in welcher Richtung die einzelnen Produktdimensionen später konkretisiert werden sollen, z. B.

- Verwendungszweck,
- Verbrauchsintensität,
- Kaufhäufigkeit,
- Qualitätsniveau,
- Exklusivität u. a.

Gleichzeitig muss geprüft werden, wie sich die vom Unternehmen nicht beeinflussbaren externen Rahmenbedingungen

- Volkswirtschaft,
- Branche,
- Gesellschaft,
- Politik,
- Gesetzgebung

entwickelt haben bzw. wie sie sich entwickeln werden. Durch die Berücksichtigung dieser Rahmenbedingungen wird die Zahl der möglichen Strategien in den einzelnen Aktionsbereichen teils erheblich eingeschränkt.

Schließlich wirken auch die innerbetrieblichen Bedingungen (Kapazitäten, Finanzierungsmöglichkeiten, Know-how), die Beschäftigungsmöglichkeiten, vertragliche Bindungen und ähnliche Bedingungen begrenzend auf die Zahl möglicher Alternativen.

Nachdem unter Berücksichtigung der genannten Faktoren die möglichen Produktstrategien grob fixiert worden sind, wird man im nächsten Schritt versuchen, für die einzelnen Strategien verschiedene Distributionsalternativen zu entwickeln. Denn die Distribution erweist sich als ein immer bedeutenderer Faktor für den Erfolg einer Produkteinführung.

Die überhaupt möglichen Distributionsalternativen werden im Wesentlichen durch die verfügbaren Absatzmittlersysteme, die Anforderungen der jeweiligen Handelspartner an die Distributionsleistungen des Anbieters und die eigenen Möglichkeiten zum Aufbau der Vertriebsorganisation determiniert. Die Zahl der sich hieraus ergebenden Alternativen ist, prüft man sie im Hinblick auf die Produktstrategie und das Einkaufsverhalten der Verbraucher, eng begrenzt. Auswirkungen hat die Wahl bestimmter Distributionsalternativen insbesondere für die Konkretisierung der Produktdimensionen, die Preisstrategie und die Planung der Detailmaßnahmen der Verkaufsorganisation und der Logistik. Mit der Entwicklung alternativer Produkt- und Distributionsstrategien wird auch die Richtung der Preisstrategie festgelegt. Zusätzlich wirkt die Berücksichtigung des Verbraucher- und Konkurrenzverhaltens auf die Zahl der Preisstrategien begrenzend. Unter Berücksichtigung der Kosten, die durch die Realisierung bestimmter Produkt- und Distributionsmaßnahmen, des Konkurrenz- und Absatzmittlerverhaltens entstehen, führt die Festlegung bestimmter Preisstrategien zur Begrenzung der Alternativen der Preishöhenfestlegung und Preisdifferenzierung. Gleichzeitig bestimmt das Absatzmittlerverhalten die Rabattpolitik.

Für die Ermittlung verschiedener Kommunikationsstrategien spielen zunächst das Informationsverhalten der Verbraucher und die werbeträgerbezogenen Möglichkeiten der Werbemittelgestaltung und Werbestreuung die dominierende Rolle. Im Zusammenhang mit dem Verbraucherverhalten sind aber auch die Produktstrategien für die Planung alternativer Werbestrategien bedeutsam.

Die Detailplanung in den Bereichen der Distribution (Verkaufsorganisation; Logistik) und der Kommunikation (Werbung, Verkaufsförderung) ist erst nach der Konkretisierung der Produktstrategie möglich.

(2) Die Veränderung des Marketing-Mix

Die Planung des Marketing-Mix für neu einzuführende Produkte ist nicht der alltägliche Regelfall. In der Praxis steht der Marketingplaner weitaus häufiger vor der Aufgabe, die in der Vergangenheit realisierten Kombinationen von Aktionsbereichsstrategien kurz- bis mittelfristig zu verbessern. Es geht also auch hier um die Frage, die wir uns schon des Öfteren gestellt haben: Sollen bisherige Strategien beibehalten, verändert oder eliminiert werden?

Je kurzfristiger dabei die Auswirkungen der Planung sind, desto enger ist in der Regel auch der Gestaltungsrahmen. So sind insbesondere die generelle Produkt- und Distributionsstrategie weitgehend festgelegt, auch die Werbekonzeption kann nicht abrupt geändert werden. Bei der Konzeption des kurzfristigen Marketing-Mix geht es also in erster Linie um das Ausmerzen offensichtlicher Mängel und um geringfügige Modifikationen in den einzelnen Aktionsbereichen.

Der Planungsablauf beginnt zweckmäßigerweise wiederum mit der Analyse der Umweltbedingungen:

- Konsumentenverhalten,
- Absatzmittlerverhalten,
- Konkurrenzverhalten,
- Verhalten der Umwelt im weitesten Sinne

und der Festlegung der nicht zu verändernden Strategien, wobei die Reihenfolge, in der die einzelnen Aktionsbereiche überprüft werden, der bereits vorher genannten entsprechen kann. Hierbei ist vor allem auch zu berücksichtigen, dass verschiedene Strategien zwar kurzfristig unterschiedliche Ergebnisse haben, langfristig jedoch zu dem gleichen Resultat führen können. Mit Rücksicht auf die langfristige Erwartung sollte man also bestimmte Strategien auch dann beibehalten, wenn Alternativen kurzfristig größeren Erfolg versprechen (besonders in der Werbung und Preispolitik). Denn oft kann ein Unterbrechen langfristig wirksamer Maßnahmen den gesamten Erfolg schmälern.

Unter Berücksichtigung dieser Gesichtspunkte wird man kurzfristig bei der Auswahl der zunächst zu verändernden Strategien in den Aktionsbereichen beginnen, mit denen man im Hinblick auf die Zielsetzung die beste Reaktion erwartet. Primär werden also solche Strategien geändert, auf die die jeweilige Zielgruppe elastisch reagiert. Die zweite Teilstrategie wird in dem Bereich geplant, der die zweitbeste Reaktion erwarten lässt, usw. Da auch hierbei sukzessive der Entscheidungsspielraum eingeengt wird, gelangt man wiederum zu einer begrenzten Zahl von Alternativen. Das Problem besteht in der Schätzung der Sensitivitäten für die einzelnen Aktionsbereiche, die nur mit Hilfe der Marktforschung und aufgrund der Erfahrung des Managements vorgenommen werden kann.

Auf den gekennzeichneten Wegen lassen sich begrenzte Mengen plausibler Marketing-Mix-Kombinationen erstellen. Aus diesen muss in einem letzten Schritt der zu realisierende Marketing-Mix ausgewählt werden. Hierzu sind in den letzten Jahren auf modelltheoretischen Überlegungen beruhende Verfahren erarbeitet worden.

Eine Vorauswahl von Marketinginstrumenten kann nach folgenden Punkten erfolgen:

- Orientierung an der Branche,
- Sukzessive, instrumentalorientierte Vorgehensweise,
- Orientierung am Lebenszyklus eines Produktes,
- Produktspezifische Vorgehensweise.

Als Beispiel für eine Vorauswahl sei hier das Lebenszykluskonzept erwähnt. Es basiert auf der Absatzentwicklung eines Produktes und bildet idealtypischerweise die zugehörige Erlös- und Gewinnentwicklung ab. Dabei können mehrere Phasen unterschieden werden. In Abhängigkeit der jeweiligen Phase ergibt sich eine unterschiedliche Eignung der einzelnen Marketinginstrumente, d. h., in jeder Phase des Produktlebenszyklus ist ein darauf abgestimmter Marketing-Mix zu realisieren.

Die Gewichtung der einzelnen Marketinginstrumente für die einzelnen Phasen des Lebenszyklus kann ein pragmatisches Herantasten an den erfolgversprechenden Marketing-Mix erleichtern. In der Praxis wird es vorerst bei solchen pragmatischen Annäherungsversuchen bleiben. In der Literatur werden zwar umfangreiche Modelle für die Optimierung des Marketing-Mix dargestellt. Ihre Anwendung in der praktischen Marketingplanung stößt bisher auf sehr enge Grenzen: Auf der einen Seite müssen die Response-Funktionen aus allen Funktionsbereichen des Marketings unter allen Umweltbedingungen bekannt sein. Dies erfordert einen in der Praxis nicht realisierbaren Marktforschungsaufwand. Andererseits lassen sich die interdependenten Zusammenhänge zwischen einer Vielzahl von Gestaltungsmöglichkeiten kaum noch in Modellen darstellen, die zu operationalen Lösungsansätzen führen. Auf diesem Gebiet ist daher noch viel Entwicklungsarbeit zu leisten.

(3) Exkurs: Cross-Marketing

In den bisherigen Kapiteln zum Marketing ging es um den Ansatz, wie ein Unternehmen seine Produkte positionieren und anbieten kann und will.

Im Folgenden soll ein in jüngster Zeit vermehrt auftretender Ansatz behandelt werden, ob und wie sich Unternehmen in ihren Marketingmaßnahmen ergänzen können. Dies kann sehr unterschiedliche Bereiche betreffen, z. B.

- gemeinsame Werbemaßnahmen,
- gemeinsame Produktpräsentation im Handel,
- gemeinsame Logistikkonzepte.

Dies setzt voraus, dass sich die unterschiedlichen Produkte und/oder Dienstleistungen der Unternehmen ergänzen, sich in ihrer Wertigkeit entsprechen (z. B. beides sind Premiumprodukte), in ihrer Wahrnehmung durch die Kunden als gemeinsam höherer Gebrauchsnutzen gewertet werden und die Absatzmittler mit dem gemeinsamen Auftritt oder der gemeinsamen Vermarktung einverstanden sind.

Dabei können die Produkte sowohl horizontal als auch vertikal miteinander verknüpft sein, aus verschiedenen Produktgattungen stammen, z. B. Food- und Non-Food-Produkte, oder in ihrer Anwendung eng aufeinander abgestimmt sein. Auch können Handelsketten gezielt eigene Werbung mit einem bestimmten (neuen oder exklusiven) Produkt verbinden.

Beispiele hierfür gibt es einige, z. B.:

- hochwertige Weine mit entsprechenden Weinglassortimenten,
- Rasenmäher/-Vertikutierer mit Rasendünger,
- Möbel mit dazu passenden Accessoires usw.

Bereits bei der Produktentwicklung und im Produktdesign lassen sich solche Kooperationsformen vorsehen, wie z. B. die Entwicklung von Kaffeeautomaten des einen Herstellers mit einzig dazu passenden Kaffeepads eines anderen Herstellers zeigt.

E

Marketing in den Subsektoren der Wertschöpfungskette

Die verstärkte Suche nach geeigneten Strategien in vielen Bereichen der Wertschöpfungskette von Agrarprodukten und Lebensmitteln ist häufig die Folge der verschlechterten Ertragslage und der verlangsamten Wachstumsbedingungen.

Ein tendenziell geringes Nachfragepotenzial und ein zunehmend schärferer Wettbewerb unter den Anbietern ist in fast allen Bereichen des Agribusiness anzutreffen (siehe hierzu auch Kapitel A 2). Daher sind die Unternehmen des Agribusiness häufig gezwungen, Alternativen zu ihren bisherigen Konzepten zu finden. Aufgrund der Marktbedingungen und der innerbetrieblichen Möglichkeiten werden sie mit **Anpassungs-** oder **Ausweichstrategien** oder mit **Vorwärtsstrategien** (siehe Kapitel C) versuchen, ihre Marktposition zu halten oder zu verbessern. Anpassungs- und Ausweichstrategien werden häufig von Unternehmungen ergriffen, wenn die innerbetrieblichen Rahmenbedingungen oder auch die Marktsituation Vorwärtsstrategien verhindern oder erschweren. Solche Hindernisse können beispielsweise darin bestehen, dass die Unternehmen zu wenig finanzielle Mittel haben, um ihr Marketing konsequent auf die Möglichkeiten des Marktes auszurichten. Auch liegen häufig Bedingungen in den Unternehmensstrukturen. Viele Unternehmen der Agrarvermarktung sind beispielsweise genossenschaftlich orientiert, und die Entscheidungen in diesen Unternehmen, sich vollkommen neuen Märkten oder Geschäftsfeldern zuzuwenden, wird gebremst oder verhindert durch die in die Willensbildung einzubeziehenden Mitglieder der Genossenschaften (oder deren Vertreter). Wir finden solche Verhältnisse beispielsweise auf dem Schlachtsektor. Die Märkte für Fleisch stehen seit Jahren unter enormem Preisdruck. Daher ist es den Betrieben schwergefallen, genügend finanzielle Mittel für neue Ausrichtungen ihrer Unternehmensstrategien zu erwirtschaften. Dies hat nicht zuletzt auch damit zu tun, dass die Träger der Unternehmen (die Landwirte) in erster Linie daran interessiert sind, einen möglichst hohen Auszahlungspreis für die von ihnen gelieferten Rohstoffe (z. B. Tiere oder Milch) zu erhalten. Beides hat z. B. zur Folge, dass die betreffenden Unternehmen kaum einen Handlungsspielraum haben, um an prosperierenden Bereichen der Lebensmittelvermarktung teilzuhaben.

Die strategischen Möglichkeiten der Unternehmen des Agribusiness werden maßgeblich von der Nachfrage der Abnehmer, der Konzentration der Absatzmittler, den Zulieferern, dem Wettbewerb sowie den gesellschaftlichen und staatlichen Rahmenbedingungen determiniert.

Ein Unternehmen, welches z. B. Milch verarbeitet, steht mit seinen Zulieferern von Milch, d. h. den Landwirten und denen anderer Inputfaktoren sowie den Nachfragern nach Milchprodukten und den Absatzmittlern in einem engen Beziehungsgeflecht. In einer ähnlichen Situation befinden sich andere Molkereien, die dabei als Konkurrenten auftreten und versuchen, ähnliche oder günstigere Produktionsbedingungen und Kostensituationen zu realisieren. Weiterhin gibt es bei der Milchproduktion gesetzliche und staatliche Rahmenbedingungen zu beachten, die u. U. Eintrittsbarrieren für neue Konkurrenten oder aber auch Austrittsbarrieren für bestehende Molkereien darstellen können. Hat nun das Unternehmen innerhalb dieser Bedingungen seine strategischen Möglichkeiten ausgemacht, resultieren aus diesen in Abhängigkeit der unternehmensinternen Voraussetzungen (z. B. personelle und finanzielle Ressourcen, Kapazitätsausstattung, Produktionstechnologie, Möglichkeiten zur Realisierung von Größeneffekten, Innovationspotenzial, Managementpotenzial usw.) die strategischen Entscheidungen. Dies bedeutet, dass das Unternehmen sich für die Realisierung einer oder mehrerer Strategien entscheidet und seine strategische Ausrichtung findet. Beispielsweise wird das Unternehmen zukünftig mit einer Qualitätsstrategie auf europäischen Märkten und auf lokalen Märkten mit einer Differenzierungsstrategie arbeiten. Hierfür kommen dann unterschiedliche Marketinginstrumente aus Bereichen wie Preispolitik oder Qualitätspolitik zum Einsatz.

Die damit verbundenen Gefahren für ein Unternehmen hängen davon ab,

- wie stark die Einzelbarrieren für potenzielle neue Konkurrenten sind (z. B. Stückkostendegression, Produktdifferenzierungsmöglichkeiten, Umstellungskosten, Zugang zu Vertriebskanälen, staatliche Eingriffe oder Schranken) und welche Macht und Möglichkeit die existierenden Unternehmen zur Mobilisierung von Kapital, Know-how usw. haben,
- ob und in welchem Umfange **die Rivalität unter den bestehenden Wettbewerbern** durch die schlechtere oder bessere Rentabilität bei den einzelnen Firmen gesteigert oder abgeschwächt wird, wie weit die einzelnen Firmen durch hohe Fix- und/oder Lagerkosten, fehlende Produktdifferenzierung, hohe Auftragsbarrieren geschwächt oder gestärkt sind,
- wie gut und wie schnell es **Ersatzprodukten** (Me-too-Produkten) gelingt, aufgrund eines guten Preis-Leistungs-Verhältnisses gegenüber den existierenden Leistungen am Markt von Abnehmern akzeptiert zu werden, was unter anderem und besonders auch eine Frage der Preiselastizität der Nachfrage für diese Produkte ist,
- wie stark die **Verhandlungsmacht der Abnehmer** ist, Produkte zum Markt zuzulassen, sie in ihrer Leistungsfähigkeit (bspw. Gewinn bzw. Spanne) zu schwächen und damit den Unternehmer in die Preis-Kosten-Schere zu zwingen,
- wie stark die **Verhandlungsstärke der Lieferanten** ist, dem Abnehmer hohe Kosten für die Beschaffung von Rohstoffen und für die Produktion benötigte Dienstleistungen auf Waren „aufs Auge zu drücken“ und damit seine Rationalisierungs- und Produktionskostenkurve negativ zu beeinflussen, wie gut bspw. auch der Produzent mit qualitativ hochwertigen Vorliefergütern versorgt wird usw.

1. Marketing für landwirtschaftliche Betriebsmittel

In den der Landwirtschaft vorgelagerten Sektoren sind zwei Stufen zu unterscheiden:

(a) die Betriebsmittellieferanten (insbesondere die Maschinenindustrie, Agro-Chemie, Futtermittelfirmen, Saatgutanbieter, die Produzenten von Wirkstoffen und medizinischen Präparaten),

(b) der inhabergeführte oder genossenschaftlich organisierte Landwarenhandel.

Notwendigkeit, Effizienz und Möglichkeiten des Marketings in beiden Sektoren werden entscheidend beeinflusst von den Entwicklungen in der Landwirtschaft. Deswegen soll zunächst ganz allgemein auf einige Tendenzen hingewiesen werden, mit denen sich die Lieferanten von Betriebsmitteln (gleichgültig auf welcher Stufe) schon heute und insbesondere auch künftig auseinandersetzen müssen.

1.1 Landwirtschaft als Nachfrager und Zielgruppe

Die Landwirtschaft ist für die Hersteller von Produktionsmitteln und Ausstattungsgütern sowie den Agrarhandel bei weitem keine homogene Zielgruppe. Landwirte produzieren Massengüter wie auch Spezialitäten, sie erzeugen Ernährungsprodukte und Industrieprodukte, erfüllen gesellschaftlich gewünschte und soziale Dienstleistungen.

Wie die Ernährungsindustrie sich mit Verbrauchspotenzialen, mit dem Einkaufsverhalten und den Entwicklungen im privaten Verbrauch von Lebensmitteln auseinandersetzen muss, benötigen die Unternehmen auf den der Landwirtschaft vorgelagerten Stufen detaillierte Informationen über Strukturen und Entwicklungen in der Landwirtschaft.

Es gibt einige Kernfragen, auf die jede Branche eine Antwort finden muss, um sich mit den geeigneten Mitteln und im richtigen Umfang auf die Nachfrage der Landwirte einzustellen:

(1) Wie groß ist das gesamte Absatzpotenzial für die derzeitig und künftig benötigten Güter (Traktoren, Mähdrescher, Futtermittel, Pflanzenschutzmittel, Dünger usw.)?
(2) Nach welchen Kriterien (z. B. Ausstattung, Qualität, Preis) konkretisiert sich der Bedarf unterschiedlicher Zielgruppensegmente (kleine Betriebe, große Betriebe, Betriebe unterschiedlicher ökonomischer und technischer Ausstattung in den unterschiedlich strukturierten Regionen der Agrarproduktion)?
(3) Welche Möglichkeiten gibt es für den einzelnen Hersteller, im Sinne seiner Absatzzielsetzungen auf die Nachfrage der Landwirte Einfluss zu nehmen?
(4) Wie verändern sich die unterschiedlichen Zielgruppensegmente in der Zukunft?

Die wichtigsten Basisdaten über die Zielgruppe Landwirtschaft lassen sich aus den jährlich veröffentlichten Agrarstatistiken ablesen, z. B.

- Zahl der Betriebe (nach Betriebsschwerpunkten) und Größenstrukturen nach regionalen Aufgliederungen;
- Umfang der Produktion nach Flächen (getrennt nach Kulturarten) und Tierarten;
- Daten zum Maschinenbesitz.

Diese statistischen Daten müssen um bracheninterne Berichte / Informationen aus der empirischen Marktforschung zu Produktionsverfahren, Umfang des Einsatzes bestimmter Maschinen und Geräte, Erwartungen an die Lieferanten sowie Veränderungen im Produktionsprogramm und in der Produktionstechnik ergänzt werden.

In unregelmäßigen Abständen werden von den agrarwissenschaftlichen Hochschulen, Ministerien und Selbstverwaltungsorganisationen der Landwirtschaft (z. B. Landwirtschaftskammern) oder von Marktforschungsinstituten Prognosen und Szenarien über die Entwicklung der Landwirtschaft geliefert. Danach müssen sich die Vorlieferanten der Landwirtschaft künftig auf folgende Rahmenbedingungen und Entwicklungen einstellen:

1. Unter Berücksichtigung des technisch möglichen Fortschritts könnte die für die Produktion von Lebensmitteln benötigte Fläche (bei gleicher Nahrungsmittelversorgung wie heute) innerhalb der nächsten 20 Jahre rechnerisch auf die Hälfte des heutigen

Umfanges reduziert werden. Das Gleiche gilt für die Tierbestände zur Erzeugung tierischer Lebensmittel.
Dies wird zur Folge haben, dass die heute schon auf Extensivierung angelegte EU-Agrarpolitik ihre Zielrichtung beibehalten wird (= keine Förderung produktionssteigernder Rahmenbedingungen).
In welchem Umfang die verbleibende Fläche stillgelegt oder produktiv genutzt wird, hängt nicht nur von den hierzu bereitgestellten öffentlichen Mitteln ab, sondern insbesondere auch von der Attraktivität der Produktionsalternativen (z. B. nachwachsenden Rohstoffen). Gerade in jüngster Zeit hat – getrieben von Umweltaspekten und dramatischen Preissteigerungen fossiler Energieträger – der Anbau von Produkten zur Non-Food-Nutzung als nachwachsender Rohstoff stark zugenommen. Politisch gewollte Signale (z. B. steuerliche Anreize) werden die Nutzung dieser Einkommensquellen verstärken.

2. Die Zahl der landwirtschaftlichen Betriebe wird weiter sinken, vor allem die Zahl der „Vollerwerbsbetriebe". Damit haben es die Lieferanten mehr und mehr mit zählbaren und überschaubaren Zielgruppen zu tun, deren Mitglieder zum großen Teil namentlich benannt werden können. Deutliche Anzeichen für den Rückgang sind Statistiken über die Altersstruktur der Landwirte speziell in Deutschland (trotz fortgeschrittenen Generationswechsel sind ca. 25 % der Landwirte älter als 55 Jahre) sowie über die Anmeldung junger Landwirte zu den berufsbildenden Schulen (starker Rückgang). Die Trendwende in der EU-Agrarpolitik (weg von den preisstützenden Maßnahmen hin zur direkten Einkommensübertragung im Zusammenhang mit Stilllegungs-, Ruhestands-, Aufforstungsprogrammen, Maßnahmen zur sozialen Unterstützung) wird nicht dazu führen, dass viele Betriebsinhaber das Land verlassen. Sie werden vielmehr versuchen, neben dem (geringen) Einkommen aus dem Betrieb zusätzliche Einkommensquellen zu erschließen. Diese sind nicht unbedingt landwirtschaftsfremd. So hat in den letzten Jahren das Interesse vieler Landwirte am Dienstleistungsgeschäft (z. B. Urlaub auf dem Bauernhof) und an der Selbstvermarktung der erzeugten Produkte zugenommen.
3. Unter diesen Gesichtspunkten wird sich die Zielgruppe Landwirtschaft noch stärker in drei Segmente differenzieren:
   a) Überlebensfähige Vollerwerbsbetriebe, die entweder über 150 ha Ackerbau (mit guten Böden) betreiben oder aber (bei kleineren Flächen) leistungsfähig in der Veredlungswirtschaft sind.
   b) Schlechter strukturierte Vollerwerbsbetriebe, die sich in Einkaufs-/Produktions- und Verkaufsgemeinschaften zusammenschließen.
   c) Neben- und Zuerwerbslandwirte, die ihre Ackerfläche von Maschinenringen oder Lohnunternehmern bzw. Nachbarschaftskollegen bewirtschaften lassen und sich mit ihrem Arbeitseinsatz auf außerlandwirtschaftliche oder landwirtschaftsnahe Einkommensquellen konzentrieren.

In den westlichen Bundesländern bleibt der Anteil der Betriebe mit mindestens 75 ha landwirtschaftlicher Nutzfläche bei etwa 10 % aller Betriebe. Wenn wir davon ausgehen, dass günstigstenfalls diese Betriebe (unter Berücksichtigung der notwendigen Tierproduktion) Überlebenschancen haben, können wir mittel- und langfristig mit einer Zahl von etwa 35.000 bis 40.000 Betrieben rechnen, die heute nur etwa 40 % der Fläche bewirtschaften, künftig aber etwa 65 bis 70 %, und auch über entsprechende Anteile in der Tierproduktion verfügen. Alle anderen landwirtschaftlichen Betriebe werden ihre Flächen verpachten, durch Lohnunternehmer oder Nachbarn bewirtschaften lassen bzw. sich in ihrer Freizeit damit beschäftigen.

Nach den der „Wende" folgenden Umstrukturierungsprozessen hat sich die Landwirtschaft in den östlichen Bundesländern dahingehend stabilisiert, dass es voraussichtlich künftig etwa 9.000 Betriebe mit über 100 ha LF und ca. 18.000 Mittel- bzw. Kleinbetriebe geben wird. Die Bedeutung der Großbetriebe wird schon dadurch deutlich, dass diese über 95 % der Ackerfläche bewirtschaften und auch in gleicher Größenordnung an der Produktion von Tieren bzw. tierischen Produkten beteiligt sind.

Diese Betriebe sind keine Familienbetriebe, sondern eher „agrarindustrielle" Unternehmen. Sie werden in der Regel in der Form von Kapitalgesellschaften geführt. Sie vereinigen mengenmäßig ein wesentlich höheres Einkaufs- und Absatzpotenzial als selbst die in westlichen Bundesländern statistisch ausgewiesenen „größeren Betriebe", kaufen nach anderen Gesichtspunkten ihre Betriebsmittel ein und verlangen auch eine vollkommen andere Art der „Zuwendung" durch die Lieferanten, die sich wesentlich individueller auf die Betreuung dieser Betriebe einstellen müssen, als dies in den westlichen Bundesländern bisher üblich war.

Folgende Entwicklungen werden sich sowohl quantitativ als auch qualitativ auf den Bedarf der Landwirte nach Betriebsmitteln und Ausrüstungsgütern auswirken.

Die **„Professionellen"** unter den Landwirten werden

(1) versuchen, den durch die Preissenkungen verursachten Einkommensverlust wieder wettzumachen über
   - die Nutzbarmachung des technischen Fortschritts (insbesondere im Bereich der pflanzlichen und tierischen Biotechnologie inkl. Gentechnik), soweit gesetzliche Vorschriften und die öffentliche Meinung dies zulassen,
   - Kostensenkung durch bessere Ausnutzung der vorhandenen Ressourcen und Investitionen (z. B. im Maschinenbereich),

(2) vorhandene Produktions- und Vermarktungsalternativen nutzen in den Bereichen
   - nachwachsende Rohstoffe,
   - Premiumprodukte,
   - ökologischer Landbau,

(3) sich um Kostensenkung und Marktbeeinflussung durch überbetriebliche Zusammenarbeit in Beschaffung, Produktion und Absatz bemühen.

Die **„Semi-Professionellen"** werden Wege suchen, um ihre Produkte direkt an den Verbraucher oder andere Abnehmer abzusetzen. Sie werden auch hierauf ihr Produktionsprogramm abstimmen (in Menge und Produktionstechnik). In weiten Bereichen wird in diesen Betrieben nach Regeln des integrierten, aber auch des ökologischen Landbaus gearbeitet werden.

Andere Betriebe werden in den Dienstleistungen ihr Heil suchen: Ferien auf dem Bauernhof, Kommunalarbeiten u. a.

Bezogen auf die Zahl der Betriebe wird künftig die dritte Gruppe wahrscheinlich die größte sein: die **Neben- und Zuerwerbslandwirte,** die vor allen Dingen ihre Ackerflächen verpachten oder von Nachbarn, Lohnunternehmern oder Maschinenringen bewirtschaften lassen, die Landwirtschaft mehr oder weniger als Hobby betreiben.

Die Entwicklungen, die in Wirklichkeit wesentlich komplexer und differenzierter sind, als sie hier ansatzweise skizziert werden können, sind für die Strategiefindung der Lieferanten der Landwirtschaft von großer Bedeutung:

a) In allen Sparten (ob Futtermittel, Düngemittel, Pflanzenschutzmittel, Maschinen oder Saatgut) muss mit einem reduzierten Absatzpotenzial gerechnet werden. Bei verstärkt kostenorientierten Abnehmern führt dies zwischen den Anbietern voraussichtlich zu einem erhöhten Wettbewerb, vor allen Dingen dort, wo vorhandene Kapazitäten nicht abgebaut oder mit entsprechenden Kostendegressionen extensiv genutzt werden können (z. B. Futtermittel und Maschinen).
b) Es entstehen neue Märkte mit andersartigen Bedarfsstrukturen (z. B. nachwachsende Rohstoffe oder Öko-Produkte).
c) Bestehende Märkte differenzieren sich: Es wird künftig einen ganz speziell ausgerichteten Bedarf weniger Großbetriebe geben, daneben aber auch einen sehr differenzierten Bedarf nach Produkt- und Dienstleistungen vieler kleiner Betriebe (insbesondere Zu- und Nebenerwerbsbetriebe).

Nach wie vor ist das Marketing der Hersteller von Betriebsmitteln (vor allem in den westlichen Bundesländern) in weiten Bereichen dadurch gekennzeichnet, dass sie den Landwirten ihre Produkte durch Medien und Veranstaltungen bekannt machen und den Verkauf über den genossenschaftlichen oder inhabergeführten Landhandel, über Maschinenwerkstätten oder ähnliche Unternehmen durchführen.

Die Hersteller sind damit auf die Dienstleistungsfähigkeit und Kooperationswilligkeit dieser Vertriebspartner angewiesen. Nicht zu unterschätzen ist dabei die Tatsache, dass die Handelsunternehmen bzw. Dienstleister die Landwirte direkt oder indirekt relativ stark beeinflussen können, indem sie bestimmte Produkte empfehlen, vom Kauf anderer Produkte abraten, Informationen weitergeben oder vorenthalten. Sie haben einen wesentlich regelmäßigeren Kontakt zu den Landwirten und nutzen diesen verständlicherweise auch in erster Linie, um ihre eigenen Geschäftsinteressen durchzusetzen.

Diese Handelsstrukturen werden von den Veränderungen in der Landwirtschaft beeinflusst. Die Unternehmen müssen sich Leistungs- und Rationalisierungsanforderungen stellen, denen viele speziell auf der Primärstufe (siehe Kapitel E 1.3) künftig nicht mehr gewachsen sein werden. Auch der Handel schrumpft, wobei gerade in der heutigen Zeit die Gliederung in Ein- oder Zweistufigkeit (Differenzierung in Groß- und Einzelhandel) diskutiert wird. Je größer die landwirtschaftlichen Betriebe werden, desto mehr versuchen sie, eine Stufe zu überspringen, um günstiger einzukaufen. Ein solches Verhalten finden wir speziell in den ostdeutschen Bundesländern, aber auch in vielen Großbetrieben der westlichen Bundesländer. Darüber hinaus schließen sich Landwirte zunehmend zu Einkaufsgemeinschaften zusammen, auch Erzeugergemeinschaften kaufen häufig gemeinsam für ihre Landwirte Produktionsmittel ein. Großbetriebe und solche Gemeinschaften treten mit Bedarfsgrößen auf dem Markt auf, die nur von größeren Handelsorganisationen bedient werden können. Es handelt sich dabei entweder um Zusammenschlüsse von Betrieben auf der Primärstufe (die sowohl die Groß- als auch die Einzelhandelsfunktion übernehmen) oder um bisherige Großhandelszentralen, die sich dem Druck der Landwirtschaft nicht mehr entziehen können und am Einzelhandel vorbei die Landwirte direkt beliefern, unter anderem auch durch eigene Filialen.

In der Bundesrepublik Deutschland hat sich in den vergangenen Jahren ein breites Netz staatlicher **Beratungen** (Offizialberatung) herausgebildet, und zwar als Beratung für die Unternehmensführung oder als Spezialberatung für einzelne Produkt- und Funktionsbereiche. Diese Berater haben in der Vergangenheit erheblich dazu beigetragen, dass sich das Niveau der landwirtschaftlichen Produktion verbessert hat. Ob ihre Funktion auch künftig die gleiche Bedeutung wie in der Vergangenheit haben wird, muss angezweifelt werden. Wer als Landwirt künftig überleben und Erfolg haben will, muss seine Produktionstechnik beherrschen. Er ist häufig selbst ein Spezialist für Technik und Betriebswirtschaft. In den Fachzeitschriften der Landwirtschaft finden sich sehr detaillierte und praxisnahe Informationen, die Beratungs-Know-how zum Teil ersetzen.

Mit zunehmender Schrumpfung der Landwirtschaft werden Betriebsmittellieferanten versuchen, den direkten Weg zu den Landwirten zu finden, um sie selbst zu beraten. Das ist aus akquisitorischen Gründen für sie wichtig. Dort, wo eine wirkliche Spezialberatung benötigt wird, gehen Landwirte auch heute schon dazu über, diese exklusiv für sich zu nutzen und zu bezahlen.

Die Diskussion über die Zukunft der Landwirtschaft kann nicht ohne Beobachtung der notwendigen horizontalen und vertikalen Integrationsprozesse diskutiert werden. Speziell in den Nachbarländern (Holland und Dänemark) finden wir sehr effektive Organisationsformen von Produktion und Vermarktung. Diese Organisationen haben eine hohe Schlagkraft im Export, und sie geben eine Antwort auf die enorme Konzentration der Nachfrage auf den der Landwirtschaft nachgelagerten Stufen (speziell im organisierten Lebensmitteleinzelhandel).

Die Landwirtschaft kann den Ansprüchen einer stark konzentrierten Nachfrage im Hinblick auf Menge und Preis nur gerecht werden, wenn sie selbst Organisationsstrukturen mit entsprechenden Konzentrations- und Rationalisierungsreserven herbeiführt. So, wie die Landwirtschaft auf ihre Vermarktungspartner angewiesen ist, sind diese an einer effizienten Sicherung ihrer Rohstoffe (nicht zuletzt zwecks Auslastung ihrer Produktionskapazitäten) interessiert. Die Bildung vertikaler Zusammenschlüsse ist deshalb an vielen Orten im Gang.

Dies führt aber dazu, dass die Landwirte künftig vielfach nicht mehr allein über ihren Einkauf entscheiden, sondern in der Gemeinschaft oder in Abhängigkeit von ihren Vermarktungspartnern. In Zusammenhang mit der strategischen Ausrichtung solcher Verbundsysteme spielt auch die Markenpolitik und Profilierung durch Gütezeichen, verbunden mit Qualitätssicherungsprogrammen, eine wichtige Rolle. In solchen Programmen werden Normen und Richtwerte vorgegeben, die von den Landwirten eingehalten werden müssen und die auch ihren Bedarf nach bestimmten Betriebsmitteln stark beeinflussen, z. B. Art und Menge von Pflanzenschutzmitteln und Düngemitteln, Typen und Größen von Erntemaschinen usw.

Entscheidungsverhalten von Landwirten

Prinzipiell lassen sich auch die Kaufentscheidungsprozesse von Landwirten nach dem bekannten 5-Phasen-Schema darstellen, wobei das Verhalten der Zielgruppen in den einzelnen Phasen sowohl von den Faktoren abhängig ist, die beim Landwirt selbst begründet sind, als auch von den Faktoren, die wir selbst beeinflussen können bzw. durch die Umwelt beeinflusst werden (vgl. hierzu Übersicht E.1).

Dabei treffen wir auch in der Landwirtschaft die vier verschiedenen Kaufentscheidungstypen an:

- Durchstrukturiertes Problemlösen,
- habitualisiertes Verhalten (Gewohnheitsverhalten),
- impulsives, affektives Verhalten,
- adaptives Verhalten.

Übersicht E.1

Einflussgrößen auf die Kaufentscheidung

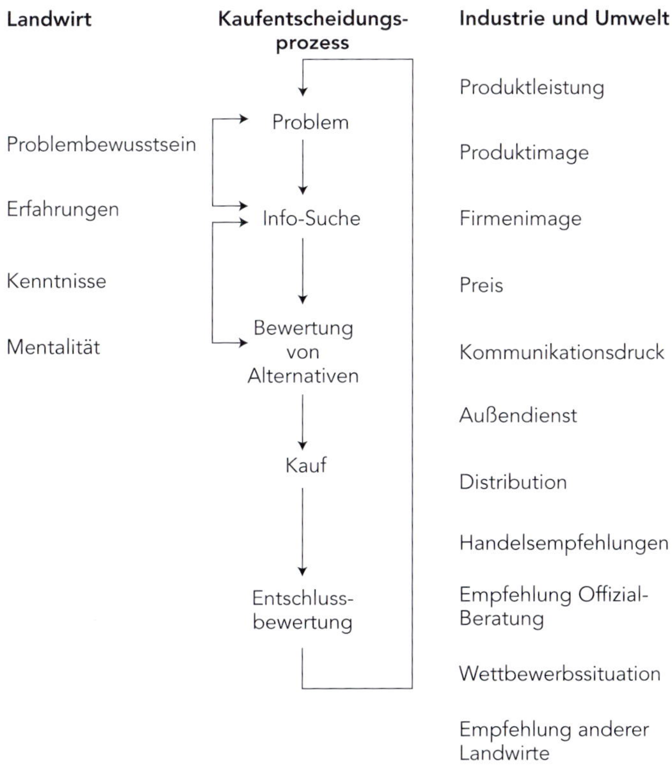

Um zutreffende Marketingentscheidungen treffen zu können, muss man sich bei jedem Problem immer wieder neu fragen, nach welchem dieser Entscheidungstypen die Landwirte die betreffenden Produkte einkaufen und in welcher Form sich die genannten Einflussgrößen in den einzelnen Phasen der Kaufentscheidung auswirken.

Dabei helfen uns die folgenden grundsätzlichen Erkenntnisse, die aus zahlreichen empirischen Studien gewonnen wurden:

(1) Den unmittelbaren Einfluss auf das Entscheidungsverhalten der Landwirte haben folgende Faktoren (die beim Landwirt selbst liegen):
   - Die Erfahrungen aus der Vergangenheit,
   - Problembewusstsein zum jeweiligen Einsatzbereich,
   - ökonomische Rahmenbedingungen (sehr stark betriebsgrößenbedingt).

   Einen indirekten Einfluss auf diese Faktoren haben Handel, soziale Umwelt, Mentalität, Risikobewusstsein, Ausbildung, Betriebssystem, Problemdruck und Beratung. Die folgende Übersicht E.2 stellt diese Beziehungen kreisförmig dar, wobei im inneren und äußeren Kreis die Beziehungen so zusammengestellt sind, wie sie am ehesten und engsten miteinander in Beziehung stehen (d.h., die Erfahrung wird relativ stark von dem Kontakt zum Handel und von der sozialen Umwelt mit beeinflusst usw.).

Übersicht E.2

Entscheidungsverhalten von Landwirten

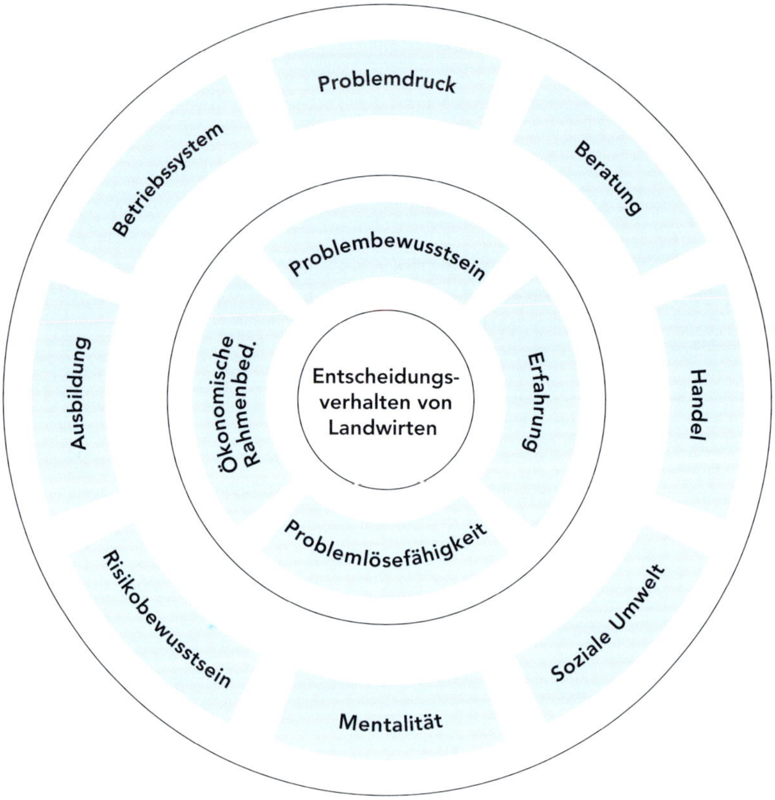

(2) Vor allen Dingen das Problembewusstsein (z. B. zum Vorkommen und zur Bekämpfungsnotwendigkeit von Unkräutern/Ungräsern, Schädlingen oder Krankheiten) und die Erfahrungen der Landwirte prägen den Ablauf der Kaufentscheidungsprozesse:
- Der Landwirt kennt sehr gut seine Probleme, aber bei weitem nicht alle Möglichkeiten, diese Probleme zu lösen.
- Er orientiert sich bei der Suche nach alternativen Problemlösungen sehr stark an seinen eigenen Vergangenheitserfahrungen.
- Es fällt ihm schwer, Entscheidungsprozesse systematisch bis „ins Letzte" durchzustrukturieren (d. h., es findet keine rationale Suche nach Alternativen, nach Verwertungsmaßstäben und keine entsprechende Bewertung statt).
- Er neigt zur Vereinfachung des Problemlösungsprozesses und nimmt Informationen sehr selektiv wahr.

(3) Der Entscheidungsprozess beim Einkauf von regelmäßig gekauften Betriebsmitteln ist häufig als ein „adaptiver Entscheidungsprozess" zu bezeichnen, d. h.

- die Landwirte entscheiden nicht jedes Jahr unter Abwägung aller Problemsituationen neu, welche Produkte eingesetzt werden, sondern in der Regel in den meisten Phasen des Kaufentscheidungsprozesses gewohnheitsmäßig.
- Veränderungen im Umfeld können dagegen jedes Jahr wieder ein Nachdenken über bestimmte Teilentscheidungen in Gang setzen; zu diesen Einflüssen gehören vor allen Dingen:
  - Wettbewerb; Händler und Beratung empfehlen preisgünstigere Produkte und/oder Verfahren,
  - es treten neue Probleme auf (z. B. Resistenzen, Veränderungen des Unkrautspektrums, unvorhergesehene Witterungsbedingungen beim Pflanzenschutzmittelkauf).

(4) Neben dem bereits angesprochenen Problem der selektiven Wahrnehmung sind folgende Informationen für die Kommunikationsarbeit von besonderer Bedeutung (Ergebnisse aus empirischen Studien des Marktforschungsinstitutes *Produkt + Markt* in Wallenhorst):

- Landwirte mit relativ schlechtem Informationsstand sind häufig Landwirte, die
  - weniger lesen als andere (d. h. auch weniger Zeitschriften halten),
  - häufiger ihre Informationen in persönlichem Kontakt (zur Beratung, zum Händler oder zu anderen Landwirten) suchen,
  - oft unsicher in ihrer Meinung sind (d. h. abhängig von anderen Meinungsbildnern sind).
- Landwirte mit besserem Informationsstand dagegen sind häufig Landwirte, die
  - mehr Zeitschriften abonnieren bzw. lesen
  - mehr Problembewusstsein haben und auch selbstbewusster ihre Entscheidungen treffen.
- Die meisten Landwirte haben zwei Zeitschriften (neben dem obligatorischen landwirtschaftlichen Wochenblatt / Bauernblatt eine überregionale Fachzeitschrift); besser belesene Landwirte dagegen lesen auch häufig mehr als drei Zeitschriften.
- Die Landwirte nutzen die Zeitschriften häufiger als einmal, d. h., sie kommen mit der Werbung in einer Zeitschrift häufiger in Kontakt, als dies in der verbreiteten Auflage (LPA) zum Ausdruck kommt.
- Die Wochenblätter / Bauernblätter haben durch ihre aktuellen Informationen, Regionalnachrichten, bekannten Autoren einen anderen Stellenwert als die überregionalen Zeitschriften (z. B. wie top agrar); Letztere werden dann intensiv gelesen, wenn sie aktuelle, neue Themen aufgreifen, durch gute, interessante Bebilderung und ansprechende Druckqualität zum Lesen reizen, kritisch und objektiv sind, auch Mut zu unpopulären Äußerungen haben.
- Im Anfang des Lebenszyklus eines Produktes werden die Informationen zum Produkt in erster Linie aus der Werbung aufgenommen, später kommen dann viele Informationsquellen hinzu, so dass schon nach dem zweiten / dritten Jahr der Markteinführung kaum noch festzustellen ist, aus welchen Quellen der Landwirt seine Informationen über ein Produkt hat.
- Schriftliche Informationen werden umso eher und intensiver gelesen, je
  - ausführlicher die Problemdarstellungen sind,
  - objektiver die Informationen erscheinen,
  - besser die Abbildungen sind,

Übersicht E.3

Informations- und Entscheidungsverhalten von Landwirten beim Einkauf von Fungiziden

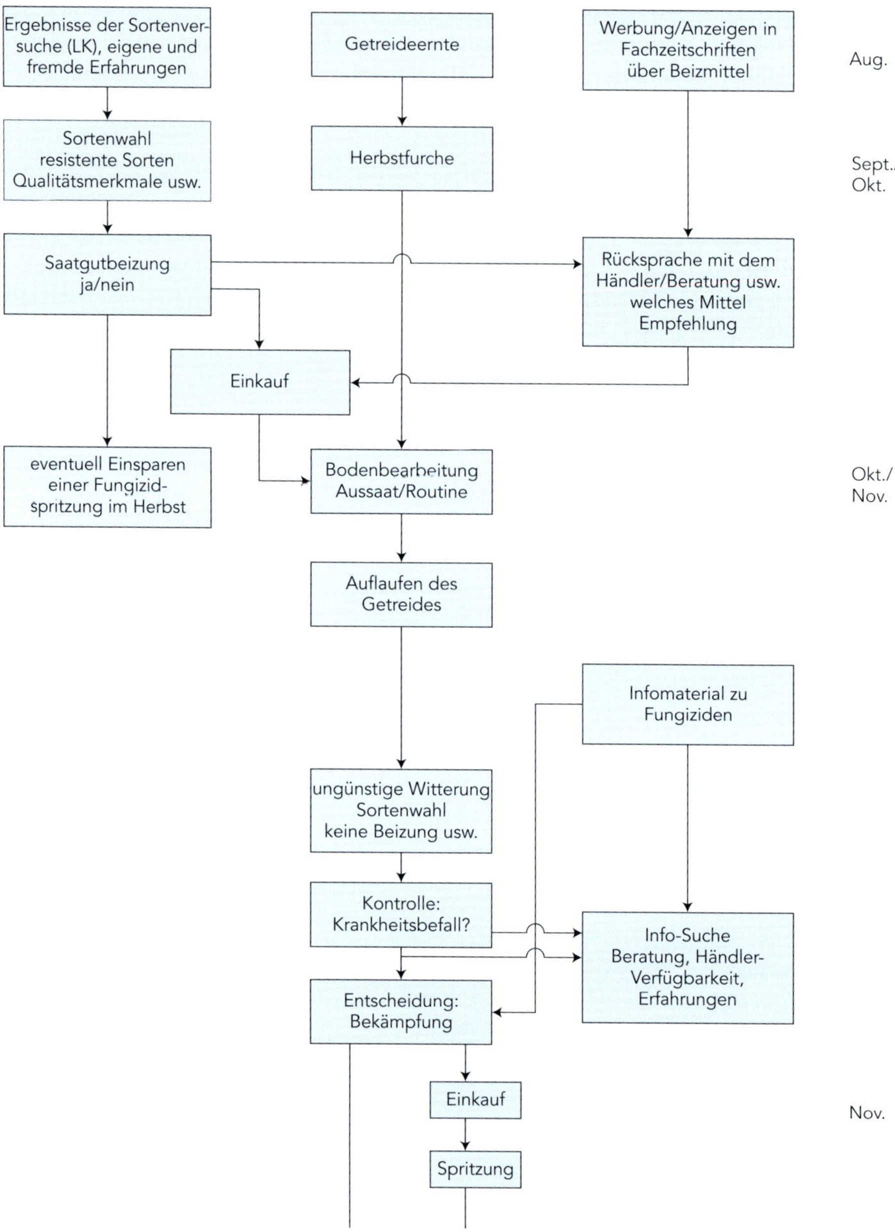

  - kürzer, einfacher die Texte sind,
  - prägnanter und übersichtlicher die Übersichten/Grafiken sind,
  - handlicher die Formate sind,
  - professioneller sie aufgemacht sind.
- Auch Vortragsveranstaltungen sind bei Landwirten sehr beliebt, weil
  - sie eine wichtige Informationsquelle für aktuelle Problemlösungen sind,
  - sie dem Landwirt die Möglichkeit geben, seinen Informationsstand zu überprüfen,
  - sie zur Kommunikation zwischen den Landwirten anregen/beitragen,
  - sie dem Bedürfnis nach Geselligkeit entgegenkommen.
- Die Bedeutung des Handels und der Offizialberatung ist sehr unterschiedlich, und zwar im Wesentlichen abhängig von der Persönlichkeit und der Beratungsqualität des Händlers bzw. Offizialberaters; deshalb ist das Gewicht dieser beiden meinungsbildenden Gruppen regional sehr unterschiedlich, wobei jedoch tendenziell folgende Unterschiede deutlich werden:
  - Der Händler hat den häufigeren Kontakt zum Landwirt, wird deshalb auch insbesondere bei Routineproblemen eher angesprochen als der Offizialberater.
  - Der Offizialberater wird insbesondere dann angesprochen, wenn schwierige neue Probleme auftauchen, Unsicherheiten über die Qualität von Produkten herrschen oder aber besonders aktuelle Informationen erforderlich sind, die nur die Offizialberatung hat.
- Meinungsbildende Landwirte spielen im Kommunikationsprozess (insbesondere in der 2. Phase des Produktlebenszyklus) eine zum Teil recht bedeutende Rolle. Meinungsbildner in der Landwirtschaft sind allerdings häufig nicht die politisch engagierten Landwirte, sondern die Landwirte, die sehr solide, mit modernen Methoden und Erfolg ihren Betrieb leiten; die Meinungsführerschaft spielt sich weniger auf dem Wege direkter Kommunikation als vielmehr auf dem Wege indirekter Kommunikation ab (d. h., die beeinflussten Landwirte schauen sich bei den Kollegen die „Erfolgsrezepte“ ab). Das wird beispielhaft für das Informations- und Entscheidungsverhalten von Landwirten beim Einkauf von Fungiziden in Übersicht E.3 dargestellt.

1.2 Marketing der Betriebsmittelhersteller

Zu den wichtigsten Anbietern von Betriebsmitteln gehören die Landmaschinenindustrie, die Agrochemie (Lieferanten von Pflanzenschutzmitteln und Düngemitteln), die Pharma-Industrie (Lieferanten von Tierarzneimitteln und Wirkstoffen), die Futtermittelindustrie und die Saatgutwirtschaft.

1.2.1 Rahmenbedingungen

Die Angebotssituation ist durch folgende Strukturen in den einzelnen Sektoren geprägt:

a) Der **Pflanzenschutzmittelmarkt** ist in der Hand von wenigen international tätigen Konzernen, für die die Sparte „Pflanzenschutz“ häufig nicht im Mittelpunkt der globalen Geschäftsinteressen steht. Experten rechnen deshalb (und auch angesichts des hohen Aufwandes in der Grundlagenforschung) mit weiterer Konzentration, so dass mittel- bzw. langfristig weniger als zehn Unternehmen den Markt beliefern werden. Die Strategien werden dabei nicht (wie bislang zumindest zum Teil) von nationalen Zulassungen und Bedürfnissen bestimmt, sondern vielmehr von internationalen Markterfordernissen (z. B. der unterschiedlichen Bedeutung verschiedener Kulturen und Pflanzenschutzmitteln auf den Weltmärkten oder der Notwendigkeit der Preisangleichung in der Europäischen Union).

Das Marketing der Pflanzenschutzmittelindustrie wird zunehmend durch restriktivere rechtliche Rahmenbedingungen bestimmt (Naturschutz und Landschaftspflege, Umweltrecht, Emissionsschutzverordnungen, Gewässerschutz, Zulassungsverordnungen für Pflanzenschutzmittel). Vor allem das verstärkte Umweltbewusstsein in der Bevölkerung führt zu höheren Erwartungen an Pflanzenschutzmittel.

Man könnte aufgrund der relativ geringen Zahl der Marktteilnehmer und der zu vermutenden Macht der internationalen Konzerne vermuten, dass der Wettbewerb zwischen den Unternehmen oligopolistischen Charakter (mit aggressivem Kampf um Marktanteile) trägt. Dies ist aber nur bedingt der Fall. Die Einschränkungen ergeben sich vor allem daraus, dass die Unternehmen häufig in unterschiedlichen Marktsegmenten (Herbizide, Fungizide, Insektizide, Wachstumsregulatoren) ihre Schwerpunkte haben und die Pflanzenschutzmittel aufgrund ihrer Wirkstoffe / Wirkstoffzusammensetzungen nicht homogen sind, d. h., sie sind in Wirkungsbreite, Wirkungssicherheit und Wirkungsmechanismus unterschiedlich.

Der Wettbewerb vollzieht sich also primär in Forschung und Entwicklung.

Dabei sind auch Pflanzenschutzmittelhersteller in der Produktentwicklung nicht nur von der (sehr aufwendigen) eigenen Forschung, sondern mehr oder weniger auch von der Forschung anderer Unternehmen abhängig, von denen Wirkstoffe oder auch komplette Produkte bezogen werden. Viele Firmen kaufen von ihren Zulieferern Lizenzen für den Vertrieb bzw. die Nutzung bestimmter Produkte ein. Daraus ergibt sich ein unmittelbarer Einfluss auf die Kalkulation und die Preispolitik. Andererseits lassen sich – soweit diese Zukaufprodukte eine gute Qualität und ein gutes Image haben – Profilierungsvorteile erzielen. Andere Firmen kooperieren miteinander, stellen Kombinationspackungen her, geben gemeinsame Anwendungsempfehlungen.

b) Der **Düngemittelmarkt** wird (sieht man von den kleineren Herstellern von Spezialitäten und Nischenprodukten ab) von drei international tätigen Firmen beherrscht: BASF, yara, Kali + Salz. Der Grund liegt zum einen darin, dass die Herstellung der Basisnährstoffe (Stickstoff, Kali, Phosphor) nur großtechnologisch möglich ist und die Produkte absolut homogen sind. Vor allen Dingen der Wettbewerb durch Dumping-Importe in den 60er und 70er Jahren hat den Konzentrationsprozess beschleunigt.

Neben den durch die Verwendung der Grundnährstoffe definierten Massenmärkten gibt es aber auch differenziertere Düngemittelmärkte, z. B.

- Spezialdünger für die Landwirtschaft (Blattdünger, besondere Nährstoffzusammensetzungen),
- Spezialdünger / Kulturdünger für den gewerblichen und privaten Gartenbau,
- organische, organisch-mineralische Dünger,
- Düngemittel mit Langzeitwirkung.

Diese Spezialmärkte bieten weitaus größere Möglichkeiten für Marketingstrategien als die vorher genannten Massenmärkte.

c) In der **Saatgutwirtschaft** sind etwa 130, teilweise hochspezialisierte Unternehmen tätig, deren Wettbewerbsverhältnis dadurch gekennzeichnet ist, dass die Züchtung neuer Saatgutsorten auf der einen Seite nicht unbegrenzt möglich ist, auf der anderen Seite erhebliche Differenzierungsmöglichkeiten durch Fortschritte in der Biotechnik (z. B. im Hinblick auf Ertragskraft, Widerstandsfähigkeit und Resistenzen) möglich sind. Dabei sind die Saatguthersteller sehr stark abhängig von Entwicklungen in der chemischen und der biotechnischen Industrie. Durch gentechnische Neuentwicklungen erreichte Leistungsvorteile können den Unternehmen über Jahre hinweg eine Alleinstellung im Markt bringen.

d) Die Produktion von **Wirkstoffen und Arzneimitteln** für die Futtermittel- bzw. Tierproduktion ist ähnlichen Restriktionen unterworfen wie die Produktion von Pflanzenschutzmitteln. Dementsprechend herrschen auch hier ähnliche Wettbewerbsbedingungen, wobei eine Wettbewerbseinschränkung zusätzlich dadurch eintritt, dass die Produkte sehr häufig nur über bestimmte Kanäle vermarktet werden dürfen (z. B. Wirkstoffe über die Futtermittelindustrie, Tierarzneimittel über Tierärzte).

e) Am stärksten zersplittert noch ist der **Futtermittelmarkt,** wenngleich wir auch hier einen erheblichen Konzentrationsgrad feststellen müssen: *Allein 14* Firmen (nichtgenossenschaftliche Hersteller und Großhandelsunternehmen und Genossenschaftszentralen) verfügen in Deutschland *über 50 %* Marktanteil. Der Wettbewerb zwischen den Herstellern wird im Wesentlichen durch folgende Faktoren und Entwicklungen bestimmt:
   - Es gibt traditionell eingefahrene Lieferbeziehungen, die zwar mehr und mehr aufbrechen, aber heute noch eine relativ große Bedeutung haben: Die inhabergeführten Futtermittelfirmen liefern ihre Ware im Wesentlichen über den erwerbswirtschaftlichen Landhandel bzw. direkt an die Landwirte, die Genossenschaftszentralen vermarkten ihre Futtermittel vornehmlich über die Primärgenossenschaften.
   - Die Anbieter differenzieren sich in
     - national distribuierende Unternehmen
     - regional distribuierende Genossenschaftszentralen und andere Regionalanbieter
     - vorwiegend lokal tätige kleinere Hersteller
     - Lieferanten von Futtermittelkomponenten (Wirkstoffzusammensetzungen) und Mineralstoffen, die zum Teil regional, zum Teil überregional tätig sind.

   Einen wesentlichen Einfluss auf das Marketing der Industrie haben die Einkaufspreise für Getreide, Substitute, Komponenten und Wirkstoffe. Einschränkend ist darauf hinzuweisen, dass Differenzierungspotenziale zumindest mittelfristig bzw. langfristig nur schwer zu erreichen sind, weil die Märkte sehr transparent sind und kurzfristig erreichte Einkaufsvorteile relativ schnell von den Konkurrenten wieder wettgemacht werden können.

   Darüber hinaus haben die Qualitäten der Komponenten von Futtermitteln einen Einfluss auf die Ernährungseffekte und das Image der Produkte. Aber auch hier gilt die Einschränkung, dass alle Futtermittelhersteller im Prinzip Zugang zu qualitativ guten und auch gleichermaßen preiswerten Rohstoffen haben.

f) Ähnlich wie auf dem Futtermittelmarkt, aber noch wesentlich stärker differenziert, ist der Wettbewerb im Bereich der **Landtechnik,** speziell der **Landmaschinen.** Im Bereich der Großmaschinen sind die Marktführer international tätige Firmen.

Daneben gibt es aber eine Vielzahl kleinerer Hersteller von Bodenbearbeitungsmaschinen, der Ernte- und Pflegetechnik sowie für die Nacherntetechnik (Reinigung, Lagerung usw.).
Robustheit, Lebensdauer, Reparaturanfälligkeit und das Image wichtiger Bauteile (Motoren, Schneidwerke, Trommeln usw.) haben einen großen Einfluss auf die Leistungsfähigkeit und das Image von Landmaschinen. Auch die Preise der Zukaufteile beeinflussen die Kalkulation in sehr unterschiedlicher Weise. Schließlich gibt es in der Landmaschinenindustrie erhebliche Rationalisierungsmöglichkeiten und damit Kostenvorteile auch durch eine sehr enge Zusammenarbeit mit dem Lieferanten (Just-in-time-Lieferungen). Lieferfähigkeit und Logistik der Lieferanten können eine sehr große Rolle für die Strategie der Hersteller spielen.

1.2.2 Strategien

In den vorangegangenen Kapiteln haben wir gesehen, unter welchen Rahmenbedingungen die Hersteller von Betriebsmitteln und Investitionsgütern der Landwirtschaft ihre unternehmensstrategischen Ausrichtungen finden.

Darüber hinaus müssen auch innerbetriebliche Voraussetzungen erfüllt sein, damit Marketingstrategien entwickelt und auch konsequent umgesetzt werden. Nicht unwichtig sind dabei **finanzielle Mittel,** die bei neuen Konzepten und Umstrukturierungen in die Größenordnung von Millionen gehen können. Die Unternehmen müssen auf die künftigen Märkte hin ausgerichtete **Strukturen** in der Entscheidungsfindung, Planung und Durchsetzung haben. Die Voraussetzungen für **Lieferfähigkeit** und **Lieferbereitschaft** müssen gegeben sein. Und nicht zuletzt spielen auch das **Know-how** und die **Qualifikation** geeigneter Mitarbeiter eine nicht unwichtige Rolle.

Da diese Rahmenbedingungen und Voraussetzungen für die einzelnen Unternehmen sehr unterschiedlich zu bewerten sind, gibt es keine Ausschließlichkeitsregeln für Strategien, die nur in der einen oder anderen Branche erfolgreich umgesetzt werden. Aber es gibt Marketingstrategien, die aufgrund günstiger Voraussetzungen häufiger in den einzelnen Branchen anzutreffen sind, während andere sich aufgrund ungünstiger Konstellationen weniger häufig finden.

Kostenführerschaftsstrategien

Einen dauerhaften Erfolg wird ein Unternehmen mit einer Kostenführerschaftsstrategie nur haben, wenn die Nachfrager preiselastisch reagieren und das Unternehmen im Vergleich zum Wettbewerb bessere Rationalisierungsreserven in Beschaffung, Produktion, Vertrieb und Management hat.

Eine **preiselastische Nachfrage** finden wir in fast allen Subsektoren, da die Landwirte heute aufgrund des starken Preisdrucks, dem sie beim Absatz ihrer Produkte unterworfen sind, nach allen Möglichkeiten der Kostenreduzierung suchen. Dabei spielt die Frage nach dem günstigsten Einkaufspreis für Betriebsmittel und Investitionsgüter eine wesentliche Rolle. Und doch sind auch hier schon Einschränkungen zu machen. So finden wir beispielsweise eine im Vergleich zu den anderen Produktgruppen überproportional hohe Preiselastizität der Nachfrage bei Futtermitteln und Düngemitteln, weil die Anbieter bisher anscheinend relativ wenig Möglichkeiten zur Produktdifferenzierung haben (die Angebote sind austauschbar, so dass der Landwirt nach dem günstigsten Preis entscheiden kann). Bei Futtermitteln kommt hinzu, dass diese einen relativ hohen Anteil am Verkaufserlös haben und der Landwirt deshalb naturgemäß geneigt ist, für diesen hohen Anteil die Kosten so gering wie möglich zu halten. Pflanzenschutzmittel und Saatgut dagegen sind ebenso wie Tierarzneimittel nur begrenzt austauschbar. Die Preiselastizität der Nachfrage ist eingeschränkt, weil nur wenige Landwirte schlechtere Produktleistungen einkaufen, auch wenn die Kosten geringer sind. Auch bei Maschinen (insbesondere hochwertigen wie Traktoren und Mähdreschern) finden neben der Beurteilung der absoluten Preishöhe der Geräte in starkem Umfang Kosten-Nutzen-Bewertungen statt (und zwar auf der Basis verschiedener und wichtiger Leistungsmerkmale), so dass bei diesen Geräten relativ stark von einer eingeschränkten Preiselastizität gesprochen werden muss.

Man darf dabei natürlich nicht vergessen, dass für wichtige Produktionsmittel wie Düngemittel, Saatgut und Pflanzenschutzmittel (für Maschinen und Futtermittel trifft dies nur begrenzt zu) keine exklusiven Absatzwege bestehen. D.h., der Landwirt kann das identische Produkt bei verschiedenen Händlern kaufen. Er nutzt diese Situation und verhält sich auch dabei sehr preiselastisch.

Rationalisierungsreserven in Beschaffung, Produktion, Vertrieb und Management gibt es (wenn auch in allen Branchen mit relativ starken Einschränkungen) durchaus. Auf dem Beschaffungssektor finden wir sie beispielsweise dergestalt, dass ein Pflanzenschutzmittelhersteller seine Produkte nicht aus der Forschung gewinnt, sondern durch Zukauf von Nachahmungen (Generika), oder dass ein Maschinenhersteller durch ein Just-in-time-Management mit den Lieferanten Kosten in der Zulieferung einspart.

Rationalisierungsvorteile in der Produktion können bei Futtermitteln unter Berücksichtigung unterschiedlicher Auslastungen von Mischanlagen sehr hoch sein; auch durch geschickte Produktionsplanung in der Maschinenindustrie lassen sich Rationalisierungsreserven erschließen, während diese Möglichkeiten für die Saatgut-, Düngemittel- und Pflanzenschutzmittelindustrie sowie die Arzneimittel- und Wirkstoffindustrie relativ gering sind.

Im Vertrieb finden wir Rationalisierungsreserven eher bei solchen Produkten, die in großen Volumina transportiert und später in kleinen Mengen von den Landwirten nachgefragt werden. Dies sind vor allen Dingen Düngemittel und Futtermittel. So verschaffen sich beispielsweise regionale Futtermittelhersteller Kostenvorteile, indem sie überregional die größeren landwirtschaftlichen Betriebe gewinnen (= Rationalisierung in der Logistik). Dabei haben inhabergeführte Unternehmen Vorteile, solange die Genossenschaften ihre Absatzräume gegeneinander abgrenzen und nach dem „Gleichheitsprinzip" verfahren, was sowohl in der Bevorratung wie auch in der Logistik erhebliche Kosten verursacht.

Rationalisierungsmöglichkeiten im Management haben oft damit zu tun, dass Vertriebsmannschaften verkleinert werden und die Räume (auch im Hinblick auf die Europäisierung der Märkte) neu aufgeteilt werden, das Produktmanagement effizienter arbeitet, Organisationen insgesamt schlanker werden. Diese Möglichkeiten bestehen für alle Unternehmen, wenngleich zu beobachten ist, dass die Unternehmen der Agroindustrie schon seit Jahren eine Kostensenkungspolitik betreiben und die Rationalisierungsreserven weitgehend ausgeschöpft sind.

Bei unterschiedlichen Voraussetzungen und mit unterschiedlichem Wirkungsgrad finden wir deshalb Kostenführerschaftsstrategien sowohl in der Futtermittel- als auch in der Pflanzenschutzmittel- und Düngemittelindustrie. Aber auch die Maschinenindustrie liefert Beispiele. Weniger ausgeprägt ist dieser Ansatz dagegen bei Tierarzneimitteln und Saatgut.

Innovationsstrategien

Bedingungen für Innovationsstrategien sind: Innovationsbedarf am Markt, Forschungs- und Entwicklungs-Know-how (und Kapazitäten), finanzielle Kapazitäten, leistungstechnisches Innovationspotenzial.

Innovationsbedarf haben die Landwirte besonders bei Saatgut, Pflanzenschutzmitteln und Maschinen. **Forschungs- und Entwicklungs-Know-how** ist in allen Branchen bei einem Teil der Unternehmen vorhanden, bei anderen wiederum nicht oder in geringerem Umfange. Die notwendigen **finanziellen Kapazitäten** sind aufgrund der geringen Spannen und des hohen Preisdrucks für die Entwicklung „echter" Innovationen selten in der Düngemittel- und Futtermittelindustrie anzutreffen. Neuentwicklungen im Pflanzenschutzsektor und im Bereich der Landmaschinen kosten in der Regel viel Geld. Hier können die finanziellen Kapazitäten begrenzend wirken. Damit haben einige Firmen einen größeren Spielraum, andere einen geringeren. Auch im Saatgutbereich nimmt die Kapitalintensität mit dem Vordringen der neuen Methoden der Biotechnik zu.

Das schwierigste Problem für alle Branchen liegt aber in der Erschließung des **leistungstechnischen Innovationspotenzials.** Die Entwicklung, die notwendigen Tests, Akzeptanzanalysen und Genehmigungsverfahren (beispielsweise bei Pflanzenschutzmitteln die Zulassungsverfahren, bei Saatgut die Probleme mit der Genehmigung gentechnischer Forschungen) behindern und/oder verlängern den Innovationsprozess.

Beispiele für eine erfolgreiche Nutzung des Innovationspotenzials lassen sich noch am häufigsten für die Maschinenindustrie und die Pflanzenschutzmittelindustrie finden.

Profilierungsstrategien

Profilieren können sich Unternehmen über Marken, Service und Kommunikationsmaßnahmen. Voraussetzungen für solche Strategien sind aufnahmebereite Zielgruppen, profilierungsfähige Leistungen und finanzielle Kapazitäten.

Markenstrategien finden wir in ausgeprägter Form vor allem im Bereich der Pflanzenschutzmittel und der Maschinen. Auch in den anderen Sektoren finden sich „gekennzeichnete" Produkte, zum Teil mit Sortimentsbezeichnungen bei Saatgut, zum Teil mit Firmenbezeichnungen im Futtermittelbereich oder mit Produktinhaltsstoffen im Düngemittelsektor. Kaufentscheidende Impulse aber gibt die Marke in erster Linie bei Landmaschinen, Pflanzenschutzmitteln und Tierarzneimitteln. Der Landwirt verbindet die Leistung dieser Produkte mit der Kennzeichnung, er findet darin die Orientierung und notwendige Identifikation. Im Gegensatz zu den markenfähigen Produkten macht der Landwirt seine Kaufentscheidung für Düngemittel und Futtermittel dagegen sehr stark von den Inhaltsstoffen/Zusammensetzungen abhängig. Eine Zwischenstellung nimmt der Saatgutbereich ein. Hier werden Sorten zu Marken, d. h., auch der Begriff der Sorte steht für ein Spektrum von Leistungen, nicht für eine einzelne Leistung (wie beispielsweise bei Düngemitteln).

Allerdings spielt auch die **Wertschöpfungsmöglichkeit** eine relativ große Rolle als Voraussetzung für die in der Regel relativ aufwendige Finanzierung einer Markenpolitik. Marken erhalten nur ihr Leben, wenn sie intensiv beworben werden. In dem Nichtvorhandensein entsprechender Mittel liegt generell ein großes Problem für alle Unternehmen auf den der Landwirtschaft vorgelagerten Stufen. Deshalb haben häufig auch Markenkonzepte für Pflanzenschutzmittel oder für Landmaschinen nicht den gleichen Effekt, wie wir dies von den Konsumgütermärkten kennen. Der Werbedruck ist meistens nicht hoch genug, um die Produkte auch emotional aufzuladen (was bei großen Maschinen noch eher funktioniert als bei Pflanzenschutzmitteln). Damit ist die Bindung an die einzelnen Marken nicht sehr hoch: Der Landwirt wechselt die Produkte relativ schnell, wenn er den Eindruck hat, dass es etwas Besseres gibt.

Über den **Service** profilieren sich Unternehmen primär dort, wo dieser Service für die Abnehmer sehr wichtig ist. Dieser Service kann im Bereich der Beratung, der Versorgung mit Ersatzteilen, in Dienstleistungen jeder Art liegen. Um Servicefunktionen in einer qualitativ hochwertigen Form zu erfüllen, benötigt ein Unternehmen aber ein entsprechend umfangreiches und ausgebildetes **Mitarbeiterpotenzial.** Hier liegen die Grenzen der Servicepolitik. Denn die angesichts der nachlassenden Nachfrage notwendige Rationalisierung zwingt fast alle Unternehmen zur Reduzierung fixer Kosten, insbesondere auch der Personalkosten.

Profilierungsstrategien über den Service werden von den Landwirten am ehesten bei Pflanzenschutzmitteln, Landmaschinen, zum Teil auch noch bei Futtermitteln honoriert. Bei Düngemitteln und Saatgut können andere Dienstleistungen wie Transport, Lagerung und Ausbringung bedeutsam sein.

Aufgrund der Abhängigkeit von den Handelspartnern in der Distribution sind die meisten Unternehmen auf dieser Stufe des Agribusiness darauf angewiesen, dass sie mit oder über ihre Vertriebspartner Serviceleistungen anbieten. Die Kooperationsbereitschaft darf im Handel nicht immer angenommen werden. Auch dies ist eine deutliche Grenze für eine effektive Servicepolitik.

Wer sich über **Kommunikationsmaßnahmen** profilieren will, benötigt dafür auch eine entsprechend **identifizierbare Leistung** (Marke) und die notwendigen **finanziellen Mittel.** In der Regel sind vor allem die Finanzmittel zu gering für eine wirksame Kommunikationsprofilierung. Je kleiner aber die Zahl der Landwirte wird, die von den Herstellern als Primärzielgruppe angesprochen wird, desto stärker bieten sich andere Wege zur Kommunikationsprofilierung an: vor allem Direktmarketing (d. h. die Kommunikation mit den Landwirten über Mailings, Telefon). Hier tun sich angesichts der Schrumpfung der Landwirtschaft neue Möglichkeiten auf.

Produktdifferenzierungsstrategien

Produktdifferenzierungsstrategien funktionieren nur, wenn **Märkte segmentiert** werden können, die **Produkte differenzierungsfähig** sind, das Unternehmen über genügend organisatorische und personelle **Ressourcen** verfügt, um eine gute Betreuung der einzelnen Segmente zu gewährleisten (Sortimentsmanagement) und nicht Restriktionen auf der Beschaffungsseite bestehen, die Veränderungen des Produktprogrammes erschweren.

Die günstigsten Voraussetzungen für Marktsegmentierungen finden wir im Bereich der Pflanzenschutzmittel und der Maschinen, weil hier unterschiedliche Bedarfsausprägungen bzw. Nutzungsmöglichkeiten zu sehr verschiedenen Ansprüchen an die Produkte führen. Im Veterinärbereich, bei Düngemitteln und beim Saatgut sind diese Voraussetzungen sehr stark eingeschränkt, obwohl auch hier Standard- und Spezialsegmente unterschieden werden können. Sieht man von den Hauptnutzungsbereichen im tierischen Sektor ab, dann lassen sich für Futtermittel viele (wenn auch häufig kleinere) Segmente aufzählen. Aber es gibt bislang nur relativ wenige Möglichkeiten, die Produkte so stark zu differenzieren, dass Wettbewerber nicht schnell reagieren und ähnliche Leistungen anbieten. Die größten Möglichkeiten bieten deshalb auch aus dieser Sicht die Sektoren Pflanzenschutz und Landmaschinen, wobei im Bereich der Maschinen auch die Entwicklung von Zusatznutzen interessante Differenzierungsfelder eröffnet. In den zuletzt genannten Sektoren sind zwangsläufig auch in der Regel die organisatorischen und personellen Voraussetzungen der Unternehmen größer, um segmentierte Märkte zu managen. Beschaffungsprobleme können in allen Sektoren Produktdifferenzierungen einschränken, speziell bei Düngemitteln, Pflanzenschutzmitteln, bei Tierarzneimitteln und beim Saatgut. Im Bereich der Landmaschinen finden wir solche Problemlösungen eher mit zeitlichen Verzögerungen.

Preisdifferenzierungsstrategien

Voraussetzungen für Preisdifferenzierungsstrategien sind die vorhandenen Möglichkeiten der Marktsegmentierung: Die potenziellen Verwender müssen in gesonderten Teilmärkten angesiedelt sein. Darüber hinaus setzt eine Preisdifferenzierungsstrategie in der Regel auch die Möglichkeit voraus, Produkte, Vertrieb oder Servicepolitik zu variieren.

Preisdifferenzierungsstrategien sind generell in diesen Sektoren des Agribusiness schwer durchzusetzen, weil wir auf den Märkten verstärkt durch die Medien, Handel und Beratung ein hohes Maß an **Informationstransparenz** haben. Die Landwirte können sich – soweit sie wollen und dazu noch das notwendige Know-how haben – relativ gut über die einzukaufenden Problemlösungen informieren. Deshalb sind Preisdifferenzierungen ohne einen echten Vorteil in der Produkt-, Service- oder Distributionspolitik häufig in der Agrarwirtschaft nicht von langer Dauer. Die Konkurrenten können relativ schnell nachziehen. Dies gilt in erster Linie für alle Produkte, bei denen die Produktdifferenzierungsmöglichkeiten gering sind, d.h. speziell für Düngemittel und Futtermittel. Schon bessere Möglichkeiten gibt es für Saatgut. Bei Pflanzenschutzmitteln ist die Situation komplizierter: Hier hat der Landwirt nicht nur die Möglichkeit, in einzelnen Bereichen nahezu identische Produkte gegeneinander auszutauschen. Er kann auch Systeme wechseln. Dies wird er immer dann tun, wenn die Preisabstände zwischen Produkten bzw. Komplettlösungen für die Bekämpfung seiner Unkräuter/Ungräser zu groß werden. Das heißt aber auch, dass in gewissen Grenzen Spielräume für Preisdifferenzierungen im Pflanzenschutzsektor vorhanden sind. Schwierig für den Landwirt nachzuvollziehen sind häufig Produktdifferenzierungen im Bereich der Landmaschinen. Der Preis einer großen Maschine (beispielsweise eines Traktors oder eines Mähdreschers) ergibt sich aus der Kombination verschiedener und zum Teil für den Landwirt sehr wichtiger Teilleistungen. Eine Abwägung über Kosten-Nutzen-Leistungen der einzelnen Elemente ist häufig nicht einfach, besonders dann nicht, wenn der Nutzen gezählt oder gemessen werden kann, was beispielsweise im Hinblick auf Komfort, Bedienung, Bequemlichkeit und technische Präzision nicht immer der Fall ist.

Vertriebsdifferenzierungsstrategien

Vertriebsdifferenzierungsstrategien setzen voraus, dass es unterschiedliche Vertriebssysteme zur Belieferung des Marktes gibt, Kooperationspartner vorhanden sind und die Vertriebspolitik auch logistisch umsetzbar ist.

Gerade der letzte Punkt schränkt häufig Vertriebsdifferenzierungen ein. Weil (genossenschaftliche und nichtgenossenschaftliche) Großhändler die Betriebsmittel für die Landwirtschaft einkaufen und an die Primärstufe weiterleiten, erfolgt naturgemäß schon eine relativ starke Vereinheitlichung vertriebspolitischer Möglichkeiten.

Bislang galt die Regel, dass die meisten Anbieter von Betriebsmitteln und Investitionsgütern ihre Produkte nach gleichen Vertriebssystemen und über die gleichen Vertriebswege verkaufen. Aber schon in der Vergangenheit gab es hier beispielsweise bei Futtermitteln (Direktlieferungen einzelner Firmen an die Landwirte, hofnahe Mischer usw.) deutliche Ausnahmen. Im Maschinenbereich kann die Distribution über Kooperationspartner oder über eigene Läger erfolgen. Im Veterinärbereich bzw. im Bereich der Wirkstoffe gab es auch bisher schon verschiedene Absatzmöglichkeiten, z. B. über die Futtermittelhersteller, Mineralfutterhersteller und bei Arzneimittelherstellern über Tierärzte. Im Maschinenbereich gibt es die Bindung von Vertriebspartnern durch Exklusivverträge, was häufig auch bei Futtermitteln anzutreffen ist: Die Genossenschaften liefern vorrangig das in ihrer Organisation produzierte Futter. Für Düngemittel, Pflanzenschutzmittel und Saatgut scheidet in der Regel eine aktive Selektionspolitik aus. Hier finden wir eher den umgekehrten Fall, dass bestimmte Händler nur ausgewählte Produkte führen und damit ihrer „Gate-Keeper-Funktion" gerecht werden.

Die Situation ändert sich aber mit den Umstrukturierungen in der Landwirtschaft: Großbetriebe, speziell im Osten Deutschlands, suchen Wege des direkten Einkaufs bei Großhändlern und bei Herstellern. Dadurch werden nicht nur neue Vertriebswege aufgebaut, sondern es entstehen im Servicebereich auch neue Aufgaben und Profilierungsmöglichkeiten.

Diversifikationsstrategien

Die Erschließung neuer Märkte mit einem vollkommen neuen Angebot ist im Prinzip relativ selten anzutreffen. Zu einer solchen Strategie gehört z. B. der in Kap. C 2 beschriebene Ansatz der „Blue Ocean Strategy".

Wenn man den Begriff aber nicht so weit zieht und unter Diversifikation auch die Inangriffnahme von Strategien in nahe gelegenen, wenngleich heute noch nicht von den Unternehmen bearbeiteten Segmenten versteht, lassen sich durchaus in allen Märkten Ansätze für Differenzierungsstrategien finden: Düngemittelanbieter verkaufen auch Pflanzenschutzmittel (und umgekehrt); Pflanzenschutzmittelhersteller verstärken ihre Servicepolitik, z. B. durch einen Beobachtungsdienst für Verunkrautungen oder durch Organisation von Flugzeugspritzungen, wie wir sie im Weinbau kennen; Futtermittelhersteller dringen durch vertikale Integration in die Vermarktung von Lebensmitteln ein; Maschinenhersteller übernehmen logistische Funktionen; Landhandelsbetriebe produzieren Mischfuttermittel.

Nachahmerstrategien

Angesichts fehlender finanzieller Mittel, nicht genügend großer Produktdifferenzierungsmöglichkeiten, der enormen Transparenz auf den Agrarmärkten, der starken Stellung des Handels spielen Nachahmungsstrategien in diesem Sektor eine außerordentlich große Rolle. Dies gilt in erster Linie für die Preispolitik. Kaum ein Unternehmen kann es sich leisten, dauerhaft deutlich teurer als die Konkurrenz zu verkaufen. Dies gilt umso mehr, je gleichartiger die Produkte sind. Darin liegt gleichzeitig aber auch die Gefährlichkeit dieser Politik: Die Unternehmen treiben gegenseitig die Preise nach unten.

Der leichte Zugang zu den Innovationspotenzialen ermöglicht es darüber hinaus vielen Unternehmen, auch von der Konkurrenz eingeschlagene Strategien der Produktdifferenzierung oder einer Profilierung im Servicebereich nachzuvollziehen. Wettbewerbsvorsprünge sind schnell eingeholt, seien es verkapselte Dünger, Kombipackungen von Pflanzenschutzmitteln oder Mischfutterzusammenstellungen. Schwieriger dagegen ist dies schon im Bereich komplizierterer Produkte aus den Sektoren Pflanzenschutzmittel, Saatgut oder Landmaschinen.

Nischenstrategien

Es gibt schon heute Beispiele für die Erschließung kleinerer Nischen durch Betriebsmittel- bzw. Investitionsgüterlieferanten, z.B. das Angebot von Blattdüngern, Pflanzenschutzmitteln für Spezialkulturen, Tierarzneimitteln für bestimmte Altersstufen der Tiere im Entwicklungsstadium, Futtermitteln für Hunde, Katzen, Kaninchen und Hausgeflügel, Landmaschinen für den Kommunalbereich oder für die Nutzung in Baumschulen und Privatgärten.

Angesichts der Notwendigkeit zur Marktdifferenzierung und der sich auftuenden neuen Möglichkeiten wird möglicherweise in der Zukunft das Denken in Marktnischen eine größere Rolle spielen. So werden sich die Vorlieferanten der Landwirtschaft fragen müssen, wie sie den Markt der Nebenerwerbslandwirte erschließen und mit speziellen, für diese kleinstrukturierten Zielgruppe geeigneten Produkten versorgen wollen. Die Nachfrage nach Ökoprodukten steigt, was eine enorme Herausforderung für die Pflanzenschutzmittel-, Dünger- und Arzneimittelindustrie ist. Auch große Landwirte haben einen zunehmend differenzierter werdenden Anspruch. Sie wollen persönlich betreut werden oder die gerade ihren Bedürfnissen entsprechende Landmaschine mit Spezialausstattung einsetzen können.

Hier tut sich ein weites Spektrum an Aktionsspielräumen auf. Allerdings muss man auch auf die Einschränkungen hinweisen: Kostenaspekte (kleine Produktionseinheiten, teure Vertriebssysteme) schränken die Machbarkeit häufig ein. Auch müssen in den Nischen geeignete Vertriebspartner vorhanden sein, die eine Nischenpolitik durchzusetzen helfen.

Kooperationsstrategien

Wer einen Partner hat und/oder Leistungen anbietet, die sich für eine Kooperation mit anderen Partnern eignen, findet möglicherweise den besten Weg zur Markterschließung über „strategische Allianzen". Solche kooperativen Strategien finden wir bereits heute relativ häufig im Pflanzenschutzsektor, wenn verschiedene Firmen gemeinsam oder im gegenseitigen Austausch ihre Produkte vertreiben, ihr Sortiment ergänzen, ihren Außendienst auslasten bzw. ihre Logistik rationeller durchführen. Unternehmen der chemischen Industrie arbeiten mit Saatgutherstellern zusammen, um Komplettlösungen anzubieten, z.B. gegen bestimmte Krankheiten resistentes Saatgut. Produzenten von Tierarzneimitteln und Wirkstoffen arbeiten schon immer sehr intensiv mit Unternehmen der Futtermittelindustrie zusammen, wobei nur wenige Beispiele dafür zu finden sind, dass sich beide Partner in der Kooperation profilieren, vielmehr bleibt der Lieferant von Wirkstoffen im Hintergrund. Der stärkste Anreiz zur Kooperation geht aber wohl in Richtung einer künftig noch wesentlich stärker werdenden Zusammenarbeit zwischen den Herstellern und dem Handel. Die Hersteller wissen, dass sie ihr Marketing nur wirkungsvoll umsetzen können, wenn sie im Handel einen starken Service- und Vertriebspartner haben. Kooperationskonzepte dieser Art finden wir schon sehr stark im Bereich der Landmaschinen und der Futtermittel. Allerdings zeigen sich auch hier heute noch sehr viele Defizite aufgrund mangelnder Motivation und Kooperationsbereitschaft der Handelsunternehmen. Auch die Pflanzenschutzmittelindustrie und die Düngemittelindustrie sowie die Saatgutwirtschaft versuchen, Allianzen mit dem Handel herzustellen. Funktionsfähige Systeme einer arbeitsteiligen strategischen Vorgehensweise sind auch hier bereits im Ansatz zu erkennen, scheitern aber heute noch häufig an dem von den Herstellern gewünschten Exklusivvertriebsverträgen.

1.3 Marketing des Betriebsmittelhandels

Der Handel mit landwirtschaftlichen Betriebsmitteln und Agrarprodukten ist in mehrere Stufen gegliedert. Die primäre Stufe bilden nichtgenossenschaftliche und genossenschaftliche Landhandelsunternehmen auf lokaler Ebene, die direkt mit Landwirten in Kontakt treten und die Landwirtschaft mit Betriebsmitteln und Ausrüstungsgütern versorgen sowie die landwirtschaftlichen Produkte abnehmen. Ihnen übergeordnet sind Unternehmen auf der Großhandelsstufe, die große Mengen industrieller Vorleistungen für die landwirtschaftliche Produktion einkaufen bzw. diese weiter bündeln. Als weitere Stufe existieren weltweit einige Unternehmen, die sich mit dem internationalen Handel von Agrarprodukten, aber auch einer Reihe anderer Produkte befassen.

Diese Unterteilung ist nicht immer eindeutig, da der Großhandel zunehmend auch in das Bezugs- und Absatzgeschäft mit der Landwirtschaft eintritt, also im Streckengeschäft[1] den regionalen Landhandel übergeht. Dabei können Großhandelsunternehmen einerseits in Konkurrenz zum bestehenden regionalen Landhandel treten, andererseits aber auch die Lücken im primären Absatz- und Bezugsgeschäft schließen, die durch Strukturwandel und Konzentrationsprozesse in der Region hervorgerufen werden. Auch die Aktivitäten von Großhandelsunternehmen und Importgroßhandel sind nicht immer eindeutig zu trennen, da beide im jeweils anderen Metier tätig sein können.

1.3.1 Rahmenbedingungen

Durch die Zusammenfassung von Bezugs- und Absatzaktivitäten sind Landhandelsunternehmen der Landwirtschaft sowohl vor- als auch nachgelagert. Der Umsatzschwerpunkt des Kerngeschäftes liegt dabei mit 70 bis 80 % im Bezugsbereich, während der Absatz

[1] Unter Streckengeschäft versteht man in diesem Fall den direkten Warenfluss vom Hersteller zum Kunden unter Umgehung der Primärstufe. Die Organisation und Abrechnung dieser Transaktion übernimmt ein zwischengeschaltetes Großhandelsunternehmen. Bedeutung hat das Streckengeschäft vor allem beim Umschlag großer Mengen gleichartiger Güter, da hierbei die Fracht- und Verladekosten stark ins Gewicht fallen. Hier ist z. B. der Absatz von Getreide großer landwirtschaftlicher Betriebe oder der Dünge- und Pflanzenschutzmittelbezug zu nennen. Daneben werden auch schnell verderbliche Güter wie z. B. Obst und Gemüse verstärkt im Streckengeschäft gehandelt, da hier der Faktor Zeit entscheidend für den Markterfolg ist.

landwirtschaftlicher Produkte im Durchschnitt aller Unternehmen einen Anteil von 20 bis 30% erreicht. Das aus dem Absatz- und Bezugsgeschäft resultierende gleichzeitige Kauf- und Verkaufsverhältnis kommt in anderen Wirtschaftsbereichen kaum vor und gilt als Charakteristikum dieser Branche. Es hat zudem in der Vergangenheit zur Bildung besonders enger Geschäftsbeziehungen zwischen den Marktpartnern geführt, die sich z.B. in den Abrechnungsmodalitäten niederschlagen: Oft verfügen die Landwirte bei ihrem Beschaffungs- und Absatzpartner über ein Kontokorrentkonto, über das Leistungen und Gegenleistungen verrechnet werden. Auch die Gewährung von Lieferantenkrediten zur Vorfinanzierung der Waren ist eine wichtige Dienstleistung des Landwarenhandels.

Aufgaben

Die Aufgaben der Landhandelsunternehmen im klassischen Bezugs- und Absatzgeschäft leiten sich aus ihrer Stellung in der Wertschöpfungskette ab: Sie sind die Schaltstellen zwischen der Landwirtschaft und den vor- bzw. nachgelagerten Stufen. Aus dieser Stellung können generell vier Hauptfunktionen des Landhandels abgeleitet werden:

1. **Raumüberbrückungsfunktion:** Landwirtschaftliches Angebot und Nachfrage sind an die Fläche gebunden und damit dezentral. Die Nachfrage nach landwirtschaftlichen Rohstoffen (Verarbeitungsindustrie und Konsumenten) und das Vorleistungsangebot sind dagegen weit stärker regional konzentriert. Die notwendigen Transporte der landwirtschaftlichen Rohstoffe von der Landwirtschaft zu den Verbrauchern sowie der Vorleistungen für die Landwirtschaft von den Herstellern zu den Landwirten übernehmen traditionell Landhandelsunternehmen.
2. **Zeitüberbrückungsfunktion:** Das landwirtschaftliche Angebot ist vor allem bei pflanzlichen Erzeugnissen starken saisonalen Schwankungen unterworfen. Dem steht eine wesentlich kontinuierlichere Nachfrage bei Verarbeitungsbetrieben und Konsumenten entgegen. Auch die Nachfrage der Landwirtschaft ist aufgrund der Witterungsabhängigkeit gewissen Schwankungen, z.B. bei Dünge- und Pflanzenschutzmitteln, unterworfen. Durch Lagerhaltung kann der Landhandel im Bezugs- wie im Absatzbereich zu einem zeitlichen Ausgleich von Angebot und Nachfrage beitragen.
3. **Qualitätsausgleich:** Landwirtschaftliche Rohstoffe fallen z.B. aufgrund von Witterungseinflüssen in unterschiedlichen Qualitäten an. Die Qualitätsanforderungen der nachgelagerten Stufen sind dagegen relativ konstant. Landhandelsunternehmen können derartige Qualitätsschwankungen durch Aufmischung oder Aufbereitung ausgleichen oder abmildern.
4. **Mengenanpassung:** Landhandelsunternehmen fassen das zersplitterte Angebot der Erzeugerstufe zu vermarktungsfähigen Partien zusammen. Gleichzeitig verteilen sie zentral eingekaufte große Partien von Vorleistungsgütern an die Landwirte.

Die Bedeutung der einzelnen Funktionen ist nicht konstant. Der Strukturwandel in der Landwirtschaft und gesamtwirtschaftliche Entwicklungen führen zu Veränderungen, da einzelne Funktionen von anderen Stufen des Agribusiness übernommen werden können. Aus den genannten Hauptfunktionen leiten sich die für die Unternehmen relevanten einzelwirtschaftlichen Funktionen ab, die ebenfalls im Zeitablauf einem Wandel unterliegen:

- Lagerhaltung,
- Transport,

- Bearbeitung und Aufbereitung landwirtschaftlicher Rohstoffe,
- Finanzierung,
- sonstige Dienstleistungen.

Durch eine Ausweitung der wirtschaftlichen Aktivitäten der Landhandelsunternehmen auf außerlandwirtschaftliche Märkte werden diese Funktionen ergänzt, z. B. durch Verarbeitung landwirtschaftlicher Produkte (Futtermittelherstellung) oder Einzelhandelsfunktionen in Gartenbau- und Baumärkten.

Neben dem landwirtschaftlichen Kerngeschäft auf den Bezugs- und Absatzmärkten engagieren sich die Unternehmen des Landwarenhandels zunehmend auf außerlandwirtschaftlichen Märkten. Diese **Diversifizierung** ist für Unternehmen, die auf schrumpfenden Märkten agieren, ein oftmals notwendiger Schritt zur Sicherung der Existenz. Derzeit macht das landwirtschaftliche Absatz- und Bezugsgeschäft als Kerngeschäft in den meisten inhabergeführten und genossenschaftlichen Landhandelsunternehmen aber noch immer über 50 % des Gesamtumsatzes aus. Daher wird die Existenznotwendigkeit und -fähigkeit der primären Handelsstufe weiterhin wesentlich durch die Entwicklung von Struktur und Umfang der landwirtschaftlichen Produktion im jeweiligen Einzugsbereich der Landhandelsunternehmen bestimmt.

Struktur

Der **inhabergeführte Handel** mit Agrarprodukten steht, mit Einschränkungen im Außenhandel, praktisch auf allen von ihm bearbeiteten Märkten mit den landwirtschaftlichen Bezugs- und Absatzgenossenschaften in Konkurrenz. Insofern sieht er sich mit den gleichen Marktbedingungen und -problemen konfrontiert. Er kann unterteilt werden in den regionalen Landhandel (Primärstufe), den Großhandel und den Importgroßhandel.

Regionaler Landhandel

Die Zahl der inhabergeführten Agrarhandelsfirmen auf der letzten Verteilerstufe bzw. der ersten Aufnahmestufe der Agrarwirtschaft ist in den letzten Jahrzehnten deutlich zurückgegangen. Zusammen tätigen die Firmen dieser Branche aktuell einen Umsatz von rund 7,5 Mrd. €, was bei ca. 150 Unternehmen einem Durchschnittsumsatz von etwa 50 Mio. € entspricht. Gab es früher neben einigen Großunternehmen eine Vielzahl von kleinen Familienbetrieben, so beherrschen heute mittlere und größere Unternehmen den Markt.

Die Größe der Landhandelsbetriebe ist ein Spiegelbild der Agrarstruktur: Größere Unternehmen bei einer insgesamt geringeren Zahl von Betrieben sind kennzeichnend für die nördlichen Bundesländer, während Süddeutschland durch eine Vielzahl kleinerer Firmen geprägt ist. Ein signifikantes West-Ost-Gefälle der Betriebsgröße im Landhandel, wie es die Betriebsgrößenstruktur in der Landwirtschaft erwarten ließe, kann derzeit nicht festgestellt werden. Es ist davon auszugehen, dass aufgrund des Strukturwandels in der Landwirtschaft die Zahl der inhabergeführten Landhandelsunternehmen in der Bundesrepublik Deutschland längerfristig auf unter 100 sinken wird.

Im Gegensatz zu den Genossenschaften, die regional getrennt voneinander arbeiten, durch die Zentralen auf der Großhandelsstufe aber koordiniert werden können, fehlen dem nichtgenossenschaftlichen Landwarenhandel bisher weitgehend effektive überregionale Steuerungs- und Koordinierungsmöglichkeiten. Diese könnten in Zukunft durch verstärkte Großhandelsaktivitäten großer nichtgenossenschaftlicher Landhändler bzw. der Vereinigten Landwarenkaufleute (VL) und anderer Zusammenschlüsse des Landhandels vermehrt geschaffen werden. Wie im Genossenschaftsbereich auch, stellt sich dann die Frage, inwieweit die Zweiteilung von Erfassungshandel und Großhandel weiterhin vorteilhaft und unter Kostengesichtspunkten zu vertreten ist. Tendenziell ist damit zu rechnen, dass sowohl die Primärgenossenschaften als auch die nichtgenossenschaftlichen Landhändler zunehmend vom genossenschaftlichen oder sonstigen großräumigen Großhandel übergangen werden oder dessen Aufgaben selbst wahrnehmen müssen.

Zentraler Großhandel

Der zentrale Großhandel in seiner traditionellen Form verliert immer mehr an Bedeutung, da die klassischen Großhandelsfunktionen mittlerweile vermehrt von anderen Unternehmen wahrgenommen werden. Diese sind hauptsächlich die Zentralgenossenschaften und die Unternehmen der Gruppe der Vereinigten Landwarenkaufleute (VL) sowie Landhandelsunternehmen, die umsatzstark genug sind, um Großhandelsaktivitäten durchzuführen. Großhandelsunternehmen erreichen in der Regel Umsätze, die mit über 300 Mio. € deutlich über denen des regionalen Landwarenhandels liegen. Insgesamt existieren in der Bundesrepublik Deutschland etwa zehn nichtgenossenschaftliche Unternehmen auf der Großhandelsstufe, die aufgrund der großen Umschlagsmengen vorwiegend in Hafennähe angesiedelt sind.

Der Großhandel hat vor allem bei der Bereitstellung landwirtschaftlicher Vorleistungen eine große Bedeutung. Hier spielen sie bei der Futtermittelherstellung sowie beim zentralen Einkauf von Pflanzenschutz- und Düngemitteln eine zentrale Rolle. In diesen Bereichen tritt der Großhandel zunehmend auch direkt an die Landwirtschaft heran. Diese Entwicklung ist vergleichbar der im Genossenschaftsbereich, wo die Zentralen, die ursprünglich nur Großhandelsaufgaben für die Bezugs- und Absatzgenossenschaften ausführen sollten,[2] verstärkt direkt Aufgaben der Primärgenossenschaften übernehmen.

Großhandelsunternehmen haben vor allem im Bereich des Handels mit Betriebsmitteln und Vorleistungen die Möglichkeit, Preis- und Mengenrisiken international abzusichern und zu streuen. Hierzu ist in der Regel eine bestimmte Umsatzgröße notwendig, da durch die Absicherung gegen steigende Preise ein Risiko bei sinkenden Rohstoffkosten entsteht. Abgesichert werden kann z. B. die Einfuhr von Rohstoffen zur Futtermittelproduktion durch Termin- und Warentermingeschäfte (vgl. Kap. E 3).

Warenterminbörsen für Agrarprodukte stehen aber auch zunehmend großen landwirtschaftlichen Betrieben offen bzw. werden von diesen genutzt.

[2] Das traditionell zweistufige System umfasst die Erfassung bzw. Verteilung auf der Primärstufe und die nach- bzw. vorgeschaltete Konzentration auf der Großhandelsebene. Dies soll im Genossenschaftsbereich zum einen die enge Verbindung zwischen den Genossen und ihrer Genossenschaft sichern und zum anderen der Primärstufe Zugang zu Großhandelskonditionen schaffen.

Importgroßhandel

Am weitesten fortgeschritten ist der Konzentrationsprozess im Handel mit Agrarprodukten beim Importgroßhandel. In diesem Bereich existieren keine ausschließlich national operierenden Firmen mehr. Das Bild wird von weniger als zehn großen international tätigen Konzernen bestimmt, deren Aktivitäten in der Bundesrepublik Deutschland nur einen geringen Anteil ihres Geschäftes ausmachen. Die Umsätze liegen im Milliardenbereich, wobei amerikanische Konzerne die größte Bedeutung sowohl auf dem Weltmarkt als auch in Europa haben.

Kennzeichen dieser Unternehmen ist häufig eine diversifizierte Konzernstruktur. Dabei unterscheiden sich die Geschäftsbereiche zum Teil erheblich voneinander. Neben agrarischen Rohstoffen aller Art (Getreide, Ölsaaten, Zucker, Kaffee, Tee etc.) werden zum Teil auch andere Rohstoffe (Erze, Rohöl etc.) gehandelt. Der Handel mit Massengütern ist also horizontal diversifiziert. Auch die vertikale Integration ist durch Aktivitäten in den Bereichen Rohstoffbereitstellung, Veredelung, Verarbeitung und schließlich Vermarktung des Endproduktes weit verbreitet. Die typische Konzernstruktur kommt aber durch zusätzliche Engagements in vom Kerngeschäft getrennten Bereichen, wie z. B. allgemeinen Dienstleistungen, Finanzierungs- und Versicherungswesen, zustande.

Durch die geringe Anzahl der am Markt beteiligten Unternehmen und durch deren internationale Engagements ist die Wettbewerbssituation im Außenhandel mit agrarischen Produkten und Vorleistungen von oligopolistischer Konkurrenz gekennzeichnet. Aufgrund des erreichten Konzentrationsgrades ist allerdings hier, im Gegensatz zu den regionalen Oligopolen mit gleichzeitig bestehenden Überkapazitäten, nicht mit einem weiteren Verdrängungswettbewerb zu rechnen, zumal diese Strategie wegen der Größe der Unternehmen und ihrer diversifizierten Struktur mit einem hohen Risiko behaftet wäre. Vielmehr kann sicher nicht immer, aber häufig von wettbewerbsfriedlichem Verhalten ausgegangen werden. Dies und die regional und auf Teilgebieten herrschende Vormachtstellung einzelner Unternehmen ermöglichen es ihnen, im Agrarhandel längerfristig ausreichende Margen zu erzielen. Hinzu kommt, dass Preisrisiken durch Produktions- und Wechselkursschwankungen durch die gleichzeitige Präsenz auf einer Vielzahl von Bezugs- und Absatzmärkten, den weltweiten Handel auf Dollarbasis sowie durch die kombinierte Nutzung von Kassageschäften, Forwardgeschäften und Warenterminkontrakten abgemildert werden können.

Strukturwandel wird hier wohl eher über Fusionen von Handelshäusern und/oder Kauf bestimmter Geschäftsaktivitäten durch den Wettbewerber, soweit kartellrechtlich zulässig, erfolgen.

Genossenschaftlicher Handel

Der genossenschaftliche Handel mit landwirtschaftlichen Betriebsmitteln und Agrarprodukten hat in der Bundesrepublik Deutschland seit Ende des vorigen Jahrhunderts eine herausragende Bedeutung gewonnen. Genossenschaften mit Landhandelsfunktionen haben in Deutschland vertikal einen dreistufigen Aufbau: auf der Primärstufe existieren die Bezugs- und Absatzgenossenschaften sowie die Kreditgenossenschaften mit Warengeschäft. Ihnen sind auf der Sekundärstufe die Hauptgenossenschaften (Zentralen) übergeordnet. Die Zentralen sind wiederum auf nationaler Ebene in der Deutschen Raiffeisen-Warenzentrale (DRWZ) zusammengeschlossen. Die Aufgabenfelder der drei Stufen sind von der Konzeption des Genossenschaftswesens her klar gegliedert und voneinander abgegrenzt:

- Die Primärgenossenschaften decken auf regionaler und lokaler Ebene das direkte Geschäft mit der Landwirtschaft ab.
- Die Hauptgenossenschaften unterstützen ihre Mitgliedsgenossenschaften durch eine weitere Konzentration des Angebots sowie durch den zentralen Einkauf landwirtschaftlicher Vorleistungen.
- Die Deutsche Raiffeisen-Warenzentrale übt ihre Geschäftstätigkeit vor allem im zentralen Einkauf einiger Betriebsmittel (z. B. Düngemittel, Pflanzenschutzmittel) aus. Darüber hinaus erfüllt sie Dienstleistungsaufgaben für die Hauptgenossenschaften.

Die tatsächliche Arbeitsteilung entspricht nicht immer dem formalen Schema: Die Hauptgenossenschaften übernehmen, wie oben dargelegt, zum Teil Aufgaben der Primärstufe, zugleich können wachsende – zum Teil auch durch Fusionen in neue Größenordnungen hineinwachsende – Hauptgenossenschaften eine Einkaufsmacht entwickeln, die die Nutzung der zentralen nationalen Einkaufsorganisation erübrigt. Mittlerweile ist die Konzentration soweit fortgeschritten und die regionale Aufteilung in einigen Geschäftsbereichen durchbrochen, so dass die Bedeutung der DRWZ weiter abnimmt.

Aufgrund der immer noch großen Bedeutung des Kerngeschäfts setzt der Strukturwandel in der Landwirtschaft die inhabergeführten und genossenschaftlichen Unternehmen unter einen erheblichen Anpassungsdruck. Die derzeitige wirtschaftliche Situation der Branche ist dabei von folgenden Entwicklungen gekennzeichnet:

- Der Preisrückgang bei einer Vielzahl von Agrarprodukten und zunehmender internationaler Wettbewerb wegen der politisch gewollten Reduzierung des EU-Agraraußenschutzes führen zu Umsatzrückgängen in der Landwirtschaft. Dies hat eine Anpassung der **speziellen Intensität der Produktion** sowie einen Rückzug der landwirtschaftlichen Erzeugung von Grenzstandorten zur Folge. Damit verbunden ist ein Rückgang beim Absatz von Betriebsmitteln und Investitionsgütern für die Landwirtschaft, was bei Herstellern und Vertreibern dieser Güter zu Umsatzeinbußen und schlechterer Kapazitätsauslastung führt.
- Auf der Primärstufe und beim Großhandel bestehen **Überkapazitäten,** vor allem bei Lagerraum sowie bei Vermahlung und Mischung. Dies zwingt die Firmen zu Kostensenkungen durch Kooperationen und Kapazitätsstillegungen. Die Dringlichkeit derartiger Anpassungen in dieser schrumpfenden Branche wird auch dadurch dokumentiert, dass in Teilbereichen auch Kooperationen zwischen nichtgenossenschaftlichen und genossenschaftlichen Unternehmen eingegangen werden.
- Die bisher für die Landwirtschaft mittelfristig relativ günstige Konstellation gegenüber der Landhandelsstufe ist gekennzeichnet von Überkapazitäten und **regionalen Oligopolen** des Landhandels. Preispolitisch resultiert daraus oftmals eine oligopolistische Kampfstrategie mit teilweise ruinösen Spannen für die Landhandelsunternehmen. Diese Strategie wird vor allem dann angewandt, wenn eine Unterauslastung bestehender Kapazitäten keine Vollkostendeckung zulässt. In dieser Situation kann es betriebswirtschaftlich sinnvoll sein, die Kapazitätsauslastung durch eine Senkung der Spannen zu erhöhen und dadurch den Verlust zu minimieren. Dabei müssen allerdings mindestens die variablen Kosten gedeckt sein.
- Um seine langfristige Existenzfähigkeit zu sichern, wird der Landhandel im Zuge weiterer Konzentration und Kooperation Überkapazitäten und regionale Überschnei-

dungen abbauen müssen. Sind die derzeitigen Strukturen bereinigt, so kann es für die verbleibenden Unternehmen möglich werden, höhere Spannen gegenüber der Landwirtschaft im Absatz- wie auch im Bezugsgeschäft durchzusetzen.

1.3.2 Strategien

Die für den Landwarenhandel typischen Organisations- und Wettbewerbsstrukturen bestimmen im Zusammenwirken mit innerbetrieblichen Möglichkeiten und Handelsgepflogenheiten sehr stark die strategischen Möglichkeiten dieser Branche. Wir haben es zu tun mit

- vielen kleinen Unternehmungen (Primärgenossenschaften und nichtgenossenschaftliche Landhändler), die mit 80 bis 200 Landwirten und einer nicht näher zu definierenden Zahl von Privatkunden im lokalen Markt in Geschäftsbeziehungen stehen,
- Unternehmen, die traditionsgemäß ihren geschäftspolitischen Schwerpunkt im Einkaufen und Verkaufen von Betriebsmitteln haben,
- Großhandelsunternehmen, die darauf bedacht sind, ihre überwiegend regional orientierte Marktstellung zu halten, indem sie ihre Partner auf der lokalen Ebene unterstützen, an sich binden und motivieren,
- Unternehmen, die in ihrer Geschäftspolitik darauf bedacht sind, angesichts einer schrumpfenden Landwirtschaft ihre vorhandenen Ressourcen (Kapital, Personal und Produktions- bzw. Handelskapazitäten) so ökonomisch wie möglich und im Sinne der Festigung der eigenen Marktstellung zu nutzen.

Da die genossenschaftlichen und inhabergeführten Landhandelsunternehmen weitgehend in den gleichen Marktsegmenten tätig sind und mit ähnlichen wirtschaftlichen Voraussetzungen konfrontiert sind, ähneln sich auch ihre strategischen Möglichkeiten, wenngleich man nicht übersehen darf, dass diese beiden Gruppen des Warenhandels mit sehr unterschiedlichen Wettbewerbsvoraussetzungen im Markt agieren.

a) So hat der nichtgenossenschaftliche Landhandel größere Freiheit im Umgang mit den Landwirten, weil er seine Aktionen nicht wie die Genossenschaften am Solidaritätsprinzip ausrichten muss und auch nicht in seiner Geschäftspolitik von den Landwirten als Trägern des Unternehmens kontrolliert und beeinflusst wird.

b) Dagegen verfügt das Genossenschaftssystem gerade auch in seinem Solidaritätsprinzip nicht nur über Einschränkungen seiner Handlungsfähigkeit, sondern auch über Vorteile. Die Genossenschaften sind Unternehmen der Landwirte, was häufig dazu führt, dass die Landwirte diese Unternehmen auch bei schlechten wirtschaftlichen Ergebnissen nicht fallen lassen, sondern – im Ernstfall sogar in Form der Nachschusspflicht – das notwendige Kapital zum Aufbau und Ausbau des Unternehmens bereitstellen; auch haben prinzipiell die Genossenschaften wesentlich mehr Möglichkeiten zum Zusammenschluss, was sich z. B. durch die Fusionen von Regionalzentralen zeigt; sie können damit die Vorteile des inhabergeführten Landhandels in der Flexibilität und gezielten Auswahl bestimmter Zielgruppen durch Konzentration und Größe wettmachen. Größe bedeutet natürlich auch, dass bessere Möglichkeiten für den Aufbau technischer Kapazitäten und für die Erhöhung der Leistungsfähigkeit des Managements durch entsprechende Zentralabteilungen mit Spezial-Know-how bestehen.

Unabhängig von diesen Unterschieden bestehen aber auch viele Gemeinsamkeiten in den Chancen und Grenzen der Nutzung von Marketingstrategien.

Kostenführerschaftsstrategien

Handelstätigkeit ist zwangsläufig ein sehr preisorientiertes Geschäft. Angesichts der zunehmenden Preissensitivität von Landwirten wird dies auch in der Zukunft so bleiben. Damit sind die Unternehmen des Landwarenhandels zwangsläufig permanent herausgefordert, nach Kostenführerschaftsstrategien zu suchen.

Kostenführerschaft ist immer etwas Relatives: Kann ich besser einkaufen als die Konkurrenz, rationeller produzieren oder vermarkten, strategische Vorteile erlangen? Infolgedessen gibt es auch im Landwarenhandel Beispiele dafür, dass nicht nur durch konzentrationsbedingte Rationalisierung und Schaffung von Einkaufsvorteilen eine Kostenführerschaft ermöglicht wird, sondern dass auch kleinere Unternehmungen diese Strategie verfolgen können, z. B. der Landhandel mit eigener Futtermittelherstellung oder in Kooperation mit einem regionalen Futtermittelhersteller dadurch, dass er sich auf bestimmte Funktionen und Zielgruppen (insbesondere Großbetriebe) konzentriert und Rationalisierungsmöglichkeiten in der Logistik nutzt. Oder etwa dadurch, dass Primärgenossenschaften selbst ein enges Sortiment an Mischfuttermitteln herstellen und das dafür eingesetzte Getreide im Gegengeschäft von den Landwirten als Mischfutterkunden beziehen. Solche Vorteile sind oft eine Folge mangelnder Flexibilität von Wettbewerbern oder aber eigener Organisationsstärken. Erheblich größere Potenziale (vor allem auch im Zusammenhang mit Preis-Mengen-Strategien) liegen in den durch Konzentration bedingten Rationalisierungsmöglichkeiten und der damit verbundenen Stückkostendegression. Im nichtgenossenschaftlichen Landhandel werden diese Reserven eher durch unternehmensinternes Wachstum genutzt, im Genossenschaftsbereich häufiger durch Kooperation und Fusion.

Ob und in welchem Umfange aber tatsächlich einzelne Unternehmen oder Unternehmensgruppen im Landwarenhandel Wettbewerbsvorteile durch Kostenführerschaft erreichen, hängt davon ab,

- ob und in welchem Umfange die Zulieferindustrie (z. B. für Düngemittel, Pflanzenschutzmittel, Saatgut oder Futtermittel) den Einkaufszentralen deutlich höhere Rabatte gewähren kann als Einzelunternehmen oder Unternehmensgruppen mit geringerem Einkaufsvolumen,
- ob und in welchem Umfange in diesen Zusammenschlüssen tatsächlich kostengünstiger in Produktion (Futtermittel), Vertrieb oder Management gearbeitet wird und ob nicht Overhead-Kosten die Rationalisierungsreserven wieder zunichte machen,
- inwiefern andere strategische Ziele eine konsequente Orientierung an Rationalisierung und Kostenführerschaft schwierig bzw. unmöglich machen (z. B. im Zusammenhang mit einer serviceorientierten Unternehmenspolitik).

Innovationsstrategie

Die Möglichkeiten des Landwarenhandels zur Entwicklung von innovativen Leistungsangeboten sind stark eingeschränkt. Da der Landwarenhandel mit Ausnahme von Futtermitteln keine Güter produziert, sondern sie vermittelt, ist die Geschäftspolitik traditionsgemäß nicht auf Innovation ausgerichtet. Vielmehr sind die Unternehmen darauf angewiesen, dass ihre Lieferanten dem Bedarf der Landwirtschaft nach Neuigkeiten entgegenkommen.

Hier gibt es gewisse Möglichkeiten zur Profilierung, indem beispielsweise Landhandelsunternehmen mit Herstellern Exklusivverträge zur Vermarktung neuer Produkte abschließen, was bislang allerdings mit Ausnahme des Landmaschinenbereichs kaum genutzt wird.

Denkbar sind aber innovative Problemlösungsansätze im Bereich der Servicepolitik, da der Handel aufgrund seiner Marktnähe und seiner Unternehmensorganisation am ehesten über die Voraussetzungen verfügt. Allerdings gehört dazu sehr viel Risikobereitschaft und langfristig-strategisches Denken, so dass auch in diesem Sektor häufiger Nachahmungs- als aktive Marktführerstrategien anzutreffen sind.

Profilierungsstrategien

Zwangsläufig müssen Unternehmen, die sich einer schrumpfenden Nachfrage bei gleichzeitiger Konzentration auf ein geringeres Kundenpotenzial gegenübersehen, nach Profilierungsmöglichkeiten suchen. Diese können in den Bereichen der Produktpolitik, im Service, aber auch in den Kommunikationsmaßnahmen liegen. Eine weitere Möglichkeit ist die Profilierung als Gesamtunternehmen oder als Unternehmensgruppe. Eine solche – eher als **„Dachmarken"**-Konzept zu bezeichnende – Strategie muss deshalb für den Handel von großem Interesse sein, weil die Landwirte häufig nicht nur an einzelnen Leistungen ihrer Lieferanten, sondern an einem Bündel von Angeboten interessiert sind.

Im genossenschaftlichen Bereich findet dies seinen Niederschlag in der bundesweiten Vereinheitlichung und Anwendung des Zeichens „Raiffeisen" nach einheitlichen Zeichennutzungsregeln. Im Bereich der Haus- und Gartenmärkte profiliert sich das Genossenschaftssystem durch die Bezeichnung „H+G-Märkte", der inhabergeführte Landhandel durch die „Grünen Warenhäuser". Auch die Schaffung eines gemeinsamen Namens für genossenschaftliche Futtermittel („Ringfutter") zeigt Bemühungen in dieser Richtung.

Derartige Synergieeffekte aus der Nutzung gemeinsamer Zeichen und Namen sind häufiger im genossenschaftlichen Handelssektor anzutreffen als im nichtgenossenschaftlichen, wo die Individualunternehmen durch Unabhängigkeitsstreben gekennzeichnet sind.

Markenspezifische Profilierungsstrategien finden wir darüber hinaus in den Sektoren, in denen der Handel auch selbst Güter produziert, insbesondere im Futtermittelbereich. Namensbezeichnungen von Futtermitteln, die nicht nur die jeweilige Sorte kennzeichnen, verdeutlichen dies.

Eine große Herausforderung für den Handel liegt im Bereich der **Serviceprofilierung.** Die Stärke des Handels liegt in der Logistik und im täglichen unmittelbaren Kundenkontakt. Wenn man bedenkt, in welchem Umfang Landwirte heute Informationen und Beratungsleistungen beim amtlichen Beratungsdienst einholen und wie stark auf der anderen Seite die Lieferanten darauf angewiesen sind, dass ihre Produkt- und Anwendungsinformationen an die Landwirte weitergegeben werden, kann man ermessen, welche Profilierungsmöglichkeiten der Handel in diesem Bereich hat. Aber Service ist teuer, und es besteht ein deutlicher Konflikt zwischen seiner Ausweitung und einer Kostenführerstrategie. Darüber hinaus ist Service eine enorme Herausforderung an die Bereitschaft und Qualifikation der Mitarbeiter. Deshalb kann eine solche Politik nur auf zwei Pfeilern aufbauen:

a) Der Handel muss seine Serviceleistungen in einer solchen Qualität und mit einem solchen Geschick anbieten, dass die Landwirte auch bereit sind, dafür zu bezahlen.
b) Der Handel muss seine Lieferanten überzeugen, dass seine Serviceleistungen für deren Markterfolg unverzichtbar sind und dass somit auch von den Lieferanten ein finanzieller Beitrag für diese Serviceleistungen erbracht werden sollte.

Eine auf die Bedürfnisse der Landwirte orientierte Servicepolitik kann in der Informationsweitergabe, in der Schulung und Beratung, in der flexiblen Übernahme von Dienstleistungen – bis hin zu Lohnunternehmertätigkeiten – und künftig auch in der wesentlich stärkeren Nutzung EDV-gestützter Kommunikationssysteme mit den Landwirten liegen.

Einer Strategie der Profilierung über Kommunikationsmaßnahmen sind im Landwarenhandel eher Grenzen gesetzt. Dies gilt insbesondere für die klassische Werbung, für deren intensiven Einsatz in der Regel die finanziellen Mittel nicht ausreichen.

Aber auch hierfür gibt es keine pauschalen Gesetzmäßigkeiten. So zeigen beispielsweise immer mehr Genossenschaftszentralen Bereitschaft und Interesse für eine intensive Unternehmenskommunikation im Sinne einer Profilierung des gesamten Unternehmens, aber auch im Sinne einer aktiven Öffentlichkeitsarbeit.

Darüber hinaus darf man nicht vergessen, dass eine nicht medienorientierte Kommunikationspolitik im Handel schon immer eine große Rolle spielte. Durch Veranstaltungen und ähnliche Maßnahmen hat der Handel schon immer aktiv Kommunikationspolitik betrieben, wenngleich nicht unter dem Gesichtspunkt einer marketingorientierten Profilierung. Letztere wird aber voraussichtlich in den nächsten Jahren weiter an Bedeutung gewinnen. Der Handel wird deutlicher machen müssen, dass er Informationsmittler zu den Landwirten ist. Er muss hierzu einen noch professionelleren Kontakt – auch mit Hilfe von Direct Mailing oder anderen Kommunikationsmaßnahmen – zu den Landwirten pflegen, wenn er nicht Gefahr laufen will, dass die Hersteller der Produkte diese Aufgabe selbst übernehmen, was für diese immer leichter wird, weil die Zahl der zu erreichenden Landwirte immer geringer wird und die technische Informationsübermittlung viele Möglichkeiten bietet.

Produktdifferenzierungsstrategien

Mit Ausnahme von Mischfuttermitteln, bei denen der Handel – soweit er selbst produziert – aktive Produktdifferenzierung durchführen kann, bedeutet Produktdifferenzierung im Handel im wWesentlichen Sortimentsdifferenzierung. Wie für jedes Handelsunternehmen ist dieser Bereich ein Schwerpunkt der unternehmerischen Aktivität. Strategische Wettbewerbsvorteile in der Sortimentspolitik lassen sich auf zwei Wegen erreichen:

a) Ein Unternehmen spezialisiert sich auf Sortimente, die vom Wettbewerber nicht geführt werden.
b) Ein Unternehmen bietet eine solche Sortimentsbreite und Lieferbereitschaft an, wie es die Konkurrenten nicht können.

Für eine Strategie der „Exklusivsortimente“ gibt es im Landwarenhandel bisher kaum Beispiele. Der Erfolg einer solchen Strategie hängt davon ab, dass ein Handelsunternehmen auch Lieferanten findet, die ihm bestimmte Produkte unter Ausschluss anderer Vertriebswege überlässt. Wir finden Beispiele dafür im Mischfutterbereich und im Bereich der Landmaschinen, kaum aber bei den anderen Betriebsmitteln, es sei denn, ein Wettbewerber verzichtet ganz auf die Führung bestimmter Sortimentsbereiche, wie z. B. Pflanzenschutzmittel oder Düngemittel, und der Anbieter im lokalen Raum kann sich mit der Bereitstellung dieser Produktgruppen bei den Landwirten profilieren.

Preisdifferenzierungsstrategien

Die Tatsache, dass die Spielräume für eine Produktdifferenzierung durch Produkt- und Kommunikationspolitik bei landwirtschaftlichen Betriebsmitteln und – eingeschränkt – bei Investitionsgütern gering sind, hat zur Folge, dass auch die Möglichkeiten, akquisitorische Potenziale auf der Preis-Absatz-Funktion zu erschließen, bei der bestehenden Markttransparenz und dem Informationsstand der Kunden eingeschränkt sind. Bei weiterer Verbesserung des Informationsstandes, z. B. durch Aufbau und Anwendung von Marktinformationssystemen, wird der Spielraum bei der Preispolitik dieser weitgehend homogenen Güter weiter eingeengt.

Ziel der Preispolitik des Landwarenhandels ist es, Leistungen zu kalkulierten Preisen anbieten und absetzen zu können. Dabei setzt sich der Preis der Leistung zusammen aus

- Einkaufspreis
- Kosten (Kostenspanne)
- Gewinn (Gewinnspanne).

Der Wettbewerb auf stagnierenden Märkten führt allerdings dazu, dass vor allem bei Unterauslastung bestehender Kapazitäten nicht immer zu den kalkulierten Preisen verkauft werden kann. Der kalkulierte Gewinnanteil der Spanne ist daher im landwirtschaftlichen Kerngeschäft oft sehr gering. Die Spanne wird hauptsächlich durch den Kostenteil bestimmt. In Mehrproduktunternehmen ist es allerdings möglich, bei der Entscheidung über die Preisgestaltung für einzelne Leistungen zusätzlich Wettbewerbsüberlegungen zu berücksichtigen:

a) Bei bestehender Markttransparenz können **Mischkalkulationen** ein probates Mittel sein, Kunden an das Unternehmen zu binden. Ein Beispiel hierfür können Tankstellen des genossenschaftlichen Landhandels sein, wenn sie konstant einige Cent günstiger anbieten als die Konkurrenz. Die resultierenden, z. T. extrem niedrigen Spannen sollen durch eine erhöhte Frequentierung von angeschlossenen Märkten bzw. durch eine Imageverbesserung und Steigerung des Bekanntheitsgrades kompensiert werden.

b) Ähnliche Effekte können **Sortimentspreise** erzielen, denen ebenfalls Mischkalkulationen zugrunde liegen. Die Bildung von Sortimentspreisen im landwirtschaftlichen Kerngeschäft ist aber bei den vorherrschenden niedrigen Spannen eingeschränkt. In diversifizierten Unternehmen, z. B. mit angeschlossenen Gartenbaumärkten, können allerdings Sortimentspreise die Attraktivität des Gesamtangebots steigern.

c) In den Bereich der Preispolitik fallen nicht nur Entscheidungen über die Höhe des Preises, sondern auch Regelungen über die Art und Weise der Bezahlung. Die preispolitischen **Konditionen** umfassen dabei vor allem Rabatte, Lieferantenkredite (Absatzkredite) und Zahlungsbedingungen.
   - Rabatte werden hauptsächlich als Mengenrabatte bei der Abnahme bestimmter Losgrößen und als saisonentzerrende Zeitrabatte, z. B. beim Kauf von Düngemitteln im Winter (sog. Frühbezug), gewährt.
   - Lieferantenkredite werden von den Landwirten z. B. in Anspruch genommen, wenn die Bezahlung des Saat- bzw. Pflanzgutes erst nach der Ernte erfolgt. Dabei wird die Ernte oftmals an den Kreditgeber verkauft, der die Vorleistungslieferung mit der abgelieferten Ware auf einem Kontokorrentkonto verrechnet.

– Die Zahlungsbedingungen regeln vor allem die Zahlungsmodalitäten (Barzahlung, Teilzahlungen mit Restzahlung nach einer bestimmten Zeit oder nach Erhalt der Ware, Vorauszahlung etc.), Zahlungsfristen (oft mit Skonti) und eventuell die Absicherung (dinglich oder personell).

Mit diesen Maßnahmen kann der Handel Preisdifferenzierung betreiben. Nicht immer müssen daraus aber strategische Vorteile erwachsen. Solange die Preispolitik im Wesentlichen auf der Gewährung von Mengen- und Funktionsrabatten beruht, sind damit noch keine strategischen Vorteile verbunden, weil die Wettbewerber schnell nachziehen können. Am ehesten wird eine Preisdifferenzierungsstrategie für den Landhandel im Zusammenhang mit den Möglichkeiten der Kostenführerschaftsstrategie und den Möglichkeiten einer Profilierung im Servicebereich zu verwirklichen sein.

Vertriebsdifferenzierungsstrategien

Das Vertriebssystem des Landwarenhandels war bislang zweistufig aufgebaut: Es gab einen zentral einkaufenden Großhandel und die auf lokaler Ebene tätige Primärstufe. Es ist noch nicht abzusehen, ob sich an diesem System kurzfristig etwas ändern wird. Aber es ist nicht zu übersehen, dass die Marktveränderungen in der Agrarwirtschaft auch das bisher festgefügte Handelssystem in seiner Struktur verändern werden. Dies kann z. B. dazu führen, dass die Zentralen – selbst des genossenschaftlichen Handels –, auf der anderen Seite die Unternehmen auf lokaler Ebene – auch durch Fusionen – größer werden und bei den Lieferanten gleiche Einkaufskonditionen durchsetzen wie bisher die Zentralen.

Dass das gesamte System im Umbruch ist, zeigen folgende Beobachtungen:

- Unternehmen auf der Primärstufe nehmen die Ware nicht mehr auf Lager, sondern vermarkten sie in Kommission,
- Zentralen des Handels bauen ein Filialsystem auf, zum Teil durch Übernahme lokaler Vertriebseinheiten, zum Teil durch Beteiligung,
- Baumärkte, Haus- und Gartenmärkte werden für die Erschließung neuer Marktsegmente errichtet.

Diversifizierungsstrategien

Die ungünstige Entwicklung im landwirtschaftlichen Kerngeschäft zwingt den Landhandel, verstärkt Diversifizierungsmöglichkeiten in seinem regionalen Einzugsgebiet auszuloten, um

- Wachstum,
- Existenzsicherung,
- Risikostreuung und -minderung,
- Steigerung der Kapazitätsauslastung

zu erreichen. Wir finden im Handel unterschiedliche Formen der Diversifikation:

a) Horizontale Diversifikation (ausgehend vom traditionellen Bezugs- und Absatzgeschäft) beispielsweise in der Form
   – des Verkaufs von Landmaschinen und landwirtschaftlichen Ausrüstungsgegenständen, also Angliederung einer Landmaschinenwerkstatt mit Maschinenverkauf,
   – des Aufbaus von Gartenmärkten,
   – des Handels mit Energieträgern.

b) Vertikale Diversifikation im Sinne einer Verbindung zum bisherigen Leistungsangebot mit zusätzlichen Liefer- oder Bezugsbeziehungen, z. B. in der
   - Mischfutterproduktion,
   - Verarbeitung von Energieträgern (Öle),
   - industriellen Verarbeitung landwirtschaftlicher Rohstoffe.

Die Diversifizierungsstrategien stellen unterschiedliche Anforderungen an die Unternehmensführung und das Marketing. Sie steigen von der horizontalen über die vertikale bis hin zur lateralen Diversifikation an. Mit den Anforderungen nimmt in der Regel auch das Risiko der jeweiligen Betätigung zu. Es ist daher davon auszugehen, dass von den Unternehmen zunächst nahe am Kernbereich der bisherigen Betätigung liegende zusätzliche Aktivitäten aufgenommen werden. Hier sind auch die größeren Synergieeffekte zwischen alten und neuen Aktivitäten zu erwarten. Erst danach ist mit einer Ausdehnung in „fremde" Geschäftsfelder zu rechnen. Aufgrund der dazu erforderlichen Personal- und Kapitalressourcen werden vornehmlich größere und erfolgreichere Unternehmen diesen Weg beschreiten können.

Die im Landwarenhandel am weitesten verbreiteten Diversifizierungsmärkte sind Baubedarf, Haus- und Gartenmärkte sowie Energieversorgung. Unter der Zielsetzung einer verbesserten Auslastung bestehender Kapazitäten sind diese Sparten allerdings kritisch zu beurteilen, da auch sie wie das landwirtschaftliche Kerngeschäft saisonalen bzw. konjunkturellen Nachfrageschwankungen unterliegen. Die dortigen Nachfragespitzen fallen darüber hinaus oft mit denen im landwirtschaftlichen Kerngeschäft zusammen.

Bei der Beurteilung von Kostendegressionseffekten durch Diversifikationsmaßnahmen, die durch eine Verbesserung der Kapazitätsauslastung bzw. bei der Ausnutzung von economies of scale ausgelöst werden, ist zu beachten, dass mit zunehmender Entfernung der neu aufgenommenen Aktivitäten vom bisherigen Leistungsangebot zusätzliche Kosten z. B. für die Einstellung von Fachpersonal oder für Anlageinvestitionen berücksichtigt werden müssen.

Neben den genannten Diversifikationseffekten können auch positive Rückwirkungen auf das landwirtschaftliche Kerngeschäft auftreten. Mit der Ausdehnung des Leistungsangebotes kann es z. B. zu einer stärkeren Frequentierung des Unternehmens bzw. zu einer Verbesserung des Firmenimages durch das vergrößerte Angebot kommen.

Nachahmerstrategien

Die Politik des „Nachahmens" wird dem Handel eher aufgezwungen als dass dieser aktiv Wettbewerbsvorteile daraus entwickeln würde. So zwingen die Landwirte beispielsweise ihre Anbieter, zu gleichen Konditionen wie die Konkurrenz zu verkaufen, das gleiche Sortiment zu führen, den gleichen Service anzubieten.

Sieht man aber einmal vom traditionellen Bezugsgeschäft ab, so hätte der Handel prinzipiell durchaus Möglichkeiten, eine aktive Nachahmerpolitik auch zum eigenen Vorteil durchzuführen. Dies gilt vor allen Dingen für die „neuen" Sortimentsbereiche, die der Handel im Rahmen seiner Diversifikationsstrategien aufnimmt, speziell Baumärkte und Haus- und Gartenmärkte. In diesen Bereichen kann der Landwarenhandel von den nicht agrarisch orientierten Unternehmen bzw. Konzernen lernen und erfolgreich im Markt platzierte Konzepte unter eigener Identität gruppieren.

Nischenstrategien

Nischenstrategien können im Rahmen von Diversifikationsstrategien entwickelt werden. Darauf wurde oben bereits hingewiesen.

Kooperationsstrategien

Als Kooperation bezeichnet man vertragliche Vereinbarungen zwischen weiterhin selbstständigen Unternehmen zur Erfüllung von Teilaufgaben der beteiligten Firmen. Ziel ist es, vorhandene Synergieeffekte auszunutzen bzw. die Koordination zwischen den verschiedenen Marktstufen zu verbessern. Funktionsfähige freiwillige Kooperationen sind dabei an bestimmte Voraussetzungen gebunden:

- Kooperationen sind nur dann erfolgversprechend, wenn die Leistungen der kooperierenden Gruppe größer sind als die Summe der Leistungen der einzelnen Mitglieder der Kooperation zuzüglich der Organisationskosten.
- Kooperationen setzen einen gewissen Grad an Interessenhomogenität voraus. Die Interessenhomogenität muss dabei nicht vollkommen, sondern nur größer als die bestehenden Interessensgegensätze sein.
- Für jedes einzelne Mitglied der Kooperation muss die Kooperation die beste einzelbetriebliche Handlungsalternative sein, d. h., sie muss einen höheren Gewinn erwarten lassen als Handlungsalternativen ohne Kooperation.

Kooperationen können vertikal oder horizontal organisiert sein.

Vertikale Kooperationen können vor allem die Koordination des Warenflusses zwischen den verschiedenen Marktstufen verbessern, indem vertragliche Vereinbarungen bezüglich der angebotenen und nachgefragten Leistungen geschlossen werden. Daneben ist es möglich, durch die Zusammenarbeit mit vor- bzw. nachgelagerten Unternehmen die Marktstellung und damit die Verhandlungsposition zu stärken. Im Landwarenhandel stellt die Zusammenarbeit der Genossenschaften auf der primären Stufe mit den Hauptgenossenschaften ein Beispiel für vertikale Kooperation dar. Allerdings ist hier die Koordinierungsfunktion, d. h. die vertragliche Bindung der Leistungserstellung, noch immer dem Ziel der Stärkung der Marktposition untergeordnet.

Horizontale Kooperationen haben auf schrumpfenden Märkten eine große Bedeutung, da sie es ermöglichen, durch die Ausnutzung von Synergiepotenzialen zwischen Unternehmen einer Marktstufe die Kosten zu senken. Daneben kann durch horizontale Abstimmung der Aktivitäten der Konkurrenzdruck zwischen den Partnern der Kooperation verringert werden. Der Kooperation wie auch der Konzentration sind daher kartellrechtliche Grenzen gesetzt. Da die Unternehmen des Landwarenhandels weitgehend die gleichen Märkte bearbeiten, kann eine horizontale Kooperation langfristig nur zwischen räumlich getrennten Firmen zustande kommen. Aufgrund der räumlichen Trennung ist die horizontale Zusammenarbeit vor allem bei den Genossenschaften verbreitet. Agieren Unternehmen einer Stufe in derselben Region, so überwiegen Substitutionseffekte oftmals die Synergiepotenziale. Hier wird es dann verstärkt zu Konzentrationsprozessen kommen.

Naheliegend für den Landwarenhandel ist in diesem Zusammenhang auch der Gedanke der strategischen Allianz zwischen Handel und Hersteller. Dies gibt es beispielsweise im Mischfutterbereich, wo national distribuierende Hersteller in enger Zusammenarbeit ihre Produkte über den Landwarenhandel vermarkten. Eine solche strategische Allianz besteht in gewisser Weise auch zwischen den Zentralen der Genossenschaften und den Primärgenossenschaften in allen Warenbereichen.

Auch im Bereich der Landmaschinen gibt es Exklusiv-Vertriebsverträge, auch hier wird also das Konzept strategischer Allianzen genutzt. Weniger dagegen finden wir Ansätze in den Bereichen Pflanzenschutzmittel und Düngemittel oder auch in neuen Geschäftsbereichen des Handels (z. B. Haus- und Gartenmärkte). Es wäre durchaus möglich, dass Unternehmen stärker mit marktführenden Partnern kooperieren, was aber auf lokaler Ebene zu einer Exklusivdistribution führen müsste. Dieses setzt insbesondere im Handel ein noch konsequenteres strategisches Denken voraus, auch Verzicht auf den Anspruch, den Landwirten jedes gewünschte Produkt liefern zu können.

2. Marketing in der Landwirtschaft

Obwohl mit zunehmender Verlagerung von Vermarktungsfunktionen aus der Landwirtschaft auf nachgelagerte Stufen die unmittelbare Orientierungsmöglichkeit für viele Landwirte an den Wünschen der Verbraucher abnimmt, hat die Landwirtschaft durchaus Aktionsspielräume für Marketingaktivitäten. Einige Beispiele zeigen dies:

- Eier und Kartoffeln werden schon seit vielen Jahren von zahlreichen Betrieben direkt an den Verbraucher abgesetzt. Immer mehr Betriebe bieten dem Verbraucher ein komplettes Sortiment an Nahrungsmitteln und Nichtnahrungsmitteln an, nicht selten in Verbindung mit touristischen Angeboten wie z. B. einem Hofcafé.
- Speziell in den südwestdeutschen und süddeutschen Regionen vermarkten auch heute noch viele Landwirte ihre Tiere direkt an einen Metzger.
- Durch Sortenauswahl und Anbaumethoden werden im Getreidebereich Erzeugnisse unterschiedlicher Qualitäten produziert.
- Neue Gemüsesorten, Anbau außerhalb der Hauptangebotszeiten gibt Gartenbaubetrieben Möglichkeiten zur Produkt- und Preisdifferenzierung.
- Durch Zusammenschluss können Landwirte bessere Verhandlungspositionen erreichen, Mengen regulieren und möglicherweise auch eine Abnehmerdifferenzierung durchführen.
- Ökologische Produkte werden in großem Umfang direkt an den Verbraucher bzw. Großverbraucher verkauft.
- Landwirte produzieren nach besonderen Erzeugungsrichtlinien hergestellte Qualitätsprodukte und kümmern sich selbst um deren Absatz.
- Betriebe produzieren Vorzugsmilch und verkaufen diese an Reformgeschäfte und Krankenhäuser, aber auch an Privathaushalte.

- Im großen Stile haben in den vergangenen Jahren Landwirte die Produktion von Spargel und Erdbeeren aufgenommen und verkaufen diese Produkte ab Hof bzw. Feld.

Die Liste der Beispiele ließe sich fortsetzen. Dass gerade in jüngster Zeit das Thema Marketing für die Landwirtschaft immer stärker in die Diskussion gerät, hängt natürlich damit zusammen, dass viele Betriebe (und auch deren Beratungsorganisationen) die Hoffnung haben, dass Landwirte dadurch dem Preisdruck auf den indirekten Absatzwegen ausweichen können.

Sie nehmen die Vermarktung selbst in die Hand, erproben Preisspielräume, versuchen, eigenständige Produkte herzustellen, suchen nach Möglichkeiten, sich zu profilieren, sich

Übersicht E.4

Aktionsmöglichkeiten und Spielräume

Voraussetzungen für Marketing-Aktionsmöglichkeiten landwirtschaftlicher Betriebe
Preispolitik • Verhandlungsfähigkeit • Rationalisierung • Produktdifferenzierung • Profilierung • Marktsegmentierung (Abnehmerdifferenzierung) • Mengenregulierung • Zusatzleistungen (z. B. Dienstleistungen)
Produktpolitik • Qualitätsdifferenzierung • eigene Aufbereitung • Veränderung der Produktzusammensetzung • zusätzliche Verarbeitung/Veredlung • Hinzufügen von Zusatzleistungen • Verpackung • Kennzeichnung
Distributions- und Verkaufspolitik • Veränderung der Vermarktungszeitpunkte • eigenen Verkauf organisieren • Zusatzleistungen anbieten • verschiedene Märkte bedienen • aktiv akquirieren (Marktstufen überspringen) • verbinden mit Marktpartnern
Kommunikationspolitik • Produktdifferenzierung • Schaffung von Erkennungs-/Identifikationsmerkmalen

bzw. ihr Unternehmen oder ihren Zusammenschlüssen eine eigenständige Identität zu geben.

Nicht alle Hoffnungen gehen in Erfüllung, manche gut gedachten Aktivitäten scheitern an zu geringer Leistungs- und Lieferfähigkeit, an mangelnder Strategiefähigkeit, an den finanziellen Restriktionen, dem fehlenden Know-how und nicht zuletzt auch an der Marktmacht der Abnehmer.

Vor allen Dingen müssen Landwirte erkennen, dass bestimmte Voraussetzungen vorhanden sein müssen, damit sie überhaupt aktionsfähig sind. Für die Preispolitik, Produktpolitik, Distributions- und Verkaufspolitik sowie für die Kommunikationspolitik zeigt Übersicht E.4 die entsprechenden Kriterien.

Häufig sind solche Voraussetzungen nicht vorhanden, Landwirte können sie aber (in mehr oder weniger großem Umfange) schaffen, wenn sie

(1) ihre Produkte selbst vermarkten,
(2) sich zu Erzeugergemeinschaften und zum gemeinschaftlichen Verkauf eines größeren Angebotes zusammenschließen,
(3) sich mit ihren Partnern auf der nächsten Vermarktungsstufe zur „vertikalen Integration“ verbinden.

Wie diese Möglichkeiten genutzt werden können, was dabei zu beachten ist und welche Chancen und Risiken darin bestehen, zeigen die folgenden Kapitel.

2.1 Direktvermarktung und alternative Erwerbsquellen

Besonders in dicht besiedelten Gebieten (z. B. im Ruhrgebiet) nutzen viele Landwirte die aufgrund des günstigen Standortes ihrer Betriebe geringe räumliche Distanz zum Konsumenten, um ihre Frischprodukte ohne Einschaltung von Handelsunternehmen an den Verbraucher zu verkaufen.

Dies hat ganz offensichtliche Ursachen:

- Der Kosten- und Einkommensdruck zwingt sie, nach neuen Wegen Ausschau zu halten.
- Der Landwirt hat Unternehmerinitiative; für ihn ist es das „Natürlichste“ auf der Welt, dass er seine Produkte an den Verbraucher weitergibt (wie vor 100 Jahren).
- Der Landwirt ist sensibel; die Umweltdiskussionen und Subventionsangriffe machen ihn aufgeschlossen für die Alternative: „Qualität anstelle von Quantität“; er will höhere Preise erzielen, ohne die Produktion auszudehnen.
- Für viele kleine Betriebe ist die Direktvermarktung offensichtlich eine Möglichkeit, überhaupt eine positive betriebliche Entwicklung in der Landwirtschaft mitzuerleben.

Den Landwirten kommen dabei die Präferenzen vieler Verbraucher für das Einkaufen direkt beim Erzeuger zugute. Bestimmte Motive, wie etwa Frische und Geschmack, spielen ebenso eine Rolle wie Imagefaktoren und bestimmte Einstellungen. Vor allem die auf Grund der positiven Erfahrungen und des guten Images eingespielten Gewohnheiten bilden ein festes Fundament für den Direktabsatz.

Die **Kaufgewohnheiten** sind – im Wesentlichen gekennzeichnet durch eine bestimmte Häufigkeit und Regelmäßigkeit und durch die Benutzung einer bestimmten Einkaufsstelle, z. B. auf dem Hof, an der Wohnungstür und auf dem Wochenmarkt – bei den einzelnen, für den Direktabsatz in Frage kommenden Erzeugnissen (z. B. Eier, Kartoffeln, Obst und Gemüse) sehr unterschiedlich.

Für das unterschiedliche Verbraucherverhalten gibt es zahlreiche Gründe. Herausragende Bedeutung als Kaufmotiv hat vor allem das Bedürfnis, frische Ware zu kaufen. Daneben spielen noch Qualitätsaspekte, der Geschmack, der niedrige Preis, der Wunsch nach natürlichen, ohne Chemikalien behandelten Produkten und die Bequemlichkeit eine Rolle.

Neben Frische, Geschmack, Preis und Qualitätsaspekten sind bei der Darstellung der Gründe, die das Kaufverhalten motivieren können, noch andere Faktoren zu berücksichtigen, die nicht spezifisch mit einem Produkt zusammenhängen.

So nehmen etwa viele Eltern ihre Kinder zum Einkaufen auf den Bauernhof mit, um ihnen einen Bauernhof zu zeigen. Zwar lassen sich aus den Untersuchungsergebnissen keine genauen Rückschlüsse auf die Stärke dieses „Antriebs" ziehen, aber Erfahrungen aus anderen Bereichen zeigen ebenfalls, dass Kinder die Entscheidung, wo und was eingekauft wird, beeinflussen können. So wie Kinder ihre Mutter drängen, eine bestimmte Schokoladenmarke zu kaufen, weil in der Packung Sammelbildchen liegen, so drängen sie unter Umständen darauf, auf dem Lande zu kaufen, weil sie einen Bauernhof und die Tiere dort sehen wollen.

Darüber hinaus kann aber auch die Fahrt der Familie aufs Land ein Freizeitvergnügen und damit ein Bestimmungsgrund für das Einkaufen direkt beim Bauern sein.

Einen aktuellen Hintergrund bekommt diese Perspektive durch die augenblickliche Nostalgiewelle. Diese „Sehnsucht nach dem Vergangenen" führt u. a. zu einer stärkeren Wertschätzung aller bäuerlichen Elemente, sei es nun das Bauernhaus, in dem man gerne wohnen möchte, oder sei es die Vorliebe für alte Bauernmöbel, Rauchschinken oder frische Eier. Möglicherweise sind auch bei vielen Menschen im Unbewussten mythische Vorstellungen, wie etwa der Bauer als Symbol für die Freiheit, das Natürliche, das Ursprüngliche vorhanden, die sich auf die Produkte übertragen und damit als Motive für das Einkaufen direkt beim Landwirt wirksam sind.

Bei den **Imagekomponenten,** die das Kaufverhalten beeinflussen, geht es nicht nur um das Produktimage, sondern auch um das Image des Bauern, um die Vorstellung, die mit dem Umfeld der Produkte, z. B. dem Bauernhof bzw. der Landwirtschaft allgemein, verbunden sind.

Das **Image des Landwirts** kommt besonders beim Verkauf an der Haustür und auf dem Wochenmarkt zum Tragen. Wenn z. B. mehrere Eierlieferanten in einem Hochhaus an die Tür kommen, dann kann das positiv oder negativ gefärbte Vorstellungsbild, das die Verbraucher vom Landwirt haben, den Ausschlag geben. Das Image des Landwirts erhält seine Bedeutung auch aus der Tatsache, dass der Landwirt für die Verbraucher der Garant für die Frische und Qualität der gelieferten Ware ist, da es den Konsumenten an objektiven und äußerlich sichtbaren Kriterien zur Beurteilung von Frische und Qualität der Produkte fehlt.

Für eine erfolgreiche Direktvermarktung auf den verschiedenen Absatzwegen müssen mehrere Voraussetzungen erfüllt sein:

- So ist der Standort entscheidend dafür, welche Produkte auf welchen Absatzwegen verkauft werden können; von den Verbrauchern häufig eingekaufte Produkte (wie Milch, Eier, Obst und Gemüse) können beispielsweise im „Ab-Hof-Verkauf" nur erfolgreich an guten, verbrauchernahen Standorten verkauft werden. Andernfalls eignen sie sich nicht, oder der Betrieb muss andere Absatzwege suchen.

- Produkte, die dagegen regelmäßiger und in größeren Mengen gekauft werden (z. B. Fleisch zum Einfrieren, Erdbeeren zum Selbstpflücken, Obst zur Weiterverarbeitung, Kartoffeln) können beispielsweise auch im Ab-Hof-Verkauf erfolgreich über größere Entfernungen vermarktet werden.
- Bei den Betriebsleitern und ihren Familien muss die persönliche Neigung zum Direktabsatz vorhanden sein.
- Wer nicht wirklich mit Menschen umgehen will und dauernd umgehen kann, wer eine Scheu davor hat, den Kunden anzusprechen, an fremden Haustüren zu klingeln, sollte sich gut überlegen, ob dies die richtige Alternative für ihn ist. Darüber hinaus sollte man sich nichts vormachen: Direktvermarktung ist außerordentlich arbeitsaufwendig.
- Der Ab-Hof-Verkauf lässt sich nur von attraktiven Betrieben aus über einen längeren Zeitraum erfolgreich betreiben; möglicherweise sind hierzu größere Investitionen notwendig, um den Betrieb für touristische Zwecke nutzbar zu machen. Möglicherweise müssen auch Investitionen getätigt werden, um dem Verbraucher Erlebnisse zu bieten (Tiergatter, Hoffeste u. a.).
- Direktvermarktung spielt sich nicht im gesetzesfreien Raum ab. Selbstverständlich müssen auch die Landwirte Regeln einhalten, wenn sie Lebensmittel in den Verkehr bringen. Dazu gehört z. B. das Einhalten von Handelsklassenvorschriften auf bestimmten Absatzwegen, das Beachten der Produktkennzeichnung, das Beachten der Hygienerichtlinien, die Einhaltung gewerberechtlicher und steuerrechtlicher Vorschriften, insbesondere bei Zukauf und Verarbeitung.
- Die Absatzpotenziale sind nicht grenzenlos. Nicht alle Haushalte kaufen beim Landwirt (auch wenn sie dies manchmal in Befragungen angeben). Ohne eine fundierte Abschätzung können fatale Fehlentscheidungen getroffen werden.
- Nicht immer finden die Menschen von selbst den Weg zum Landwirt. Marketing und Werbung sind auch für den Landwirt wichtige Instrumente zur Ausschöpfung der Absatzpotenziale.

Erfolgreich werden auf Dauer nur die Landwirte sein, die Initiative und Organisationstalent haben, über einen guten Standort verfügen und das Management des Verkaufs beherrschen.

Im Zuge der veränderten Rahmenbedingungen durch die EU-Agrarreform, z. B. Begrenzung der Produktion, Verpflichtung zur Flächenstillegung, Erzeugerpreisrückgänge, ist die Landwirtschaft gezwungen, sich neuen Aufgabenbereichen zu widmen, um Einkommensquellen zu sichern oder zu erschließen. Aus diesem Grund ist ein Übergang von der ursprünglichen Funktion, pflanzliche und tierische Produkte herzustellen, hin zu Dienstleistungen festzustellen. Unternehmen der Landwirtschaft werden verstärkt auch zu Dienstleistungsanbietern. Zu diesen Engagements gehören die

- Direktvermarktung landwirtschaftlicher Erzeugnisse,
- Gästeunterbringung und Freizeitaktivitäten auf landwirtschaftlichen Betrieben,
- Pensionspferdehaltung,
- Beherbergung von Gruppen, die Kontakt zur Landwirtschaft suchen, wie z. B. Schulklassen, Kindergärten, Studenten,
- Pflegeplätze für Pflegebedürftige,
- Angebote von Arbeits- und Maschinenleistungen zum Einsatz auf anderen landwirtschaftlichen Betrieben, in der Landschaftspflege oder für kommunale Arbeiten.

Übersicht E.5

Dienstleistungen landwirtschaftlicher Unternehmen

Landschaftspflege/Grünflächenpflege	Kommunen/Gemeinden
	Naturschutzbehörden
	Garten-, Straßenbau- und Forstämter
	Deutsche Bundesbahn, Deutsche Post
	Universitäten und andere öffentliche Institutionen
	Haus- und Wohnungsverwaltungen
	Vereine, Verwaltungen von Sanatorien, Krankenhäusern, Altenheimen
Winterdienst (Schneeräumung einschl. Schneetransport und Streuen von Flächen)	Gemeinden
Agrartechnische Serviceleistungen (Arbeits- und Maschinenleistungen)	Landwirte
Betriebshelfer	Landwirte
Gästeunterbringung/Freizeitaktivitäten auf dem Bauernhof	Bevölkerung
Pflegeverträge für Pflegebedürftige mit Kommunen	Senioren, Pflegebedürftige
Pensionshaltung von Tieren (Pferde, Rinder etc.)	Landwirte, Freizeitsportler
Direktvermarktung landwirtschaftlicher Produkte	Privathaushalte
	Großverbraucher

Als Dienstleistungsanbieter können Landwirte zum Teil in Konkurrenz zu gewerblichen Unternehmen der betreffenden Branche treten. Übersicht E.5 benennt einige Beispiele solcher Dienstleistungen.

Ein weiterer Blick auf einige dieser Beispiele illustriert die Vielseitigkeit der Möglichkeiten landwirtschaftlicher Unternehmen, zusätzliche Einkommen im Dienstleistungsbereich zu erwirtschaften:

Die Übernahme von Arbeiten in der Landschafts- und Grünflächenpflege bietet den Landwirten (vor allem Zu- und Nebenerwerbsbetrieben, Mitgliedern von Maschinenringen) sowie landwirtschaftlichen Lohnunternehmern die Möglichkeit, ein zusätzliches Einkommen zur Existenzsicherung ihres Betriebes unter Nutzung vorhandener Maschinen zu erzielen. Gleichzeitig sind für die Kommunen und Behörden durch die Vergabe von Pflege- und Unterhaltsarbeiten an die Landwirte Kostensenkungen und Personaleinsparungen möglich, da weder zusätzliches Personal noch leistungsfähige Maschinen angeschafft werden müssen. Der Landwirt hat den Vorteil einer besseren Ausnutzung seiner vorhandenen Maschinen- und Arbeitskapazitäten.

Mit dem Angebot „Ferien auf dem Bauernhof" bieten Landwirte vielgestaltige Möglichkeiten an, Urlaub zu machen (vgl. Toolbox: Landtourismus). Oft wird dieses Angebot

TOOLBOX: LANDTOURISMUS

Landtourismus ist ein Angebot im ländlichen Raum, das zunehmend für die Kombination aus aktiver Erholung, Naturerlebnis und ländlicher Kultur wie auch für Wellness in ländlichem Umfeld steht.

Die häufigste Form des Landtourismus ist nach wie vor der „Urlaub auf dem Bauernhof", ein Angebot von landwirtschaftlichen Familienbetrieben, die den Landtourismus als einen Betriebszweig für sich entdeckt haben und vor allem Familien mit Kindern ansprechen. Darüber hinaus treten aber mehr und mehr auch andere Formen des Landtourismus in Erscheinung:

- Familienurlaub: Ferien auf dem Bauernhof (Kinderbetreuung, Spielplatz, Streicheltiere, Ponyreiten etc.)
- Sporturlaub: Reiten, Wandern, Fahrradfahren, Angeln, Golf, Jagd, Skifahren, Wassersport, Nordic Walking, Yoga, Lenkdrachenfliegen, Fallschirmspringen, Fitnesskurse, Inline-Skating, Kanufahrten, Kitesurfen, Tauchen, Wandertouren, Bergsteigen
- Aktivurlaub: Mithilfe auf den Betrieben (Weinlese, Heuernte etc.)
- Genussurlaub: gehobene Gastronomie, Kochkurse, Kräuterküche, regionale Spezialitäten wie Wein, Bier, Spirituosen
- Wellnessurlaub: Sauna, Kneipp, Massage etc.
- Gesundheitsreisen: Heilfasten, Nichtraucherkurse, Rückenschule, Heuhotel
- Beautyurlaub: Kosmetikbehandlungen, Ayurveda
- Kreativurlaub (z. B. Malerei, Töpfern, Fotografieren)
- Kultururlaub (z. B. Brauchtum, Festspiele)
- Campingurlaub
- Barrierefreier Urlaub

Die Bundesarbeitsgemeinschaft für Urlaub auf dem Bauernhof und Landtourismus in Deutschland e.V. (BAG) ist als bundesweit zentraler Interessenvertreter und Ansprechpartner für die Anbieterbetriebe des Bauernhof- und Landurlaubs vor allem für Qualitätssicherungs-, Marketing- und Fortbildungsmaßnahmen sowie die politische Interessenwahrnehmung im Bereich des ländlichen Tourismus zuständig. Die BAG und ihre Landesverbände sind Mitglied bzw. Lizenznehmer des Deutschen Tourismusverbandes. Sie dürfen daher ihre Mitglieder – d. h. die Anbieter von Bauernhof- und Landurlaub – nach den Kriterien des DTV überprüfen und auszeichnen. Die Klassifizierung ist für jeweils drei Jahre gültig. Mit den ein bis fünf Sternen des Deutschen Tourismusverbandes wird die Ausstattungsqualität der Unterkunft nachprüfbar dokumentiert.

Daneben führen rund 1.400 Gastgeber in ganz Deutschland die DLG-Gütezeichen „Urlaub auf dem Bauernhof", „Urlaub auf dem Winzerhof" und „Landurlaub". Ferienhöfe, die mit dem DLG-Gütezeichen ausgezeichnet sind, werden regelmäßig von neutralen Sachverständigen nach festgeschriebenen Qualitätskriterien überprüft.

von Personen ausgewählt, die ihre Urlaubszeit als Kontrast zum Leben in der Stadt sehen. Dabei werden ganz bestimmte Erwartungen gestellt, die vom Naturerlebnis über Erholung bis hin zur kinderfreundlichen Umgebung mit entsprechenden Beschäftigungsmöglichkeiten reichen kann. Viele Urlauber möchten ihre Gesundheit durch Ernährung und Bewegung fördern, im landwirtschaftlichen Betrieb helfen, die Landschaft und die Lebensweise der Hofbewohner kennen lernen oder auch ihre Haustiere mitbringen. Die Landwirte können diesen unterschiedlichen Ansprüchen durch eine bestimmte Ausgestaltung ihres Angebots gerecht werden und dadurch eine zusätzliche Einkommensquelle erwirtschaften. Der Erfolg von Ferien auf dem Bauernhof hängt davon ab, welche Angebote vorhanden sind und welche Erwartungen erfüllt werden können. Im Marketing schließen sich daher die Betriebe häufig zum gemeinsamem Vorgehen zusammen. Die DLG hat z. B. ein Paket von Marketinginstrumenten entwickelt, das vom Verleihen eines Gütezeichens „Ferien auf dem Bauernhof" bis zu gemeinsamer Kommunikationspolitik (Erstellung eines gemeinsamen Katalogs) reicht.

Kommunale Dienstleistungen werden seit jüngster Zeit ebenfalls von der Landwirtschaft angeboten. Hierzu zählt z. B. die Bereitstellung von Pflegeplätzen für Pflegebedürftige. Dies kann in Form von „betreutem Wohnen", „Altenpension", „Kurzzeitpflege", „Tagespflege" oder „Altenwohnheim / Altenpflegeheim" erfolgen. Dadurch kann ein angemessenes Zusatzeinkommen erzielt und naturverbundenen Senioren ein attraktiver Altersruhesitz angeboten werden, da der Markt für Pflegebedürftige ansteigt und durch die Pflegeversicherung sich neue Möglichkeiten auftun. Allerdings ist zu beachten, dass für den erfolgreichen Einstieg eine Reihe persönlicher, räumlicher und baulicher Voraussetzungen erfüllt werden muss.

Die Pensionshaltung von Pferden ist eine weitere Möglichkeit der Landwirtschaft, neue Einkommensquellen zu erschließen. Hierbei wird Reitsportinteressierten die Chance gegeben, ihre Tiere in naturnaher Haltung unterzubringen bzw. generell einen Unterstellplatz zu bieten, sofern keine eigenen Stallungen vorhanden sind. Die Landwirte können so ihre vorhandenen Gebäude- und Maschinenkapazitäten ausnutzen. Oftmals wird in Fachzeitschriften oder anderen Blättern für eine solche Form der Pferdeunterbringung mit seinen Vorteilen geworben.

Nicht nur die Landwirtschaft, sondern auch andere Bereiche des Agribusiness bieten vermehrt Dienstleistungen an. Hierzu zählt vor allem das Ernährungshandwerk, das vermehrt dazu übergegangen ist, Catering-Service oder Angebote für den Außer-Haus-Verzehr bereitzustellen und dadurch seine Einkommensbasis zu erweitern.

2.2 Horizontale Kooperation

Zusammenschlüsse landwirtschaftlicher Betriebe zu **Erzeugergemeinschaften** werden häufig gefordert, um

- diesen Betrieben die Anpassung der Qualität ihrer Produktion an die Markterfordernisse zu erleichtern,
- den Betrieben zu helfen, nachfrageorientierte Mengen einzelner Partien zusammenzustellen und somit ihre Lieferfähigkeit zu erhöhen,
- den Erzeugern einen besseren Zugang zum Markt und zur Nutzung des Marketinginstrumentariums zu geben,
- die Verkaufsaktivitäten der Landwirtschaft durch Einsatz von Fachleuten in der Vermarktung zu verbessern,

- den Abnehmern der Landwirtschaft bei der Lösung von Beschaffungsproblemen zu helfen,
- die erforderlichen organisatorischen, personellen und vertraglichen Voraussetzungen für die Entwicklung von Spezialprogrammen (z. B. Qualitätsfleischprogramm, Qualitätsgetreideprogramm usw.) zu schaffen.

Das **Marktstrukturgesetz** als rechtliche Grundlage für die Zusammenschlüsse wurde im Wesentlichen mit dem Ziel geschaffen, den landwirtschaftlichen Betrieben die Möglichkeit zu geben, ihre Produktion quantitativ und qualitativ den Erfordernissen des Marktes anzupassen.

Nach dem Marktstrukturgesetz müssen Erzeugergemeinschaften, wenn sie staatliche Förderung erhalten wollen, verbindlich (d. h. in der Satzung verankert) folgende Ziele verfolgen:

- Rationalisierung von Erzeugung und Vermarktung
- Qualitative Verbesserung des Angebots (Erzeugungs- und Vermarktungsregeln)
- Angebotszusammenfassung
- Überwachung der Erzeugungs- und Qualitätsregeln
- Verbesserung der Markttransparenz.

Diese Zielsetzung ist mit der Annahme verbunden, dass ohne eine entsprechende Förderung der Betriebe zum Zusammenschluss entweder schlechtere Qualitäten auf den Markt kommen und/oder die von einzelnen Betrieben angebotenen Mengen für den Abnehmer nicht interessant genug sind – und aus beiden Gründen der Landwirtschaft Nachteile entstehen.

Die staatliche Unterstützung wird in Form von

a) Startbeihilfen und
b) Investitionsbeihilfen

für Erzeugerzusammenschlüsse gegeben, die nach den Regeln des Marktstrukturgesetzes gegründet werden. Nicht jeder Zusammenschluss von Erzeugern ist deshalb auch schon bezuschussungsfähig. Deshalb wird im allgemeinen Sprachgebrauch generell von Erzeugerzusammenschlüssen gesprochen, im Falle des Zusammenschlusses nach den Regeln des Marktstrukturgesetzes dagegen von „Erzeugergemeinschaften". Der Gesetzgeber sieht die Bildung solcher Erzeugergemeinschaften nicht für alle Produkte vor, aber für die Mehrzahl. Die in Frage kommenden Produkte sind jeweils in einer Liste als Anlagen zu den Neufassungen des Marktstrukturgesetzes aufgeführt (vgl. Übersicht E.6).

Für den Agrarbereich wichtig ist z. B., dass wohl Blumen und Zierpflanzen, nicht aber Obst und Gemüse in dieser Liste stehen. Erzeugerzusammenschlüsse für Obst und Gemüse werden nicht nach nationalem Recht, sondern nach dem EG-Recht gefördert, wenn sie die Voraussetzungen als so genannte „Erzeugerorganisationen" erfüllen.

Das Marktstrukturgesetz verlangt unter anderem die Erfüllung bestimmter Anerkennungsvoraussetzungen:

- Die Erzeugergemeinschaft muss die in dem Gesetz festgelegten Ziele verfolgen.
- Sie muss besondere Qualitätsbedingungen für die zu erzeugenden Produkte festlegen und diese für die Betriebe verbindlich machen.
- Die sich zusammenschließenden (mindestens sieben) „Inhaber landwirtschaftlicher Betriebe" (Inhaber kann auch eine GmbH sein) dürfen die Gemeinschaft in den ersten drei Jahren nicht verlassen (Kündigungsfrist = ein Jahr).

Übersicht E.6

Nach dem Marktstrukturgesetz zugelassene Produkte für die Anerkennung von Erzeugergemeinschaften

- Schlachtvieh und Ferkel
- Milch und Milchprodukte (Butter, Käse)
- Eier und Geflügel
- Wein
- Qualitätsgetreide
- Kartoffeln
- Blumen und Zierpflanzen
- Zuchtvieh
- Tabak
- Honig
- Zuckermais
- Erbsen und Bohnen
- Samen, Früchte und Sporen (zur Aussaat)
- Zuckerrüben
- Qualitätsraps
- Wolle
- Getrocknete Luzerne, Klee, Lupinen,
- Wicken oder ähnliches Futter
- Flachs und Leinsamen
- Arzneipflanzen und Gewürzpflanzen
- Damwild
- Kaninchen
- Pflanzliche Erzeugnisse zur technischen
- Verwendung oder Energiegewinnung

- Der Zusammenschluss muss die für die einzelnen Produktarten festgelegten Mindestmengen gemeinsam vermarkten („Mindesterzeugungsmengen").
- Die Betriebe müssen ihre Ware ausnahmslos über die Erzeugergemeinschaft vermarkten. Die Erzeugergemeinschaft kann jedoch Ausnahmeregelungen zulassen.
- Die Mitglieder müssen Beiträge leisten.
- Die Gemeinschaft muss Vertragsstrafen für den Fall eines schuldhaften Verstoßes gegen wesentliche Mitgliedschaftspflichten festlegen.
- Die Gemeinschaft muss sich verbindliche Verkaufsregeln geben.

Einzelheiten dazu sind in den „Durchführungsverordnungen" (DVO) für die einzelnen Produkte geregelt.

Durch die Gründung nach den Regeln des Marktstrukturgesetzes verschaffen sich die Betriebe zwar die Möglichkeit zur Anerkennung und staatlichen Förderung. Es gibt aber kein Recht auf die Inanspruchnahme von Förderungsmitteln. In der Regel werden die Mittel in dem Umfange vergeben, wie sie zur Verfügung stehen. Die Zuständigkeiten für die Mittelvergabe liegen bei den Ländern, Antragsbehörden sind (unterschiedlich in den einzelnen Ländern) Landwirtschaftsämter, Landratsämter bzw. Bezirksregierungen. Die Anerkennung der Erzeugergemeinschaften erfolgt durch die Landwirtschaftsministerien.

Rechtsformen

Der Gesetzgeber hat den Erzeugergemeinschaften einen relativ breiten Spielraum für die Wahl ihrer Rechtsform gelassen. Grundsätzlich sind folgende Möglichkeiten offen:

- rechtsfähiger, eingetragener Verein (e.V.),
- wirtschaftlicher Verein (w.V.),
- eingetragene Genossenschaft (e.G.),
- Gesellschaft mit beschränkter Haftung (GmbH),

- Aktiengesellschaft (AG),
- Kommanditgesellschaft auf Aktien (KGaA).

Man kann keine generelle Empfehlung geben, welche Rechtsform eine Erzeugergemeinschaft wählen sollte. Es gibt aber einige Überlegungen, die bei der Wahl der geeigneten Rechtsform beachtet werden sollten:

- Bis auf wenige Ausnahmen ist der **„eingetragene Verein"** (e.V.) für Erzeugergemeinschaften ungeeignet, da der Zweck dieses Vereins „nicht auf einen wirtschaftlichen Geschäftsbetrieb gerichtet sein darf". Für den „wirtschaftlichen Verein" (w.V.), der ebenfalls wie der eingetragene Verein seine Rechtsfähigkeit nur durch staatliche Verleihung erlangen kann, ist dieser Nachteil nicht gegeben. Der Verein muss eine Satzung, einen Vorstand haben und in das Vereinsregister eingetragen werden. Der Vorstand vertritt den Verein gerichtlich und außergerichtlich, und er führt die Geschäfte. Während die Tätigkeit einer Genossenschaft sich sehr eng im Rahmen der Vorschriften des Genossenschaftsgesetzes bewegt, ist der w.V. tendenziell etwas beweglicher. Dieser Verein eignet sich daher besonders für kleinere Gemeinschaften, in denen kein eigener Geschäftsbetrieb aufgebaut wird, sondern die meisten Entscheidungen von den Mitgliedern gemeinsam getroffen werden. Auch die Tatsache, dass der Verein insgesamt für die Handlung des Vorstandes haftet, macht in der Regel eine gemeinsame Entscheidungsfindung notwendig, insbesondere wenn es um Entscheidungen von wirtschaftlich größerer Tragweite geht.
- Leben und Arbeit einer **Genossenschaft** werden demgegenüber sehr viel stärker von den durch das Genossenschaftsgesetz bestimmten Regelungen getragen, insbesondere im Hinblick auf die notwendige Einrichtung bestimmter Organe und deren Zuständigkeiten bzw. Abhängigkeiten voneinander. Die Genossenschaften werden in das Genossenschaftsregister eingetragen und müssen einem genossenschaftlichen Prüfungsverband beitreten. Dies hat aber auch den Vorteil, dass die Genossenschaften einer branchenkundigen Überwachung unterliegen. Wenngleich in einer Genossenschaft Mitglieder und insbesondere die von den Mitgliedern gewählten Personen (Ehrenamt) sowohl für die Führung der Geschäfte als auch für den Zusammenhalt der Gemeinschaft eine wichtige Rolle spielen (ähnlich wie beim Verein, aber noch wesentlich stärker als beispielsweise bei einer GmbH), wird das Tagesgeschäft in der Regel einer hauptamtlichen Geschäftsführung übertragen. Die Haftung der Mitglieder ist in der eingetragenen Genossenschaft mit beschränkter Haftpflicht (eGmbH) auf eine bestimmte Summe beschränkt (diese muss in der Satzung festgelegt werden).
- Ein wichtiger Unterschied zur GmbH ist die Regelung, dass jedes Genossenschaftsmitglied in der Mitgliederversammlung nur eine Stimme hat. Die Interessen der Teilnehmer werden also bei Abstimmungen nicht entsprechend den Kapitalanteilen gewichtet. Dieses Prinzip „ein Mitglied = eine Stimme" ist der gravierende Unterschied zu jeder Kapitalgesellschaft. Dies kann vor allen Dingen dann sinnvoll sein, wenn man unterschiedliche Erzeugergruppen gleichbedeutend an der Entscheidungsfindung beteiligen will und verhindern möchte, dass alle in der Satzung den Mitgliedern übertragenen Entscheidungen von einigen kapitalkräftigen Mitgliedern nach deren Willen durchgesetzt werden können.
- Die **GmbH** verlangt im Gegensatz zur Genossenschaft ein Mindeststammkapital von 25.000 €. Die Gesellschafter haften entsprechend ihren Anteilen, entscheiden aber

auch in der Gesellschafterversammlung im Verhältnis ihrer Anteile. Die GmbH wird ins Handelsregister eingetragen. Es gibt bestimmte gesetzliche Vorschriften für die Formen der Bilanzierung. Der Gesellschaftsvertrag muss notariell beurteilt werden ebenso wie die Veräußerung von Gesellschaftsanteilen.
- Die GmbH ist ebenso wie der w.V. und die Genossenschaft körperschaftssteuerpflichtig, darüber hinaus aber auch gewerbesteuerpflichtig (dies gilt nicht für den e.V.).

Am meisten verbreitet sind in den westlichen Bundesländern der „w.V." (aber nicht in allen Bundesländern zugelassen) und die „e. G.". Die Präferierung dieser Gesellschaftsformen hängt auch mit der Philosophie von Erzeugergemeinschaften zusammen, die eng mit dem Genossenschaftsgedanken verbunden ist. Man will in der Erzeugergemeinschaft nicht primär für den Gemeinschaftsbetrieb Gewinne erzielen, sondern in gegenseitiger Solidarität die wirtschaftliche Situation der Mitglieder fördern.

Es gibt hinreichend viele Beispiele dafür, dass Erzeugergemeinschaften gegründet wurden, ohne dass die Notwendigkeiten dazu wirklich vorhanden waren. In vielen Fällen haben sich die Gründer mehr Hoffnungen als realistische Vorstellungen von den Möglichkeiten gemacht, die sie auf dem Markt mit dem Zusammenschluss erreichen können.

Man kann eine Erzeugergemeinschaft nicht ohne einen gesunden Optimismus gründen, dass sich in gemeinsamer Arbeit zumindest ein Teil der Absatzprobleme lösen lässt. Allein die Hoffnung darauf führt aber noch nicht zum erwünschten Ergebnis. Auch die Tatsache, dass der Staat die Gründung und Arbeit einer Erzeugergemeinschaft mit Zuschüssen fördert, darf niemals zur Hauptmotivation für den Zusammenschluss führen. Die beteiligten Betriebe müssen sich nüchtern und rational Klarheit darüber verschaffen, welche **Ziele** sie gemeinsam verfolgen, wie sie die Zielerreichung anstreben wollen und welche Chancen überhaupt gegeben sind, die Ziele auch nur annähernd zu erreichen.

Die **qualitative** Anpassung des Angebotes an die Markterfordernisse ist dabei häufig nicht die kritische Zielgröße (wenngleich auch hierzu genügend Schwierigkeiten zu überwinden sind), sondern die **quantitative.**

Der Erfolg einer Erzeugergemeinschaft hängt in der Regel entscheidend davon ab, wie es der Gemeinschaft gelingt, Angebotsmengen in einem solchen Umfange zu bündeln, dass man damit
- für den Abnehmer überhaupt ein interessanter Ansprechpartner wird, dabei seine Verhandlungsposition verbessert,
- Rationalisierungen und Kosteneinsparungen in der Erfassung und Vermarktung erreicht,
- eigene Vermarktungs- und Verarbeitungskapazitäten auslastet, rentable Investitionen tätigt,
- die Kosten für Spezialisten im Management tragen kann,
- Marketingprogramme finanzieren kann und
- Spezialprogramme (z. B. Markenprogramme) im Markt durchsetzen kann.

Vor der Gründung (nicht nachher) muss man sich fragen, welche dieser Ziele man eigentlich anstrebt und ob man mit der Zusammenfassung des Angebotes die „kritische Masse" erreicht. In vielen Fällen wird es schon eines branchenkundigen und qualifizierten Unternehmensberaters bedürfen, um diese Frage zu beantworten.

Darüber hinaus darf man aber auch nicht vergessen, dass Erzeugergemeinschaften für die Mitgliedsbetriebe eine Reihe von Dienstleistungen erfüllen können, die nicht unmit-

Übersicht E.7

Wichtige Serviceleistungen einer Erzeugergemeinschaft für ihre Mitglieder

- Aufbau bzw. Organisation einer für die Mitgliedsbetriebe spezialisierten Beratung
- Durchführung von Betriebsvergleichen und Erfahrungsaustauschprogrammen
- Einkauf von Betriebsmitteln, Kostensenkung im Betriebsmitteleinkauf
- Organisation des Kontrollwesens für Spezialprogramme
- Konzeption und Entwicklung von Spezialprogrammen (z. B. Qualitätsfleisch, Qualitätsgetreide)
- Hilfen bei der Preisfindung/Marktinformation
- Interessenvertretung und Öffentlichkeitsarbeit
- Überwachung der Vermarktung

telbar, aber mittelbar sehr wohl die wirtschaftliche Situation der Mitgliedsbetriebe verbessern. Hierzu gehören die verschiedensten Serviceleistungen (vgl. Übersicht E.7).

Darüber hinaus haben die nach dem Marktstrukturgesetz gegründeten Erzeugergemeinschaften gegenüber anderen Erzeugerzusammenschlüssen einen entscheidenden Vorteil: Sie genießen eine **kartellrechtliche Sonderstellung,** d. h., sie dürfen (sie sollen sogar) Preisabsprachen für ihre Mitgliedsbetriebe treffen und eine Preisbindung im Verkauf für diese Betriebe durchführen. Darüber hinaus können sie die Märkte zeitlich und regional aufteilen und damit den Wettbewerb unter den Betrieben, aber auch unter verschiedenen Erzeugergemeinschaften verringern. In diesem Zusammenhang ist auch die Möglichkeit von Bedeutung, dass sich Erzeugergemeinschaften wiederum zu Vereinigungen zusammenschließen, ohne dass die genannten Vorteile damit aufgehoben werden.

In der Gründungsphase einer Erzeugergemeinschaft sind sich auch die Mitglieder in der Regel darüber im Klaren, dass die Ziele nicht kurzfristig zu erreichen sind, dass sie erhebliche Anstrengungen erfordern und eine Erzeugergemeinschaft auch Zeit benötigt, um sich im Markt eine Position zu sichern.

In der Praxis ist es dann häufig so, dass einige Mitglieder schon nach kurzer Zeit vieles vergessen und nur das eine Ziel sehen: Bekomme ich über die Erzeugergemeinschaft mehr Geld ausgezahlt oder nicht? Und: Was muss ich an die Gemeinschaft bezahlen?

Unbewusst wird nicht selten die eigene Erzeugergemeinschaft mit irgendeinem anderen Handelspartner gleichgesetzt; man handelt mit ihr Preise und Konditionen aus.

Natürlich muss eine Erzeugergemeinschaft auch im wirtschaftlichen Sinne für die Mitglieder Erfolge bringen. Sie kann dies aber erst, wenn sie nach innen und außen gefestigt ist. Und sie muss sich selbstverständlich auch den Bedingungen des Marktes unterwerfen.

Darüber hinaus sind Wettbewerber und Abnehmer einer Erzeugergemeinschaft über den Zusammenschluss der Landwirte häufig nicht erfreut, da sie vermuten, dass durch den Zusammenschluss Marktmacht gegen sie entwickelt werden soll. Sie werden also nicht selten versuchen, die Aktivitäten der Erzeugergemeinschaft zu stören (z. B. indem sie günstigere Preise bieten, Hindernisse bei der Abnahme der Produkte aufbauen, Gerüchte in die Welt setzen usw.).

Diese Phase (kurz nach der Gründung) ist eine der wichtigsten in der Entwicklung einer Erzeugergemeinschaft: Die Vermarktungserfolge sind noch nicht groß; die Organisationsstrukturen sind noch nicht gefestigt; das Abwehren der Angriffe kostet Zeit und Anstrengungen. In dieser Phase muss sich Vertrauen zwischen den Mitgliedern untereinander und zum Vorstand bilden. Die Gemeinschaft hat ihre größte Bewährungsprobe. Wenn sie diese übersteht, geht sie umso gefestigter der Zukunft entgegen.

Deshalb muss die Devise heißen: Zunächst müssen die Ziele und Möglichkeiten der Zielerreichung definiert werden, erst dann sollte die Gründung einer Erzeugergemeinschaft erfolgen.

Wie viel Organisation ist notwendig?

Wie groß muss der Apparat sein, den ich zur Führung einer Erzeugergemeinschaft benötige? Auch hierzu gibt es natürlich keine generellen Empfehlungen. Erzeugergemeinschaften können mit ausschließlich ehrenamtlichen Leistungsträgern arbeiten, aber auch 30 und mehr Mitarbeiter beschäftigen. Wie viel Organisation notwendig ist, ist nicht nur eine Frage der Größe einer Erzeugergemeinschaft und der von den Mitgliedern erzeugten Produkte, sondern im Wesentlichen eine Frage der Aufgaben und Ziele, die sich die Gemeinschaft setzt.

Organisationsaufwendungen entstehen durch Personal, Geschäftsbetrieb, Abrechnungen, Fahrzeuge, Werbung usw.

Die folgenden Bedingungen erlauben es in der Regel, mit relativ **geringem Organisationsaufwand** zu arbeiten:

- Aushandeln der Lieferkonditionen und Preise mit den Abnehmern (z. B. für Qualitätsgetreide, Raps, Flachs, Rinder, Schweine) nur einmal im Jahr,
- vertragliche Bindungen auf der Basis fester Konditions- und Preisvereinbarungen,
- geringes Vermarktungsvolumen,
- geringe Finanzkraft der Erzeuger (kleine Spannen, geringe Gesamterlöse),
- geringer Verkaufsaufwand für die Produkte,
- wenig Möglichkeiten zur Übernahme von Vertriebsfunktionen,
- leistungsfähige Abnehmer,
- geringe Marketingfähigkeit des Produktes.

Der Organisationsaufwand steigt dagegen, wenn

- die Produkte stetig verkauft werden (z. B. täglich oder wöchentlich, wie häufig bei Schweinen, Rindern, Obst und Gemüse),
- eine große Zahl von Erzeugern zu informieren, motivieren und integrieren ist,
- der Vermarktungsaufwand groß ist und die Erzeugerorganisation Vermarktungsleistungen übernimmt,
- eigenständige Produkt- und Vermarktungskonzepte realisiert werden sollen (z. B. Markenfleisch, Obst- und Gemüse-Vermarktungseinrichtungen, Vertriebsgesellschaften für Kartoffeln bis hin zur Verarbeitung von Fleisch).

Eine Erzeugergemeinschaft wird das für sie richtige Maß an Organisation nur finden, wenn sie sich die folgenden Fragen zur Ausgangssituation, zu den Zielen und Rahmenbedingungen beantwortet:

a) Welche Betriebe und wie viele nehmen mit welchen Leistungsdifferenzierungen teil?
b) Wie groß ist der heutige und potenzielle Absatzmarkt?

c) Welche Vermarktungswege kommen in Frage, welche Unternehmungen sind mit welchen Leistungen auf diesen Vermarktungswegen tätig?
d) Was wollen die Mitglieder, welche Maßnahmen sind unbedingt notwendig, um diese Ziele zu erreichen?
e) Welche Marketingmöglichkeiten bestehen zur Durchsetzung eigener Strategien im Markt?
f) Welche finanziellen Möglichkeiten sind vorhanden?
g) Welche Managementmöglichkeiten sind vorhanden bzw. können geschaffen werden?
h) In welcher Form ergibt sich eine Zusammenarbeit mit externen Stellen?

Finanzierungsmöglichkeiten

Es gibt verschiedene Möglichkeiten, die Kosten einer Erzeugergemeinschaft zu finanzieren. Die gebräuchlichsten sind:

- feste Beiträge der Mitglieder (z. B. bei Gründung und später pro Jahr),
- Verteilung der Aufwendungen je nach Anfall auf die Mitglieder (nach Bedarf; ist nur in kleinen Erzeugergemeinschaften möglich),
- Abzug bestimmter fester oder prozentualer Werte vom Verkaufspreis (alternativ dazu: mengenbezogene Abschläge),
- Einnahmen der Erzeugergemeinschaft (z. B. indem sich die Erzeugergemeinschaft Dienstleistungen bezahlen lässt oder aber indem sie bestimmte Spannen bei der Beschaffung von Betriebsmitteln einbehält),
- Kostenübernahme bzw. Bezuschussung durch Abnehmer,
- staatliche Förderung.

Bei der Festlegung der Beitragsform und der Beitragssätze sollte man folgende Aspekte berücksichtigen:

- Zu niedrige Beiträge geben den Vermarktungspartnern auch später keinen finanziellen Spielraum. Sie können nur angebracht sein, wenn klar ist, dass weder zum Risikoausgleich noch zur Erbringung gemeinsamer Leistungen finanzielle Mittel notwendig sind. Die Erfahrung zeigt jedoch, dass diese Kosten häufig genug unterschätzt werden. Wer gemeinsam etwas vermarkten will, hat zwangsläufig auch Aufwand für Markterschließung, Marketing, Kontrollen und Organisation. An zu geringen finanziellen Mitteln ist schon manche gute Idee gescheitert.
- Häufig fällt es den Beteiligten leichter, Finanzierungsbeiträge aus laufenden Erlösen zu zahlen. Für alle Produkte beispielsweise, die kontinuierlich verkauft werden (z. B. Schlachtvieh), ist dies eine in der Regel geeignete Beitragsform. Werden dagegen Produkte nur saisonal verkauft (wie z. B. Kartoffeln), muss man speziell in der ansonsten beitragsfreien Zeit oft andere Formen wählen (z. B. Pauschalbeträge, Umlagen u. a.).
- Sind mit dem Zusammenschluss zwischen den Partnern hohe Investitionen z. B. für Lagerhäuser oder Verarbeitungsanlagen verbunden, kann man diese gemeinsam finanzieren. Möglich ist aber auch, dass Vertragspartner auf der Vermarktungsseite die Anlagen erstellen und an die Mitglieder der Erzeugergemeinschaft Rechte für die Annahme bzw. Belieferung vergeben, die mit entsprechenden Pauschalbeträgen erkauft werden (Beispiel: Kartoffelverarbeitung).

Die Gründung einer Erzeugergemeinschaft ist für die Betriebe an sich schon eine „Investition in die Zukunft". Dies zeigt sich konkret und kurzfristig häufig darin, dass eine Erzeugergemeinschaft für die gemeinsame Vermarktung (Marktentwicklung, Werbung usw.) Kosten einplanen muss, die von Anfang an nicht durch Beiträge der Betriebe abgedeckt werden. Das Gleiche gilt etwa für die Kosten von Qualitätskontrollen im Rahmen von Qualitätsfleischprogrammen oder ähnlichen Programmen. In solchen Fällen ist es unbedingt notwendig, dass die Erzeugergemeinschaft Teile des Verkaufserlöses einbehält, um spätere Kosten tragen zu können.

Dies gilt beispielsweise auch, wenn die Geschäftsführung unabhängig und flexibel entscheiden muss, wann die Ware verkauft wird. Dies ist besonders dann der Fall, wenn im Verkauf nach Tagespreisen gehandelt wird, wie z. B. auf dem Viehmarkt. Um für alle Erzeuger einen gerechten Preis zu finden, müssen die unabhängig von den Verkaufsorten und -zeitpunkten oder den bei den einzelnen Abnehmern erzielten Erlöse für alle Erzeuger gleiche Durchschnittspreise (pro Woche oder pro Monat) angesetzt werden.

Ein dritter Fall ergibt sich für eine solche Poolung, wenn ein Qualitätsausgleich vorgenommen werden muss. Werden beispielsweise Qualitätsprodukte, für die bestimmte Produktionsverfahren und -aufwendungen den Erlös des einzelnen Landwirts beeinflussen, nicht in vollem Umfang abgesetzt, fragt man sich, wer in den Genuss von Preisaufschlägen im Markt kommt und wer nicht. Diese Frage stellt sich beispielsweise bei der Produktion von Bioprodukten, aber auch bei der Produktion von Qualitätsfleisch und ähnlichen Erzeugnissen. Eine Gemeinschaft kann nur gerecht handeln, wenn sie in diesem Falle die erzielten Qualitätsaufschläge auf alle für ein bestimmtes Programm produzierten und die Kontrolle mit positivem Ergebnis durchlaufenden Produkte gleichermaßen verteilt.

2.3 Vertikale Kooperation

Unter vertikaler Zusammenarbeit kann man zweierlei verstehen:

(1) Einbeziehung von Funktionen einer oder nachgelagerter Wirtschaftsstufen in die Unternehmenstätigkeit. Dies kann durch vertikales Wachstum, also eigenständigen Aufbau der zusätzlichen Aktivitäten, oder durch Übernahme eines bisher selbstständigen Unternehmens (Fusion) erfolgen. Für landwirtschaftliche Unternehmen handelt es sich dabei vor allem um den Handel mit Agrarprodukten oder die Be- und Verarbeitung.

(2) Schriftlich fixierte Absprachen zwischen Marktpartnern im Sinne absatzorientierter vertikaler Verbindungen. Für landwirtschaftliche Unternehmen sind dies z. B. Vereinbarungen über den Absatz landwirtschaftlicher Erzeugnisse, wobei Verträge über das übliche Maß satzungsmäßiger Vereinbarungen beispielsweise von Genossenschaften und Erzeugergemeinschaften hinausgehen.

In der Landwirtschaft spielt die erste Möglichkeit für Unternehmen eine Rolle, die auf dem Wege an der Wertschöpfung auf den nachfolgenden Stufen teilhaben wollen und dies durch eigenverantwortliche Übernahme neuer Aufgaben anstreben. Im zweiten Falle handelt es sich um eine „strategische Allianz" zwischen der Landwirtschaft und ihren nachgelagerten Marktpartnern.

Das Thema „vertikale Kooperation" ist für die Landwirtschaft und die Ernährungsindustrie aus folgenden Gründen von hoher aktueller Bedeutung:

- Die Wertschöpfung der Landwirtschaft an den Ausgaben der Verbraucher für Lebensmittel geht weiter zurück (zumindest relativ).
- Rückläufige finanzielle Unterstützung durch den Staat führt dazu, dass die Agrarpreise eher sinken als steigen, aber die Kosten für die Aufrechterhaltung der Produktion werden mit Sicherheit nicht geringer, sondern steigen eher. Für landwirtschaftliche Unternehmen liegt es daher nahe, den Versuch zu unternehmen, neue Einkaufsquellen in benachbarten Wirtschaftsstufen zu erschließen.
- Die enorme und anhaltende Konzentration im organisierten Lebensmittelhandel verlangt nach größeren Angebotsmengen und verschärft die Anforderungen an die Lieferfähigkeit, an die Logistik und auch an die Serviceleistungen der Ernährungswirtschaft.
- Schlachthöfe, Molkereibetriebe, die Unternehmen der Gemüseverarbeitung werden ihre Leistungsfähigkeit in den nächsten Jahren nur erhalten können, wenn sie über entsprechende Rohware verfügen. In der Ernährungsindustrie wird die Rohstoffsicherung in der Zukunft ebenso wichtig wie die Absatzsicherung.
- Darüber hinaus wird die künftige Wettbewerbsfähigkeit der deutschen Ernährungswirtschaft entscheidend davon abhängen, ob die Unternehmen es schaffen, ihre „innere" Leistungsfähigkeit (Finanzierung, Management, Organisation usw.) auf einen optimalen Stand zu bringen. Der Landwirtschaft kann es in vielen Bereichen nicht egal sein, ob dies gelingt oder nicht; denn davon ist ihre künftige Absatzmöglichkeit in weiten Teilen abhängig.
- Die „Schicksalsgemeinschaft" zwischen der Landwirtschaft und ihren nachgelagerten Stufen lässt sich am Beispiel der Schlachthöfe sehr gut demonstrieren: Die für die Wettbewerbsfähigkeit der Schlachthöfe (wenn nicht gar für das Überleben) notwendige Kostendegression erreichen sie nur durch eine hohe Auslastung; wird eine hinreichende Kostendegression nicht erreicht, schlägt sich dies zwangsläufig in niedrigeren Auszahlungspreisen an die Erzeuger nieder, was diese wiederum nicht akzeptieren; die Zulieferung wird schlechter, die Auslastung schlechter, die Stückkosten werden höher.
- Die Landwirtschaft selbst hat in der Regel ein Interesse daran, ihre Produkte auf sicheren Wegen abzusetzen, denn möglicherweise wird man durch Konzentration auf die Optimierung der Produktionsbedingungen und damit verbundene Qualitätssteigerung bzw. Kostensenkung ebenso hohe Erlöse erzielen können wie durch Übernahme von Funktionen in der mit hohem Risiko behafteten Vermarktung.

In der Praxis finden wir viele Integrationsformen zwischen der landwirtschaftlichen Produktionsstufe und der Verarbeitungs- bzw. Absatzstufe. Im Folgenden wollen wir uns auf die wichtigsten Formen beschränken, die den größten Teil der Transaktionsbeziehungen betreffen.

In der Übersicht E.8 sind freie und vertraglich gebundene Tauschbeziehungen zusammengestellt.

Typ 1:
Bei der Koordination von Typ 1 bestehen zwischen den Produzenten und den Abnehmern keine Beziehungen, die Koordination ergibt sich über die Mengen und Preise auf den Märkten. Wir finden diesen Kooperationstyp bei den Massenprodukten des Agrarbereichs, wie Futter- und Brotgetreide. Zuchttiere werden häufig auf Auktionen vermarktet.

Übersicht E.8

Freie und vertraglich gebundene Tauschbeziehungen

Typ	**1**	**2**	**3**
Verträge	keine (Spotmärkte, Auktionen)	Jahresverträge (Vegetationsperiode)	mehrjährige Vegetationsperiode
Koordination	ex post (nach der Anbau-/Produktionsentscheidung)	partiell ex ante: • Mengen • Preisaufschläge • Qualitätsmerkmale	partiell ex ante: • Mengen • Preise • Qualität
Beispiele	• Futter- und Brotgetreide • Futter- und Speisekartoffeln • Schlacht- und Zuchtvieh	• Braugerste • Gefriergemüse • Industrieraps • Saatgutvermehrung • Qualitäts-Schlachttiere	• Milch • Stärke- und Industriekartoffeln • Zuckerrüben
Bestimmungsfaktoren der Koordinationsform			
Qualität	Standard	spezielle Qualität (vertikale Produktdifferenzierung)	Standard
Transportkosten	geringe Bedeutung	geringe und mittlere Bedeutung	sehr hohe Bedeutung
Zahl der Abnehmer	viele	wenige oder einer	einer
Investitionen	nicht relevant	mittlere Bedeutung	hohe Bedeutung

Bei diesen Austauschbeziehungen haben die Unternehmer (Produzenten und Abnehmer) sowohl vor der Produktion als auch nach der Produktion die Wahl zwischen vielen Tauschpartnern. Unsicherheiten über Qualitäten, die die Kosten der marktlichen Koordination erhöhen könnten, werden zum Teil durch staatliche Normen (Handelsklassen) gesenkt.

Typ 2:

Bei mittel- und langfristigen Verträgen lassen sich Tauschbeziehungen für Erzeugnisse bereits vor der Produktion festlegen und beinhalten daher Elemente hierarchischer Koordination. Im landwirtschaftlichen Bereich finden wir Verträge über eine oder mehrere Vegetationsperioden. Diese Verträge gibt es häufig beim Anbau von Braugerste und Industriekartoffeln, bei der Saatgutvermehrung etc. Typisch ist dabei, dass ein bestimmtes Qualitätsniveau zu erzielen ist, das vom üblichen Standard abweicht. Die Produktion erfordert nicht selten einen gezielteren Einsatz von Produktionsfaktoren. Gehen die

Landwirte auf die spezifischen Forderungen der Abnehmer ein, so binden sie sich für die kommende Ernte an wenige Partner, die diese Qualität auch dementsprechend honorieren.

Typ 3:
In manchen Bereichen des Agribusiness (wie z. B. Milch, Zuckerrüben, Stärke) binden sich Erzeuger und Abnehmer für einen längeren Zeitraum. Bei diesen Produkten finden wir häufig einen lokalen Abnehmer und viele lokale Erzeuger. Die Abnehmer haben ein standortbezogenes Monopson, denn sie sind mit ihren spezialisierten Produktionsanlagen in der Regel die einzigen Nachfrager für die jeweiligen Rohstoffe (z. B. Zuckerrüben oder Stärkekartoffeln). Die Abnehmer sind nicht in der Lage, auf andere Rohstoffe auszuweichen. Sie sind bestrebt, Größenersparnisse in der Produktion zu erzielen, müssen hierzu allerdings ihre Kapazitäten auslasten, wofür sie den Rohstoff in großen Mengen nachfragen. Gleichzeitig sind die Transportkosten in Relation zum Wert der Produkte (Zuckerrüben, Milch und Kartoffeln) hoch, daraus resultiert für die Verarbeiter, dass sie möglichst viele Flächen im Umkreis ihrer Produktionsanlagen an sich binden, um den Rohstoff kostengünstig zu beziehen. Haben sich die Landwirte für den Anbau eines bestimmten Produktes entschieden, so haben sie sich auf eine Transaktionsbeziehung festgelegt. Gehen die Landwirte erst nach der Anbauentscheidung eine Transaktionsbeziehung ein, so verstärkt sich die Abhängigkeit des Produzenten von den Abnehmern. Die Bindungsintensität ist für die Abnehmer allerdings stärker, da die Bindung des Produzenten nur eine Vegetationsperiode gilt und eher organisatorischer Art ist, während die Abnehmer in kapitalintensive Produktionsanlagen mit mehrjähriger Nutzung investiert haben und somit von den umliegenden Produzenten abhängig sind.

Neben den drei Typen gibt es in der Landwirtschaft auch andere Bindungen zu Verarbeitungs- und Handelsunternehmen. Hierbei spielen die Eigentumsverhältnisse eine große Rolle. Im Folgenden sind zwei Gruppen von Verarbeitungsunternehmen agrarischer Rohstoffe zusammengestellt. In der ersten Gruppe sind Landwirte bzw. ihre Zusammenschlüsse (z. B. Genossenschaften) häufig Eigentümer der Verarbeitungsunternehmen, in der zweiten Gruppe handelt es sich in den meisten Fällen um nichtlandwirtschaftliche Eigentümer.

I. Verarbeitungsunternehmen mit Lieferantenbeteiligung sind häufig in folgenden Bereichen anzutreffen:
   - Molkereien
   - Zuckerfabriken
   - Brennereien (Kartoffeln)
   - Stärkefabriken (Kartoffeln)
   - Schlachtbetriebe.

II. Verarbeitungsunternehmen ohne Lieferantenbeteiligung überwiegen in folgenden Branchen:
   - Herstellung von Kartoffelerzeugnissen (Chips, Püree, Pommes frites u. a.)
   - Getreidemühlen
   - Brauereien
   - Kornbrennereien
   - Schlachthöfe
   - Gefriergemüsehersteller.

Landwirte und ihre Vermarktungspartner haben meistens unterschiedliche Motive für das Eingehen von vertikalen Verbindungen bzw. Verträgen.

Fragt man **Landwirte** danach, so hört man häufig folgende Argumente:

- „Langfristige Produktionssicherung (Auslastung von Produktionskapazitäten)“
- „Sicherung durch Abnahmegarantien für bestimmte Mengen“
- „Risikominderung bzw. -verteilung“
- „Einkommenssteigerung durch günstige Bezugs- bzw. Erzeugerpreise“
- „Finanzierungserleichterung und Liquiditätsverbesserung, z. B. durch Vorkreditierung und/oder Finanzierung der Beteiligung an Investitionen“
- „Verbesserter Informationsfluss und effizientere Kommunikationsstrukturen und damit verbesserte Ausrichtung auf die Erfordernisse der Abnehmer“
- „Vermeidung von Reibungsverlusten durch bessere Abstimmung“
- „Möglichkeit der Mitbestimmung, der aktiven Einflussnahme auf den Vermarktungsprozess“
- „Erschließung neuer Absatzwege, neuer Marktpotenziale“.

Wer Verträge abschließt, sollte nicht vergessen, dass auch sein Partner sich sehr wohl überlegt, was er damit erreichen will. Aus der Sicht der **nachgelagerten** Wirtschaftsstufen können folgende Motive bestimmend für Vertragsabschlüsse sein:

- „Ausschaltung stärkerer Preisschwankungen in der Beschaffung“
- „Langfristige Sicherung der Produkte und damit auch des Absatzes der Verarbeitungserzeugnisse“
- „Kapazitätsauslastung durch Sicherung und Bestätigung der Rohstoffbelieferung“
- „Vermeidung von Reibungsverlusten, einfachere Organisation der Beschaffung“
- „Möglichkeit der Einflussnahme auf entscheidende Produktionsparameter (z. B. Qualitätskriterien), Erreichung eines möglichst gleichbleibenden, stabilen Qualitätsstandards“
- „Erschließung von Rationalisierungsreserven“
- „Senkung der Erfassungskosten durch Übernahme bzw. Abnahme möglichst großer Partien“
- „Flexibilität, Möglichkeit der Anpassung an veränderte Markterfordernisse durch schnellere Einwirkung auf die Produzenten“
- „Erschließung neuer Märkte bzw. sich verändernder Nachfrage durch qualitativ hochwertige, neuartige Produkte“.

Da sich nicht immer die Interessen der Vertragspartner miteinander in Einklang bringen lassen, sollte jeder seine eigenen Motive, aber auch die des anderen Partners kritisch prüfen:

- Löst der Vertrag wirklich mein Problem, kann er mir helfen, meine Ziele zu verwirklichen?
- Was gewinne ich durch ihn, was verliere ich?
- Gibt es evtl. auch andere Lösungen für meine Probleme?
- Wie bringe ich meine Interessen in das Vertragskonzept ein?

Nur so kann man verhindern, dass man zu ungünstigen Konditionen abschließt, sich einseitig in die Abhängigkeit seines Vertragspartners begibt (wie dies beispielsweise aus Lohnmastverträgen häufig gemeldet wird) und für die Aufgabe eigener unternehmerischer Entscheidungsfreiheit keine entsprechenden Vorteile wiedergewinnt. Denn nicht immer gehen die eigenen Erwartungen in Erfüllung, nicht alle Probleme lassen sich mit Verträgen lösen.

Wann sind Verträge sinnvoll bzw. notwendig?

„Die besten Verträge sind die, die in der Schublade bleiben." Verträge schaffen noch keine funktionierenden Geschäftsbeziehungen zwischen den Marktpartnern, sie geben einem Vertragspartner nur mehr Sicherheit, dass seine eigenen Interessen von der anderen Seite genauso beachtet werden, wie er die Interessen der Gegenseite wahrt. Und sie sind natürlich die wichtigste Handhabe bei Streitigkeiten bzw. gerichtlichen Auseinandersetzungen (die auf der anderen Seite gerade durch den Abschluss der Verträge vermieden werden sollen).

Nicht jede Geschäftsbeziehung zwischen Marktpartnern muss durch schriftliche Verträge abgesichert werden. So ist ja auch schon der durch Handschlag besiegelte Kauf bzw. Verkauf eines Produktes ein Vertrag zwischen den beiden Partnern. Die Zusicherung der Lieferung oder des Kaufs einer Ware zu einem bestimmten Zeitpunkt (durch Lieferschein bzw. Auftragsbestätigung) lässt ebenfalls ein Vertragsverhältnis zustande kommen.

Es gibt aber einige Anlässe, die die schriftliche Fixierung gegenseitiger Absprachen über das normale Maß hinaus notwendig machen. Und man sollte sich bei dem Gedanken zum Abschluss eines Vertrages mit einem anderen Partner darüber im Klaren sein, welches der eigentliche Anlass ist bzw. was man eigentlich mit dem Vertrag besser als ohne Vertrag regeln kann. Wichtige Anlässe bzw. Ziele können etwa sein:

(1) Die Notwendigkeit zur Festlegung der Kontinuität in der Vermarktung, z. B.
   - wenn Produkte, die dauerhaft in der Produktion anfallen, ohne die Sicherung des Absatzmarktes nicht vermarktet werden können (z. B. Industriegemüse)
   - wenn ein Vermarktungsunternehmen oder Verarbeitungsunternehmen zur Auslastung der Kapazitäten die Beschaffung absichern will (z. B. Tiere für Schlachthöfe).

(2) Die Absicherung von Garantieerklärungen, z. B.
   - dass in der Produktion bestimmte Verfahrensweisen eingehalten werden
   - dass Mindestgütebestimmungen, die in der Regel über das normale Maß hinausgehen, eingehalten werden (z. B. bei „Markenprodukten").

(3) Risikobegrenzung, z. B.
   - bei hohen Investitionen (wie z. B. der Errichtung einer Stärkefabrik, einer Flachsschwinge)
   - bei Betriebsumstellungen, insbesondere auf unkonventionelle Produkte (z. B. nachwachsende Rohstoffe, Arzneipflanzen).

(4) Erschließung neuer Märkte, z. B.
   - bei einer stufenübergreifenden Profilierung von Produkten aus bestimmten Regionen (z. B. Angebot von Mehl an die Bäcker unter bestimmten Herkunftszeichen)
   - zur Bedienung des Großverbrauchermarktes oder zur Teilnahme an neuen Vertriebswegen (z. B. Tiefkühlprodukte).

(5) Senkung des Organisationsaufwandes, z. B.
   - indem die Beteiligten selbst arbeitsteilig Aufgaben im Rahmen der Organisation von Spezialprogrammen übernehmen (Aufbereitung der Ware, Kontrollen usw.)
   - durch Festlegung hoher Konventionalstrafen, die bei entsprechenden Stichproben Verstöße gegen die Regeln drastisch verhindern.

Vertragsinhalte

Man kann Verträge formlos abschließen, es gibt dafür keine gesetzlich festgelegten Regeln. Aber es gibt einige wichtige Aspekte, die man beim Abschluss von Verträgen beachten sollte. Sie betreffen vor allen Dingen

- die Anreiz- und Beitragsregelungen
- die Preisgestaltung
- die Dauer von Verträgen
- die Sanktionsmechanismen.

Übersicht E.9

Wichtige Elemente eines Vertragssystems zur Produktion von Markenschweinefleisch

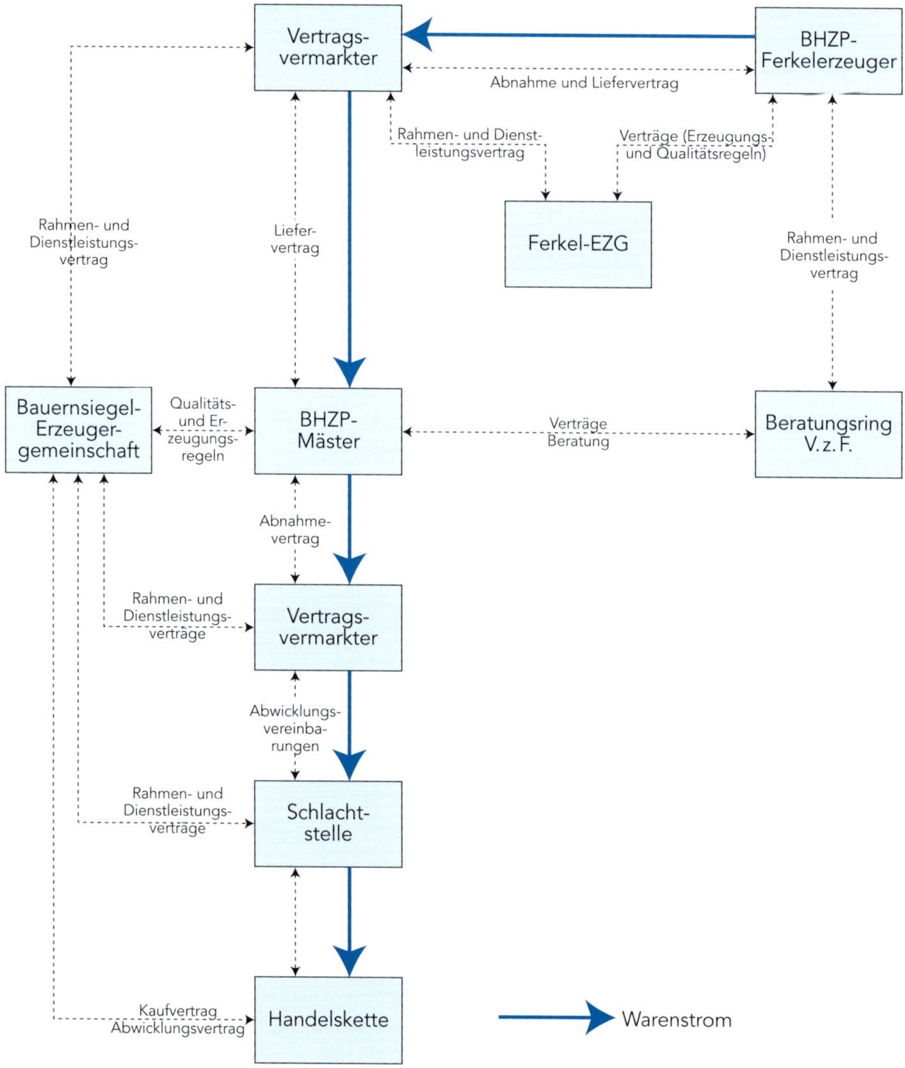

Darüber hinaus hat natürlich jede eigene Branche ihre produktions- und vermarktungstechnischen Besonderheiten, woraus sich die Einzelheiten für die Produktionsregeln und Vermarktungsregeln und deren Kontrollen ergeben. Ein Beispiel aus der Fleischbranche (Markenprogramm für Schweinefleisch) verdeutlicht die Komplexität von Vertragssystemen schematisch (vgl. Übersicht E.9).

Anreiz- / Beitragsprobleme

Wer einen Vertrag abschließt, muss sich verpflichten, bestimmte Regeln einzuhalten, z. B.

- Ware zu einer bestimmten Qualität, zu einem bestimmten Zeitpunkt abzunehmen bzw. abzuliefern
- Dienstleistungen in der Lagerung, Bereitstellung und Verarbeitung der Produkte zu übernehmen
- Kontrollen zu akzeptieren.

Allein diese Verpflichtungen sind schon Beiträge, die jemand in ein Vertragssystem einbringt. Andere Beiträge entstehen durch

- einmalige Beitrittszahlungen
- Abzüge von Kosten oder Provisionen von den Erlösen, in festen Sätzen oder prozentualen Anteilen
- verlorene Zuschüsse für Investitionen
- Übernahme von Geschäftsanteilen bei Investitionen.

Bei der Festlegung der Beitragsformen und Beitragssätze sind Kriterien anzulegen, wie sie bereits im Kapitel „Erzeugergemeinschaften“ behandelt wurden.

Preisgestaltung

Es gibt vor allem zwei Möglichkeiten, Preise festzulegen:

a) Auf einer festgelegten Orientierungsbasis den Marktverhältnissen angepasste Preise. Die Orientierungsbasis kann sein:
   - Öffentliche Notierungen
   - Interventionspreise
   - Großhandelseinstandspreise
   - Börsennotierungen
   - Festlegungen durch eine gemeinsam eingesetzte Preiskommission.

   Gewählt wird dieses Modell häufig bei Fleisch, Getreide, Raps. Auf die Basispreise werden dann in der Regel feste Beträge für zusätzliche Produktionsmaßnahmen, besondere Qualitätskriterien usw. aufgeschlagen bzw. Abschläge für Nichterreichung der Normen vorgenommen.
b) Vereinbarung fester Preise (z. B. Industriegemüse, Industriekartoffeln). Der Landwirt wird den für seinen Betrieb richtigen Preis nur finden, wenn er eine Vollkostenrechnung vornimmt, wobei er folgende Aufwendungen einkalkulieren muss:
   - Produktionskosten
   - entgangener Nutzen (z. B. für den Verzicht auf ertragreiche Sorten, auf bestimmte Produktionsmittel wie Medikamente, Düngemittel, Pflanzenschutzmittel usw.)
   - evtl. Abschreibungen, Verzinsung geleisteter Beiträge

- zusätzliche Maßnahmen zur Einhaltung von Gütebestimmungen (Betriebsmittel, Klassifizierungen, Sortieren, Lagern usw.)
- zusätzlicher Aufwand für die Vermarktung
- Kosten für Kontrollen (Probenahmen, Laborkosten usw.)
- Personalkosten
- Risiko.

In beiden Fällen (vor allen Dingen im Fall a) wird man die jährliche Preissetzung jeweils mit dem Vertragspartner im Detail neu verhandeln. In den Verträgen kann aber die langfristige Orientierung im Rahmen einer längerfristigeren Vertragsdauer festgelegt werden. Darüber hinaus kann der Zahlungsmodus ein wichtiger Verhandlungspunkt sein. In der Regel werden die Vertragspartner zwar die Bezahlung bei Lieferung der Ware vereinbaren (mit angemessenen Zahlungszielen). Bei Produkten aber, die gelagert werden und nicht sofort in die Verarbeitung gelangen, stellt sich die Frage, ob der Vertragspartner nicht mit dem Kauf der Ware (auch wenn diese beim Landwirt gelagert wird) den Preis bzw. zumindest einen Abschlag auf den Preis bezahlen soll.

Solche Regelungen sind durchaus marktüblich. Aus rechtlicher Sicht ist dabei zu beachten, dass in diesen Fällen der Landwirt die Lagerung im Auftrage des Abnehmers übernimmt. Dies bedarf spezieller Absprachen über die Vergütung für die Lagerung, vor allen Dingen aber auch über die Frage, wie Lagerverluste behandelt werden.

Der Vermarkter wird sich in der Regel beim Landwirt für Verluste während der Lagerzeit schadlos halten, d. h., das Risiko bleibt auch in diesem Falle beim Landwirt, was in die Preisvereinbarung eingebracht werden muss.

Wenn Landwirte im Rahmen einer Anbau- oder Erzeugergemeinschaft ihre Ware anbieten, stellt sich vor allen Dingen die Frage, wer zu welchen Zeiten abliefern darf bzw. muss (und wer damit auch wann sein Geld bekommt). Es gibt hierzu verschiedene Regelungen, die alle Vor- und Nachteile haben:

a) Man überlässt den Abruf der Ware dem Abnehmer, der dann bestimmen kann, von welchem Betrieb er wann wie viel Ware abzieht (wobei die Erzeugergemeinschaft wichtige Koordinations- und Verhandlungsfunktionen übernimmt).
b) Die Ware wird von der Gemeinschaft zentral gelagert. Die Erzeuger erhalten entsprechend ihrer Liefermenge jeweils bei Abgabe an den Vermarktungspartner eine Preisabschlagszahlung. Das Lagerrisiko liegt bei der Gemeinschaft aller Anbieter. Die Lagerkosten werden anteilmäßig berechnet.
c) Die Gemeinschaft stimmt mit den Landwirten in gegenseitigem Einvernehmen (der eine will möglicherweise das Lager früh geräumt haben, der andere hat Zeit) Lieferzeitpunkte und -mengen ab.

Bei gemeinschaftlicher Vermarktung stellt sich häufig noch ein anderes Problem: Die Marktpreise sollten unter Umständen nicht vollständig und direkt an die Landwirte ausgezahlt werden, wenn

- erwartet werden muss, dass für die Vermarktung (Marktentwicklung, Werbung usw.) im Rahmen des Vermarktungsprogramms später Kosten anfallen, die von Anfang an nicht kalkuliert werden können; das Gleiche gilt etwa für Kosten der Qualitätskontrollen;
- das Verkaufsmanagement unabhängig und flexibel entscheiden muss, wann die Ware verkauft wird (insbesondere, wenn im Verkauf nach Tagespreisen gehandelt wird, wie

z. B. im Viehmarkt); um für alle Erzeuger einen gerechten Preis zu finden, müssen hier unabhängig von den Verkaufsorten und -zeitpunkten, den bei den einzelnen Abnehmern erzielten Erlösen für die Erzeuger gleiche Durchschnittspreise (pro Woche oder pro Monat) angesetzt werden;
- ein Qualitätsausgleich vorgenommen werden muss; werden beispielsweise Qualitätsprodukte, für die bestimmte Produktionsverfahren und -aufwendungen den Erlös des einzelnen Landwirtes beeinflussen, nicht zu 100 % abgesetzt, fragt sich natürlich, wer in den Genuss von Preisaufschlägen im Markt kommt und wer nicht; diese Frage stellt sich beispielsweise in der Produktion von Bioprodukten, aber auch in der Produktion von Qualitätsfleisch und ähnlichen Erzeugnissen; eine Gemeinschaft kann nur gerecht handeln, wenn sie in diesem Falle die erzielten Qualitätsaufschläge auf alle für ein bestimmtes Programm produzierten und die Kontrollbedingungen erfüllenden Produkte gleichermaßen verteilt.

Laufzeit

Verträge können für eine Produktionsperiode, ein Jahr, aber auch für 10 Jahre und länger sowie „auf unbestimmte Zeit" abgeschlossen werden. Kurze Vertragszeiten wird man wählen, wenn
- man noch nicht sicher ist, ob das Vertragsverhältnis langfristig Bestand hat bzw. alle Details richtig geregelt sind,
- eine Rückkehr zum Zustand vor Vertragsabschluss für beide Parteien leicht möglich ist (weil z. B. keine hohen Investitionen getätigt wurden und/oder keine gravierenden Betriebsumstellungen notwendig sind).

Typische Verträge dieser Art finden wir bei der Andienung von Qualitätsweizen an eine Mühle, Braugerste an Brauereien, Schlachtschweine bzw. Rinder an Schlachtunternehmen bzw. Verarbeitungsunternehmen: Man handelt jährlich die Konditionen neu aus und schließt auf der Basis dieser Konditionen einen neuen Vertrag ab.

Aber auch in solche Verträge sollte man die langfristige Intention der Zusammenarbeit bzw. die Option auf das Eingehen von Folgeverträgen einbauen, damit sich eine fruchtbare Zusammenarbeit zwischen den Marktpartnern ergibt. Der Sinn von Verträgen ist es ja gerade, die Beziehungen zwischen Marktpartnern langfristig zu stabilisieren.

Landwirte, wie auch ihre Marktpartner, werden dagegen von vornherein auf längere Zeit festgelegte Bindungen suchen, wenn sie beispielsweise
- mit dem Eingehen bzw. Erfüllen des Vertrages hohe Investitionen (z. B. Aufbau einer neuen Verarbeitungsanlage für Verarbeitungskartoffeln) oder kompliziertere Betriebsumstellungen (Umstellung auf biologischen Anbau) haben,
- gemeinsam neue Märkte erobern bzw. Märkte besetzen wollen (z. B. mit Markenprogrammen).

So kann es beispielsweise für eine Erzeugergemeinschaft, die Qualitätsgetreide produziert und dies unter einem eingetragenen Warenzeichen verkauft (bzw. einer Mühle die Lizenz gibt, das Mehl mit dem Zeichen zu verkaufen), sinnvoll sein, mit der nachfolgenden Stufe (Bäckereien oder Großbäckerei) über drei, fünf oder mehr Jahre einen Exklusivvertrag abzuschließen, um der Etablierung des Produktes und auch der Profilierung der Bäckereien im Markt einen genügend großen Zeitraum zu lassen.

Gerade von der Landwirtschaft initiierte Markenprogramme benötigen Zeit für die Etablierung im Markt, weil in der Regel die landwirtschaftlichen Organisationen nicht genügend finanzielle Mittel haben, um schon in den ersten zwei Jahren hohe Bekanntheitsgrade beim Verbraucher oder Distributionswerte im Handel zu erreichen.

Ein anderes Beispiel: Wenn ein Unternehmen der Ernährungsindustrie in einem Kartoffelanbaugebiet in eine Anlage zur Herstellung von Kartoffelchips investiert, will dieses Unternehmen natürlich die Gewissheit haben, dass die Landwirte auch über einen längeren Zeitraum liefern. Das kann man nur in Verträgen absichern, die zehn Jahre und länger dauern; andererseits verlangen die Landwirte für ihre Verpflichtung nicht nur einen guten Preis, sondern auch die längerfristige Zusage, dass die erzeugten Kartoffeln abgenommen werden; die Bindung zwischen den beiden Partnern ist also bewusst gewollt und sinnvoll; diese Bindung wird noch stärker, wenn der Landwirt zusätzlich auch Beiträge zur Finanzierung des Verarbeitungsunternehmens leistet und ihm dafür vertraglich die Abnahme bestimmter Mengen über den gesamten Zeitraum der Absprachen zugesichert wird.

Für alle solche Vereinbarungen gilt der Grundsatz: Die getätigten Investitionen müssen in einem Zeitraum soweit abgeschrieben werden, wie dies aufgrund des Wiederverkaufswertes notwendig ist, und sie müssen verzinst werden. Werden diese Kosten (neben allen anderen zusätzlichen Kosten) von den erzielten Erlösen abgezogen, muss sich mindestens ein Marktpreis ergeben, der sich im Falle alternativer Nutzung der Flächen bzw. Tierbestände erzielen ließe. Daraus lässt sich die notwendige Dauer solcher Verträge errechnen.

Vertragsstrafen (Sanktionen)

Ein Vertrag ohne Regelungen für den Eventualfall, dass einer der Vertragspartner die Vereinbarungen nicht einhält, ist so etwas wie eine Straßenverkehrsordnung ohne Bußgeldkatalog und Möglichkeit zum Führerscheinentzug. Wie im Straßenverkehr gibt es auch bei wirtschaftlichen Vereinbarungen leichte und schwere Verstöße. Dementsprechend müssen auch die Strafandrohungen unterschiedlich hoch ausfallen, wobei reine Drohungen nicht ausreichen. Man muss die Sanktionen auch durchführen (was in der Praxis heißt: durchführen können). Dazu ist ein entsprechendes Kontrollsystem notwendig, was für beide Parteien zunächst einmal Kosten verursacht.

Man muss deshalb sehr genau prüfen, welche Regeln unbedingt (und wie genau) eingehalten werden müssen und welche Konsequenz die Nichteinhaltung für die Zusammenarbeit hat. Erst dann kann man über die Notwendigkeit und die Härte der Strafen entscheiden.

Es gibt verschiedene Strafmaße, die in unterschiedlichen Situationen eine ganz unterschiedliche Wirkung haben können.

Möglichkeiten der Strafandrohung in Verträgen

- Verweigerung der Warenannahme (was nur dann seine erzieherische Wirkung hat, wenn die Ware nicht anderweitig vermarktet werden kann bzw. der Preisverlust erheblich ist)
- Abzüge von den Vermarktungserlösen (die nur möglich sind, wenn das betreffende Produkt trotz der Nichteinhaltung der Regeln noch vermarktbar ist und darüber hinaus der Preisabzug für die betreffende Partei schmerzlich ist)

- Fristlose Kündigung des Vertrages (was nur sinnvoll ist, wenn man auf die Leistungen des Vertragspartners nicht angewiesen ist)
- Inanspruchnahme der Produkthaftung und darüber hinaus der Haftung für alle durch das Fehlverhalten des Vertragspartners entstandenen zusätzlichen Schäden (was sinnvollerweise angedroht werden muss, aber in der Durchsetzung mit aufwendigen und langwierigen Prozessen verbunden sein wird)
- Sofortiger Einzug von Schecks bzw. bei einem Treuhänder hinterlegten Sichtwechseln (was – wenn die Höhe als Abschreckung wirklich ausreicht – sehr wirksam sein kann und auch dabei helfen kann, die sonst sehr umfangreichen Kontrollen auf Stichproben zu reduzieren)
- Ersatzloser Entzug von Einlagen, Beiträgen u. a. (was nur dann erfolgreich ist, wenn diese eine entsprechende Höhe haben, was aber in der Regel nicht der Fall ist)
- Inanspruchnahme von Regressansprüchen, z. B. durch Ersatzbeschaffung der Ware (was nur möglich ist, wenn entsprechende Ware verfügbar ist).

Als wenig effizient erweisen sich häufig Geldstrafen, wenn sie nicht unmittelbar eingezogen werden können.

Grundsätzlich gilt: Die Strafe muss immer in einem vernünftigen Verhältnis zum entstehenden Schaden stehen. Dieser aber kann sehr unterschiedlich sein, wie die folgenden Beispiele zeigen:

- Wer sich im Rahmen eines Ablieferungsvertrages (z. B. mit einer Erzeugergemeinschaft) verpflichtet, seine Tiere ohne Hormone zu mästen, dann aber dagegen verstößt, muss mit der härtesten aller möglichen Sanktionen bestraft werden (d. h. nicht nur fristlose Kündigung, sondern auch Haftung für alle der Gemeinschaft entstehenden Schäden, insbesondere auch der langfristig wirksamen Imageschäden, die aber nicht einfach zu belegen sind).
- Wer dagegen als Teilnehmer in einem Qualitätsfleischprodukt beim Treiben der Schweine einen Elektrotreiber benutzt, kann wohl selten mit dem Verlust sämtlicher Lieferrechte bestraft werden (vielleicht ist in diesem Fall nach zweifacher Abmahnung ein Ausschluss auf Zeit angemessen).
- Wenn jemand in einer Erzeugergemeinschaft, die Biogetreide produziert, nicht erlaubte Produktionsmethoden einsetzt, muss er selbstverständlich ausgeschlossen werden, wenn die produzierten Mengen vertraglich an einen Abnehmer verkauft werden.
- Wer als Lieferant von Industriekartoffeln, Industriegemüse, Qualitätsweizen oder Braugerste, aber auch von Qualitätsschlachtvieh Produkte anliefert, die dem geforderten Qualitätsniveau nicht entsprechen (z. B. im Hinblick auf Reinheitsgrad, Klassifizierungsergebnis usw.), wird zunächst mit Preisabschlägen oder aber Abnahmeverweigerung bestraft. Zusätzliche Maßnahmen sind in der Regel nicht notwendig. Was aber, wenn der Vermarktungsbetrieb die vertraglich festgelegte Menge benötigt, aber keine anderen Beschaffungsmöglichkeiten hat? Eine Verpflichtung auf Ersatzbeschaffung führt in diesem Falle nicht zum Ziel. Kostenübernahme für entsprechende Schädigungen der weiteren Abnehmer führen zu langwierigen Prozessen. Wenn „höhere Gewalt" nachgewiesen werden kann, werden sie ohnehin keinen Erfolg bringen. So ärgerlich dies für den Geschädigten auch ist, in vielen Fällen wird es bei der Vertragsauflösung bleiben.

So notwendig es also auf der einen Seite ist, für die Nichteinhaltung zentraler Regelungen Strafen vorzusehen, so unsinnig ist es auf der anderen Seite, diese für alle Eventualfälle vorzusehen. Meinungsverschiedenheiten, die bei Vertragsabschluss überhaupt nicht vorhergesehen werden können, werden häufig **unter Ausschluss des Rechtswegs** durch Verhandlung zwischen den beteiligten Vertragspartnern selbst oder aber auch durch Schiedsstellen (z. B. bei der Landwirtschaftskammer oder beim Landwirtschaftsamt) geklärt werden müssen.

In anderen Fällen kann es auch ratsam sein, Verträge mit einer so genannten „salvatorischen Klausel" zu versehen, die in beiderseitigem Interesse vorsieht, dass unvorhergesehene Veränderungen in den Geschäftsbeziehungen beider Partner, die den Vertrag betreffen, in dem Sinne geregelt werden, wie es die Parteien bei Vertragsabschluss gewollt haben bzw. dann abgesprochen hätten, wenn sie diese Situation vorausgesehen hätten.

2.4 Energie / Nachwachsende Rohstoffe

Nachwachsende Rohstoffe bezeichnen Pflanzen oder deren Inhaltsstoffe aus land- und forstwirtschaftlicher Produktion, die ganz oder teilweise zu industriellen Zwecken oder zur Energiegewinnung genutzt werden können. Es handelt sich um organische Stoffe pflanzlichen oder tierischen Ursprungs, die sich in regelmäßigen Zeitabständen kontinuierlich erneuern und außerhalb des Nahrungs- und Futtermittelbereichs eingesetzt werden.

2.4.1 Stoffliche und energetische Nutzung nachwachsender Rohstoffe in der Industrie

Die Einsatzbereiche nachwachsender Rohstoffe sind vielfältig. Zu unterscheiden sind zunächst die energetische Verwendung als Kraft- und Brennstoff von der so genannten stofflichen Verwendung. Unter Letzterem werden alle nicht-energetischen Einsatzgebiete pflanzlicher Rohstoffe in den verschiedenen industriellen Branchenzweigen verstanden, z. B. zur Herstellung von technischen Ölen, Textilien, Faserstoffen, Kunststoffen und vielen chemischen Grundstoffen. Zu den wichtigsten Industriezweigen der stofflichen Nutzung zählen die chemische Industrie, Automobilindustrie, Papierindustrie sowie die Textil- und Bauindustrie. So werden in der chemischen Industrie unterschiedliche Stoffe pflanzlichen Ursprungs eingesetzt, z. B. Öle, Stärke, Cellulose oder Zucker. Die Einsatzbereiche von Ölen erstrecken sich in diesem Bereich insbesondere auf die Erzeugung von Tensiden zur Seifen- und Waschmittelproduktion, die Herstellung von Lacken, Farben und Polymeren sowie auf die Schmierstoffproduktion. Stärkehaltige Rohstoffe finden primär Eingang in der Papierproduktion sowie in der Herstellung von Klebstoffen, aber auch zur Erzeugung von Pharmazeutika. Zuckerhaltige Rohstoffe wiederum werden im stofflichen Verwendungsbereich verstärkt in der Fermentationsindustrie eingesetzt, u. a. zur Erzeugung von Vitamin-C-Vorstufen, Vitaminen und Aminosäuren sowie Bioethanol.

Aufgrund wachsender Engpässe bei der Nutzung fossiler Rohstoffe und hieraus resultierender Energiekrisen erlangt das Thema nachwachsender Rohstoffe insbesondere in Bezug auf ihre energetische Verwendung als Biokraftstoff in den vergangenen Jahren zunehmende Bedeutung. So dominiert im Bereich der Biokraftstoffgewinnung insbesondere der Einsatz von Ölen, zucker- und stärkehaltigen Pflanzen. Besondere Bedeutung kommt in

Deutschland dem Rapsanbau zu, zur Erzeugung reinen Pflanzenöls und von Biodiesel. Beide Verwendungsformen sind auf den Ersatz von Diesel ausgerichtet. Die Verarbeitung stärke- und zuckerhaltiger Rohstoffe zielt im Biokraftstoffbereich auf die Gewinnung von Bioethanol, um hierdurch Ottokraftstoff zu substituieren. Pflanzen, die zur Bioethanolproduktion eingesetzt werden, sind insbesondere Weizen, Roggen, Mais und Zuckerrüben. Bioethanol, Pflanzenöl und Biodiesel zählen zur ersten Biokraftstoff-Generation, die bereits am Markt etabliert ist und im Verkehrsbereich zur Verringerung von Treibhausgas-Emissionen beitragen soll. Als zweite Generation werden Methan aus aufbereitetem Biogas sowie Biomass-to-Liquid (BtL) bezeichnet. Bei BtL handelt es sich um einen synthetischen Kraftstoff, der sowohl Diesel als auch Ottokraftstoff substituieren kann, während Biomethan ein Äquivalent zu Erdgas ist, das in Erdgasfahrzeugen eingesetzt werden kann.

Im Bereich der Energieträger existiert ein wesentlicher Vorteil der nachwachsenden Rohstoffe gegenüber fossilen Alternativen wie Erdöl, Erdgas oder Kohle in ihrer kontinuierlichen Erneuerung in jährlichen bzw. in überschaubaren Zeiträumen. Zielsetzungen ihrer Verwendung sind insbesondere die Verbesserung einheimischer Energieversorgung sowie die Reduktion von CO_2-Emissionen bei gleichzeitiger Schonung fossiler Rohstoffvorkommen. Der hiermit verbundene starke Anstieg im Anbau nachwachsender Rohstoffe führt darüber hinaus zu einer Neuausrichtung in der Landwirtschaft. Niedrige Lagerbestände, Diskussionen zur Senkung der Agrarsubventionen – z. B. Kürzung der Energiepflanzenprämie – sowie steigende Lebensmittelpreise sind u. a. Konsequenz der zunehmenden Bedeutung nachwachsender Rohstoffe. Zudem bewegt sich die Anbauentscheidung für oder wider verschiedener Kulturen in einem Spannungsfeld zahlreicher Einflussfaktoren (siehe Übersicht E.10).

2.4.2 Anbau nachwachsender Rohstoffe in Deutschland

Eine wesentliche Determinante der Anbauentscheidung ist der für die Landwirtschaft erzielbare Preis. Dieser kann je nach Verwendungsrichtung – z. B. Einsatz als Nahrungsmittel gegenüber der industriellen Nutzung als nachwachsender Rohstoff – und in Abhängigkeit von den hiermit verbundenen Knappheitsrelationen variieren. So führt ein stark ausgeprägter Einsatz von Agrarrohstoffen im Non-Food-Bereich zu deren Verknappung und damit zugleich zu einem Preisanstieg im Nahrungsmittelsektor. In der konkurrierenden Rolle des Anbaus nachwachsender Rohstoffe zum Nahrungsmittelanbau liegt entsprechend auch ein wesentliches Problem der Thematik: Die zusätzliche Verknappung von Rohstoffen zur Lebensmittelproduktion erhöht ihre Preise und verschärft Konflikte um verfügbare Nahrungsmittel. Einen vorläufigen Höhepunkt erreichte diese Problematik in der ersten Jahreshälfte des Jahres 2008 in der so genannten „Teller-Tank-Diskussion". Dieser Terminus beschreibt plakativ das Problem, dass die lebensnotwendigen Rohstoffe nur einer der beiden alternativen Verwendungen zugeführt werden können. Dadurch, dass unterschiedliche Personenkreise verschiedene Zielsetzungen zur Verwendung verfolgen – v. a. industrielle Verarbeitung gegenüber der Versorgung mit Nahrungsmitteln – entsteht ein hohes Konfliktpotenzial.

In Deutschland werden auf ca. 2 Mio. ha nachwachsende Rohstoffe angebaut, dies entspricht etwa 17 Prozent der gesamten Ackerfläche (ca. 12 Mio. ha). Zwar unterliegt die Rolle nachwachsender Rohstoffe individuellen Präferenzen, Konkurrenz- und Substitutionsbeziehungen sowie preislichen Veränderungen, wodurch die Intensität ihres Einsatzes

Übersicht E.10

Determinanten der Anbauentscheidung am Beispiel des Rapsanbaus

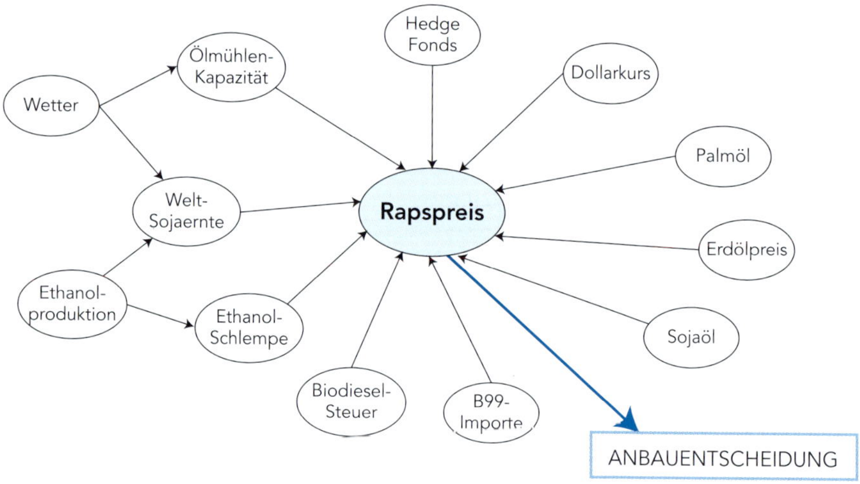

im Zeitablauf variiert. Dennoch wird der Einsatz nachwachsender Rohstoffe nicht grundsätzlich in Frage gestellt. Insbesondere politische Interessen – z. B. das Anliegen der Erschließung alternativer Energiequellen –, die hiermit verbundene Subvention mit öffentlichen Geldern sowie der oftmals kostengünstigere Einsatz nachwachsender Rohstoffe in der Industrie dürften den Fortbestand des Einsatzes nachwachsender Rohstoffe auch weiterhin gewährleisten.

3. Marketing im Handel mit Agrarprodukten

Agrarprodukte durchlaufen auf dem Weg von der Produktion zu den Verarbeitungsbetrieben und schließlich zum Endverbraucher meistens eine Reihe von Handelsstufen. Diese Handelsstufen dienen generell dazu, Angebot und Nachfrage zeitlich, räumlich, qualitativ und quantitativ aufeinander abzustimmen. Die mit dem Handel mit Agrarprodukten befassten Branchen und die Marktveranstaltungen werden im Folgenden kurz dargestellt und ihre Marketingaktivitäten beschrieben. Solche Sektoren des Agribusiness, die mit einer Verarbeitung der von der Landwirtschaft produzierten Rohstoffe befasst sind, wie z. B. die Milch- oder Fleischverarbeitung, werden in Kapitel E 5.1 „Ernährungsindustrie" behandelt.

3.1 Handel mit Agrarprodukten

Die dezentrale und oftmals qualitativ heterogene landwirtschaftliche Produktion und das daraus resultierende zersplitterte Angebot erfordern auf der ersten Handelsstufe eine Zusammenfassung in vermarktungsfähige Partien. Diese Handelsstufe wird als Sammel- oder Erfassungsgroßhandel bezeichnet. Generell kann der Sammelgroßhandel in inhabergeführten und genossenschaftlichen Landhandel unterteilt werden. Die Unternehmen des Landwarenhandels sind nicht allein mit der Zusammenstellung handelbarer Partien, also dem „Sammeln", sondern gleichzeitig mit der Bereitstellung des landwirtschaftlichen Vorleistungsbedarfs befasst. Sie sind also der Landwirtschaft sowohl vor- als auch nachgelagert.

Der Landhandel wird als lokaler Sammel- oder Erfassungshandel bezeichnet und hat im Absatzgeschäft die Aufgabe, vorwiegend pflanzliche Erzeugnisse

- zu erfassen,
- zu bearbeiten (Reinigen, Sortieren, Trocknen),
- zu lagern und
- sie an die nachfolgende Stufe (Nahrungsmittelindustrie, Groß- oder Exporthandel) zu vermarkten.

Dem lokalen Erfassungshandel ist der zentrale Erfassungshandel angegliedert. Dies sind die regionalen Hauptgenossenschaften wie z. B. Baywa in München oder die Agravis in Münster und ihre erwerbswirtschaftlichen Wettbewerber. Der zentrale Erfassungshandel kann sowohl als Sammel- als auch als Verteilergroßhandel fungieren. Eine Trennung ist nicht immer eindeutig. In der Regel wird er aber als Sammelgroßhandel bezeichnet. Er bezieht unter anderem Produkte aus dem Ausland und hat dementsprechend auch die Funktion des Importgroßhandels.

Vom Sammelgroßhandel beziehen Unternehmen des (Verteilungs-)Fachgroß- und Einzelhandels, vor allem aber auch die Verarbeitungsindustrie ihre Rohwaren. In manchen Fällen beziehen sie auch direkt von landwirtschaftlichen Betrieben, ohne Einschaltung einer Handelsstufe (als Beispiel sei das Milcherfassungssystem der Molkereien genannt).

Dem oben beschriebenen Großhandel obliegt die Aufgabe, das Angebot der primären Handelsstufe weiter zu konzentrieren und zu größeren nachfragegerechten Partien zusammenzustellen. In der Vergangenheit hat sich jedoch die Nachfragesituation aufgrund des sich in der Landwirtschaft vollziehenden Strukturwandels stark verändert. Die Folge ist eine zunehmende Einstufigkeit der Erfassung, mit der die zentrale Großhandelsstufe immer mehr in direkten Kontakt mit der landwirtschaftlichen Erzeugung tritt. Hierbei gewinnt vor allem das Streckengeschäft an Bedeutung. Außer im Absatzbereich ist der Großhandel für die Bereitstellung landwirtschaftlicher Vorleistungen wichtig. Hier spielen die Großhandelsunternehmen auch als Hersteller – nämlich von Mischfuttermitteln – und beim zentralen Einkauf von Pflanzenschutz- und Düngemitteln eine große Rolle.

Wie im Bezugsbereich verliert das Absatzgeschäft von Agrarhandelsunternehmen durch sinkende Preise, Produktionseinschränkungen und nicht zuletzt durch zusätzliche Konkurrenz der Landwirtschaft, die durch den Strukturwandel und die wachsende Bedeutung von Erzeugergemeinschaften zunehmend selbst handelsfähige Partien bereitstellen kann, an Gewicht. Jedoch hat dieser Geschäftsbereich in Landhandelsunternehmen bei Produkten wie Getreide, Ölsaaten und Kartoffeln immer noch eine große Bedeutung. Daher ist der Erfassungshandel auch weiterhin regional eng mit der landwirtschaftlichen Produktion verbunden und wird sich dem Strukturwandel in der Landwirtschaft, der zu größeren Betriebseinheiten führen wird, durch eine weitere Konzentration und Kooperation anpassen müssen. Diese Entwicklung wird durch folgende Faktoren verstärkt:

- Der langfristig zu beobachtende Preisrückgang bei den wichtigsten Erfassungsgütern führt zu nominalen Umsatzrückgängen bei den landwirtschaftlichen Betrieben wie auch bei der aufnehmenden Hand.
- Durch das langfristig niedrige Preisniveau wird die absolut weitgehend konstante (Landhandels-)Spanne prozentual im Vergleich zum Rohertrag der landwirtschaftlichen Betriebe zunehmen. Die entstehenden größeren landwirtschaftlichen Betriebe werden daher verstärkt selbst einlagern bzw. die Spanne des Erfassungshandels durch Einstieg in das Streckengeschäft oder die Direktvermarktung an die Verarbeiter zu umgehen trachten. Dies hätte einen weiteren Rückgang des Lagerumschlags für den Handel zur Folge.

Aufgrund dieser Aspekte sind die Möglichkeiten der Erfassungsstufe, dem Strukturwandel im Kernbereich ihres Geschäftes mit klassischen Marketingmaßnahmen Rechnung zu tragen, begrenzt:

- In der Produkt- und Distributionspolitik verengt sich der Spielraum weitgehend auf logistische Funktionen.
- In der Preispolitik setzen die Marktbedingungen und der ordnungspolitische Rahmen der EU die engen Grenzen, in denen sich der Handel bewegen kann.
- Auch die Möglichkeit, mit kommunikationspolitischen Maßnahmen eine Ergebnisverbesserung zu erreichen, sind wegen der vorherrschenden Homogenität des Angebots und der bestehenden Markttransparenz, die die Schaffung monopolistischer Abschnitte (akquisitorisches Potenzial) auf der Preis-Absatz-Funktion durch Marketingmaßnahmen erschwert, stark eingeschränkt.

Der Handlungsspielraum der Unternehmen verengt sich dadurch auf zwei Bereiche, die idealerweise kombiniert bearbeitet werden können:

- Verbesserung der Kostenstruktur durch Konzentration und Kooperation
- Diversifizierung der Leistungspalette über den Kernbereich des Absatzgeschäftes hinaus; dies bedeutet die Schaffung neuer Geschäftsbereiche auf nichtlandwirtschaftlichem Gebiet oder die Verlängerung der bestehenden Werteketten durch die Übernahme weiterer Finanzierungs- und Service-Funktionen.

Getreide

Von den Getreideverkäufen der Landwirtschaft[3] vermarkten die Genossenschaften ca. 50%, während die Landwirte rund 40% an den inhabergeführten Landhandel verkaufen und etwa 10% direkt an die Verarbeitungsbetriebe liefern. Wie bei anderen Produkten hat der Großhandel auch bei Getreide die Aufgabe, das Angebot der Primärstufe zu größeren Partien zusammenzustellen. Mit zunehmender Einstufigkeit tritt die zentrale Großhandelsstufe immer mehr in direkten Kontakt mit der landwirtschaftlichen Erzeugung.

Der auf dem Getreidemarkt langfristige Preisrückgang führt sowohl bei den landwirtschaftlichen Betrieben als auch beim aufnehmenden Handel zu nominalen Umsatzrückgängen. Infolge zunehmender Einstufigkeit werden mit steigendem Rückgang der staatlichen Interventionen vermehrt Lagerkapazitäten frei. Dies zwingt die zentrale Großhandelsstufe, sich mit Hilfe von Marketingstrategien dem Strukturwandel anzupassen:

- Kooperationsstrategie. Durch eine Kooperation beteiligter Firmen können Synergiepotenziale zwischen Unternehmen und Marktstufe ausgenutzt und damit Kosten gesenkt werden. Vor allem bei der vertikalen Kooperation kann die Koordination des Warenflusses zwischen den verschiedenen Marktstufen verbessert werden, indem vertragliche Vereinbarungen bezüglich der angebotenen und nachgefragten Leistungen getroffen werden.
- Marktdurchdringungsstrategie. Infolge der in Zukunft zunehmenden Zahl spezialisierter und vergrößerter landwirtschaftlicher Betriebe muss der Landhandel das Ziel verfolgen, die Kundenbindung zu erhöhen sowie sein bestehendes Dienstleistungsangebot zu überprüfen und eventuell den Marktbedingungen anzupassen.
- Diversifikationsstrategie. Eine Diversifikation der Produktpalette, d.h. ein Ausweichen auf andere Märkte, eröffnet den Unternehmen neue Expansionsspielräume. Als Beispiel sei hier die Ausweitung der Aktivitäten auf vor- und nachgelagerte Marktstufen genannt.

Die Anwendung solcher Strategiemöglichkeiten durch den zentralen Großhandel wird jedoch nicht zu einem grundsätzlichen Verschwinden des Sammelhandels führen, solange die Verarbeitungsindustrie (Mühlen, Mälzereien, Mischfutterindustrie) einheitliche und große Partien verlangt, die am besten über den regional ansässigen Sammelhandel bereitgestellt werden können.

[3] In der Bundesrepublik Deutschland werden nur ca. 50 bis 60% der Getreideproduktion der Landwirtschaft verkauft. Die verbleibende Menge wird in den landwirtschaftlichen Betrieben verbraucht (Saatgut, Verfütterung).

Gestaltungsmöglichkeiten im Marketing

Die **Sortimentsgestaltung** im Getreidehandel wird vielfältiger. Der wohl am häufigsten vorkommende Fall ist immer noch der Handel mit Getreide als standardisierter Massenware. Hauptabnehmer sind hier die Mühlenindustrie und die Mischfutterindustrie. Daneben gibt es aber auch die Unternehmen, die in speziellen Marktsegmenten operieren. Hierzu zählen vor allem die Segmente Braugerste, Qualitätshafer, Getreide aus ökologischem Anbau und die Saatgutproduktion. Letztere Gruppe zeigt, dass erfolgreiche Erzeugung und Vermarktung dieser genau definierten Produkte am besten bei enger vertikaler Zusammenarbeit von Erzeugung und Absatz gelingen.

Innerhalb der **Preispolitik** sind den Beteiligten durch die allerdings an Bedeutung verlierende Getreidemarktordnung der Europäischen Union Grenzen gesetzt. Insbesondere für die oben erwähnte Gruppe der Spezialerzeuger ist ein Spielraum vorhanden. Im Bereich der standardisierten Massenware ist mangels Differenzierung kaum preislicher Spielraum vorhanden.

Bei standardisierter Massenware besteht für die Anbieter wenig Einflussmöglichkeit auf die **Distribution.** Jeder Käufer, der auf dem Markt vorhanden ist (z. B. Verteilungsbetrieb), ist im Prinzip den anderen gleichwertig. Die Entscheidung bei der Wahl des Marktpartners fällt also oft aufgrund winziger Preiszugeständnisse des Käufers. Bei näherem Zusehen zeigt sich freilich, dass auch Präferenzen zugunsten eines Marktpartners bestehen können: Sie können auf langfristig gewachsenen persönlichen Beziehungen bestehen oder auch auf Nebenleistungen (Beispiel: der Landhändler bezieht Mischfutter vom Verarbeitungsbetrieb und erhält dafür einen Preisbonus für das angelieferte Getreide).

Je stärker die Produktdifferenzierung zur Belieferung von Marktsegmenten ausgeprägt ist, desto geringer wird die Austauschbarkeit der Abnehmer: Die Tendenz zu längerfristigen gegenseitigen Bindungen der Marktpartner nimmt zu.

Bei Standardprodukten lassen sich durch **Kommunikationspolitik** kaum Vorteile am Markt entwickeln. Anders ist es bei den Spezialprodukten auf dem Getreidemarkt, wo die Produktdifferenzierung den Ansatz zur kommunikativen Profilierung bietet. Da die Produktdifferenzierung nur in enger vertikaler Zusammenarbeit des Sammelhandels und der Erzeugung möglich ist, basiert Werbung (oder Verkaufsförderung bzw. Öffentlichkeitsarbeit) auf dieser mehrstufigen Zusammenarbeit, ohne die eine Einhaltung der Produktmerkmale nicht möglich wäre. Häufig gewinnen die landwirtschaftlichen Erzeuger dabei ein starkes Gewicht gegenüber dem Sammelhandel und bestimmen damit die hier mögliche Verbundkommunikation (die z. B. von Erzeugergemeinschaften getragen werden kann).

Kartoffeln

Der Absatz von Kartoffeln erfolgt zu etwa je einem Drittel über die Direktvermarktung, über den inhabergeführten und genossenschaftlichen Handel und vertraglich gebunden direkt an die Verarbeitungsbetriebe. Dabei nehmen die Anteile der Verarbeitungsindustrie und des Direktabsatzes zu. Der klassische Absatzweg für Kartoffeln ist gekennzeichnet durch einen Übergang der Ware vom Erzeuger oder den Erzeugergemeinschaften an den Versandhandel. Dabei unterscheidet man zwischen dem Versandhandel in den Produktionsgebieten und den Abpackbetrieben, die in der Regel in den Konsumgebieten liegen (Empfangshandel). Betriebe des Versandhandels nehmen die Ware von den Erzeugern auf, lagern sie ein bzw. bereiten sie auf. Abpackbetriebe sortieren die Ware bzw. verpacken sie. Sowohl Versandhandel als auch Empfangshandel können Lieferanten des Lebensmitteleinzelhandels und seiner Zusammenschlüsse sein. In der Vergangenheit hat die Bedeutung des Empfangshandels zugunsten des Versandhandels an Bedeutung verloren. Dies hängt unter anderem damit zusammen, dass der Versandhandel immer mehr dazu übergegangen ist, Funktionen des Empfangshandels zu übernehmen. Hierzu gehört auch das Waschen der Kartoffeln.

Aufgrund der Tatsache, dass die Marktanteile des Landwarenhandels zugunsten der Verarbeitungsindustrie und des Direktabsatzes abnehmen, ist nach anderen Strategien zu suchen.

- Preis-Mengen-Strategie. Dies bedeutet eine Ausnutzung von Preisvorteilen durch eine mengenmäßig angepasste und nachfrageorientierte Bedienung der Marktsegmente sowie durch Rationalisierung in der Distribution.
- Markenartikel-Strategie. Mit der Entwicklung von Marken wird versucht, sich vom Massenprodukt „Speisekartoffel" abzuheben und die Qualitätsdifferenzierung zu verstärken. Das frühere „Ackergold"-Programm der CMA war ein Beispiel für einen solchen Versuch, der stets die vertragliche Bindung zwischen Erzeugern und Vermarktern voraussetzt.

Gestaltungsmöglichkeiten im Marketing

Innerhalb der **Produktpolitik** gehen die Bestrebungen weg von der namenlosen Massenware hin zur Markenware, die von Anbauergruppen (Gruppenmarketing), von Versand- oder Lebensmitteleinzelhandel oder auch von einer Gemeinschaftsmarketinginstitution (Gemeinschaftsmarke „Ackergold") getragen werden kann. Die Verbraucher honorieren diese in der Marke ausgedrückte Qualitätszusage.

Der Kartoffelmarkt weist erntebedingt starke jährliche Preisniveauunterschiede auf und darüber hinaus erhebliche saisonale Schwankungen. Dies ermöglicht dem Kartoffelhandel mehr Gestaltungsmöglichkeiten (und -risiken) als bei einem insgesamt recht homogenen Markt vermutet werden könnte. Gezieltere **Preispolitik** ist möglich, wenn der Aufbau einer von Handel und Verbraucher akzeptierten Markenware gelingt.

Das bisher bestehende **Vertriebssystem** im Kartoffelsektor unterscheidet sich grundlegend von Produktgruppen wie Obst und Gemüse. Es finden keine Versteigerungen oder Großhandelsmärkte statt, sondern Versandhandel und Empfangshandel gelangen am Telefon zur Übereinkunft über Preis, Menge und Lieferbedingungen. Die Absatzwege von Versand- und Empfangshandel können sich sukzessive ergänzen. Sie können sich aber auch überlappen oder miteinander konkurrieren. Letzteres gilt vor allem auf Absatzwegen, auf denen durch vermehrte Dienstleistungen (Schälen, Pommes-frites-Herstellung) verstärkte Produktdifferenzierung möglich ist. Mit der Einführung der Warenterminbörse in Hannover 1996 entstand ab 1998 für einige Jahre ein Terminmarkt für Kartoffelkontrakte.

Überall dort, wo Markenbildung eine Qualitätszusage an den Verbraucher beinhaltet, ist auch die **kommunikative** Verbraucheransprache erforderlich. Die Kartoffel ist ein Beispiel dafür, wie viele kommunikativ interessante Seiten ein „einfaches" Agrarprodukt haben kann – anknüpfend z. B. an Erntezeittraditionen, Verzehrsgewohnheiten und Rezepte (bis hin zur „Kartoffeldiät"). In Öffentlichkeitsarbeit, Werbung (häufig regional) und Verkaufsförderung kann dies genutzt werden.

Obst und Gemüse

Die Absatzwege von Obst und Gemüse sind vielfältig. Grundsätzlich ist jedoch zu unterscheiden zwischen

- dem direkten einstufigen Absatz vom Erzeuger zum Endverbraucher (Wochenmarkt, ab Hof) und
- dem indirekten, mehrstufigen Absatz vom Erzeuger über Absatzmittler. Wichtige Absatzwege führen über die Erzeugergroßmärkte, den spezialisierten Fachgroßhändler, den Einzelhandel sowie über die Verarbeitungsindustrie.

Dabei sind in der Distribution häufig städtische Großmärkte eingeschaltet. Anbieter auf den städtischen Großmärkten sind vor allem Fachgroßhändler, die den örtlichen Facheinzelhandel für Obst und Gemüse, aber auch Großverbraucher (z. B. Restaurants) beliefern und für den Sammeleinzelhandel oft ein wichtiger „Lückenfüller" sind (Spezialprodukte, kurzfristiger Mehrbedarf).

Ein besonders kennzeichnender Absatzweg für Obst und Gemüse führt vom Erzeuger zu den Erzeugergroßmärkten. Sie haben die Aufgabe, das Angebot zu konzentrieren und Dienstleistungsfunktionen wie z. B. Kühlung, Lagerung und Aufbereitung zu übernehmen. Der Verkauf an den Erzeugergroßmärkten kann in Form von Versteigerungen erfolgen. Jedoch halten nur noch wenige Veranstalter in Deutschland am Versteigerungssystem fest. Alle anderen sind zum Festverkauf übergegangen. Die Gründe für diese Entwicklung sind der zunehmende Marktanteil des sich immer stärker konzentrierenden Lebensmitteleinzelhandels sowie das Zurückgehen der Anzahl der Obst- und Gemüsefachgroßhändler. Eine funktionsfähige Versteigerung setzt aber eine entsprechende Anzahl von Teilnehmern an der Versteigerungsveranstaltung voraus. Es bestehen aber auch Mischformen, bei denen ein Teil der Partien versteigert und ein kleinerer Teil über den Telefonverkauf veräußert wird. Auch die „Vorversteigerung" hat sich etabliert. Hierbei wird grundsätzlich am Verkauf über Versteigerungen festgehalten, aber Teile des Angebots werden „an der Uhr vorbei" verkauft. Für den Großkunden hat dieses System den Vorteil, dass er die von ihm gewünschten Partien zu einem einheitlichen Preis bekommt, der nicht von den Tagesschwankungen an der Uhr betroffen ist.

Neben den Erzeugergroßmärkten spielen aber auch die städtischen Großmärkte eine nicht unbedeutende Rolle. Kennzeichnend für die städtischen Großmärkte ist, dass die Erzeuger direkt dorthin liefern und ihre Ware im Selbstverkauf veräußern.

Als wichtiges Bindeglied zwischen Erzeugergroßmärkten und Lebensmitteleinzelhandel dient der Fachgroßhandel (häufig als Versandgroßhandel bezeichnet). Er übernimmt vielfach auch die Importfunktion und setzt seine Ware überregional an den Lebensmitteleinzelhandel ab. Eine Konzentration auf der Großhandelsstufe, also eine abnehmende Zahl von Unternehmen, ist unübersehbar. Dezentrale Strukturen erlaubt vor allem noch der überwiegend auf die Gastronomie orientierte Zustellgroßhandel.

Genossenschaftliche Absatzeinrichtungen haben bei Obst und Gemüse eine große Bedeutung. Sie stehen ebenso wie die inhabergeführten Unternehmen der Wettbewerber vor zwei zentralen Problemen:

- Aufgrund der starken Nachfragekonzentration im Lebensmitteleinzelhandel kommt es zu einer wachsenden Abhängigkeit von einzelnen Großkunden.
- Eine verstärkte Nachfrage nach großen einheitlichen Partien kann von kleineren Absatzorganisationen nicht befriedigt werden.

Welche strategischen Optionen haben die Absatzorganisationen?

- Kooperationsstrategie. Einer zunehmenden Marktmacht auf der Abnehmerseite kann durch Kooperation entgegengewirkt werden. Kooperation kann z. B. durch wechselseitigen Warenbezug erfolgen (Direktkontakte zwischen den Absatzeinrichtungen oder Zwischenschalten von Fachgroßhändlern).
- Diversifikationsstrategie. Die eigene Marktposition kann dadurch gestärkt werden, dass die Eigenanlieferungen (Erfassung von Obst und Gemüse aus dem Einzugsgebiet) durch Zukäufe ergänzt werden, was die Lieferfähigkeit für den Abnehmer erhöht.
- Produktdifferenzierungsstrategie. Durch eine Spezialisierung auf regionale Produkte kann eine Verbesserung der Ertragslage erzielt werden.

Gestaltungsmöglichkeiten im Marketing

Innerhalb des Obst- und Gemüsesektors bestehen unterschiedliche Möglichkeiten der **Sortimentsgestaltung.** Dies kann z. B. die Ausrichtung des Sortiments auf regionale Spezialitäten, die Ergänzung der Eigenanlieferung durch in- oder ausländische Produkte oder die Spezialisierung hinsichtlich der Anbaumethode (ökologischer Anbau) sein.

Der Obst- und Gemüsemarkt weist starke erntebedingte und darüber hinaus saisonale Schwankungen auf. Je nach Marktsegmentierung bestehen daher Preisspielräume, die jedoch im Wesentlichen durch die vorherrschenden Marktbedingungen bestimmt werden. Eine unternehmensindividuelle **Preispolitik** hat nur dann größeren Aktionsraum, wenn in enger Zusammenarbeit zwischen Absatzorganisation und Anlieferern eine deutlich ausgeprägte Differenzierung der Produkte gegenüber Konkurrenten erreicht wird.

Aufgrund der starken Nachfragekonzentration besteht die Notwendigkeit zu enger Zusammenarbeit zwischen den **Absatz**organisationen und dem Lebensmitteleinzelhandel. Außer der Verarbeitungsindustrie, die in der Regel ihre Rohware unmittelbar von den landwirtschaftlichen Erzeugern bezieht, sind der Fachgroßhandel oder möglicherweise auch Großverbraucher (Restaurants etc.) wichtige Abnehmer.

Aufgrund der Tatsache, dass es sich bei dem Obst- und Gemüsemarkt um heterogene Produkte handelt, bietet die Produktdifferenzierung die Möglichkeit der **kommunikativen** Profilierung. Diese Profilierung setzt jedoch zunehmend eine enge vertikale Zusammenarbeit zwischen Erzeugern und Handel voraus. Vor allem durch Gemeinschaftsmarketing wird versucht, Obst und Gemüse für den Verbraucher attraktiv zu gestalten. Dabei steht die Auslobung der Vorteile heimischer Produkte im Vordergrund.

Bei der Gestaltung der Kundenbeziehungen spielen moderne Kommunikationsinstrumente eine zunehmende Rolle (vgl. Toolbox: Customer Relationship Management).

Schlachtvieh

Die Absatzstufen für Schlachtvieh und Fleisch reichen vom Erzeuger, oft über den Erfassungshandel, über Schlachtung, Be- und Verarbeitung, Großhandel bis hin zum Einzelhandel.

Die Tiere werden in der Regel an große Schlachtbetriebe geliefert oder von diesen Großschlachtereien abgeholt. Nur ein geringer Teil wird von Handwerksbetrieben geschlachtet. Der früher übliche Weg, die Tiere von der Landwirtschaft an den Erfassungshandel zu verkaufen, hat nur noch eine marginale Bedeutung. Schlachtung und Verarbeitung (Zerlegung) erfolgen in zunehmendem Maße in großen Schlachtbetrieben in den

TOOLBOX: CUSTOMER RELATIONSHIP MANAGEMENT (CRM)

Der Begriff Customer Relationship Management kann als Strategie und Prozess zur Dokumentation, Verwaltung, Pflege und Verbesserung von Kunden- und Handelsbeziehungen verstanden werden. Dabei werden Elemente des Marketings und Vertriebs, des Kundenservice sowie einzelner Supply-Chain-Stufen berücksichtigt (Parvatiyar/Sheth 2001). Der Hintergrund des CRM besteht darin, dass es für Unternehmen deutlich günstiger ist, Kunden zu halten als Neukunden zu akquirieren, wobei die Zielsetzung des Unternehmens dafür in der Schaffung von Mehrwerten bei den Kunden liegt. Weitere Zielsetzungen bestehen in einer Steigerung der Kundenzufriedenheit und der Kauffrequenz, der Bindung von Bestandskunden, einer besseren Ausschöpfung des Kundenpotenzials sowie einer Verbesserung der Kundenorientierung. Darüber hinaus hat sich auf Kundenseite der Anspruch auf individuellen Service in den letzten Jahren deutlich erhöht („Customized Marketing"). Im Rahmen des CRM wird nicht nur eine direkte Kommunikation mit den Kunden über neue Technologien (Internet, Call Center etc.) ermöglicht, sondern auch eine Individualisierung der Kontakte über gewonnene Kundendaten (z. B. über Database-Marketing) vorangetrieben.

Für Unternehmen der Lebensmittelbranche stellen sich die Instrumente des CRM gerade in Beziehungen mit Handelspartnern als nützlich und effektiv dar. Dabei können bspw. mit CRM-Software die Abverkaufsdaten analysiert und dadurch Marketing-Möglichkeiten optimiert werden. So nutzt beispielsweise die Groupe Danone für ihr CRM gegenüber den Handelskunden weltweit u. a. die CRM-Software „CPWerx". Das System erlaubt Bestellungen sowie die Erstellung von Berichten über Produkt-Facings, mögliche Out-of-Stocks, Verkaufspreise und andere Angaben direkt vor dem Regal. Auch im Hinblick auf Herkunftssicherung, Chargenrückverfolgbarkeit, Qualitätsmanagement und -sicherung, durchgängige Produktionsanbindung sowie die Kommissionierung wird in der Lebensmittelindustrie häufig auf CRM-Systeme zurückgegriffen. Speziell im Lebensmittelvertrieb unterstützen jene Systeme das Kontaktmanagement, Termin-/Aktionsplanung und -management oder die Verwaltung von Listungen.

Produktionsgebieten („Versandschlachtereien"), von wo die Ware an den Fleischgroßhandel und den Lebensmitteleinzelhandel (Ketten und Gruppen) verkauft wird. Das Zerlegen verlagert sich auf Schlacht- und Zerlegebetriebe, die Verarbeitung zu Fleischwaren auf großbetriebliche Verarbeitungsunternehmen, und für den Fleischwaren- und Frischfleischverkauf hat der Lebensmitteleinzelhandel neben dem Fleischerhandwerk große Bedeutung erlangt.

Die ehemals für die Preisfindung und Preisnotierung bedeutenden Marktveranstaltungen für lebendes Schlachtvieh sind weitgehend eingestellt, da der Absatzweg immer mehr direkt vom Erzeuger an die Schlacht- und Versandbetriebe und von dort an die Einzelhandelsstufe weitergeleitet wird. Die Preisfindung erfolgt heute auf der Grundlage der Notierung für geschlachtete Tiere.

Aufgrund dieser Strukturentwicklung sind die einzelnen Vermarktungsstufen zur Entwicklung neuer Marketingaufgaben gezwungen. Für den Schlachtviehmarkt ergeben sich daher folgende typische Strategiemöglichkeiten.

- Kooperationsstrategie. Mit Hilfe einer kooperativen Zusammenarbeit zwischen Erzeuger und Verarbeiter kann eine bessere Auslastung der Schlachtkapazität erzielt sowie die Marktstellung und damit die Verhandlungsposition gestärkt werden. Vertikale Qualitätsprogramme können gemeinsam verwirklicht werden.
- Marktsegmentierungsstrategie. Eine Verlagerung der Erfassungsschwerpunkte auf die umliegenden Regionen kann Transportkosten reduzieren und durch kurze Wege zur Erhaltung der Fleischqualität beitragen. Durch überregionalen bzw. internationalen Warenaustausch können die Kapazitätsspitzen abgebaut werden. Voraussetzung ist jedoch eine qualitative Ausrichtung des Angebots an die Nachfragestandards der Regionen.
- Massenmarktstrategie. Es findet eine Konzentration auf einige wenige, aber einheitliche Produkte statt (Konzentration auf Hauptkäuferschichten).

Gestaltungsmöglichkeiten im Marketing

Auf der Einzelhandelsstufe werden Fleisch und Fleischwaren nicht selten als „Preisknüller“ angeboten, also als standardisierte Massenware. Die **Produktpolitik** ergibt sich zwingend aus der Massenmarktstrategie. Anspruchsvoller ist eine Produktpolitik, die auf Spezialprodukte oder auf Qualitätsware (Markenprogramme) konzentriert ist.

Die **Preise** für Schlachtvieh der Standardqualitäten können vom Einzelanbieter kaum beeinflusst werden. Für Schweine bestand vorübergehend ab 1998 eine Möglichkeit der Absicherung über Terminkontrakte an der Warenterminbörse Hannover. Für Qualitätsprodukte bzw. regionale Spezialitäten bestehen größere Preisspielräume. Eine enge vertikale Zusammenarbeit ermöglicht es, bessere Preiskonditionen auszuhandeln, vor allem wenn große einheitliche Partien geliefert werden können, die einem hohen Qualitätsstandard entsprechen. Die **Distribution** ist davon bestimmt, dass Fleisch und Fleischwaren in die Sortimentsgestaltung des Lebensmitteleinzelhandels oder von Fleischergeschäften, die immer mehr Nichtfleischwaren in ihrem Sortiment aufnehmen, passen müssen. Dies bedeutet: Herausstellung von Leitprodukten, auch als Basis für die Kommunikationspolitik.

Infolge der verschiedenen „Fleischskandale“ und der daraus resultierenden steigenden Qualitätsansprüche der Verbraucher sind die Marktbeteiligten gezwungen, mit einem erhöhten **Werbeeinsatz** den Verbraucher für das Produkt Fleisch zu gewinnen.

Gemeinschaftsmarketing für Lebensmittel und Agrarprodukte auf Bundesländerebene gibt es nach wie vor. Unterschiedlich ist dabei lediglich die organisatorische Ausgestaltung. Neben staatlichen Stellen wie Landwirtschaftsministerien und Landwirtschaftskammern nehmen Marketinggesellschaften, die entweder von diesen staatlichen Stellen eingesetzt wurden, als Zusammenschluss mittelständischer Unternehmen auf regionaler Ebene agieren oder als Mischform dieser Organisationsformen die Aufgaben des Gemeinschaftsmarketings wahr. Das Aufgabenspektrum ist dabei genauso vielfältig wie die Unterschiede in den Organisationsformen. Meist umfasst das länderspezifische Gemeinschaftsmarketing ähnliche Aufgaben wie die einstige CMA, wie z. B.:

- Marketingberatung
- Qualitätssicherung
- Verkaufsförderung
- PR und Öffentlichkeitsarbeit

- Messen
- Qualitäts- und Herkunftszeichen

Ein wesentlicher Unterschied zwischen der ehemaligen CMA und den Länderorganisationen besteht jedoch in der Haushaltsfinanzierung. Während die Budgets der regionalen Marketinggesellschaften durch staatliche Zuwendungen und Eigenmittel aufgebracht werden, hat sich die CMA in der Hauptsache über parafiskalische Zwangsbeiträge der Landwirte finanziert.

3.2 Marktveranstaltungen

Unter Marktveranstaltungen werden organisierte, institutionalisierte und nach bestimmten rechtlichen Vorschriften (Börsengesetz, Börsenordnung, Marktordnung der Wochenmärkte etc.) abzuhaltende Zusammenkünfte von Anbietern und Nachfragern verstanden. Sie finden zu bestimmten Zeiten und an bestimmten Orten statt. Durch die zeitliche und räumliche Konzentration von Angebot und Nachfrage sollen der Handel erleichtert, die Markttransparenz erhöht und eine effektivere Kontrolle des Marktgeschehens ermöglicht werden.

Marktveranstaltungen können nach der Notwendigkeit der physischen Präsenz der Ware unterschieden werden:

- Bei stark standardisierten Produkten, die eine persönliche Inaugenscheinnahme unnötig machen, spricht man von vertretbaren Gütern. Die Standardisierung garantiert weitgehend, dass die Ware die angegebenen Eigenschaften hat. Sie kann neben der Produktqualität auch zusätzliche Leistungen, wie z. B. Lieferzeitpunkt und Erfüllungsort, beinhalten. Marktveranstaltungen, an denen vertretbare Güter gehandelt werden, sind z. B. die Börsen.
- Nicht vertretbare Güter sind qualitativ so heterogen, dass der Käufer sie vor dem Kauf in Augenschein nehmen will. Außerdem ist das Angebot an nicht vertretbaren Gütern oft starken saisonalen oder kurzfristigen Schwankungen unterworfen. Hierunter fallen vor allem landwirtschaftliche Frischprodukte, die auf Versteigerungen und Großmärkten gehandelt werden.

(a) Versteigerungen

Auf Versteigerungen werden nicht vertretbare Güter an den Meistbietenden versteigert. Sie finden meist regelmäßig statt und werden öffentlich angekündigt. Um eine realistische Bewertung durch die Kaufinteressenten zu ermöglichen, werden die Produkte vor und/oder während der eigentlichen Versteigerung zur Begutachtung ausgestellt. Gehandelt werden vornehmlich Waren, die

- als relativ teure Einzelstücke individuell bewertet werden (Nutzvieh),
- leicht verderblich sind (Obst und Gemüse, Blumen und Zierpflanzen) und/oder
- mit starken saisonalen oder kurzfristigen Schwankungen angeboten werden (Fische).

Die Preisfindung erfolgt im Bietverfahren, wobei die Verfahren auf Aufstrich und Abstrich unterschieden werden. Unter Aufstrich wird dabei die sukzessive Erhöhung des Kaufpreises ausgehend von einem Mindestgebot und unter Abstrich eine sukzessive Preissenkung bis auf einen Mindestpreis verstanden. Werden Mindestpreis bzw. Mindestgebot unterschritten, kommt kein Geschäft zustande. Die Ware kann dann entweder zu festgesetzten Preisen aus dem Markt genommen werden, wie z. B. bei Produkten, für die eine EU-Marktregelung besteht (Obst und Gemüse), oder sie wird vom Verkäufer zurückgezogen.

Die Preisbildung auf Auktionen und Versteigerungen hat bei einigen Produkten auch große Bedeutung für das gesamte Angebot außerhalb dieser Marktveranstaltungen. Die Auktionspreise werden dann als Grundlage für Preisverhandlungen zwischen Händlern und Landwirten außerhalb der Auktionen herangezogen bzw. von ihnen ohne Änderungen übernommen. Die Auktionspreise werden von einer Notierungskommission festgestellt.

Durch die zunehmende Standardisierung und Klassifizierung landwirtschaftlicher Produkte sowie durch das steigende Know-how der Produzenten, das es ihnen ermöglicht, die Waren in der geforderten Qualität, am gewünschten Ort und in der nachgefragten Menge bereitzustellen, nimmt die Anzahl nicht-vertretbarer Güter ab. Dadurch sinkt auch die Bedeutung der klassischen Auktionen mit physischer Präsenz der Ware. Ein Beispiel hierfür ist der Gemüse- und Obstmarkt in den Niederlanden, wo der Handel zwar noch über die sog. Veilingen (Versteigerungsgenossenschaften) abgewickelt wird, die Produkte aber aufgrund der starken Standardisierung und deren Kontrolle in der Regel nicht mehr ausgestellt werden bzw. physisch nicht mehr in jedem Fall am Ort der Versteigerung vorhanden sind. Die Versteigerungen entwickeln sich daher immer mehr zu Einrichtungen, die quasi vertretbare Güter handeln und deren Hauptaufgabe darin besteht, Angebot und Nachfrage zu konzentrieren und die Markttransparenz zu verbessern. Es ist damit zu rechnen, dass die traditionelle Form der Auktion vor allem bei Nutzvieh, Blumen und Fischen wegen der dort weiterhin bestehenden Notwendigkeit der persönlichen Begutachtung durch den Käufer eine Bedeutung behalten wird.

Die Versteigerungen wie z. B. im Blumen- und Zierpflanzenbereich können jedoch den Anforderungen des Distributionsgroßhandels nur ungenügend gerecht werden, da

- ein ungleichmäßiges Angebot (zu kleine Mengen, zu wenig einheitliche Partien) besteht,
- Qualitäts- und Abwicklungsprobleme auftreten.

Daher beziehen die Großhändler ein Vielfaches ihres Angebots aus dem Ausland (Niederlande), da sich dieses Angebot durch gut organisierte Logistik sowie eine zielgruppengerechte Standardisierung der Produkte und kompetente Vermittlerfunktionen auszeichnet.

Um Versteigerungsveranstaltungen weiterhin attraktiv zu gestalten, muss den Kundenwünschen konsequenter entsprochen werden. Maßnahmen hierzu sind z. B.: Kooperation zwischen einzelnen Versteigerungen, um eine stärkere Angebotskontinuität und -homogenität zu erreichen sowie ein ausreichend breites und tiefes Angebotsvolumen zu gewährleisten.

(b) Großmärkte

Auch Großmärkte sind öffentliche Marktveranstaltungen, auf denen nicht oder nicht voll vertretbare Güter gehandelt werden. Sie werden entweder als Verteilergroßmarkt in den Zentren des Verbrauchs oder als Erzeugergroßmärkte in den Schwerpunktgebieten der Produktion durchgeführt. Im Gegensatz zu Auktionen werden hier die Preise nicht im Zuge des Bietverfahrens festgestellt, sondern werden auch individuell zwischen Käufer und Verkäufer ausgehandelt. Wie die Auktionen sind auch die Großmärkte vom Strukturwandel in der Agrarwirtschaft betroffen. So sind z. B. die in der Vergangenheit wichtigen kommunalen Schlachtviehgroßmärkte praktisch bedeutungslos geworden. Das Schlachtvieh wird heute überwiegend direkt an die Schlachtunternehmen – oft unter Einschaltung von Erfassungsbetrieben – abgesetzt. Dort wird eine individuelle objektive Schlachtkörperbewertung im Rahmen der bestehenden gesetzlichen Regelungen vorgenommen. Damit hat auch die Preisnotierung auf den Schlachtviehmärkten ihre Signalfunktion verloren, an ihre Stelle ist die Notierung der Preise für Schlachtkörper getreten.

Großmärkte sind daher gezwungen, durch verschiedene Maßnahmen ihre Hauptkundengruppe an sich zu binden, um weiterhin konkurrenzfähig zu bleiben. Zu diesen Maßnahmen gehören z. B.:

- Maßnahmen für die Anlieferer (Erhöhung der Bindungsintensität, stärkere Koordination der Produktion mit dem Abnehmer)
- Maßnahmen im Verkauf (kundenorientiertes Warenangebot, kundengerechtes Serviceangebot)

(c) Warenterminmärkte

Eine weitere Form der Marktveranstaltungen sind die Warenterminmärkte für Agrarprodukte. Warenterminmärkte sind als Börsen verfasst. Als gesetzliche Grundlage des Börsenhandels dient das Börsengesetz, dessen Einhaltung durch die Börsenaufsicht kontrolliert wird.

Kennzeichen einer Börse ist der Handel mit genau definierten Objekten zu bestimmten Zeiten und an festgelegten Orten, der durch eine begrenzte Anzahl zugelassener Personen durchgeführt wird. Dieser hohe Organisationsgrad ermöglicht der Börse – im Vergleich zu Kassamarktgeschäften mit ihren individuellen Vereinbarungen zwischen Käufern und Verkäufern –, mit relativ geringen Transaktionskosten in Form von Such- und Verhandlungsaufwendungen zu operieren. Gehandelt werden nicht physische Waren, sondern Kontrakte. Kontrakte sind rechtlich bindende Verträge, die sachlich (Menge, Qualität), räumlich (Erfüllungsort) und zeitlich (Erfüllungszeitraum) standardisiert sind. Einziger Verhandlungsgegenstand bei der Vertragsgestaltung ist der Preis für die standardisierten Kontrakte. Problematisch und erfolgsentscheidend für agrarische Warenterminmärkte ist die Standardisierung der Kontrakte für die relevanten Produkte, da landwirtschaftliche Erzeugnisse qualitativen Schwankungen unterliegen. Die Kontraktausgestaltung sollte es daher ermöglichen, Qualitätsschwankungen, aber auch unterschiedliche Qualitäten verschiedener Sorten durch ein nachvollziehbares, den Wertrelationen entsprechendes und im Zeitablauf relativ festes System von Zu- und Abschlägen zu integrieren.

Neben dieser Standardisierung der Handelsgegenstände soll die Anonymität von Käufer und Verkäufer einen reibungslosen und von persönlichen Einflüssen unberührten Geschäftsbetrieb gewährleisten. Dies wird durch die verpflichtende Einschaltung einer Warenliquidationskasse (clearing house) erreicht. Die Vertragserfüllungspflicht von Käufer und Verkäufer besteht allein ihr gegenüber. Die zweite wichtige Aufgabe der Warenliquidationskasse ist die Sicherung der Zahlungsfähigkeit der Börse. Hierzu dienen finanzstarke Träger, Sicherungseinlagen der Kunden sowie das Prinzip, dass Kauf- bzw. Verkaufsanträge nur bei Vorliegen entsprechender Gegenpositionen bei der Warenliquidationskasse getätigt werden dürfen.

Auf Warenterminmärkten werden Produkte gehandelt, deren Preisentwicklung unsicher ist und starken Schwankungen unterliegt. Diese Unsicherheit eröffnet dem Hedger die

Möglichkeit der Risikoverringerung und dem Spekulanten die Chance auf Spekulationsgewinne. Innerhalb der Europäischen Union (EU) besteht eine erhebliche Preisunsicherheit für alle Produkte, die nicht einer insgesamt an Bedeutung verlierenden Marktordnung mit Preisgarantien und Interventionsregelungen unterliegen. Dabei nimmt das Interesse für die kurzfristige Absicherung des Preisrisikos an Warenterminmärkten bei hohem Spezialisierungsgrad der landwirtschaftlichen Produktion, hohem Vorleistungseinsatz, hoher Fremdkapitalbelastung, kurzfristig unelastischem Angebot und bei kleinen Gewinnspannen zu.

Die Akteure auf dem Terminmarkt verfolgen nicht primär das Ziel des Handels mit Ware. Der überwiegende Teil der Kontrakte wird durch gleichlautende Gegenkontrakte glattgestellt, so dass eine Lieferpflicht zum vereinbarten Termin entfällt. Warentermingeschäfte dienen vor allem der Reduzierung des Preisrisikos und der Gewinnerzielung durch Ausnutzung von Marktbewegungen. Entsprechend diesen Zielsetzungen können folgende Arten von Warentermingeschäften unterschieden werden:

1. Hedging: Hedgegeschäfte sind Absicherungsgeschäfte zur Risikoverminderung. Sie können beschrieben werden als eine temporäre Substitution einer bestehenden oder erwarteten Kassamarktposition durch Kauf oder Verkauf von Terminkontrakten mit für das Fälligkeitsdatum fixierten Preisen. Dabei bietet der Kauf von Terminkontrakten Schutz vor steigenden, der Verkauf vor sinkenden Kassamarktpreisen. Verkauft wird daher in der Regel von Rohstoffproduzenten, gekauft dagegen von Verarbeitern. Der Bedarf an risikoreduzierenden Geschäften ist als Voraussetzung für den Bestand einer Warenterminbörse anzusehen.
2. Spekulation: Spekulationsgeschäfte stellen die idealtypische Gegenposition zu Hedgegeschäften dar. Für eine funktionierende Börse sind sie unabdingbar, da im Hedgegeschäft in der Regel ein Überhang an Verkaufsabsichten besteht, der nur durch die Tätigkeit anderer Börsenteilnehmer ausgeglichen werden kann. Ziel der Spekulation ist nicht die Risikoverminderung, sondern die Gewinnerzielung durch Risikoübernahme. Voraussetzung einer erfolgreichen Spekulation sind Preisschwankungen, die möglichst korrekt antizipiert werden müssen. Gewinn und Verlust hängen daher von der Qualität der verarbeiteten Informationen ab. Diese Informationen gibt der Spekulant – unfreiwillig – indirekt durch seine Preissignale an die anderen Marktteilnehmer weiter. Auf diese Weise kann die Spekulation der Verbesserung der Transparenz auf den betreffenden Märkten dienen.
3. Arbitragegeschäfte: Auch Arbitragegeschäfte dienen primär der Gewinnerzielung. Allerdings basieren sie auf der Ausnutzung bekannter Marktdaten, es besteht also kein Risiko. Diese Marktdaten bestehen in Kursunterschieden zwischen verschiedenen Warenterminmärkten bzw. zwischen verschiedenen Fälligkeitsdaten. Sind die interlokalen bzw. intertemporalen Transferkosten geringer als die Kursunterschiede, kann der Arbitrageur einen Gewinn erzielen. Die Arbitrage führt somit zu einem Abbau von lokalen und temporären Preisunterschieden und damit zur Integration räumlich und zeitlich getrennter Teilmärkte sowie zu einer Stabilisierung der Preisentwicklung.
4. Spreading: Hier versucht man, unter minimaler Risikoübernahme Börsengewinne zu erzielen. Dazu werden gleichzeitig zwei entgegengesetzte Kontraktpositionen eingenommen, die auch gleichzeitig liquidiert werden. Dabei kann sich der Spread auf zwei Kontrakte eines Gutes mit unterschiedlicher Fälligkeit, zwei Kontrakte unterschiedlicher, aber substitutiver Güter mit gleicher Fälligkeit oder auf Preisdifferenzen zwischen verschiedenen Börsenplätzen beziehen.

Die Bedeutung der Risikoverminderung nimmt vom Hedgegeschäft, das idealtypisch nur der Risikoreduzierung dient, über Arbitrage- und Spreadgeschäfte, die ein (kalkulierbares) Teilrisiko eingehen, zum reinen Spekulationsgeschäft mit dem Ziel der Gewinnerzielung durch Risikoübernahme hin ab.

Die Funktionsfähigkeit von Warenterminmärkten hängt entscheidend von der Zahl der Beteiligten sowie den getätigten Umsätzen ab. Die prinzipiellen Voraussetzungen hierfür werden durch die räumliche und zeitliche Konzentration von standardisiertem Angebot und Nachfrage an den Börsen geschaffen. Hinzu kommen Interesse und Risikofreude von Hedgern und Spekulanten, deren Engagement erst dafür sorgt, dass ein breiter Markt mit ausreichender Liquidität entsteht. Dies ist notwendig, damit auch größere Transaktionen ohne größere Preisschwankungen abgewickelt werden können. Daneben gewährleistet eine Vielzahl von Teilnehmern die Kontinuität des Börsenbetriebes, da in der Regel nicht davon ausgegangen werden kann, dass alle Hedger und alle Spekulanten immer am Markt präsent sind.

Seit Beginn der 90er Jahre des vergangenen Jahrhunderts wurde die Einführung von Warenterminmärkten für Agrarprodukte in der Bundesrepublik Deutschland intensiv diskutiert. Das Interesse an dieser Form der Marktveranstaltung hatte vor allem aufgrund der überwiegend als positiv gewerteten Erfahrungen mit diesem Instrument in den Niederlanden, Frankreich und Großbritannien zugenommen. Dabei spielte der Bedarf nach Absicherung des Preisrisikos eine wichtige Rolle.

Die Notwendigkeit einer Risikoreduzierung werde im Zuge des Abbaus der unfinanzierbar gewordenen bisherigen Preisstabilisierungsmaßnahmen seitens der EU und der Öffnung der EU-Märkte im Rahmen der WTO zunehmen. Als weitere Argumente für die Einführung von Warenterminbörsen wurden von Befürwortern eine Erhöhung der Markttransparenz durch intensivere Marktforschung und Informationssammlung durch die an der Börse beteiligten Gruppen und die vergleichsweise geringen Transaktionskosten vorgebracht. Kritik, die ihre Ablehnung von Warentermingeschäften mit der Gefahr spekulativer Bereicherung und Marktstörung begründet, wie sie vor 100 Jahren berechtigt gewesen sein mag, ist heute angesichts der bestehenden Börsenkontrollmechanismen, der Börsenorganisation, der Vielzahl der Beteiligten sowie der weitgehenden Substituierbarkeit der gehandelten Güter rational nicht begründbar.

Im Jahr 1996 wurde die Warenterminbörse in Hannover gegründet. Ab 1998 wurden die ersten Kontrakte auf Schlachtschweine und Kartoffeln gehandelt, seit 1999 auch Weizenkontrakte. In der gesellschaftsrechtlichen Struktur der Börse wurden mehrfach Änderungen vorgenommen, u. a. während der Krise der Finanzmärkte 2008/2009. Der Handel mit landwirtschaftlichen Gütern wurde wieder eingestellt.

Die Vorzüge von Warenterminmärkten gelten allerdings nicht ohne Einschränkung. So kann nicht davon ausgegangen werden, dass die Notwendigkeit der Risikobegrenzung von allen Marktbeteiligten in der EU gesehen wird. Einerseits besteht für die Landwirte die Möglichkeit, ihr Risiko über vertragliche Bindungen mit Abnehmern zumindest teilweise abzusichern. Andererseits nutzen Verarbeiter und Handel schon seit langem nordamerikanische Warenterminmärkte, um ihren Bezug zu sichern. Dies ist vor allem für Ölsaaten und ihre Verarbeitungsprodukte von Bedeutung, da die Weltmarktpreisentwicklung maßgeblich in den USA bestimmt wird. Eine Absicherung der vergleichsweise geringen europäischen Rapsproduktion, die mit der amerikanischen Sojaerzeugung in substitutiver Beziehung steht, wird daher vielfach als unnötig angesehen.

Probleme bestehen auch hinsichtlich der Standardisierung der Kontrakte, vor allem bei Kartoffeln. Die zunehmende Diversifizierung des Angebotes, z. B. von Stärke-, Industrie-, fest- und weichkochenden sowie von Alkoholkartoffeln, das darüber hinaus in verstärktem Umfang vertraglich gebunden produziert wird, erschwert die Definition einer Standardqualität im Konsens der Marktbeteiligten. Große, relativ homogene Produktionsmengen zur Sicherung des Warentermingeschäftes, wie sie z. B. dem Kartoffelkontrakt an der Amsterdamer Warenterminbörse zugrunde liegen (Bintje, 50 mm), stehen bei weiterer Marktsegmentierung nicht mehr zur Verfügung. Darüber hinaus wird es immer schwieriger, qualitätsbezogene Zu- bzw. Abschläge zur Standardware längerfristig festzulegen. Mengenänderungen bei verschiedenen Kartoffelqualitäten schlagen sich in unterschiedlichen Preisentwicklungen auf dem Kassamarkt nieder. Diesen Änderungen müssen sich auch die Zu- und Abschläge für Warenterminkontrakte anpassen, da sie ja die Wertrelationen zwischen den Qualitäten widerspiegeln sollen (vgl. Kap. G).

Die Skepsis der Praxis spiegelt sich in den im Vergleich zum Kassamarkt niedrigen Umsätzen der bestehenden Warenterminbörsen in der EU wider. Seit 2009 bietet die zur Deutschen Börse AG gehörende Terminbörse Eurex Terminkontrakte auf Agrarrohstoffe an.

Die Einführung eines Warenterminmarktes in Deutschland birgt einige Marketingerfordernisse. Aufgrund des geringen Kenntnisstands und der Schaffung notwendiger Rahmenbedingungen ist die noch relativ junge Einführung des Warenterminmarktes mit einer gewissen Anlaufzeit verbunden. Dies bedeutet, dass die Kosten der Einführung mit dem zu erwartenden Nutzen zeitlich auseinanderfallen. Daher gilt es, die vielen mit der Institutionalisierung verbundenen Vorteile herauszustellen und sie den Beteiligten nahe zu legen. Die verbesserte Marktransparenz, der vermehrte Wettbewerb, eine allokative effiziente Nutzung der Ressourcen und das Fehlen echter Alternativen lassen einen positiven Nutzen erwarten, den es sowohl der Nahrungsmittelindustrie als auch den Landwirten zu vermitteln gilt.

4. Marketing im Handel mit Blumen und Pflanzen

Von: Prof. Dr. Ulrich Enneking, Osnabrück

4.1 Rahmenbedingungen

Marktstrukturen im Gartenbau

In der amtlichen Agrarstatistik wird der Gartenbau in sechs Fachsparten unterteilt. Die beiden Sparten Blumen/Zierpflanzen/Stauden und Baumschulerzeugnisse (im Folgenden Blumen und Pflanzen) werden zusammen mit den Sparten Obst und Gemüse dem Produktionsgartenbau zugeordnet, während der Garten- und Landschaftsbau sowie die Friedhofsgärtnerei als gartenbauliche Dienstleistungen geführt werden.

Der Produktionswert im deutschen Gartenbau teilt sich etwa jeweils zur Hälfte auf die gartenbaulichen Dienstleitungen und den Produktionsgartenbau auf. Im Bereich des Produktionsgartenbaus haben die Märkte für Blumen und Pflanzen in etwa die gleiche wirtschaftliche Bedeutung wie die Märkte für Obst und Gemüse.

Der Gesamtmarkt für Blumen und Pflanzen in Deutschland (vgl. Übersicht E.11) umfasst ca. neun Milliarden € zu Einzelhandelspreisen. Schnittblumen haben daran einen Anteil von knapp zwei Fünftel. Die drei Bereiche grüne und blühende Zimmerpflanzen,

Übersicht E.11

Einteilung des Marktes für Blumen und Pflanzen

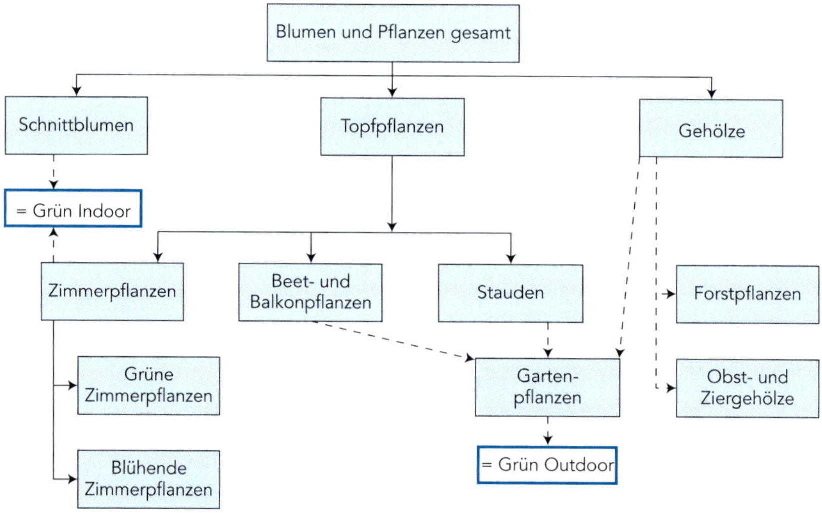

Quelle: verändert nach ZMP MzM Band 54 2006

Beet- und Balkonpflanzen sowie Stauden und Gehölze teilen sich jeweils etwa ein Fünftel des Marktes. Grüne Zimmerpflanzen, Stauden und Gehölze sowie Beet- und Balkonpflanzen werden zu einem nicht unerheblichen Teil an Firmen und öffentliche Einrichtungen verkauft.

Während die Schnittblumen nur zu etwa 20 % aus der heimischen Produktion stammen, ist der Anteil deutscher Produzenten im Bereich der Topfpflanzen etwa doppelt so groß. Insgesamt liegen die Pro-Kopf-Ausgaben für Blumen und Pflanzen in Deutschland bei deutlich mehr als 100 €. Addiert man zu den Blumen und Pflanzen noch den biologisch-chemischen Gartenbedarf, Gartenmöbel, Gartengeräte und sonstige Produkte für den Garten, ergibt sich ein Gesamtgartenmarkt von etwa 15 Milliarden €. In den vergangenen Jahren konnte dieser Gesamtmarkt nur leichte Wachstumstendenzen verzeichnen, wobei in den unterschiedlichen Bereichen unterschiedliche Entwicklungstendenzen zu beobachten sind.

Rahmenbedingungen auf den Absatzmärkten

Die in einigen Agrarstatistiken abgebildete Trennung zwischen Produktion und Dienstleistung spiegelt nicht die in vielen Unternehmen verbreitete Verknüpfung zwischen Produktion, Handel und Dienstleistungen wider. Insbesondere auf dem Gebiet der Blumen und Pflanzen vermarkten zahlreiche Betriebe ihre Erzeugnisse direkt und bieten diverse Dienstleistungen an. Neben langjährig etablierten kleineren Einzelhandelsgärtnereien und Einzelhandelsbaumschulen (= Einzelhändler mit eigener Produktion) haben sich größere Gartencenter – z. T. mit mehreren Filialen – entwickelt. Die Vermarktungsaktivitäten der gartenbaulichen Produktionsbetriebe gehen somit deutlich über das Maß der meisten landwirtschaftlichen Produktionsbetriebe mit Direktvermarktung hinaus. Dies kann unter anderem auf den größeren Anteil konsumfertiger Produkte und die geringeren Hygieneauflagen bei der Weiterverarbeitung der Primärerzeugnisse zurückgeführt werden. Darüber hinaus sind Blumen, Zierpflanzen und Gehölze keine Produkte des alltäglichen Bedarfs, so dass die Verbraucher eher individuelle und hochpreisige Konzepte honorieren, als das auf den Lebensmittelmärkten der Fall ist. In der Konsequenz konnte sich im Bereich Blumen und Pflanzen der spezialisierte Fachhandel relativ gut behaupten. Während in der landwirtschaftlichen Direktvermarktung Authentizität und Regionalität wichtige Erfolgsfaktoren darstellen, erwarten viele Verbraucher vom Blumen- und Pflanzenfachhandel eine vergleichsweise hohe Professionalität in den Bereichen Sortiment, Präsentation und Beratung.

Auch auf dem Gebiet der indirekten Vermarktung weisen die oben angesprochenen Fachsparten des Gartenbaus einige Besonderheiten auf. Zwei wichtige Charakteristika auf den Märkten für Blumen und Pflanzen sind die große Produktvielfalt und die hohen Ansprüche an die Frischelogistik. Um diesen besonderen Anforderungen gerecht zu werden, haben sich spezielle indirekte Vermarktungswege entwickelt. Im Bereich der Blumen- und Zierpflanzenvermarktung dominiert der Verteilergroßhandel, weil er die zahlreichen Gartenbaubetriebe in den Anbauregionen von der aufwendigen, kleinteiligen Distribution entlastet und somit die Möglichkeit bietet, sich vollständig auf die gartenbauliche Erzeugung zu konzentrieren. Der Verteilergroßhandel beliefert vor allem den Fachhandel mit Hilfe des Telefon- und Fahrverkaufs und über Versteigerungen. Der Fahrverkauf wird im Bereich Schnittblumen oft durch niederländische Großhändler betrieben und versorgt vor allem kleine Blumengeschäfte regelmäßig mit frischen Pflanzen. Versteigerungen werden eher von Gartencenterbetreibern und größeren Blumenläden besucht, weil sie sich hiervon einen effizienten Einkauf zu günstigen Konditionen versprechen. Die an den Versteigerungen erzielten Produktpreise dienen darüber hinaus dem gesamten Markt als Orientierungsgröße.

Neben dem immer noch dominanten Verteilergroßhandel spielten im deutschen Schnittblumenabsatz lange Zeit die Großmärkte eine bedeutende Rolle. Hier verkaufen Produzenten ihre Waren an gemieteten Ständen an Einzelhändler. In den letzten Jahren haben die wenigen deutschen Großmärkte allerdings gegenüber den Abholmärkten stark an Marktanteilen verloren bzw. haben zunehmend selbst auf das Abholmarktkonzept umgestellt. Abholmärkte, die auch im Topfpflanzenabsatz weit verbreitet sind, sind für die Produzenten im Vergleich zum Großmarkt weniger arbeitsaufwendig, weil dort die Waren vom Marktpersonal platziert und in Selbstbedienung an die Einzelhändler verkauft werden. Die Landgard eG als führende Vermarktungsorganisation im Gartenbau betreibt in Deutschland mehr als 30 Abholmärkte (Cash-and-Carry-Märkte) und hat damit ein nahezu flächendeckendes Vertriebsnetz aufgebaut. Insbesondere die Standorte, an denen Versteigerung, Telefon- und Fahrverkauf sowie Abholmärkte gebündelt sind, eröffnen den einkaufenden Einzelhändlern die Möglichkeit, sich im Rahmen eines effizienten One-Stop-Einkaufs mit einer breiten Produktpalette zu versorgen. Speziell bei Topfpflanzen hat zudem die direkte Versorgung des Einzelhandels durch die Erzeuger eine große Bedeutung, die zum Teil auch über Anbauverträge geregelt wird.

Der Handel mit Baumschulware eignet sich aufgrund der großen Gebinde und der extrem großen Produktvielfalt nicht für das Versteigerungsgeschäft. Neben dem Vertrieb über Abholmärkte werden Baumschulerzeugnisse u. a. über so genannte Ordermessen abgesetzt, bei denen Einkäufer das Pflanzenmaterial sichten und direkt bestellen können. Ordermessen werden sowohl von Vermarktungsorganisationen (z. B. Landgard eG) als auch von Produzenten (z. B. Rhododendronspezialisten) angeboten, die auf diese Weise große Teile ihres Sortiments ohne das Einschalten der Großhandelsstufe vermarkten. Im gesamten Markt für Blumen und Pflanzen (inkl. Baumschulerzeugnisse) hat auch der Versandhandel eine gewisse Bedeutung. Insbesondere der Internethandel mit Gehölzen und Stauden verzeichnet Wachstum, da auf diese Weise der Nachfrage nach Raritäten gut entsprochen werden kann.

Zweistellige Prozentpunkte des Marktanteils für Blumen und Zierpflanzen entfallen mittlerweile auch auf den Sortimentsgroßhandel, der vor allem die Lebensmittelhändler versorgt.

Einzelhandelsvertriebsschienen und Entwicklungstendenzen

Auf der Einzelhandelsebene haben sich in den letzten Jahren sehr unterschiedliche Konzepte für den Vertrieb von Blumen und Pflanzen mit unterschiedlichem Erfolg etabliert. Anbieter auf der Großfläche, wie z. B. Baumärkte (OBI, Praktiker) und der Möbelfachhandel mit dem Möbelriesen IKEA, weiten ihre Marktanteile zunehmend zulasten kleinerer Anbieter aus. Insbesondere Einzelhandelsbaumschulen, aber auch Einzelhandelsgärtnereien haben dadurch in den letzten Jahren Marktanteile eingebüßt. Einzelhandelsgärtnereien und der Blumenfachhandel haben ihre Stärken vor allem im Bereich der höherwertigen Floristik, nehmen aber bereits seit mehreren Jahren bei Schnittblumen des mittleren Preissegments Verluste hin. Die Chancen für den Fachhandel mit kleiner Verkaufsfläche dürften vor allem im Bereich hochwertiger Ware liegen, wenn es den Unternehmen gelingt, adäquate Positionierungsstrategien zu entwickeln (vgl. Kapitel C 2).

Übersicht E.12

Merkmale von Einkaufsstätten für Blumen und Pflanzen

Blumenfachgeschäfte	**Floristische Spezialgeschäfte**
• Verkaufsfläche 50 – 150 qm • Breites Sortiment • Geringe Umschlagsgeschwindigkeit • Gehobenes Preisniveau • Beratungs- und Dienstleistungen • Marktanteilsverluste bei Produkten mit mittlerem Preisniveau	• Kleinere Ladenfläche (unter 50 qm) • Exklusive floristische Dienstleistungen • Relativ schmales Blumensortiment und relativ breites Zusatzsortiment • Hohes Preisniveau • Stagnierende bis sinkende Marktanteile
Einzelhandelsgärtnereien und Baumschulen	**Straßen- und Wochenmarkthandel**
• Sortimentsschwerpunkte je nach Produktionsschwerpunkten (insbesondere Topfpflanzen) • Beratungs- und Dienstleistungen (vor allem Friedhofsgärtnereien) • Relativ große Verkaufsmengen • Verkaufsflächengröße zwischen Blumenfachgeschäft und Gartencenter • Marktanteilsverluste insbesondere bei Schnittblumen mittleren Preisniveaus	• Schwerpunkt Schnittblumen, Zimmerpflanzen, Beet- und Balkonpflanzen • Eher Fertigsträuße als exklusive Floristik • Saisonal schwankendes Angebot • Mittleres bis geringes Preis- und Qualitätsniveau • Stagnierende Marktanteile auf geringem Niveau
Fachgarten- und Pflanzencenter	**Lebensmitteleinzelhandel**
• Verkaufsfläche 500 qm und mehr • Breites und tiefes Sortiment aus dem gesamten Gartenmarkt oft mit Schwerpunkt Topfpflanzen • Einkauf über Einkaufskooperationen und/oder leistungsfähige Produktionsbetriebe • Werbeaggressiv • Mittleres bis gehobenes Preisniveau mit Preisaktionen • Beratungsintensiv, z.T. Dienstleistungen • Marktanteilsgewinne	• Enges Sortiment an Schnittblumen und Topfpflanzen • Große Verkaufsmengen pro Artikel • Sortimentsergänzung durch Saisonartikel • Niedriges Preisniveau (Impulskauf) • Einkauf über die Zentralen • Marktanteilsgewinne vor allem im Discountbereich
Baumarkt-Gartencenter	**Möbelhandel**
• Verkaufsfläche 500 qm und mehr • Breites, aber weniger tiefes Sortiment • Sehr hohe Umschlagsgeschwindigkeit • Wenig Schnittblumen • Preisaggressiv • Marktanteilsgewinne	• Enges Sortiment • Schwerpunkt Grünpflanzen und getrocknete Pflanzen • Niedriges Preisniveau • Starke Marktanteilsgewinne

Immerhin kann der Blumenfachhandel bei Schnittblumen und Floristik noch etwa zwei Drittel des Marktes behaupten. Es ist allerdings zu erwarten, dass sich bei den Großbetriebsformen der positive Trend auf dem Markt für einfache und preisgünstige Produkte fortsetzen wird, da Marktteilnehmer mit günstigen Kostenstrukturen am stärksten von der sich weiter verschärfenden Wettbewerbssituation profitieren werden.

Die oft von Inhabern geführten Fachgartencenter- und Pflanzencenter nehmen eine Stellung zwischen den preisaggressiven Gartencentern der Baumarktketten und dem traditionellen Fachhandel ein. Hier existieren neben Betreibern einzelner „Stand-Alone-Gartencenter" filialisierte Unternehmen mit einem teilweise beachtlichen Filialnetz. Die größten Betreiber sind Dehner, Blumen-Risse und Pflanzen-Kölle. Um die Kostenvorteile der Baumarktgartencenter zu kompensieren, haben sich in den vergangenen Jahren immer mehr Fachgartencenter Einkaufskooperationen angeschlossen. Dadurch können effiziente Einkaufsstrukturen mit dem persönlichen Engagement, den hohen Fachkenntnissen und einer gewissen Individualität verbunden werden. In der Konsequenz zeigt sich, dass gerade die Gartencentergruppen, die den großen Einkaufskooperationen wie z. B. der egesa-zookauf e. G. oder der Sagaflor AG angeschlossen sind, in den letzten Jahren die größten Zuwächse erfahren haben.

Im Bereich des Lebensmitteleinzelhandels haben Supermärkte und Verbrauchermärkte gegenüber den Discountern Marktanteile auf dem Markt für Blumen und Pflanzen verloren. Letztere verfügen über bessere Kostenstrukturen und können aufgrund der hohen Umschlagsgeschwindigkeit leichter frische Ware liefern.

Übersicht E.12 stellt die Unterschiede zwischen den Einzelhandelskonzepten stichpunktartig dar.

4.2 Verbraucherverhalten bei Blumen und Pflanzen

Das Nachfrageverhalten auf dem Markt für Blumen und Pflanzen folgt einerseits allgemeingültigen Verbrauchertrends, weist anderseits jedoch diverse kategoriespezifische Besonderheiten auf. Dem allgemeinen Trend folgend, lässt sich eine Tendenz zu Convenience ausmachen, die sich durch ein zunehmendes Interesse an aufgewerteten Pflanzen und pflegeleichten Produkten ausdrückt (der Garten als Ort der Entspannung). Als allgemeingültig gilt auch, dass insbesondere in gesamtwirtschaftlich schlechten Zeiten in bestimmten Käufergruppen die Tendenz zum preisbewussten Einkauf verstärkt und zudem anbieterseitig forciert wird. Auch der bereits seit mehreren Jahren zu beobachtende allgemeine Trend, sich in die eigenen vier Wände / den eigenen Garten zurückzuziehen (Cocooning), erfährt in Zeiten der Wirtschaftskrise einen weiteren Auftrieb und bietet interessante Profilierungsmöglichkeiten für den Blumen- und Pflanzenmarkt. Neben diesen auch auf anderen Konsumgütermärkten anzutreffenden Tendenzen zeichnet sich das Nachfrageverhalten bei Blumen und Pflanzen durch einige Besonderheiten aus. Diese sind u. a. dafür verantwortlich, dass sich der Gartenfachhandel bisher noch relativ gut gegenüber preisaggressiven Vertriebsschienen behaupten konnte:

- Spezifisch für den Blumen- und Pflanzenmarkt ist der hohe Anteil der von Kunden verschenkten Produkte. In diesem Verwendungszusammenhang suchen die Verbraucher individuelle und authentische Produkte, die sie im Lebensmitteleinzelhandel, in Bäumärkten und in filialisierten Gartencentern oft nicht ausreichend vorfinden.
- Insgesamt hängt die Ausgabebereitschaft stark von der Präsentation des Angebots ab, da sich das Impulskaufverhalten von Frauen und Männern durch eine emotionale Ansprache steigern lässt. Die Effekte von Konzepten des Erlebniseinkaufs sind daher oft stärker ausgeprägt als im Lebensmitteleinzelhandel.

- Käufer von Blumen und Pflanzen treffen ihre Kaufentscheidungen überwiegend am Point of sale, so dass neben der Warenpräsentation eine individuelle und kompetente Fachberatung einen großen Einfluss auf den Absatz hat.
- Im Foodbereich haben sich die Einzelhandelskonzepte zunehmend angeglichen und zu einer Austauschbarkeit der Einkaufsstätten geführt. Während oftmals nur noch der günstigste Standort als Kriterium für die Wahl des Lebensmittelgeschäfts herangezogen wird, suchen im Bereich Blumen und Pflanzen größere Verbrauchersegmente gezielt den Fachhandel auf und sind bereit, für exklusive Produkte und Dienstleistungen höhere Preise zu zahlen (Polarisierung der Märkte).

Angesichts dieser Nachfragebesonderheiten bei Blumen und Pflanzen lassen sich insbesondere kaufkräftige Verbraucher nicht mit einheitlichen, auf den Preis fokussierten Marketingstrategien gewinnen. Den zunehmend heterogenen Zielgruppen müssen adäquate Angebote gemacht werden, die nicht nur auf einfachen Segmentierungsansätzen aufbauen sollten. Eine erfolgreiche Zielgruppenansprache erfordert heute eine Orientierung an den Lebensstilen der Kunden.

Im Bereich der kommerziellen Marktforschung wurde vom Institut „SINUS Sociovision GmbH“, Heidelberg eine Verbrauchertypologie entwickelt, die alle Facetten des Lebens berücksichtigt und diejenigen Menschen in Gruppen zusammenfasst, die sich in ihrer Lebensauffassung und Lebensweise ähneln (SINUS Sociovision GmbH, Kurzbeschreibung der Sinus-Milieus. Heidelberg 2002, S. 3).

Diese Gruppen – auch „Milieus“ oder „Lebenswelten“ genannt – werden zweidimensional dargestellt. Eine Achse repräsentiert die „soziale Lage“ und die andere Achse die „Grundorientierung“, d.h. die Gesamtheit aller ermittelten Werte und Einstellungen.

Das Beratungsunternehmen BLOOM'S GmbH hat die allgemeinen Sinus-Typologien auf den Bereich Blumen und Pflanzen übertragen und somit eine kategoriespezifische Verbrauchertypologie vorgelegt, die eine Grundlage bei der Entwicklung von Profilierungsstrategien bietet (BLOOM'S GmbH 2008). Bei BLOOM'S wird die Achse „soziale Lage“ durch das Einkommen und die Achse „Grundorientierung“ durch die Wohnorientierung repräsentiert (vgl. Übersicht E.13).

Im Folgenden werden die in Übersicht E.13 dargestellten BLOOM'S Lebenswelten stellvertretend für weitere in der Fachpresse vorgestellte Lifestile-Segementierungsansätze zusammengefasst. Bei der Entwicklung von Positionierungsstrategien können Einzelhandelsunternehmen auf diese Verbrauchersegmente im grünen Markt zurückgreifen.

- **Anspruchsvolle Genießer ...**
  ... stellen den erreichten beruflichen und gesellschaftlichen Erfolg gern durch den Konsum klassisch eleganter oder betont stilvoller Inneneinrichtungen dar. Sie kaufen markenbewusst ein und gelten als wertorientiert, gepflegt, strebsam und verbindlich. Pflanzen sind ein wesentlicher Teil der Inneneinrichtung und werden bewusst ausgesucht. Fremdländische, hochwertige Pflanzen und Gefäße, frische Blumensträuße, prachtvolle Gärten und Wintergärten stehen in dieser Zielgruppe hoch im Kurs.
- **Ausdrucksvolle Individualisten ...**
  ... zeichnen sich durch Weltoffenheit und eine dynamische Lebensweise aus. Ihre geschmackvolle, design-orientierte und z.T. avantgardistische Wohnungseinrichtung ist durch hochwertige und individuelle Einzelstücke geprägt. Sie wohnen citynah, lesen internationale Zeitschriften, lieben abstrakte Kunst und betrachten räumliche Leere als Luxus. Das grüne Umfeld ist von raumbestimmenden Großpflanzen,

Übersicht E.13

Lebenswelten im Gartenmarkt

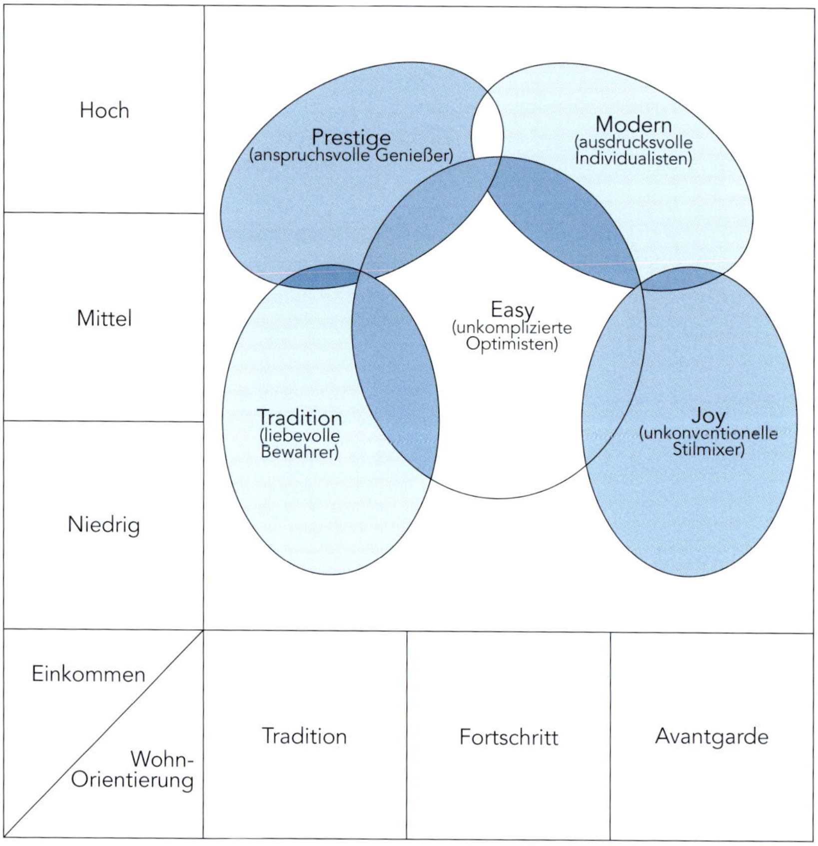

Quelle: verändert nach BLOMM'S GmbH, Konsumentenwünsche und Lebenswelten – Profilierungsstrategien für den grünen Markt. 2008, S. 27

schlichten Gefäßen und Elementen aus Keramik, Glas und Metall geprägt. Kennzeichnend sind pflegeleichte Pflanzen mit einem gewissen Understatement, Grünpflanzen und eine monofarbene Blütenkulisse.

- **Unkomplizierte Optimisten …**
  … können durch eine Lebensweise in einer klassischen Familie, in einem städtischen Reihenhaus oder in einem kleinen Haus auf dem Lande charakterisiert werden. Sie ernähren sich ökologisch und gesund, kaufen im Bioladen oder auf dem Markt ein und nutzen den Balkon oder den Garten als erweiterten Lebensraum insbesondere auch für die Kinder. Die Wohnungseinrichtung ist praktisch und erschwinglich. Unkomplizierte Optimisten mögen Grünpflanzen, bunte Blütenpflanzen, bunt-fröhliche Accessoires und Pflanzen, die von Kindern gepflegt werden können. Auch Naturoptik und liebenswerte Sträußchen sind beliebt. Im Outdoorbereich sind Holz- und Terrakotta-Kübel sowie Kletter- und Rankpflanzen verbreitet.

- **Liebevolle Bewahrer …**
  … sind in der Mitte der Gesellschaft verwurzelt, pflegen Nachbarschaft und Kegelbekanntschaften und bevorzugen deutsche Urlaubsziele. Die Wohnung oder das Reihenhaus werden liebevoll eingerichtet und dekoriert. Beet- und Balkonpflanzen zieren den Lebensraum und werden in Übertöpfen mit schönen Mustern und Ornamenten präsentiert. Eine Vase mit frischen Blumen gehört genauso zur Einrichtung wie ein Kränzchen oder dekorative Seidenblumen. Liebevolle Bewahrer sind oft passionierte Hobbygärtner und schaffen sich auch im Außenbereich einen Lebensraum mit Gartenlaube, Blütenampeln und Miniteich.
- **Unkonventionelle Stilmixer …**
  … leben am Puls der Zeit, sind stilistisch tolerant, unabhängig von Konventionen und durch neue Medien mit der globalen Welt verbunden. Sie kombinieren Mode- und Pflanzenstile frech und unbekümmert und umgeben sich nur mit Pflanzen, wenn diese schräg und ausgefallen sind. Ungewöhnliche Blüten und Formen, schrille Übertöpfe und auch mal etwas ganz Exotisches finden sich in ihrem Lebensumfeld.

4.3 Strategien

Um den verschiedenen Lebenswelten der Verbraucher und ihren Verhaltensweisen beim Einkauf von Blumen und Pflanzen adäquat zu begegnen, müssen die Vertriebsschienen im Einzelhandel nach besonderen Profilierungsmöglichkeiten suchen. Insbesondere für die zahlreichen kleineren und mittelständischen Familienunternehmen ist ein Weg aus der mittleren Preisprofilierung angezeigt, da genau dieses Segment an Marktanteilen verliert. Authentizität, Kompetenz, Handwerk, Erlebnis und Extravaganz sind wichtige Schlagworte, mit denen man sich gegenüber den großflächigen Vertriebsschienen absetzen kann. Die in den oben genannten „Lebenswelten“ stereotyp dargestellten Verbraucher begegnen dem Verkaufspersonal allerdings nicht immer in ihrer jeweiligen Reinform. In der Praxis sollten diese Ansätze daher auf die jeweilige Situation abgestimmt, modifiziert und erweitert werden. Insbesondere bei der Strategiefindung gilt es, das Wettbewerbsumfeld und die einzelbetrieblichen Voraussetzungen wie z. B. Betriebstyp und Betriebsgröße zu berücksichtigen. Im Folgenden werden einige für den Bereich Blumen und Pflanzen grundsätzlich interessante Strategieoptionen vorgestellt. In Verbindung mit den Ergebnissen sorgfältig durchgeführter Markt- und Betriebsanalysen können sie als Grundlage für die Strategiefindung dienen. In der Praxis müssen diese Profilierungsoptionen nicht als Monostrategien umgesetzt werden. Kombinationen können durchaus sinnvoll sein und werden auch am Markt beobachtet (z. B. Blumenladen auf dem Lande mit „Mäc-Flowers“-Shop in der Stadt).

Preisprofilierung

Ein Marktumfeld, das charakterisiert wird durch eine steigende Akzeptanz der Discounter, durch eine Angleichung der Sortimente und durch wenige Produktinnovationen, bietet günstige Rahmenbedingungen für eine Profilierung über den Preis. Voraussetzung dafür ist allerdings eine effiziente Betriebsorganisation und eine Betriebsgröße, bei der Kostendegressionseffekte in der Logistik und im Einkauf realisiert werden können. Wichtig ist in diesem Zusammenhang auch der Standort, der eine hohe Kundenfrequenz und in Folge hohe Umschlagsgeschwindigkeiten bzw. Flächenproduktivitäten begünstigen sollte. Auch die Warenpräsentation, der Service und die Sortimentsgestaltung müssen sorgfältig auf die Preisprofilierungsstrategie abgestimmt werden. In einem wettbewerbsstarken Umfeld erfordert eine Preisprofilierung heutzutage auch wirksame Werbeaktivitäten. Sind die oben aufgeführten Aspekte gut umgesetzt, trägt eine aggressive Preiswerbung deutlich zu einem positiven Geschäftsergebnis bei.

Neben vielen Baumarktgartencentern, die sich seit langem auf einer großen Verkaufsfläche über den Preis profilieren, sind in der letzten Zeit auch Einzelhandelskonzepte entstanden, die in Anlehnung an die Lebensmitteldiscounter an Top-Standorten auf kleiner Verkaufsfläche und mit SB-fähiger Warenpräsentation eine hohe Flächenproduktivität erzielen. Ein Beispiel ist das „Mäc-Flowers"-Konzept des Einkaufsverbands Ekaflor, das sich z. B. im Rahmen von Shop-in-Shop-Systemen in frequenzstarken Einkaufszentren realisieren lässt. Oftmals werden die Filialen sogar von Fachhändlern als zweites Standbein geführt (Diversifikationsstrategie). Ein weiteres Beispiel dieser Art ist das Franchise-System der Blumia GmbH – eines Schwesterunternehmens von Blume 2000.

Eine Preisprofilierung birgt jedoch auch erhebliche Gefahren:

- Andere Anbieter könnten diese Strategie relativ leicht nachahmen. Bei steigenden Logistikkosten und einer hohen Markttransparenz erfordert eine Preisprofilierung ein stetiges Betriebswachstum und eine laufende Kostenoptimierung. Im Vorteil sind hier Baumarktgartencenter und filialisierte Gartencenter, die am ehesten Größendegressionen realisieren können.
- Die Preisprofilierung ist eindimensional und bietet dem Kunden keinen emotionalen Nutzen. Eine langfristige Kundenbindung kann damit nicht erreicht werden und führt bei Verlust der Preisführerschaft zu schnellen Umsatzrückgängen.
- Eine Preisprofilierungsstrategie erfordert eine besonders wachsame Markt- und Konkurrenzbeobachtung und den professionellen Einsatz preispolitischer Instrumente. Hierzu zählen beispielsweise eine wirksame Preiswerbung, der Aufbau eines Tiefpreisimages, ein gezieltes Eckpunktpricing oder die Break-Even-Analyse bei der Sonderangebotsplanung.
- Bei einer weiteren Verbreitung preisaggressiver Anbieter wird der Verbraucher immer mehr in Richtung Preissensibilität erzogen, was bei allen Marktteilnehmern zu sinkenden Margen führt.

Profilierung in der Nische

Die Profilierung in der Nische ist vor allem für kleine Anbieter interessant, da es sich für große, filialisierte Unternehmen in der Regel nicht lohnt, kleinen Kundengruppen spezielle Sach- und Dienstleistungen anzubieten und das notwendige Fachwissen bereitzustellen. In Situationen, in denen es Mitbewerbern noch nicht gelungen ist, ein wirtschaftlich interessantes Marktsegment mit attraktiven Angeboten zu versorgen, ist eine gezielte Positionierung in der Nische sehr erfolgversprechend. Dies gilt auch, wenn es zwar prinzipiell Wettbewerber gibt, diese aber das Potenzial des entsprechenden Teilmarktes mengenmäßig noch nicht ausschöpfen. Aber auch kleinere Unternehmen benötigen einen Mindestumsatz, so dass sich eine Nischenprofilierung vor allem in Ballungszentren oder in Kombination mit dem Versandhandel anbietet.

Interessant ist die Profilierung in der Nische z. B. für Einzelhandelsgärtnereien, Einzelhandelsbaumschulen oder Staudengärtnereien, wenn sich diese bereits im Bereich der Produktion auf Besonderheiten spezialisiert haben (z. B. Orchideen, Duftpflanzen, Gewürzpflanzen). Aber auch „Stand-Alone"-Gartencenter ohne eigene Produktion haben die Möglichkeit, sich spezifische Verbrauchergruppen – wie beispielsweise Liebhaber von Gartenteichen und Wasserpflanzen, von mediterranen Pflanzen oder Wintergärten – zu erschließen und eine besondere Produkt-, Beratungs- und Dienstleistungskompetenz anzubieten. Der Verkauf exklusiver exotischer XXL-Kübelpflanzen und ein Überwinterungsservice könnten beispielsweise für die BLOOM'S Lebenswelten „Prestige" und „Modern" aufgebaut werden. Ein erfolgreiches Beispiel ist das Konzept „Teichkönig – Die Wassergartenprofis" der Sagaflor AG, bei dem alle Aspekte dieses Themenfeldes kompetent angeboten werden (Technik, Dekoration, Service).

Wie das Sagaflor-Beispiel zeigt, ist die Bearbeitung von „Nischen" auch für Einkaufskooperationen und filialisierte Einzelhandelsunternehmen interessant, da bestimmte Verbrauchersegmente trotz ihres großen wirtschaftlichen Potenzials oft noch nicht gezielt angesprochen werden. Hierzu zählen beispielsweise die Segmente „Generation 50+" und „junge Familien mit Kindern". Während die ältere Generation mit einer starken Convenience- und Beratungsorientierung oder Zusatzangeboten (z. B. Das Café in der Gärtnerei als Treffpunkt für Senioren) gewonnen werden kann, lassen sich junge Familien mit Erlebniskonzepten, Spielgelegenheiten, geeigneten Öffnungszeiten und vor allem mit emotionalen und haptischen Angeboten für Kinder als Stammkunden gewinnen. Allerdings muss beim Aufbau einer solchen Profilierungsstrategie geprüft werden, ob der erhoffte Wettbewerbsvorteil dauerhaft Bestand hat oder ob zu erwarten ist, dass Mitbewerber sehr schnell ebenfalls Chancen in diesen Segmenten sehen.

Kompetenzprofilierung

Während Nischenanbieter als Spezialisten einigermaßen vor direkter Konkurrenz geschützt sind, ist eine Kompetenzprofilierung geeignet, sich gegenüber Wettbewerbern mit vergleichbaren Angeboten zu behaupten. Die Kompetenzprofilierung kann sich auf Sortimente, die Beratung und auf Dienstleistungen beziehen und ist besonders erfolgreich, wenn sie auf einem kohärenten Marketingkonzept fußt. Eine Kompetenzprofilierung verringert im Allgemeinen die Vergleichbarkeit zwischen Einkaufsstätten und bietet damit die Möglichkeit, eine höhere Wertschöpfung zu erzielen. Die Kompetenzprofilierung ist sowohl für größere Fachgartencenter als auch für kleinere Blumenläden oder Einzelhandelsgärtnereien interessant. Fachgartencenter können sich z. B. über besonders breite und tiefe Sortimente profilieren. Bei guten Standorten mit ausreichender Frequenz und effizienten Beschaffungsstrukturen durch Einkaufskooperationen können sogar hochwertige Markenwaren zu attraktiven Preisen angeboten werden. Besonders erfolgreich sind hier Unternehmen, die neben der Kompetenz auf dem Gartenmarkt (Sortimente, Fachwissen etc.) auch über eine gute „Handelskompetenz" verfügen, die sich unter anderem durch die folgenden Stärken ausdrückt:

- Optimierte Arbeitsabläufe auf der Verkaufsfläche
- Leistungsfähige Vorlieferanten (Supply-Chain-Management, Einkaufskooperationen)
- Gezielte Personalentwicklung (insbesondere zur Optimierung der Verkaufsgesprächsführung)
- Kundenbindung und Stammkundenmanagement, indem die Leistungen stets an die Kundenbedürfnisse angepasst werden. Instrumente sind hier Wohnumfeld- und Trendbeobachtungen, Kundenkarteien für eine zielgerichtete Kundenansprache, Kundenzufriedenheitsstudien, ein professionelles Beschwerdemanagement, Testkäufe etc.

Oft wird verkannt, dass gerade die Preispolitik für eine Kompetenzprofilierung besonders wichtig ist. Der professionelle Einsatz von Instrumenten wie der Preis- oder Produktbündelung (z. B. Ideensträuße) sowie der Preisdifferenzierung ist sowohl aus Gründen der Kundenbindung als auch zur Erhöhung der Wertschöpfung wichtig. Erkenntnisse der Preiswahrnehmung sollten gezielt in preisoptische Maßnahmen münden, die wiederum mit Elementen der Warenpräsentation verbunden werden können. So kann z. B. die Platzierung von Einstiegs- und Hochpreisangeboten zur Verdeutlichung einer Qualitätsüberlegenheit beitragen. Sowohl die Preis- als auch die Kompetenzprofilierung erfordern eine angemessene Kommunikation. Werbung und Verkaufsförderung sollten nicht nur als Kostenträger betrachtet, sondern aktiv als Marketinginstrument eingesetzt werden. Hier kommen einfache Mittel wie Hinweise auf Kassenbons und Einkaufstüten genauso in Betracht wie redaktionell aufbereitete Kundeninformationen, die über Kundenzeitschriften verbreitet werden. Mittelfristiges Ziel einer Kompetenzprofilierung kann die Entwicklung der Einkaufsstätte zur eigenständigen, standortangepassten Marke sein, was in England und in den Niederlanden bereits zu beobachten ist. Damit erreichen die Unternehmen eine große Zielgruppe in der Mitte der Gesellschaft, die dem Fachhandel treu ist, wenn das Preisniveau akzeptabel bleibt.

Wenn kleinere Einzelhandelsunternehmen (z. B. Blumenläden und Floristikgeschäfte) eine Kompetenzprofilierung anstreben, ist die Fachkompetenz im Bereich Blumen und Pflanzen wichtiger für den Unternehmenserfolg als die Handelskompetenz. Im Folgenden werden mögliche Bausteine zum Aufbau eines Kompetenzprofils vorgestellt:

- Eine gezielte Fokussierung auf bestimmte Lebenswelten führt zu einer hohen Sortiments- und Beratungskompetenz.
- Eine hohe Kreativität und Individualität bei Sortiment, Warenpräsentation und Werbung erhöht die Exklusivität und verhindert das Abwandern von typischen Fachhandelskunden.
- Hartware sollte nicht über den Großhandel (z. B. aus China), sondern von Künstlern und Handwerkern der Region bezogen werden. Auch das Angebot und die Kommunikation von regionalen Pflanzensortimenten tragen zur Profilbildung bei.
- Eine hohe Serviceorientierung positioniert den Fachbetrieb als Problemlöser für komplexe Aufgaben, wie die Einrichtung der neuen Wohnung oder die Gestaltung des Outdoorbereichs. Komplementäre Dienstleistungen wie das Überwintern von Kübelpflanzen, die Lieferung von Gartenholz etc. können diesen Anspruch unterstreichen.
- Vor allem vom Fachhandel wird erwartet, dass er aktuelle Trends bedient und dabei ansprechende Bezüge zur Blumen- und Pflanzenwelt herstellt. Neben Megatrends wie Wellness (z. B. chinesische Heilkräuter, Feng Shui) oder Cocooning (z. B. exotische Pflanzen im eigenen Garten) sind kurzfristige Farbmoden zu berücksichtigen und Besonderheiten zu präsentieren (z. B. Gourmet-Gardening als Verknüpfung von Garten und gesunder Ernährung). In Bezug auf Trends und Innovationen haben kleinere Unternehmen oft Wettbewerbsvorteile, da filialisierte Gartencenter und Baumarktgartencenter neue Ideen oft nur zaghaft umsetzen.
- Die klassische Werbung sollte durch kommunikative Besonderheiten wie Gartenevents, Fachvorträge oder redaktionelle Beiträge in der Regionalpresse ergänzt werden.

Genauso wie bei einer Preisprofilierung Mindestqualitäten angeboten werden müssen, muss auch der Fachhandel permanent an der Kostensenkung und Flexibilitätssteigerung arbeiten. Für kleinere Betriebe bietet sich hier die Zusammenarbeit in Erfahrungsaustauschgruppen (so genannte Erfa-Gruppen) und in Einkaufskooperationen an.

Erlebnisprofilierung

Die Erlebnisorientierung kann als eine Variante – oder Erweiterung – der Kompetenzprofilierung angesehen werden. Die hohe Fachkompetenz einer Einkaufsstätte kann Ausgangspunkt für eine Erweiterung in Richtung Erlebnisorientierung sein. Häufig reicht die Warenpräsentation in Bedarfs- und Verwendungszusammenhängen allein nicht mehr aus, weil zwei Drittel der Unternehmen dies bereits praktizieren. Ein zentrales Ziel der Erlebnisprofilierung ist das Wecken eines neuen Bedarfs durch emotionale Reize, die alle Sinne ansprechen und möglichst den Verbraucher aktiv einbinden. Verbraucher wünschen Themengärten, Themenwochen (z. B. Toskanawoche) und Pflanzen, die Geschichten erzählen. Die folgenden Ideen zeigen beispielhaft ein paar Anregungen für die Umsetzung einer Erlebnisorientierung:

- Inszenierung und Verkauf von Obst- und Gemüsepflanzen in Gartencentern, um Kinder an diese Pflanzen heranzuführen (auch Schulgärtnereien).
- Musteranlagen sind geeignet, die Verwendungssituation von Outdoorpflanzen zu demonstrieren.
- Interessant sind auch aktive Darbietungen, die Einblick in das „gärtnerische Kunsthandwerk“ geben („Front-Floristik“ in Analogie zu „Front-Cooking“).
- Zu einem ausgereiften Erlebniskonzept gehören gut platzierte Hinweise auf besondere Dienstleistungen und geschultes Verkaufspersonal, das Mut zu unkonventionellen Vorschlägen hat und dabei die Zielgruppe und deren Lebenswelt genau im Blick behält. Durch eine exklusive Beratung entsteht eine langfristige Bindung von kaufkräftigen Kunden.
- Wichtig ist das Schaffen einer besonderen Einkaufsatmosphäre. So kann z. B. Ruhe durch Wasserplätschern, Baumrauschen und Klangregulierungen inszeniert werden. Eine solche Stimmung muss dann allerdings durch verlässliche Terminabsprachen, minimale Kassenwartezeiten etc. untermauert werden.

5. Marketing im verarbeitenden Gewerbe

Wenn auch – wie wir gesehen haben – ein nicht unerheblicher Teil der von der Landwirtschaft zu Nahrungsmittelzwecken produzierten Erzeugnisse auf „kurzen" Absatzwegen entweder an den Lebensmittelhandel oder aber direkt an Privathaushalte und Großverbraucher abgesetzt wird, so werden doch insgesamt etwa 85 % aller Erzeugnisse auf den „indirekten" Absatzwegen vermarktet.

Soweit die Landwirtschaft Erzeugnisse in weitgehend konsumfertigem Zustand produziert (z. B. Eier, Kartoffeln, Obst und Gemüse) und diese Produkte in der Regel lediglich einer **Bearbeitung** bedürfen (z. B. Sortierung, Kalibrierung, Verpackung), werden sie häufig von dem in Kapitel E 3 dargestellten Handel mit Agrarprodukten (der in der Regel Großhandelsfunktionen wahrnimmt) direkt an den Lebensmittelsortimentshandel oder an den Facheinzelhandel abgesetzt.

Viele Produkte werden allerdings erst vom **produzierenden Ernährungsgewerbe** durch häufig mehrstufige Prozesse der Be- und Verarbeitung zu konsumfertigen Erzeugnissen umgewandelt.

- Soweit diese Aufgabe von Unternehmen der **Ernährungsindustrie** wahrgenommen wird, erfolgt der Absatz an den Endverbraucher in der Regel über den Lebensmittelhandel (Sortimentshandel und Fachhandel).
- Soweit diese Funktion vom **Ernährungshandwerk** (im Wesentlichen Metzgereien / Fleischereien und Bäckereien) wahrgenommen wird, verkaufen diese die durch Be- und Verarbeitung gewonnenen Produkte in der Regel in eigenen Geschäften unmittelbar an den Verbraucher.

Wenn wir also hier von „nachgelagerten Sektoren" sprechen, dann verstehen wir darunter zunächst

- die Ernährungsindustrie
- das Ernährungshandwerk
- den Lebensmittelhandel (Sortimentshandel und Facheinzelhandel).

Auf der Einzelhandelsstufe finden wir außerdem Fachgeschäfte für Nichtlebensmittel. Für die Agrarwirtschaft ist dabei der Handel mit Blumen und Zierpflanzen von besonderer Bedeutung (vgl. Kapitel E 4).

5.1 Ernährungsindustrie

Nach der „Systematik der Wirtschaftszweige" des Statistischen Bundesamtes umfasst das produzierende Ernährungsgewerbe **28 Wirtschaftszweige,** deren Tätigkeit die Be- und Verarbeitung von Nahrungsrohstoffen ist. Die Branche stellt ein breites Spektrum an Produkten mit unterschiedlichsten Produktionsmethoden und unterschiedlichem Verarbeitungsgrad her (vgl. die folgende Übersicht E.14).

Übersicht E.14

Wirtschaftszweige des Produzierenden Ernährungsgewerbes – Bundesrepublik Deutschland

Wirtschaftszweig und Beschreibung der überwiegenden wirtschaftlichen Tätigkeit
Herstellung von Futtermitteln
Schlachten und Fleischverarbeitung (Schlachten von Vieh und Geflügel; Betrieb von Schlachthäusern, Herstellung von Frischund Gefrierfleisch; Gewinnung von Fellen und Häuten, einschließlich Borsten und Haaren, Federn und Daunen)
Fleischverarbeitung (Herstellung von getrocknetem, gesalzenem und geräuchertem Fleisch; Herstellung von Fleischerzeugnissen wie: Salami, „Andouillettes", Zervelatwurst, Bologneser Wurst und anderen Würsten, Pasteten, Fleisch in Aspik, Schmalzfleisch undanderen Fleischkonserven, Kochschinken)
Fischverarbeitung (Konservierung von Fisch, Krebstieren und Weichtieren: Gefrieren, Tierfkühlen, Trocknen, Kochen, Räuchern, Salzen, Einlegen in Lake, Verarbeitung zu Konserven usw.; Herstellung von Erzeugnissen: Kochfisch, Fischfilets, Fischrogen, Kaviar, Kaviarersatz usw.; Herstellung von Fischmehl als Nahrungsmittel für Menschen oder als Futtermittel; Herstellung von nicht genießbaren Mehlen und Extrakten von Fischen und anderen Wassertieren; Tätigkeiten von Spezialschiffen für die Fischverarbeitung und -konservierung; Verarbeitung von Seealgen)
Obst- und Gemüseverarbeitung (Herstellung von hauptsächlich aus Obst- und Gemüse bestehenden Nahrungsmitteln, außer gefrorenen Fertiggerichten und solchen in Konservendosen oder in ähnlicher Weise haltbar gemacht; Konservierung: Gefrieren, Trocknen, Einlegen in Öl oder Essig, Verarbeitung zu Konserven usw.; Herstellung von Marmeladen, Gelees, Konfitüren, Obstaufstrichen und Obstzubereitungen; Rösten von Nüssen; Herstellung von Pasten aus Nüssen; Herstellung verderblicher zubereiteter Nahrungsmittel aus Obst und Gemüse, z.B. Salate; Salatmischungen, verpackt; geschältes oder geschnittenes Obst und Gemüse; Tofu (Bohnenquark))
Kartoffelverarbeitung (Kartoffelverarbeitung und -haltbarmachung: Herstellung von gefrorenen, zubereiteten Kartoffeln, von dehydriertem Kartoffelpüree, von Kartoffelsnacks, von Kartoffelchips, von Kartoffellocken und Kartoffelmehl; industrielles Schälen von Kartoffeln)
Herstellung von Frucht- und Gemüsesäften (Herstellung von Obst- und Gemüsesäften, -nektaren und Konzentraten aus frischem Obst und Gemüse)
Herstellung von pflanzlichen und tierischen Ölen und Fetten (Herstellung von rohen und raffinierten Ölen und Fetten aus Stoffen pflanzlichen oder tierischen Ursprungs, jedoch nicht das Auslassen und Raffinieren von Speck und anderen essbaren tierischen Fetten)
Herstellung von Ölen und Fetten (Herstellung von pflanzlichen Rohölen aus Oliven, Sojabohnen, Palmkernen, Sonnenblumenkernen, Baumwollsaat, Raps und Rüben, Senfsaaten, Leinsamen usw., nicht entfettetem Mehl aus Ölsaaten, ölhaltigen Früchten und Kernen, raffinierten Pflanzenölen: Olivenöl, Sojabohnenöl usw., nicht essbaren tierischen Ölen und Fetten, Ölen aus Fisch und Meeressäugetieren; Gewinnung von Baumwollinters, Ölkuchen und anderen Rückständen aus der Gewinnung von Ölen; Verarbeitung von Pflanzenölen: Blasen, Kochen, Dehydratisieren, Hydrieren usw.)
Herstellung von Margarine u.Ä. Nahrungsfetten (Herstellung von Margarine, sonstigen Nahrungsfetten als Butterersatz und gemischten Kochfetten)
Milchverarbeitung (Herstellung von flüssiger pasteurisierter, sterilisierter, homogenisierter bzw. ultrahocherhitzter Frischmilch, Erfrischungsgetränken aus Milch, Rahm aus flüssiger, pasteurisierter, sterilisierter oder homogenisierter Frischmilch, Milchpulver und konzentrierter Milch, auch gesüßt, Milch- oder Rahmpulver, Butter, Joghurt, Quark und Käse, Molke, Kasein und Milchzucker)
Herstellung von Speiseeis (Herstellung von Speiseeis, Sorbets u.Ä.)
Herstellung von Stärke und Stärkeerzeugnissen (Mahlen von Getreide oder Gemüse zu Mehl; Mahlen, Reinigen und Polieren von Reis sowie die Herstellung von Mehlmischungen oder Teigen aus diesen Erzeugnissen; Nassmahlen von Mais und Gemüse sowie die Herstellung von Stärke und von Erzeugnissen)
Mahl- und Schälmühlen (Mahlen und Schälen von Getreide: Herstellung von Mehl, Grütze, Grieß, Schrot und Dunst; Mahlen und Schälen von Reis: geschälter, gemahlener, polierter, glasierter, „parboiled" und verarbeiteter Reis; Reismehl; Mahlen und Schälen von Hülsenfrüchten und Nüssen: Mehl aus getrockneten Hülsenfrüchten, Wurzeln und Knollen sowie aus essbaren Nüssen; Frühstücksnahrung aus Getreide; zubereitetes gemischtes Mehl und Teig für Brot, Kuchen, Kekse und Pfannkuchen)
Herstellung von Stärke und Stärkeerzeugnissen (Herstellung von Stärke aus Reis, Kartoffeln, Mais usw., Glucose, Glucosesirup, Maltose, Inulin usw., Kleber, Tapiokasago und Sago aus anderen Stärken, Maisöl; Nassmahlen von Mais)
Herstellung von Backwaren – ohne Dauerbackwaren (Brot und Brötchen; feine Backwaren wie Kuchen, Torte, Pfannkuchen, Waffeln usw.)
Herstellung von Teigwaren (Herstellung von Teigwaren wie Makkaroni und Nudeln, auch gekocht oder gefüllt, Couscous; gefrorenen Teigwaren oder Teigwarenkonserven)
Herstellung von sonstigen Nahrungsmitteln (Herstellung von Zucker und Süßwaren, Fertiggerichten, Kaffee, Tee und Gewürzensowie begrenzt haltbaren Lebensmitteln und Spezialitäten)

Übersicht E.14

Wirtschaftszweige des Produzierenden Ernährungsgewerbes – Bundesrepublik Deutschland (Fortsetzung)

Wirtschaftszweig und Beschreibung der überwiegenden wirtschaftlichen Tätigkeit
Herstellung von Zucker (Herstellung und Raffination von Zucker (Saccharose) und hieraus erzeugten Zuckerarten auf der Basis von Zuckerrohr-, Zuckerrüben-, Ahorn- und Palmsäften; Herstellung von Zuckersirup; Herstellung von Melasse; Herstellung von Ahornsirup und Ahornzucker)
Herstellung von Süßwaren (Herstellung von Kakao, Kakaobutter, Kakaofett, Kakaoöl, Schokolade und Schokoladenwaren, Zuckerwaren: Karamellen, Cachous, Nugats, Fondants, weiße Schokolade, Kaugummi, Pfefferminz- und anderen süßen Pastillen; Konservierung von Obst, Nüssen, Fruchtschalen und anderen Pflanzenteilen in Zucker)
Herstellung von Kaffee und Tee, Herstellung von Kaffee-Ersatz (Entkoffeinieren und Rösten von Kaffee; Herstellung von Kaffeeprodukten; gemahlener Kaffee; löslicher Kaffee; Kaffee-Extrakt und -Konzentrat, Kaffee-Ersatz, Tee und Mate, Auszügen und Zubereitungen aus Tee oder Mate, Kräutertee; Verpacken von Tee bzw. Teebeuteln bzw. Kaffeepads)
Herstellung von Würzmitteln und Soßen (Herstellung von Gewürzen, Soßen und Würzmitteln; Mayonnaise; Ketchup; Senfmehl; Fertigsenf; Würzsoßen; Herstellung von Essig; Verarbeitung von Salz zu Speisesalz, z.B. iodiertem Salz)
Herstellung von Fertiggerichten (Herstellung von fertigen, d.h. zubereiteten, gewürzten und (vor)gegarten Gerichten, Fleischfertiggerichten (einschließlich Geflügel); Fischfertiggerichten, einschließlich Fisch mit Pommes, Gemüsefertiggerichten, gefrorener oder auf andere Weise haltbar gemachter Pizza; Fertiggerichten einer regionalen und nationalen Küche)
Herstellung von homogenisierten und diätetischen Lebensmitteln (Herstellung von für eine besondere Ernährung bestimmten Lebensmitteln: Säuglingsnahrung; Folgenahrung und sonstige Lebensmittel für Säuglinge und Kleinkinder; Lebensmittel mit niedrigem oder vermindertem Brennwert, zur Gewichtskontrolle; diätetische Lebensmittel für besondere medizinische Zwecke (bilanzierte Diäten); natriumarme Lebensmittel einschließlich natriumarmer oder natriumfreier Diätsalze; glutenfreie Lebensmittel; Lebensmittel für intensive Muskelanstrengungen, vor allem für Sportler; Lebensmittel für Personen, die unter einer Störung des Glucosestoffwechsels leiden)
Herstellung von sonstigen Nahrungsmitteln a.n.g. (Herstellung von Suppen und Brühen, Kunsthonig und Karamell, nicht haltbaren zubereiteten Nahrungsmitteln, z.B.: Sandwiches, frische (nicht gegarte) Pizza; Nahrungsergänzungsmitteln und anderen Nahrungsmitteln a.n.g., Hefe, Extrakten und Säften aus Fleisch, Fisch, Krebs- und Weichtieren, Malzextrakt, nicht auf Milchbasis hergestelltem Milch- und Käseersatz, Eiererzeugnissen und Eieralbumin, künstlichen Konzentraten)
Herstellung von Futtermitteln
Herstellung von Futtermitteln für Nutztiere (Herstellung von Mischfuttermitteln für Nutztiere einschließlich konzentrierten Viehfutters und von Futterzusätzen, Einzelfuttermitteln für Nutztiere; Behandlung von Schlachtabfällen zur Herstellung von Futtermitteln für Nutztiere)
Herstellung von Futtermitteln für sonstige Tiere (Herstellung von Futtermitteln für Haustiere, einschließlich Hunde, Katzen, Vögel, Fische usw.; Behandlung von Schlachtabfällen zur Herstellung von Futtermitteln für Haustiere)
Getränkeherstellung (Herstellung von nicht alkoholischen Getränken und Mineralwasser, alkoholischen Getränken vornehmlich durch Gärung, wie Bier, Wein und Spirituosen)
Herstellung von Spirituosen (Herstellung von destillierten, genießbaren alkoholischen Getränken: Whisky, Branntwein, Gin, Korn, Likör usw.; Herstellung von Mischgetränken, die Spirituosen enthalten; Mischen von Spirituosen)
Herstellung von Traubenwein (Herstellung von Wein aus Weintrauben, Schaumwein aus Weintrauben, Wein aus konzentriertem Traubenmost; Verschneiden, Klärung/Filtration und Flaschenabfüllung von Traubenwein, Traubenwein mit geringem oder ohne Alkoholgehalt)
Herstellung von Apfelwein und anderen Fruchtweinen (Herstellung von vergorenen, aber nicht destillierten alkoholischen Getränken: Reiswein sowie Apfel- oder Birnenwein und andere Obstweine, Met und von Mischgetränken, die Obstwein enthalten)
Herstellung von Wermutwein und sonstigen aromatisierten Weinen (Herstellung von Wermutwein u.Ä.)
Herstellung von Bier (Herstellung von Bier und Starkbier, u.a. Bockbier, Ale, Porter und Stout; Herstellung von Bier mit geringem oder ohne Alkoholgehalt)
Herstellung von Malz
Herstellung von Erfrischungsgetränken; Gewinnung natürlicher Mineralwässer (Herstellung von nicht alkoholischen Getränken (außer nicht alkoholischem Bier und Wein); Gewinnung natürlicher Mineralwässer und sonstiger Wässer in Flaschen u.Ä.; Herstellung von Erfrischungsgetränken; alkoholfreie aromatisierte und/oder gesüßte Getränke: Limonade, Orangeade, Cola, Energy-Drinks, Fruchtsaftgeträne, Tonic usw.)

Sieht man einmal von Besonderheiten der statistischen Abgrenzung in einigen Teilbranchen ab, so umfasst die **Ernährungsindustrie** im Wesentlichen die Gesamtzahl der Betriebe im produzierenden Ernährungsgewerbe abzüglich der Betriebe des Ernährungshandwerks (vgl. dazu Kapitel E 5.2).

Die Abgrenzung der einzelnen Wirtschaftszweige des produzierenden Ernährungsgewerbes erfolgt – wie Übersicht E.14 zeigt – entweder nach den verarbeiteten Rohstoffen oder aber nach den hergestellten Produkten. In dieser Systematik werden auch die Herstellung von Futtermitteln und die Eisgewinnung zu technischen Zwecken miterfasst. Hier handelt es sich also um Bereiche, deren Produkte nicht der menschlichen Ernährung dienen. Auch in einigen anderen Wirtschaftszweigen treten solche Abgrenzungsprobleme auf. So werden z. B. auch Öle und Fette für die Seifenindustrie erfasst.

Zum ganz überwiegenden Teil haben wir es aber im produzierenden Ernährungsgewerbe mit solchen Unternehmen zu tun, deren Funktion in der Herstellung von Lebensmitteln, einschließlich Getränken und Genußmitteln, besteht.

Die Aufgabe der Unternehmen liegt also darin, landwirtschaftliche Produkte oder andere Vorprodukte durch die Hinzufügung von Sach- und Dienstleistungen für den Abnehmer verbrauchsfähig zu machen. Im Jahr 2006 tätigte das produzierende Ernährungsgewerbe in Deutschland insgesamt einen Umsatz von rund 143 Mrd. €. Damit ist die Branche einer der bedeutendsten Wirtschaftszweige. Sein Umsatzanteil am verarbeitenden Gewerbe (inkl. Bergbau) lag im gleichen Jahr bei gut 7 %. Der Anteil an der Bruttowertschöpfung betrug dabei 1,7 % bei etwa 530.000 Beschäftigten im produzierenden Ernährungsgewerbe.

Der hohe physiologische Sättigungsgrad der Bevölkerung bei Lebensmitteln und der ausgeprägte Preiswettbewerb der Anbieter bewirken tendenziell rückläufige Umsätze im Ernährungsgewerbe. Die Entwicklung ist allerdings in den einzelnen Branchen recht unterschiedlich.

Die umsatzstärksten Branchen sind Molkereien, Getränkehersteller, Schlachtunternehmen sowie Unternehmen der Fleischwarenindustrie und die Hersteller von Backwaren. Auf sie entfallen jeweils etwa 11 – 17 % der Gesamtumsätze.

5.1.1 Rahmenbedingungen

Die Strategien und Aktionsmöglichkeiten im Marketing in der Ernährungsindustrie werden im Wesentlichen von folgenden Rahmenbedingungen beeinflusst:

- Entwicklung der Nachfrage (Privathaushalte und Großverbraucher)
- Internationalisierung der Märkte (europäischer Binnenmarkt)
- Strukturentwicklung der jeweiligen Branche
- Strukturentwicklung des Lebensmittelhandels.

Entwicklung der Nachfrage

In Kapitel E 9 (Verbraucher als Zielgruppe) wird ausführlich auf die Entwicklung der Nachfrage nach Lebensmitteln (Privathaushalte und Großverbraucher) und ihre Bestimmungsgründe eingegangen.

Der mengenmäßige Nahrungsmittelverbrauch – gemessen am Energiegehalt – nähert sich der Sättigungsgrenze. Auf den einzelnen Teilmärkten für Nahrungs- und Genussmittel entwickelt sich die Nachfrage allerdings sehr unterschiedlich.

- Rückläufige Entwicklungen zeigen sich im Wesentlichen bei Grundnahrungsmitteln (z. B. Kartoffeln).
- Produkte, die den Verbraucheransprüchen im Hinblick auf Gesundheit, Sicherheit, Convenience und Genuss gerecht werden, weisen demgegenüber Zuwächse auf.

Diese „Polarisierung der Nachfrage" findet – wie wir an anderer Stelle noch darstellen werden – ihren unmittelbaren Niederschlag in der strategischen Ausrichtung des Marketings der Ernährungsindustrie auf den einzelnen Teilmärkten („Strategie der Kostenführerschaft" oder „Präferenzstrategie").

Internationalisierung der Märkte (europäischer Binnenmarkt)

Die Einführung des europäischen Binnenmarktes und die fortschreitende Liberalisierung des internationalen Agrarmarktes haben Chancen und Risiken der deutschen Ernährungsindustrie gleichermaßen beeinflusst. Einerseits bietet sich den deutschen Unternehmen des Ernährungsgewerbes die Möglichkeit zur Ausweitung ihrer Auslandsaktivitäten. So ist der Auslandsumsatz auf rund 24 Mrd. € angestiegen, was einer Exportquote von über 16 % entspricht.

Den positiven Impulsen durch die Auslandsnachfrage steht ein wachsender Konkurrenzdruck auf den heimischen Märkten gegenüber.

Der deutsche Markt wird aufgrund der Bevölkerungszahl und der Kaufkraft als der wichtigste in der Europäischen Union angesehen.

Eine besondere Herausforderung stellt die Liberalisierung des Binnenmarktes für **mittelständische** Unternehmen der Ernährungsindustrie dar. Auch die Unternehmen und Organisationen des Lebensmittelsortimentshandels, die sich aufgrund einer rasant fortschreitenden Konzentration ohnehin zum „Gate-Keeper" (also zum „Türöffner" auf dem Weg zum Verbraucher) entwickelt haben, planen und operieren europa-, wenn nicht gar weltweit.

Der Wettbewerb zwischen den Lieferanten des Lebensmittelhandels wird sich also weiterhin intensivieren. Insbesondere große Handelsunternehmen, die weltweit agieren, müssen sich nicht um Lieferanten und deren Engagements bemühen. Vielmehr versuchen neue Lieferanten stärker denn je, gelistet zu werden.

Wir werden an anderer Stelle darauf hinweisen, dass aber auch mittelständische Unternehmen durchaus die Möglichkeit haben, vor allem durch eine zielgerichtete Nischenpolitik, die Chancen des Binnenmarktes zu nutzen. Neu ist allerdings, dass auch Nischenkonzepte mehr und mehr eine Ausrichtung am Handel in internationalen Kategorien erfordern.

Den **„europäischen Verbraucher"** wird es – wie zahlreiche Marktanalysen zeigen – nicht geben. Zwar werden sich viele gleiche Artikel des „täglichen Bedarfs" unter verschiedenen oder einheitlichen Markennamen an die Verbraucher in mehreren oder allen europäischen Ländern richten; differierende Verzehrsgewohnheiten werden aber auch weiterhin die lohnende Bearbeitung nationaler und regionaler Märkte ermöglichen.

Strukturentwicklung der verschiedenen Branchen

Insgesamt gesehen ist die deutsche Ernährungsindustrie – gemessen an anderen Industriezweigen und im Vergleich zur ausländischen Konkurrenz – eher mittelständisch orientiert. Die Unternehmenskonzentration ist vergleichsweise gering.

Übersicht E.15

Die größten Hersteller von Nahrungs- und Genussmitteln (2009)

Rang	Unternehmen	Land	Umsatz in Mio.
	A. Die zehn größten Unternehmen Deutschlands		
1	Coca-Cola Deutschland	D	8.400
2	Dr. Oetker	D	7.749
3	Philip Morris Deutschland	D	6.767
4	Südzucker	D	5.780
5	Kraft Jacobs Suchard Deutschland	D	4.000
6	Nestlé Deutschland	D	3772
7	Tchibo	D	3.600
8	Deutsche Unilever	D	2.800
9	Masterfood	D	1.500
10	Ferrero	D	1.400
	B. Die zehn größten Unternehmen Europas		
1	Nestlé	CH	70.171
2	Unilever	NL/GB	40.200
3	Kraft Jacobs Suchard	CH	24.000
4	Danone	F	15.222
5	Heineken	NL	11.800
6	Associated British Foods	GB	8.888
7	Coca-Cola Deutschland	D	8.400
8	Cadbury Schweppes	GB	8.090
9	Tate & Lyle	GB	4.110
10	Agrofert Holding	CZ	2.540
	C. Die zehn größten Unternehmen der Welt		
1	Nestlé	CH	70.971
2	Unilever	NL/GB	40,200
3	Philip Morris	USA	37.289
4	Pepsico	USA	30.500
5	Coca-Cola	USA	28.857
6	ConAgra	USAJ	24.184
7	Diageo	UK	17.000
8	RJR Nabisco	USA	14.457
9	Kirin Brewery	J	12.490
10	Sara Lee	USA	8.499

Die vom Statistischen Bundesamt (Destatis) veröffentlichten konzentrationsstatistischen Daten orientieren sich an den bestehenden Wirtschaftszweig- und Warensystematiken. Abgrenzungsprobleme zwischen den verschiedenen Branchen führen dazu, dass dabei gelegentlich die Konzentrationsprobleme über- oder unterschätzt werden. Darüber hinaus leidet die Aussagefähigkeit, weil Kapitalverflechtungen und Außenhandelsverflechtungen nicht berücksichtigt sind. Das ändert aber nichts an der Feststellung einer in der deutschen Ernährungsindustrie durchschnittlich eher mittelständischen Struktur (vgl. dazu Übersicht E.15).

Bei dieser Betrachtung darf aber nicht übersehen werden, dass zwischen den einzelnen Branchen erhebliche Unterschiede im Konzentrationsgrad bestehen.

Besonders **hoch** ist die Konzentration in Branchen

- mit einem hohen Potenzial an Rationalisierungsmöglichkeiten (Skaleneffekten) und/oder
- mit relativ homogenen Produkten und/oder
- mit wenigen Be- und Verarbeitungsschritten.

Diese Voraussetzungen sind besonders bei der Herstellung von Margarine, Stärke, Nährmitteln und in Alkoholbrennereien gegeben.

In einigen Branchen der Ernährungsindustrie erfüllen die bestehenden Unternehmenskonzentrationen der größten Unternehmen das Kriterium der Marktbeherrschung durch Oligopole.

Niedrige Konzentrationsraten finden wir in solchen Branchen,

- deren Unternehmen ihre Erzeugnisse vornehmlich auf lokalen oder regionalen Märkten absetzen,
- die flexibel auf die sich rasch ändernden Verbraucherwünsche reagieren müssen,
- die eher mittelständisch strukturiert sind.

Diese Voraussetzungen sind bisher vor allem gegeben in der Fleischverarbeitung, in Molkereien, in Brauereien und bei der Herstellung von Backwaren als Branchen mit mittelständischer Struktur. Da sich die Strukturen auf den meisten Teilmärkten permanent ändern, sind auch die Wettbewerbsverhältnisse im Fluss und damit die Rahmenbedingungen für das Marketing der einzelnen Unternehmen niemals statisch.

- So hat sich vor dem Hintergrund erheblicher Überkapazitäten z. B. die Marktstruktur bei den **Mahl- und Schälmühlen** von Anfang bis Mitte der 90er Jahre erheblich verändert.
  Neben dem bisherigen Marktführer VK Mühlen AG bildete sich eine weitere Gruppierung um die Plange-Mühle und die in der Wehrhahn-Mühlen OHG zusammengefassten Betriebe zur Wehrhan Mühlen KG.
- Am **Brot- und Backwarenmarkt** hat sich innerhalb weniger Jahre die Firma Kamps durch Akquisitionen regionaler Bäckereien zum Marktführer mit rund 1.000 Filialen entwickelt und die Marktstruktur deutlich beeinflusst.
- Seit Anfang der 90er Jahre ist der Konzentrationsprozess in der **Zuckerwirtschaft** sehr dynamisch. In Deutschland teilen sich den Markt nunmehr vier Unternehmen: Neben „Südzucker", „Pfeifer & Langen" im Westen und „Nordzucker" gehört Danisco Sugar Germany in Anklam (Mecklenburg-Vorpommern) zu den zuckererzeugenden Unternehmen.
- Angesichts erheblicher Überkapazitäten im Bereich der **Molkereiwirtschaft** gibt es auch im **Milchbereich** einen zunehmendem Wettbewerb und wachsende Konzentration. Die strategischen Antworten der Molkereien liegen einerseits in Rationalisierungsmaßnahmen zur Kostensenkung, andererseits in nationalen und internationalen Fusionen, Übernahmen und strategischen Allianzen.

Die aufgeführten Beispiele verdeutlichen eindrucksvoll, dass sich die Marktstellung der Unternehmen auf den einzelnen Teilmärkten sowohl lokal und regional als auch international durch die Strukturentwicklungen in der jeweiligen Branche sehr schnell verändern kann und somit auch an das Marketing der einzelnen Unternehmen ständig neue Herausforderungen gestellt werden.

Strukturentwicklungen im Lebensmittelhandel

Die Absatzwege der Ernährungsindustrie zum Verkauf ihrer Erzeugnisse an die Letztverbraucher (Privathaushalte und Großverbraucher) sind differenziert und vielfältig:

- in Einzelfällen Verkauf über eigene Filialen (z. B. in einigen Unternehmen der Fleischwarenindustrie),
- Verkauf über den Fachgroß- und -einzelhandel oder über Caterer an Kantinen, Anstalten und die Gastronomie,
- Verkauf an das Ernährungshandwerk (z. B. Fleisch- und Wurstwaren, Komplementär-Sortimente für Fleischer- und Bäckerfachgeschäfte),
- Verkauf an sonstige Fachgroß- und -einzelhändler (z. B. Fachhandel mit Fisch, Wild und Geflügel),
- Verkauf über den Versandhandel (z. B. Spezialitäten als Präsente).
- Der weitaus überwiegende Teil der Produktion der Ernährungsindustrie gelangt allerdings über den **stationären Lebensmittelsortimentshandel** an den Verbraucher.

Der Lebensmittelsortimentshandel stellt sich in Form leistungsfähiger, mehrstufig gegliederter Handelsorganisationen dar, die das Ergebnis umfassender horizontaler und vertikaler Kooperations- und Integrationsprozesse sind. Nahezu alle nationalen Organisationszentralen haben sich mittlerweile auch auf europäischer Ebene in Form von Euro-Accounts etabliert. Einzelheiten zum Lebensmitteleinzelhandel werden in Kapitel E 6.1 behandelt.

5.1.2 Strategien

Die Lebensmittelmärkte können als „Prototypen“ von Konsumgütermärkten angesehen werden, auf denen

- eine Vielzahl von Anbietern den privaten Haushalten für den Haushalts- und/oder Individualbedarf eine Vielzahl von Artikeln anbietet,
- für die unterschiedlichen Verwendungszwecke viele Produkte durch andere substituiert werden können,
- somit der Wettbewerb um die „Gunst des Verbrauchers“ besonders intensiv ist,
- die Produkt-Lebenszyklen häufig besonders kurz sind (Problem der „psychischen Veralterung von Produkten“),
- die Innovationsrate (oder auch die Zahl der Me-too-Produkte) besonders hoch ist,
- Produktdifferenzierung und Marktsegmentierung besonders ausgeprägt sind,
- z.T. besonders hohe Werbeaufwendungen getätigt werden.

Es ist somit nicht verwunderlich, dass wir gerade auf Lebensmittelmärkten nahezu alle Typen von Marketingstrategien vorfinden, mit denen die Unternehmen ihren Produkten im Substitutionswettbewerb die Position der „besten Alternative“ für den Verbraucher verschaffen möchten.

Andererseits zwingen aber auch die genannten Bedingungen die Unternehmen in besonderer Weise zu klaren und konsequent realisierten strategischen Konzepten. Einige besonders wichtige Strategietypen wollen wir nachfolgend detaillierter betrachten:

Kostenführerschaftsstrategie

Die Kostenführerschaftsstrategie setzt einerseits auf Stückkostendegression in der Produktion und nutzt andererseits die Größenvorteile in der Distribution und in der Marktkommunikation. Sie ist damit eine Preis-Mengen-Strategie (in der Literatur gelegentlich auch als Volumenstrategie bezeichnet). Kostenführerschaftsstrategien werden begünstigt oder auch notwendig

- durch das wachsende Bezugsvolumen aufgrund der zunehmend konzentrierten Nachfrage der Lebensmittelzentralen. Der Handel verstärkt seine europaweite Zusammenarbeit mit international agierenden Großunternehmen der Industrie, die
  - international präsent sind,
  - europäische Marketingstrategien ermöglichen können,
  - über die ausreichende Kapitalausstattung verfügen,
  - eine europäische Distribution sicherstellen können,
  - über internationale Marktkenntnisse verfügen,
  - die IFS-Zertifizierung besitzen (International Food Standard): IFS dient der Lebensmittelsicherheit und des Qualitätsniveaus in allen Fertigungsstufen, in denen Lebensmittel be- oder verarbeitet werden.
- Nur über eine Kostenführerschaftsstrategie lassen sich auch nachhaltig die wachsenden Segmente der discountfähigen Massenware – auch bei ausschließlich nationaler Distribution – beliefern.

Beispiele für Strategien der Kostenführerschaft finden wir in nahezu allen Branchen der Ernährungsindustrie, vor allem bei den Standardprodukten des täglichen Bedarfs. Lebensmittel, die von den Unternehmen der Ernährungsindustrie unter Kostenführerschafts-Gesichtspunkten produziert werden, weisen einen sehr unterschiedlichen Komplexitätsgrad im Marketing-Mix auf:

- Bei einigen Artikeln steht die **Massendistribution** im Vordergrund. So liegt z. B. die absatzwirtschaftliche Zielsetzung der Anbieter von Zucker und Mehl vorrangig in der „Ubiquität“ (Überall-Erhältlichkeit) ihrer Produkte. Strategien der Schaffung von Präferenzen beim Verbraucher für den einen oder anderen Hersteller sind dagegen kaum erkennbar.
- Auf anderen Teilmärkten erreichen die Hersteller die notwendigen Losgrößen und die damit verbundene Stückkostendegression dadurch, dass sie ebenfalls auf eigene **Präferenzstrategien** verzichten und entweder
  - als Copacker für andere Markenartikler arbeiten (z. B. bei Tiefkühlkost)
  - oder die eigenen Erzeugnisse unter Handelsmarken der großen Handelsorganisationen abpacken oder abfüllen (so z. B. bei Spirituosen). Manche Handelsorganisationen führen mittlerweile unter ihren Handelsmarken ein breites Sortiment an Nähr- und Genussmitteln (vgl. dazu Kapitel E 6).
- Viele Anbieter von „Massenartikeln“ setzen auf **Markenkonzepte.** Gerade auf Lebensmittelmärkten finden wir Beispiele besonders schlagkräftiger Markenkonzepte nationaler und internationaler Anbieter. Häufig ermöglicht erst die Massendistribution von Produkten, die unter Kostenführerschafts-Gesichtspunkten produziert werden,

eine erfolgreiche strategische Markenführung, weil erst sie die Erwirtschaftung der notwendigen Werbemittel ermöglicht.

Lebensmittel, die unter dem Aspekt der Kostenführerschaftsstrategie erzeugt und vertrieben werden, sind häufig solche mit dichter Kauffrequenz (so genannte „Güter des täglichen Bedarfs").

Ihr Vertrieb, insbesondere die Logistik, stellt die betroffenen Unternehmen häufig vor besondere Herausforderungen:

- Als „Niedrigpreisprodukte" mit vergleichsweise geringen Spannen für alle Marktstufen müssen sie häufig in großen Mengen über weite Entfernungen transportiert werden.
- Auch die Zwischenlagerung bei den Zentralen und die Auslieferung an die einzelnen Outlets stellt hohe Anforderungen an Disposition und Kapitalaufwand.

Verständlicherweise versucht der Handel mehr und mehr, sich diesen Logistik-Aufwendungen durch eine Minimierung der Bestellmengen, Erhöhung der Bestell- und Lieferrhythmen und Bündelung der Lieferungen unterschiedlicher Lieferanten zu entziehen. Die Beschaffungsanforderungen der Handelsorganisationen laufen verstärkt auf Just-in-Time-Prinzipien hinaus.

- Konventionelle Zentrallager in Form von Warenbestandslagern entwickeln sich dabei verstärkt zu bestandsarmen und im Extremfall sogar zu bestandslosen Transitterminals, in denen die von den Herstellen angelieferten Waren in filialbezogene Abnehmer-Einzelkommissionen aufgelöst und lieferantenübergreifend gebündelt werden.
- Bestandslager wandeln sich damit von „Stausystemen" zu „Fließsystemen".
- Eine solche Neuorientierung der Logistik führt verstärkt zur Einschaltung von Spezialisten in Form von Distributeuren und Logistikdienstleistungen. Der Distributeur übernimmt dabei die gesamte Anlieferung einer Warengruppe. Logistikdienstleister sehen ihre Aufgabe in der ganzheitlichen Organisation der Logistik-Kette bis hin zum Real-Time-Merchandising. Just-in-Time-Konzepte führen also zu einer Rückverlagerung der Lagerhaltung auf die Hersteller. Ihre Funktionsfähigkeit ist weitgehend von der Verfügbarkeit elektronischer Kommunikationssysteme abhängig (EDI – Electronic Data Interchange).

Nummernsysteme ermöglichen Unternehmen, ihre Standorte, Produkte, Dienstleistungen, Transporteinheiten und -behälter etc. weltweit eindeutig zu identifizieren. Werden diese Identnummern in standardisierten Barcodes, EDI-Nachrichten etc. übermittelt, können Partner aus allen Branchen und Ländern sie sicher und eindeutig verarbeiten. Hierbei lassen sich folgende Identifikationsnummernsysteme unterscheiden:

- EAN-Strichcode
  Er wurde möglich durch eine weltweite Coorganisationsvereinbarung zwischen Konsumgüterindustrie und Konsumgüterhandel. Der EAN-Strichcode wurde 1977 entwickelt, diente ursprünglich als „europäische Artikelnummerierung" (EAN-System), hat sich im weiteren Verlauf dann unter Beteiligung vieler überseeischer Länder zur „internationalen Artikelnummerierung" entwickelt. Der EAN-Strichcode dient der Verschlüsselung der 8- bzw. 13-stelligen GTIN-Artikelnummer (Global Trade Item Number). Überall dort, wo die Artikelnummer automatisch erfasst und verarbeitet werden soll, ist ein Strichcodesymbol erforderlich, z. B. an der Kasse, im Lager, beim Wareneingang etc.

- EPC/RFID
  Als sinnvolle Ergänzung zur Strichcode-Technik stellt die Radiofrequenztechnologie für Identifikationszwecke (RFID) eine effiziente Lösung für die Erfassung von Objekten auf ihrem Weg in der Lieferkette dar. Mit der sicht- und kontaktlosen Datenübertragung auf Basis elektromagnetischer Wellen, selbst durch körperliche Hindernisse hindurch, können diese Objekte ohne manuelles Eingreifen und Unterbrechen des Warenflusses registriert werden. Die Waren oder Objekte werden hierzu mit Transpondern (auch Tags genannt) gekennzeichnet. Der Tag dient als Datenträger, dessen zentrale Komponente ein Mikrochip ist. Über eine so genannte Luftschnittstelle können Informationen an die Umwelt abgegeben werden. Kernstück des EPC/RFID-Standards ist der so genannte Elektronische Produkt-Code (EPC), der eine weltweit eindeutige Identifikation von Paletten, Kartons, Packstücken, Konsumenteneinheiten etc. erlaubt.

Verstärkten Harmonisierungsbedarf gibt es auch in der Frage der Verpackungen. So hat die Verpackungsverordnung die verstärkte Verwendung von Mehrweggebinden (vor allem bei Getränken) zum Ziel. Mehrwegsysteme verlangen entsprechende Tausch-, Pfand- und Mietsysteme, die ebenfalls international vereinheitlicht werden müssen. Die politischen Rahmenbedingungen durch entsprechende Gesetze und Verordnungen sind dabei z.B. in Südeuropa bisher bei weitem nicht so restriktiv wie in den nordeuropäischen Ländern und vor allem in Deutschland.

Innovationsstrategien

Auf weitgehend gesättigten Märkten kann Branchen- und/oder Unternehmenswachstum kaum mehr erwartet werden aus quantitativen Nachfragesteigerungen, sondern allenfalls aus:
- höherwertiger Verwertung der Produkte (Zusatznutzen),
- Produktdifferenzierung,
- Substitution,
- **Innovation.**

Zwar sind die Forschungs- und Entwicklungsaufwendungen in der Ernährungswirtschaft im Vergleich zu anderen Zweigen des produzierenden Gewerbes vergleichsweise niedrig (sehr viel höher z.B. im Bereich Elektronik/Feinmechanik oder im Bereich Stahl-/Maschinen- und Fahrzeugbau); dennoch bringt die deutsche Ernährungsindustrie jährlich etwa 1.500 neue Produkte auf den Markt. Die ausgeprägte Wettbewerbsintensität und die Verkürzung der Lebenszyklen der Produkte begünstigen diese Entwicklung.

Längst nicht alle neu auf den Markt drängenden Erzeugnisse sind Innovationen, also wirklich neue Produkte, viele stellen nur geringfügige Variationen oder Imitationen dar. Die Flop-Rate wird auf 80 bis 85 % geschätzt. Der größte Teil der erfolglosen Produktneueinführungen erlebt nicht einmal das kritische zweite Jahr nach der oft aufwendigen Einführungskampagne.

Unter dem Aspekt des technischen Fortschritts ist **Invention** die Schaffung neuen technischen Wissens als Ergebnis aus Forschung und Entwicklung. **Innovation** bedeutet die Umsetzung der Invention in neue Produkte und Verfahren und damit deren Nutzbarmachung.

- Die Substitutionsinnovation ersetzt bisherige Produkte und Verfahren in bereits erschlossenen Einsatzbereichen (Beispiel: Produkte auf Eiweißbasis als Substitute für Fleisch- und Wurstwaren).
- Die Durchbruchsinnovation schafft neue Einsatzbereiche (Beispiel: UHT-Verfahren als Grundlage längerer Haltbarkeit für Trinkmilch, Sahne u.Ä.).

Im Idealfall bedeutet echte Innovation:
- Wunschprodukte zur optimalen Vorteilsnutzung zu konzipieren,
- sie auf lohnende Potenziale zu überprüfen,
- sie dann auf die aktuelle oder „machbare" Technologie „zurückübersetzen", also „auf heute diskontieren".

Vielfach wird darauf verwiesen, dass neue Produkte immer weniger wirklich „neu" sind. Es ist nicht von der Hand zu weisen, dass der Neuigkeitswert stark vom individuellen Erlebnishorizont abhängt. Mit wachsendem Bildungs- und Ausbildungsstand, vermehrter Konsumerfahrung, zunehmender Internationalisierung und der weiteren Entwicklung zur „Informationsgesellschaft" weitet sich selbstverständlich der Erlebnishorizont des Konsumenten aus.

Dennoch gelingt es – wie die Marktrealität zeigt – vielen Unternehmen immer wieder, Produkte mit eigenständigem USP (Unique Selling Proposition) auf den Markt zu bringen, die über eine oder mehrere Nutzendimensionen für Verbraucher und/oder Handel „neu" sind und damit gute Chancen zur Durchbruchs-Innovation haben.

In vielen Unternehmen ist die Entwicklung neuer Produkte mittlerweile ein kontinuierlicher und in der Organisation fest verankerter Prozess, der von einer systematischen Ideenfindung ausgeht, über die Erarbeitung alternativer Produktkonzepte in konkrete Produktentwicklung einmündet und nach häufig mehrstufigen Validierungs- und Informationsprozessen ins Testmarketing und nach erfolgreicher Überprüfung in die Markteinführung mündet. Innovationsbereitschaft und -fähigkeit werden von der Struktur der jeweiligen Branche mitbeeinflusst:
- Großunternehmen haben im Innovationsprozess in der Regel zunächst einmal Vorteile:
  - häufig besser trainiertes Management,
  - eine eigene F&E-Abteilung,
  - bessere Kapitalausstattung,
  - in Zusammenhang damit: häufig Vorteile in den Fertigungskapazitäten.
- Kleinere Unternehmen können dem aber oft den Vorteil der ausgeprägteren Flexibilität entgegensetzen.

Die Betriebsgrößenstruktur ist also für erfolgreiche Innovationen nicht das vorrangige Kriterium, Voraussetzung für erfolgreiche Innovationen sind vor allem:
- langfristig angelegte Strategien,
- gut ausgebildetes, motiviertes Fachpersonal.

Letztlich sind es vier Faktoren, die die Innovationsintensität bestimmen:
- technisches Potenzial,
- Management,
- menschliches Potenzial,
- ökonomisches Potenzial.

(Zu den Methoden der Ideenfindung im Rahmen der Produktneuentwicklung vgl. Kapitel I 4.1.)

Ob Märkte aufnahmefähig für Innovationen sind und wo gegebenenfalls die Ansätze für Innovationen bestehen, wird im Wesentlichen von folgenden Rahmenbedingungen bestimmt:

- ökonomische und gesellschaftliche Rahmenbedingungen,
- staatliche Rahmenbedingungen,
- Entwicklungstendenzen im Nachfrageverhalten,
- technischer Fortschritt.

Im Kontext der ökonomischen Bedingungen stellt eine negative gesamtwirtschaftliche Lage kaum eine Restriktion für die Bereitschaft von Unternehmen dar, in neue Verfahren und Produkte zu investieren. Eine positive wirtschaftliche Entwicklung begünstigt allerdings die Innovationstätigkeit in Richtung der Entwicklung qualitativ höherwertiger Produkte mit häufig auch höherer Wertschöpfung.

Deutlichen Einfluss auf die Innovationstätigkeit hat offensichtlich der Konzentrationsgrad der jeweiligen Branche. Ein hoher Konzentrationsgrad limitiert über den erschwerten Marktzugang kleinerer und mittlerer Unternehmen nationale Markteinführungen und kann somit die Innovationsdynamik hemmen.

Veränderungen im **gesellschaftlichen Bewusstsein** oder veränderte **Wertvorstellungen** prägen häufig unmittelbar die Einstellungen zum Konsum und damit das Kaufverhalten und wirken dementsprechend häufig innovationsfördernd. Wir kommen darauf im Zusammenhang mit dem geänderten Kaufverhalten noch zurück.

Veränderungen **staatlicher Rahmenbedingungen** haben häufig sehr kurzfristig innovationsfördernde Wirkung, manchmal jedoch beeinflussen sie diese auch negativ.

- Eine verschärfte Hygiene-Gesetzgebung hat neuen Verfahren der aseptischen Abfüllung zu raschem Marktdurchbruch verholfen.
- Seit Januar 2003 gilt in Deutschland die Pfandpflicht für Einwegverpackungen von Getränken (Dosenpfand), die traditionell auch in Mehrwegflaschen angeboten werden. Mit Einführung des Dosenpfands richteten die verschiedenen Unternehmen des LEH teilweise unterschiedliche Rückgabesysteme für Einwegverpackungen ein, die so genannten Insellösungen. Diese Vielfalt wurde jedoch mit der Novellierung des Gesetzes vom 1. Mai 2006 obsolet. Sollte mit dem Dosenpfand die verstärkte Nutzung von Mehrwegflaschen gefördert werden, so belegt die aktuelle Bilanz das genaue Gegenteil: Langsam verschwindet die Pfandflasche aus den Regalen – egal, ob aus Glas oder Plastik (PET). Nur noch 30,7 % der alkoholfreien Getränke wurden im ersten Halbjahr 2007 in Mehrweg verkauft. Im Jahr 2000 waren es noch 65 %.

Interessante Ansatzpunkte für Innovationen bieten immer wieder das sich ständig verändernde **Verbraucherverhalten** und die permanent im Wandel begriffenen Verbraucherpräferenzen. Allein die Entwicklung **sozio-demografischer Faktoren** hat viele neue Produkte hervorgebracht:

- Die zunehmende Überalterung der Bevölkerung mit einem wachsenden Anteil kaufkräftiger, konsumerfahrener Senioren hat die Entwicklung von Fertigmenüs stark begünstigt, die häufig auf hohem Qualitäts- und Gourmetniveau als Tiefkühlgerichte angeboten werden und nach dem Auftauen (z. B. in der Mikrowelle) servierfertig sind.

- Diese Erzeugnisse richten sich gleichermaßen an die wachsende Zahl von Ein- und Zweipersonenhaushalten.
- Sehr viel stärker noch als Veränderungen in der Bevölkerungs- und Haushaltsstruktur wirken sich die so genannten qualitativen Entwicklungstendenzen im Einkaufs- und Verbrauchsverhalten aus:
- Das gewachsene Gesundheitsbewusstsein hat eine Vielzahl von Innovationen ausgelöst:
  - „Light“-Produkte mit reduziertem Kaloriengehalt,
  - Functional Food: Neben probiotischen Joghurts gibt es eine ganze Reihe weiterer funktioneller Lebensmittel im Supermarkt wie Brot mit präbiotisch wirkenden Ballaststoffen oder Omega-3-Fettsäuren, Fruchtsäfte mit Antioxidanzien, Margarine mit pflanzlichen Sterinen und Erfrischungsgetränke mit Kräuterauszügen (Produktbeispiele: Actimel von Danone, LC-Produkte von Nestlé oder fermentierte Milchdrinks sowie Zahnpflegekaugummis),
  - Smoothies (Ganzfruchtgetränke): Im Gegensatz zu herkömmlichen Fruchtsäften wird bei Smoothies die ganze Frucht bis auf die Schale und Kerne verarbeitet,
  - Streichfette mit reduziertem Fettgehalt (z. B. Halbfettbutter),
  - ein breites Angebot von fettarmen Wurstsorten auf der Basis von Geflügelfleisch,
  - fettreduzierte Milchfrischprodukte mit Cerealien-Zutaten.
- Gleichzeitig sind viele Schlemmer-Produkte auf den Markt gekommen, die den Genießer und Gourmet ansprechen:
  - Desserts auf Milchbasis mit Sahne-, Schoko- und Fruchtzusatz,
  - Eisspezialitäten wie z. B. Marzipan Chocolate von Mövenpick.
- Dem gewachsenen Ökologiebewusstsein entspricht ein zunehmend breites Angebot von Bioprodukten. Der Markt für ökologisch erzeugte Lebensmittel (Öko-Markt oder Bio-Markt) beträgt über 5 Mrd. €. Der Anteil am Gesamtumsatz auf dem deutschen Lebensmittelmarkt liegt bei rund 3 %. Seit dem Jahr 2000 wächst der Markt fast durchgängig mit zweistelligen Wachstumsraten. Die neuesten Erhebungen für das Jahr 2007 ermittelten ein Umsatzwachstum von 15 % auf 5,3 Mrd. €.
- Das Bedürfnis der Verbraucher nach „Neuem“, „Fremdartigem“ und „Internationaler Küche“ befriedigt ein umfassendes Angebot entsprechender Spezialitäten:
  - tiefgefrorene Pizzen in unterschiedlichen Geschmacksrichtungen,
  - zahlreiche Gerichte der südeuropäischen und asiatischen Küche als Tiefkühlprodukt.

Diese Beispiele ließen sich nahezu beliebig fortführen.

Viele Unternehmen der Ernährungswirtschaft begründen ihre Innovationen auf dem für sie verfügbaren wichtigsten Rohstoff und auf der Basis der verfügbaren Technologien bzw. des für ihre Branche relevanten **technischen Fortschritts.** So hat z. B. die Molkereiwirtschaft auf der Grundlage von Milchbestandteilen bereits mit konventioneller Verfahrenstechnologie viele neue Produkte entwickelt:

- Produkte auf Eiweißbasis:
  - Substitute für Fleisch und Wurstwaren
  - Snack-Produkte
  - Vorprodukte für die Teigwarenherstellung
- Fettarmer Aufstrich, Dickmilch und Käseprodukte
  - Snack-Saucen

  - Käsechips
  - Käse am Stiel
  - Käsefondue (als vorgefertigtes Gericht)
- Fettreiche Brotaufstriche
  - Buttervariationen (Kräuterbutter, Knoblauchbutter, Schokobutter, Butter mit Fruchtbeimischungen)
- Dessertprodukte
  - Zitronenmilch-Schaum
  - gießbare Milchcreme.

Neue Verfahrenstechnologien haben ebenfalls in der Molkereiwirtschaft zu einer Vielzahl von Innovationen mit teilweise für die Verbraucher wichtigen USPs geführt:
- UHT-Verfahren
  - H-Trinkmilch
  - H-Sahne
  - H-Fruchtjoghurt
- Ionenaustauscher, Umkehrosmose
  - adaptierte Säuglingsmilch
  - Diätprodukte
- Gefriertrocknung/Tiefgefrieren
  - Gefrierkonzentrate
  - Gefrierkonserven
- Immobilisierte Enzyme
  - lactosefreie Diätprodukte
- Ultrafiltration
  - Teil- und Vollkonzentrate mit verringertem Kaloriengehalt
- Instantisierung.

Zahlreiche vergleichbare Beispiele lassen sich aus anderen Branchen der Ernährungswirtschaft finden.

Nicht selten hat auch der züchterisch-technische Fortschritt in der Landwirtschaft zu neuen Produkten – auch auf den Märkten für landwirtschaftliche Frischprodukte – mit teilweise bemerkenswertem Markterfolg geführt:
- neue Salate (Lolo Rosso u. a.)
- Zuckermais und andere Fruchtgemüse, deren Anbau in nördlichen Hemisphären erst durch Züchtungsfortschritte möglich wurde.

So notwendig und verständlich das Bemühen der Unternehmen der Ernährungswirtschaft ist, über neue oder veränderte Produkte dem Wandel der Verbrauchsgewohnheiten Rechnung zu tragen, Impulse für verändertes Einkaufs- und Verbrauchsverhalten zu geben und sich auf diese Weise positiv von den Wettbewerbern zu differenzieren, so deutlich sind aber auch die Restriktionen, die dem insbesondere von Seiten des Lebensmittelhandels entgegenstehen:
- Die Regalfläche im LEH ist voll ausgelastet. Gut geführte Supermärkte führen etwa 10.000 Artikel.
- Hinter jedem dieser Artikel warten mehrere potenzielle Nachfolgeprodukte auf den möglicherweise frei werdenden Regalplatz.

- Aus- und Neulistungen sind für den Handel mit erheblichem Dispositionsaufwand und großem Risiko verbunden.
- Der Handel wird verständlicherweise ein neues Produkt nur dann listen,
  - wenn der Nutzen des neuen Produktes den des alten übersteigt,
  - wenn die Verbraucherakzeptanz durch fundierte Marktforschungs- und Testergebnisse nachgewiesen wird,
  - wenn dahinter ein schlagkräftiges Marketinggesamtkonzept steht (von der verlässlichen Logistik bis zur kommunikativen Unterstützung des Verkaufs).

Produktdifferenzierungsstrategien

Gerade viele Unternehmen der Ernährungsindustrie sind in ihrer Beschaffungspolitik auf eine oder nur wenige Rohstoffgruppen spezialisiert (so z. B. die Molkereiwirtschaft, die Fleischwarenindustrie, die Fruchtsaftindustrie, die Obst- und Gemüseverarbeitungsindustrie u. a.). Sie verfolgen deshalb bei Sortimentsausweitungen häufig den Weg der **Produktdifferenzierung.** Aus einem praktisch homogenen Gut (Milch) oder sehr ähnlichen Rohstoffen (verschiedenen Fleischarten) entwickeln sie eine zunehmend breitere Palette von Modifikationen:

- In der Molkereiwirtschaft z. B.
  - Frischmilch
  - H-Milch
  - Quark
  - Sahne
  - Milchfrischprodukte
  - Butter
  - Käse
  - Milchpulver
  - Kondensmilch
  - Joghurt
  - u. a.
- In der Fleischwarenindustrie
  - ein breites Sortiment an Fleischwaren und Wurstwaren
- In der Obst- und Gemüseverarbeitungsindustrie
  - Dauerkonserven
  - Tiefkühlprodukte
  - Marmeladen, Konfitüren
  - Fruchtkonzentrate z. B. als Rohstoff für die Molkereiwirtschaft (für Desserts)
  - u. a.

Produktdifferenzierungsstrategien und Innovationsstrategien haben also viele Gemeinsamkeiten. Strategien der Produktdifferenzierung (Produktvariation) schaffen aber häufig nicht den produktpolitischen Vorsprung wie wirklich „neue" Produkte.

Produktdifferenzierungsstrategien dienen zur „Erhaltung des Angebotserfolges", in dem über Variationen des Ausgangsproduktes zusätzliche Verwendungsanlässe geschaffen oder eine differenziertere Zielgruppenansprache versucht wird (Marktsegmentierung). Produktdifferenzierungsstrategien basieren oft nicht nur auf einer Variation des Produktkerns (vgl. die o. g. Beispiele), sondern oft auch auf Variationen der Packungsgröße, des Verpackungsmaterials, der Verpackungsgestaltung oder teilweise auch der Markenpolitik.

So hat z. B. die zunehmend restriktivere „Promille"-Gesetzgebung im Straßenverkehr, gekoppelt mit dem Trend zu „Light"-Produkten, eine Welle von Produktdifferenzierungen am Biermarkt ausgelöst. Neben das Angebot der klassischen ober- und untergärigen Biere sind Produktvariationen in Form alkoholreduzierter oder alkoholfreier Biere getreten.

Einige Brauereien haben dafür Markenfamilien-Strategien gewählt. So hat die Radeberger Gruppe eine Familien- bzw. Dachmarkenstrategie realisiert und neben das bekannte „JEVER Pilsener" „JEVER Light" und „JEVER Fun" etabliert.

Hier wurde also bewusst ein Imagetransfer der Marke „JEVER" angestrebt. Marktforschungsergebnisse zeigen, dass sich damit sogar das Markenimage insgesamt verjüngt hat.

Darüber hinaus werden seit einigen Jahren von fast allen Brauereien Bier-Mix-Getränke angeboten. Unter der Dachmarke JEVER findet sich beispielsweise JEVER Lime, ein Bier-Limetten-Mix. Mit diesen Mischgetränken sollen vornehmlich jüngere Zielgruppen angesprochen werden.

Vertriebsdifferenzierungsstrategien

Von Vertriebsdifferenzierung sprechen wir dann, wenn ein Unternehmen gleiche oder (z. B. im Rahmen der Produktdifferenzierung) geringfügig variierte / modifizierte Produkte auf unterschiedlichen Absatzwegen vertreibt, um damit in aller Regel auch unterschiedliche Zielgruppen anzusprechen.

Einzelne Differenzierungsstrategien werden nur sehr selten isoliert realisiert. So sind Vertriebsdifferenzierungsstrategien häufig nicht nur mit einer veränderten Produktgestaltung verknüpft, sondern auch mit einer Preisdifferenzierungsstrategie.

Wie wir im Kapitel E 5.1.1 („Rahmenbedingungen für das Marketing der Ernährungsindustrie") gesehen haben, werden zwar die Erzeugnisse der Ernährungsindustrie zum weitaus überwiegenden Teil über den Lebensmittel-Sortimentshandel vermarktet, dennoch gibt es eine Reihe von Nachfragergruppen für Lebensmittel, die Vertriebsdifferenzierungsstrategien lohnend oder sogar erforderlich machen:

- Fast alle Unternehmen der Nährmittelindustrie bieten ihre Erzeugnisse nicht nur in haushaltsgerechten Gebindegrößen dem Lebensmittelsortimentshandel zum Weiterverkauf an Privathaushalte an, sondern verkaufen ihre Erzeugnisse in Großverbrauchereinheiten auch über spezielle Fachgroßhändler, Caterer oder im Direktvertrieb an Großküchen.
- Die Unternehmen der Fleischwarenindustrie setzen ihre meisten Erzeugnisse ebenfalls über den Lebensmittelsortimentshandel ab, bedienen aber auch über Großmärkte, Großhändler und eigene Vertriebssysteme das Fleischerhandwerk, das mit diesen Handelswaren sein Sortiment komplettiert.
- Einige Branchen setzen über gesonderte Vertriebssysteme einen erheblichen Anteil ihrer Produktion an Tankstellen und Kioske ab (so z. B. die Süßwarenindustrie, die Getränkeindustrie u. a.).
- Die geschilderte Produktdifferenzierung bei JEVER erforderte es, um neue Verwenderpotenziale anzusprechen, neben Handel und klassischer Gastronomie gezielt auch den Vertrieb auf die Speise-, Szene-, Disco- und Sport-Gastronomie zu erweitern.

Nischenstrategien

Nischenstrategien im Marketing sind generell darauf angelegt, sich in möglichst profitablen Teilmärkten mit einem möglichst hohen Alleinstellungsanspruch zu etablieren und sich damit aus der Umklammerung der Wettbewerber soweit wie möglich zu befreien. Marktnischen-Strategien werden häufig unzutreffenderweise gleichgesetzt mit **Marktsegmentierung.** Marktsegmentierung ist streng genommen eine Vorgehensweise, bei der ein Gesamtmarkt in kleinere, „marketingtechnisch handhabbare Teilmärkte" aufgegliedert wird. Diese Teilmärkte sollen in sich möglichst homogen sein und sich gegeneinander ebenso deutlich unterscheiden. Während der Segmentierungsprozess ein „Herunterbrechen" auf einzelne Teilmärkte beinhaltet, implementiert das „Nischenkonzept" nicht automatisch die Abgrenzung immer differenzierterer und kleinerer Teilmärkte.

Im Gegenteil: Die Nischenstrategie versucht möglichst sogar eine Aggregation von Verbrauchern, die auf Ähnlichkeiten von Konsumenten basieren. Nischenstrategien finden wir sowohl auf lokalen, regionalen und nationalen Märkten, aber auch im europäischen Maßstab und sogar weltweit. Erfolgreiche Nischenstrategien sind häufig Innovationsstrategien. Für das Auffinden erfolgreicher Marktnischen bieten sich im Grunde drei Ansatzpunkte:

1. Suche nach dem Nischenprodukt.
2. Suche nach dem Nachfragesegment (Bedürfnisgruppen).
3. Suche nach der Vertriebswegnische.

Zum erfolgreichen Nischenprodukt wird ein Erzeugnis umso eher, je mehr es den offenen oder latenten Wünschen des Zielsegments (der speziellen Kundengruppe) entspricht. Die Suche nach dem erfolgreichen Nischenprodukt ist also die Suche nach einer echten Marktlücke, die sich häufig in den Randbereichen des Bedarfs findet und deren Bedürfnisse durch die bisher existenten Produkte entweder gar nicht oder in unbefriedigendem Maße abgedeckt werden. Die Suchfelder für Nischenprodukte sind praktisch die gleichen wie die für Innovationen:

- Chancen liegen
  - in nationalen und internationalen Konsumtrends und Veränderungen des Einkaufsverhaltens,
  - im (vermehrt) europäischen Lebensmittelrecht,
  - in veränderten Rohstoffverfügbarkeiten,
  - in der Entwicklung von Produktionstechnologien,
  - in der Internationalisierung der Märkte (z. B. politische und wirtschaftliche Öffnung Osteuropas),
  - im Strukturwandel im Handel.
- So hat die Intensivierung der internationalen Reisetätigkeit einerseits und die Rückbesinnung auf die Region andererseits ein Spannungsfeld geschaffen, in dem sich interessante Nischen ergeben haben für
  - Ethnic Food (internationale Spezialitäten),
  - ebenso für regionale Spezialitäten.
- Infolge der gegenseitigen Anerkennung einzelstaatlicher lebensmittelrechtlicher Regelungen als Eckpfeiler der Verwirklichung des gemeinsamen Marktes hat sich für die Unternehmen der Ernährungsindustrie die Möglichkeit eröffnet, Produkte, die den heimischen Rezepturanforderungen entsprechen, auf den Märkten anderer Mitgliedsstaaten der Gemeinschaft abzusetzen.

So ist z. B. die Vitaminierung von Lebensmitteln in Deutschland vergleichsweise großzügig geregelt, in anderen Mitgliedsstaaten nicht bekannt und zum Teil auch nicht erlaubt. Daraus ergeben sich für deutsche Anbieter in anderen europäischen Ländern durchaus profitable Nischen.
- Die Entwicklung der aseptischen Prozesstechnik hat – z. B. in der Molkereiwirtschaft – die Entwicklung von Produkten mit dem USP „haltbare Frische" ermöglicht, bei denen u. a. das „lebende Produkt" (also mit lebenden Bakterienstämmen) nicht verändert wird.
- Unter ihrer Marke „Gutfried" hat die Firma Nölke maßgeblich zur Markterschließung bei Fleisch- und Wurstwaren auf der Grundlage von Geflügelfleisch beigetragen. Hier hat sich eine interessante Nische auf veränderter Rohstoffbasis entwickelt.
- Die Heimdienste für Tiefkühlkost haben als Alternative oder Ergänzung zum Absatz über den Lebensmittel-Sortimentshandel bereits seit Jahren eine interessante Vertriebsweg-Nische gefunden und erschlossen (z. B. Bofrost).
  Ihr USP liegt in der Breite des Sortiments von Einzelkomponenten zur Nahrungszubereitung (z. B. verschiedene Gemüsearten, Kartoffelprodukte u. Ä.) bis hin zu Fertiggerichten auf Gourmetniveau. Sie bringen die Artikel der Hausfrau „bis in die Truhe", garantieren die Einhaltung der Tiefkühlkette und entlasten die Hausfrau von Transportfunktionen.

Markenstrategien

Im Kapitel D 1.3 („Produktgestaltung") haben wir dargestellt, dass die Markierung von Produkten dazu dient, die Erzeugnisse aus der Anonymität zu befreien und sie für die Nachfrager identifizierbar zu machen. Das eigene Erzeugnis soll sich von denen der Wettbewerber abheben. Ziel der Markierung ist die Schaffung von Nachfragerpräferenzen für das markierte Produkt. Der homogene Markt soll heterogenisiert werden.

Damit ist die Markierung oft auch die elementare Voraussetzung zur Schaffung des notwendigen preispolitischen Spielraums („monopolistischer Abschnitt" auf der Preis-Absatz-Funktion, vgl. Kapitel D 2.1). Gleichzeitig ist die Markierung häufig auch Voraussetzung für eine differenzierte Marktbearbeitung (vgl. dazu Kapitel A 3.2 „Marktsegmente und Marktnischen") und für den Einsatz anderer Marketingaktionsbereiche (vor allem Werbung und Verkaufsförderung). Das identifizierende und differenzierende Merkmal einer Marke können sein:
- Ein **Name** (Firmenname, Produktname).
  Ein Markenname kann verbal wiedergegeben werden und ermöglicht die mündliche Identifizierung.
- Ein **Zeichen** (Symbol, charakteristische Typographie, Grafik, Farbe).
  Ein solches Marken**zeichen** kann identifiziert, erkannt, aber nicht verbal ausgedrückt werden.
- Charakteristisches **Design** (Formgebung).
  Auch hier ist visuelle, nicht mündliche Identifizierung möglich.

Häufig sind Name, Zeichen und Design miteinander verknüpft und charakterisieren insgesamt das **„Markenbild".** Auch beim Markennamen finden wir häufig Verknüpfungen, etwa von Herstellernamen und Markennamen (z. B. ECKES granini, LORENZ Snack-World , WRIGLEY'S Spearmint).

Viele bekannte **Markenzeichen** sind aus den sog. „guten Gestalten" abgeleitet und haben sich deshalb mit ihrer geometrischen Form als besonders gestaltfest und damit einprägsam erwiesen (z. B. aus dem Kreis: „Bayer". Aus dem Rechteck: „Meica", „Bahlsen", „Leibniz". Aus dem Dreieck: „Schneekoppe". Aus der Ellipse: Der „helle Kopf" von „Oetker").

Nicht jedes „markierte Produkt" ist eine **Marke** im marketingstrategischen Sinne. In Marketinglehre und -praxis ist der **Markenartikel** durch folgende charakteristische Merkmale gekennzeichnet:

- gleichbleibende bzw. dem technischen Fortschritt angepasste verbesserte Qualität
- gleichbleibende Aufmachung, insbesondere Verpackung
- einheitliche Markierung
- Ubiquität (Überall-Erhältlichkeit) in der definierten Absatzregion
- intensive Marktkommunikation (erst sie ermöglicht die notwendige Schaffung der „psychologischen **Markenpersönlichkeit**").

Diese Voraussetzungen finden sich vor allem bei Gütern des Massenbedarfs, bei denen die Marke häufig konstitutives Element der Produktdifferenzierung ist. Letztlich zielen alle Markenstrategien darauf ab, bei den Nachfragern Markenbewusstsein und Markenloyalität (Markenbindung, Markentreue, Markenempfehlung) zu erzeugen. Es ist ein häufig langfristiger und kostenintensiver Prozess, zu dem vielen Unternehmen – auch vor allem in finanzieller Hinsicht – der „lange Atem" fehlt. Ziel ist die Generierung eines hohen und nachhaltigen Markenwerts (vgl. Toolbox: „Markenwert").

Je besser es gelingt, ein Markenprofil zu schaffen, desto wichtiger ist es, eine Marke vor Nachahmern zu schützen (vgl. Toobox: „Markenschutz").

Hans Domizlaff hat für die systematische Markenentwicklung, Markenführung und Markenkommunikation Mitte der 30er Jahre den Begriff „Markentechnik" geprägt. In seinem Buch „Die Gewinnung des öffentlichen Vertrauens. Ein Lehrbuch der Markentechnik"[4] hat er zwanzig „Grundgesetze der natürlichen Markenbildung" formuliert. Sie mögen unserem heutigen Sprachempfinden nicht immer gerecht werden; sie kennzeichnen aber den Prozess der Markenführung so treffend, dass wir sie hier aufgreifen und für unsere Fragestellung kurz erläutern wollen:

1. „Die Voraussetzung der natürlichen Warenbildung ist die Warenqualität."
- Grundlage jeder Markenpolitik ist die (vor allem vom Verbraucher empfundene) einheitliche Qualität, zunächst unabhängig vom Qualitätsniveau.
- Ein nachhaltig positives Markenimage kann sich aber nur auf der Grundlage „guter Qualität" bilden. Wir erinnern daran, dass der Qualitätsbegriff allerdings dynamisch ist.

2. „Nicht die Preisfrage entscheidet in erster Linie, sondern das Vertrauen in die Qualität."
- Für den Kunden ist häufig nicht die absolute Preishöhe entscheidend, sondern das von ihm subjektiv empfundene Preis-Nutzen-Verhältnis.

---

[4] H. DOMIZLAFF: Die Gewinnung des öffentlichen Vertrauens. Ein Lehrbuch der Markentechnik. Hamburg 1939.

TOOLBOX: MARKENWERT

Neben Größen wie dem Umsatz, Sach- und Anlagevermögen, Patenten etc. setzt sich der Unternehmenswert auch aus immateriellen Werten, wie z. B. dem Markenwert (Brand Value) zusammen. Dieser stellt den monetären Gegenwert einer eingetragenen Marke dar. Ein Unternehmen kann z. B. alleine dadurch höhere Preise verlangen, dass die Marke für die Verbraucher als Orientierung dient oder eine entsprechende Kompetenz oder ein gewünschtes Prestige ausstrahlt.

Die Wertermittlung einer Marke ist vor allem beim Kauf bzw. Verkauf und der Lizenzierung einer Marke notwendig. Auch bei einer strategischen Markenführung ist es sinnvoll, seinen Markenwert regelmäßig zu ermitteln, um anhand der dabei auftretenden Schwankungen das Markenimage kontinuierlich überprüfen zu können.

Um den Wert einer Marke zu ermitteln, gibt es verschiedene Ansätze. Grundsätzlich unterscheidet man monetäre (quantitative) und nicht-monetäre (qualitative) Verfahren zur Markenwertermittlung. Die monetären Verfahren dienen der Ermittlung des finanziellen Wertes einer Marke und werden vorgenommen, wenn man den Markenwert zwecks Rechnungslegung, Kauf/Verkauf, Kreditsicherung etc. ermitteln möchte. Bei den nicht-monetären Verfahren handelt es sich um psychografisch-verhaltensorientierte Ansätze, bei denen Verbraucherbefragungen im Fokus stehen. Das Hauptaugenmerk liegt hierbei auf der Markenstärke im Sinne einer nachfrageorientierten Komponente. Diese Bewertungsansätze werden verwendet, wenn es z. B. um eine Stärken-/Schwächen-Analyse oder eine Markenpositionierung geht. In der Praxis werden zur Bewertung der qualitativen Aspekte häufig Punktbewertungs- und Scoringansätze eingesetzt.

Oftmals werden bei den quantitativen Bewertungsmodellen nicht-monetäre Aspekte integriert. Der Markenwert lässt sich dadurch subjektiver und komplexer darstellen, wobei jedoch u. U. Probleme bei der Ermittlung bzw. Berechnung entstehen können.

Wie unterschiedlich die Berechnung von Markenwerten ausfallen kann, sieht man z. B. an den 2008 ermittelten Werten von Interbrand und Millward Brown. Interbrand ermittelte für Coca-Cola einen Markenwert von 66,67 Mrd. US$, womit Coca-Cola lt. Interbrand die teuerste Marke der Welt ist, Millward Brown bewertete Coca-Cola allerdings „nur" mit 58 Mrd. US$ und setzte es auf Platz 5. Nach der Bewertung von Millward Brown ist die teuerste Marke der Welt Google mit 86 Mrd. US$, bei Interbrand landet Google mit 25,59 Mrd. US$ auf dem 10. Platz.

TOOLBOX: MARKENSCHUTZ

Man kann alle Zeichen als Marke durch Eintragung schützen lassen, die dazu dienen, Waren oder Dienstleistungen eines Unternehmens von denen anderer Unternehmen zu unterscheiden.

Wer eine Marke anmelden will, muss die Kennzeichnung nennen. Das kann eine Wortmarke sein, bestehend aus Buchstaben, Zahlen oder sonstigen Schriftzeichen, Bildmarke, d.h. eine grafische Darstellung ohne Schriftzeichen, Wort-Bildmarke, bestehend aus grafischen Darstellungen und Schriftzeichen, dreidimensionale Marke, d.h. Darstellung der Marke durch einen dreidimensional gestalteten Gegenstand, als Hörmarke, hierbei wird die Marke durch ein akustisches Signal dargestellt, oder als Kennfadenmarke, wenn farbige Streifen oder Fäden auf oder an einem Produkt angebracht werden sollen.

Wenn eine Marke eingetragen werden soll, überprüft das Deutsche Patent- und Markenamt, ob diese gegen absolute Schutzhindernisse verstößt. Dazu zählen: fehlende Unterscheidungskraft, für die allgemeine Benutzung freizuhaltende beschreibende Angaben, ersichtliche Irreführungsgefahr, in der Marke enthaltenes Hoheitszeichen, Verstoß gegen die guten Sitten oder die öffentliche Ordnung.

Nachdem eine Marke eingetragen wurde, hat der Besitzer das exklusive Recht, diese Marke zu nutzen, und kann bei Verletzung seiner Rechte durch Dritte Unterlassungs- und Schadensersatzansprüche geltend machen. Wird eine Marke nach der Eintragung innerhalb von fünf Jahren nicht genutzt, kann sie auf Antrag oder Klage wieder gelöscht werden.

- Die Marke schafft „psychologischen Zusatznutzen“ (Vertrauen, Wertvorstellungen u.Ä.), gegenüber dem der Preis als Auswahl- und Entscheidungskriterium nachrangig werden kann.

3. „Zukunftssichere Markenwaren müssen im Konkurrenzkampf sehr scharf kalkuliert werden."

- Die für die Markenführung notwendigen finanziellen Mittel erfordern meistens Massenproduktion und Massenabsatz.
- Der Grundsatz der Qualität muss durch den Grundsatz der Preiswürdigkeit ergänzt werden. Der monopolistische Spielraum kann und darf häufig nicht ausgereizt werden.
- Markenführung sollte nach dem Prinzip erfolgen: „Guter Gewinn durch große Umsätze mit prozentual bescheidener Gewinnspanne“, um damit den Nachahmern die Freude am Geschäft mit kleineren Umsätzen zu verderben.

4. **„In den Anfangszeiten einer natürlichen Markenbildung ist jede laute Reklame gefährlich. Dagegen sind sachliche Begründungen der Qualität wertvoll, die es der öffentlichen Meinung ermöglichen, eine günstige Stellungnahme sich selbst und anderen gegenüber zu vertreten."**
   - Markenbildung ist ein langfristiger Prozess der Vertrauensbildung beim Kunden für die Marke.
   - „Marktschreierische Reklame" schafft keine langfristige Markenbindung.
   - Der Glaube des Kunden an die eigene Urteilskraft beruht auf seiner Eitelkeit, die durch aufdringliche Anpreisung leicht verletzt wird.

5. **„Forcierter Verkauf an die Verbraucher wirkt bei der Einführung einer Markenware gefährlich."**
   - Eine Marke muss sich „Zug um Zug" im Markt etablieren. Die schrittweise Ausweitung der Distribution und die begleitende Marktkommunikation (Werbung und Verkaufsförderung) müssen eng aufeinander abgestimmt sein.
   - Die Schaffung von Vertrauen erfordert zwar Nachdruck, verträgt aber keine Hektik.

6. **„Der Stil der Markentechnik ist der Stil einer unaufdringlichen Vornehmheit und einer selbstsicheren Würde nach dem Maßstab des zugehörigen Marktes."**
   - Die Marke schafft kein Vertrauen durch devote Anbiederung.
   - Die Marke wird dem Bedürfnis der Menschen nach „Orientierung" und „Anlehnung" gerecht.

   Nur so ist es zu erklären, dass viele „große Marken" selbst ausgeprägte Phasen wirtschaftlicher Rezession und die Weltkriege überstanden haben.

7. **„Strengste Gleichmäßigkeit der Beschaffenheit ist die Vorbedingung für die Lebenssicherheit einer Markenware."**
   - Die „einheitliche Qualität" kann über sehr unterschiedliche Merkmale wahrgenommen werden,
     - die Form (Schokolade „Ritter Sport" ist immer quadratisch)
     - die Farbe („bei Schokolade auf lila Papier achten")
     - die Art, wie der Vakuumbeutel beim Öffnen „zischt".

   Selbst geringfügige Veränderungen können Unsicherheit und „Irritation" beim Kunden auslösen.

8. **„Die Gleichförmigkeit der Verpackung oder Aufmachung bedeutet eine augenscheinliche Sicherheit bezüglich der unbedingt verlangten Gleichförmigkeit der Warenbeschaffenheit."**
   - Vor allem die einheitliche Verpackungsgestaltung schafft Vertrauen und dezimiert Unsicherheit beim Kunden, der die objektive Qualität der Produkte oft nicht beurteilen kann.
   - Veränderungen der Verpackungsgestaltung (Relaunch) sind zwar entsprechend dem sich wandelnden Stil-Empfinden möglich und nötig, müssen aber sehr vorsichtig erfolgen.

9. „Die Verkaufseinheit ist ein wesentliches Merkmal bei einer Ware, die ein blindes Qualitätsvertrauen voraussetzen will. Je kleiner die Verkaufseinheit, desto stärker die Unverkennbarkeit der Markenware."
- Gerade Markenartikel benötigen konstant einheitliche Verkaufseinheiten, z. B. vom Verbraucher „gelernte" Gewichtsmengen (100 g, 250 g, 500 g, 1 kg).
- Auch die Verkaufseinheit ist für den Verbraucher „dokumentarischer Qualitätsbeweis".

10. „Die Unveränderlichkeit einer sachlich und psychologisch gewonnenen Preiseinheit ist ein wichtiger Bestandteil des Markenbegriffes."
- Der Preis wird traditionell als weiteres typisches Merkmal bezeichnet, an dem der Käufer „sein Produkt" erkennt. Der Preis wird häufig zum „qualitätsbeeinflussenden Kriterium".
- Nach Aufhebung der „Preisbindung der zweiten Hand" Mitte der 60er Jahre dürfen die Hersteller dem Handel zwar die Verkaufspreise für ihre Erzeugnisse nicht mehr vorschreiben. Über die „unverbindliche Preisempfehlung" versuchen aber viele Markenartikler, die vertrauensbildende Wirkung eines einheitlichen Preises zu erhalten.

Dass vermehrt auch „etablierte Markenartikel" im Rahmen des intensiven Wettbewerbs zwischen den verschiedenen Handelsorganisationen preisaggressiv angeboten werden, wird häufig als Gefahr für den Markenartikel angesehen.

11. „Das Vorrecht auf einen Markenartikel muss durch eine Bezeichnung geschützt werden, die nicht nachgeahmt werden kann. Bereits der Name eines Händlers wirkt sich als eine unverlierbare Qualitätsgarantie aus."
- Die Markenartikelstrategie basiert auf einer einprägsamen, meistens rechtlich geschützten Markierung, die nach und nach mit positiven Assoziationen und Wertvorstellungen angereichert wird.
- Markenbilder haben oft „archetypischen" Charakter, die ursprüngliche begriffliche Bedeutung tritt häufig in den Hintergrund (wer nimmt den Markennamen „BASF" heute noch als „Badische Anilin- und Sodafabrik" wahr?).

12. „Eine Markenware ist das Erzeugnis einer Persönlichkeit und wird am stärksten durch den Stempel einer Persönlichkeit gestützt."
- Viele Markennamen haben ihren Ursprung in dem Familiennamen unternehmerischer Persönlichkeiten (z. B. Oetker, Bahlsen, Eckes, Henkel, Bayer).
- Die Marktpraxis zeigt allerdings, dass bei entsprechenden kommunikativen Aufwendungen auch „Phantasiemarken" zu „Markenpersönlichkeiten" heranreifen können (vgl. dazu z. B. die Marken von Procter & Gamble: Pampers, Vizir, Dash, rei, Lenor, ARIEL, Credo, Blendax, sanso, Cliff, FAIRY, WICK u. a.)

13. „Die Verwendung eines Namens muss auf ein einziges Erzeugnis oder auf eine möglichst konzentrierte Idee beschränkt werden."
- Die Marke kennzeichnet praktisch immer ein Produkt aus einer bestimmten, relativ eng gefassten Produktgattung (so steht die Marke „Bahlsen" für Gebäck, die Marke „Eckes" für Getränke).

- Auch eine „Dachmarke“ (auf die wir an späterer Stelle noch eingehen) bezieht sich nahezu immer auf eine Produktgruppe oder ein Sortiment.

14. „Markenwaren sind schöpferische Leistungen eines kaufmännischen Unternehmertums, das sich die technischen Voraussetzungen zu sichern weiß."

- Markentechnik ist eine „kaufmännische“ Tätigkeit.
  Der „Markeninhaber“ und „Markenführer“ muss nicht zwangsläufig auch der Hersteller sein.
  „Nicht der Fabrikant ist der Ausgangspunkt aller markentechnischen Berechnungen, sondern die Psyche des Kunden.“
- Die Forderung nach qualitativ guten und einheitlichen Produkten, die zu einem „marktgerechten“ Preis angeboten werden sollen, stellt die Markenartikler immer wieder vor die Überprüfung geeigneter Beschaffungsalternativen.
  Viele Markenartikel werden bei „Vertragsherstellern“ des Markenführers produziert.

15. „Das Ziel der Markentechnik ist die Sicherung einer Monopolstellung in der Psyche der Verbraucher ..."

- Das Wesen des Markenartikels ist nicht die „technische Monopolstellung“ (die z. B. auf zuerkanntem Patentschutz beruht); die „Machtstellung“ des Markenartikels ist die „psychologische Markenpersönlichkeit“.

16. „Ein geschriebener oder gedruckter Name bedarf einer optischen Ergänzung von besonderer Eindringlichkeit ..."

- Vor allem die „guten Gestalten“ erweisen sich als schnell erlernbar.
  Da Zeichen und Symbole schneller wahrgenommen werden als Worte und Sätze, finden wir häufig Symbole und Markennamen im jeweiligen „Markenbild“ vereint.

17. „Der Markt beweist durch seine eigenen Wertprägungen eine Vorliebe für einfache, sachliche Bezeichnung von Marken, die in einem sinnfälligen Zusammenhang mit der Ware stehen."

- Markennamen, die direkte Assoziationen zum Verwendungszweck oder zur Qualität des Produktes ermöglichen, gelten häufig als besonders geglückt (z. B. „Flora soft“ für streichfähige „leichte“ Margarine, „SOFTIES“ für weiche Hygienetücher, „Cracker“ für knuspriges Salz-/Laugengebäck).

18. „Eine Firma hat eine Marke. Zwei Marken sind zwei Firmen."

- Je profilierter und durchgesetzter ein Markenname ist, desto schärfer „konturiert“ ist häufig auch die Markenpersönlichkeit.
- Mit der Marke „Bahlsen“ verbindet der Verbraucher Feingebäck und mit der Marke „Brandt“ Zwieback.
  Dass beide Marken aus dem Hause „Bahlsen“ stammen, wird gegenüber dem Verbraucher nicht kommuniziert. Beide Marken führen ihr Eigenleben. Markentechnisch ebenso belanglos ist, dass die Marken „Stollwerck“ und „Sprengel“ aus dem gleichen Hause stammen.

19. „Markengesetze sind Naturgesetze."

- Die Erkenntnisse der Wahrnehmungspsychologie machen deutlich, dass wir Menschen nicht die einzelnen Elemente eines Produktes/einer Verpackung eines Markenbildes wahrnehmen, sondern dass die Wahrnehmung ganzheitlich erfolgt.
  So wirken sich Änderungen von „Teilqualitäten" auf das Ganze aus.
- Manche Markenartikler haben schmerzlich erfahren müssen, dass – häufig von ihnen unverschuldete – Probleme mit dem Produkt (z. B. „Pannen" in der Konsistenz, im Hygienestatus u. Ä.) das gesamte Markenimage in Gefahr bringen können.

20. „Der Wert eines Markenartikels beruht auf dem Vertrautsein des Verbrauchers mit dem Gesicht des Markenartikels. Das Markengesicht ist ein Zusammenklang sämtlicher wesentlicher Besonderheiten und Eigenschaften des Markenartikels, die nach erfolgreicher Einführung nicht mehr getrennt werden dürfen."

- Da Änderungen von Teilqualitäten auf die ganzheitliche Wahrnehmung „irradiieren" (abstrahlen) können, will jede Änderung des Packungsbildes wohlüberlegt sein. Nicht immer basieren solche Änderungen auf der Initiative des Markenartiklers selbst. So hat die Einflussname der Weltgesundheitsorganisation Anfang der 90er Jahre dazu geführt, dass nahezu zeitgleich alle Hersteller von Säuglingsnahrung ihre Packungsgestaltung ändern mussten. Um Mütter nicht vom Stillen abzuhalten, sollten auf den Packungen keine Abbildungen von (wohlgenährten und zufriedenen) Babys mehr gezeigt werden.

21. „Starke Einführungsreklame wird zu einem untrennbaren Bestandteil des Markengesichtes und kann deshalb auch später niemals eingespart werden."

- Die wichtigste Voraussetzung für die Entwicklung eines markierten Produktes zum Markenartikel ist vor allem eine hohe physische Distribution (Ubiquität) in der definierten Absatzregion.
  Der Kunde muss einmal das Produkt in „möglichst jedem Regal" vorfinden. Gleichzeitig muss die Kommunikation auf das Produkt aufmerksam machen und ihre imageprägende Wirkung entfalten.
- In die ganzheitliche Wahrnehmung wird die Werbung für das Produkt ebenso einbezogen wie das Produkt selbst.
- Die eingeführte Marke „lebt" auch weiter von der Kommunikation. Nicht umsonst entfallen die größten Werbeetats auf die bekanntesten Marken.

22. „Die Einführungsarbeit einer Markenware ist Sache des Verkaufsapparates."

- Hier wird noch einmal deutlich, dass die Marke von der Ubiquität lebt.
- Zugleich beziehen Markenstrategien nach Möglichkeit immer auch den Handel ein.
  Wenn sich der Handel von der Aufnahme des Artikels Vorteile verspricht (Spanne, Umschlagsgeschwindigkeit), wird er ihn listen und ihm die notwendigen Regalplätze einräumen.

Wie eng Markentechnik und Marktkommunikation miteinander verknüpft sind, wird daran deutlich, dass unter den zwanzig größten Werbungtreibenden in Deutschland allein zwölf bekannte Konsumgüterhersteller und Handelshäuser sind, die zum großen Teil auch Nahrungs- und Genussmittel anbieten (Stand: 2008). Es sind dies (Rangreihe):

- Media-Saturn-Holding, Ingolstadt
- Procter & Gamble, Schwalbach
- Albrecht, Mülheim
- Ferrero, Frankfurt
- L'Oreal, Düsseldorf
- Lidl, Neckarsulm
- Unilever, Hamburg
- Edeka Zentrale, Hamburg
- Danone, Haar
- Reckitt Benckiser, Mannheim
- McDonald's, München
- Beiersdorf AG, Hamburg

Allein Procter & Gamble gibt rund 0,4 Mrd. € für klassische Werbung aus.

Wie stark die Bindung der Verbraucher an „ihre Marke" sein kann, zeigen Untersuchungsergebnisse zur Markentreue.

Gefragt nach ihren Kaufpräferenzen von Markenartikeln machten die Konsumenten einer Studie im Jahr 2008 folgende Angaben:[5]

- Unterhaltungselektronik 43 %
- Telekommunikation 43 %
- Haushaltsgeräte 41 %
- Kosmetika 40 %
- Alkoholische Getränke 38 %
- Mittel zur Körperpflege 37 %
- Tabakwaren 32 %
- Alkoholfreie Getränke 26 %
- Nahrungsmittel 20 %

Demzufolge besteht insbesondere bei Nahrungsmitteln eine geringe Markentreue.

Mit fortschreitender Entwicklung des europäischen Marktes und zunehmender Bedeutung des Welthandels wächst auch bei den Markenartiklern der Aktionsrahmen der „Global Players". Die Markenstrategien werden also zunehmend internationaler.

Nicht alle Markeninhaber fühlen sich diesen Herausforderungen gewachsen oder streben internationale Markenkonzepte an. So haben im Rahmen jeweils spezifischer marketingstrategischer Überlegungen in den letzten Jahren zahlreiche bekannte Marken ihre Besitzer gewechselt. Beispielsweise gehört Pfanni mittlerweile genauso wie Knorr und Mondamin zu Unilever Deutschland.

Wie hier sind auch häufig in anderen Unternehmen solche Entscheidungen verbunden mit gleichzeitiger Stärkung des Markengeschäfts in angestammten Kern- und Kompetenzbereichen.

---

[5] Quelle: Horizont 8/2008

Dass die Entwicklung und Durchsetzung schlagkräftiger Markenkonzepte in einzelnen Branchen nicht immer nur mit der Größenstruktur der jeweiligen Unternehmen zusammenhängt, wird eindeutig belegt in der Molkereiwirtschaft. Hier haben einige vergleichsweise kleine private Unternehmen eine sehr viel konsequentere Markenpolitik betrieben als andere, größere Unternehmen in genossenschaftlicher Rechtsform (z. B. Andechser Molkerei Scheitz GmbH).

Je nachdem, ob Unternehmen Marken für jeweils nur ein Produkt konzipieren, mehrere Marken im Markt etablieren oder unterschiedliche Produkte unter einem Markennamen zusammenfassen, finden wir unterschiedliche Markenstrategien:

- **Ein-Marken-Strategie** (Mono-Marken-Strategie)
  Hier wird für einzelne Produkte eines Herstellers jeweils eine eigene Marke entwickelt und penetriert (Produktmarke wie z. B. Pringles von Procter & Gamble). Die Kunden nehmen in der Regel nicht wahr, dass die Markenartikel jeweils von demselben Anbieter stammen. Da keine Komplementär- und Irradiationseffekte möglich sind, sind hohe finanzielle Aufwendungen für die jeweils isolierte Markenführung notwendig.
- **Mehr-Marken-Strategie**
  Hier wird ein Produkt vom gleichen Hersteller unter verschiedenen Marken angeboten. Damit sollen unterschiedliche Marktsegmente angesprochen und eine bessere Ausschöpfung des Gesamtpotenzials erreicht werden. Dass sich dabei die einzelnen Marken teilweise gegenseitig „kannibalisieren“, wird bewusst in Kauf genommen (z. B. Lätta und Rama aus dem Hause Unilever Deutschland).
- **Dachmarkenstrategie**
  Hier wird eine Produktgruppe, die verschiedene Einzelprodukte umfasst, unter einer einheitlichen Marke angeboten. Der Hersteller bleibt dabei in der Regel ungenannt. Solche Strategien finden wir z. B. in der Molkereiwirtschaft, da Marktpotenzial und Marktvolumen für einzelne Artikel aus dem Mopro-Sortiment für eine Einzelmarkenstrategie häufig zu klein sind (z. B. Milram, Landliebe).
- **Company-Marken-Strategie**
  Hier handelt es sich um eine Dachmarkenstrategie, bei der das Unternehmen seinen Namen als Dachmarke verwendet (z. B. Bahlsen). Alle Produkte des Anbieters tragen also die Aufwendungen für die Marke gemeinsam, genauso wie bei der Dachmarkenstrategie. Vorteilhaft – aber auch gelegentlich nachteilig – kann hier der Imagetransfer vom Unternehmensnamen auf das Einzelprodukt sein.

Alle Grundsätze der Markentechnik und Markenstrategie gelten unabhängig davon, wer letztlich die Marke führt. Auf Lebensmittelmärkten erlangen neben den Herstellermarken auch Eigenmarken der großen Handelsorganisationen (Handelsmarken) zunehmende Bedeutung (vgl. dazu Kapitel E 6 „Marketing im Groß- und Einzelhandel“).

Kooperationsstrategien

Da die kooperative (gemeinsame) Aufgabenerfüllung im Marketing gerade auf Lebensmittelmärkten in Form des (auf regionaler oder nationaler Ebene organisierten) Gemeinschaftsmarketings eine besonders große Rolle spielt, behandeln wir die kooperationsfördernden Faktoren und die Erscheinungsformen des kooperativen Marketings in einem gesonderten Kapitel (vgl. Kapitel F „Kooperatives Marketing“); der Vollständigkeit halber wollen wir Kooperationen als strategischen Schwerpunkt im Marketing der Ernährungsindustrie aber auch an dieser Stelle kurz behandeln.

Das Merkmal einer Kooperation ist (unter Beibehaltung der rechtlichen Selbstständigkeit der Unternehmen) die gemeinsame Wahrnehmung einzelner oder auch aller Teilaufgaben im Marketing mit anderen Unternehmen.

- In Form der **horizontalen** Kooperation erstreckt sie sich auf die Zusammenarbeit mit Unternehmen auf der gleichen Marktstufe.
- Die **vertikale** Kooperation ist gekennzeichnet durch gemeinsame Aufgabenerfüllung zwischen Unternehmen auf vor- und/oder nachgelagerten Marktstufen.

Aus der Zusammenarbeit mit Kooperationspartnern versprechen sich Unternehmen im Allgemeinen

- **Kostendegression** durch
  - Arbeitsteilung, Spezialisierung, Skaleneffekte
- mehr **Schlagkraft** durch
  - größere Kapazitäten
  - Ressourcenkonzentration
  - Know-how-Transfer
- **Risikoreduzierung**
  - in der Beschaffung
  - im Absatz
- **Ausweitung** des unternehmerischen Aktionsrahmens durch
  - Zugang zu neuen oder erweiterten Technologien, Märkten, Marketinginstrumenten
  - Komplementäreffekte.

Vertikale Kooperationen der Ernährungsindustrie mit vorgelagerten Marktstufen (entweder unmittelbar mit landwirtschaftlichen Erzeugerbetrieben oder über die zusätzliche Einbindung von Unternehmen der Agrarvermarktung) dienen überwiegend der Beschaffungssicherung.

Sowohl auf den Märkten für tierische Erzeugnisse (Milch, Schlachtrinder/-schweine, Schlachtgeflügel, Eier) als auch auf Märkten für pflanzliche Produkte (hier vor allem Zuckerrüben, Getreide, Ölfrüchte, Obst/Gemüse als Rohstoffe für die verarbeitende Industrie) finden wir zahlreiche Beispiele der Vertragsproduktion in unterschiedlichen Ausprägungen (vgl. dazu Kap. E 2.3 „Landwirtschaft in der vertikalen Zusammenarbeit").

Der Anreiz zur Kooperation aus Sicht der Ernährungsindustrie liegt hier nicht nur in der vertraglich abgesicherten Rohstoffmengenbasis, sondern vor allem auch in der qualitativen Beschaffungssicherung (auf die spezifischen Technologien oder andere Qualitätsanforderungen abgestellt).

Beispiele für **horizontale Kooperationen** in der Ernährungsindustrie finden wir praktisch in allen Marketingaktionsbereichen. Sie stoßen allerdings an ihre rechtlichen Grenzen, wenn durch Zusammenarbeit von Unternehmen der gleichen Branche die Marktstruktur und damit der Wettbewerb nachhaltig und wesentlich beeinflusst werden.

Bereits der § 1 GWB (Gesetz gegen Wettbewerbsbeschränkungen) schränkt abgestimmtes Verhalten weitgehend ein (vgl. Kap. A 4.3):

§ 1 „Vereinbarungen zwischen Unternehmen, Beschlüsse von Unternehmensvereinigungen und aufeinander abgestimmte Verhaltensweisen, die eine Verhinderung, Einschränkung oder Verfälschung des Wettbewerbs bezwecken oder bewirken, sind verboten." In den §§ 2 und 3 GWB sind allerdings einige Ausnahmen wie z. B. Mittelstandskartelle geregelt.

Bei weitem nicht jede Form der Kooperation ist wettbewerbsrechtlich relevant. So finden wir in der Produkt- und Sortimentspolitik zahlreiche Beispiele der Zusammenarbeit, etwa bei der Entwicklung von Rezepturen, bei der Einrichtung von Qualitätsmanagementsystemen, in der Verpackungsentwicklung oder in der gegenseitigen Nutzung von Produktions- und Abfüll-/Abpackkapazitäten. Gerade das Co-Packing, also das Abpacken für andere Unternehmen, ist in der Ernährungsindustrie weit verbreitet.

In der Markenpolitik finden wir zunehmend Beispiele für Kooperationsstrategien und in Form von „Brand Alliances". Angesichts der hohen Kosten für schlagkräftige Markenstrategien wächst die Bereitschaft zur kooperativen Markennutzung. Hier finden wir im Wesentlichen folgende Formen der Zusammenarbeit:

- „Co-Branding"
  Ein Produkt wird mit zwei ursprünglich eigenständigen Marken gleichzeitig markiert. Einer der beiden Partner hat in der Regel die eigentliche Produktmarke, die Co-Marke wirkt zusätzlich durch Kompetenz- und Qualitätsverstärkung. Beispiele:
  - Zusammenarbeit des Pizzabäckers Freiberger mit Aoste, Gutfried, Zott und Karwendel/Exquisa. Je nach Belag erscheint auf der Packung das Logo des Partners mit.
  - Cremissimo von Langnese und Milka Kuhflecken
  - Joghurt verschiedener Marken mit BioGarde-Bakterienkulturen.
- „Ingredient-Branding"
  Dabei wird ein Produkt mit der Marke eines wichtigen Vormaterials oder einer bestimmten Komponente versehen. Beispiele:
  - GoreTex an Bekleidung
  - Natreen auf kalorienreduzierten Nahrungsmitteln.
- Markenlizenzen
  Hier vergibt der Markeninhaber Markennutzungsrechte für bestimmte Produktbereiche, in denen er selbst nicht tätig ist. Beispiele:
  - Joop und Boss als Lizenzmarken aus der Modebranche für die Verwendung in der Kosmetikbranche
  - Nesquick-Schokotrunk von Frischli.

  Die Grenzen zum Co-Branding sind häufig fließend.
- Joint Ventures
  Markenführung wird hier in einer gemeinsamen Gesellschaft der Kooperationspartner betrieben. Beispiel:
  - Joint Venture von Nestlé mit Coca-Cola zur Vermarktung von Nestea.

Beispiele horizontaler Kooperation zwischen Unternehmen der Ernährungsindustrie gibt es auch im Vertrieb:

- Eine Reihe von Molkereien mit leistungsfähigem regionalem Vertrieb übernimmt den Mitvertrieb von (in der Regel nicht konkurrierenden) Erzeugnissen anderer Unternehmen der Molkereiwirtschaft.
- Vertriebskooperation des Süßwarenherstellers Mars mit der R&R Ice Cream Deutschland GmbH.

Kooperationen im Vertrieb sind vor allem im vertikalen Verbund ausgeprägt. So stützen sich vor allem viele Außenhandelsgeschäfte auf oft langjährige Vertriebsvereinbarungen.

- Das Importhaus Wilms in Taunusstein vertreibt in Deutschland beispielsweise die schwedische Bonbonmarke Läkerol.
- Das Schokoladensortiment des britischen Süßwarenhersteller Cadbury wird vom Importeur Genuport Trade AG, Norderstedt, in Deutschland vertrieben. Dies gilt auch für die schwedische Schokolade Marabou, Ovomaltine, Daim und andere bekannte Marken.

Immer häufiger wird auch über die Notwendigkeit einer engeren Kooperation zwischen Unternehmen der Ernährungsindustrie und den Großbetriebsformen des Lebensmittelsortimentshandels diskutiert. Trotz aller Konflikte, die mit zunehmender Konzentration des Handels zwischen Herstellern und Sortimentshandel bestehen (vgl. dazu Kapitel D 4.2 „Besonderheiten der Verkaufsförderung auf Lebensmittelmärkten"), wächst hier offensichtlich die Bereitschaft zur „Absatzpartnerschaft".

- Der Handel regt seinerseits verstärkt eine engere Zusammenarbeit bereits bei der Produktentwicklung an, weil er der Flut neuer Produkte oft nicht mehr gewachsen ist und seinerseits aus dem praktischen Verkaufsgeschäft wichtige Informationen in eine solche Zusammenarbeit einbringen kann, welche Produkte in seinen Outlets gute Verkaufszahlen haben.
- Verkaufsförderungsaktionen werden offensichtlich von Seiten der Hersteller viel zu häufig konzipiert, ohne die „Durchsetzbarkeit" in den Geschäften ausreichend zu berücksichtigen.

Besonders wichtige und für beide Seiten effiziente Ansatzpunkte zur Kooperation eröffnen sich in der Warenwirtschaft/**Logistik.** Unter der Bezeichnung ECR (Efficient Consumer Response) werden verstärkt Systeme eingesetzt, bei denen der Handel die Abverkaufsdaten (Scannerdaten oder Zentrallagerabrufdaten) dem bei ihm gelisteten Hersteller zur Produktionssteuerung und die Steuerung der Transportlogistik zur Verfügung stellt.

Besonderes Aufsehen hat Mitte der 90er Jahre der Vorstoß von Procter & Gamble erregt, mit dem die Erfahrungen des Konzerns zur Optimierung der Logistik und zu einer Vereinfachung des vielfach ausgeuferten Konditionen- und Rabattsystems auf den europäischen und speziell den deutschen Markt übertragen werden.

Die Ausgangslage zur Entwicklung des neuen Systems in den USA lässt sich wie folgt kennzeichnen:

- Durch „Forward Buying", also durch forciertes „Hineinverkaufen in den Handel" zu Sonderkonditionen, wurde für den Handel lange Zeit die Bevorratung mit großen Warenmengen zu Sonderkonditionen attraktiv.
- Durch „Diverting" wurden dabei riesige Mengen aus solchen Sondergeschäften an andere Händler weitergegeben.
- Im Ergebnis lagen viele Markenartikel mit Bestandsüberhängen von mehreren Monaten in den verschiedenen Lagerstufen und verursachten erhebliche Kosten (obwohl sich die Verbraucher relativ markentreu und unanfällig für zahlreiche Promotions erwiesen).
- Durch eine konsequente Nutzung des ECR wurden diese Überhänge abgebaut, und ein „Value Pricing" löste die wilden Preissprünge durch die vielen Aktionen ab.

- Procter & Gamble offerierte dem Handel ein System weitgehend konstanter Beschaffungskosten mit nur geringfügigen Ausnahmen und Rabatten für bestimmte Handels-Promotions.

In Deutschland hat Procter & Gamble das Konditionensystem auf vier Leistungselemente reduziert:

1. Variable Logistikkonditionen (Mengenstaffel)
2. ECR 1 (1 % Rabatt für Bestellung und Rechnungslegung über EDI (Electronic Data Interchange), Abnahme ganzer Paletten und kurzer Entladungszeiten der Lkws)
3. ECR 2 (elektronische Bezahlung, voll integrierter elektronischer Datenaustausch und kontinuierliche Nachbestellung)
4. 2 % Skonto für Rechnungsbegleichung binnen 14 Tagen.

Durch diesen Vorstoß von Procter & Gamble ist offensichtlich die Arbeit an vergleichbaren Systemen bei zahlreichen Herstellern und Handelsorganisationen massiv forciert worden.

Am schnellsten stoßen Kooperationen an ihre rechtlichen Grenzen, wenn sie sich auf den Versuch einer abgestimmten **Preispolitik** konzentrieren.

Auf horizontaler Ebene werden Preisabsprachen (von wenigen Ausnahmen abgesehen) in der Regel vom Abstimmungsverbot nach § 1 GWB erfasst (vgl. Kap. A 4.3).

Auch die Möglichkeit, den nachgelagerten Marktstufen die Verkaufspreise für die eigenen Erzeugnisse vorzuschreiben, sind durch das geltende Wettbewerbsrecht weitgehend reduziert. Bereits Mitte der 60er Jahre wurde die „Preisbindung der 2. Hand“ aufgehoben und durch ein System „unverbindlicher Preisempfehlungen“ ersetzt. Darüber hinaus verbietet es auch der § 18 GWB, die Kunden „in der Freiheit der Verwendung der gelieferten Waren … oder gewerblicher Leistungen zu beschränken“.

Speziell für die Landwirtschaft ist allerdings der kartellrechtliche Gestaltungsraum wesentlich größer. Nicht nur das Marktstrukturgesetz schafft legale Möglichkeiten zu einer weitgehenden Koordination in der Preispolitik, auch der § 100 GWB eröffnet der Landwirtschaft einen vergleichsweise breiten kartellrechtlichen Raum.

Erzeugervereinigungen nach § 100 GWB (die bereits durch Zusammenarbeit von zwei Landwirten gebildet werden können, während das Marktstrukturgesetz sieben Betriebe vorsieht) können zwar auch als nicht reine Preiskartelle gegründet werden, bei entsprechender vertragsrechtlicher Gestaltung lassen sich aber durchaus legal preisbeeinflussende Wirkungen erzielen (z. B. in Form von Kommissionsgeschäften, Handelsvertreterkonzepten u. Ä.).

Solche Erzeugervereinigungen nach § 100 dürfen zwar **nur** von landwirtschaftlichen Betrieben gebildet werden, und bereits bei Beteiligung auch nur **eines** anderen Unternehmens verliert der Zusammenschluss seine privilegierte Stellung; dennoch lassen sich hier in der Zusammenarbeit zwischen Landwirtschaft und Ernährungsindustrie interessante Vertriebsmodelle entwickeln, die bisher viel zu wenig genutzt worden sind (z. B. dadurch, dass Unternehmen auf nachgelagerten Marktstufen als Kommissionäre oder Handelsvertreter einer Vertriebsgesellschaft von Landwirten fungieren).

5.2 Ernährungshandwerk

Auch das Ernährungshandwerk gehört zum produzierenden Ernährungsgewerbe. Von der **Ernährungsindustrie** ist es formal – unabhängig von der Zahl der Beschäftigten – abgegrenzt durch das Kriterium „Eintragung des Inhabers in die Handwerksrolle". Unter funktionalen Aspekten lässt sich das Handwerk am ehesten definieren als „handwerklich arbeitende, überwiegend kleinbetriebliche Unternehmen der Ernährungswirtschaft".

Zum Ernährungshandwerk zählen sowohl Bäcker und Metzger/Fleischer als auch Konditoren, Müller, Brauer, Mälzer und Weinküfer. Die größte Zahl entfällt auf Metzgereien und Bäckereien. Da sie auch in der Vermarktung von Lebensmitteln die größte Rolle spielen, werden wir uns in der weiteren Betrachtung auf diese beiden Gruppen des Ernährungshandwerks konzentrieren.

5.2.1 Rahmenbedingungen

Die Marketingrahmenbedingungen des Metzger- und des Bäckerhandwerks werden im Wesentlichen bestimmt durch

- die Entwicklung der Nachfrage,
- die Strukturentwicklung in der jeweiligen Branche,
- die Konkurrenzverhältnisse zum Lebensmittelsortimentshandel.

Metzgerhandwerk

Für das Jahr 1960 weist die Statistik zum Pro-Kopf-Verbrauch von Fleisch (Frischfleisch, Fleisch- und Wurstwaren) lediglich einen Wert von 58 kg auf. Ende der 80er Jahre des vergangenen Jahrhunderts war er auf über 100 kg gestiegen. Seitdem ist er tendenziell rückläufig.

Bemessungsgrundlage für den Fleischverbrauch ist das Schlachtgewicht. Nach Abzug des Knochenanteils, der Abfälle, des Gewichtsverlustes während der Kühlung, Lagerung und Verarbeitung im Haushalt sowie eines für Tierfutter verwendeten Anteils verbleiben nur etwa zwei Drittel des Schlachtgewichtes für die menschliche Ernährung. Diese Menge wird als Verzehr bezeichnet.

Trotz des unzweifelhaft hohen ernährungsphysiologischen Wertes von Fleisch (Fleisch- und Wurstwaren tragen zur Versorgung von Eisen mit rund 25 %, zur Versorgung mit Zink und Vitamin A zu über 30 %, zur Versorgung mit Vitamin B_1 mit 35 % und mit Vitamin B_{12} sogar mit über 50 % bei) hat sich die Einstellung der Verbraucher zu Fleisch deutlich geändert.

Hier treten in besonderer Weise die in Kapitel E 9 dargestellten „qualitativen Bestimmungsgründe der Verbrauchernachfrage" zutage. Das rückläufige Nachfragepotenzial für Fleisch und Fleischwaren verschärft den Wettbewerb der Anbieter. Dabei muss das Fleischerhandwerk zunehmend Umsatzanteile an den Lebensmittelsortimentshandel abgeben. Konnte das Metzgerhandwerk Mitte der 90er Jahre noch einen Marktanteil von 53 % für sich verbuchen, lag dieser im Jahr 2008 lediglich bei einem Anteil von 43 %. Das entspricht einem Gesamtumsatz von 15,4 Mrd. €.

Auch die Zahl der Outlets ist rückläufig. Während in der Mitte der 90er Jahre noch knapp 37.000 Verkaufsstellen im Fleischerhandwerk gezählt werden konnten, waren es ein

Jahrzehnt später lediglich 27.000 Outlets. Das Angebot rekrutiert sich aus gut 16.000 eigenen Unternehmen mit Ladengeschäften und knapp 11.000 weiteren Verkaufsstellen, die als Filialen geführt werden.

Dass auch in dieser Branche die Zahl der Betriebe tendenziell weiter abnimmt, ist einerseits Folge der rückläufigen Nachfrage. Nicht zu verkennen sind aber auch sozio-ökonomische Probleme im Handwerk generell (hier vor allem zunehmend Personalprobleme in Folge des anhaltenden Mangels an nachrückenden, qualifizierten Nachwuchskräften).

Der durchschnittliche Umsatz pro Betrieb liegt zwischen 500.000 und 750.000 €. Daran ist der Handwerksumsatz mit etwa 85 % und der Umsatz mit Handelswaren mit etwa 15 % beteiligt.

Generell ist ein Trend zu größeren und leistungsfähigeren Betrieben erkennbar. Das einzelbetriebliche Wachstum ist begleitet von einer deutlichen Tendenz zur weiteren Filialisierung.

An der Zunahme der Filialen spiegelt sich das Bestreben wider,

- lohnende Standorte eingestellter Produktionsbetriebe zumindest für das Ladengeschäft zu erhalten,
- Absatzpotenziale durch die Erschließung neuer attraktiver Standorte zu sichern.

In Konkurrenz zum Lebensmittel-Sortimentshandel setzt das Metzgerhandwerk einerseits – wie erwähnt – auf handwerkliche Tradition, Fachgeschäfts-Profilierung, persönlichen Kontakt und verstärkt auch gesicherte Fleischherkunft aus der Region; darüber hinaus stellt aber auch die vergleichsweise **hohe Distributionsdichte** nach wie vor einen wichtigen Wettbewerbsvorteil dar. Auf je 100.000 Einwohner kommen im Bundesdurchschnitt 34 Verkaufsstellen des Fleischerhandwerks (Stand 2008). Aber auch hier ist der Trend rückläufig.

Traditionell zeigt sich dabei aufgrund unterschiedlicher Einkaufsgewohnheiten ein ausgeprägtes Süd-Nord-Gefälle. Der dichteste Besatz an Fleischerfachgeschäften und Filialen findet sich mit 47 pro 100.000 Einwohner in Bayern. Zum Norden hin nimmt die Distributionsdichte deutlich ab. Am weitmaschigsten ist das Nahversorgungsnetz des Fleischerhandwerks in den Großstädten.

Als Einkaufsstätten für Fleisch dienen den Fleischereien im Wesentlichen

- Schlachthöfe,
- Fleischergenossenschaften,
- Fleischgroßhandel.

Die Bezugsquellen für Handelswaren, Gewürze und sonstige Zutaten und Materialien sind

- Fleischergenossenschaft,
- Selbstbedienungsgroßhandel (C&C-Märkte),
- Nahrungsmittelgroßhandel,
- sonstiger Fleischergroßhandel,
- Verbraucher-/Supermärkte,
- Hersteller direkt.

Zurzeit betreiben rund 86 % aller Fleischerfachgeschäfte einen Party- und Plattenservice und 75 % haben einen Imbiss mit eigenem Verzehrsbereich. Rund 63 % der Betriebe liefern an Großverbraucher wie Kantinen, Gastronomie, Kollegenbetriebe oder den lokalen

Lebensmitteleinzelhandel. Eine weitere Absatzrichtung ist der mobile Verkauf – entweder auf Märkten oder im Streckengeschäft. Darüber hinaus gibt es Betriebe des Fleischerhandwerks, die eigenständige Fachgeschäfte oder Filialen in Super- oder Verbrauchermärkten betreiben. Gemessen am Gesamtumsatz macht der Thekenverkauf jedoch nach wie vor den größten Anteil aus:

- Thekenverkauf: 66 %
- Party- und Plattenservice: 12 %
- Lieferung an Großverbraucher: 6 %
- Imbiss: 9 %
- Mobiler Verkauf: 4 %
- sonstiges: 3 %

Bäckerhandwerk

Nachdem bis in die 70er Jahre der Pro-Kopf-Verbrauch von Brot (das – wie etwa auch Kartoffeln – als typisches Grundnahrungsmittel galt) rückläufig war, hat er sich seitdem wieder leicht positiv entwickelt.

Der jährliche Pro-Kopf-Verbrauch in der Bundesrepublik Deutschland betrug Anfang der 90er Jahre etwa 80 kg, das sind 219 g täglich und entspricht in etwa vier Scheiben Brot und einem Brötchen. Bis heute ist der Pro-Kopf-Verbrauch auf rund 85 kg gestiegen. Die Stabilisierung des Pro-Kopf-Verbrauchs ist einerseits auf die an anderer Stelle dargestellten veränderten Verzehrsgewohnheiten (deutlicher Trend zu Zwischenmahlzeiten) zurückzuführen, andererseits hat das Backgewerbe durch zahlreiche innovative Produkte Kaufanreize geschaffen und bietet dem Verbraucher heute ein breites Sortiment mit ca. 400 Brotsorten und mehr als 1.200 verschiedenen Kleingebäck-Artikeln.

Der zunehmende Trend zur Einnahme kleiner Zwischenmahlzeiten schlägt sich auch in einer tendenziellen Zunahme des Außer-Haus-Verzehrs zu Lasten des In-Home-Verbrauchs nieder. Statt der drei großen Mahlzeiten pro Tag greifen viele Verbraucher zu kleineren, leichteren Snacks wie belegten Brötchen, Bagels, Wraps oder Ciabatti.

Derzeit bietet das deutsche Bäckerhandwerk seine Produkte in mehr als 46.000 Verkaufsstellen an (Stand: 31.12.2007). Die rund 16.000 Bäckereibetriebe mit einem durchschnittlichen Jahresumsatz pro Betrieb von 782 Tsd. € verkaufen zusätzlich in 30.000 Filialen. Auf 100.000 Einwohner entfallen also 58 Outlets des Bäckerhandwerks.

Die Konzentration im Lebensmitteleinzelhandel fordert dem Bäckerhandwerk eine fortwährende Neuorientierung in seinen Vertriebsstrukturen ab. So findet sich heute in vielen Supermärkten eine Verkaufsfiliale eines Handwerksbäckers. Pre-Bake-Stationen im Lebensmitteleinzelhandel und die Discountbäckereien wie Back-Factory oder BackWerk haben zu einer weiteren Verschärfung des Wettbewerbs geführt. Aufgrund der niedrigen Bezugspreise tiefgekühlter Teiglinge, des schmalen Sortiments, der einfachen Ausstattung und des Selbstbedienungskonzeptes können beide Vertriebsschienen Backwaren zu Discountpreisen anbieten.

Bei der Materialbedarfsdeckung der Bäckereien spielt die BÄKO die bedeutendste Rolle. Etwa 92 % aller deutschen Bäcker und Konditoren kaufen regelmäßig bei der BÄKO ein. Die BÄKO ist die Wirtschaftsorganisation der deutschen Bäcker und Konditoren mit einem Umsatz von 1,8 Mrd. €. Die BÄKO-Gruppe ist strukturiert in ca. 70 regionalen Genossenschaften auf 100 Standorten, zwei Landeszentralen und eine Bundeszentrale. Die BÄKO stellt ein umfassendes Waren- und Dienstleistungsangebot für Bäcker und Konditoren zur Verfügung, das von Maschinen und Anlagen über Rohstoffe und Handelsware bis hin zur individuellen Beratung im Marketing reicht.

Die BÄKO hat für das Bäcker- und Konditorenhandwerk maßgeblich dazu beigetragen, strukturbedingte Wettbewerbsnachteile ihrer Klientel beim Einkauf gegenüber den Großbetriebsformen des Lebensmittelsortimentshandels abzuschwächen. Darüber hinaus dürfte sie auch zur konsequenten Handwerks- und Fachgeschäftsausrichtung im Marketing des Bäckerhandwerks einen erheblichen Beitrag geleistet haben.

5.2.2 Strategien

Die Charakterisierung der Strukturen und Wettbewerbsbedingungen im Metzger- und Bäckerhandwerk macht deutlich, dass sich das Marketing der Unternehmen dieser beiden Branchen im Wesentlichen konzentriert auf

- Produktdifferenzierungsstrategien,
- Profilierungsstrategien über den Service,
- Vertriebsdifferenzierungsstrategien.

Produktdifferenzierungsstrategien

Da der Lebensmittelsortimentshandel dem Angebot von Fleisch, Fleisch- und Wurstwaren und speziell einer attraktiven Frischfleischabteilung sowohl als Umsatz- und Renditebringer, vor allem aber als Kundenmagnet große Bedeutung beimisst, unterscheiden sich Sortimentsumfang und -struktur bei Frischfleisch und Wurst in vielen Fällen kaum von denen des Metzgerhandwerks.

Die von den großen Handelsorganisationen erarbeiteten Einkaufs- und Vertriebskonzepte lassen klar die Ziele des Lebensmittelsortimentshandels erkennen: „Die Fleisch- und Wurstfachabteilung“ soll in Bezug auf Warenangebot, fachliche Beratung und Service dem Fachgeschäft ebenbürtig sein.

Vergleichsmaßstab für den Verbraucher wie für das Personal des Sortimentshandels ist noch immer die Angebotspolitik der Fleischerfachgeschäfte. Den Metzgereien ist es hier offensichtlich immer wieder gelungen, dem Verbraucher nicht nur ein qualitativ attraktives Angebot zu unterbreiten, sondern durch veränderte Zuschnitte, weiterentwickelte Angebotsformen (z.B. vorbereitete Artikel zum Kurzbraten, zum Grillen etc.) immer wieder interessante Besuchs- und Kaufanreize zu schaffen.

Das Metzgerhandwerk hat erkannt, dass das Angebot von „Spezialitäten“ und „Zusatzartikeln“ immer wieder neuen Spielraum zur Produkt- und Sortimentsdifferenzierung bietet. Verbraucherbefragungen machen deutlich, dass der Kunde mittlerweile im Fleischerfachgeschäft selbstverständlich auch erwartet:

- Feinkostsalate,
- Gewürze,
- ein küchenfertiges, verzehrsfertiges Angebot,
- Käse,
- Tiefkühlartikel,
- Platten- und Partyservice.

Der Vertrauensbonus in die Leistungsfähigkeit des Fachgeschäftes ist in diesen Bereichen – wie Marktforschungsergebnisse zeigen – besonders hoch. Speziell im Party- und Büfettservice hat das Metzgerhandwerk offensichtlich auch in Zukunft aufgrund seiner kleinbetrieblichen Struktur (häufig Familienbetriebe) weiterhin gute Chancen.

Angebotsvielfalt und die Schaffung von immer neuen Kaufanreizen durch neue und veränderte Produkte stellen einen deutlichen Wettbewerbsvorteil auch im Bäckerhandwerk dar. Gut geführte Bäckerfachgeschäfte bieten ihren Kunden in Citylage heute allein etwa 40 bis 50 unterschiedliche Sorten an Brot- und Backwaren und selbst Geschäfte in Dorflage mit etwa 25 Produkten aus dem Brot- und Backwarensortiment bieten noch eine attraktive Auswahl.

Der „Appetit-Appeal", der gerade von frischen Backwaren ausgeht und seine Ursache häufig in dem sortimentsspezifischen Duft hat, ist auch für viele Unternehmen des Sortimentseinzelhandels Grund genug, in ihren Outlets die Brot- und Backwarenabteilung attraktiver zu gestalten. Wir finden deshalb in steigendem Maße nicht mehr nur in den Großbetriebsmärkten des Sortimentshandels, sondern auch in leistungsfähigen Supermärkten spezielle Shop in Shops für Brot und Backwaren, die in den meisten Fällen von Unternehmen des Bäckerhandwerks betrieben werden.

Die zunehmende Verwendung von Tiefkühl-Teiglingen ermöglicht es Backwarenverkaufsständen in Supermärkten, an Bahnhöfen oder in Tankstellen, frisch gebackenes Gebäck und Brot anzubieten, ohne dass eine Backstube vorhanden ist. Das Ausbacken von Teiglingen kann auch von ungelernten Hilfskräften erledigt werden.

Im Gegensatz hierzu bieten die geänderten Verbrauchereinstellungen (höheres Interesse an „gesunder Ernährung", Vollwertkost, wachsendes Interesse an Erzeugnissen aus dem ökologischen/biologischen/alternativem Anbau etc.) dem Bäckerhandwerk immer wieder interessante Ansatzpunkte zur Produkt- und Sortimentsdifferenzierung. Gut geführte Bäckerfachgeschäfte bemühen sich beim Zusatzsortiment insbesondere um „Komplementärartikel", die zum „Bedarfsbündel"-Verzehr von Brot und Backwaren passen und das Image des leistungsfähigen Fachgeschäftes nicht gefährden.

Den zunehmenden Trend zur Zwischenmahlzeit und die wachsende Bereitschaft zum Außer-Haus-Verzehr nutzen viele Bäckerfachgeschäfte nicht nur durch das Angebot von belegten Brötchen, sondern vermehrt auch durch bistro-ähnliche Angebotskonzeptionen.

Traditionell hat das Kaffeeangebot im Bäckerhandwerk eine große Bedeutung. Viele Bäckerfachgeschäfte fungieren als Depot national bedeutender Kaffeeröster bzw. -anbieter.

Gerade in den letzten Jahren findet der Verbraucher in diesen Depotangeboten verstärkt Non-Food-Artikel, die als „self-liquidators" häufig ein überraschend attraktives Preis-Leistungs-Verhältnis bieten.

Zudem bieten viele Bäcker ein eigenes Snack-Sortiment an, da Brot und Backwaren eine gute Basis für kleine Zwischenmahlzeiten wie belegte Brötchen darstellen. Während das Standardsortiment stagniert oder leicht zurückgeht, werden im Snackbereich deutliche Zuwächse erzielt. Ausschlaggebend für den Erfolg ist dabei nicht nur die Qualität des Snackangebotes, sondern auch die gebotene Erlebnisatmosphäre.

Profilierungsstrategien über Service

Die vergleichsweise kleinbetriebliche Struktur des Metzger- und Bäckerhandwerks und die Tatsache, dass in ihren Outlets das Handwerkssortiment nahezu ausschließlich in Bedienung verkauft wird, bietet Ansätze zu einer konsequenten Geschäfts-Unternehmens-Profilierung über den Service.

Unter „Service" versteht man das „Wie" der dargebotenen Produkte und angebotenen Leistungen. Das gesamte Spektrum möglicher Serviceleistungen lässt sich in vier Servicebereiche unterteilen:

- Personenbezogener Service
  Hierunter fallen alle Attribute der Personen, die das Unternehmen repräsentieren und in den direkten Kundenkontakt treten: Freundlichkeit, Sympathie, Höflichkeit, Ehrlichkeit, Sensibilität, Entgegenkommen, Achtung, Diskretion, Vertrauen, Zuverlässigkeit, Aufmerksamkeit, Geduld, Interesse, Kommunikationsfähigkeit, Verantwortungsgefühl
- Umfeldbezogener Service
  Dazu gehören z. B. Verkaufsflächengestaltung, Ladeneinrichtung, Warendarbietung/-präsentation, Erreichbarkeit, Wartezeiten etc.
- Leistungsbezogener Service, der die Qualität des Primärproduktes (-sortimentes) betrifft
  Service beschreibt hier Merkmale, die direkt mit der Leistungserbringung einhergehen: Fachkompetenz, Termintreue, Wartezeiten, Zuverlässigkeit, Transparenz, Abwicklungseffizienz, Vollständigkeit von Informationen
- Leistungsbezogener Service, der sich auf die Zusatzleistungen bezieht
  Zusatzleistungen sind sämtliche Leistungen, die der Kunde über das eigentliche Grundsortiment oder die grundlegende Dienstleistung hinaus erhält: Verfügbarkeit von zusätzlichen Informationen, leistungsungebundene Beratung, Zusatzleistungen, Beziehungspflege etc.

Das Spektrum möglicher Serviceleistungen, das Anbieter erbringen können, ist außerordentlich vielfältig und häufig auch teuer, so dass zu Recht vermehrt vor einem „Service-Overkill" gewarnt wird.

Empirische Untersuchungen zeigen aber, dass richtig verstandener Service mehr mit konsequenter Kundenorientierung als mit teuren Zusatzsachleistungen zu tun hat. Der Kunde versteht unter Service vor allem:

- das selbstverständliche „Für-ihn-da-Sein"
- den bevorzugten und individuellen Umgang mit ihm
- das für ihn erlebbare Bemühen um ihn.

Service ist also zum großen Teil die Befriedigung wichtiger psychologischer Grundbedürfnisse aus dem Bereich Individualität, Anerkennung, Partizipation u. Ä. Im Grunde bietet sich hier die Möglichkeit, über den Service dem Kunden immer wieder täglich neu das Gefühl zu vermitteln,

- ernst genommen zu werden,
- für uns wichtig zu sein,
- bevorzugt bedient zu werden.

Übersicht E.16

Reaktionskette vom Kundenkontakt zur Kundenbindung

Kundenbetreuung durch Serviceangebote

↓

Intensivierung des Kundenkontaktes und Öffnung neuer Kommunikationskanäle

↓

Rückmeldung über die erbrachten Dienst- und Serviceleistungen

↓

Transparenz von Wünschen, Erwartungen in immer wieder auftretenden Problemfeldern

↓

schnelle und adäquate Reaktion auf Kundenbedürfnisse, Probleme und aktuelle Nachfragetransparenz

↓

Verbesserung der Kundenzufriedenheit

↓

Intensivierung der Kundenbindung

Immer mehr Unternehmen erkennen, dass über konsequenten Service die Zufriedenheit der Kunden gesteigert und damit die Kundenbindung gefördert werden kann. Darüber hinaus eröffnen sich im Service neue Kommunikationskanäle nach „innen“ und „außen“, wie die Reaktionskette in Übersicht E.16 zeigt:

Da sich Service also zum großen Teil in der Art des Umgangs mit den Kunden konkretisiert und der Beweis konsequenter Serviceorientierung in persönlichem Kundenkontakt für den Kunden besonders glaubwürdig erlebbar wird, kommt der Mitarbeiterschulung im Ernährungshandwerk besondere Bedeutung zu.

Vertriebsdifferenzierungsstrategien

Da sich die Produkt-/Sortimentsdifferenzierungsstrategien und die Servicestrategien sowohl im Fleischerfachgeschäft als auch im Bäckerfachgeschäft offenbar besonders erfolgreich umsetzen lassen, betrachtet der Lebensmittelsortimentshandel das Fleischer- und Bäckerfachgeschäft häufig als „Vorbild“ für seine Angebotspolitik in diesen Sortimentsbereichen. Die Antwort des Sortimentshandels auf die zweifellos häufig noch bestehenden Imagevorteile des Handwerks ist die Einrichtung und Führung seiner eigenen Fachabteilungen nach „Handwerksmaßstäben“.

Nicht zuletzt aus Mangel an entsprechend qualifiziertem Personal holen sich darüber hinaus aber immer mehr Organisationen des Sortimentshandels das Handwerk in Form von Shop in Shops in die eigenen Verkaufsflächen. Hier bieten sich für das Handwerk Ansätze zur Ausweitung seiner Distribution an gut frequentierten Standorten. Dabei darf aber nicht übersehen werden, dass sich der Sortimentshandel seine Verkaufsflächen über Flächenmieten oder Umsatzbeteiligung zum Teil recht teuer bezahlen lässt. Die Marketingprofilierungschance des Ernährungshandwerks in Abgrenzung zum Lebensmittelsortimentshandel liegt zusammengefasst also in der Positionierung:

- besser in der Qualität und im „Spezialitätensortiment“
- besser im Service
  - Fachkompetenz
  - Ernährungskompetenz
  - Warenpräsentation
  - Ambiente der Verkaufsstätte
  - persönlicher Verkauf/bevorzugte Bedienung
- hohe Distributionsdichte (Ihr Fachgeschäft um die Ecke).

Über ein breites Spektrum psychologischer Zusatzleistungen aus den genannten Bereichen eröffnen sich auch realistische Chancen zur Preisdifferenzierung.

6. Marketing im Groß- und Einzelhandel

6.1 Lebensmitteleinzelhandel

Zum Lebensmittelhandel zählen wir zwar auch den Fachhandel, z. B. den mit Obst und Gemüse, Fisch und Fischwaren, Wild und Geflügel; da aber die Strategien des Fachhandels weitgehend denen des Ernährungshandwerks gleichen (vgl. Kapitel E 5.2), das seine Erzeugnisse zum größten Teil ebenfalls über eigene Fachgeschäfte absetzt (Metzgereien/Fleischereien und Bäckereien), konzentrieren wir uns in diesem Kapitel auf den Lebensmittelsortimentshandel.

Der Lebensmittelsortimentshandel begegnet uns heute in Form mehrstufig gegliederter Handelsorganisationen, die das Ergebnis weiter fortschreitender horizontaler und vertikaler Kooperations- und Integrationsprozesse sind.

Nahezu alle Handelsorganisationen verfügen auf der Einzelhandelsstufe über unterschiedliche Vertriebslinien und bieten dem Kunden auf dem Wege der Betriebsformendifferenzierung ihre Sortimente in unterschiedlichen Typen von Einzelhandelsgeschäften an.

Traditionell wurde bei den Organisationsformen des Lebensmittelsortimentshandels unterschieden nach:

- Filialunternehmen (z. B. METRO, Aldi, Lidl, Tengelmann)
- Genossenschaften (REWE, EDEKA)
- freiwilligen Gruppen.

Übersicht E.17

Betriebsformen Lebensmittelhandel (2007/2008)

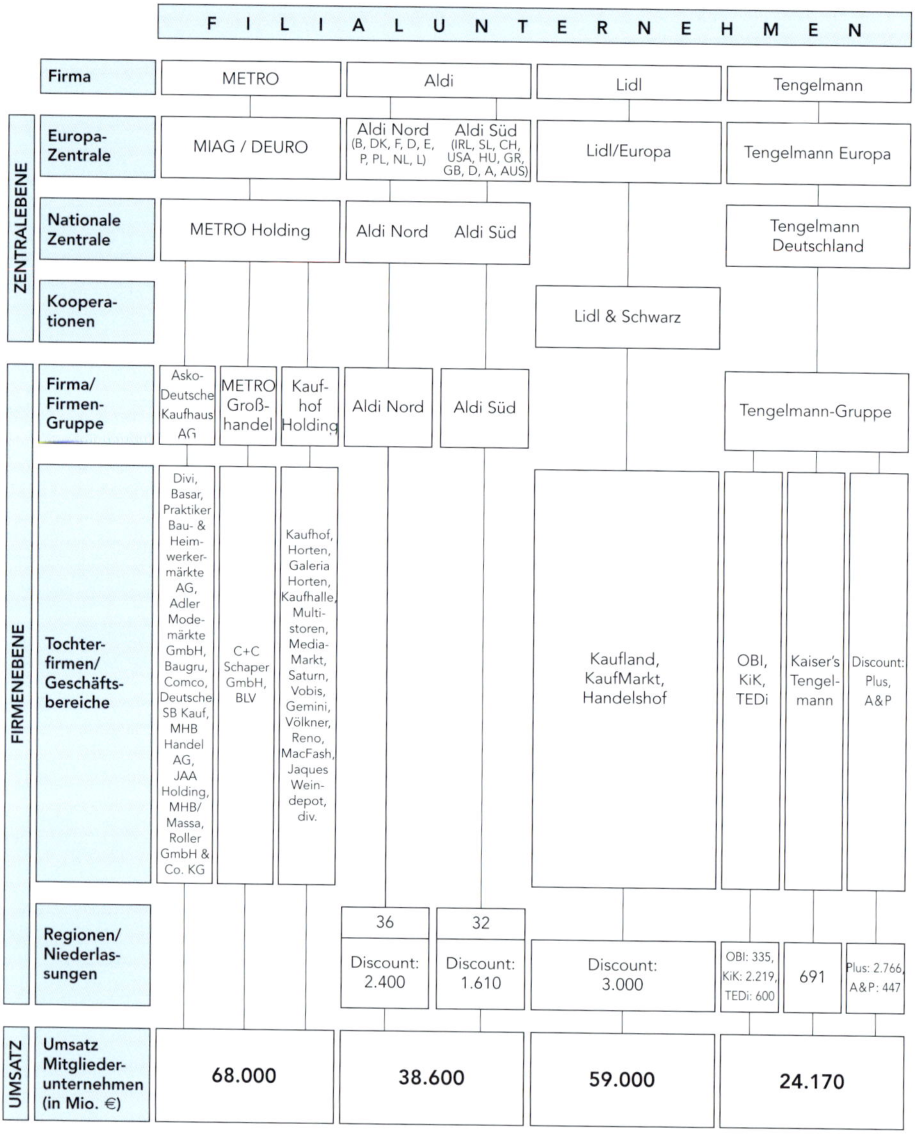

Mittlerweile wird – wie Übersicht E.17 zeigt – landläufig unterschieden zwischen Filialunternehmen, Mischformen und der Markant-Verbundgruppe.

Die verschiedenen Organisationsformen des Lebensmittelsortimentshandels bieten ihre Sortimente in sehr differenzierten Vertriebslinien/Geschäftsarten an.

Übersicht E.17

Betriebsformen Lebensmittelhandel (2007/2008) (Fortsetzung)

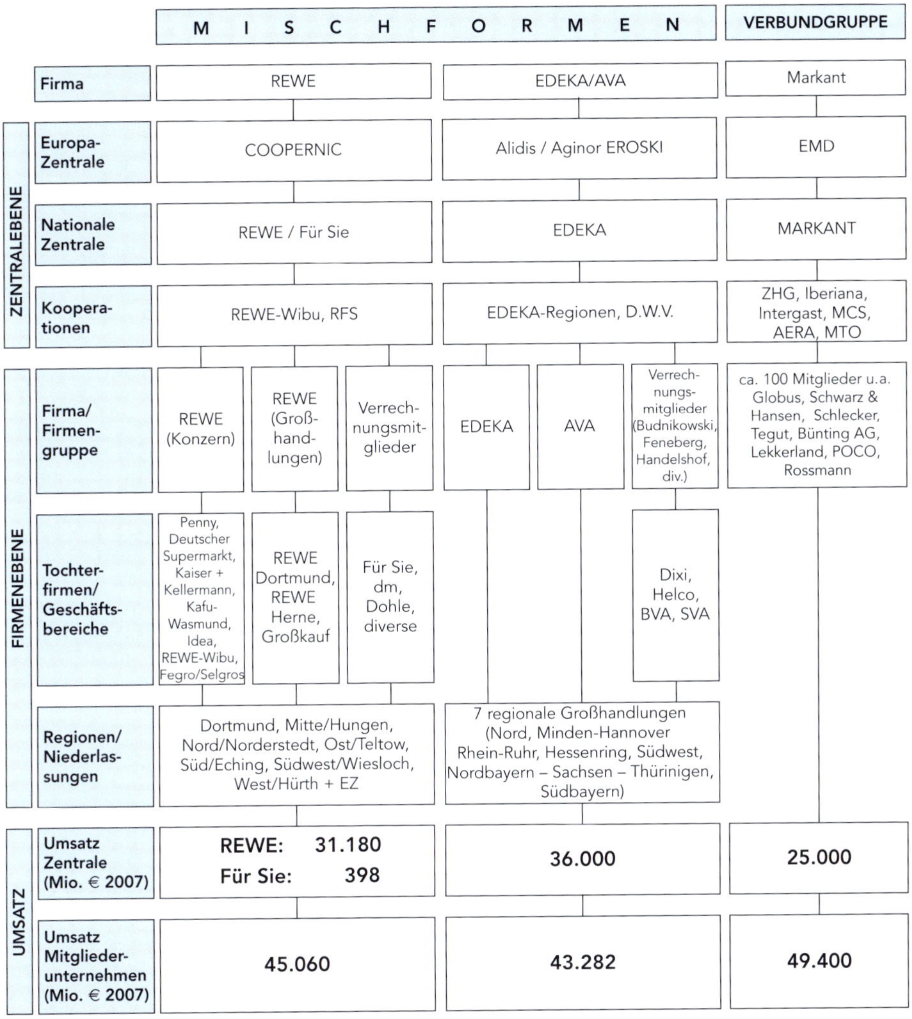

Dabei wird häufig unterschieden:

- nach der Verkaufstechnik: in Bedienungs- und Selbstbedienungsgeschäfte sowie Versandhandel,
- nach Sortimentsgesichtspunkten: in Spezial-, Fach- und Sortimentseinzelhandlungen,
- nach der Preisstrategie: in Hoch-, Mittel- und Niedrigpreisgeschäfte.

Durch die Kombination dieser Kriterien entstehen **„Betriebsformen"**, die sich durch ihre Unternehmensstrategie deutlich voneinander unterscheiden.

- **Discounter**
  Einzelhandelsgeschäft mit begrenztem Sortiment in der Regel von 500 bis 800 Artikeln, einfacher Warenpräsentation, kleinen Verkaufsflächen und Angebot zu Niedrigpreisen (z. B. Aldi, Lidl, Penny)
- **Einkaufszentrum**
  Räumliche Zusammenfassung einer Vielzahl von selbstständigen Einzelhandelsgeschäften der verschiedenen Branchen in einem Gebäudekomplex.
- **Fachgeschäft/Spezialgeschäft**
  Auf begrenzte Warengruppe (z. B. Milchprodukte, Fleisch und Wurst, diätetische Lebensmittel, Delikatessen) spezialisierter Einzelhandelsbetrieb, der in der Regel mit einem sehr hohen Bedienungsaufwand dem Verbraucher ein vielfach sehr hochwertiges Warensortiment mit entsprechend anspruchsvollen Serviceleistungen (Beratung, Kundendienst) anbietet.
- **Gemeinschaftswarenhaus**
  Räumlicher und organisatorischer Verbund (funktionale Kooperation) von zumeist selbstständigen Einzelhandelsgeschäften und Dienstleistungsbetrieben verschiedener Art und Größe unter einem Dach. Die Integration der Betriebseinheiten, die daraufhin ausgerichtete bauliche Gestaltung, das wesensbestimmende einheitliche Erscheinungsbild und die intensive, funktionale Kooperation zwischen den Betrieben unterscheiden das Gemeinschaftswarenhaus deutlich vom Einkaufszentrum. Ein Gemeinschaftswarenhaus kann in ein Einkaufszentrum integriert sein.
- **SB-Markt**
  Lebensmitteleinzelhandelsgeschäft, das die Ware überwiegend in Selbstbedienung verkauft und in dem auch die Frischwarensortimente einschließlich Frischfleisch sowie in der Regel Teile des Ge- und Verbrauchsgütersortiments geführt werden, mit 250 bis 400 m^2 Verkaufsfläche.
- **SB-Center**
  Einzelhandelsgeschäft, das überwiegend in Selbstbedienung Güter des kurz- und mittelfristigen Bedarfs anbietet, wobei nicht mehr als 50 % der Verkaufsfläche auf den Lebensmittelbereich entfallen. SB-Center verfügen über 1.500 und mehr m^2 Verkaufsfläche, über Servicebetriebe sowie in der Regel über Kundenparkplätze.
- **Shop in Shop**
  Spezialabteilung eines Einzelhandelsgeschäftes, meistens in Kauf- und Warenhäusern sowie Verbrauchermärkten durch bewusste Zergliederung der Gesamtverkaufsfläche. In den Shops werden im Allgemeinen Fachgeschäfts-Sortimente bzw. bestimmte Bedarfsgruppen in Bedienung angeboten. Durch eine anspruchsvolle Gestaltung der Outlets wird die Uniformität der Gesamtfläche aufgehoben, die Attraktivität der Einkaufsstätten generell verbessert, und es werden Impulskäufe ausgelöst. Die Shops sind zum Teil an Fach- und Spezialgeschäfte untervermietet.
- **Supermarkt**
  Lebensmittelselbstbedienungsgeschäft mit einer Verkaufsfläche von 400 bis 1.500 m^2, einem breiten und tiefen Lebensmittelsortiment von mittlerem Preisniveau, häufig aber auch mit umfangreichem Non-Food-Anteil. Supermärkte haben im Allgemeinen 7.000 bis 11.000 Artikel im Sortiment.
- **Sortimentshandel**
  Er bietet im Gegensatz zum Fachhandel ein relativ breites Sortiment unterschiedlicher Waren für differenzierte Bedarfsanlässe an.

- **Verbrauchermarkt**
  Großflächiger Einzelhandelsbetrieb mit einer Mindestverkaufsfläche von 1.500 m², einem breiten Sortiment des kurz- bis mittelfristigen Bedarfs (neben Lebensmitteln auch SB-fähige Non-Food-Artikel) in der mittleren bis niedrigeren Preisklasse, vielfach in eingeschossiger Bauweise „auf der grünen Wiese" mit ausreichenden Parkmöglichkeiten.
- **Versandhandel**
  Einzelhandel, bei dem die Kunden die Waren nach Katalogen, Prospekten, Anzeigen usw. oder bei Vertretern bestellen und in Hauszustellung ausgeliefert erhalten.
- **Warenhaus**
  Einzelhandelsgroßbetrieb, der Waren aus zahlreichen Branchen (insbesondere Bekleidung, Textilien, Hausrat, Wohnbedarf sowie Nahrungs- und Genussmittel) in relativ breiten und tiefen Sortimenten des mittleren bis gehobenen Bedarfs in verschiedenen Abteilungen anbietet und seinen Standort in der Regel im Stadtkern hat. Die Nettoverkaufsfläche beträgt 10.000 m² und mehr. Ein SB-Warenhaus ist dagegen ein Einzelhandelsgeschäft, das überwiegend in Selbstbedienung Güter des kurz-, mittel- und langfristigen Bedarfs anbietet. In der Regel verfügen SB-Warenhäuser über 4.000 und mehr m² Verkaufsfläche.

Wie hoch der Konzentrationsgrad im Lebensmittelsortimentshandel mittlerweile ist, wird daran erkennbar, dass in Deutschland die sieben größten Handelsorganisationen mehr als 90 % des Gesamtumsatzes der Branche auf sich vereinigen. Die Top 20 in Europa realisieren nahezu ¾ der Gesamtumsätze. Die Marktanteile der zehn größten Unternehmen sind aus Übersicht E.18 ersichtlich (Quelle: Lebensmittelzeitung 2008/2009).

Was sind die Folgen dieser Konzentration? Die Handelsunternehmen haben einen Großteil ihrer Wettbewerber übernommen. Die Zahl der Lebensmittel-Einzelhandelsge-

Übersicht E.18

Die Top 10 im deutschen Lebensmittelhandel nach Marktanteilen

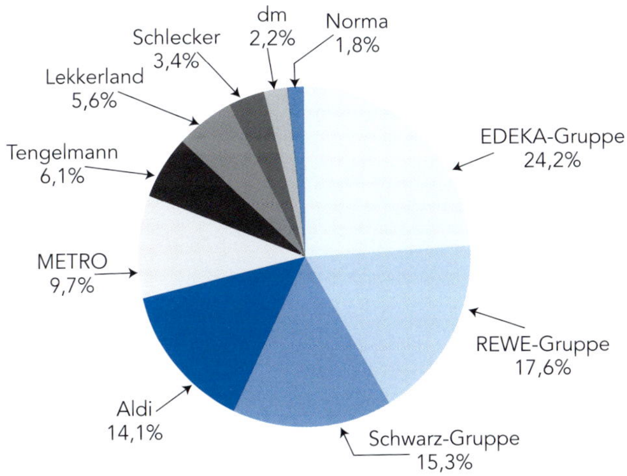

Quelle: LZ Lebensmittelzeitung 2008/2009

schäfte sank dadurch in Deutschland von ca. 76.000 in der Mitte der 90er Jahre auf nunmehr 51.000 im Jahr 2008.

Eine Vielzahl von Unternehmen der Ernährungsindustrie kämpft um die Aufnahme ihrer Artikel in die Sortimente des Handels und begegnet dabei im Wesentlichen folgenden Schwierigkeiten:

- Der oligopolistischen Struktur des Handels und demzufolge der Konzentration der Einkaufsmacht.
- Dem intensiv ausgefochtenen Konkurrenzkampf zwischen den verschiedenen Organisationen des Handels.
- Der nur beschränkt zu vergrößernden Regalfläche des Handels.
- Dem Wettbewerb der Industrieunternehmen untereinander, die begrenzt zu vergebenden Regalflächen zu besetzen.

Die entscheidende Hürde ist in aller Regel zunächst das Erreichen der notwendigen „Listung". Darunter versteht man die Aufnahme des angebotenen Artikels in die Ordersätze der Handelszentralen.

Anhand solcher Ordersätze geben die Einzelhandelsgeschäfte im regelmäßigen Turnus ihre Warenbestellungen bei der Zentrale auf. Die Aufnahme in den Ordersatz ist also in der Regel Voraussetzung dafür, dass der Einzelhändler oder Marktleiter das jeweilige Produkt überhaupt bestellen kann.

Über die angestrebten Listungen werden in der Regel ausführliche Listungsgespräche zwischen den Anbietern und den Einkäufern in den Zentralen geführt. Die Aufrechterhaltung solcher Listungen ist in der Regel Gegenstand der turnusmäßig stattfindenden „Jahresgespräche".

Zur Verbesserung ihrer Verhandlungsmacht und mit dem Ziel günstigerer Konditionen gegenüber ihren Wettbewerbern haben auch die meisten einstufigen Groß- und Massenfilialunternehmen ihre Beschaffungsorganisation und damit ihre Beschaffungsentscheidungen stark zentralisiert.

Auch wenn im Grunde nur bundesweit distribuierte Produkte (im Allgemeinen die bekannten Markenartikel) tatsächlich auch bundesweit eingekauft werden, so werden doch in den Kooperationszentralen die wichtigsten regionalen Einkaufskonditionen für die – möglicherweise nur regional operierenden – Kooperationsmitglieder „vorverhandelt". Vor allem die kleineren Handelsunternehmen besitzen im Allgemeinen eine vergleichsweise intensive kooperative Beschaffungsanbindung an ihre Gruppenzentrale, da sie allein aufgrund ihrer relativ geringen Bezugsmengen nur einen beschränkten Verhandlungsspielraum haben.

Für einzelne Produktsparten (wie z. B. Obst und Gemüse oder Molkereierzeugnisse) wurden zum Teil gesonderte Einkaufs- bzw. Beschaffungsgesellschaften gebildet. Eigenständige Verrechnungsgesellschaften übernehmen dabei die Abwicklung der Warenlieferungen. Besonders bedeutsam für die Beschaffungsstrategien der Handelsunternehmen sind ihre Sortiments- und Vertriebsstrukturen.

Massen-Filialunternehmen (z. B. Aldi), die im Allgemeinen nur ein begrenztes Sortiment an Artikeln führen, können auf ihre Anbieter stärkeren Nachfragedruck ausüben als z. B. Filialunternehmen mit unterschiedlichen Vertriebslinien/-typen, deren Sortiment bis zu 15.000 Artikel umfasst.

Der Wettbewerb zwischen den verschiedenen Organisationsformen des Lebensmittelsortimentshandels wird intensiv geführt,

- entweder in Form einer Discount-Strategie
- oder in Form einer ausgeprägten Sonderangebotspolitik.

Bemerkenswert ist – nicht nur in Deutschland, sondern auch auf europäischer Ebene – das verstärkte Vordringen der Vertriebstypen des Discountbereichs. Anfang der 90er Jahre engagierte sich in diesem Vertriebstyp neben den bereits führenden Unternehmen Aldi, Tengelmann (Plus), REWE (Penny), der Schwarz-Gruppe (Lidl) und Norma auch EDEKA (Netto). Der Marktanteil der Discounter in Deutschland ist von 30 % Mitte der 90er Jahre auf mittlerweile über 40 % gestiegen.

Die Konzentration im Lebensmittelhandel wird seit langem **wettbewerbspolitisch** kontrovers diskutiert. Unverkennbar ist, dass sie innerhalb der Branche selbst die Funktion des Wettbewerbs als Ausleseprozess im Markt übernommen hat. Vermehrt wird aber auf die möglicherweise missbräuchliche Nutzung von Nachfragemacht gegenüber den vorgelagerten Marktstufen hingewiesen (Stufenwettbewerb).

Dem wird entgegengehalten, dass zwischen den verschiedenen Organisationen des Lebensmittelhandels intensiver Beschaffungswettbewerb besteht und dass z. B. die relativ starke Stellung der Gruppenzentralen lediglich auf ihren hohen Verrechnungsumsätzen mit den Mitgliedsunternehmen beruht.

Die zentralen Beschaffungsentscheidungen in den Filialunternehmen weisen ohne Zweifel eine intensive Wettbewerbswirkung auf. Die von den Gruppenzentralen mit den Lieferanten ausgehandelten Rahmenvereinbarungen bedingen aber zumindest formal noch keine vollständige Bezugspflicht durch die Mitgliedsunternehmen dieser Zentralen.

Vermehrt wird auch die Frage diskutiert, ob Missbrauch von Nachfragemacht dann vorliegt, wenn eine Gegenleistung des Handels für ausgehandelte Rabatt- und sonstige Konditionenzugeständnisse nicht erbracht wird. Zahlreiche Hersteller klagen darüber, dass vereinbarte Gegenleistungen in Form forcierter Absatz- und Verkaufsbemühungen häufig unterbleiben. In den Listungsverhandlungen zwischen den Handelsorganisationen und ihren Anbietern haben sich drei Gruppen von Konditionenelementen herausgebildet:

- Grundkonditionen,
- Zentralkonditionen,
- operative Konditionen.

Grundkonditionen beinhalten in der Regel die in den Preis- und Rabattlisten enthaltenen Skonti- und Boninachlässe und die jeweiligen Mengenrabatte. Die Anbieter versuchen, diese Konditionselemente für alle Handelskunden weitgehend gleich zu halten und nur in Abhängigkeit von der Absatzmenge zu variieren.

Zentralkonditionen sind in der Regel solche, die von den Kooperations- bzw. Verbundzentralen für ihre Vermittlungs- und Verrechnungsaktivitäten ausgehandelt werden. Dazu gehören z. B. Inkassovergütungen ebenso wie Zentralboni und -rabatte. Sie stellen im Wesentlichen die Gegenleistung für absatzfördernde Aktivitäten der Zentralen in Form von Hausmessen, Warenbörsen oder nationalen Werbeaktionen dar. Die Zentralkonditionen werden häufig von den Mitgliedsgruppen „nachverhandelt" und führen erst dadurch zum endgültigen Beschaffungspreis.

Operative Konditionen sind besonders umstritten, weil von ihnen die größten Auswirkungen im Beschaffungswettbewerb erwartet werden. Dazu gehören z. B.:

- Mengen- und Sonderrabatte für Sonder- und Verkaufsförderungsaktionen,
- Werbekostenzuschüsse (WKZs) für handelsbezogene Werbeaktivitäten,

- Vereinbarungen über Abnahme-Zielmengen,
- Sondervereinbarungen über Neueinführungen und Regalplatzierungen („Listungsgebühren").

Gerade Listungsbeträge, die vom Handel für die Aufnahme neuer Produkte ins Sortiment in unterschiedlicher Höhe gefordert werden, sind in der Diskussion nicht unumstritten. Die Höhe dieser Beträge richtet sich nach der Größe und Leistungsfähigkeit des Filial- und/oder Kundennetzes der jeweiligen Handelsgruppe. Listungsentgelte werden vielfach auch dafür gefordert, dass Artikel bei unbefriedigender Absatzentwicklung nicht „ausgelistet" werden. Vermehrt richtet sich das Interesse der größeren Handelsorganisationen aber auf die Gesamtheit aller erreichten Preis- und Konditionennachlässe, also auf den „Netto-Netto-Bezugspreis".

In der wettbewerbsrechtlichen Betrachtung des „Stufenwettbewerbs" zwischen Ernährungsindustrie und Lebensmittelhandel wird darauf verwiesen, dass auch in einigen Sparten der Ernährungsindustrie mittlerweile ein hoher Konzentrationsgrad erreicht ist, der auf Marktführerschaft und Angebotsstärke einzelner Unternehmen hinweist.

Zur Bewertung der möglicherweise missbräuchlichen Nachfragemacht umsatzstarker Handelsunternehmen wird deshalb vermehrt vorgeschlagen, die bisherigen Kriterien der Marktbeherrschung (z. B. Marktanteil, Finanzkraft etc.) um weitere Kriterien zu ergänzen, so z. B.

- „Fähigkeit, sein Angebot oder seine Nachfrage auf andere Waren oder gewerbliche Leistungen umzustellen",
- „Möglichkeiten der Marktgegenseite, auf andere Unternehmen auszuweichen".

In diesem Zusammenhang wird darauf verwiesen, dass in einigen Sortimentsbereichen (z. B. Süßwaren und Spirituosen) einige meinungsführende Markenartikel einen so hohen Stellenwert beim Verbraucher haben, dass der Handel auf sie nicht verzichten kann. Aus diesem Grund wird die Sortiments- bzw. Umstellungsflexibilität von Handelsunternehmen bei den strategisch wichtigen Markenprodukten nahezu als ebenso gering angesehen wie die Produktionsflexibilität der Hersteller.

Nimmt man aber als Indikator für die Wettbewerbsstärke von Herstellern und Handelsunternehmen z. B. die Entwicklung der Ertragssituation, so liegt doch – insgesamt gesehen – der Dispositionsspielraum des Lebensmittelhandels über dem der Ernährungsindustrie. Auch die Investitionsentwicklungen weisen darauf hin, dass sich im Distributionsprozess von Lebensmitteln die Marktstellung zugunsten des Handels verschoben hat.

Auffällig sind in diesem Zusammenhang auch die vermehrten Engagements der Unternehmen des Lebensmittelhandels in wachstumsträchtigen Non-Food-Bereichen:

- „Media-Markt" und „Saturn"-Elektronikmärkte der METRO-Gruppe
- „OBI"-Baumärkte der Tengelmann-Gruppe (über die verschiedenen Betriebsformen der Tengelmann-Gruppe gibt Übersicht E.19 Auskunft)

Die ausgeprägte „Gate-Keeper"-Funktion des Lebensmittelsortimentshandels führt dazu, dass Marketingstrategien der Ernährungsindustrie nahezu ausschließlich auch handelsorientierte Strategien sind.

Sie berücksichtigen, dass zwar letztlich die Konsumenten souverän über das Schicksal von Produkten und Herstellerunternehmen entscheiden, dass aber der Handel häufig – in seiner Mittlerfunktion zwischen Hersteller und Verbraucher – das wichtige „Nadelöhr" darstellt.

Übersicht E.19

Betriebsformendifferenzierung im Handel am Beispiel der Tengelmann-Gruppe

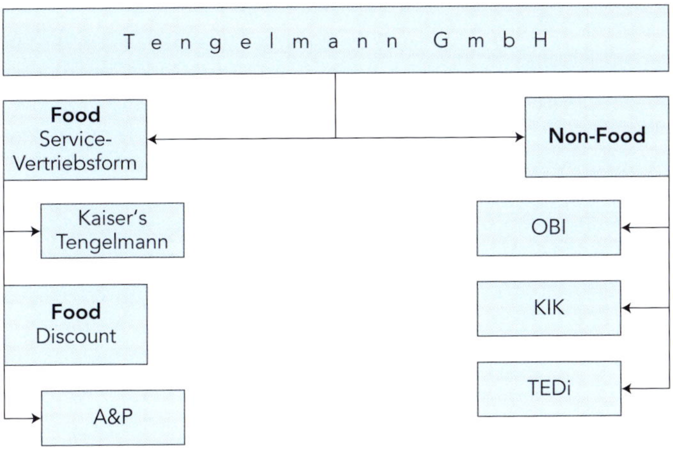

Innerhalb der verschiedenen Handelsgruppen werden häufig verschiedene Vertriebslinien bzw. -formen entwickelt.

So betreibt etwa die EDEKA

- Großflächen-Märkte unter
  - EDEKA C+C Großmarkt.
- Service-Vertriebsformen unter
  - E center,
  - E neukauf,
  - E aktiv markt,
  - Marktkauf.
- Discount-Geschäfte unter
  - Plus,
  - Netto.

Die METRO begegnet ihren Kunden auf den verschiedenen Vertriebslinien z. B. als

- METRO/MAKRO Cash & Carry,
- Real,
- Media-Markt,
- Saturn,
- Galeria Kaufhof.

Anfang bis Mitte der 90er Jahre entfiel noch ein Viertel der Lebensmittel-Einzelhandelsgeschäfte in Deutschland auf Discountmärkte, Lebensmittelabteilungen der Warenhäuser, SB-Warenhäuser, Verbrauchermärkte und Supermärkte ab 400 m² Verkaufsfläche. Im Gegensatz dazu lag ihr Umsatzanteil bei nahezu 80 %. Kleine Geschäfte mit unter

100 m^2 Verkaufsfläche waren zwar zu etwa 55 % an der Gesamtzahl der Geschäfte beteiligt, sie erzielten aber nur noch etwa 8 % des Gesamtumsatzes.

Die verschiedenen Betriebsformen im LEH zeigen seither eine differenzierte Entwicklung. Während die großflächigen Betriebsformen einerseits und die Discounter andererseits seit 1993 ihre Marktanteile erhöht haben, gingen die Marktanteile der kleinflächigen Geschäftstypen im gleichen Zeitraum zurück. Discounter und großflächiger LEH expandierten. Diese Entwicklung spiegelt sich auch in der Umsatzentwicklung wider: So können Discounter mehr als 40 % des Gesamtumsatzes im LEH und die Verbrauchermärkte knapp 30 % für sich verbuchen.

Die Strategien und Aktionsmöglichkeiten für das Marketing des Lebensmittelhandels werden derzeit vor allem von folgenden Rahmenbedingungen beeinflusst:
- Entwicklung der Nachfrage
- Internationalisierung der Märkte, wachsender Wettbewerb durch neue Anbieter
- Strukturentwicklungen in der eigenen Branche
- Technische Entwicklungen, vor allem im Bereich Informationstechnologie.

Entwicklung der Nachfrage

Im Kapitel E 9 („Verbraucher als Zielgruppe“) stellen wir die Entwicklung der Nachfrage nach Lebensmitteln und ihre Bestimmungsgründe ausführlich dar.

Noch unmittelbarer als die Ernährungsindustrie (die ihre Erzeugnisse nicht nur über den Lebensmittelsortimentshandel, sondern – zumindest teilweise – auch über andere Absatzkanäle vertreibt) ist der Lebensmittelhandel von den Entwicklungen der Verbrauchernachfrage unmittelbar betroffen:
- Die weitgehend stagnierende, tendenziell sogar rückläufige Bevölkerungszahl engt die Zahl der potenziellen Lebensmittelnachfrager ein.
- Der hohe physiologische Sättigungsgrad und der rückläufige prozentuale Anteil der Verbraucherausgaben für Lebensmittel schafft nur noch geringes reales Nachfragewachstum.
- Die ausgeprägte Polarisierung der Nachfrage (es wächst einerseits das Segment der discountfähigen Massenware, andererseits das Segment hochwertiger und hochpreisiger Produkte des Erlebnishandels) hat der Sortimentshandel einerseits in Folge der Betriebsformendifferenzierung selbst begünstigt, andererseits wird sie zur wichtigen Einflussgröße für sein weiteres strategisches Handeln.

Internationalisierung der Märkte

Unter den 20 größten Handelsunternehmen in Europa (Stand 2007) befinden sich sechs Unternehmen mit Sitz in Deutschland (METRO, Schwarz-Gruppe, REWE, Aldi, EDEKA, Tengelmann). In anderen Ländern sind zum Beispiel folgende große Handelsunternehmen unter den Top 20:
- Französische Unternehmen, z. B. Carrefour, Groupe Auchan, E. Leclerc, Intermarché
- Englische Unternehmen, z. B. Sainsbury, Tesko, Marks & Spencer, WM Morrisions
- Schweizerische Unternehmen, z. B. Migros
- Niederländische Unternehmen, z. B. Ahold

Strukturentwicklung

Die oligopolistische Struktur des Sortimentshandels hat nicht nur zu einer drastischen Verschiebung der Macht in den Absatzkanälen zugunsten des Sortimentshandels geführt; gleichzeitig ist der Wettbewerbsdruck zwischen den Handelsunternehmen gewachsen und nimmt mit steigender Konzentration weiterhin zu.

Von den insgesamt rund 190 Mrd. € Umsatz (Stand: 2008), die die zehn größten Handelsgruppen in Deutschland auf sich vereinigen, entfallen allein auf

- EDEKA ca. 38 Mrd. €,
- METRO ca. 32 Mrd. €,
- REWE ca. 30 Mrd. €,
- Schwarz ca. 27 Mrd. €,
- Aldi ca. 25 Mrd. €.

Technischer Fortschritt

Der technische Fortschritt in der elektronischen Datenübertragung und -verarbeitung hat weite Arbeitsbereiche im Lebensmittelhandel revolutioniert. Das betrifft nicht nur die Einführung von Scannerkassen, die dem Handel kontinuierliche Informationen über die Lagerbestandsentwicklung und die Umschlagsgeschwindigkeit für alle einbezogenen Produkte ermöglichen. Noch sehr viel weitreichender sind die Auswirkungen auf das gesamte Warenwirtschaftssystem bis hin zu ECR (Efficient Consumer Response), bei dem in enger Kooperation zwischen dem Handel und seinen Lieferanten Scanner- oder Zentrallagerabrufdaten für die Steuerung der Produktion und der Logistik genutzt werden.

Vor dem Hintergrund der geschilderten Rahmenbedingungen finden wir im Marketing des Lebensmittelhandels vor allen Dingen folgende Strategien, die – ähnlich wie auch in der Ernährungsindustrie – häufig miteinander verknüpft sind:

- Kooperationsstrategien,
- Kostenführerschaftsstrategien,
- Preisdifferenzierungsstrategien,
- Diversifizierungsstrategien,
- Profilierungsstrategien in der Markenpolitik,
- Profilierungsstrategien im Sortiment und Service.

Kooperationsstrategien

Unternehmen erhoffen sich aus der Zusammenarbeit mit Kooperationspartnern vor allem:

- Kostendegression,
- mehr Schlagkraft,
- Risikoreduzierung,
- Ausweitung des unternehmerischen Aktionsradius.

Horizontale Kooperationen im Lebensmittelsortimentshandel (freiwillige Gruppen und Einkaufsgenossenschaften) zwischen einem Lebensmittelsortiments-Großhändler und mehreren Einzelhändlern waren historisch gesehen die Antwort auf die wachsende Marktmacht von Kauf-/Warenhäusern und Filialunternehmen.

Mittlerweile haben sich nicht nur auf nationaler, sondern auch auf europäischer Ebene Kooperationszentralen für Einkauf und Abrechnung gebildet, in denen das Beschaffungsvolumen und die Verhandlungsmacht der angeschlossenen Handelsunternehmen und -organisationen gebündelt wird.

Zweifellos waren aus der Sicht des Handels erst solche umfassenden Kooperationen die Grundlage für Expansionsstrategien (auch im internationalen Maßstab).

Die Bündelung der Einkaufsmacht, die damit erreichbaren Konditionenvorteile und die durch Massendisposition, -beschaffung und -distribution erreichbaren Skaleneffekte werden vom Handel als einer der zentralen Profilierungsansätze gegenüber seinen Wettbewerbern gesehen.

Vertikale Kooperationen stellen – wiederum historisch gesehen – die Gründung von Einkaufsgenossenschaften und freiwilligen Gruppen im Lebensmittelhandel dar.

Lebensmittelgroßhändler erreichten durch die vertragliche Anbindung von Einzelhandelsgeschäften ebenso Losgrößenvorteile wie Einkaufsgenossenschaften, bei denen sich Einzelhändler an der Gründung und Führung eines Großhandelsunternehmens beteiligten.

Vertikale Kooperationen mit Unternehmen der vorgelagerten Marktstufe dienen dem Lebensmittelsortimentshandel heute vornehmlich

- zur Beschaffungssicherung,
- zur Rationalisierung der Warenwirtschaftssysteme in der Beschaffung,
- zur Verbesserung des Qualitätsmanagements,
- zur Ausschöpfung von Synergieeffekten im Marketing von Herstellern und Handel.

Häufig „rücken" dabei die Anbieter von Lebensmitteln und der Lebensmittelhandel als Nachfrager auch räumlich eng zusammen.

Nicht selten gehen die Zentralen des Lebensmittelsortimentshandels Kooperationen in Form vertraglicher Anbauregeln oder Liefervereinbarungen (Vertragsanbau) unmittelbar mit landwirtschaftlichen Erzeugern ein, also unter Umgehung der Großhandelsunternehmen und -organisationen.

Kostenführerschaftsstrategien

Horizontale und vertikale Kooperationsstrategien verschiedener Handelsorganisationen zielen zum großen Teil letztlich auf das Erreichen der Kostenführerschaft ab.

Die Rentabilität eines Produktes für den Handel resultiert aus den Faktoren

- Bruttospanne,
- Umschlagshäufigkeit und
- Handlingkosten.

Vor dem Hintergrund des massiven Verdrängungswettbewerbs, der häufig im preispolitischen Raum ausgetragen wird, und der damit verbundenen tendenziellen Verringerung der Spanne sehen die Handelsorganisationen die Rentabilitätssicherung als wichtige Aufgabe.

Ansatzpunkte zur Rentabilitätsstabilisierung sind:

- Steigerung der Rentabilität des Einzelproduktes („Direkte Produkt-Rentabilität", DPR)
- Optimierung der Rentabilität einer Produktgattung (Category Management).

Insbesondere das Category Management rückt – auch in der Kooperation zwischen dem Handel und seinen Lieferanten – zunehmend in den Vordergrund. Mehr und mehr setzt sich die Erkenntnis durch, dass die Leistungsfähigkeit einer Einkaufsquelle aus der Sicht der Verbraucher nicht isoliert durch die (möglicherweise besonders preiswert angebotenen) Einzelprodukte bestimmt wird, sondern durch den Eindruck des gesamten Sortiments der jeweiligen Warengruppe. Dabei wird zunehmend berücksichtigt, dass ein Produkt nicht nur Deckungs-, sondern auch Imagebeiträge erbringen kann.

Auf den Aspekt des Category Management gehen wir unter dem Punkt „Profilierungsstrategien in der Markenpolitik" an anderer Stelle noch einmal ein.

Preisdifferenzierungsstrategien

Das Betriebsformen-Portfolio des Lebensmittelsortimentshandels (der Handel bietet sein Sortiment in verschiedenen Vertriebslinien an und tritt dem Verbraucher mit unterschiedlichen Handels-Firmennamen entgegen, ohne dass diesem bewusst ist, dass sich dahinter das gleiche Handelsunternehmen oder die gleiche Handelsorganisation verbirgt) beinhaltet gleichzeitig auch eine Preisdifferenzierungsstrategie.

Zwar ist die Struktur der jeweiligen Sortimente häufig spezifisch auf den einzelnen Betrieb zugeschnitten, ganz überwiegend führen aber die Geschäfte der verschiedenen Vertriebslinien die gleichen Artikel häufig zu unterschiedlichen Preisen.

Das Ambiente der Einkaufsstätte (hochwertiges Ambiente, anspruchsvolle Warenpräsentation einerseits und bewusst funktional gehaltene Verkaufsräume mit geringem Warenpräsentationsaufwand andererseits) werden dabei gegenüber dem Verbraucher zum praktisch einzigen nachvollziehbaren Argument für die unterschiedlichen Preise.

Branchenübergreifend gehen Handelsmanager etwa von folgendem Preisverhalten der Verbraucher aus:

- 17 bis 20 % kaufen preiswerte Ware
- 60 bis 65 % kaufen Produkte mittlerer Preislagen
- 5 bis 10 % kaufen höherpreisig.

Am Lebensmittelmarkt zeigen Marktforschungsergebnisse etwa folgende Anteile am Handelssortiment:

- 38 % = Anteil der Billigprodukte
- 26 % = mittleres Marktsegment
- 36 % = höherwertige Spitzenprodukte.

Diversifikationsstrategien

Unter Diversifikation verstehen wir die Ausweitung der Aktivitäten eines Unternehmens auf neue, bisher nicht bearbeitete Geschäftsfelder. Dabei sind die Grenzen zwischen Diversifikation und Marktsegmentierung häufig fließend.

Ziele von Diversifikationsstrategien sind im Allgemeinen:

- Nutzung von Synergieeffekten
- Erschließung neuer Wachstumspotenziale
- Risikoausgleich.

Diversifikationsstrategien im Lebensmittelsortimentshandel finden ihren Niederschlag häufig in der Aufnahme neuer Sortimentsbereiche oder der Einrichtung neuer Fachabteilungen in den jeweiligen Geschäften.

Immer häufiger dringen aber die großen Handelsorganisationen mit neuen Einkaufsstätten, Filialnetzen oder Regiemarktketten in neue Bereiche vor.

- Baumärkte werden von Tengelmann unter dem Namen „OBI", von Globus unter „Globus-Baumarkt" und von REWE unter „toom BauMarkt" betrieben.
- Im Bereich Biosupermärkte agiert REWE unter „Vierlinden".
- Im Bereich der Unterhaltungselektronik engagiert sich die Metro mit „Media-Markt" und „Saturn".

Die Diversifikation gibt es nach wie vor in Geschäftsfeldern wie z. B. Baumärkten, während die Vertriebslinien im Food-Sektor teilweise zusammengefasst werden. So hat die REWE im Jahr 2006 deutschlandweit ihre verschiedenen Vertriebslinien unter dem roten REWE-Markenzeichen zusammengefasst. Der einheitliche Auftritt der Märkte unter der neuen gemeinsamen Vertriebsmarke REWE ersetzte Namen wie miniMAL, HL, Stüssgen oder Otto Mess.

Profilierungsstrategien in der Markenpolitik

Die Grundlagen der Markenpolitik und die verschiedenen Markenstrategien haben wir im Kapitel 5.1 aus der Sicht der Unternehmen der Ernährungsindustrie dargestellt. Markenpolitik wird aber nicht nur von den Herstellern, sondern auch von Handelsunternehmen betrieben.

Die Handelsmarke ist – historisch gesehen – die Antwort der Handelsunternehmen und -organisationen auf die Erstarkung des klassischen Markenartikels des Herstellers. Zwischen Handelsmarke und Herstellermarke bestehen prinzipiell nur zwei Unterschiede:

- Die Markierung weist bei den Handelsmarken häufig auf den Ursprung einer Handelsunternehmung oder -organisation hin.
- Der Absatz erfolgt im Allgemeinen nur über die der betreffenden Handelsorganisation angeschlossenen Geschäfte.

Vor allem im exklusiven Vertrieb profilierter Eigenmarken über die eigenen Geschäfte sieht der Handel eine wesentliche Chance zur Abgrenzung von den Wettbewerbern.

Nur vergleichsweise wenige Produkte, die der Handel unter seinen eigenen Marken vertreibt, werden auch in eigenen Produktionsstätten erzeugt. Viele Unternehmen der Ernährungsindustrie packen weitgehend identische Erzeugnisse unter ihren eigenen Marken oder unter Handelsmarken ab.

Häufig wird in dem Nebeneinander von Herstellermarke und Handelsmarke ein besonders offenkundiges Beispiel für Konflikte zwischen Herstellern und Handel gesehen.

Immer mehr richtet sich aber das Augenmerk des Handels auf die Produktkategorie und nicht mehr nur auf die einzelne Marke. Dabei werden verschiedene Arten von Markenartikeln im Sortiment geführt und auch forciert:

- Markenartikel der Industrie
- Handelsmarken
- „Generics" bzw. „No Names".

Insbesondere seit Mitte der 90er Jahre orientieren sich Markenstrategien der großen Handelshäuser verstärkt am Category Management (vgl. Toolbox: Category Management). Es basiert auf der Erkenntnis, dass der Verbraucher in der jeweiligen Produktkategorie nach Alternativen (nicht nur in der Qualität, im Preis, sondern auch im Verpackungsdesign und in der Marke) sucht. Das hat selbstverständlich auch Auswirkungen auf die Angebotsstrategien der Hersteller. Der Category Manager ersetzt mehr und mehr den Produktmanager und bietet dem Handel komplette Problemlösungen für die jeweilige Produktkategorie an. In der zukünftigen Entwicklung wird Category Management offensichtlich noch umfassender verstanden: Category Management beinhaltet verstärkt komplette Bedarfsbündel-Lösungen. Frischwaren werden zum Beispiel als Teil einer Mahlzeit-Marketing-Strategie verstanden.

TOOLBOX: CATEGORY MANAGEMENT

Das Warengruppenmanagement oder Category Management dient im Einzelhandel der Strukturierung nach Warengruppen. So konzentriert sich das Category Management auf die Optimierung verschiedener Sortimente des Lebensmitteleinzelhandels, wie beispielsweise des Trockensortiments.

Im Rahmen des Category Managements arbeiten Industrie und Handel eng an der Steuerung von Warengruppen als strategischen Geschäftseinheiten (SGE) zusammen, um hierdurch zur Profilierung des Angebotes gegenüber dem Sortiment anderer Handelsunternehmen beizutragen. Dabei ist entscheidend, dass die Sicht des Kunden die Grundlage für die Definition zusammengehörender Gruppen von Produkten bildet mit dem Ziel, die Warengruppen aus Sicht des Kunden optimal zu strukturieren. Hierdurch sollen die Ansprüche der Kunden an das Sortiment besser befriedigt und der Umsatz gesteigert werden. Entsprechend findet zur Umsetzung dieser Kundenorientierung das Category Management oftmals in Kombination mit dem Ansatz des Efficient Consumer Response Anwendung.

Zur Bildung von Kategorien bieten sich Produkte an, die aufgrund ihrer Verbundwirkung und ihres Verwendungszusammenhangs als aus Kundensicht zusammengehörend aufgefasst werden. Als Beispiele lassen sich unterschiedliche Produkte für die Körperpflege auffassen, aber auch der zunächst nicht auf der

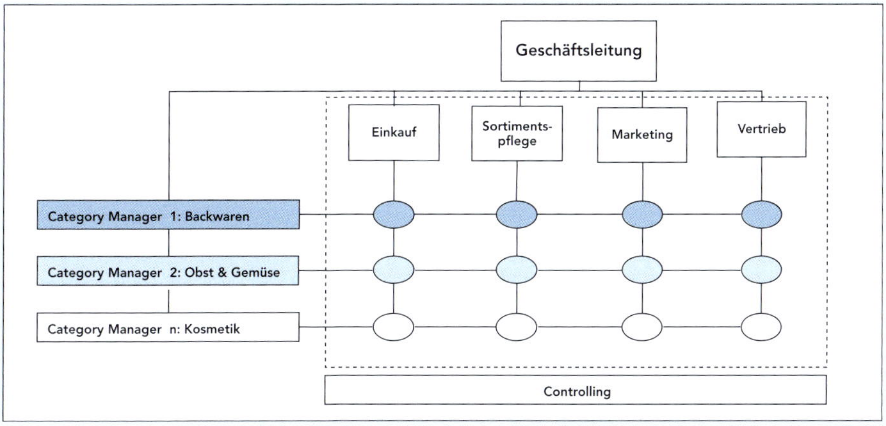

Hand liegende Zusammenhang zwischen Spielwaren und Tierfutter ist beispielhaft denkbar, sind es doch gerade Familien, die Haustiere besitzen. Ein wesentliches Merkmal zur Bildung von „Categories" ist deren Betrachtung als autonome strategische Geschäftseinheiten (SGE). SGE können definiert werden als autonome Teilbereiche der Unternehmung mit klarer Kompetenz- und Verantwortungsabgrenzung, die unabhängig von anderen Teilbereichen in einem unternehmensexternen Marktsegment agieren.

Im Rahmen des Category Managements wird neben der Absatz- und Zielgruppenverantwortung auch die Einkaufsverantwortung in die Hand eines Hauptverantwortlichen gelegt, dem Category Manager. Dieser ist in der Regel auf Seite des Handelsunternehmens angesiedelt, da die verfolgte Sortimentspolitik prägend ist für das Profil des Handels. Eine mögliche Struktur von Warengruppen zeigt ein Beispiel (siehe Abbildung).

Durch die Verantwortung für verschiedene Funktionsbereiche des Handelsunternehmens durch den Category Manager wird die Trennung in Einkauf und Verkauf aufgehoben und eine übergreifende Steuerung nach Warengruppen als SGE ermöglicht.

Mitte der 90er Jahre erreichen die Handelsmarken im Lebensmittelmarkt einen Anteil von rund 25 % mit deutlichen Unterschieden zwischen den einzelnen Sortimentsbereichen und erheblich variierenden Anteilen bei den einzelnen Handelsorganisationen.

Im Angebot der marktbedeutenden deutschen Handelsunternehmen sind u. a. folgende Handelsmarken / Exklusivmarken (Beispiele):

- EDEKA gut & günstig, Bio Wertkost, „EDEKA Lust auf leicht", „EDEKA Selection" u. a.
- REWE REWE, ja!, REWE Bio, Wilhelm Brandenburg
- Tengelmann A & P, Naturkind u. a.

Die höchsten Handelsmarkenanteile finden wir derzeit in den Discount-Vertriebslinien.

Profilierungsstrategien im Sortiment und beim Service

Die Sortimentsstruktur (Sortimentsbreite, Sortimentstiefe, Preisniveau u. Ä.) variiert zwischen den Vertriebslinien des Handels deutlich und ist häufig wichtiges konstitutives Element des jeweiligen Vertriebstyps. Im Discounthandel beispielsweise finden wir nicht selten nur etwa 2.000 Artikel (offensichtlich aber mit zunehmender Tendenz), während in gut sortierten Supermärkten etwa 8.000 bis 10.000 Artikel und in den großen SB-Centern und Lebensmittelabteilungen der Kauf- und Warenhäuser auch die doppelte Zahl von Artikeln angeboten werden.

Sortimentsumfang und -struktur innerhalb der einzelnen Vertriebslinien werden stark vom jeweiligen Standort (Kundenstruktur, Kaufkraft, Wettbewerbsumfeld u. Ä.) bestimmt. Unter Handelsmanagern wird die Ansicht vertreten, dass sich die verschiedenen Vertriebslinien / Betriebsformen, die häufig auf die Befriedigung unterschiedlicher Kundenbedürfnisse hin konzipiert sind, in Zukunft verstärkt „unter einem Dach" wiederfinden werden.

Der widersprüchliche Verbraucher erwartet

- preiswerte, einfach einzukaufende Artikel in guter Qualität (auch Schnäppchen)
- gleichermaßen wie Exklusives, Ausgefallenes, „Champagner, Hummer & Co".

Das Bedürfnis nach häufig gleichzeitiger Befriedigung dieser Wünsche (vgl. dazu Kapitel E 9 „Verbraucher als Zielgruppe"), verbunden mit hohen Erwartungen im Hinblick auf Dienstleistung und Service, fördert Agglomerationen:

- Große Einheiten, differenziert in Shops in Shop,
- Agglomerationen von Einzelhandel und Dienstleistung.

Profilierungsstrategien über das Sortiment berücksichtigen zunehmend die Erkenntnisse der Handelspsychologie, nach denen sich die Sortimentsstruktur und -differenzierung an den Erkenntnissen der Motivationspsychologie auszurichten hat. So können etwa die in der Maslow'schen Bedürfnispyramide (vgl. Kapitel A 3.1) dargestellten Modellannahmen zur Hierarchie der Bedürfnisse Hinweise darauf geben, mit welchen Sortimentsentscheidungen die einzelnen Motivgruppen zu befriedigen sind:

- Physiologische Bedürfnisse
  - Grund-, Kernsortiment
- Bedürfnis nach Sicherheit
  - Produkte mit Gütezeichen, Testergebnissen, Qualitätsgarantien
  - Umtauschrecht
  - Haltbarkeits-/Frischedatum
  - Sortimentsbündelung nach Bedarfsgruppen
- Bedürfnis nach sozialer Bindung
  - Warenbegleitende Erklärungen
  - Vorführungen
  - Zugaben
  - Werbegeschenke
- Bedürfnis nach Wertschätzung
  - Zusatzsortiment
  - Artikel mit hohem Prestigewert
  - Lifestyle-Orientierung
  - Warenvielfalt
- Bedürfnis nach Selbstverwirklichung
  - innovative Produkte, Unikate
  - Vorführungen
  - Möglichkeiten zur Selbsterprobung.

In engem Zusammenhang mit der Profilierungsstrategie über die Sortimente stehen auch Profilierungsstrategien über den Service. Wir wollen hier Service verstehen als das „Wie" der erbrachten Leistungen.

Service konkretisiert sich dabei

- in der Qualifikation und Kundenorientierung des Personals (personenbezogener Service)
- über das räumliche Umfeld, in dem sich der Handel mit seinem Sortiment den Kunden präsentiert, in Gestalt der Verkaufsflächengestaltung, der Ladeneinrichtung, der Erreichbarkeit u.Ä. (umfeldbezogener Service)

- in der Art, wie der Grundnutzen (Bedarfsdeckung) befriedigt wird. Hierzu gehören Elemente wie Wartezeiten, Zuverlässigkeit, Transparenz, Abwicklungseffizienz u. Ä. (leistungsbezogener Service, bezogen auf die Qualität des Primärproduktes)
- in den Zusatzleistungen, die dem Kunden geboten werden durch zusätzliche Informationen, leistungsungebundene Beratung oder Beziehungspflege (leistungsbezogener Service, die Zusatzleistungen betreffend).

Welch unterschiedliche Bedeutung Service als Profilierungsstrategie gegenüber anderen möglichen Strategien des Handels hat, wird wiederum besonders in der Gegenüberstellung zwischen den einzelnen Vertriebslinien / Betriebsformen deutlich:
- Discounter bieten ihr Sortiment nahezu ausschließlich im reinen SB-Verkauf an. Verkaufsflächengestaltung und Ladeneinrichtung sind überwiegend funktional. Auf „Wohlfühl-Ambiente“ und erlebnissteigernde Dekorationen wird weitgehend verzichtet.
- Dagegen werden in anspruchsvoll geführten Supermärkten, Lebensmittelabteilungen der Kaufhäuser und anderen stärker servicebetonten Outlets viele Warengruppen (z. B. Fleisch- und Wurstwaren, Fisch, Käse, Obst und Gemüse, Brot und Backwaren u. a.) im Bedienungsverkauf angeboten. Das Personal übernimmt Beratungsleistungen. Falls gewünscht, wird in vielen Fällen Zustell-Service angeboten. Ruhezonen laden zum Verweilen ein. Gastronomische Angebote unterstützen das „Shopping by Pleasure“.

Wie weit Service-Orientierung gehen kann, können wir uns noch einmal an der Maslow'schen Bedürfnispyramide verdeutlichen:
- Physiologische Bedürfnisse
  - Klimatisierung,
  - Schaufenstervordach,
  - Sitzecken,
  - Restaurant.
- Bedürfnis nach Sicherheit
  - Beratung,
  - Gepäckaufbewahrung,
  - Garantien, Kundendienst,
  - Parkhaussicherheit (Frauenparkplätze),
  - Taxi-Ruf.
- Bedürfnis nach sozialer Bindung
  - Treffpunkt,
  - Kinderhort / Spielecke,
  - Kundenzeitschriften,
  - Verkostungen, Einsatz von Werbepersonal.
- Bedürfnis nach Wertschätzung
  - Geschenkgutscheine,
  - Kundenkredite,
  - telefonische Annahme von Bestellungen,
  - Warenzustellung,
  - Bedienungsverkauf,
  - POS-Banking.

- Bedürfnis nach Selbstverwirklichung
  - Ladendesign,
  - Lifestyle-Ambiente,
  - Umtauschrecht,
  - Erlebniskauf.

Service als Profilierungs- und Strategieansatz im Handel stellt hohe Anforderungen an die fachliche Qualität, das Engagement und die Motivation der Mitarbeiter. Hier liegen auch wirkungsvolle Ansätze für die Zulieferer des Handels, diesen im Rahmen der „Absatzpartnerschaft" bei der Personalschulung und -entwicklung zu unterstützen.

So bieten z. B. einige Molkereien dem Handel die Durchführung oder Mitwirkung an Schulungsveranstaltungen zum Thema „Käseverkauf am Stück"; Anbieter von Obst und Gemüse schulen das Handelspersonal in Warenkunde, Sortimentspflege und Verkaufsargumentation.

6.2 Lebensmittelgroßhandel

1. Grundsätzliche Unterscheidung

Haben wir im vorangegangenen Kapitel E 6.1 den Lebensmitteleinzelhandel beleuchtet, der im Wesentlichen auf die Endverbraucher fokussiert ist, so konzentriert sich der Lebensmittelgroßhandel auf gewerbliche Endkunden.

Einerseits stellt er eine weitere Wertschöpfungsstufe im Produkthandel dar, andererseits erfüllt er eine Reihe von Funktionen, die viele kleine gewerbliche Kunden für sich nicht leisten können. Gründe hierfür liegen in einem schier unüberschaubar gewordenen Produktangebot seitens der Agrarwirtschaft und der Lebensmittelindustrie einschließlich des Imports, einer zunehmenden Konzentration der Anbieter mit einer wachsenden Preisgestaltungsmacht, aber auch mit der Konzentration der teilweise atomistischen Abnehmer auf ihre Kernkompetenzen, die oftmals nicht im Einkauf liegen.

Demgegenüber ist der Lebensmittelgroßhandel durch seine Betriebsgrößen und Ausrichtung in der Lage, Einkaufskompetenz zu bündeln und dem Kunden eine Vorauswahl geeigneter Produkte mit entsprechendem Preis-Leistungs-Verhältnis, gesicherten Qualitäten, Qualitätskontrollen und zuverlässigen, auditierten Lieferanten zu geben.

2. Cash and Carry

Den Lebensmittelgroßhandel kann man zunächst in drei Bereiche unterteilen, den klassischen Abhol-Großhandel (Cash and Carry oder kurz C + C) und den Zustellgroßhandel generalistischer Ausprägung und die Spezialisten. Diese Bereiche zusammen setzten 2007 ca. 17 Mrd. € um, davon $^2/_3$ im C + C-Handel. Dort ist auch die Konzentration am weitesten fortgeschritten, bestreiten doch immerhin die TOP FÜNF 95 % des Sektorumsatzes. Im Zustellgroßhandel dagegen ist die Konzentration noch nicht ganz so weit, die TOP 10 teilen sich dort knapp 90 % des Umsatzes. Daneben gibt es aber eine Vielzahl kleinerer Spezialisten. Insgesamt ist festzustellen, dass die Zustelldienste Marktanteile gewinnen, während das Umsatzvolumen der C + C-Märkte tendenziell zurückgeht.

Die Cash-and-Carry-Märkte sind bevorzugte Einkaufsstätten für gewerbliche Selbstabholer mit speziell auf deren Bedürfnisse zugeschnittenen Öffnungszeiten, Erreichbarkeit und Parkmöglichkeiten oder Drive-in-Konzepten und einem Warenangebot, das sich hinsichtlich Sortimentsumfang, Lieferfähigkeit, Gebindegrößen und -formen vom Lebensmitteleinzelhandel unterscheidet. Der klassische Abholgroßhandel ist eine wichtige Säule der Versorgung der Gastronomie mit Lebensmitteln. Als Generalisten verfügen sie gleichfalls über ein breites Non-Food-Angebot. C+C-Märkte sind dabei nicht nur auf den Großverbraucher-(GV-)Kunden ausgerichtet, sondern sind auch für gewerbliche Kleinkunden geeignet.

3. Zustellgroßhandel

Der Zustellgroßhandel spiegelt ein bei weitem nicht so einheitliches Bild wider. Hier gibt es zum einen die Generalisten, zum anderen die Spezialisten.

Der Zustellgroßhandel (z. B. Rungis Express) verbindet die Produktkompetenz mit einer ausgeprägten Servicekompetenz. Er beliefert die Kunden zeitnah individuell, nach regelmäßigen Lieferrhythmen oder auf Bestellung und während der Geschäftszeiten des Kunden. Dabei übernimmt er teilweise auch weitere Funktionen, wie die Bereitstellung eines EDV-gestützten Bestellwesens, Finanzierungsvereinbarungen und Delkrederefunktionen – Aufgaben, die für Lieferanten und Kunden heute von nicht unerheblicher Bedeutung sind.

Vorteile für den Kunden bestehen demzufolge in einer reibungslosen Abwicklung, standardisierten Geschäftsprozessen, bargeldlosen Zahlungsströmen, Personal- und Kosteneinsparungen und der Möglichkeit, sich auf das eigene Kerngeschäft zu konzentrieren. Der Zustellgroßhandel kann seine genaue Kenntnis der Kundenbedürfnisse für eine langfristige und intensive Kundenbindung nutzen.

Neben den Generalisten lassen sich eine Vielzahl von spezialisierten Zustellgroßhandelsdiensten ausmachen. Hierfür gibt es sehr unterschiedliche Beweggründe, die durch Eigenschaften und Know-how der Handelsunternehmen, die Kundenstruktur oder produktgruppenspezifisch entstehen können.

Produktgruppenspezifisch sind solche Handelsunternehmen aufgestellt, die in besonders sensiblen Produktkategorien über spezielles Know-how oder über entsprechende Beratungskompetenz verfügen. Dies gilt z. B. im Frischebereich oder bei Fisch und Meeresfrüchten. Dieser Zustellgroßhandel verfügt über direkte Kontakte zum Erzeuger oder Importeur z. B. auf den Großmärkten, garantiert eine geschlossene Kühlkette auch für temperaturgeführte Produkte, z. B. vom Fang bis zur Verwendung im Gourmet-Restaurant, und liefert in kleinen Chargen an.

Einige Hersteller von Convenience-Produkten erweitern bereits selbst ihr Leistungsportfolio und bieten einen eigenen Lieferservice an (z. B. Stöver Frische Team, apetito). Die Zunahme des Außerhaus-Verzehrs im Form von Gemeinschaftsverpflegung, sei es quasi freiwillig oder durch Lebensumstände erzwungen, hat zu einer größeren Zahl von Anbietern geführt.

Auf Kundengruppen spezialisierte Zustellgroßhändler findet man häufig im Bereich Health care, das heißt bei der Versorgung von Krankenhäusern, Alten- und Pflegeheimen oder in der Bedienung von Kantinen, sei es bei Unternehmen oder sozialen Einrichtungen. Hier werden oftmals ganze Dienstleistungspakete angeboten, die weit über die eigentliche Warenversorgung hinausgehen und z. B. das Betreiben der Großküchen oder Aufgaben im Facility-Management einschließen.

Ein weiterer Bereich ergibt sich aus der Zunahme der Ganztagsschulen. Programme nach ernährungsphysiologischen Grundsätzen für Kinder und Jugendliche unter der staatlich geförderten Schulverpflegung führen zu neuen Anforderungen bei der Produktauswahl, der Logistik und Verwendung von Frischeprodukten.

Besondere Logistikanforderungen ergeben sich auch bei der Belieferung von Tankstellen, Rasthöfen und Kiosken. Ursache hierfür sind deren Lage, ihre teilweise Rund-um-die-Uhr-Öffnungszeiten sowie aufgrund ihrer Größe notwendige kleine Gebindegrößen oder Kleinstmengen in der Anlieferung.

Ein weiteres Unterscheidungskriterium kann eine Spezialisierung auf Produkte bestimmter Herkunftsländer sein. Asia-Imbiss, der Grieche „um die Ecke" oder der Edel-Italiener, keiner kann sich diese Vielfalt in der Gastronomiewelt mehr wegdenken. Allen gemein ist dabei eine spezifische Einkaufssituation, die sich z. T. aus landsmannschaftlicher Verbundenheit ergibt, andererseits aber auch aus der genauen Kenntnis der Herkunftsregionen, dortiger Handelsgepflogenheiten und Logistikstrukturen. So haben sich im Segment Ethno-Food Geschäftsbeziehungen ausgeprägt, die in einer ganzen Kette vertikaler Wirtschaftsbeziehungen gleiche Migrationshintergründe widerspiegeln.

4. Strategien zur Geschäftsentwicklung

Die Heterogenität dieser Branche spiegelt sich in der Größe und Rechtsform der Marktteilnehmer wider. Sie reicht von kleinen, familiengeführten Unternehmen über genossenschaftliche Unternehmen bis zu Großunternehmen, die teilweise börsennotiert sind (z. B. METRO). Ihre Tätigkeitsfelder erstrecken sich regional, national oder international. Dabei ist Größe allein nicht entscheidend für den Geschäftserfolg. Vielmehr spielen langfristige tragfähige Geschäftsbeziehungen, gegenseitiges Verständnis für die Notwendigkeiten des Partners und hohe Flexibilität eine entscheidende Rolle.

Dass es sich um einen Wachstumsmarkt handelt, haben viele Akteure erkannt. Und so werden sich in Zukunft in der strategischen Ausrichtung einige Mischformen entwickeln, die nicht mehr trennscharf kategorisiert werden können.

Je nachdem, welche Rolle die Unternehmen heute innehaben, gibt es verschiedene Strategieansätze:

a) Cash and Carry

C + C-Märkte verfolgen im Wesentlichen eine Strategie der Differenzierung durch zunehmende Serviceangebote, mit denen sie sich dem Zustellhandel annähern. Ihr großes Produktangebot wird mit der wachsenden Dienstleitungsnotwendigkeit kombiniert. Umfragen haben gezeigt, dass C + C-Märkte neue oder ehemalige Gastrokunden an sich binden können, wenn sie ihre führende Rolle in puncto Frische, Lieferfähigkeit und Sortimentsumfang mit Serviceangeboten wie Zustelldiensten kombinieren.

b) Zustellhandel

Der Zustellhandel verfolgt seinerseits die Strategie, die Problemlösungskompetenz zu erhöhen, indem er z. B. den gesamten Einkauf exklusiv für seine Kunden steuert und übernimmt. Neue Abrechnungsformen wie z. B. offene Kalkulationen werden an Gewicht gewinnen.

Kleinere Händler, die sich nicht ohne Weiteres zu Partnern mit umfassender Problemlösungskompetenz entwickeln können, haben vor allem die Möglichkeit, sich als Spezialist für bestimmte Warengruppen oder Kundengruppen zu profilieren. Zwischen dem Spezialisten für eine Warengruppe und dem Generalisten entstehen als Mischform „Multi-Spezialisten". Sie sind die Antwort der Generalisten auf die Strategie der Spezialisten. Der Multi-Spezialist versucht, in mehreren Produktbereichen eine Kompetenz aufzubauen, die der eines Spezialisten entspricht.

Anerkanntes Know-how, hohe Dienstleistungsbereitschaft, hoher qualitativer Anspruch und kundenorientierte Logistik werden die Erfolgsfaktoren der Zukunft sein.

5. Einkaufsgenossenschaften

Eine Sonderform des Zustellgroßhandels bilden die Einkaufsgenossenschaften, die nur zum Zweck der gebündelten Geschäftsbeziehung zu ihren Mitgliedern entstanden sind. Generell stehen sie nur ihren Mitgliedern offen und übernehmen für diese auch eine Vorauswahl potenzieller Lieferanten, führen Qualitätskontrollen durch, stellen elektronische Einkaufsplattformen zur Verfügung, wickeln die Einkaufsprozesse ab, übernehmen die Zahlungsabwicklung, bieten Finanzierungsvereinbarungen an und das Delkredere. Oftmals konzentrieren sie sich auf einzelne Kundengruppen, wie z. B. im Gastronomiebereich die HGK Hotel- und Gastronomie-Kauf eG oder für Bäckereien und Konditoren die regional aufgestellten Bäcker- und Konditorengenossenschaften eG (BÄKOs).

7. Marketing der Dienstleistungsunternehmen

7.1 Rahmenbedingungen

In den letzten Jahren ist der Anteil der Dienstleistungen an der volkswirtschaftlichen Güter- und Leistungserstellung stark gestiegen. Als Folge vermehrter Arbeitsteilung, steigenden Wohlstands, zunehmender Freizeit und technisch anspruchsvollerer Produkte (mehr Servicebedarf) nimmt sie auch weiterhin an Bedeutung zu.

Es gibt sehr unterschiedliche Dienstleistungsbereiche allein für den Agrarsektor. Zum einen werden Dienstleistungen von öffentlichen Institutionen wie Landwirtschaftsministerien und Landwirtschaftskammern bereitgestellt. Zum anderen gibt es auf nationaler, regionaler und lokaler Ebene eine zunehmende Zahl privater Dienstleister für die Agrar- und Ernährungswirtschaft, z. B. Unternehmensberatungen, Steuerberater, Lohnunternehmer etc. Viele der im produzierenden Gewerbe Beschäftigten sind ebenfalls Dienstleister, z. B. die Kundenberater der Mischfutterindustrie oder die Servicefachleute in Unternehmen der Landmaschinenindustrie.

Auch die weiterverarbeitende Lebensmittelindustrie bedarf einer Vielzahl unterstützender Dienstleistungen. Das Spektrum reicht entlang ihrer unternehmensinternen Wertschöpfungskette von der Einkaufskooperation bis hin zur externen Vertriebsagentur oder einer externen Regalpflege im Lebensmitteleinzelhandel.

Eine Dienstleistung ist durch ihre Immaterialität gekennzeichnet, d. h., sie ist materiell nicht greifbar und somit ein abstraktes Gut. Des Weiteren zeichnen sich Dienstleistungen durch eine enge personelle, zeitliche und räumliche Bindung aus.

- In der Regel werden Dienstleistungen zur gleichen Zeit produziert, zu der sie konsumiert werden. Sie sind nicht lagerfähig. Dies ist ein deutlicher Unterschied zu materiellen Produkten, die zunächst hergestellt und gelagert, später dann verkauft und konsumiert werden.
- Als weitere Besonderheit gilt die hohe Schwankungsbreite der Ausführung, da die Details einer Dienstleistung davon abhängen, wer sie wann und wo erbringt. Aus diesem Grund gibt es auch erhebliche Unterschiede in der Leistungsqualität. Oft ist die Reputation der Dienstleistung von bestimmten Personen abhängig. Eine zentrale Anforderung an einen Markenartikel, nämlich gleichbleibende Qualität zu liefern, ist im Dienstleistungsbereich besonders schwierig zu realisieren
- Die Dienstleistung kann im Reklamationsfall nicht zurückgegeben werden.

Das Qualitätsversprechen für die Dienstleistung kann nur in Form von Informationen (Broschüren, Anzeigen), Beobachtung des Dienstleistungsbetriebes und Referenzen formuliert werden. Der Dienstleistungsanbieter muss also für immaterielle Leistungen materielle Ausdrucksformen finden. Für das Qualitätsmanagement ergeben sich deshalb verschiedene Möglichkeiten. Einerseits können Dienstleistungsunternehmen in die Gewinnung und Fortbildung von Personal investieren sowie den Ablaufprozess in der Organisation standardisieren, andererseits kann eine Überwachung der Kundenzufriedenheit durch entsprechende Vorschlags- und Beschwerdesysteme, vor allem aber durch die Erkundung der Kundenmeinung im laufenden Kontakt mit den Kunden erfolgen. Auf diese Weise lässt sich ermitteln, wo das Dienstleistungsniveau unzureichend ist und Schwächen zu beseitigen sind.

Der immaterielle Charakter der Dienstleistungen bedeutet, dass die Beurteilung der objektiven Qualität oft schwierig sein kann. Daher muss der Dienstleistungsanbieter in der Produktpolitik bemüht sein, ein intensives Vertrauensverhältnis zwischen sich und dem Nachfrager zu schaffen. Geeignet sind vor allem folgende Maßnahmen:

- Herstellung persönlicher Kontakte – dem Kunden müssen das Ergebnis und der Nutzen der individuellen Betreuung (Bedienung) vermittelt werden,
- Anbieten glaubwürdiger Referenzen von bereits bedienten Kunden,
- Beweis der Leistungsfähigkeit bei jedem einzelnen Auftrag.

Dienstleistungsanbieter sind stark darauf angewiesen, ein positives Firmenimage aufzubauen, welches jedoch meistens an einzelne Personen gebunden ist. Ihr fachliches Können und ihre Vertrauenswürdigkeit stehen im Mittelpunkt der Leistungszusage.

Aufgrund der Immaterialität sind Dienstleistungen selbst keine Werbeträger und können daher in der Kommunikationspolitik nicht direkt agieren. Dennoch kann der Vollzug von Dienstleistungen kommunikativ wirksam werden, wenn Zuschauer, Wartende und Interessierte dem Dienstleistungsprozess beiwohnen. In diesem Fall können spezifische Werbeträger im Direktkontakt auftreten und Gegenstand von werbepolitischen Entscheidungen sein. Als Beispiel seien die Banken oder Versicherungen genannt, die mit dem Hinweis auf die durch die Dienstleistungen zugänglich werdenden materiellen Güter (wie z. B. Autokauf mittels Kredit, Eigenheim durch Bausparvertrag) für ihre Angebote werben. Begleitend zum Vollzug der Dienstleistungen können branchenspezifische Werbeträger zum Einsatz gebracht werden.

Der Wert einer Dienstleistung und damit die Angemessenheit des Preis-Leistungs-Verhältnisses kann von den Nachfragern nicht genau abgeschätzt werden. Dies ermöglicht dem Dienstleistungsanbieter einen Spielraum in der Preis- und Konditionenpolitik, der auch intensiv genutzt wird. Hierzu gehören z. B. die Preisdifferenzierung, aber auch Einstiegskonditionen für neue Kunden („Schnupperofferten"). Die Kostenstruktur von Dienstleistungsunternehmen ist in der Regel durch einen sehr hohen Anteil von Fixkosten gekennzeichnet. Mit zunehmender Standardisierbarkeit und Planbarkeit der Dienstleistungen werden die Preisverhandlungen für die Nachfrager transparenter, und die Liefer- und Zahlungsvereinbarungen können standardisiert vereinbart werden. Der Anbieter wird immer wieder bestrebt sein, einen höheren Individualisierungsgrad seines Angebots zu erreichen, weil dies einen entsprechenden Spielraum für die Preisgestaltung eröffnet.

Dienstleistungsproduktion und Distribution fallen zeitlich zusammen. Für die Distributionspolitik ergibt sich daher die Konsequenz, dass Dienstleistungen selbst nicht gehandelt werden können, wohl aber Dienstleistungsversprechen, d. h., das Versprechen, die Dienstleistung in einem späteren Zeitpunkt bzw. Zeitraum zu erbringen, Beispiele sind die vertragliche Vereinbarung eines Lohnunternehmers, zur Ernte genau definierte Arbeiten zu übernehmen, oder die Zusage einer Softwareentwicklungsfirma auf Durchführung von Programmierarbeiten. Auf diese Weise erlangt der Nachfrager ein Anrecht auf die Dienstleistung. Der Absatz von Dienstleistungsversprechen bzw. -anrechten kann entweder durch ein direktes oder indirektes Distributionssystem erfolgen. Bei dem direkten Distributionssystem wird das Dienstleistungsversprechen vom Dienstleistungsbetrieb oder seinen Filialen in direktem Kontakt an den Nachfrager überbracht. Beim indirekten Distributionssystem hingegen wird das Versprechen auf andere selbstständige Unternehmen übertragen, während der Vollzug der Dienstleistung durch den Dienstleistungsproduzenten erfolgt. Dienstleistungsversprechen können aber auch in einer Kombination aus direktem und indirektem Distributionssystem vertrieben werden. Die gewählten Distributionsorgane sind bezeichnend für die Dienstleistungsanbieter, da sowohl negative als auch positive Eindrücke auf den Dienstleistungsproduzenten zurückfallen.

Diverse Erweiterungsvorschläge für die Klassifizierung des Marketing-Mix mit seinen ursprünglichen vier Ps (Product, Price, Place, Promotion) hat es in den letzten beiden Jahrzehnten gegeben. Als besonders relevant haben sich vor allem drei weitere Ps im Dienstleistungsmarketing erwiesen.

People bzw. Personalpolitik ist eine Schlüsselgröße im Dienstleistungsmarketing. Viele Dienstleistungen sind personengebunden. Zufriedene und qualifizierte Mitarbeiter werden in der Dienstleistungserbringung noch mehr als im produzierenden Gewerbe zum Schlüsselfaktor für den unternehmerischen Erfolg. Die Personalpolitik wirkt insofern maßgeblich nach außen.

Process bzw. Prozesspolitik steuert die Abläufe an der Schnittstelle zum Kunden. Interne Faktoren wie Personal und Methoden werden mit externen, nicht beeinflussbaren Faktoren des Kunden kombiniert. Prozessorientierung bedeutet dabei, dass die Erbringung einer definierten Leistung durch den Prozess im Vordergrund aller Bemühungen steht. Nicht Abteilungen oder betriebliche Funktionen dominieren das Denken und Handeln, sondern die Gestaltung des kunden- und ergebnisorientierten Prozesses.

Physical Evidence bzw. Ausstattungspolitik steuert die Ausstattungsqualität der Umfeldparameter einer Dienstleistung. In besonderem Maße gehören dazu Räumlichkeiten, in denen Dienstleistungen erbracht werden, etwa Bankfilialen, Gasträume oder auch Werkstätten. Mittels der Ausstattungspolitik werden Dienstleistungen fassbar gemacht. Das dort erzeugte Image strahlt ab auf die eigentliche Dienstleistung. Teilweise werden sie auch zum unmittelbaren Parameter einer Serviceleistung, so zum Beispiel das Platzangebot in einem Flugzeug, das zum Nutzen-Parameter der Transportdienstleistung wird.

7.2 Strategien

Für Dienstleistungsunternehmen ergeben sich aufgrund der oben erwähnten Tatsachen folgende Marketingstrategien:

- Differenzierungsstrategie. Um im Wettbewerb bestehen zu können, muss der Dienstleistungsanbieter ein gegenüber Wettbewerbern differenziertes Leistungsangebot und ein spezielles, eigenes Image entwickeln. Darüber hinaus ist es entscheidend, die vom Kunden erwartete Dienstleistungsqualität zu erreichen oder zu übertreffen (Differenzierung der Leistungsqualität). Die Erwartungen werden durch die bisherige Erfahrung der Kunden, Erfahrungsaustausch unter den Kunden (Mundpropaganda) und durch Werbung des Dienstleisters geprägt. Deshalb muss der Dienstleistungsanbieter die Qualitätswünsche seiner Kunden ermitteln und das Qualitätsniveau eindeutig definieren.
- Preis-Mengen-Strategie. Dienstleistungen sind personalintensiv. Daher ist die Produktivität der Leistung ein bedeutender Faktor. Die Rentabilität wird entscheidend durch die Pro-Kopf-Produktivität der Mitarbeiter bestimmt.

Auch Unternehmen im produzierenden Gewerbe müssen für ihre Kunden ein produktbegleitendes Dienstleistungspaket bereithalten; die produktbegleitenden Dienstleistungen können für die Kundengewinnung sogar von entscheidender Bedeutung sein. Zum Dienstleistungsmix des Produzenten gehören z. B. der Dienstleistungsaufwand durch das Produktdesign und die Dienstleistungen vor dem Verkauf, als Beispiel sei hier die technische Beratung von Landmaschinenherstellern beim Verkauf ihrer Maschinen genannt, aber auch die Dienstleistungen nach dem Verkauf, z. B. eine schnelle Reparatur („After-Sales-Service").

In den letzten Jahren ist verstärkt zu beobachten, dass Unternehmen der Food Value Chain Dienstleistungen zukaufen. Dies gilt sowohl für die Ernährungsindustrie und das Ernährungshandwerk als auch für die Landwirtschaft. Dabei handelt es sich in der Regel um Serviceleistungen von Informationsanbietern und Beratern, Werbeagenturen, Kommunikationsdienstleistern und Ähnliches. Übersicht E.20 zeigt Beispiele für Dienstleistungsangebote.

Als praktisches Beispiel aus dem Bereich der Informationsdienstleister für die Landwirtschaft sei hier der Markt für landwirtschaftliche Fachzeitschriften genannt. Dieser ist auf der Angebotsseite durch eine Vielzahl von Anbietern gekennzeichnet, die sich mit einer großen Zahl periodischer Veröffentlichungen an die Landwirte wenden. In den alten Bundesländern zählen hierzu vor allem die organisationsgebundenen Wochenzeitschriften, die eine regionale Ausrichtung haben und deren Zielgruppe im Hinblick auf die Betriebsgröße und die Produktionsrichtung recht heterogen ist. Daneben gibt es zielgruppenspezi-

Übersicht E.20

Dienstleistungen für das Agribusiness

Dienstleistungen	Anbieter		Zielgruppen		
Bankdienstleistungen/Kredite	A		L	H	E
spezielle Agrarkredite	A		L		
Versicherungen allgemein	A		L	H	E
Tierseuchenkasse	A		L		
Hagelversicherung	A		L		
Kommunikationsanbieter	A		L	H	E
Software/Hardware	A		L	H	E
Zeitschriften	A		L	H	E
Marktinformation/Absatzförderung	A		L	H	E
AID	A		L	H	
Beratung	A		L	H	E
Offizialberatung der Landwirtschaft	A		L		
Privatberatung	A		L	H	E
Marktforschung	A		L	H	E
Technische Beratung		B	L	H	E
Lohnunternehmer	A		L		
Werbeagenturen	A		L	H	E
Öffentlichkeitsarbeit	A		L	H	

A Spezialisierte Dienstleister
B Dienstleistungen von Betriebsmittellieferanten
L Landwirtschaft
H Handel (einschl. genossenschaftlicher Handel)
E Ernährungsindustrie, Ernährungshandwerk

fische Fachzeitschriften. Einige wenden sich an bestimmte Produktionsbereiche (z. B. Tierzucht, Pflanzenschutz), andere richten sich an die unternehmerischen Führungskräfte in der Landwirtschaft. Selbst dabei gibt es die Möglichkeit zur Produktdifferenzierung. So spricht das Fachmagazin „top agrar" gezielt die spezialisierten und vor allem jüngeren Landwirte an. Das redaktionelle Konzept liefert dabei entscheidungsrelevante Informationen für landwirtschaftliche Betriebe, die sie mit griffiger Sprache und informativer Bebilderung erreicht. Dieses von den Lesern sehr schnell akzeptierte Konzept führte in der Zielgruppe zu einer hohen Marktabdeckung. Dadurch ist die Zeitschrift ein beliebter Werbeträger der Betriebsmittelindustrie geworden, da Streuverluste vermieden und umsatzstärkere Landwirte angesprochen werden. Der Erfolg dieser Fachzeitschrift liegt in der

Umsetzung eines konsequenten, zielgruppenorientierten und -gerechten Marketingkonzepts, das auf die breite Masse der Leser ausgerichtet ist. Das Gleiche gilt trotz unterschiedlicher Konzeption für die DLG-Mitteilungen, die sich auf Informationen für die mittel- und langfristige Entwicklung im Agribusiness konzentrieren. Ihrer Zielgruppe, bestehend aus überdurchschnittlich erfolgreichen landwirtschaftlichen Unternehmern, landwirtschaftlichen Unternehmern im Agribusiness und Meinungsbildern im vor- und nachgelagerten Bereich, in Verwaltung und Industrie, will sie vor allem strategische Informationen für die marktorientierte Produktion, für den Handel und die Verarbeitung bieten. Dabei stehen Marketing und Management im Vordergrund.

8. Marketing in der Gastronomie

8.1 Rahmenbedingungen

Neben dem Lebensmitteleinzelhandel bildet die Gastronomie die andere große Verbraucherschnittstelle der Wertschöpfungskette Ernährung.

Die beiden Hauptsektoren der Gastronomie bilden das Gastättengewerbe mit über 600.000 Beschäftigten, das Beherbungsgewerbe mit über 300.000 Beschäftigten und der Bereich Pachtkantinen und Caterer mit über 100.000 Beschäftigten.

Insgesamt beschäftigen die gastronomischen Betriebe über eine Million Arbeitnehmerinnen und Arbeitnehmer in rund 240.000 Betrieben. Von diesen sind etwa zwei Drittel dem Bereich des Gaststättengewerbes zuzuordnen.

Das Gaststättengewerbe teilt sich in eine Vielzahl von Erscheinungsformen. Das Statistische Bundesamt unterscheidet folgende Betriebsarten:

- Bars und Vergnügungslokale
  Verkauf von Getränken, im Allgemeinen zum Verzehr an Ort und Stelle, unter Umständen auch mit begleitendem Unterhaltungsprogramm.
- Cafés
  Bewirtungsstätten mit Verkauf von Speisen, insbesondere von Konditoreierzeugnissen und sonstigen kalten Speisen, im Allgemeinen zum Verzehr an Ort und Stelle, sowie damit verbundenem Verkauf von Getränken, unter Umständen auch mit begleitendem Unterhaltungsprogramm.
- Caterer
  Lieferung und ggf. Ausgabe von in einer Produktionszentrale zubereiteten verzehrfertigen Speisen sowie Getränken an bestimmte Einrichtungen (z. B. Fluggesellschaften,

„Essen auf Rädern") oder Personengruppen und für bestimmte Anlässe (z. B. Hochzeiten und andere Feiern oder Feierlichkeiten).

- Discotheken und Tanzlokale
  Lokale mit Tanzmusik, verbunden mit dem Verkauf von Getränken, im Allgemeinen zum Verzehr an Ort und Stelle, unter Umständen auch mit begleitendem Unterhaltungsprogramm.
- Eisdielen
  Bewirtungsstätten, von denen insbesondere Speiseeis sowie ein eng begrenztes Sortiment von Getränken zum Verzehr an Ort und Stelle oder zum Mitnehmen abgegeben werden.
- Imbisshallen
  Bewirtungsstätten, die keine oder wenig Sitzgelegenheiten aufweisen und von denen ein eng begrenztes Sortiment von Speisen mit und ohne Ausschank von Getränken zum Verzehr an Ort und Stelle oder zum Mitnehmen abgegeben wird, z. B. Würstchenstände.
- Kantine
  Verpflegungseinrichtung mit Verkauf von Speisen und Getränken, gewöhnlich zu ermäßigten Preisen, an bestimmte Personengruppen durch: Sport-, Betriebs- und Bürokantinen; Schulkantinen und -küchen; Mensen; Messen und Kantinen für Armeeangehörige.
- Restaurants
  Bewirtungsstätten mit Verkauf von Speisen, im Allgemeinen zum Verzehr an Ort und Stelle, sowie damit verbundenem Verkauf von Getränken, unter Umständen auch mit begleitendem Unterhaltungsprogramm. Restaurants, auch als Speisewagenbetriebe, gibt es mit herkömmlicher Bedienung und mit Selbstbedienung.
- Schankwirtschaften
  Bewirtungsstätten mit Ausschank von Getränken zum Verzehr an Ort und Stelle.
- Trinkhallen
  Bewirtungsstätten, die keine oder wenig Sitzgelegenheiten aufweisen und von denen ein eng begrenztes Sortiment von Getränken abgegeben wird.

Die Rahmenbedingungen haben sich in den ersten zehn Jahren des einundzwanzigsten Jahrhunderts für die meisten gastronomischen Betriebe verschlechtert. Seit der Euro-Einführung ging der Netto-Umsatz der Gastronomie in Deutschland sukzessive zurück. In der Folge reduzierte sich auch die Zahl der Betriebe.

Gegen den Trend entwickelt sich die Zahl der Caterer. Die Bedeutung der Gemeinschaftsverpflegung hat über lange Zeit zugenommen. Caterer beliefern Betriebskantinen, Fluggesellschaften, Veranstaltungen, soziale Einrichtungen und anderes mehr. Im Zuge der Konzentration vieler Unternehmen und Einrichtungen auf ihre Kernkompetenzen wurden entsprechend viele Verpflegungsaufgaben auf Caterer übertragen. Andere gesellschaftliche Entwicklungen verstärken diesen Trend. Die Einführung von Ganztagsschulen hat den Bedarf an Verpflegungsleistungen durch Dritte deutlich ansteigen lassen. In der Frühphase der Schulverpflegung neigten viele Schulträger zur Beauftragung lokaler kleinerer Versorger. Eine Konsolidierung des Schulverpflegungsmarktes ist absehbar.

Gastronomie als Absatzmarkt für Lebensmittel

Der Bezug von Lebensmitteln durch die gastronomischen Betriebe erfolgt auf folgenden Wegen:

Der klassische Abhol-Großhandel (Cash and Carry) ist eine wichtige Säule der Versorgung der Gastronomie mit Lebensmitteln. Im Obst- und Gemüsebereich werden zudem lokale Großmärkte genutzt.

Der Zustellgroßhandel garantiert eine geschlossene Kühlkette auch für temperaturgeführte Produkte. Er hat unter dem Aspekt steigender Anforderungen an Lebensmittelsicherheit eine zunehmende Bedeutung für die Belieferung der Gastronomie.

Daneben spielt die Direktbelieferung der Gastronomie durch Erzeuger (z. B. Gemüse, Käse), Handwerk (z. B. Metzger) und Fachhändler (z. B. Wein) im gehobenen Qualitätsbereich eine wichtige Rolle.

Viele gastronomische Betriebe sind Einkaufsgemeinschaften angeschlossen, die die Nachfragemacht der oft kleineren Betriebe bündeln und dadurch zu Kostenvorteilen führen können. Eine Befragung der AFC zu Beginn des Jahrtausends ergab, dass zwar über die Hälfte der Befragten (Einkäufer von Hotels) mindestens einer Einkaufsgemeinschaft angeschlossen waren. Das gebündelte Volumen pro Einkaufsgemeinschaft betrug jedoch nur etwa 7 % des Beschaffungsvolumens.

Die stark fragmentierte Struktur der Gastronomie wird als Lebensmittelnachfrager einerseits durch die unterschiedlichen vorgeschalteten Großhandelsformate gebündelt, andererseits durch entstehende Großbetriebsformen in Systemgastronomie und Catering.

Insgesamt aber bleiben die Bereiche klassische Gastronomie, Großverbraucher und Gemeinschaftsverpflegung eine interessante Zielgruppe für Lebensmittelproduzenten, da der Gastronomie-Bereich eine weniger stark konsolidierte Struktur aufweist als der Lebensmitteleinzelhandel.

Marketing-Mix in der Gastronomie

Voraussetzung des gastronomischen Erfolgs ist zunächst, dass die Basisparameter des Marketing-Mix (4P) optimiert werden:

Produktpolitik: Stimmt die Qualität der Speisen und Getränke? Ist die Qualität im Zeitablauf konstant? Ist das Produktangebot für die Teilzielgruppen hinreichend differenziert? Neben dem Angebot an Speisen und Getränken gehört auch die Gestaltung des Ambientes zur gastronomischen Produktpolitik – ebenso wie die Lebensmittelverpackung zur Produktpolitik des Herstellers gezählt wird.

Preispolitik: Stimmt die Kalkulation? Ist der Preis der Qualität angemessen? Passen Produkt- und Preisdifferenzierung zueinander? Entspricht der Preis dem wahrgenommenen Nutzen? Passt das Preisniveau in das Wettbewerbsumfeld?

Distributionspolitik: In der Gastronomie entscheidet wie im Einzelhandel oft der gewählte Standort über Erfolg oder Misserfolg. Die Wahl des richtigen Standorts gehört daher zu den wichtigsten Fragen in der stationären Gastronomie. Denn der Gast muss zum Essen kommen, nicht die Speisen zum Gast. Caterer hingegen, die ihre Kunden beliefern, benötigen statt des gut frequentierten Standorts einen erfolgreichen Vertrieb, der die Catering-Kunden für den Caterer gewinnt und betreut.

Kommunikationspolitik: Verkaufsförderung und Werbung nehmen je nach Betriebsart ganz unterschiedliche Bedeutungen ein. Systemgastronomie arbeitet mit starken Marken und entsprechenden Marketing- und Werbeaufwendungen. Caterer hingegen arbeiten eher vertriebsorientiert.

Ergänzt werden die klassischen 4P um weitere 3P des Dienstleistungsmarketings (vgl. Kapitel E 7):

Ausstattungspolitik (Physical Evidence): Die Gestaltung und Ausstattung des Gastraums und der Accessoires tritt neben andere Marketingelemente als Visitenkarte der Gastronomie. Ist der Gastraum sauber und einladend? Auch der Erlebnischarakter wird maßgeblich durch das Ambiente geprägt. Der erste Eindruck prägt zugleich die Erwartung an das Speisenangebot und setzt ein Signal in Richtung Preisniveau.

Prozesspolitik (Process): Die Ausrichtung der Prozesse auf den Gast ist elementarer Bestandteil einer Marketingstrategie in der Gastronomie. Dies kann entweder kurze Wartezeiten z. B. in der Gemeinschaftsverpflegung bedeuten oder aber die Beratung und das Eingehen auf besondere Kundenwünsche in der gehobenen Gastronomie. Ja nach Betriebsart und Strategie werden die Prozesse auf den Kunden und seine Bedürfnisbefriedigung optimiert.

Personalpolitik (People): Eine hohe Servicequalität in der Gastronomie ist in erster Linie von der Qualifikation und der Motivation des Personals abhängig. Allen Betriebsarten der Gastronomie ist gemein, dass im Mittelpunkt der Dienst am Gast steht und damit der persönlichen Kommunikation und dem persönlichen Verhalten eine zentrale Rolle zukommt.

Trends

Das Gesundheitsbewusstsein der Verbraucher hält an. Dies stärkt die Umsätze von **Health- oder Wellness-Food.** Leichte, qualitativ hochwertige Küche ist im Trend. Moderne Konzepte folgen der Formel: frisch, schnell, schön.

Ein verwandter Trend ist der Biotrend. **Bioprodukte** gewinnen in allen Lebensmittelmärkten an Bedeutung. In der Gastronomie setzt sich das Thema mit leichter Verspätung gegenüber dem Lebensmitteleinzelhandel durch.

Bioprodukte können, müssen aber nicht regional sein. **Regionale Küche** hat stark an Bedeutung gewonnen. Ein Stück Heimat auf dem Teller ist für viele Gastronomen zum Erfolgsrezept geworden.

Die Produkte aus aller Welt hingegen sind das Echo auf eine mobile Gesellschaft, in der auch Fernreisen zum allgemeinen Lebensstandard gehören. **Ethno-Küche** knüpft an das Urlaubsgefühl an und versetzt den Gast für die Dauer des Mahls gefühlsmäßig in die Urlaubsregionen der jeweiligen kulinarischen Provenienz.

Gourmet-Küche bedient zwar nur ein kleines Segment in der Gastronomie. Es sind jedoch die unterschiedlichen Enden der Qualitäts- und Preiskonzepte, die Wachstumsraten versprechen.

Besonders der **Take-away**-Markt boomt. Gestiegene Mobilität und veränderte Essgewohnheiten begünstigen diesen Trend. Klassische Gastronomiebetriebe verlieren deutlich an Umsatz zugunsten der Anbieter dieser Verzehrsform.

8.2 Strategien

Strategien in der Gastronomie folgen den wichtigsten Trends im Verbraucherverhalten. Wachstumsbereiche sind entsprechend unter anderem die Formate der Systemgastronomie, die den Take-away-Trend bedienen. Innerhalb der Systemgastronomie gehörten **Café-Konzepte** zu den erfolgreichsten Wachstumsformaten der ersten Dekade des einundzwanzigsten Jahrhunderts. Dafür stehen Marken wie Starbucks, McCafé, Balzac und andere mehr.

Das Take-away-Konzept kommt darüber hinaus durch Bistro-Bereiche in Tankstellen und Raststätten dem mobilen Verbraucher mit Bedarf an Sofortverzehr entgegen. Tankstellenbetreiber sind dadurch zu bedeutenden gastronomischen Betrieben geworden.

Es ist kein Zufall, dass auch dieser Trend erfolgreich vor allem von Unternehmen der **Systemgastronomie** umgesetzt wurde. Natürlich stellt die Systemgastronomie als gastronomisches Format selbst ebenfalls eine bedeutende und zunehmend erfolgreiche Strategie für die Gastronomie dar.

Profilierung durch Standardisierung

Das systembildende Element der Systemgastronomie ist die Standardisierung in Produktangebot, in den betrieblichen Prozessen und damit auch in der Qualität, die dem Anspruch folgt, an jedem Ort in gleichem Maße umgesetzt zu werden.

Die Steuerung erfolgt entweder hierarchisch zentral in Systemen, die eigene Filialen betreiben, oder über Vereinbarungen im Rahmen von Franchise-Systemen. Daneben bestehen auch Mischformen aus Filial- und Franchise-Betrieben.

Beide Betriebsformen sind in der jüngeren Vergangenheit stark gegen den Trend gewachsen.

Profilierung durch Markenbildung

Die Dienstleistung der klassischen Gastronomie kann nicht als Markenartikel gestaltet werden. Schon die Beschränkung eines einzelnen Betriebs an einem einzigen Ort steht einer Markenbildung entgegen. Erst durch den Aufbau zahlreicher Standorte kann für die Markenbildung in der Systemgastronomie die Voraussetzung geschaffen werden. Eine einheitliche Produkt- und Servicequalität wird durch die Standardisierung sichergestellt.

Profilierung durch Erlebnis- und Service-Strategien

Aber nicht nur Take away und Fast Food wird als Trend erfolgreich von Unternehmen der Systemgastronomie bedient. Auch Full-Service-Konzepte wie in Steakhäusern (z. B. Maredo) oder der Erlebnisgastronomie (z. B. Schweinske) werden durch die Systemgastronomie erfolgreich umgesetzt. Die Kategorien Erlebnis und Service bieten andererseits aber auch Einzelbetrieben gute Entwicklungsmöglichkeiten. Entsprechend finden sich vor allem in Großstädten zahlreiche erfolgreiche, der jeweiligen Szene angepasste Gastronomiekonzepte (vgl. Übersicht E.21).

Die unterschiedlichen Ausprägungen von Ethno-, Wellness, Gourmet-, Regio- und Szenegastronomie folgen den jeweiligen Trends und unterstreichen die Möglichkeiten der Profilierung durch Erlebnisorientierung. Sie sind zugleich typische Resonanzkörper des

Übersicht E.21

Top 10 Gastronomie-Unternehmen

Top 10 Unternehmen 2005	Vertriebslinien	Mio. €	Betriebe
McDonald's Deutschland Inc.	McDonald's	2.424,0	1.264
LSG Lufthansa Service Holding AG	LSG	726,0	44
Burger King GmbH	Burger King	595,0	489
Autobahn Tank & Rast Holding GmbH	T & R Raststätten	525,0	390
Nordsee Fisch-Spezialitäten GmbH	Nordsee	286,2	367
Metro Group	Dinea, Grillpfanne, Axxe, Metro C+C	248,4	169
KarstadtQuelle AG	Le Buffet	208,4	169
Aral AG	Petit Bistro	152,0	1.271
Ikea Deutschland GmbH + Co. KG	Ikea Gastronomie	143,5	36
YUM! Restaurants Int. Ltd. + Co. KG	Pizza Hut, KFC	126,8	115

Quelle: Food-Service, DFV 2006

hybriden Verbraucherverhaltens. Es sind teilweise dieselben Verbraucher, die mittags einen preiswerten Snack zu sich nehmen und abends im Gourmet-Restaurant speisen. Die feste Zuordnung von adressierbaren Personen zu festen Zielgruppen oder Marktsegmenten wird immer schwieriger. Erlebnisorientierte Gastronomie bietet situativ insofern gute Voraussetzungen für eine Marketing-Kooperation mit Produkten, die ähnliche Erlebniswelten ansprechen.

Profilierung durch Kostensenkung

Kostensenkungsstrategien sind dort gefragt, wo die Kosten der Produktion zum wesentlichen Erfolgsfaktor werden. Besonders ausgeprägt ist dieser Umstand in der betrieblichen Gemeinschaftsverpflegung und in der Sozialverpflegung, also in Krankenhäusern, Altersheimen, Schulen etc. In diesen Einrichtungen stellt der Träger ein festes Budget pro Mahlzeit zur Verfügung. Steigen die Lohn- und Rohstoffkosten schneller als das Budget, müssen Kostensenkungspotenziale zum Beispiel durch Zentraleinkauf, Zentralküchen für mehrere Betriebe etc. erschlossen werden.

Profilierung durch lokale Vernetzung

Betriebe, die zu klein sind, um in klassische Werbung und in ihre Markenbildung zu investieren, haben seit jeher dennoch erfolgreiches Marketing betrieben. Schlüsselelemente sind dann die intensive Vernetzung mit der lokalen „Szene". „Sehen und gesehen werden" hebt die Bedeutung des Gastes und auch des Gastronomen. Empfehlungsmarketing, also Werbung durch Mund-zu-Mund-Propaganda, ist Element der Marketing-Strategie eines jeden erfolgreichen lokalen Gastronomen.

9.
Verbraucher als Zielgruppe

Alle auf den der Landwirtschaft nachgelagerten Marktstufen – sei es, dass sie Lebensmittel durch Be- und/oder Verarbeitung herstellen oder lediglich mit ihnen handeln – betrachten letztlich den Verbraucher als Zielgruppe aller Aktivitäten.

Sie müssen deshalb an der Beantwortung folgender Fragen interessiert sein:

- Wie entwickelt sich die langfristige Nachfrage nach Lebensmitteln?
- Wodurch wird die Nachfrage beeinflusst?
- Welche Determinanten nehmen Einfluss auf das Nachfrageverhalten bei den einzelnen Produkten und in den einzelnen Bevölkerungsgruppen?
- Wer sind die Entscheidungsträger beim Kauf von Lebensmitteln?
- In welcher Einkaufshäufigkeit und welcher Einkaufsintensität werden Lebensmittel gekauft?
- Aus welchen Gründen präferiert der Käufer die eine oder andere Einkaufsquelle?
- Wie ist das spezifische Einkaufs- und Verbrauchsverhalten von Großverbrauchern?

Langfristige Verbrauchsentwicklung

Der Prozess der Industrialisierung hatte einen umfassenden Wandel zur Folge. Der Austausch körperlicher Arbeit durch Maschinen, erhöhte Anforderungen an die geistige Leistungsfähigkeit sowie eine fortschreitende Bewegungsarmut führen zu einer Veränderung der Ernährungsgewohnheiten.

Dennoch liegt der Verbrauch an Nahrungskalorien erheblich über den Zufuhrempfehlungen für die Anforderungen bei der gegenwärtigen Arbeits- und Lebensweise. So bewegt sich die tägliche Kalorienzufuhr seit Jahren deutlich über 3.000 kcal je Kopf, obgleich ernährungsphysiologisch 2.500 kcal durchschnittlich als ausreichend gelten.

Gleichzeitig hat sich der Nährwertgehalt des Nahrungsmittelverbrauchs deutlich zugunsten des Verbrauchs von tierischem Eiweiß verschoben.

Hinsichtlich der Struktur des Nahrungsmittelverbrauchs lassen sich noch weitere wichtige Veränderungen zeigen, die zu einer Verschiebung zwischen den einzelnen Nahrungsmittelgruppen führten. So lässt sich ein deutlicher Rückgang des Verzehrs von so genannten Grundnahrungsmitteln (wie Getreide, Kartoffeln oder auch Zucker) feststellen, gleichzeitig steigt der Verbrauch an Frischprodukten (vor allem Obst und Gemüse) und an veredelten und hochwertig verarbeiteten Erzeugnissen.

Zudem wird ein immer größerer Anteil an der Aufbereitung der Nahrungsmittel und der Zubereitung von Mahlzeiten aus den Haushalten ausgelagert und von vorgelagerten Bereichen der Ernährungsindustrie übernommen.

Die Verbraucher fragen in verstärktem Maße Convenience-Produkte nach, die mit einem deutlich höheren Anteil an Dienstleistungen versehen sind. Das wird besonders an der Entwicklung der Nachfrage nach Tiefkühlkost und Produkten für die Mikrowelle erkennbar.

Mit steigendem Einkommen wachsen seit vielen Jahren die Ausgaben für Nahrungsmittel nur noch unterproportional. Ohne die Umschichtungen des Verbrauchs zugunsten von Erzeugnissen mit hohem Dienstleistungsanteil und hohem „psychologischem Zusatznutzen" wäre dieser im Engel'schen Gesetz beschriebene relative Verbrauchsrückgang mit steigenden Einkommen noch ausgeprägter.

Bestimmungsgründe für die langfristige Nachfrageentwicklung

Übersicht E.22 verdeutlicht schematisiert die wesentlichsten Einflussfaktoren auf die Nachfrage nach Lebensmitteln.

(1) Sozio-demografische Einflüsse

Selbstverständlich haben zunächst die sozio-demografischen Veränderungen hohen Einfluss auf die langfristige Nachfrage nach Lebensmitteln.

Die **Bevölkerungsentwicklung,** die über die Zahl der potenziellen Nachfrager entscheidet, wird bestimmt vom Verhältnis der Lebendgeborenen zu den Gestorbenen und zusätzlich vom Außenwanderungssaldo.

In den alten Bundesländern stagnierte die Bevölkerung von Mitte der 60er bis Mitte der 80er Jahre des vorigen Jahrhunderts bei etwa 60–61 Mio. Seit der Wiedervereinigung

Übersicht E.22

Bestimmungsfaktoren der langfristigen Nachfrage der Verbraucher

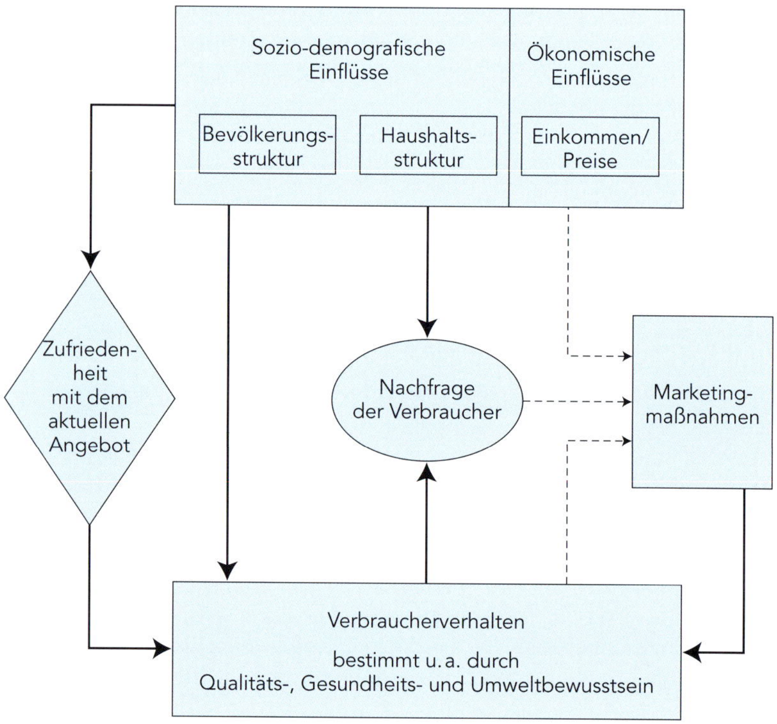

(79,8 Mio.) stieg sie leicht an und verzeichnete im Jahr 2005 mit etwas über 82 Mio. Einwohnern einen Höhepunkt. Die jährlichen Zuwächse ergaben sich dabei vor allem infolge der Zuzüge von Migranten.

Mit den insgesamt stagnierenden Bevölkerungszahlen geht seit Jahren eine deutliche **Veränderung der Altersstruktur** einher. Damit wird die in den zurückliegenden Jahren praktizierte primäre Ausrichtung von Konsumgütern und deren Absatzförderung auf die Jugend fragwürdig. Schon jetzt ist die Kaufkraft der älteren Menschen über 60 Jahre um ein Mehrfaches höher als die der Teenager. Aus dem höheren Anteil älterer Menschen resultiert, dass tendenziell mehr Einkommen auf den Konsum entfällt.

Ältere Menschen stellen andere ernährungsphysiologische Anforderungen an die von ihnen gekauften Lebensmittel. Darüber hinaus ändern sich auch die Anforderungen an den Conveniencegrad und die Gebindegrößen mit der veränderten Haushaltsstruktur (hoher Anteil von 2-Personen- und Single-Haushalten).

Generell ändern sich in der Bundesrepublik Deutschland seit Jahren **Zahl und Größe** der Haushalte. Die Zahl der Haushalte nimmt bei gleichzeitiger Verringerung der durchschnittlichen Haushaltsgröße zu. Die Ursachen liegen im Geburtenrückgang, höheren Scheidungszahlen, späteren Eheschließungen und der Führung eigener Haushalte von Jugendlichen und älteren Menschen.

Kleinere Haushalte stellen nicht nur veränderte Anforderungen an Convenience und Gebindegrößen; Kleinhaushalte verzeichnen zudem höhere finanzielle Ausgaben für höherwertige Produkte und nehmen zu größeren Anteilen Angebote der Außer-Haus-Verpflegung (Kantinen und Gastronomiebetriebe) in Anspruch.

(2) Ökonomische Einflüsse

Die außerökonomischen Einflussfaktoren haben als Bestimmungsgründe des Kaufverhaltens in den letzten Jahren mehr und mehr an Bedeutung gewonnen **(vgl. dazu Kap. A 3 „Käuferverhalten").** Gleichwohl sind die ökonomischen Einflüsse (Einkommen und Preise) nach wie vor relevant.

So zeigen empirische Untersuchungen, dass die **Einkommenselastizität** der mengenmäßigen Nachfrage nach Lebensmitteln zwar gegen null tendiert, dennoch weichen „untere Einkommensgruppen" – insbesondere in Zeiten stagnierender Realeinkommen – eher auf preisgünstigere Angebotsalternativen aus oder halten sich auf einzelnen Teilmärkten in der mengenmäßigen Nachfrage zurück.

Auch die Tatsache, dass die Nachfrage nach Lebensmitteln **preisunelastisch** ist, der Preiselastizitätskoeffizient kleiner als eins ist, dürfen wir nicht falsch interpretieren. Viele Verbraucher erweisen sich – vor allem auf den Märkten für „Standardprodukte" – als wahre „Preisjäger", bei Produkten mit hohem psychologischen Zusatznutzen ist dagegen die Akzeptanz höherer Preise sehr viel ausgeprägter.

(3) Qualitative Einflüsse

- Viele der zunehmend an Bedeutung gewinnenden außerökonomischen Einflussfaktoren haben ihre gemeinsame Wurzel im **gesellschaftlichen Wertewandel.** Gewandelte Werte können vielfach zu Widerständen gegenüber Produkten oder Dienstleistungen führen, die von Verbrauchern negativ beurteilt werden. Solche „Widerstandsmärkte" erfordern gezielte Strategien der Anbieter (vgl. Toolbox: „Widerstandsmarkt").

TOOLBOX: WIDERSTANDSMARKT

Beim Widerstand handelt es sich um einen Zustand, der jemandem oder einer Sache entgegenwirkt und sich daher als hinderlich erweist. Bei einem Widerstandsmarkt wird der Widerstand aus sozialpsychologischer Sicht als mögliche Verhaltensweise aufgrund von Ablehnung betrachtet, vorausgesetzt, diese wird nicht durch kognitive Strategien reduziert.

Ein Widerstandsmarkt kann für jegliche Produkte oder Produktgruppen Geltung erlangen. Er entsteht durch ein Produktangebot, das bei einem oder mehreren Marktteilnehmern als nicht sicher, als nicht gesund oder als ethisch-moralisch nicht vertretbar angesehen oder seitens Dritter dazu gemacht wird. Als Konsequenz werden bestimmte Widerstände in Form von verhaltensspezifischen (z. B. Konsumboykott) oder kognitiven Reaktionen (z. B. Dissonanzen) bei einem Marktpartner hervorgerufen. Dieser ist in der Regel der Endverbraucher.

In der Wirtschaftstheorie wird ein Markt als Vorgang verstanden, bei dem Angebot und Nachfrage aufeinandertreffen und eingebettet in einen Wettbewerbsprozess Anbieter und Nachfrager Leistungen austauschen. Bei einem Widerstandsmarkt stehen die dynamischen Marktprozesse zwischen Produkt und Marktteilnehmern, die konstitutiven Merkmale eines Marktes, im Mittelpunkt der Betrachtung.

Der Widerstand kann nach Intensität und zeitlicher Dauer sehr unterschiedlich sein. Besonders häufig findet sich dieser Markttypus im Agrar- und Lebensmittelsektor, z. B. durch Pestizidbelastungen bei Obst und Gemüse, entdecktem Pflanzengift Nitrofen im Geflügelfleisch deutscher Ökobetriebe, auftretender Vogelgrippe bei Nutzgeflügel, erhöhtem Acrylamidgehalt bei Kartoffelprodukten, BSE-Vorkommen bei Rindfleisch, bestrahlten Lebensmitteln, Käfigeiern oder gentechnisch veränderten Lebensmitteln. Aber auch im Non-Food-Sektor führen u. a. Mikrowelle, Handy, die Nutzung von Tierversuchen im Kosmetiksektor oder Atomenergie zu höchst unterschiedlichen Widerständen im Markt.

Einige dieser skizzierten Produktbereiche können durch Nicht-Kauf relativ einfach gemieden werden, während bei anderen Produkten der Verbraucher z. B. ein Erkennungsproblem hat, so dass deren Nutzung bzw. Konsum nur teilweise kontrollierbar ist. Der „Konsum" der grünen Gentechnik ist z. B. nicht vollständig beeinflussbar. Vor dem Hintergrund der Kennzeichnungsregeln, bei denen unter anderem tierische Produkte ausgeschlossen sind, die mit Hilfe gentechnisch veränderter Futtermittel gewonnen wurden (EU-VO 1829/2003), kann der Verbraucher bei konventionellen Lebensmitteln einen „gentechnikfreien" Konsum nicht vollständig kontrollieren.

Kein Indiz für einen Widerstandsmarkt sind auftretende Widerstände beim Verbraucher aufgrund einer Nicht-Kongruenz des Produktangebotes mit dem individuellen sensorischen Empfinden oder durch marketingpolitische Fehlleistungen bedingte Implikationen. Ein gegenüber einem spezifischen Produkt existenter Widerstand muss dabei nicht folgerichtig zu einem Widerstand gegenüber anderen Produktkategorien, die auf dieses spezifische Produkt zurückgreifen, führen (z. B. loser Verkauf von Käfigeiern versus deren Verarbeitung in Produkten). Ein Widerstandsmarkt kann sowohl unterschiedlich stark in der Ausprägung der Stärke sein, die sich oftmals anhand von Abverkaufszahlen messen lässt, als auch in der Ausprägung der Dauer. Diese ist abhängig von einer vorrangig durch Politik, Wissenschaft und Interessengruppen hervorgerufenen medialen Aufmerksamkeit. Dabei zeigt sich ein weiteres Charakteristikum des Widerstandes, dass dieser vielfach sozial gebündelt oder durch Koalitionsbildung auf einer breiteren Basis wahrgenommen wird. Lässt diese nach, kann sich ein Widerstandsmarkt von selbst regulieren und zu einem „normalen" Markt werden. Des Weiteren können entsprechende Maßnahmen (z. B. Beschaffungsmodifikationen oder Qualitätssicherung) zu seiner eigenen Abschwächung beitragen.

Unabhängig davon haben vor allem Werte aus folgenden Bereichen steigende Bedeutung:
- Gesellschaftskritik
  (z. B. Emanzipation, Partizipation, Autonomie des Einzelnen)
- Hedonismus
  (Genuss, Abwechslung, Ausleben emotionaler Bedürfnisse)
- Individualismus
  (Kreativität, Selbstverwirklichung, Ernstgenommenwerden).

Viele Werte und Bedürfnisse sind **nicht gleichgerichtet,** nicht einmal beim Einzelnen.
Die intra-individuelle Bedürfnisdifferenzierung beschert uns ein besonderes Phänomen: den **widersprüchlichen Verbraucher.**
Der widersprüchliche Verbraucher hat die Märkte gespalten. Insbesondere die Konsumgütermärkte polarisieren sich in zwei Richtungen:
- preiswerte (discountfähige) Massenware
- Premium-Segmente (Innovation und Erlebnisorientierung)

Der Verbraucher erwartet also:
- preiswerte, einfach einzukaufende Artikel in guter Qualität
  (auch „Schnäppchen"), gleichermaßen aber auch:
- Exklusives, Design, „Champagner, Hummer & Co.".

• Auch für Kunden des Niedrigpreissegmentes und aus den unteren Einkommensgruppen wird eines immer selbstverständlicher: hohe Qualität.
Der Qualitätsbegriff ist dynamisch und wird vom Verbraucher ständig neu interpretiert, zurzeit in folgende Richtungen:
- **garantiert** gesundheitlich unbedenklich
- ökologisch verträglich produziert, verpackt, transportiert, präsentiert und entsorgbar
- gesicherte **Prozess**qualität
- identifizierbar, woher es kommt (bei Nahrungsmitteln am liebsten aus Deutschland)
- design- und/oder kulturorientiert
- ethisch vertretbar (Tierhaltung).

- Das gewachsene Ökologiebewusstsein zeigt sich in einer jährlich wachsenden Nachfrage nach Agrarprodukten und Lebensmitteln aus ökologischem Landbau sowie nach regionalen Produkten:
  - Ein hoher Anteil der Verbraucher (bei Obst und Gemüse z. B. 80 %) möchte wissen, **woher** die Produkte stammen.
  - Ein wachsender Anteil der Verbraucher fragt gezielt Produkte des ökologischen Landbaus nach, also Erzeugnisse, die nach der EU-Öko-Verordnung und/oder den Richtlinien der Öko-Anbauverbände erzeugt werden (z. B. Bioland, Naturland, Demeter).

    Bundesweit wird der Markt für Öko-Produkte im Jahr 2008 auf 5,8 Mrd. € geschätzt, bei einem jährlichen Wachstum von rund 10 %. Damit ist Deutschland der größte Bio-Absatzmarkt in Europa.

  Dass der Biomarkt weiterhin boomt, hat vor allem folgende Gründe:
  - Seit den 80er Jahren ist die Anzahl der Öko-Anbauflächen in Deutschland kontinuierlich gestiegen. Seit dem Jahr 2003 verzeichnet der Bio-Landbau in Deutschland ein stabiles jährliches Wachstum bei den Flächen und Betrieben (zwischen 2 % und 5 %). Die Nachfrage steigt jedoch stärker als das Angebot, so dass ein Großteil der Bio-Ware zunehmend aus osteuropäischen EU-Ländern und Drittländern importiert wird.
  - Ende 2007 wurden in Deutschland rund 860.000 Hektar landwirtschaftliche Nutzfläche von annähernd 19.000 Betrieben nach den EU-weiten Regelungen des ökologischen Landbaus bewirtschaftet. Damit lag der Öko-Anteil an der Gesamtfläche bei 5,1 % und bei landwirtschaftlichen Betrieben bei 5,04 %.
  - Der Gewinn von Öko-Betrieben übersteigt seit vielen Jahren den vergleichbarer konventioneller Betriebe.
  - Die Privathaushalte steigern ihre Ausgaben für Bioprodukte, allein im Jahr 2007 um rund 21 % gegenüber dem Vorjahr.
  - Die Preisspanne zwischen konventionellen und ökologisch erzeugten Produkten ist in den letzten Jahren immer geringer geworden. Demzufolge greifen Verbraucher zunehmend zu Bio-Lebensmitteln.
  - Der Marktanteil von Bio-Ware an allen Lebensmitteln und Getränken liegt bei rund 3 %.
  - In allen Warengruppen des Bio-Bereiches sind auch der konventionelle LEH und die Discounter stark. Bekannte Marken sind hier „BioBio“ von Plus, „bio“ von Aldi oder „Bio Wertkost“ von EDEKA.
  - Im Naturkosthandel sind Bio-Supermärkte wie „Bio Company“, „Alnatura“, „denn's“ oder „basic“ die stärksten Treiber für das Umsatzwachstum.
  - Die Einführung des staatlichen Bio-Siegels und die stärkere Förderung des Ökolandbaus zu Beginn der 2000er Jahre haben das Wachstum zusätzlich beschleunigt.
- Nicht nur im Hinblick auf die Qualität, sondern generell gilt: Der Konsument ist **kritisch** und **fordernd.**
  - Ausbildungs- und Bildungsstand nehmen zu.
  - Die Medien verschärfen Anspruch und Kritikfähigkeit.

  Der kritische und fordernde Konsument
  - bewirkt ein Umdenken vom Preis-Leistungs-Verhältnis zum Leistungs-Preis-Verhältnis,

  - erwartet übersichtliche Ladengestaltung und Kundenleitsysteme,
  - erwartet starke Problemlösungsorientierung beim Verkaufspersonal des Einzelhandels (Dienstleistungsorientierung).
- Der Wertewandel in Richtung „Individualität“ unterstützt diese Trends und verschärft das Bedürfnis,
  - als „Kunde König“ reiche Auswahl zu haben,
  - bevorzugt informiert und bedient zu werden,
  - sich exklusive Wünsche erfüllen zu können (entsprechend der Einkommenshöhe durchaus auf bestimmte Lebensbereiche beschränkt).

  Gleichzeitig begünstigt diese Entwicklung abnehmende Geschäftstreue, ohne den Wechsel mit Unzufriedenheit zu begründen (Spaß am Suchen und Wechseln).
- Der Wertewandel in Richtung „Hedonismus“ verstärkt das Bedürfnis nach Lebensfreude und unterstützt den Wunsch des Konsumenten, sich vom Geschehen des Alltags auf angenehme Weise durch unterschiedlichste Erlebnisse ablenken zu lassen.
  - Erlebniseinkauf,
  - freizeitorientiertes Einkaufen als Kontrast zur reinen Versorgung,
  - Erlebniskonsum in unterschiedlichsten Richtungen (Einkauf als Freizeitaktivität: Shopping).
- Der Wunsch nach Abwechslung vom Alltag heißt für den Kunden:
  - Distanzierung vom „Kommerz“,
  - hohe Ansprüche an Standort und Präsentation,
  - exklusives Ladenlayout,
  - Wunsch nach Fremdartigem und Originellem,
  - Wunsch nach einem breiten Warenangebot.
- Das Bedürfnis nach Erlebnissen und die vielfältigen Möglichkeiten seiner Befriedigung in fast allen Lebensbereichen führen trotz kürzer werdender Arbeitszeit zu einer subjektiv empfundenen **Zeitknappheit.**
  - Die wachsende Informationsfülle und das Bedürfnis nach Abwechslung und Anregungen wecken den Wunsch, möglichst viel mitmachen und erleben zu können.
  - Man möchte die vielfältigen Freizeit- und Weiterbildungsangebote nicht als Zuschauer erleben.
  - Freizeitstress entwickelt immer mehr Eigendynamik (keine Freizeit in der Freizeit).

  Die subjektiv empfundene Zeitknappheit schlägt sich nieder in
  - dem Wunsch nach Zeitersparnis bei Routinekäufen,
  - Zunahme von Interneteinkäufen,
  - wachsende Bedeutung von „One-Stop-Shopping“, Info-Ständen und Kundenleitsystemen.

  Zugleich ist jedoch ein gegenläufiges Verhalten erkennbar: Der Kunde sucht nach immer neuen Anregungen, die Freizeit abwechslungsreich zu verbringen.
- Das Bedürfnis nach Individualität und Lifestyle-Orientierung fördert den Rückzug ins eigene Heim und zu „geselligem Cocooning“ in zwei Facetten:
  - „Einigeln“, seinen (relativen) Wohlstand für sich genießen (My home is my castle), auch als Gegenreaktion zur Zeitknappheit in Beruf und Freizeit.
  - Mit Gleichgesinnten zusammensein, die zum gleichen Milieu oder Lifestyle gehören. (Das „Heim“ kann auch der Club, der Pub oder die Kneipe sein, in jedem Falle aber werden hohe Atmosphärenansprüche gestellt.)

Das Bedürfnis nach einem solchen Cocooning bedeutet:
- Profilierungsmöglichkeiten für bewährte Fach- und Spezialgeschäfte bei „High-involved“-Produkten,
- wachsende Bedeutung atmosphärischer, milieuspezifischer Gestaltung des Ladeninterieurs,
  - entweder im Fachgeschäft,
  - oder im Shop-in-Shop-System des Großflächenmarktes.
- Möglichkeiten individueller Informationspolitik (Direct Mailings etc.).

Verbrauchsunterschiede in verschiedenen Bevölkerungsgruppen

Die Darstellung der langfristigen Verbrauchsentwicklung auf der Grundlage von statistischen Durchschnittswerten, z. B. Pro-Kopf-Verbrauch, vermittelt zwar aufschlussreiche Hinweise über die Ausschöpfung des Gesamtmarktpotenzials; für das Marketing des einzelnen Anbieters reichen solche globalen Informationen allerdings nicht aus.

Zur Konzipierung zielgruppenorientierter Aktivitäten, die mit zunehmender Marktsegmentierung erforderlich sind, werden Daten darüber benötigt, welche Unterschiede im Verbrauchsverhalten bei verschiedenen Bevölkerungsgruppen auftreten.

In aller Regel wird man dabei zunächst versuchen, das Verbraucherverhalten auf der Grundlage einer Unterteilung der Gesamtbevölkerung nach so genannten sozio-demografischen Merkmalen zu analysieren.

Informationen über solche Verbrauchsunterschiede bei den einzelnen Produkten oder sogar Marken lassen sich aus empirischen Erhebungen in Form von einmaligen Untersuchungen oder Wiederholungsbefragungen gewinnen (vgl. dazu Kapitel I 1).

Kriterien der Einkaufsentscheidung

Auch wenn wir gesehen haben, dass bei den einzelnen Lebensmitteln erhebliche Verbrauchsunterschiede zwischen den verschiedenen, nach sozio-demografischen Kriterien abgegrenzten Bevölkerungsgruppen auftreten, so können wir doch nicht in jedem Fall schlüssig sagen, dass diese Kriterien die Kaufentscheidung darstellen. Vielmehr hatten wir bereits in der allgemeinen theoretischen Darstellung des Käuferverhaltens gesehen, dass eine Vielzahl von Einflussgrößen in unterschiedlicher Gewichtung die konkrete Kaufentscheidung des Konsumenten mitbestimmt. So kann z. B. das Alter durchaus als Erklärung für eine unterschiedliche Markenwahl herangezogen werden; oft verbergen sich hinter diesem Kriterium aber andere, und zwar z. B. psychologische Merkmale, die ihrerseits mit dem Lebensalter korrelieren (z. B. der Grad der Experimentierfreudigkeit, des Gesundheitsbewusstseins, der Introvertiertheit u. Ä.).

Es bleibt deshalb Aufgabe der Marktforschung, im konkreten Fall für jede Produktgruppe und sogar für jedes Erzeugnis oder jede Marke die Bestimmungsgründe des Käuferverhaltens zu analysieren. Das schließt aber nicht aus, dass auf einzelnen, artverwandten Märkten einige wichtige Grunddimensionen festgestellt werden können, anhand derer die Verbraucher das Angebot beurteilen. So zeigen langjährige Untersuchungen folgende Rangreihe der wichtigsten Kriterien beim Lebensmitteleinkauf:

(1) Frische,
(2) Qualität,
(3) Preis,

(4) Auswahl,
(5) Sonderangebote.

Dabei ist selbstverständlich, dass sich der Frische- und der Qualitätsbegriff bei verschiedenen Produktarten unterschiedlich konkretisiert und dass die Gewichtung der einzelnen Kriterien bei den einzelnen Produktarten und bei unterschiedlichen Verbrauchergruppen variiert.

Generell ist festzustellen, dass die ökonomischen Kriterien – und hier vor allem die absolute Preishöhe – bei vielen Produkten mit wachsender Konsumsumme gegenüber den außerökonomischen Kriterien an Bedeutung verlieren.

Zwar nehmen die meisten Verbraucher die allgemeine **Einkaufsplanung** zu Hause vor. **Die Kaufentscheidung** fällt aber mehr und mehr erst im Geschäft. Es hat den Anschein, als ob dieses Kaufverhalten – Verlagerung der Einkaufsentscheidung an den Ort des Einkaufs – mit wachsender Konsumsumme zunimmt. Die höhere frei verfügbare Kaufkraft ermöglicht eine weniger strenge detaillierte Verplanung des Budgets.

Die Verbraucher halten sich durch ein solches Verhalten die Möglichkeit offen:
- Anregungen zu finden,
- das Angebot zu prüfen,
- Sonderangebote wahrzunehmen.

Als Entscheidungshilfe beim Einkauf dienen:
- Eigene Erfahrungen und Erfahrungen anderer,
- Anzeigen in Tageszeitungen,
- Handzettel bzw. Hauswurfsendungen,
- Plakate vor und im Geschäft,
- Platzierung und Auszeichnung der Ware,
- Sonstige werbliche Aktivitäten (z. B. VKF-Aktionen).

Dieses Verhalten verdeutlicht, dass bei der Planung absatzfördernder Aktivitäten der Verkaufsförderung im Geschäft besondere Bedeutung zukommt.

Entscheidungsträger beim Kauf von Lebensmitteln

Waren bis vor wenigen Jahren noch Frauen diejenigen, die entschieden haben, was an Lebensmitteln gekauft wurde, sind mittlerweile bei vielen Verbrauchs- und Gebrauchsgütern auch die anderen Familienmitglieder an der eigentlichen Kaufentscheidung beteiligt. Langjährige Untersuchungen zeigen, dass infolge der zunehmenden Erwerbstätigkeit der Frauen tradierte Zuständigkeiten immer häufiger auf andere Personen delegiert werden. So sind inzwischen bei den meisten Lebensmitteln zunehmend die Männer an den Kaufentscheidungen beteiligt. Auch der Einfluss der Kinder ist bei bestimmten Produkten (wie z. B. bei fertiger Frühstückskost, Fertig-Puddings, Fruchtsäften, Joghurt und Süßwaren) erheblich.

Diese Beispiele machen deutlich, dass sich das Marketing der Anbieter nicht nur an die eigentliche Verwendergruppe richten darf, sondern dass im Einzelfall geprüft werden muss, welche Personen oder Personengruppen an der Kaufentscheidung beteiligt sind. Das hat vor allem deutliche Auswirkungen auf die Zielgruppenentscheidung innerhalb der Kommunikationspolitik eines Unternehmens.

Einkaufshäufigkeit und Einkaufsintensität

Lebensmittel werden generell mit relativ hoher Frequenz eingekauft. Dabei werden allerdings divergierende Entwicklungen bei den verschiedenen Produktgruppen erkennbar. Etwa zwei Drittel der Haushalte präferieren vor allem bei lagerfähigen Produkten den Wochenendeinkauf. Der hohe Grad der Mobilität der Haushalte ermöglicht eine entfernungs- und mengenunabhängige Einkaufsplanung, so dass Verbrauchermärkte und SB-Warenhäuser „auf der grünen Wiese" problemlos erreicht werden können.

In anderen Produktgruppen – vor allem bei Frischprodukten – führen die steigenden Qualitätsanforderungen zur Erhöhung der Einkaufsfrequenz.

Insgesamt zeigt sich in der Einkaufshäufigkeit ein Unterschied zwischen den einzelnen sozialen Schichten. Deutliche Unterschiede bestehen beispielsweise zwischen den verschiedenen Altersgruppen. Die jüngere Generation kauft sehr viel häufiger ein.

Die relativ dichte Einkaufsfrequenz für Lebensmittel resultiert insbesondere aus der geringen Haltbarkeit und andererseits aus dem Bedürfnis, möglichst häufig Frischprodukte einzukaufen.

Die hohe Einkaufshäufigkeit bei Lebensmitteln führt dazu, dass Lebensmittelkäufe in der Regel Routinekäufe sind, bei denen kein differenzierter Kaufentscheidungsprozess abläuft. Die Verbraucher kennen die meisten Produkte vom täglichen Konsum her und kaufen deshalb Lebensmittel in der Regel ohne detaillierte Vorplanung. Das wird deutlich dadurch erleichtert, dass der finanzielle Aufwand beim einzelnen Kaufakt relativ gering ist. Bei Fehlkäufen stellen sich also nur selten kognitive Dissonanzen ein. Der Kauf von Lebensmitteln stellt insgesamt einen nur bedeutungsschwachen Vorgang dar.

Daraus resultiert zwangsläufig, dass der Anteil der Impulskäufe bei Lebensmitteln besonders hoch und dass die Substitutionsbereitschaft ausgeprägt ist.

Unterstützt wird die Neigung der Verbraucher, ihre Kaufentscheidung häufig erst im Geschäft zu fällen, durch die immer größere Zahl von Sonderangeboten im Lebensmitteleinzelhandel (vgl. Kapitel E 6.1)

Einkaufsquellen

Der weitaus überwiegende Teil der von den Privathaushalten nachgefragten Lebensmittel wird in den SB-Warenhäusern und großen Verbrauchermärkten des Lebensmitteleinzelhandels eingekauft.

Der LEH hat in den zurückliegenden Jahren sein Sortiment mehr und mehr komplettiert, vor allem auch um Frischprodukte, und ist damit zum „Allround-Einkaufsort" geworden. Entsprechend den rasanten Strukturveränderungen im Handel haben traditionelle Betriebsformen, also die kleinen Verbrauchermärkte und die klassischen Supermärkte, erheblich an Marktanteilen zugunsten vor allem der Verbrauchermärkte und Discounter eingebüßt.

Die Bedeutung des Ernährungshandwerks geht stetig zurück. Vor allem im Bereich der Fleischerfachgeschäfte sinkt der Marktanteil zugunsten des LEH und hier insbesondere zugunsten deren SB-Fleischanteils. Im Bereich der Bäckereien gibt es einen vorherrschenden Trend zu industriellen Großbäckereien mit angegliederten Verkaufsniederlassungen, die viele handwerklich geprägte Bäckereien verdrängt haben und weiter verdrängen werden.

In jüngster Zeit gewinnen Selbstbedienungs-Backwarengeschäfte wie z. B. „Back-Factory" an Bedeutung, was diesen Trend noch verstärkt. Im Gegenzug versuchen sich Betriebe des Ernährungshandwerks einerseits im Bereich der Vermarktung regionaler Produkte zu positionieren, andererseits bemühen sie sich um die Vermittlung einer herausgehobenen Qualität, z. B. durch die Vermarktung von Produkten aus Qualitätsprogrammen. Häufig findet sich auch eine Kombination beider Ansätze. Ein weiterer Versuch, sich zu behaupten, wird durch zusätzliche Dienstleistungsangebote unternommen. Ein Beispiel hierfür sind Imbiss-Bereiche in Bäckereien und Metzgereien.

Bei Frischprodukten genießen nach wie vor die Wochenmärkte und der Einkauf direkt beim Erzeuger hohe Präferenzen der Verbraucher, allerdings auf vergleichsweise geringem Niveau.

Die Bedeutung der einzelnen Einkaufsquellen verändert sich kontinuierlich. Aktuelle und differenzierte Daten werden laufend aus Haushaltspanels und Distributionsuntersuchungen gewonnen. Bei der Auswahl der Geschäfte lassen sich die Konsumenten von sehr unterschiedlichen Gesichtspunkten leiten. Zum Beispiel gewinnt das Preisargument beim Kauf der einzelnen Verbrauchsgüter eine unterschiedliche Bedeutung. Während z. B. Konserven, Wasch- und Putzmittel vorrangig nach dem Preis gekauft werden, spielen als Auswahlkriterien bei Frischprodukten, wie Obst und Gemüse oder Fleisch- und Wurstwaren, die Qualität und die fachliche Beratung eine besondere Rolle.

Die Nachfrage der Großverbraucher

Ein erheblicher Teil der Nachfrage nach Nahrungsmitteln verlagert sich zunehmend aus den Privathaushalten auf Großverbraucher, da der Außer-Haus-Konsum kontinuierlich an Bedeutung gewinnt. Immer mehr Menschen nehmen einen Teil ihrer täglichen Mahlzeiten in der Gastronomie und in Kantinen ein oder werden von Anstalts- und Heimküchen verpflegt.

Neben der zunehmenden Außer-Haus-Verpflegung der Erwerbstätigen profitiert der Gastronomiebereich insgesamt von dem mit zunehmender Freizeit und wachsender Konsumsumme steigenden Bedürfnis, zu verschiedenen Gelegenheiten außer Haus zu essen (Genussaspekte).

Die Ausgaben für Außer-Haus-Verpflegung werden auch in Zukunft weiterhin zunehmen, und zwar aufgrund folgender Einflussgrößen:

- Die frei verfügbare Konsumsumme wird – abgesehen von kleineren Einbrüchen – voraussichtlich weiter steigen.
- Der Anteil der Haushalte mit zwei Einkommen nimmt zu. Damit steigt einerseits das verfügbare Einkommen. Auf der anderen Seite steigt die Nachfrage nach Convenience-Produkten, da die Mittagsmalzeiten unter einem hohen Zeitdruck abgewickelt werden müssen.
- Die Verkürzung der Arbeitszeit ändert das Freizeitverhalten. Das Bedürfnis nach Geselligkeit und „Ausgehen" steigt.
- Neue gastronomische Angebotsformen wirken stimulierend. Vor allem der zunehmenden Außer-Haus-Verpflegung der Erwerbstätigen werden weiterhin Zuwachsraten vorausgesagt (Kantinen etc.).

Das Einkaufsverhalten der Großverbraucher wird weitaus stärker als das der Privathaushalte von rationalen Gesichtspunkten bestimmt. Dabei spielt der Preis als Auswahlkriterium die bedeutendste Rolle, vor allem bei Kantinen und Anstalten. Aber auch hier wächst das Interesse an Produkten aus ökologisch verträglicher Produktion sowie am Herkunftsnachweis und an gesicherter Prozessqualität.

F
Kooperatives Marketing

Viele Unternehmen, insbesondere kleinere und mittelgroße, erkennen zwar die Notwendigkeit, sich aktiv den Marktverhältnissen anzupassen, können aber diesen Schritt nicht allein tun. In zunehmendem Umfang bemühen sie sich um überbetriebliche Zusammenarbeit, die im Einzelnen durch folgende Kräfte ausgelöst werden kann:

Kooperationsfördernde Marktfaktoren:

- Verschärfung des horizontalen und vertikalen Wettbewerbs,
- Veränderung der Machtkonstellation auf den Vermarktungsstufen,
- Erweiterung der Märkte,
- qualitative und quantitative Nachfrageänderungen,
- Veränderungen in den Distributionsmethoden,
- besondere Marktrisiken (z. B. durch Saisonschwankungen);

Kooperationsfördernde unternehmensinterne Faktoren:

- Beschaffungsschwierigkeiten,
- beschränkte Produktionskapazitäten,
- unzureichendes Produktprogramm,
- Logistikprozesse,
- Spezialisierung,
- unzureichende (qualitative und quantitative) Personalausstattung,
- beschränkte Kapitalausstattung,
- unzureichende Unternehmenserfahrung,
- unzureichende Vertriebsorganisation,
- subjektive Faktoren (z. B. Sicherheitsbedürfnis).

Ein Blick auf die Strukturdaten auf Lebensmittelmärkten, wie sie in Kapitel E 6.1 aufgezeigt sind, verdeutlicht, dass gerade auf diesen Märkten kooperatives Marketing von erheblicher praktischer Bedeutung sein kann. Dabei können entsprechend den unterschiedlichsten Aufgabenstellungen bzw. Zielen der Interessierten die Formen der Zusammenarbeit aus einem weiten Spektrum von Alternativen ausgewählt werden. Um diese Möglichkeiten zu erkennen, wollen wir uns zunächst mit einigen Grundproblemen kooperativen Marketings auseinandersetzen.

1. Grundprobleme

Begriff und Formen der Kooperation

Mit dem Begriff Kooperation bezeichnet man im Allgemeinen die koordinierte Erfüllung von gleichartigen Teilaufgaben durch ökonomisch und rechtlich selbstständig bleibende Unternehmen. Eine Kooperation unterscheidet sich damit von anderen Formen der überbetrieblichen Zusammenarbeit vor allem durch die Tatsache, dass von den Beteiligten nur solche Aufgaben kooperativ wahrgenommen werden, durch die eine selbstständige Führung der einzelnen Betriebe nicht beeinträchtigt wird.

Die Formen der Kooperation sind außerordentlich vielfältig:
- Die Zusammenarbeit kann sich auf verschiedene Funktionen erstrecken, z. B. die Marktforschung, Werbung, Produktpolitik, Distributionspolitik oder auf die jeweilige Planungs- oder Realisationsphase.
- Das Ausmaß der Zusammenarbeit kann unterschiedliche Intensität haben, d. h., durch den Umfang und die Straffheit der vertraglichen Regelungen kann die Entscheidungsfreiheit der Teilnehmer mehr oder weniger stark eingeschränkt sein.
- Die Zahl der Teilnehmer kann unterschiedlich groß sein.

Dazwischen wird häufig zwischen vertikaler Kooperation (Teilnehmer sind Unternehmen verschiedener Wirtschaftsstufen) und horizontaler Kooperation (Teilnehmer sind Unternehmen der gleichen Wirtschaftsstufe) unterschieden.

Um eine effiziente Aufgabenerfüllung sicherzustellen, müssen die Mitglieder einer Kooperation zusätzliche Regelungen
- zur Organisation und Finanzierung der gemeinsamen Aufgabenerfüllung und
- für den Ablauf der notwendigen Willensbildungsprozesse

treffen. Hieraus ergeben sich die wesentlichen Entscheidungsprobleme bei der Planung von Marketingkooperationen, mit denen sich jeder einzelne Teilnehmer vor seinem Beitritt auseinandersetzen muss.

Festlegung der wesentlichen Kooperationsmerkmale

Ihren individuellen Erwartungen entsprechend müssen sich die potenziellen Mitglieder über die Größe der Kooperation, die Ziele bzw. Aufgaben und die Intensität der Zusammenarbeit einigen. Wie viele Partner in einer Kooperation erfolgreich zusammenarbeiten können, hängt vor allem von folgenden Faktoren ab:
- der Identität ihrer Interessen,
- der Homogenität ihrer Leistungen,
- dem erforderlichen Bindungsgrad.

Wenn man davon ausgeht, dass identische Zielsetzungen verschiedener Unternehmen die beste Voraussetzung für eine Kooperation zwischen ihnen sind, so müssten gerade solche Unternehmen zusammenarbeiten, die gleichartige Produkte auf den gleichen Märkten anbieten. Da diese Unternehmen jedoch Konkurrenten sind, werden sie vermutlich – den kartellrechtlich problematischen Fall der Wettbewerbsausschaltung durch Kooperation ausgeschlossen – wenig Bereitschaft zur Kooperation zeigen. Sofern sich jedoch die Anbieter homogener Produkte nicht als Wettbewerber betrachten (z. B. landwirtschaftliche Erzeuger als polypolistische Anbieter homogener Güter oder Unternehmer, die gleichartige Produkte auf räumlich oder zeitlich getrennten Märkten absetzen), sind die besten Voraussetzungen für eine umfangreiche und intensive Kooperation gegeben. Je heterogener dagegen die Angebote und Märkte der potenziellen Teilnehmer sind, desto weniger wird eine Kooperation zwar durch das Konkurrenzproblem belastet, desto weniger Ansatzpunkte zum gemeinsamen Handeln ergeben sich aber auch.

Heterogenität der Leistungsfähigkeit und -bereitschaft, die mit der Zahl der Teilnehmer zunimmt, erschwert eine Einigung über Kooperationsziele und Durchführungsmaßnahmen. Hinzu treten die Probleme der Beeinträchtigung des Gruppenimages durch die leistungsschwachen Unternehmen bzw. Gruppen. Ebenso erschwert eine heterogene Größenstruktur die Interessenabstimmung, gerechte Finanzierung und ausgewogene Gewinnaufteilung. Die genannten Kriterien wirken tendenziell in Richtung auf eine Beschränkung des Kooperationsumfanges.

Außerdem ist der Kooperationsumfang von dem je nach Kooperationszweck erforderlichen Bindungsgrad zwischen den Partnern abhängig. Bei allen Aufgaben, die nur bei einer engen Zusammenarbeit zwischen den Partnern effizient durchgeführt werden können, darf der Teilnehmerkreis nicht zu groß sein. Weil die Beziehungen in einer kleinen Gruppe in der Regel straffer sind, ist vielfach auch ihre Leistungsfähigkeit größer; in einer großen Gemeinschaft bedarf es dagegen eines erheblichen Aufwandes an Ordnungsmaßnahmen, um eine erfolgreiche und reibungslose Zusammenarbeit zu gewährleisten.

Schließlich ist zu berücksichtigen, dass viele Unternehmen aus personellen und finanziellen Gründen bestimmte, sporadisch anfallende und/oder aufwendige Maßnahmen mit eigenen Mitteln nicht durchführen können. Sofern die Funktionen nicht Verbänden oder spezialisierten Unternehmen übertragen werden können, bietet sich insbesondere für kleinere Unternehmen aus Rationalisierungsgründen eine Zusammenarbeit mit einer größeren Anzahl gleichwertiger Unternehmen an.

Grundsätzlich wächst mit zunehmender Teilnehmerzahl die Schwierigkeit des kollektiven Handelns im Hinblick auf eine zwangsfreie Interessenabstimmung und die aktive Mitarbeit aller Beteiligten. Deshalb spricht vieles für eine Beschränkung der Teilnehmerzahl. Sie darf jedoch nicht dazu führen, dass der Zusammenhalt durch Außenseiter gefährdet wird, die an den Erfolgen der Kooperation partizipieren, sich jedoch an den finanziellen Beiträgen nicht beteiligen.

Die zweckmäßige Kooperationsgröße, deren allgemeine Bestimmungsgründe damit kurz skizziert sind, ist bei den einzelnen Aktionsbereichen des Marketings unterschiedlich.

Zusammenarbeit im Marketing vollzieht sich letztlich zwischen zwei extremen Polen – einer intensiven Zusammenarbeit in kleinen Gruppen (Gruppenmarketing) und einer externen Zusammenarbeit in großen Gruppen (Gemeinschaftsmarketing).

Organisation und Finanzierung von Kooperationen

Zur Durchführung ihrer gemeinsamen Aufgabe muss die Kooperation einen organisatorischen Rahmen finden. Sie kann

- sporadisch oder dauernd fremde Institutionen, die nicht exklusiv nur für die Gemeinschaft tätig sind, mit der Durchführung der Aufgaben beauftragen (z. B. Marktforschungsinstitute, Werbeagenturen, Unternehmensberater),
- einseitig oder wechselseitig Organe der beteiligten Unternehmen nutzen (z. B. Verkaufsorgane),
- einen gemeinschaftlichen Kooperationsbetrieb gründen.

Je langfristiger eine Kooperation geplant ist und je mehr Unternehmen sich an ihr beteiligen, desto eher wird man die Gründung eines gemeinschaftlichen Kooperationsbetriebes ins Auge fassen. Über die optimale Organisationsform eines solchen Betriebes lassen sich generell keine Aussagen machen. Das schwierigste Problem bei der Planung wird in der Regel die Frage nach einer sachgerechten und die Interessen der Mitglieder berücksichtigenden Gestaltung der Willensbildungs- und -durchsetzungsprozesse sein, womit wir uns später noch auseinanderzusetzen haben.

Ein Problem, das in jeder Kooperation früher oder später zu Konflikten führt, ist die gerechte Verteilung der von den einzelnen Mitgliedern zu erbringenden finanziellen Beiträge. Da Marketingkooperationen ökonomische Zweckbündnisse sind, wird jeder Beteiligte versuchen, mit einem Minimum an Beitrag möglichst viel zu erreichen.

Je größer die Leistung einer Gemeinschaft (der Anreiz zum Beitritt) ist, umso mehr kann sie auch den Mitgliedern abverlangen. Da jedoch in der Regel die Erfolge einer Kooperation nicht vorhersehbar sind und/oder der Grad des anteiligen Nutzens für den einzelnen Kooperationspartner nicht berechenbar ist, haftet in nahezu allen Kooperationen den Regelungen der Finanzierung eine gewisse Willkür an. Die Partner müssen sich auf eine pragmatische und für alle akzeptable Lösung einigen. Häufig werden die Beiträge nach recht groben Schlüsseln festgelegt, z. B. nach dem Umsatz des Unternehmens.

Planung der Willensbildung in Kooperationen

Während in kleineren Kooperationen die Partner ihre Ziele und Strategien von Fall zu Fall im persönlichen Kontakt aufeinander abstimmen können, würde eine gemeinsame Willensbildung in allen Einzelfällen in großen Gemeinschaften die Flexibilität der Kooperation schwächen und darüber hinaus erhebliche Kosten verursachen. Mit wachsender Größe einer Kooperation gewinnen deshalb auch solche organisatorischen Regelungen an Bedeutung, die einen reibungslosen Ablauf des Willensbildungs- und -durchsetzungsprozesses gewährleisten sollen.

Dabei wird in der Regel weder die gemeinschaftliche Erfüllung der Aufgaben durch alle beteiligten Mitglieder noch die vollständige Übertragung der Aufgaben auf die neu gebildete Gemeinschaftsinstitution zweckmäßig sein. Vielmehr wird je nach Aufgabenstellung ein Kompromiss gefunden werden müssen.

Um dies zu verdeutlichen, wollen wir die Willensbildungs- und -durchsetzungsprozesse nach dem in diesem Buch bereits mehrfach benutzten Phasenschema (vgl. z. B. Kapitel B 1) näher betrachten, wobei wir vereinfachend unterscheiden zwischen

- Zielbildung,
- Maßnahmenplanung,
- Entscheidung über Maßnahmen,
- Durchführung,
- Kontrolle.

Die Formulierung der lang- und mittelfristigen Ziele einer Kooperation wird aufgrund ihrer Bedeutung so weit wie möglich unter Mitwirkung der Mitgliedsunternehmungen festgelegt werden. Die übergeordneten Ziele werden in der Regel in die Satzung aufgenommen. Die daraus abzuleitenden, kontinuierlich anzupassenden Detailziele werden oft von gewählten Organen dieser Kooperation präzisiert, weil die dauernde Hinzuziehung aller Mitglieder in größeren Gemeinschaften nicht praktikabel wäre. Dabei wird man auf die Sachkenntnis des Managements des institutionalisierten Kooperationsbetriebes nicht verzichten können.

Im Falle der Gründung eines Kooperationsbetriebes sollte die Maßnahmenplanung so weit wie möglich von den Organen des Kooperationsbetriebes vorgenommen werden. Dies gilt besonders für solche Maßnahmen, die in vollständig eigener Regie vom Kooperationsbetrieb durchgeführt werden. Ist dagegen später bei der Durchführung die aktive Mitarbeit der Teilnehmer notwendig (z. B. bei der Produktpolitik oder Distribution), so sollte auch bereits die Maßnahmenplanung gemeinsam vorgenommen werden. Eventuell müssen hierfür Ausschüsse oder Planungsgruppen mit Teilnehmern aus den Mitgliedsbetrieben gebildet werden.

Grundsätzlich sollten die **Entscheidungen** über durchzuführende Maßnahmen auch dort gefällt werden, wo die meisten Informationen vorhanden sind. Das bedeutet, dass sich die Mitglieder einer Kooperation, sofern sie nicht unmittelbar am Planungsprozess beteiligt sind, nur die Entscheidungen über solche strategischen Planungen vorbehalten, die für sie von außerordentlicher Bedeutung sind, wobei die Definition des „Außerordentlichen" zu den festgelegten Grundsatzentscheidungen zählt, die bei der Konstitution der Kooperation zu fällen sind.

Die **Durchführung** gemeinsamer Maßnahmen kann beim Kooperationsbetrieb oder bei den einzelnen Mitgliedern liegen. Wie bereits angedeutet, lassen alle Maßnahmen, bei denen eine aktive direkte Mitarbeit der Kooperationsteilnehmer notwendig ist, im Prinzip keine umfangreiche Kooperation zu. Liegt dagegen die Durchführung beim Kooperationsbetrieb, so sollte dieser auch die im Rahmen der Ausführung notwendige Kompetenz und Verantwortung haben.

Je mehr Kompetenzen die Mitglieder einer Gemeinschaft auf den Kooperationsbetrieb übertragen, desto dringlicher ist für sie die Wahrnehmung der Kontrolle. Im Allgemeinen sind die Mitglieder mit der Durchführung der gesamten Kontrollaufgabe überfordert. Deshalb wird man zunächst die effiziente Gestaltung der Kooperationsmaßnahmen der Leitung des Kooperationsbetriebes überlassen. Darüber hinaus wird man sich bemühen müssen, ein Kontrollsystem zu entwickeln, das ein Management by exception erlaubt, damit nur in Ausnahmefällen der umständliche Apparat der kollektiven Willensbildung bemüht werden muss.

Der Aufbau eines in diesem Sinne wirksamen Kontrollsystems ist für jede Kooperation, die auf eine Durchführung der Maßnahmen durch die einzelnen Mitglieder verzichtet, eines der wichtigsten und schwierigsten Probleme. Die Schwierigkeiten ergeben sich, wie bereits angedeutet, einerseits aus der Definition des Gemeinschaftserfolges (Wie kann man

Übersicht F.1

Vereinfachtes Schema zur Typologisierung von Kooperationsformen

	Größe des Teilnehmerkreises	
Zahl der Funktionen	**Gruppe**	**Gemeinschaft**
eine	A	C
mehrere	B	D

den Erfolg kontrollieren?) und andererseits aus dem Problem der Erfolgsverteilung (Welcher Anteil fällt dem Einzelnen am Erfolg zu?).

Die im Agribusiness verbreiteten Formen der Kooperation lassen sich nach der Größe des Teilnehmerkreises und der Anzahl der gemeinsam wahrgenommenen Funktionen vereinfacht in das in Übersicht F.1 dargestellte Schema einordnen.

Zur Unterscheidung können wir vereinfacht im Fall A bzw. C von kooperativer bzw. gemeinschaftlicher Erfüllung einzelner Marketingfunktionen, im Falle B bzw. D von Gruppenmarketing bzw. Gemeinschaftsmarketing sprechen. Die Kooperationsteilnehmer können dabei sowohl vertikal als auch horizontal integriert sein, sie können Konkurrenten wie auch Nichtkonkurrenten sein. Im Allgemeinen nimmt von der Gruppe zur Gemeinschaft die Intensität der Zusammenarbeit ab, während sie mit steigender Zahl der kooperativ ausgeübten Funktionen zunimmt.

Am weitesten verbreitet sind in der Praxis Kooperationen, bei denen eine kleinere Gruppe von Unternehmen einzelne Marketingaufgaben gemeinsam wahrnimmt. Meistens erstrecken sich diese Kooperationen nicht auf die zentralen Aktionsbereiche des Marketings, also auf Produktgestaltung und Distribution, sondern auf gemeinsame Marktforschung, Werbung, Lagerhaltung oder Nutzung von Transporteinrichtungen. Vielfach sind Kooperationen dieser Art der Anfang einer umfangreichen Zusammenarbeit zwischen den beteiligten Unternehmen. Denn es liegt nahe, dass Unternehmen, die erfolgreich in einzelnen Bereichen kooperieren, die Zusammenarbeit auch auf komplementäre Bereiche ausdehnen. So wird z.B. eine kooperative Werbung effizienter, wenn gleichzeitig eine Markengemeinschaft gebildet wird; eine Vertriebskooperation führt häufig zur Abstimmung der Sortimente der beteiligten Partner.

Im Gemeinschaftsmarketing findet sich häufiger die Beschränkung auf lediglich einzelne Aktionsbereiche des Marketings. Das klassische Beispiel ist die Gemeinschaftswerbung. Diese konzentriert sich auf die Durchsetzung begrenzter gemeinsamer Werbeziele, z.B. die Verbesserung des Images einer Branche oder einer Produktgruppe. Bekannt sind etwa die Gemeinschaftswerbungen für Fleisch und Fleischerzeugnisse, Milch sowie Zierpflanzen. Solche Aktionen verfolgen langfristige Ziele, so dass ein Erfolg für das ganze Unternehmen kurzfristig kaum messbar ist. Verständlicherweise treten deshalb auch in den meisten Fällen Verbände oder andere Interessenorganisationen als Träger der Gemeinschaftswerbung in Erscheinung. Aufgrund des lockeren Zusammenschlusses und der nicht vorrangig einzelbetrieblichen Zielsetzung ist auch im Allgemeinen das Bestreben der Kooperationspartner gering, die Zusammenarbeit auf weitere Bereiche auszudehnen.

2. Gruppenmarketing

Im Folgenden gehen wir auf zwei besondere Formen des kooperativen Marketings ein, nämlich auf Gruppenmarketing im Verarbeitungssektor und auf Gemeinschaftsmarketing für Agrarprodukte und Lebensmittel. Andere Formen der Kooperation, vor allem unter Einbeziehung landwirtschaftlicher Unternehmen, werden in Kapitel E 2.2 behandelt.

Die dynamische Entwicklung der Märkte für Agrarprodukte und Lebensmittel macht es insbesondere den vielen kleinen Unternehmen schwer, den erhöhten Anforderungen an eine marktgerechte Produkt-, Sortiments-, Distributions-, Kommunikations- und Preisgestaltung gerecht zu werden. Um sich dennoch nicht passiv der Marktentwicklung unterwerfen zu müssen, versuchen in vermehrtem Umfang Unternehmen der Ernährungswirtschaft, ihre Schlagkraft durch Zusammenarbeit zu verbessern.

Ein Beispiel vom Milchmarkt zeigt, wie Unternehmen durch gemeinsame Markenbildung versuchen, ihre Marketingpolitik gegenüber Handel und Verbraucher effizienter zu gestalten. Ursprünglich sieben Molkereiunternehmen aus Niedersachsen und Schleswig-Holstein haben sich im Jahr 1970 zu einem Marketingverbund zusammengeschlossen, um ihre gesamten Frischmilcherzeugnisse unter dem Markenzeichen „Hansano" zu vertreiben. 1974 eingeführt, war „Hansi" fast 20 Jahre lang die bekannteste Werbefigur im Norden.

Im Jahr 1999 erfolgte die Fusion von MZO (Odenburg), Nordmilch (Zeven), Hansano (Isernhagen) und Bremerland (Stuhr) zur Nordmilch e. G., bevor die 50 %ige Beteiligung an der Hansano GmbH zum 30. Juni 2004 an die Hansa-Milch Mecklenburg-Holstein eG in Upahl verkauft wurde. Mit dem Verkauf verbunden war die Übertragung der Rechte an der Marke Hansano. Die Marke Hansano hat diese Fusionen überdauert.

Ein geschlossenes Auftreten im Gruppenmarketing dem Handel gegenüber macht die zentrale Rechnungserstattung und eine möglichst zentrale Verhandlung und Betreuung der überregional tätigen Handelspartner notwendig. Aufgrund des dezentralen Vertriebs müssen die Partner ihre Artikel austauschen, um den Forderungen des Handels bezüglich der Sortimentszusammenstellung zu entsprechen. Ohne die Kooperation hätten die einzelnen Unternehmen gegen die offensive Marketingpolitik der überregional tätigen Unternehmen kaum eine Chance gehabt.

Auch auf den Märkten für landwirtschaftliche Betriebsmittel kann Gruppenmarketing praktiziert werden. Ein Beispiel ist die **Saaten-Union** mit Sitz in Hannover.

Die Saaten-Union ist eine gemeinsame Gesellschaft von sieben Pflanzenzuchtunternehmen in Deutschland. Die Mitgliedsbetriebe haben sich ursprünglich aus landwirtschaftlichen Unternehmen entwickelt, die im Laufe ihrer zum Teil 100-jährigen Firmengeschichte die Züchtungsforschung sehr intensiviert haben und heute hochspezialisierte Zuchtunternehmen darstellen.

Der seit mehr als 40 Jahren bestehende Verbund der Saaten-Union ist durch zwei Integrationsebenen gekennzeichnet:

- Kooperation in Forschung und Entwicklung. Die Mitgliedsfirmen konzentrieren sich auf die Züchtung bei bestimmten Kulturarten, nutzen aber übergeordnet die Struktu-

ren der Mitglieder im Rahmen z. B. eines gemeinsamen Prüfnetzes sowie eines gemeinsam finanzierten biotechnologischen Labors. Weiterhin bestehen nach erfolgter Spezialisierung bei bestimmten Kulturarten zwischen den nach wie vor selbstständigen Betrieben bilaterale und multilaterale Kooperationen mit gemeinsamer Budgetierung der Zuchtprogramme.
- Gemeinsamer Vertrieb. Im Vertrieb übernimmt die Saaten-Union im Auftrag ihrer Gesellschafter die Vertriebsplanung, die Verkaufsförderung sowie den Vertrieb ausschließlich für die Sorten der Gesellschafter. Durch ein abgerundetes Vollsortiment kann die Saaten-Union Absatzmöglichkeiten im In- und Ausland so wahrnehmen, dass vielfältige Synergien bei hoher Effizienz entstehen. Dies zeigt sehr deutlich die positive Umsatzentwicklung der Gruppe, deren Umsätze in den letzten 30 Jahren von da. 25 Mio. € auf mittlerweile rund 175 Mio. € angestiegen sind. Damit gehört die Saaten-Union heute zu den 20 weltweit größten Züchtungsunternehmen.

3. Gemeinschaftsmarketing

Wie wir gesehen haben, finden wir im Gruppenmarketing sowohl Beispiele der Zusammenarbeit in einzelnen als auch in mehreren bzw. allen Funktionsbereichen des Marketings. Im Gemeinschaftsmarketing wird die Kooperation dagegen in aller Regel auf die gemeinsame Erfüllung einer oder weniger Funktionen begrenzt, da die große Teilnehmerzahl eine darüber hinausgehende Zusammenarbeit erschwert. Das wohl bekannteste Beispiel für Gemeinschaftsmarketing in Deutschland war bis Anfang 2009 die Tätigkeit der Centralen Marketing-Gesellschaft der deutschen Agrarwirtschaft (CMA), die 40 Jahre lang Gemeinschaftsmarketing für die Agrar- und Lebensmittelwirtschaft durchgeführt hat.

3.1 Geschichte des Gemeinschaftsmarketings in Deutschland: Absatzfonds und CMA

Die Zeit nach dem Zweiten Weltkrieg war im bundesdeutschen Agrar- und Nahrungsmittelsektor durch einen Verkäufermarkt gekennzeichnet, d. h., die Nachfrage überstieg in vielen Produktbereichen das Angebot an Lebensmitteln. Die Marktstabilisierung bzw. die Wandlung zum Käufermarkt förderten den Wettbewerb und damit die Notwendigkeit marktkonformen Handelns. Nicht zuletzt deswegen vollzog sich in den nachgelagerten Bereichen eine Konzentration mit steigenden Zuwachsraten, was die Verhandlungspositionen von Handel und verarbeitendem Gewerbe stärker werden ließ. Zugleich änderten sich die politischen Rahmenbedingungen durch die Gründung der Europäischen Wirtschaftsgemeinschaft (EWG). Die ersten Marktordnungen der Gemeinsamen Agrarpolitik (GAP) reglementierten einerseits die Produktmärkte und führten andererseits durch den erleichterten Marktzugang ausländischer Anbieter zu einem erhöhten Angebotsdruck von Seiten europäischer Nachbarstaaten.

Die Gesellschaft für Absatzförderung der Deutschen Landwirtschaft (GAL) nahm als eine der beiden Vorgängerorganisationen der CMA im Jahre 1966 ihren Betrieb auf.[1] Ihr Aufgabengebiet bestand vornehmlich in dem gezielten Einsatz von Werbung und Absatzförderung für die deutsche Landwirtschaft.

Es wurde das Herkunftszeichen „Aus deutschen Landen frisch auf den Tisch" entwickelt. Die damit verbundenen Ziele lagen vorrangig in der Profilierung der in Deutschland produzierten, qualitativ hochwertigen, frischen und modern aufgemachten Agrarerzeugnisse gegenüber den Konsumenten. Dieses Herkunftszeichen diente daher als Instrument für alle Absatzförderungsmaßnahmen der GAL (Werbung, Messen und Ausstellungen, VKF-Aktionen). Trotz eines ausgesprochen hohen Bekanntheitsgrades erlangte das Herkunftssignet jedoch nicht den erwarteten Erfolg. Dabei stellte sich die zentrale Frage, ob allein die Herkunft als Profilierungskriterium ausreichend sei. Dies wurde insbesondere vor dem Hintergrund einer gewissen Erwartungshaltung der Verbraucher hinsichtlich der Produktqualität von herkunftsmarkierten Produkten gesehen. So wurde das Herkunftszeichen insofern weiterentwickelt, als dass über den Slogan „Markenqualität aus deutschen Landen" die Produktqualität der landwirtschaftlichen Erzeugnisse neben der Herkunft in den Vordergrund gerückt wurde. Kontrollen, die eine gleichbleibende Qualität der markierten Produkte garantieren sollten, bildeten die produktpolitischen Maßnahmen dieses Konzeptes.

Problematisch erschien die Abgrenzung des Herkunftszeichens zum Gütezeichen „Deutsche landwirtschaftliche Markenware". Bereits vor der Einrichtung der CMA wurden Anstrengungen unternommen, durch die Entwicklung unterschiedlicher Qualitätsrichtlinien das Gütezeichen für Spitzenerzeugnisse der deutschen Agrarwirtschaft und das Herkunftszeichen für mittlere bis gehobene Qualitäten einzusetzen.

Trotz dieser Entwicklungen gab es zu diesem Zeitpunkt noch keine Organisation, die die zunehmend wichtige Vermittlerrolle zwischen Anbietern und Handel eingenommen hätte. Die Wettbewerber im benachbarten europäischen Ausland waren auf die veränderten Nachfragestrukturen besser eingestellt und reagierten dementsprechend. Vornehmlich die Gründung des französischen Orientierungs- und Regulierungsfonds der Agrarmärkte (FORMA) sowie die Gesellschaft zur Absatzförderung land- und ernährungswirtschaftlicher Produkte (SOPEXA) ließen in den 60er Jahren den Ruf nach einer zentralen Institution zur Absatzförderung für landwirtschaftliche Produkte in der Bundesrepublik Deutschland laut werden. Zwar wurden in der Bundesrepublik bereits in der Mitte der 60er Jahre Marketingorganisationen implementiert. Doch diese hauptsächlich produkt- oder regionalspezifisch ausgerichteten Institutionen zeigten sich aufgrund der starken Aufgabenteilung und ihrer geringen Finanzbudgets als unzureichend oder ungeeignet.

[1] Die *Gesellschaft zur Absatzförderung der Deutschen Landwirtschaft (GAL)* sowie die *Arbeitsgemeinschaft Agrarexport (AAE)* galten bis zur Einrichtung der CMA als deren Vorgängerorganisationen. Darüber hinaus existierten eine Reihe kleinerer Institutionen, die Absatzförderung für regionale Produkte oder spezifische Produktgruppen betrieben.

Ebenso undenkbar war die Generierung einer bundesdeutschen produktübergreifenden Organisation auf freiwilliger Basis. Aus diesem Grund war von Seiten des Staates eine Rechtsgrundlage gefordert, die die Institutionalisierung der Absatzförderung von Agrarprodukten und Lebensmitteln ermöglichte.

Zur Kennzeichnung dieser Institution gehörte es, dass sie durch einen Beschluss des Gesetzgebers ins Leben gerufen wurde. Die Vorgeschichte des Absatzfondsgesetzes vom 26. Juni 1969 zeigt, dass ursprünglich von manchen Befürwortern des Gesetzesvorhabens agrarpolitische Zielvorstellungen an einen mit obligatorischen Beiträgen gespeisten Fonds geknüpft wurden, die über die gemeinsame Finanzierung und Durchführung von Marketingmaßnahmen hinausgingen und letztlich die Rückgewinnung eines gewissen einzelstaatlichen Spielraums in anderen Teilbereichen der Agrarmarktpolitik ansteuerten. Im Laufe der Diskussion zur Gesetzesvorbereitung engte sich die Planung aber immer mehr auf die bereits im Agrarprogramm der Bundesregierung von 1968 geforderte Gründung einer „Vermarktungsförderungsgesellschaft" ein.

Am 26. Juni 1969 trat das „Gesetz über die Errichtung eines zentralen Fonds zur Absatzförderung der deutschen Land-, Forst- und Ernährungswirtschaft" (Absatzfondsgesetz) in Kraft. Mit diesem Rechtsdekret wurde die Gründung einer Anstalt öffentlichen Rechts beschlossen, mit der Zielsetzung, „(…) den Absatz und die Verwertung von Erzeugnissen der deutschen Land- und Ernährungswirtschaft durch Erschließung und Pflege von Märkten im In- und Ausland mit modernen Mitteln und Methoden zentral zu fördern". Ausdrücklich betont wurde zudem die Verbesserung der Qualität und die Marktorientierung von Erzeugnissen. Zur Realisierung der im Absatzfondsgesetz dokumentierten Ziele wurde neben der bereits seit 1950 bestehenden Zentralen Markt- und Preisberichtstelle für Erzeugnisse der Land-, Forst- und Ernährungswirtschaft (ZMP) die im Herbst des Jahres 1969 gegründete Centrale Marketing-Gesellschaft der deutschen Agrarwirtschaft mbH (CMA) beauftragt. Während die ZMP künftig für die Marktberichterstattung zur Verbesserung der Markttransparenz im Interesse aller am Markt Beteiligten verantwortlich war, wurden der neu institutionalisierten CMA gemäß Absatzfondsgesetz Aufgabengebiete zugewiesen, die sich auf die Förderung des Absatzes und die Verwertung von Erzeugnissen der deutschen Land- und Ernährungswirtschaft bezogen.

Neben den klassischen Aufgaben des Gemeinschaftsmarketings hatte die CMA in den 90er Jahren auch Maßnahmen zur Verbesserung des Images der deutschen Landwirtschaft begonnen. Dieses erschien der CMA erforderlich, weil sich aus manchen Publikationen in den Massenmedien insbesondere für landwirtschaftsferne Einwohner in Ballungszentren ein verzerrtes Bild über die deutsche landwirtschaftliche Produktion ergab (verallgemeinerte Aussagen über Massentierhaltung, Überdüngung usw.). Um Fehlvorstellungen der Verbraucher über die landwirtschaftliche Erzeugung zu korrigieren und Vertrauen in deutsche Agrarprodukte aufzubauen, startete die CMA eine Werbekampagne unter dem Slogan „Unsere Landwirtschaft. Wir brauchen sie zum Leben". Als Werbemittel wurden Anzeigen in Printmedien geschaltet. Es wurden Themen aufgegriffen, die einerseits den Verbraucher emotional ansprechen und andererseits beispielhaft für das Umdenken in der Landwirtschaft sein sollten.

Für ihre Arbeit erhielten die Durchführungsgesellschaften CMA und ZMP vom **Absatzfonds** finanzielle Mittel. Das Geld des Absatzfonds erhob die **Bundesanstalt für Ernährung (BLE)** in so genannten Flaschenhalsbetrieben. Darunter versteht man die marktengste Stelle, die ein landwirtschaftlicher Rohstoff auf seinem Weg zum Verbraucher durchläuft. Solche Flaschenhalsbetriebe waren zum Beispiel Schlachthöfe, Molkereien,

Eierpackstellen, Zuckerfabriken, Ölmühlen oder Brauereien. Die Beiträge zum Absatzfonds beliefen sich im Durchschnitt auf 0,4 Prozent des Warenwertes. Die Flaschenhalsbetriebe konnten die Beiträge an die Lieferanten weitergeben. Die CMA wurde also hauptsächlich von der deutschen Agrarwirtschaft über den Absatzfonds finanziert.

Die Mittel wurden nach dem **Äquivalenzprinzip** verteilt, d. h., das Geld wurde grundsätzlich für die Produktbereiche ausgegeben, die es aufgebracht hatten. Bei extremen Marktstörungen konnten gemäß dem **Solidaritätsprinzip** vorübergehend Mittel umgeschichtet werden, die langfristig aber wieder zurückgezahlt werden sollten.

Wie bereits erwähnt, war das Gemeinschaftsmarketing des Agribusiness durch die Form der Zwangsfinanzierung (und -beteiligung) charakterisiert. Die Finanzierung war durch das in § 10 Absatzfondsgesetz verankerte Beitragssystem geregelt. Bis 1975 erhielt der Absatzfonds neben den Beiträgen Zuschüsse aus dem Bundeshaushalt, und bis 1980 flossen ihm auch die Zinseinkünfte aus dem bei der Landwirtschaftlichen Rentenbank gebildeten Zweckvermögen zu. Seit 1981 finanzierte sich der Absatzfonds allein aus Beiträgen.

Diese Beiträge wurden bei den Marktpartnern der Land- und Ernährungswirtschaft erhoben. Wer letztlich die Beitragslast trug, hing maßgeblich von der Preiselastizität des Angebotes und der Nachfrage auf den einzelnen Märkten und Vermarktungsstufen ab. Aufgrund der marktbedingten Möglichkeiten wurde in der Vergangenheit der größte Teil der Beiträge auf die land- und forstwirtschaftlichen Erzeuger abgewälzt. Im Absatzfondsgesetz (§ 10 Absatz (7)) wurde hierzu bestimmt, dass sich eine Erstattung des Beitrages nach einer zwischen dem Lieferanten und dem beitragspflichtigen Betriebsinhaber getroffenen Vereinbarung richtete.

Die Beitragssätze waren auf die Mengen oder den Wert der Waren bezogen, die solche Flaschenhälse durchliefen; im Bereich Blumen und Zierpflanzen diente die von den Erzeugerbetrieben genutzte Fläche als Bemessungsgrundlage.

Die Finanzierungsform der CMA verhinderte nicht, dass es in zweifacher Hinsicht ein Außenseiterproblem gab. Einerseits beteiligten sich nicht alle Landwirte an der Mittelaufbringung, weil die Warenströme nicht auf allen Märkten durch die Flaschenhälse kanalisiert wurden. Es war also nicht zu vermeiden, dass einige Landwirte von dem Marketing der CMA profitierten, ohne zur Finanzierung beizutragen. Andererseits war bei einer Gemeinschaftsinstitution nicht auszuschließen, dass einzelne Unternehmen die ihnen zugänglich gemachten Informationen über die geplanten Maßnahmen auch gegen die Interessen der Gemeinschaft nutzten.

Die **Centrale Marketing-Gesellschaft der deutschen Agrarwirtschaft mbH** mit Sitz in Bonn beschäftigte bis zuletzt rund 150 Mitarbeiter. Das Bundesverfassungsgericht hat das Absatzfondsgesetz als Grundlage der Arbeit von CMA und ZMP in wesentlichen Teilen am 3. Februar 2009 für verfassungswidrig und damit für nichtig erklärt. In der Folge wurden CMA und ZMP aufgelöst.

Das Urteil des Bundesverfassungsgerichts

Gemäß Bundesverfassungsgericht war der Finanzierungsweg über die erhobene Sonderabgabe nicht zulässig. Sonderabgaben dürfen nur für einen bestimmten Zweck und bei einer bestimmten klar abgegrenzten Gruppe von Betroffenen erhoben werden. Sie müssen in ihrer Verwendung diesen Betroffenen auch wieder zugutekommen. Dies wird mit dem Begriff der Gruppennützigkeit bezeichnet. Darüber hinaus darf die Abgabe immer nur zeitlich befristet erhoben werden.

Nach Ansicht des Verfassungsgerichts war unter anderem die Gruppennützigkeit nicht gegeben. Ein Urteil des Europäischen Gerichtshof hatte die Möglichkeiten der herkunftsbezogenen Werbung mit Hilfe von staatlichen und staatsähnlichen Geldern (Beihilfen) im Jahr 2002 stark eingeschränkt. Seither verstößt die Werbung gegen Gemeinschaftsrecht, wenn sie für deutsche und damit indirekt gegen die Produkte anderer europäischer Länder wirbt. Tut die Werbung aber gerade dieses nicht und wirbt nur noch für Lebensmittel, unabhängig von der Herkunft, dann verstößt sie gegen das Prinzip der Gruppennützigkeit. Und zwar deshalb, weil auch Erzeuger aus dem Ausland von der Werbung als Trittbrettfahrer profitieren, die selber keine Zwangsabgabe zu leisten haben.

Diesen Zielkonflikt hob besonders das Kölner Verwaltungsgericht hervor, das den Fall vor das Bundesverfassungsgericht gebracht hatte. Auch das Verfassungsgericht sieht dieses Dilemma als unauflösbar an. Daher hat es für Recht erkannt, dass seit dem Jahr 2002 die Teile des Absatzfondsgesetzes, die die Sonderabgabe regeln, verfassungswidrig und nichtig waren.

Neben der Gruppennützigkeit verneinten die Richter allerdings auch das Vorliegen der Zweckbestimmung der Sonderabgabe. Noch 1990 hatte das Bundesverfassungsgericht die Zweckbestimmung in einem Urteil anerkannt. Damals bestand sie in der Stärkung und dem Schutz der deutschen Agrarwirtschaft in der Konkurrenz zu anderen Ländern in der Europäischen Union. Mit der Vollendung des europäischen Binnenmarktes sei diese Zweckbestimmung entfallen, argumentierten die Kölner Verwaltungsrichter. Mit Blick auf die zunehmenden Exporterfolge schlossen sich die Verfassungsrichter dieser Argumentation an. Sie bemerkten zudem, dass es keinen erkennbaren Zusammenhang zwischen den früher üblichen Werbemaßnahmen mit Herkunftsbezug und den Exporterfolgen gebe. Diese entwickelten sich vielmehr auch dann noch stetig weiter, als der Herkunftsbezug in der Werbung bereits entfallen war. In diesem Teil der Entscheidung verbirgt sich die einzige inhaltliche Kritik an der Arbeit der CMA.

Das Verfassungsgericht ging in seiner Entscheidung sogar noch weiter als nur die Frage der Einbindung in europäische Märkte zu bewerten. Die Agrar- und Ernährungswirtschaft erzeuge überhaupt keinen Bedarf, zu dessen Deckung sie dann an der Finanzierung zu beteiligen seien. Vielmehr greife der Staat aus allgemeinen wirtschaftspolitischen Erwägungen in das Wirtschaftsgeschehen ein und bürde dann die Finanzierung den Akteuren in der Agrar- und Ernährungswirtschaft unzulässigerweise über eine Sonderabgabe auf. Damit kritisiert das Gericht, dass die Zahlungspflichtigen für etwas aufkommen sollen, das sie nicht bestellt oder verursacht haben.

Handlungsoptionen

Eine Neuausrichtung des Gemeinschaftsmarketings setzt neue Konzepte in den drei wesentlichen Bereichen voraus:

a) Art und Umfang des Gemeinschaftsmarketings
b) Finanzierung des Gemeinschaftsmarketings
c) Organisation des Gemeinschaftsmarketings

Alle drei Bereiche stellen jeder für sich hohe Anforderungen an eine sinnvolle Ausgestaltung. Als zusätzliches Optimierungsproblem kommt hinzu, dass sie jeweils voneinander abhängig sind.

a) Art und Umfang des Gemeinschaftsmarketings

Gemeinschaftsmarketing ist mehr als nur Werbung. Dazu zählen auch Verkaufsförderungsaktivitäten, Marktforschung, Projekte zur Förderung der regionalen Vermarktung, gemeinsame Beteiligung an Auslandsmessen, Vermarktungskooperationen, Impulse zur Qualitätsverbesserung, die Markt- und Preisberichterstattung und vieles andere mehr.

In der Kritik stand stets die so genannte generische Werbung, also die Werbung für Gütergattungen. Ihr gegenüber äußerten sowohl Wissenschaftler als auch der Bundesrechnungshof Bedenken. Die dabei geäußerte Kritik ist vielfältig. Unabhängig von der spezifischen Ausgestaltung der generischen Werbung wird von Kritikern vorgetragen, dass ein messbarer Effekt nicht feststellbar sei. Auch sei die generische Werbung in bestimmten Produktgruppen mit nur wenigen selbst Werbung treibenden Unternehmen generell unangemessen, wie im Fall der Zuckerindustrie. Zudem kann die Werbung für verarbeitete Produkte möglicherweise Rohstofferzeuger aus anderen Ländern begünstigen, selbst dann, wenn die Werbung oder auch die Exportförderung mit einem Herkunftsbezug arbeitet. Wurst- und Fleischwaren deutscher Lebensmittelverarbeiter etwa wurden häufig zwar mit dem Geld deutscher Landwirte beworben, die verarbeiteten Schweine stammten aber häufig gerade nicht aus deutscher, sondern aus dänischer oder niederländischer Aufzucht.

Eine Neuausrichtung des Gemeinschaftsmarketings könnte an diese breit gefächerte Kritik anknüpfen und auf den Bereich der generischen Werbung weitgehend oder auch ganz verzichten. Immerhin ist diese Form der Werbung nicht nur die umstrittenste Aktivität, sondern zugleich der größte Kostenblock im Gemeinschaftsmarketing. Damit ließe sich ein gemeinsamer Nenner für die Arbeit eines zukünftigen Gemeinschaftsmarketings definieren. Projekte zum Regionalmarketing, zur Steigerung der Qualität und auch zur Exportförderung sind bis heute im Wesentlichen unumstritten. In einer Beschränkung des Umfangs der Werbung und/oder der Konzentration auf wenige Produkte könnte also möglicherweise eine Option zur Verbreiterung der Akzeptanz liegen. Insbesondere, wenn die Alternative ein vollständiger Rückzug aus dem Gemeinschaftsmarketing wäre.

b) Finanzierung des Gemeinschaftsmarketings

Das Verfassungsgericht hat die besondere Form der Finanzierung über eine Sonderabgabe kritisiert. Die Formulierung der Entscheidung legt nahe, dass der Staat – wenn er aus allgemeinen wirtschaftspolitischen Gründen die Fördermaßnahmen im Rahmen des Gemeinschaftsmarketing für sinnvoll hält – gehalten ist, den Finanzierungsweg über Steuern zu wählen. Es wäre folgerichtig, dass der Gesetzgeber, der die derzeitige Notlage der von ihm eingesetzten Organisationen durch ein nichtiges Gesetz verursacht hat, diese Situation mindestens teilweise finanziell bereinigt. Das Verfassungsgerichtsurteil lässt sich auf jeden Fall dahingehend interpretieren, dass die Alternative zur Finanzierung über eine Sonderabgabe die Finanzierung über Steuern und damit den allgemeinen Haushalt darstellt. Insofern könnte die öffentliche Hand hier auch längerfristig in der Verantwortung stehen. Dies ist im Übrigen nicht neu. Bis 1975 erhielt der Absatzfonds Zuschüsse aus dem Bundeshaushalt und bis 1980 flossen ihm auch die Zinseinkünfte aus dem bei der Landwirtschaftlichen Rentenbank gebildeten Zweckvermögen zu.

c) Organisation des Gemeinschaftsmarketings

Eine gemeinsame branchenübergreifende Einrichtung wird es voraussichtlich immer nur dann geben, wenn zumindest eine öffentliche Kofinanzierung vorliegt. Dadurch wird einerseits sichergestellt, dass die Wirtschaftspartner insgesamt mehr aus dem System herausbekommen, als sie selber einzahlen. Es entsteht so ein unmittelbarer ökonomischer Anreiz, der die individuellen Einschränkungen kooperativen Handelns je nach Höhe des öffentlichen Zuschusses überkompensieren kann. Mit dem finanziellen Beitrag gewinnt die öffentliche Hand zugleich Einfluss auf die Gestaltung des Systems Gemeinschaftsmarketing. Ordnungspolitisch ist eine gesamthafte und branchenübergreifend koordinierte Strategie schon deshalb wünschenswert, weil das Gemeinschaftsmarketing nicht dazu dienen soll, den Konsum etwa einer Produktgruppe auf Kosten einer anderen Produktgruppe zu fördern, und dies möglicherweise noch unter Einsatz öffentlicher Gelder. Politisches Ziel des Gemeinschaftsmarketings könnte es hingegen sein, den Anteil der Nahrungsmittel deutscher Erzeugung auf den in- und ausländischen Märkten zu bewahren und zu erhöhen. Dieses Ziel ließe sich am ehesten in einer Einrichtung verwirklichen, die alle Teilbereiche der Agrar- und Ernährungswirtschaft organisatorisch zusammenfasst oder zumindest koordiniert.

Eine weitere Möglichkeit stellt die Regionalisierung als Handlungsoption dar. Je nach bundeslandspezifischen Voraussetzungen könnten bestehende Organisationen Teile der Aufgaben übernehmen, soweit sich diese Einrichtungen schon heute mit gleichen und ähnlichen Fragestellungen wie die CMA befassen. Dies könnten Agrarmarketinggesellschaften, staatliche Versuchs- und Beratungseinrichtungen, Cluster-Organisationen, Landwirtschaftskammern und Ähnliches sein. Diese Aufgabenregionalisierung kommt insbesondere für Fragen wie Regionalvermarktung, Absatzförderung, Qualitätsverbesserung und andere projektorientierte Aufgaben in Frage. Auch die Exportförderung ließe sich prinzipiell in bestehende Einrichtungen zur Exportförderung der jeweiligen Bundesländer eingliedern, die zumeist eine Vielzahl von unterschiedlichen Branchen betreuen. Fraglich ist dabei nur, ob die aufnehmenden Einrichtungen zusätzliche Mittel für die neuen Aufgaben mobilisieren können.

Eine andere Option besteht in der stärkeren Betonung der Produktorientierung als Organisationsprinzip. In dieser Variante wird für die Warengruppe eine entsprechende ganz oder weitgehend selbstständige operative Einheit gebildet. Außer den jeweiligen Landwirten könnten auch Verarbeiter und Händler sowie die Vorleistungsbereiche organisatorisch und von der Finanzierung her integriert werden. Innerhalb dieser Produktgruppen bzw. Wertschöpfungsketten werden der Methodeneinsatz und die Mittelverwendung festgelegt. Eine zentrale Einrichtung wird dann noch für organisatorische Abwicklung von Maßnahmen und ggf. für Maßnahmen der Exportförderung benötigt. Aus unserer Sicht wäre auch hier die Beteiligung des Staates mindestens an einer Zentrale vermutlich die Voraussetzung für ein Engagement einzelner Verbände.

Vorbilder für das Organisationsprimat der jeweiligen Wertschöpfungsketten sind z. B. die niederländischen so genannten „Productschappen" und die britischen „Development Boards". Dieses Organisationsprinzip ermöglicht grundsätzlich eine differenzierte Mittelerhebung und Verwendung je nach den spezifischen Möglichkeiten und Bedürfnissen der jeweiligen Produktgruppe. Denkbar ist dann auch ein Nicht-Zustande-Kommen oder Auflösen einzelner Produktgruppen, ohne das Konzept insgesamt zu gefährden. Die gemeinsame Dachorganisation der Produktgruppen kann sich auf das Vorhalten bestimmter organisatorischer und methodischer Kompetenzen beschränken.

3.2 Regionale Marketinggesellschaften

Gemeinschaftsmarketing für Lebensmittel und Agrarprodukte auf Bundesländerebene gibt es nach wie vor. Unterschiedlich ist dabei lediglich die organisatorische Ausgestaltung. Neben staatlichen Stellen wie Landwirtschaftsministerien und Landwirtschaftskammern nehmen Marketinggesellschaften, die entweder von diesen staatlichen Stellen eingesetzt wurden, als Zusammenschluss mittelständischer Unternehmen auf regionaler Ebene agieren oder als Mischform dieser Organisationsformen die Aufgaben des Gemeinschaftsmarketings wahr. Beispielhaft seien folgende Träger des Gemeinschaftsmarketings genannt:

- Marketinggesellschaft der Niedersächsischen Agrar- und Ernährungswirtschaft e.V.
- Marketinggesellschaft GUTES AUS HESSEN GmbH
- Agrarmarketing Mecklenburg-Vorpommern e.V.
- Landwirtschaftskammer Schleswig-Holstein
- Bayerisches Staatsministerium für Ernährung, Landwirtschaft und Forsten
- Ernährung NRW e.V.

Das Aufgabenspektrum ist dabei genauso vielfältig wie die Unterschiede in den Organisationsformen. Meist umfasst das länderspezifische Gemeinschaftsmarketing ähnliche Aufgaben wie die einstige CMA, wie z. B.:

- Marketingberatung
- Qualitätssicherung
- Verkaufsförderung
- PR und Öffentlichkeitsarbeit
- Messen
- Qualitäts- und Herkunftszeichen

Ein wesentlicher Unterschied zwischen der ehemaligen CMA und den Länderorganisationen besteht in der Haushaltsfinanzierung. Während die Budgets der regionalen Marketinggesellschaften durch staatliche Zuwendungen und Eigenmittel aufgebracht werden, hat sich die CMA in der Hauptsache über parafiskalische Zwangsbeiträge der Landwirte finanziert.

3.3 Absatzförderung am Beispiel des Agriculture and Horticulture Development Board (AHDB) in Großbritannien

Angesichts der Ereignisse im deutschen Gemeinschaftsmarketing lohnt sich der Blick über den eigenen, nationalen Tellerrand in die europäischen Nachbarländer. Die Vorgänge in Großbritannien eignen sich dabei als gutes Anschauungsbeispiel. Dort hat sich in der jüngeren Vergangenheit ein radikaler Umbruch in der Absatzförderungspolitik vollzogen: Angesichts des rasanten Strukturwandels in der britischen Agrar- und Ernährungswirtschaft wurde seitens der britischen Regierung eine kritische und grundsätzliche Überprüfung der Rolle der sog. „Levy Boards“ als Bestandteil der nationalen, agrarpolitischen Strukturpolitik angestoßen. „Levy Boards“ sind gesetzlich verankerte, sektorspezifisch ausgerichtete Körperschaften, die ermächtigt sind, in den jeweiligen Produktbereichen Abgaben zur Finanzierung gemeinschaftlicher Entwicklungs- und Absatzförderungsmaßnahmen zu erheben. Abgesehen vom Sektorbezug ähneln sie damit in Teilen dem ehemaligen deutschen Absatzfonds und den verbundenen Vorfeldorganisationen.

Obwohl sich bei den verschiedenen Levy Boards durchaus Gemeinsamkeiten in den Zielsetzungen und dem rechtlichen Status finden lassen, bestehen doch erhebliche Unterschiede hinsichtlich der Einbeziehung von Wertschöpfungsstufen in die Abgabenbasis sowie der Leistungsschwerpunkte.

Hinsichtlich der Aufgabengebiete ist dabei im Vergleich zu den deutschen Absatzförderungsinstitutionen eine grundsätzlich andere Schwerpunktsetzung festzustellen. In Großbritannien steht weniger die reine Produktwerbung für generische landwirtschaftliche Produkte im Vordergrund. Vielmehr werden Produkt- und Technologieinnovationen durch gemeinschaftliche wissenschaftliche Forschungsprojekte, die Steigerung der Effizienz sowie die Verbesserung der Koordination zwischen den verschiedenen Akteuren der sektorspezifischen Wertschöpfungsketten gefördert. Marktseitige Aktivitäten in Form der Produktwerbung und auch die Marktberichterstattung sind zwar auch satzungsgemäß in den einzelnen Organisationen verankert, in ihrer Bedeutung sind sie jedoch eindeutig hinter den produktivitätssteigernden Maßnahmen angesiedelt.

Für die Zukunft wurde es demzufolge als unterlässlich angesehen, eine flexible Struktur zu entwickeln, die angesichts der sich stetig wandelnden Wettbewerbssituation schnell den neuen Bedürfnissen angepasst werden kann. Diese geforderte Flexibilität impliziert auch die Abschaffung der Levy Boards und die Neugründung von Sektororgansiationen.

Mit Wirkung zum 1. April 2008 wurden die bis dahin bestehenden fünf Levy Boards (British Potato Concil, Meat and Livestock Commission, Mild Development Council, Horticultural Development Council und das Home Grown Cereals Authority) aufgelöst und in einer gesetzlich verankerten Organisation unter dem Namen Agriculture and Horticulture Development Board (AHDB) mit insgesamt sechs unabhängigen sektorspezifischen Körperschaften organisatorisch neu aufgestellt. Diese unabhängigen Sektororganisationen sind:

- Cereals and oilseeds – HGCA (Getreide und Ölsaaten)
- Beef and lamb – EBLEX (Rind- und Lammfleisch)
- Horticulture – Horticultural Development Company (Gartenbau)
- Milk – DairyCo (Milch)
- Pigs – BPEX (Schweinefleisch)
- Potatoes – Potato Council (Kartoffeln)

Mit der Neuorganisation der Absatzförderung von Agrarprodukten und Lebensmitteln in Großbritannien waren insbesondere folgende Ziele verbunden:

- Verbesserung der Effizienz und Produktivität in der Agrar- und Ernährungswirtschaft
- Verbesserung des Marketingstandards in der Agrar- und Ernährungswirtschaft
- Weiterentwicklung von bestehenden oder Konzeption von neuen Dienstleistungsangeboten für die Agrar- und Ernährungswirtschaft
- Ausbau von Aktivitäten im Bereich Nachhaltigkeit

Die Finanzierung der Sektororganisation erfolgt zu großen Teilen durch gesetzlich festgelegte Abgaben von Erzeugern, Herstellern und Verarbeitern. Erhoben werden die Zwangsabgaben durch den AHDB, der diese Aufgabe an die einzelnen Sektororganisationen delegiert hat. Die Abgaben sind für die sektorspezifisch anfallenden Aufgaben zweckgebunden, können also nicht von anderen Sektororganisationen genutzt werden.

3.4 SOPEXA – Förderungsgesellschaft für französische Landwirtschaftserzeugnisse

Die SOPEXA (Société pour l'Expansion des Ventes des Produits Agricoles et Alimentaires) wurde im Jahr 1961 gegründet. Sie arbeitet produktübergreifend und betreibt vorrangig Exportförderung. Im Jahr 2007 verfügte die SOPEXA über einen Umsatz in Höhe von 87,5 Mio. €. Von den Umsätzen wurden 80 % mit Tätigkeiten im Ausland erwirtschaftet und 20 % mit Aktivitäten auf dem Inlandsmarkt.

Die Umsätze stammten zu rund 83 % aus Aufträgen der Branche, wobei die Aufträge schätzungsweise je zur Hälfte mit freiwilligen Beiträgen bzw. mit parafiskalischen Abgaben finanziert wurden. Rund 17 % der Gesamtmittel stammen aus einem Auftrag des französischen Landwirtschaftsministeriums. Den staatlichen Auftrag zur Bewerbung französischer Agrar- und Ernährungsprodukte erhielt die SOPEXA im Rahmen eines Ausschreibungsverfahrens. Erstmals wurde der Auftrag für die Laufzeit von 2008 bis 2012 mit einem Umfang von jährlich 15 Mio. € im Jahr 2007 vergeben. Voraussetzung für die Auftragsvergabe war die vollständige Privatisierung der ehemals halbstaatlichen SOPEXA und der Verkauf der bis dahin staatlich gehaltenen Anteile in Höhe von 25 %. Seit Oktober 2007 firmiert die SOPEXA als private Aktiengesellschaft, wobei die Anteile von insgesamt 32 Gesellschaftern aus der Branche (u. a. Verbände) gehalten werden.

Verteilt auf 34 Länder haben 39 Niederlassungen von SOPEXA die Aufgabe, die französischen Unternehmungen und Branchenvereinigungen des Lebensmittel- und Weinsektors bei der Verkaufsförderung und Kommunikation in ihren jeweiligen Zielmärkten zu unterstützen.

Der Hauptsitz in Paris leitet das Netz und sorgt für die internationale Koordination. Er unterstützt das gesamte SOPEXA-Netzwerk mit Know-how in Bereichen wie Messen und Ausstellungen, Corporate Design oder Krisenmanagement. Außerdem führt der Hauptsitz für verschiedene Kunden auf dem französischen Markt Kommunikationskampagnen durch.

Die Arbeitsbereiche der SOPEXA sind insbesondere:

- Beratung: SOPEXA entwickelt für ihre Kunden auf der Grundlage eines Briefings mittel- oder langfristige Aktionsstrategien, um Image, Bekanntheitsgrad, Wettbewerbsposition und Absatz ihrer Produkte zu verbessern. Dies geschieht insbesondere über Marketingberatung in Form von SWOT-Analysen, Zielgruppenanalysen, Entwicklung von Kommunikationsstrategien sowie die Erstellung von Werbe- und Verkaufsförderungsstrategien. Marktstudien wie Verbraucherumfragen und im gewerblichen Bereichen komplettieren das Angebot.
- Werbung:
  - Mediastrategie: Auswahl des geeigneten Medientyps bzw. der geeigneten Medientypen
  - Medienplanung und Kauf von Werbeflächen in Zusammenarbeit mit einem auf alle Medien spezialisierten Partner
  - Auswahl und Koordination mit Werbeagenturen für die Kreation von Werbebotschaften
  - Beratung bei der kreativen Auswahl
  - Quantitative und qualitative Werbe-Pretests
- Promotion: Aufgrund der Werbe- und Verkaufsförderungsstrategie, die SOPEXA mit ihren Kunden formuliert hat, organisiert sie die Durchführung von Verkaufsförderungsaktionen in unterschiedlichen Vertriebskanälen.

- Supermärkte und Verbrauchermärkte:
  - Verhandlungen mit den Einkäufern und Marketingsabteilungen der Handelsketten
  - Konzeption und Durchführung von POS-Promotions nach Maß
  - Durchführung von Animationsprogrammen in den Verkaufsstellen
  - Motivation und Schulung der Abteilungsleiter
- Gastronomie:
  - Konzeption und Durchführung von spezifischen Verkaufsförderungsmaßnahmen in der Gastronomie
  - Kontakte mit Importeuren
  - Auswahl von Restaurants
  - Diverse gastronomische Events

- Pressemeldungen: Die Pressearbeit von SOPEXA ist auf die wesentlichen Multiplikatoren im Gewerbe und in Verbraucherkreisen ausgerichtet: Journalisten von Fach- und Publikumsmedien. Sie verstärken die Wirkung der Werbe- und Verkaufsförderungskampagnen und fördern Bekanntheit und Glaubwürdigkeit.
- Pressekampagnen:
  - Pressemitteilungen und -dossiers
  - Konferenzen, Essen, Pressereisen
  - Zusammenarbeit bei der Erstellung von grundlegenden Informationsdossiers
- Media Training
  - Antizipation und Management von Krisen
  - Beobachtung der von den Medien verbreiteten Informationen, Beratungen bei den Pressebeziehungen in Krisenzeiten
- Public Services
  - Organisation von gewerblichen Events
  - Antizipation und Management von Krisen
  - Regelmäßige Aktualisierung und Nutzung von Kontakten zu den wichtigsten Akteuren im Bereich der Lebensmittelsicherheit, Lobbying

3.5 Productschappen – Niederlanden

Der Ursprung der in den 50er Jahren geschaffenen Wirtschaftsgruppen liegt in dem Gedanken der Zusammenarbeit zwischen dem Staat und der Wirtschaft sowie zwischen den Unternehmen innerhalb einer Branche mit ähnlich gelagerten Interessen.

Fast alle Branchen in den Niederlanden sind auf die ein oder andere Weise organisiert – meist mit dem Ziel, bestimmte Aufgaben für die gesamte Branche besser regeln zu können. Eine besondere Form der Organisation sind die Markt- bzw. Wirtschaftsverbände, die so genannten Productschappen. In der Agrar- und Ernährungswirtschaft gibt es folgende Productschappen:

- Hoofdproductschap Akkerbouw (Ackerbau)
- Productschap Granen, Zaden en Peulvruchten (Samen, Getreide und Hülsenfrüchten)
- Productschap Diervoeder (Tierfutter)
- Productschap Dranken (Getränke)
- Productschap Margarine, Vetten en Oliën (Margarine, Fette und Öle)
- Productschap voor Pluimvee en Eieren (Geflügel und Eier)
- Productschap Tuinbouw (Gartenbau)

- Productschap voor Vee en Vlees (Vieh und Fleisch)
- Productschap Vis (Fisch)
- Productschap Wijn (Wein)
- Productschap voor Zuivel (Milchprodukte)

Jeder Sektor entscheidet selbst, ob er einen Verband gründet. Deswegen gibt es nicht für alle Wirtschaftssektoren einen Verband.

Charakteristisch für die Productschappen ist ihr verbindlicher Charakter für die gesamte Branche: Alle Unternehmen sind an die jeweilige Productschap angegliedert und müssen sich an die Regeln halten.

Der Verband ist eine öffentliche Verwaltungskörperschaft, allerdings eine Behörde mit speziellen, branchenspezifischen Aufgaben. An oberster Stelle der Aktivitäten einer Productschap stehen immer sowohl die allgemeinen Belange als auch die Belange der jeweiligen Branche. Die Productschappen stehen unter der Aufsicht der jeweils zuständigen Ministerien und des sozialwirtschaftlichen Rats.

Die Productschappen übernehmen Aufgaben, die einzelne Unternehmen oder Arbeitgeber- und Arbeitnehmerorganisationen allein nicht bewältigen können, die man im Hinblick auf die Belange jedoch für erforderlich erachtet und die den Wettbewerb nicht beeinflussen:

- Vereinbarungen über z. B. Aus- und Weiterbildung von Arbeitnehmern,
- Qualitätssicherung und -kontrolle,
- Verwaltung und Weiterentwicklung des niederländischen Qualitätssicherungs-Systems Integrierte Kettenüberwachung (PVE/IKB)
- Forschungs- und Innovationsförderung
- Nationale und internationale politische Lobbyarbeit
- Absatzförderung und Exportförderung
- Informations- und Öffentlichkeitsarbeit
- Überwachung und Förderung
- Weiterentwicklung des Identifikations- und Registrationssystem

Neben den eigenen Regeln setzen manche Productschappen auch die Gesetzgebung der zentralen Regierung um. Hierbei stützen sie sich auf ihr branchenspezifische Wissen und Know-how sowie auf ihre behördlichen Befugnisse. Für diese so genannten Mitverwaltungsaufgaben erhalten Sie eine Vergütung von der niederländischen Regierung.

Der Gesamtetat der Productschappen beträgt jährlich insgesamt 260 Mio. €. Um zu gewährleisten, dass diese Gelder an die richtigen Stellen fließen, werden die Finanzen vom SER (Sozialwirtschaftlicher Rat) kontrolliert. Die Productschappen finanzieren ihre Arbeit in der Hauptsache aus zwei Quellen: Das sind die Abgaben der Unternehmen und zum anderen die Vergütungen für die Durchführung von hoheitlichen Aufgaben.

Der gesamte Sektor bzw. die Unternehmen in diesem Sektor, für den eine Productschap eingerichtet wird, beteiligen sich an der Finanzierung der Aktivitäten. „Schwarzfahren" einzelner Unternehmen ist somit ausgeschlossen.

3.6 Gemeinschaftsmarketing für Wein: Deutscher Weinfonds

Die Anfänge des Gemeinschaftsmarketings für deutschen Wein gehen bis in das Jahr 1925 zurück; damals wurde 1 % des Weinsteueraufkommens zur Behebung „der Not des deutschen Winzerstandes“ bereitgestellt. Die Erfolge des daraufhin gegründeten Reichsausschusses für Weinpropaganda blieben wie auch zahlreiche spätere Bemühungen vor allem wegen unzureichender Mittelausstattung aus.

Der Organisation des Gemeinschaftsmarketings in den Grundzügen entsprechende Institutionen bildeten sich erst nach dem Zweiten Weltkrieg heraus mit der Gründung der Deutschen Weinwerbung GmbH 1949 und von Gebietsweinwerbegesellschaften (Pfalz, Nahe, Rheinhessen, Rheingau) im Jahr 1952. Zur Aufgabenabgrenzung wurde beschlossen, übergebietliche Aktionen der Deutschen Weinwerbung zentral zu übertragen, während sich die Gebietswerbegesellschaften auf die Förderung des Images ihrer Gebietsweine durch entsprechende absatzfördernde Maßnahmen konzentrieren sollten.

Die Unterzeichnung der Römischen Verträge im Jahre 1957 und der damit eingeleitete freie Warenverkehr verstärkten erneut das Erfordernis, die Stellung des deutschen Weines auf dem in- und ausländischen Markt durch Werbung zu festigen. Um der Weinwerbung zur Durchführung der dazu notwendigen Maßnahmen eine kontinuierliche Finanzierungsbasis zu verschaffen, wurde durch das 1961 erlassene Weinwirtschaftsgesetz ein Stabilisierungsfonds für Wein als Anstalt des öffentlichen Rechts errichtet. Diese heute als Deutscher Weinfonds bezeichnete Einrichtung hat die Aufgabe, den Weinabsatz durch qualitäts- und absatzfördernde Maßnahmen anzuregen. Dazu stehen ihr Beiträge der deutschen Weinwirtschaft – erhoben einerseits bei Weinanbauern und andererseits bei Betrieben des Weinhandels (so genannte Flächen- und Handelsabgaben) – zur Verfügung. Die Gebietsweinwerbestellen können von den Weinbauern eine zusätzliche Abgabe zur besonderen gebietlichen Absatzförderung erheben.

Im Vergleich zu anderen landwirtschaftlichen Produkten sind die finanziellen Aufwendungen für kommunikatives Marketing für Wein sehr viel höher. Dies ist zumindest der Fall, solange die gesetzliche Grundlage für Gemeinschaftsmarketing besteht. Der Gesetzgeber begründet diese vor allem mit zwei Besonderheiten des deutschen Weinmarktes.

- Die Produktdifferenzierung im Weinmarkt ist extrem groß (Rebsorte, Herkunft, Lage, Jahrgang, Qualitätsstufe, Ausbauverfahren) und erfordert hohen Erklärungsbedarf.
- Traditionell erschwert die besonders starke Konkurrenz ausländischer Anbieter die Wettbewerbssituation deutscher Weine und macht eine schlagkräftige Imagewerbung erforderlich.

Um Aufgabenüberschneidungen zwischen dem Deutschen Weinfonds und der Deutschen Weinwerbung GmbH zu vermeiden, wurde die Letztere im Jahre 1967 zum Deutschen Weininstitut GmbH (DWI) umbenannt und neu strukturiert. Die Gesellschafter sind der Deutsche Weinbauverband, der Bundesverband des deutschen Weinhandels und der Deutsche Weinfonds GmbH (DWF) als Anstalt des öffentlichen Rechts. Die Arbeitsteilung von DWF und DWI wird flexibel gehandhabt.

Oberstes Organ des Deutschen Weinfonds ist der Verwaltungsrat, der aus 44 Personen besteht:

- 18 Vertreter der Winzer und ihrer Genossenschaften,
- 8 Vertreter der gebietlichen Absatzförderungseinrichtungen,

- 8 Vertreter der übrigen Gruppierungen der Weinwirtschaft,
- 10 Vertreter der Absatzwirtschaft und Verbraucherschaft.

Im Deutschen Weininstitut werden die grundsätzlichen Entscheidungen von der Gesellschafterversammlung getroffen. Die laufenden Geschäfte im Deutschen Weinfonds und im Deutschen Weininstitut werden vom Vorstand des Deutschen Weinfonds und vom Geschäftsführer des Deutschen Weininstituts in Personalunion wahrgenommen.

Das jährliche Gesamtaufkommen des DWF beträgt je nach Erntemenge durchschnittlich 10 Millionen €. Die Maßnahmenplanung und Budgetierung der Maßnahmen erfolgen in einem vom Bundesministerium für Ernährung, Landwirtschaft und Verbraucherschutz (BMELV) zu genehmigenden Wirtschaftsplan.

Die Abgabenhöhe ist in § 43 WeinG geregelt. Demnach muss jeder Erzeuger eine Abgabe von 0,67 € pro Ar Weinbergsfläche entrichten, sofern diese mehr als fünf Ar umfasst. Zudem sind Betriebe, die inländische Weine inklusive Perl- und Schaumweine abfüllen und an andere gewerbsmäßig abgeben bzw. nicht abgefüllt ins Ausland verkaufen, unter Anrechnung einer Freigrenze von 80,– € zur Entrichtung einer jährlichen Abgabe in Höhe von 0,67 €/Liter verpflichtet.

Jedes der 13 deutschen Weinanbaugebiete hat eine eigene Gebietsweinwerbestelle gegründet. Ihre jeweilige Rechtsform und Finanzierung sind unterschiedlich geregelt. Nur in einigen Ländern wird von der Ermächtigung des Weinwirtschaftsgesetzes Gebrauch gemacht, Mittel für die Gebietsweinwerbung als Pflichtabgaben einzuziehen. In anderen Ländern baut die Finanzierung ausschließlich auf den verbleibenden sonstigen Quellen auf: Landesmittel, Beiträge der Weinwirtschaft und Einnahmen aus Dienstleistungen.

Das Gemeinschaftsmarketing für Wein ist demnach auf zwei Ebenen organisiert: zentrales Marketing durch DWI / DWF einerseits und Gebietsweinmarketing durch Gebietsweinwerbestellen andererseits. Beide Stufen werden durch die deutsche Weinwirtschaft finanziert und müssen daher in ihrer Kompetenz voneinander abgegrenzt werden.

Die Marketingziele des DWI / DWF sind sowohl quantitative (Erhöhung des Absatzes deutscher Weine) als auch qualitative (Verbesserung des Images deutscher Weine vor allem im Mittel- und Hochpreissegment). Die Strategie strebt demnach eine erhöhte Marktdurchdringung an und kann von einer zentralen Institution vornehmlich durch die Instrumente der Kommunikationspolitik verfolgt werden. Daneben können eine Reihe von Maßnahmen der Produktpolitik durchgeführt werden. Dazu zählen z. B.:

- Mitwirkung an der Kommunikation zur Verarbeitung der Ergebnisse der Bundesweinprämierung der DLG,
- Ausrichtung von Wettbewerben zur Produktgestaltung, Promotion neuer Angebotsformen (z. B. Mehrwegflaschen),
- Rechtsschutz von Ursprungs- und Qualitätsbezeichnungen deutscher Weine im In- und Ausland.

Der Schwerpunkt liegt vor allem auf der Kommunikationspolitik, z. B. durch

- Veranstaltungen,
- Schulungsmaßnahmen und
- Pressearbeit.

Darüber hinaus betreiben DWI/DWF Marketingforschung zur Untermauerung der eigenen Marketingmaßnahmen, aber auch als Dienstleistung für Gebietsweinwerbestellen und einzelne Unternehmen.

Ein Gütezeichen für deutschen Wein wurde von DWI/DWF nicht entwickelt. Diese Aufgabe übernimmt das Deutsche Weinsiegel der DLG. Das von ihr verliehene Weinsiegel wird in den drei Gruppen „gelb“ (trocken), „grün“ (halbtrocken) und „rot“ vergeben. Sein Produktversprechen ist die Basisabsicherung für gute Weinqualität, deren sensorische Werte deutlich höher liegen, als sie vom Gesetzgeber mindestens gefordert werden. Das Deutsche Weinsiegel wird von der DLG TestService GmbH verliehen.

Die Gebietsweinwerbestellen haben eine zweifache Aufgabe:

Einerseits stellen sie den Unternehmen der Weinwirtschaft in ihrem Gebiet Dienstleistungen direkt zur Verfügung, damit diese ihre eigenen Marketingaktivitäten erfolgreicher entwickeln können. Beispiele sind das Verkaufstraining für Winzer mit Direktvermarktung und die Bereitstellung von Werbemitteln für die Weinbaubetriebe.

Andererseits ist es Aufgabe jeder Gebietsweinwerbestelle, den Absatzerfolg aller Weinerzeuger in ihrem Gebiet indirekt dadurch zu fördern, dass durch herkunftsbezogene Werbung das Gesamtweinangebot aus diesem Gebiet an Attraktivität gewinnt. Diese Betonung der regionalen Herkunft ist auf dem Weinmarkt im Vergleich zu anderen Agrarmärkten am stärksten ausgeprägt.

Die Konzeptionen für das Gemeinschaftsmarketing des DWI/DWF sind in den vergangenen Jahren mehrfach fortentwickelt worden. Dies hing zum einen mit veränderten Marktverhältnissen zusammen, zum anderen mit veränderten Mittelaufkommen und schließlich auch mit Gewichtsverlagerungen in der Arbeitsteilung mit den Gebietsweinwerbestellen.

2009 hat das Bundesverfassungsgericht die Sonderabgabe für die Centrale Marketing-Gesellschaft der deutschen Agrarwirtschaft (CMA) sowie die Zwangsabgabe für den Holzfonds für verfassungswidrig erklärt. Es ist davon auszugehen, dass auch die Weinfonds-Abgaben den Gang durch die Instanzen bis zum Bundesverfassungsgericht nehmen werden. Bei verschiedenen Verwaltungsgerichten liegen bereits Klagen gegen die Zwangsabgaben von Winzern vor.

Unabhängig von dem Ausgang ist davon auszugehen, dass Gemeinschaftsmarketing für Wein auch in Zukunft bedeutsam sein wird. Alle Weinbaugebiete haben seit langem Strategien und Maßnahmen zur Gemeinschaftswerbung für die Produkte aus ihrer Region entwickelt (Gebietsweinwerbung z. B. für Wein aus Baden, Franken etc.).

4. Einzelbetriebliche Kooperationen

Erwartungen an Kooperationen

Die häufigste Kooperationsform ist die Kooperation zwischen zwei einzelnen Unternehmen. Unternehmen, die Kooperationen eingehen, versprechen sich von ihnen Möglichkeiten und Wettbewerbsvorteile, die sie allein nicht oder nur mit unverhältnismäßig großem Aufwand erzielen könnten. Zu den wichtigsten Vorteilen gehören dabei:

Zugang zu strategisch relevanten Märkten

Der Zugang zu strategisch relevanten Märkten spielt insbesondere bei der Internationalisierung von Unternehmen eine große Rolle. Kooperative Arrangements können vor diesem Hintergrund von großem Nutzen für die betroffene Unternehmung sein. So können Kooperationen einen beschleunigten Eintritt in bisher unerschlossene Märkte ermöglichen. Dabei kann die Marktkenntnis des Kooperationspartners genutzt werden. Verbunden damit ergibt sich auch eine Risikoreduktion durch die Nutzung der Vertriebskanäle des Kooperationspartners. Die Kooperation mit einem bereits etablierten Konkurrenten sorgt zudem für eine sinkende Rivalität in diesem Markt.

Zeitvorteile

Wettbewerbsvorteile ergeben sich häufig aus Zeitvorteilen. Ein schnelles „move to the market“ bildet die Grundlage für den Unternehmenserfolg. Vor diesem Hintergrund kommt einer schnellen Produktentwicklung zur Marktreife und einer schnellen Versorgung der relevanten Märkte eine entscheidende Rolle zu. Hierbei können die Ressourcen des Kooperationspartners unterstützen.

Zugang zu strategisch relevanten Ressourcen

Eng verbunden mit dem Zeitfaktor ist das Problem des Zugangs zu strategisch relevanten Ressourcen und ihres Schutzes. Die Bündelung von Fähigkeiten ist häufig mit kürzeren Innovationszyklen verbunden und bildet so die Basis für Wettbewerbsvorteile. Für kleinere und mittlere Unternehmen stellt eine Kooperation häufig die einzige Möglichkeit dar, sich gegen große und etablierte Unternehmen zu behaupten bzw. durchzusetzen.

Wissensakquisition und Ausweitung der Möglichkeiten eines organisationalen Lernens

In jüngerer Zeit wird die Bedeutung des (organisationalen) Wissens als Grundlage für die Erlangung strategischer Wettbewerbsvorteile zunehmend betont. So ist der Erwerb wettbewerbsrelevanten Wissens häufig Anstoß einer Kooperationsbeziehung. Ausdruck findet dieser Gedanke z. B. in der Herausbildung so genannter Cluster. Dahinter verbergen sich geografische Konzentrationen von verbundenen Unternehmen und Institutionen in einem speziellen (Wissens-)Feld. Ein Beispiel hierfür bietet Silicon Valley.

Risikominimierung

Speziell kleinere, finanzschwache Unternehmen sehen in Kooperationen die Möglichkeit, finanzielle Aufwendungen gemeinsam zu tragen, um das mit einer Investition verbundene Risiko zu teilen.

Ausbau der Gestaltungsmöglichkeiten

Auch die Verbesserung von Machtverhältnissen kann ein Motiv für das Abschließen einer Kooperationsvereinbarung darstellen. In erster Linie lässt sich darunter eine größere Möglichkeit zur Einflussnahme auf das Marktgeschehen fassen. Im speziellen Fall vertikaler Kooperationsbeziehungen lässt sich auch die Möglichkeit einer erhöhten Einflussmöglichkeit auf Unternehmen vor- und nachgelagerter Wertschöpfungsstufen vermuten. Typische Beispiele finden sich in der Automobilindustrie, wo Zulieferer über kooperative Arrangements verstärkt in den Wertschöpfungsprozess eingebunden werden. In der Food Supply Chain dienen vertikale Kooperationen häufig der Qualitätssicherung.

Erzielung von Kostenvorteilen

Die Bündelung gemeinsamer Ressourcen bedingt in vielen Fällen das Ausnutzen von Economies of Scale oder Economies of Scope. So können zum Beispiel gemeinsam getragene Aufwendungen auf eine größere Absatzmenge verteilt werden. Durch ein gemeinsames Handeln sind ebenfalls kostengünstigere Bestellgrößen denkbar. Regionale Partner, die ein landesweites Netzwerk bilden, können beispielsweise ohne Streuverluste landesweit werben.

Ableiten von Kooperationsfeldern

Natürlich eignen sich nur bestimmte Vorhaben für eine kooperative Bearbeitung. Grundsätzlich bilden dabei die Optionen „Fremdbezug über den Markt“ und „Eigenfertigung“ die beiden äußeren Pole der Handlungsoptionen. Dabei stellt sich für jeden Einzelfall die Frage, ob die Veränderung selbstständig (Hierarchie), in Kooperation mit anderen Unternehmen oder vollständig extern (Markt) erbracht werden soll. Das Spektrum zwischen dem Fremdbezug einer Leistung und der Eigenfertigung ist dabei aufgrund zahlreicher unterschiedlicher Kooperationsformen sehr breit:

Zur Erklärung der Entscheidungsfindung bei der Wahl von Kooperationsfeldern können unter anderem die Transaktionskostentheorie, die Principal-Agent-Theorie und die Property-Rights-Theorie herangezogen werden.

Übersicht F.2

Abgrenzung des Kooperationsraums

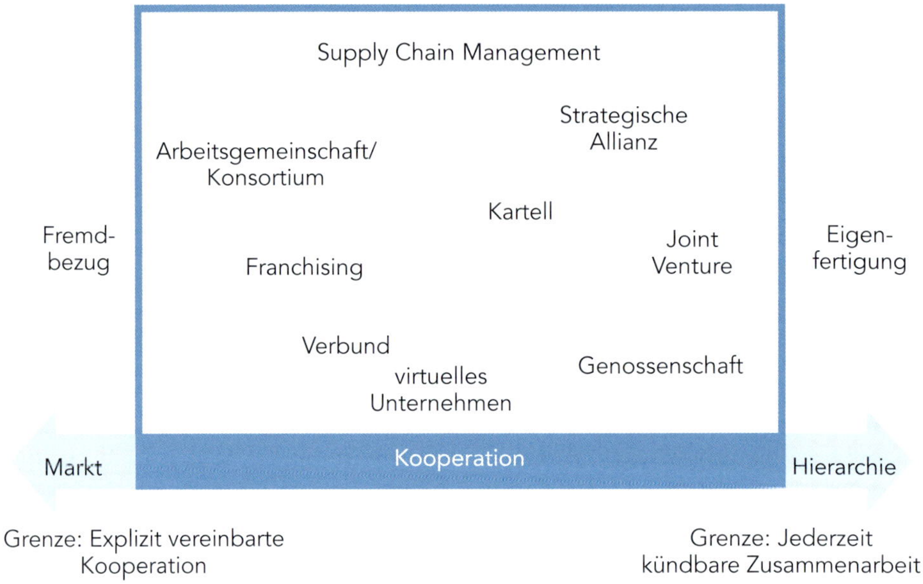

Transaktionskostentheorie

Die Transaktionskostentheorie versucht zu erklären, welche Institutionen bei welchen Arten von Koordinationsproblemen des ökonomischen Austauschs die geringsten Kosten zur Folge haben und wie sich die Kosten von Austauschbeziehungen auf die Gestaltung und den Wandel von Institutionen auswirken. Sie beschäftigt sich dabei auch mit der Frage, welche Institutionen (Markt, Unternehmen, Zwischenformen) bestimmte Transaktionen mit welcher Effizienz abwickeln.

Die Summe aus den Produktionskosten für die ausgetauschten Güter und Leistungen sowie den Transaktionskosten für die Abwicklung und Organisation der Transaktion bildet das Vorteilhaftigkeitskriterium für eine bestimmte Institution. Die Transaktionskostentheorie leistet somit im Wesentlichen einen Kostenvergleich zwischen verschiedenen Institutionen zur Abwicklung von Transaktionen.

Die Abwicklung der Transaktion verursacht Transaktionskosten. Diese unterscheiden sich von den Produktionskosten dadurch, dass sie durch die Wahl des institutionellen Arrangements veränderbar sind, während die Produktionskosten von einer solchen Veränderung unberührt bleiben. Transaktionskosten können als Äquivalent zur Reibung in physikalischen Systemen verstanden werden. Sie stellen alle von den Transaktionspartnern zur Verwirklichung des Leistungsaustausches zu tragenden Opfer und Nachteile dar, so dass sie auch als „Betriebskosten eines Wirtschaftssystems" bezeichnet werden können. Diese umfassen

- Kosten der Anbahnung,
- Vereinbarungskosten,

- Kosten der Abwicklung und Kontrolle,
- Kosten der Anpassung der Transaktion.

Transaktionskosten beinhalten damit, neben der Partnersuche, die Ausarbeitung eines für alle Transaktionspartner akzeptablen Vertrages sowie dessen Einhaltung, Durchsetzung und Anpassung.

Akteure werden im Rahmen der Transaktionskostentheorie durch zwei Verhaltensweisen charakterisiert:

a) Begrenzte Rationalität: Die Transaktionspartner sind zwar bestrebt, rational zu handeln, doch gelingt ihnen dies im Ergebnis nur unvollkommen, weil sie aufgrund ihrer beschränkten Kapazität zur Informationsverarbeitung lediglich über unvollständige Informationen verfügen.
b) Opportunismus: Die Akteure handeln opportunistisch, weil sie jeweils ihr Eigeninteresse durchzusetzen suchen und dabei auch die mögliche Schädigung anderer Akteure bewusst in Kauf nehmen.

Die Höhe der Transaktionskosten wird unter anderem durch die Häufigkeit und die Spezifität der zu tätigenden Investitionen bestimmt. Sehr unspezifische Investitionen sprechen eher für einen Fremdbezug, sehr spezifische Investitionen eher für eine Lösung in Eigenregie also innerhalb einer hierarchischen Lösung (vgl. Übersicht F.3).

Bei sehr geringem Spezifitätsgrad (S) verursacht die Abwicklung der Transaktionen über den Markt die geringsten Produktions- und Transaktionskosten. Zwischen S1 und S2 (mitt-

Übersicht F.3

Abhängigkeit der Transaktionskosten von der Spezifität

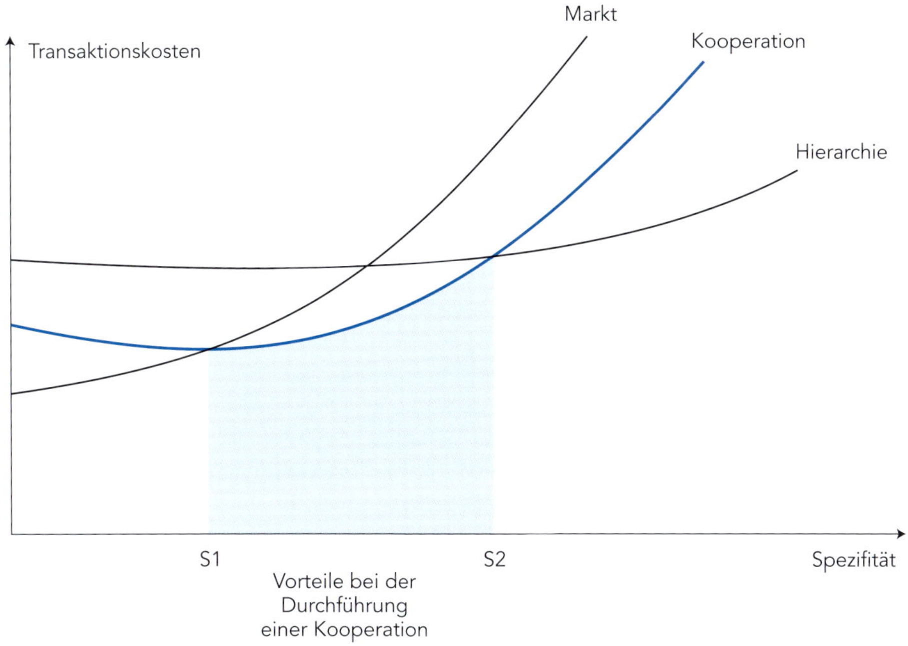

lerer Spezifitätsgrad lässt sich die Transaktion am kostengünstigsten mittels Kooperation organisieren. Erreicht die Spezifität den Grad S2, ist es vorteilhaft, die Transaktion unternehmensintern bzw. innerhalb der Hierarchie abzuwickeln.

Vorteilhaftigkeitskriterium

Das Vorteilhaftigkeitskriterium der Transaktionskostentheorie besagt, dass das institutionelle Arrangement zu wählen ist, das die Summe aus den Produktionskosten für die ausgetauschten Güter und Leistungen und den Transaktionskosten für die Koordination der Transaktion minimiert. Dieses Kostenminimum wird umso eher erreicht, je besser die Charakteristika des institutionellen Arrangements den Anforderungen entsprechen, die sich aus den Charakteristika der abzuwickelnden Transaktion ergeben.

Principal-Agent-Theorie

Diese Theorie nutzt vorhandene Informationsasymmetrien als Erklärungsansatz für das Verhalten von zwei Partnern. Die Principal-Agent-Theorie betrachtet dieses Abhängigkeitsverhältnis und die daraus entstehenden Beziehungen und versucht ein Instrumentarium zur Verfügung zu stellen, mit dem die Handlungsspielräume der einzelnen Partner voneinander abgegrenzt werden können.

Dabei werden zwei Grundannahmen getroffen:

a) Jeder Partner hat in erster Linie seine eigene Nutzenmaximierung zum Ziel:
b) Menschen sind unfähig, Situationen und Konsequenzen komplex zu erfassen, wodurch alle Informationen stets unvollständig sind.

Um die unterschiedlichen Möglichkeiten einer asymmetrischen Verteilung von Informationen darzustellen, wird eine Beziehung zwischen zwei Personen hergestellt, die das sog. Principal-Agent-Verhältnis darstellt:

Der Principal ist derjenige, der eine Aufgabe überträgt. Die Entscheidungen des Agenten haben Auswirkungen auf den Principal. Im Kooperationskontext ist dementsprechend das eigene Unternehmen der Principal und der Kooperationspartner stellt den Agenten dar.

Der Agent ist der Entscheidungsträger. Ihm wird eine Aufgabe übertragen, bezüglich der er Entscheidungen trifft, die den Nutzen seiner eigenen Handlungen und der anderen Partner beeinflussen. Er ist besser informiert als alle anderen. Bei zwischenbetrieblichen Kooperationen sind alle Kooperationspartner des eigenen Unternehmens in der Rolle des Agenten, da diese eine bestimmte Leistung in das Kooperationsprojekt einbringen.

Eine Principal-Agent-Beziehung entsteht, weil man sich nicht vollständig und vor allem nicht ohne Kosten ausreichend informieren kann. Man ist auf das Können und Wissen eines anderen angewiesen. Es tritt somit eine asymmetrische Verteilung der Informationen in einem Kooperationsprojekt auf. Der Agent hat dabei einen Informationsvorteil, da er die übertragene Aufgabe bearbeitet und die betreffenden Entscheidungen selbst trifft. So besteht die Gefahr, dass der Agent seinen Handlungsspielraum zu seinem eigenen Vorteil ausnutzt. Diese Unsicherheit bezüglich des Verhaltens des Agenten bzw. deren Beseitigung ist Gegenstand der Principal-Agent-Theorie.

Im Kooperationskontext kann es vorkommen, dass ein Unternehmen gleichzeitig Principal und Agent ist.

Problemtypen der Principal-Agent-Theorie:

a) **Hidden characteristics** liegen vor, wenn dem Principal vor Vertragsschluss bzw. vor dem inhaltlichen und strukturellen Festlegen eines Kooperationsprojektes die unveränderbaren Eigenschaften des Agenten oder seiner Dienstleistung nicht bekannt sind. Diese Eigenschaften lernt der Principal erst nach Abschluss des Vertrages bzw. nach Beginn der Kooperation kennen. Konkret bedeutet dies, dass falsche Tatsachen vorgespielt werden, was zur Auswahl eines unerwünschten Partners führt.
b) **Hidden action and hidden information** entstehen im Laufe der Beziehung. Ist der Principal nicht in der Lage (etwa aus Zeitgründen), die Handlungen des Agenten zu beobachten, so liegen „hidden actions" vor. Kann der Principal das Verhalten des Agenten aufgrund mangelnder Fachkenntnisse nicht beurteilen, so spricht man von „hidden information". Es besteht also die Gefahr der opportunistischen Ausnutzung der Unkenntnis des Principals seitens des Agenten.
c) **Hidden intention** kennzeichnet die Ausnutzung des Prinzipals durch den Agenten. Der Principal weiß im Vorfeld nicht, wie sich der Agent verhalten wird, steht aber in großem Abhängigkeitsverhältnis zum Agenten. Die Abhängigkeit entsteht durch bereits erbrachte Investitionen, die nicht mehr zurückgefordert werden können. Im Gegensatz zu hidden actions bleibt die opportunistische Verhaltensweise des Agenten nicht verborgen, der Principal hat jedoch keine Möglichkeit, diese Verhaltensweise zu ändern.

Die Erkenntnisse aus der Principal-Agent-Theorie können den Auswahlprozess einer geeigneten Koordinationsform unterstützen. Es können mögliche Risiken einer kooperativen Vorgehensweise aufgedeckt und die damit verbundenen Kosten grob abgeschätzt werden.

Ein potenzielles Kooperationsprojekt ist dahingehend zu bewerten, ob und in welchem Maße die kooperativen Handlungen beobachtbar und kontrollierbar sind. Dabei sind strategische und operative Handlungen zu unterscheiden.

Property-Rights-Theorie

Die Property-Rights-Theorie geht davon aus, dass der Wert eines Gutes oder einer Ressource sich nicht ausschließlich aus den physikalischen Eigenschaften ergibt, sondern auch mit den Rechten zur Nutzung des Gutes oder der Ressource – den so genannten property rights – verbunden ist.

Beispielsweise kann die Nutzung einer Immobilie durch bestimmte Auflagen zu Denkmalsschutz, Lärmemissionen etc. eingeschränkt sein.

Man unterscheidet hier unterschiedliche Arten von property rights:

1. Das Recht, ein Gut zu nutzen (usus).
2. Das Recht, ein Gut hinsichtlich seiner Form und Substanz zu verändern (abusus).
3. Das Recht, sich Gewinne, die durch das Gut entstanden sind, anzueignen bzw. die Pflicht, die Verluste zu tragen (usus fructus).
4. Das Recht, das Gut zu veräußern und den Erlös einzunehmen (ius abutendi).

Ein Hauptgegenstand der Property-Rights-Theorie ist die Analyse unterschiedlicher Verteilungen von property rights und den damit verbundenen Auswirkungen auf das Unternehmen. Ausgangspunkt der Analyse sind die folgenden Annahmen:

1. Jeder Akteur verfolgt als primäres Ziel seine individuelle Nutzenmaximierung.
2. Es existieren property rights.
3. Es existieren Transaktionskosten.
4. Es treten sog. externe Effekte auf.

Wenn einem Akteur nicht alle property rights an einem Gut zugeteilt sind, treten positive und/oder negative externe Effekte auf. Als externe Effekte werden dabei die Auswirkungen bezeichnet, die durch die Handlung einer Organisationseinheit auf Dritte ausgeübt werden. Negative externe Effekte treten dann auf, wenn die insgesamt entstehenden Kosten größer sind als die Kosten des Handelnden. Der Handelnde agiert somit zu Lasten aller beteiligten Akteure. Dies wird er so lange tun, wie der dem Handelnden entstehende Nutzen größer ist als die für ihn anfallenden Kosten.

Ein positiver Effekt tritt dagegen dann auf, wenn der allgemeine Nutzen den privaten Nutzen übersteigt. Bei einem positiven Effekt besteht die Gefahr, dass eine gesamtgesellschaftlich erwünschte Handlung deswegen nicht realisiert wird, weil die Anreizstrukturen für die handelnden Personen fehlen.

Externe Effekte sind folglich ein Grund für das Auftreten von Ineffizienzen und dienen als Kriterium, die Verteilung von property rights zu beurteilen. Eine Umverteilung der property rights, so dass keine externen Effekte mehr auftreten, führt zu Effizienz am Markt. Je weniger positive sowie negative Effekte auftreten, desto besser ist die aktuelle Verteilung zu beurteilen.

Die Transaktionskosten stellen neben den externen Effekten ein weiteres Effizienzkriterium dar. Sie entstehen bei der Herausbildung, Zuordnung, Übertragung und Durchsetzung von property rights. Es handelt sich um Kosten der Information und Kommunikation sowie der Zeit, die aufgewendet wird, um die Handlungs- und Verfügungsrechte an einem Gut zu definieren, zu übertragen und zu kontrollieren. Da die Umverteilung bzw. Durchsetzung der property rights, um externe Effekte zu vermeiden, Transaktionskosten verursacht, müssen diese ebenfalls berücksichtigt werden. Eine Effizienz kann nur gegeben sein, wenn der Nutzen der Umverteilung größer als die anfallenden Transaktionskosten ist.

Für die Anwendung im Kooperationskontext ist also einerseits abzuschätzen, welche property rights bezogen auf die definierte Zielsetzung an die Kooperationspartner übertragen werden. Andererseits sind die externen Effekte zu berücksichtigen.

Erfolgsfaktoren für Kooperationen

Im Mittelstand unterhalten mittlerweile rund die Hälfte aller Unternehmen strategische Partnerschaften allein im Vertriebsbereich. Dabei sind Partnerschaften in klassischen und teilweise auch öffentlich geförderten Bereichen etwa in Forschung und Entwicklung nicht einmal miterfasst.

Im Rahmen einer empirischen Erhebung der AFC wurden Unternehmen der Ernährungswirtschaft zu den Faktoren für den Erfolg, aber auch für das Scheitern von Kooperationen in Marketing und Vertrieb befragt. Erhoben wurden dabei die Erfahrungen mit strategischen Partnerschaften in Marketing und Vertrieb. Strategische Partnerschaften wurden dabei als Kooperationen bezeichnet, deren Dauer von vornherein auf mehrere Jahre angelegt war. Das strategische Moment ergab sich weiterhin durch einen Anteil der Kooperation am jeweiligen Gesamtgeschäft von mindestens 5 Prozent.

Übersicht F.4

Gründe für eine strategische Partnerschaft

Warum gehen Unternehmen so zahlreich strategische Partnerschaften ein? Bieten strategische Partnerschaften – insbesondere im Vertrieb – Chancen, eigene Defizite auszugleichen, sich dem Konsolidierungstrend in vielen Branchen zu entziehen oder gar spezifische Wettbewerbsvorteile aufzubauen? Viele der befragten Unternehmen sind in der Ernährungsindustrie tätig, in einer Branche, in der der Konzentrationsgrad im Handel sehr hoch, bei den meist mittelständischen Herstellern jedoch sehr gering ist. Gerade eine strategische Partnerschaft stellt für diese Unternehmen eine Möglichkeit dar, die eigene Marktposition gegenüber den übermächtigen Handelsgiganten zu stärken.

Mit Hilfe des Partners führt der Weg im Mittelstand aus der eigenen geringen Marktpräsenz z. B. zu einem erhöhten Vertriebs-Know-how, einem breiteren Produktportfolio, in den Einstieg neuer geografischer Märkte und nicht zuletzt zu einer größeren Anzahl an Kunden, nämlich denen des Partners. In der Partnerschaft sind in größerem Umfang die Ressourcen vorhanden, Innovationen voranzubringen, als dies im Alleingang möglich ist. Ein weiterer mit Partnerschaften assoziierter Vorteil ist – spätestens seit Intel durch die Zusammenarbeit mit IBM bekannt wurde – der mögliche Image-Transfer durch den Partner.

Warum aber wehren sich trotz dieser erstaunlichen Vorzüge (vgl. Übersicht F.4) immer wieder Unternehmen vehement gegen strategische Partnerschaften?

Eine Erklärung für Hindernisse und Unsicherheiten mittelständischer Unternehmer in diesem Zusammenhang liegt im unternehmerischen Wunsch nach vollständiger Autonomie, nach Kontinuität der Familientradition, aber auch im möglicherweise fehlenden Vertrauen gegenüber geeigneten Kooperationspartnern. Aus Angst vor einem Kontrollverlust werden Kooperationen gescheut. Interessanterweise sinken diese Unsicherheiten mit steigender Unternehmensgröße. Größere Mittelständler ebenso wie Großunternehmen sind es gewohnt, auf institutionelle Kontrollmechanismen zu vertrauen, während kleinere Mittelständler alle Kontrollen und Entscheidungsbefugnisse auf den Inhaber konzentrieren. Insofern liegt in dem Aufbau geeigneter (und vertrauensbildender) Kontrollinstrumente der Kooperation, beispielsweise in Form vertraglich geregelter Mittelverteilungen und Entscheidungsprozesse, ein sehr wichtiges Erfolgsmodul für deren Gelingen.

Bisweilen gehen Unternehmen deshalb keine strategischen Partnerschaften ein, weil sie hierfür keine Notwendigkeit sehen. In der AFC-Befragung wurde dies von 69 Prozent der befragten Entscheidungsträger als Ursache genannt. Eine fehlende Notwendigkeit offenbart sich dann beispielsweise darin, dass die Option einer strategischen Partnerschaft noch gar nicht erwogen wurde, dass das Unternehmen auch ohne Partner erfolgreich genug arbeitet oder dass mit einer strategischen Partnerschaft keine Vorteile assoziiert werden.

Die Chancen sind das eine. Aber wann funktionieren strategische Partnerschaften überhaupt und wann scheitern sie? In unserer Beratungsarbeit haben wir über Jahrzehnte Hypothesen zu diesen Fragestellungen gesammelt, die anhand der hier zugrundeliegenden Studie systematisch überprüft wurden.

Die Ergebnisse zeigen, dass eine strategische Partnerschaft für viele mittelständische Unternehmen ein geeigneter Weg sein kann, die Marktposition zu stärken. Einige wichtige Regeln sind jedoch zu beachten.

Und diese beginnen mit der Partnersuche. 22 Prozent der befragten Unternehmen gaben an, keinen passenden Partner gefunden zu haben. Bei der Suche nach einem geeigneten Partner greifen die befragten Unternehmen überwiegend auf Bewährtes zurück. So geben drei Viertel der Befragten an, den Partner aus dem Kreise bekannter und vertrauter Unternehmen auszuwählen. In 58 Prozent der Fälle bestanden zwischen den beteiligten Unternehmen bereits vor der strategischen Partnerschaft geschäftliche Beziehungen. Dieses Vorgehen ist nachvollziehbar, da hierdurch Unsicherheiten verringert und der Suchprozess verkürzt werden kann. Nachteilig zu bewerten ist jedoch die Einschränkung des Alternativenraums. Da die Studie auch zeigt, dass als Partner häufig Anbieter komplementärer Produkte (75 %) gegenüber Wettbewerbern bevorzugt werden (25 %), dem partnersuchenden Unternehmen jedoch weniger komplementäre Anbieter als Wettbewerber bekannt sein dürften, besteht die Notwendigkeit von Suche und Profilabgleich, um auf einer breiteren Basis einen geeigneten Partner finden zu können. Hier zeigt sich unter anderem die Relevanz der Transaktionskosten-Theorie. Werden die Suchkosten zu hoch, unterbleibt eine Kooperation.

Was muss ein Unternehmen in der Zusammenarbeit mit dem ausgesuchten Partner berücksichtigen, damit die Partnerschaft funktioniert? Neben kartell- und steuerrechtlichen Vorgaben sind vor allem die so genannten „Soft Facts“ ausschlaggebend für den Erfolg einer strategischen Partnerschaft. So hat eine überwältigende Mehrheit der Befragten die Erfahrung gesammelt, dass eine Partnerschaft nur dann funktioneren kann, wenn gegenseitiges Vertrauen und Loyalität besteht. Der Partner sollte verlässlich sein und vor allem muss die Kommunikation zwischen den Partnern gelingen. Wichtig ist auch, Regelungen für den Ernstfall zu treffen und die Modalitäten im Streitfall und Auflösungsfall zu klären.

Die zentralen und in Befragungen wiederkehrenden Begriffe wie Vertrauen, Loyalität, Kommunikation, Verlässlichkeit, Offenheit etc. zeigen, dass die theoretischen Erklärungsmuster der Principal-Agent-Theorie auch empirische Relevanz haben.

Eine geringere Bedeutung kommt – wie in Übersicht F.5 erkennbar – der Gleichberechtigung der Partner zu.

Probleme entstehen, wenn die beschriebenen Erfolgsfaktoren in der Partnerschaft nicht oder nur unzureichend erfüllt sind. Dann kann sich z. B. aufgrund eines mangelnden Vertrauens die Aufteilung der in der Partnerschaft erwirtschafteten Finanzmittel zum Streitpunkt zwischen den Beteiligten entwickeln. Ähnliches kann auch für die Bereitschaft zur

Übersicht F.5

Erfolgsfaktoren einer strategischen Partnerschaft

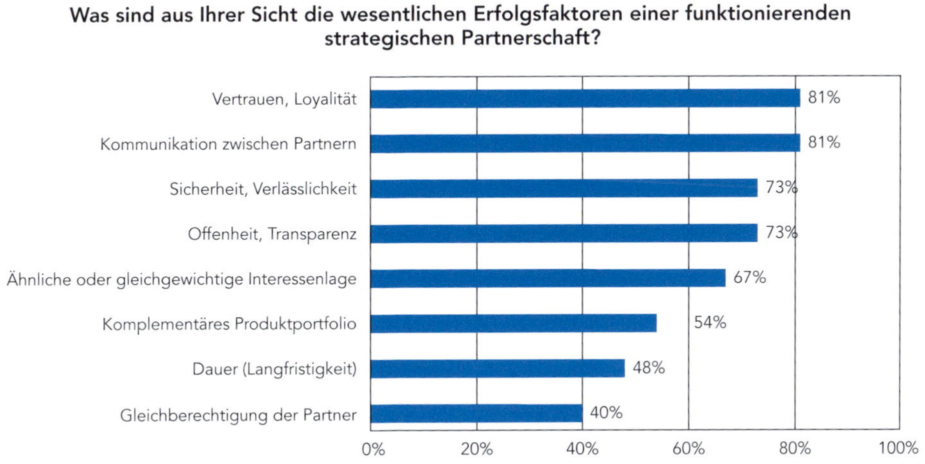

Übersicht F.6

Probleme und Scheitern von strategischen Partnerschaften

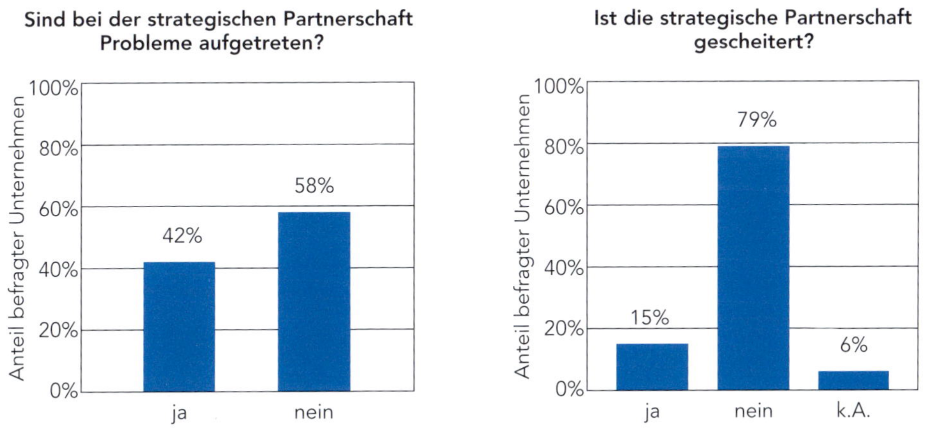

Übernahme von Kosten gelten. Probleme können ebenso durch veränderte strategische Interessen eines Partners entstehen. Wie würde wohl Milka reagieren, wenn der Co-Branding-Partner Langnese zusätzlich noch mit Ritter Sport kooperieren würde?

Solche und andere Probleme treten laut befragten Mittelständlern bei 42 Prozent der durchgeführten Partnerschaften auf (vgl. Übersicht F.6). Zum Scheitern führen die Probleme aber nur bei jeder siebten Partnerschaft. Können die Probleme verhindert werden, wenn eine andere Form der Zusammenarbeit gewählt wird? Welche Ausgestaltungsform bietet die größeren Vorteile? Im Vergleich zu einer Fusion, Beteiligung oder eines Unternehmenskaufes schätzen die befragten Unternehmen die strategische Partnerschaft aufgrund der hiermit verbundenen größeren unternehmerischen Freiheit. Als weitere Vorteile werden der strategischen Partnerschaft eine geringere Abhängigkeit vom Partner, ein geringeres Risiko und Kapitaleinsatz zugeschrieben. Eine Minderheit nutzt nur deshalb die Möglichkeiten einer strategischen Partnerschaft, da für sie eine Fusion oder Beteiligung z. B. aufgrund mangelnder finanzieller Möglichkeiten ausscheidet.

Beispiele für Kooperationen in Marketing und Vertrieb

Horizontale Kooperationen

- Unternehmen sind auf der gleichen Wertschöpfungsstufe tätig:
  - Kooperationen in der Leistungspolitik, z. B. Servicekooperationen durch Nutzung gemeinsamer Kundendienstnetzwerke,
  - Kooperation in der Konditionenpolitik, z. B. gemeinsame Bonus- und Kundenbindungsprogramme,
  - Kooperationen in der Kommunikation, z. B. Einzelhandels-Werbegemeinschaften, regionale Tourismus- oder Weinwerbegemeinschaften,
  - Kooperation in der Distribution, z. B. gemeine Direktbelieferung von Kunden im Streckengeschäft.

Vertikale Marketingkooperation

- Unternehmen sind auf unterschiedlichen Wertschöpfungsstufen tätig:
  - Kooperationen in der Leistungspolitik, z. B. Auslagerung bisher eigener Tätigkeiten an Vorlieferanten, zum Beispiel in der Qualitätssicherung,
  - Kooperation in der Konditionenpolitik, z. B. Auslobung einer „unverbindlichen Preisempfehlung“,
  - Kooperationen in der Kommunikation, z. B. Co-Branding von Lebensmitteleinzelhandel und Hersteller,
  - Kooperation in der Distribution, z. B. Vertragshändlersysteme.

Zur Rolle der strategischen Allianz als Strategie-Option vgl. Kap C 2.

G
Internationales Marketing

Wir haben Marketing definiert als systematische Planung und Ausgestaltung aller auf die Erschließung und Pflege von Märkten ausgerichteten Unternehmensaktivitäten zur Befriedigung der Kundenwünsche einerseits und zur Verwirklichung der Unternehmensziele andererseits. Immer mehr Unternehmen des Agribusiness finden ihre Kunden nicht nur im Inland, sondern auch im Ausland. Das Auslandsmarketing, also die systematische Erschließung und Bearbeitung ausländischer Märkte, unterliegt den gleichen Prinzipien wie das Inlandsmarketing (Marktbezogenheit des unternehmerischen Denkens, systematische Marktinformationsverarbeitung und geplanter Mitteleinsatz), aber es ist durch wichtige Besonderheiten geprägt: Im Unterschied zum Inlandsgeschäft ist der Informationsbedarf bei der Bearbeitung verschiedener Ländermärkte wesentlich größer. Zudem ist die Informationsbeschaffung in der Regel schwieriger. Aufgrund unvollkommener Informationen sind die Entscheidungen im Auslandsmarketing folglich mit einem höheren Risiko behaftet. Kennzeichnend für das Auslandsmarketing ist außerdem, dass Entscheidungen über die Marktbearbeitung nicht länderspezifisch isoliert, sondern unter Berücksichtigung eines internationalen Gesamtkonzeptes getroffen werden müssen. Die Entscheidungen im Auslandsmarketing bedingen sich wechselseitig, was zu einer Multiplizierung der Entscheidungsparameter und damit zu einem höheren Komplexitätsgrad der Entscheidungen führt.

Übersicht G.1

Motive für die Internationalisierung der Geschäftstätigkeit

Absatzorientierte Motive	Kostenorientierte Motive
• Sicherung des Absatzes • Langfristige Sicherung des Unternehmenswachstums • Unzureichende Wachstumsperspektiven auf dem Inlandsmarkt (zunehmende Marktsättigung und Wettbewerbsdruck) • Erschließung neuer Marktsegemente oder Marktnischen • Aufbau internationaler Kompetenz • Sicherung eines Vorsprungs vor der Konkurrenz hinsichtlich Präsenz auf einem Auslandsmarkt • Regionale Risikostreuung durch Erschließung neuer Absatzmärkte • Begleitung von Handelspartnern bei ihrer Internationalisierung • Ausgleich saisonaler Nachfrage- und Beschäftigungsschwankungen • Verlängerung des Lebenszyklus von Produkten • Überwindung von Handelsbarrieren (im Falle einer Auslandsproduktion)	• Höhere Kapazitätsauslastung und effektiver Einsatz der Ressourcen • Stückkostendegression aufgrund von Skaleneffekten (economics of scale) • Durch Produktion im Ausland erzielbare Kostenvorteile (Faktorkosten, Transportkosten) • Investitionsanreize seitens des Gastlandes (z.B. Steuererleichterungen) • Ausschalten von Wechselkursrisiken • Bessere Beschaffungsmöglichkeiten im Ausland oder Sicherung von Bezugsquellen • Reduktion von Entwicklungsrisiken durch Verteilung der Forschungs- und Entwicklungskosten auf höhere Stückzahlen

Bei den Bestimmungsgründen, die Unternehmen zu einer Internationalisierung ihrer Geschäftstätigkeit veranlassen, sind generell absatz- und kostenorientierte Motive zu unterscheiden. Wie Übersicht G.1 zeigt, sind die Gründe für die Entfaltung von Auslandsaktivitäten vielfältig.

Formen der Internationalisierung von Unternehmen

Da auf Agrarmärkten nicht nur Exporte, sondern auch Importe eine bedeutende Rolle spielen, soll zumindest kurz auf das internationale Beschaffungsmarketing eingegangen werden. Die Notwendigkeit von Güterimporten ergibt sich zunächst daraus, dass bestimmte Güter im Inland nicht verfügbar sind. So müssen Agrarprodukte wie Rohkaffee, Rohkakao, Zitrusfrüchte oder Sojabohnen und deren Verarbeitungsprodukte importiert werden, da in Deutschland aufgrund der klimatischen Gegebenheiten ein Anbau nicht oder nur unter erheblichem Aufwand und zu auf dem Weltmarkt nicht konkurrenzfähigen Preisen möglich ist (z. B. Anbau in Treibhäusern).

Der Aspekt der Nichtverfügbarkeit bezieht sich auch auf Güter, die im Inland nur in unzureichenden Mengen (z. B. Wolle) oder unzureichender Qualität (z. B. Tabak) erzeugt werden können. Eng verbunden mit dem Aspekt der Produktqualität ist die Verfügbarkeit bestimmter Produktdifferenzierungen im Ausland, die ebenfalls Importe von ausländischen Gütern, wie z. B. von französischen Käsesorten oder argentinischem Rindfleisch nach Deutschland, bedingen kann. Analoges gilt natürlich auch für die ausländische Nachfrage nach inländischen Erzeugnissen. So können trotz des reichhaltigen Käseangebotes in Frankreich auch deutsche Käsesorten dort mit Erfolg abgesetzt werden. Neben der Nichtverfügbarkeit von Gütern spielen bei Importgeschäften vor allem auch ökonomische Aspekte eine Rolle. Verfügen die ausländischen Anbieter über Kostenvorteile, so können die betreffenden Güter in der Regel preisgünstiger im Ausland als auf dem heimischen Markt bezogen werden (z. B. Einfuhr von Futtermitteln).

Zur Erschließung und Bearbeitung ausländischer Absatzmärkte stehen den Unternehmen alternative Strategien zur Wahl, die sich hinsichtlich der Intensität des Auslandsengagements unterscheiden. In Übersicht G.2 sind potenzielle Markteintritts- und Marktbearbeitungsstrategien zusammengestellt. Wesentliche Unterscheidungsmerkmale der Strategien sind der erforderliche Kapitaleinsatz, das mit dem Auslandsengagement verbundene Risiko und die Möglichkeiten der Einflussnahme und Kontrolle des Auslandsgeschäfts. Mit der Verstärkung des Engagements vom indirekten Export in Richtung auf die in der Übersicht weiter rechts aufgeführten Formen verlagert sich der Schwerpunkt des Kapitaleinsatzes zunehmend ins Ausland. Damit einher geht ein zunehmend höheres Risiko bei gleichzeitig verbesserten Einflussmöglichkeiten auf das Auslandsgeschäft. Welche Internationalisierungsstrategie ein Unternehmen wählt, hängt letztlich von seinen Zielvorstellungen, seinen finanziellen und personellen Ressourcen sowie der Marktsituation (Marktpotenzial, Markteintrittsbedingungen, erreichbare Wettbewerbsposition) ab.

Als Alternativen zur Erschließung und Bearbeitung eines ausländischen Absatzmarktes lassen sich der Export einerseits und die Leistungserstellung im Ausland andererseits unterscheiden. Der Güterexport stellt den ersten Schritt zur Internationalisierung der Geschäftstätigkeit dar. Als Export wird der gewerbsmäßige Verkauf von Gütern (oder Dienstleistungen) ins Ausland bezeichnet. Er ist dadurch charakterisiert, dass das Unternehmen die zu exportierenden Güter im Inland oder in einer Produktionsstätte in einem Drittland produziert und in das Zielland ausführt. Die Produktionskapazitäten verbleiben somit im

Übersicht G.2

Markteintritts- und Marktbearbeitungsstrategien

Inland bzw. in einem Drittland, das als Exportstützpunkt für die Belieferung anderer Staaten dient. Unter absatzpolitischen Gesichtspunkten stellt der indirekte Export die einfachste Möglichkeit dar, Güter ins Ausland zu liefern. Der inländische Anbieter schaltet dabei einen inländischen Exporteur in das Ausfuhrgeschäft ein. Dieser Zwischenhändler übernimmt den Verkauf und die Lieferung der Ware an Abnehmer im Ausland. Der Hersteller hat somit im Allgemeinen keinen Einfluss auf den weiteren Vertriebsweg seiner Produkte.

Werden Akquisition und Belieferung von ausländischen Kunden (z. B. ausländische Importeure, Großhandelsunternehmen) durch das exportierende Unternehmen selbst durchgeführt, also ohne Einschaltung von im Inland ansässigen Absatzmittlern, liegt ein direkter Export vor. Zur Abwicklung des Exportgeschäfts kann das Unternehmen eine Exportabteilung einrichten, die alle mit dem Export verbundenen Aktivitäten durchführt und im einfachsten Fall aus einem Verkaufsmanager für den Export besteht. Die exportierende Unternehmung kann aber auch eine eigene Vertriebsorganisation im Ausland aufbauen (Verkaufsbüro, Verkaufsniederlassung oder Vertriebsgesellschaft), die für Kundenakquisition, Verkauf, Distribution und eventuell auch für Absatzförderungsmaßnahmen zuständig ist. Die eigene Verkaufsniederlassung bietet den Vorteil einer größeren Marktnähe und ermöglicht dem Anbieter eine wesentlich größere Einflussnahme auf das Absatzgeschehen im Ausland.

Eine Sonderstellung unter den Marktbearbeitungsstrategien nehmen die Warentauschgeschäfte ein, die auch als Gegen-, Kompensations-, Bartergeschäfte oder als Counter Trade bezeichnet werden. Der Tauschhandel stellt die älteste Form des Handels dar. Die Bezahlung gekaufter Waren erfolgt hier nicht in Geld, sondern in Form anderer Güter in entsprechendem Gegenwert. Warentauschgeschäfte sind somit durch eine Kombination von Import- und Exportgeschäften gekennzeichnet. Es lassen sich vier verschiedene Formen von Warentauschgeschäften unterscheiden:

- Im Rahmen eines Bartergeschäftes verkauft der Exporteur seine Güter an einen Importeur, der ihm zur „Bezahlung“ andere Waren im gleichen Gesamtwert (so genannte Bartergüter) liefert. Beim Bartergeschäft werden somit unmittelbar Waren gegen Waren getauscht, weshalb es das klassische Warentauschgeschäft darstellt. Lieferung und Gegenlieferung werden – im Gegensatz zum Parallelgeschäft – im Rahmen eines Vertrages vereinbart. Wegen der Schwierigkeiten, einen geeigneten Tauschpartner zu finden und einen für beide Seiten akzeptablen Preis auszuhandeln, ist das reine Bartergeschäft relativ selten.
- Bei einem Kompensationsgeschäft akzeptiert der Exporteur Waren als Gegenleistung für die von ihm gelieferten Güter, überträgt aber die Abnahmeverpflichtung für diese Güter auf einen Dritten (z. B. ein Handelshaus oder einen Verwender der betreffenden Produkte). Dieser Dritte übernimmt anstelle des Exporteurs die vom Importeur gelieferten Tauschgüter und bezahlt den Gegenwert an den Exporteur.
- Eine häufige Form des Tauschhandels ist das Rückkaufgeschäft, das in der Regel zwischen Industrieunternehmen abgewickelt wird. Das exportierende Unternehmen liefert technische Anlagen oder Ausrüstungen (z. B. Fleischverarbeitungsmaschinen) und erhält als Gegenleistung Güter, die der Importeur mit diesen Anlagen erstellt hat (hier also Fleischwaren). Da Lieferung und Gegenlieferung zeitlich verzögert erfolgen, ist beim Rückkaufgeschäft eine Kreditvereinbarung erforderlich. Eine Variante dieses Tauschgeschäftes stellen Vereinbarungen dar, wonach der Exporteur vom Importeur Rohstoffe oder Teile bezieht, die in seinen eigenen Produktionsprozessen Verwendung finden können. Für den Exporteur stellen solche Vereinbarungen eine Möglichkeit dar, die Versorgung mit wichtigen Rohstoffen langfristig zu sichern.
- Ebenfalls häufig sind Parallelgeschäfte (Junktimgeschäfte). Der Verkäufer der Exportware verpflichtet sich, für einen Teil der Exporterlöse Waren aus dem Importland abzunehmen. Zur Abwicklung dieses Geschäftes werden zwei getrennte Verträge geschlossen. Diese Trennung ist insbesondere im Hinblick auf eine Absicherung des Exportgeschäftes durch Euler-Hermes-Versicherungen bedeutsam, da nur ein von Importverträgen unabhängiger Exportvertrag zu besichern ist. Zumindest darf das Gegengeschäft nicht explizit im Exportvertrag erwähnt werden. Auf Exportversicherungen als ein wichtiges Instrument zur Risikominderung im Außenhandel wird an späterer Stelle noch einzugehen sein.

Warentauschgeschäfte spielen im Welthandel eine nicht zu unterschätzende Rolle. Neben der früheren Bedeutung von Tauschgeschäften mit den osteuropäischen Staaten kommt dem Warentausch im Handel mit Schwellen- und Entwicklungsländern immer noch ein hoher Verbreitungsgrad zu. Diese Länder sind aufgrund Staatsverschuldung und Devisenknappheit auf Tauschgeschäfte angewiesen, um die Versorgung mit den benötigten Importgütern sicherzustellen.

Wesentliche Voraussetzung für Güterexporte ist ein möglichst ungehinderter Marktzugang im Ausland. Um Importrestriktionen des Ziellandes zu umgehen, bietet sich als Alternative die Leistungserstellung im Ausland an. Eine Auslandsproduktion ermöglicht zudem die Ausnutzung von Faktorkostenvorteilen im Ausland und die Ausschaltung von Währungsrisiken. Dabei ist zwischen Internationalisierungsstrategien mit und ohne Kapitalbeteiligung zu unterscheiden. Verzichtet die Unternehmung auf ein kapitalmäßiges Engagement im Ausland, so wird die Auslandsproduktion in der Regel auf der Grundlage vertraglicher Vereinbarungen mit ausländischen Kooperationspartnern durchgeführt.

Eine wichtige vertragliche Kooperationsform ohne Kapitalbeteiligung ist die Lizenzvergabe, die einen Know-how-Transfer an einen Dritten bzw. hier an ein ausländisches Unternehmen beinhaltet. Der Lizenzgeber räumt dem Lizenznehmer das Recht zur Nutzung gewerblicher Schutzrechte (z. B. Patente) oder nicht geschützter (geheimer) Kenntnisse und Erfahrungen ein. Zwischen Lizenzgeber und -nehmer wird zu diesem Zweck ein Vertrag geschlossen. Die verschiedenen Formen von Lizenzverträgen lassen sich nach der Art des Lizenzgegenstandes, der vertraglichen Vereinbarung unterliegt (Patente, Gebrauchs-, Geschmacksmuster, Warenzeichen und ungeschütztes Know-how), und nach den Rechten und Beschränkungen der Nutzung des Lizenzgegenstandes (Herstellungs-, Gebrauchs- und Vertriebslizenzen) unterscheiden. Für die Vergabe der Lizenz erhält der Lizenzgeber vom Lizenznehmer ein Entgelt in Form einer Lizenzgebühr. Die am häufigsten verwendete Form des Lizenzentgelts ist die Zahlung laufender Gebühren (so genannte Royalties), die meist auf der Vereinbarung einer Umsatzbeteiligung des Lizenzgebers basieren.

Während sich die Lizenzvergabe bei der Herstellung landwirtschaftlicher Maschinen und Geräte in der Regel auf die Überlassung von technischem Know-how erstreckt, bezieht sie sich im Lebensmittelbereich primär auf die Nutzung von Markenzeichen und dem mit diesen Warenzeichen verbundenen Qualitätsimage. Durch den Abschluss eines Lizenzvertrags erwirbt der ausländische Lebensmittelproduzent das Recht zur Herstellung und zum Vertrieb bestimmter Produkte unter dem Markenzeichen des Lizenzgebers. Ein Beispiel für eine ausländische Lizenzmarke, die auf dem deutschen Markt von einem inländischen Lizenznehmer genutzt wird, ist das Markenzeichen „Mövenpick".

Um sicherzustellen, dass der Lizenznehmer bestimmte Qualitätsstandards auch tatsächlich erfüllt, kann die Gewährleistung des Nutzungsrechts eines Markenzeichens an bestimmte Auflagen des Lizenzgebers gebunden werden. So kann beispielsweise ein Einflussnahmerecht des Lizenzgebers auf die Produktion durch Qualitätsvorgaben und -kontrollen vertraglich fixiert werden. Darüber hinaus können auch Verpflichtungen des Lizenznehmers zu bestimmten Vertriebs- bzw. Marketingaktivitäten in den Vertrag aufgenommen werden, so dass die Art und Intensität der Marktbearbeitung entsprechend den Vorstellungen des Lizenzgebers gestaltet werden. Die Lizenzvergabe kann somit vergleichsweise gezielt als Mittel der Auslandsmarktbearbeitung eingesetzt werden.

Der wesentliche Vorteil der Lizenzvergabe ist darin zu sehen, dass außer dem Know-how bzw. anderen immateriellen Leistungen keine Vermögenswerte ins Ausland transferiert werden. Der Einsatz eigener Aktivitäten und Ressourcen kann auf ein geringes Maß beschränkt werden, weshalb sich diese kooperative Form des Auslandsengagements besonders für kleine und mittlere Unternehmen anbietet. Voraussetzung ist allerdings, dass ein für ausländische Partner attraktiver immaterieller Wert wie etwa ein anspruchsvolles Fertigungs-Know-how oder ein Markenname vorhanden ist. Die Lizenzvergabe bietet des Weiteren die Möglichkeit, die Marktkenntnisse und Kundenbeziehungen des Lizenzpartners zu nutzen, und sie ermöglicht eine rentable Bearbeitung auch kleinerer Marktgebiete.

Nachteile der Lizenzvergabe sind vor allem darin zu sehen, dass die Kontrollmöglichkeiten des Lizenzgebers hinsichtlich der Produktion und des Vertriebs der Produkte durch den Lizenznehmer begrenzt sind und dass durch die Überlassung des eigenen Know-hows möglicherweise ein künftiger potenzieller Wettbewerber gefördert wird. Der Lizenznehmer kann zudem auf Drittmärkten in Konkurrenz zum Lizenzgeber treten, da in vielen Ländern vertragliche Schutzklauseln zur territorialen Exportbegrenzung rechtlich unzulässig sind.

Eine Sonderform der Lizenzvergabe ist das Franchising, das eine starke Einengung des Handlungsspielraums des Lizenznehmers beinhaltet. Die rechtlich selbstständigen Franchise-Nehmer führen ihr Unternehmen nach den Weisungen und unter Kontrolle des Franchise-Gebers, so dass nach außen ein einheitliches Erscheinungsbild der Unternehmen sichergestellt ist. Sie zahlen dem Franchise-Geber ein Entgelt dafür, dass dieser ihnen sein Marketing-Know-how zur Verfügung stellt und ihnen das Recht einräumt, bestimmte Waren oder Dienstleistungen unter Verwendung seines Waren- oder Firmenzeichens zu vertreiben. Der Franchise-Geber unterstützt die Franchise-Nehmer beim Aufbau und bei der laufenden Führung des Betriebes. Stark verbreitet sind Franchise-Systeme im Dienstleistungsbereich. So werden beispielsweise Hotelketten (wie Holiday Inn), Fast-Food-Ketten (wie McDonald's) und Tiefkühl-Heimdienste (wie Bofrost oder Eismann) häufig in Form des Franchising betrieben.

Bei der Vertragsfertigung (Auftrags-, Kontraktproduktion) wird ein ausländisches Unternehmen auf vertraglicher Basis zur Produktion eines Erzeugnisses entsprechend den Produkt- bzw. Qualitätsvorstellungen des Auftraggebers verpflichtet. Die Vertragsfertigung bedeutet insofern eine Intensivierung der Auslandsaktivitäten, als hier grenzüberschreitende Warenlieferungen durch eine Fertigung im Ausland ersetzt werden. Der Vertrieb auf dem ausländischen Markt wird im Gegensatz zur Lizenzvergabe durch den Auftraggeber selbst vorgenommen. Oft dient die Vertragsfertigung im Ausland nicht in erster Linie der Belieferung des betreffenden ausländischen Marktes, sondern die dort produzierten Waren werden vom Auftraggeber importiert und auf seinem Heimatmarkt abgesetzt oder sie werden in andere ausländische Absatzmärkte exportiert.

Die Vertragsfertigung bietet sich vor allem dann an, wenn die eigenen Produktionskapazitäten weitgehend ausgelastet sind oder wenn die Fertigung im Ausland infolge niedriger Material- und Lohnkosten kostengünstiger ist. Als Alternative zu Lizenzvereinbarungen ist die Vertragsfertigung insbesondere dann geeignet, wenn das inländische Unternehmen das Marketing seiner Produkte im Ausland selbst durchführen will, aber nicht in eigene Produktionsstätten investieren will oder kann.

Eine intensivere Marktbearbeitung erfordert in der Regel ein kapitalmäßiges Engagement im Ausland. Der Transfer von Kapital (in Form von Finanz- oder Sachmitteln) ins Ausland wird als Direktinvestition bezeichnet. Direktinvestitionen eines inländischen Unternehmens im Ausland können sowohl den Erwerb von Beteiligungen an ausländischen Unternehmen umfassen als auch die Gründung eigener Zweigniederlassungen oder Tochtergesellschaften.

Im Zusammenhang mit der Strategie der Auslandsmarktbearbeitung durch den Erwerb von Auslandsbeteiligungen spricht man vom Joint Venture. Joint Ventures entstehen durch eine Kapitalbeteiligung an einem bestehenden ausländischen Unternehmen oder durch die Neugründung eines gemeinsamen Unternehmens durch die Kooperationspartner. In der deutschsprachigen Literatur werden sie auch als Beteiligungsgesellschaften bzw. als Gemeinschafts- oder Partnerschaftsunternehmen bezeichnet. Im Unterschied zu den bereits erwähnten Kooperationsformen basiert die Zusammenarbeit hier nicht nur auf vertraglichen Vereinbarungen, sondern beinhaltet auch eine kapitalmäßige Beteiligung der Kooperationspartner. Der Einfluss der an einem Joint Venture beteiligten Unternehmen auf die Geschäftspolitik bestimmt sich in der Regel nach der Höhe ihrer Kapitalanteile. Nach der Höhe des Kapitalanteils des ausländischen Investors unterscheidet man zwischen Majoritäts-, Paritäts- und Minoritätsbeteiligungen.

Ein besonderes Risiko bei der Gründung eines Joint Venture stellt die Wahl des oder der geeigneten Partner dar. Unterschiedliche Vorstellungen der Kooperationspartner über zu erreichende Ziele, über die Aufgabenteilung und die Verwendung erwirtschafteter Gewinne, Unterschiede in den Unternehmenskulturen und -strategien sowie Sprachbarrieren können dazu führen, dass die Partnerschaft vorzeitig aufgelöst wird, was mit erheblichen finanziellen Verlusten verbunden sein kann. Um Interessenkonflikte zwischen den Partnern eines Joint Venture möglichst zu verhindern bzw. einzugrenzen, wird ein Joint-Venture-Vertrag abgeschlossen. Gegenstand eines solchen Vertrags sind in der Regel die Ziele und Inhalte des Joint Venture, die Rechtsform, die Kapitalanteile der Gesellschafter, die Abstimmungsmodi, die Gewinnverteilung sowie die Festschreibung der besonderen Verpflichtungen der beteiligten Unternehmen wie Lieferung von Rohstoffen oder Überlassung von technischem oder Marketing-Know-how.

Joint Ventures bieten sich als Internationalisierungsstrategie dann an, wenn fehlende eigene Ressourcen durch die Beteiligung von ausländischen Unternehmen ausgeglichen werden müssen oder wenn aufgrund gesetzlicher Bestimmungen des Ziellandes ein Zwang zu einer Partnerschaft mit einem einheimischen Unternehmen besteht. Derartigen Bestimmungen liegen vor allem wirtschaftspolitische Gründe zugrunde. Viele Länder sehen nämlich in der Gründung von Joint Ventures einen vertretbaren Kompromiss, um einerseits der Gefahr einer Überfremdung bzw. eines „Ausverkaufs" der eigenen Wirtschaft durch ausländische Unternehmen zu begegnen und andererseits am Kapital und am Know-how ausländischer Investoren zu partizipieren. So werden in einer Reihe von Schwellen- und Entwicklungsländern Joint Ventures gegenüber hundertprozentigen Kapitalbeteiligungen ausländischer Unternehmen bevorzugt oder sind sogar als einzige Form eines kapitalmäßigen Engagements gebietsfremder Unternehmen zulässig.

Die intensivsten Formen des Engagements auf Auslandsmärkten sind die Gründung unternehmenseigener Zweigniederlassungen oder rechtlich selbstständiger Tochtergesellschaften sowie der Kauf ausländischer Unternehmen. Wichtigstes Motiv dabei ist die Sicherung der uneingeschränkten Handlungsfreiheit des investierenden Unternehmens. Diesem Vorteil stehen allerdings ein relativ hoher Kapitalaufwand und ein dementsprechend hohes Risiko gegenüber. Diese Formen der Auslandsmarktbearbeitung sind deshalb vor allem größeren Unternehmen vorbehalten, die über die erforderlichen finanziellen und personellen Ressourcen und Erfahrungen im Auslandsgeschäft verfügen.

Im Gegensatz zur rechtlich selbstständigen Tochtergesellschaft stellt eine Zweigniederlassung im Ausland sowohl wirtschaftlich als auch rechtlich einen Bestandteil des heimischen Unternehmens (Stammhaus) dar und wird von ihm geleitet. Diese rechtliche Stellung impliziert entsprechende Haftungs-, steuerrechtliche und vor allem Managementkonsequenzen. So kommt es aufgrund der engen Bindung an das heimische Unternehmen zwangsläufig zu einer Beschränkung der Entscheidungskompetenzen des im Ausland eingesetzten Managements. Insbesondere, wenn hiervon auch routinemäßige Geschäftsabläufe stärker berührt werden, wird die Flexibilität der Zweigniederlassung eingeengt.

Während der Rechtsstatus der hundertprozentigen Tochtergesellschaft einen Haftungsausschluss der Muttergesellschaft begründet, ist bei der Zweigniederlassung eine unmittelbare Haftung des Stammhauses mit dem gesamten in- und ausländischen Vermögen gegeben. Gewinne, die von der Niederlassung erwirtschaftet werden, zählen zum Gewinn des Stammhauses und sind damit im Inland (möglicherweise unter Verzicht auf im Ausland gewährte Steuervorteile) zu versteuern. Gewinne einer ausländischen Tochtergesellschaft werden dagegen nur dann im Inland versteuert, wenn sie hierhin transferiert worden sind. Deshalb bevorzugen viele Unternehmen die Errichtung eines Tochterunternehmens.

Die Akquisition eines bestehenden ausländischen Unternehmens hat gegenüber der Neugründung eines Unternehmens den Vorteil, dass die im Allgemeinen langwierige und kostenintensive Aufbau- und Anlaufphase des Auslandsgeschäfts verkürzt wird. Im günstigsten Fall kann

- auf etablierte Markenartikel,
- auf erfahrene und mit den Marktgegebenheiten vertraute Führungskräfte und Mitarbeiter,
- auf das technische und wirtschaftliche Know-how sowie
- auf die Vertriebsorganisation und bestehende Kundenkontakte des ausländischen Unternehmens

zurückgegriffen werden. Allerdings gestaltet sich die Integration einer zugekauften Auslandsfirma in das aufnehmende Unternehmen oft schwierig.

Informationsbeschaffung

Ein zentrales Entscheidungsproblem im Auslandsmarketing ist die Auswahl der zu bearbeitenden Ländermärkte und der zu verfolgenden Internationalisierungsstrategie. Die systematische Planung der Erschließung und Bearbeitung ausländischer Märkte setzt entsprechende Informationen über die planungsrelevante Umwelt voraus. Die Informationsbeschaffung ist Gegenstand der Marketingforschung, deren Aufgaben und Methoden in Kapitel B 2 ausführlich beschrieben werden. Von besonderer Bedeutung sind Informationen über das ausländische Markt- und Absatzpotenzial. Sie ermöglichen Aussagen darüber, ob und in welchem Umfang die Produkte oder Leistungen einer Unternehmung in dem jeweiligen Markt abgesetzt werden können. Das Marktpotenzial wird von einer Vielzahl von Umweltfaktoren beeinflusst, deren Wirkung und Entwicklung im Rahmen der Marketingforschung analysiert werden müssen. Voraussetzung für die Beurteilung der Absatzchancen auf Auslandsmärkten sind Informationen über die allgemeinen Rahmenbedingungen im Ausland (vor allem politische, rechtliche, ökonomische, natürliche und kulturelle Umweltbedingungen) und über Struktur und Verhalten der Marktteilnehmer (Konkurrenten und Nachfrager).

(a) Politische Rahmenbedingungen

Im Rahmen von Marktauswahl- und Marktbearbeitungsüberlegungen sind Informationen über das politische Umfeld besonders bedeutsam. Vorrangig ist die Analyse der politischen Stabilität, die insbesondere bei Entscheidungen über Direktinvestitionen im Ausland, die langfristige wirtschaftliche Beziehungen zu dem betreffenden Land begründen, ein ausschlaggebender Faktor ist. Ein wichtiger Bereich der Wirtschaftspolitik ist die staatliche Außenhandelspolitik, deren Ziel es ist, Importe und Exporte so zu beeinflussen, dass die Ziele der Wirtschaftspolitik (z. B. das Zielbündel Vollbeschäftigung, Preisstabilität, Zahlungsbilanzausgleich) erreicht werden. Handelspolitische Maßnahmen können den Export bestimmter Produkte erschweren, unrentabel oder sogar unmöglich machen. Beispiele sind die Erhebung von Zöllen oder die Festlegung von Importquoten bei Agrarprodukten zum Schutz der heimischen Erzeuger.

(b) Rechtliche Rahmenbedingungen

Die geplanten Auslandsaktivitäten einer Unternehmung werden durch nationale Gesetze und Verordnungen beeinflusst. Der Waren-, Kapital- und Know-how-Transfer ins Ausland unterliegt einer Vielzahl von rechtlichen Regelungen, die sich von Land zu Land hinsichtlich ihrer Inhalte und ihrer praktischen Auslegung und Handhabung erheblich unterscheiden können. Der Bedarf an Informationen über rechtliche Rahmenbedingungen hängt stark vom Umfang des geplanten Auslandsengagements ab. Im Falle des Warenexports sind primär Informationen über diejenigen gesetzlichen Regelungen erforderlich, die zu exportierenden Güter unmittelbar betreffen. Dies sind z. B. Vorschriften über technische Normen für landwirtschaftliche Maschinen, lebensmittelrechtliche Bestimmungen über die Produktzusammensetzung oder Vorschriften für die Verpackungsgestaltung (Material, Größe und Beschriftung). Beim Know-how-Transfer ins Ausland sind die Regelungen von Patent-, Lizenz- oder Markenrecht zu berücksichtigen, die den Schutz des gewerblichen Eigentums gewährleisten sollen. Beabsichtigt ein Unternehmen ein kapitalmäßiges Engagement im Ausland, so sind die Möglichkeiten von Investitionen auf dem Zielmarkt zu überprüfen, die durch das Niederlassungsrecht und durch spezielle Investitionsgesetze beschränkt werden können.

(c) Ökonomische Rahmenbedingungen

Da Wirtschaftsstruktur und Entwicklungstempo eines Landes die Absatzchancen beeinflussen, ist es notwendig, sich einen Überblick über die gesamtwirtschaftlichen Rahmendaten zu verschaffen. Zur Beurteilung der Wirtschaftsleistung eines Landes können verschiedene Indikatoren wie z. B. Bruttosozialprodukt, Pro-Kopf-Einkommen und Kaufkraft der Bevölkerung, Inflationsrate, Beschäftigte in der Landwirtschaft in Prozent der Gesamtbeschäftigten oder Energieverbrauch (pro Kopf) herangezogen werden. Auch die Import- und Exportstruktur kann wichtige Informationen liefern. Sie zeigen die Stärken und Schwächen eines Landes auf dem eigenen Waren- und Dienstleistungssektor und lassen zum Beispiel erkennen, ob es sich primär um ein rohstoff- bzw. landwirtschaftlich oder um ein industriell orientiertes Land handelt.

(d) Natürliche Gegebenheiten

Maßgeblichen Einfluss auf die wirtschaftlichen Verhältnisse eines Landes und die Bedarfsbildung bei den Wirtschaftssubjekten nehmen die natürlichen Umweltbedingungen, zu denen insbesondere natürliche Ressourcen sowie geografische und klimatische Gegebenheiten zu zählen sind. Beispielsweise lässt das Vorkommen wertvoller Bodenschätze auf eine rasche wirtschaftliche Entwicklung schließen (z. B. Länder mit reichen Erdölvorkommen), während geografische Merkmale auf Logistikprobleme wie etwa die beim Transport von Exportgütern zu überwindende Entfernung hinweisen können. Die geografische Lage ist auch maßgebend für die Bodenbeschaffenheit, von der wiederum die Einsetzbarkeit landwirtschaftlicher Maschinen und Geräte abhängig ist. Die klimatischen Verhältnisse erlauben Rückschlüsse auf das Konsumverhalten (z. B. auf den Verbrauch bestimmter Produkte wie Erfrischungsgetränke).

(e) Kulturelle Gegebenheiten

Die Absatzchancen vieler Güter hängen auch von den kulturellen Gegebenheiten des jeweiligen Landes ab. Diese umfassen die Gesamtheit der typischen Lebensformen einer Gesellschaft einschließlich der sie tragenden Wertvorstellungen, religiösen Traditionen und gesellschaftlichen Normen. So können sich die Einstellungen der Bevölkerung zu Arbeit und Leistung oder zum persönlichen Besitz auf die Akzeptanz von Produkten auswirken.

Während Produktivgüter wie Rohstoffe, Maschinen und Werkzeuge in der Regel nicht von kulturellen Einflüssen berührt werden („culture-free"), spielen diese bei Konsumgütern eine wichtige Rolle („culture-bounded goods"). So wird das Nachfrageverhalten im Lebensmittelbereich stark von regionalen oder landestypischen Geschmackspräferenzen geprägt.

(f) Nachfrage und Nachfragepotenzial

Sind die politischen, rechtlichen, gesamtwirtschaftlichen, natürlichen und kulturellen Voraussetzungen für einen Markteintritt erfüllt, stellt sich die Frage nach dem Nachfragepotenzial auf dem Auslandsmarkt. Der Markterfolg eines Produktes hängt davon ab, ob für das angebotene Produkt eine Nachfrage besteht oder geschaffen werden kann. Das Nachfragepotenzial wird durch sozio-demografische Einflussfaktoren und durch Trends im Konsumentenverhalten bestimmt. Die zu untersuchenden Bestimmungsgründe der Nachfrage sind somit die gleichen wie bei der Inlandsmarktbearbeitung, allerdings erweist sich die Informationsbeschaffung, vor allem hinsichtlich einer Prognose der künftigen Entwicklung des Marktvolumens, als schwieriger.

(g) Wettbewerbsbedingungen

Die Nachfrageanalyse ist durch eine Analyse der Wettbewerbsverhältnisse zu ergänzen, um die eigenen Absatzmöglichkeiten auf dem betreffenden Auslandsmarkt realistisch einschätzen zu können. Die Konkurrenzanalyse erstreckt sich im Allgemeinen auf die Ermittlung der Zahl und der Größe der Wettbewerber, ihrer Marktanteile und der Art der von den Wettbewerbern angebotenen Produkte und Leistungen. Dabei sind auch die Anbieter von Substitutionsprodukten zu berücksichtigen. Eine Untersuchung der Marketingaktivitäten der Wettbewerber gibt wichtige Hinweise darauf, was das eigene Unternehmen an absatzpolitischen Maßnahmen einsetzen muss (z. B. Werbeintensität, Qualitäts- und Preisniveau der Produkte).

Die Fülle von Umweltfaktoren, die bei der Marktwahl als Entscheidungskriterien herangezogen werden können, verdeutlicht die Komplexität der Informationsbeschaffung im Auslandsmarketing. Ein Unternehmen, das die Internationalisierung anstrebt oder weitere Auslandsmärkte bearbeiten will, kann daher nicht alle Länder detailliert analysieren und erst dann eine Marktbewertung und -auswahl vornehmen. Ökonomisch vorteilhafter ist es, die Marktwahl als mehrstufigen Prozess aus Grob- und anschließender Feinsegmentierung durchzuführen. Bei der Grobauswahl werden diejenigen Ländermärkte aus der weiteren Betrachtung ausgeschlossen, in denen beispielsweise aufgrund von Importverboten, politischen Risiken, klimatischen Gegebenheiten oder unzureichender Kaufkraft die grundsätzlichen Voraussetzungen für einen Markteintritt fehlen. Im Rahmen der Feinsegmentierung werden dann von den in der Vorauswahl selektierten Märkten die erfolgversprechendsten im Hinblick auf die Höhe ihres Zielbeitrags (Gewinn, Absatz) ausgewählt.

Zur Beschaffung der entscheidungsrelevanten Auslandsmarktdaten konzentriert sich die internationale Marketingforschung aus Kostengründen zunächst auf die Nutzung vorhandener sekundärstatistischer Informationen. Falls diese Daten nicht zur Beurteilung der Absatzchancen auf Auslandsmärkten ausreichen, schließt sich in einem zweiten Schritt die Gewinnung primärstatistischer Informationen an.

Die Sekundärforschung kann auf unternehmensinterne und -externe Informationsquellen zurückgreifen. Bei den internen Quellen handelt es sich zum Beispiel um unternehmenseigene Auslandsumsatzstatistiken (eventuell gegliedert nach Regionen und Produkten), Kundenkarteien, Berichte von Auslandsvertretern oder Analysen auf der Grundlage unternehmenseigener Daten (z. B. Ermittlung von Vertriebskosten, Deckungsbeiträgen).

Die unternehmensexternen Informationsquellen umfassen eine Vielzahl von Publikationen internationaler und nationaler Institutionen. Wichtige Quellen für international vergleichbare, gesamtwirtschaftliche Daten sind beispielsweise die statistischen Jahrbücher der United Nations (UN) und der FAO (Food and Agriculture Organization of UN) sowie die Länderberichte und Statistiken der Weltbank. Auf europäischer Ebene sind als Informationsstellen insbesondere die Europäische Union mit ihren zahlreichen Unterorganisationen sowie die Organization for Economic Cooperation and Development (OECD) zu nennen. Wichtige nationale Institutionen in der Bundesrepublik Deutschland sind die Germany Trade and Invest – Gesellschaft für Außenwirtschaft und Standortmarketing mbH (gtai), Berlin, und das Statistische Bundesamt (Destatis) in Wiesbaden. Bei der gtai können umfassend und kontinuierlich allgemeine Daten zur Wirtschaftsentwicklung, wichtige Liefer- und Bezugsmöglichkeiten, Investitionsmöglichkeiten, Zoll-, Rechts- und Verfahrensfragen, Informationen zum Messe- und Ausstellungswesen sowie Ausschreibungen in allen Ländern der Welt abgerufen werden. Die Veröffentlichungen des Statistischen Bundesamtes beinhalten vor allem Informationen über Ein- und Ausfuhren der Bundesrepublik nach Waren und nach Ländern.

Neben diesen staatlichen Institutionen sind für die Informationsbeschaffung im Auslandsmarketing vor allem von Bedeutung:

- wissenschaftliche Institute, wie z. B. das HWWA-Institut für Wirtschaftsforschung in Hamburg und das Institut für Weltwirtschaft an der Universität Kiel,
- Ländervereine und Ländergesellschaften (z. B. Afrika-Verein, Deutsche Afrikagesellschaft, Ibero-Amerika-Verein, Nah- und Mittelost-Verein),
- die Industrie- und Handelskammern in der Bundesrepublik und die Auslandshandelskammern im Ausland,
- Fachverbände von Industrie, Handel und Handwerk, wie z. B. der Bundesverband der Deutschen Industrie (BDI), der Deutsche Industrie- und Handelskammertag (DIHK), der Bundesverband des Deutschen Groß- und Außenhandels (BGA) sowie der Deutsche Handwerkskammertag,
- Publikationen von Banken und Sparkassen,
- privatwirtschaftliche Informationsdienste, wie z. B. zahlreiche – auch agrar- und ernährungswirtschaftliche – Branchendienste der VWD (Vereinigte Wirtschaftsdienste), einer Agentur für Wirtschaftsnachrichten.

Mit der Durchführung von Primärerhebungen im Ausland werden in der Regel Marktforschungsinstitute beauftragt. Ähnlich wie bei Werbeagenturen verfügt eine Reihe der inländischen Marktforschungsinstitute über ausländische Zweigniederlassungen oder arbeitet mit im Ausland ansässigen Instituten zusammen. Um sich „vor Ort" einen ersten Überblick über die Marktgegebenheiten zu verschaffen, ist eine eigene Auslandsreise in der Regel unentbehrlich. In der Auslandsmarktforschung kommt der Methode der Beobachtung eine vergleichsweise große Bedeutung zu. So bietet sich beispielsweise der Besuch von Messen und Ausstellungen an, um einen Überblick über das Angebot der ausländischen Konkurrenten zu gewinnen.

Besonderheiten des internationalen Marketings für das Agribusiness

Angesichts der begrenzten Aufnahmefähigkeit des Inlandsmarktes und des zunehmenden Wettbewerbsdrucks durch ausländische Anbieter ist die Internationalisierung der Geschäftstätigkeit auch für viele Unternehmen des Agribusiness eine wichtige strategische Maßnahme, um die eigene Marktposition zu sichern. Die Entwicklung der Exporte von Agrarprodukten und Lebensmitteln zeigt, dass die deutsche Land- und Ernährungswirtschaft bislang stark auf den Inlandsmarkt ausgerichtet ist. Dennoch konnte in den letzten Jahren die Exportquote, das heißt der Anteil der im Ausland getätigten Umsätze am Gesamtumsatz der Branche, auf über 20% ausgebaut werden. Die wichtigsten Exportprodukte der deutschen Agrar- und Ernährungswirtschaft sind Milch und Milcherzeugnisse, Fleisch und Fleischwaren, Süßwaren, Getreide, Backwaren, Genussmittel (wie Bier, Wein, Spirituosen, Hopfen), verarbeitetes Obst und Gemüse einschließlich Fruchtsäfte sowie Zucker. Wichtigstes Ausfuhrerzeugnis unter den Milchprodukten ist der Käse. Mit deutlichem Abstand folgen Frischmilch und Milchpulver. In der Warengruppe Fleisch und Fleischwaren kommt den Exporten von Rindfleisch in frischem oder gefrorenem Zustand eine überragende Bedeutung zu.

Von den deutschen Agrar- und Lebensmittelexporten gehen rund 70 Prozent in die Mitgliedsstaaten der Europäischen Union (EU). Darin spiegelt sich die starke Außenhandelsverflechtung mit den anderen EU-Ländern wider. Hauptabnehmerländer sind die EU-Nachbarländer: die Niederlande, Italien und Frankreich sowie des weiteren Belgien/Luxemburg und Großbritannien. Die Exporte konzentrieren sich somit auf wenige Abnehmerländer. Bedeutendste Handelspartner unter den Drittländern sind Russland sowie die osteuropäischen Nachbarländer, die Schweiz und die USA. Durch die Öffnung der mittel- und osteuropäischen Märkte Anfang der 90er Jahre haben die Ausfuhren in diesen Wirtschaftsraum deutlich zugenommen. Eine wesentlich stärkere Auslandsorientierung ist im Bereich der landwirtschaftlichen Betriebsmittel festzustellen. So entfallen vom Gesamtumsatz der deutschen Landmaschinenindustrie über 70% auf den Auslandsumsatz. Wichtigste Abnehmerländer deutscher Landmaschinen und Traktoren sind nach wie vor Frankreich, gefolgt von Russland, wohin die Ausfuhren kräftig gestiegen sind. Dieser Markt ist allerdings stark durch die volkswirtschaftliche Entwicklung in der Russischen Föderation geprägt, die wiederum nachhaltig vom Ölpreis beeinflusst ist. Der Landmaschinenexport in die USA ist hingegen rückläufig, weitere interessante Märkte sind Großbritannien und die Niederlande. Durch den anhaltenden Strukturwandel in der deutschen Landwirtschaft und die damit verbundenen rückläufigen Verkaufszahlen für Landtechnik wird das Auslandsmarketing weiter an Bedeutung gewinnen. Besondere Bedeutung kommt dabei auch der Erschließung neuer Märkte (Mittel- und Osteuropa, Asien) zu.

Durch eine starke Abhängigkeit vom Auslandsgeschäft ist die deutsche Pflanzenschutzmittelindustrie gekennzeichnet, die einen überwiegenden Anteil ihrer inländischen Produktion (bezogen auf die Produktionsmenge) exportiert. Die wichtigste Warengruppe unter den ausgeführten Pflanzenbehandlungsmitteln sind die Herbizide, gefolgt von den Fungiziden und Insektiziden. Im Auslandsgeschäft sind die Produzenten seit Mitte der 80er Jahre mit erheblichen Schwierigkeiten konfrontiert. Dafür sind vor allem die wirtschaftlichen und agrarpolitischen Rahmenbedingungen in den verschiedenen Absatzregionen verantwortlich. Des Weiteren wurde diese Entwicklungen zudem durch das verstärkte Angebot neuer Produkte mit geringerer Einsatzmenge pro Hektar und durch den Trend zum integrierten Pflanzenbau sowie zur Ausbreitung des ökologischen Landbaus begünstigt. Die angespannte wirtschaftliche Situation in Verbindung mit einer Devisenknappheit ist als Hauptursache für die Probleme beim Export nach Mittel- und Südamerika, Afrika und Mittel- und Osteuropa anzusehen. Auch wenn sich im Wege der zunehmenden Harmonisierung der Prüf- und Zulassungsverfahren in den EU-Beitrittsländern insgesamt eine transparentere Marktsituation ergibt, haben die Diskussionen über Pestizidresiduen und Grenzwerte, die insbesondere von den Handelsketten und Nicht-Regierungsorganisationen (NGO)/Anspruchgruppen (wie z. B. Greenpeace) geführt werden, einen direkten Einfluss auf das nationale und internationale Marketing derartiger Betriebsmittel.

Für den Absatz von Zucht- und Nutztieren ist das Auslandsmarketing ebenfalls wichtig. Auch wenn die Exportzahlen insgesamt in den letzten Jahren rückläufig waren, kommt vor allem den Rinderexporten eine überragende Bedeutung zu. Rund 50 Prozent der ausgeführten Zuchtrinder werden in Drittländer geliefert. Wichtige Abnehmerländer deutscher Zuchtrinder sind die Russische Föderation, Kroatien und die nordafrikanischen Länder Marokko, Algerien und Tunesien. Innerhalb der EU befinden sich die wichtigsten Absatzmärkte in den Niederlanden und Belgien sowie in Südeuropa (Spanien, Portugal, Italien). In den genannten Regionen besteht ein großer Bedarf an Zuchttieren, um die Leistungsfähigkeit (Milchleistung, Fleischbildungsvermögen) der eigenen Rinderbestände zu verbessern. Die Abwicklung der Exporte erfolgt zum einen durch die Tierzüchter und vor allem durch die regionalen Züchtervereinigungen (Herdbuchgesellschaften) selbst. Zum anderen gibt es spezielle Zucht- und Nutzvieh-Exportorganisationen. Im Zusammenhang mit dem russischen Markt muss allerdings angemerkt werden, dass es in der Vergangenheit immer wieder zu Lieferstopps gekommen ist, infolge protektionistischer, nichttarifärer Handelshemmnisse des russischen Landwirtschaftsministeriums. Dies hat einen direkten Einfluss auf die Exportzahlen.

Bei den Exporten von deutschem Saat- und Pflanzgut dominieren die Ausfuhren von Pflanzkartoffeln, Getreide einschließlich Mais sowie Ölsaaten und Saatgut für Gräser und sonstige Futterpflanzen. Wie bei den Tierzüchtern organisieren einige Pflanzenzuchtfirmen ihren Export selbst (z. B. bei Futterpflanzen), andere haben sich zu Vertriebsorganisationen zusammengeschlossen (z. B. Saaten-Union, IG Pflanzenzucht, Europlant, Solana).

Risikomanagement im Auslandsmarketing

Im Auslandsmarketing stehen dem erhöhten Informationsbedarf größere Schwierigkeiten bei der Informationsbeschaffung gegenüber. Im Vergleich zum heimischen Markt sind die Kenntnisse über die Marktgegebenheiten im Ausland in der Regel geringer, woraus höhere Risiken bei der Auslandsmarktbearbeitung resultieren.

Beim Umgang mit Auslandsrisiken sind verschiedene Formen des Risikomanagements möglich. Grundsätzlich ist zwischen Maßnahmen zur Risikoerkennung (vor allem Beschaffung von Informationen über Auslandsmärkte) und dem Einsatz risikopolitischer Instrumente, die auf eine Risikominderung bzw. Risikoabwehr im Auslandsgeschäft gerichtet sind (vor allem Risikostreuung, Risikobesicherung und Risikoübertragung), zu unterscheiden. Im Folgenden werden einige wichtige Risikoarten sowie Möglichkeiten, mit diesen Risiken umzugehen, skizziert. Die typischen Risiken, mit denen sich international tätige Unternehmen konfrontiert sehen, lassen sich in die beiden Kategorien politische und wirtschaftliche Risiken einteilen.

Politische Risiken

In dieser Kategorie werden Risiken zusammengefasst, die durch Maßnahmen politischer Instanzen oder durch den Eintritt eines politischen Ereignisses entstehen. Regierungen verfügen über eine Vielzahl von Möglichkeiten, um ausländische Unternehmen mehr oder weniger stark bei der Entfaltung von Aktivitäten auf ihrem Hoheitsgebiet zu behindern oder um die Wettbewerbsstellung der heimischen Anbieter auf dem Weltmarkt zu verbessern. Von großer Bedeutung sind hier die so genannten tarifären und nichttarifären Handelshemmnisse, die auf eine Beeinflussung des grenzüberschreitenden Warenverkehrs gerichtet sind.

Zu den tarifären Handelshemmnissen sind Zölle und variable Einfuhrabschöpfungen zu rechnen. Durch sie werden Importprodukte künstlich verteuert. Die nichttarifären Handelshemmnisse umfassen alle staatlichen Maßnahmen, die den zwischenstaatlichen Handel eines Produktes bzw. einer Produktgruppe gezielt einschränken, aber keine Zölle und Abschöpfungen sind. Dazu gehören unter anderem mengenmäßige Einfuhrbeschränkungen (Einfuhrkontingente), Einfuhrbegrenzungen nach dem Ausmaß der abgewickelten Gegengeschäfte, national unterschiedliche technische Normen, Hygienevorschriften sowie Subventionen. Auch im administrativen Sektor können Handelsbarrieren aufgebaut werden. Komplizierte Antrags- und Genehmigungsverfahren gehören ebenso dazu wie Wartezeiten bei der Grenzabfertigung. Einen Überblick über die Formenvielfalt, durch die sich die nichttarifären Handelshemmnisse auszeichnen, vermittelt Übersicht G.3.

Protektionistische Maßnahmen sind insbesondere auf Agrarmärkten weit verbreitet. Hauptziel der Agrarprotektion ist die Einkommensstützung der heimischen Landwirtschaft. In den verschiedenen Verhandlungsrunden der World Trade Organisation (WTO), die seit dem 1. Januar 1995 das General Agreement on Tarifs and Trade (GATT) ersetzt, wurde international versucht, zu einer Liberalisierung des Welthandels beizutragen, in dem auch im Agrarbereich ein Abbau von Zöllen angestrebt wird. Es konnte allerdings nicht erreicht werden, dass einzelne Länder wie die USA, China und Indien auf die Einführung und Nutzung zusätzlicher nichttarifärer Handelshemmnisse verzichten.

Die Agrarpolitik der Europäischen Union (EU) sieht zum Schutz der heimischen Landwirtschaft sowohl tarifäre als auch nichttarifäre Maßnahmen vor. Bei der Einfuhr von Agrarerzeugnissen aus Drittländern in einen Mitgliedsstaat der EU werden in der Regel Zölle und Abschöpfungen erhoben. Bei einigen Produkten gibt es mengenmäßige Importbeschränkungen, die zum Teil auf „freiwilligen“ Selbstbeschränkungsabkommen mit den Handelspartnern beruhen: So wurden bei einigen Getreidesubstituten wie Tapioka und Süßkartoffeln in bilateralen Verhandlungen zwischen der EU und den betreffenden Lieferländern (vor allem Thailand, Indonesien, Brasilien, China) Lieferquoten vereinbart. Wichtige handelshemmende Instrumente im Agrarbereich sind des Weiteren veterinäre, tierhygienische und phytosanitäre Bestimmungen, lebensmittelrechtliche Bestimmungen (vor allem Rezeptur-, Verpackungs- und Kennzeichnungsvorschriften), unterschiedliche Prüf-, Bescheinigungs- oder Zulassungsverfahren sowie Verzögerungen bei der Grenzabfertigung.

Die nichttarifäre Protektion umfasst nicht nur importbehindernde Maßnahmen, die der Abwehr ausländischer Konkurrenten dienen, sondern auch exportfördernde Maßnahmen, durch die das Handelsvolumen eines Landes bzw. einer Wirtschaftsregion künstlich ausgeweitet wird. Ein klassisches Instrument zur Exportförderung sind Exportsubventionen. Da die Preise für Marktordnungsgüter in der EU im Allgemeinen über den Weltmarktpreisen

Übersicht G.3

Nichttarifäre Handelshemmnisse

Formale Handelsbeschränkungen	Administrative Handelsbeschränkungen
Nichttarifäre Importbelastungen (preisbezogene Maßnahmen) • Grenzzuschläge • Hafen- und statistische Taxen • Nichtdiskriminierende Verbrauchssteuern und Einschreibegebühren • Diskriminierende Verbrauchssteuern, staatliches Versicherungsobligatorium • Nicht- und diskriminierende Umsatzsteuern • Importdepot • Variable Abgaben • Konsulargebühren • Stempelsteuern • Verschiedene Sonder- und Zusatzsteuern **Mengenrestriktionen und ähnliche spezifische Handelsbeschränkungen** (mengenbezogene Maßnahmen) • Lizenzvorschriften, Kontingentierung und Quoten • Embargo • Exportbeschränkungen und -verbote • Devisen- und andere monetäre Finanzkontrollen • Staatliche Preisfestsetzung und -kontrollen • Übernahme- und Leistungspflichten • Restriktive Geschäftsbedingungen • Diskriminierende bilaterale Abkommen • Diskriminierende Ursprungsregeln • Internationale Kartelle • Freiwillige Exportbeschränkungen (Orderly Marketing Agreements) **Diskriminierende Frachtansätze** • (Flaggenprotektionismus)	**Finanzielle Maßnahmen** • Subventionen und Beihilfen • Staatshandel, Staatsmonopole und Konzessionsvergabe • Importentmutigende Gesetze • Allgemeine Staatspolitik • Öffentliches Einkaufswesen • Steuererleichterung, Kredit- und Bürgschaftsgewährung • Boykott • Duldung von Korruption **Administrative Vorschriften** • Gesundheits- und Sicherheitsbestimmungen • Pharmazeutische Kontrollvorschriften • Produktgestaltungsvorschriften • Herstellungsvorschriften, Industrienormen • Maß- und Gewichtsvorschriften • Verpackungsvorschriften • Verwendungsvorschriften • Schutz geistigen Eigentums • Markenrechtliche Bestimmungen **Zollabfertigung und weitere administrative Beschränkungen** • Antidumping-Politik • Zollberechnungsgrundlagen • Formalitäten der Konsularbehörden • Beglaubigungsvorschriften • Warenklassifikation, Mustersendungen, Rücksendungen, Wiederausfuhren • Ausgleichszölle und -steuern • Beschwerderecht, Notrecht

Quelle: Frankfurter Institut für wirtschaftspolitische Forschung e.V.

liegen, werden den Exporteuren auf Antrag Ausfuhrerstattungen gewährt, um diese Preisdifferenz auszugleichen und so auf dem Weltmarkt zu konkurrenzfähigen Preisen anbieten zu können.

Zu den politischen Risiken im Auslandsmarketing zählen neben den protektionistischen Maßnahmen ausländischer Regierungen auch Risiken, die sich aus der spezifischen Situation des Landes ableiten. Zu diesen Risiken zählen unter anderem politische Unruhen und kriegerische Ereignisse, politische Instabilität (z. B.: aufgrund häufiger Regierungswechsel), Embargos, Blockaden und Boykotte. Unternehmen, die Direktinvestitionen im Ausland vornehmen (z. B. Errichtung einer Produktionsstätte im Ausland), können darüber hinaus durch Enteignung bzw. Verstaatlichung oder durch Maßnahmen zur Beeinträchtigung ihrer unternehmerischen Handlungsfreiheit (z. B. durch Verbot des Gewinntransfers ins Heimatland) betroffen sein.

Eine Beeinflussung oder gar eine Abwehr von politischen Risiken durch ein vorbeugendes Risikomanagement des einzelnen Unternehmens ist nicht möglich. Eine gewisse Risikominderung wird durch eine vorausschauende Informationspolitik ermöglicht. Durch die kontinuierliche Beobachtung politischer Entwicklungen im Zielland und durch Pflege des Kontakts zu den maßgebenden Regierungs- und Verwaltungsstellen können Änderungen des politischen Klimas bzw. drohende Risiken frühzeitig erkannt werden.

Konkrete Maßnahmen zur Verminderung politischer Risiken sind insbesondere die Risikostreuung nach Märkten und Produkten sowie die Risikobesicherung. Durch eine breite regionale Streuung der Auslandsaktivitäten und ein breites Exportsortiment wird die Abhängigkeit von einzelnen Absatzmärkten bzw. Marktsegmenten verringert. Durch die Versicherung des politischen Risikos werden Verluste, die infolge bestimmter politisch bedingter Ereignisse auftreten, ganz oder teilweise auf Dritte, d. h. die Versicherer, übertragen. In der Bundesrepublik können Kapitalanlagen im Ausland (Beteiligungen an ausländischen Unternehmen, Kapitalausstattungen von Niederlassungen und beteiligungsähnliche Darlehen) bei der vom Bund beauftragten C&L Deutsche Revision AG, einer Wirtschaftsprüfungs- und Steuerberatungsgesellschaft mit Sitz in Frankfurt a. M., besichert werden. Sie ist im Konsortium mit der Euler-Hermes-Kreditversicherungs AG, Hamburg, im Auftrag des Bundes im Zusammenhang mit der Hermes-Deckung und als federführender Konsorte mit der Hermes-Kreditversicherungs AG bei der Bearbeitung von Garantien für Kapitalanlagen im Ausland tätig. Die Bundesgarantien für Kapitalanlagen erstrecken sich auf Enteignung, Verstaatlichung, Krieg, Revolution, Aufruhr, Zahlungsverbote und Moratorien sowie Konvertierungs- und Transferrisiken. Voraussetzung für die Besicherung ist die Existenz eines bilateralen Investitionsschutzabkommens mit dem betreffenden Zielland. Daneben bieten auch private Versicherer Kapitalanlagebesicherungen an (z. B. das Lloyd's-Syndikat in London oder die American International Group in New York).

Wirtschaftliche Risiken

Neben den politischen Risiken sind vor allem die wirtschaftlichen Risiken von Bedeutung, gegen die jedoch eine bessere Absicherung der international tätigen Unternehmen möglich ist. In die Gruppe der wirtschaftlichen Risiken fallen insbesondere das Zahlungsrisiko, das Transport- und Lagerrisiko, das Risiko von Preisschwankungen sowie das Währungsrisiko.

(a) Zahlungsrisiko

Zahlungsrisiken umfassen die Gefahr vollständiger oder teilweiser Ausfälle von Zahlungen infolge der Zahlungsunfähigkeit oder der Zahlungsunwilligkeit der ausländischen Käufer. Informationen zur Beurteilung der Zahlungsfähigkeit bzw. -willigkeit eines ausländischen Geschäftspartners sind häufig nur in begrenztem Umfang verfügbar (z. B. aufgrund unzureichender Auskunftsmöglichkeiten im Ausland), weshalb das Auslandsgeschäft meist mit höheren Zahlungsrisiken als das Inlandsgeschäft behaftet ist. Eine Risikoverminderung kann durch eine Risikoverteilung erreicht werden, indem Geschäftsbeziehungen nicht nur mit einem, sondern mit verschiedenen Partnern, unter Umständen in verschiedenen Ländern, unterhalten werden. Eine solche Risikostreuung nach Kunden bietet an sich jedoch noch keine Sicherheit für Zahlungseingänge.

Zur Sicherung der Zahlungseingänge ist die Vereinbarung bestimmter Zahlungsbedingungen wie An- und Vorauszahlungen (nicht-dokumentäre Zahlungsabwicklung), Dokumenten-Inkasso und Akkreditiv (dokumentäre Zahlungsabwicklung) oder Exportkreditversicherungen ein geeignetes Instrument. Bei dokumentärer Zahlung sichert sich der Verkäufer gegen das Zahlungsrisiko (bzw. der Käufer gegen das Lieferrisiko) dadurch ab, dass die Auslieferung der Ware und die Aushändigung der Warendokumente (bzw. die Auszahlung des Kaufpreises) an bestimmte Bedingungen geknüpft werden.

Eines der wichtigsten Instrumente zur Besicherung des Zahlungsrisikos ist das Dokumentenakkreditiv (Letter of Credit, L/C). Ein Akkreditiv ist ein abstraktes Zahlungsversprechen der Bank des Importeurs, dem Exporteur innerhalb einer bestimmten Frist gegen Vorlage bestimmter Dokumente (unter anderem derjenigen Versandpapiere, die Ware repräsentieren und deren Besitz damit gleichbedeutend mit der Verfügungsgewalt über die Ware ist) den festgelegten Kaufpreis zu zahlen. Das Akkreditiv setzt damit neben das Zahlungsversprechen des Importeurs zusätzlich ein Zahlungsversprechen der Bank. Dieses ist vom zugrundeliegenden Kaufvertrag losgelöst, das heißt, die Bank kann dem Begünstigten (Exporteur) die Zahlung beispielsweise nicht mit dem Hinweis auf Mängelrügen des Importeurs verweigern, selbst wenn diese berechtigt sind.

Die vom Exporteur bei der Bank einzureichenden Dokumente über die Versendung oder Einlagerung der Ware müssen absolut „akkreditivkonform" sein, das heißt, in jeder Hinsicht den im Kaufvertrag vereinbarten Akkreditivbedingungen entsprechen. Die eingereichten und von der Bank geprüften Dokumente verschaffen dem Importeur die Sicherheit, dass der Exporteur vertragsgerecht geliefert hat. So kann beispielsweise ein Inspektionszertifikat zu den Akkreditivdokumenten gehören, welches die Konformität der Ware mit den im Kaufvertrag fixierten Bedingungen bestätigt. Der Exporteur kann seinerseits sicher sein, dass seine Forderung bei korrekter Erfüllung seiner Leistungspflicht, also bei Vorlage akkreditivkonformer Dokumente, umgehend erfüllt wird. Abgesehen von der Vorauszahlung stellt somit das Akkreditiv für den Exporteur eine der sichersten Zahlungsformen im internationalen Geschäft dar, was seine Bedeutung in der Praxis erklärt.

Staatliche Exportkreditsicherungen schützen den Exporteur vor Zahlungsausfällen. Mit der Besicherung von Exportgeschäften durch Ausfuhrgarantien und -bürgschaften des Bundes ist in der Bundesrepublik die Euler-Hermes-Kreditversicherungs AG in Harmburg beauftragt. Deckungen für Geschäfte mit privaten ausländischen Abnehmern werden als Garantien, solche mit staatlichen Stellen bzw. Körperschaften des öffentlichen Rechts als Bürgschaften bezeichnet. Euler-Hermes-Deckungen werden nur für Ausfuhrrisiken gewährt, die nicht durch private Versicherer besichert werden können. Der Bund tritt für übernommene Garantien und Bürgschaften ein, wenn die Forderung gegen den ausländischen Schuldner aus politischen oder wirtschaftlichen Gründen uneinbringlich wird.

Der wirtschaftliche Garantiefall ist gegeben bei erwiesener Zahlungsunfähigkeit eines privaten Schuldners (Konkurs- oder Vergleichsverfahren, nachgewiesene erfolglose Zwangsvollstreckung) oder wenn ein öffentlicher Schuldner die Forderung innerhalb von sechs Monaten nach vereinbarter Fälligkeit nicht erfüllt hat. Der Schadensfall tritt auch ein, wenn durch politische Ereignisse (z. B. Embargobeschluss) eine Lieferung der Waren in das betreffende Land innerhalb der nächsten sechs Monate nicht möglich oder unzumutbar ist oder die Forderung uneinbringlich wird (z. B. infolge der Beschlagnahmung von gelieferten Waren). Im Schadensfall vergütet der Bund den Zahlungsausfall abzüglich einer vom Exporteur zu tragenden Selbstbeteiligung, die zwischen 5 % (bei politischen Risiken) und 15 % (bei wirtschaftlichen Risiken) der Forderung beträgt.

Während der Deckungsschutz durch Ausfuhrgarantien und -bürgschaften frühestens mit dem Versand der Ware besteht, können für Spezialanfertigungen oder Waren mit langen Produktionszeiten auch die wirtschaftlichen und politischen Risiken bereits für die Zeit vom Beginn der Fabrikation bis zur Versendung der Ware abgedeckt werden (Fabrikationsrisiken). Gedeckt werden nur die Selbstkosten und nicht wie beim Ausfuhrrisiko auch der (entgangene) kalkulierte Gewinn des Herstellers. Der Schwerpunkt der Hermes-Besicherungen liegt in Entwicklungsländern und in Osteuropa. Für Industrieländer, vor allem für die westeuropäischen Staaten, bestehen keine staatlichen Besicherungsmöglichkeiten.

(b) Transport- und Lagerrisiko

Mit Güterexporten ist im Allgemeinen ein erhöhtes Transportrisiko verbunden. Zum einen besteht die Gefahr, dass die Ware an einen falschen Ort geliefert wird oder dass sie mit zeitlicher Verzögerung beim Kunden ankommt (räumliches und zeitliches Transportrisiko). Zum anderen kann die Ware auf dem Transport verloren gehen oder durch Einflüsse wie mechanische Beschädigung, Wassereinwirkung oder Fäulnis in ihrer Qualität beeinträchtigt werden (quantitative und qualitative Komponente des Transportrisikos). Die Aufteilung der mit einem Liefergeschäft verbundenen Transportrisiken und -kosten auf Verkäufer und Käufer wird durch die vertraglich vereinbarten Lieferbedingungen bestimmt. Sie regeln den jeweiligen Zeitpunkt des Gefahrenübergangs vom Verkäufer auf den Käufer und legen fest, bis zu welchem Punkt des Warenweges der Verkäufer die Kosten, vor allem Frachtkosten und Versicherungen, trägt (Kostenübergang).

Die wichtigsten Lieferbedingungen im internationalen Warenverkehr sind die International Commercial Terms (Incoterms): Die Incoterms stellen eine Zusammenfassung der handelsüblichen, international einheitlich ausgelegten Lieferklauseln dar. Jede Klausel legt den Zeitpunkt des Gefahren- und Kostenübergangs auf dem Weg der Ware vom Exporteur zum Importeur fest (Übersicht G.4). Die Incoterms als solche besitzen keine rechtliche Verbindlichkeit, sondern erlangen erst dann Rechtskraft, wenn sich die Vertragspartner im Kaufvertrag eindeutig auf diese Klauseln beziehen.

Bei den Incoterms unterscheidet man zwischen Einpunkt- und Zweipunktklauseln. Endet die Pflicht des Verkäufers, die Gefahr und die Kosten des Transports zu tragen, an einem Punkt des Warenweges (ab Werk, frei Waggon, fas, fob, ab Schiff, ab Kai), so spricht man von Einpunktklauseln. Kostenlast und Gefahren gehen zum gleichen Zeitpunkt vom Verkäufer auf den Käufer über. So schreibt zum Beispiel die Lieferklausel fob (free on board) vor, dass der Verkäufer die Waren frei bis an Bord des Schiffes des Ausgangshafens liefert. Die Frachtkosten für den Schiffstransport sind somit bereits vom Käufer zu tragen. Der Gefahrenübergang auf den Käufer vollzieht sich, wenn die Ware auf der Palette oder in der Schlinge in Höhe der Reling über dem Schiff schwebt. Derart genaue Regelungen sind notwendig, um die Zuständigkeiten der Handelspartner eindeutig abzugrenzen und so Missverständnissen vorzubeugen.

Fallen Kosten- und Gefahrenübergang zeitlich nicht zusammen, liegen Zweipunktklauseln vor (c&f, cif). Bei ihnen geht die Gefahr des Verlusts und der Beschädigung der Ware an einem früheren Punkt des Transportweges über als die Kostenlast. Bei der Lieferklausel cif (cost, insurance, freight) geht das Transportrisiko wie bei der fob-Klausel bereits bei der Verschiffung der Ware im Verschiffungshafen auf den Käufer über. Der Verkäufer trägt je-

Übersicht G.4

Wichtige Incoterms für den Seeverkehr

Lieferklausel	Kostenübergang	Gefahrenübergang
Ab Werk • EXW = ex works, plantation warehouse etc.	ab Fabrik, Plantage, Lagerhaus usw.	
Frei Waggon • FOR = free on rail • FOT = free on truck	Beladener Waggon oder LkW Übergabe an die Bahn bzw. an LkW	
FAS • free alongside ship	Längsseite Schiff im Verschiffungshafen	
FOB • free on board	Reling Seeschiff im Verschiffungshafen	
Ab Schiff • EXS = ex ship	ab Bord des Seeschiffes im Löschhafen	
Ab Kai • DEQ = delivered ex quay, duty paid	ab Zurverfügungstellung am Kai des Bestimmungshafens nach der Verzollung	
C&F • cost and freight	Bestimmungshafen (fob verschifft + Seefracht)	Reling Seeschiff im Verschiffungshafen
CIF • cost, insurance, freight	Bestimmungshafen (fob verschifft + Seefracht + Versicherung)	Reling Seeschiff im Verschiffungshafen

doch bei der cif-Klausel zusätzlich zu den Verladungskosten (Verschiffung) auch die Kosten der Seefracht und der Versicherung für die handelsüblichen Risiken beim Seeverkehr.

(c) Risiko von Preisschwankungen

Auf Agrarmärkten sind Preisschwankungen sehr ausgeprägt. Die geringe Preiselastizität der Nachfrage nach Agrarprodukten bedingt eine hohe Preisvolatilität, da bei Angebotsüberschüssen starke Preisnachlässe erforderlich sind, um einen Markt zu räumen. Bei Angebotsknappheit führen nur starke Preissteigerungen zu dem notwendigen Rückgang der Nachfrage.

Ein wichtiges Instrument zur Absicherung gegen Preisschwankungen bzw. gegen das damit verbundene Preisrisiko sind Warengeschäfte auf Termin. Diese unterscheiden sich von Kassageschäften (Spotgeschäften) dadurch, dass sie erst zu einem späteren Zeitpunkt

(„auf Termin") erfüllt werden. Gängig sind solche Geschäfte vor allem bei pflanzlichen Produkten, indem z. B. Weizen aus der Ernte zur Lieferung in den Monaten Januar–Juni des Folgejahres verkauft wird. Neben Getreide findet man Terminkontrakte z. B. bei Ölsaaten oder Kartoffeln und den daraus hergestellten Produkten (Mehl, Ölschrote, Pflanzenöl, Mischfutter, Pommes frites).

Speziell bei Weltmarktprodukten hat sich eine höhere Form der Warentermingeschäfte herausgebildet. Im Rahmen von standardisierten Kontrakten werden solche Produkte (Getreide, Ölsaaten, Ölschrote, Pflanzenöle, Kaffee, Kakao, Zucker, Orangensaft, Baumwolle) an internationalen Warenterminbörsen gehandelt. Die bekannteste davon ist das Chicago Board of Trade, dem für die dort gehandelten Produkte eine Leitfunktion bei der weltweiten Preisbildung zukommt. Warenterminkontrakte verpflichten die Vertragspartner zur Lieferung bzw. Abnahme einer Ware zu einem späteren Zeitpunkt und zu dem bei Vertragsabschluss vereinbarten Preis. Charakteristisch für die Warentermingeschäfte ist, dass nur mit Standardkontrakten gehandelt werden kann, in denen Qualitätsmerkmale, Menge pro Kontrakt (z. B. 100 t) und Lieferort streng geregelt sind. Dennoch kommt es bei den meisten dieser an den Börsen gehandelten Kontrakte nicht zur Auslieferung der gehandelten Ware, da es sich vielfach um Hedge-Operationen handelt oder aber weil es sich um Spekulationsgeschäfte handelt, die vor dem Auslieferungstermin durch ein Gegengeschäft glattgestellt werden, wobei nur die Preisdifferenz ausgeglichen wird.

Früher gab es vor allem für den Getreide- und Futtermittelhandel sog. Präsenz-Börsen, die jedoch ihre Bedeutung (außer dem Schiedsgerichtswesen) nahezu vollständig verloren haben. In Europa wurden Warenterminbörsen erst relativ spät installiert. Zu erwähnen ist vor allem die MATIF in Paris (Marche à Terme International de France). Seit Juli 2009 bietet auch die zur Deutschen Börse AG gehörende Terminbörse Eurex erstmals Terminkontrakte auf Agrarrohstoffe an.

Der Abschluss eines Sicherungsgeschäfts (Hedging), das dem Schutz vor Preisrisiken dient, beinhaltet das Eingehen eines Engagements am Terminmarkt, dem ein annähernd gleiches, aber entgegengesetztes Engagement am Kassamarkt gegenübersteht. Besitzt der Absicherer (Hedger) eine Ware und nimmt er an, dass ihr Preis sinken wird, bevor er sie verkaufen kann, so wird er Terminkontrakte verkaufen, um so einen Ausgleich für den niedrigeren Preis zu schaffen, den er voraussichtlich für seine tatsächliche Ware erhält (Verkaufsabsicherung oder Short Hedge).

Benötigt der Hedger dagegen einen Rohstoff und nimmt er an, dass die Preise steigen, bevor er den Rohstoff kaufen kann, so wird er Terminkontrakte kaufen, um damit die höheren Kosten auszugleichen, die beim Kauf der tatsächlichen Ware anfallen (Kaufabsicherung oder Long Hedge). Der Kauf von Terminkontrakten wird als das Eingehen einer Long-Position bezeichnet, ihr Verkauf als das Eingehen einer Short-Position. Mit dem Kauf oder Verkauf von Terminkontrakten als Ersatz für den gegenwärtigen Kauf oder Verkauf einer Ware versucht der Hedger für Verluste am Kassamarkt einen Ausgleich durch Gewinne am Terminmarkt zu erhalten. Ein Verlust am Kassamarkt bedeutet einen Gewinn am Terminmarkt und umgekehrt (vgl. Kap. E 3).

(d) Währungsrisiko

Gefahren, die aus Kursschwankungen zwischen verschiedenen Währungen resultieren, bestehen immer dann, wenn ein Unternehmen Devisenbestände hält oder auf fremde Währungen lautende Forderungen und Verbindlichkeiten hat. Zwischen Vertragsabschluss und -erfüllung können sich die Wechselkurse so verändern, dass die Gegenleistung (ausgedrückt in inländischer Währung) unter der vereinbarten Leistung bleibt. So können Forderungen durch eine Aufwertung der Inlandswährung vor Einlösung der Forderungen umgerechnet in Inlandswährung weniger wert werden, so dass der Exporterlös sinkt. Für den Fall, dass Forderungen an einen ausländischen Geschäftspartner bestehen, gibt es folgende Maßnahmen zur Absicherung gegen Wechselkursrisiken:

- Fakturierung in der Währung des Exporteurs,
- Aufnahme einer Kurssicherungsklausel in den Kaufvertrag,
- Abschluss eines Devisentermingeschäfts. Dabei werden die am Fälligkeitstermin zu erwartenden Deviseneinnahmen schon vorher an eine Bank verkauft, und zwar zum Terminkurs, der bei abwertungsverdächtigen Währungen unter dem Kassakurs liegt,
- Aufnahme eines Fremdwährungskredits. Ein der Auslandsforderung in Währung in Höhe entsprechender Kredit wird aufgenommen und in die Inlandswährung umgetauscht. Die spätere Deviseneinnahme wird zur Tilgung des Kredits verwendet. Gewinne und Verluste aus Wechselkursveränderungen heben sich dabei auf,
- Factoring, das heißt entgeltliche Abtretung von Auslandsforderungen an eine Bank, was letztlich einer Risikoüberwälzung gleichkommt.

H
Marketing-Management

Wir haben bislang die Aktionsbereiche des Marketings aus überwiegend funktionaler Sicht betrachtet, ohne zu berücksichtigen, dass in der Realität die Planung und Durchführung von Marketingaktivitäten institutionellen Bedingungen unterworfen ist. Wie erfolgreich das Marketing eines Unternehmens ist, hängt aber auch davon ab,

- welche Personen an der Planung, Entscheidung, Durchführung und Kontrolle beteiligt sind,
- welche Kenntnisse sie haben,
- wie sie motiviert sind und von der Unternehmensleitung bzw. Marketingleitung eingesetzt werden,
- wie die Marketingfunktionen organisiert sind,
- ob die kommunikativen Schnittstellen zwischen den einzelnen Stellen bzw. Abteilungen funktionieren,
- ob die richtigen Ziele gesetzt sind und die richtigen Informationen gesammelt werden
- und ob die eingesetzten Budgets den angestrebten Zielsetzungen entsprechen.

Es ist die Aufgabe der Unternehmensführung, eventuelle Störquellen durch die Gestaltung eines funktionsfähigen Marketingsystems und durch steuernde Eingriffe möglichst gering zu halten.

Management in diesem Sinne bedeutet **Systemlenkung.**

1. Aufbau- und Ablauforganisation

Mit welchem Erfolg die Elemente des Marketingsystems ihre Aufgaben erfüllen, hängt vor allem ab von

- einer zweckmäßigen Gestaltung (Organisation = Systemstruktur) des Marketingsystems und
- der zielgerichteten Steuerung der Systemprozesse und der Systemelemente. Da das Marketingsystem primär ein Informationsverarbeitungssystem ist, müssen dabei die Informationssammlung, -speicherung und -übermittlung besondere Beachtung finden.

Einem System eine beständige Struktur zu geben, ist Aufgabe der Organisationsplanung. Originäre Bestandteile sozio-technischer Systeme sind:

- Aufgaben (ökonomischer Gesichtspunkt),
- Sachmittel (technischer Gesichtspunkt),

- Menschen (sozialer Gesichtspunkt). Durch Zuordnung der Aufgaben und der Träger der Aufgaben (Menschen und Sachmittel) erhalten wir Aktionseinheiten (= Stellen mit bestimmten Pflichten und Kompetenzen zur Erfüllung festgelegter Aufgaben).

Die Aufgaben werden gewonnen, indem die Schwerpunkte der Verrichtungen (Marktforschung, Werbung, Verkaufsförderung usw.) und die bei der Erfüllung der Tätigkeit im Einzelnen anfallenden Phasen (Planung, Entscheidung, Realisation, Kontrolle) in Bezug auf verschiedene Objekte (Produkte) festgelegt werden. Übersicht H.1 verdeutlicht schematisch diese drei wesentlichen Dimensionen der Aufgabe, die in bestimmten Fällen durch die Dimensionen Zeit, Raum und technische Hilfsmittel ergänzt werden müssen.

Jede Aufgabe stellt bestimmte Anforderungen an die Aktionsträger. Soweit es sich hierbei um Personen handelt, beziehen sich die Anforderungen auf Merkmale der Persönlichkeit, die ein Individuum für die Aufgabenerfüllung geeignet erscheinen lassen oder nicht.

Es gehört zu den Grundsatzentscheidungen des Managements festzulegen, welche Marketingaufgaben im Unternehmen institutionell zu verankern sind, welche Anforde-

Übersicht H.1

Die wesentlichen Dimensionen einer Aufgabe

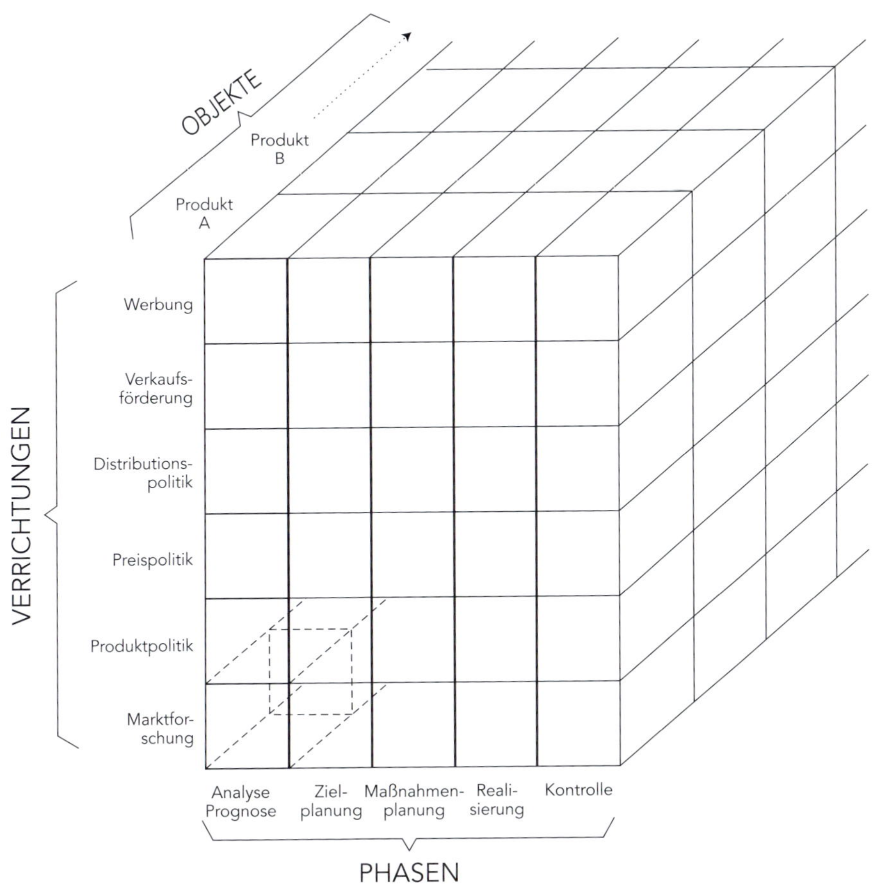

Übersicht H.2

Funktionsorientierte Marketingorganisation im Stabliniensystem

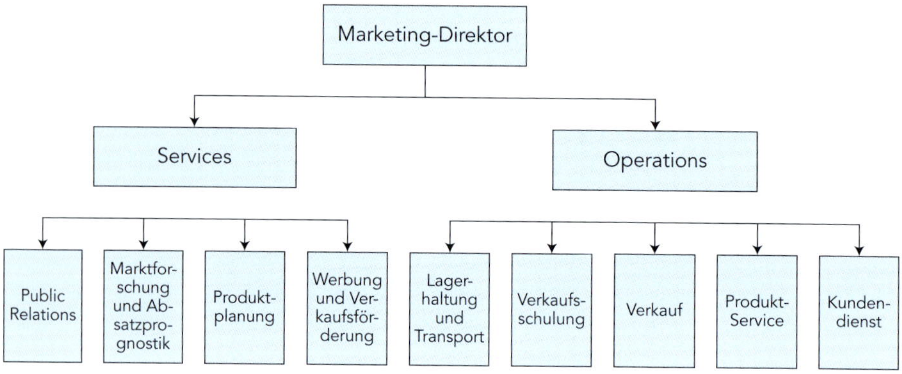

rungen an die mit den Aufgaben zu betrauenden Personen zu stellen sind und welche Aufgaben daraufhin von welchen Personen erfüllt werden sollen. Unternehmensgröße (bzw. Leistungsfähigkeit), Schwierigkeitsgrad der Aufgaben und die Problemlösungsfähigkeiten des vorhandenen bzw. zu beschaffenden Personals spielen dabei eine wesentliche Rolle. Die im Bereich der strategischen Marketingplanung und der Detailplanung des Produkt- und Distributionsprogramms sowie der Preisgestaltung zu erfüllenden Aufgaben müssen von jedem Unternehmen wahrgenommen werden, wobei fremde Organisationen Hilfsfunktionen – wie Beratung und Informationsbeschaffung – übernehmen können. Da die organisatorische Festlegung von Stellen, die Marketingaufgaben zu erfüllen haben, immer auf lange Sicht erfolgt, bereitet insbesondere die Institutionalisierung von Aufgaben Schwierigkeiten, die sich nicht regelmäßig wiederholen, deren Erfüllung mit hohem Aufwand verbunden ist und die nur von Spezialisten bewältigt werden können. Hierzu gehören vor allem die Durchführung primärstatistischer Marktuntersuchungen, die Gestaltung von Werbemitteln und die Mediaplanung. Dies sind deshalb auch typische Aufgaben, die von unternehmensfremden Institutionen (mit dem jeweils notwendigen „Know-how") zugekauft werden. Es ist jedoch auch denkbar, dass größere Unternehmen auch für diese Funktionen, zumindest für bestimmte Planungsphasen, eigene Abteilungen bzw. Stellen bilden. Werden bestimmte Funktionen ausgegliedert, so muss zumindest die Aufgabe der Koordination zwischen der unternehmensinternen und externen Aufgabenerfüllung institutionell verankert werden.

Es ist denkbar, dass die einzelnen Zellen bereits Aktionseinheiten bilden. In vielen Fällen werden jedoch mehrere Zellen zusammengefasst. Hierdurch erlangt eine Organisation eine mehr oder weniger große Differenzierung, die sie in die Lage versetzen soll, sich langfristig veränderten Umweltsituationen anzupassen, ohne kurzfristig allzu große Ungleichgewichte hinnehmen zu müssen.

In einer funktionsorientierten Marketingorganisation werden nach den Aufgaben, die im Marketingbereich zu erfüllen sind, Abteilungen bzw. Stellen mit Stabs- oder Liniencharakter gebildet. Ein schematisches Beispiel zeigt Übersicht H.2.

Ein solches oder ähnlich strukturiertes System des Marketings wird generell empfohlen bei Vorliegen einer wenig ausgeprägten Differenzierung des Absatzsortiments, der Kun-

Übersicht H.3

Schematische Darstellung einer mehrdimensionalen Marketingorganisation

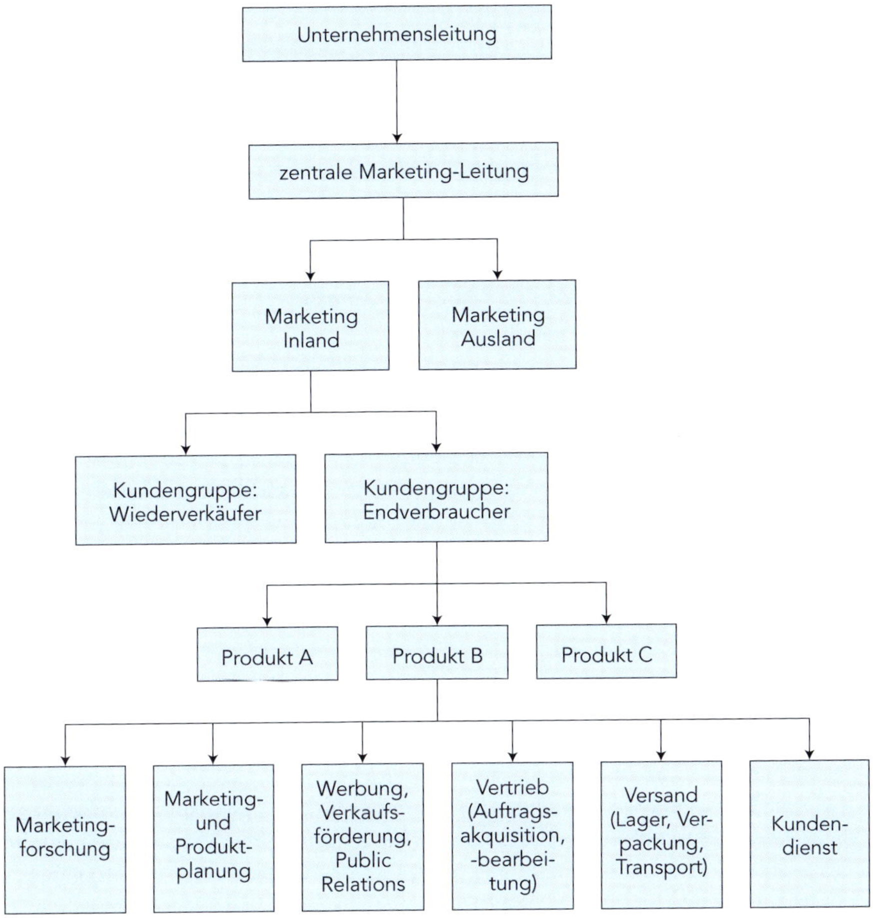

dengruppen oder der Verkaufsgebiete, verbunden mit der Notwendigkeit, zur Erfüllung der Funktionen Spezialisten einzusetzen. Dagegen haben differenzierte Produktionsprogramme und/oder Absatzsegmente und/oder Verkaufsgebiete häufig zur Folge, dass der funktionsorientierten Gliederung andere Kriterien vorgeschaltet werden. Hierdurch erhält jedes Unternehmen eine mehr oder weniger stark differenzierte Struktur, wie sie z. B. in Übersicht H.3 schematisch dargestellt ist, wobei als zusätzliche Differenzierungsmerkmale „Regionen" und „Kunden" eingeführt werden.

Es ist leicht zu ersehen, dass bei Wegfall der Gliederungskriterien Gebiet, Kundengruppe und/oder Produkt die dargestellte Dezentralisation der Aufgabenerfüllung in eine Zentralisation umgewandelt werden kann. Auch kann die Reihenfolge der Gliederungskriterien theoretisch beliebig variiert werden. Bedenkt man weiterhin, dass z. B. eine funktionale Dezentralisation nicht alle Funktionen umfassen muss, ebenso gebiets-, kunden- oder produktorientierte Zentralisation nicht alle Elemente dieser Gruppen, so wird die Vielzahl und Heterogenität möglicher Organisationsstrukturen deutlich.

Die Merkmale Kunde und Gebiet sind nicht in jedem Falle zur Bildung von Subsystemen notwendig. Sie erlangen nur bei einer sehr differenzierten Kundenstruktur (das Merkmal kann jedoch auch bei der Produktgliederung berücksichtigt werden) und/oder einer großen Differenzierung der Absatzgebiete, d.h. in der Regel nur bei größeren Unternehmen, als grobe Kriterien primärer Subsystembildung an Bedeutung. Dagegen ist eine Entscheidung, ob die Merkmale Objekt (Produkt) oder Funktion zur Bildung von Stellen oder Abteilungen herangezogen werden sollen, in jedem Falle notwendig.

Richtung und Ausmaß der Organisationsdifferenzierung werden wesentlich von folgenden Faktoren bestimmt:

- Differenziertheit und Dynamik der Umwelt,
- Heterogenität der Aufgaben,
- Problemlösungsfähigkeit der Aufgabenträger,

wobei die Umwelteinflüsse auch für die anderen beiden Komponenten dominierend sind.

Für die Bildung von Subsystemen im Marketing lassen sich im Hinblick auf diese Kriterien einige wichtige Entscheidungskriterien ableiten:

- Eine Differenzierung der Umwelt liegt z.B. vor, wenn ein Unternehmen in heterogenen Marktsegmenten tätig ist. Je mehr etwa die Erwartungen der Absatzmittler und/oder Konsumenten und die Leistungen eines Unternehmens voneinander abweichen, desto mehr müssen für diese einzelnen Gruppen separate Stellen gebildet werden, die sich auf die Bewältigung der Probleme der einzelnen Marktsegmente spezialisieren. In der Mehrzahl der Fälle führt die Umweltdifferenzierung zu einer Differenzierung des Marketingsystems nach Produkt bzw. Produktgruppen. In größeren Unternehmen trifft man jedoch auch häufig eine regionale Systemdifferenzierung an.
- Auf den meisten Konsumgütermärkten, insbesondere auf den meisten Lebensmittelmärkten, stehen die Anbieter in einem intensiven Wettbewerb miteinander; ändern sich die Sortimente des Handels relativ schnell, verschieben sich die Machtverhältnisse zwischen Anbietern und Wiederverkäufern und differenzieren sich die Bedürfnisse der Konsumenten. Unternehmen, deren Märkte durch diese oder ähnliche Faktoren einem dynamischen Wandel unterliegen, müssen ihre Marketingorganisation stärker nach den oben genannten Kriterien differenzieren, um besser am Puls des Geschehens zu bleiben und rechtzeitig auf veränderte Marktbedingungen reagieren zu können. Da die zu erfüllenden Aufgaben in hohem Maße innovativen Charakter haben, werden an die Aufgabenträger auch höhere Anforderungen gestellt. Beispiele hierfür sind etwa mit Spezialisten besetzte Produktionsplanungs-, Verkaufsförderungs- und Werbeabteilungen, die häufig in Unternehmen auf statischen Märkten fehlen bzw. als stärker aggregierte Stabsstellen anzutreffen sind.
- Die im Rahmen der Planung und Durchführung von Marketingmaßnahmen zu erfüllenden Einzelaufgaben haben zum Teil sehr wenig Ähnlichkeit miteinander. Marktforschung, Produktpolitik, Distribution und Werbung sind vollkommen andersartige Themengebiete, so dass daraus schon eine natürliche Differenzierung von Marketingsystemen nach Funktionen resultiert. Aber auch die innerhalb der einzelnen Aktionsbereiche zu erfüllenden Teilfunktionen, denken wir etwa an die bei der Werbung anfallenden Aufgaben Mediaforschung, Mediaplanung und Mediaeinkauf, sind teilweise so heterogen, dass sie speziellen Stellen bzw. spezialisierten Fachleuten

anvertraut werden müssen. Häufig müssen die Funktionen aber auch nach bestimmten Produkten oder Regionen derart problemspezifisch erfüllt werden, dass eine zusätzliche Aufteilung der gleichen Aufgabe auf verschiedene Stellen notwendig wird.
- Manche Marketingaufgaben, wie etwa die Auftragsabwicklung, sind Routineaufgaben, andere, wie etwa die Entwicklung neuer Produkte, sind innovative Aufgaben. Letztere stellen zweifellos größere Anforderungen an das Problemlösungspotenzial der Aufgabenträger. Andererseits sind Aufgabenträger mit einem hohen Problemlösungspotenzial befähigt, komplexe Aufgaben, wie die Planung von Strategien in den Aktionsbereichen des Marketings, in eigener Verantwortung zu lösen.

Bei der Beantwortung der Frage nach dem im Einzelfall richtigen Maß der Systemdifferenzierung müssen noch einige weitere Gesichtspunkte berücksichtigt werden: die Beziehung zwischen den Systemelementen, die Führungsmechanismen und die Führungsstile. Denn zwischen Systemstruktur, Beziehungen und Führungsprozessen bestehen enge Wechselbeziehungen.

Bereits mehrfach haben wir auf die Interdependenzen zwischen den Aktionsbereichen des Marketings hingewiesen. Eine der wichtigsten Aufgaben der Planung von Organisationsstrukturen im Marketing ist, diesen logischen Wirkzusammenhang zwischen den Einzelmaßnahmen institutionell so zu verankern, dass die Planungen und Durchführungsmaßnahmen im richtigen Maß aufeinander abgestimmt werden. Durch die Planung der kommunikativen Beziehungen wird bestimmt, welche Aktionseinheit mit welcher anderen, für welche Aufgaben, warum und wie oft welche Informationen austauschen sollen. Eine derartige Reglementierung des Informationsflusses ist notwendig, um ein Mindestmaß an sachlicher Zusammenarbeit zwischen den Stellen zu gewährleisten. Dem Informationsfluss vollkommen freien Lauf zu lassen, hieße, den Zufall darüber entscheiden zu lassen, ob die richtigen Informationen zur richtigen Zeit an der richtigen Stelle verfügbar sind. Entsprechendes gilt für die auf kommunikativer Basis beruhende Zusammenarbeit zwischen den Stellen. Andererseits wäre es ein erfolgloses Unterfangen, wollte man die Kommunikationsbeziehungen zwischen den Stellen vollständig vorplanen. Erstens wäre der Aufwand dafür viel zu groß, und zweitens würde ein System sehr schnell veränderten Umweltbedingungen gegenüber inflexibel werden, hätte es nicht die Möglichkeit, kurzfristige Kommunikationskanäle zu aktivieren, die im Organisationsplan nicht vorhanden sind. Für den Organisator stellt sich damit nicht die Frage des Entweder–Oder, sondern die nach einem geeigneten Maß an Reglementierung.

Lenkungskonzepte

Diese vorausgehenden allgemeinen Überlegungen zur Organisation und Führung machen deutlich, wie eng diese beiden Aspekte miteinander zusammenhängen: Die Effektivität der Führungsprozesse wird wesentlich von der Struktur eines Systems mitbestimmt und umgekehrt.

Um einem System im Einzelfall das richtige Maß an Stabilität und Flexibilität zu geben, muss das Management entscheiden, wie die folgenden Mittel bei der Gestaltung von Organisations- und Führungssystemen eingesetzt werden sollen:
- Aufgabenzentralisation,
- Entscheidungsdelegation,
- Aufgabenspezialisierung,

- Aufgabenstandardisierung,
- Kommunikationsgebundenheit,
- Partizipation.

Daraus ergeben sich verschiedene Formen für den Aufbau und die Lenkung von Marketingsystemen.

Einlinien-Systeme

Werden in Organisations- und Führungssystemen die Planungs-, Entscheidungs-, Realisations- und Kontrollprozesse innerhalb formalisierter Instanzenzüge bewältigt, so sprechen wir von Einliniensystemen. Im einfachsten Fall werden hierbei gleichartige Verrichtungen (Marktforschung, Werbung, Produktentwicklung usw.) zur Abgrenzung der verschiedenen Subsysteme herangezogen, indem die Durchführung artspezifscher Aufgaben jeweils durch entsprechende übergeordnete Instanzen (Regler) geplant, gelenkt und kontrolliert wird. Das Ergebnis ist eine funktionsorientierte Systemdifferenzierung, bei der die jeweiligen Stelleninhaber gegebenenfalls für verschiedene Produkte oder Produktgruppen tätig sind. Wird dagegen die Aufgabenerfüllung nicht von funktionsspezifischen Instanzen gelenkt, sondern sind die verschiedenen Aufgaben jeweils Instanzen zugeordnet, die nach Produkten, Regionen oder Kunden differenziert sind, so sprechen wir von objektorientierter Systemdifferenzierung. Als typische Einliniensysteme mit hierarchischer Willensbildung und straffer Organisation werden beide Typen in der Praxis häufig mit dem Ziel eingesetzt, den Abläufen der Systemprozesse ein möglichst hohes Maß an ökonomischer Rationalität zu geben.

(1) Funktionsorientierte Systemdifferenzierung

Eine funktionsorientierte Systemdifferenzierung wird man häufig in Unternehmen finden, die ein enges (und evtl. tiefes) Sortiment herstellen. Da diese Unternehmen auf gleichartigen Absatzmärkten operieren, an die gleichen Absatzmittler liefern und die konkurrenzbedingten Probleme nicht sehr differenzieren, können sie die Vorteile der Spezialisierung nutzen. Durch den Einsatz von für bestimmte Aufgaben ausgebildeten Fachleuten (z. B. Marktforscher, Werbeplaner) können sie die Effizienz der Aufgabenerfüllung wesentlich steigern. Die Vorteile der Spezialisierung machen sich besonders im Zusammenhang mit der in den meisten Fällen möglichen Standardisierung der Arbeitsverfahren bemerkbar. Gleichzeitig fördern sie die Tendenz zur Zentralisation der Entscheidungen, zu stärker autoritären Führungsstilen und straffen Kommunikationsnetzen.

Wie bereits angedeutet, überwiegt eine funktionsorientierte Subsystembildung in den kleineren Unternehmen und/oder in Unternehmen mit wenig differenziertem Produktprogramm. Vielfach werden hier lediglich die Vertriebsaufgaben als selbst regulierende Linieninstanzen institutionalisiert, während die Aufgaben Marketingforschung, Produktplanung, Marketingplanung, Werbung und Verkaufsförderung häufig von externen Aufgabenträgern (z. B. Marktforschungsinstituten, Werbeagenturen, Beratungsunternehmen und Verlagsagenturen) wahrgenommen werden.

Die Effizienz einer derartigen Subsystembildung wird umso größer sein, je stabiler die Umweltverhältnisse des Unternehmens sind. Einliniensysteme sind dagegen recht wenig flexibel. Treten unvorhergesehene Störungen auf, so reagieren sie vor allem deshalb zu langsam, weil die Koordination der einzelnen Subsysteme zu aufwendig und zu schwerfällig abläuft.

Da es ein zentrales Anliegen des Marketingmanagements sein muss, die im Hinblick auf das Marketing-Mix erforderliche Koordination zwischen den Teilfunktionen sicherzustellen, hängt der Erfolg funktionsorientierter Systemstrukturierung entscheidend von der Qualifikation des leitenden Managements ab, dem die Integrationsaufgabe zukommt. In kleineren Unternehmen ist dies die Unternehmensleitung, in größeren Unternehmen häufig ein den übrigen Bereichsleitern (Finanzen, Produktion, Beschaffung usw.) hierarchisch gleichgeordneter Marketingleiter, häufig aber auch der Vertriebsleiter.

(2) Objektorientierte Systemdifferenzierung

Je differenzierter das Produktprogramm eines Unternehmens ist und je unabhängiger die Produkte voneinander sind, desto mehr ergibt sich für ein Unternehmen die Möglichkeit und Notwendigkeit, die Marketing-Subsysteme nach Produktgruppen bzw. Produkten zu differenzieren. Im Extremfall haben die Leiter der einzelnen Subsysteme im Rahmen der Gesamtzielsetzung des Unternehmens völlige Entscheidungsfreiheit über die produktspezifischen Zielsetzungen und die einzusetzenden Mittel. Sie lenken sich nahezu vollständig selbstständig und können bei Übernahme von Funktionen, die über das Marketing hinausgehen (z.B. Beschaffung, Fertigung, Finanzierung), zu wirtschaftlich selbstständigen Betrieben werden, die lediglich rechtlich vom Stammunternehmen abhängig sind. Man bezeichnet sie häufig auch als Divisionen, Sparten oder Profitcenter, da sie vom Stammunternehmen in erster Linie im Hinblick auf ihre Gewinnentwicklung kontrolliert werden.

In der produktorientierten Differenzierung des Marketingsystems spiegelt sich die konsequente Verwirklichung der Koordination der einzelnen Marketingaktivitäten auf die einzelnen Leistungen des Unternehmens wider.

Der Vorteil einer derart weitgehenden Delegation von Kompetenzen und Verantwortungen liegt darüber hinaus darin, dass die Subsysteme auf Störungen der Umwelt unabhängig voneinander reagieren können. Bei instabilen (dynamischen) Marktverhältnissen wird damit eine wirksame und schnelle Anpassung des Unternehmens erzielt. Auch wird ein Aufblähen der unternehmerischen Kommunikationsvorgänge verhindert und somit das System nicht nur nach außen, sondern auch nach innen stabilisiert.

Aufgrund der Dynamik der Konsumgütermärkte und der fortschreitenden Produktdifferenzierung sieht sich heute fast jedes Unternehmen der Konsumgüterindustrie vor die Frage gestellt, ob es produktorientierte Subsysteme bilden soll. Dabei müssen Vor- und Nachteile gegeneinander abgewogen werden. Die Nachteile einer produktorientierten Systemdifferenzierung bestehen in der Gefahr, dass die einzelnen Subsysteme unökonomisch nebeneinander bzw. sogar gegeneinander arbeiten. Nimmt konsequenterweise jedes Subsystem jede Marketingfunktion in eigener Regie wahr, so kommt es oft zu Doppelarbeiten (z.B. in der Marktforschung und Werbung). Aufgrund der Zersplitterung der Aufgaben können die Rationalisierungsvorteile der Spezialisierung und Standardisierung nicht genutzt werden.

Liniensysteme mit koordinierenden Subsystemen

In funktions- und objektorientierten Liniensystemen sind die Lenkungsinstanzen häufig mit der Bewältigung der zahlreichen und vielfältigen Planungs- und Koordinationsaufgaben überfordert. Für diesen Fall bieten sich insbesondere drei Formen der Problemlösung an:

- Stäbe,
- Kollegien und Planungsgruppen,
- Projektgruppen.

(1) Stab-Linien-Systeme

Stäbe sind Elemente oder Subsysteme des Unternehmens, die in der Regel keine Entscheidungs- oder Weisungsbefugnisse gegenüber den Stellen der Linie haben. Als beratende Organe mit Planungsaufgaben zur Entlastung bestimmter Instanzen sind sie in der Praxis weit verbreitet. In funktionsorientierten Liniensystemen übernehmen sie häufig die über die eigentliche Funktionserfüllung hinausgehende produktspezifische strategische Planung und die Vorbereitung der notwendigen Koordinationsmaßnahmen. Sofern solche Stabsstellen nicht nur eingerichtet werden, weil man die Bedeutung der betreffenden Funktionen für den Marketingerfolg nicht erkennt, sondern sie der Entlastung der Unternehmens- bzw. Marketingleitung im Hinblick auf die Planungsfunktion dienen, können sie mehr Flexibilität in ein funktionsorientiertes Marketingsystem bringen, da sich die Leitung stärker den Koordinationsproblemen widmen kann.

In objektorientierten Liniensystemen werden Stäbe einerseits für Planungen zur Koordination zwischen den einzelnen Produktbereichen eingesetzt. Andererseits können sie als „Zentralabteilungen“ durch die Übernahme bestimmter Marketingaufgaben die einzelnen Stellen der Produktbereiche entlasten. Auf diese Weise werden Rationalisierungs- und Spezialisierungsvorteile erzielt. In der Praxis finden sich häufig zentrale Planungsabteilungen, Marktforschungsabteilungen und Werbeabteilungen. Hierdurch können z. B. bei der Belegung von Werbemedien durch zentralen Einkauf günstige Termine und Rabatte erhandelt werden. Marktforschungsvorhaben größeren Umfanges können verwirklicht werden. Informationszentralisation ermöglicht den Einsatz technisch anspruchsvoller Datenverarbeitung.

Da in den meisten Unternehmen Stäbe primär aus Entlastungsgründen eingesetzt werden, können sie die hierarchische Struktur von Organisations- und Führungssystemen nicht wesentlich abbauen. Darüber hinaus liegt in der Zusammenarbeit zwischen Stab und Linie latenter Konfliktstoff, durch den häufig die Vorteile der Stabsbildung mehr als aufgewogen werden. Ursache solcher Konflikte ist die oft starre Trennung zwischen Planungs-, Entscheidungs- und Lenkungsbefugnissen: Die mit Durchführungsaufgaben beauftragten untergeordneten Instanzen lassen sich von den „intellektuellen“ Stäben keine Weisungen erteilen, die Stäbe sind frustriert, da sie keinen oder nur wenig Einfluss auf die Verwirklichung der von ihnen als notwendig erkannten Maßnahmen haben. Dies ist umso stärker der Fall, je mehr die Stäbe an Problemlösungen arbeiten, die mit Hilfe unternehmenseigener Organe durchgeführt werden müssen. Es gilt dagegen weniger, wenn die Stäbe mit externen Organen zusammenarbeiten. So können viele Unternehmen gerade dann diese zeitaufwendigen, Sachkenntnis erfordernden Forschungs- und Planungsaufgaben in engem Kontakt mit Marktforschungsinstituten und Werbeagenturen erfüllen.

(2) Kollegien und Planungsgruppen

In Stab-Linien-Systemen bleibt das oft nachteilige Nebeneinander der Funktions- oder Objektbereiche erhalten. Um die notwendige Koordination zwischen diesen Bereichen sicherzustellen, werden häufig Kollegien gebildet, in denen sich Mitarbeiter aus verschiedenen Subsystemen in mehr oder weniger regelmäßigen Abständen zu Besprechungen treffen und die betreffenden Maßnahmen aufeinander abstimmen. Sofern solchen Kollegien keine Entscheidungsbefugnis gegeben wird, sofern sie keine bindenden Beschlüsse fassen und sofern keine exakten Richtlinien gegeben sind, wann und zu welchem Zweck sie zusammentreffen sollen, werden sie bei wachsender Umweltdynamik den Störungen nicht mehr gewachsen sein bzw. zu schwerfällig arbeiten.

Je mehr innovative Aufgaben ein System zu bewältigen hat, desto häufiger wird es gezwungen, für die Lösung der Aufgaben **Planungsgruppen** zu bilden, die sich aus Mitgliedern der verschiedenen Subsysteme zusammensetzen und die neuen Problemlösungen erarbeiten.

Eventuell werden zu diesem Zwecke **Entscheidungsgruppen** aus Angehörigen des oberen Managements, **Planungsgruppen** aus Spezialisten der einzelnen Funktionsbereiche und **Informationsgruppen** aus Meinungsführern der Bereiche gebildet, die das neue Produkt und/oder Verfahren realisieren sollen.

Da solche Gruppen kreative Aufgaben zu lösen haben, sollte man ihre Arbeit prinzipiell als **Teamarbeit** organisieren. Das heißt, die jeweilige Gruppe erhält im Rahmen ihrer Aufgabenstellung weitreichende Kompetenzen, die Kommunikationsnetze sind vorwiegend ungebunden, der Führungsstil ist kooperativ bzw. partizipativ. Für weniger regelmäßig auftretende, aber für das Unternehmen bedeutungsvolle „Großprojekte" müssen solche Planungsgruppen unter die Leitung eines für die Dauer des Projektes weisungsbefugten **Projektmanagements** gestellt werden.

(3) Projektgruppen

In der Marketingplanung sind besonders häufig innovative Prozesse zu bewältigen. Solche Prozesse stellen hohe Anforderungen an die systematische Planung und Durchführung, insbesondere aber an die Koordination verschiedener Teilfunktionen. Das typische Beispiel für einen Innovationsprozess ist ein Kernproblem des Marketings: die Planung und Einführung eines neuen Produktes. Die Einmaligkeit und der Zeit- und Personalaufwand dieser Prozesse würde bei normaler Auslastung der Marketingorganisation zu Überlastungen führen und Routineabläufe stören. Deshalb werden spezielle Aufgaben dieser Arbeit in Form des Projektmanagements abgewickelt.

Vereinfacht dargestellt handelt es sich hierbei um eine Organisationsform, die dem Produkt- und Matrix-Management ähnelt: Im Gegensatz hierzu handelt es sich aber um eine projektbezogene, zeitlich begrenzte Arbeitsgruppe, die aus Mitgliedern nicht funktionaler Linieninstanzen zusammengesetzt und der gegenüber für die Dauer des Projektes der Projektleiter weisungsbefugt ist. Vom Projektmanagement können ganze Problemlösungsprozesse, aber auch nur Teilprozesse bewältigt werden, d. h., nicht jeder Innovationsprozess ist an das Vorhandensein dieser speziellen Organisationsform gebunden. Ob und in welchem Umfang ein Projektmanagement eingesetzt wird, hängt davon ab, inwieweit die „normale" Organisation die Phasen von Innovationsprozessen selbst bewältigen kann.

Der Prozess der Neueinführung eines Produktes kann vereinfacht in eine kreative Phase (Ideenfindung), eine Entscheidungsphase (Alternativenbewertung und Entschluss) und eine Realisationsphase (Projektrealisation) und Einführung in den Markt gegliedert werden.

Es wurde schon auf die effizienzfördernde Bedeutung kooperativer Organisations- und Führungsformen für die Bewältigung von Innovationsprozessen hingewiesen. In Ergänzung dazu sind einige spezielle Kriterien zu nennen, die auf diese kreativen Prozesse positive Wirkungen haben. So können unter Umständen Organisationsstrukturen z. B. sogar dann kreativitätsfördernd wirken, wenn sie Konflikte fördern. Diese Wirkung ist jedoch nur dann zu erwarten, wenn die Konflikte sachbezogen sind und Vorkehrungen zu einer konstruktiven Lösung getroffen werden.

Entgegen der kreativen Phase dominieren in der Realisationsphase nicht personen-, sondern sachbezogene Probleme, die in der Regel durch eine straffere Organisation und Führung der Projektgruppen besser gelöst werden können.

Produktmanagement

Die Strukturierung des Marketings erfolgt mit dem Ziel, die Gestaltung des Marketing-Mix zu erleichtern und zu unterstützen. So wichtig demnach die von Spezialisten durchgeführten Teilaktivitäten für den Marketingerfolg sind, so bedeutend ist auch die Koordination dieser Aktivitäten im Hinblick auf die verkauften Produkte. Im Einproduktunternehmen wird diese Koordination einfacherweise vom Marketingleiter durchgeführt. Je differenzierter jedoch das Absatzsortiment ist, umso größer wird der Zwang, die Integrationsfunktion von besonderen Stellen durchführen zu lassen, und zwar von so genannten Produktmanagern.

Die Vielzahl von Organisationsstrukturen, innerhalb derer Produktmanager tätig sein können, bewegt sich zwischen zwei Extremtypen: Im einen Falle ist der Produktmanager Leiter einer produktorientierten Marketingabteilung mit Linienkompetenz bezüglich der Funktionen (Divisions- oder Spartenorganisation). Im anderen Falle leitet er eine Stababteilung und hat auf die den Linieninstanzen unterstellten Funktionsbereiche nur beratenden Einfluss.

Aufgaben und Kompetenzen der Produktmanager können also von Unternehmen zu Unternehmen erheblich schwanken. Im Allgemeinen umfassen sie Führungsaufgaben (Zielsetzung, Planung, Organisation, Kontrolle, Information, Koordination, Entscheidung) im Hinblick auf die Gestaltung des Marketing-Mix für die ihm anvertrauten Produkte. Es ist letztlich eine Frage des Ermessens der Unternehmensleitung, inwieweit er dabei anderen Stellen bzw. Abteilungen gegenüber weisungsbefugt ist.

Hieraus resultieren die wesentlichen Problembereiche:

- Die Verantwortung für das Marketing-Mix kann schnell zur Überlastung des Produktmanagers führen. Denn diese Verantwortung beinhaltet eine Vielzahl von Aufgaben (Marktbeobachtung, -analyse und -prognose, Aufstellung von Plänen, Suche nach Innovationen, Durchführung von Strategien, Koordination aller beteiligten Stellen, Zusammenarbeit mit externen Institutionen, Abstimmung mit der Marketing- und Unternehmensleitung, Überwachung und Kontrolle).
- Die Funktionsfähigkeit des Produktmanagements basiert auf der Wirksamkeit des Führungsstils des Produktmanagers. Die Kompetenz des Produktmanagers ist keine Weisungsbefugnis wie die einer Linieninstanz, sondern Recht der Einflussnahme. Entscheidend für den Erfolg des Produktmanagers sind somit seine Überzeugungskraft und sein gutes Verhältnis zu anderen Stellen. Um wirksam arbeiten zu können, benötigt der Produktmanager auf der einen Seite zahlreiche Informationen von anderen Stellen, auf der anderen Seite deren Bereitschaft, sich von ihm beraten zu lassen. Die Stellung des Produktmanagers beinhaltet dadurch oftmals Konfliktstoff, da seine Tätigkeit als Einmischung angesehen wird. Kritik am Produktmanagement wird deshalb häufig vom Verkaufsaußendienst, aber auch von der Werbung, vom Finanzbereich, der Produktion und der Forschung und Entwicklung ausgeübt.

- Mit ungenügender Kompetenzausstattung verbunden ist die Gefahr, dass der Produktmanager für mehr Dinge verantwortlich gemacht wird, als er tatsächlich beeinflussen kann. Dies gilt insbesondere für die Gewinnverantwortung. Das Produktmanagement wird häufig als „Profitcenter" – vergleichbar Sparten oder Divisionen – angesehen, es kann jedoch nur einen Teil der Verantwortung tragen, da es den Gewinn nur teilweise beeinflussen kann.

Insgesamt bleibt festzuhalten, dass das Produktmanagement von seiner Anlage her die konsequente Verwirklichung des Marketingdenkens bedeutet. Indem sich die Verantwortung für bestimmte Produkte oder Produktgruppen auf bestimmte Personen konzentriert, wird die organisatorische Grundlage für das Erreichen des Marketing-Mix gelegt und insbesondere ein schnelles Reagieren auf Änderung der Umwelt ermöglicht. So wird einerseits von einem Produktmanager ein hohes Maß an Kreativität verlangt, andererseits soll er über eine ausgeprägte organisatorische Begabung verfügen. Die Probleme liegen somit nicht in der generellen Vorzüglichkeit des Konzeptes, sondern an behebbaren menschlichen und organisatorischen Schwächen. Viele dieser Probleme lassen sich durch eine klare Aufgabenabgrenzung, Kompetenzverteilung und Verantwortungssetzung, aber auch durch Verpflichtung aller Organisationsmitglieder zur sachgerechten Kommunikation und zu kooperativem Arbeiten lösen.

Matrix-Management

Als eine Möglichkeit, die in der mangelnden Kompetenzausstattung der Produktmanager begründeten Nachteile aufzufangen, bietet sich die Lösung an, die Produktmanager ebenso wie den Funktionsbereichsleiter mit Linienkompetenzen auszustatten. Die durch ein solches Matrix-Management (Übersicht H.4) absichtlich provozierten Konflikte sollen zu einem fruchtbaren Wettbewerb zwischen den beiden gleichrangigen Linieninstanzen um die knappen Mittel der verschiedenen Leistungsfunktionen führen. Die Produktgruppenleiter bestimmen, was wann im Hinblick auf welche Produkte getan werden muss, die Funktionsbereichsleiter, wie es getan werden muss. Das Matrix-Management ist ein Mehrliniensystem, in dem versucht wird, fachlich kompetente Funktions- und Produktspezialisten einzusetzen und eine unmittelbare Koordination der Planungs- und Realisationsprozesse zu gewährleisten.

Die Effizienz des Matrix-Managements ist wie bei den sehr ähnlichen Konzeptionen Projekt- und Produktmanagement in hohem Maße von der Bereitschaft der beteiligten Personen abhängig, die an sie gestellten Rollenerwartungen zu erfüllen. Die Kompetenzüberschneidungen können nur dann zu einer „positiven Konfliktaustragung" führen, wenn die Organisationsmitglieder als Team zusammenarbeiten. Wichtige Voraussetzung hierfür sind nicht nur kollegiales Betriebsklima und kooperativer Führungsstil, sondern auch der konsequente Einsatz der Unternehmensleitung für die Verwirklichung der Konzeption. Denn gerade im alltäglichen Arbeitsablauf ist eine Verpflichtung der Abteilungen mit zum Teil erheblichen Eigeninteressen auf die gemeinsame Lösung von Problemen nicht immer leicht. Vor allem muss darauf geachtet werden, dass die mit Weisungsbefugnis ausgestatteten Instanzen nicht unabhängig voneinander untergeordneten Stellen widersprechende Anordnungen erteilen.

Die Konzeption der Kompetenzüberschneidungen eignet sich primär zur Bewältigung innovativer Problemlösungsprozesse, also für die Bewältigung der kreativen Phasen der

Übersicht H.4

Matrix-Management

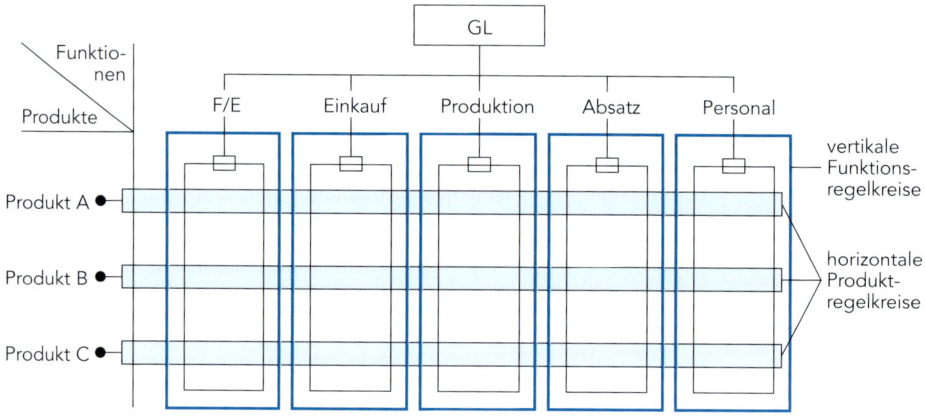

Marketingplanung. Bei einem adäquaten Führungsstil wird man davon ausgehen können, dass die jeweils betroffenen Mitarbeiter eine hohe Bereitschaft zum Informationsaustausch mitbringen und die Zusammenarbeit suchen. Daher kann gerade das Matrix-Management ein geeignetes Instrument sein, um einem Unternehmen die notwendige Anpassungsfähigkeit zu geben. Bereichsübergreifende Fehlentwicklungen werden schnell erkannt und können schnell korrigiert werden, nicht realisierbare Strategien werden frühzeitig eliminiert usw. Durch die günstigen Voraussetzungen für die Entwicklung neuer Problemlösungen wird neben kurzfristiger Flexibilität erreicht, dass das Unternehmen auch langfristig veränderten Umweltverhältnissen angepasst werden kann.

Teamkonzeptionen

In vielen Unternehmen führt die Einführung des Matrix-Managements deshalb nicht zu dem erwarteten Erfolg, weil man bei Einführung des Konzeptes über die Art und Weise der Zusammenarbeit zwischen den einzelnen Personen oder Abteilungen unpräzise Vorstellungen hat oder weil die notwendige kooperative Zusammenarbeit nach kurzer Zeit zusammenbricht. Wie bereits angedeutet, kommen die Vorteile des Matrix-Managements erst dann zur vollen Entfaltung, wenn es gelingt, die Beteiligten zur Teamarbeit zu gewinnen.

Der Grundgedanke solcher Teamkonzeptionen besteht in der Übertragung der Entscheidungsbefugnis an die jeweils planende Gruppe anstatt an eine einzelne Person. Durch die

- Intensivierung der interpersonalen Beziehungen zwischen den Gruppenmitgliedern,
- Verpflichtung der Gruppen auf ein gemeinsames Ziel,
- gemeinsame Verantwortung aller Gruppenmitglieder für die Zielerfüllung,
- Dezentralisation der Entscheidungen auf die Gruppe,
- Abschwächung hierarchischer Beziehungen

sollen die potenziellen menschlichen Fähigkeiten der Gruppenmitglieder aktiviert, Konflikte in den interpersonalen Beziehungen minimiert und Flexibilität und Anpassungsfähigkeit der Organisation gesteigert werden.

Wenn es also vorrangiges Ziel der Teamkonzeption ist, koordinierende und innovative Aufgaben zu übernehmen, um ein Unternehmen flexibel im Hinblick auf seine Umwelt steuern zu können, so folgert daraus auch, dass solche Teams in erster Linie auf der dispositiven Ebene eines Organisations- und Führungssystems erfolgversprechend eingesetzt werden können. Dadurch, dass diese Teams über ihre Leiter mit der Unternehmensleitung (politisch-strategische Ebene) verbunden sind, bleibt eine gewisse hierarchische Ordnung erhalten. Diese ist notwendig, damit die Entscheidungsfindung auch in den Fällen sichergestellt ist, in denen die Mitglieder der Teams keine Einigung erzielen können. Sie ist außerdem zur Schlichtung von Konflikten, zur Durchsetzung einheitlicher Zielsetzungen und zur Kontrolle der Teamleistungen erforderlich.

Die Mitglieder der einzelnen Teams können entweder wiederum Vorsitzende untergeordneter Teams oder aber Linieninstanzen für hierarchisch strukturierte Funktions- oder Objektbereiche sein. Wie bereits dargelegt, wird sich die Teamkonzeption mit zunehmender Routinisierung der Aufgaben auf der Durchführungsebene mehr und mehr in eine hierarchische Linienstruktur umwandeln.

Beim Aufbau eines Organisations- und Führungssystems im Marketing wird man demnach entsprechend den vorausgehenden Überlegungen sowohl Elemente teamorientierter als auch hierarchischer Managementkonzeptionen verwenden müssen, wie es schematisch in Übersicht H.5 anhand einer teamorientierten Matrixstruktur dargestellt ist. In dem abgebildeten Beispiel wird die Koordination zwischen Produkten und Funktionen erreicht, indem die Funktionsspezialisten gemeinsam für die einzelnen Produkte Produktteams und die Produktspezialisten für die einzelnen Funktionen Funktionsteams bilden. Wie viele solcher Teams gebildet werden und mit welcher Regelmäßigkeit sie gemeinsam Problemlösungen erarbeiten, hängt entscheidend davon ab, wie sehr ein Unternehmen aufgrund seiner Umweltbeziehungen auf entsprechende Anpassungsmaßnahmen angewiesen ist.

Übersicht H.5

Teamorientierte Matrixstruktur mit Verbindungsgliedern

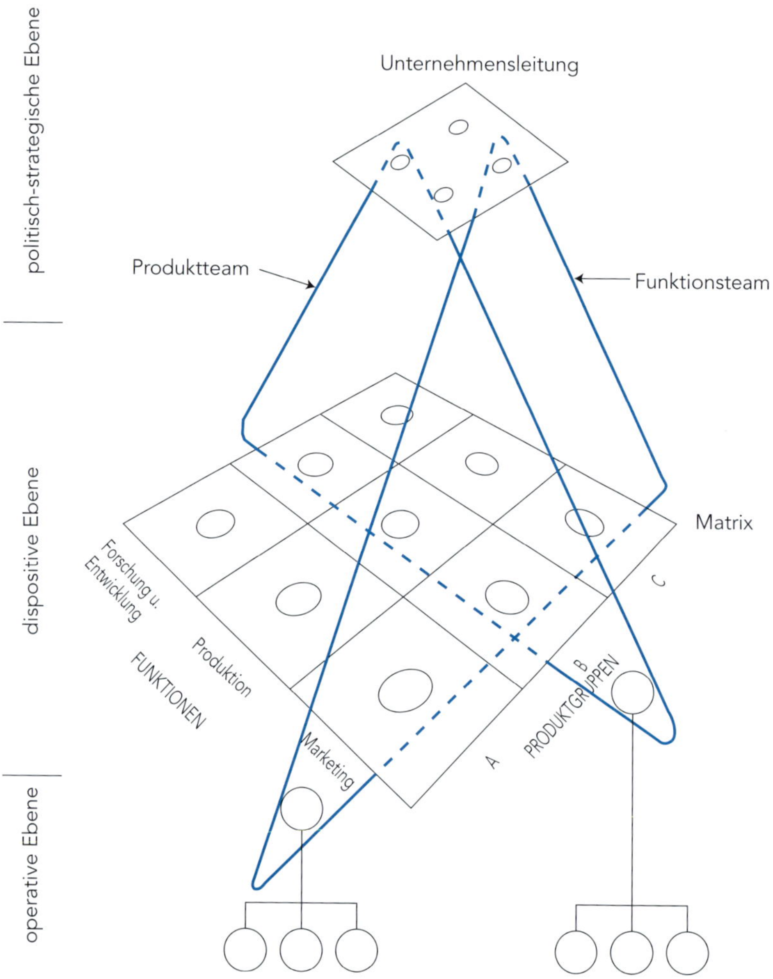

2. Lenkungskonzepte

Lenkung, Führung oder Management bedeuten die Koordination von Planungs- und Durchführungsprozessen in Richtung auf betriebliche Zielsetzungen. Hinter dieser sehr allgemeinen Formulierung verbergen sich drei verschiedene Dimensionen des Begriffes Führung:

- die im Unternehmen mit Tätigkeiten, die über den rein funktionalen, sachlogischen Bereich der Erstellung unternehmerischer Leistungen hinausgehen, beauftragten Personen (Management im institutionellen Sinne),
- Führung als Bewältigung von Problemlösungsprozessen (funktionaler Managementbegriff),
- Führung als soziale Beeinflussung des Entscheidungs- und Handlungsbereiches von Individuen (anthropozentrischer Managementbegriff).

Diese Aspekte sind immer im Zusammenhang zu sehen: Das Management auf den verschiedenen Hierarchieebenen bewältigt bestimmte Funktionen unter den Bedingungen sozialer Interaktion. Um die Wirkungsweise solcher Systemlenkungsprozesse zu verdeutlichen, bedient sich die neuere Managementlehre vor allem regelungstechnischer Modellvorstellungen.

Kybernetisches Führungsmodell

Der Übertragung kybernetischen Gedankengutes auf die verschiedenen Unternehmensbereiche liegt dabei grundsätzlich die Auffassung zugrunde, dass das Wesen von Führungsprozessen mit der in Übersicht H.6 charakterisierten Struktur von Regelkreisen identisch ist bzw. sein sollte. Als Folge eines vorangehenden Zielplanungsprozesses erhält derjenige, dem die Führung eines Systems obliegt (Regler), Vorgaben (= Sollwerte) für die von ihm anzustrebenden Zustände des Systems. Je höher jemand in der Unternehmenshierarchie steht, desto eher wird er an dem Zielplanungsprozess beteiligt sein.

Aufgabe des Reglers ist es nun, Maßnahmen zu ergreifen, mit deren Hilfe er das Verhalten des zu steuernden Subsystems (Regelstrecke, z.B. Absatzmarkt) in die von ihm gewünschte Richtung beeinflussen kann. Er orientiert sich dabei an einem Modell der Regelstrecke, aus dem er potenzielle Reaktionen des Subsystems ableitet.

Realisationsanweisungen, Motivation der Mitarbeiter und andere Maßnahmen sorgen dafür, dass die beschlossenen Strategien in die Tat umgesetzt werden.

Wie nun das zu steuernde Subsystem auf die Maßnahmen des Reglers reagiert, d.h., welches Verhalten es zeigt bzw. welchen Zustand es erreicht, hängt einerseits von der Bewegungsfreiheit (Variabilität) des Subsystems selbst und andererseits von den Störeinflüssen der Umwelt ab.

Auf jeden Fall muss die Reaktion festgestellt werden und als Kontrollinformation an den Regler und/oder an das Zielplanungssystem weitergeleitet werden.

Übersicht H.6

Der Führungsprozess als Regelkreis

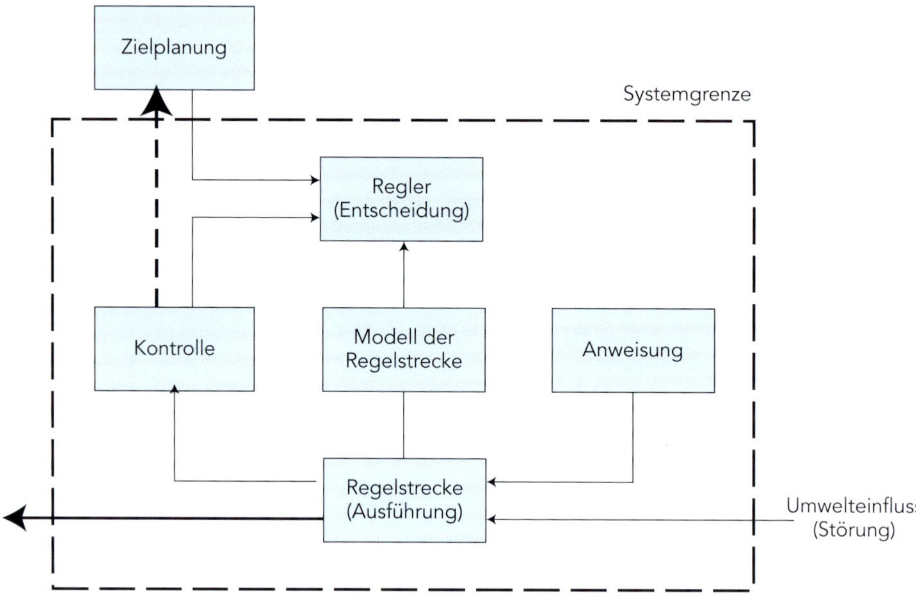

Dieser Prozess der Systemlenkung kann nach dem Prinzip der Steuerung oder der Regelung ablaufen.

Steuerung: Bei der Steuerung fallen die Informationsrückkoppelungen weg. Durch Steuerung werden also Störungen nicht nach ihrem gemessenen Einfluss auf die Regelstrecke, sondern sogleich beim Auftreten direkt kompensiert, d. h., die vom Regler getroffenen Maßnahmen sind bereits auf die erwarteten Störungen eingestellt. Das Funktionieren dieser Strategie ist wesentlich abhängig von der Sicherheit der Informationen des Reglers über

- Art und Intensität von Störungen,
- die mögliche Reaktion der Regelstrecke auf Störungen,
- der Möglichkeit zur Beseitigung von Störungen.

Steuerung liegt z. B. vor, wenn das Marketingmanagement die künftige Nachfrageentwicklung voraussieht bzw. -schätzt und die Marketingmaßnahmen (Produkt-, Distributions-, Preis- und Kommunikationspolitik) darauf einstellt.

Regelung: Die Regelung entspricht dem in Übersicht H.6 gezeigten Ablauf. Wesentliches Kennzeichen dieser Prozesse ist die Kontrolle nach der Realisation als Anstoß zu Revisionsmaßnahmen. (Beispiel: Die Kontrolle der Wirkung von Marketingmaßnahmen in zurückliegenden Perioden führt zu Entscheidungen über die Variation oder Neukonzeption von Maßnahmen.) Das Problem der Regelung besteht somit darin, dass die Entscheidungen immer erst eine Situation verbessern, wenn die Zeit schon fortgeschritten ist. Güte und Schnelligkeit der Kontrollen werden die hauptsächlich kritischen Variablen. Dieser

Rückkoppelungsmechanismus bei der Regelung hat aber den entscheidenden Vorteil, dass der Regler über die Vielzahl und Arten von Störungen und das Verhalten der Regelstrecke keine exakte Kenntnis haben muss, da seine Entscheidungen in erster Linie aufgrund der Soll-Ist-Abweichungen (der Prozessergebnisse) gefällt werden. Im Gegensatz zur Steuerung kommt ein Regelsystem mit einer geringeren Varietät aus, da alle Störungen im Ergebnis zusammenwirkend erfasst werden. Mit zunehmender Unsicherheit und Ungewissheit von Umwelt und System gewinnen Regelungsprozesse zur Stabilisierung des Systems an Bedeutung. Andererseits neigen Regelungsmechanismen aufgrund ihrer unvollkommenen Präzision selbst zu Instabilität.

Für die Leitung eines Unternehmens stellt sich in diesem Zusammenhang die Frage, wie viel Selbstständigkeit sie den einzelnen Subsystemen bzw. ihren Reglern geben kann bzw. muss, um ihnen einerseits ein unbürokratisches Anpassen an die Umwelt zu ermöglichen, andererseits aber den Zusammenhalt der Subsysteme mit dem Gesamtsystem zu erhalten. Wie viel Entscheidungsfreiheit soll dem Leiter (Regler) eines Subsystems gegeben werden? Welche **Kompetenzen** soll er haben und wofür muss er verantwortlich sein?

Entsprechend der großen Zahl unterschiedlicher Aufgaben sind auch differenzierte Kompetenzen zu unterscheiden, die im Wesentlichen unter folgende Gruppen subsumiert werden können:

- Zielsetzungs-, Planungs-, Entscheidungs-, Anordnungs-, Realisations- und Kontrollbefugnisse,
- Verpflichtungs- und Verfügungsbefugnisse,
- Informations- und Beratungsbefugnisse.

Eine weitgehende Delegation von Verantwortung und Kompetenz an den Regler eines Subsystems bedeutet, dass die übergeordnete Instanz nicht in die Entscheidungen über die zur Lenkung des Subsystems notwendigen Maßnahmen eingreift. Die Lenkung des Subsystems durch das übergeordnete System beschränkt sich auf das Festsetzen der vom Subsystem zu erreichenden Ziele im Sinne eines **„Management by Objectives"** und die Kontrolle der Ergebnisse. Erhält der Systemregler die Möglichkeiten, die Ziele im Rahmen einer vorgegebenen Schwankungsbreite selbst zu setzen bzw. zu über- oder unterschreiten, so wird sich die Kontrolle des übergeordneten Systems im Sinne eines **„Management by Exceptions"** nur auf die außerhalb dieses Schwankungsbereiches liegenden Ergebnisse konzentrieren. Diese beiden Führungsprinzipien ergänzen sich also. Die Frage, wie viel Kompetenz und Verantwortung dem Leiter eines Subsystems gegeben werden soll, muss in Anlehnung an das kybernetische Führungsmodell von der Art und Intensität der Umweltstörungen und der Problemlösungsfähigkeit des Reglers abhängig gemacht werden:

- Je schwerwiegender die Störungen bzw. Umweltveränderungen sind und je größer ihre Auswirkungen auf das Gesamtsystem bzw. verschiedene Subsysteme sind, desto weniger Entscheidungsfreiheit wird man den Reglern einzelner Subsysteme geben dürfen.
- Je höher das Problemlösungspotenzial eines Reglers ist (d. h., je mehr man sich darauf verlassen kann, dass er die richtigen Entscheidungen trifft), desto weitgehender kann man die Lenkung von Subsystemen an die betreffenden Regler delegieren.

Zwischen diesen konkurrierenden Aspekten muss in der Praxis ein Ausgleich gefunden werden.

Übersicht H.7

Beispiel einer Kompetenzverteilung im Marketing

Funktionen	Stellen: Unternehmensleitung	Marketingleitung	Produktmanager	Spezielle Planungsstäbe	Werbung: Leiter	Werbung: Mitarbeiter	Vertrieb: Leiter	Vertrieb: Gebietsleiter	Vertrieb: Verkäufer	andere interne Stellen: interne Vertriebsorganisation	andere interne Stellen: Produktion	andere interne Stellen: Beschaffung	andere interne Stellen: Finanzierung	andere interne Stellen: Forsch. u. Entw.	andere interne Stellen: Kontrollorgane (Buchh./Stat. Abtl. Rechnungswesen)	externe Stellen: zur Beratung	externe Stellen: zur Durchführung	Marketingforschung: Leiter	Marketingforschung: Mitarbeiter
Zeitplanung	Z	P,E	B	P	B		B				B	B						B	
Budgetplanung	Z,G	P,E	B	P									B		B				
Sortimentspolitik	G	Z,P,E	B	P			B				B	B		B		B		B	
Vertriebspolitik	G	Z,P,E	B	P			B									B		B	
Marketing-Mix		Z,P,E	ko,P,K	P	B,P,K		P,P,K											B	
Produktgestaltung	G	Z,G	Z,P,ko,K				B				P	P		P		P,B		B	
Preisgestaltung	G	Z,G	Z,P,ko,K				P						B					B	
Distributionsplanung		Z,G	Z,P,ko,K				P												
Kommunikationsplanung		Z,G	Z,P,ko,K		P														
Verkaufsverhandlung		B,ko,A	Z,P,ko,K				B,ko,A	B,ko,A	A										
Verkaufsabschluss		E	Z,P,ko,K				E	E	E,A	A									
Verkaufsorganisation							P,ko	P,ko											
Logistik							P,E	P,E	A										
Verkaufsförderung					E,P		P	P	A									B	
Werbung					E,P	A										P	A	B	
Marketingforschung		Z	Z														A	ko	A

Z = die Stelle hat das Recht der Zielentscheidung
G = die Stelle hat das Recht der Genehmigung
E = die Stelle hat das Recht, die bei der Funktionserfüllung notwendigen Entscheidungen selbstständig zu fällen, die notwendigen Steuerungsmaßnahmen gegenüber abhängigen Stellen zu ergreifen und für die Führung notwendigen Kontrollen durchzuführen bzw. durchführen zu lassen

K = die Stelle hat das Recht, an den für die Funktionserfüllung notwendigen Kollegialentscheidungen mitzuwirken
P = die Stelle ist maßgeblich an der Planung der Funktion beteiligt
B = die Stelle wirkt beratend bei der Funktionserfüllung mit
ko = die Stelle koordiniert die für die Funktionserfüllung erforderlichen Planungen
A = die Kompetenzen der Stelle beschränken sich vorwiegend auf die Ausführung der ihr übertragenen Aufgaben

Wie in einem Marketingsystem die Kompetenzen zu verteilen sind, kann nur im Einzelfall entschieden werden. Dass dabei die Fähigkeiten und die Vertrauenswürdigkeit der jeweiligen Person von entscheidender Bedeutung sind, ist die wohl wichtigste Erkenntnis für die Institutionalisierung des Marketings in einem Unternehmen: Viel wichtiger als in anderen Unternehmensbereichen ist für die Lenkung des Marketingsystems das Finden fachlich versierter, kreativer, verantwortungsbewusster und entscheidungsfreudiger Mitarbeiter, die in einem Team zusammenarbeiten. Die Planung des Marketing-Mix erfolgt in der Regel produkt- und kundenbezogen. Es besteht daher in vielen Unternehmen die Tendenz, auf diese Kriterien bezogene Verantwortungsbereiche zu schaffen, was jedoch nur mit Fachleuten möglich ist, die in der Lage sind, das komplexe Problem der Marketing-Mix-Planung zu lösen.

Unabhängig davon müssen natürlich die Entscheidungskompetenzen nach ihrer Bedeutung für den Unternehmenserfolg verteilt werden. Dies bedeutet, dass z. B. Entscheidungen über die Unternehmenspolitik, die Einführung neuer Produkte, die Auswahl von Absatzwegen, das Unternehmensbild beeinflussende Werbekampagnen, Preisverhandlungen mit potenten Absatzmittlern auf höchster Ebene getroffen werden müssen. Alle übrigen (kurz- und mittelfristigen) Entscheidungen, die sich auf den konkreten Einsatz von Marketingmaßnahmen beziehen, sollten soweit wie möglich dezentralisiert werden. Nur so ist ein schnelles und flexibles Reagieren auf Marktveränderungen möglich.

Die Verteilungen von Kompetenzen ist eine Grundsatzentscheidung jeder einzelnen Unternehmensleitung. Generalisierende Überlegungen können dabei lediglich Hilfestellung leisten. In diesem Sinne gibt das in Übersicht H.7 dargestellte Beispiel einer Kompetenzverteilung im Marketing auch nur einen allgemeinen Einblick in die Problematik. Im Einzelnen müssen die Kompetenzen mit den jeweiligen Aufgaben in **Stellenbeschreibungen** genau festgelegt werden, etwa nach folgendem Schema:

(1) Stellenbezeichnung
(2) Dienstrang
(3) Unterstellung
(4) Überstellung
(5) Stellvertretung
(6) Ziele
(7) Aufgaben, Verantwortung und Kompetenz
(8) Zusammenarbeit mit anderen Stellen
(9) Besondere Befugnisse.

Führungsstile

Im Zusammenhang mit der indirekten Lenkung sich grundsätzlich selbst regulierender Subsysteme wird die Bedeutung sichtbar, die dem nicht exakt prognostizierbaren Verhalten des Menschen im Führungsprozess zukommt. Die Eigenschaften und das Verhalten der Personen als Entscheidungsträger können das Erreichen der Systemziele sowohl hemmen als auch fördern. Folglich kann sich die Führung eines Systems nicht auf die funktionale, sachlogische Beherrschung der Prozesse beschränken, die Verhaltensbeeinflussung der Menschen durch einen zweckmäßigen Führungsstil ist ebenso wichtig.

In unserem Zusammenhang ist von besonderer Bedeutung, welche Auswirkungen unterschiedliche Führungsstile auf das Verhalten der Organisationsmitglieder haben. Zur Beantwortung der Frage halten wir uns an die in der Literatur übliche Unterscheidung zwischen autoritärem und kooperativem Führungsstil.

In Verbindung mit diesen beiden Formen der Führung werden in der Literatur einige kennzeichnende Merkmale genannt:

- **autoritär:**
  bürokratisch, direktorial, patriarchalisch, starr, motivations- und kommunikationshemmend, unpersönlich, starke Rangstufendifferenzierung, starke Zentralisierung,
- **kooperativ:**
  demokratisch, kollegial, flexibel, kreativ, kommunikationsfördernd, geringe Rangstufendifferenzierung, Dezentralisation.

Für die Gestaltung von Führungsbeziehungen in Marketingsystemen zeigt sich sehr deutlich die Notwendigkeit, alle kreativen Marketingprozesse (die Entwicklung von Konzeptionen in den einzelnen Aktionsbereichen) möglichst durch kooperative Führung zu steuern. So wird man am besten den notwendigen Leistungswillen und die Kreativität der Mitarbeiter fördern. Wo es jedoch auf die präzise Abwicklung von Routineprozessen (Realisation der Maßnahmen) ankommt, muss die Führung straffer erfolgen, um den ökonomischen Ablauf der Prozesse sicherzustellen. Hiermit ist jedoch nicht die Empfehlung bürokratischer Direktorialprinzipien gemeint, sondern lediglich ein höherer Grad an organisatorischen Regelungen und zentraler Willensbildung, wodurch die Entscheidungsfreiheit der jeweiligen Person eingeengt wird.

Bis zum Entscheidungsakt ist Führung – abgesehen von den notwendigen Koordinierungsmaßnahmen – eine vor allem kreative planerische Tätigkeit. Der Führende nimmt dabei ein umso größeres Maß an Verantwortung auf seine Schultern, je unvollkommener die Informationen sind, die ihm zur Entscheidungsfindung zur Verfügung stehen. Die anschließende Durchsetzung der beschlossenen Maßnahmen dagegen verlangt vom Führenden vor allem Fähigkeiten zur Organisation, Koordination, Steuerung und Kontrolle der Realisationsprozesse.

3. Marketingaudit

Marketingaudit beinhaltet eine systematische, kritische und unparteiische Überprüfung und Beurteilung der gesamten Marketingaktivitäten. Dieses schließt sowohl die grundsätzlichen Ziele und Strategien einschließlich der ihnen zugrundeliegenden Annahmen ein, als auch die Vorgehensweise, Methoden, Personen und die Organisation, die zur Durchsetzung der Strategien und zur Zielerreichung eingesetzt werden. Damit dient ein Audit nicht nur der Beurteilung der Vergangenheit, sondern auch der Zukunftsaussichten unter Einbeziehung der Marktentwicklung. Die Betonung liegt hierbei nicht auf der Fehlersuche, sondern vielmehr auf der Suche nach Ansatzpunkten zur Verbesserung des Marketings in der Zukunft.

Ablauf eines Marketingaudits

Die Durchführung eines Marketingaudits unterliegt einer Systematik, die sich wie folgt darstellen lässt:

- Problemerkennung
- Projektplanung
- Projektdefinition
- Durchführung der Erhebung
- Erstellung des Auditberichts

(1) Problemerkennung

Der Beschluss, ein Marketingaudit durchführen zu lassen, liegt in der Regel dann vor, wenn funktionelle oder institutionelle Probleme – wie z. B. Marktanteilsverluste, überproportional steigende Kosten oder organisationsinterne Konflikte – vorliegen oder wenn externe Ereignisse, beispielsweise bedeutsame Veränderungen der Konkurrenzstruktur, bzw. interne Veränderungen (z. B. eine veränderte Kompetenzverteilung) auftreten.

(2) Projektplanung

Mit der Durchführung eines Marketingaudits werden in der Regel Personen beauftragt, die mit dem zu untersuchenden Organisationsbreich des Unternehmens nicht in Beziehung stehen. Aus diesem Grund kommen unternehmensexterne Fachleute wie z. B. Berater, eine meist der Unternehmensleitung direkt unterstellte Stabstelle oder eine aus verschiedenen Unternehmensbereichen zusammengestellte *Task Force* dafür in Frage.

Bereichsexterne Auditoren haben den Vorteil der größeren Erfahrung im Vorgehen zur Erlangung relevanter Informationen und sind zudem nicht der Gefahr der Betriebsblindheit ausgesetzt. Hinzu kommt, dass sie die betroffenen Unternehmensbereiche zu Einsichten, Sichtweisen und Ideen bewegen können. Es besteht jedoch auch die Möglichkeit, dass ein Organisationsbereich sich selbst einer kritischen Prüfung unterzieht. Gegenüber den externen Auditoren sind sie jedoch in den oben genannten Punkten unterlegen.

(3) Projektdefinition

Das zuständige Leitungsorgan des Unternehmens informiert den von ihm ausgewählten Auditor über die Vorstellungen zu Zweck und Umfang des Marketingaudits. Mittels einer Voranalyse über die Situation und das Umfeld des Unternehmens anhand schriftlicher Unterlagen z. B. Pläne, Erfolgsrechnungen, Organigramme sowie einer beschränkten Anzahl von Interviews erarbeitet der Auditor einen Projektvorschlag. Eine Schlüsselposition nimmt dabei die Festlegung von Standards ein, da im Gegensatz zu ergebnisorientierten Kontrollen keine Normen vorliegen. Der Auditor muss diese daher erst selbst entwickeln sowie Auskunft über den Prüfungsbereich, die inhaltlichen Themenkreise und die Schwerpunkte, das beabsichtigte Vorgehen, den Zeitplan und das Kostenbudget geben. Schon in dieser Phase ist es wichtig, dass die Unternehmensleitung über die Absicht, die Gründe und die Zielrichtung des Audits informiert wird, um eine positive Kooperation sicherzustellen und den Vorschlag eventuell zu modifizieren.

(4) Durchführung der Erhebung

Aufgrund der Voranalyse und der Projektdefinition erfolgt eine Konzentration auf einige wenige Teilfragen. Für die Untersuchung dieser Teilfragen werden weitere Informationen benötigt, die der Auditor in Interviews mit den Mitarbeitern und Leitungskräften erarbeitet. Für die Überprüfung von Zielen, Strategien und Maßnahmen sind in der Regel Gespräche mit externen Informanten erforderlich, vor allem mit Endabnehmern oder dem Zwischenhandel. Dies ermöglicht dem Auditor Stärken und Schwächen des Unternehmensbereiches im Vergleich zu seiner Konkurrenz zu identifizieren und die Erfolgsposition seiner strategischen Geschäftseinheiten festzulegen. Gleichzeitig können zukünftige Problembereiche und Zukunftsperspektiven der strategischen Geschäftseinheiten identifiziert werden. Die Erhebungsphase wird abgeschlossen, wenn der Auditor glaubt, den Zustand des Prüfbereiches klar erfasst zu haben, und in der Lage ist, ein kritisches Urteil abzugeben und zu begründen.

(5) Erstellung des Auditberichts

Aufgabe des Auditberichtes ist es, eine klare Antwort auf die in der Projektdefinition enthaltenen Fragen zu geben. Dabei sollte insbesondere auf folgenden Punkte eingegangen werden:

- wie erfolgreich das Unternehmen oder die strategische Geschäftseinheit am Markt ist,
- worauf Erfolge und Misserfolge zurückzuführen sind,
- wie gut der Bereich seine Chancen wahrnimmt und wie er mit Problemen umgeht,
- wo die Stärken und Schwächen liegen,
- was man folglich anders und besser machen kann.

Da eine solche Stellungnahme auf subjektiv gewonnenen Fakten basiert, muss der Auditbericht quantitativ und qualitativ plausibel begründet werden.

Ein kritischer Auditbericht und eine offene Zusammenarbeit zwischen dem Auditor und dem Management des Prüfbereichs sowie mit den auftraggebenden Leitungsorganen kann zu nahe liegenden Verbesserungen der Organisation, der Systeme und der Arbeitsmethoden führen. Dies kann zu einem effizienteren und effektiveren Einsatz der Marktbearbeitungsinstrumente beitragen. Es ist allerdings ebenso denkbar, dass ein völlig neues Marketingkonzept entwickelt und umgesetzt wird.

Gegenstand des Marketingaudits

Der Ablauf wurde im vorangegangenen Abschnitt an einem Beispiel dargestellt, das sich sowohl auf die Überprüfung der Ziele und Strategien als auch auf die Maßnahmen des Marketings erstreckt. Dieses Beispiel zeigt, dass das Marketingaudit sich auf verschiedene Teilbereiche des Marketings erstrecken kann. Es handelt sich dabei um fünf solcher Teilbereiche.

Die gesamte Marketingplanung basiert auf Annahmen und Informationen über den derzeitigen Zustand bzw. über zukünftige Entwicklungen entscheidungsrelevanter Merkmale der Unternehmens- und Marktsituation. Die Qualität der Entscheidung hängt dabei sehr stark von den Prämissen und den Informationen ab, die zur Verfügung stehen. Daher ist es die Aufgabe des **Prämissenaudits,** sämtliche der Planung zugrundeliegenden Annahmen und Informationen festzustellen und diese eingehend zu überprüfen. Ziel ist es, etwaige Fehleinschätzungen der Gegebenheiten oder Veränderung frühzeitig zu erkennen, so dass Fehlentwicklungen oder folgenschwere Konsequenzen vermieden werden können. Treten Abweichungen zwischen den der Planung zugrundegelegten Daten über die Umweltentwicklung und der beim Audit festgestellten Entwicklung auf, so kann angenommen werden, dass die aufgrund falscher Annahmen gefällten Entscheidungen nicht mehr aufrechterhalten werden können.

Jedes Unternehmen verfolgt bestimmte Ziele und Strategien, welche die Grundrichtung der unternehmerischen Aktivitäten festlegen. Unpräzise Zielformulierungen sowie unterschiedliche Zielinterpretationen seitens der Unternehmensmitglieder können dazu führen, dass der Erfüllungsgrad der Ziel- und Strategieentscheidungen verfehlt wird. Das **Ziel- und Strategie-Audit** hat deshalb die Aufgabe, durch entsprechende Kontrollen, solche oder ähnliche Schwachstellen und Unzulänglichkeiten aufzudecken. Im Anschluss daran schließt sich die Ableitung von Empfehlungen zur Behebung der entdeckten Mängel an.

Die zur Verwirklichung der Strategien und Ziele eingesetzten Marketingmaßnahmen werden mit Hilfe des **Maßnahmenaudits** ebenfalls einer Überprüfung unterzogen. Hierbei wird insbesondere die Struktur des Marketing-Mix überprüft, da dieses in der Praxis einen Hang zur Starrhaftigkeit und Dauerhaftigkeit aufweist. Hierbei geht es in erster Linie darum, die Schwachstellen der Marketingplanung frühzeitig zu erkennen.

Auch Organisationsstruktur und Prozessabläufe geben Rückschlüsse über die Effektivität der Marketingbemühungen. Daher werden sie ebenso wie die zuvor genannten Elemente einem Audit unterzogen. Auch hier ist das Ziel das vorzeitige Erkennen von Schwachstellen und Veränderungen. Beim **Prozessaudit** geht es in erster Linie darum, die Informationsbeschaffung und -verarbeitung kritisch zu beleuchten. Die im Marketing eingesetzten Methoden und Maßnahmen können beispielsweise nach den Anforderungen des Decision Calculus geprüft werden. Beim **Organisationsaudit** wird dagegen die Marketingorganisation und ihre Beziehung zu den anderen Unternehmensbereichen überprüft. Das Ziel hierbei ist die Aufdeckung von Normabweichungen, Schwachstellen und unzweckmäßigen Regelungen. Dabei wird unter anderem die Ordnungsmäßigkeit bestehender organisatorischer Regelungen untersucht, da vor allem die Veränderungen der Unternehmensumwelt solche Regelungen immer wieder veralten lassen.

I

Methoden der Marketingforschung

1. Methoden der empirischen Marktforschung

Bereits in Kapitel B 2 haben wir auf die verschiedenen Methoden der Informationsbeschaffung für Marketingentscheidungen hingewiesen. Eine zentrale Rolle gerade für die Vorbereitung, Absicherung und Kontrolle von Marketingstrategien und -maßnahmen spielt die empirische Marktforschung. Sie befasst sich mit der Gewinnung und Auswertung primärstatistischer Informationen. Im Folgenden gehen wir auf die wichtigsten methodischen Instrumente ein.

1.1 Befragung

Bei Befragungen werden die Untersuchungsergebnisse durch mündliche oder schriftliche Interviews gewonnen. Diese Form der Marktuntersuchung findet in der Demoskopie am häufigsten Anwendung. Die Befragung ist kein standardisiertes Instrument der Informationsgewinnung, sondern ein in Abhängigkeit vom Untersuchungsziel sehr gut variierbares Verfahren, dessen methodische Grundprobleme in der Frage zusammengefasst werden können:

Wer soll über was, wie und unter welchen Bedingungen befragt werden?

Die Qualität der Ergebnisse einer Befragung wird demnach beeinflusst von

- der präzisen Abgrenzung des Untersuchungszieles und -gegenstandes (was),
- der sorgfältigen Auswahl der zu befragenden Personen (wer), einer strategisch und taktisch klugen Fragebogenkonstruktion bzw. Frageformulierung (wie),
- der richtigen Wahl von Befragungstermin und -ort sowie der Ausschaltung unerwünschter Interviewereinflüsse (unter welchen Bedingungen).

Übersicht I.1 zeigt die Zusammenhänge schematisch.

Einerseits kennzeichnen die vier Einflussfaktoren die Richtungen, von denen negative Einflüsse auf die Befragungsergebnisse ausgehen können. Andererseits aber zeigen sie uns die Ansatzstellen der Marktforschung zur positiven Beeinflussung der Ergebnisse.

Zur systematischen Planung von Befragungsvorhaben teilen wir den Ablauf in vier Phasen:

(1) Entwicklung einer Befragungskonzeption,
(2) Befragungsvorbereitung,
(3) Durchführung der Befragung,
(4) Auswertung und Präsentation der Ergebnisse.

Im ersten Schritt werden die Ziele, Objekte und die zu verwendenden Methoden festgelegt. Im zweiten Schritt wird der Fragebogen entwickelt, werden die Auskunftspersonen bestimmt und die Interviewer geschult. Darauf werden die Interviews durchgeführt und schließlich im vierten Schritt die gewonnenen Daten ausgewertet. Übersicht I.2 gibt den Planungsablauf schematisch wieder.

Übersicht I.1

Einflussfaktoren auf Befragungsergebnisse

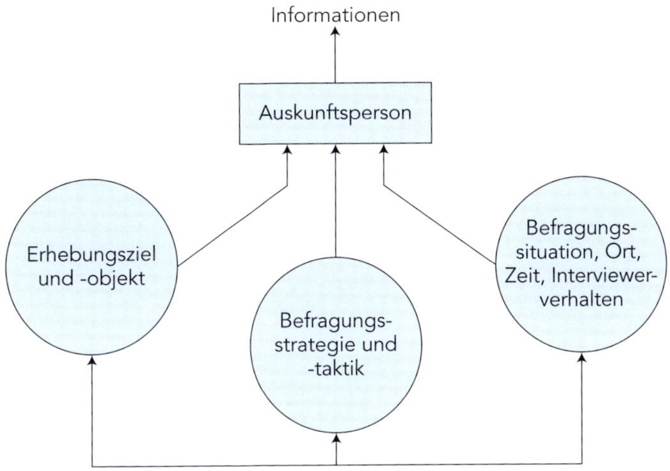

Befragungsziele und Befragungsobjekte

Die Themenstellung von Befragungen ist unter zwei Aspekten bedeutsam:

(1) Wir unterscheiden zwischen **Ein-Thema-Befragungen** (Spezialbefragungen) und **Mehr-Themen-Befragungen** (Omnibusbefragungen). Diese geläufigen Bezeichnungen sind nicht immer korrekt, weil in der Praxis Omnibusbefragungen oft „Mehrteilnehmerbefragungen" (manchmal sogar zu einem Thema) sind; im Gegensatz zu „Exklusivbefragungen" (für nur einen Klienten), die durchaus mehrere Themen beinhalten können. Die Unterscheidung steht im unmittelbaren Zusammenhang mit zwei anderen Problemen, nämlich der Auswahl der Auskunftspersonen und der Befragungsmethode (-strategie). Naturgemäß verursachen Spezialbefragungen einen sehr hohen Aufwand im Vergleich zu Omnibusbefragungen. Man wird deshalb generell versuchen, in Befragungen mehrere Themen zu behandeln. Voraussetzung ist jedoch, dass die Auskunftspersonen für alle Fragen eine repräsentative Stichprobe darstellen. Trifft dies zu, kann man im günstigsten Falle den Kostenvorteil mit dem methodischen Vorteil verbinden, dass Mehr-Themen-Befragungen die Aufmerksamkeit des Befragten von einzelnen Sachverhalten ablenken und somit eher unverfälschte Ergebnisse bringen. Marktforschungsinstitute bieten oftmals die Beteiligung an standardisierten Omnibusbefragungen oder bereits erhobene Daten aus solchen Befragungen an. Hinweise findet man in Fachzeitschriften. In jedem Falle sollte man vor Beginn einer Primäruntersuchung überlegen, ob Ergebnisse aus Omnibusbefragungen bereits die gewünschten Informationen vermitteln können.

(2) Untersuchungsgegenstände können **objektive** wie auch **subjektive** Sachverhalte sein. Objektive Befragungsgegenstände sind wahrnehmbar, wie Merkmale zur Beschreibung von Personen (z. B. Beruf, Einkommen, Alter), Sachgütern (z. B. Größe, Farbe und Aussage von Werbeplakaten), Handlungen (z. B. Wert- und Mengenangaben bei Einkäufen, Verwendungshäufigkeiten) oder Informationsstand (Bekanntheitsgrade). Meinungsfra-

Übersicht I.2

Der Ablauf einer Befragung

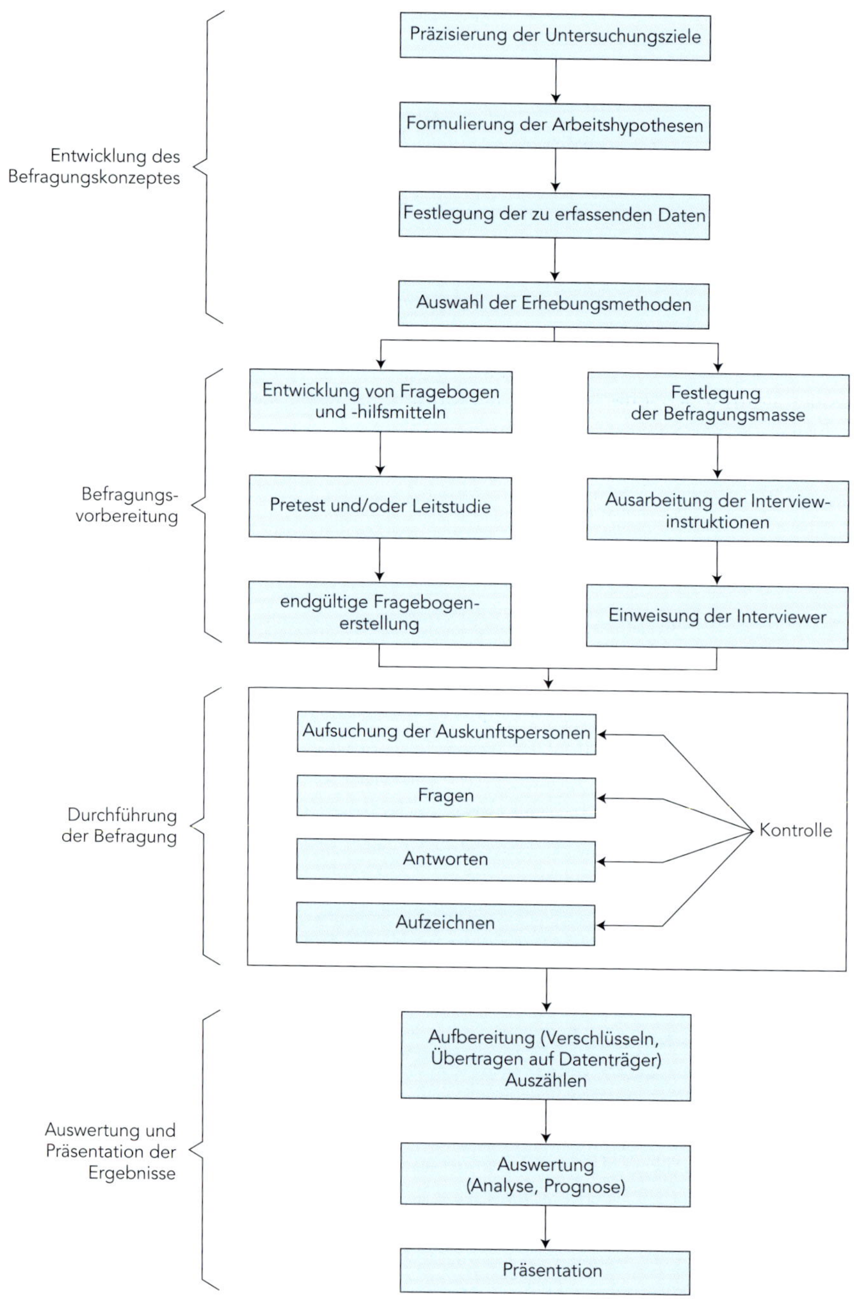

gen dagegen richten sich auf subjektive Sachverhalte; auf Einstellungen zu bestimmten Personen- und Sachverhalten, Motive für Einstellungen und Verhaltensweisen u. Ä. Beide Themenbereiche sind von gleicher Bedeutung für Marketingentscheidungen, sie stellen jedoch unterschiedliche Ansprüche an die Erhebungsmethode.

Befragungsstrategie und -taktik

Eine noch so gute Stichprobe bringt keine brauchbaren Ergebnisse, wenn die relevanten Tatbestände nicht so zuverlässig wie irgend möglich erfasst werden. Durch eine zweckmäßige Befragungsstrategie und -taktik wird sichergestellt, dass die Auskunftspersonen auf die ihnen gestellten Fragen unverzerrte Antworten geben.

Als befragungs**strategische** Instrumente können eingesetzt werden

- schriftliche oder mündliche Kommunikationsmittel,
- standardisierte oder nicht standardisierte Erhebungsmethoden.

Als befragungs**taktische** Instrumente können eingesetzt werden

- direkte oder indirekte Fragestellung,
- offene oder geschlossene Fragestellung,
- spezielle Formen der Frageformulierung.

(1) Befragungen können auf schriftlichem und mündlichem Wege durchgeführt werden.

Schriftliche Befragungen ersparen den Interviewer. Sie sind daher oft besonders preisgünstig, außerdem entfällt der bei mündlichen Befragungen nicht immer auszuschließende Einfluss der Person des Interviewers auf die Ergebnisse. Da die schriftlichen Befragungen nicht an eine bestimmte Zeit gebunden sind, können auch Personen um Auskunft gebeten werden, die für mündliche Interviews schlecht erreichbar sein würden. Wichtige Voraussetzung schriftlicher Befragungen ist das Vorhandensein der vollständigen Anschriften der Auskunftspersonen. Ein bedeutendes Handicap jeder schriftlichen Befragung ist die fehlende Kontrollmöglichkeit, ob die Zielpersonen die Fragebögen auch selbst ausgefüllt haben. Es lassen sich keine Wissensfragen stellen. Außerdem lässt sich eine befriedigende Rücklaufquote nicht immer erreichen. Relativ gute Ergebnisse können mit schriftlichen Befragungen daher nur erreicht werden, wenn man die Auskunftsbereitschaft der Befragten nicht überstrapaziert, d. h. leicht zu beantwortende Fragen stellt, den Fragebogen möglichst kurz abfasst und genügend Zeit für Rücklauf und Mahnungen einräumt. Auch sind alle Möglichkeiten zu nutzen, die Befragten zum Ausfüllen der Fragebögen zu motivieren.

Mündliche Befragungen sind im Allgemeinen teurer, erlauben aber durch den Einsatz befragungsstrategischer und -taktischer Maßnahmen die Gewinnung schwerer zugänglicher Informationen (z. B. Meinungen und Motive) und sichern in der Regel eine höhere Antwortquote. Aus methodischen Gründen wird man daher grundsätzlich immer zum persönlichen Interview tendieren. Ein Nachteil des Interviews gegenüber der schriftlichen Befragung besteht im möglichen Einfluss des Interviewers auf die Ergebnisse. Hier sind insbesondere Probleme zu beachten, die entstehen

- bei der Auswahl der Auskunftspersonen durch den Interviewer (beim Quotenverfahren),
- durch suggestive Beeinflussung des Befragten durch den Interviewer,
- durch Fehldeutung von Antworten,

- durch falsche Handhabung der Befragungshilfsmittel und Intervieweranweisungen,
- durch unsachgemäße Verallgemeinerungen und bewusste Fehleintragungen.

Zum Teil können diese Einflüsse behoben werden durch Schulung und Kontrolle der Interviewer, Wechsel bzw. Rotation, aber auch durch eine mehr oder weniger straffe Festlegung des Interviewablaufes selbst.

(2) Wird dem Interviewer – wie bei der schriftlichen Befragung – durch genaue Festlegung des Wortlautes und der Reihenfolge der Fragen die Gestaltungsfreiheit der Befragung genommen, sprechen wir von **standardisierten** Interviews. Behält der Interviewer dagegen einen Spielraum, den Ablauf einer Befragung selbst zu gestalten, sprechen wir von **nicht standardisierten** oder **unstrukturierten** Interviews. Sie werden in der Regel dazu verwandt, Unbewusstes oder Unterbewusstes zu erfragen. Die befragungstechnischen Schwierigkeiten bei solchen Interviews erfordern den Einsatz von Spezialisten (z. B. Psychologen). Unstrukturierte Interviews verursachen daher erheblich höhere Kosten als standardisierte Befragungen, sie beanspruchen mehr Zeit, verlangen vom Befragten eine größere Bereitschaft zur Teilnahme, ihre Ergebnisse sind nur schwer zu quantifizieren und die Durchführung und Auswertung der Interviews lässt dem subjektiven Ermessen des Interviewers einen breiten Spielraum. In der Marktforschungspraxis gibt man daher generell den standardisierten Interviews den Vorzug. Als Vorstudien zur Konzeption umfangreicherer Befragungen jedoch erweisen sich unstrukturierte Interviews – bei vertretbarem Aufwand – als außerordentlich nützlich.

Immer dann, wenn es in empirischen Untersuchungen darum geht, die Bestimmungsgründe des Verhaltens bestimmter Personen zu analysieren, stößt die Marktforschung in den Arbeitsbereich der Motivforschung vor.

Die Analyse solcher Bestimmungsgründe des Verhaltens erfordert ein besonders sorgfältiges Vorgehen des Marktforschers. Das beginnt bereits in der Phase der Hypothesensammlung. Im Grunde beinhaltet jede Frage, die gestellt wird, eine bestimmte Hypothese, von der angenommen wird, dass sie durch die Untersuchung bestätigt, modifiziert oder widerlegt wird. Bereits vor der Erstellung eines entsprechenden Fragebogens muss der Marktforscher also Vorstellungen über die mögliche Spannweite verhaltensbeeinflussender Variablen haben.

Dazu ist es in der Regel erforderlich, der eigentlichen Hauptuntersuchung eine spezielle Vorstudie vorangehen zu lassen. Diese kann entweder als **Einzelexploration** oder als **Gruppenexploration** durchgeführt werden.

Für Einzelexplorationen hat sich bis heute im Sprachgebrauch der Motivforschung der Begriff „Tiefeninterviews" am nachhaltigsten durchgesetzt. Ein solches Tiefeninterview ist strukturell in keiner Weise normiert und kann deshalb begrifflich nur sehr schwer definiert und abgegrenzt werden. Unter Tiefeninterviews werden sowohl unstrukturierte Befragungsgespräche als auch psychologische Explorationen und psychoanalytische Interviews verstanden.

Gruppeninterviews, für die der Ausdruck **„Gruppendiskussion"** verwandt ist, spielen in der modernen empirischen Forschung schon seit längerer Zeit eine bedeutende Rolle.

Ihr Einsatz in der Marktforschung erfolgt im Wesentlichen aufgrund folgender Überlegungen:

- Gruppendiskussionen ermöglichen oft die Erfassung eines größeren Bereiches verschiedener Reaktions- und Verhaltensweisen gegenüber dem Einzelinterview. Man hat es in der Gruppendiskussion nicht nur mit mehreren Befragten zu tun, sondern die Gesprächspartner regen auch einander gegenseitig zu detaillierten Äußerungen an. Gruppendiskussionen ermöglichen es, erste Einblicke in Variationsbreite und Struktur von Meinungen und Einstellungen zu gewinnen, mit denen bei bestimmten Untersuchungsgruppen zu rechnen ist. Auf diese Weise liefert die Gruppendiskussion Unterlagen für die Entwicklung von Forschungshypothesen und Material für die Gestaltung von Fragebögen.

- Der Einsatz von Gruppendiskussionen wird durch die Annahme gefördert, dass Gruppengesprächs-Situationen sich eher als Einzelinterviews zur Aufdeckung und Aktualisierung tiefer liegender Bewusstseinsinhalte eignen. Da der Mensch nicht als isoliertes Individuum auftritt, sondern ständig im Umfeld mitmenschlicher Beziehungen steht, lassen sich Meinungen, Einstellungen und Verhaltensweisen, die vielfach nur latent vorhanden sind, erst in der Simulation dieser mitmenschlichen Beziehungen, also in einer Diskussionsgruppe, aufdecken. Man erhofft sich von der Diskussionssituation den Abbau psychischer Kontrollen und die Provokation spontaner und unkontrollierter Reaktionen. Außerdem soll der examinierende Charakter von Einzelinterviews vermieden und eine ungezwungenere Atmosphäre geschaffen werden.
- Eine weitere Überlegung geht schließlich dahin, dass ein Gruppengespräch dazu geeignet ist, die Befunde des Interviews realistischer und übertragbarer zu gestalten, als das im Einzelinterview möglich wäre. Auch im Alltag bilden sich Meinungen und Einstellungen ausschließlich unter der Bedingung der Gruppenkontrolle. Gruppendiskussionen simulieren diese Situation.

Zugleich ist in diesem Zusammenhang jedoch ein besonderes Phänomen zu beachten, nämlich das der so genannten informellen Gruppenmeinung. So sehr man den Wert der speziellen Rollenbeziehung zwischen Individuum und Gruppe in einer solchen Diskussion schätzen muss, so darf man nicht übersehen, dass sich in Diskussionsgruppen vielfach ein bestimmtes Zugehörigkeitsgefühl herausbildet, das in einer weitgehend geschlossenen Gruppenmeinung deutlich wird. Dieses „Wir-Gefühl" erleichtert den Abbau sozialer Kontrollen in der Diskussion und lässt gewisse Rückschlüsse auf die Situation in vergleichbaren Gruppen der Grundgesamtheit zu. Zugleich beinhalten solche informellen Gruppenmeinungen, also die gleichlautende Beurteilung eines bestimmten Diskussionsgegenstandes, jedoch auch eine Gefahr. Sie können so stark auftreten, dass die dargelegten dominierenden Vorstellungen der Gesamtgruppe wertvolle Einzelmeinungen überlagern können.

Gruppendiskussionen werden im vollen Wortlaut über eine Tonbandaufzeichnung, Stenogramm und/oder Videoaufnahme protokolliert und anschließend ausgewertet. Dabei wird darauf geachtet, dass aus dem gesamten Gesprächsablauf die thematischen Sachverhalte herausgearbeitet werden, die in der Diskussionsgruppe im Zentrum der Aufmerksamkeit standen. Der Marktforscher muss versuchen, den Inhalt der einzelnen Stellungnahmen zu Hypothesen aufzuarbeiten und zusammenzustellen.

(3) Neben der Gebundenheit der Fragen ist die Art und Weise der Fragestellung ein wirksames Instrument zur Erzielung unverzerrter Antworten.

Relativ leicht zu beantwortende Sachverhalte wird man in direkter Form abfragen, etwa:

„Trinken Sie zum Frühstück Tee oder Kaffee?"

Ist jedoch zu erwarten, dass die Auskunftsperson, aus welchem Grunde auch immer, nicht in der Lage oder nicht bereit ist, eine wahrheitsgemäße Auskunft zu erteilen, wird man die Frage in indirekter Form stellen. So wird man etwa nicht fragen:

„Welche Einstellung haben Sie zu Marke X?",

sondern:

„Was glauben Sie, werden eher moderne oder eher konservative Menschen die Marke X kaufen?"

(4) Eine besonders wichtige Möglichkeit zur Unterscheidung von Fragestellungen ist die Gliederung in offene und geschlossene Fragen. **Offene** Fragen, wie etwa:

„Welche Vorzüge hat Ihrer Meinung nach dieses Produkt?"

fordern den Antwortenden zu spontanen Äußerungen heraus und sind daher besonders gut zur Messung aktueller Meinungen, zur Wissensüberprüfung oder zur Ermittlung von Sprachgebräuchen geeignet. Störend wirken sich dagegen häufig Interviewereinfluss, Ausdrucksschwierigkeiten der Befragten und Auswertungsprobleme aus.

Diese Schwierigkeiten werden bei **geschlossenen** Fragestellungen weitgehend vermieden. Diese können in zwei Gruppen differenziert werden:

- Alternativfragen, z. B.: „Rauchen Sie oder sind Sie Nichtraucher?"
- Selektivfragen, z. B.: „Welche der folgenden Begriffe kennzeichnen Ihrer Meinung nach das Produkt X am besten? Kreuzen Sie die drei wichtigsten an."
  (Interviewer: Liste mit Antwortmöglichkeiten vorzeigen!)

Die genannten Gruppen kennzeichnen nur die generellen Möglichkeiten zur Frageformulierung, aus denen zahlreiche Spezialformen abgeleitet werden können.

(5) Für spezielle Aufgaben der Marktforschung haben sich besondere Befragungstaktiken bewährt:

Methoden der Assoziation

Mit Hilfe der Assoziationsmethoden wird versucht, im Gedächtnis gespeicherte Eindrücke mit Hilfe anderer Eindrücke, die zu dem Gesuchten in einem Verhältnis der Ähnlichkeit, des Gegensatzes oder der räumlichen und zeitlichen Nähe stehen, aufzudecken. Die Assoziationsverfahren gehen von folgender psychologischer Grundüberlegung aus: Der Befragte ist nicht in der Lage, ohne entsprechende Reizdarbietungen Erfahrungen mitzuteilen, die er z. B. mit einem Produkt in der Vergangenheit gesammelt hat. Den angebotenen Hilfestellungen entsprechend werden unterschieden:

- **Wort-Assoziations-Test**

Die Testperson wird gebeten, auf ein bestimmtes Stimuluswort spontan mit einer Kette von anderen Worten zu reagieren, die ihr unvermittelt dazu einfallen.

Beispiel: „Ich möchte jetzt gern ein kleines Wortspiel mit Ihnen machen. Sie wissen ja, wie das ist: Wenn man ein bestimmtes Wort hört, dann fallen einem oft alle möglichen anderen Dinge ein. Nehmen wir z. B. das Wort Nüsse. Hier kann einem sofort dazu einfallen: knacken, Weihnachten, warme Stube, Kinder, Eichhörnchen oder auch Winter.

Ich werde Ihnen jetzt ein anderes Wort nennen und bitte Sie, mir zu sagen, was Ihnen gerade einfällt. Wie ist es, wenn Sie das Wort Kartoffel hören, was fällt Ihnen da jetzt so ein?"

- **Satz-Ergänzungs-Test**

Dem Befragten werden unvollständige Sätze vorgelegt, die er zu ergänzen hat. Beispiel: „Nun möchte ich Ihnen einen unvollständigen Satz vorlesen, den Sie bitte ergänzen wollen.

Zunächst ein Beispiel: Wenn es am Sonntag regnet – … Hier könnten Sie fortfahren: … dann gehe ich ins Kino oder … dann ist das Wochenende verdorben oder ... macht mir das nichts aus.

Sie könnten den Satz natürlich auch anders vervollständigen, je nachdem, was Ihnen gerade einfällt. Darf ich Ihnen nun den Anfang des Satzes vorlesen und Sie bitten, den Satz zu vervollständigen? Wenn es keine Kartoffeln gäbe …"

Methoden der Zuordnung

Bei allen Formen von Zuordnungstechniken ist es Aufgabe des Befragten, eine Zuordnung vorgegebener Items zu den jeweiligen Untersuchungsgegenständen vorzunehmen.

Beispiel: „Ich werde Ihnen jetzt einige Behauptungen über die Nahrungsmittel Brot, Kartoffeln, Reis und Teigwaren vorlegen. Bitte sagen Sie mir zu jeder dieser Behauptungen, für welche dieser vier Nahrungsmittel (**Nahrungsmittel-Kärtchen** vorlegen!) welche Behauptung Ihrer Meinung nach zutrifft." (Übersicht I.3)

Das Wesen des Zuordnungsversuches liegt darin, dass eine Koordination zwischen unterschiedlichen Reizen vorgenommen werden muss.

Hinsichtlich der Anzahl und Art der Untersuchungsgegenstände, der Anzahl, Art und Struktur der Items, hinsichtlich der Relationen der einzelnen Items untereinander und hinsichtlich der Regeln, nach denen die Zuordnung erfolgen soll, verfügt die Marktforschung über eine ganze Reihe von Zuordnungstechniken.

Befragungssituation

Die notwendigen Bemühungen zum geschickten Aufbau von Befragungen deuten schon darauf hin, dass das Ergebnis jeder Befragung von der konkreten Interviewsituation abhängig ist. In jedem persönlichen Interview wird eine soziale Beziehung besonderer Art zwischen dem Interviewten und dem Interviewer hergestellt, es entsteht eine „unnatürliche" Art der Kommunikation. Diese Kommunikationsbeziehung wird vom Verhalten und der Einstellung des Interviewers und Interviewten, aber auch von anderen raum- und zeitbedingten Umweltfaktoren bestimmt.

Auf den möglicherweise verzerrenden Einfluss des Interviewerverhaltens auf die Befragungsergebnisse wurde bereits an verschiedenen Stellen hingewiesen. Jedoch nicht allein

Übersicht I.3

Beispiel für Zuordnungstests

Behauptungen	**Nahrungsmittel**			
	Brot	**Kartoffeln**	**Reis**	**Teigwaren**
• hat keinen besonders guten Geschmack				
• hat wenig Eigengeschmack				
• enthält viele wertvolle Nährstoffe				
• macht richtig satt				
• sieht auf dem Teller appetitlich aus				
• ist besonders gesund				
• macht dick				
• macht wenig Mühe bei der Zubereitung				
• lässt sich auf viele verschiedene Arten zubereiten				
• kann man zu sehr vielen Gerichten essen				
• ist besonders preiswert				
• ist bei mir zu Hause besonders beliebt				

das Fehlverhalten des Interviewers, z. B. dadurch, dass er seine persönlichen Ansichten und Werthaltungen nicht zurückhält, beeinflusst die Auskunft des Befragten. Sein gesamtes Auftreten (Körperhaltung, Kleidung, Stimme usw.) hat eine sozialpsychologische Wirkung auf den Interviewten, deren Art und Intensität kaum zu kontrollieren sind. Gerade diesen Einfluss versucht man daher durch Standardisierung der Befragung zu schmälern. Auf der anderen Seite sind es Meinungen des Befragten von sich selbst (Selbstbild) und Haltungen, wie Intro- oder Extrovertiertheit, Vorurteile und Weltanschauungen, die im Zusammenhang mit situativen Faktoren, wie augenblicklichen Problemen oder Erlebnissen, die Befragungsergebnisse beeinflussen und nicht zu kontrollieren sind. Andere situationsbedingte Einflüsse dagegen sind zu korrigieren. So ist es z. B. nicht gleichgültig, ob jemand an der Bushaltestelle, im Betrieb, beim Einkauf oder in der ihm vertrauten Atmosphäre seiner eigenen Wohnung, ob er morgens, mittags oder abends, an für ihn anstrengenden Werktagen oder am Wochenende interviewt wird. Durch die zweckmäßige Wahl von Befragungsort und -zeit können Fehler vermieden werden.

Die angesprochenen Probleme bei der Planung und Durchführung von Befragungen sind damit nicht ausdiskutiert. Andere, wie der Aufbau von Fragebögen oder die Verwendung von befragungstechnischen Hilfsmitteln, wurden nicht behandelt. Es kommt uns in diesem Zusammenhang jedoch weniger auf die Vollständigkeit der Erläuterungen an, als vielmehr darauf, die Art der Probleme bei Befragungen zu kennzeichnen und zu einer kritischen Beurteilung von Befragungsergebnissen anzuleiten.

Das zentrale Problem aller Befragungsmethoden ist die Tatsache, dass die Datenerhebung nur über Auskunftspersonen vorgenommen werden kann. Hierdurch entsteht eine

Übersicht I.4

Die Übermittlung von Befragungsdaten

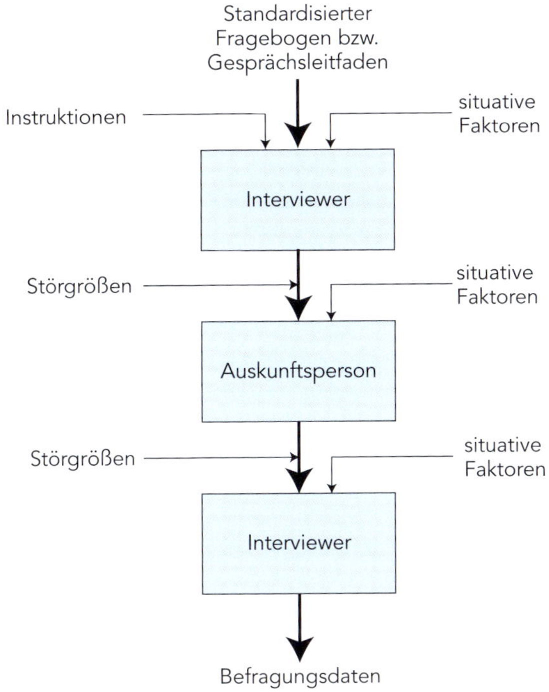

relativ lange Kommunikationskette, die eine Vielzahl von Gefahrenquellen zur Verzerrung des Datenmaterials beinhaltet, wie wir sie kurz zuvor skizziert haben. Übersicht I.4 verdeutlicht die Zusammenhänge schematisch.

1.2 Beobachtung

Eine Möglichkeit, die Störquellen zu reduzieren, besteht darin, auf die direkten Auskünfte von Personen zu verzichten. Das gelingt mit der Methode der Beobachtung. Mit der Ausschaltung der Auskunftspersonen können Fehlerquellen beseitigt werden, wie fehlerhafte Aussagen, fehlende Auskunftsbereitschaft der Auskunftspersonen und die interpersonalen, thematischen und situativen Einflüsse der Interviewsituation. Auch können bestimmte schwierig zu erfragende Sachverhalte besser durch Beobachtung ermittelt werden.

Während der Interviewer seine Daten durch Auskünfte der Interviewten erhält, sammelt der Beobachter das Material durch sinnliche Wahrnehmung von Sachverhalten oder Handlungen des Beobachteten, ohne dass dieser an der Datenübermittlung Anteil nimmt. Damit zeigen sich auch schon die prinzipiellen Fehlerquellen der Beobachtung. Verzerrte Informationen können dadurch entstehen,

- dass äußere Faktoren die Datenaufnahme durch den Beobachter stören (z. B. Geräusche, schlechte Sicht u. Ä.),
- dass der Beobachter die beobachtbaren Sachverhalte nicht richtig deutet oder die empfangenen Signale falsch verarbeitet (z. B. sieht er das, was er sehen will, nicht das, was ist: selektive Wahrnehmungen) oder er urteilt aufgrund seines verzerrten Gesamteindrucks (so genannter „Halo-Effekt", mit dem die Beeinflussung des Gesamteindrucks durch die Überbewertung von Teileindrücken bezeichnet wird).

Gleichzeitig ergibt sich die Frage, was eigentlich beobachtet werden kann. Es ist unmittelbar einleuchtend, dass **subjektive** Sachverhalte nicht direkt beobachtet werden können. Eine begrenzte Möglichkeit, die aber mit großer Unsicherheit behaftet ist, ist das Schließen von beobachtbaren Verhaltensweisen (z. B. Art des Sprechens, Gebärden, Haltung) auf subjektive Sachverhalte (z. B. Meinungen, Persönlichkeitsmerkmale, Wünsche).

Gegenstände der Beobachtung sind somit **objektive** Sachverhalte. Zu unterscheiden sind hierbei Beobachtungen von Gegenständen (z. B. Ladengestaltung, Werbemittel, Zahl der Produkte im Regal, Anordnung der Regale und Produkte) und Beobachtungen von Verhaltensweisen (z. B. Kauf von Produkten, Verwendung von Produkten, Warenprüfung, Beachten von Displaymaterial, Impulskäufe, Mimik, Gestik, Körperhaltung, Sprechweise u. a.). Diese physischen Aktivitäten sind prinzipiell alle beobachtbar, Hindernisse ergeben sich jedoch häufig dadurch, dass dem Beobachter die Beobachtung nicht gewährt wird (z. B. Privatsphäre, rechtliche Hindernisse). Andere objektive Sachverhalte, wie soziografische Merkmale (Alter, Einkommen, Beruf, soziale Schicht usw.) sind nur noch mit großen Einschränkungen (über Indikatoren) beobachtbar. Es gibt somit zwar eine Vielzahl beobachtbarer Sachverhalte, der Bereich ist aber bei weitem nicht so groß wie der bei der Befragung.

Ein weiteres Handicap der Beobachtung ist die Tatsache, dass der Beobachter in vielen Fällen mit der gleichzeitigen Erfassung komplexer und zahlreicher Sachverhalte überfordert ist. Dies trifft jedoch nur für Handlungsabläufe zu und kann darüber hinaus durch technische Hilfsmittel (Fernsehgeräte, Tonbänder) behoben werden. Gerade in der Nutzbarmachung technischer Möglichkeiten liegt ein wesentlicher Vorteil der Beobachtung. So können Vorgänge im Nachhinein gut rekonstruiert und genau analysiert werden.

Statistische Methoden zur Auswahl der Stichprobenelemente können nicht angewandt werden, man bedient sich deshalb fast ausschließlich des Quotenverfahrens, bei dem entsprechend der bekannten Verteilung der Merkmale (Alter, Geschlecht, Beruf u. a.) in der Grundgesamtheit Quoten vorgegeben werden, nach denen sich die Auswahl der Probanden zu richten hat. Beobachtungen werden am häufigsten zu experimentellen Laboruntersuchungen herangezogen.

1.3 Panel

Unter einem Panel versteht man die primärstatistische Datenerhebung zu einem im Wesentlichen gleichbleibenden Themenkreis bei einem gleichbleibenden, repräsentativen Kreis von Auskunftseinheiten (Personen oder Unternehmen) in bestimmten Zeitabständen. Panels sind also Wiederholungsbefragungen. Zu unterscheiden sind neben einzelnen Spezialformen besonders

- Verbraucherpanel,
- Handelspanel.

(1) Verbraucherpanels werden in Deutschland derzeit als **Haushaltspanels,** Großverbraucherpanels und Individualpanesl eingesetzt.

Grundgesamtheit der Haushaltspanelstichproben sind die Privathaushalte im Bundesgebiet (Differenzen zwischen den jeweils definierten Grundgesamtheiten ergeben sich aus unterschiedlichen Abgrenzungen des Haushaltsbegriffes). Die Auswahl der Erhebungseinheiten erfolgt entweder als mehrstufige, geschichtete Zufallsauswahl oder über eine Quotenauswahl. Auskunftspersonen in den einzelnen Haushalten sind in der Regel die Hausfrauen, die gegen eine angemessene Vergütung Aufzeichnungen über die von ihnen getätigten Einkäufe vornehmen (so genannte Selbstbeobachtung) und diese wöchentlich abliefern.

Der wesentliche Vorteil der Panel-Methode liegt in der detaillierten Erfassung der Käufe durch Angaben wie Einkaufstag, Markenname, Hersteller, Sorte bzw. Art des Produkts, Packungsart, Zahl der gekauften Artikel, Gewicht der Packung, Preis, Geschäftsart, Organisations- und Bedienungsform. Aufzeichnungen dieser Art werden für eine Vielzahl von Produkten vorgenommen, so dass sich im Prinzip jeder Hersteller von Lebensmitteln dem Panel anschließen kann. Ein zweiter Vorteil ergibt sich aus der Periodizität des Panels, die Entwicklungslinien (Zeitreihen) und damit Kontinuitäten und Verschiebungen innerhalb von Produktgruppen und zwischen ihnen erkennen lassen. Ein dritter Vorteil ist die Erfassung der Haushalte nach spezifizierten soziografischen Merkmalen, die detaillierte Hochrechnungen zulassen.

Eine interessante Fortentwicklung der Auswertung von Daten aus dem Haushaltspanel besteht in dem Versuch, differenzierte Ergebnisse durch psychologische Segmentierung der Panels zu gewinnen. Dabei wird die Masse der auskunftgebenden Hausfrauen nicht nur nach demografischen, biologischen oder soziologischen Merkmalen, sondern darüber hinaus nach Persönlichkeitsmerkmalen, Einstellungen (etwa zur Familie, zum Haushalt, Kochen, Putzen, Pflegen), Qualitätsbewusstsein und Innovationsbereitschaft typologisiert, wodurch zweifellos eine genauere Analyse des Verbraucherverhaltens und damit gezieltere segmentspezifische Marktdiagnosen, Maßnahmenplanung und Marketingkontrollen ermöglicht werden.

Die Problematik der Panels liegt auf vier Gebieten. Erstens ist es schwierig, eine repräsentative Personengruppe (Haushaltsgruppe) zur Mitarbeit zu gewinnen, da die laufenden Aufzeichnungen mit nicht unerheblichem Aufwand an Zeit und Mühe verbunden sind. Man versucht dieses Problem durch sorgfältiges Vorgehen bei der Anwerbung der Haushalte und durch geeignete Vergütungen (Bargeld, Sachwerte, Verlosungen, Informationen) zu beseitigen.

Zweitens lassen sich Teilnehmer häufig durch die Aufschreibungen in ihrem Kaufverhalten beeinflussen, vor allem zu Beginn ihrer Mitarbeit („Paneleffekt"), und handeln somit atypisch. Man versucht dieses Verhalten durch **„Rotation"** zu vermeiden, indem man die Aufzeichnungsobjekte wechselt und/oder Panel-Teilnehmer durch neue ersetzt.

An dritter Stelle sind die so genannten **Coverage-Probleme** zu nennen, d. h. die unvollständige Erfassung eines Gesamtmarktes durch ein einzelnes Panel: So eignet sich das Verbraucherpanel z. B. nicht zum Hochrechnen der gewonnenen Ergebnisse auf den Gesamtmarkt, da in ihm wichtige Käufe nicht erfasst werden, wie etwa

- Käufe von Großverbrauchern,
- Individualkäufe (nicht als Haushaltsausgaben verbuchte Käufe von Haushaltsmitgliedern),
- Käufe von Ausländerhaushalten,
- Käufe von Touristen.

Viertens besteht ein Problem von Panel-Erhebungen in der so genannten Panel-Sterblichkeit. Erfahrungsgemäß nimmt die Bereitschaft der Teilnehmer zu regelmäßiger Teilnahme im Lauf der Zeit ab. Damit ändert sich die Zuverlässigkeit der Ergebnisse. Die Teilnehmergruppe muss aufgeführt werden.

Das Fehlen der Großverbraucher im Haushaltspanel kann durch ein gesondertes **Großverbraucherpanel** ausgeglichen werden. Zu den Großverbrauchern zählen wir Kantinen von privaten und öffentlichen Betrieben, Behörden und öffentlichen Einrichtungen, Anstalten (Kranken-, Heil- und Pflegeanstalten, Alters- und Invalidenheime, Anstalten für Unterricht, Bildung und Erziehung) und die Gastronomie.

Ein solches Panel, in dem Gastgewerbe, Anstalten und Kantinen durch jeweils methodisch unterschiedliche Stichprobenverfahren repräsentiert sind, vermittelt spezifische Informationen über

- die Distribution von Lebensmitteln,
- das Einkaufsvolumen,
- Einkaufspreise und
- Einkaufsquellen

der verschiedenen Großverbrauchersegmente. Die Daten können nach

- Betriebsgrößenklassen,
- Gewerbeformen (Gastronomie, Anstalten, Kantinen),
- Wirtschaftsformen (Erwerbscharakter, soziale Institutionen),
- Trägern (private, öffentliche),
- Essenszubereitung (eigene, fremde)

aufgeschlüsselt werden. Bei der Interpretation der Paneldaten ist zu beachten, ob der Konsum von Nahrungsmitteln im Großverbraucherbereich möglicherweise nicht vollständig erfasst wird. Zu prüfen ist vor allem, ob öffentliche Anstalten wie Gefängnisse, Polizei und Bundeswehr erfasst werden, die eine nicht unerhebliche Anzahl von Essen täglich ausgeben.

Neben dem Großverbraucherpanel sind in den letzten Jahren verstärkt Individualpanel entwickelt worden. Diese versuchen Käufe zu erfassen, die nicht als Haushaltsausgaben verbucht werden, sondern stärker zum persönlichen Bedarf dienen. Sie beziehen sich also auf bestimmte Konsumentengruppen (z.B. Jugendliche) und auf die vorwiegend zum Individualverbrauch gekauften Produktgruppen. Erfasst werden z.B. die Käufe von Kosmetika und Pralinen.

(2) Handelspanel werden als

- Großhandelspanel,
- Sortimentseinzelhandelspanel,
- Fachhandelspanel

durchgeführt. Große Bedeutung kommt den Einzelhandelspanels zu. Beim Einzelhandelspanel werden Einzelhandelsgeschäfte kontinuierlich von Außendienstmitarbeitern des Instituts im Hinblick auf den Endverbraucherabsatz untersucht. Bei dieser „Fremdbeobachtung“, die i.d.R. in zweimonatlichen Abständen durchgeführt wird, wird der Absatz aller Produkte bestimmter Warengruppen festgestellt, indem die Warenbestände am Anfang und Ende einer Periode gezählt und die Einkäufe des Handels aus Lieferscheinen, Rechnungen und sonstigen Datenträgern entnommen werden. Auf diese Weise werden – im Einzelnen aufgegliedert nach Marken, Arten, Packungsgrößen sowie Ortsgrößenklassen, Regionen und Geschäftstypen – erfasst:

- Endverbraucherabsatz nach Menge und Wert,
- Einkäufe und Bezugsquellen des Einzelhandels,

- Lagerbestände des Einzelhandels,
- Umschlagsgeschwindigkeit der Waren,
- durchschnittlicher Monatsabsatz je Geschäft,
- Zahl der Läden, die den Artikel führen, vorrätig haben, einkauften und verkauften.

Die Panel-Berichte enthalten somit die wichtigsten Distributionsdaten über die Lebensmittelmärkte (numerische Distribution: prozentualer Anteil der Geschäfte, die einen Artikel führen, an der Gesamtzahl der Geschäfte; gewogene Distribution: prozentualer Umsatzanteil der Geschäfte, die einen Artikel führen, an der Gesamtzahl der Geschäfte). Diese Berichte gehören zu den wesentlichsten Informationen für Marketingentscheidungen. Die Probleme ähneln denen der Verbraucher-Panels.

Das gilt insbesondere auch für die Erfassung des Gesamtabsatzes über den Lebensmitteleinzelhandel. Sie gelingt nicht, weil nicht alle Betriebs- und Organisationsformen des Handels zur Mitarbeit im Handelspanel bereit sind. Nicht einbezogen im Sortimentseinzelhandelspanel sind z. B. die Verkäufe

- der Kauf- und Warenhäuser,
- der Discount- und Filialunternehmen,
- des Versandhandels,
- auf den Wochenmärkten.

Die Daten der Verbraucherpanels sind am besten geeignet, die sekundärstatistischen Informationen zu ergänzen. Im Einzelnen sind besonders folgende Anwendungsbereiche hervorzuheben:

- Aufgliederung des in der amtlichen Statistik ausgewiesenen Gesamtverbrauchs verschiedener Produkte auf Privathaushalte und Großverbraucher, regionale, demo- und soziografische Untergliederung,
- Analysen der saisonalen Nachfrageverteilung für verschiedene Regionen und Verbrauchergruppen,
- Analyse der Bezugswege der Privathaushalte,
- Bereitstellung oder Ausgangsdaten zur Ermittlung von Einkommens- und Preiselastizitäten der Nachfrage,
- Ermittlung des bevorzugten Einkaufsmodus und der bevorzugten Produktgestaltung,
- Gewinnung von Daten zur Mediaplanung,
- Analysen der Wirkungen von Werbe- und Verkaufsförderungsmaßnahmen,
- die Beobachtung von Marktanteilen, Markentreue und Käuferwanderungen.

Das Handelspanel eignet sich dagegen besonders zur Beobachtung von Umsatzentwicklungen nach Regionen, Ortsgrößenklassen, Geschäftstypen und Organisationsformen des Handels, wobei vor allem

- differenzierte Distributionszahlen gewonnen werden und Vergleiche zwischen Produkten sehr gut möglich sind,
- die Bedeutung verschiedener Absatzwege analysiert wird,
- das Einkaufsverhalten des Handels ermittelt wird,
- Daten zur Kontrolle von Verkaufsförderungsaktivitäten

erhoben werden.

1.4 Experiment

Das Experiment (der Test) als besondere Befragungs- und Beobachtungsform wird oft zur Vorbereitung umfangreicher Hauptuntersuchungen (als so genannter Pre-Test) angewandt oder es dient der Analyse der Wirkung einzelner Faktoren unter kontrollierten Bedingungen mittels relativ kleiner Versuchsgruppen. Er kann unter künstlichen Bedingungen im Laboratorium (die Testpersonen wissen, dass sie getestet werden) oder unter natürlichen Bedingungen im Feld (die Testpersonen wissen nicht, dass sie getestet werden)

Übersicht I.5

Typen experimenteller Versuchsanlagen (nach BEHRENS und MEFFERT)

Typ	Beschreibung	Beispiel	Faktorwirkung	Beurteilung
EBA	Messung der Werte der abhängigen Variablen zeitlich vor und nach Einsatz der unabhängigen Variablen in einer Testgruppe	Messung und Vergleich der Umsätze für ein bestimmtes Produkt in ausgewählten Einzelhandelsgeschäften vor und nach einer Preissenkung für das betreffende Produkt: Paneluntersuchungen, Storetests	$X_1 - X_0$ Differenz in Experimentiergruppe zwischen zwei Zeitpunkten	Vernachlässigung von Störvariablen, ohne Kontrollgruppe, zeitliche Entwicklungseffekte nicht messbar
EB-CA	Messung der Werte der abhängigen Variablen zeitlich vor Einsatz der unabhängigen Variablen in einer Testgruppe und zeitlich nach dem Einsatz in einer anderen Testgruppe (bei zwei repräsentativen Querschnitten)	Tendenzumfrage, d.h. die Befragung eines unterschiedlichen repräsentativen Querschnitts der Bundesbürger mit gleichem Wortlaut: z.B. die Frage der Parteienpräferenz vor und nach einer Fernsehdiskussion von Politikern aller Parteien	$Y_1 - Y_0$ Differenz zwischen Kontrollgruppe im Zeitpunkt 1 und Experimentiergruppe im Zeitpunkt 0	Vernachlässigung von Störvariablen: zeitliche Entwicklungseffekte nicht messbar. Keine echte Kontrollgruppe
EA-CA	Messung der Werte der abhängigen Variablen in Test- und Kontrollgruppe nur nach Einsatz der unabhängigen Variablen	Probeaktion in ausgewählten Testgeschäften und Vergleich der Umsatzzahlen mit Geschäften, die nicht in die Aktion einbezogen waren	$X_1 - Y_1$ Differenz zwischen Experimentier- und Kontrollgruppe im Zeitpunkt 1	Vernachlässigung von Störvariablen, Unterstellung gleicher Ausgangslage
EBA-CBA	Messung der Werte der abhängigen Variablen vor und nach Einsatz der unabhängigen Variablen in der Testgruppe und Vor- und Nachhermessung in der Kontrollgruppe, die nicht dem Einfluss der unabhängigen Variablen ausgesetzt wird	Wie beim EBA-Typ, jedoch wird zusätzlich eine weitere Gruppe von Geschäften ausgewählt, in der keine Preisaktion erfolgt	$(X_1 - X_0) - (Y_1 - Y_0)$ Differenz zwischen den gemeinsamen Unterschieden in Experimentier- und Kontrollgruppe	Wirkung der unabhängigen Variablen in der Experimentiergruppe wird bereinigt um Entwicklungseffekte, die sich in der Kontrollgruppe zeigen; keine Erfassung von Störvariablen

durchgeführt werden. Die wesentlichen Versuchsanlagen bei solchen Tests werden danach differenziert,

- ob sie nur Versuchsgruppen (E = Experimental Group) oder – wie grundsätzlich stets erforderlich – auch Kontrollgruppen (C = Control Group) enthalten,
- ob die Messung vor oder nach Auswirkung des Testfaktors (B = before, A = after) erfolgt.

Durch Kombination dieser Merkmale erhalten wir verschiedene Möglichkeiten, wie die Übersicht I.5 zeigt.

Die Interpretationsprobleme bei Tests können sich zum einen aus der oft ungenügenden Kontrolle der tatsächlich wirksamen Einflussfaktoren, zum anderen aus der bei kleinen Testgruppen oft mangelnden Repräsentanz der Ergebnisse ergeben.

2. Stichprobenziehung

Die Wahl der zu befragenden Gruppe wirft zwei Probleme auf:

(1) Die wesentlichen potenziellen Zielgruppen für Befragungen aus unternehmensspezifischer Sicht sind die Verbraucher und der Handel, seltener auch Industrieunternehmen. Die Bestimmung der Grundgesamtheit hängt prinzipiell davon ab, wer zu welchem Problem die beste und am wenigsten verfälschte Auskunft geben kann. Es ist naheliegend, jedoch nicht immer richtig, anzunehmen, Verbraucher könnten am besten über Verbraucher, Händler am besten über Händler berichten: Je weniger man annehmen kann, dass die Befragten als „neutrale Beobachter“ antworten, desto eher wird man dazu übergehen, unabhängige Experten um ihr Urteil zu bitten. Solche Befragungen von Sachverständigen haben den Vorteil, dass der Befragungsumfang und evtl. die Kosten reduziert werden, sie werfen dagegen besondere methodische Probleme auf.

(2) Nur in den seltensten Fällen ist es möglich, alle Elemente einer Grundgesamtheit in einer Vollerhebung zu befragen. Vielmehr muss in aller Regel eine Auswahl von Befragungspersonen getroffen werden, deren Aussagen auch für die Grundgesamtheit verallgemeinert werden können. Vollerhebungen wird man nur bei kleinen Grundgesamtheiten durchführen, z. B. auf spezialisierten Märkten, auf denen nur einige Anbieter, Absatzmittler oder Nachfrager anzutreffen sind, oder aber auf Märkten, auf denen nur einzelne dominierende Unternehmen tätig sind, unbedeutende dagegen vernachlässigt werden können. In den meisten Fällen jedoch ist die Grundgesamtheit so groß (insbesondere bei Konsumentenbefragungen), dass eine Befragung nur bei einem Teil der Auskunftspersonen durchgeführt werden kann. Die Marktforschung hat spezielle Verfahren entwickelt, mit

Übersicht I.6

Die Grundformen von Auswahlverfahren

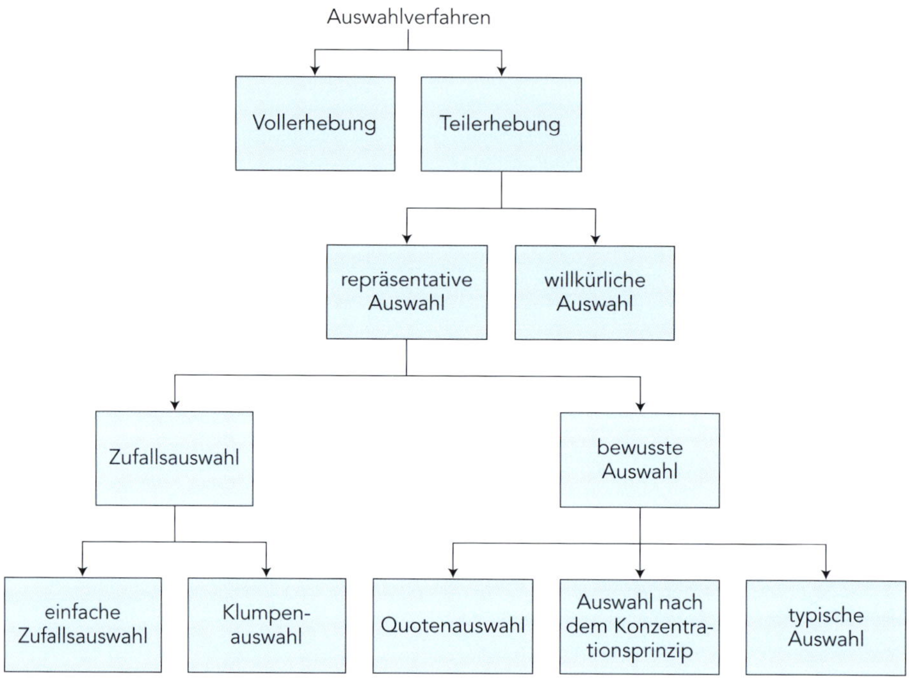

denen sichergestellt werden soll, dass die gewonnenen Informationen die realen Verhältnisse der Grundgesamtheit widerspiegeln. Die wichtigsten Methoden sind Random- und Quotenverfahren (vgl. Übersicht I.6).

Randomverfahren: Dieser Zufalls- oder Wahrscheinlichkeitsauswahl liegt der Gedanke zugrunde, dass prinzipiell jede Einheit der Grundgesamtheit eine berechenbare Chance hat, in die zufällig gewählte Stichprobe zu gelangen. Aus nicht systematisierten Listen oder Karteien (z. B. Einwohnermeldekarteien), die alle Elemente der Grundgesamtheit enthalten, werden mit Hilfe von bestimmten Auswahltechniken wie

- Auslosen, -würfeln,
- Zufallszahlentafeln,
- systematische Auswahl (z. B. jede vierte Karte),
- Ordnungsnummern in den Karteien, Geburtstage u. Ä.

die Stichprobenelemente gewonnen. Vom Standpunkt der Wahrscheinlichkeitstheorie führen nur diese Zufallsverfahren zu geeigneten repräsentativen Stichproben. Der Umfang der Stichprobe ist dabei nicht von der Größe der Grundgesamtheit abhängig, sondern von der zulässigen Fehlerspanne, dem gewünschten Sicherheitsgrad, der Merkmalsverteilung in der Stichprobe und vom Auswahlsatz (Verhältnis von Stichprobenumfang zur Größe der Grundgesamtheit).

Den Gesetzmäßigkeiten der Normalverteilung folgend kann die Richtigkeit der Stichprobenergebnisse mit bestimmten Wahrscheinlichkeiten mit Hilfe der Standardabwei-

Übersicht I.7

Die Schwankungsbreiten von Merkmalen in der Häufigkeitsverteilung

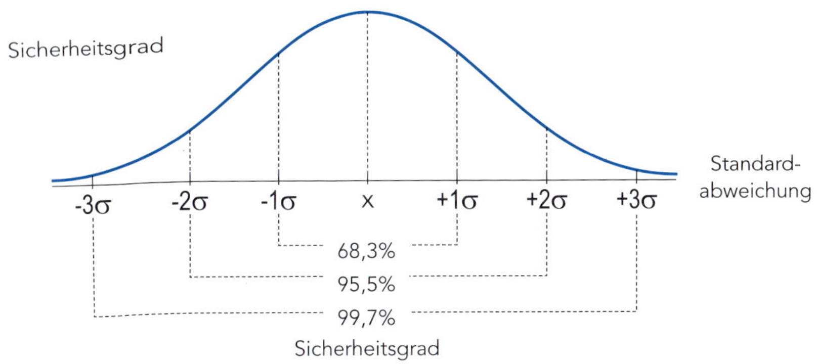

Übersicht I.8

Gebräuchliche Signifikanzniveaus und Sicherheitsgrade

Signifikanzniveau (z-Werte) (Sicherheitsfaktor)	Sicherheitsgrad (in %)
1,00	68,3
1,64	90,0
1,96	95,0
2,00	95,5
2,58	99,0
3,00	99,7
3,29	99,9

chungen geprüft werden. Bei der Normalverteilung befinden sich innerhalb einer Schwankungsbreite von ± 1 σ bzw. ± 2 σ bzw. ± 3 σ 68,3 bzw. 95,5 bzw. 99,7 % aller Werte (siehe Übersicht I.7).

Bei bekannter Standardabweichung der ermittelten Stichprobenergebnisse kann aufgrund dieser Gesetzmäßigkeiten gesagt werden, mit welcher Sicherheit der gesuchte Wert in welchem Schwankungsbereich um den gefundenen Stichprobenwert liegt. Angenommen, wir ermitteln mit einer Standardabweichung von 2, dass 50 % aller Frauen in der Bundesrepublik Deutschland regelmäßig Bier trinken, dann können wir mit 68,3 % Sicherheit sagen, dass der wahre Wert zwischen 48 % und 52 % (= Vertrauensbereich, Fehlerspanne oder Konfidenzintervall) liegt. Mit 99,7 % Sicherheit dagegen liegt der Wert bei ± 3 σ, also zwischen 44 % und 56 %. Sicherheitsgrad und Genauigkeit der Ergebnisse stehen also in einem umgekehrt proportionalen Verhältnis zueinander. Die Berechnung der Vertrauensbereiche erfolgt durch Multiplikation der Standardabweichung mit den so genannten Sicherheitsfaktoren (= Signifikanzniveaus). Die Zuordnung von Sicherheitsgraden und Signifikanzniveaus kann aus Tabellen entnommen werden. Die gebräuchlichsten Signifikanzniveaus und die dazugehörigen Sicherheitsgrade gibt Übersicht I.8 wieder.

Die zur Berechnung der Vertrauensbereiche notwendige Standardabweichung kann ermittelt werden mit Hilfe der Näherungsformel[1]:

Formel I.1

$$s = \sqrt{\frac{p \cdot q}{n}}$$

p = Anteil der Merkmalsträger in der Stichprobe
q = Anteil der Restgruppe der Stichprobe
n = Umfang der Stichprobe

Als allgemeine Formel zur Berechnung der Fehlerspanne erhalten wir somit (für den Fall, dass der Stichprobenumfang > 30 ist):

Formel I.2

$$e = z \cdot \sqrt{\frac{p \cdot q}{n}}$$

Der Fehler einer Stichprobe hängt also vom gewählten Signifikanzniveau, der Merkmalsverteilung und der Stichprobengröße ab.

Sind Fehlerspannentabellen oder Fehlerspannennomogramme zur Hand, wie sie in den Übersichten I.9 und I.10 abgebildet sind, ist die Berechnung von Fehlerspannen nicht erforderlich. Die Handhabung ist einfach: Bei bekanntem Anteil des Merkmals p (Kopfzeile in der Tabelle, Vorspalte in dem Nomogramm) und der Stichprobengröße n (Vorspalte in der Tabelle, Kopfzeile im Nomogramm) ergibt sich der entsprechende Wert als Zeilen- und Spaltenschnittpunkt (im Nomogramm durch Aufsuchen der dem Schnittpunkt am nächsten kommenden Diagonalen). Die Fehlerspanne errechnet sich durch Addition und Subtraktion dieses Wertes vom gefundenen Stichprobenergebnis.

Durch Umformung kann man auch aus der Fehlerspannenformel die erforderliche Größe einer Stichprobe ermitteln. Hierzu wird die Formel quadriert und nach n aufgelöst:

Formel I.3

$$n = \frac{z^2 \cdot p \cdot q}{e^2}$$

[1] Die Formel gilt nur für den praktisch bedeutsamen Fall, dass die ermittelten Merkmale als relative Häufigkeiten ausgewiesen werden (= so genannter homograder Fall).

Übersicht I.9

Stichprobenumfang und (halber) Vertrauensbereich für Prozentwerte (bei z = 2)

n	10%	20%	30%	40%	50%	60%	70%	80%	90%
50	8,5	11,3	13,0	13,9	14,1	13,9	13,0	11,3	8,5
100	6,0	8,0	9,2	9,8	10,0	9,8	9,2	8,0	6,0
150	4,9	6,5	7,5	8,0	8,2	8,0	7,5	6,5	4,9
200	4,2	5,7	6,5	6,9	7,1	6,9	6,5	5,7	4,2
250	3,8	5,1	5,8	6,2	6,3	6,2	5,8	5,1	3,8
300	3,5	4,6	5,3	5,7	5,8	5,7	5,3	4,6	3,5
350	3,2	4,3	4,9	5,2	5,3	5,2	4,9	4,3	3,2
400	3,0	4,0	4,6	4,9	5,0	4,9	4,6	4,0	3,0
450	2,8	3,8	4,3	4,6	4,7	4,6	4,3	3,8	2,8
500	2,7	3,6	4,1	4,4	4,5	4,4	4,1	3,6	2,7
600	2,4	3,3	3,7	4,0	4,1	4,0	3,7	3,3	2,4
700	2,3	3,0	3,5	3,7	3,8	3,7	3,5	3,0	2,3
800	2,1	2,8	3,2	3,5	3,5	3,5	3,2	2,8	2,1
900	2,0	2,7	3,1	3,3	3,3	3,3	3,1	2,7	2,0
1.000	1,9	2,5	2,9	3,1	3,2	3,1	2,9	2,5	1,9
1.100	1,8	2,4	2,8	3,0	3,0	3,0	2,8	2,4	1,8
1.200	1,7	2,3	2,6	2,8	2,9	2,8	2,6	2,3	1,7
1.300	1,7	2,2	2,5	2,7	2,8	2,7	2,5	2,2	1,7
1.400	1,6	2,1	2,5	2,6	2,7	2,6	2,5	2,1	1,6
1.500	1,6	2,1	2,4	2,5	2,6	2,5	2,4	2,1	1,6
2.000	1,3	1,8	2,1	2,2	2,2	2,2	2,1	1,8	1,3
2.500	1,2	1,6	1,8	2,0	2,0	2,0	1,8	1,6	1,2
3.000	1,1	1,5	1,7	1,8	1,8	1,8	1,7	1,5	1,1
4.000	0,9	1,3	1,4	1,6	1,6	1,6	1,4	1,3	0,9
5.000	0,8	1,1	1,3	1,4	1,4	1,4	1,3	1,1	0,8

Quelle: Haseloff, O. W. – Hoffmann, H. J., Kleines Lehrbuch der Statistik, 4. Auflage, Berlin 1970, S. 303

Die Berechnung des Stichprobenumfanges setzt voraus, dass die Verteilung der Merkmalsausprägungen in der Stichprobe bekannt ist bzw. geschätzt werden kann. Ist dies nicht der Fall, muss man mit dem möglichen Maximalwert (50 × 50 = 2.500) rechnen. In diesem Fall erhält man z.B. für ein Signifikanzniveau von 2 (Sicherheitsgrad 95,5 %) und einem Vertrauensbereich von ± 2 % folgende Stichprobengröße:

Formel I.4

$$n = \frac{z^2 \cdot p \cdot q}{e^2} = \frac{2^2 \cdot 0{,}5 \cdot 0{,}5}{0{,}02^2}$$

Eine solche Ermittlung der Stichprobengröße setzt eine in Bezug auf das Untersuchungsmerkmal zufällig verteilte Grundgesamtheit voraus: Dies ist jedoch oft, besonders

Übersicht I.10

Fehlerspannennomogramm

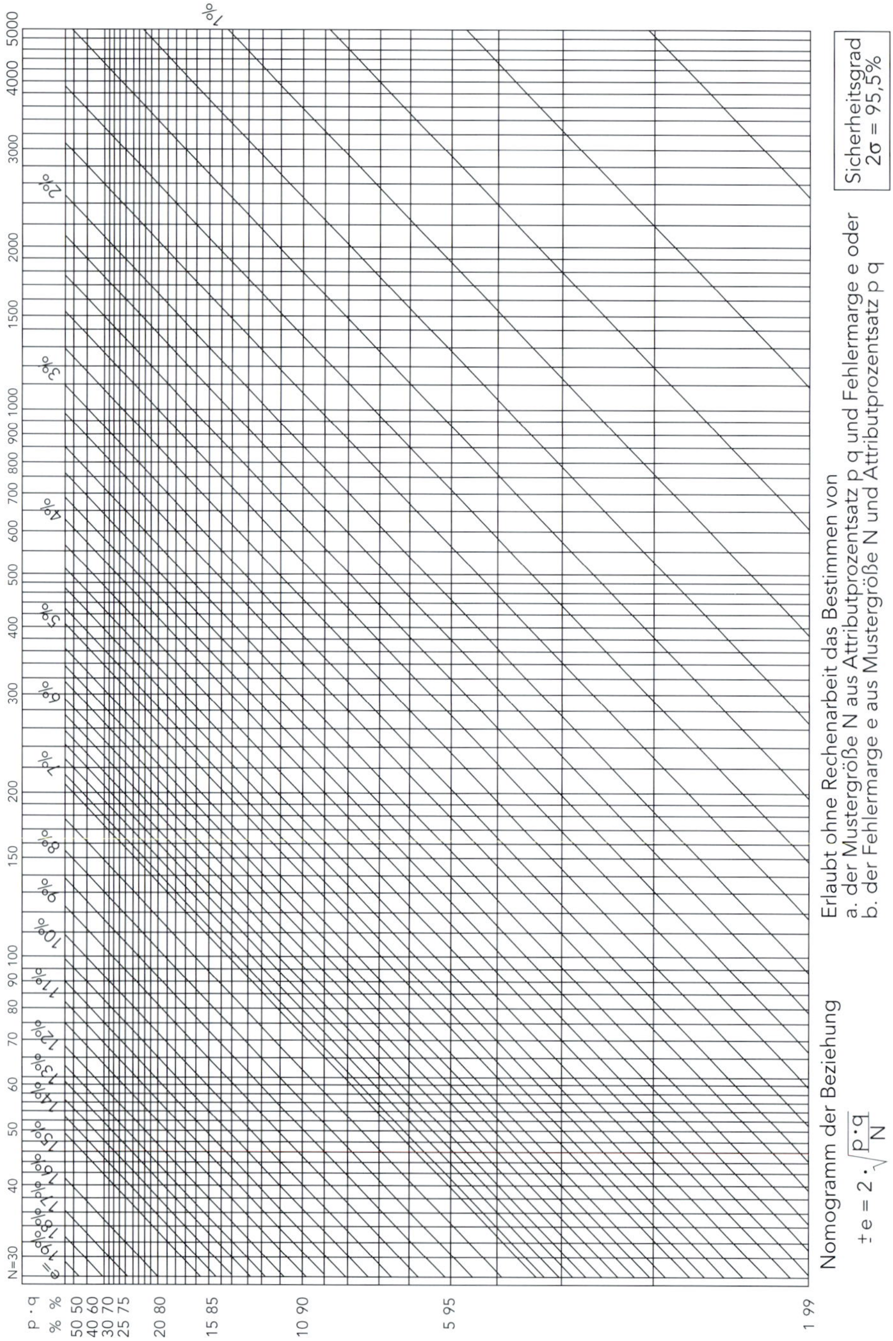

Quelle: Weber, P., Elemente der Statistik für Marktforscher. Zürich, o. J., S. 46

bei Flächenstichproben, nicht gegeben. Einen Ausweg bietet dann die **geschichtete Auswahl:** Es werden anhand bestimmter Merkmale, wie Alter, Beruf, Ortsgröße, Betriebsgröße u. Ä., in sich homogene, im Verhältnis zueinander jedoch heterogene Gruppen gebildet, aus denen dann aufgrund des zu erwartenden homogenen Verhaltens der Gruppenelemente jeweils nur noch relativ wenige Personen befragt werden müssen.

Der wesentliche Vorzug dieses sehr verbreiteten Vorgehens liegt in der möglichen Senkung des Stichprobenumfanges bei heterogenen Grundgesamtheiten. Der Nutzen einer solchen Schichtung ist umso größer, je mehr kombinierte Merkmale zur Bildung homogener Schichten verwandt werden können. Voraussetzung ist jedoch, dass vor der Stichprobenziehung die Verteilung der Merkmale bekannt ist, nach denen sich die Grundgesamtheit in Bezug auf den Untersuchungsgegenstand differenzieren lässt.

Quotenverfahren: Gleiche Voraussetzungen wie für die geschichtete Zufallsauswahl müssen auch bei der Quotenauswahl erfüllt sein. Es muss – z. B. aus der amtlichen Statistik oder aus früheren Erhebungen – bekannt sein, wie eine Grundgesamtheit nach Art und Umfang zusammengesetzt ist. Danach wird festgelegt, wie viele Personen aus welcher Gruppe zu befragen sind. Im Unterschied zur geschichteten Zufallsauswahl werden jedoch die zu befragenden Personen vom Interviewer frei ausgewählt. Er hat sich lediglich an die vorgegebenen Quotenanweisungen zu halten, die Merkmale der Auskunftspersonen festlegen. Dieses Verfahren ist gegenüber der Zufallsauswahl flexibler, zeit- und kostensparender und auch anonymer. Es lässt jedoch keine wahrscheinlichkeitstheoretischen Fehlerspannenrechnungen zu und erlaubt dem Interviewer eine gewisse Willkür bei der Auswahl der Erhebungseinheiten.

Random- und Quotenverfahren sind die wichtigsten Auswahlverfahren. Andere Verfahren wie „Schneeballsystem“, „Auswahl aufs Geratewohl“, „Cutt-off“- oder „Konzentrationsverfahren“ sind Spezialfälle, die wir in diesem Zusammenhang vernachlässigen können.

Welchem der beiden Verfahren der Vorzug zu geben ist, kann nur im konkreten Fall in Bezug auf die gegebenen realen Möglichkeiten entschieden werden. Eine Auswahl nach dem Randomverfahren ist nur möglich, wenn die Elemente der Grundgesamtheit statistisch so erfasst sind, dass sie vom Schreibtisch aus im Voraus exakt bestimmt werden können. Erst dann zeigt sich der Vorteil der Randomauswahl: die Berechnung von Fehlerspannen für die Untersuchungsergebnisse. Dieser Vorteil kann jedoch in der Praxis häufig nicht genutzt werden. Denn die mathematisch ermittelten Zufallswerte können in der Praxis oft nur als grobe Anhaltspunkte betrachtet werden, da insbesondere die Voraussetzungen für eine reine Zufallsauswahl (homogene Grundgesamtheit bzw. eindeutige Festlegung der relevanten Merkmalsausprägungen) in der Regel nicht gegeben sind und darüber hinaus meistens relativ hohe Ausfälle bei der Datenerhebung die Ergebnisse verzerren.

Ein Argument gegen das Quotenverfahren dagegen ist die Abhängigkeit der Stichprobenauswahl von der meistens nicht eindeutig auf das Untersuchungsproblem zugeschnittenen Merkmalsauswahl für die Quoten und der vergleichsweise starke Einfluss der Interviewer auf die Auswahl der Auskunftspersonen. Durch sorgfältige Untersuchungsanlage, Schulung, Steuerung und Kontrolle der Interviewer lassen sich die Schwächen dieses Verfahrens verringern.

In der Praxis werden beide Methoden als gleichwertig empfunden, da die Vor- und Nachteile beider Verfahren nicht eindeutig zugunsten des einen oder des anderen abgewogen werden können.

3. Datenauswertung und -analyse

Der Zweck empirischer Untersuchungen besteht nicht darin, Aussagen über einzelne Individuen zu gewinnen, sondern über die verschiedenen Ausprägungen der Merkmalsdimensionen ausgewählter Eigenschaften von Personengruppen. Dies kann jedoch nur erreicht werden, wenn die Antworten der Befragungspersonen klassifiziert werden, um so für die notwendigen Rechenoperationen bei der Datenauswertung zugänglich zu sein. Als Daten in diesem Sinne bezeichnen wir die in standardisierter Form festgehaltenen Merkmalsausprägungen der einzelnen untersuchten Variablen (Merkmalsdimensionen, z. B. objektive Sachverhalte, Einstellungen, Verhaltensaspekte) bei den betreffenden Untersuchungseinheiten (Personen).

Die einzelnen Merkmale können also in unterschiedlichen Ausprägungen vorkommen, wobei die unterschiedlichen Ausprägungen wiederum für eine unterschiedlich große Zahl von Merkmalsträgern (Befragten) zutreffen. Die Ordnung von Häufigkeiten, in denen die einzelnen Merkmalsausprägungen in Erscheinung treten, ist der wichtigste elementare Vorgang zur Analyse und Weiterverarbeitung des Rohmaterials. Um ihn durchführen zu können, müssen die verschiedenen Antwortkategorien, z. B.

- Markierung im Fragebogen (bei geschlossenen Fragen),
- Numerische Antworten (Mengen-, Gewichts-, Häufigkeits- und Zeitangaben),
- Worte oder Sätze

entweder schon bei der Befragung in zählbarer Form erfasst oder zu einem späteren Zeitpunkt in eine rechenbare Form umgewandelt werden. Diese Operationalisierung kann auf verschiedenen Messebenen erfolgen, die mit Hilfe von Skalierungsverfahren festgelegt werden.

Neben der Operationalisierung der Informationen ist die Kontrolle der Zuverlässigkeit der gewonnenen Daten unerlässlich. Wir haben gesehen, dass sich bei der Planung von Befragungsvorhaben neben den berechenbaren Zufallsfehlern eine Vielzahl „systematischer" Fehler einschleichen kann, die durch fehlerhafte Untersuchungsanlage oder -durchführung bedingt sind. Sie zu vermeiden, ist das Hauptanliegen sorgfältiger Untersuchungsplanung und laufender Kontrolle.

Um die Fehlerquellen möglichst gering zu halten, müssen sehr unterschiedliche Maßnahmen ergriffen werden, wie:

- vor der Durchführung der Befragung
  - präzise Definition des Forschungszieles; der im Rahmen vorgegebener Kosten und eines begrenzten Zeitraumes problemadäquaten Methode, der zu erfassenden Tatbestände und der zu befragenden Personen,
  - Leitstudien (insbesondere durch Gruppendiskussionen) erarbeitet bzw. Pretests zur Absicherung der Hypothesen über die Zweckmäßigkeit der befragungsstrategischen Maßnahmen,
  - Schulung und Einweisung der Interviewer,
- während und nach der Befragung
  - Kontrollen.

Schwerpunkte der zuletzt genannten Kontrollmaßnahmen sind die Ermittlung von Fehlern, die bei der Datenbeschaffung gemacht worden sind, und von Auswertungsfehlern. Zur Überprüfung von Fehlern bei der Datensammlung werden insbesondere folgende Maßnahmen ergriffen:

- Durchsicht der eingehenden Fragebogen auf Vollzähligkeit und Richtigkeit der Ausfüllung, Einhaltung der Quotenvorschriften und Ausschöpfen der Stichprobe.
- Überprüfen der Qualität und Zuverlässigkeit der Interviewer durch „Fangfragen" und/oder Nachinterviews, schriftliche oder mündliche Anfragen bei den Befragten bzw. einer kurzen Zusatzbefragung bei einer 10-%-Stichprobe.

Die Auswertung des Untersuchungsmaterials vollzieht sich in drei Schritten:

- Datenaufbereitung,
- Analyse,
- Prognose.

Für alle drei Phasen stehen unterschiedliche Techniken zur Verfügung.

3.1 Datenaufbereitung

Das Auszählen der Daten (z. B. durch einfache Strichlisten) führt zur übersichtlichen Ordnung des Rohmaterials in Schaubildern und Tabellen. Die Aufstellung von Häufigkeitsverteilungen kann auf manuellem (bei kleineren Befragungen und schlecht zu operationalisierenden freien Explorationen) und maschinellem (bei Massenbefragungen unerlässlich) Wege erfolgen. Bei der heute üblichen maschinellen Aufbereitung werden die vercodeten Daten der Erhebungsbögen nach einem schon zu Beginn der Untersuchung festzulegenden Codeplan auf Datenträger übertragen oder direkt mittels EDV auf der Grundlage meist standardisierter Programme ausgewählt und in der Regel gleich in tabellarischer Form ausgedruckt. Gleichzeitig werden einfache, aber wichtige Parameter zur Charakterisierung der Verteilungen der Daten angegeben.

Die so zusammengestellten (absoluten und der besseren Vergleichbarkeit wegen relativen) Häufigkeitsverteilungen der Ausprägungen bestimmter Merkmale können nach jeweils einzelnen oder auch mehreren Gesichtspunkten aufgeschlüsselt sein (z. B. Käufe eines bestimmten Produktes nach dem Alter der Käufer oder aber nach Geschlecht, Einkommen u. a.). Entsprechend unterscheiden wir eindimensionale und zwei- oder mehrdimensionale Verteilungen. Wichtige Maßzahlen zur Charakterisierung der Häufigkeitsverteilung sind Mittelwerte und Streuungsmaße.

3.2 Analyse und Prognose

Mit der Aufzeichnung bzw. der Darstellung des Untersuchungsmaterials werden zwar schon wichtige Ergebnisse sichtbar, oftmals müssen die Daten jedoch in einem weiteren, methodisch oft komplizierten Prozess verarbeitet werden, um ihren eigentlichen Aussagegehalt zu ermitteln.

Analysetechniken

Zur Analyse der Beziehungen zwischen verschiedenen Untersuchungsmerkmalen und ihren Ausprägungen eignen sich je nach Problemstellung verschiedene Verfahren, die sich im Anspruchsniveau vornehmlich in Abhängigkeit von der Zahl aufeinander bezogener Merkmale unterscheiden. Die wichtigsten sind

- Kreuztabelle
- Korrelationsanalyse
- Regressionsanalyse
- Multivariate Verfahren:
  - Faktorenanalyse
  - Clusteranalyse
  - Diskriminanzanalyse
  - Multidimensionale Skalierung.

Allen diesen Verfahren liegen Annahmen über bestimmte kausale Beziehungen zwischen Variablen zugrunde, die auf drei Grundtypen zurückgeführt werden können:

Formel I.5

X bewirkt Y

X und Z (und ...) bewirken Y $\left(\begin{smallmatrix} X \rightarrow \\ Z \rightarrow \end{smallmatrix} Y\right)$

X bewirkt Z, Z bewirkt Y (X Z Y)

Die Beziehungen können mit vollständiger Sicherheit (determiniert) oder aber nur mit Wahrscheinlichkeiten (stochastisch) angenommen werden.

(1) Kreuztabelle

Die einfachste Art, solche Beziehungen sichtbar zu machen, besteht im Aufstellen von Kreuztabellen (maximal drei Merkmale), bei denen in den Spalten und Zeilen einer Tabelle voneinander abhängige Merkmale einseitig oder gegenseitig ausgezählt werden.

Die Übersichten I.11 und I.12 verdeutlichen an einem Beispiel, dass die Beziehungen zwischen zwei Merkmalen in unterschiedlicher Richtung ausgewertet werden können.

Im ersten Fall heißt die Aussage: 25 % der Käufer von Marke A haben eine progressive Einstellung, 75 % eine konservative, dagegen haben 40 % der Käufer von Marke B eine progressive, aber nur 60 % eine konservative Einstellung.

Im zweiten Fall heißt die Aussage: Verbraucher mit einer progressiven Einstellung kaufen zu 20 % die Marke A, zu 80 % die Marke B, Verbraucher mit einer konservativen Einstellung dagegen kaufen zu 33 % Marke A und zu 67 % Marke B.

Es hängt von der konkreten Fragestellung ab, welche der Korrelationen geeignet erscheint. Die im Beispiel dargestellte Wahlmöglichkeit zwischen verschiedenen Richtungen der Auswertung entfällt in der Praxis in den häufigsten Fällen, da schon bei der Konzeption der Untersuchungsanlage die Art und Weise der vermuteten Korrelation zwischen den zu ermittelnden Daten eindeutig unterstellt ist.

Übersicht I.11

Die Beziehung zwischen Einstellung und Verhalten der Käufer I

Einstellung	Verbraucherverhalten			
	Käufer von Marke A		Käufer von Marke B	
	absolut	relativ	absolut	relativ
progressiv	50	25	200	40
konservativ	150	75	300	60
insgesamt	200	100	500	100

Übersicht I.12

Die Beziehung zwischen Einstellung und Verhalten der Käufer II

Einstellung		Verbraucherverhalten		
		Käufer von Marke A	Käufer von Marke B	insgesamt
progressiv	absolut	50	200	250
	relativ	20	80	100
konservativ	absolut	150	300	450
	relativ	33	67	100

Manchmal mag schon die in einer derartigen Tabelle abzulesende Beziehung zwischen zwei oder mehr Variablen genügen, häufig sind wir jedoch mit einer solchen qualitativen Aussage nicht zufrieden, sondern versuchen, die Zusammenhänge zu quantifizieren. Als Hilfsmittel wird dabei die Korrelationsanalyse verwendet.

(2) Korrelationsanalyse

Mit Hilfe der Korrelationsanalyse wird die Straffheit der Beziehungen zwischen verschiedenen Merkmalsausprägungen oder Zahlenreihen festgestellt (Übersicht I.13).

Voraussetzung für die Berechnung solcher „Bindungsintensitäten" zwischen Variablen ist zunächst das Vorhandensein von negativen oder positiven, linearen oder nicht-linearen Beziehungen zwischen den Merkmalen (bei einer Erhöhung des Einkommens steigt der Verbrauch, bei steigenden Preisen sinkt die Nachfrage, höhere Werbung erhöht den Konsum usw.).

Da solche Beziehungen nicht unmittelbar sichtbar sind, sondern erst durch die Korrelationsanalyse aufgezeigt werden, muss bei der großen Beliebtheit, der sich die Verwendung

Übersicht I.13

Schema unterschiedlicher Korrelation

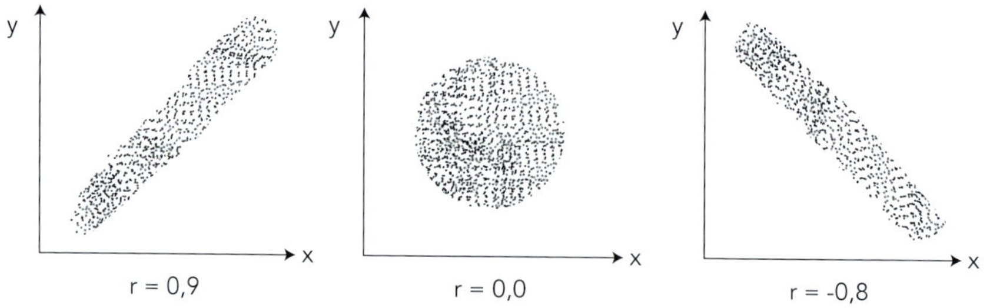

von Korrelationsberechnungen erfreut, besonders eindringlich vor Fehlinterpretationen gewarnt werden, wie sie durch fehlerhaftes Herstellen einer Beziehung zwischen Merkmalen entstehen, die in Wirklichkeit nichts miteinander zu tun haben. Solche falschen Aussagen lassen sich relativ leicht im Hinblick auf so genannte „Nonsense-Korrelationen" vermeiden, bei denen zwischen den untersuchten Merkmalen logisch keine Beziehung bestehen kann. Schwieriger ist jedoch die Vermeidung von „Scheinkorrelationen", bei denen Merkmale miteinander korreliert werden, die zwar logisch verbunden sein können, es aber tatsächlich nicht sind. Ähnlich verhält es sich mit dem Nichterkennen so genannter intervenierender Variabler und dem Nichtberücksichtigen von wirksamen weiteren unabhängigen Variablen. Kurz: Korrelationskoeffzienten sind reine mathematisch-statistische Größen, die nicht zwangsweise die tatsächliche sachliche Verbindung, schon gar nicht eine Ursache-Wirkungs-Beziehung zwischen Variablen bestätigen. Diese lassen sich nur durch logisches Prüfen der „Plausibilität" der Beziehungen und Tests formulieren. Ist jedoch die Beziehung plausibel, so liefern die Korrelationskoeffzienten wertvolle Informationen.

Wie in den Übersichten gezeigt wurde, streuen die sich aus der Kombination der Ausprägung mehrerer Merkmale ergebenden Werte um eine gedachte Linie (Regressionsgerade). Bei niedriger Korrelation beträgt der Betrag der Korrelationskoeffizienten nahezu 0, bei hoher beträgt er nahezu 1. Die Vorzeichen sind bei geneigter Regressionsgerade negativ, bei steigender positiv. Zu seiner Berechnung müssen Mittelwerte und Streuungen der Merkmalsverteilungen bekannt sein. Mit Hilfe dieser Werte berechnet man zunächst die so genannte Kovarianz (= Mittelwert der Abweichungsprodukte) (vgl. Formel I.6) und dividiert diese durch die Summe der Standardabweichungen (vgl. Formel I.7).

Formel I.6

$$\left[\mathrm{Cov}_{xy} = \frac{1}{n}\sum_{i=1}^{n}(x_i - \bar{x})\,(y_i - \bar{y})\right]$$

Formel I.7

$$r_{xy} = \frac{Cov_{xy}}{S_x \cdot S_y} = \frac{\sum_{i=1}^{n}(x_i - \bar{x})^2\,(y_i - \bar{y})^2}{\sqrt{\sum_{i=1}^{n}(x_i - \bar{x})^2 \sum_{i=1}^{n}(y_i - \bar{y})^2}}$$ (Pearson'scher Korrelationskoeffizient)

Dieser Korrelationskoeffizient gilt nur für lineare Regressionsfunktionen.

(3) Regressionsanalyse

Wie schon angedeutet, lassen sich die Punkte in den gezeigten zweidimensionalen Streuungsdiagrammen durch eine negative oder positive, lineare oder nicht-lineare Funktion näherungsweise in ihrer Richtung bestimmen. Eine solche Regressionsfunktion hat als Gerade die in Formel I.8 angegebene allgemeine Form.

Formel I.8

$$y = a + bx$$

In Formel I.8 bedeuten:
x = unabhängige Variable
y = abhängige Variable
a = absoluter Wert auf der Y-Achse
b = Regressionskoeffzient.

Der Regressionskoeffizient bezeichnet die Steigung der Geraden. Er sagt aus, um wie viel sich der Y-Wert verändert, wenn der X-Wert um eine Einheit verändert wird. Um die Lage der Regressionsgerade zu bestimmen, müssen a und b ermittelt werden. Als Verfahren hierzu verwendet man in der Regel die Methode der kleinsten Quadrate. Diese Methode fordert, dass die Summe der quadrierten Differenzen zwischen den beobachteten und den berechneten (d.h. auf der Gerade liegenden) Y-Werten ein Minimum wird (vgl. Formel I.9).

Formel I.9

$$\sum_{i=1}^{n}(y_i - Y_i)^2 \Rightarrow \text{Min.}$$

$$\sum_{i=1}^{n}(y_i - (a + bx_i))^2 \Rightarrow \text{Min.}$$

Zur Berechnung der Parameter a und b wird diese Gleichung nach a und b abwechselnd differenziert, so dass man zwei so genannte Normalgleichungen erhält, die gleich null gesetzt und nach a und b aufgelöst werden (vgl. Formel I.10).

Formel I.10

$$\left(\begin{array}{l} \text{für } a = \dfrac{\Sigma x^2 \, \Sigma y - \Sigma x \, \Sigma xy}{n \, \Sigma x^2 - (\Sigma x)^2} \\ \\ \text{für } b = \dfrac{n \, \Sigma xy - \Sigma x \, \Sigma y}{n \, \Sigma x^2 - (\Sigma x)^2} \end{array} \right)$$

Im konkreten Fall ist eine sinnvolle Bestimmung der Parameter einer Regressionsgeraden natürlich nur möglich, wenn man zuvor nach sachlogischen Überlegungen die allgemeine Form der überhaupt in Frage kommenden Funktionstypen auswählt. (Dabei ist zu beachten, dass die Beziehungen zwischen Variablen in der Regel durch jeweils mehrere Funktionstypen repräsentiert werden können!)

Die Regressions- und Korrelationsanalyse gehören zum Handwerkszeug des Marktforschers, der sich nicht auf die qualitative Beschreibung von Zusammenhängen beschränken darf, sondern empirische Gesetzmäßigkeiten quantitativ nachweisen und absichern muss. Die Kenntnis dieser Methoden ist auch unerlässliche Voraussetzung zur Handhabung der folgenden Analysemethoden.

Im Rahmen der ökoskopischen Marktforschung werden regressionsanalytische Verfahren in größerem Umfange zur Schätzung von Angebots- und Nachfragefunktionen eingesetzt, insbesondere zur Ermittlung von Elastizitäten des Angebotes in Bezug auf Preisveränderungen und der Nachfrage in Bezug auf Einkommens- und Preisveränderungen. Diesen Analysen gemeinsam ist das folgende Grundschema:

- Sachlogische theoretische Überlegungen über die Zusammenhänge zwischen wirtschaftlichen Veränderungen (z. B. Verbrauchsentwicklung bestimmter Nahrungsmittel) und den sie bewirkenden Einflussfaktoren (z. B. Einkommen, Preise, Preise für substitutive und komplementäre Güter, haushaltsspezifische Faktoren, Berufe, Einstellungen, Konsumgewohnheiten) werden in einem Erklärungsmodell dargestellt. Dieses (vornehmlich verbale) Modell enthält neben der Aufzählung der abhängigen (zu erklärenden) Variablen Annahmen über Richtung und Intensität der Beziehungen zwischen den Variablen (z. B. schwach positive Einkommenselastizität, stärker negative Preiselastizität, stark positive Kreuzpreiselastizität), über gegenseitige Abhängigkeit der erklärenden Faktoren oder Einseitigkeit ihrer Beziehungen zur abhängigen Variablen und über die Vollständigkeit und Zuverlässigkeit der Daten.
- Aus dem Erklärungsmodell wird unter Berücksichtigung
  - der verfügbaren statistischen Daten und
  - der Erfordernisse der verwendeten Schätzmethode

  ein statistisches Schätzmodell entwickelt, in dem die umfangreichere Aufzählung der im Erklärungsmodell festgehaltenen Einflussgrößen auf einige wichtige reduziert wird (z. B.: Nachfrage als Funktion des Einkommens, der Preise des betretenden Gutes und der Preise für Substitutionsgüter). Anschließend werden Plausibilitätserwägungen über unterschiedliche funktionale Verknüpfungen zwischen unabhängigen und abhängigen Variablen angestellt, die Beziehungen zwischen den Variablen in Einzelgleichungen oder Mehrgleichungssystemen dargestellt und einige nicht in Frage kommende Funktionstypen aus der weiteren Analyse eliminiert.

- Der Einfluss der erklärenden Variablen auf die zu erklärenden Variablen wird mit Hilfe von Regressionskoeffizienten gemessen. Die gebräuchlichste Methode zu deren Bestimmung ist die bereits beschriebene Methode der kleinsten Quadrate. Ihre Anwendung ist jedoch an folgende wichtige Voraussetzung geknüpft:
  - Es müssen einseitig kausale Beziehungen zwischen den erklärenden Faktoren und der zu erklärenden Reihe bestehen.
  - Die erklärenden Variablen dürfen sich nicht gegenseitig beeinflussen (Vermeidung von Interkorrelationen oder Multikollinearität).
  - Innerhalb der Reihen der einzelnen Faktoren und der Restschwankungen dürfen keine Korrelationen bestehen (Vermeidung von Autokorrelation).
  - Der sachlogischen Interpretation der errechneten Regressionskoeffizienten wird die statistische Prüfung (Berechnung des Bestimmtheitsmaßes für die verschiedenen Regressionsgleichungen, der Standardfehler und Vertrauensbereiche für die einzelnen Regressionskoeffzienten und der Autokorrelationen der Restschwankungen) vorgeschaltet.
  - Bei der Interpretation der Ergebnisse werden die gefundenen Messwerte zur Charakterisierung der Einflüsse der erklärenden Variablen und Heranziehung des ursprünglichen Erklärungsmodells auf ihre Plausibilität geprüft.

Bei der Anwendung solcher Analysemethoden muss man sich vor Augen halten, dass die gewonnenen Ergebnisse umso zuverlässiger (unzuverlässiger) sind, je mehr folgende Bedingungen (nicht) zusammentreffen:

- Herausragende Bedeutung einzelner Faktoren als Erklärung für das Verhalten der unabhängigen,
- Quantifizierbarkeit dieser Faktoren,
- Unabhängigkeit dieser Faktoren untereinander.

Es sprechen viele Anzeichen dafür, dass diese Bedingungen auf den Lebensmittelmärkten zwar bislang relativ weitgehend erfüllt waren. Mit zunehmendem Wohlstand jedoch wird der Konsum von Nahrungsmitteln mehr und mehr von eng miteinander verflochtenen qualitativen Merkmalen bestimmt, wodurch die Aussagekraft mathematisch-statistischer Nachfrageanalysen immer geringer wird. Die ergänzenden Erkenntnisse der demoskopischen Marktforschung geben einen zunehmenden Erklärungsbeitrag für das Konsumentenverhalten und werden daher für eine vollständige Analyse der Lebensmittelmärkte immer bedeutsamer.

(4) Multivariate Analyseverfahren

Die bisher genannten Methoden der Datenanalyse untersuchen stets nur einzelne ausgewählte Variablen, niemals aber gleichzeitig den gesamten Datenbestand. Dies führt oft dazu, dass bestimmte Zusammenhänge, die das besondere Interesse des Betrachters finden, in der Analyse und Interpretation überbewertet werden.

Multivariate Analyseverfahren tragen dagegen der Mehrdimensionalität des Datenmaterials in der Marktforschung besser Rechnung. Anstelle der Einzelbeziehungen zwischen Variablen und/oder Elementen ermitteln sie charakteristische Kenngrößen, mit denen die im Datenmaterial vorherrschenden Grundbeziehungen sichtbar gemacht werden, und zwar durch die Ermittlung entweder der

- Korrelation zwischen den Werten zweier oder mehrerer Variablen oder der
- Ähnlichkeit zwischen Objekten oder Variablen.

In der Marktforschung werden verschiedene multivariate Analyseverfahren für die unterschiedlichen Fragestellungen eingesetzt. Die wichtigsten sind Faktorenanalysen, Clusteranalysen, Diskriminanzanalysen und multidimensionale Skalierungen.

Faktorenanalyse

Faktorenanalysen sind Verfahren, mit denen man umfangreiche Analysedaten zusammenfassen, auf Wesentliches verdichten kann. So lassen sich etwa die Käufer eines Produktes durch eine Vielzahl von Eigenschaften beschreiben, die – würde man sie immer einzeln betrachten – ein sehr unübersichtliches, verworrenes Bild über diese Käufer geben würden. Man sucht deshalb mit mathematischen Modellen (die Basis dafür ist die schon beschriebene Korrelationsanalyse) nach Gemeinsamkeiten zwischen diesen Beobachtungswerten/Variablen. Findet man solche Gemeinsamkeiten, fasst man diese Variablen zusammen zu einem Faktor. Auf diese Weise kann man beispielsweise lange Listen von Produkteigenschaften, Käufereinstellungen oder von Motiven auf wesentliche Kriterien verdichten, wobei häufig (nicht zuletzt wegen der Übersichtlichkeit) nach nicht mehr als 5 bis 6 Faktoren gesucht wird. Diese Faktoren werden zunächst nur mit Nummern beschrieben. Aus dem Inhalt der Eigenschaften, die auf den verschiedenen Faktoren „laden", muss der Forscher dann eine gemeinsame Bezeichnung finden, die das Wesen dieses Faktors zum Ausdruck bringt.

Grundlage für die Durchführung solcher Analysen bilden intervallskalierte Daten. Man geht also davon aus, dass sich Datensätze verdichten lassen, weil sie zum Teil das Gleiche messen. Dieses kann man feststellen, indem man die Korrelationen aller verwendeten Items bzw. Statements ermittelt, um herauszufinden, zwischen welchen Statements die „Kovarianzen" am stärksten sind: In dem Maße, wie sich die Antworten der Befragten bezüglich eines bestimmten Statements verändern, müssen sie sich parallel auch zu einem anderen Statement verändern, damit die Kovarianz hoch ist (d. h., die Beziehung zwischen diesen beiden Items/Statements sehr eng ist).

Clusteranalyse

Will man keine Merkmale (wie Eigenschaften oder Motive) zusammenfassen, sondern die Produkte oder Personen gruppieren, die zu diesen Merkmalen gehören bzw. über die die Merkmale Auskunft geben, muss man sich anderer Verfahren bedienen. Häufig angewendet wird dann beispielsweise die Clusteranalyse, vor allem, wenn man noch nichts über die zu bildenden Gruppen weiß, sondern diese evtl. finden muss. Die Clusteranalyse ist das heute gebräuchlichste Verfahren zur Berechnung von Personen- oder Produkttypologien. Typische Fragestellungen, die mittels dieses Verfahrens angegangen werden können, sind beispielsweise:

- Welche Verbrauchergruppen von Tiefkühlkost lassen sich aufgrund soziodemografischer Merkmale (Alter, Geschlecht, Einkommen, Haushaltsgröße, Berufstätigkeit usw.) unterscheiden?
- Welche Produktgruppen lassen sich im Spirituosenmarkt aufgrund der Merkmale: Alkoholgehalt, Image, Beliebtheit, Verwender, Preis usw. unterscheiden?
- Welche Käufertypen lassen sich bei den Verwendern von alternativ erzeugten Nahrungsmitteln aufgrund soziodemografischer Merkmale, persönlicher Einstellungen und Lebensgewohnheiten unterscheiden?

Ziel einer Clusteranalyse ist es immer, Personen oder Produkte so zu gruppieren bzw. zu klassifizieren, dass erstens alle Mitglieder einer Gruppe ähnliche Eigenschafts- oder Merkmalsausprägungen zeigen und zweitens verschiedene Personen oder Produktgruppen möglichst unähnliche Merkmalsausprägungen zeigen.

In der Clusteranalyse geht man also von einem vollkommen unstrukturierten Datenmaterial aus und erzeugt Gruppen (= Cluster) aufgrund folgender Gruppierungskriterien:

(1) Homogenität der Elemente innerhalb der Gruppe,

(2) Heterogenität zwischen den Gruppen.

Die Käufer alternativ erzeugter Nahrungsmittel könnten sich beispielsweise in folgende Verwendergruppen clustern lassen: In eine Gruppe, in der vor allem ideelle (ethische, moralische) Gründe das Kaufmotiv bestimmen, eine zweite Gruppe, in der vor allem gesundheitliche Aspekte das Kaufmotiv bestimmen, und in eine dritte Gruppe, in der die räumliche Nähe des Anbieters das vorherrschende Kaufmotiv ist.

Eine Strukturierung des erhobenen Datenmaterials (z. B. verschiedene Merkmale, Eigenschaften, Einstellungen von Verwendern alternativ erzeugter Lebensmittel) derart, dass Personen mit ähnlichen Merkmalsprofilen in einem Cluster zusammengefasst werden und Personen, die unähnliche Profile zeigen, unterschiedlichen Clustern zugeordnet werden, setzt die Berechnung von Profilähnlichkeiten voraus.

Ein Maß für die Ähnlichkeit von zwei Objekten aufgrund ihrer Merkmalsprofile ist die euklidische Distanz (vgl. Formel I.11).

Formel I.11

$$d_{ij} = \left[\sum_{k=1}^{r} (x_{ik} - x_{jk})^2 \right]^{\frac{1}{2}}$$

Angenommen für Käufer alternativer Nahrungsmittel wurden jeweils drei Merkmale (Preis-, Gesundheits- und Qualitätsbewusstsein) erhoben. Die Merkmalsausprägungen von zwei Käufern sind in Übersicht I.14 dargestellt.

Käufer 1 zeigt ein sehr hohes Preis- und Gesundheitsbewusstsein und ein eher mittleres Qualitätsbewusstsein. Die Position von Käufer 2 ergibt sich aus seinem mittleren Preisbewusstsein, seinem eher mittleren Gesundheitsbewusstsein und seinem sehr hohen Qualitätsbewusstsein.

Die Ähnlichkeit zwischen je zwei Käufern hinsichtlich all ihrer Merkmalsausprägungen wird in der euklidischen Distanz dadurch bestimmt, dass die Projektionsdifferenzen der Punkte auf jeder Merkmalsachse bestimmt, quadriert und summiert werden. Die Quadratwurzel aus dieser Summe ist die euklidische Distanz zwischen zwei Käufern.

Im vorliegenden Beispiel gingen in die Berechnung die Projektionsdifferenzen ein: Differenz 1 entspricht dem unterschiedlich ausgeprägten Preisbewusstsein, Differenz 2 entspricht dem unterschiedlichen Qualitätsbewusstsein und Differenz 3 entspricht dem unterschiedlichen Gesundheitsbewusstsein von Käuferin und Käufer.

Weisen die erhobenen Personeneigenschaften oder Produktmerkmale Intervalldatenniveau auf, wird im Rahmen der Clusteranalyse üblicherweise die Ähnlichkeit von je zwei untersuchten Objekten, Personen oder Produkten mittels der euklidischen Distanz be-

Übersicht I.14

Euklidische Distanzen für zwei Merkmale (Clusteranalyse)

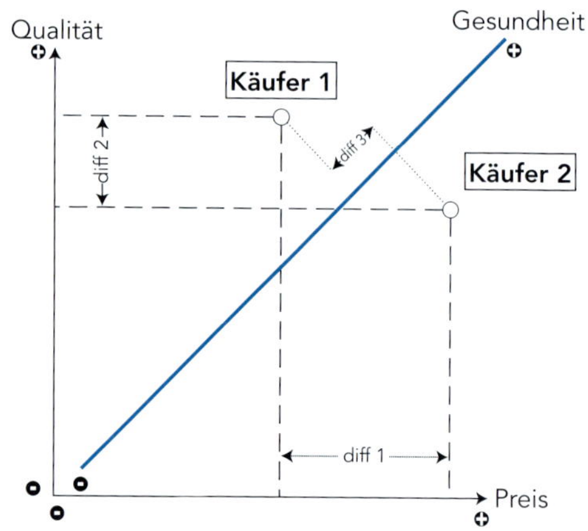

stimmt; andernfalls müssen dem Datenniveau entsprechende Ähnlichkeitsmaße berechnet werden.

In einem ersten Schritt werden in der Clusteranalyse die Ähnlichkeiten der Merkmalsprofile aller möglichen Personen- bzw. Produktpaare berechnet; das ursprünglich sehr komplexe Datenmaterial wird reduziert auf eine Matrix, in der die Ähnlichkeitskoeffzienten aller untersuchten Objekte aufgelistet sind. Ausgehend von der Größe dieser Koeffizienten werden jetzt die Objekte gruppiert.

Leider gibt es keine mathematisch begründeten Empfehlungen für die Zahl der zu bildenden Cluster oder Gruppen. Es liegt in der Hand des Anwenders der Clusteranalyse, diese festzulegen; dabei sollte die Zahl der Cluster nicht willkürlich bestimmt werden, sondern sich aus inhaltlichen, sachlogischen Überlegungen ableiten.

Diskriminanzanalyse

Bei der Diskriminanzanalyse handelt es sich wie bei der Clusteranalyse um ein Verfahren zum Auffinden von Gruppenunterschieden. Dieses Verfahren wird üblicherweise dann eingesetzt, wenn mehrere Stichproben von Auskunftspersonen oder Produkten hinsichtlich derselben Merkmale (z. B. Einstellungen, Motive, Eigenschaften) gemessen worden sind und aufgrund ihrer Merkmalsausprägungen bestimmten Personen- oder Produktgruppen zugeordnet werden sollen. Die Diskriminanzanalyse ist ein Klassifikationsverfahren, das erlaubt, auch Personen oder Produkte, deren Gruppenzugehörigkeit nicht bekannt ist, aufgrund ihrer gemessenen Merkmalsausprägungen zu gruppieren.

Anders als in der Clusteranalyse geht man bei Anwendung der Diskriminanzanalyse davon aus, dass bereits definierte Gruppen (beispielsweise Verwender versus Nicht-Verwender, Markenprodukte versus No-Name-Produkte) bestehen und diese nicht erst erzeugt werden müssen, um eine Klassifikation möglich zu machen. Typische Fragestellungen, zu deren Lösung die Diskriminanzanalyse eingesetzt werden kann, sind beispielsweise:

- Unterscheiden sich berufstätige Hausfrauen hinsichtlich ihres Einkaufsverhaltens von nicht berufstätigen Hausfrauen? Kann man aufgrund des gemessenen Einkaufsverhaltens entscheiden, zu welcher Gruppe eine einzelne befragte Hausfrau gehört?
- Lassen sich Lebensmittel aufgrund ihres Produktimages (gemessen z. B. mit einem Polaritätenprofil) als Grundnahrungsmittel bzw. als so genannte Konsumprodukte klassifizieren?
- Lassen sich Hausfrauen aufgrund ihrer Einstellungen zu alternativ erzeugten Nahrungsmitteln in die Gruppen Verwender bzw. Nicht-Verwender dieser Produkte einordnen?

Eine Klassifikation einer einzelnen Person oder eines Produktes, dessen Gruppenzugehörigkeit unbekannt ist, setzt zunächst einmal voraus, dass sich die definierten Gruppen aufgrund der mittleren Merkmalsausprägungen ihrer Elemente unterscheiden lassen. Zur Bestimmung der Gruppenunterschiede werden in einem ersten Rechenschritt für jede Person oder jedes Produkt der Gesamtstichprobe so genannte Diskriminanzvariablen berechnet. Genau an dieser Stelle wird in der Diskriminanzanalyse das Prinzip der Datenreduktion eingesetzt: Individuelle Diskriminanzvariablen werden berechnet aus den gemessenen Merkmalsausprägungen und der jeweiligen Eignung dieser Merkmale, um zwischen den Gruppen zu differenzieren.

Aus den so je Produkt oder Person berechneten individuellen Diskriminanzvariablen werden nun je Gruppe mittlere Diskriminanzvariablen gebildet. Die Unterschiedlichkeit von zwei Gruppen hinsichtlich der mittleren Merkmalsausprägungen ihrer Elemente (Personen oder Produkte) kann nun über die Differenz der mittleren Diskriminanzvariablen beider Gruppen beschrieben werden.

Um nun aber beliebige Personen oder Produkte, für die dieselben Merkmale gemessen wurden, deren Gruppenzugehörigkeit allerdings unbekannt ist, den Gruppen auch im Nachhinein zuordnen zu können, muss ein weiterer Schritt getan werden. Es muss ein so genannter kritischer Diskriminanzwert festgelegt werden. Aus dem Vergleich der individuellen Diskriminanzvariablen (berechnet aus den gemessenen Merkmalsausprägungen, die jeweils mit der klassifikatorischen Eignung dieser Merkmale gewichtet werden) mit dem kritischen Diskriminanzwert ergibt sich die Zuordnung der zu klassifizierenden Personen oder Produkte zu einer der Gruppen. Der kritische Diskriminanzwert sollte immer so gewählt werden, dass möglichst wenige Fehlklassifikationen vorkommen.

Grafisch lässt sich das Ergebnis einer Diskriminanzanalyse wie in Übersicht I.15 darstellen: Personen oder Produkte können aufgrund der jeweils gemessenen Merkmalsausprägungen als Punkte in einem Merkmalsraum dargestellt werden. In dem beschriebenen Beispiel wurden Hausfrauen hinsichtlich ihrer Einstellung zu alternativ erzeugten Nahrungsmitteln befragt. Es wurden zwei Stichproben untersucht: Hausfrauen, die alternativ erzeugte Nahrungsmittel verwenden, und Hausfrauen, die keine Verwender dieser Produkte sind. Mit Hilfe der Diskriminanzanalyse kann nun festgestellt werden, ob die erhobenen Merkmale Frische und Qualität geeignet sind, um zwischen den Gruppen zu differenzieren.

Mit Hilfe der individuell berechneten Diskriminanzvariablen je Hausfrau wurde die Trennfunktion (y) bestimmt, auf der die jeweiligen mittleren Diskriminanzvariablen der untersuchten Stichproben (Verwender/Nicht-Verwender) eingezeichnet sind. Der Unterschied zwischen beiden Gruppen lässt sich nun als Differenz der mittleren Diskriminanzvariablen beider Gruppen beschreiben: Mittlere Diskriminanzvariable der Verwendergrup-

Übersicht I.15

Trennfunktionen im Rahmen der Diskriminanzanalyse

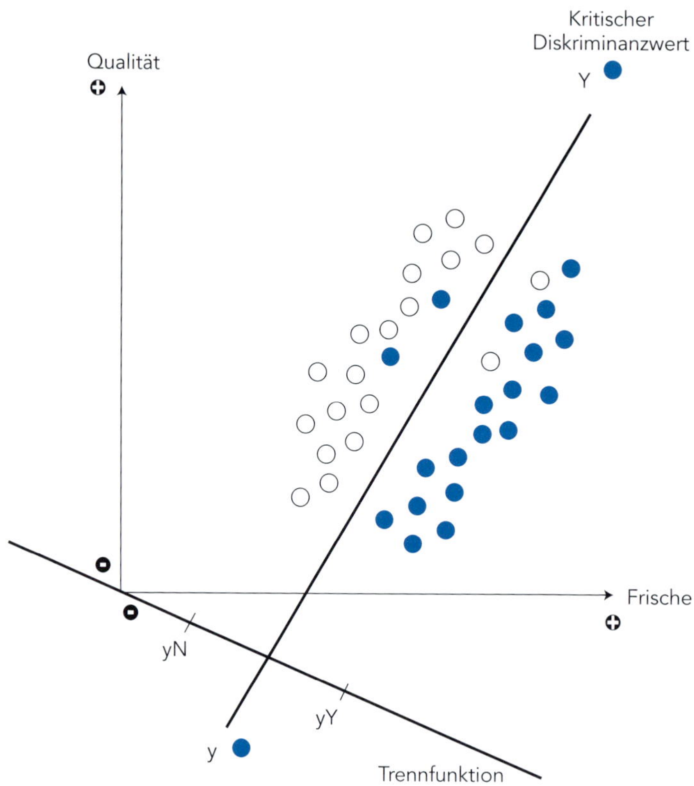

pe (yv) minus mittlere Diskriminanzvariable der Gruppe Nicht-Verwender (yn). Aus der grafischen Darstellung wird deutlich, dass der kritische Diskriminanzwert (yx) so gewählt wurde, dass nur eine möglichst geringe Zahl von Fehlklassifikationen auftritt. Im vorliegenden Fall würden jeweils zwei Verbraucher der Gruppen Verwender bzw. Nicht-Verwender falsch klassifiziert werden.

Nichtmetrische multidimensionale Skalierung

In den bisher beschriebenen Verfahren ging es darum, aufgrund vieler erhobener Merkmale (Einstellungen, Eigenschaften, Motive) von Personen oder Produkten herauszubekommen, wie sich diese Personen-/Produktgruppen unterscheiden. Ziel war es, mit Hilfe von Cluster- oder Diskriminanzanalysen Ähnlichkeiten bzw. Distanzen zwischen den untersuchten Objekten (Personen/Produkten) zu ermitteln und so aufgrund dieser Ähnlichkeiten Gruppen zu bilden bzw. einzelne Objekte bestimmten Gruppen zuzuordnen.

Mit der mehrdimensionalen Skalierung wird nun ein Verfahren vorgestellt, das den genau umgekehrten Weg geht. Grundlage zur Anwendung der mehrdimensionalen Skalierung bilden Ähnlichkeitsdaten bzw. Distanzwerte. Ähnlichkeiten bzw. Distanzen werden immer dann erhoben, wenn Produkte, Personen, Unternehmen usw. in eine Rangreihe gebracht werden. Gleiche oder benachbarte Ränge drücken aus, dass die so skalierten Objekte einander ähnlich sind. Die folgenden Beispiele verdeutlichen, dass in der marktforscherischen Praxis Befragte sehr häufig aufgefordert werden, Rangreihen aufgrund individueller Wahrnehmungen oder Präferenzen zu bilden:

- „Bitte geben Sie einmal für die aufgeführten Einkaufsstätten an, wo Sie am liebsten, am zweitliebsten usw. Obst und Gemüse kaufen."
- „Ordnen Sie bitte die aufgeführten Margarine-Marken entsprechend Ihrer persönlichen Kaufpräferenz."
- „Bitte bringen Sie die aufgeführten Brotaufstriche entsprechend ihrer Ähnlichkeit bzw. Verschiedenheit in eine Rangreihe."

Ein Untersucher erfährt nun aufgrund solcher Rangordnungsverfahren, dass beispielsweise die befragten Hausfrauen Obst und Gemüse am liebsten beim Landwirt (Rangplatz 1) und auf dem Wochenmarkt (Rangplatz 2), mittelgern im Lebensmitteleinzelhandel (mittlerer Rangplatz) und nur ungern im SB-Handel (letzter Rangplatz) einkaufen. Genügt ihm dieser Informationsgewinn nicht, will er wissen, wie groß nun eigentlich der subjektiv empfundene Unterschied zwischen den Objekten (hier: Einkaufsstätten) ist, der sich ja in den zugeordneten Rängen ausdrückt, und wodurch dieser zustande kommt, kann er die MDS als Analyseverfahren einsetzen.

Mit Hilfe der MDS lassen sich psychologische Entfernungen zwischen Objekten (Personen / Produkten), die sich in der – aufgrund subjektiver Wahrnehmungen / Präferenzen von Auskunftspersonen – erstellten Rangordnung diese Objekte ausdrücken, als messbare Distanzen in einem mehrdimensionalen Wahrnehmungsraum darstellen. Der MDS liegt also die Vorstellung zugrunde, dass sich subjektive Ähnlichkeitsurteile aus einem internen Vergleich der zu beurteilenden Objekte auf mehreren Merkmals- / Eigenschaftsdimensionen ergeben. Beispielsweise könnten die Einkaufsstätten Wochenmarkt und Landwirt deshalb als ähnlich (= vergleichbare Ränge) eingestuft worden sein, weil sie auf den Merkmalsdimensionen Frische, Natürlichkeit und Qualität ähnliche Ausprägungen zeigen.

Die Aufgabe der MDS besteht nun darin, die beurteilten Objekte (Personen / Produkte) so in einen zwei- oder mehrdimensionalen Wahrnehmungsraum einzuordnen, dass die berechenbaren physischen Distanzen möglichst gut mit den subjektiv empfundenen Distanzen bzw. Ähnlichkeiten übereinstimmen. Die physischen Distanzen werden in der MDS üblicherweise mittels der euklidischen Distanz berechnet.

Die Güte der Anpassung der berechneten Distanzen an die subjektiven Ausgangsdaten ist unmittelbar abhängig von der Zahl der Dimensionen, die den Wahrnehmungsraum umspannen. Gleichzeitig erhöht sich mit zunehmender Zahl der Dimensionen die Schwierigkeit für den Anwender der MDS, die Dimensionen eindeutig inhaltlich zu interpretieren. Bestimmt wird die notwendige (notwendig im Sinne einer zuverlässigen Abbildung der subjektiven Distanzen durch die berechneten), aber hinreichende (hinreichend für eine sachlogisch zu begründende Interpretation der ermittelten Urteilsdimension) Dimensionenzahl im Ablauf der MDS in einem iterativen Prozess. Ausgehend von einer relativ hohen Dimensionalität, wird die Zahl der Dimensionen schrittweise reduziert. Für jede hypothetisch angenommene Dimensionszahl wird ein Maß für die Anpassungsgüte berechnet; also gefragt, wie gut sich die subjektiven Distanzen zwischen den beurteilten Objekten aus den jeweils berechneten Distanzen vorhersagen lassen. Angenommen wird in der Regel die Lösung, in der mit der kleinsten Dimensionalität des Wahrnehmungsraumes eine noch hohe Anpassungsgüte gewährleistet wird.

Zeitreihenanalyse

Während wir im vorangegangenen Kapitel kennen gelernt haben, wie die Beziehungen zwischen verschiedenen Variablen in ihrer Ausprägung zu einem gegebenen Zeitpunkt analysiert werden können, betrachten wir bei Zeitreihenanalysen die Entwicklung der Werte einzelner Variabler im Zeitablauf und untersuchen die Bestimmungsgründe dieser zeitlichen Entwicklung. Zeitreihenanalysen werden z. B. zur Erklärung und Prognose von Preisentwicklungen eingesetzt. Dabei wird davon ausgegangen, dass der Preis eines Gutes zu einem bestimmten Zeitpunkt von mehreren Komponenten bestimmt wird, und zwar in der Regel von einer langfristigen, einer mittelfristigen, einer saisonalen und einer unregelmäßigen oder kurzfristigen Komponente. Die langfristige Preisentwicklung eines Gutes kann auf einen Wandel der Nachfrage- oder Angebotsstruktur, auf Veränderungen in den Preisrelationen zu anderen Gütern oder auf Ursachen zurückzuführen sein, die durch den technischen Fortschritt bedingt sind. Mittelfristige Preisschwankungen, die uns auf manchen Agrarmärkten in der Spezialform zyklischer Veränderungen begegnen, beruhen in der Regel auf den Angebotsschwankungen von einer Produktionsperiode zur nächsten. Saisonale Preisbewegungen dagegen haben ihre Ursache in jahreszeitlich unterschiedlichen Verbrauchsgewohnheiten oder in produktionstechnisch bedingten Angebotsschwankungen. Kurzfristige bzw. unregelmäßige Preisausschläge schließlich beruhen häufig auf Fehleinschätzungen von Angebot und Nachfrage durch die Marktbeteiligten oder auf Witterungseinflüssen.

Erst die Zerlegung einer Zeitreihe in diese Komponenten erlaubt eine zuverlässige Beurteilung der Preisbewegungen. Da sich die einzelnen Komponenten im Zeitverlauf überlagern, gleichgerichtet oder gegeneinander gerichtet sein können, muss zunächst die Art ihrer Verflechtung erkannt werden. Grundsätzlich kann man dabei von folgenden zwei Typen von Verknüpfungen ausgehen, die in der Regel als Mischform vorkommen:

$O = T + C + S + U$ (additive Verknüpfung der Komponenten)
$O = T \times C \times S \times U$ (multiplikative Verknüpfung der Komponenten)
O = Originalreihe
T = Trend (langfristige Entwicklung)
C = Mittelfristige Entwicklung (z. B. Zyklus)
S = Saisonschwankung (jahreszeitliche Schwankung)
U = Unregelmäßige Schwankung.

Zur Zerlegung von Zeitreihen können verschiedene Methoden angewandt werden. Den Verfahren entsprechend muss das Datenmaterial aufbereitet werden. Als allgemeine Hinweise hierzu können gelten: Trendberechnungen beruhen auf Jahreszahlen, Saisonberechnungen beruhen auf Monatszahlen, Berechnungen mittelfristiger Schwankungen auf Vierteljahres- bzw. Monatszahlen, zur Berechnung kurzfristiger Schwankungen benötigt man Tages- bzw. Wochenzahlen.

Trend: Die einfachste Methode, den Trend einer Reihe zu verdeutlichen, ist das freihändige (deshalb Freihandmethode) Zeichnen einer Funktion, die als eine Art „dynamischer Mittelwert" die Entwicklung einer Reihe dem Augenschein entsprechend „am besten" wiedergibt. Die hierbei zwangsläufig angewandte Willkürlichkeit lässt sich durch

Anwendung der im Zusammenhang mit der Regressionsrechnung genannten „Methode der kleinsten Quadrate“ vermeiden. Ein anderes rechnerisches Verfahren, das besonders aufgrund seiner einfachen Handhabung zur Trendberechnung oft eingesetzt wird, ist die „Methode der gleitenden Durchschnitte“.

Dieses Verfahren beruht auf der Möglichkeit, die in einer Zahlenreihe vorhandenen Zufallsschwankungen dadurch zu eliminieren, dass man die ursprünglichen Werte durch Durchschnittswerte ersetzt, die aus einer immer gleichen Anzahl benachbarter Werte gebildet werden, z. B. wie in Formel I.12.

Formel I.12

$$a_3' = \frac{a_1 + a_2 + a_3 + a_4 + a_5}{5}$$

$$a_4' = \frac{a_2 + a_3 + a_4 + a_5 + a_6}{5}$$

Zur fortlaufenden Bildung der Durchschnitte wird also jeweils der erste Wert einer entsprechenden Zahlenreihe durch einen hinzukommenden in der Art ersetzt, dass der ermittelte Durchschnitt dem mittleren Wert zugeordnet werden kann.

Das Verfahren kann durchaus mehrmals hintereinander durchgeführt werden, wenn man glaubt, noch nicht alle Zufallseinflüsse beseitigt zu haben. Es empfehlt sich dabei, jeweils eine ungerade Zahl benachbarter Werte zu nehmen, damit sich Grundzahlen und Durchschnitte auf die gleichen Zeitpunkte beziehen. Durch die Bildung gleitender Durchschnitte wird eine neue Zahlenreihe gewonnen, die sich die ursprünglichen umso mehr „anschmiegt“, je weniger Zahlen zur jeweiligen Durchschnittsbildung herangezogen werden. Je mehr Zahlen jedoch zur Durchschnittsbildung herangezogen werden, umso mehr Schwankungen werden ausgeschaltet. Aber auch wesentliche Züge der Entwicklung können auf diese Weise „weggeglättet“ werden. Die Wahl der Art und Zahl der zu mittelnden Glieder liegt also im sachgemäßen Ermessen des Analytikers.

Bei der Berechnung von Trends ist besonders darauf zu achten, dass die Anfangs- und Endwerte (in der Regel wird man Jahresdaten verwenden) einer Zeitreihe keine extrem zufallsentstellten Werte sind.

Die Bereinigung der Originalreihe um den ermittelten Trend erfolgt durch einfache Subtraktion (bei additiver Verbindung) der Trendwerte von den Ursprungswerten. Wir erhalten auf diese Weise eine neue Reihe, der nicht nur die langfristige Entwicklungstendenz, sondern auch ein (allerdings nicht genau zu definierender) Teil der unregelmäßigen Schwankungen genommen ist.

Saisonfigur: Das soeben beschriebene Verfahren der gleitenden Durchschnitte eignet sich auch besonders gut zur Ermittlung jahreszeitlicher Schwankungen. Man geht dabei nach folgenden kurz skizzierten Schritten vor:

1. Ermittlung von Trend und Zyklus mit Hilfe von gleitenden 13-Monats-Durchschnitten (man wählt 13 Monate oder 11 volle und 2 halbe Monate, um den errechneten Mittelwert einem bestimmten Monat zuteilen zu können).
2. Bereinigung der Originalreihe um die Trend-Zyklus-Komponente

Formel I.13

$$S + R = Y - (T + C) \text{ bzw. } S + R = \frac{Y}{(T + C)}$$

3. Ordnen und Addieren der Abweichungen der jeweiligen Januar-, Februar-, Märzwerte usw. über mehrere Jahre.
4. Ermittlungen der arithmetischen Mittel für jeden Monat.
5. Korrektur der durchschnittlichen Abweichungen der gemittelten Monatswerte (wenn die Summe der Werte = 0) um 1/12 der insgesamt festgestellten Abweichung (bzw. um 1/12 × 100 bei relativer Abweichung).

Die auf diese Weise ermittelte Zahlenreihe von 12 Monatswerten demonstriert den typischen Verlauf einer der gesamten Reihe zugrundeliegenden Saisonkurve. Wollen wir dagegen den Saisonverlauf aus der ursprünglichen Reihe ausschalten, so müssen wir die typischen Werte der Saisonkurve von der Originalreihe subtrahieren bzw. diese durch die relativen Saisonwerte dividieren.

Zyklus: Aus der gewonnenen Zahlenreihe können wir nach den schon beschriebenen Verfahren den Trend eliminieren und erhalten typische mittelfristige (im Spezialfall: zyklische) Schwankungen, die aber noch einen Anteil an unregelmäßigen Restschwankungen enthalten. Da jedoch Trendberechnungen immer ein gewisses Maß an Willkür anhaftet, verzichtet man oftmals auf die Eliminierung des Trends und stellt Zyklus und Trendkomponente gemeinsam dar. Die Restschwankungen schaltet man dann annäherungsweise durch erneute Bildung gleitender (2- oder 5-Monats-)Durchschnitte aus.

Restschwankungen: Haben wir Trend, Saison und Zyklus bestimmt, so verbleiben nach Subtraktion bzw. Division der Reihen von der Originalreihe Restschwankungen (vgl. Formel I.14).

Formel I.14

$$R = Y - T - C - S \quad \text{bzw. } R = \frac{Y}{T - C \cdot S}$$

Übersicht I.16 zeigt die Komponenten einer Zeitreihe an einem Beispiel.

Bei der Durchführung der skizzierten Zeitreihenanalyse können sich zahlreiche Fehler einschleichen. Daher ist besondere Sorgfalt geboten:

- Bei der Trendberechnung: Der Zeitraum muss deutlich länger sein als der der periodischen Schwankungen (Saison und Zyklus). Die Anfangs- und Schlusspunkte müssen vernünftig gewählt werden. Einfache grafische Darstellungen führen bei sachlogischer Überlegung oft zu realitätsnäherer Darstellung als komplizierte mathematische Methoden.
- Bei der Berechnung periodischer Schwankungen: Die Länge der Periode muss nach sachlichen, nicht nach formalen Kriterien bestimmt werden. Es muss geprüft werden,

Übersicht I.16

Zerlegung von Zeitreihen, dargestellt am Beispiel der Preise für Schlachtschweine

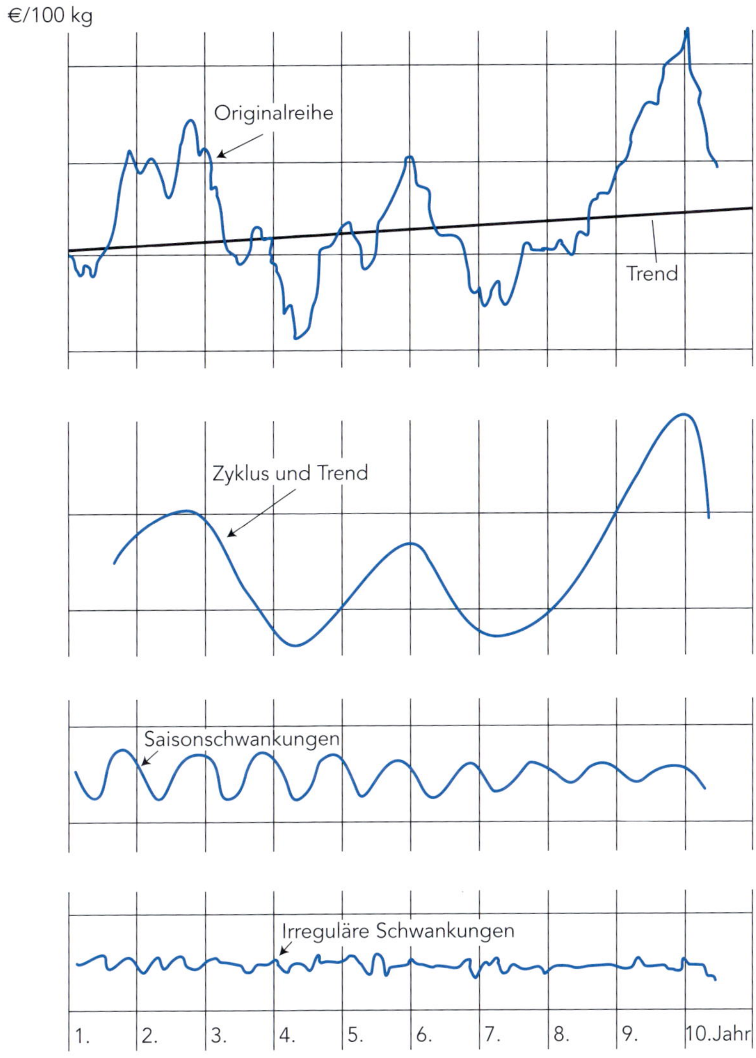

ob die Voraussetzungen zur Ermittlung von regelmäßigen Schwankungen gegeben sind (zeitlich gleicher Bewegungsrhythmus und keine Intensitätsveränderungen).

- Bei der Interpretation der Daten: Die ermittelten Zeitreihenkomponenten sind zunächst nur formal mathematische Werte, die keine sachlich-inhaltlichen Beziehungen beweisen, sondern allenfalls vermuten lassen.

Prognosetechniken

Analyse und Prognose sind eng miteinander verbunden. Denn die sorgfältige Analyse des Zahlenmaterials ist Voraussetzung für die Genauigkeit der Prognose, dem zentralen Anliegen der meisten Informationsbeschaffungsprozesse. Da sich Entscheidungen auf die Zukunft richten, sollen Prognosen das Entscheidungsrisiko mindern.

Das Stichwort ist unmittelbar mit der Frage nach dem Prognosehorizont verbunden. Man unterscheidet allgemein kurzfristige, mittelfristige und langfristige Prognosen. Diese Einteilung darf jedoch nicht starr übernommen werden. Vielmehr ist die Länge des Prognosezeitraumes im Einzelfall abhängig zu machen von

- dem Ziel der Planung,
- den Eigenschaften des Prognoseobjektes (z. B. Produkt),
- den Eigenschaften der analysierten Zeitreihe,
- den Informationen über exogene Einflussfaktoren,
- den Genauigkeitsanforderungen an die Prognosen.

Die Unterscheidung zwischen Prognosetypen nach dem Zeitraum ist deshalb oft zu schematisch. Wichtiger dagegen ist der generelle Zusammenhang zwischen Prognosehorizont und Aussagefähigkeit der ermittelten Daten:

- Je längerfristig der Prognosezeitraum, desto allgemeiner und unpräziser müssen die prognostizierten Werte sein.
- Je allgemeiner die Problemstellung, desto genauer ist die Prognose und umgekehrt.
- Je weniger sich die Faktoren verändern, die den zu prognostizierenden Wert beeinflussen, desto genauer wird die Prognose auch über einen weiteren Zeitraum sein.

In der Praxis sind vor allem folgende Prognosemethoden wichtig:

- Befragung,
- Analogieschluss,
- Extrapolation,
- Fortschreibung,
- Regressionsanalytische Verfahren,
- Markov-Ketten,
- Lernmodelle.

(1) Befragung

Mangel an Zeit (besonders bei kurzfristigen Prognosen) und/oder quantifizierbaren Daten, vor allem aber die Möglichkeit, die fachmännische Kompetenz der Spezialisten zu nutzen, lassen es oftmals ratsam erscheinen, auf formalisierte mathematische Berechnungen zu verzichten und die Beschaffung der Informationen über die Zukunft der Intuition und Fachkenntnis von Spezialisten zu übertragen. Diskussionen in betriebsinternen Führungsgremien, Gespräche mit Außendienstmitarbeitern, aber auch Befragungen der Absatzmittler und Konsumenten sind Wege zur Gewinnung der Informationen. Eine weitere wertvolle Methode ist die Befragung externer Experten, die in Gesprächen um ihr Urteil gebeten werden oder aber auf schriftlichem Wege ihre Meinung äußern können. Diese Expertenbefragung wird als Delphi-Methode bezeichnet. Sie hat folgenden Aufbau:

(1) Ausarbeitung eines formalisierten Frageprogramms,
(2) Anonyme Einzelantworten der befragten Experten,

(3) Auswertung der Antworten und erste Zusammenfassung der Ergebnisse,
(4) Information der Teilnehmer über die Gruppenantwort,
(5) (ein- oder mehrmalige) Wiederholung der Aktion mit präziser Fragestellung,
(6) Statistische Auswertung der Gruppenantwort.

Mit Hilfe der Delphi-Methode können bei geschickter Frageformulierung sorgfältig abgewogene Expertenurteile gewonnen werden, wobei vor allem der in Gruppengesprächen oft negative Einfluss dominierender Personen ausgeschaltet wird. Probleme liegen in der Gewinnung der Experten zur Mitarbeit (Experten sind oft Personen, die ihr Wissen kommerziell nutzen und deshalb kaum auskunftsbereit sind), in der Bestimmung der notwendigen Zahl der Auskunftspersonen, in der Gewichtung der Fachkompetenz der einzelnen Experten und der Beurteilung der Sicherheit ihrer Aussagen.

(2) Analogieschluss

Unausgesprochen ist nahezu jede Prognosemethode eine abgewandelte, mehr oder weniger formalisierte Methode des analogen Schließens: Aufgrund der Gleichheit oder Ähnlichkeit bestimmter sachlicher, räumlicher oder zeitlicher Merkmalsausprägungen oder Entwicklungen oder ihrer Einflussfaktoren wird auf gleiche oder ähnliche künftige Entwicklung geschlossen. Beispiele sind Vergleiche zwischen Entwicklungen in verschiedenen Ländern, zwischen Merkmalsausprägungen bei verschiedenen Bevölkerungsgruppen („mit wachsendem Wohlstand sinkt die Einkommenselastizität der Nachfrage nach Nahrungsmitteln“) oder Produkten und die Unterstellung gleichbleibender periodischer Schwankungen bei der Zeitreihenanalyse bzw. Prognose.

(3) Extrapolation

Ein gebräuchliches, weil leicht zu handhabendes Verfahren ist die tendenzielle (insbesondere zeichnerische) Weiterführung von Zeitreihen, wobei die gleichbleibende Wirkung der Einflussfaktoren auf den zu prognostizierenden Wert unterstellt wird. Ein zentrales Problem bei solchen Extrapolationen ist die häufig zu beachtende Tatsache, dass die Daten der Vergangenheit auf Einflussgrößen basieren, deren tatsächliches Gewicht für die künftige Entwicklung mit wachsendem Abstand von der Gegenwart immer geringer wird. Zu brauchbaren Prognoseergebnissen gelangt man dann mit Hilfe des Verfahrens der „Exponentiellen Glättung“ (Exponential Smoothing). Hierbei wird der Schätzwert als gewogenes arithmetisches Mittel nach folgender Formel ermittelt:

Formel I.15

$$\bar{x}_t = a \sum_{i=0}^{\infty} (1 - a)^i \cdot x_{t-i}$$

Zur praktischen Anwendung ist die Rekursionsformel

$$\bar{x}_t = (1 - \bar{a})x_{t-1} + ax_t$$

besser geeignet.

Dabei ist a ein Parameterwert zwischen 0 und 1, dessen Höhe nach der gewollten Gewichtung der Zeitreihenwerte festgelegt wird (je größer a, desto weniger stark wirken sich weit zurückliegende Daten aus).

Langfristige Prognosen werden meistens durch Trendextrapolationen erstellt. Die Kunst des Prognostikers liegt hierbei in der zeichnerischen und rechnerischen Ermittlung der geeigneten Funktion (Entscheidungshilfen bei der rechnerischen Ermittlung geben Korrelationsanalysen).

(4) Fortschreibung

Anstatt die eigentliche Zielgröße zu prognostizieren, werden bei der Fortschreibung die Zu- und Abgänge von einer bestimmten Bestandsmasse ermittelt, da diese oft leichter zu ermitteln sind. Dieses Verfahren, das z. B. bei Bevölkerungs-, Auftragsbestands- und Lagerbestandsprognosen angewandt wird, erfreut sich großer Beliebtheit bei der Prognose kurzfristiger Mengenbewegungen auf Märkten für tierische Produkte. So kann man etwa das Angebot an Eiern, Schlachtschweinen oder -rindern mit Hilfe statistisch recht zuverlässig erfasster Bestandszahlen und der Kenntnisse über Produktionsdauer und -ausfälle einigermaßen gut kurzfristig prognostizieren.

(5) Regressionsanalytische Verfahren

Bevor die Darstellung wichtiger Prognoseverfahren mit der Behandlung von Markov-Ketten und Lernmodellen abgeschlossen wird – die in statistischen Einführungskursen häufig nicht behandelt werden und auf die deshalb im Folgenden ausführlicher eingegangen wird –, muss darauf hingewiesen werden, dass Prognosen auch mit Hilfe regressionsanalytischer Verfahren durchgeführt werden können. Die für diese Verfahren typische Vorgehensweise über die Erstellung eines statistischen Schätzmodells wird man dann wählen, wenn die Schätzmöglichkeiten bei der Bestimmung der unabhängigen Variablen günstiger sind als bei der direkten Vorschätzung der durch sie beeinflussten abhängigen, d. h. zu prognostizierenden Variablen. Die Anwendung dieser Methode verlangt jedoch, dass sich die im ökonometrischen Modell festgehaltenen Einflussfaktoren in ihrer Zusammensetzung und Wirkung auf die unabhängigen Variablen ebenso wie die im Modell unterstellten Nebenbedingungen im Prognosezeitraum nicht verändern.

Welche der bisher genannten Prognoseverfahren auch immer angewandt werden, bei der Interpretation der Prognoseergebnisse sollten zur Vermeidung von Fehlschlüssen immer folgende Faustregeln beachtet werden:

- Gib alle bei der Prognose berücksichtigten und nicht berücksichtigten Einflussfaktoren an.
- Erkläre deutlich, unter welchen Prämissen (sachlichen und methodischen Einschränkungen) die Prognosen Gültigkeit haben.
- Kennzeichne deutlich die Spannbreite (Zuverlässigkeit bzw. Sicherheitsgrad), innerhalb derer die Prognosewerte schwanken können.

(6) Markov-Ketten

Zur Prognose von Marktanteilen ist die Methode der Markov-Ketten geeignet. Der bei den einzelnen Produkten erreichte Marktanteil ist ein besonders aussagefähiger und zugleich leicht zu ermittelnder Indikator für den Markterfolg eines Unternehmens.

Voraussetzung zur Analyse von Marktanteilen, auf der die Prognose aufbauen kann, sind ausreichend lange Zeitreihen über den Absatz der eigenen und der Konkurrenzprodukte. Diese Angaben können durch Wiederholungsbefragungen in Form des Panels gewonnen werden, wobei die einfache Gliederung der Panelergebnisse nach regionalen und soziodemografischen Käufermerkmalen die wichtigsten Basisinformationen zur Analyse des Marktanteils liefert.

Hinter der Veränderung von Marktanteilen verbergen sich oft sehr vielschichtige Umschichtungen der Käuferstruktur. Die Aufgabe des Unternehmens ist es, im Einzelnen zu analysieren, ob diese Umschichtungen für die weiteren Absatzaussichten als vorteilhaft oder als nachteilig beurteilt werden müssen, insbesondere auch, ob die Verlagerung zwischen den Käufergruppen auf eine Annäherung an die vom Unternehmen angesprochene Zielgruppe oder auf eine zunehmende Diskrepanz zwischen Zielgruppe und tatsächlicher Käufergruppe hinausläuft.

Zusätzliche Aufschlüsse über die Marketingpolitik des Unternehmens lassen sich aus einer solchen einfachen Analyse der Marktanteile gewinnen, wenn in die Betrachtung nicht nur die Käuferanteile, sondern auch die Anteile der gekauften Mengen und der monetären Aufwendungen einbezogen werden. Das ist möglich, weil sich aus den Paneldaten nicht nur die gesamte Käuferzahl, sondern auch das gesamte mengen- und wertmäßige Marktvolumen ermitteln lassen.

Diese Hinweise zeigen bereits, dass die von einem Unternehmen jeweils erreichten Käuferanteile nicht isoliert betrachtet werden dürfen. Dies gilt umso mehr, als sich selbst hinter einem von einer Zeitperiode zur nächsten unveränderten Käuferanteil eine starke Fluktuation von Käufern verbergen kann. Denn es ist offen, ob die Käufer eines Produktes in verschiedenen Zeitperioden miteinander identisch sind. Eine hohe Käuferfluktuation beinhaltet stets die Gefahr starker Verkürzungen der Lebensdauer eines Produktes. Deshalb muss der Anbieter seine Anstrengungen darauf richten, einen möglichst großen Stamm von produkttreuen Käufern zu gewinnen. Schon bei der Einführung eines neuen Produktes muss das Marketing-Mix auf dieses Ziel ausgerichtet werden.

Verbraucherpanels bieten die Möglichkeit, Käuferwanderungen durch die exakte Zuordnung der Käufe zu den Befragungspersonen in den verschiedenen Zeitperioden zu verfolgen.

Der Anteil des Unternehmens kann sich für die drei Messgrößen – Käufer, Mengen und monetäre Aufwendungen – unterschiedlich entwickeln. Wenn diese drei Werte für die eigenen Produkte mit denen der Konkurrenzprodukte verglichen werden, zeigt sich z. B., ob im Marketing-Mix die angesteuerte Preislage erfolgreich war. Als Änderungsmöglichkeiten könnten eine veränderte Preislage oder die Einführung eines weiteren Produktes, das im Preisniveau über oder unter dem des bisherigen Erzeugnisses liegt, ins Auge gefasst werden.

Ein Beispiel dazu ist in Übersicht I.17 aufgeführt. Es macht deutlich, dass das Produkt B bereits in kurzer Zeit hohe Käuferanteile auf sich vereinigen konnte. Dagegen war der Anteil der Käufer des Produktes A an der Gesamtzahl der Käufer zunächst sehr viel geringer.

Eine gleichzeitige Analyse der Wiederkäufe zeigt jedoch, dass das Produkt A von einer sehr viel höheren Anzahl von Konsumenten in den nachfolgenden Perioden wieder gekauft wurde, während es sich bei den meisten Käufern des Produktes B ganz offensichtlich um Probierer handelte, die nach dem ersten Versuch die Marke wechselten.

Wie stark gegenläufige Käuferbewegungen sein können, die sich hinter den Veränderungen von Marktanteilen verbergen, zeigt beispielhaft Übersicht I.18. Sie verdeutlicht, dass die Veränderung der Käuferzahl von Periode 1 auf Periode 2 sowohl auf die Wieder-

Übersicht I.17

Käufer und Wiederkäufer der Produkte A und B in % aller Käufer der Produktgruppen (kumulierte Daten für 13 Vier-Wochen-Perioden)

Vier-Wochen-Periode	1	2	3	4	5	6	7	8	9	10	11	12	13
Käufer des Produktes A in % aller Käufer	2	3	6	7	9	12	14	18	19	21	22	24	25
Wiederkäufer des Produktes A in % aller Käufer	–	1	3	4	5	7	8	10	12	14	17	18	19
Käufer des Produktes B in % aller Käufer	2	4	9	14	17	21	23	27	31	42	47	53	59
Wiederkäufer des Produktes B in % aller Käufer	–	1	1	2	2	2	3	3	4	4	4	4	5

Übersicht I.18

Käuferwanderung zwischen zwei Zeitperioden

Produkt	Marktanteile Periode 1		Veränderung von Periode 1 zu Periode 2						Produkttreue Käufer	Marktanteile Periode 2	
	Käuferzahl absolut	Marktanteil %	Käufer gewonnen von			Käufer verloren an				Käuferzahl absolut	Marktanteil %
			A	B	C	A	B	C			
A	200	16,3	0	60	90	0	20	30	150	300	25,0
B	400	33,3	20	0	140	60	0	50	290	450	37,0
C	600	50,0	30	50	0	90	140	0	370	450	37,0

käufe produkttreuer Käufer als auch einerseits auf gleichzeitige Käuferverluste an die Konkurrenten und andererseits auf Käufergewinne von diesen Wettbewerbern zurückgeht.

Die aufgrund von Paneldaten mögliche Analyse der Wanderungsbewegungen von Käufern zwischen verschiedenen Produkten kann den Ausgangspunkt für die Prognose künftiger Marktanteile bilden. Die Anwendung von Markov-Ketten beruht auf der Hypothese, dass die Produktwahl in einer bestimmten Zeitperiode in dem Maß beeinflusst wird, wie bestimmte, feststehende Übergangswahrscheinlichkeiten zwischen den verschiedenen Käufergruppen bestehen.

Auf der Grundlage der Daten aus Übersicht I.19 zeigt Übersicht I.20 die aus dem Zeitvergleich der Zeitperioden 1 und 2 gewonnenen Übergangswahrscheinlichkeiten bei der Käuferwanderung zwischen den Käufern der drei Produkte A, B und C.

Von den 200 bisherigen Käufern des Produktes A kaufen 150 in der nachfolgenden Periode 2 das gleiche Produkt wieder. Die Übergangswahrscheinlichkeit beträgt also 0,75. 20 Käufer wandern zur Marke B (Übergangswahrscheinlichkeit 0,10) und 30 Käufer wenden sich der Marke C zu (Übergangswahrscheinlichkeit 0,15).

Übersicht I.19

Übergangswahrscheinlichkeiten bei der Käuferwanderung

	Wahrscheinlichkeit des Übergangs von		
	A	**B**	**C**
Produktwahl in Periode – A	150/200 = 0,75	60/400 = 0,15	90/600 = 0,15
Produktwahl in Periode – B	10/200 = 0,05	290/400 = 0,73	140/600 = 0,23
Produktwahl in Periode – C	30/300 = 0,10	50/400 = 0,13	370/600 = 0,62

Übersicht I.20

Matrix der Übergangswahrscheinlichkeiten zwischen den Produkten A, B, C

	A	**B**	**C**
A	0,750	0,150	0,150
B	0,050	0,730	0,230
C	0,100	0,130	0,620

Formel I.16

$$P = p_{ij} = \begin{vmatrix} p_{11} & p_{12} & \cdots & p_{1n} \\ p_{21} & p_{22} & \cdots & p_{2n} \\ \vdots & \vdots & & \vdots \\ p_{n1} & p_{n2} & \cdots & p_{nn} \end{vmatrix}$$

Ein solches Modell, bei dem unterstellt wird, dass die Käufe in Periode 2 nur von denen der Periode 1 bestimmt werden, wird als Markov-Kette erster Ordnung bezeichnet.

In der Schreibweise der Matrizenrechnung wird die Matrix der Übergangswahrscheinlichkeiten in allgemeiner Form wie in Formel I.16 geschrieben. P ist die Wahrscheinlichkeit für den Übergang vom bisherigen E zum künftigen Zustand. Für das Zahlenbeispiel aus Übersicht I.18 ergibt sich die in Übersicht I.19 angegebene Matrix der Übergangswahrscheinlichkeiten zwischen den drei betrachteten Produkten.

Mit Hilfe dieser Übergangswahrscheinlichkeiten lässt sich die Änderung der bisherigen Marktanteile vorausschätzen. (Diese bisherigen Marktanteile sind in der Terminologie der Matrizenrechnung die Ausgangswahrscheinlichkeiten.)

In unserem Beispiel betragen die Marktanteile in der Periode 2 für das Produkt A 25 % und für die Produkte B und C je 37,5 %. Die Vorschätzung der Marktanteile für die Perio-

Übersicht I.21

Vorausschätzungen der Marktanteile in Periode 3

$$\begin{array}{c} A \\ B \\ C \end{array} \begin{vmatrix} 0{,}750 & 0{,}150 & 0{,}150 \\ 0{,}050 & 0{,}730 & 0{,}230 \\ 0{,}100 & 0{,}130 & 0{,}620 \end{vmatrix} \times \begin{vmatrix} 0{,}250 \\ 0{,}375 \\ 0{,}375 \end{vmatrix} = \begin{vmatrix} 0{,}300 \\ 0{,}373 \\ 0{,}306 \end{vmatrix}$$

de 3 ergibt sich durch Multiplikation der Übergangswahrscheinlichkeiten mit diesen Marktanteilen der Vorperiode (Anfangswahrscheinlichkeiten), wie aus Übersicht I.21 zu ersehen ist.

Die Vorschätzung der Marktanteile lässt sich für beliebig viele weitere Perioden vornehmen. Um die Marktanteile in der Periode 4 vorauszuschätzen, wird die quadrierte Matrix der Übergangswahrscheinlichkeiten mit der Matrix der Anfangswahrscheinlichkeiten (hier: Marktanteile in der Periode 2) multipliziert.

Für jede weitere Zeitperiode wird die Matrix der Übergangswahrscheinlichkeiten für die vorzunehmende Multiplikation in die jeweils nächstfolgende Potenz erhoben.

Bei einer solchen Berechnung ergeben sich Marktanteile, die gegenüber der Vorperiode abnehmende Änderungen aufweisen. Sie streben einem Gleichgewichtszustand zu („Konvergenzzustand").

(7) Lernmodelle

Die bei der Anwendung von Markov-Ketten notwendigen, wenig realistischen Prämissen – feststehende Übergangswahrscheinlichkeiten zwischen Käufergruppen – können vermieden werden, wenn das Käuferverhalten mit Hilfe von Lernmodellen als Lernvorgang interpretiert wird. Bereits bei der Darstellung der Käuferverhaltensmodelle (Kapitel A 3) haben wir gesehen, dass der einzelne Kaufentscheid nicht nur von den jeweils wirksamen Stimuli auf dem Markt abhängt, sondern auch von den Erfahrungen des Konsumenten in der Vergangenheit beeinflusst wird. Diese Erfahrungen bestehen nicht nur aufgrund unmittelbar vorangegangener Käufe, sondern können möglicherweise auf weit zurückliegende Zeitperioden zurückreichen. „Lernen" wird in diesem Zusammenhang als ein sich in wiederholten, einander ähnlichen Situationen vollziehendes Gewinnen von Erfahrungswissen verstanden. Die Anstöße zur quantitativen Beschreibung solcher Lernprozesse stammen aus der empirischen Psychologie (z. B. Tierversuche mit der „Skinner box") und finden ihren Niederschlag in mathematischen Lernmodellen. Daher handelt es sich in der Regel um probabilistische Lernmodelle, d. h., es werden Aussagen über die Wahrscheinlichkeiten bestimmter Verhaltensweisen eingeführt.

Man kann also mit Hilfe von Lernmodellen künftige Kaufentscheide und damit auch künftige Marktanteile voraussagen, und zwar jeweils mit einer genau angegebenen Wahrscheinlichkeit. Um das zu verdeutlichen, stellen wir uns vor, zwei Konsumenten hätten sich in der Vergangenheit in folgender Reihenfolge jeweils für die Marke A oder die Marke B eines Produktes entschieden:

Käufer 1: A B A A A A A

Käufer 2: B A B B A B B B

Übersicht I.22

Die Beziehung zwischen Kauferfahrung und Wiederkaufswahrscheinlichkeit

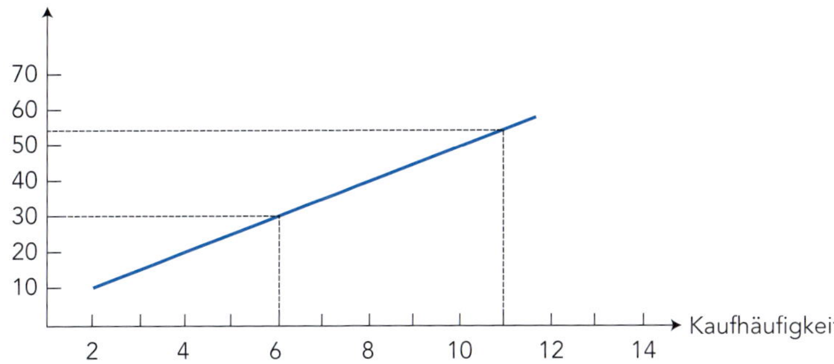

Die Zahl der Kaufentscheidungen der beiden Konsumenten ist also unterschiedlich groß. Entscheidend ist aber, dass die beiden Käufer sich mit unterschiedlicher Häufigkeit und in unterschiedlicher Folge für die beiden Produkte entschieden haben. Probabilistische Lernmodelle stellen generalisierend dar, wie der einzelne Käufer sich vor dem Hintergrund seiner bisherigen Kaufentscheide beim nächsten Kaufakt entscheiden wird. Die Wahrscheinlichkeit, dass der Konsument das Produkt A oder das Produkt B wählen wird, ist umso größer, je häufiger sich der Konsument bei seinen letzten Käufen hintereinander stets für A oder B entschieden hat.

Wenn wir also zunächst auf der einen Seite vernachlässigen, dass auch frühere, durch Käufe anderer Produkte von der letzten Kauffolge des Produktes A getrennte Käufe von A die Wahrscheinlichkeit für die Wahl des Produktes A beim nächsten Kauf mit beeinflussen, und wenn ferner ein lineares Lernmodell unterstellt wird, also davon ausgegangen wird, dass jede zusätzliche Kauferfahrung die Wahrscheinlichkeit des Wiederkaufs in gleichem Maße erhöht, ergibt sich die in Übersicht I.22 dargestellte Beziehung zwischen der Zahl der aufeinanderfolgenden Käufe und der Wahrscheinlichkeit des Wiederkaufs der Marke A beim nächsten, bevorstehenden Kauf.

Wenn die Hypothese der ausschließlichen Beeinflussung des jeweils nächsten Kaufes durch die vorangegangene ununterbrochene Folge von Käufen aufgegeben wird, tritt auf der vertikalen Achse in der grafischen Darstellung an die Stelle der Kauffolge nunmehr die Wahrscheinlichkeit, mit der in der Zeitperiode t + 1 der Kauf aufgrund der gesamten in der Vergangenheit gesammelten Erfahrungen erfolgt.

4. Verfahren zur Unterstützung von Marketingentscheidungen

Für die Auswahl und Anwendung von Marketinginstrumenten sowie für die Koordination dieser Instrumente müssen Entscheidungen getroffen werden. Die jeweiligen Entscheidungsträger bedürfen hinreichender Unterstützung durch Informationen und Entscheidungshilfen. Die erforderlichen Informationen werden im Wesentlichen durch die mit Marktforschungsmethoden gewonnenen Erkenntnisse bereitgestellt. Bei der Entscheidungsfindung können zusätzlich verschiedene Entscheidungsverfahren hilfreich sein, die je nach dem angewandten Lösungsprinzip drei Gruppen zugeordnet werden können:

1) **Optimierungsverfahren (analytische Verfahren)** führen in den meisten Fällen zu eindeutigen Lösungen. Mathematische Modelle mit Optimierungscharakter sind zur Unterstützung von Entscheidungen in allen Aktionsbereichen des Marketings von Bedeutung. Voraussetzung für die Anwendung dieser Verfahren ist eine hinreichend genaue Definition der jeweiligen Problematik. Die Anwendbarkeit ist freilich aufgrund der unvollständigen Information über die Wirkung von alternativen Strategiekombinationen und über das Eintreffen bestimmter Umweltsituationen und Konkurrenzreaktionen begrenzt. Denn häufig fehlen objektive Daten, die für analytische Modelle erforderlich sind, so dass auf Schätzungen und Erfahrungen zurückgegriffen werden muss.
2) **Heuristische Verfahren:** Durch die Anwendung heuristischer Modelle versucht man, die Nachteile analytischer Modelle zu vermeiden. Heuristische Verfahren verzichten im Wesentlichen auf die Anwendung eines formalen Lösungsalgorithmus, sondern wenden heuristische Prinzipien an, wenn die Ideenentwicklung für Problemlösungsansätze oder die Formulierung eines Problems im Vordergrund steht. Dabei wird im Einzelfall jedoch nicht garantiert, dass eine Lösung gefunden wird. Heuristische Modelle führen in der Regel nicht zu optimalen, sondern nur zu „relativ guten" Lösungen. Entscheidend ist, dass heuristische Verfahren quantitative Verfahren nicht ausschließen.
3) **Simulationsverfahren:** Hierbei werden Versuche am Modell vorgenommen und eine große Anzahl von Situationen erzeugt, aus deren Ergebnissen auf die Verteilung von Merkmalsausprägungen in der Realität geschlossen wird. Simulationen erlauben die Bestimmung analytisch nicht ableitbarer Beziehungen zwischen Merkmalsausprägungen auf empirischem Wege.

Übersicht I.23 stellt die im folgenden Kapitel erläuterten Entscheidungsverfahren im Marketing dar. Auf wichtige Entscheidungsverfahren, die in der folgenden Darstellung den drei übergeordneten Verfahrensgruppen zugeordnet sind, gehen wir im folgenden Kapitel getrennt nach den Aktionsbereichen des Marketings ein.

Übersicht I.23

Ausgewählte Entscheidungsverfahren im Marketing

Verfahren	Produkt-politik	Preis-politik	Kommu-nikations-politik	Distribu-tions-politik	Marke-ting-Mix
Optimierungsverfahren					
Marginanalyse					●
Mathematische Programmierung			●		●
Statistische Entscheidungsmodelle					●
Spieltheorie		●			●
Break-Even-Analyse	●			●	
DB-Rechnung	●	●			
Kostenrechnung	●	●	●		
Media-Optimierung			●		
Heuristische Verfahren					
Netzplan	●				
Travelling-Salesman				●	
Markov-Ketten*	●				●
Lagerhaltungsmodelle				●	
Risikoanalyse	●				
Checklisten-Verfahren	●				
Punktbewertungsverfahren	●		●	●	
Multidimensionale Skalierung**	●			●	
Simulationsverfahren					
Conjoint-Measurement	●				
Entscheidungsbaum	●	●			●

* siehe Kapitel I 3.2
** siehe Kapitel A 1.5

4.1 Entscheidungsfindung in der Produktpolitik

Die Zahl der produktpolitischen Entscheidungsprobleme ist unübersehbar groß. Wir beschränken uns daher im Folgenden auf die Darstellung einiger Planungs- und Entscheidungstechniken, mit deren Hilfe Antworten auf die zentralen Fragen produktpolitischer Planung, dies sind

- die Sortimentsplanung und
- die Produktinnovation,

gefunden werden können.

4.1.1 *Sortimentsplanung*

Die Entscheidung, ob und in welche Richtung das bestehende Produktions- und Absatzprogramm eines Unternehmens veränderten Marktbedingungen angepasst werden muss und kann, macht eine grundsätzliche Analyse der Stellung eines Unternehmens in seiner Umwelt notwendig. Die Ergebnisse der Analyse können übersichtlich in einem Stärken-Schwächen-Katalog zusammengefasst werden, wie ihn Übersicht I.24 zeigt.

Im Anschluss an die Analyse der Stärken und Schwächen des Unternehmens folgt die Entscheidung über eine Erweiterung oder Einengung des Sortiments. Eine wichtige Orientierungshilfe bietet hierbei zunächst die Gegenüberstellung von Artikelzahlen und Umsatz- bzw. Gewinnanteilen. Manches Unternehmen erzielt mit nur 20 % der Artikel 80 % des Umsatzes, bei einem anderen dagegen verhalten sich Artikel- und Umsatzzahlen proportional zueinander. Die Relationen müssen jedoch, um Fehlschlüsse zu vermeiden, immer auch im Hinblick auf den Gewinn betrachtet werden. So kann es etwa sein, dass die 20 % der Artikel, die 80 % des Umsatzes erwirtschaften, nur zu 50 % zum Gewinn beitragen. Übersicht I.25 zeigt ein schematisches Beispiel für die Gegenüberstellung von Artikel-, Umsatz- und Gewinnanteilen.

Genaue Angaben über die Stärken und Schwächen des gegenwärtigen Sortimentes erhält man aus der Kostenrechnung. Eine funktionsfähige **Kostenrechnung** muss insbesondere die variablen und fixen Kosten der einzelnen Produkte, Sortimentsbereiche und des Gesamtunternehmens aufschlüsseln, um eine entscheidungsorientierte Deckungsbeitragsrechnung zu ermöglichen. Im Rahmen der gegebenen Beschaffungs-, Produktions- und Absatzkapazitäten sind bei einer kurzfristigen Kalkulation die Deckungsbeiträge (Erlöse – variable Kosten) der einzelnen Produkte ein entscheidendes Kriterium für den Produktionsumfang. Es muss versucht werden, das Absatzvolumen des Produktes mit dem höchsten Deckungsbeitrag (bei Kapazitätsbeschränkungen bezogen auf die von den Produkten gemeinsam beanspruchten Kapazitäten) bevorzugt zu erhöhen. Berücksichtigt man, dass mittel- bzw. langfristig bestimmte Kapazitäten stillgelegt bzw. durch neue ersetzt werden können, sind auch die durch sie verursachten Kosten als variabel zu betrachten. Diesem Gesichtspunkt wird eine **stufenweise Fixkostendeckungsrechnung** gerecht, wie sie das Beispiel in Übersicht I.26 zeigt.

Die Ergebnisse der Deckungsbeitragsrechnung informieren uns über den Beitrag der einzelnen Sortimentsbereiche und Produkte zum Unternehmenserfolg.

Kein Unternehmen kann es sich langfristig leisten, kranke Produkte im Sortiment zu führen. Mit kranken Produkten sind nicht nur unrentable Artikel, sondern darüber hinaus auch solche Produkte gemeint, die dem Image des Gesamtsortiments schaden. Das Identi-

Übersicht I.24

Schema zur Analyse der Stärken/Schwächen eines Unternehmens

Stärken-Schwächen-Katalog	Der Faktor ist für den Unternehmenserfolg					Der Faktor ist			Der Faktor ist				Die begrenzende Wirkung des Faktors muss		
	ausschlaggebend	sehr wichtig	wichtig	weniger bedeutsam	unbedeutend	ausreichend vorhanden	in Grenzen vorhanden	nicht vorhanden	nicht zu beeinflussen	nur mit sehr hohem Aufwand zu beeinflussen	im Rahmen der Möglichkeiten zu beeinflussen	mit wenig Aufwand zu beeinflussen	vor allen weiteren Schritten geprüft werden	während der Planung berechnet werden	nicht weiter berücksichtigt werden
1. Know-how in Forschung und Entwicklung															
2. Erfahrung mit der Einführung neuer Produkte															
3. Marktkenntnisse															
4. Marktmacht															
5. Verkaufsorganisation															
6. Lieferservice															
7. Beziehungen zu Absatzmittlern															
8. Produktionskapazitäten															
9. Mitarbeiterpotenzial (Fähigkeiten, Motivation)															
10. Finanzierungsmöglichkeiten															
11. Beschaffungspotenzial															
12. Begrenzungen durch Gesetze															
13. Begrenzungen durch Umweltschutz															
14. Bgrzg. durch Unternehmenspolitik (Unternehmenseigner)															
15.															
16.															
17.															

1) Die Eintragungen können entweder durch einfache Markierungen (x) oder mit Punktzahlen (z.B. 1-10) vorgenommen werden

Übersicht I.25

Gegenüberstellung von Artikel-, Umsatz- und Gewinnanteilen

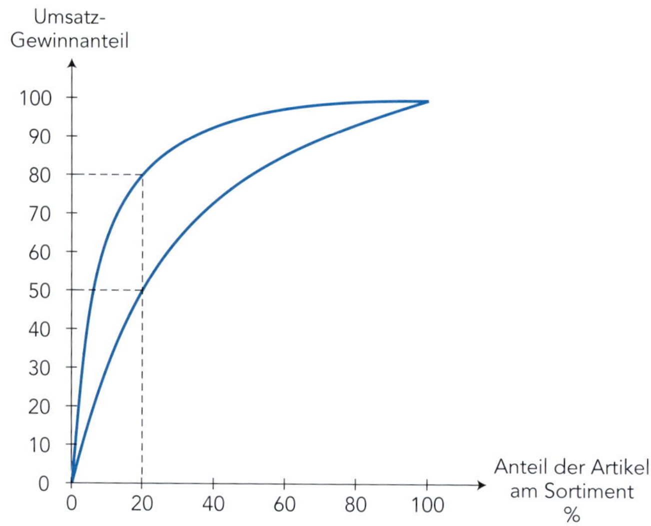

Übersicht I.26

Beispiel zur stufenweisen Fixkostendeckungsrechnung (Angaben in 1.000 €)

	Produktgruppe A			**Produktgruppe B**		**Produkt-gruppe**
	Prod. 1	**Prod. 2**	**Prod. 3**	**Prod. 1**	**Prod. 2**	**Pro-dukte**
Bruttoerlöse der Produkte	1.000	800	600	750	1.500	
variable Vertriebseinzelkosten	200	160	120	140	300	
Deckungsbeitrag der Produkte	400	290	230	260	700	
Produktgruppenfixkosten	500			400		
Deckungsbeitrag der Produktgruppen	420			560		
Bereichsfixkosten	400					
Deckungsbeitrag der Bereiche	580					
Unternehmensfixkosten	280					
Periodenergebnis	300					

fizieren dieser Artikel gehört zu den wichtigsten Aufgaben der Sortimentsüberwachung. Bei der Suche nach eliminierungsverdächtigen Produkten sind vor allem folgende Beurteilungskriterien heranzuziehen:

- Umsatz(-anteil),
- Marktanteil,
- Absatzmenge,
- Kosten,
- Gewinn,
- Deckungsbeitrag,
- Rentabilität des investierten Kapitals (ROI = Return on Investment).

Um Fehlentscheidungen zu vermeiden, müssen die Informationen zu allen genannten Kriterien und jeweils über mehrere Jahre in übersichtlicher Form vergleichbar zusammengestellt und laufend ergänzt werden.

Gefährlich ist es jedoch, sich ausschließlich auf diese Daten zu verlassen und auf weitere Informationen zu verzichten. Manches kranke Produkt würde zu spät entdeckt, manches zu früh ausgesondert. Um Fehlurteile auszuschalten, müssen insbesondere folgende Aspekte bei der Produktbewertung mitberücksichtigt werden:

- Die ökonomischen Erfolgswerte eines Produktes ändern sich im Verlaufe seines Lebenszyklus. Anfänglich negative Deckungsbeiträge oder Gewinne sagen nicht unbedingt etwas über den künftigen Erfolg eines Produktes aus.
- Viele Produkte sind Komplementärartikel im Sinne einer Sortimentsergänzung. Würde man einen solchen (unrentablen) Artikel fallenlassen, könnte schließlich das gesamte Sortiment in Mitleidenschaft gezogen werden.
- Schlechte Erfolgskennzahlen eines Produktes können auf der Fehlplanung einzelner Produktelemente beruhen. Es genügt in diesem Falle oft, nur diese negativen Komponenten zu verbessern.
- Schlechte Erfolgskennzahlen können auf einer zu geringen Effizienz der übrigen Marketingmaßnahmen beruhen. Eine Eliminierung würde somit das Symptom, aber nicht die Krankheit heilen.
- Bevor ein Produkt eliminiert wird, sollte man die künftigen Aktivitäten der Konkurrenz abzuschätzen versuchen. Durch Umorientierung der Unternehmenspolitik der Konkurrenten können unerwartete Marktlücken entstehen.
- Die Beurteilung der Erfolgsträchtigkeit eines Produktes muss der technischen Entwicklung Rechnung tragen. Zu oft werden scheinbar erfolgreiche Produkte zu lange gehalten und von der Entwicklung überrollt.
- Bevor ein Produkt eliminiert wird, sollte man die künftige Entwicklung der Käufereinstellungen und das Verhalten der Absatzmittler prüfen. Vielleicht ist man mit der Produktentwicklung zu sehr der Zeit voraus gewesen.

Die Entscheidung über die Eliminierung eines Produktes ist also ein komplexes Problem. Zur Lösung dieser Aufgabe dienen Punktbewertungsschemata oder Checklisten. Man geht dabei am besten so vor, dass man zunächst die Leistungsfähigkeit der einzelnen Produkte (Produktfunktionen und -elemente in Bezug auf die ökonomischen Erfolgsmaßstäbe und künftigen Umweltentwicklungen) analysiert und die Produkte entsprechend ihrer Eliminierungsverdächtigkeit in eine Rangfolge bringt. Anschließend werden die „Wiederbelebungsmöglichkeiten“ überprüft, und schließlich werden die „kranken“ Produkte nach

Übersicht I.27

Plan zur Eliminierung „kranker" Produkte (nach Welte)

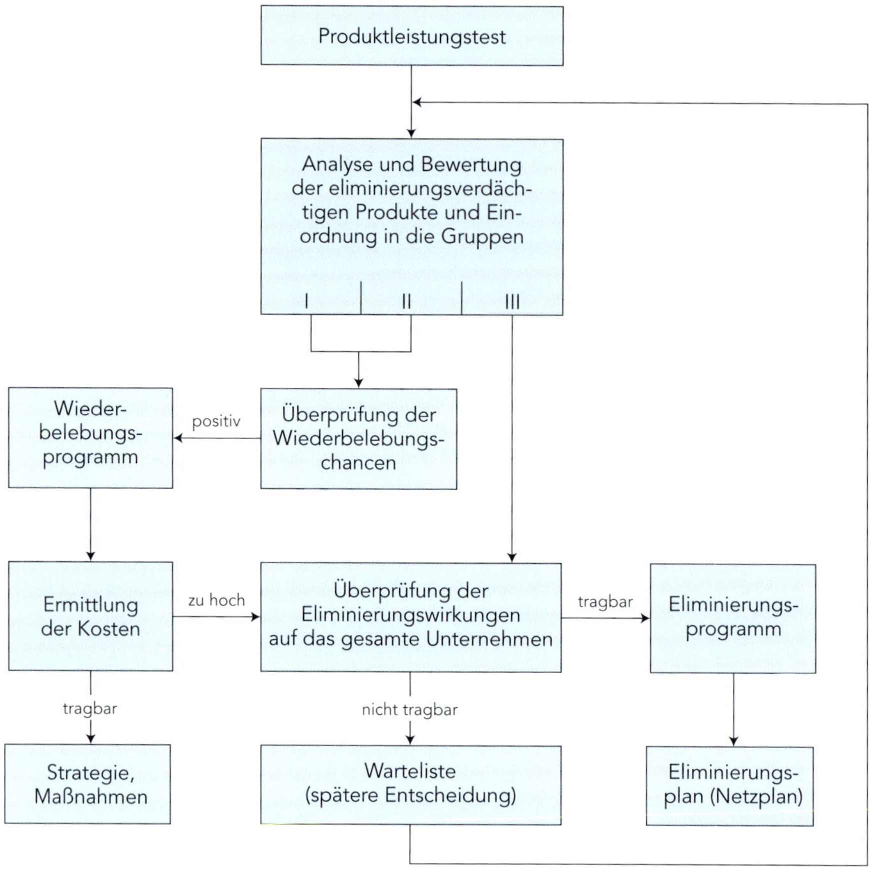

einem sorgfältig ausgearbeiteten Plan eliminiert, um alle negativen Wirkungen insbesondere auf das übrige Sortiment auszuschalten. Übersicht I.27 verdeutlicht das Vorgehen schematisch.

4.1.2 Produktinnovation

Eine gründliche Sortimentsanalyse ist nicht nur wichtig für die Elimination von Produkten, sie ist auch Voraussetzung für eine erfolgreiche Aufnahme neuer Produkte in das Sortiment. Die Prüfung und Beurteilung der möglichen Alternativen und die Realisierung der Neueinführung erfordert eine Reihe von Aktivitäten, die gleichsam „in der Nussschale" die Anwendung eines großen Teils des Marketinginstrumentariums beinhalten.

Um Fehlschläge zu vermeiden, ist es zweckmäßig, den gesamten Prozess der Neuentwicklung von Produkten (bzw. Produktvarianten) in leichter zu bewältigende einzelne

Etappen aufzuteilen, wofür sich dem Zeitverlauf entsprechend folgende Gliederung anbietet:

(1) Ideen suchen,
(2) Ideen filtern,
(3) Produkt entwickeln,
(4) Markterfolg testen,
(5) Produktion einleiten und Produkt einführen,
(6) Erfolg kontrollieren.

(1) Ideensuche

Ideen für neue Produkte oder Produktveränderungen können aus sehr unterschiedlichen Quellen stammen. Vom Nachdenken, Literaturstudium, Materialsammlung über Auslandsmärkte, Auswerten von Patentschriften, Besuch von Messen und Ausstellungen über Berichte des Außendienstes bis zur Anwendung spezieller Methoden, wie Marktforschung, Brainstorming, Synektik u. a. kommen die unterschiedlichsten Techniken zur Anwendung.

Die Mitarbeiter an der Verkaufsfront werden am ehesten auf Marktlücken aufmerksam. Sie bringen Ideen mit nach Hause, wie man das Sortiment erweitern könnte, wie man möglicherweise auf neue Produkte der Konkurrenz reagieren könnte usw. Außerdem werden sie außer mit Reklamationen natürlich vor allem mit den Reaktionen der Abnehmer auf die bisher verkauften Produkte konfrontiert. Sie hören, welche Produkteigenschaften die Käufer besonders schätzen, welche hingegen von den Abnehmern kritisiert werden. Diesen Informationsfluss vom Außendienst sollte man durch geeignete organisatorische Maßnahmen erleichtern, etwa indem man in die Reisendenberichte eine besondere Rubrik aufnimmt, in der die Mitarbeiter im Außendienst ihre Anregungen für die Produktpolitik des eigenen Unternehmens mitteilen.

Das Gleiche gilt für die Marktforschung, die nicht nur auf bestimmte Aufträge hin aktiv werden sollte, sondern ständig die Hand am Puls des Marktes haben und die Augen auf potenzielle Marktlücken gerichtet halten sollte.

In vielen Bereichen der Ernährungsindustrie ist eine wichtige Quelle für neue Produktideen das eigene Forschungslaboratorium. Zwar werden die Laboratorien zu einem erheblichen Teil mit der Qualitätskontrolle der laufenden Produktion beschäftigt. Aber selbstverständlich muss in forschungsintensiven Bereichen vor allem auch an der Neuentwicklung von Produkten gearbeitet werden.

Natürlich kann es bei der systematischen physikalischen oder lebensmittelchemischen Weiterentwicklung bisheriger Produkte gelegentlich zu einem großen Wurf, zu einer bereits technologisch gestalteten Produktidee kommen. Die Palette möglicher neuer Ideen ist aber sehr viel breiter, wenn man zunächst einmal von den Realisierungsmöglichkeiten dieser Idee sowohl im Laboratorium als auch in der späteren technischen Massenfertigung absieht und sich allein darauf konzentriert, bekannte oder vermutete Marktlücken mit neuen Produktideen zu füllen. Gelegentlich finden wir daher in Unternehmen, deren Organisation bereits stark auf das Marketing ausgerichtet ist, Spezialisten für Produktinnovationen. Diese oft scherzhaft als „Spinner“ bezeichneten Mitarbeiter bemühen sich, die Entwicklungstendenzen auf den Absatzmärkten und die Konkurrenzsituation sowie die Bedürfnisse der Käufer langfristig abzuschätzen und für mögliche Alternativen der Marktentwicklung neue Produktanstöße zu geben.

Einen Schritt weiter auf dem Weg, die Suche nach Ideen zu systematisieren, gehen die verschiedenen „kreativen Methoden“. Im Allgemeinen handelt es sich dabei um Verfah-

Übersicht I.28

Heuristische Verfahren zur Ideenfindung

	Überwiegend diskursive Verfahren **Merkmale:** logisches, systematisches Denken gezielte Suche nach bestimmten Lösungen starke Eingrenzung des Suchgebiets besonders geeignet für Verbesserungsstrategie			**Überwiegend intuitive Verfahren** **Merkmale:** Kreativität freie Suche nach vielen Lösungen geringe Eingrenzung des Suchgebietes besonders geeignet für alle Innovationen		
	Funktionsanalyse	**Morphologischer Kasten (n. Zwickg.)**	**Heurist. Problemlösen (n. Duncker)**	**Synectic (n. Gordon)**	**Fragenkatalog (n. Osborne)**	**Brainstorming (n. Osborne)**
1. Wesen der Methode	Eine Funktion, z.B. der Vorgang des Geschirrspülens, wird stufenweise bis in die kleinsten Elemente (Abläufe) zerlegt, um funktionsgerechte Problemlösungen zu finden.	Ein Problem wird in seine Dimensionen zerlegt. Für jede Dimension werden Lösungen gesucht, die dann miteinander kombiniert werden.	Immer wieder neu beginnend lösen sich Problemanalyse, Zielformulierung, Informationssuche und -auswertung so lange ab, bis eine Lösung gefunden wird.	Eine Gruppe qualifizierter Personen versucht, durch fortschreitende Analogiebildung und Verfremdung eines Problems vollkommen neue Lösungen zu finden	Eine Person oder Personengruppe entwickelt anhand eines Fragenkatalogs durch Assoziationen, Gegensatz-, Ähnlichkeitsbildung, Suche nach angrenzenden Lösungen neue Ideen	Eine heterogene Gruppe von 5–15 Personen produziert räumlich und zeitlich begrenzt in freiem und unbefangenem Meinungsaustausch möglichst viele Ideen.
2. Vorgehensweise bzw. Regel	**Vorgehensweise** (1) Zerlegen eines Funktionsablaufs in kleinste Detailschritte (2) Konfrontation der Einzelvorgänge mit Lösungsmöglichkeiten (z.B. Produkten) (3) Wenn sich keine befriedigende Lösung zeigt, Abstraktion der Einzelvorgänge (4) Für abstrakte Funktionsabläufe Lösungen suchen (5) Lösungen für Einzelvorgänge kombinieren (6) Eventuell von vorn beginnen (= Spezialfall der Morphologie)	**Vorgehensweise** (1) Zerlegen eines Problems in seine Dimensionen (z.B. Transportmittel nach Typen, Fortbewegungsmedien und Antriebsart) (2) Konfrontation der Teile mit allen gegenwärtig realisierbaren Lösungen (3) Suche nach der besten Lösung für jede Dimension (4) Verbindung der Teillösungen zu einer Gesamtlösung (5) Eventuell von vorn beginnen	**Vorgehensweise** (1) Problemanalyse (2) Zielformulierung (3) Informationssuche (4) Informationsauswertung (Alternativenformulierung) (5) Alternativenbewertung (6) Umformulierung des Problems (7) Umformulierung der Ziele usw. bis Lösung gefunden ist, die Reihenfolge der Stufen ist nicht zwingend	**Vorgehensweise** (1) Teilnehmer zusammenrufen und Regeln (ähnlich wie beim Brainstorming) bekanntgeben (2) Problem darlegen (3) Problemverständnis prüfen und vertiefen (4) spontane Lösungen festhalten (5) direkte Analogien bilden (6) Verfremdung verstärken (7) persönliche und symbolische Analogien bilden (8) Beziehungen zwischen Analogien und Problem herstellen (9) Lösungen ermitteln (Stufen können übersprungen bzw. wiederholt werden)	**Standardcheckliste (n. Gordon)** (1) Anders verwenden? (2) Anpassen? (3) Abändern? (4) Größer machen? (5) Kleiner machen? (6) Ersetzen? (7) Neu anordnen? (8) Umkehren? (9) Kombinieren? (Die Fragen können auch beim Brainstorming nützlich sein)	**Regeln** (1) Völlig freies Gedankenspiel, ungezwungene Äußerungen (2) Quantität geht vor Qualität (3) Keine gegenseitige Kritik der Teilnehmer, Suche nach verrückten und originellen Lösungen (4) Keine Urheberrechte des einzelnen Teilnehmers
3. Beurteilung	wie Morphologie	Erfordert je nach Problem Spezialwissen, Lösungen sind i.d.R. den bisherigen verwandt, gut geeignet zur systematischen Weiterentwicklung bestehender Möglichkeiten	Ähnlich wie Morphologie bei ungenau definierten Problemen Vorteil der gegenseitigen Abhängigkeit von Lösungs- und Problemsuche	Anspruchsvolle Methode, längere Zeitdauer, Teilnehmer müssen geschult werden, auch für anspruchsvolle Probleme geeignet, Lösungen sind i.d.R. neu und realtiv weit entwickelt	Gibt wertvolle Impulse, Lösungen haben i.d.R. starke Ähnlichkeit mit bisherigen, ist vergleichbar der Morphologie, aber unsystematischer	Baut auf impulsive Kreativität, relativ leicht zu handhaben, nicht für anspruchsvolle Probleme geeignet, liefert nur erste Anregungen

ren, bei denen Gruppen von Personen in Teamarbeit relativ kurzfristig mehr oder weniger viele Ideen produzieren. Die bekanntesten Methoden sind

- Brainstorming,
- Synektik,
- Heuristisches Problemlösen,
- Funktionsanalyse,
- Fragenkataloge,
- Morphologischer Kasten.

Die Verfahren lassen sich danach gliedern, ob sie die Ideensuche durch spontane Eingebung („intuitive Verfahren") oder bewusste kombinatorische Denkprozesse („diskursive Verfahren") vornehmen, wobei bestimmte Regeln beachtet werden oder bestimmte Planungsschritte stufenweise verfolgt werden. Die charakteristischen Merkmale einzelner Verfahren sind in Übersicht I.28 stichwortartig zusammengestellt.

(2) Ideenbewertung und -auswahl

Um zu vermeiden, dass erfolglose Produktideen realisiert werden oder erfolgreiche zu früh eliminiert werden, müssen die vorhandenen Innovationsvorschläge sorgfältig auf ihre Marktchancen, auf unternehmensbezogene Realisierungsmöglichkeiten und ökonomische Effizienz geprüft werden.

Für eine Wirtschaftlichkeitsanalyse sind in diesem Stadium noch zu wenig Informationen vorhanden. Deshalb empfehlen viele Fachleute, eine intensive Vorselektion der weiterzuentwickelnden Produkte vorzunehmen und hierbei die Ideen mit Hilfe von **Checklisten,** die alle wichtigen Anforderungen an das neue Produkt enthalten, durch **Punktskalen** zu bewerten. Übersicht I.29 zeigt ein solches Bewertungssystem, das den Vorteil hat, eine Vielzahl von Kriterien bei der Beurteilung zu berücksichtigen. Dabei werden die einzelnen Kriterien ihrer Bedeutung gemäß gewichtet. Durch Multiplikation der gewichteten Kriterien mit der jeweiligen Punktzahl und Bildung der Summe über alle Kriterien kann jeder Idee eine Wertzahl zugeordnet und eine Rangfolge der Ideen aufgestellt werden.

Nachdem in einer Grobauswahl mit Hilfe der Punktbewertungsmethode die Produktideen vorselektiert wurden, schließen sich Wirtschaftlichkeitsanalysen an, die Auskunft über die Rentabilität einer Neueinführung geben sollen.

Die Bewertung von Produktideen mittels ökonomischer Kriterien heißt: Aufgrund der zu erwartenden Kosten und Gewinne ordnet man die Produkte in eine Rangfolge und wählt das oder die Produkte mit dem höchsten Gewinn aus. Eine solche Produktbewertung kann z. B. auf der Basis einer **Break-Even-Analyse** erfolgen. Hierbei ermittelt man die Mindestabsatzmenge (Break-Even-Point), die ein Produkt erreichen muss, um einen Gewinn zu erzielen. Alle Produkte, bei denen Absatzvorausschätzungen unterhalb dieses erforderlichen Mindestvolumens liegen, werden von vornherein ausgesondert. Übersicht I.30 verdeutlicht die Zusammenhänge schematisch.[2]

Eine solche Gewinnschwellenrechnung ist nicht unproblematisch. Die Berechnung muss in der Regel auf Unterstellungen über Entwicklungskosten, Marktentwicklung, Er-

[2] Ein einfaches Rechenbeispiel findet sich in Kapitel I 4.3, wo die Break-Even-Analyse für Distributionsentscheidungen dargestellt wird.

Übersicht I.29

Schema zur Bewertung von Produktvorschlägen (Beispiel)

Kriterien	Bewertungsskala 3 = sehr wichtig 2 = wichtig 1 = notwendig	sehr gut = 12 Punkte		gut = 9 Punkte		mittelmäßig = 6 Punkte		unterdurchschnittlich = 3 Punkte		sehr schlecht = 0 Punkte	gesamt X	gesamt O
1. Produkt und Markt												
Problemlösungsfähigkeit	3	auffallend gut	X	neuartig		erkennbar	O	gering		nicht sichtbar	36	18
Sortimentsverträglichkeit	1	komplementär	X	schwach komplementär		indifferent	O	schwach verträglich		substitutiv	12	6
Aufnahmebereitschaft (Verbr.)	2	sehr groß		groß	OX	vorhanden		schwach		kaum zu wecken	18	18
Marktvolumen	2	sehr groß		überdurchschnittlich	X	durchschnittlich		klein	O	zu gering	18	6
Markttrend	3	stark wachsend		deutlich wachsend	X	geringe Zuwachsraten	O	stagnierend		rückläufig	27	18
Saisoneinflüsse	1	keine	X	schwach		normal	O	stark		sehr stark	12	6
Substitutionskonkurrenz	2	fehlt		schwach		normal	O	stark	X	sehr stark	6	12
Preisempfindlichkeit	2	Hochpreis möglich		kein Preisdruck		normaler Preisdruck	O	erheblicher Preisdruck	X	Preiskampf	6	12
2. Distribution												
Verkaufsorganisation	2	freie Kapazitäten	OX	geringe Umorganisation		teilweise zu erneuern		nicht vorhanden		nicht vorhanden	24	24
Aufnahmebereitschaft (Verbr.)	3	groß	X	mäßig vorhanden		beeinflussbar	O	sehr gering		sehr gering	36	18
Absatzwege	1	benutzbar	X	geringe Änderungen	O	ausbaufähig		vollkommen neu		vollkommen neu	12	9
Logistik	1	vorhanden	O	leicht zu vervollständigen	X	Ausbau mit mittlerem Aufw.		vollkommen neu		vollkommen neu	9	12
3. Beschaffung												
Rohstoffe	3	unbegrenzt verfügbar	O	ausreichend verfügbar	X	begrenzt verfügbar		schwierig zu beschaffen		kaum zu beschaffen	27	36
Betriebsmittel	1	vorhanden		umbaufähig	O	leicht zu beschaffen	X	schwierig zu beschaffen		kaum zu beschaffen	6	9
Personal	1	sofort einsetzbar		schulungsbedürftig	O	leicht zu beschaffen	X	schwierig zu beschaffen		kaum zu beschaffen	6	9
4. Produktion												
technische Anlagen	2	ausreichend vorhanden		umbaufähig	OX	Beschaffung möglich		Beschaffung schwierig		extrem hohe Kosten	18	18
Know-how	1	sehr gut		gut	O	befriedigend	X	verbesserungsbedürftig		nicht vorhanden	6	9
Kapazität	1	ausreichend		fast ausreichend	O	maßvolle Erweiterung	X	Erweiterung aufwändig		Erweiterung sehr aufw.	6	9
Kosten	2	sehr niedrig		niedrig		normal	OX	hoch		sehr hoch	12	12
5. Ertrag												
Absatz, Umsatz	2	stark expandierend		expandierend	X	schwach expandierend	O	sehr schwach expandierend		zu wenig expandierend	18	12
Deckungsbeitrag (Gewinn)	3	sehr hoch		hoch	X	normal	O	überdurchschnittlich		zu gering	27	18
Risiko	1	fehlt		gering		normal	O	hoch	X	sehr hoch	3	6
Lebenserwartung	2	unbegrenzt		lang	X	mittel	O	kurz		sehr kurz	18	12
										Summe	363	309

X = Produkt 1 O = Produkt 2

Übersicht I.30

Break-Even-Analyse

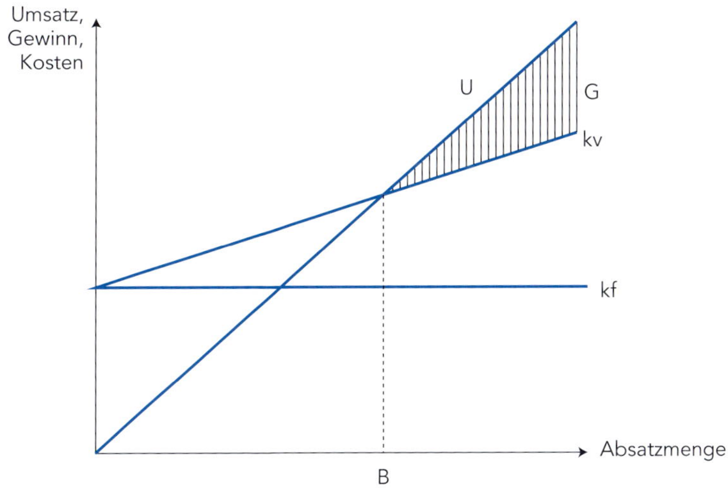

U – Umsatz
G – Gewinn
kv – variable Kosten
kf – fixe Kosten
B – Break-Even-Point

folg von Marketingmaßnahmen usw. aufbauen, die viele Unsicherheitsfaktoren beinhalten. Auch differenzierte Kalkulationsverfahren, wie Kapitalwertmethode, interne Zinsfußmethode u. a., sind in diesem Stadium der Produktbewertung aufgrund der Unsicherheit der verfügbaren Informationen nur sehr begrenzt einsetzbar.

Die bis zu diesem Zeitpunkt selektierten Produkte sind in ihren Eigenschaften erst umrissartig definiert. Um über ihre Realisierung zu entscheiden, müssen sie zunächst in der Entwicklungsabteilung bis ins Detail geplant und als Testprodukte gefertigt werden.

(3) Produktentwicklung

Bevor ein Produkt im technischen Sinne entwickelt bzw. konstruiert wird, muss die vorliegende Produktidee auf dem Schreibtisch geplant sein. Hierbei sind alle Eigenschaften des hypothetischen Produktes

- exakt zu definieren,
- auf ihre Übereinstimmung mit den Einstellungen und Verhaltensweisen der Käufer zu überprüfen,
- auf ihre Produktions- und Absatzfähigkeit hin zu untersuchen,
- mit den Eigenschaften der Konkurrenzprodukte zu vergleichen.

Entsprechend den Ausführungen im Kapitel D 1 werden Beschaffenheit, Verpackung, Kennzeichnung und gewünschtes Produktimage „auf dem Reißbrett" vorgezeichnet und die notwendigen rechtlichen Schutzmaßnahmen geplant. Die Beschaffenheit der einzelnen Produktbestandteile wird zunächst aus der Produktidee abgeleitet.

Übersicht I.31

Faktorwerte für Fertig- und Frischpüree

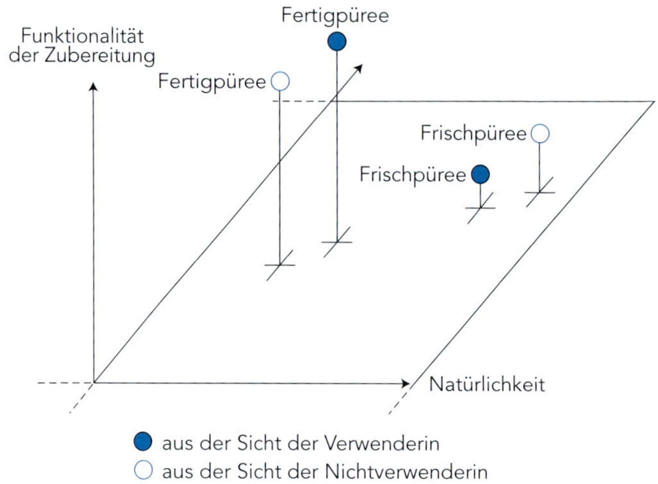

Entscheidungshilfen für die Gestaltung von einzelnen Produktdimensionen werden im Allgemeinen aus einer empirischen Marktstudie gewonnen, bei der auch analysiert werden muss, ob für das Produkt überhaupt eine entsprechend große Marktnische besteht. Zusätzlich wird die Richtigkeit der Konzeption in Beschaffenheit, Verpackung, Kennzeichnung in Studiotests oder Einzelexplorationen geprüft, wie an anderer Stelle dieses Kapitels noch dargestellt wird.

Besonders wichtig ist es, wie wir gesehen haben, das künftige Image des Produktes zu ermitteln. Wir fragen also den Käufer nach seiner Meinung zu einem Produkt mit bestimmten Eigenschaften oder seinen Vorstellungen von einem Idealprodukt für bestimmte Konsum- und Gebrauchszwecke (Beispiele finden sich in Kapitel D 1.5).

Im Kapitel I 3 (Datenauswertung und -analyse) wurde gezeigt, wie sich solche Daten mit Hilfe der Faktorenanalyse verdichten lassen. Übersicht I.31 zeigt am Beispiel von Frisch- und Fertigpüree, wie zahlreiche Items zu drei Gruppen („Faktoren") zusammengefasst werden: „Funktionalität der Zubereitung, Nahrungsqualität und Natürlichkeit". Innerhalb des durch diese drei Faktoren definierten dreidimensionalen Raumes lässt sich nunmehr das Image von Frisch- und Fertigpüree positionieren. Dazu werden die individuellen Faktorwerte der einzelnen Befragten zu durchschnittlichen Faktorwerten der befragten Gruppen (Verwender und Nichtverwender) zusammengefasst.

Wenn man über das hier wiedergegebene Beispiel – die Positionierung von Frischpüree im Vergleich zu Fertigpüree – hinausgehen und die aussichtsreichste Positionierung einer neu einzuführenden Marke von Fertigpüree ermitteln will, müssen zusätzlich auch das Idealimage und die Images bereits bestehender Marken im Bewertungsraum lokalisiert werden. Das eigene Produkt wird dort am ehesten eine erfolgversprechende Marktnische finden, wo es sich einerseits auf den einzelnen Bewertungsdimensionen deutlich von den Produkten der Mitwettbewerber differenziert und andererseits dem Idealimage möglichst

Übersicht I.32

Checkliste zur Bewertung von Konkurrenzprodukten

	Produkt … Marktanteil …	**Produkt … Marktanteil …**
Produktart		
Verwendungszweck		
Hauptnutzen		
Zusatznutzen		
besondere Merkmale		
Vorzüge gegenüber anderen Produkten		
Imagedimensionen		
Positionierung		
Markenprofil		
Verpackungsart		
Verpackungsmaterial		
Packungsform		
Packungsdesign		
Kennzeichnung		
Anmutung		
Preis		
Werbeaussage		
Werbestil		
Werbeintensität		
Absatzwege		
Vertriebsorganisation		

nahe kommt. Ergänzend bedient man sich zur Überprüfung der Differenzierung von Konkurrenzprodukten in der Praxis häufig einfacher tabellarischer Vergleiche. Ein Beispiel bietet Übersicht I.32, in der die Vorteilhaftigkeit des einen oder anderen Produktes durch Bewertung der einzelnen Kriterien (z. B. besser – schlechter) ermittelt wird.

Als ein besonders leistungsfähiges Verfahren zur Optimierung der Produktleistungsprofile hat sich die **Conjoint-Measurement-Methode** erwiesen.

Die Conjoint-Analyse ist ein Verfahren, das auf der Basis empirisch erhobener Nutzenwerte den Beitrag einzelner Objektmerkmale (eines Produktes, eines Unternehmens, einer Dienstleistung) zum Zustandekommen eines Globalurteils über diesen Gegenstand ermittelt.

In groben Zügen lässt sich die Methode wie folgt charakterisieren:

- Das Conjoint-Measurement bildet die Entscheidungssituation der Menschen ab, die Produkte/Leistungen/Organisationen „ganzheitlich" wahrnehmen und beurteilen. In der realen Entscheidungssituation wägt der Konsument verschiedene Produkte gegeneinander ab und entscheidet sich dann für dasjenige Produkt, welches seinen individuellen Nutzenvorstellungen am besten entspricht.
- Die Conjoint-Analyse berücksichtigt dementsprechend konsequent, dass ein Produkt/eine Leistung/ein Unternehmen/eine Organisation aus der Sicht des Kunden aus einem Bündel von Eigenschaften besteht, die den Gesamtnutzen bestimmen.
- Ferner nimmt man an, dass der vom Konsumenten subjektiv wahrgenommene Nutzen sich additiv aus der Summe der einzelnen Eigenschaftsausprägungen zusammensetzt.
- Die modernen conjoint-analytischen Verfahren (EDV-gestützt) konstruieren die vom Befragten zu bewertenden Produktprofile während des Interviews individuell für jeden Befragten aufgrund seiner Aussagen in vorausgegangenen kompositionellen Teilpunkten.
- Die Produkt-/Leistungsprofile werden dann paarweise verglichen und bestimmte aus diesen Vergleichen resultierende Profile auf einer Entscheidungs-Wahrscheinlichkeits-Skala kalibriert.
- Mit den Ergebnissen einer Conjoint-Measurement-Analyse kann für jeden einzelnen Befragten (und aggregiert) das Präferenzverhalten erklärt und vorhergesagt werden.
- Dem dienen zwei Kennwerte:
  - Nutzenwerte drücken die relative Bedeutung aus, die der Befragte den einzelnen Merkmalsausprägungen zuordnet.
  - Die aus den Nutzenwerten abgeleitete Sensitivität (oder Wichtigkeit) drückt für jede Eigenschaft aus, wie stark der Einfluss auf das Präferenzwahlverhalten für das gesamte Merkmal variiert werden kann.
- Ein weiterer Vorteil der Methode ist die Möglichkeit der Simulation des Wahlverhaltens, mit dem für das Marketing Hinweise auf die Konsequenzen unterschiedlicher Marketingstrategien sowohl der eigenen als auch der der Wettbewerber gegeben werden können.

In der Praxis wird das Conjoint-Measurement häufig zur optimalen Gestaltung eines neuen Produktes herangezogen. Geht es beispielsweise um die Entwicklung eines optimalen Produkt-Nutzen-Profils für ein neues Tierpharmazeutikum, dann können folgende mögliche Eigenschaften des neuen Präparates relevant sein:

- Wirkungseintritt (differenziert nach Tagen oder Wochen)
- Tagestherapiekosten (differenziert nach Kostengruppen)
- Nebenwirkungen (differenziert nach ihrer Schwere)
- Herstellerreputation (forschendes Unternehmen versus Generika-Hersteller).

Als Ergebnis der Conjoint-Analyse erhält man, wie die nachfolgenden Schaubilder der Übersicht I.33 zeigen, einerseits die Teilnutzenwerte für die verschiedenen Ausprägungen

Übersicht I.33

Ergebnisse einer Conjoint-Analyse von Produktmerkmalen

A) Teilnutzenwerte (fiktives Fallbeispiel: Tierpharmazeutikum)

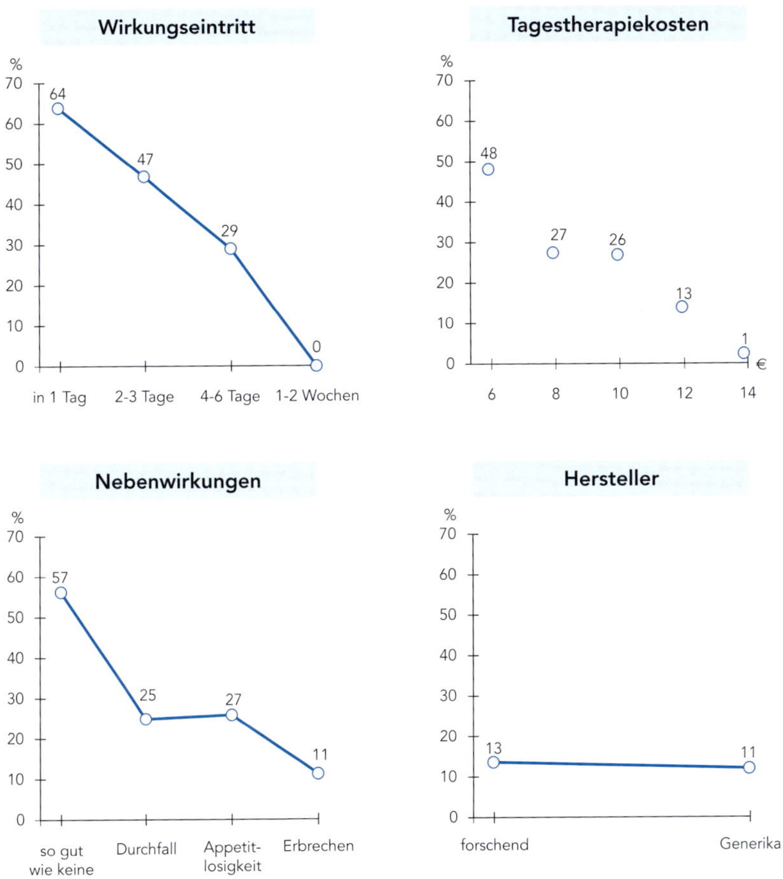

B) Bedeutung der Produktmerkmale für den Kaufentscheid

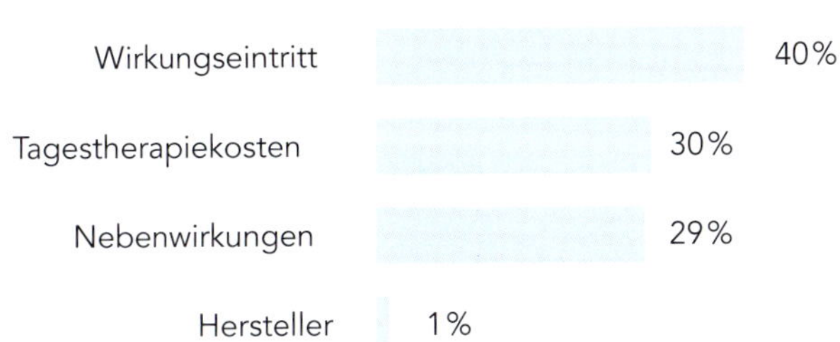

der Kriterien (z. B. kaum ein Unterschied zwischen forschendem Unternehmen und Generika-Hersteller), andererseits Informationen darüber, zu welchen Anteilen die verschiedenen Kriterien an der konkreten Entscheidung beteiligt sind.

Aufgrund der Markt- und Konkurrenzanalyse wird die Planung des Produktes präzisiert, bevor mit der Erarbeitung von Rezepturen, der Beschaffung von Rohstoffen und Verpackungsmaterialien zur Erstellung einer Testserie begonnen wird und bevor die Schutzrechte beschafft werden.

(4) Produkttest

Zur Überprüfung der entwickelten Produkte bieten sich drei verschiedene Möglichkeiten des Produkttests an:

- Studiotest,
- Haushaltstest,
- Markttest.

Beim Studiotest, der in der Regel von spezialisierten Marktforschungsinstituten mit Hilfe psychologischer Untersuchungsmethoden durchgeführt wird, werden meistens nur einzelne Teilbereiche des neuen Produkts in ihrer Ausstrahlungskraft auf den Käufer ermittelt.

So werden etwa – eine besonders häufige Testvariante – alternative Verpackungsformen für ein Produkt auf einer Schnellgreifbühne so kurzfristig präsentiert, dass die Wahrnehmung erschwert ist und der Testperson keine Zeit für rationale Überlegungen bleibt, wenn sie aufgefordert wird, die ansprechendste Packung herauszugreifen.

Der Studiotest hat den Vorteil, dass man hier eine größere Zahl von Varianten prüfen kann. Darüber hinaus können die Testbedingungen vollständig kontrolliert werden. Von gewissem Nachteil ist, dass die Repräsentanz der Stichprobe von Käufern, die im Teststudio mit der Ware konfrontiert werden, kaum sichergestellt werden kann. Meistens ist die Zahl der Testpersonen relativ klein, außerdem beschränkt sich die Zahl der Testpersonen meistens auf solche Personen, die am Sitz des betreffenden Marktforschungsinstitutes wohnen. Allenfalls werden ein oder zwei Wiederholungen in anderen Regionen durchgeführt. Von einer Repräsentanz im eigentlichen Sinne kann man nicht sprechen.

Aber nicht nur die Verpackung, sondern auch die anderen Produktelemente können Gegenstände von Studiotests sein. So kann man z. B. das äußere Aussehen von Lebensmitteln, ihren Geschmack oder die Kennzeichnung von Testpersonen beurteilen lassen. Auch die Zubereitung von Lebensmitteln wird häufig in Studiotests einbezogen.

Beim **Haushaltstest** werden Hausfrauen gebeten, ein bestimmtes Produkt im Haushalt auf seine Eignung hin zu testen. Der Test im Hause des Verbrauchers bietet sich beim Produkttest von Lebensmitteln besonders an, da von wirklichkeitsgetreuen Zubereitungs- und Verzehrsgewohnheiten ausgegangen werden kann. Dabei wird entweder ein so genanntes Eliminationsverfahren oder ein Substitutionsverfahren angewendet. Bei der Elimination werden stufenweise einzelne Faktoren – wie der Name sagt – eliminiert. So kann beispielsweise bei einem Lebensmittel zunächst die Preisangabe von der Packung entfernt werden. In der nächsten Phase können der Hinweis auf die Herstellerfirma und die Markenbezeichnung weggelassen werden. In einer dritten Stufe kann schließlich auch die Verpackung weggelassen werden, so dass die „nackte" Ware durch die Hausfrauen zu beurteilen ist. In der Praxis wird dem stufenweisen Eliminationsverfahren vielfach eine experimentelle Anordnung mit mehreren vergleichbaren Versuchsgruppen vorgezogen. Durch ein Eliminationsverfahren lässt sich erfassen, welchen Beitrag die einzelnen Faktoren zur Absatzfähigkeit des Produktes leisten. Bei Lebensmitteln ist dieser Blindtest oft besonders aufschlussreich. Da hierbei jeglicher Hinweis auf die Herstellerfirma und auf die Markenbezeichnung fehlt, wird das Produkt sozusagen auf seinen Produktkern reduziert. Es wird also die Absatzfähigkeit der Ware lediglich auf der Grundlage der technologischen Eigenschaften dieses Produkts untersucht.

Als großer Vorteil des Blindtestes gilt mit Recht, dass auch der Konkurrenz verborgen bleibt, welches Unternehmen offensichtlich dabei ist, ein neues Produkt für den Markt vorzubereiten. Diese Geheimhaltung spielt in der Unternehmenspraxis oft eine außerordentlich große Rolle.

Beim Eliminationstest geht es – grob vereinfacht – darum, die Wirkung der übrigen Faktoren unter Ausschluss bestimmter Einflüsse zu messen. Will man dagegen den Einfluss einzelner Faktoren auf die Gesamtleistung des Produktes testen (z. B. die Farbgestaltung der Verpackung auf die Verkäuflichkeit des Produktes), so lässt sich dieses Verfahren nicht mehr anwenden. An seine Stelle tritt der Substitutionstest. Hierbei wird das zu testende Produkt der Versuchsperson in mehreren Varianten nebeneinander vorgelegt (z. B. Kartoffelchips in verschiedenen Verpackungen). Wenn sich im Vergleich Unterschiede ergeben – wenn etwa die Käufer sagen: Die Kartoffelchips in der roten Packung schmecken zu scharf, die Kartoffelchips in der grünen Packung schmecken zu mild – dann sind diese abweichenden geschmacklichen Bewertungen in der Farbe der Verpackung begründet. Man kann also feststellen, wie eine Änderung der Farbe die subjektiv empfundenen Eigenschaften des gesamten Produktes ändern würde.

Bei solchen Versuchsanstellungen geht es in der Regel um wichtige Details bei der Produktgestaltung. In einem späteren Stadium der Produktentwicklung wird der Haushaltstest vielfach als Paralleltest vorgenommen. Im Paralleltest werden die quantitativen Absatzchancen durch den Vergleich mit marktgängigen Konkurrenzprodukten gemessen. Aus dem Vergleich des neuen Produktes mit den marktgängigen Konkurrenzprodukten können bereits gute Schlussfolgerungen auf die spätere Marktstellung eines Produktes gezogen werden.

Im **Markttest** nähern wir uns mit unserem neuen Produkt am meisten der endgültigen Realität. Das neue Produkt wird auf einem oder mehreren **Testmärkten** auf den gleichen Absatzwegen an die Käufer herangebracht, die auch später den Warenfluss zu den Käufern sicherstellen sollen.

Eine Testmarktuntersuchung ist teuer. Sie wird daher in der Regel nur als letzte Stufe vor der Einführung des Produktes durchgeführt. Das heißt, dass die Unsicherheit über die Absatzfähigkeit des neuen Produktes bereits weitgehend reduziert ist.

Es können daher weitere Testmarktarten angewandt werden, die dem Test auf regionalen Märkten vorgeschaltet oder diesen evtl. ersetzen können. Bei der **Testmarktsimulation** handelt es sich um eine Kombination von Studio- und Haushaltstest. Dazu wird eine Kaufsituation im Studio simuliert, wobei sich das zu testende Produkt im Umfeld der Konkurrenzprodukte befindet. Eine nach der Käuferzielgruppe ausgewählte Stichprobe von mindestens 200 Verbrauchern wird zum Einkauf gebeten und erhält, auch beim Kauf von Konkurrenzprodukten, das neue Produkt zur Probe mit nach Hause. Nach einiger Zeit werden die Käufer nach ihren Erfahrungen, vor allem aber nach ihrer Kauf- bzw. Wiederkaufabsicht, befragt. Aus der Zahl der Erst- und Wiederkäufer lässt sich der zu erwartende Marktanteil ermitteln.

Ähnlich ist die Vorgehensweise beim **experimentellen Testmarkt.** Durchgeführt wird der Test allerdings in Geschäften, also in dem für den Verbraucher normalen Kaufumfeld. Dazu werden Käufer gewonnen, die den größten Teil ihrer Einkäufe in diesem Geschäft tätigen und zuvor nach bestimmten Zielgruppenkriterien ausgewählt wurden. Die Identifizierung und nachträgliche Befragung wird möglich durch die Nutzung von Identitätskarten, die für Scannerkassen geeignet sind. Auch mit dieser Methode lässt sich der zu erwartende Marktanteil hochrechnen; zusätzlich können die über die Testergebnisse hinausgehenden Abverkäufe des neuen Produktes in die Analyse einbezogen werden.

Die Wahl eines geeigneten **regionalen Testmarktes** schließlich erfolgt in der Regel aus wirtschaftlichen und technischen Gründen durch Quotenverfahren. Dabei müssen folgende Gesichtspunkte beachtet werden:

- Die Bevölkerungsstruktur muss im Hinblick auf ihre sozio-demografischen Merkmale ein gutes Abbild des Gesamtmarktes sein.
- Auch die Handelsstruktur sollte dem Durchschnitt des Gesamtmarktes entsprechen.
- Regionale und saisonale Besonderheiten in den Konsumgewohnheiten dürfen die Ergebnisse nicht verfälschen.

Allein diese drei Gesichtspunkte zeigen uns, dass der Forderung nach Repräsentanz bei der Auswahl des Testmarktes unbedingt Rechnung getragen werden muss. Wenn Abweichungen zwischen der Struktur des Testmarktes und dem ins Auge gefassten Gesamtabsatzmarkt auftreten, sollten sie zumindest bekannt sein. Allein wegen der regional unterschiedlichen Verzehrsgewohnheiten reicht oft ein einzelner Testmarkt nicht aus. Es müssen vielmehr mehrere Teststädte bzw. mehrere Testregionen ausgewählt werden. Mit der Zahl der Testmärkte erhöht sich die Genauigkeit der Hochrechnung auf dem gesamten Markt.

Auf der anderen Seite dürfen Zahl und Größe der Testmärkte auch nicht zu hoch bemessen sein. Dabei spielt in der Praxis u. a. auch der Gedanke eine Rolle, dass von einem möglicherweise negativen Testausgang so wenig wie möglich Käufer und Händler Kenntnis haben sollten.

Denn ein negativer Testausgang hat möglicherweise bei Käufern und Händlern einen Imageverlust für die betreffende Marke oder die betreffende Herstellerfirma zur Folge.

Außerdem muss die Größe und die Zahl der Testmärkte selbstverständlich auch aus Kostengründen eingeengt bleiben. Es gilt, einen Kompromiss zu finden zwischen dem Ziel möglichst guter Repräsentanz und dem Ziel, die Kosten möglichst gering zu halten. In der deutschen Markenartikelindustrie für Lebensmittel gilt als Faustzahl, dass die Testmärkte mindestens etwa 0,5 % der Käufer des Gesamtmarktes umfassen sollten, wenn es sich um ein Produkt handelt, für das langfristig 30 % oder 40 % der Käufer in Frage kommen.

Ziel bei der Anlage und Durchführung eines Testmarktes muss es sein, eine Situation zu simulieren, wie sie im späteren Gesamtmarkt nach der weitgehend abgeschlossenen Einführungsphase zu erwarten ist.

Zur realistischen Beurteilung der Marktchancen des zu testenden Produktes müssen daher (nach A. HÖGER) folgende Bedingungen erfüllt werden:

(1) Es muss so schnell wie möglich eine Distribution im Handel geschaffen werden, wie sie später in der Einführungsphase am Gesamtmarkt erwartet wird.

(2) Es muss so schnell wie möglich ein ausreichender Bekanntheitsgrad für das Produkt erreicht und die Werbeaussage muss möglichst schnell durchgesetzt werden. Dazu muss im Testmarkt in der Regel mit überproportionalen Mitteln geworben werden.

(3) Die Zielgruppe muss so schnell wie möglich zu Erstkäufen bewogen werden, und zwar einmal durch eine genügend starke Werbekampagne, zum anderen aber auch durch zusätzliche geeignete Maßnahmen wie Gutschein- oder Musterverteilaktionen.
(4) Wenn Erstkäufe im erwarteten Umfang stattgefunden haben, sind nur noch normale Marketingaufwendungen erlaubt, um den Käufern bei einer Werbedosis, die den späteren Verhältnissen im Gesamtmarkt entspricht, Gelegenheit zu geben, sich durch Wiederkäufe für das Produkt zu entscheiden oder nicht.

Welche Zeitdauer für einen Testmarkt erforderlich ist, lässt sich nicht generell entscheiden. Der Testmarkt sollte vielmehr solange fortgesetzt werden, bis die kumulierte Zahl der Wiederkäufer konstant wird.

Solange die Kurve der Wiederkäufer noch ansteigt, kann man darauf schließen, dass die Produktidee sich im Markt noch weiter durchsetzt. Kommen aber keine neuen Wiederkäufer hinzu, so hat das neue Produkt seinen Käuferkreis gefunden.

Die Dauer des Testmarktes hängt also davon ab,

- wie schnell die Simulation der späteren Verhältnisse im Gesamtmarkt gelingt,
- wie dicht die Einkaufsfrequenz bei den einzelnen Produkten ist.

Bei der Messung der Testmarkterfolge darf man nicht von den Umsatzzahlen des Herstellers ausgehen, sondern man muss die Einzelhandelsumsätze (die Produkte könnten ja in den Lägern schlummern) oder die vom Käufer gekauften Mengen zugrunde legen. Als Verfahren eignen sich dementsprechend Handels- und Käuferpanel (siehe Kapitel I 1.3).

(5) Produkteinführung

Nach erfolgreichem Markttest wird das Produkt nach einem detaillierten Zeitplan in den Markt eingeführt. Hierzu müssen umfangreiche Vorbereitungen zum Beschaffungs- und Fertigungsablauf und für den Absatz getroffen werden. Bei der Beschaffung sind es Mengen, Termin-, Lagerhaltungs- und Transportplanungen, bei der Fertigung Arbeitsablauf, Arbeitsstätten-, Arbeitsmittel- und Arbeitszeitplanungen. Im Marketing liegt nun der Schwerpunkt auf den Distributions- und Kommunikationsmaßnahmen.

Um die Vielzahl der zu erfüllenden Aufgaben jederzeit überblicken und termingerecht durchführen zu können, ist es für die Produkteinführung empfehlenswert, einen **Netzplan** zu erstellen, der die einzelnen Tätigkeiten und ihre zeitlichen und logischen Abhängigkeiten enthält und frühzeitig Verzögerungen und Engpässe zu erkennen gibt.

Die Anwendung der Netzplantechnik ist keineswegs auf das Marketing beschränkt. Vielmehr ist sie zunächst als Planungsmethode zur zweckmäßigen zeitlichen Folge von Arbeiten in der industriellen Fertigung und bei der Durchführung technischer Entwicklungsprogramme entstanden. Da sie aber generell geeignet ist, zeitbeanspruchende Arbeitsabläufe in ihrer zeitlichen Zuordnung überschaubar und damit einer rationalen Planung zugänglich zu machen, kann sie auch im Marketing eingesetzt werden. Dabei kann hier davon abgesehen werden, dass die Netzplantechnik sich auch zur Kostenanalyse, Kapazitätszuteilung u. a. m. verwenden lässt. An dieser Stelle können wir uns vielmehr auf eine Darstellung der Netzplantechnik als Hilfsmittel der zeitlichen Planung von Marketingmaßnahmen beschränken.

Kennzeichnend für die Netzplantechnik ist die systematische Verknüpfung von Tätigkeiten. Die bekanntesten Methoden, CPM (Critical Path Method) und PERT (Program Evaluation and Review Technique), symbolisieren in der grafischen Darstellung Tätigkeiten als Pfeile und die Verknüpfungen der Tätigkeiten als Kreise. Der Unterschied zwischen den beiden Verfahren besteht darin, dass CPM und die darauf aufbauenden ähnlichen Methoden als Zeitdauer jeder Tätigkeit jeweils eine einzige, auf Erfahrungswerten basierende Zeitschätzung annehmen (deterministische Konzeption), während die auf der PERT-Basis aufbauende Methode, ausgehend von alternativen Schätzungen der Zeitdauer der einzelnen Tätigkeiten, zu einer Aussage darüber führt, mit welcher Wahrscheinlichkeit gesetzte Termine eingehalten werden können (stochastische Konzeption).

Wir beschränken uns hier auf die Darstellung der Grundlage der CPM-Methode, die für die Zeitplanung in der Marketingpraxis besonders häufig angewandt wird.

Jeder Netzplan besteht aus einer Reihe von Grundelementen: Tätigkeiten, Ereignissen, Scheintätigkeiten.

Tätigkeit

Jedes Projekt kann in einzelne Teilarbeiten zerlegt werden, die durch ihre Anfangs- und Endpunkte begrenzt sind. Jede derartige zeitbeanspruchende Handlung oder Frist wird als „Tätigkeit" bezeichnet. Tätigkeiten werden im Netzplan als Pfeile dargestellt. Sie verbinden stets in Pfeilrichtung Beginn und Ende einer Tätigkeit, wobei die Länge der Pfeile nichts über die Dauer der Tätigkeit aussagt.

Ereignis

Am Anfang oder Ende einer Tätigkeit steht ein „Ereignis". Im zeitlichen Ablauf stellen Ereignisse Zeitpunkte dar, zu denen eine Tätigkeit begonnen oder abgeschlossen sein muss.

Ein Ereignis wird im Netzplan als Kreis dargestellt.

Scheintätigkeit

Die richtige funktionelle Zuordnung und zeitliche Reihenfolge von Tätigkeiten kann durch eine „Scheintätigkeit" gekennzeichnet werden. Diese ist keine Tätigkeit und daher niemals zeitverbrauchend. Scheintätigkeiten dienen lediglich der Darstellung der logischen Reihenfolge der Ereignisse und werden als unterbrochene Pfeillinien dargestellt (z. B. in Übersicht I.36 zwischen Ereignis 10 und Ereignis 6).

Für die Aufstellung von Netzplänen mögen folgende praktische Hinweise von Nutzen sein:

- Aufeinanderfolgende Tätigkeiten werden stets durch ein Ereignis miteinander verbunden.
- Häufig müssen mehrere Tätigkeiten abgeschlossen sein, bevor eine neue Tätigkeit beginnen kann. In diesem Fall enden alle vorangehenden Tätigkeiten in dem Ereignis, mit dem die folgende Tätigkeit eingeleitet wird. Entsprechend können mit einem Anfangsereignis mehrere Tätigkeiten gleichzeitig beginnen.
- Im Netzplan dürfen Tätigkeiten niemals zu einem früheren Ereignis zurückführen. Es dürfen also keine so genannten Zyklen auftreten. Wenn gleiche Tätigkeiten wiederholt werden müssen, sind diese erneut im Netzplan aufzuführen.

Beim Erstellen eines Netzplanes werden üblicherweise Strukturanalyse und Zeitanalyse unterschieden. Während die Strukturanalyse die Reihenfolge aller Tätigkeiten und ihre funktionale Verflechtung verdeutlicht, wird in der Zeitanalyse die eigentliche Zielsetzung des Netzplanes realisiert, nämlich die Ermittlung der für die einzelnen Tätigkeiten erforderlichen Zeitdauer. Die Strukturanalyse dient lediglich der Vorbereitung dieser Zeitanalyse.

(a) Strukturanalyse

Die Strukturanalyse beginnt mit der Auflistung aller Tätigkeiten, die zur Durchführung des Projektes erforderlich sind. Dabei kommt es auf die vollständige Erfassung aller Tätigkeiten an, wofür alle – im Wesentlichen unternehmensinternen – Informationsquellen heranzuziehen sind. Häufig werden dazu Experten im Unternehmen befragt; nicht selten wird auch die Technik des Brainstorming angewandt. Darüber hinaus lassen sich vielfach Informationen aus Netzplänen für ähnliche, bereits durchgeführte Projekte gewinnen.

Nach der Auflistung der insgesamt erforderlichen Tätigkeiten müssen diese nach dem sachlogischen zeitlichen Ablauf geordnet werden. Dafür bietet sich die Verwendung einer Matrix an, wie sie in Übersicht I.34 wiedergegeben ist.

Eine solche Matrix lässt sich leicht in einen Netzplan überführen. Der in der Matrix aufgestellten Zuordnung von Tätigkeiten entspricht die Anordnung in dem Netzplan, der in Übersicht I.35 dargestellt ist.

(b) Zeitanalyse

Auf der Grundlage der Strukturanalyse kann die Zeitanalyse durchgeführt werden. Die Zeitplanung wird in drei Stufen vorgenommen:

- Bestimmung der Tätigkeitsdauer,
- Vorwärts- und rückwärtsschreitende Zeitrechnung,
- Ermittlung des kritischen Weges und der Zeitreserven.

Bestimmung der Tätigkeitsdauer

Die Bestimmung der Tätigkeitsdauer setzt voraus, dass eine möglichst gute Kenntnis der Zeitbeanspruchung durch die zahlreichen Aufgaben des jeweiligen Marketingprojektes vorhanden ist. Diese Kenntnis kann aus eigenen Erfahrungswerten und aus der Nutzbarmachung der Erfahrung anderer Experten gewonnen werden. Häufig sind auch lediglich Schätzungen möglich, die durch eine weitgehende Aufgliederung aller erforderlichen Tätigkeiten erleichtert werden. Die Zeitangaben für die Tätigkeiten müssen selbstverständlich in einer einheitlichen Zeiteinheit angegeben werden, z. B. in Arbeitstagen, und zwar zweckmäßigerweise jeweils unter den Tätigkeitspfeilen.

Vorwärts- und rückwärtsschreitende Zeitrechnung

Jede einzelne Tätigkeit, die in einem Netzplan aufgeführt ist, kann erst begonnen werden, wenn die vorangehende Tätigkeit abgeschlossen ist. Der frühste Anfangszeitpunkt einer Tätigkeit (und damit der früheste Zeitpunkt des diese Tätigkeit einleitenden Ereignisses) ergibt sich also aus der Addition der Dauer aller im Netzplan vorangegangenen Tätigkeiten.

Wenn in einem Ereignis mehrere Tätigkeiten zusammenlaufen, so kann der Beginn der von diesem Ereignis ausgehenden Tätigkeit erst erfolgen, nachdem alle vorangehenden Tätigkeiten abgeschlossen sind. Der früheste Zeitpunkt des betreffenden Ereignisses ist

Übersicht I.34

Matrix zur Ordnung der zeitlichen Rangfolge von Tätigkeiten

Vorangehende Tätigkeit		Betrachtete Tätigkeit															
		A	B	C	D	E	F	G	H	I	K	L	M	N	O	P	Q
Produkt- und Verpackungstest	A		●														
Auswertung der Testergebnisse	B			●			●										
Ausarbeitung der EH-Befragung, Kostengenehmigung	C				●												
EH-Befragung	D					●											
Auswertung der Ergebnisse der EH-Befragung	E						●										
vorbereitende Layoutarbeiten	F							●					●				
Prüfen und Genehmigen der Budgetvorschläge	G				●				●								
Computer-Medien-Analyse	H									●							
Auswertung des 1. Medien-Planes	I										●						
evtl. Auswertung des 2. Medien-Planes	K											●					
Endgültige Festlegung des Medien-Planes	L												●				
Herstellung des Layouts für Anzeigen	M													●			
Motivauswahl für Layout-Test	N														●		
Angebotseinholung und Vorbereitung des Layout-Tests, Kostengenehmigung	O															●	
Test der Layouts	P																●
Diskussion der Testergebnisse	Q																

(Ausschnitt aus dem Netzplan in Übersicht I.37: Ereignisse 3 bis 18)

also gleich dem Zeitpunkt, zu dem die vorangehende Tätigkeitenfolge mit der längsten Dauer abgeschlossen ist.

Dieser jeweils früheste Zeitpunkt eines Ereignisses wird im linken unteren Viertel des kreisförmig dargestellten Ereignisses eingetragen. Die obere Hälfte dient zur Angabe der Ereignisnummer. Die Nummerierung der Ereignisse wird in der Regel in aufsteigender

Übersicht I.35

Netzplan zur Matrix in Übersicht I.34

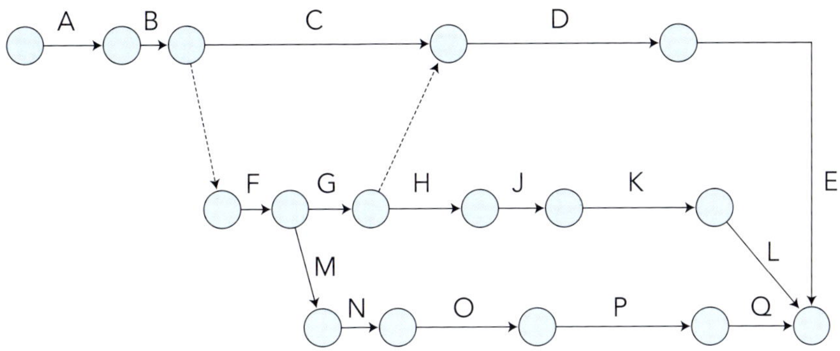

Reihenfolge vorgenommen, so dass das Endereignis die größte, das Anfangsereignis die kleinste Ereignisnummer hat.

Wie für alle anderen Ereignisse wird auch für das Schlussereignis der frühestmögliche Zeitpunkt in der angegebenen Weise ermittelt. Daraus ist die kürzest mögliche Dauer des Gesamtprojektes ersichtlich. Dieser früheste mögliche Zeitpunkt des Schlussereignisses wird in der rückwärtsschreitenden Zeitrechnung zugleich als spättestmöglicher Ereigniszeitpunkt des Schlussereignisses angesehen. Alle spätestmöglichen Ereigniszeitpunkte für vorangehende Ereignisse können entsprechend durch Subtraktion der Summe der Tätigkeitszeiten zwischen dem Schlussereignis und jedem beliebigen vorangehenden Ereignis bestimmt werden. Dieser späteste Zeitpunkt für jedes Ereignis wird im rechten unteren Viertel der kreisförmigen Markierung für das einzelne Ereignis eingetragen.

Wo sich beim Rückwärtsrechnen zwei Wege treffen, muss umgekehrt zum Vorwärtsrechnen der zeitkürzeste Weg festgehalten werden. Auf diese Weise erhält man Angaben, wann die einzelnen Tätigkeiten spätestens begonnen sein müssen, wenn der früheste mögliche Endtermin eingehalten werden soll. Übersicht I.36 zeigt ein einfaches Beispiel dafür, dass die Werte des Vorwärtsrechnens nicht immer mit denen des Rückwärtsrechnens übereinstimmen.

Diese auftretenden Differenzen werden als Pufferzeit oder als Schlupf bezeichnet. Sie geben an, wie viel Spielraum für die Ausführung einer Tätigkeit zur Verfügung steht. Zum Beispiel verbleibt für die Tätigkeiten G, H, J, K, L insgesamt ein Puffer von 14 Tagen, für die Tätigkeiten F, M, N, O, P, Q ein Puffer von 4 Tagen, weil die Zeitdauer der Tätigkeiten C, D, E um 14 bzw. 4 Tage länger ist.

Ermittlung des kritischen Weges

Wenn frühester und spätester Zeitpunkt eines Ereignisses gleich sind, wird das betreffende Ereignis als kritisch bezeichnet, weil kein Spielraum für eine Terminverschiebung vorhanden ist, es sei denn, der Endtermin würde überzogen. Verbindet man die kritischen Ereignisse miteinander, so erhält man den „kritischen Weg". Selbstverständlich müssen alle Tätigkeiten, die auf einem kritischen Weg liegen, bei der Durchführung von Marke-

Übersicht I.36

Pufferzeiten im Netzplan

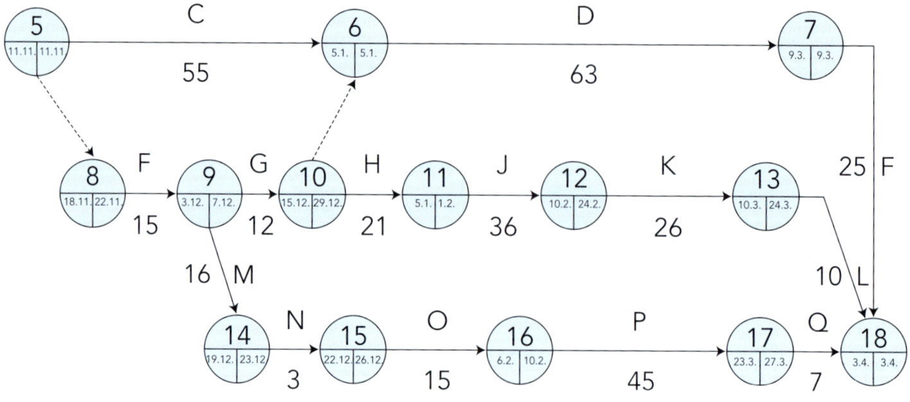

(Ausschnitt aus dem Netzplan in Übersicht I.37; Tätigkeitsdauer in Tagen und Zeitangaben für die frühesten bzw. spätesten Anfangs- und Endzeitpunkte; jeweilige Kalenderdaten)

tingaufgaben besonders sorgfältig beobachtet werden. Denn wenn auf diesem kritischen Weg die angenommenen Zeiten überschritten werden, lässt sich die vorgesehene Gesamtzeit für das Projekt nicht einhalten; dagegen sind auf den anderen Wegen gewisse Zeitpuffer vorhanden.

Die Berechnung der einzelnen Zeitpunkte, der Pufferzeiten und des kritischen Weges erfolgt bei kleineren Netzplänen manuell, bei größeren wird die Berechnung mit Hilfe standardisierter Computerprogramme vorgenommen.

Zur Verdeutlichung der Anwendung der Netzplantechnik im Marketing mag das in Übersicht I.37 wiedergegebene Beispiel dienen, das die Zeitfolge der Marketingmaßnahmen bei der Vorbereitung der Markteinführung eines neuen Kartoffeledelerzeugnisses[3] aufzeigt. Der im Netzplan dargestellte Start steht am Ende der technischen Produktentwicklung, die hier nicht wiedergegeben ist. Wie zu ersehen ist, waren auch die vorangegangenen Teilbeispiele diesem gleichen Projekt entnommen.

(6) Produktkontrolle

Während und nach der Produkteinführung ist der Erfolg der getroffenen Maßnahmen laufend zu überprüfen. Eine Kontrolle kann nur dann effizient sein, wenn klare Sollvorgaben vorhanden sind und festgelegt ist, wer wann welche Informationen wie zu ermitteln und an wen weiterzugeben hat. Die Kontrollkennziffern entsprechen im Wesentlichen den bereits erörterten Zielkriterien der Produktpolitik.

Als wichtigste Basisdaten müssen zur Beurteilung des Produkterfolges zunächst festgehalten werden:

---

[3] Der Netzplan gibt mit geringen Abweichungen die Planungen zur Produkteinführung der Marke „Chips Frisch" durch die Firma Intersnack, Köln, wieder, der wir für die Überlassung der Informationen danken.

- Absatzmengenentwicklung (an Handel und Endkäufer),
- Kostenentwicklung,
- Gewinnentwicklung,
- Deckungsbeitragsentwicklung,
- Lagerbestandsentwicklung,
- Auslastungsgrade der Beschaffungs-, Produktions- und Vertriebsorgane.

So wichtig diese Informationen sind, sie reichen für eine wirkungsvolle Kontrolle der Produktpolitik nicht aus. Um rechtzeitig Revisionsmaßnahmen ergreifen zu können, müssen besonders im Einführungsstadium die Einstellungen der Käufer zum Produkt ermittelt werden. Die Analyse der Kundenzufriedenheit gewinnt zentrale Bedeutung für das rechtzeitige Erkennen von Schwächen in der Produktpolitik und in anderen Bereichen des Marketing-Mix.

Ein allzu häufiger Wechsel der Käuferstruktur aber ist ein schlechtes Zeichen für das Image des Produktes; denn dies deutet darauf hin, dass die Käufer zu dem betreffenden Produkt keine feste positive Beziehung haben. Ein richtig im Markt positioniertes Produkt gewinnt schnell einen festen Kundenstamm. Aufschlüsse darüber erhält man, indem man nicht nur die Struktur der Erstkäufer (Innovatoren), sondern die Zahl der Wiederkäufer ermittelt, also feststellt, wie viel Personen das Produkt zum zweiten, dritten, vierten Mal usw. gekauft haben und wodurch gerade diese Personen charakterisiert werden. Als Instrumente hierfür bieten sich zwar auch Ad-hoc-Befragungen an, man wird die betreffenden Daten jedoch in der Regel in Paneluntersuchungen ermitteln.

TOOLBOX: KUNDENZUFRIEDENHEITSANALYSE

Die Kundenzufriedenheit stellt das Verhältnis von Kundenerwartung und Leistungserbringung des Unternehmens dar. Die Kundenerwartung setzt sich aus Faktoren wie z. B. dem individuellen Anspruchsdenken, dem Image des Anbieters oder den vorhandenen Alternativen zusammen. Diese Erwartungserfüllung wird oftmals emotional bewertet und schlägt sich in mehr oder weniger stark ausgeprägter Zufriedenheit oder Unzufriedenheit nieder.

Die Kundenzufriedenheit kann durch objektive und subjektive Bewertungsmethoden gemessen werden. Während bei den objektiven Verfahren messbare Größen wie Absatz- und Umsatzzahlen verwendet werden, wird bei den subjektiven Verfahren die durch den Kunden selbst empfundene Zufriedenheit zugrunde gelegt.

Bei den subjektiven Verfahren können sowohl qualitative Methoden wie Tiefen-Interviews oder Fokusgruppen als auch quantitative Methoden wie telefonische Volumenbefragungen oder schriftliche Befragungen eingesetzt werden. Durch qualitative Methoden können Gründe für (Un-)Zufriedenheit und Verbesserungsvorschläge erfragt werden, mit quantitativen Methoden lässt sich z. B. die Kundenzufriedenheit über einen gewissen Zeitraum hinweg bewerten.

Eine Analyse der Kundenzufriedenheit kann in der Regel nur stichprobenartig durchgeführt werden. Je größer der Teil der befragten Zielgruppe ist,

Übersicht I.37

Netzplan für die Vorbereitung der Markteinführung eines Kartoffeledelproduktes

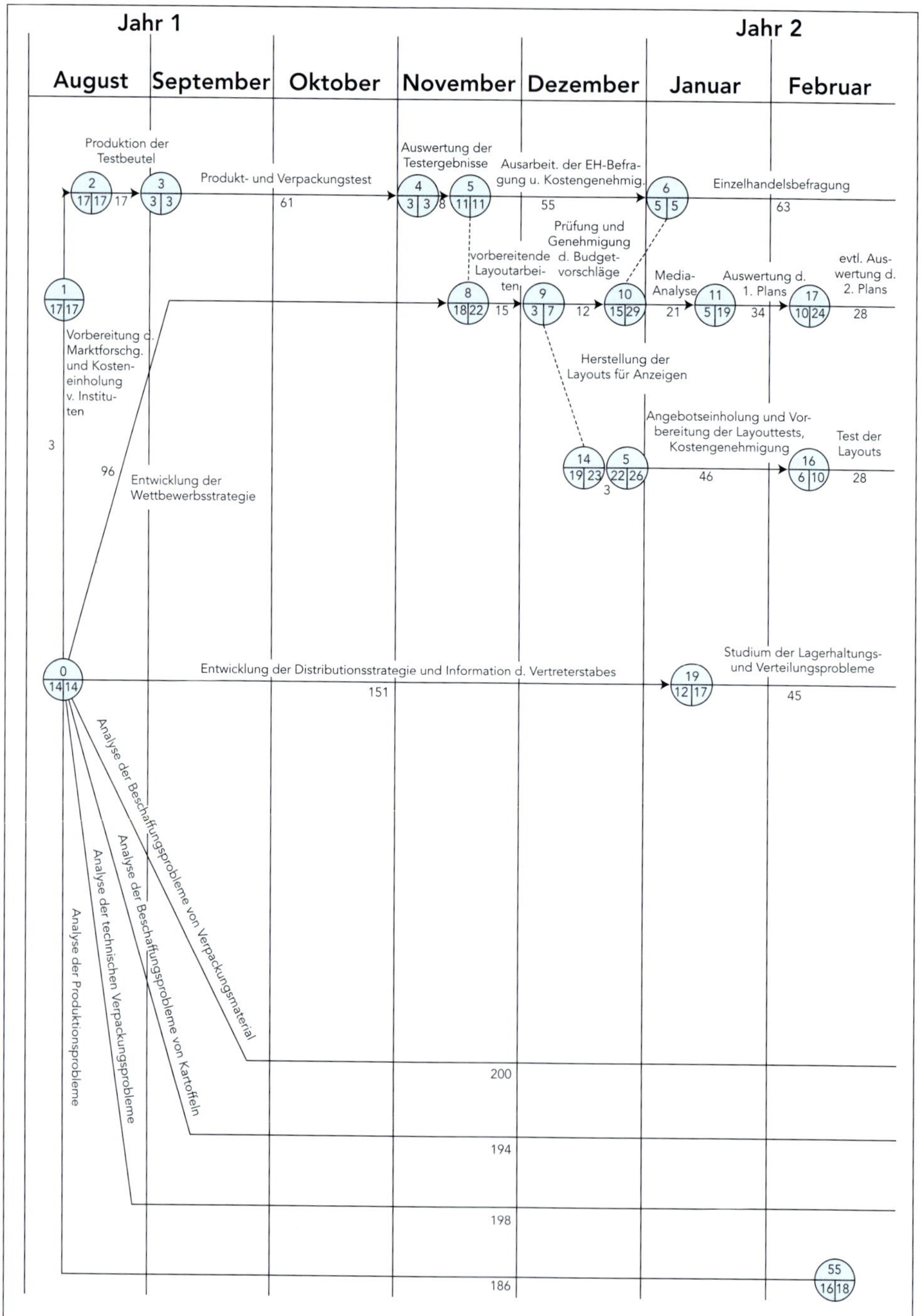

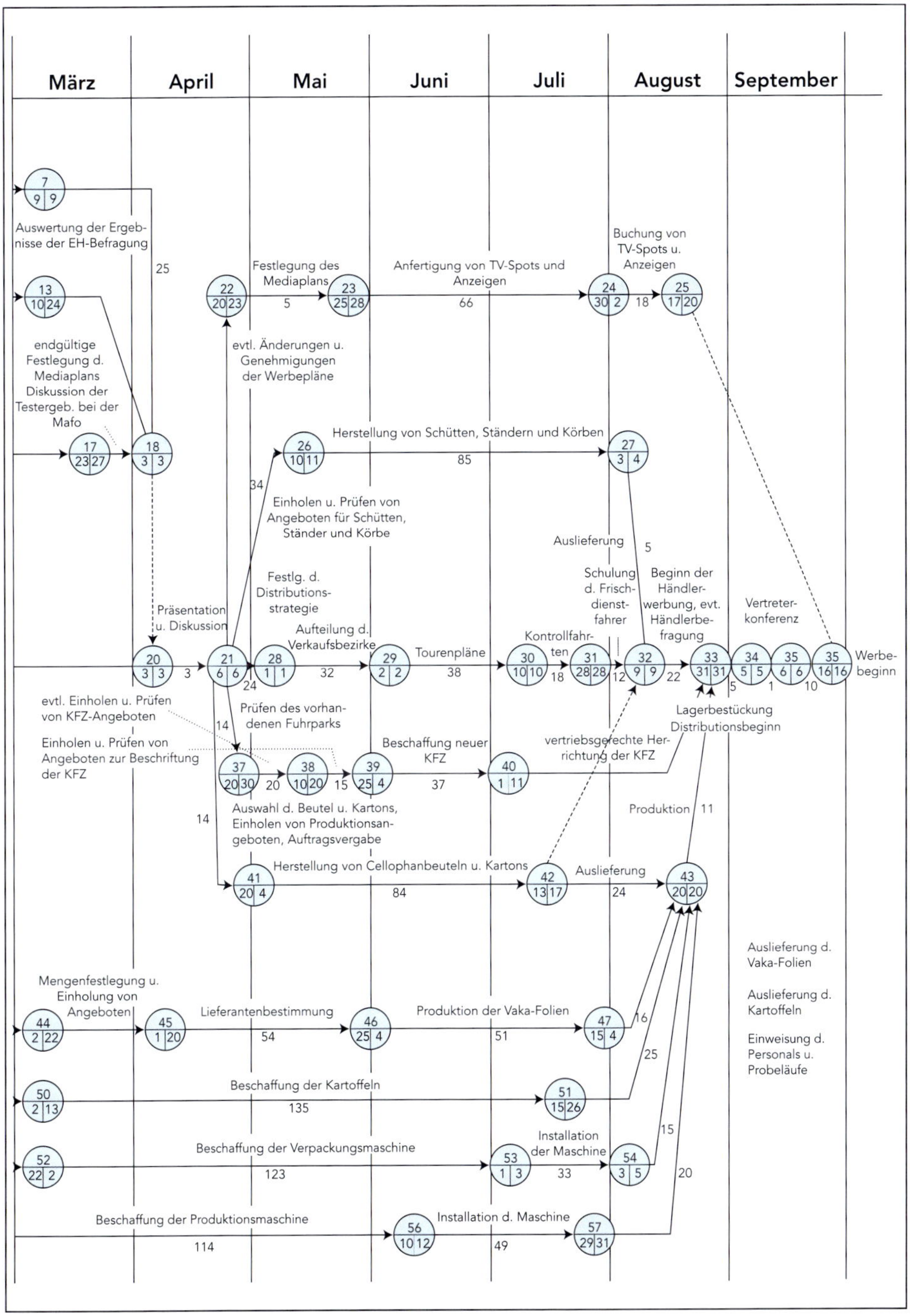

März
April
Mai
Juni
Juli
August
September
Auswertung der Ergebnisse der EH-Befragung
endgültige Festlegung d. Mediaplans Diskussion der Testergeb. bei der Mafo
Festlegung des Mediaplans
Anfertigung von TV-Spots und Anzeigen
Buchung von TV-Spots u. Anzeigen
evtl. Änderungen u. Genehmigungen der Werbepläne
Herstellung von Schütten, Ständern und Körben
Einholen u. Prüfen von Angeboten für Schütten, Ständer und Körbe
Auslieferung
Schulung d. Frischdienstfahrer
Beginn der Händlerwerbung, evt. Händlerbefragung
Vertreterkonferenz
Festlg. d. Distributionsstrategie
Präsentation u. Diskussion
Aufteilung d. Verkaufsbezirke
Tourenpläne
Kontrollfahrten
Werbebeginn
evtl. Einholen u. Prüfen von KFZ-Angeboten
Einholen u. Prüfen von Angeboten zur Beschriftung der KFZ
Prüfen des vorhandenen Fuhrparks
Beschaffung neuer KFZ
vertriebsgerechte Herrichtung der KFZ
Lagerbestückung Distributionsbeginn
Auswahl d. Beutel u. Kartons, Einholen von Produktionsangeboten, Auftragsvergabe
Produktion
Herstellung von Cellophanbeuteln u. Kartons
Auslieferung
Auslieferung d. Vaka-Folien
Auslieferung d. Kartoffeln
Einweisung d. Personals u. Probeläufe
Mengenfestlegung u. Einholung von Angeboten
Lieferantenbestimmung
Produktion der Vaka-Folien
Beschaffung der Kartoffeln
Beschaffung der Verpackungsmaschine
Installation der Maschine
Beschaffung der Produktionsmaschine
Installation d. Maschine

Fortsetzung TOOLBOX: KUNDENZUFRIEDENHEITSANALYSE von S. 637

desto größer ist auch die Aussagekraft der Analyse. Weiterhin sollte die Kundenzufriedenheitsanalyse alle wichtigen Aspekte des Unternehmens und seiner Produkte abdecken. Diese sollten möglichst detailliert und konkret abgefragt werden, damit keine subjektiv wahrgenommenen Mittelwerte angegeben werden, die eine Aussagekraft verringern. Als Beispiel kann man sich eine Schachtel Pralinen vorstellen, die zwei verschiedene Sorten beinhaltet. Fragt man den Interviewpartner, wie er die Pralinen bewertet, und er findet eine Sorte sehr gut und eine Sorte sehr schlecht, so wird er sie insgesamt als mittelmäßig einstufen. Bezieht sich die Frage jedoch auf die verschiedenen Pralinensorten, so kann man darauf reagieren, dass eine Sorte sehr schlecht bewertet wird.

Die Vorteile von Kundenzufriedenheitsanalysen liegen darin, dass man Gründe für Kundenunzufriedenheit erkennt und gezielte Verbesserungsmaßnahmen einleiten kann. Dadurch erhöht sich z. B. die Kundenbindung, das Unternehmensimage kann verbessert werden, die Preis- und Produktpolitik kann optimiert werden etc. Nachteile von Kundenzufriedenheitsanalysen bestehen z. B. darin, dass qualitative Methoden häufig mit sehr hohen Kosten verbunden und die Rücklaufquoten bei Befragungen mit Fragebögen oftmals sehr gering sind.

Die Messung der Kundenzufriedenheit wird auch im Rahmen des Qualitätsmanagements nach den DIN-EN-ISO-Normen 9000 ff. gefordert. Kundenzufriedenheitsanalysen sollten kontinuierlich durchgeführt werden, damit man einen zeitlichen Vergleich erhält und Veränderungen und Tendenzen frühzeitig erkennt.

4.2 Entscheidungsfindung in der Preispolitik

Bei Entscheidungen im Aktionsbereich Preispolitik gehen wir im Allgemeinen – bewusst oder unbewusst – von Regelmäßigkeiten hinsichtlich der Durchsetzbarkeit von Preisforderungen beim Wirksamwerden bestimmter Marktmechanismen aus, wie sie in der ökonomischen Theorie dargestellt werden. Vor dem Hintergrund solcher grundlegenden Überlegungen differenzieren sich die Methoden preispolitischer Planung häufig danach, wie stark sie auf die Einflussfaktoren Kosten, Konkurrenzverhalten, Konsumentenverhalten und Risiko Rücksicht nehmen.

4.2.1 Preistheoretische Modelle zur Preisfestsetzung

In Kapitel D 2 haben wir achtzehn verschiedene Marktformen unterschieden. In der Preistheorie sind für die einzelnen Typen Modelle entwickelt worden, die den Anbietern das Finden der gewinnoptimalen Preise erleichtern sollen. Da in diesen Modellen jedoch aus methodischen Gründen Unterstellungen gemacht werden, die den praktischen Verhältnissen nicht voll entsprechen, eignen sie sich lediglich zur besseren gedanklichen Durchdringung des Preisfindungsproblems, nicht zur exakten Bestimmung der Angebotspreise. Wir wollen uns deshalb im Folgenden auch nur kurz mit den drei grundlegenden Modellen der Preisfixierung monopolistischer, polypolistischer und oligopolistischer Anbieter bei polypolistischer Nachfragestruktur beschäftigen, wobei wir jeweils zwischen vollkommenen und unvollkommenen[4] Märkten zu entscheiden haben.

(1) Preispolitik bei monopolistischer Angebotsstruktur

Der Anbieter eines Gutes mit Monopolstellung auf vollkommenen Märkten kann aufgrund seiner in diesem Falle **vollkommenen** Information seinen Gewinn präzise ermitteln. Der maximale Gewinn wird erreicht, wenn der Grenzumsatz gleich den Grenzkosten ist

$$U' = K'$$

(grafisch: wenn die Grenzumsatzkurve die Grenzkostenkurve schneidet). Auf die Preis-Absatz-Funktion übertragen, wird dieser Punkt der „Cournotsche Punkt" genannt. Er kennzeichnet die gewinnmaximierende Preis-Mengen-Kombination eines Monopolisten auf vollkommenen Märkten.

Auf **unvollkommenen** Märkten steht ein Monopolist vor dem gleichen Dilemma wie der Oligopolist: Er kann seine Preisentscheidung nur sehr schwer optimieren, weil er sich unter Risiko an den günstigsten Preis herantasten muss.

(2) Preispolitik bei polypolistischer Angebotsstruktur

Während für den Monopolisten die individuelle Preis-Absatz-Funktion preisbestimmend ist, ergibt sich für den Polypolisten auf **vollkommenen** Märkten der Preis aus dem gesamten Angebot aller Anbieter und der gesamten Nachfrage aller Nachfrager. Er selbst kann weder den Preis beeinflussen noch kann er ohne Nachteile von ihm abweichen. Als Mengenanpasser wird er, um seinen Gewinn zu maximieren, bei nichtlinearem Kostenverlauf jeweils die Menge eines Produktes anbieten, bei der seine Grenzkosten gleich dem Marktpreis (= Grenzerlös) sind:

$$K' = U' = P$$

Bei linearem Kostenverlauf wird er bis zur Kapazitätsgrenze produzieren.

Für den polypolistischen Anbieter auf **unvollkommenen** Märkten, dessen Preis-Absatz-Funktion einen monopolistischen Abschnitt hat, ergibt sich im Prinzip die gleiche Entscheidungssituation wie für den Monopolisten. Er wählt den Preis, bei dem der Grenzerlös den Grenzkosten entspricht. Probleme ergeben sich hierbei insofern, als aufgrund der mehrfach geknickten Grenzerlöskurve, je nach Lage der Grenzkostenkurve, evtl. mehrere Schnittpunkte zwischen Grenzerlös- und Grenzkostenkurve entstehen können, wobei

[4] Vereinfachend wird im Folgenden unterstellt, dass die Unvollkommenheit auf Nachfragepräferenzen beruht.

der Anbieter wegen der in der Praxis auftretenden Unsicherheit über den Verlauf der Preis-Absatz-Funktion in der Regel die höhere Preisalternative anstreben wird.

(3) Preispolitik bei oligopolistischer Angebotsstruktur

Der Oligopolist kann auf **vollkommenen** Märkten – ebenso wie der Polypolist – seinen Angebotspreis nicht oberhalb des Marktpreises ansetzen, ohne alle Kunden zu verlieren. Bei Preissenkungen dagegen gewinnt er alle Kunden, provoziert aber auch die Reaktionen der Konkurrenten, die ihrerseits ihre Preise senken. Unter der Annahme unterschiedlicher Grenzkosten der einzelnen Anbieter wird sich dieser Prozess fortsetzen, bis der Preis den Grenzkosten aller Anbieter gleich ist. Hierdurch werden sukzessive alle Anbieter mit höheren Kostenbelastungen ausscheiden und die Anbieter mit den niedrigsten Kosten übrigbleiben. Die Marktform tendiert zum Angebotsmonopol.

Die Preis-Absatz-Funktion eines Oligopolisten auf **unvollkommenen** Märkten wird in der Theorie vereinfachend so dargestellt, dass der Anbieter bei Preissteigerungen oberhalb einer bestimmten Preis-Mengen-Kombination (P mal x) nicht mit Reaktionen der Konkurrenz rechnet, während er bei Preissenkungen unterhalb dieses Punktes Reaktionen befürchtet, die den umsatzsteigernden Erfolg seiner Maßnahme einschränken.

In der Realität ist die Preisfindung für den Oligopolisten aber weitaus schwieriger, da er seine Preis-Absatz-Funktion niemals genau kennt. Das heißt, er muss von unsicheren Erwartungen über das Verhalten der Nachfrager und Konkurrenten ausgehen, über deren Reaktionen er zahlreiche Hypothesen bilden kann. Die Preisfindung rückt damit zunehmend in den Bereich subjektiver Beurteilung, wobei eine gewisse Formalisierung u. a. mit Hilfe spieltheoretischer Überlegungen vorgenommen werden kann: Der Anbieter formuliert im Hinblick auf seine eigene Preisstrategie und die möglichen Konkurrenzstrategien unterschiedliche Gewinnerwartungen und entscheidet aufgrund seiner Bewertung der Eintrittswahrscheinlichkeiten bestimmter Konkurrenzreaktionen und aufgrund seiner Risikobereitschaft über den Angebotspreis.

Die aus der Marktformenlehre abgeleiteten preistheoretischen Modelle erlauben zwar einen guten Einblick in die grundsätzlichen Beziehungen zwischen Preisfestsetzung, Absatzentwicklung, Kostenentwicklung, Konkurrenzverhalten und Gewinnentwicklung, sie sind jedoch für die Preisfindung in der Praxis zu wenig operational.

In der Realität ergibt sich – von den an anderer Stelle genannten Ausnahmen abgesehen – der Preis für die meisten Hersteller von Lebensmitteln in erster Linie als Ergebnis eines Verhandlungsprozesses zwischen Hersteller und Handel. Um erfolgreich verhandeln zu können, muss der Hersteller die seinen Spielraum determinierenden Preisgrenzen kennen. Auf der einen Seite muss er Sollvorstellungen darüber haben, welcher Endverkaufspreis (Bruttopreis) beim Konsumenten im Sinne der geplanten Umsatzentwicklung die größte akquisitorische Wirkung hat, auf der anderen Seite muss er die Preisuntergrenze (= Nettopreis) kennen, bis zu der er mit dem Handel verhandeln kann. Diese Preisuntergrenze wird von den Kosten- und Gewinnerwartungen bestimmt.

4.2.2 Kostenkalkulation zur Preisfestsetzung

Die Spanne zwischen Stückkosten und Preisen bzw. zwischen Gesamtkosten und Umsatz ist der Gewinn eines Unternehmens. Eine Preisfestsetzung ohne Berücksichtigung der Kosten ist daher unrealistisch. Ausgehend von den Erkenntnissen der zuvor skizzierten

Übersicht I.38

Beispiel zur Ermittlung des Angebotspreises nach verschiedenen Rechnungsmethoden (Angaben in €)

Kalkulationsgrundlage	Alternativen				
	A	B	C	D	E
1 Stückpreis	60	70	80	90	100
2 variable Stückkosten	30	30	30	30	30
3 Absatzmenge	20.000	19.000	17.000	14.000	10.000
4 Deckungsbeitrag pro Stück (1-2)	30	40	50	60	70
5 konstanter Gemeinkostenzuschlag pro Stück	30	30	30	30	30
6 Gewinn I pro Stück (1-2-5)	0	10	20	30	40
7 von der Absatzmenge abhängige Gemeinkosten	10	20	30	40	50
8 Gewinn II pro Stück (1-2-7)	20	20	20	20	20
Ergebnis					
Gesamtgewinn I (6x3)	0	190.000	340.000	**420.000**	400.000
Gesamtgewinn II (8x3)	**400.000**	380.000	340.000	280.000	200.000
Gesamtdeckungsbeitrag (4x3)	600.000	760.000	**850.000**	840.000	700.000

Modelle wird ein Unternehmen langfristig mindestens den Preis erzielen müssen, der die gesamten durchschnittlichen Stückkosten eines Produktes bzw. mit der Absatzmenge multipliziert die Gesamtkosten der Leistungserstellung und -verwertung deckt. Kurzfristig sollte der Preis dagegen mindestens die Höhe der variablen Kosten decken, wenngleich im Verdrängungswettbewerb in der Praxis häufig darauf verzichtet wird. In beiden Fällen gibt die Kostenkalkulation wertvolle Hinweise für die Festlegung der Preisuntergrenze. Gleichzeitig erhöht sie die Kostentransparenz und erleichtert damit eine variable Handhabung der Preisfixierung.

Das zentrale Problem der Preisfestsetzung besteht dabei darin, das günstigste Verhältnis zwischen Preisen, Absatzmengen und Kosten zu finden.

Hierzu ein **Beispiel:**

Ein Unternehmen habe die in Übersicht I.38 angegebenen fünf preispolitischen Alternativen A bis E mit den entsprechenden Absatzmengenerwartungen. Das Produkt sei mit variablen und fixen Stückkosten belastet, wobei die variablen Kosten für jede Einheit gleich hoch, die fixen jedoch vom Unternehmer mehr oder weniger willkürlich in gleicher Höhe (etwa als prozentualer Anteil an den variablen Kosten) oder aber in unterschiedlicher Höhe (etwa mit wachsender Absatzmenge sinkend = Stückkostendegression) angenommen werden. Zur Ermittlung des Stückpreises kann der Unternehmer die Vollkosten- oder die Teilkostenrechnung (Deckungsbeitragsrechnung) anwenden. Dabei ergeben sich jedoch unterschiedliche Ergebnisse. Nach der Vollkostenrechnung mit konstantem Gemeinkostenzuschlag je Stück müsste er die Preisalternative D wählen, nach der Vollkostenrechnung mit veränderten Gemeinkostenzuschlägen je Stück müsste er die Preisalternative A wählen, und nach der Deckungsbeitragsrechnung müsste er die Preisalternative C wählen. Es liegt nahe, dass er die nach der Deckungsbeitragsmethode ermittelte Alternative C wählt, die ihm den höchsten Überschuss zur Deckung der fixen Kosten und zur Erzielung eines darüber verbleibenden Gewinns garantiert. Jede andere Alternative würde zu einem schlechteren Ergebnis führen.

Wie das Beispiel verdeutlicht, erscheint die Vollkostenrechnung zur Ermittlung des Angebotspreises aufgrund der Unzulänglichkeiten bei der Verteilung der Fixkosten bzw. Gemeinkosten ungeeignet. Dennoch kann ein Unternehmer auf die Ermittlung und Zuteilung der Fixkosten bzw. Gemeinkosten nicht ganz verzichten. Die Deckungsbeitragsrechnung sagt ihm zwar, welcher von verschiedenen Preisen der günstigere ist, sie sagt ihm aber nicht, ob mit einem bestimmten Preis überhaupt ein Gewinn erzielt bzw. welcher Teil der Fixkosten durch den Preis gedeckt wird. Aus diesem Grunde sollte für die Preisfestsetzung weder einseitig die Deckungsbeitragsrechnung (Direct Costing) noch einseitig die Vollkostenrechnung angewendet werden, sondern ein System wie das der Fixkostendeckungsrechnung. Wie Übersicht I.39 demonstriert, erlaubt die Fixkostendeckungsrechnung eine retrograde Kalkulation, bei der man durch stufenweise Subtraktion der Einzelkosten und unterschiedlichen Fixkostenschichten über verschiedene Deckungsbeiträge zum Nettoergebnis (Gewinn) gelangt, und eine progressive Kalkulation, bei der man durch schichtenweise Zuschläge bestimmter Fixkostenanteile auf die Einzelkosten zu einer Eingrenzung des erforderlichen Angebotspreises gelangt. Bezogen auf das Beispiel lassen sich etwa folgende Aussagen machen: Der Angebotspreis von Produkt A wird nicht unter 44,50 € liegen dürfen, außer bei gezielten Strategien eines vorübergehenden Verdrängungswettbewerbs. Bei einem Preis von ungefähr 55,00 € werden zumindest noch die Gruppenfixkosten und eventuell ein Teil der Stellenfixkosten gedeckt. Um auch die Bereichs- und Unternehmensfixkosten zu erlösen, muss der Preis etwa bei 61,85 € liegen. Aber es muss auch überlegt werden, ob der Gewinn von 0,35 € bei einem Preis von 62,20 € wirklich so gering ist, oder ob eventuell dem Produkt fälschlich zu hohe Fixkosten angelastet worden sind. Was würden Veränderungen der Fixkostenanteile ergeben? Sind sie dem Verursacherprinzip entsprechend zu vertreten? Diese Fragen lassen sich natürlich nur mit einem guten Einblick in die Kostenstruktur eines Unternehmens lösen, niemals schematisch. Die Kostenrechnung gibt damit für die Preisfindung wertvolle Anhaltspunkte, wenn auch keine vollständigen Informationen. Dies gilt ebenso für die Deckungsbeitrags- wie für die Vollkostenrechnung, für die Rechnung mit Istkosten ebenso wie für Rechnung mit Normal- oder Plankosten.

Übersicht I.39

Beispiel zur retrograden und progressiven Kalkulation

		retrograd			
		A		**D**	
		%		**%**	
	Preis		62,40		74,50
./.	Einzelkosten		44,70		30,20
=	Deckungsbeitrag I		17,70		44,30
./.	Erzeugnisfixkosten	-	-		
	% v. DB I			42,0	18,60
=	Deckungsbeitrag II		17,70		25,70
./.	Gruppenfixkosten				
	% v. DB II	57,0	10,09	72,0	18,50
=	Deckungsbeitrag III		7,61		7,20
./.	Stellenfixkosten				
	% v. DB III	26,9	2,05	27,8	2,00
=	Deckungsbeitrag IV		5,56		5,20
./.	Bereichsfixkosten				
	% v. DB IV	63,7	3,55	63,7	3,31
=	Deckungsbeitrag V		2,01		1,89
./.	Unternehmensfixkosten				
	% v. DB V	82,8	1,66	82,8	1,57
	Nettoergebnis		0,35		0,32
		progressiv			
		A		**D**	
		%		**%**	
	Einzelkosten		44,50		30,20
+	Erzeugnisfixkosten		–		18,60
			44,50		48,80
+	Gruppenfixkosten				
	% v. Einzelkosten	22,7	10,09	61,3	18,50
			54,59		67,30
+	Stellenfixkosten				
	% v. Einzelkosten	4,5	2,05	6,6	2,00
			56,64		69,30
+	Bereichsfixkosten				
	% v. Einzelkosten	7,9	3,55	11,0	3,31
			60,19		72,61
+	Unternehmensfixkosten				
	% v. Einzelkosten	3,7	1,66	5,2	1,57
	Sa. Kosten		61,85		74,18
+	Gewinn		0,35		0,32
	Preis		62,20		74,50

4.2.3 *Preisfestsetzung unter Berücksichtigung der Konkurrenzsituation*

Die Berücksichtigung der Reaktionen der Konkurrenz bei der Preisfestsetzung soll an einem einfachen Beispiel (nach AL-ANI) demonstriert werden.

Das Unternehmen X plant die Einführung eines neuen Produktes zu 1,50 € oder 1,20 € je Stück und rechnet damit, dass das Unternehmen Y mit der Einführung eines neuen Produktes zu 1,50 € oder 1,20 € reagieren wird. Hierauf wiederum kann das Unternehmen X reagieren, indem es den Anfangspreis beibehält oder ändert. Übersicht I.40 zeigt die sich hieraus ergebenden acht Strategien mit jeweils zwei Teilstrategien, wobei folgende Verhaltensweisen unterstellt sind:

- X reagiert auf Y überhaupt nicht (S_1 und S_8);
- X reagiert wie Y (S_2 und S_6);
- X reagiert umgekehrt wie Y (S_3 und S_7);
- X reagiert auf Y entweder durch konsequente Preissenkung (S_4) oder durch konsequente Preiserhöhung (S_5).

Nehmen wir an, Unternehmen X erwarte die Reaktionen von Y mit den in Übersicht I.41 angegebenen Wahrscheinlichkeiten, so können wir den einzelnen Strategien diese Wahrscheinlichkeiten zuordnen. Ebenfalls können wir etwa annehmen, das Unternehmen habe bei jeder Strategie zwei mit bestimmten Wahrscheinlichkeiten bewertete Gewinnerwartungen. Übersicht I.42 zeigt einen dieser Situation entsprechenden Entscheidungsbaum mit den dazugehörigen Gewinnerwartungen der einzelnen Teilstrategien. Für die Strategien des Unternehmens X ergeben sich daraus durch die Summe der jeweiligen Teilstrategien die in Übersicht I.43 zusammengestellten Gewinnerwartungen, die die Strategie S_8 als die günstigste ausweisen.

Übersicht I.40

Die Reaktionen eines Anbieters auf die Reaktionen seines Konkurrenten

Strategie	Anfangspreis (Produkt X)	Reaktionen von X auf die Preise von Y	
		Preis Y = 1,50	Preis Y = 1,20
S_1	1,50	1,50	1,50
S_2	1,50	1,50	1,20
S_3	1,50	1,20	1,50
S_4	1,50	1,20	1,20
S_5	1,20	1,20	1,50
S_6	1,20	1,20	1,20
S_7	1,20	1,20	1,50
S_8	1,20	1,20	1,20

Übersicht I.41

Wahrscheinlichkeit von Wettbewerber-Reaktionen

Anfangspreis	Preis Y	Wahrscheinlichkeit
1,50	1,50 1,20	0,7 0,3
1,25	1,50 1,20	0,1 0,9

Übersicht I.42

Entscheidungsbaum zur Preisfindung unter Berücksichtigung des Konkurrenzverhaltens

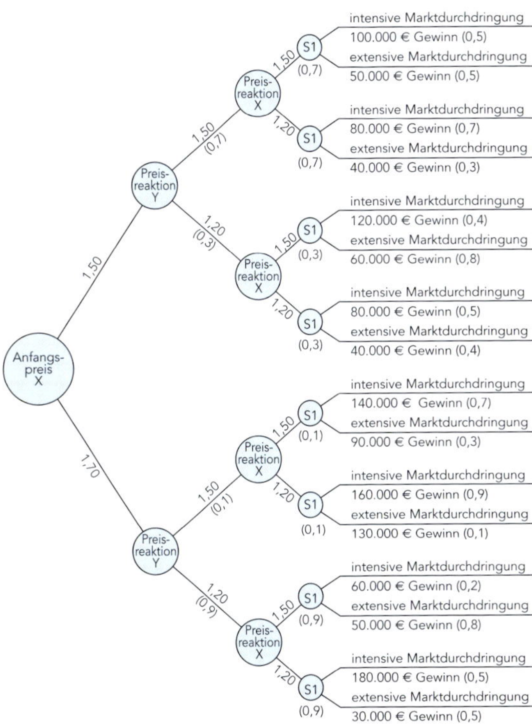

1	100.000	0,5 x 0,7 = 0,35	35.000
	50.000	0,5 x 0,7 = 0,35	17.500
			52.500
2	80.000	0,7 x 0,7 = 0,49	39.200
	40.000	0,7 x 0,3 = 0,21	8.400
			47.600
3	120.000	0,4 x 0,3 = 0,12	14.400
	60.000	0,6 x 0,3 = 0,18	10.800
			25.200
4	140.000	0,6 x 0,3 = 0,18	14.400
	90.000	0,4 x 0,3 = 0,12	4.800
			19.200
5	140.000	0,7 x 0,7 = 0,49	9.800
	90.000	0,3 x 0,1 = 0,03	2.700
			12.500
6	160.000	0,9 x 0,1 = 0,09	14.400
	130.000	0,1 x 0,1 = 0,01	1.300
			15.700
7	60.000	0,2 x 0,9 = 0,18	10.800
	50.000	0,8 x 0,9 = 0,27	36.000
			46.800
8	180.000	0,5 x 0,9 = 0,45	81.000
	30.000	0,5 x 0,9 = 0,45	13.500
			94.500

Übersicht I.43

Die Gewinnerwartungen der einzelnen Strategien

Strategie	Teil-strategien	Gewinnerwartungen	Summe
S_1	1 + 3	52.500 + 25.200 =	77.700
S_2	1 + 4	52.500 + 19.200 =	71.700
S_3	2 + 3	47.600 + 25.200 =	72.800
S_4	2 + 4	47.600 + 19.200 =	66.800
S_5	5 + 7	12.500 + 46.800 =	59.300
S_6	5 + 8	12.500 + 94.500 =	107.000
S_7	6 + 7	15.700 + 46.800 =	62.500
S_8	6 + 8	15.700 + 94.500 =	110.200

4.2.4 Analyse des Konsumentenverhaltens zur Preisfestsetzung

Kosten- und Konkurrenzanalysen sind wichtige Entscheidungshilfen für die Preisfestsetzung. Sie können aber nur im Zusammenhang mit den Informationen über das Verhalten der Verbraucher zu realistischen Preisvorstellungen bzw. Preisverhandlungsspielräumen gegenüber dem Handel führen. Erst die Kenntnis der Verbraucherreaktionen informiert den Anbieter über die Preis-Absatz-Funktion und ermöglicht dadurch eine realistische Preis-Mengen-Politik (Preise = Endverbraucherpreise). Der Verbraucher entscheidet sich für den Kauf eines Produktes, wenn ein harmonisches Verhältnis zwischen Selbstimage, Produktimage, Produktpreis und Preisbereitschaft besteht, wobei diese Faktoren wiederum von Einflussgrößen wie Kauffähigkeit, Bedürfnisdruck, Preisvorstellungen, Konkurrenzpreise, Preiswürdigkeit, Nutzart des Produktes beeinflusst werden.

Hieraus lassen sich einige für die Beurteilung des richtigen Angebotspreises wichtige Detailfragen ableiten (nach WELTE):

- Wie wichtig ist es für die ins Auge gefasste Zielgruppe, das Produkt zu besitzen?
- Wie groß ist die Ausgabenbereitschaft und -fähigkeit dieser Zielgruppe?
- Kennen die Konsumenten den Preis des Produktes?
- Welche Vorstellungen haben die Konsumenten von dem produktadäquaten Preis?
- Welches Image hat das Produkt und welchen Einfluss hat der Preis auf das Produktimage?
- In welchem Verhältnis stehen Produktimage und -preis zu denen der Konkurrenzprodukte?
- Wie reagiert der Konsument auf Preisänderungen?

Die entsprechenden Daten können entweder durch Befragungen oder Experimente gewonnen werden. Vor allem die Preiskenntnis und das Preisbewusstsein lassen sich durch einfache Umfragen ermitteln. Zur Feststellung der Ausgabenbereitschaft des Verbrauchers sind Befragungen nur bedingt geeignet. Die Beantwortung von Fragen, wie „Was könnte dieses Produkt wohl kosten?“ oder unter Vorlage mehrerer Produkte: „Welches Produkt würden Sie zu diesem Preis kaufen?“ kann zwar erste Hinweise für die Preispolitik geben. Das tatsächliche Verbraucherverhalten in der realen Kaufsituation kann aber erfahrungsgemäß von solchen Befragungsergebnissen unter Umständen erheblich abweichen.

Besser gesicherte Entscheidungshilfen lassen sich häufig durch Experimente gewinnen. So kann man etwa verschiedene Produkte ohne Kennzeichnung von Testpersonen prüfen und hinsichtlich ihres Preises beurteilen lassen. Insbesondere bei Neueinführungen oder bei Preisänderungen wird man auf experimentelle Preisreaktionstests nicht verzichten können, die als Labortests durchgeführt werden.

4.2.5 Die Berücksichtigung des Risikos bei der Preisfestsetzung

Auch eine noch so sorgfältig durchgeführte Nachfrageanalyse kann die Unsicherheit bei der Preisfestsetzung nicht vollständig ausräumen. Es empfiehlt sich deshalb, für die einzelnen Kalkulationswerte gewisse Vertrauensbereiche anzugeben. Es ist dabei nicht erheblich, ob ein derartiger Vertrauensbereich wahrscheinlichkeitstheoretisch präzisiert wird – dies ist im Falle einmaliger Entscheidungen ohnehin kaum möglich – oder nur die mehr oder weniger groben optimistischen und pessimistischen Schätzungen des Entscheidungsträgers widerspiegelt. Wichtig ist, dass die möglichen Abweichungen überhaupt bei der Entschei-

Übersicht I.44

Risikoanalyse für die Preisfestsetzung bei neuen Produkten

Preis / DB	Strategie 1 10,00 / 5,00			Strategie 2 15,00 / 7,50			Strategie 3 20,00 / 10,00		
Absatz in 1.000 Stück	**opt.**	**plan.**	**pess.**	**opt.**	**plan.**	**pess.**	**opt.**	**plan.**	**pess.**
im 1. Jahr	55	50	45	33	30	27	28	25	22
im 2. Jahr	75	65	55	57	50	43	47	40	33
kum. am Ende des 2. Jahres	130	115	100	90	80	70	75	65	55
im 3. Jahr	85	70	55	60	50	40	55	45	35
kum. am Ende des 3. Jahres	215	185	155	150	130	110	130	110	90
Umsatz in T€									
im 1. Jahr	550	500	450	495	450	405	450	500	440
im 2. Jahr	75	650	550	855	750	645	940	800	660
kum. am Ende des 2. Jahres	1.300	1.150	1.000	1.350	1.200	1.050	1.500	1.300	1.100
im 3. Jahr	850	700	550	900	750	600	1.100	900	700
kum. am Ende des 3. Jahres	2.150	1.850	1.550	2.250	1.950	1.650	2.600	2.100	1.800
Amortisationsdauer in Jahren	1,5	2,0	2,5	1,6	2,1	2,6	1,8	2,5	3,4
Diskontierter Differenzialgewinn nach 3 Jahren (T€) (z = 10%)	500	350	200	550	400	250	600	200	–200

dung berücksichtigt werden. Für die praktische Unternehmensplanung wird (nach LANGE) die Bildung eines optimistischen, eines pessimistischen und eines planmäßigen Wertes für jede Plangröße wie Umsatz, Kosten und Gewinn als ausreichend erachtet. Bewährt hat sich dabei für die Abgrenzung der optimistischen und pessimistischen Schätzung eine 10%- bzw. 90%ige Wahrscheinlichkeit, die durchaus subjektiven Charakter haben kann. So kann beispielsweise die Preiskalkulation ergeben, dass der Umsatz nur mit 10%iger Wahrscheinlichkeit unter 1,5 Mio. € (d. h. mit 90%iger Wahrscheinlichkeit über 1,5 Mio. €) und über 2,1 Mio. € (d. h. mit 90%iger Wahrscheinlichkeit unter 2,1 Mio. €) liegen wird, und dass mit größter Wahrscheinlichkeit, d. h., wenn alles planmäßig verläuft, ein Wert von 1,8 Mio. € erreicht werden kann. Lautet beispielsweise die Unternehmenszielvorgabe für die Einführung neuer Produkte mindestens 1,5 Mio. € Umsatz nach 3 Jahren, mindestens 250.000 € Gewinn und Amortisation des Projektes nach spätestens 3 Jahren, so müsste im Beispiel die Strategie 2 gewählt werden (Übersicht I.44).

Mit der erfolgten Auswahl einer zieladäquaten Strategie ist jedoch für die Preispolitik nur die „Marschroute" festgelegt (z. B. Preisdifferenzierung nach Gebieten usw.). Im Anschluss daran muss eine Feinabstimmung erfolgen, d. h., das Preis- und Rabattsystem für die Absatzmittler und die absolute Höhe des Endverbraucherpreises (gerader oder ungerader Preis, Abstimmung innerhalb des Sortiments usw.) müssen fixiert werden.

4.3 Entscheidungsfindung in der Distributionspolitik

Wie wir gesehen haben, werfen die distributionspolitischen Aktionsbereiche (Auswahl der Absatzwege, Verkaufsorganisation und Logistik) sehr unterschiedliche Fragestellungen auf. Entsprechend verschiedenartig sind auch die jeweils einzusetzenden Planungstechniken. Besondere Aufmerksamkeit muss darüber hinaus auf die laufende Kontrolle des Distributionserfolges gelenkt werden.

4.3.1 Absatzwegentscheidungen

Die wohl wichtigste Entscheidung, die ein Hersteller im Rahmen der Distributionsplanung zu treffen hat, betrifft die Wahl des Absatzweges. Denn die Entscheidung für oder gegen einen bestimmten Absatzweg engt die Wahlmöglichkeiten der Verkaufs- und Logistikstrategien ein, da die Einschaltung bestimmter Absatzmittler gleichzeitig die Rücksichtnahme auf deren Verhaltensweisen und Forderungen beinhaltet. Dementsprechend müssen umgekehrt auch die potenziellen Verkaufs- und Logistikmaßnahmen bei der Absatzwegentscheidung berücksichtigt werden.

(1) Punktbewertungsmodelle

Diese Vielschichtigkeit der Distributionsentscheidungen erschwert die Anwendung quantitativer Entscheidungshilfen, die alle wirksamen Einflüsse berücksichtigen können. Es ist daher kennzeichnend, dass in der Marketingforschung an umfassenden Simulationsmodellen speziell für Distributionsentscheidungen gearbeitet wird, wie sie umfassender auch für die Formalisierung und Quantifizierung der Entscheidungen für das gesamte Marketing-Mix angestrebt werden. Wie dort stehen aber in der Praxis auch für Absatzwegentscheidungen jedoch bisher nur einfache Hilfsmittel zur Verfügung. Häufig bewähren

Übersicht I.45

Punktbewertungsschema zur Beurteilung von Distributionssystemen

Hauptfaktoren		Unterfaktoren		Beurteilung der Faktoren				
Bezeichnung	**G**	**Bezeichnung**	**G**	**sehr gut 10 Punkte**	**gut 8 Punkte**	**durchschnittl. 6 Punkte**	**schlecht 4 Punkte**	**sehr schlecht 0 Punkte**
1. Distributionsdichte	0,2	1.1 Anteil bei allen erwünschten Verkaufsstellen	0,3	nahezu alle Verkaufsstellen	die meisten Geschäfte	etwa die Hälfte der Absatzstellen	kleiner Vertrieb	exklusiver Vertrieb
		1.2 Anteil bei den wichtigen Verkaufsstellen	0,7	nahezu alle Verkaufsstellen	die meisten Geschäfte	etwa die Hälfte der Absatzstellen	kleiner Vertrieb	exklusiver Vertrieb
2. Wachstumsquote	0,5	2.1 Aktivität der Absatzstellen	0,5	Großteil der Einzelhandlungen ist sehr verkaufsaktiv	nur ein Teil der Einzelhandlungen ist verkaufsaktiv	Einzelhandlungen sind nur mäßig verkaufsaktiv	Verkaufsstellen entfalten kaum eigene Aktivität	Großteil der Absatzstellen wenig aktiv
		2.2 Lieferantentreue der Einzelhändler	0,3	groß	überdurchschnittlich	durchschnittlich	unterdurchschnittlich	gering
		2.3 Stabilität der Einzelhandelsumsätze gegen Konkurrenz- / Umwelteinflüsse	0,1	fester Kundenstamm	erhöhte Kundentreue	mittelmäßige Kundentreue	geringe Kundentreue	überwiegend Laufkundschaft
		2.4 Flexibilität	0,1	hoch	gut	mäßig	gering	kaum
3. Kontrolle und Information	0,1	3.1 Informationsfluss zum Einzelhandel	0,1	schnell und sicher				verspätet und nur teilweise
		3.2 Informationsfluss zum Markt	0,1	umfangreiches Material, leicht zu erhalten				nur dürftiges Material, schwer zu beschaffen
		3.3 Zusammenarbeit des Herstellers mit Handel	0,3	sehr gut				sehr schlecht
		3.4 Kontrolle des Marktkanals	0,3	Hersteller kann Marktkanal voll überwachen				Marktkanal ist kaum wirkungsvoll zu überwachen
4. Betriebliche Organisation und Kosten	0,2	4.1 Physische Distribution	0,2	schnell, sicher, kostengünstig				langsam, unsicher, teuer
		4.2 Außendienst	0,3	kaum eigener Außendienst notwendig				großer Außendienst aufzubauen
		4.3 Eigene Investitionen	0,2	gering				sehr groß
		4.4 Fixcharakter der laufenden Investitionen	0,2	Kosten vorwiegend umsatzabhängig				unabhängig vom Geschäftsgang hohe finanzielle Belastung

sich elementare Entscheidungsmodelle auf der Basis von Punktwerten (Punktbewertungsmodelle), wie sie auch schon im Kapitel I 4.1 vorgestellt wurden.

Punktbewertungsmodelle dienen hier der subjektiven Abschätzung des Umfangs, in dem bei den zur Auswahl stehenden Distributionssystemen die wichtigsten Kriterien für die Erfolgsträchtigkeit als erfüllt angesehen werden. In dem Beispiel, das in Übersicht I.45 wiedergegeben ist, wird – wie es auf Lebensmittelmärkten in der Regel den realen Anforderungen entspricht – eine hohe Distributionsdichte als wünschenswert angesehen. Daneben gehen die Beurteilungsmerkmale „Wachstumspotenzial", „Kontrolle und Information" und „Betriebliche Organisation und Kosten" in die Bewertung ein, und zwar mit unterschiedlichen Gewichten (G) für diese Hauptfaktoren. Die Addition der Produkte aus Unterfaktor – Gewichten und Unterfaktor – Punktwerten ergibt eine Punktzahl, die mit dem Hauptfaktor – Gewicht in den zu ermittelnden Gesamt-Punktwert eingeht.

Trotz der offensichtlichen Grenzen solcher einfachen Punktbewertungsschemata kann ihre Verwendung hilfreich sein:

- Wenn an der Entscheidungsfindung oder -vorbereitung eine größere Zahl von Personen beteiligt werden muss, wird das Herbeiführen einer einheitlichen Meinungsbildung erleichtert.
- Die Aufstellung eines Punktbewertungschemas hebt die für die Beurteilung des Distributionssystems entscheidenden Faktoren ins Bewusstsein und verhilft dadurch zu rationalerer Entscheidungsfindung.
- Wenn die im Schema berücksichtigten Kriterien mit hinreichendem Sachverstand ausgewählt sind und die Bewerter sorgfältig arbeiten, kann die Punktbewertung zu einer zutreffenden Vorauswahl zwischen solchen Absatzwegen führen, die im Einzelfall völlig ungeeignet sind, und denen, die in die nähere Wahl gezogen werden sollten. Als erster Filter zur Vorauswahl sind Punktbewertungsmodelle also durchaus verwendbar.
- Weil es bisher praktisch unmöglich ist, eine Reihe vollständig formulierter Alternativen der Absatzweggestaltung herauszuarbeiten, es vielmehr eine Vielzahl sich teilweise überschneidender und schwer vergleichbarer Handlungsmöglichkeiten gibt, kann es auch nützlich sein, ein Punktbewertungsschema evtl. am Ende statt am Anfang der Entscheidungsfindung zu verwenden, nachdem in isolierten Einzelprüfungen einige Teilaspekte der Distributionsentscheidung näher geprüft sind und ihr Gewicht für die Gesamtentscheidung damit deutlicher geworden ist.
- Solche Einzelprüfungen können sich u. a. erstrecken
  - auf das Mindestvolumen an Absatzmenge, das für die Gewinnerzielung auf einem Absatzweg erforderlich sein wird,
  - auf einen Kostenvergleich zwischen mehreren Absatzwegen,
  - auf einen Gewinnvergleich (Deckungsbeitragsvergleich) zwischen mehreren Absatzwegen.

(2) Break-Even-Analyse

Ein einfaches Hilfsmittel zur überschlägigen vorausschauenden Beurteilung des wirtschaftlichen Ergebnisses von geplanten Marketingmaßnahmen ist die Break-Even-Analyse (vgl. Kapitel I 4.1), d. h. die Abschätzung der „kritischen Absatzmenge", die abgesetzt werden muss, wenn gerade Kostendeckung erreicht werden soll (Übergang von der Verlust- zur Gewinnzone). Wenn die Break-Even-Analyse für den Vergleich alternativer, zur Auswahl stehender Distributionswege verwendet werden soll, müssen neben den für die in Frage kommenden Absatzwege als einheitlich unterstellten fixen und variablen Produktionskosten auch die möglicherweise auf verschiedenen Absatzwegen unterschiedlich hohen fixen und variablen Vertriebskosten und die erzielbaren Marktpreise bekannt sein. Als Beispiel sei ein Unternehmen der Ernährungsindustrie gewählt, das abwägt, ob für sein neues, zur Markteinführung vorgesehenes Produkt der Absatzweg A gewählt werden soll, auf dem der Vertrieb an Großverbraucher vorgesehen ist, oder der Absatzweg B, auf dem mit eigenem Frischdienst direkt an den Einzelhandel abgesetzt werden soll. Die Kosten,

Übersicht I.46

Kosten und Preise bei unterschiedlichen Absatzwegen

	A Absatz an Großverbraucher (€)	B Absatz an Lebensmittel-einzelhandel (€)
Fixe Produktionskosten	1.000.000,00	1.000.000,00
Fixe Vertriebskosten	200.000,00	1.000.000,00
Gesamte Fixkosten (Kf)	1.200.000,00	2.000.000,00
Variable Produktions- und Vertriebskosten pro Packung (Kv)	0,90	0,90
Fabrikabgabepreis pro Packung (P)	6,00	7,00

die in der Produktion und im Absatz zu erwarten sind, sowie die voraussichtlich erzielbaren Preise sind in Übersicht I.46 zusammengestellt. Aus diesen Werten ergibt sich in unserem Beispiel die in Formel I.17 ausgewiesene kritische Absatzmenge.

Formel I.17

$$\text{für den Absatzweg A: } X_A = \frac{1.200.000}{6 - 0{,}90} = 235.294 \text{ Packungen}$$

$$\text{für den Absatzweg B: } X_B = \frac{2.000.000}{7 - 0{,}90} = 327.869 \text{ Packungen}$$

Die unterschiedliche Höhe der kritischen Absatzmenge auf beiden Absatzwegen ist, wie aus den Ausgangsdaten auf den ersten Blick ersichtlich ist, durch die höheren fixen Vertriebskosten beim Direktabsatz bedingt (siehe Übersicht I.47).

Die kritische Absatzmenge (X) wird erreicht, wenn der Umsatz (P mal X) den Gesamtkosten gleich ist (vgl. Formel I.18).

Dadurch ist auf dem Absatzweg B trotz des höheren Abgabepreises eine um knapp 40 % höhere Absatzmenge zur Erreichung der Gewinnzone erforderlich als auf Absatzweg A (siehe Übersicht I.47).

Mit der Information über die kritischen Absatzmengen auf den zur Auswahl stehenden Absatzwegen ist die Break-Even-Analyse eine oft sehr nützliche Entscheidungshilfe, jedenfalls dann, wenn durch Hochrechnungen von Marketingergebnissen oder mit Hilfe anderer Absatzprognosen begründete Vorstellungen von der ungefähren Aufnahmefähigkeit des Marktes vorliegen. Wenn die kritische Absatzmenge auf einem Absatzweg deutlich höher

Übersicht I.47

Kritische Absatzmengen auf zwei unterschiedlichen Absatzwegen

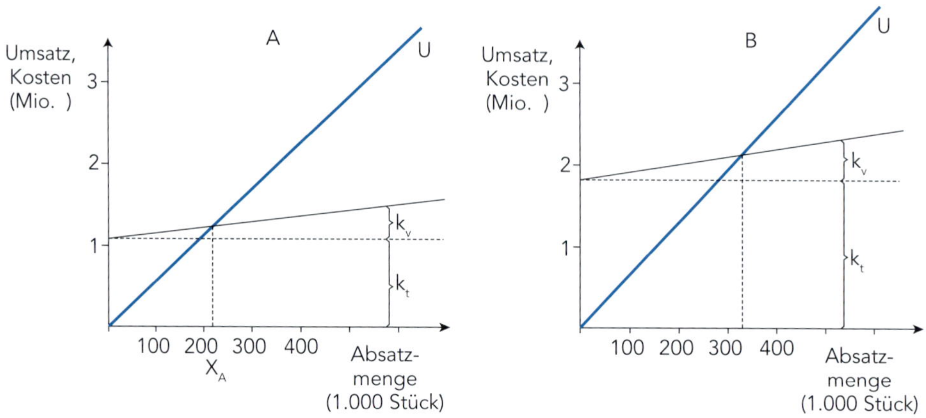

Formel I.18

$$P \cdot X = K_v \cdot X + K_f \quad \text{oder}$$

$$X = \frac{K_f}{P - K_v}$$

$$X_A = 235.294$$

$$X_B = 327.869$$

liegt als das Ergebnis der Prognosen, ist auf diesem Absatzweg keine Gewinnerzielung möglich. Ein solcher Absatzweg wird daher in der Regel für die Distribution nicht weiter in Betracht gezogen werden können.

(3) Vertriebserfolgsrechnung

Eine weitere Entscheidungshilfe zur Beurteilung verschiedener Absatzwege ist die Vertriebserfolgsrechnung auf Teilkostenbasis, insbesondere die Ermittlung von Deckungsbeiträgen auf verschiedenen Absatzwegen. Ein Beispiel dafür zeigt Übersicht I.48.

Eine solche Ermittlung der Deckungsbeiträge, die auf verschiedenen Absatzwegen erzielt wurden, eignet sich vor allem zur nachträglichen Erfolgskontrolle, wenn die Distribution tatsächlich auf verschiedenen Absatzwegen erfolgt. Diese Vertriebserfolgsrechnung ähnelt der Absatzerfolgsrechnung, die im Hinblick auf die Beurteilung des Gewinnbeitrags der einzelnen Produkte in der Regel produktbezogen oder produktgruppenbezogen durchgeführt wird.

Damit ist diese Ermittlung mehr ein Kontrollinstrument als eine auf die Zukunft gerichtete Entscheidungshilfe, es sei denn, dass sie als Hilfsmittel bei der Entscheidung he-

Übersicht I.48

Vertriebserfolgsrechnung für verschiedene Absatzwege

	Direkter Absatzweg	**Indirekter Absatzweg**
Umsätze	200.000	200.000
Variable Kosten der Produktion	120.000	120.000
Rohgewinn	80.000	80.000
Variable Vertriebskosten	60.000	40.000
Deckungsbeitrag	20.000	40.000
Anzahl der Mitarbeiter	80	40
Deckungsbeitrag je Mitarbeiter	250	1.000

rangezogen wird, ob der eine oder andere benutzte Absatzweg in Zukunft nicht mehr beschickt werden soll.

4.3.2 Verkaufsorganisation

Bei der Planung der Verkaufsorganisation sind Entscheidungen über eine Vielzahl unterschiedlicher Probleme zu fällen. Zu den wichtigsten gehören:
- die Entscheidung, ob Handelsvertreter oder Reisende den Verkauf übernehmen sollen,
- die Festlegung der Zahl der Außendienstmitarbeiter.

(1) Handelsvertreter – Reisende

Auf den ersten Blick scheint – durch einen Kostenvergleich – die Entscheidung darüber leicht zu finden zu sein, ob auf dem Distributionsweg von der Herstellerfirma angestellte Verkaufsreisende eingesetzt werden sollen oder ob selbstständige Handelsvertreter den Absatz an den Verteilungshandel übernehmen sollen. Der Einsatz von Reisenden ist durch hohe Fixkosten gekennzeichnet, da diese einen wesentlichen Teil ihres Einkommens als Gehalt beziehen, das vom erzielten Umsatz unabhängig ist. Selbstverständlich treten für das Unternehmen variable Kosten hinzu, sowohl in Form von Provisionen als auch für einen Teil der Reisekosten und der sonstigen Kosten des Einsatzes von Reisenden.

Wenn dagegen der Verkauf über selbstständige Handelsvertreter durchgeführt wird, ist der Fixkostenanteil des Vertriebs sehr viel geringer, während ein sehr viel größerer Teil der gesamten Vertriebskosten aus variablen Kosten entsteht. Die Handelsvertreter erhalten eine umsatzabhängige Provision, aus der sie alle ihnen entstehenden Kosten zu decken haben.

Wenn der Teil der Distributionskosten, der entweder durch Reisende oder durch Handelsvertreter verursacht wird, für unterschiedliche Umsatzhöhen ausgewiesen wird, ergeben sich die in Übersicht I.49 dargestellten Kostenverläufe.

Übersicht I.49

Kostenverläufe beim Einsatz von Reisenden und Handelsvertretern

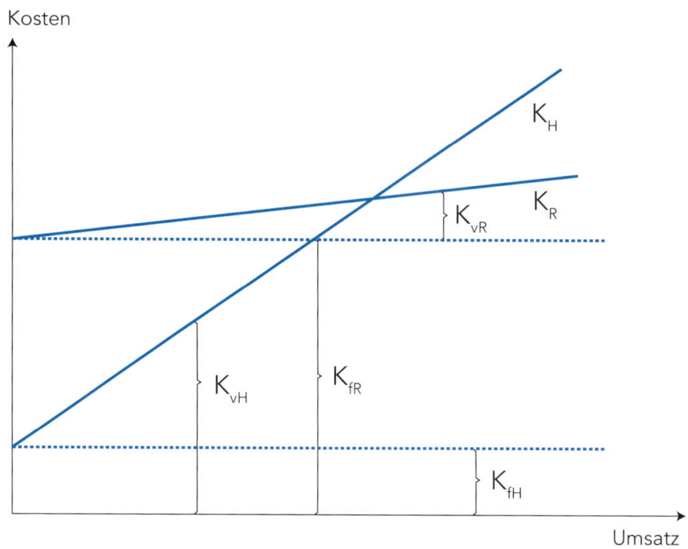

Diese Darstellung, die dem Vorgehen bei der Break-Even-Analyse ähnelt, verdeutlicht, dass infolge der unterschiedlichen Fixkostenanteile der beiden Absatzalternativen bei niedrigerem Umsatz pro Reisendem bzw. Handelsvertreter die Distribution über Handelsvertreter kostengünstiger ist, während von einem bestimmten Umsatzvolumen ab – dem Schnittpunkt der beiden Kostenkurven – der Einsatz angestellter Reisender vorteilhafter wird. Analog zur Break-Even-Analyse wird der Schnittpunkt der beiden Kostenkurven als „kritischer Umsatz" bezeichnet. Wenn die Kosten bekannt sind, lässt sich der „kritische Umsatz" beim Einsatz von Reisenden oder Handelsvertretern nach Formel I.19 ermitteln:

Formel I.19

$$K_{fR} + K_{vR} \quad X = K_{fH} + K_{vH} X \quad \text{oder}$$

$$X = \frac{K_{fR} - K_{fH}}{K_{vH} - K_{vR}}$$

Die Aussagekraft einer solchen Kalkulation bleibt begrenzt. Eine Entscheidung über Reisende oder Handelsvertreter nur vom Vergleich der Kosten abhängig zu machen, wäre eine zu starke Vereinfachung. Denn außer den Kosten weisen beide Formen der Verkaufsorganisation unterschiedliche Vor- und Nachteile auf, die im Einzelfall mitberücksichtigt werden müssen. Übersicht I.50 zeigt die wichtigsten dieser Faktoren.

In diesem Zusammenhang stellt sich die grundsätzliche Frage nach dem besten Entlohnungssystem für die Reisenden eines Unternehmens. Sollen die Außendienstmitarbeiter reines Gehalt, reine Provision, Gehalt plus Provision oder Gehalt plus Prämie erhalten?

Übersicht I.50

Kriterien für die Wahl von Außendienstmitarbeitern

Kriterium	Reisender	Einfirmenvertreter	Mehrfirmenvertreter
vertragliche Bindung	HGB, unselbstständig, stark weisungsgebunden	HGB, selbstständig, nicht weisungsgebunden	dto.
Arbeitszeitgestaltung der Tätigkeit	Vorgabe durch das Unternehmen, Umsatzsoll	freie Gestaltung im Rahmen des Vertrages	dto.
Entgelt	Fixum + Provision	Provision	dto.
Zusätzliche Kosten	Prämien, Spesen, KfZ-Kosten, Ausbildung	evtl. garantiertes Prov.-Einkommen	dto.
Kostencharakter	zum Großteil fix	fast nur variabel	dto.
Kundenbearbeitung	nach Vorgabe durch die Vertriebsleitung, daher intensiv	nach eigener Disposition, in Abstimmung mit dem Unternehmen, meist extensiver	dto., aber noch extensiver
Kontakte zu Abnehmern	im Rahmen des Vertriebsprogrammes und der persönlichen Beziehungen	dto.	vielseitige Kontakte durch breites Sortiment von verschiedenen Firmen
Verhalten gegenüber dem Kunden	vertritt Interessen des Unternehmens	vertritt vorwiegend Interessen des Unternehmens	vertritt vorw. sein Interesse und das seiner Kunden, bildet sich eigenen Kundenstamm
Änderung der Absatzbezirke	leichter möglich	schwieriger, da u.U. nur mit Änderungskündigung (Abfindung)	dto.
Berichterstattung	regelmäßig, Vorschriften für Inhalt, Form, Umfang, Häufigkeit	je nach Vereinbarung, generell seltener und in geringerem Umfang	dto.
Reiseroute	Planung durch Verkaufsleiter	vorwiegend eigene Planung	dto., muss Rücksicht auf die anderen Firmen nehmen
Einsatz-, Steuerungs- und Verwendungsmöglichkeit	überall im Außen- und Innendienst	im Rahmen des Vertrages, nur im Außendienst	nur im Außendienst, Rücksicht auf die anderen Firmen
Arbeitskapazität	konzentriert auf ein Unternehmen	dto.	verteilt auf mehrere Unternehmen
Arbeitsweise	vorwiegend unternehmensorientiert	unternehmens- und einkommensorientiert	vorwiegend einkommensorientiert
Verkaufstraining	fester Bestandteil für Aus- und Fortbildung	freiwillig oder im Rahmen der Vereinbarung	dto.
Gewinnung neuer Mitarbeiter	aus den eigenen Reihen, auf dem Stellenmarkt	auf dem Stellenmarkt	Stellenmarkt, evtl. Nachrücken des Sohnes bei Vertretungsunternehmen
Nebenfunktionen	Verkaufsförderung, Markterkundung, Kundendienst	je nach Vereinbarung	dto.
Kündigung	wie bei jedem Angestellten	Sonderregelung, evtl. Ausgleichsanspruch nach HGB	dto. Mitnahme eines Teils der Kunden
Zahlungstermin	bevor Kunde Rechnung begleicht	nach Zahlungseingang	dto.

Übersicht I.51

Vergütungssysteme für Außendienstmitarbeiter

Gewicht %	Kriterium	Reines Gehalt	Reine Provision	Gehalt + Provision	Gehalt + Prämie
70	Steuerfunktion, d.h. Möglichkeit der Förderung von bestimmten • Produktgruppen • Verkaufsgebieten • Abnehmergruppen • Auftragsgrößen	mangelhaft	sehr gut	gut	gut
2	Bereitschaft zur Zusammenarbeit der Vertreter	sehr gut	ausreichend	befriedigend	gut
6	Anreize zur Leistungs- und Einkommenssteigerung	mangelhaft	sehr gut	gut	befriedigend
4	Ansporn zu Tätigkeiten, die nicht direkt zum Kaufabschluss führen (Service, Beratung)	gut	ungenügend	befriedigend	sehr gut
2	Gefahr von Vernachlässigung schwieriger Kunden und schwer zu verkaufender Erzeugnisse	gut	mangelhaft	befriedigend	sehr gut
4	Erzielen kurzfristiger, gezielter Leistungssteigerungen	mangelhaft	befriedigend	befriedigend	sehr gut
6	Abwendung der Gefahr von Unter- und Überbezahlung (Fluktuation vermeiden)	ausreichend	gut	sehr gut	befriedigend
4	Verwaltungstechnischer Aufwand	sehr gut	gut	mangelhaft	gut
2	Fixkostenbelastung	mangelhaft	sehr gut	mangelhaft	mangelhaft
100					

Wie schon angedeutet wurde, ist die Entscheidung nur im Einzelfall und unter Berücksichtigung verschiedener Aspekte zu fällen. Dabei muss sich der Entscheidungsträger darüber Klarheit verschaffen, wie er diese unterschiedlichen Aspekte gewichten will. Übersicht I.51 zeigt die Vor- und Nachteile verschiedener Entlohnungssysteme und ein Beispiel für die Gewichtung der Kriterien, die selbstverständlich in jedem Unternehmen anders ausfallen kann.

(2) Größe des Verkaufsstabes

Unterstellen wir, ein Unternehmen habe sich für die Einstellung von Reisenden entschieden. Die nächste Frage ist dann: Wie groß muss die Zahl der Außendienstmitarbeiter sein, damit jeder Kunde seiner Bedeutung entsprechend betreut werden kann, die Kosten aber so gering wie möglich gehalten werden können?

Um eine Antwort zu finden, müssen folgende Informationen eingeholt werden:

1. Zahl der Kunden,
2. Besuchsfrequenz – notwendige Häufigkeit der Besuche pro Kunde in einem bestimmten Zeitintervall (Jahr),
3. Durchschnittliche Tagesbesuchsrate,
4. Zahl der Arbeitstage.

Die Zahl der Verkäufer kann dann nach Formel I.20 berechnet werden, wie das Beispiel in Übersicht I.52 zeigt.

Formel I.20

$$X = \frac{\text{Zahl der Kunden x Besuchsfrequenz}}{\text{Durchschnittliche Tagesbesucherrate x Zahl der Arbeitstage}}$$

Die Berechnung ist jedoch in der Praxis etwas komplizierter, als es auf den ersten Blick erscheint. Denn die einzelnen Komponenten der Formel sind oft nicht leicht zu bestimmen. Relativ genau wird man die Zahl der Arbeitstage bzw. die verfügbaren Arbeitsstunden ermitteln können. Dagegen stößt schon die Bestimmung der durchschnittlichen Tagesbesuchsrate und der Besuchsfrequenz auf Schwierigkeiten, die mit der Festlegung der Besuchsintensität zusammenhängen. Neue Kunden zu gewinnen, dauert natürlich erheblich länger, als gegenseitige Kontakte zu pflegen. Auch müssen potenzielle Kunden und Großkunden häufiger aufgesucht werden als Stammkunden. Bei der Bestimmung dieser Größen wird man in der Regel auf Erfahrungs- oder Schätzwerte zurückgreifen, man kann sie aber auch experimentell ermitteln.

Grundsätzlich muss bei der Bestimmung der Kunden und der Besuchsfrequenz das Prinzip der Kundenselektion angewandt werden. Dadurch, dass die wichtigen Kunden intensiver betreut werden als die weniger wichtigen, wird dem ökonomischen Grundsatz Rechnung getragen, ein möglichst günstiges Verhältnis zwischen Verkaufskosten und Ergebnis (Umsatz, Gewinn) herzustellen. Wie man dabei vorgehen kann, verdeutlicht das folgende Beispiel:

Übersicht I.53 zeigt an einem fiktiven Beispiel, dass ein Hersteller in verschiedenen Geschäftstypen einen unterschiedlich hohen durchschnittlichen Umsatz erzielt. Unter-

Übersicht I.52

Beispiel zur Errechnung der erforderlichen Verkäuferzahl

Kundenstruktur:

A:	200	Kunden mit mehr als 5 Mio. € Jahresumsatz
B:	1.000	Kunden mit 2–5 Mio. € Jahresumsatz
C:	2.000	Kunden mit 1–5 Mio. € Jahresumsatz
D:	2.000	Kunden mit weniger als 1 Mio. € Jahresumsatz

Erforderliche Besuche im Jahr:		**Zahl der Jahresbesuche:**
A:	10	10 x 500 = 5.000
B:	10	10 x 1.000 = 10.000
C:	8	8 x 2.000 = 16.000
D:	8	8 x 2.000 = 12.000
		43.000

Durchschnittliche Tagesbesuchsrate: 5

Zahl der Arbeitstage je Verkäufer:

Tage pro Jahr	365
Wochenende, Feiertage, Urlaubstage, Krankheitstage	–142
Trainingstage, Konferenztage	–20
	203

Gesamtbesuche je Verkäufer: **203 x 6 = 1.218**

Zahl der erforderlichen Verkäufer: **43.000 : 1.218 = 35**

stellen wir, dass die Besuchskosten pro Laden gleich groß sind, so wird unmittelbar ersichtlich, dass es für den Unternehmer sehr viel ertragreicher ist, die großen Einzelhandelsgeschäfte zu besuchen als die kleinen. Bei gleichen Kosten erzielt er in den großen Geschäften einen höheren Umsatz (dabei muss natürlich berücksichtigt werden, dass er diesen Geschäften auch bessere Konditionen bieten muss, so dass sich der Abstand nivelliert).

Man kann jedoch die Informationen für die Entscheidungsfindung mit Hilfe empirischer Daten aus dem Handel noch etwas verfeinern. Übersicht I.54 gibt hierzu ein Beispiel. Dort werden zunächst die Geschäfte nach ihrer Bedeutung für das Sortiment des Herstellers in Gruppen eingeteilt (Spalte 2), wobei die Zahl der Geschäfte (Spalte 3) und die Umsätze (Spalte 4) ebenso wie der prozentuale Anteil des Herstellersortiments am Handelsumsatz (in Spalte 5 als „Nielsen-Faktor“) dem Nielsen- bzw. GFK-Panel zu ent-

Übersicht I.53

Umsätze eines Herstellers je Einzelhandelsgeschäft (nach Geschäftsgrößen) in € pro Jahr

Geschäftstyp Einzelhandel (Umsatzgröße in €)	10 Mio.	7 Mio.	4 Mio.	1 Mio.
Zahl belieferter Einzelhandelsgeschäfte	500	500	500	500
Durchschnittlicher Umsatz von Hersteller A pro Geschäft (€)	1 Mio.	0,7 Mio.	0,4 Mio.	0,1 Mio.
Gesamtumsatz von Hersteller A pro Geschäftstyp (€)	500 Mio.	350 Mio.	700 Mio.	50 Mio.
Umsatzanteil in v. H.	45	32	18	4

Übersicht I.54

Einzelhändlerselektion in einem Nielsen-Gebiet

1	2 Bedeutung für Sortiment	3 Zahl Geschäfte	4 Gesamtumsatz in T	5 Nielsen-Faktor in %	6 Selektionsgrenze in T	7 Abdeckung in % besuchswerte Kunden	8 Umsatz
Kleinere Einzelhandelsgeschäfte	stark	111	25.624	3,3	120	89	97
	normal	7.143	840.550	2,5	160	24	43
	schwach	4.526	301.194	2,0	200	2	6
Größere Einzelhandelsgeschäfte	stark	513	262.895	4,0	100	99	99
	normal	6.429	1.447.142	2,7	150	72	88
	schwach	447	65.559	2,2	180	25	49
gesamt:		19.169	2.942.964	–	–	37	66

nehmen sind. Aufgrund dieser Kriterien wird die so genannte „Selektionsgrenze" (Spalte 6) festgelegt. Dies ist der Mindestumsatz, den ein Geschäft bei gegebenem Nielsen-Faktor haben muss, um besuchswert zu sein. Je geringer der Nielsen-Faktor ist, desto höher muss der Umsatz sein, den ein Geschäft zu erzielen hat, um für den Hersteller gleich attraktiv zu sein wie ein anderes Geschäft (die absolute Höhe des Umsatzes in den vom Hersteller

Übersicht I.55

Besuchsfrequenz nach Größenklassen

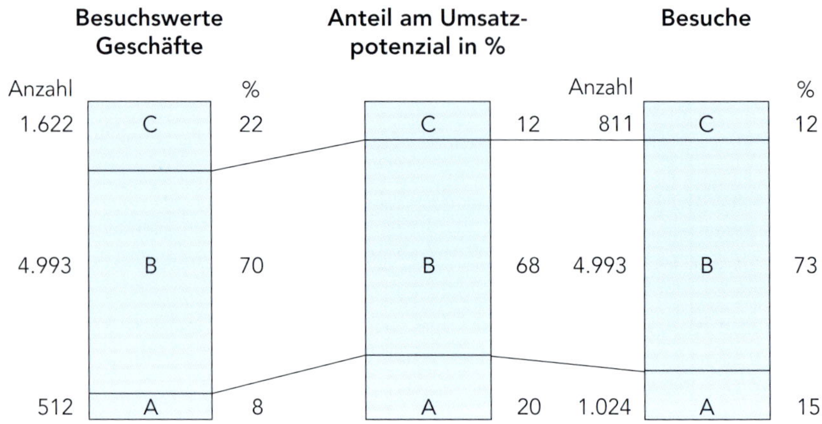

angebotenen Sortimentsteilen, die darüber entscheidet, ob ein Händler besuchswert ist oder nicht, schwankt von Unternehmen zu Unternehmen und muss im Hinblick auf den gewünschten Gesamtumsatz festgelegt werden). Durch die Selektions-Grenze werden die besuchswerten Kunden von den nicht attraktiven getrennt. So können Zahl und Umsatz der zu besuchenden Kunden ermittelt werden (Spalte 7 und 8). Im Beispiel ergibt sich auf diese Weise, dass 37% der Geschäfte mit insgesamt 66% Umsatzanteil in dem betreffenden Gebiet besucht werden müssen.

Um zusätzlich die Besuchsfrequenz zu ermitteln, werden die Kunden entsprechend ihrer Bedeutung in Klassen eingeteilt und die jeweilige Besuchshäufigkeit festgelegt, z. B. zweimal pro Monat, einmal pro Monat und alle zwei Monate. So lassen sich etwa die 37% besuchswerten Geschäfte, das sind 7.127 Geschäfte, in 512 besonders gut zu betreuende, 4.993 sehr gut zu betreuende, 1.622 gut zu betreuende Kunden gliedern, die mit der Besuchshäufigkeit multipliziert und addiert die Gesamtzahl der Besuche pro Monat von 6.828 ergeben (Übersicht I.55).

4.3.3 Logistik

Die Planung der Warenverteilung stellt ein Unternehmen zunächst vor das Problem, die Standorte potenzieller Auslieferungslager festzulegen. Damit die Auslieferungslager jederzeit lieferbereit sind, muss im nächsten Schritt ein Lagerhaltungssystem entwickelt werden, das dafür Sorge trägt, dass zur richtigen Zeit die richtigen Mengen vom Hersteller abgerufen werden. Und schließlich muss der Transport der Waren vom Hersteller zu den Lagern und von dort zu den Kunden geplant werden.

(1) Standorte von Auslieferungslagern

Ob sich ein Distributionssystem als erfolgreich erweist, hängt u. a. davon ab, welcher Service den Absatzmittlern geboten wird und damit das Angebot des betreffenden Anbieters besonders attraktiv macht. Zu den vom Handel bewerteten Serviceleistungen kann u.a. die räumliche Nähe der Auslieferungslager des Herstellers gehören, die die schnelle, reibungslose und qualitätssichernde Belieferung des Verteilungshandels mit den betreffenden Lebensmitteln möglich macht. Je größer die Zahl der Auslieferungslager ist, desto größer ist unter sonst gleichen Bedingungen der erfolgsbeeinflussende Effekt. Je geringer die Zahl der Auslieferungslager ist, desto kleiner ist die Zahl der Kunden, die die Fühlungsvorteile eines nahen Auslieferungslagers wahrnehmen. Je dünner das Netz von Auslieferungslagern ist, desto mehr wird der Umsatzerfolg – wiederum: ceteris paribus! – negativ beeinflusst.

Andererseits heißt es, dass bei einer zunehmenden Zahl von Auslieferungslagern die gesamten Lagerkosten zunehmen (sowohl aufgrund der Investitionen für die Auslieferungslager als auch aufgrund der in den Auslieferungslagern bereitzuhaltenden Lagerbestände).

Gleichzeitig ist jedoch zu berücksichtigen, dass die gesamte Transportkostenbelastung für den Transport der Produkte vom Hersteller bis zum Kunden durch die Einschaltung von Auslieferungslagern bis zu einer gewissen Zahl von Lagern sinkt, weil zwischen Herstellerbetrieb und Auslieferungslagern größere Mengen transportiert werden als zu den einzelnen Kunden und möglicherweise in den Auslieferungslagern auch unterschiedliche Produktgruppenbereiche aus verschiedenen Werken des Herstellers zusammengefasst werden können, die im Sortiment an die Kunden ausgeliefert werden. Dieser vorteilhafte Effekt wird sich aber mit zunehmender Zahl von Auslieferungslagern nicht unbegrenzt weiter verstärken.

Insgesamt besteht also die Aufgabe, die Gesamtkosten zu minimieren, die sich aus den gesamten Transportkosten von den Herstellerwerken zu den Kunden, aus den gesamten Kosten der Auslieferungslager und der dort erfolgenden Lagerhaltung und schließlich aus den Mindererlösen ergeben, die bei Verzicht auf Auslieferungslager oder bei ungünstiger Verteilung der Auslieferungslager entstehen (Verminderung des akquisitorischen Potenzials). Daher sind verschiedene standortbestimmende Faktoren zu berücksichtigen.

Marktbezogene Faktoren:
- Anzahl und Standorte der Kunden,
- Absatzmenge je Kunde,
- Bestellgewohnheiten der Kunden,
- Maximale Belieferungszeiten,
- Servicewünsche der Kunden,
- Art und Standort der Konkurrenten,
- Reaktionen der Konkurrenten auf Gründung neuer Niederlassungen.

Transportbezogene Faktoren:
- Mögliche Belieferungsarten und -wege zwischen Herstellerwerken und Lagern.

Kapazitätsbezogene Faktoren:
- Lagerungskapazitäten in den Lagern,
- Evtl. Montage- und/oder Umpackungskapazitäten in den Lagern,
- Reparaturkapazitäten in den Lagern,
- Erforderliche Transportkapazitäten,
- Verwaltungs- und Abrechnungskapazitäten.

Kostenbezogene Faktoren:
- Errichtungskosten bzw. Mietkosten verschiedener Lager mit unterschiedlichen Kapazitäten an verschiedenen Standorten,
- Betriebskosten (fixe und variable) dieser verschiedenen möglichen Lager,
- Transportkosten zwischen Produktionswerken und Lagern,
- Transportkosten zwischen Lagern und Kunden,
- Kosten der Ausführung von Reparaturen.

(2) Lagerhaltung

Eng mit dem Problem der Standortwahl ist die Lagerhaltungspolitik verbunden. Die Lagerung einer Ware verursacht Kosten, sie ist aber zur Erhaltung der Lagerbereitschaft notwendig, da nur in den wenigsten Fällen die vom Hersteller produzierten Waren direkt dem Konsum zufließen. Das Lager dient als Puffer zwischen dem in der Regel gleichmäßigen Output des Herstellers und dem in der Regel ungleichmäßigen Input des Verbrauchers. Dabei steht der Lagerhalter vor der Aufgabe, einerseits die Kosten so gering wie möglich zu halten und andererseits stets den Kunden mit ausreichenden Mengen der nachgefragten Güter beliefern zu können. Dieses Problem wird in der Literatur als das der „optimalen Bestellmenge" behandelt. Der Begriff Bestellmenge ist jedoch etwas irreführend, denn nicht nur die Menge, sondern gleichzeitig der Zeitpunkt der Bestellung und die notwendige Mindestmenge eines Lagers sind die Instrumente, mit denen ein Lagerhalter seine Ziele erreichen kann.

Einen Überblick über die Bestandteile und den Wirkungsmechanismus eines Lagerhaltungssystems gibt Übersicht I.56.

Übersicht I.56

Der Zusammenhang zwischen Lagerbestand und Bestellmechanismus

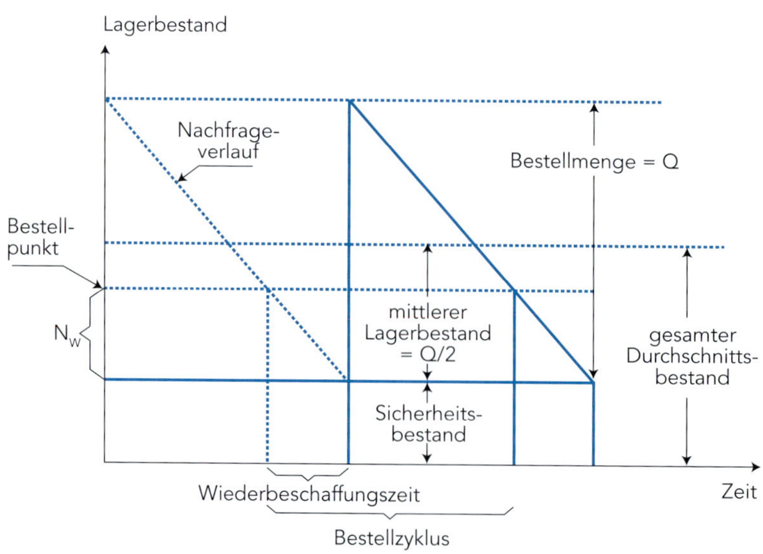

N_W = Nachfrage während der Wiederbeschaffungszeit

An diesem Schema lässt sich Folgendes demonstrieren:

- Je höher die Bestellmenge, desto weniger häufig sind neue Bestellungen während der Planungsperiode durchzuführen, desto größer ist aber auch der mittlere Lagerbestand und damit das im Lager gebundene Kapital. Eine Verminderung der Lager- und Zinskosten könnte durch die mehrmalige Bestellung kleinerer Mengen erreicht werden, ist aber mit einer Erhöhung der Beschaffungskosten (z. B. höhere Transportkosten, ungünstigere Konditionen, Auftragsbeschaffungskosten) verbunden. Die optimale Kombination von Bestellmenge, Bestellzeitpunkt und Bestellhäufigkeit wird erreicht, wenn die Stückkosten pro bestellter Einheit ihr Minimum erreichen.
- Nur wenn der Nachfrageverlauf und damit der Zeitpunkt, zu dem der Lagerbestand (bzw. der mittlere Lagerbestand) den Wert 0 erreicht, genau bekannt ist, kann der Bestellzeitpunkt exakt vorberechnet werden.
- Wenn jedoch unvorhergesehene Nachfrageschwankungen auftreten, reicht der mittlere Lagerbestand nicht aus, um den Bedarf zu erfüllen. Wäre in diesem Falle kein weiterer Puffer vorhanden, so würde der Lagerbestand Fehlmengen zeigen. Dies kann zum Verlust der Kunden führen. Um solche Fehlbestände zu vermeiden, wird ein zusätzlicher Sicherheitsbestand eingeplant, der mit dem mittleren Lagerbestand den gesamten Durchschnittsbestand ergibt. Die Höhe des Sicherheitsbestands ist abhängig von der Genauigkeit der Nachfragevorhersage und der Länge der Wiederbeschaffungszeit, die eng mit dem Lieferservice, der Zahl der Auslieferungslager, der Entfernung zum Hersteller und ähnlichen Faktoren der Lieferbereitschaft zusammenhängen. Je besser die Bedarfsprognose und je kürzer die Wiederbeschaffungszeit, desto geringer kann der Sicherheitsbestand sein und umgekehrt.

Es sind insbesondere die unsicheren Erwartungen bezüglich der Nachfrageentwicklung und die nicht voraussehbaren Kosten von Fehlmengen, die eine exakte Kalkulation der Bestellmengen und -zeitpunkte auf Kostenbasis erschweren. Auch werden oft die Anbieter durch den Wettbewerb gezwungen, auf Kostenminimierung zu verzichten und eine hohe Lieferbereitschaft zu erhalten. In solchen Fällen liegt es nahe, die Kostenkalkulation durch andere Verfahren zu erstellen. Hier bietet sich ein Verfahren an, das im Zusammenhang mit Lagerhaltungsproblemen häufig erwähnt wird: die Simulation.

(3) Das „Travelling-Salesman"-Problem

Ein für die Lebensmitteldistribution typisches Transportproblem besonderer Art ergibt sich bei der Planung der kürzesten Fahrstrecke (bzw. der niedrigsten Fahrkosten), z. B. für Verkäufer oder den Frischdienst eines Unternehmens: Welches ist die günstigste Reiseroute, die von einem Ausgangspunkt von Kunde zu Kunde und wieder zum Ausgangspunkt zurückführt? Die Frage wird in der Literatur allgemein als „Rundreiseproblem" oder „Travelling-Salesman"-Problem bezeichnet. Zahlreiche Methoden – von der linearen Programmierung über verschiedene Entscheidungsbaumverfahren bis hin zu heuristischen Verfahren – wurden zur Lösung des Problems entwickelt. Wegen des in der Regel mit der Größe des Problems (z. B. der Zahl der anzufahrenden Stellen) exponentiell anwachsenden Rechenaufwandes eignen sich die exakten Verfahren nur zur Lösung kleinerer Probleme (je nach Verfahren etwa von 30 bis zu 100 Orten). Bei größeren Problemen, die mit vertretbarem Aufwand nicht mehr exakt gelöst werden können, wird man sich mit heuristischen Regeln an eine möglichst gute Lösung herantasten. Andererseits werden heuristische Verfahren häufig den exakten vorgeschaltet und so „gute Aus-

Übersicht I.57

Ausgangsmatrix zum „Travelling-Salesman"-Problem

von	nach					
	A	B	C	D	E	F
A	•	12	4	10	10	19
B	12	•	14	8	22	14
C	4	14	•	6	8	15
D	10	8	6	•	14	9
E	10	22	8	14	•	20
F	19	14	15	9	20	•

gangslösungen" gefunden, die den zur Optimierung notwendigen Rechenaufwand vermindern.

Wir wollen uns im Folgenden die Funktionsweise eines Entscheidungsbaumverfahrens ansehen, dem ein heuristisches Verfahren vorgeschaltet ist (nach MÜLLER-MERBACH):

Ausgangspunkt der Überlegungen ist die Matrix in Übersicht I.57, die alle Entfernungen zwischen sechs Orten enthält.

Durch ein heuristisches Verfahren kann man z.B. einen Reiseweg mit der Länge von 61 km finden.

Der Weg führt von A über B, D, F, E, C nach A zurück.

Dazu kann man u.a. das Verfahren der „sukzessiven Einbeziehung von Stationen" benutzen: Von einem willkürlich ausgewählten Anfangszyklus ausgehend, fügt man in jedem Schritt eine neue Station so ein, dass der Zyklus um die geringste Entfernung verlängert wird. Wenn wir etwa von einem Zyklus B-C-B = 28 km ausgehen, ergeben sich die in Übersicht I.58 dargestellten Möglichkeiten (die jeweils günstigste Lösung ist mit * gekennzeichnet, mit ihr wird bis zum vollständigen Rundweg weitergearbeitet, bei gleicher Länge wird eine Strecke willkürlich ausgewählt oder einzeln weiterverfolgt).

Ist dies die beste Lösung? Nun, wir wissen es nicht. Wir können aber bei der Suche nach einer Lösungsverbesserung jeden Weg vernachlässigen, der die Grenze von 61 km überschreitet. Das Problem ist nur, ihn frühzeitig zu erkennen, ohne alle prinzipiell möglichen Lösungsmöglichkeiten auszuprobieren. Um dies zu erreichen, macht man sich die Verwandtschaft des „Travelling-Salesman"-Problems mit dem „Zuordnungsproblem der linearen Planungszurechnung" zunutze. Danach kann die anfangs gezeigte Entfernungsmatrix reduziert werden, indem man von den Zeilen und Spalten der Matrix bestimmte Werte (u und v) in der Weise subtrahiert, dass die jeweiligen Zeilen- und Spaltenminima null werden. Man erhält eine reduzierte Entfernungsmatrix (Übersicht I.59).

Die mit 0 bezeichneten Felder entsprechen den jeweils kostengünstigsten Entfernungen zwischen zwei Orten. Diese reduzierte Entfernungsmatrix ist für unser Problem insofern von Bedeutung, als sich aus ihr durch Addition der u und V für die optimale Reiseroute eine Mindestlänge von 53 km errechnen lässt, zu der man nur noch die reduzierten

Übersicht I.58

Alternative Rundreiserouten

Schritt	Verbindung	Entfernung (km)
1.	B-C-B	28
2.	B-C-D-B	28*
	B-D-C-B	28*
3.	B-D-C-E-B	44*
	B-D-E-C-B-	44*
	B-E-D-C-B	56
4.	B-D-E-C-F-B	59
	B-D-E-F-C-B	71
	B-D-F-E-C-B	59*
	B-F-D-E-C-B	59*
5.	B-F-D-E-C-A-B	61*
	B-F-D-E-A-C-B	65
	B-F-D-A-E-C-B	65
	B-F-A-D-E-C-B	79
	B-A-F-D-E-C-B	76

Übersicht I.59

Reduzierte Entfernungsmatrix

von	nach						
	A	B	C	D	E	F	u_1
A	•	5	0	8	0	11	8
B	0	•	4	0	6	0	14
C	0	9	•	6	0	9	6
D	3	0	1	•	3	0	9
E	0	11	0	8	•	8	12
F	6	0	4	0	3	•	15
V_j	–2	–1	–4	–6	2	0	•

Übersicht I.60

Folge der Enumerationslösungen zur Ermittlung der kürzesten Reiseroute

Schritt	Folge	Entfernung
0	A	53
1	A-B	58
2	A-B-C	58
3	A-B-D-C	59
4	A-B-D-C-E	59
5	A-B-D-F	58
6	A-B-F	58
7	A-B-F-D	58
8	A-B-F-D-C	59
9	A-B-F-D-C-E	59
10	A-B-F-D-C-E-A	59
11	A-C	53
12	A-C-E	53
13	A-E	53
14	A-E-C	53

Entfernungen der Einzelstrecken addieren muss, um die so genannte Enumerationsgrenze (= 61 km) zu erreichen. Jedesmal, wenn die Addition der reduzierten Einzelstrecken den Wert 61 überschreitet, wird der Prozess abgebrochen. Die dabei gefundenen Teilfolgen unterhalb der Enumerationsgrenze sind in Übersicht I.60 dargestellt.

Sobald eine vollständige Reiseroute gefunden ist, die eine kürzere Entfernung als die Ausgangslösung aufweist, wird die Enumerationsgrenze auf den neuen Wert herabgesetzt, der nun für alle weiteren Schritte als Maßstab gilt. Im vorliegenden Fall war bereits die nach 10 Schritten gefundene Reiseroute die gegenüber der Ausgangslösung verbesserte Optimallösung.

Im Bereich der Lebensmitteldistribution ist das skizzierte Problem des kürzesten Rundreiseweges z. B. für die Tourenplanung von Frischdiensten besonders aktuell, z. B. für Molkereiunternehmen.

Dabei zeigen sich aber die Schwierigkeiten einer mathematischen Optimierung des Transportproblems. Bei der Tourenplanung in der Praxis müssen viele Faktoren berücksichtigt werden, die bei der Modellplanung vernachlässigt werden. So spielen etwa

- die zu verschiedenen Tageszeiten unterschiedlichen Verkehrssituationen,
- die Bedeutung der Kunden,
- die unterschiedlichen Wünsche der Kunden hinsichtlich der Lieferzeit,
- die zeitabhängigen Parkmöglichkeiten,
- die Kenntnisse und die Belastbarkeit des Fahrzeugpersonals

und ähnliche Einflussgrößen bei der Tourenplanung oft entscheidende Rollen. Die rechnerischen Verfahren liefern daher in der Regel nur Annäherungslösungen im Sinne von Entscheidungshilfen.

4.3.4 Distributionserfolgskontrolle

Um rechtzeitig die richtigen Entscheidungen zur Verbesserung des Warenflusses über die Absatzwege, der Verkaufsorganisation und der Logistik zu fällen, muss ein differenziertes Kennzahlensystem erstellt werden.

Zu den wichtigsten Daten, die teils laufend, teils sporadisch erhoben bzw. ergänzt werden müssen, gehören insbesondere folgende:[5]

- **Umsatz, Aufwand und Gewinn:**
  - Umsatz nach Bezirken und Produktgruppen,
  - Bruttogewinn nach Bezirken und Produktgruppen,
  - Deckungsbeiträge nach Bezirken und Produktgruppen,
  - Vertriebskosten nach Bezirken und Produktgruppen.
- **Aktivitäten:**
  - Zahl der Besuche,
  - Zahl der Produktdemonstrationen,
  - Zahl der Anfragen,
  - Zahl der Angebote,
  - Zahl der Bedarfsfälle,
  - Zahl der Bedarfsträger,
  - Zahl der Kunden,
  - Zahl der Besuchstage,
  - Zahl der gefahrenen Kilometer,
  - Zahl der Reklamationen.
- **Kenntnisse und Fähigkeiten des Verkaufspersonals:**
  - Kenntnis der Verkaufstechnik,
  - Analyse der Kundenbedürfnisse,
  - Produkt- und anwendungstechnische Kenntnisse,
  - Organisatorische und planerische Fähigkeiten.
- **Bewertung der Persönlichkeit des Verkaufspersonals:**
  - Durchsetzungsvermögen,
  - Urteilsfähigkeit,
  - Persönliche Erscheinung,
  - Fähigkeit zur Zusammenarbeit,
  - Initiative,
  - Fleiß,
  - Motive und Image.

Um mit Hilfe dieser Daten zu einem aussagefähigen Kennzahlensystem zu gelangen, müssen sie geeigneten Bezugsgrößen gegenübergestellt werden. So lassen sich die in Übersicht I.61 aufgeführten Kennzahlen ermitteln:

Für die Datenbeschaffung müssen unterschiedliche Informationsquellen herangezogen werden. Umsatzstatistiken, primärstatistische Handelsanalysen, Kostenrechnung, Auftragsanalysen, Kundenkarteien und Berichte des Außendienstes liefern die wichtigsten Informationen. Welche Leistungskennzahlen verwendet werden und welche Bedeutung den

[5] Nach Battelle-Institut.

Übersicht I.61

Kennzahlen zur Distributionserfolgskontrolle

• Zahl der Besuche	: Zahl der Arbeitstage
• Zahl der Besuche	: Zahl der Kunden
• Zahl der Besuche	: Zahl der Bedarfsträger
• Zahl der Besuche	: Zahl der Angebote
• Zahl der Besuche	: Zahl der Aufträge
• Zahl der Besuche	: Umsatz je Außendienstmitarbeiter
• Gefahrene Kilometer	: Zahl der Besuche oder Aufträge
• Zahl der Angebote	: Zahl der Aufträge
• Zahl der Anfragen	: Zahl der Aufträge
• Zahl der Reklamationen	: Zahl der Aufträge
• Zahl der Bedarfsträger in einem Bezirk	: Umsatz je Außendienstmitarbeiter in diesem Bezirk
• Fixe Vertriebskosten	: Gesamte Vertriebskosten
• Variable Vertriebskosten	: Gesamte Vertriebskosten
• Semivariable Vertriebskosten	: Gesamte Vertriebskosten
• Kosten der Besuche	: Anzahl der Besuche usw.

einzelnen Kennzahlen im Steuerungs- und Kontrollsystem der Distribution gegeben wird, hängt von dem jeweiligen Distributions- bzw. Verkaufssystem ab. Der Einsatz von Reisenden ist anders zu steuern als der von Handelsvertretern, beim zentralisierten Vorverkauf benötigt man andere Kontrolldaten als im Fahrverkauf.

Wie solche spezifischen Kontrollsysteme im Einzelfall aussehen können, wollen wir am Beispiel des Fahrverkaufs demonstrieren. Kennzeichnend für dieses Verkaufssystem, das insbesondere bei leicht verderblichen Waren mit hoher Umschlagshäufigkeit im Geschäft und hoher Anforderung an die Betreuung (für Frischprodukte, Brot und Backwaren, Kaffee, Tabakwaren, Kosmetika, Tiefkühlprodukte) gewählt wird, ist das Ausliefern, Verkaufen und Abrechnen durch die gleiche Person. Wenn auch bei der zunehmenden Zentralisation der Entscheidungen im Handel dem Fahrverkäufer die ursprünglichen Funktionen Verkaufen und Abrechnen mehr und mehr aus den Händen genommen werden und er mehr zum ausschließlichen Auslieferer mit Regalservicefunktion und zum Verkaufsberater wird, so bleibt doch ein wichtiges Merkmal des Systems bestehen, die direkte, häufige und schnelle Lieferung an den Kunden (z. B als „Frischdienst"), die sehr kostenintensiv ist und daher dauernd zur Kostensenkung herausfordert. Um jedoch Rationalisierungsmaßnahmen durchführen zu können, benötigt man exakte Daten über den Ablauf des Fahrverkaufs bzw. Frischdienstes. Eine solche Ablaufanalyse zeigt Übersicht I.62.

Im Rahmen der Distributionskontrolle haben ferner die durch die Handelsforschung, insbesondere das Handelspanel, ermittelten Einzelhandelsindizes (vgl. Kapitel I 1.3) eine große Bedeutung.

So lassen etwa die **Einkaufswerte** des Handels sowohl Schlüsse auf dessen Absatzerwartungen bei dem betrachteten Produkt zu als auch auf besonders günstige Sonderkonditionen von Wettbewerbern. Gehen die Einkaufswerte des Handels bei einem Produkt zurück, ohne dass gleichzeitig die Einkäufe bei Wettbewerbern zunehmen, deutet dies auf

Übersicht I.62

Beispiel einer Kontroll- und Tourenanalyse für den Fahrverkauf

	Mo	Di	Mi	Do	Fr	
1. Anzahl Kunden laut Tourenplan	15	17	7	14	19	= 72 Soll
2. Anzahl besuchter Kunden laut Tagesbericht	15	15	10	12	17	= 69 Ist
3. Abfahrt um … Uhr	8.10	7.30	7.25	7.15	7.40	
4. Rückkehr	18.30	17.55	16.00	19.30	17.40	
5. Gesamtzeit	10.20	10.25	8.35	12.15	10.00	51,2% = 51 St. 35 m.
6. Fahrzeit	3.15	3.50	3.00	3.00	3.20	= 15 St. 25 m.
7. Standzeit	7.05	6.35	5.35	9.15	6.40	
8. Pausen	2.05	1.00	2.20	2.35	0.40	31,8% = 15 St. 25 m.
9. Verkaufszeit 7 ./. 8	5.00	5.35	3.15	6.40	6.00	= 26 St. 30 m.
10. gefahrene Kilometer	170	171	120	162	138	
11. gefahrene km pro Stunde	11	11	12	13	8	
12. lt. Diagramm besuchte Kunden bis 13 Uhr	13	11	10	9	13	= 56 } = 10
nach 13 Uhr	5	6	–	5	7	= 23 } Stopps
13. Stopps laut Diagramm ./. Pausen	18	17	10	14	20	(ohne Kundenbesuch)
14. Kundenzahl lt. Nr. 2	15	15	10	12	17	
15. Differenz 13–14	3	2	–	2	3	
16. durchschn. Haltezeit pro Kunde in Minuten	20	22	19	33	21	
17. Umsatz des Tages	1666	3587	1300	2707	1881	
18. Durchschn. Umsatz pro Kunde	111	239	130	225	110	
19. Zeit pro 100 € Umsatz von Gesamtzeit	36	17	99	27	31	
20. km-Umsatz €	9,80	20,90	10,80	16,70	13,60	

Quelle: Hillebrandt, in: Marketing Enzyklopädie, 3. Bd., München 1974/75

Mängel des Produktes. Allgemein rückläufige Einkaufswerte spiegeln dagegen einen erwarteten saisonalen oder konjunkturellen Abschwung wider.

Die **Bezugsquellenwerte** geben Auskunft über den Stand und die Entwicklungsrichtung der Vertriebswege. Entscheidungen über die Ein- oder Ausschaltung des Großhandels bzw. die Zweckmäßigkeit des eigenen Distributionssystems erfahren damit eine sachliche Fundierung.

Lagerbestandszahlen deuten in die gleiche Richtung wie die Einkaufswerte. Außerdem bilden hohe Lagerbestände ungünstige Voraussetzungen für Produktneueinführungen und Sonderaktionen, da sie die Aufnahmebereitschaft des Handels tendenziell verringern. Diesen Effekt machen sich die Hersteller häufig zunutze, indem sie zur Abwehr von Produktneueinführungen oder Promotionskampagnen der Konkurrenz ihrerseits Absatzkanäle durch „special deals" vorher zu verstopfen suchen.

Eine andere wichtige Größe ist der durchschnittliche **Monatsabsatz je Geschäft.** Aus seiner Höhe und seinem Verlauf lässt sich unmittelbar die Gewinnträchtigkeit eines

Produktes abschätzen. Bei der Neueinführung von Artikeln ist es daher für jeden Hersteller vorteilhaft, (Test-)Verkaufsergebnisse vorlegen zu können, aus denen ein in Relation zu vergleichbaren Artikeln guter durchschnittlicher Monatsabsatz je Geschäft ersichtlich ist.

Ein steigender **Durchschnittsabsatz** je Geschäft zeigt schließlich (saisonale Einflüsse ausgenommen) an, dass das Produkt zunehmende Akzeptanz beim Verbraucher findet.

Platzierungs- und Displaywerte zeigen, welche Verkaufsunterstützung der Handel einem Produkt angedeihen lässt.

Numerische **Distributionswerte** geben den Grad der Marktdurchdringung an, während die gewogene Distribution die Qualität der Vertriebsstellen charakterisiert. Distributionswanderungswerte geben die Stabilität der Beziehungen wieder.

Out-of-stock-Werte reflektieren die Güte des Bestell- und Belieferungssystems. Sind diese im Vergleich zur Konkurrenz zu hoch, so sind betriebsspezifische Mängel vorhanden, die abgestellt werden müssen.

Bei Produktneueinführungen, die für Wachstum und Rentabilität eines Unternehmens bedeutsam sind, bewegt jeden Hersteller die Frage: Wird das neue Erzeugnis ein Erfolg? Wird es sich gegen seine Konkurrenz durchsetzen und den erwarteten Beitrag zum Unternehmenserfolg leisten? Auch zur Beurteilung der „Erfolgschancen" eines Produktes liefert der Einzelhandels-Index wesentliche Anhaltspunkte. Beurteilungskriterien sind dabei vorrangig die Entwicklung des Marktanteils, der numerischen Distribution und des durchschnittlichen Monatsabsatzes je Geschäft.

Zusammenfassend lässt sich sagen, dass die Einzelhandelsindizes mit ihren vielfältigen produktspezifischen Informationen zum Stand und zur Entwicklung des Warenflusses, der Marktanteile, der Bezugsstruktur, der Preise, der Platzierung und der Promotion in Verbindung mit den verschiedensten sektoralen Aufgliederungen dem Benutzer Schwächen und Stärken seiner Distributionsstrategie zeigen. Es wird unmittelbar und relativ schnell sichtbar, wo Fehlentwicklungen auftreten und wo etwas geschehen muss. Aus der speziellen fachlichen Kenntnis heraus lässt sich im Allgemeinen dann relativ kurzfristig ableiten, welche Maßnahmen ergriffen werden müssen.

Es sind die detaillierten, umfassenden und relativ aktuellen Informationen und die Schlüsselfunktion des Einzelhandels, die die Einzelhandelsindizes trotz gewisser Mängel zu einem wichtigen, um nicht zu sagen unentbehrlichen Instrument der Planung und Kontrolle der Distribution machen. Die Einzelhandelsindizes geben Antwort auf folgende für jeden Vertriebs- und Marketingleiter unverzichtbare Fragen:

- Wächst oder schrumpft der Absatz meiner Erzeugnisse an den Endverbraucher? (Der Fabrikabsatz ist häufig irreführend. Er verläuft oft über kurze oder längere Zeit in ganz anderer Richtung als der Endverbraucherabsatz, weil die Lagerbestände beim Handel in weiten Grenzen schwanken.)
- Steigt oder sinkt der Absatz der Erzeugnisse meiner Mitbewerber?
- Wie liegt der Absatz meiner Erzeugnisse im Vergleich zum Absatz meiner Wettbewerber?
- Welches sind die für den Absatz meiner Erzeugnisse wichtigsten Geschäftstypen?
- Welches sind die wichtigsten Gebiete? Wo sind die Wettbewerber besonders stark?
- Sind die großen Städte, die kleineren Städte oder die Landgemeinden für den Absatz von größerer Bedeutung?
- Wie sind meine Erzeugnisse gestreut, d.h., in wie vielen Läden werden sie geführt – auch im Vergleich zu den Wettbewerbserzeugnissen?

- Bin ich mit meinen Produkten in den für den Warengruppenumsatz bedeutenden Geschäften vertreten – oder in den umsatzschwachen Geschäften? Und wie sieht das für die einzelnen Wettbewerber aus?
- Wie hoch ist die durchschnittliche Eindeckung des Einzelhandels mit meinen Erzeugnissen im Gegensatz zur Konkurrenz? Ist sie zu hoch oder zu niedrig? Verliere ich Absatz durch eine zu geringe Bevorratung des Einzelhandels, die sich in einer großen Zahl von Geschäften ohne Vorrat auswirkt? Welche Umsatzbedeutung haben die Geschäfte, die ohne Vorrat angetroffen wurden?
- Sind die Voraussetzungen für eine erfolgreiche Werbung gegeben? Überregional und in einzelnen Gebieten?
- Wo liegen die Schwächen meiner Absatzorganisation – in welchen Gebieten, Geschäftstypen und Organisationsformen? Wo kann ich meinen Absatz am leichtesten erhöhen?

4.4 Entscheidungsfindung in der Kommunikationspolitik

4.4.1 Verkaufsförderung

Grundsatzentscheidungen, die im Rahmen der Verkaufsförderung zu fällen sind, betreffen im Wesentlichen die Auswahl der zu fördernden Produkte, die Zieldefinition bei Verkaufsförderungsmaßnahmen. Daraufhin können die operationalen Entscheidungen bei der Verkaufsförderung getroffen werden, d. h. die Auswahl geeigneter Verkaufshilfen, die sowohl zielkonform und produktspezifisch als auch unter Berücksichtigung der finanziellen Restriktionen erfolgen soll.

(1) Auswahl der zu fördernden Produkte und Zieldefinition

Bei insgesamt begrenztem Marketingbudget steht jedes Mehrprodukten-Unternehmen, das Lebensmittel anbietet, immer wieder neu vor der Entscheidung, für welche Produkte Verkaufsförderung betrieben werden soll bzw. in welchem Verhältnis zueinander Verkaufsförderung und klassische Werbung eingesetzt werden sollen. Erste Anhaltspunkte für die Erfolgsaussichten der Verkaufsförderung für einzelne Lebensmittel bieten einfache Punktbewertungsschemata. In Übersicht I.63 sind die wichtigsten Beurteilungskriterien, die dabei anzulegen sind, berücksichtigt. Insgesamt muss dabei beachtet werden, dass die Notwendigkeit bzw. Effizienz der Verkaufsförderung und damit auch der prozentuale Anteil der Verkaufsförderung am gesamten Kommunikationsbudget in den einzelnen Lebensphasen des Produktes unterschiedlich ist. Wenn wir davon ausgehen, dass die handelsorientierten Ziele der Verkaufsförderung (Push-Aktivitäten) in der Erreichung einer möglichst hohen Distribution sowie einer optimalen Warenpräsentation durch einen festen Stammplatz und zusätzliche Sonderplatzierungen liegen und bei den kundenbezogenen Aktivitäten (Pull-Aktivitäten) in einer Erhöhung des Bekanntheitsgrades, des Aufmerksamkeitswertes und des Kaufwunsches, so lassen sich die Verkaufsförderungs-Ziele in den einzelnen Phasen des Lebenszyklus wie in Übersicht I.64 definieren.

Die Operationalisierung der Ziele ist im speziellen Einzelfall unschwer möglich. Aufgrund der Kenntnis der speziellen Produktmärkte und der Marketingziele kann das Unternehmen die quantitativen Zielgrößen festlegen.

Übersicht I.63

Schlüsselfragen zur Beurteilung der Erfolgsaussichten von Verkaufsförderung für Lebensmittel

Beurteilungskriterium	**zutref-fend**				**nicht zutref-fend**
Ware und Dienstleistungen weisen einen erkennbar hohen Differenzierungsgrad auf.	4	3	2	1	0
Starke emotionale Kaufmotive begünstigen das Produkt.	4	3	2	1	0
Das Produkt hat kaufrelevante Eigenschaften, die äußerlich nicht erkennbar sind.	4	3	2	1	0
Ein angemessenes Budget für ein nachhaltiges, abgestimmtes Promotion-Programm ist vorhanden.	4	3	2	1	0
Es handelt sich um ein leicht verderbliches Saisonprodukt.	4	3	2	1	0
Der Erlös der Vkf-Aktion kommt in erster Linie denjenigen zugute, die sie finanzieren.	4	3	2	1	0
Das Produkt wird preiselastisch nachgefragt.	4	3	2	1	0
Das Produkt kommt neu oder in verbesserter Form auf den Markt.	4	3	2	1	0
Es ist nicht mit ernsthaften Produktions- und Lieferproblemen zu rechnen.	4	3	2	1	0
Es bestehen Einflussmöglichkeiten auf die Verbraucherpreise, bzw. die Preispolitik spielt keine Rolle.	4	3	2	1	0
Die Distributionsorgane sind zur Kooperation bereit.	4	3	2	1	0
Angebot und Distributionsgrad rechtfertigen den Aufwand.	4	3	2	1	0
Das Produkt wird in gleichbleibender Qualität und Aufmachung angeboten.	4	3	2	1	0

(2) Auswahl der Verkaufshilfen

Ein deutlicher Schwerpunkt der Verkaufsförderungsaktivitäten im Pull-Bereich besteht in der gezielten Ansprache der Verbraucher am POP durch geeignete Ladenwerbemittel.

Abgesehen etwa vom Einsatz von Werbedamen ist in der Verkaufsförderung eine unmittelbare personale Interaktion zwischen dem verkaufsförderungstreibenden Unternehmen und den Personen seiner Zielgruppe nicht möglich, sondern die Ansprache vollzieht sich mit Hilfe spezifischen Verkaufsförderungsmaterials.

Übersicht I.64

Ziele der Verkaufsförderung in den Phasen des Lebenszyklus eines Produktes

Lebenszyklusphasen	handelsorientierte Ziele	verbraucherorientierte Ziele
Einführungsphase	• Vorstellung des neuen Produktes • Erreichung einer hohen numerischen und gewichteten Distribution • Feste Verankerung des Produktes am Stammplatz	• Bekanntmachung des Produktes • Information über den Nutzen und Gebrauchswert
Wachstumsphase	• Ausweitung der Distribution • Konzentration auf umsatzstarke Handelspartner	• Ausweitung des Kundenkreises • Festigung der Markenbindung
Reife- und Sättigungsphase	• Höchstmögliche Zahl von Zweitplatzierungen	• Erhöhung des Einkaufsvolumens und der Bevorratung
Degenerationsphase	• Keine Verkaufsförderung	• Keine Verkaufsförderung

In der Praxis der Verkaufsförderung wird dabei oft eine Vielzahl verschiedener Ladenwerbemittel nebeneinander eingesetzt. Dabei ist grundsätzlich zu unterscheiden zwischen Displays für die Geschäfts-Außenfront und Displays für den Verkaufsraum.

Displays für die Geschäfts-Außenfront können beispielsweise sein:
- Angebotsplakate,
- Aufstellfiguren,
- Aufstelltafeln für Angebote,
- Ausstellungsstände,
- Leuchttransparente,
- Mobiles,
- Schaupackungen,
- Schaufensterplakate,
- Türkleber.

Displays für den Verkaufsraum sind u. a. folgende:
- Angebotsschilder,
- Aufstecker für Verkaufsstände (Crowner),
- Deckenhänger,
- Girlanden,
- Hinweisplakate,

- Kassenaufsätze,
- Leuchtschilder,
- Preisschilder,
- Prospektständer,
- Regalstopper/Regalnasen,
- Richtungslenker (Fußkleber),
- SB-Korbeinlagen oder Korbanhänger Schaustücke,
- Stumme Verkäufer (Aufsteller zur leichten Warenentnahme von Kleinartikeln),
- Thekenaufsteller,
- Verkaufswagen,
- Zahlteller.

Welche dieser Displays im Einzelfalle eingesetzt werden, hängt einerseits vom verfügbaren Verkaufsförderungsbudget und zum anderen von der Art der Platzierung des Produktes ab.

Viele Unternehmen entwickeln die vorgesehenen Ladenwerbemittel heute in Zusammenarbeit mit dem Handel.

Wenn auch zahlreiche Unternehmen darüber klagen, dass damit im Grunde ihre Handlungsfreiheit eingeengt wird, so darf man doch nicht übersehen, dass der Handel die unkoordinierte Aktion der Verkaufsförderer verschiedener Anbieter in seinen Geschäften als störend empfinden muss.

Der Handel selbst ist im Rahmen seines Leistungswettbewerbs auf eine harmonische und insgesamt verkaufsfördernde Wirkung seines Geschäftes angewiesen. Darüber hinaus streben die verschiedenen Organisationsformen des Lebensmitteleinzelhandels in zunehmendem Maße ein einheitliches Erscheinungsbild an.

Ebenso wie die Werbemittel im Bereich der klassischen Werbung sollten Ladenwerbemittel, bevor sie in hohen Auflagen angefertigt und eingesetzt werden, mit Hilfe von Werbemitteltests auf ihren Aufmerksamkeitswert, ihre Anmutungsqualitäten und ihre Akzeptanz durch den Verbraucher überprüft werden.

(3) Kontrolle der Verkaufsförderung

Für einen rationalen Einsatz der Verkaufsförderung ist die Erfolgskontrolle der geplanten oder eingeleiteten Maßnahmen unumgänglich.

Wir wollen dabei nach den Kontrollmethoden unterscheiden, die als Pretests vor dem Einsatz einer Verkaufsförderungsaktion durchgeführt werden, und solchen, mit denen als Posttests während oder nach der Aktion die erzielten Erfolge gemessen werden.

(a) Pretests

Pretests haben die Aufgabe, bereits während der Planungsphase Entscheidungshilfen über die zweckmäßige Gestaltung oder den zweckmäßigen Einsatz der einzelnen Verkaufsförderungsmaßnahmen zu gewinnen. Sie sollen das Risiko einer falsch konzipierten und gestalteten Aktion verringern.

Pretests erstrecken sich in aller Regel auf den Pull-Bereich der Verkaufsförderung, also auf die Aktivitäten, die in den Einzelhandelsgeschäften ergriffen werden, um dort den Umsatz der Ware zu beschleunigen.

Sofern sich diese Tests lediglich auf die eingesetzten Ladenwerbemittel erstrecken, werden hier die gleichen Testverfahren angewandt, wie sie uns an anderer Stelle dieses Buches als Werbemitteltests begegnen werden.

Soll die Gesamtkonzeption der Aktion selbst überprüft werden, so empfiehlt sich die Durchführung eines Markttests. Dafür werden in einem Testgebiet z. B. 20 Geschäfte in zwei gleichstarke Gruppen von Kontroll- und Testgeschäften aufgeteilt: Während in den Testgeschäften die zu überprüfende Verkaufsförderungsaktion läuft, werden hier die Umsatzveränderungen ermittelt und mit den unbeeinflussten Umsätzen in den Vergleichsgeschäften verglichen. Solche Tests werden von Marktforschungsinstituten angeboten, die einen entsprechenden Schwerpunkt im Bereich der Handelsforschung haben.

Der „kontrollierte Markttest" der GfK Nürnberg z. B. wird für den Test folgender Bereiche der Verkaufsförderung eingesetzt:

- Sonderangebote,
- Displaymaterial,
- Zugaben,
- Gutscheine,
- Mehrfachpackungen,
- Veränderte Platzierungen.

Bei der Anlage eines solchen Markttests ist – ebenso wie bei den bereits besprochenen Produkt-Markttests – darauf zu achten, dass sowohl die Auswahl der Testregion als auch der einbezogenen Geschäfte eine Verallgemeinerung der Daten auf das eigentliche Absatzgebiet erlauben.

Die Tatsache, dass gut konzipierte Verkaufsförderungsaktionen in aller Regel – zumindest während der Aktionszeit – deutliche Mehrumsätze erbringen, darf nicht darüber hinwegtäuschen, dass das Unternehmen auch die Auswirkungen solcher Aktionen auf seine Gewinnsituation im Auge behalten muss. Diese Überlegung wird vor allen Dingen dann besonders bedeutsam, wenn Verkaufsförderungsaktionen in Form von Sonderangeboten durchgeführt werden, bei denen dann also nicht nur die reinen Aktionskosten (z. B. Kosten für Displays), sondern auch die reduzierten Verkaufspreise berücksichtigt werden müssen.

Hier empfehlt es sich in jedem Falle, vor Durchführung der Aktion mit Hilfe der Deckungsbeitragsrechnung zu ermitteln, wie hoch die durch die Aktion erzielten Mehrumsätze sein müssen, damit die Gewinnsituation des Unternehmens unverändert bleibt.

In Einzelfällen und für befristete Zeit können selbstverständlich andere Ziele (wie z. B. Erhöhung des Bekanntheitsgrades oder Verbesserung der Distribution) Vorrang vor dem Gewinnziel bekommen.

(b) Posttests

Posttests, also solche, die während oder nach der Aktion den Erfolg der Verkaufsförderung zu messen versuchen, müssen wegen der unterschiedlichen Zielsetzung der Verkaufsförderung auf unterschiedlichen Ebenen ansetzen:

- Kontrolle der Wirkung von Push-Aktivitäten bei der Zielgruppe Handel.
- Kontrolle der Wirkung von Pull-Aktivitäten (Zielgruppe Verbraucher) beim Handel.
- Kontrolle der Wirkung von Pull-Aktivitäten bei der Zielgruppe Verbraucher.

Wir haben uns bereits klargemacht, dass Push-Aktivitäten folgende Ziele anstreben können:

- Erhöhung der numerischen bzw. gewichteten Distribution beim Handel.
- Verbesserung der bisher erreichten Platzierung (Kontaktstrecke).
- Erreichen von Sonderplatzierungen.

Aus diesen Zielen ergeben sich unmittelbar die in der Verkaufsförderungs-Kontrolle verwendeten Kontrollmaße. Für die konkrete Ermittlung des Erfolges anhand dieser Kriterien bieten die verschiedenen kommerziellen Marktforschungsinstitute ihre Dienste an. Sowohl in Handelspanels als auch gesonderten Ad-hoc-Untersuchungen können Distributionswerte, Kontaktstreckendaten und Informationen über die Zahl der Sonderplatzierungen vor, während und nach der Aktion gewonnen werden.

Wenn Pull-Aktivitäten sich auch letztlich an die Zielgruppe der Endverbraucher wenden, so kann die Kontrolle des Erfolges, zumindest in ökonomischen Messgrößen (z. B. Umsätze), auch beim Handel erfolgen. Dafür bieten die kommerziellen Marktforschungsinstitute verschiedene Möglichkeiten der Umsatzermittlung sowohl in standardisierten Panel-Untersuchungen als auch in einmaligen Erhebungen an.

Wichtig ist dabei jeweils, dass – soweit möglich – eine saubere experimentelle Anordnung gewährleistet ist. Zumindest aber sollten vergleichbare Daten vor, während und nach der Aktion ermittelt werden.

Bisher durchgeführte Verkaufsförderungs-Erfolgskontrollen über die Ermittlung der in den verschiedenen Perioden erzielten Umsätze zeigen, dass zwar in aller Regel während der Aktionszeit deutliche Umsatzsteigerungen erreicht werden; in vielen Fällen sinkt der Umsatz aber sehr rasch wieder auf das normale Niveau oder sogar auf einen Wert darunter ab.

Gerade bei lagerfähigen Produkten tätigen die Hausfrauen hier oft – vor allem bei Sonderangeboten – Vorratskäufe, die in den Wochen nach der Aktion eine verringerte Marktnachfrage zur Folge haben. Das Unternehmen muss hier jeweils prüfen, ob ein solches Verbraucherverhalten seinen Zielen gerecht wird.

Auch die Methoden, mit denen die Erfolge von Pull-Aktivitäten bei der Zielgruppe selbst, also beim Endverbraucher, ermittelt werden, weisen den Mangel auf, dass die Verkaufsförderungserfolge nicht zuverlässig genug von anderen Einflussgrößen isoliert werden können.

Grundsätzlich unterscheiden wir dabei zwischen solchen Methoden, bei denen quantitative, und solche, bei denen qualitative Messkategorien verwandt werden.

Die Messung des quantitativen Aktionserfolges ist überhaupt nur sinnvoll, wenn mit der Aktion auch überwiegend quantitative Absatzziele (und nicht etwa das Ziel der Image-Verbesserung) angestrebt wurde.

Dabei lassen sich die Auswirkungen von Verkaufsförderungsaktionen, insbesondere aus den Ergebnissen des Haushalts-Panels, ablesen. Dazu werden folgende Grunddaten herangezogen:

- Zunahme bzw. Abnahme des Käuferkreises (prozentualer Anteil der Haushalte, der das geförderte Produkt gekauft hat).
- Veränderung des Käuferkreises bei Konkurrenzprodukten.
- Veränderungen des mengenmäßigen bzw. wertmäßigen Marktanteils bei der geförderten Marke und bei Konkurrenzprodukten.

Werden diese Informationen den entsprechenden Daten vor und nach einer Verkaufsförderungsaktion gegenübergestellt, dann lassen sich prinzipiell die Verkaufsförderungserfolge quantitativ messen.

Wie auch in der Werbeerfolgskontrolle werden wegen ungenügender Messbarkeit durch ökonomische Kriterien auch in der Verkaufsförderungs-Erfolgskontrolle oft außerökonomische Kontrollgrößen verwandt.

Um zu operationalen, messbaren Ergebnissen über den jeweiligen außerökonomischen Erfolg zu kommen, muss mit dem gleichen Instrumentarium in einem vergleichbaren Sample eine Erhebung jeweils vor und nach der Aktion erfolgen.

Worauf sich dabei im Einzelnen die Messung des Aktionserfolges erstreckt, hängt von dem jeweiligen Ziel der Verkaufsförderungsaktion ab. Je mehr die Verkaufsförderung die Werbung im Marketing-Mix substituiert, desto mehr werden in der empirischen Erfolgsermittlung die gleichen Messkategorien verwendet werden müssen wie in der Werbeerfolgskontrolle (siehe Kapitel I 4.4.2):

- Bekanntheitsgrad des Produktes bzw. der Marke
- Image (konkretisiert nach den kaufverhaltensbestimmenden Image-Dimensionen)
- Kaufverhaltensbestimmende Einstellungen
- Kaufwunsch.

Neben den beiden bisher dargestellten großen Bereichen der Verkaufsförderungskontrolle, also den Pretests und den Posttests, kommt der Überprüfung der Beteiligungsquote der einzelnen Geschäfte an den jeweiligen Aktionen zunehmende Bedeutung zu.

Verkaufsförderungsaktionen werden heute in aller Regel mit den Unternehmen der regionalen Großhandelsstufe bei den einzelnen Organisationsformen vereinbart. Da der Bindungsgrad der jeweiligen Einzelgeschäfte an die Großhandelsstufe unterschiedlich ist, muss man auch erwarten, dass sich ein unterschiedlich hoher Prozentsatz der Einzelgeschäfte an solchen Aktionen beteiligt. Man muss dabei berücksichtigen, dass der Lebensmitteleinzelhandel mit Initiativen zu Verkaufsförderungsaktionen von Seiten der Hersteller geradezu überschüttet wird.

Die ermittelten Daten für den Anteil der Einzelgeschäfte, die sich an solchen Aktionen beteiligen, sind eine wichtige Entscheidungshilfe für die Beurteilung der Effizienz von Verkaufsförderungsaktionen und vor allem auch für die Auswahl der geeigneten Handelspartner.

4.4.2 Entscheidungsfindung in der Werbung

Entscheidungen im Rahmen der Entwicklung einer Werbestrategie betreffen die Auswahl von Werbemitteln und -trägern, die Intensität von Schaltungen und die Gestaltung der Werbung.

Werbung ist teuer! Deshalb möchte der Werbungstreibende Informationen darüber haben,

- wie er ein optimales Kosten-Nutzen-Verhältnis erreicht,
- wie er Misserfolge soweit wie möglich ausschalten kann,
- was die Werbung nach einer bestimmten Einschaltdauer gebracht hat.

(1) Werbemittelplanung

Die Entscheidungen im Rahmen der Werbemittelplanung konzentrieren sich auf

- die Auswahl verschiedener Werbemittelarten und
- die Gestaltung der Werbemittel unter inhaltlichen und formalen Aspekten.

Da die Werbemittelgestaltung erhebliche Kosten verursacht, müssen diese den erzielbaren Leistungen gegenübergestellt werden. Dass die Kosten nicht allein für die Beurteilung von Werbemitteln ausschlaggebend sein dürfen, ergibt sich vor allem daraus, dass die Wir-

Übersicht I.65

Die Kombination von Werbemitteln bei verschiedenen Absatzmengen in Abhängigkeit der Kostenkurven

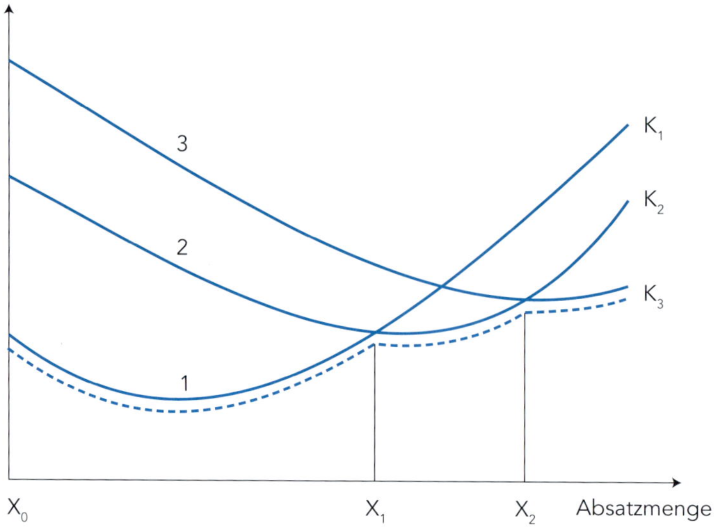

kung eines Werbemittels in erster Linie eine Funktion der Gestaltungsqualität ist. Es ist jedoch sehr schwierig, die Werbemittelqualität objektiv zu beurteilen. Insbesondere die kreativen Komponenten in der Umsetzung der Werbeidee entziehen sich einer objektiven Beurteilung. Die Verfahren, die zur Beurteilung von Werbemitteln angewendet werden, sind daher nur begrenzt aussagefähige Entscheidungshilfen. Außerdem beschäftigen sie sich jeweils entweder nur mit den inhaltlichen oder nur mit den formalen Gesichtspunkten der Werbemittelplanung.

(a) Kostenvergleich zwischen Werbemittelarten

Unter ausschließlich ökonomischen Gesichtspunkten wird man von den verfügbaren Werbemitteln dasjenige auswählen, das die Werbeziele mit den geringsten Kosten erreicht. Übersicht I.65 zeigt typische Stückkostenkurven für drei verschiedene Werbemittel.

Wenn das Werbeziel in der Steigerung der Absatzmenge besteht, ist bis zum Erreichen der Absatzmenge X_1 das Werbemittel 1, von X_1 bis X_2 das Werbemittel 2 und von X_2 aufwärts das Werbemittel 3 zu nutzen. Die gestrichelte Umhüllungskurve ist die Kurve mit den jeweils geringsten Werbekosten.

(b) Informationstheoretische Ansätze

Neue Impulse zur Beurteilung von Werbemitteln verspricht sich die Werbeforschung in jüngster Zeit aus der Anwendung der Informationstheorie.

Hierbei geht es insbesondere um die Analyse der linguistischen Faktoren von Werbebotschaften (Texten).

Vokabular, Text, Typographie, Satzlänge sind wichtige Kriterien für die Rezeption von Werbebotschaften. Sie beeinflussen die Lesbarkeit, Aufmerksamkeitswirkung, Verständlichkeit und Lernbarkeit. Die informationstheoretischen Ansätze erlauben

- die Prüfung des Informationsgehaltes von Werbebotschaften,
- den Vergleich von Werbestilen,
- die Prüfung der Textverständlichkeit,
- die Entwicklung von Kriterien zur Wiederholung von Werbetexten,
- die Kontrolle des Lerneffektes von Werbebotschaften,
- die Abstimmung der Werbebotschaft auf die Informationsverarbeitungskapazität des Empfängers.

Grundlage der mathematisch-statistischen Informationstheorie ist die Erkenntnis, dass die in einer Sprache verwendeten Zeichen (Buchstaben, Silben, Wörter) aufgrund statistischer Analysen mit Zahlenwerten belegt werden können, die ihren Informationsgehalt kennzeichnen. Häufig auftretende Buchstaben, Buchstabenkombinationen, Silben oder Worte haben einen geringen Informationsgehalt, selten auftretende einen hohen. Gemessen wird der Informationsgehalt der Zeichen in bit („binary digit"). Die Gesamtinformation einer Nachricht kann man nach der Shannonschen Formel (vgl. Formel I.21) errechnen.

Formel I.21

$$I = n \sum_{i=1}^{n} P_i \, ld \frac{I}{P_i}$$

Dabei bezeichnen P_i die Häufigkeit der vom Sender verwendeten Zeichen, n die Zahl der Zeichen der Nachricht und Id den Logarithmus zur Basis 2.

Man kann also den Informationsgehalt von Nachrichten messen. Eine solche Messung ist für die Beurteilung von Werbebotschaften bedeutsam, denn:

- Hoher Informationsgehalt fördert die Aufmerksamkeitswirkung von Werbebotschaften, senkt aber das Verständnis.
- Niedriger Informationsgehalt fördert das Verständnis, hat aber eine geringere Aufmerksamkeitswirkung.

Der Werbeplaner muss deshalb einen Kompromiss finden und die Werbebotschaft so gestalten, dass sie trotz hohen Informationsgehaltes schnell gelernt werden kann. Als Kriterien dafür dient die beim Empfänger gemessene Redundanz. Hierunter versteht man den vom Empfänger gelernten Teil einer Nachricht bezogen auf den gesamten Informationsgehalt einer gesendeten Nachricht (vgl. Formel I.22).

Formel I.22

$$R = \frac{I_{vor} - I_{nach}}{I_{vor}}$$

I_{vor} = Information der gesamten gesendeten Nachricht,
I_{nach} = Information, die vom Empfänger nicht aufgenommen wurde.

Pretests

In der Praxis haben besonders die in der Psychologie entwickelten Test- und Befragungsmethoden Bedeutung für die Planung und Kontrolle von Werbemaßnahmen, und zwar in Form von Werbewirkungsanalysen. Im Hinblick auf den zeitlichen Einsatz können zwei Arten von Werbewirkungsanalysen unterschieden werden:

(1) **Pretests,** mit deren Hilfe im Wesentlichen die Qualität von Werbemitteln vor deren Einschaltung in den Medien getestet wird, um die Kommunikationschancen eines Werbemittels zu analysieren.

(2) **Posttests,** die anhand bestimmter Kriterien den Erfolg der Werbung nach der Einschaltung in Medien zu messen versuchen.

Während Pretests im Wesentlichen qualitativen Charakter haben (infolgedessen auch mit kleineren Stichprobenzahlen durchgeführt werden können), wird mit Hilfe von Posttests in der Regel auch eine gewisse Quantifizierung des Werbeerfolges versucht (wozu in der Regel auch größere Stichproben benötigt werden).

Für die Werbeplanung sind Pretests wichtig (wenngleich auch aus Posttests Informationen für künftige Maßnahmen gewonnen werden können). Mit Hilfe solcher Tests werden Wirkungswahrscheinlichkeiten gemessen.

Bei der Methodenauswahl zur Werbewirkungsforschung gehen wir davon aus, dass im Wesentlichen zwei Komponenten der Werbewirkung bei der Optimierung von Werbemitteln besondere Aufmerksamkeit verdienen:

- Kognitive Werbewirkung,
- Aktivierung (emotionale Werbewirkung).

Kognitive Werbewirkung

Die kognitive Werbewirkung umfasst alle Aspekte, die sich auf den Prozess der Informationsaufnahme, Informationsverarbeitung sowie Informationsspeicherung und -wiedergabe beziehen.

Zu diesem Wirkungsbereich ist also beispielsweise zu prüfen:

- Wie gestaltfest sind die Anzeigen (wie vollzieht sich z. B. die Wahrnehmung auch unter erschwerten Bedingungen)?
- Werden die jeweiligen Informationen richtig verstanden und abgespeichert (korrektes USP-Verständnis)?
- Wird der „Absender" der Informationen zweifelsfrei identifiziert?
- Wird die Anzeige in ihren wesentlichen Elementen und Aussagen reproduzierbar abgespeichert, d. h. wird sie erinnert und wiedererkannt?

Aktivierung (emotionale Werbewirkung)

Man kann von der gesicherten Erkenntnis ausgehen, dass werbliche Informationen eine höhere Werbewirkungs-Chance haben, wenn sie beim Umworbenen emotionale Erregungen auslösen.

Der „emotionale Schub" fördert die kognitiven Prozesse und vor allem die Abspeicherung im Langzeitgedächtnis.

Generell können Werbewirkungs-Analysen mit folgenden Methoden erarbeitet werden:

- Befragungstechniken,
- Beobachtungstechniken, apparative Verfahren.

Welches Verfahren zum Einsatz gelangt, hängt im Wesentlichen von der Frage ab, welches Beurteilungskriterium gemessen werden soll:

- Befragungstechniken sind erfahrungsgemäß am universellsten einsetzbar. Sie haben dagegen den Nachteil, dass sie manche Reaktionen und Empfindungen der Testpersonen nur ungenügend messen können.
- Mit Beobachtungs- und apparativen Verfahren lassen sich Detailwahrnehmungen, -reaktionen und -empfindungen häufig präziser messen als mit befragungstechnischen Methoden. Auf der anderen Seite decken diese Verfahren das gesamte Spektrum der Werbewirkung häufig zu wenig ab.

In der Marktforschungspraxis kommen befragungstechnische Methoden am häufigsten zum Einsatz.

Befragungstechniken

Der Untersuchungsablauf folgt in der Regel folgendem Schema

(1) Vorlage von Anzeigen oder Zeitschriften-Dummies (präparierte Teile mit Testwerbung, anderer Werbung und Text), Vorspielen von TV- und Funkspots (wobei die Vorlagen und Einschaltzeiten variiert werden), anschließend Befragung zu Themen wie:

- Was wurde gesehen?
- Wer war der Absender?
- Verständnis der Botschaft (USP)?
- Produktnutzen und Vorteile?
- Eindruck von der Werbung?

(2) Langzeitvorlage der Anzeige und Test des Anmutungsgehaltes (wie oben). Dabei geht es im Wesentlichen um Fragen wie:

- Reizt die Anzeige zum Weiterlesen?
- Besteht eine Text-Bild-Spannung?
- Ist die Werbung glaubhaft, seriös, lehrreich, interessant?
- Wird der USP nachvollzogen?
- Ist die Werbung produktadäquat, originell, lebendig, anschaulich, sympathisch usw.?

(3) Eventuell vergleichende Beurteilung verschiedener Werbekampagnen (Kriterien ähnlich wie unter 2).

(4) „Personal-Product-Response“ = Herausfiltern von Aussagen, die eine positive Einstellung zur Werbung und zum Produkt, evtl. zur Kaufabsicht erkennen lassen.

Welche persönliche Beziehung ein Verbraucher zur Werbebotschaft und zum beworbenen Produkt herstellt, kann etwa mit der Frage ermittelt werden: „Welche Gedanken löste dieser Werbespot bei Ihnen aus? Was dachten Sie, während Sie den Spot ansahen?“

Ausgewertet werden die spontanen Antworten der Befragten nach bestimmten Regeln, die gewährleisten, dass nur solche Aussagen identifiziert werden, die auf ein „Involvement“ schließen lassen.

Beobachtungsverfahren, apparative Verfahren

Von diesen Verfahren haben die apparativen Verfahren im Rahmen der praktischen Marktforschung größere Bedeutung erlangt als die Beobachtungsverfahren. Dies hängt im Wesentlichen damit zusammen, dass man bei der Beobachtung von Versuchspersonen im Labor trotz des Einsatzes technischer Hilfsmittel (wie Kameras oder Spiegel) nicht immer unmittelbar aus den sichtbaren Reaktionen auf die Werbemittel-Vorlagen (z. B. beim Durchblättern von Zeitschriften) zu den richtigen Schlussfolgerungen über die getestete Werbewirkung gelangt.

Im Rahmen von Werbemittel-Pretests werden daher vorzugsweise apparative Verfahren (anstelle der Beobachtungen) eingesetzt, und zwar:

(1) das Tachistoskop,

(2) die Hautleitfähigkeitsmessung.

Mit Hilfe des **Tachistoskopes** werden die Anzeigen (exakt gesteuert) mit unterschiedlicher Dauer – beginnend bei 1/100 Sek. – über Diapositive auf eine Leinwand projiziert.

Die Variation der Einschaltfrequenz gibt die Möglichkeit, Wahrnehmungsprozesse exakter als im persönlichen Interview zu überprüfen.

Hierzu wird die Testperson (nach unterschiedlicher Einschaltdauer) etwa gefragt:

- „Was glauben Sie, gesehen zu haben?
- Für wen oder was wird mit dieser Anzeige geworben?
- Was haben Sie vom Text lesen können?
- Worauf will das Bild hinweisen, was will die Abbildung wohl im Wesentlichen zum Ausdruck bringen?“

Je länger die Einschaltdauer sein muss, damit der Befragte die Anzeige versteht bzw. Headline, Bild und einzelne Textinhalte richtig interpretieren kann, desto geringer sind Aufmerksamkeitswert und Informationswert einer Anzeige.

Darüber hinaus lassen sich aber auch (bei sehr kurzen Einschaltdauern von 1/10 bis 1/100 Sek. Dauer) Anmutungswerte ermitteln. Der Befragte hat bei diesen kurzen Einschaltdauern häufig nicht die Möglichkeit, Details zu erkennen, und kann sich deshalb nur aufgrund des spontanen Eindruckes (z. B. angenehm oder unangenehm) ein subjektives Bild von der Werbung machen.

Tachistoskopische Untersuchungen können niemals allein im Rahmen von Werbemittel-Analysen eingesetzt werden. Sie haben zusätzliche Funktionen, indem sie erste Anmutungswerte zeigen und den Wahrnehmungsprozess transparenter machen.

Ebenfalls ergänzend zu persönlichen Interviews und/oder tachistoskopischen Untersuchungsmethoden werden immer häufiger im Rahmen von Werbemittel-Analysen auch apparative Verfahren zur Messung von Indikatoren für die emotionale Erregungsleistung durch werbliche Reize eingesetzt. Gemessen wird dabei die elektrische Leitfähigkeit der Haut, die Veränderung der Atemfrequenz oder die Veränderung der Pupillengröße.

Für die Untersuchungspraxis am weitesten entwickelt ist die Methode der Veränderung der elektrischen Leitfähigkeit der Haut.

Das Verfahren basiert auf folgender Messtechnik: Legt man über zwei Elektroden eine niedrige elektrische Spannung an die Haut, üblicherweise in der Handinnenfläche, und misst den Strom, der durch diesen Kreis fließt, so stellt man fest, dass er zeitlich nicht konstant ist. Der Strom variiert z. B. in Abhängigkeit von mentaler Aktivität, tiefem Atemholen oder unter Einwirkung von Stressreizen.

Elektrodermale Prozesse werden wesentlich durch die Aktivität der Schweißdrüsen beeinflusst. Die Hautleitfähigkeit für den Strom ist deshalb eine günstige Untersuchungsvariable (in manchen Fällen wird auch der Hautwiderstand, der Kehrwert der Hautleitfähigkeit, gemessen).

Messeinheit des Leitwertes ist das SIEMENS (S = 1/0 hm). 1 SIEMENS ist ein sehr hoher Leitwert, der in der psychophysiologischen Praxis nie vorkommt; daher werden Leitwerte in der Regel in Mikro-SIEMENS angegeben.

Gerade bei Anzeigen, die eine hohe emotionale Ausstrahlungskraft haben müssen, spielt die Messung dieses Wertes für die Werbewirkungsanalyse eine wichtige Rolle. Denn mit Hilfe von Befragungen kann man den emotionalen Wert von Werbemaßnahmen sicherlich nur annäherungsweise ermitteln, da es erfahrungsgemäß den meisten Menschen schwerfällt, ihre gefühlshaften Eindrücke von bestimmten Meinungsgegenständen in Worten und Zahlen zum Ausdruck zu bringen. Die apparative Messung des Hautleitwertes erlaubt dagegen eine ungefärbte und relativ treffsichere Ermittlung des Ausmaßes der gefühlsmäßigen Betroffenheit der Testpersonen durch die Werbung.

Die ideale Testkombination ist aus den genannten Gründen die Verbindung zwischen persönlichem Interview, tachistoskopischem Verfahren und Hautleitfähigkeitsmessung.

Dass man im konkreten Fall aus ökonomischen Gründen eine Auswahl treffen muss (d. h., das Verfahren im Hinblick auf ihre relative Vorzüglichkeit bezüglich des Untersuchungszieles bewerten muss), versteht sich von selbst.

Zur Festlegung der notwendigen **Stichprobengrößen** mögen folgende Hinweise dienen:

- Generell muss man davon ausgehen, dass die Ergebnisse einer empirischen Untersuchung mit steigender Stichprobenzahl ein größeres Maß an Sicherheit gewinnen.
- Andererseits ist es verständlich, dass der Auftraggeber die Kosten für solche Untersuchungen so gering wie möglich halten will.
- Unter Berücksichtigung beider Kriterien bewegen sich die Stichprobengrößen für Werbemittel-Pretests zwischen 30 und 120 Interviews.
- Die notwendige Zahl der Interviews hängt ab von
  - der notwendigen Untergliederung der Stichprobe (je Untersuchungsgruppe, z. B. Region, werden wenigstens 30 Interviews benötigt),
  - der Zahl der zu testenden Anzeigenvorlagen (werden Anzeigenalternativen getestet, so müssen diese Alternativen unterschiedlichen Stichprobengruppen vorgelegt werden, so dass jede Gruppe – zumindest im ersten Teil des Interviews – mit nur einer Anzeige konfrontiert wird; in diesem Falle müsste jede Untersuchungsgruppe mindestens 30 Testpersonen umfassen; im Rahmen der Gesamtstichprobe ergibt sich dann die Möglichkeit, alle Anzeigenalternativen im Vergleich miteinander, z. B. anhand einer Rangreihen-Skala, zu testen).

(2) Mediaselektion

Für die Sendung von Werbebotschaften fordern Fernsehen, Rundfunk, Zeitschriften, Tageszeitungen und sonstige Medien vom Werbungtreibenden hohe Spot- bzw. Anzeigenpreise. Bei der Mediaselektion kommt es darauf an, die Werbeträger oder die Kombination von Werbeträgern zu ermitteln, die bei einem gegebenen Budget die höchste Kommunikationsleistung erbringen. Zur Lösung dieses Problems sind verschiedene Verfahren entwickelt worden, die dem unterschiedlichen Schwierigkeitsgrad praktischer Fragestellungen Rechnung tragen.

(a) Preisvergleich

In der Bundesrepublik Deutschland wird mit den verschiedenen Werbemitteln und Werbeträgern in sehr unterschiedlicher Höhe geworben. Auch verteilen sich bei den einzelnen Werbemöglichkeiten die Kosten unterschiedlich auf Werbematerialkosten und Belegungskosten. Daraus wird schon deutlich, wie notwendig ein Preisvergleich zwischen verschiedenen Werbealternativen ist. Dabei kommt es darauf an, den streutechnischen Daten die Kosten der Mediennutzung entgegenzustellen, um unter der Prämisse gleicher räumlicher Streufelder verschiedene Werbeträger einem Wirtschaftlichkeitsvergleich zu unterziehen. Dazu errechnen wir für Printmedien bezogen auf den „Leser pro Nummer" (Nettoreichweite) den so genannten Tausenderpreis (Formel I.23).

Formel I.23

$$\text{Tausenderpreis} = \frac{\text{Seitenpreis x 1000}}{\text{Leser pro Nummer}}$$

(bezogen auf quantitative Reichweite)

Multiplizieren wir die Zahl der Leser pro Nummer mit dem prozentualen Anteil der von uns ins Auge gefassten Zielpersonen an der Gesamtleserschaft, so erhalten wir den Tausenderpreis bezogen auf die qualitative Reichweite eines Werbeträgers (Formel I.24).

Formel I.24

$$\text{Tausenderpreis} = \frac{\text{Seitenpreis x 1000}}{\text{Leser pro Nummer x qualitative Reichweite}}$$

(bezogen auf quantitative Reichweite)

Das Beispiel in Übersicht I.66 verdeutlicht, dass ein Werbeträger mit höherem Seitenpreis infolge besserer qualitativer Reichweite billigere Kontakte zur Zielgruppe herstellen kann als ein Werbeträger mit niedrigerem Seitenpreis.

Sollen nur einzelne Werbeträger verglichen werden und stehen neben den genannten Daten keine weiteren Informationen zur Verfügung, kann bzw. muss man sich auf diesen Vergleich der Tausenderpreise beschränken. Dies ist z. B. der Fall bei der Belegung nur begrenzt regional verbreiteter Werbeträger.

Die Aufgabe der Mediaselektion erreicht jedoch einen höheren Schwierigkeitsgrad, wenn es darum geht, bei unterschiedlicher Kommunikationsleistung einzelner Medien eine optimale Kombination aus einer Vielzahl von Möglichkeiten zu ermitteln. Als Entscheidungshilfen werden dabei in der Praxis Mediaselektionsmodelle angewandt, mit de-

Übersicht I.66

Preisvergleich von Werbeträgern mit unterschiedlicher qualitativer Reichweite

	Werbeträger A	**Werbeträger B**
Seitenpreis	50.000 €	30.000 €
Vertriebsauflage	500.000 €	400.000 €
Gesamtbevölkerung im Verbreitungsgebiet	10.000.000 €	10.000.000 €
Quantitative Reichweite	30%	30%
Somit Leser pro Nummer (LpN)	3.000.000 €	3.000.000 €
Qualitative Reichweite (Anteil der Zielpersonen an der Gesamtleserschaft)	70%	40%

$$\text{Tausenderpreis A} = \frac{50.000 \times 1.000}{3.000.000 \times \frac{70}{100}} = 23{,}81\ €$$

$$\text{Tausenderpreis B} = \frac{30.000 \times 1.000}{3.000.000 \times \frac{40}{100}} = 25{,}00\ €$$

ren Hilfe die Fülle der verfügbaren Informationen über die einzelnen Werbeträger und ihre Nutzer verarbeitet werden kann.

Die Kosten der Mediennutzung werden in unregelmäßigen Abständen in den Fachzeitschriften veröffentlicht. In der Regel aber muss man sie bei den einzelnen Werbeträgern abrufen (auch, um die entsprechenden Rabatte und Konditionen abzusprechen). Eine wertvolle Planungshilfe dazu liefert die „creativ collection Verlagsgesellschaft mbH“ in Freiburg mit einem „Etatkalkulator“, der einen ersten Überblick über alle wichtigen Medien gibt (erscheint jährlich neu).

(b) Mediaselektionsmodelle

Die Anwendung der im folgenden skizzierten Verfahren zur Werbeträgerauswahl beschränkt sich derzeitig auf die Ermittlung „optimaler“ Zeitschriftenkombinationen da bisher noch keine ausreichenden Daten zum Intermediavergleich vorliegen.

Zur Beurteilung einzelner Medien oder Medienkombinationen, muss der Streuplaner wissen,

- welche Medien ihm zur Verfügung stehen,
- was die Belegung der einzelnen Medien kostet,
- welche Personen er mit der Werbung erreichen will,
- wie viele Personen die einzelnen Medien erreichen,
- welche Personen die einzelnen Medien erreichen,
- wie oft die einzelnen Medien die Personen erreichen,
- wie viele Kontakte zur Erzielung einer Werbewirkung bei den erreichten Personen notwendig sind,
- inwiefern sich die Kontaktqualitäten der einzelnen Medien unterscheiden.

Die verfügbaren Medien und ihre Kosten kennt der Mediaplaner aus Mitteilungen der Verlage. Die Zielgruppe der Werbung wird in der Marketinggesamtplanung festgelegt. Über Reichweiten, Kontakthäufigkeiten und die Strukturen der Nutzerschaft der einzelnen Werbeträger informieren ihn spezielle Mediaanalysen. Bei der Schätzung der Werbewirkungsfunktionen in Abhängigkeit von der Kontaktdosis und der Medienqualitäten kann er sich zwar auf empirische Forschungsergebnisse stützen, in der Regel muss er sich infolge mangels zuverlässiger Informationen auf seine Erfahrung verlassen. Erst die umfangreiche empirische Erforschung der Medieneigenschaften und ihrer Nutzer hat eine den Anforderungen der Praxis Rechnung tragende Mediaselektion ermöglicht. Die Auswahlmodelle sind dementsprechend speziell auf die von der Forschung bereitgestellten Daten ausgerichtet worden.

Mediaforschung

In der Bundesrepublik Deutschland werden regelmäßig und unabhängig voneinander folgende Mediauntersuchungen veröffentlicht:[6]

- Media-Analyse (MA von der Arbeitsgemeinschaft Media-Analyse ag.ma e.V.),
- Allensbacher Markt- und Werbeträger-Analyse (AWA vom Institut für Demoskopie Allensbach).

Beide Analysen enthalten Angaben über Reichweiten und Kontakthäufigkeiten. Darüber hinaus haben die Analysen jedoch (neben unterschiedlichen Stichproben und Befragungsstatistiken) ein zum Teil voneinander abweichendes Erhebungsprogramm.

Werbewirkungskurven

Die Chance, dass ein Empfänger mit einer Werbebotschaft Kontakt erhält, kann nicht im Voraus exakt bestimmt werden. Man wird daher versuchen, die Wahrscheinlichkeit des Werbekontaktes durch häufigere Sendung derselben Botschaft zu erhöhen. Dies ist insbesondere auch im Hinblick auf die Tatsache wichtig, dass ein Empfänger in unterschiedlichen Situationen unterschiedlich empfangsbereit für eine Werbebotschaft ist. Außerdem erhöht man mit häufiger Einschaltung die Wahrscheinlichkeit, dass eine Botschaft gelernt wird. Andererseits muss der Werbende darauf achten, dass er nicht durch eine zu hohe Zahl von Wiederholungen den Empfänger übersättigt und negative Reaktionen auslöst. Die Bestimmung der optimalen Zahl von Wiederholungen zählt deshalb zu den zentralen Aufgaben der Werbeplanung. Indessen ist die Lösung dieses Problems nicht einfach, denn zwischen der Qualität der Werbemittelgestaltung, der richtigen Mediaselektion, den Einstellungen und Verhaltensweisen der Empfänger und den Wiederholungshäufigkeiten von Werbebotschaften bestehen enge Beziehungen, deren Präzisierung bislang noch nicht gelungen ist. Bei der Entscheidung über die erforderliche Kontakthäufigkeit greift man zur Zeit vor allem auf lerntheoretische Erkenntnisse zurück und entwickelt Hypothesen über den Verlauf von Werbewirkungskurven. Dabei werden im Allgemeinen Funktionstypen wie die in Übersicht I.67 abgebildeten zugrunde gelegt.

[6] Neben diesen Standarduntersuchungen, die auch das Verhalten der Fernsehzuschauer, Rundfunkhörer und Filmtheaterbesucher erfassen, werden für die Mediaanalyse bei den elektronischen Medien in einer repräsentativen Stichprobe von Haushalten mechanische Aufzeichnungsgeräte eingesetzt, mit deren Hilfe die Einschaltzeiten und die gewählten Programme automatisch registriert werden.

Übersicht I.67

Typische Werbewirkungskurven (Response Functions)

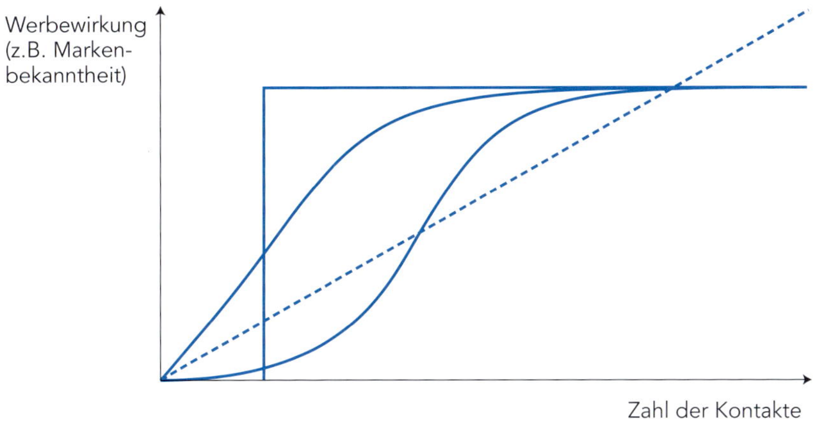

Modelltypen

Bei den in der Praxis erprobten Mediaselektionsmodellen handelt es sich um heuristische Programme zur Auswahl von Werbeträgern bzw. Werbeträgerkombinationen und zur Bestimmung der Einschalthäufigkeiten der jeweiligen Medien. Dabei sind zwei Modelltypen zu unterscheiden:

- Bewertungsmodelle (Evaluierungsmodelle) und
- Optimierungsmodelle (Konstruktionsmodelle).

Mit Hilfe von Bewertungsmodellen werden die Leistungen von Werbeträgern bzw. Werbeträgerkombinationen ermittelt. Optimierungsmodelle, denen in jedem Falle Bewertungsmodelle vorgeschaltet sein müssen, können von bestimmten Ausgangsplänen ausgehend sukzessive neue Streupläne erstellen.

Informationsgrundlage für beide Modelltypen sind die in den Mediaanalysen ermittelten Basisdaten über die Medien und ihre Nutzerschaft und die vom Planer jeweils neu festzulegenden Steuerungsinformationen über die Struktur der anzusprechenden Zielgruppe (Personengewichte), die Beurteilung der einzelnen Medien (Mediengewichte) zur Kommunikation bestimmter Botschaften und die Funktion der jeweiligen Kontaktwirkungskurve (Kontaktgewichte).

Bewertungsmodelle

In der Praxis werden verschiedene Bewertungsmodelle eingesetzt, die jedoch im Prinzip nach dem gleichen Phasenschema ablaufen. Unterschiede ergeben sich vor allem durch Berücksichtigung bzw. Nichtberücksichtigung der Kontakt- und/oder Personengewichte.

Ausgangspunkt der Bewertungsmodelle sind die für jedes Individuum in den Medienanalysen festgestellten Daten zur Häufigkeit der Nutzung der einzelnen Medien. Bei der MA werden z. B. die „Lesewahrscheinlichkeiten“ mit der Frage ermittelt: „Wie viele von den letzten zwölf Nummern dieser Illustrierten lesen Sie im Allgemeinen oder blättern

Übersicht I.68

Werbewirkungskurve und Kontaktzahlbewertung

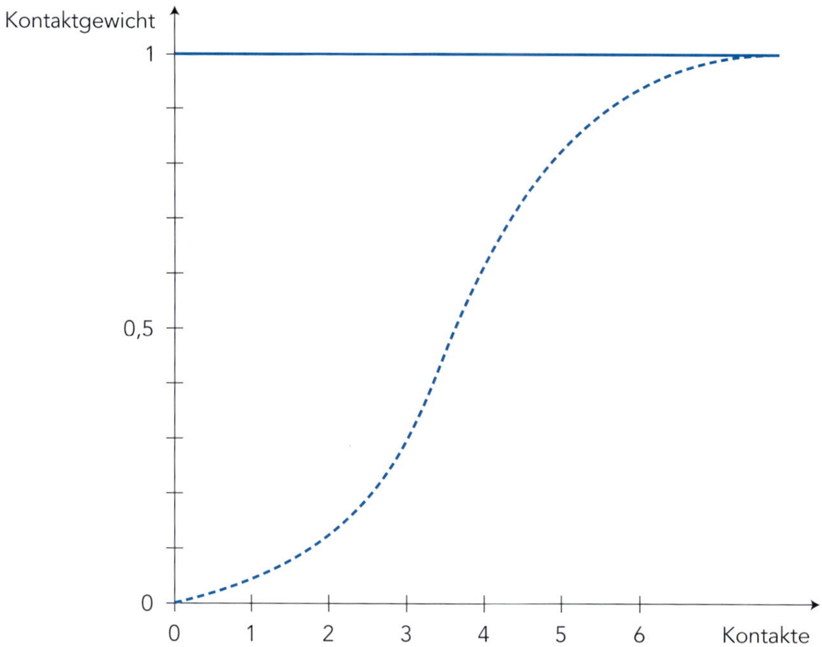

Kontakte:	0	1	2	3	4	5	6
Kontaktgewicht:	0	0,05	0,1	0,5	0,8	0,9	1,0

Sie durch?“ Die Auskunftspersonen, die zwölf Ausgaben lesen, werden mit einer Wahrscheinlichkeit von 1, diejenigen, die sechs Ausgaben lesen, mit einer Wahrscheinlichkeit von 0,5 bewertet usw. Diese individuellen Leserwahrscheinlichkeiten werden für jeden Werbeträger ermittelt und können in einem nächsten Schritt mit den entsprechenden Wertigkeiten der Werbeträger gewichtet werden.[7] Wie bereits an anderer Stelle dargelegt wurde, ergibt sich das Gewicht eines Werbeträgers aus der Schätzung der Wahrscheinlichkeit, mit der ein Werbeträgerkontakt zu einem Werbemittel-Kontakt führt. Aus dieser Gewichtung errechnet sich für jedes Individuum eine mediengewogene Nutzungswahrscheinlichkeit.

Der Kern der Bewertungsmodelle ist die Ermittlung der Gesamtzahl an Kontakten, die auf jede befragte Person bei einer einfachen oder mehrfachen Belegung eines oder mehrerer Medien entfallen. Hierbei werden entweder die Methoden der Wahrscheinlichkeitsrechnung oder die Simulation eingesetzt. Das Ergebnis ist die Verteilung der Kontakt-

[7] Diese Gewichtung kann auch in einem späteren Stadium vorgenommen werden, oder es kann an dieser Stelle die Personengewichtung erfolgen.

Übersicht I.69

Beispiel für eine abgestufte Gewichtung von Personen

Merkmal(sausprägung)	Einzelgewicht
Geschlecht	0,5
Männer	1,0
Frauen	1,0
Alter	
14–29 Jahre	0,2
30–49 Jahre	1,0
50 Jahre und mehr	0,6
Einkommen	
unter 1.000	0,4
1.000–2.000	1,0
über 2.000	0,8
Wohnortgröße	
unter 10.000 Einwohner	0,2
10.000–100.000 Einwohner	0,5
über 100.000 Einwohner	1,0

zahlen auf die einzelnen Individuen bei einer bestimmten Belegungshäufigkeit und Medienkombination. Geht man davon aus, dass sich mit der Zahl der Kontakte pro Person die Werbewirkung ändert, so kann man jeder Person nach der Zahl der Kontakte und dem sich aus der Werbewirkungskurve ergebenden Kontaktgewicht einen bestimmten Wert geben (Übersicht I.68).

Eine Person mit zwei Kontakten erhält den Wert 0,1, eine Person mit 3 Kontakten den Wert 0,5 usw.

Im nächsten Schritt sind die sich hieraus ergebenden Werte mit den einzelnen Personengewichten zu multiplizieren. Aufgrund der vorgegebenen Zielgruppenmerkmale werden dazu die einzelnen Personen nach sozio-demografischen Merkmalen; Produktverwendungsmerkmalen und/oder psychologischen Merkmalen (je nachdem, welche Daten aus der Mediaanalyse verfügbar sind) bewertet (vgl. dazu das Beispiel in Übersicht I.69). Der Wert 1 besagt, dass die betreffende Person genau der gewünschten Zielgruppe entspricht. Der Wert 0 besagt, dass die Person nicht zur werblichen Zielgruppe gehört. Wenn zur Personengewichtung mehrere Merkmale verwendet werden, so werden diese in der Regel multiplikativ miteinander verknüpft. Ein Mann im Alter von 35 Jahren, mit einem Einkommen von 2.500,– €, in einer Stadt mit 250.000 Einwohnern lebend, hat somit ein Gewicht von 0,4.

Durch die Summation der Werte für alle Individuen erhält man für die geplante Werbeträgerkombination mit bestimmter Einschalthäufigkeit eine Leistungszahl, die den Kosten gegenübergestellt oder mit anderen Plänen verglichen werden kann.

Optimierungsmodelle

Die Bewertung verschiedener Medien bzw. -kombinationen ist die Grundlage für die Erstellung konkreter Streupläne mit Hilfe von Konstruktionsmodellen, bei denen iterative Verfahren und Permutationsverfahren eingesetzt werden. Bei den iterativen Verfahren wird aufgrund der in den Bewertungsmodellen festgestellten Leistungs-Kosten-Verhältnisse der einzelnen Medien bzw. -kombinationen sukzessive die jeweils günstigste Alternative in einen Streuplan aufgenommen. Beim Permutationsverfahren („Umgehungsprüfungsmodelle") wird ein Ausgangsstreuplan durch systematisches Probieren (durch Hinzunahme und Wegnahme von alternativen Belegungen) variiert, um bessere Lösungen zu finden. Die Zahl der in Frage kommenden Alternativen wird bei beiden Verfahren durch die Vorgabe von Nebenbedingungen (z. B. Etathöhe, Werbemittelerstattung, Vorgabe bestimmter Medien und Mindestkontakte) eingeengt.

Übersicht I.70 gibt abschließend einen Überblick über die Ein- und Ausgabedaten der beiden Modelltypen.

Mit der Anwendung von computergestützten Modellen ist zwar ein großer Fortschritt und eine wertvolle Entscheidungshilfe bei der Wahl verschiedener Werbeträger gegeben,[8] es darf jedoch nicht übersehen werden, dass damit bestimmte Probleme noch nicht gelöst

Übersicht I.70

Ein- und Ausgabedaten von Evaluierungs- und Optimierungsmodellen

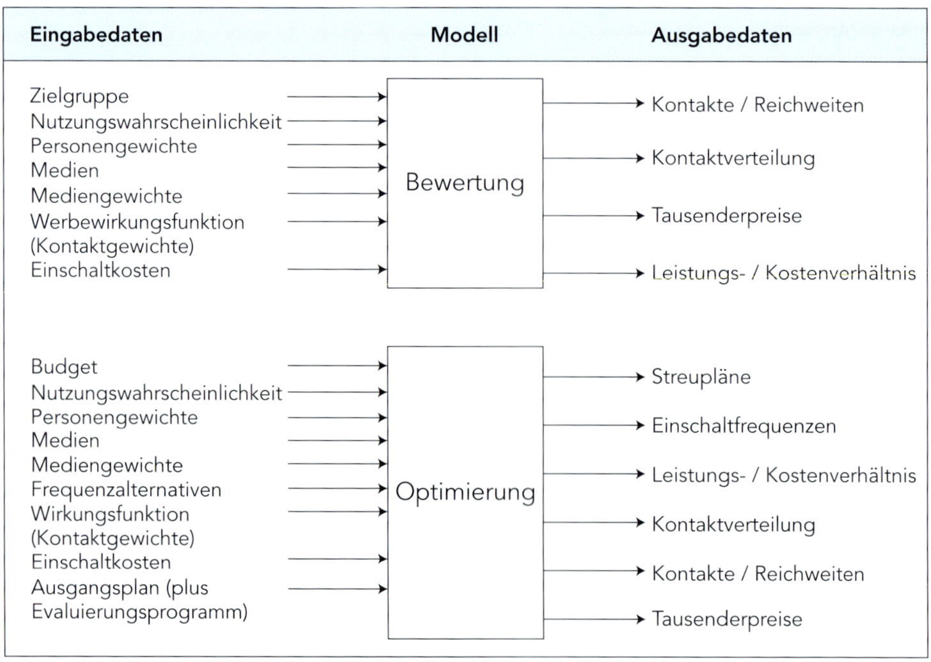

[8] Anwendungsreife Standardprogramme stehen heute bei allen großen Verlagen von Publikumszeitschriften und bei den Werbeagenturen zur Verfügung.

sind. Hierzu gehören insbesondere die Ermittlung und Verarbeitung von Mediengewichten zum intra- und intermedialen Vergleich, von einstellungs- und verhaltensbezogenen Personengewichten, von Werbewirkungskurven und von Kriterien zur zeitlich optimalen Belegung der Medien.

(3) Werbeerfolgskontrolle

Der Begriff Werbeerfolgskontrolle wird häufig missverständlich als Kontrolle der Werbemittelgestaltung oder des Werbeträgereinsatzes eingesetzt. Die folgenden Ausführungen beziehen sich dagegen auf die Ex-Post-Kontrolle von realisierten Werbemaßnahmen, wobei zwischen den Erfolgsbeiträgen der Werbemittelgestaltung und denen der Werbestreuung nicht mehr exakt getrennt werden kann.

Die nachträgliche Kontrolle der Werbung setzt eine Formulierung von Maßeinheiten der Werbewirkung voraus, die

- die gewünschte Wirkung voll ausdrücken können,
- sensitiv auf kommunikative Maßnahmen reagieren,
- möglichst genau messbar sind.

Ökonomische wie außerökonomische Erfolgsgrößen müssen auf diese Kriterien hin geprüft werden.

Die Kontrolle des ökonomischen Werbeerfolges zielt auf die Messung des werbebedingten Gewinnes einer Periode (G_W), der sich aus der Differenz der werbebedingten Umsatzveränderung (ΔU) und den werbebedingten Kostenveränderungen (ΔK) ergibt (vgl. Formel I.25).

Formel I.25

$$G_W = \Delta U - \Delta K$$

Dabei bezeichnet $\Delta U = U_W$ (Umsatz mit Werbung) – U_{OW} (Umsatz ohne Werbung) und $\Delta K = K_W$ (Kosten mit Werbung) – K_{OW} (Kosten ohne Werbung).

Die Formel ist jedoch nicht so einfach zu handhaben, wie es auf den ersten Blick erscheint. Schwierigkeiten bereitet schon die Feststellung der Werbekosten. Während die direkt werbebedingten Einzelkosten (z. B. Werbemittel- oder Werbeträgerkosten) noch relativ exakt zu bestimmen sind, bringen die Ermittlung indirekt durch die Werbung bedingter Kosten (Kosten, die durch Beschaffung, Produktion, Verwaltung und Vertrieb der aufgrund der Werbung zusätzlich verkauften Produkte) und die Verteilung der werbeabhängigen Gemeinkosten erhebliche Probleme mit sich.

Die größten Schwierigkeiten aber bereitet die Ermittlung (bzw. Isolierung) werbebedingter Umsatzerfolge. Zur Kontrolle der Umsatzentwicklung können verschiedene Verfahren eingesetzt werden. So kann man etwa neben der groben Auswertung der Umsatzstatistik verfeinerte Daten durch Messung der Bestellungen unter Bezugnahme auf Werbemittel oder durch demoskopische Untersuchungen, insbesondere unter den Bedingungen experimenteller Versuchsanordnung, gewinnen. In den wenigsten Fällen aber ist es möglich, gleichzeitig den Einfluss von anderen Faktoren abzugrenzen. Auch die Festlegung der Zeiträume der Werbewirkung ist sehr problematisch.

Ohne auf die weiteren Probleme der Werbeerfolgskontrolle mittels ökonomischer Messgrößen einzugehen, wollen wir festhalten, dass dabei folgende Schwierigkeiten auftreten:

- Neben der Werbung wird der ökonomische Erfolg auch von den übrigen Marketingaktivitäten beeinflusst.
- Zwischen kommunikativen Aktivitäten und der möglichen Auswirkung auf ökonomische Erfolgsgrößen kann eine erhebliche zeitliche Verzögerung bestehen, die den Nachweis des kausalen Zusammenhangs zusätzlich erschwert.
- Die Messung des Werbeerfolges in ökonomischen Größen lässt unberücksichtigt, dass ein Teil der Wirkung kommunikativer Maßnahmen sich nicht unmittelbar in Kaufentscheidungen niederschlägt, sondern darüber hinaus zu einer mittel- oder langfristigen Veränderung von Einstellungen und Images führt.

Damit ergibt sich die Frage nach den außerökonomischen Kriterien zur Messung des Werbeerfolges mittels Posttests, also Verbraucherbefragungen am Ende einer Einschaltperiode.

Posttests

Dieser häufig angewendeten Methode, den Werbemittelkontakt als Indiz für die Werbewirkung zu verwenden, liegt der Gedanke zugrunde, dass die Wahrnehmung einer Werbebotschaft im Sinne einer positiven Aufnahme durch den Rezipienten einen entsprechenden Einfluss auf die Werbewirksamkeit hat.

Zur Messung der Wahrnehmung sind in der Praxis zwei Verfahren besonders verbreitet:

- die Methode des Wiedererkennens **(Recognition)** und
- die Methode zur Messung der Erinnerung **(Recall).**

Unter den Recognitions-Methoden ist der „Starch-Test" der gebräuchlichste. Hierbei wird etwa 150 bis 200 Lesern einer Zeitschrift am Ende eines Erscheinungsintervalls die letzte Nummer vorgelegt. Die Versuchspersonen haben beim Durchblättern festzustellen, ob sie sich an diese oder jene Anzeige, an einzelne Anzeigenelemente (Marken- oder Firmennamen) oder an das Lesen des Textes („Mehr als die Hälfte des Textes gelesen") erinnern.

Im Gegensatz dazu müssen sich die Testpersonen bei Anwendung der Recall-Methode ohne Vorlage einer Anzeige daran erinnern, ob sie diese in einer Zeitschrift gesehen haben, welche Einzelheiten ihnen noch bewusst sind u.Ä. Dabei wird zwischen Verfahren unterschieden, die auf gestützter, und solchen, die auf ungestützter Erinnerung beruhen. Ein Recall-Verfahren mit gestützter Erinnerung ist die von Gallup + Robinson entwickelte **Impact-Methode.** Die Testpersonen haben zunächst anzugeben, ob sie ein bestimmtes Exemplar einer Zeitschrift gelesen haben und ob sie sich bei der Vorlage von Kärtchen an die Werbung für bestimmte Marken erinnern können. Darauf werden sie nach Einzelheiten der Anzeige, nach ihrem Eindruck von der Anzeige und nach dabei empfundenen Assoziationen gefragt. Bei der ungestützten Recall-Methode dagegen muss die jeweilige Testperson nach Betrachtung verschiedener Anzeigen angeben, an welche Anzeige bzw. welche Anzeigendetails sie sich erinnert.

Da sich der Erfolg von Werbemaßnahmen häufig nicht direkt messen oder beobachten lässt, können in solche Posttests häufig „nur" Indikatoren entwickelt werden, die auf einen möglichen Werbeerfolg schließen lassen. Solche Indikatoren beziehen sich auf

(1) die Wahrnehmung der Werbung,
(2) die Verarbeitung der Werbebotschaft,
(3) das Verhalten der Umworbenen.

Zu (1): Ob und wie intensiv die Werbung eines Herstellers wahrgenommen wurde, lässt sich mit Hilfe folgender Fragen ermitteln:

- Wie häufig und intensiv werden die Medien – in denen die Werbung erschienen ist – von den Befragten gelesen?
- An welche Werbung in den Zeitschriften können sich die Befragten erinnern?
  - Ungestützt (d.h. ohne Nennung des Produktes bzw. Durchblättern einer Zeitschrift).
  - Gestützt (unter Vorlage verschiedener Produktnamen bzw. nach Durchblättern einer Zeitschrift).
- An welche Einzelheiten (Text und Bild) der Werbung können sich die Befragten erinnern?
- Was ist denen, die sich an Anzeigen erinnern können, durch den Kopf gegangen, als sie die Anzeige gesehen haben?

Zu (2): Inwieweit die Werbebotschaft gelernt und verarbeitet worden ist, lässt sich zum Teil schon aus der Frage nach der Erinnerung an Einzelheiten aus der Werbung erkennen. Häufig jedoch wird man sich damit nicht begnügen, sondern versuchen, auch eine Beantwortung folgender Fragen zu erhalten:

- Hat die Werbung die Zielgruppe auf der richtigen emotionellen Schiene getroffen?
- Wie gut ist die Werbebotschaft verstanden worden?
- Sind die Ziele (im Sinne des USP) erreicht worden?

Zu (3): Unter diesem Gesichtspunkt müssen tatsächliche Reaktionen auf die Werbung als auch Verhaltensdispositionen gesehen werden:

- Inwieweit sind Kaufbereitschaft oder Kaufinteresse angestiegen?
- Ist das Produkt probeweise eingesetzt worden?
- Sind bisherige Käufer in ihrer Einkaufsentscheidung bestätigt worden?
- Hat sich die Nachfrage erhöht?

Je nachdem, wie tief man in die einzelnen Probleme einsteigt, kann ein Fragebogen selbstverständlich unterschiedlichen Umfang haben (zwischen 13 und 40 Fragen). Das Gleiche gilt für die befragungstaktische Methodik: In der Regel wird man versuchen, die einzelnen Fragenkomplexe sowohl durch offene als auch durch geschlossene und gestützte Fragenformulierungen beantworten zu lassen. Bei den Vorlagen handelt es sich um Listen der Produktnamen, um Zeitschriften oder aber um Anzeigen.

Der Befragungsumfang kann zwischen 200 Testpersonen bis 1.000 Testpersonen schwanken. Die Festlegung der Größe ist im Wesentlichen eine Frage der statistischen Sicherheit. Will man Werbewirkungskurven über eine längere Zeit erstellen, sollte ein Mindestumfang von 400 Befragungen vorgesehen werden.

Die Regel ist, dass solche Erhebungen in Form von persönlichen, mündlichen Interviews durchgeführt werden. Nimmt man jedoch in Kauf, dass

- keine schriftlichen oder bildlichen Vorlagen verwendet werden können,
- die Skalierungsmöglichkeiten eingeschränkt sind,
- erfahrungsgemäß die Telefon-Interviews von den Befragten weniger ernst genommen werden bzw. aufgrund der größeren Distanz mit relativ großer Zurückhaltung der Befragten zu rechnen ist,
- der Umfang der Interviews erheblich verkürzt werden muss,

können auch **Telefon-Interviews** zur Werbewirkungs-Analyse im Rahmen von **Posttests** eingesetzt werden.

Wegen der genannten Einschränkungen werden sich solche Interviews im Wesentlichen auf Fragen nach der Erinnerung (an die Werbung als Ganzes, aber auch nach Anzeigendetails) konzentrieren, wobei etwa an folgende Fragen zu denken ist:

- Welche Zeitschriften werden gelesen?
- Für welche Produkte wird bzw. wurde in diesen Zeitschriften in den vergangenen 12 Monaten besonders intensive Werbung betrieben?
- Kann man sich an Werbung für bestimmte Produkte (werden vorgelesen) erinnern?
- An welche Details zu bestimmten Produkten (Produktnamen vorlesen) kann man sich erinnern (differenziert nach Bild und Text)?
- Was sollte in dieser Werbung im Wesentlichen ausgedrückt werden?

Häufig wurde früher als Nachteil von telefonischen Interviews angeführt, dass die Zielgruppe nicht repräsentativ erfasst werden könne.

Aufgrund der inzwischen erreichten Verbreitung des Telefons ist dieser Einwand in der Regel heute ohne Belang.

Anhang

Literaturverzeichnis

Albrecht-Seidel, M.; Mertz, L. (2006): Die Hofkäserei. Stuttgart: Ulmer.

Allport, G. W. (1935): Attitudes. In: Murchison, C. (Hrsg.): Handbook of social psychology. Worcester, Massachusetts: Clark University Press, S. 798–844.

Alvensleben, R. v. (1991): Probleme des Gemeinschaftsmarketings bei Nahrungsmitteln. In: Breuer, G. et al. (Hrsg.): Agrarvermarktung in Österreich – Von der Marktordnung zum Marketing. Wien: Service Fachverlag, S. 57–63.

Alvensleben, R. v. (2000): Zur Bedeutung von Emotionen bei der Bildung von Präferenzen für regionale Produkte. In: Agrarwirtschaft 49, Heft 12, S. 399–402.

Alvensleben, R. v.; Gertken, D. (1993): Regionale Gütezeichen als Marketinginstrument bei Nahrungsmitteln. In: Agrarwirtschaft 42, Heft 6, S. 247–251.

Ansoff, I. (1957): Strategies for Diversification. In: Harvard Business Review, Vol. 35, No. 5, September–October 1957, S. 113–124.

Bachmayer-Straßer, A. M. (2003): Controlling im Gemeinschaftsmarketing für bayerische Lebensmittel. Hamburg: Verlag Dr. Kovac.

Backhaus, K. et al. (2006): Multivariate Analysemethoden: Eine anwendungsorientierte Einführung; 11., überarb. Aufl. Berlin (u. a.): Springer.

Balling, R. (1995): Der Herkunftsaspekt als Erfolgsfaktor für das Lebensmittelmarketing – Ein Imagevergleich deutscher und bayerischer Lebensmittel im Ausland sowie Implikationen für das Gemeinschaftsmarketing für Nahrungsmittel. In: Berichte über Landwirtschaft 73, S. 83–106.

Balling, R. (1997): Gemeinschaftsmarketing für Lebensmittel. Kiel: Vauk.

Balling, R. (1998): Kooperation – Strategische Allianzen, Netzwerke, Joint Ventures und andere Organisationsformen zwischenbetrieblicher Zusammenarbeit in Theorie und Praxis; 2. Aufl. Frankfurt/Main: Lang.

Balling, R. (1999): Agrarmarketing; 3., veränd. Neuauflage. Bonn: AID.

Becker, J. (2006): Marketing-Konzeption – Grundlagen des zielstrategischen und operativen Marketing-Managements; 8., überarb. Aufl. München: Vahlen.

Becker, T. (2000): Rechtlicher Schutz und staatliche Absatzförderung für Agrarprodukte und Lebensmittel auf dem Prüfstand. In: Agrarwirtschaft 49, Heft 12, S. 418–428.

Becker, T. (2006): Die CMA auf dem Prüfstand; Hohenheimer Agrarökonomische Arbeitsberichte Nr. 14. Stuttgart: Eigenverlag.

Becker, T.; Benner, E. (2000): Zur Problematik der Herkunftsangabe im regionalen Marketing; Hohenheimer Agrarökonomische Arbeitsberichte Nr. 1. Stuttgart: Eigenverlag.

Becker, W. (1973): Beobachtungsverfahren in der demoskopischen Marktforschung. In: Bonner Hefte für Marktforschung, Bd. 9. Stuttgart: Verlag Ulmer.

Benner, E. (2000): Zur effizienten Herkunftsangabe im europäischen Binnenmarkt; Hohenheimer Agrarökonomische Arbeitsberichte Nr. 4. Stuttgart: Eigenverlag.

Benner, E. (2003): Staatliche Unterstützung von Werbung für landwirtschaftliche Erzeugnisse als Instrument der Agrarpolitik. Frankfurt/Main: Lang.

Berekoven, L.; Eckert, W.; Ellenrieder, P. (2006): Marktforschung; 11., überarb. Aufl. Wiesbaden: Gabler.

Berndt, R. (1993): Product Placement. In: Berndt, R.; Hermanns, A. (Hrsg.): Handbuch Marketing-Kommunikation. Wiesbaden: Gabler, S. 673–694.

Besch, M. (1981): Agrarmarketing – Grundlagen und Beispiele. In: Marketing-Zeitschrift für Forschung und Praxis, Heft 1, S. 27–35.

Besch, M. (1990): Marketing für die Agrarwirtschaft. In: Agrarwirtschaft 39, Heft 9, S. 267–272.

Besch, M. (1991): Bezugs- und Absatzbereich der Landwirtschaft. In: Wöhlken, E. (Hrsg.): Einführung in die landwirtschaftliche Marktlehre; 3. Aufl. Stuttgart: Ulmer, S. 72–110.

Besch, M. (1999): Regionalisierung versus Globalisierung. In: Agrarwirtschaft 48, Heft 11, S. 393–394.

Besch, M.; Prummer, S. (1997): Regionale Marketingkonzepte auf einzelbetrieblicher und kooperativer Basis. In: Schriften der Gesellschaft für Wirtschafts- und Sozialwissenschaften des Landbaues e.V.; Bd. 33, S. 327–338.

Böhm, J.; Albersmeier, F.; Spiller, A. (2009): Die Ernährungswirtschaft im Scheinwerferlicht der Öffentlichkeit. Lohmar: Eul-Verlag.

Brehm, J. W. (1966): A Theory of Psychological Reactance. New York (u. a.).

Bruhn, M. (2007): Kommunikationspolitik: Systematischer Einsatz der Kommunikation für Unternehmen; 4., überarbeitete Aufl. München: Vahlen.

Dabbert, S.; Braun, J. (2006): Landwirtschaftliche Betriebslehre. Stuttgart: UTB.

Diekmann, A. (2007): Empirische Sozialforschung: Grundlagen, Methoden, Anwendungen; 18. Aufl. Hamburg: Rowohlt.

Dirksmeyer, W. (2009): Status quo und Perspektiven des deutschen Produktionsgartenbaus, Braunschweig (vTI), Sonderheft 330.

Ehi (Hrsg.) (2008): Handel aktuell 2008/2009. Köln: EHI Retail Institut.

Elles, A. (2008): Risiken vermeiden, Krisen bewältigen. Hamburg: Behr's Verlag.

Gebhard-Rheinwald, M. (2005): Der Hofladen. Stuttgart: Ulmer.

Gieschen, D.; Schumacher-Gutjahr, F. (2008): Presse- und Öffentlichkeitsarbeit für erfolgreiche Landwirte. Frankfurt/Main: DLG-Verlag.

Claßen, H. (1989): Analyse von CMA-Marketingaktivitäten auf Binnen- und Exportmärkten. Frankfurt/Main (u. a.): Lang.

Festinger, L. (1957): A Theory of Cognitive Dissonance. Stanford: Stanford University Press.

Gassert, K. (2003): Risikokommunikation von Unternehmen: Modelle und Strategien am Beispiel gentechnisch veränderter Lebensmittel. Wiesbaden: DUV.

Gosch, F. (2003): Weinmarketing. Wien: AV Buch.

Hamm, U. (1991): Landwirtschaftliches Marketing. Stuttgart: Ulmer.

Haseloff, O. W. (1989): Marketing für Innovationen: Ausbreitung, Akzeptierung und strategische Durchsetzung des Neuen in Wirtschaft und Gesellschaft. Savosa: Aitorium AG.

Hermanns, A. (1997): Sponsoring: Grundlagen, Wirkungen, Management, Perspektiven; 2. Aufl. München: Vahlen.

Herrmann, R. (2002): Nahrungsmittelqualität aus der Sicht der Verbraucher und Implikationen für Pflanzenproduktion und Politik. In: Institut für Agrarpolitik und Marktforschung, Universität Gießen (Hrsg.): Agrarökonomische Diskussionsbeiträge, Nr. 70. Gießen: Eigenverlag.

Hilt, C. (2009): Handelsmarken-Portfolio. Studien zum Konsumentenverhalten, Bd. 24. Hamburg: Verlag Dr. Kovac.

Hintze, C. (2007): Marketing für Produktions- und Dienstleistungsgärtner. Stuttgart: Ulmer.

Hunck-Meiswinkel, A. (2005): Anspruchsgruppen im Innovationsprozess der grünen Biotechnologie: Analyse und Handlungsempfehlungen für Organisationen, Schriftenreihe Recht, Ethik und Ökonomie der Biotechnologie; Bd. 12. Baden-Baden: Nomos.

Jauschowetz, D. (1995): Marketing im Lebensmitteleinzelhandel: Industrie und Handel zwischen Kooperation und Konfrontation. Wien: Ueberreuter.

Kliebisch, C. (2002): Kommunikationskonzepte für das Gemeinschaftsmarketing von Lebensmitteln. Berlin: Logos.

Kliebisch, C.; Rügge, M. (2007): Alte und neue Wege des Gemeinschaftsmarketings für Agrarprodukte und Lebensmittel; Hohenheimer agrarökonomische Arbeitsberichte 16. Stuttgart: Eigenverlag.

Koester, U. (1992): Grundzüge der landwirtschaftlichen Marktlehre; 2. Aufl. München: Vahlen.

Koppelmann, U. (2001): Produktmarketing: Entscheidungsgrundlagen für Produktmanager; 6., überarb. und erw. Aufl. Berlin (u. a.): Springer.

Kotler, P.; Bliemel, F. (2001): Marketing-Management: Analyse, Planung und Verwirklichung; 10., überarb. und akt. Aufl. Stuttgart: Pearson Studium.

Kroeber-Riel, W.; Weinberg, P.; Groeppel-Klein, A. (2008): Konsumentenverhalten; 9. Aufl. München: Vahlen.

Ktbl (Hrsg.) (2004): Direktvermarktung 2004 – Daten zur Kalkulation der Kosten und des Arbeitszeitbedarfs; 3. Aufl. Darmstadt: KTBL.

Ktbl (Hrsg.) (2006): Urlaub auf dem Lande; 4. Aufl. Darmstadt: KTBL.

Küthe, E. (1980): Lebensmittel anbieten und verkaufen: Eine Warenverkaufskunde. Bad Homburg v. d. H. (u. a.): Verlag Dr. Max Gehlen.

Kuhlmann, F. (2007): Betriebslehre der Agrar- und Ernährungswirtschaft; 3. Aufl. Frankfurt/Main: DLG-Verlag.

Kuhnert, H. (1998): Direktvermarktung in konventionell und ökologisch wirtschaftenden Betrieben. Kiel: Vauk.

Kuhnert, H.; Wirthgen, B. (2008): Direktvermarktung in der Landwirtschaft; 6., veränd. Neuauflage. Bonn: AID.

Kuß, A.; Tomczak, T. (2007): Käuferverhalten: Eine marketingorientierte Einführung; 4., überarb. Aufl. Stuttgart: UTB.

Lebensmittelzeitung (Hrsg.) (2009): Die marktbedeutenden Handelsunternehmen 2009. Frankfurt/Main: Lebensmittelzeitung.

Lendle, M. (2000): Erhaltung von agrarischer Selbständigkeit durch Erwerbskombination. Frankfurt/Main: Lang.

Leyrer, H.-J.; Strecker, O.; Elles, A. (2004): Erfolgsstrategien für Lebensmittel. Frankfurt/Main: DLG-Verlag.

Meffert, H. (2009): Marketing; 10., vollst. überarb. u. erw. Aufl. Wiesbaden: Gabler.

Meyer, R.; Sauter, A. (2004): Entwicklungstendenzen bei Nahrungsmittelangebot und -nachfrage. Eine Basisanalyse. Frankfurt/Main: Deutscher Fachverlag.

Müller-Merbach, H. (1992): Operations Research. Methoden und Modelle der Optimalplanung; 3. Aufl. München: Verlag Vahlen.

Neumann, R. (2009): Die Involvementtheorie und ihre Bedeutung für das Lebensmittelmarketing. Bremen: Europäischer Hochschulverlag.

Nieschlag, R.; Dichtl, E.; Hörschgen, H. (2002): Marketing; 19., überarb. und ergänzte Aufl. Berlin: Duncker & Humblot.

Oerkermann, G. (2007): Metaphorisches Produktdesign als Instrument der Marktprofilierung, Beiträge zum Produktmarketing; Bd. 39. Köln: Eigenverlag.

Pacyna, M. (2007): Marketing für Kinderlebensmittel: Kindliche Wahrnehmung als Basis des Lebensmittelmarketings. Saarbrücken: VDM.

Padberg, D. I.; Ritson, C.; Albisu, L. M. (Hrsg.) (1997): Agro-Food Marketing. Oxford und New York: Cab International.

Pfeiffer, S. (1998): Die Akzeptanz von Neuprodukten im Handel: Eine empirische Untersuchung zum Innovationsverhalten des Lebensmittelhandels. Wiesbaden: Gabler.

Purtschert, R. (1988): Möglichkeiten und Grenzen der Gemeinschaftswerbung. In: Zeitschrift für Betriebswirtschaft, Heft 4, S. 521–534.

Räpple, M. (2006): Marketingstrategien für Bio-Lebensmittel: Käuferverhalten und konsequentes Marketing in Theorie und Praxis. Saarbrücken: VDM.

Rogers, E. M. (2003): Diffusion of Innovations; 5th ed. New York (u. a.): Free Press.

Sauter, A.; Meyer, R. (2004): Regionalität von Nahrungsmitteln in Zeiten der Globalisierung. Frankfurt/Main: Deutscher Fachverlag.

Schmiedes, E. C. (2005): Preissetzungsverhalten im deutschen Lebensmitteleinzelhandel. Hamburg: Verlag Dr. Kovac.

Schneider, W. (2006): McMarketing: Einblicke in die Marketing-Strategie von McDonald's. Wiesbaden: Gabler.

Schwedt, G. (2006): Vom Tante-Emma-Laden zum Supermarkt. Weinheim: Wiley-VCH-Verlag.

Spiller, A.; Zühlsdorf, A. (2002): Öko-Marketing. In: Interdisziplinäres Fernstudium Umweltwissenschaften. Hagen: Eigenverlag.

Steffenhagen, H. (1990): Wirkungsanalyse des Agrarmarketings auf dem Prüfstand. In: Agrar-Europe, Heft 4, Markt + Meinung, S. 1–7.

Stockebrand, N. (2008): Regionalmarketing im Naturkostfachhandel. Göttingen: Cuvillier.

Strecker, O. (1971): Gemeinschaftsmarketing für Nahrungsmittel – Möglichkeiten und Grenzen der Arbeit von Absatzfonds und CMA. In: Agrarwirtschaft 20, Heft 9, S. 281–285.

Strecker, O. (1972): Gemeinschaftsmarketing für Nahrungsmittel – Zum Diskussionsbeitrag von W. Grosskopf. In: Agrarwirtschaft 21, Heft 3, S. 93–94.

Strecker, O. (1973): Fallstudien zum Marketing in der Ernährungswirtschaft. Bonner Heft für Marktforschung, Bd. 8. Stuttgart: Verlag Ulmer.

Strecker, O. (1974): Agrarmarketing. In: Tietz, B. (Hrsg.): Handwörterbuch der Absatzwirtschaft. Stuttgart: Poeschel, Sp. 216–220.

Strecker, O.; Reichert, J.; Pottebaum, P. (1996): Marketing in der Agrar- und Ernährungswirtschaft; 3. Aufl. Frankfurt/Main (u. a.): VerlagsUnion Agrar.

Strecker, O.; Horst, M. (2006): Krisenmanagement in der Lebensmittelindustrie. Hamburg: Behr's Verlag.

Strecker, O.; Kliebisch, C. (2008): Was bringt die Neuordnung? Zur Zukunft des Gemeinschaftsmarketings von Absatzfonds und CMA. In: DLG-Mitteilungen 03/2008, S. 88–89.

Strecker, O.; Kliebisch, C. (2009): Was kommt nach der CMA? Zur Zukunft des Gemeinschaftsmarketings für Lebensmittel und Agrarprodukte. In: DLG-Mitteilungen 03/2009, S. 90–95.

Thiedig, F. (2004): Spezialitäten mit geographischer Herkunftsangabe: Marketing, rechtlicher Rahmen und Fallstudien. Frankfurt/Main: Lang.

Trommsdorff, V. (2002): Konsumentenverhalten; 4., überarb. u. erw. Aufl. Stuttgart: Kohlhammer.

Wagner, P. (2000): Marketing in der Agrar- und Ernährungswirtschaft. Stuttgart: Ulmer.

Warncke, J. (2009): Analyse der Nachfrage nach Bio-Produkten vor dem Hintergrund aktueller Konsumtrends in der Lebensmittelnachfrage. Göttingen: Cuvillier.

Wejwar, S. (2008): Checklisten Weinmarketing: Eine Anleitung zum Erfolg. Wien: AV Buch.

Welte, E. (1976): Preispolitik im Marketing der Ernährungsindustrie. Bonner Heft für Marktforschung, Bd. 14. Stuttgart: Verlag Ulmer.

Willers, C. (2007): Marketing in Widerstandsmärkten – untersucht am Beispiel gentechnisch veränderter Lebensmittel, Beiträge zum Produktmarketing; Bd. 40. Köln: Eigenverlag.

Wiswede, G. (2007): Einführung in die Wirtschaftspsychologie; 4., überarb. u. erw. Aufl. München (u. a.): UTB.

Wirthgen, B.; Maurer, O. (2000): Direktvermarktung: Verarbeitung, Absatz, Rentabilität, Recht; 2. Aufl. Stuttgart: Ulmer.

Schlagwortverzeichnis

C

F

M

N

Q

R

S

T

U

V

Die Autoren und Mitwirkenden

Anselm Elles (Jahrgang 1959) ist Partner und Vorstand der AFC Management Consulting AG und Geschäftsführer der DLG International GmbH. Nach Schule und Studium in Paris, Köln, Brüssel, Göttingen und München arbeitete er im Anschluss als Forschungsassistent an der Universität Bonn und später als Management Consultant am Landbouw Economisch Instituut in Den Haag, bevor er in die AFC eintrat. Seine Beratungsmandate liegen schwerpunktmäßig in den Bereichen Risiko- und Krisenmanagement sowie im Bereich Personalsuche und -entwicklung. Anselm Elles verfügt über vielfältige Erfahrungen im europäischen und außereuropäischen Ausland. Er ist Autor zahlreicher Fachartikel und häufiger Referent auf Kongressen namhafter Veranstalter.

Jürgen Clemens (Jahrgang 1954) war schon während seines Studiums der Rechtswissenschaften, Germanistik und Geschichte in Bonn als freier Berichterstatter und Fotograf aktiv. Anschließend absolvierte er ein Volontariat in einem Wirtschaftsfachverlag, aus dem er 1994 als leitender Redakteur/Chef vom Dienst ausschied. Seitdem arbeitet er als freier Fachredakteur – unter anderem fest für vwd-vereinigte Wirtschaftsdienste und nachfolgend Dow Jones News. Zu seinen Schwerpunkthemen zählt die Agrar-/Food-Wirtschaft. Er ist darüber hinaus als freier PR-Berater für Unternehmen, Verbände und andere Organisationen – wie das Clustermanagement Ernährung.NRW – tätig.

Prof. Dr. Ulrich Enneking (Jahrgang 1965) studierte Agrarwissenschaften in Göttingen und Montpellier. 1998 promovierte er an der Universität Göttingen zu einem umweltökonomischen Thema. In seiner Assistentenzeit von 1998 bis 2003 an der Vechtaer Außenstelle der Universität Göttingen verlagerte er seinen Forschungsschwerpunkt auf die Konsumforschung im Bereich Lebensmittel. Von 2003 bis 2005 vertrat er die Professur für Marktlehre der Agrar- und Ernährungswirtschaft an der Technischen Universität in München. Im September 2005 folgte er einem Ruf an die Fachhochschule Osnabrück und leitet dort das Fachgebiet Agrarmarketing in den Studienbereichen Landwirtschaft, Gartenbau und Lebensmittelproduktion.

Dr. Markus Grube (Jahrgang 1969) ist Rechtsanwalt und Fachanwalt für gewerblichen Rechtsschutz. Er berät und vertritt die Lebensmittelwirtschaft in allen Rechtsfragen, die im Zusammenhang mit der Herstellung und dem Vertrieb von Lebensmitteln auftreten. Sein Studium absolvierte er an den rechtswissenschaftlichen Fakultäten der Universitäten Bonn, Hamburg, Köln sowie Bilbao (Spanien). Die Zulassung als Rechtsanwalt erhielt er 1999. Seine Dissertation erstellte er zum Thema: Sorgfaltspflichten des Lebensmittelunternehmers. Durch regelmäßige Fachveröffentlichungen und häufige Referententätigkeit ist Grube der Fachöffentlichkeit bekannt.

Dr. Christoph Kliebisch (Jahrgang 1968) studierte nach seiner Ausbildung zum Landwirt an der Georg-August-Universität in Göttingen und der Université Catholique de Louvain in Louvain-La-Neuve (Belgien) Agrarwissenschaften. Nach seiner Promotion am Institut für Agrarpolitik und Landwirtschaftliche Marktlehre, Fachgebiet Agrarmärkte und Agrarmarketing, der Universität Hohenheim begann er als Berater bei der AFC Management Consulting AG. Seit 2006 leitet er den Bereich Public Services und begleitet öffentliche Einrichtungen bei ihrer Neuausrichtung.

Dr. Gerald Oerkermann (Jahrgang 1973) studierte nach seiner Ausbildung zum Mediengestalter Betriebswirtschaftslehre an der Universität zu Köln. Seit seiner Promotion arbeitet er als Berater und Projektmanager bei der AFC Management Consulting AG. Sein Beratungsschwerpunkt liegt in der Entwicklung und Evaluation von Marketingkonzepten sowie in der Strategie- und Managementberatung für den Agrar- und Ernährungssektor. Er nimmt regelmäßig Lehraufträge im Marketing wahr, u.a. an der VWA Köln, der Westdeutschen Akademie für Kommunikation sowie dem mibeg Institut in Köln.

Prof. Dr. Otto Strecker (Jahrgang 1931) war nach Studium und Assistententätigkeit zunächst Direktor des Instituts für landwirtschaftliche Marktforschung in Braunschweig-Völkenrode. Im Anschluss folgte er einem Ruf zum Professor für Landwirtschaftliche Marktlehre an der Universität Bonn und zum Mitdirektor des Instituts für Agrarpolitik, Marktforschung und Wirtschaftssoziologie. Er publizierte als Autor und Herausgeber eine Vielzahl von Fachbüchern und Fachaufsätzen, vor allem zum Agrarmarketing. 1973 gründete er – zunächst neben anderen Führungsaufgaben in der Ernährungswirtschaft – die AFC-Beratungsgruppe, der er bis 1997 als geschäftsführender Gesellschafter vorstand. Heute ist er Aufsichtsrat der AFC Management Consulting AG. Er ist Honorarprofessor der Universität Bonn und der Akademie für Management und Agribusiness in St. Petersburg, Ehrenvorsitzender der INITIATIVE für evangelische Verantwortung in der Wirtschaft Mittel- und Osteuropas e.V., Bonn, Träger der DLG-Medaille in Gold für internationale Zusammenarbeit und Träger des Theodor-Brinkmann-Preises der landwirtschaftlichen Fakultät der Universität Bonn.

Dr. Otto A. Strecker (Jahrgang 1963) ist Partner und Vorstand der AFC Management Consulting AG. Schwerpunkte seiner Beratungsarbeit bilden die Strategie und Marketingberatung von Institutionen und Unternehmen der Food Value Chain sowie die Beratung von Regierungen und Ministerien bei der Organisation und Weiterentwicklung ihrer Fachverwaltungen. Nach Banklehre, Studium der Wirtschaftswissenschaften und Promotion war er als strategischer Leiter für eine internationale Multimedia-Gruppe, als Verleger einer Fachzeitschrift und als Projektleiter bei einem führenden amerikanischen Strategieberatungsunternehmen tätig. Er ist Herausgeber und Autor von zahlreichen Büchern und Fachbeiträgen sowie ein gefragter Referent auf Kongressen und Tagungen. Einen Lehrauftrag nimmt er regelmäßig an der Universität Bonn im Bereich „Kooperationen in der Agrar- und Ernährungswirtschaft" wahr. Für die Landesregierung Nordrhein-Westfalen ist er als Clustermanager für den Sektor Ernährung tätig. Daneben übt er diverse Ehrenämter in Vereinen und Verbänden der Wertschöpfungskette Ernährung aus.